河南古戏楼

Henan
Ancient
Theatre

（上册）

赵彤梅　主编

中州古籍出版社
·郑州·

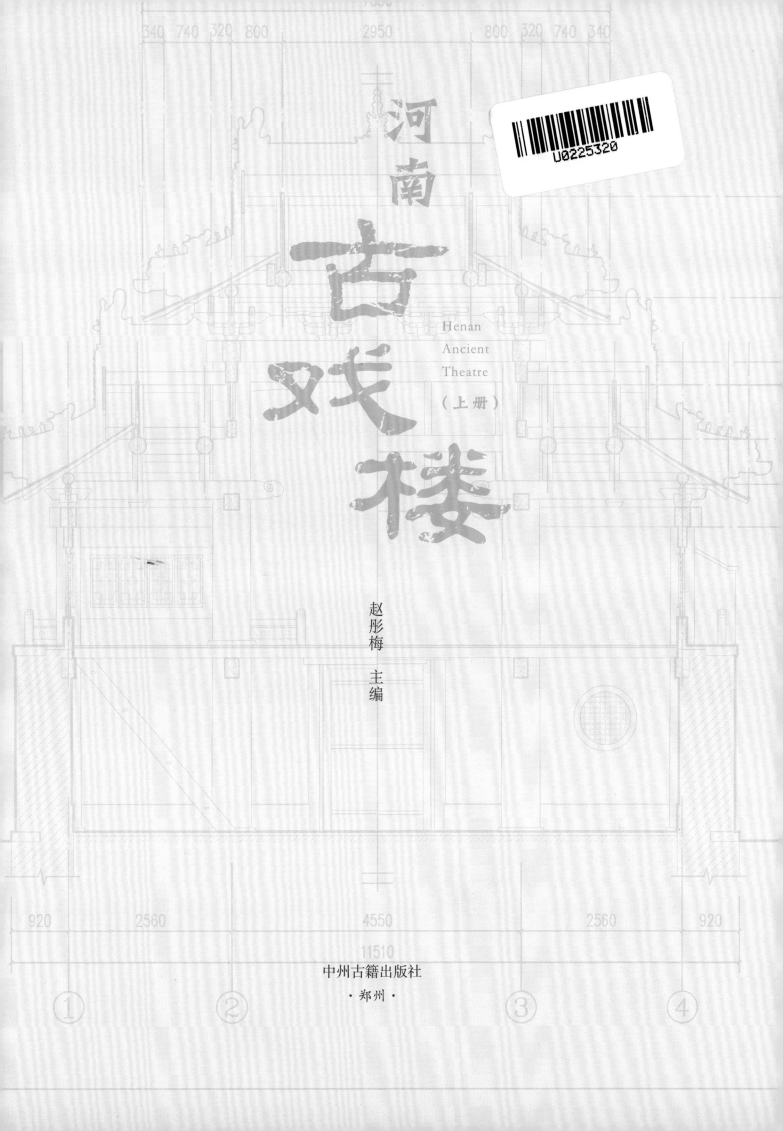

图书在版编目（CIP）数据

河南古戏楼 / 赵彤梅主编 . —郑州 : 中州古籍出版社，2022. 3

ISBN 978-7-5738-0200-2

Ⅰ . ①河… Ⅱ . ①赵… Ⅲ . ①剧场 - 古建筑 - 介绍 - 河南 Ⅳ . ① TU242.2

中国版本图书馆 CIP 数据核字（2022）第 046444 号

HENAN GU XILOU

河南古戏楼

策划编辑 王小方
责任编辑 高 雅 宗增芳
责任校对 吕兵伟
美术编辑 古青风
书籍设计 天外天 王慧欣

出 版 社 中州古籍出版社（地址：郑州市郑东新区祥盛街 27 号 6 层 邮编：450016 电话：0371-65788693）
发行单位 河南省新华书店发行集团有限公司
承印单位 河南匠心印刷有限公司
开 本 700 mm × 1000 mm 1/8
印 张 104
字 数 1300 千字
版 次 2022 年 3 月第 1 版
印 次 2022 年 3 月第 1 次印刷
定 价 680.00 元（全二册）

《河南古戏楼》编辑委员会

古戏楼作为中国传统戏曲固定的表演场地，既是古代建筑营造艺术的精品，又是砖石木刻、彩绘、书法艺术的综合载体，充分体现了地方宗教、艺术、历史等多方面厚重的丰富多彩的文化、意境与神韵内涵。

河南作为华夏文明孕育、产生及发展的核心区域，以及我国戏曲的重要发源地之一，见证了中国戏曲起源和发展的演进历程以及戏曲文化的灿烂成就。

戏楼既保持中轴对称、木构承重体系和坡屋顶等传统布局及营造特征，又由于其特有功能，在位置朝向、观演平面布局、结构形式、台基形制、构架特征、屋顶形制等方面彰显出自身独特的风格。

作为观演类建筑，古戏楼装饰尤为绚丽斑斓、华美多姿，在建筑的木石构件、壁画、彩绘、屋顶脊饰等诸多方面广泛体现。

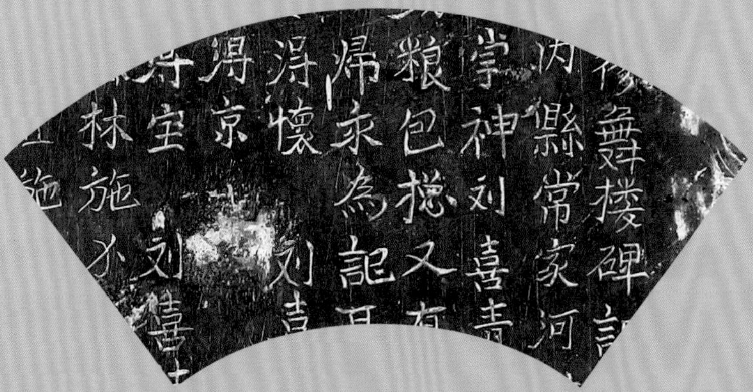

河南古戏楼是一份丰厚而凝重的文化遗产，通过对其发展的深入研究，探寻一条在公共文化建设中，合理利用古戏楼的路径。让这有着特殊含义的优秀民族文化遗产，得到合理高效的保护与弘扬。

序

古戏楼是我国古代建筑与传统戏曲巧妙结合的产物，是中国传统建筑文化的重要组成部分，蕴藏着极为丰厚的文化内涵。这份丰厚而凝重的文化遗产，是亟待我们重视与保护研究的。河南作为中国戏曲的发源地之一，古戏楼形式多样，它见证了河南戏曲文化的兴衰，对丰富中国古戏台研究范本和类型以及对研究中原地区的戏曲、民俗文化、建筑艺术等都有着深远的意义。

河南文建院的赵彤梅等同志历时多年，深入城乡、山区，在河南18个地市进行实地调研，经统计现仅存古戏楼183座，与河南历史上曾有3000多座传统戏场建筑、20世纪80年代尚存419座的情况相比，古戏楼消失之快的现状令人忧虑。因此研究如何更好地保护和利用其所蕴含的文化价值是一个需要深入探讨的紧迫话题，也是一件非常有价值、有意义的事。

河南作为中华文明的主要发祥地，戏曲源远流长，以豫剧、曲剧为代表的戏曲文化彰显深厚的历史文化底蕴，但是对作为戏曲载体的古戏楼的研究却不全面，尤其是从建筑角度做深入的研究较少，《河南古戏楼》的编者弥补了这一缺憾。《河南古戏楼》一书采取“文献收集与研究→结合调研测绘资料整理、分类→研究→得出较为全面的研究成果”的步骤和方法，通过数字摄像、三维激光扫描、无人机拍摄技术与传统法式测量相结合的手段，对现存古戏楼进行信息采集。在对河南地区现存古戏楼全面调查的基础上，立足古戏楼的基本现状，结合河南戏曲文化历史，从建筑的角度对河南古戏楼的形成与发展过程进行梳理，系统地分析河南古戏楼的发展演变及遗存状况，并对其分布、类型、平面布局、观演形式、结构形制、梁架特征、斗栱结构、屋面形式、装修装饰、匾额楹联以及区域特征、保护与利用等方面进行了研究，同时测绘、整理了不同类型古戏楼现状图纸和照片。《河南古戏楼》集建筑形制与建筑构造描述、照片和图纸、研究成果于一体，图文并茂，是一部对河南古戏楼建筑信息采集及整理具有开创性意义的图书。特别是对河南现存和已毁古戏楼从大小木作的斗栱、梁架等建筑结构、时代特征、雕刻技艺进行比较研究，提出河南戏楼建筑皆为明清时期河南地方建筑手法，异于同时期官式建筑手法，填补了针对河南古戏楼建筑特征全面调查、研究的空白，对河南古戏楼的研究具有重要的学术价值。

文旅融合，以文化为根。古戏楼是传统戏曲这一非物质文化遗产保护和展示的实物载体，具有布局分散、覆盖面广、大众喜闻乐见、文化传播频繁且常态化的特点，是文旅融合下发展公共文化、传播民族文化最直接、最有效的基础单元。河南古戏楼作为丰厚而凝重的文化遗产，是现代公共文化中的重要一环。在文旅融合的背景下，以古戏楼作为旅游发展的重要切入点打造公共文化服务体系，进一步促进公共文化发展，让这一有着特殊内涵的优秀民族文化遗产得到科学高效的保护与弘扬。

《河南古戏楼》为大众翻开了中原深厚的传统戏曲文化和建筑文化的一页，增加了人们对古戏楼建筑的了解，唤起读者对传统文化的热爱。书中古戏台保护与利用的研究部分，从物质文化和非物质文化遗产、文旅融合的角度，提出了古戏楼保护发展利用的新思路，提倡以古戏楼为依托进行文旅融合的切入点，开创公共文化服务体系新模式，带动当地文化发展，推动这一具有独特意义的文化遗产，得到科学有效的保护与传承，使从事文物建筑保护事业的同仁得以为文化遗产的传承和复兴尽一份力量。

主编赵彤梅同志一直守在文物建筑保护第一线，从事文物建筑的保护与研究工作。《河南古戏楼》是赵彤梅等同志在扎实调查和深入研究基础上的一部精品力作，开启了河南古戏楼研究的新篇章，必将推动河南古戏楼建筑保护和利用工作更快更好地高质量发展。

当今盛世，百业繁盛，编纂此书实为文物保护、研究、利用之急需，可喜可贺。盼早日出版，以飨读者。是为序。

2022年3月10日

前言

中国戏曲源远流长。古戏楼作为中国传统戏曲固定的表演场地，既是古代建筑营造艺术的精品，又是砖石木刻艺术、彩绘艺术、书法艺术的综合载体，充分体现了地方宗教、艺术、历史等多方面厚重的丰富多彩的文化、意境与神韵内涵，为研究河南文化、经济、建筑、宗教等方面提供了宝贵的历史文化信息，具有极高的文史价值。

河南作为华夏文明孕育、产生及发展的核心区域，以及我国戏曲的重要发源地之一，见证了中国戏曲起源和发展的演进历程以及戏曲文化的灿烂成就。河南古戏楼遗存数量丰富，形式多样，同时广袤的地域，使其又形成了差异化的风格特征。戏曲是中国最具有代表性的传统文化之一，曾是百姓日常的文化娱乐活动与精神寄托。但民国以后，由于外来文化、新思潮的冲击，再加上中国经济社会的发展、人民生活节奏的不断加快及新的娱乐形式的出现，戏曲的传播和传承影响范围日益萎缩，渐渐失去大众化的社会地位。古戏楼作为中国传统戏曲的重要实物载体，随着现代传播媒介的发展以及村镇建设的影响，更是失去了往日的生命力，逐渐淡出历史舞台。现遗存古戏楼大部分已年久失修，失去原有功能，逐渐被社会淡忘。

河南历史上曾有3000多座古戏楼，据《中国戏曲志·河南卷》中20世纪80年代的调查记录，当时河南尚留存有古戏楼419座。随着城市和农村现代生产、生活的发展，自然和人为因素导致古戏楼逐渐损毁，现状堪忧。笔者等人历时多年，在研究查阅相关历史资料和文献的基础上，先后在河南18个地市进行拉网式实地调研，较全面地梳理了河南省现存古戏楼数量，并对遗存古戏楼进行了详细调查和分类。调查结果显示，河南古戏楼建筑现仅存183座，其中还包括摇摇欲坠、濒临坍塌的10座古戏楼。现遗存的183座古戏楼中，被改建的占到总数的43%。并且，由于自然与人为因素的破坏，分布于偏远村镇的及散落在村落中的古戏楼每年都在减少，面临着残缺乃至消失的危险。

河南是中国古代文明的发祥地之一，文化底蕴深厚，戏曲源远流长，戏曲活动亦很频繁，但是关于戏楼建筑相关文献资料的记载却少之又少，而对现存古戏楼的研究在很大程度上能弥补这一缺憾。对现存古戏台的调查研究，从宏观上来说可以为中国剧场史研究提供区域性材料，有助于进一步准确把握多形态、多元化的中国剧场史。另外，建筑是文化的载体，古戏楼的存在记录着时代的变迁，体现和传承着文化的发展兴衰。对现存古戏楼调研，建立起完备的原始资料，为其他研究者提供基础性资料。虽然现在大部分古戏楼已经不再承担演出的功能，但这些建筑曾凸显了当时政治经济与文化风貌，是社会发展的见证者，它们的存在可为后人研究历史提供有力的实物例证。

本书旨在对河南地区现存古戏楼建筑充分调查的基础上，对河南古戏楼的发展脉络进行梳理，对其历史沿革、环境、平面布局、结构形制、遗存文物建筑特点、建筑物所彰显的设计理念等方面进行对比分析，并延伸其所涵括的文化意义。通过对古戏楼的深入研究，增加人们对戏楼建筑的了解，增强人们的保护意识，探索一条合理利用的途径，使这一具有独特意义的优秀民族文化遗产，得到合理有效的保护和传承。

目录

第一章 河南古戏楼的历史演变 001

第一节 河南古戏楼的产生和发展 003

第二节 河南古戏楼形制的演变 015

第二章 河南遗存的古戏楼 029

第一节 河南古戏楼的分布及类型 031

第二节 河南遗存的古戏楼 035

第三章 河南消失的古戏楼 549

第一节 消失古戏楼个例简述 551

第二节 消失戏楼调查一览表 557

第四章 河南古戏楼建筑分析 569

第一节 修建年代 571

第二节 位置朝向 573

第三节 结构形式 579

第七章 戏楼的保护与利用 747
第一节 河南古戏楼保护和利用现状 749
第二节 河南古戏楼保护和利用的有利条件 751
第三节 河南古戏楼保护和利用展望 754
附 录 河南现存古戏楼一览表 759
后 记 781
照片索引 783
图版索引 797

第四节 平面形式及观演形式 582
第五节 台基形制 592
第六节 构架特征 598
第七节 屋顶 633
第八节 装饰 650

第五章 古戏楼区域特征 665

第一节 豫西地区 667
第二节 豫南地区 672
第三节 豫北地区 682
第四节 豫中地区 691

第六章 戏楼匾联及碑刻 695

第一节 匾额 697
第二节 楹联 706
第三节 碑刻 716

第一章

河南古戏楼的历史演变

戏楼，历来还有“戏台”“舞楼”“乐楼”等多种称谓，是中国戏曲的观演场地，展现着传统的剧场形态，是传统建筑艺术与戏曲艺术巧妙结合的产物。本书所称的古戏楼，系指包含民国时期修建的作为戏曲表演舞台的建筑。

中国戏曲起源于远古时期的祭祀、宗教活动，经过漫长的发展，直至汉、唐的“散乐”“百戏”到宋、金的“杂剧”“散曲”，逐渐形成比较完整的戏曲艺术。中国戏曲观赏空间长期因陋就简，至宋代出现了三面观的“瓦舍勾栏”，随后金元时期出现了舞亭类建筑。明清时期，戏楼进一步发展与演变，并逐渐形成了自身成熟与规范化的制式。

河南地处中原，黄河中下游之交，历来被视为华夏文明孕育、产生及发展的核心区域，最早从公元前21世纪夏商周到宋室南迁的1127年的3000多年间，一直居于全国政治、经济、文化和交通中心地位。悠久的历史和灿烂的文化，使中原大地留下了丰富的文化遗产。戏曲是综合艺术，它在中原文化的土壤中不断汲取营养，与中原文化密切相连，同时又丰富、充实着中原文化。河南戏曲文化历史悠久，源远流长，戏楼作为传统戏曲文化的载体，它的产生、发展和演变具有典型及代表性，与河南各地区的宗教文化和民俗紧密相连，反映了戏曲的艺术形态和观演关系，见证了河南戏曲的形成、发展与繁盛，展示了河南地方文物建筑的历史、科学、艺术的价值。河南作为“戏曲之乡”，历史上记载曾有3483座传统戏台及戏楼，遍布城镇和乡村。[1]

[1] 中国戏曲志编辑委员会：《中国戏曲志·河南卷》，文化艺术出版社，1992年，第530页。

第一节 河南古戏楼的产生和发展

河南戏曲从萌芽到成熟的过程是缓慢的，从原始的图腾信仰、祭祀活动的歌舞娱神，到夏商周傩舞、先秦百戏、隋唐参军戏，直至宋金杂剧、元散曲、明清地方剧种，呈现出多元的艺术特征。戏曲文化的演出场地承载体——戏台建筑也是如此，经历了原始祭祀的表演场、商周的百戏场，到汉唐的露台、乐棚，宋金元的舞亭、乐亭，直至明清形制多样的舞楼、戏楼，其演变脉络清晰，显示了河南戏曲艺术的演进轨迹。

一、祭祀活动和戏曲文化是河南古戏楼产生的基础

（一）原始戏场：祭祀活动

祭祀活动作为戏曲萌芽时期的主要方式产生得很早。祭祀是人类早期的文化行为，贯穿了中华文明发展的始终。原始祭祀是原始人对自然界所发生的一些未认知的现象，由畏惧逐渐发展到崇敬、膜拜，并逐渐规范过程，于是出现了由简趋繁的仪式，延展出祭祀的礼器、音乐、舞蹈，由此进行祭祀的场地也就具备了“剧场”的属性。最早祭祀表演场地多因陋就简，后来祭祀活动中的表演具有一定的观赏和娱乐性，情节化的表演从祭祀仪式中脱离，形成独立体系。河南是中国新石器

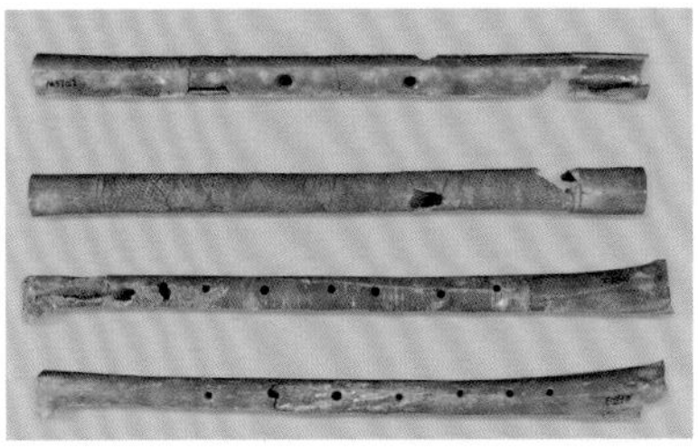

照1-1-1-1　贾湖骨笛（摘自《河南舞阳县贾湖遗址2013年发掘简报》，《考古》，2017年，第12期）

照1-1-1-2　西周青铜面具（摘自李国经：《中国戏曲志·河南卷》，文化艺术出版社，1992年）

文化最为发达的地区之一，发现了众多的新石器聚落遗址，拥有丰富的戏曲文物遗存。具有代表性的舞阳县北舞渡乡裴李岗文化遗址中出土的古笛，就是原始歌舞的佐证。贾湖骨笛是中国出土最早的乐器，为竖吹骨笛七孔，已经具备七声音阶结构，发音准确，音质较好[1]（照1-1-1-1）。

傩戏是我国戏剧最早的发端，是我国远古时代的戏剧形态[2]。傩又称为傩祭、傩仪，是上古时代图腾崇拜时期的一种原始祭祀仪式，其所表演的歌、舞称为傩歌、傩舞，是最古老的一种祭神驱鬼、驱瘟避疫、表示安庆的娱神歌舞。傩戏是在傩歌、傩舞的基础上演变的，是多种宗教文化的混合产物，被称为“戏剧活化石”[3]。当今江西（南丰）、福建（邵武）、四川、甘肃、贵州、广西、安徽以及湖南、湖北（西部山区）、江西（萍乡）等地，还流传着完整的傩戏。《周礼·夏官·方相氏》中有傩戏记载：“方相士掌蒙熊皮，黄金四目，玄衣朱裳，执戈扬盾，帅百隶而时难（司傩）。”河南禹州出土的西周青铜面具，为中国现存最早的傩舞青铜面具之一（照1-1-1-2）。河南信阳楚墓出土的傩舞图，绘制于乐器瑟首之上，图内容为楚巫举行“傩仪”的场景。汉代宫廷每年举行傩祭，傩戏经历了由早期依附于傩祭活动到后期具有戏剧艺术独立品格的过程。

这一时期，观演的空间基本为山野、台地，或者祭祀场所，演出场所为自然形态的场、院、坛、台。

（二）先秦时期：河南华夏文明造就了中原古代音乐文化形态

原始的文化艺术无音乐、舞蹈、戏剧之分，随着文明的发展，乐舞的内容及形式渐渐脱离宗教文化的束缚，成为独立的艺术，以娱乐为主的歌舞逐步发展起来。

商周时期，设置了礼乐机构，建立了礼乐制度。河南禹州出土的西周青铜面具，洛阳西周墓葬、平顶山应国墓地出土了西周时期的编甬钟，淅川下寺楚墓出土的石排箫、信阳长台关出土的战国时期的鼓等乐器、固始县侯堌堆出土的木瑟等乐器，体现了夏商周时期，中国礼乐制度的形成、发

[1] 张居中：《考古新发现——贾湖骨笛》，《音乐研究》，1988年，第4期。

[2] 郭思九：《傩戏的产生与古代傩文化》，《民族艺艺术》，1989年，第4期。

[3] 曲六乙：《中国各民族傩戏的分类、特征及其“活化石”价值》，《戏剧艺术》，1987年，第4期。

展的历史内涵，也是河南此段时期戏曲文化的典型象征。翻阅文献记载，周秦到汉3000多年间，在礼乐制度的规范下，戏曲元素始终融合在乐舞、百戏之中，此时戏曲尚处在萌芽状态。

周代的礼仪制度中有关于乐礼的记载。《仪礼·乡饮酒礼》："笙入堂下，磬南，北面立，乐《南陔》《白华》《华黍》……乃间歌《鱼丽》，笙《由庚》；歌《南有嘉鱼》，笙《崇丘》；歌《南山有台》，笙《由仪》。乃合乐：《周南·关雎》《葛覃》《卷耳》，《召南·鹊巢》《采蘩》《采蘋》。"《仪礼·乡射礼》："席工于西阶上，少东。乐正先升，北面立于其西。工四人，二瑟，瑟先，相者皆左何瑟，面鼓，执越，内弦。右手相，入，升自西阶，北面东上。工坐。相者坐授瑟，乃降。笙入，立于县中，西面。乃合乐：《周南·关雎》《葛覃》《卷耳》，《召南·鹊巢》《采蘩》《采蘋》。"

春秋战国时期，乐舞有宫廷"雅乐"和民间"俗乐"之分，雅乐与俗乐互相影响及渗透。室内乐舞即为贵族"宴乐"，室外百戏则为百姓的广场娱乐。《论语》《礼记》等典籍记有"郑卫之声"，《诗经》《列子·说符》记录了宋国的脚踩高跷、舞弄七剑等杂技技艺[1]。

[1] 中国戏曲志编辑委员会：《中国戏曲志·河南卷》，文化艺术出版社，1992年，第4页。

而这时期的表演场地，随着社会的发展及乐舞表演形式的演变，观演空间由旷野转到厅堂和庭院、广场之中，基本分为雅乐厅堂和散乐戏场两种形式，演出场所为厅堂、楼阁及场、院。

（三）汉唐时期：河南戏曲从萌芽到形成的重要时期

戏曲的形成，是突破乐舞的单一的表演元素，加入故事内容，使其具有情节表演。汉代的乐舞百戏吸收了各种艺术形式，并富有情节表演，这是戏曲艺术萌芽的重要标志，是河南戏曲从起源到形成、发展过程的重要节点。

河南作为汉代时期中国政治、经济、文化和交通的中心，其戏曲文化极具代表性。

河南汉代是乐舞百戏兴旺的时代，演出场所多样，包括殿堂、庭院及广场，规模逐渐扩大，出现了反映汉代乐舞文化热潮由宫廷逐步走向民间的特征。百戏包含乐舞、杂技、魔术等种类，是各种民间表演艺术的泛称。新密打虎亭汉墓发现了画有歌舞表演场面的"宴饮百戏"壁画（照1-1-1-3）。南阳出土的汉代画像

照1-1-1-3　新密打虎亭汉墓"宴饮百戏"局部（摘自牛玖荣、冯蓓蓓：《新密打虎亭汉墓壁画的遗存价值》，《传统与创新》，2010年10月）

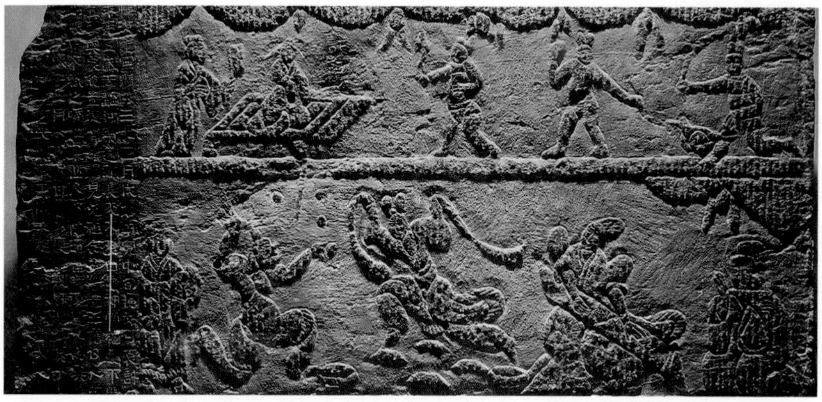

照1-1-1-4 南阳出土汉许阿瞿画像石

照1-1-1-5 四层绿釉百戏陶楼（摘自《河南出土汉代建筑明器》，大象出版社，2002年）

石，有关歌舞百戏场面的达百块之多（照1-1-1-4）；东汉陶制的百戏楼在河南项城、西平、淅川、灵宝、荥阳等多地出土（照1-1-1-5）。由汉画、陶楼可知，此时已出现表演服饰、帷幔等舞台装饰元素。此时的观演空间除了延续周秦时期的殿堂和庭院及广场外，增加了楼阁为观演场所。艺人或在高阁中表演，人们自下向上观看；或帝王贵族在"观""阁"中居高临下，俯观广场，观演方式更为丰富。

魏晋南北朝时期，国家政权建都许昌，后移至洛阳。《三国志·魏书·明帝纪》记载，魏明帝大兴百戏；晋代傅玄《正都赋》生动描写了当时的百戏舞台，有歌舞、杂技、戏法等表演。北魏杨衒之《洛阳伽蓝记》卷三"高阳王寺"中："出则鸣驺御道，文物成行，铙吹响发，笳声哀转；入则歌姬舞女，击筑吹笙，丝管迭奏，连宵尽日。"更是佐证王侯观看乐舞表演的奢靡生活。[1]隋朝出现了"戏场"的称谓，《隋书·音乐志》记载："每年正月十五日，于端午门外，建国门内，绵亘八里，列为戏场。"此时乐舞百戏与民俗活动结合紧密，薛道衡的《和许给事善心戏场转韵诗》："万方皆集会，百戏尽来。临衢车不绝，夹道阁相连……佳丽俨成行，相携入戏场。宵深戏未阑，兢为人所难。"旁证了表演的盛行，描绘了当时洛阳举行乐舞演出的盛况。

至唐代，乐舞百戏极为繁盛。从宫廷到州、郡、府县等各级行政机关均设教坊，教坊内有乐工。《新唐书·礼乐志》记载，开元二年（714），唐玄宗把燕乐伎工分离另设立了内教坊，在长安、洛阳设置了四处教坊。陈子昂的《洛阳观酺应制》"垂衣受金册，张乐宴瑶台。云凤休征满，鱼龙杂戏来。"的诗句，描写了洛阳宫廷百戏演

[1] 杨衒之撰，范祥雍校注：《洛阳伽蓝记校注》上海古籍出版社，1958年，第177页。

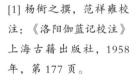

照1-1-1-6　敦煌西方净土变壁画（摘自高山：《再现敦煌壁画艺术临摹集》，凤凰美术出版社，2018年）

出的场面。洛阳孟津、偃师出土的唐代彩绘乐舞俑，生动地展现了当时乐舞的喧闹景象。

隋唐时期，寺庙盛行，寺院成为人们观看演出的主要场所。唐代表演场所有四种，分别为歌场、戏场、变场、道场，表演呈现出多个表演形式相互融合的趋势，为戏曲艺术诞生奠定了基础。

此时表演的戏场逐渐演变为戏台，出现专一性的露台。如唐代文献《明皇杂·逸文》记载："宫中大陈歌吹……而当筵歌数曲。曲罢，觉胸中甚热，戏于砌台乘高而下。"敦煌壁画"西方净土变"佛教壁画中，绘有露天乐舞台，舞台周边设栏杆（照1-1-1-6）。观演方式呈现出典型的台上台下关系。

（四）宋金元时期：戏曲的形成和成熟期

"戏曲"一词出现在南宋。南宋的刘埙在《水云村稿·词人吴用章传》中说："至咸淳，永嘉戏曲出。泼少年化之，而后淫哇盛，正音歇。"宋金时期，不仅有遗存宋杂剧和金院本的记载，而且有戏曲剧本和相当数量的剧目传世。

《宋史·乐志》载："宋初，循旧制，置教坊，凡四部。"四部指雅乐、宴乐、清乐、散乐。同时，朝廷还设有"钧容直"和"云韶部"，构成了完善的乐舞机构。此时民间乐舞活动兴盛，杂剧已居百戏之首，内容丰富，有说话讲史、傀儡戏、杂技，情节完整的杂剧、皮影戏等数十种。《东京梦华录》卷六"元宵"描述了杂戏表演的热闹场景："正月十五日元宵，大内前自岁前冬至后，开封府绞缚山棚，立木正对宣德楼。游人已集御街，两廊下奇术异能、歌舞百戏，鳞鳞相切，乐声嘈杂十余里。击丸蹴踘、踏索、上竿，赵野人倒吃冷淘，张九哥吞铁剑……枇儿杂剧……至正月七日，人使朝辞出门，灯山上彩，金碧相射，锦绣交辉……楼下用枋木垒成露台一所，彩结栏槛……教坊，钧容直，露台弟子，更互杂剧……万姓皆在露台下观看，乐人时引万姓山呼。"[1]杂戏逐渐与雅乐融合，发展成为一门独立的艺术形式，具有故事情节、装扮人物、对白问答，并取材广泛。

北宋时期瓦舍勾栏的创设，是戏曲向商业性的转变。《东京梦华录》卷五"京瓦伎艺"描写了瓦舍勾栏内百艺杂陈，如杂剧、小唱、嘌唱、杖头傀儡、讲史、散乐、影戏、小说等20余种表演[2]。宋代杂剧在河南广泛流传，由闹市波及较为偏远的山乡。北宋初，有被称为"路歧人"的民间艺人，流动于街市或者乡村演出。偃师出土的雕刻有杂剧艺伎丁都赛形象及姓名的丁都赛砖雕（照1-1-1-7），河南温县、偃师、洛宁等地出土的宋墓杂剧砖雕，证实北宋后期中原地区戏曲演出活动由都市到乡村的兴盛。宋金时期，河南平民墓葬多有相关宋金杂剧或院本的砖俑、石刻和壁画发现，荥阳出土的北宋绍圣三年（1096）杂剧石棺线刻图，是我国有确凿纪年，杂剧表演人物和场面完整的一件形象资料图画。

金元时期，河南失去国家政治、经济、文化的中心地位，但深厚的文化底蕴仍然支撑着河南戏曲发展。金代，河南战乱频仍，刚兴起的杂剧陷入低潮，河南记录本地的戏曲活动的文献不多。到元代，大量文人参与戏曲创作，从而出现了第一个戏曲创作高峰。元代杂剧是中国戏曲的高峰，在元杂剧的声腔系统中，河南的"中州调"占有重要地位。[3]而不少元杂剧作家为河南人，如白朴、郑廷玉、李好古等。文人雅士的堂会表演流行，演出场地注重入场及出场的形式。

这段时期随着戏曲的成熟及兴盛，促进了演出建筑——戏楼的发展，表演舞台出现"舞亭""乐楼"，这是在露台的基础演变而来。如渑池县的昭济侯献殿舞亭、孟州市的岱岳庙舞楼等。此时的观演空间较汉唐时期更为多样，有露天广场、室内厅堂、神庙以及专业化剧场，演出场所为露台、厅堂、勾栏，以及有顶盖的舞亭、乐楼。

[1] 孟元老：《东京梦华录》，侯印国译注，陕西新华出版社传媒集团，2021年，第156页。

[2] 孟元老：《东京梦华录》，侯印国译注，陕西新华出版社传媒集团，2021年，第130页。

[3] 中国戏曲志编辑委员会：《中国戏曲志·河南卷》，文化艺术出版社，1992年，第10页。

照1-1-1-7 丁都赛砖雕（摘自刘念兹：《宋杂剧丁都赛雕砖考》，《文物》，1980年3月）

（五）明清时期：河南民间地方戏曲兴盛

明中期，汴梁的时曲小令广为盛行。明李开先《词谑》记载：“有学诗文于李倥侗告以‘不能悉记也，只在街市上闲行，必有唱之者’。越数日，果闻之，喜悦如获重宝，即至倥侗处谢曰：‘诚如尊教。’”[1]当时，河南流行的地方戏有罗戏、卷戏、大弦戏、越调。清代，地方戏全面兴盛，如河南梆子、越调、大平调、宛梆、怀梆、怀调、百调、二夹弦、落腔、豫东花鼓戏、灶戏等。在诸多剧种中，河南梆子、越调、大平调、大弦戏几个剧种显示了较强的生命力，拥有较为广泛的观众群。特别是河南梆子，发展过程中汲取了罗戏、民间说唱艺术、舞蹈艺术的精华，迅速壮大并成为中原戏曲文化的精髓，于清代后期成为河南普遍流行的大剧种。[2]戏曲成为百姓文化娱乐的主要方式，各地纷纷兴办戏剧班社。戏曲依附于会馆、神庙、祠堂、村寨等场所广为传唱，不断壮大。随着戏曲表演规模的扩大及经济的繁荣，戏楼形制突破元代戏楼的格局，体量庞大，形制多样，装饰丰富。

明清时期，剧场型的观演空间基本成型，会馆、宗祠等社会交往、活动的中心建造戏楼，组织演出逐渐为社会联谊的方式。由于河南长期处于封建的小农经济社会，勾栏戏园长期未得到发展，原地踏步。此时，戏楼形成严谨规整的规制，舞台按功能区域划分清晰。

[1] 李开先：《词谑》，中国戏曲研究院编：《中国古典戏曲论著集成》卷三，中国戏剧出版社，1959年，第286页。

[2] 中国戏曲志编辑委员会：《中国戏曲志·河南卷》，文化艺术出版社，1992年，第73页。

二、经济繁荣为古戏楼的发展提供了条件

戏曲的成熟，与社会和经济的繁荣密不可分。河南历史上曾有20多个朝代在此建都或迁都于此，数千年是政治、经济、文化和交通的中心。其地理位置优越，位于黄河中下游，作为“九州腹地”“天下之中”，古时即为驿道、漕运必经之地，商贾云集之所。商贸的繁荣带来文化的兴盛，为戏曲文化及戏楼建筑的发展提供了非常好的条件与契机。

先秦时期，河南土地肥沃，交通便利，物产丰富，促进了农业、手工业和商业发展，城市繁荣。经济的繁荣促进了文化的发展。此时的《诗经》是按照《风》《雅》《颂》三部分编撰，分别为民间歌谣、宫廷雅乐以及宗庙祭乐。《诗经》的十五国风，其中《邶》

《鄘》《卫》是卫国的诗，大体流行在今河南省黄河以北地区；《王风》是东周王国的作品，流行在今河南洛阳一带；《郑风》是郑国的诗歌，流行在今河南省中部；《桧风》是桧（也作郐）国的诗歌，流行在河南省中部新密一带；《周南》《召南》是楚、申、吕、随等国的诗歌，有一部分流行在今河南省南部地区。[1]这些诗歌内容，为乐舞的流传奠定了基础。

秦汉时期，随着农业、手工业的发展，当时的洛阳、南阳（宛）成为全国重要的商业城市。洛阳作为东汉时期的国都，商业区有金市、马市和南市；南阳处于南北交通要冲，《盐铁论·力耕篇》中表述“宛周齐鲁商遍天下”。另外河南境内的温、轵、颍川、陈、睢阳等城市均为商货往来的集散地。经济的繁荣带来了歌舞文化的兴盛，南阳出土的画像石、画像砖均反映了当时乐舞、百戏的繁荣场面，以及舞台的清晰形象。

北魏时迁都洛阳，使其成为当时全国的手工业和商业中心，《洛阳伽蓝记》卷四提到“凡此十里，多诸工商货殖之民，千金比屋，层楼对出，重门启扇，阁道交通，迭相临望”[2]。可知当时商业的发达。北魏时期，经济的发达促进了宗教的发展，依附于寺庙的百戏表演如雨后春笋，发展迅猛。

隋代洛阳由宫城、皇城和外郭城三部分组成，外郭城有大同、丰都、通远三个贸易市场。《元河南志》记载：“南抵通远市之西偏门。自桥之东，皆天下之舟船所集，常万余艘，填满河路，商旅贸易，车马塞填，若西京之崇仁坊。”[3]开市时，商人“二十门分路入市”[4]。唐代，实行“两京制”，东都洛阳的繁盛仅次于长安，城内有南、北、西、东市，120行，3000多肆，400多邸店。繁华程度空前。当时的汴梁也居水陆交通要冲，南北漕运的枢纽，常常为舟车所会，商旅如云。河南境内大运河“弘舸巨舰，千舳万艘，交贸往还，昧旦永日”[5]。经济繁荣带来了文化的复兴，唐代的小说——传奇的出现，对元代杂剧产生有深远的影响。经济繁荣也带来了科技的进步，建筑技术得到了发展。唐代，出现作为戏楼萌芽阶段体现的专一性露台，是中国观演舞台发展的重要节点。

北宋时期东京为国家的政治、经济、文化中心，具有水陆地理位置优势的繁荣都市。《东京梦华录》卷三“马行街铺席”记载：“坊巷院落，纵横万数，莫知纪极。处处拥门，各有菜坊酒店，勾肆饮食。”[6]描述了当时经济的繁荣景象。随着经济发展、商业繁荣，文化娱乐兴起，夜市延长，出现晓市。《宋会要辑稿·食货》卷六十七记载：“太祖乾德六年四月十三日诏开封府，令京城夜市至三鼓以来不得禁止。”东京城内街巷均成为商业活动的场所，民间娱乐场所也迅速发展，时

[1] 张文彬：《简明河南史》，中州古籍出版社，1996年，第49页。

[2] 杨衒之：《洛阳伽蓝记校注》，范祥雍校注，上海古籍出版社，1958年，第205页。

[3]《元河南志》卷四《漕渠》；中华书局，第8386页。

[4]《大业杂记》，商务印书馆《元明善本丛刊》本《历代小史》卷之又五，第66页。

[5]《旧唐书》卷九十四《崔融传》。

[6] 孟元老：《东京梦华录》，侯印国译注，陕西新华出版社传媒集团，2021年，第80页。

称为瓦舍及勾栏。瓦舍又称瓦子、瓦肆。《梦梁录》卷十九“瓦舍”记载：“瓦舍者，谓其来时瓦合，去时瓦解之义，易聚易散也。”指娱乐场所集中的地方，以勾栏为主要构成的集市。“勾栏”专指瓦舍中演出百戏杂剧的戏场、戏台，为中国出现最早的商业露天剧场。东京的瓦子在城中有6处，分别为潘楼街的桑家瓦子、内城东门外的朱家桥瓦子、内城西门外的州西瓦子、内城北门外的州北瓦子、内城西南门外的新门瓦子和内城东南门外保康门瓦子。《东京梦华录》卷二“东角楼街巷”描述：“街南桑家瓦子，近北则中瓦，次里瓦，其中大小勾栏五十余座。内中瓦子有莲花棚、牡丹棚，里瓦子夜叉棚、象棚最大，可容数千人。”[1]

宋代，整个中州地区经济相当发达，县以下的集镇贸易众多，如开封府界管辖的35个县镇，设有商税机构的有17个。河南府所辖的伊阙、三乡、白波三镇商税，合计6560551文[2]。经济繁荣及交通便利促进了汴京的民间戏曲文化得以扩展到周围广大地域。商丘南五里的汴河沿岸，形成了热闹的河市，河市常有被称为“路歧人”的民间艺人演出。北宋是宫廷、贵族“雅乐”向民间普及迅速发展的时代，也是观演建筑发展的阶段性高潮。

金元时期，河南失去国家政治、经济、文化的中心地位，但元代是戏剧成熟时期，河南出现了一批戏剧文学家，舞楼建筑在河南文物资料中出现，河南现存戏楼创建最早的镇平城隍庙戏楼，建于元至正元年（1341）。

明清时期，河南商品经济发达。《简明河南史》中记载，明代集镇有647处，清代发展到1133处。作为明清时期的省级政权机构所在地的开封，商业店铺林立，“势若两京”[3]。清代洛阳城内经营山西潞绸的商家有22家，布店12家，杂货商7家，铁货商4家。经济的繁荣，使社会物质有了很大程度的丰富，滋长了人们对生活精神层面更高的追求，同时城市人口的增多，也对娱乐提出要求。清《郾城县志》记载了当时商贸与戏曲繁荣景象：“百货俱集，一村演戏，众村皆至，移他村，亦如之。”

明代中期以后，商品贸易繁荣，促使全国各地的商人在河南聚集，明代以安徽籍商人为主，清代以山西、陕西商人为主。史料记载，道光十五年（1835），洛阳市山陕商家651家，其中马市一街的商号有258家[4]。外地商人的聚集促进了各地会馆大量营建，为戏楼的发展提供了良好的条件与契机。《简明河南史》记载：省内山陕会馆32处，山西会馆32处，江西会馆6处，湖广、湖北会馆各5处，福建会馆4处，江浙、四川会馆各3处，江南、山东会馆各2处，江宁、湖南、两江会馆各1处[5]。山陕、山西会馆分布于46州县镇，会馆最集中的是开封和周家口。因商

[1] 孟元老：《东京梦华录》，侯印国译注，陕西新华出版社传媒集团，2021年，第43页。

[2] 张文彬：《简明河南通史》，中州古籍出版社，1996年，第250页。

[3]《如梦录·街市纪》，孔宪易校注，中州古籍出版社，1984年。

[4] 张文彬：《简明河南通史》，中州古籍出版社，1996年，第304页。

[5] 张文彬：《简明河南史》，中州古籍出版社，1996年，第301页。

人财力富厚，会馆戏楼建筑体量宏大，雕镂精美，是会馆中主体建筑之一。社旗山陕会馆舞楼、洛阳潞泽会馆舞楼、荆紫关山陕会馆戏楼成为明清戏楼建筑的鼎盛阶段的典范。

三、神庙的兴盛带动了戏楼的建造

神庙指从事宗教仪式及祭祀神灵活动的神祇庙宇，泛指佛教寺院、道教宫观、儒释道三教合一的三教堂等。河南是道家、墨家、法家等思想的发源地，佛教文化也传入较早，儒、释、道三教合流，意识形态融会调和、相互影响，使神庙与戏楼的结合在河南早期戏曲发展史上有一定的普遍性。

东汉时期，汉明帝永平年间，洛阳西门外立白马寺。魏晋南北朝时期，佛寺以官方立寺、民间立寺、僧人立寺等方式建立起来，佛教与佛寺建设得到稳定发展，功能逐步完善。西晋时佛教中心在都城洛阳，城内佛寺已有42所之多。[1]北魏时期，皇室佞佛之风愈盛，宣武帝继位以后洛阳佛寺达500余所，“夺民居，三分且一”[2]。至正光年间多达1367所。此时，佛寺的宣教仪式汲取中国本土世俗的艺术形式，邀请散乐艺人参加，吸引信徒及民众观看，寺院成为这一时期百姓观看演出的主要场所。

北魏杨衒之《洛阳伽蓝记》描述了当时的长秋寺、景乐寺、宗圣寺、法云寺、禅虚寺等歌舞活动的盛况。景乐寺，“至于大斋，常设女乐，歌声绕梁，舞袖徐转，丝管寥亮，皆妙入神。以是尼寺，丈夫不得入。得往观者，以为至天堂”[3]。宗圣寺，“有像一躯，高三丈八尺，端严殊特，相好毕备，士庶瞻仰，目不暂瞬。此像一出，市井皆空，炎光腾辉，赫赫独绝世表。妙伎杂乐，亚于刘腾，城东士女多来此寺观看也”[4]。

唐代，佛寺由于社会等级差别及官庶之分，正式寺院有敕建与奏请赐额两种，限于州郡以上。地方私建的寺院远离城市，反映出佛寺功能正逐渐与地方传统习俗相结合的世俗化倾向。宋钱易《南部新书》记载：“长安戏场，多集于慈恩。小者在青龙，其次荐福、永寿。尼讲盛于保唐，名德聚之安国。士大夫之家入道，尽在咸宜。”文中提到的慈恩、青龙、荐福、永寿等地名，均为长安城的佛教寺院。

宋代佛寺献乐活动常见，相国寺每月五次开放，《东京梦华录》卷六“十六日”记载：正月十六日，开封相国寺，“寺之大殿前设乐棚，诸军作乐……资圣阁前，安顿佛牙，设以水灯，皆系宰执戚里贵近占设看位。最要闹九子母殿及东西塔

[1] 杨衒之：《洛阳伽蓝记校注·原序》，范祥雍校注，上海古籍出版社，1958年，第1页。

[2] 杨衒之：《洛阳伽蓝记校注·序》，上海古籍出版社，1958年，第10页。

[3] 杨衒之：《洛阳伽蓝记校注》，上海古籍出版社，1958年，第52页。

[4] 杨衒之：《洛阳伽蓝记校注》，上海古籍出版社，1958年，第79页。

院、惠林、智海，宝梵，竞陈灯烛，光彩争华，直至达旦。其余宫观寺院，皆放万姓烧香，如开宝、景德、大佛寺等处，皆有乐棚，作乐燃灯”。[1]

宋金元时期，中原民间神庙数量增加迅速。唐代推崇道教，天宝二年（743），洛阳老子庙称为太微宫，天下诸州之庙称紫薇宫[2]，随后道教宫观广建，成为数量仅次于佛教的第二大宗教。宋代，佛教衰退，儒学、道教复兴，儒、佛、道相互融合。城隍庙作为祭祀建筑，遍及各大小城市。借祭神活动而展开娱乐，是祭祀目的的外延，成为宋金元时期当时人们满足宗教和娱乐两种文化需要的共同手段，是中国本土宗教场所的显著特征，登封中岳庙《大金承安重修中岳庙图碑》上绘一露台，是这一时期的实物例证。金承安四年（1199），露台整体呈方形须弥座式。神庙祭祀与戏曲娱乐相融合，向神庙建筑群体结构提出了要求，从而使神庙的附属建筑——戏台得到相应的确立。自宋以后，中原地区庙宇几乎都有戏台建筑，极大地扩展了戏曲文物的范畴。

明清时期庙宇、道观遍及各地，神庙的兴盛拉动了河南戏楼兴建热潮，对河南戏曲的传播发挥了重要的作用。

[1] 孟元老：《东京梦华录》卷六，陕西新华出版社传媒集团，2021年，第165页。

[2]《唐要会》卷五十“尊崇道教”，丛书集成本，第865—866页。

四、地方戏曲的繁荣是戏楼形成、发展的原因

早在元代，中国杂剧声腔已有地域差异，主要分河南“中州调”及河北“冀州调”两大腔系。[3]魏良辅在《南词引证》中称：“唱北调，宗‘中州调’者佳。”元代南芝庵著《唱论》提到：“凡唱曲有地所……大名（今河北大名）唱［摸鱼子］，彰德（今河南安阳）唱［木斛沙］。”

明清时期，戏曲是百姓最喜为乐见的娱乐形式。戏曲种类多样，既有前代流传的院本、杂剧，也有特色鲜明的地方戏。戏曲与民俗相融合，并通过祭祀社火等民俗活动，成为民间祭祀文化的主要承载手段之一。

河南明代北曲弦索、俗曲小令十分盛行，各地县志均记载了当地的戏曲演出盛况。清代更是地方戏种蓬勃发展，尤其康乾时期，地方剧种普遍兴起，商业性的戏班大量增多，戏班村村皆有，遍布全省。在河南有据可查的曾经流行的剧种有45种之多[4]，包括越调、大平调、怀梆、怀调、南阳梆子（宛梆）、大弦戏、卷戏、道情戏、落腔、花鼓戏、二黄（汉剧）、眉户等剧种，都有自己的班社。河南梆子得到了长足发展，主要流行于开封、商丘及其周边等地。在豫西南，主要流行汉剧、

[3] 中国戏曲志编辑委员会：《中国戏曲志·河南卷》，文化艺术出版社，1992年，第11页。

[4] 中国戏曲志编辑委员会：《中国戏曲志·河南卷》，文化艺术出版社，1992年，第66页。

[1] 中国戏曲志编辑委员会：《中国戏曲志·河南卷》，文化艺术出版社，1992年，第15页。

越调。在豫西，蒲剧流行于陕县、灵宝、卢氏、新安、洛宁等地。扬高戏、眉户戏也有班社在这些地方演出。在豫北，怀梆盛行于沁阳、孟津、武陟、修武、获嘉、济源、原阳等怀庆府八县；落腔、四股弦流行于安阳、淇县、汤阴、清丰、南乐、林县、鹤壁；而大平调除在这些地域流行外，还活动于许昌、汝南、民权、宁陵、兰考、睢县以及冀南、鲁西南、皖北等地。二夹弦、道情戏在豫东一带很受欢迎。豫南花鼓和嗨子戏盛演于信阳、光山、新县、罗山、桐柏等地[1]。由于戏曲演出活动的兴盛，戏场建筑也得到极大繁荣，清代康乾时期，戏楼的数量剧增，建筑形式多样，功能完备，装饰精美。

第二节 河南古戏楼形制的演变

河南古戏楼的形制在歌舞、戏曲及地域文化的影响下，经历了漫长的发展和演变，其大致可分为四个阶段：（1）从先秦时期至唐以前，平地演出，撂地为场，尚无舞台设置，唐代出现专为表演服务高出地面的露台；（2）宋金时期，露台上乐棚演变为有屋面的舞亭，完成从露台向舞亭的转变；（3）从金代中期至元，戏台三面砌墙，形成一面观的格局，出现以悬挂帐幔等形式分隔出前后台；（4）明清时期，戏楼后台独立，形式丰富，功能齐备。这样的结论，基本成为学术界对于中国戏场建筑的共识性认识，如丁明夷先生所言："中国舞台演变的大致趋势为：由平地上演出到建立高出地面的台子；由上无顶盖的露天舞台到有屋顶的舞台；由演出面的四面观到一面观。"[1]柴泽俊先生在《平阳地区古代戏台研究》一文中也表述了同样的观点。

[1] 丁明夷：《山西中南部的宋元舞台》,《文物》1972年4期，第54页。

一、萌芽阶段：由平地舞台到"露台"出现

原始的文化艺术无音乐、舞蹈、戏剧之分，处于混沌状态。早期的歌舞以旷野、高岗等自然地形作为观演空间，舞台撂地为场。《诗经·陈风·宛丘》中"坎其击鼓，宛丘之下。无冬无夏，值其鹭羽"的诗句展现了在陈（今河南淮阳）四周高中间平坦的地方，击鼓作响，不论冬夏，手持鹭羽的表演场景。《吕氏春秋·古

乐篇》中“校山林溪谷之音，缶而鼓之，拊石擎石，以致默百舞”，描述了山林间歌舞的情景。这些就地娱之的表演是依据地形呈围观式的观演空间，观、演地处于同一平面，观众具有强烈的融入感。

随着社会的发展，乐舞表演形式逐渐丰富，服务对象更加广泛，在商周时期产生了宫廷“雅乐”与民间的“俗乐”，春秋战国时期室内乐舞及室外百戏区分明确，至汉代，乐舞、百戏更是兴旺。宫廷外的乐舞表演，初期多出现在贵族宴筵上，观演空间以厅堂中心为表演区域，四周观赏者边饮宴边观赏；或者以庭院为表演区域，厅堂内观赏，这种观演形式满足观者的优越和舒适感。在河南出土的东汉时期的画像砖石，展现了这种观演形式。如南阳出土的东汉时期的厅堂观舞画像砖（照1-2-1-1）。图下侧为悬山顶厅堂建筑，前檐立四柱，柱头承一斗三升斗栱。堂内主人端坐于画面左侧，有两人向其拜谒，下有二人相谈甚欢。堂中间一女伎翩翩起舞，旁侧一男优似做滑稽戏，下方两乐人伴奏。同为南阳出土的露天庭院表演、厅堂观看的画像砖。画面呈现在庭院中，二人边鼓边舞，下方四人奏乐，一人表演。庭院左部有四阿顶建筑，设帷幔，前檐下部设有栏杆，室内三人端坐于

照1-2-1-1　南阳出土东汉厅堂观舞画像砖

照1-2-1-2　南阳出土东汉庭院表演画像砖

照1-2-1-3 新野出土东汉广场百戏砖雕

内，居高观舞。以上画像砖均生动形象地反映出当时舞台的观演形式（照1-2-1-2）。

河南汉代是百戏兴旺的年代，演出规模逐渐扩大，大型表演以广场及街道为主要观演场所。张衡《西京赋》中记载，汉武帝“大驾幸乎平乐……临迥望之广场，程角抵之妙戏……”[1]这种观演方式一直延续到后世，如北宋张择端的《清明上河图》，呈现了路歧艺人在露天场地演出、观众四面围观的场景。汉画砖中也存例证，河南新野出土的东汉时期画像砖（照1-2-1-3），画面上百戏规模盛大，与李尤《平乐观赋》对于广场表演的描写相同：“戏车高橦，驰骋百马……或以驰骋，复车颠倒。乌获扛鼎，千钧若羽，吞刀吐火，燕跃乌路，陵高履索，踊跃旋舞，飞丸跳剑，挈琴鼓征……”[2]随着乐舞观演的规模逐渐壮大，观众平视及四面围观的平地表演，已不能满足更多人的观演需求，表演者和观众之间形成高差为势所必然，于是出现台上、台下两种观演形式。一是观众区高表演区低。如汉武帝在“平乐观”上看百戏表演，北魏杨衒之《洛阳伽蓝记》卷五记载：“禅虚寺在大夏门御道西。寺前有阅武场……有羽林马僧相善抵角戏……帝亦观戏在楼，恒令二人对为角戏。”[3]这种居高临下的观赏，体现了中国封建社会尊卑贵贱的等级制度。二是将表演舞台升高，人们在台下观看。据《隋书·音乐志》中记载：“于端门外，建国门内，绵亘八里，列为戏场。百官起棚夹路，从昏达旦，以纵观之……乃于天津街盛陈百戏，自海内凡有奇伎，无不总萃。”[4]描写了街市两旁，设棚为表演或观看的场景。

东汉时期的明器——百戏陶楼，在河南西平、项城、淅川、灵宝、荥阳等地均有发现，它具象反映了当时舞台表演的观演空间，从

[1] 张衡：《西京赋》，费振刚，胡双宝，宗明华辑校，《全汉赋》，北京大学出版社，1993年，第419页。

[2] 欧阳询：《艺文类聚》，卷第六十三，第1134页。

[3] 杨衒之：《洛阳伽蓝记校注》，范祥雍，校注，上海古籍出版社，1958年，第247页。

[4]《隋书》卷十五，《音乐志》下，中州古籍出版社，1998年，第76页。

照1-2-1-4　灵宝出土东汉时期三层百戏陶楼（摘自：《河南出土汉代建筑有器》，大象出版社，2002年）

照1-2-1-5　项城出土东汉时期百戏陶楼（摘自：《河南出土汉代建筑有器》，大象出版社，2002年）

另一角度可窥当时舞台建筑的形制，为研究当时的舞台建筑及戏曲提供了宝贵例证。河南灵宝出土东汉时期的三层绿釉百戏陶楼（照1-2-1-4）[1]，高0.89米，为三重檐四阿顶式，一层面阔两间，檐下为舞台，有四个乐俑，二人吹箫，二人起舞，形象灵动。一层屋檐设四条戗脊，檐口瓦当雕刻清晰，装修为四扇镂孔菱形格子窗。具有代表性的还有项城县老城汉墓出土的绿釉三层四阿顶百戏陶楼（照1-2-1-5）[2]。通高0.73米，平面呈方形，装修为菱形格子窗，内设楼梯。二层中部设隔墙将其分为前后两间，前为敞开的舞台，后为化妆、休息使用。隔墙左侧开门，方便艺伎出入。前檐设有卧棂式栏杆，顶层空间较小，正脊两端微翘。这两座百戏陶楼结构繁缛，比例协调，尤其项城出土的陶楼，二层分前后室，墙上开门，似为戏楼建筑的“上下场门”。前室舞台栏杆低矮，既不遮挡视线，又起到对艺伎表演时的安全围护作用，舞台基本要素都已具备，明显表现出舞台建筑特征。此种形式对后代的戏楼影响深远。河南现存的社旗山陕会馆悬鉴楼、周口关帝庙戏楼，形制上表现出承袭关系[3]。百戏陶楼是河南汉代贵族观演建筑的现实反映，也是其娱乐生活的理想化体现，虽已具备戏楼的要素，但还不是独立、公开的演出场所，真正的舞台建筑还未产生。

露台用于表演是中国戏曲舞台发展的重要节点。“露台”一词，最早见于汉，《汉书·文帝纪赞》记载：“尝欲作露台，召匠计之，直百金。”北魏时期，佛教初兴，寺院成为人们观看演出的主要场所。北魏杨衒之《洛阳伽蓝记》描述了

[1] 杨焕成：《河南陶建筑明器简述》，《中原文物》1991年第2期，第73页。

[2] 周口地区文化局文物科：《项城县老城汉墓出土陶楼》，《中原文物》1984年第3期。

[3] 杨焕成：《河南陶建筑明器简述》，《中原文物》1991年第2期，第72页。

当时佛寺歌舞活动的盛况。景乐寺，“至于大斋，常设女乐，歌声绕梁，舞袖徐转，丝管寥亮，皆妙入神”[1]。此时已有露台，但不仅

[1] 杨衒之：《洛阳伽蓝记校注》，范祥雍校注，上海古籍出版社，1958年，第52页。

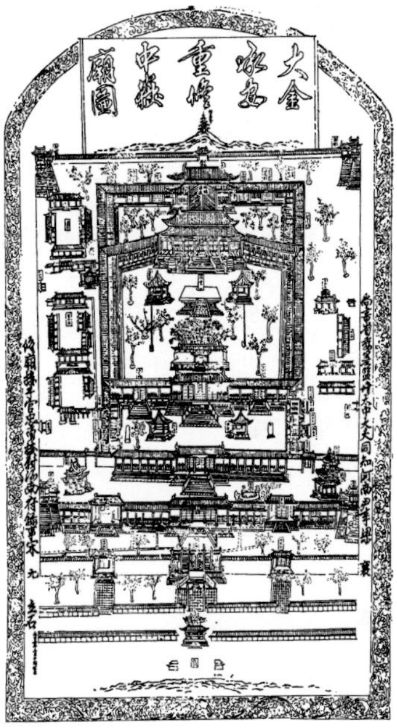

照1-2-1-6　大金承安中岳庙图（拓本临摹）（摘自张家泰：《大金承安重修中岳庙碑试析》，《中原文物》，1983年4月）

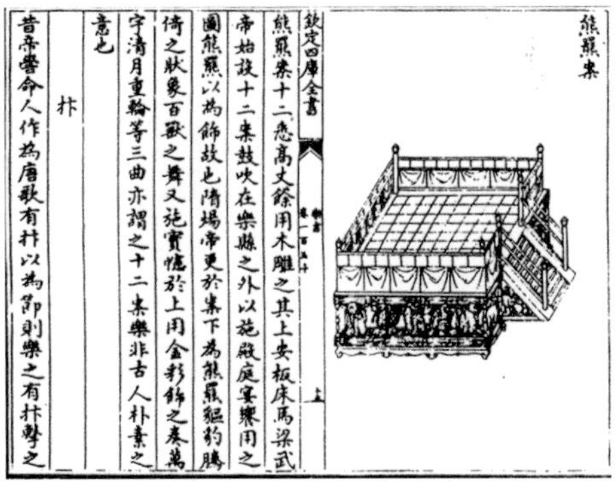

熊羆案十二悉高丈餘用木雕之其上安板床焉梁武帝始設十二案鼓吹在樂縣之外以施殿庭宴饗用之圖熊羆以為飾故也隋煬帝更於案下為熊羆貔豹騰倚之狀象百獸之舞又施寶幰於上用金彩飾之奏萬宇清月重輪等三曲亦謂之十二案樂非古人朴素之意也

朴

昔帝嚳命人作為唐歌有朴以為節則樂之有朴尊之

照1-2-1-7　熊罴案（摘自廖奔：《中国古代剧场史》，中州古籍出版社，1997年）

限于舞台功能，同时具备寺庙的祭祀功能。如河南登封中岳庙《大金承安重修中岳庙图碑》刻，上绘正殿前有一方形须弥座样式露台，南面设石阶，台旁题名曰“露台”（照1-2-1-6）。廖奔在《中国古代剧场史》提到：“六朝出现专用奏乐的木构台子，称‘熊罴案’。台呈方形，四周设围栏，前有踏步，类似露台，对后世的戏台形制的固定化产生了影响（照1-2-1-7）。四库全书本《乐书》中见其影。”[2]到唐代，文献《太平广记》卷二一九“周广”条引《明皇杂录》记载：“宫中大陈歌吹……当筵歌数曲。曲罢，觉胸中甚热，戏于砌台，乘高而下……”描述了露台上表演的场景。另外，从敦煌壁画中可见其影像，窥其形制特点。敦煌佛教壁画中绘制的露台，呈现出多种形制。莫高窟112窟主室南壁中唐时期的“观无量寿经变”壁画，中间为长方形表演舞台，伴奏乐台位于其后方，左右两侧露台及乐台用平桥与其相连。台面沿周边设勾栏，台体有两种形制，

[2] 廖奔：《中国古代剧场史》，中州古籍出版社，1997年，第8页。

照1-2-1-8　莫高窟112窟主室南壁——观无量寿经变（摘自高山：《再现敦煌壁画艺术临摹集》，凤凰美术出版社，2018年）

照1-2-1-9　榆林25窟主室南壁壁画（摘自高山：《再现敦煌壁画艺术临摹集》，江苏凤凰美术出版社，2018年）

分别为木柱架空与实心台体（照1-2-1-8）。榆林25窟壁画，舞台为方形，中间艺伎翩翩起舞，两侧设乐队，画面展现出实心台体及实心台体外沿加设木柱的两种露台形制（照1-2-1-9）。依壁画所示，唐代露台平面为方形或长方形，台面上均沿台周边设勾栏，台体分三种形式：一为用木柱将舞台架空；二为实心台体；三为两种的结合，实心台壁外沿一周采用木柱构架。

二、初期阶段：由露台过渡到“舞亭”“乐楼”

宋代百戏演出场所分为两类：一类是依附于神庙的戏台，由唐代的戏场逐渐演变而成；另一类为专供娱乐观演的瓦舍，是市井的演出场所。由此，露台大量建造于神庙及街市中，用于百戏表演。《宋史》卷一百四十二载：“每上元观灯，楼前设露台，台上奏教坊乐，舞小儿舞队，台南设登山，灯前陈百戏，山棚上用散乐女弟子舞。”《东京梦华录》卷六记载，元宵节于御街宣德楼前搭建露台，“楼下用枋木垒成露台一所，彩结栏槛……教坊、钧容直，露台弟子，更互杂剧。……万姓皆在露台下观看，乐人时引万姓山呼”[1]。另有《东京梦华录》卷八记载：“作乐迎引至庙，于殿前露台上设乐棚。教坊、钧容直作乐，更互杂剧舞旋。”[2]由此可知，宋代露台用枋木垒成，台周设栏杆，并置乐棚，即在露台上搭建可

[1] 孟元老：《东京梦华录》卷六，陕西新华出版社传媒集团，2021年，第156页。

[2] 孟元老：《东京梦华录》卷八，陕西新华出版社传媒集团，2021年，第214页。

拆卸的顶棚，用材简陋，起到短时遮蔽风雨的作用。北宋汴京瓦子内表演形式丰富，有说话讲史，傀儡戏、杂技、杂剧、皮影戏等几十种。这就要求瓦子勾栏在建筑形式和功能上具备较高舞台建筑要素。可惜，勾栏瓦舍的具体形制在文献中少有提及，宋画中也难窥其貌。

“舞亭”“乐楼”，是将露台上临时搭建的乐棚改为有固定顶盖的建筑。宋金时期，舞台建筑完成从露台向舞亭的转变，是戏台建筑发展史上重要环节。河南文献中多有“舞亭”“乐楼”等称谓。如《中州金石目》卷四“渑池”条中有元至元二年（1265）《昭济侯献殿舞亭记》，碑文有“舞亭”字样，民国二十四年（1935）版《中牟县志·祠庙》记载中的金代大安元年（1209）中牟圣关庙“乐楼”的称谓。这些佐证了固定有顶盖的舞台建筑的形成和盛行。河南古墓葬出土文物中留下了珍贵的金代戏楼的形象资料，如安阳及濮阳多地出土金代墓葬砖雕及戏台模型。我国现存年代最早的戏楼是晋东南高平王报乡王报村的二郎庙金代舞楼，为一间亭榭式，单檐歇山建筑。依据上述文献、墓葬出土实物及现存实例，可知宋金时期的舞亭、舞楼在宗教神庙中普遍出现，其形制存在以下共性：舞楼由台基、楼身、屋顶三部分组成，平面呈方形，台基四角立柱，上设梁架。四边不设墙壁，皆可观看；或者一面筑墙，三面围观，屋顶多为歇山式。

三、成熟阶段：由四面观、三面观的舞亭到一面观戏楼

戏楼由开始形成到成熟，经历了四面观、三面观的舞亭到一面观舞楼的演变。金代中期至元代，杂剧表演已规范化，对舞台的形制提出更高的要求，需将观众引导至前方观戏，一是为解决视觉干扰问题，二是便于舞台后演员换装、化

照1-2-3-1　安阳金代墓葬砖雕戏台模型（摘自杨建民：《中州戏曲历史文物考》，文物出版社，1992年）

[1] 柴泽俊：《柴泽浚古建筑文集》，文物出版社，1999 年，第 268 页。

[2] 杨健民：《中州戏曲历史文物考》，文物出版社，1992 年，第 64 页。

妆。因此，舞亭开始三面砌墙，采用悬挂帐幔等方式形成前后台，完成了戏楼由四面观或三面观向三面筑壁一面观的进化[1]，中国舞台建筑在形制上已趋成熟。安阳蒋村出土的金大定二十六年（1186）墓葬砖雕戏台模型为典型实例（照1-2-3-1）。模型为仿木构戏台，台高1.5米，宽0.66米，深0.1米，台口两侧立柱二根，柱间横置大额枋，其上设一斗三升铺作三朵承托屋面，斗栱用材硕大。柱间以帷幕分隔前后台[2]。

由于河南地处中原，长期遭受战火及水患侵蚀，金元时期戏楼无存。笔者调研统计，河南现存戏楼，创建于元代有5座，分别为：卢氏城隍庙舞楼创建于元末，洛宁故县镇隍城庙戏楼创建于元至元八年（1271），新乡关帝庙戏楼为元至正年间，孟州袁圪套村上清宫戏楼为元至元三年（1266），镇平城隍庙戏楼则为元至正元年（1341），但建筑均已历经明清时期的重建，无元代遗构。现存元代的舞亭实例，均位于山西南部，其中平阳地区遗存8座，对研究元代戏楼的形制及发展演变具有重要的价值。从山西现存元代戏楼实例、出土文物及文献资料总结，金元时期戏楼具有以下特征：（1）坐落在神庙中轴线上。（2）有砖制或石质台基，高1—2米之间。（3）平面呈方形或近方形，面阔多为一间，砌筑山墙，形成一面观的舞楼形制。（4）舞台悬挂帷幔，明确划分前后舞台。（5）柱上多使用檐额，梁架采用扒梁构架；斗栱起承重作用。（6）屋顶多为歇山式。如山西临汾魏村牛王庙戏楼，创建于元至元十七年（1280），面阔、进深均为一间，台基高平面呈近方形，单檐歇山式。台基高1米余，台上四柱上承五铺作斗栱、额枋及抹角梁，三面砌墙，山墙砌于后部1/3处。

四、鼎盛阶段：后台（扮戏房）独立，多元的建筑形制相互组合

随着经济的繁荣及戏曲的兴盛，河南明清戏楼在观演空间及形制上呈现出多元的趋势。从平面布局、结构形制、屋面形式等方面具有以下特征。

1. 随着表演规模的扩大，戏楼平面空间得以扩展。原来面阔一间的舞楼不能满足演出需求，戏楼突破元代戏楼的格局，由面阔一间扩展为三间或五间，平面由正方形演变为长方形或“凸”字形，戏楼平面形制分为台框式和伸出式两种类型。“凸”字形的戏台平面，从观演视线角度上看能更好地避免视线遮挡，声音方面能够获得更好地传播（照1-2-4-1）。

2. 戏楼增添了副台区。为扩大前台表演与后台化妆区的面积，在戏楼后方或两侧加盖房屋，原戏楼为前台，扩建部分则成为独立的后台（扮戏房），供演员化

照1-2-4-1　伸出式——郑州城隍庙乐楼

照1-2-4-2　单幢式——洛阳潞泽会馆舞楼

照1-2-4-3　二幢前后串联式——安阳朝元洞戏楼

照1-2-4-4　三幢左右并联式——博爱冯竹园三官庙戏楼

妆或候场休息使用。结构形式在单幢式的基础上，又形成了双幢前后串联式和三幢左右并联式，戏楼的功能划分更为清晰（照1-2-4-2）（照1-2-4-3）（照1-2-4-4）。

3. 梁架由元代亭榭式的扒梁结构演变为抬梁式结构，斗栱除承重功能外，装饰性逐步加强，藻井、天花使用普遍。

4. 为结合多样的平面及结构形制，屋面除了采用传统的歇山、悬山、硬山等形式外，不拘泥于陈规定式，将多种形制相互组合，形成十多种屋面样式，如前坡歇山式、后坡硬山式，前坡悬山式、后坡硬山式，前台悬山后、台硬山式，前台歇山式与后台硬山或悬山式相结合。三幢并联式戏楼屋面更是叠落穿插，多种形式相互组合，新颖多变。屋面样式丰富，并与建筑功能紧密结合，为明清戏楼的显著特征。

照1-2-4-5 一面观——郏县山陕会馆戏楼

5. 观演方式丰富，分为一面观、二面观、三面观及山墙在前台檐口一步架

照1-2-4-6 三面观——开封山陕甘会馆堂戏楼

照1-2-4-7　二面观——禹州城隍庙戏楼

照1-2-4-8　二面观——禹州城隍庙戏楼

处不封闭的半三面观四种类型（照1-2-4-5）（照1-2-4-6）。二面观戏楼最具特点，为舞台前后二面敞开，中间设格扇分割，也称鸳鸯台。河南遗存的二面观古戏楼寥寥无几，仅存两处。分别为淅川县荆紫关镇山陕会馆戏楼及禹州城隍庙戏楼（照1-2-4-7）（照1-2-4-8）。

照1-2-4-9　博爱桥沟天爷庙看楼

6. 戏楼前方两侧建观戏看楼。看楼均为两层，面阔依据需求设定，进深均为一至二间，前出廊，二层前檐设栏杆，为最佳观戏位置。河南现存看楼共7处（照1-2-4-9）。

7. 打破一庙一戏台的常规格局，出现同时建多座戏楼的现象。河南府城隍庙原有两座戏楼相对，称对台戏楼，可惜近代修路时拆毁一座。河南现仅存孟州显圣王庙三连台戏楼一例，三座戏楼并排邻建在同一台基，独特新颖（照1-2-4-10）。

照1-2-4-10　孟州显圣王庙三连台舞楼

第二章

河南遗存的古戏楼

河南古戏楼分布广、数量大、类型多，建筑形制遗存相对较好，地域特色浓厚。西部、北部山地、丘陵区域留存较多，相对集中。东部、南部平原区域遗存较少，周口市仅存一例，商丘、驻马店等市尚未发现遗存。河南古戏楼类型多样，分神庙戏楼、会馆戏楼、祠堂戏楼、村寨戏楼四种类型。戏楼位置除村寨中单独存在的形式外，多为组群建筑的一部分，或处于院内，或与大门一体而建，或立于院外。建筑规格以会馆戏楼相对雄伟、华丽，祠堂及村寨戏楼相对简约、质朴。建筑材料多样，砖、石、木、土坯、琉璃等均有使用，因地制宜，因材而施。河南15个地市现已发现遗存古戏楼183座，各具特色，是河南历史上戏曲及建筑文化传播的载体，保存至今，弥足珍贵，是古人留给我们的宝贵财富。

第一节 河南古戏楼的分布及类型

一、河南古戏楼的数量及分布

河南历史上曾有3000多座古戏楼，据《中国戏曲志·河南卷》中20世纪80年代的调查记录，当时河南尚留存有古戏楼419座[1]。由于历史变迁，城市的发展，自然和人为因素导致古戏楼逐渐损毁，现状堪忧。因河南民国时期戏楼现存数量较少，并且建筑特征对于研究古戏楼演变脉络具有较高价值，故本书把民国时期戏楼纳入调查范围。通过相关历史资料的研究，结合文物普查成果，对河南18个地市进行了拉网式实地调研，共勘查了338处疑似古戏楼遗存，最终结果显示，河南现存古戏楼仅有183座，其中还包括摇摇欲坠、濒临坍塌的10座古戏楼，其余近半数戏楼已损毁消失或被新建。如20世纪90年代初还遗存的南阳内乡显圣庙戏楼、洛宁县城关镇关帝庙戏楼、洛宁山陕会馆戏楼都已不复存在。在已毁戏楼中，原址新建为文化大舞台22座，原址复建9座；现遗存的183座古戏楼中，基本完好的105座，被改建的占到总数的43%。因河南古戏楼分布广，笔者等人对现存古戏楼的调查会有疏漏，并且建筑还存在自然及人为损毁等原因，本书统计的河南遗存古戏楼数量存在变数。

[1] 中国戏曲志编辑委员会：《中国戏曲志·河南卷》，文化艺术出版社，1992年，第530页。

河南现存古戏楼从区域分布情况看，北部和西部较为密集，洛阳、焦作、安阳、新乡、三门峡等地古戏楼数量占总数的64%；而河南东部数量较少，仅占总数的2.2%。河南现存183座古戏楼中，洛阳40座，焦作30座，郑州22座，新乡20座，安阳15座，三门峡12座，平顶山12座，南阳7座，许昌7座，信阳7座，开封4座，鹤壁3座，济源2座，漯河1座，周口1座，商丘、濮阳、驻马店均未发现遗存古戏楼。古戏楼分布于城市内的约占10%，分布于平原区域（除城市内）的约占20%，分布于山区和半山区的约占70%。

二、古戏楼的类型

河南古戏楼按其功能性质主要可分为神庙戏楼、会馆戏楼、祠堂戏楼、村寨戏楼四种类型。其中神庙戏楼125座，会馆戏楼13座，祠堂戏楼21座，村寨戏楼22座。另外还有附属在民宅中的戏楼1座，戏台1处。

（一）神庙戏楼

神庙泛指从事祭祀神灵及宗教仪式活动的建筑群。河南是道家、墨家、法家等思想的发源地，佛教文化也传入较早，儒、释、道三教合流，意识形态融会调和、相互影响，使神庙与戏楼的结合在河南早期戏曲发展史上有一定的普遍性。佛教于东汉传入，魏晋南北朝时期初兴，寺院的迎神祭祀活动汲取中国传统文化的艺术形式，邀请散乐艺人参加，寺院成为百姓观看演出的主要场所。北魏杨衒之《洛阳伽蓝记》记载了当时洛阳城寺庙歌舞活动的盛况。“至于大斋，常设女乐，歌声绕梁，舞袖徐转，丝管寥亮，谐妙入神。”[1]此处描绘的是景乐寺歌舞景象。至宋代佛寺献乐活动更是常见，《东京梦华录》卷六记载，正月十六日，开封相国寺，“寺之大殿前设乐棚，诸军作乐……直至达日。其余宫观寺院，皆放万姓烧香，如开宝、景德、大佛寺等处，皆有乐棚，作乐燃灯”[2]。宋金元时期，中原民间神祠数量迅速增长，庙会频繁，并借祭神活动展开娱乐，成为当时人们满足宗教和娱乐两种文化需要的共同手段，这是中国本土宗教场所的显著特征，登封中岳庙金代碑刻露台，是这一时期的实物见证。明清时期神祇庙宇遍及省内各地，形成一个广泛而芜杂的类型，神庙的兴盛拉动了河南戏楼兴建热潮，大量戏楼建于城隍庙、玉皇庙、龙王庙、碧霞宫等庙宇，三教合一的寺庙中也有兴建。如郑州城隍庙乐楼、神垕伯灵翁庙戏楼、辉县宝泉玉皇庙舞楼、常河村朝阳寺舞楼、骆庄三教堂戏楼等，

[1] 杨衒之：《洛阳伽蓝记校注》，上海古籍出版社，1958年，第52页。

[2] 孟元老：《东京梦华录》卷六，陕西新华出版传媒集团，2021年，第165页。

神祇庙宇的发展对河南戏曲的传播与戏楼的营建发挥了重要的作用，神庙戏楼成为河南古戏楼中出现较早、分布最广的戏楼类型。

（二）会馆戏楼

明中期以后，封建经济发展迅猛，商品贸易繁荣，促进了各地“联乡谊、通商情”的会馆大量营建。河南地理位置优越，处于南北、东西交通的中枢，商贾云集，各省商人纷纷营建会馆，以便于聚会、议事、接待及娱乐，为会馆戏楼的发展提供了良好的条件与契机。《简明河南史》记载：省内山陕会馆32处，山西会馆32处，江西会馆6处，湖广、湖北会馆各5处，福建会馆4处，江浙、四川会馆各3处，江南、山东会馆各2处，江宁、湖南、两江会馆各1处[1]。商贸的繁荣带来文化的兴盛，戏楼在会馆中的地位越发突显，成为商团节庆、典仪活动的中心，也推动了河南戏剧的勃兴与成熟。

[1] 张文彬：《简明河南史》，中州古籍出版社，1996年，第301页。

因商人财力富厚，会馆戏楼建筑体量宏大，雕镂精美，台面宽阔，在会馆建筑中具有重要的地位，成为会馆中主体建筑之一。如洛阳潞泽会馆舞楼一层为会馆大门，二层戏楼为重檐歇山顶。面阔五间，进深三间，建筑规模宏大，戏楼台面宽17.71米，系河南遗存台面最为宽阔的古戏楼。周口关帝庙戏楼位于建筑群中轴线上，系砖木结构重檐歇山式建筑。主楼居中，两侧配有歇山式边楼，戏楼额枋上雕龙凤牡丹及戏剧人物故事，是河南古戏楼中的精品。洛阳山陕会馆舞楼雄伟壮观，木雕、砖雕雕刻精美，特别是前台歇山、后台庑殿的屋面组合形式尤为罕见，是研究河南地方建筑构造不可多得的珍贵实例。

（三）祠堂戏楼

祠堂是族人祭祀祖先的场所。史载东汉光武帝建高庙，开创为诸帝合祭于一庙的先例。[2]魏晋至隋唐庶人不得立庙，宋代完备了祠堂之制。明洪武初年，百姓设置宗祠家庙符合规制，祠堂广泛分布。聚族而居的村落中，祠堂是日常精神文化的中心、民间文化的载体，而戏曲则是民众文化娱乐的需求，因而戏楼成为祠堂重要的组成部分。祠堂所建戏楼多用材考究，形制别致，具有浓厚的地方特色。新县宋氏祠堂戏楼坐南面北，一层为宗祠入口大门，二层为戏台。木构架为抬梁与穿斗混合构架，建筑砖雕、木雕镂刻精细。屋面形式构思巧妙，别具风

[2] 刘叙杰：《中国古代建筑史》第一卷（原始社会、夏、商、周、秦、汉建筑），中国建筑工业出版社，2003年，第429页。

格。戏楼建筑体量小巧，舞台面积与河南其他地区相较狭窄许多，极具特点。博爱柏山村刘氏祠堂戏楼坐南面北，位于大门二层，平面呈“凸”字形，三幢左右并联式，屋面为卷棚硬山式，两侧耳房（扮戏房）为硬山式。戏楼、耳房（扮戏房）均为二层砖木结构。戏楼面阔三间，进深一间，六步椽屋。建筑整体宽阔、挺拔，屋面高低错落，形式多变，风格质朴，气质大方。

（四）村寨戏楼

河南为戏剧的发源地之一，北宋末年杂剧已传播到河南一些较为偏远的山乡，洛阳市偃师区、洛宁县、新安县等地均出土有杂剧砖雕。明清时期地方戏种更是蓬勃发展，班社演出活动频繁。乾隆十八年（1753）编纂的《郾城县志》记载了戏曲繁荣景象：“百货俱集，一村演戏，众村皆至，移他村，亦如之。”各村寨集资修建戏楼，营建公共活动空间，成为感情交流、日常娱乐的主要场所。村寨戏楼不依附于其他组群，是独立存在的具有特定功能的建筑，一般位于村中部的空阔之地，不设观看设施，最大限度地容纳远近村民观看表演。因神庙戏楼及宗祠戏楼的繁盛，村寨戏楼出现较晚，同时也是体量、形制最为简朴的古戏楼类型。如叶县洛岗戏楼、荥阳王村戏楼、新乡留庄营戏楼、安阳铜冶镇角岭村歌舞楼等。叶县洛岗戏楼为单幢式，坐南面北，悬山式建筑，抬梁式木构架，灰瓦顶，面阔三间，进深二间。前檐用四根方石柱，檐下施斗栱，平身科明间两攒，两次间各一攒，室内设屏风，将表演和化妆空间分隔开。戏楼脊枋上遗留有“大清嘉庆六年（1801）岁次辛酉桐月建修”题记。

第二节 河南遗存的古戏楼

一、郑州市

郑州地处黄河中下游、中原腹地、河南中部偏北，黄河中下游和伏牛山脉东北翼向黄淮平原过渡的交接地带。历史上歌舞艺术兴盛，最早可以追溯到汉代的歌舞百戏，新密打虎亭汉墓中出土的彩绘“宴饮百戏图”即反映了当时的歌舞盛况。元至正二年（1342）洪山庙大殿栱眼壁上的戏曲壁画，可见当时新密戏曲之盛。《密县戏曲志》（1991）记载：“至五十年代，全县尚存古戏台53座，且多建于明代。”

郑州地区现存古戏楼22座，包括郑州市区1座、登封市3座、巩义市13座、新密市4座、荥阳市1座；其中国保单位1处、省保单位3处、市保单位1处、县保单位4处、一般文物点13处（图2-2-1-1）。

① 郑州城隍庙乐楼（郑州市管城区）
② 新密城隍庙戏楼（新密市城关镇）
③ 新密西街关帝庙戏楼（新密市城关镇西街村）
④ 陈沟青龙庙戏楼（新密市来集镇陈沟村）
⑤ 西土门李氏祠堂戏楼（新密市岳村镇西土门村）
⑥ 东施村关帝庙乐楼（登封市大冶镇东施村）
⑦ 周庄全神庙戏楼（登封市东金店乡周庄村）
⑧ 沙沟马王庙戏楼（登封市大冶镇沙沟村）
⑨ 涉村东大庙戏楼（巩义市涉村镇后村）
⑩ 楼子沟老君庙戏楼（巩义市小关镇楼子沟村）
⑪ 高庙村关帝庙戏楼（巩义市米河镇高庙村）
⑫ 巩义刘氏祠堂戏楼（巩义市大黄冶村）
⑬ 山川村大庙戏楼（巩义市北山口镇山川村）
⑭ 山头村卢医庙戏楼（巩义市康店镇山头村）
⑮ 桥沟老君庙戏楼（巩义市大峪沟镇桥沟村）
⑯ 焦湾村关帝庙戏楼（巩义市康店镇焦湾村）
⑰ 孙寨老君庙戏楼（巩义市竹林镇孙寨村）
⑱ 桃花峪火神庙戏楼（巩义市新中镇桃花峪村）
⑲ 河洛大王庙舞楼（巩义市河洛镇神北村）
⑳ 白沙崔氏祠堂戏楼（巩义市孝义镇白沙村）
㉑ 鲁庄姚氏祠堂戏楼（巩义市鲁庄镇鲁庄村）
㉒ 荥阳王村戏楼（荥阳市王村镇王村）

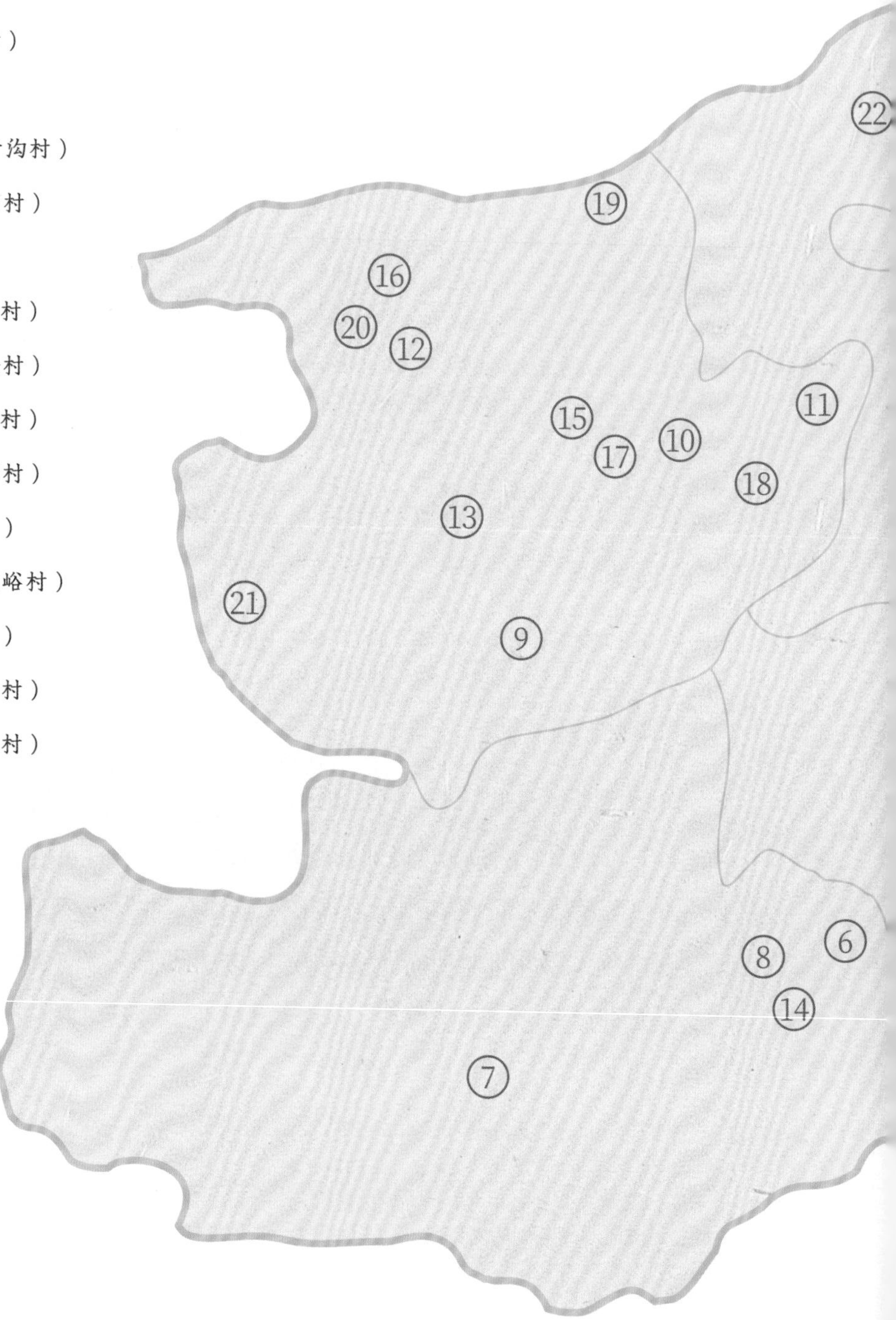

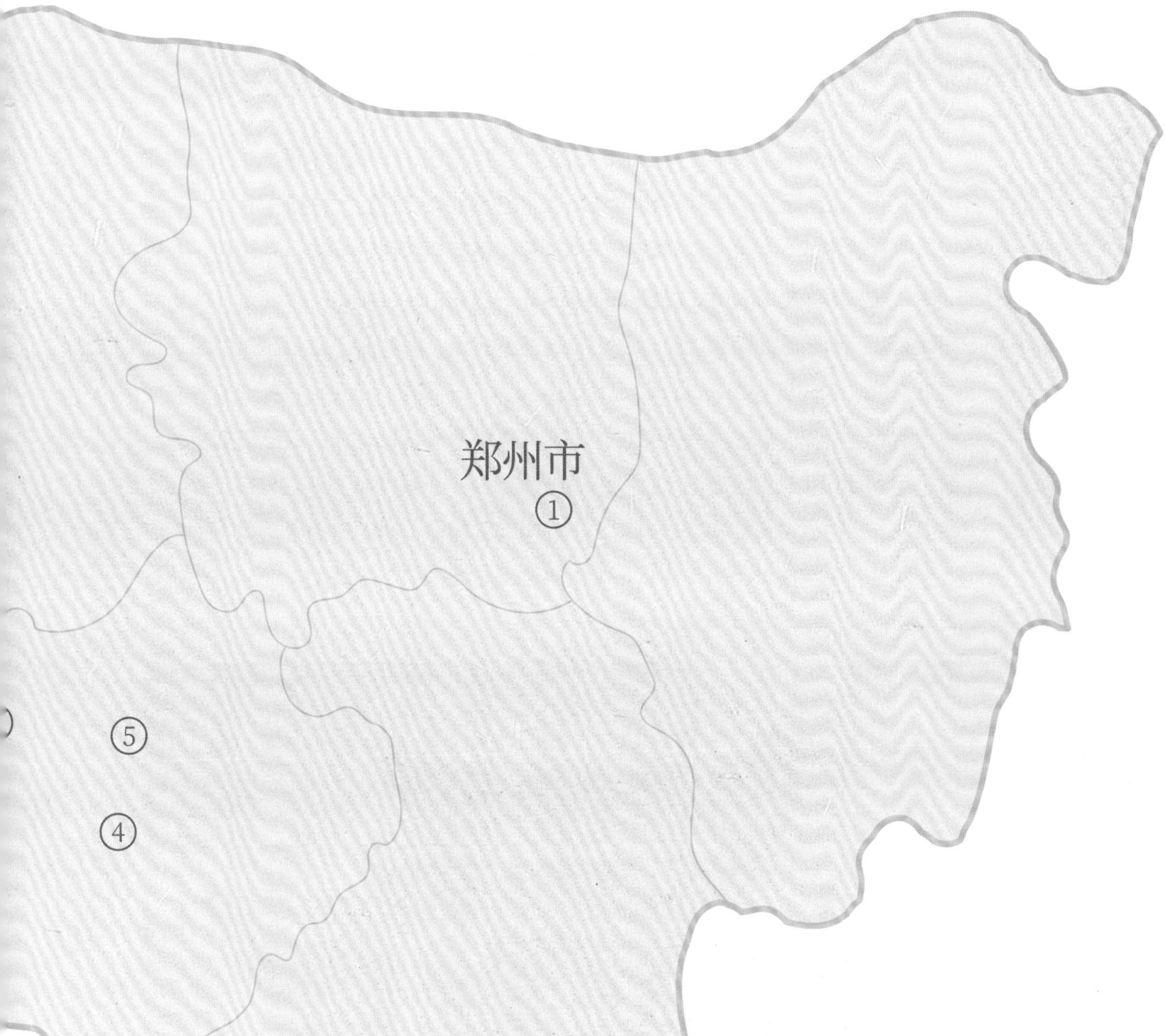

图 2-2-1-1 郑州市遗存古戏楼分布示意图

（一）郑州城隍庙乐楼

郑州城隍庙位于郑州市管城区商城路东段，北纬34° 45′ 09″，东经113° 40′ 50″，海拔100米。创建于明洪武二年（1369），弘治十四年（1501）重修，其后屡有修葺。城隍庙坐北面南，东西宽50米，南北长130米，占地面积6500平方米。现存山门、仪门、乐楼、大殿、寝宫等建筑，庙院布局完整，建筑造型精美，系第七批全国重点文物保护单位。

乐楼于清康熙五十年（1711）、清光绪二年（1876）屡次修缮。位于城隍庙中轴线上，坐南面北，与大殿相距20余米，重檐歇山式建筑。台高2.84米，台边围设透雕石质栏杆，栏板上精雕花草纹饰。建筑平面呈“凸”字形，三面观。戏楼居中，左右两侧配以歇山式边楼。面阔三间，进深二间，通面阔11.48米，其中明间面阔4.55米；通进深8.32米，通高10.62米。抬梁式木构架，檐额坐于前后通柱之上，柱径0.62米，柱高7.49米，上承三踩斗栱、五架梁、瓜柱、三架梁及各架檩枋。前后有抱厦，后抱厦为垂花柱式，前抱厦用两根石柱支撑，石柱镌刻楹联一副：“传出幽明报应彰天道；演来生死轮回醒世人。”檐下施一斗二升交蚂蚱头斗栱二攒。戏楼屋面覆孔雀蓝琉璃瓦，正脊中间置狮子宝瓶。整个建筑精巧玲珑，造型别致。庙内遗存光绪年间残碑《重修城隍庙戏楼记》，碑文：“……独西州

照2-2-1-1 郑州城隍庙乐楼

神演之台□□不治，不足以壮观……如桓宽所谓椎牛击鼓、戏倡舞像也……俳优之台……”记载了城隍庙乐楼清代戏曲活动（照2-2-1-1）（图2-2-1-2）（图2-2-1-3）（图2-2-1-4）（图2-2-1-5）（图2-2-1-6）（图2-2-1-7）（图2-2-1-8）。

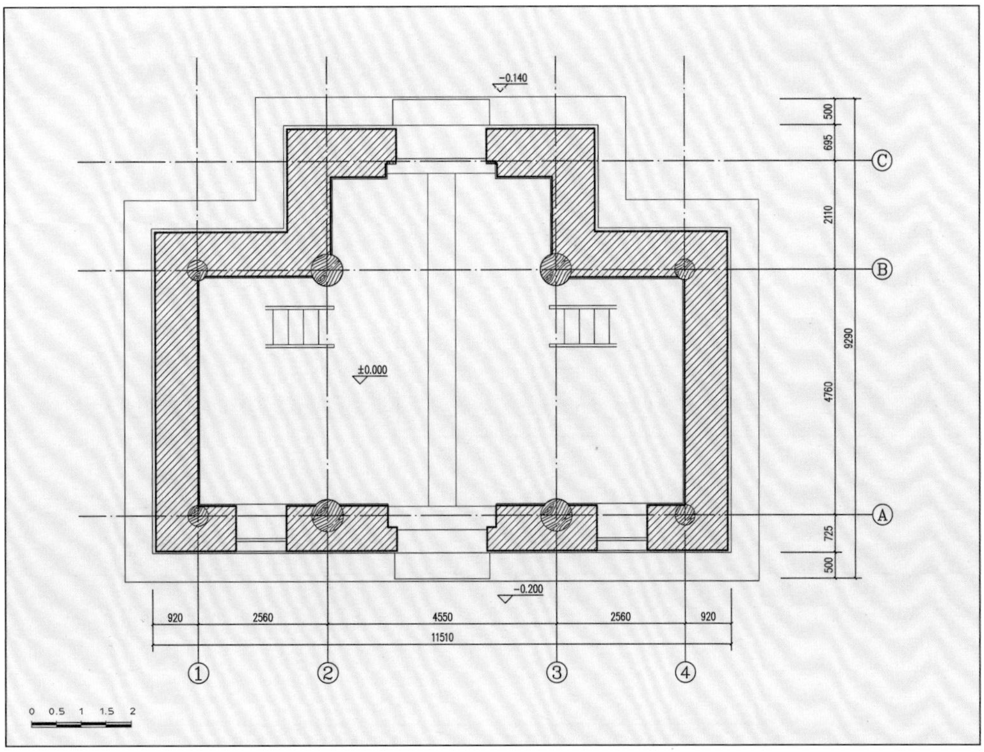

图2-2-1-2 郑州城隍庙乐楼一层平面图

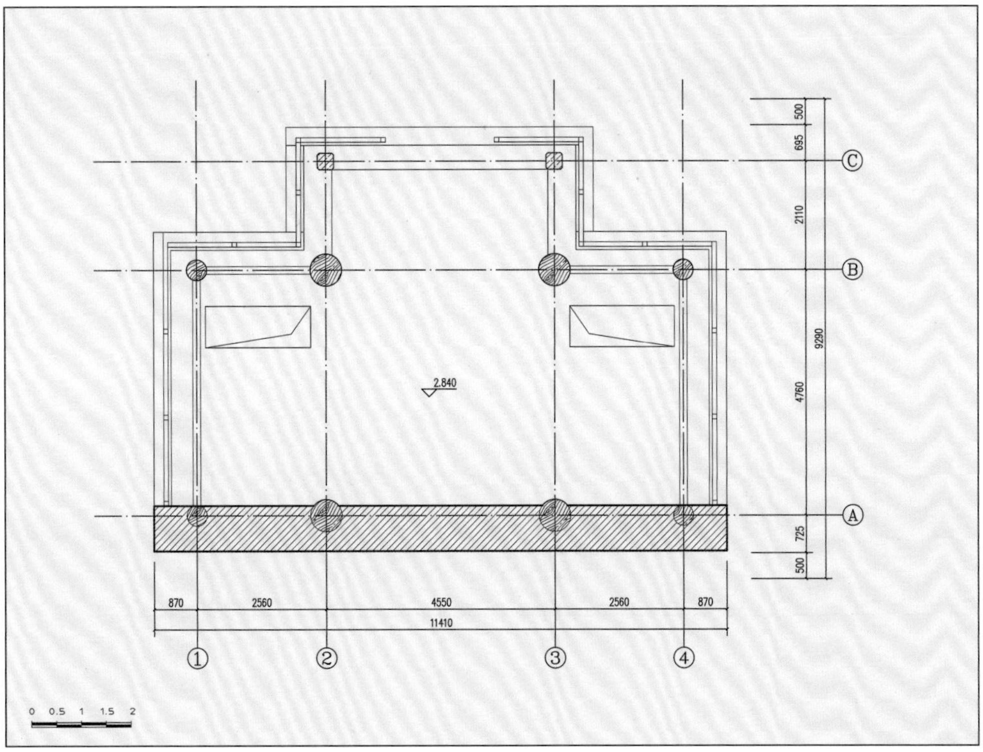

图2-2-1-3 郑州城隍庙乐楼二层平面图

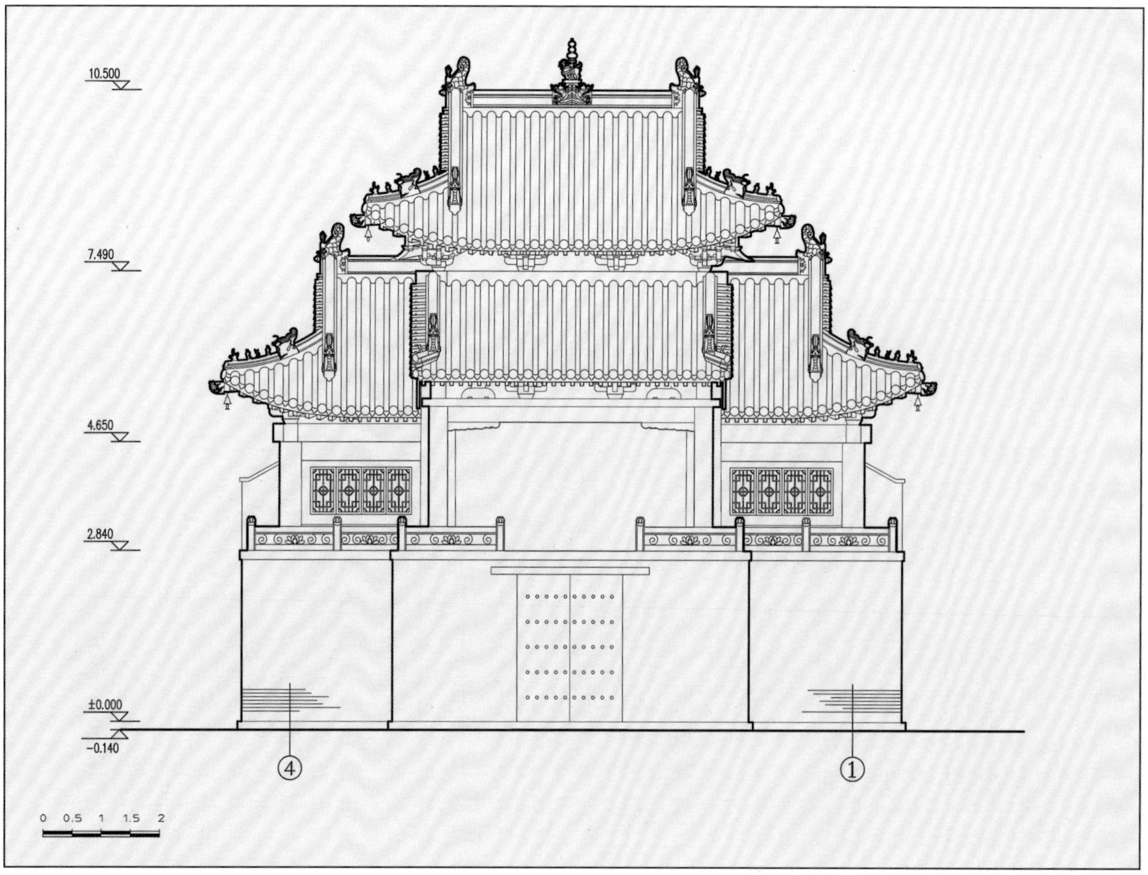

图 2-2-1-4 郑州城隍庙乐楼正立面图

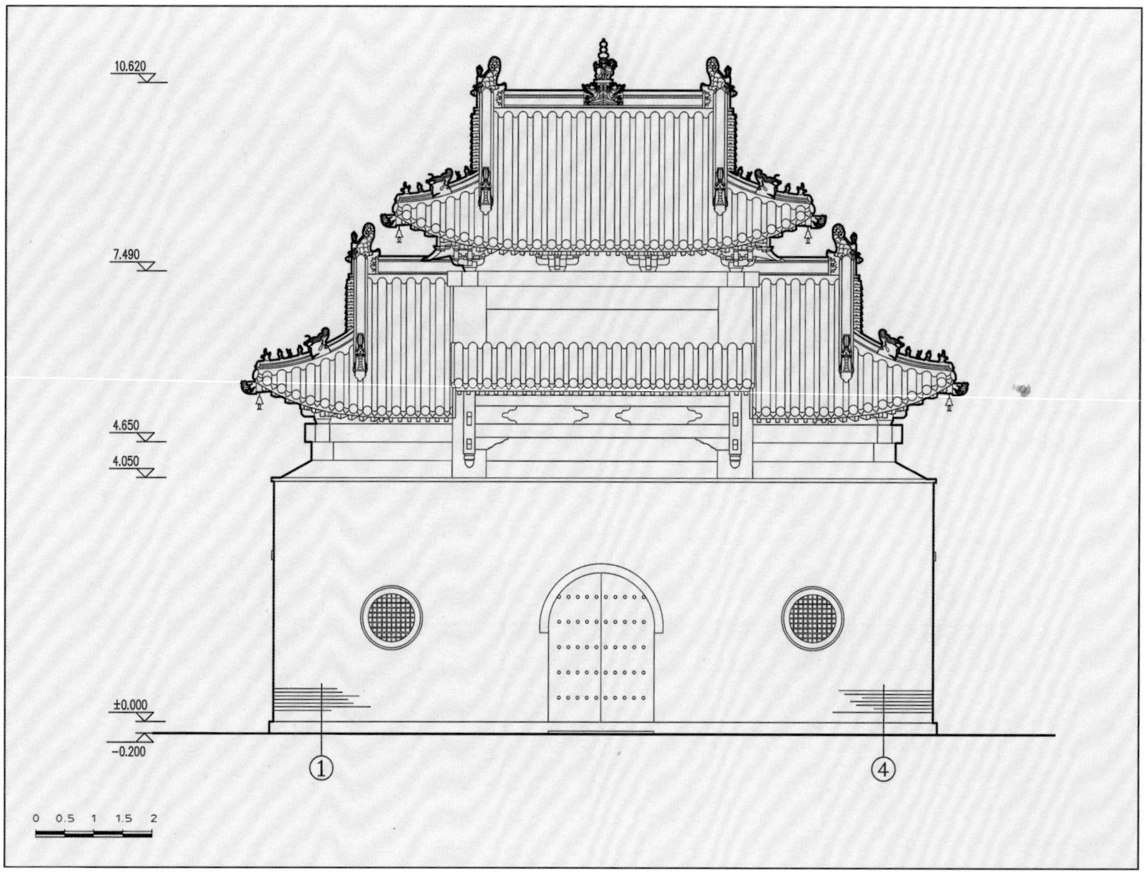

图 2-2-1-5 郑州城隍庙乐楼背立面图

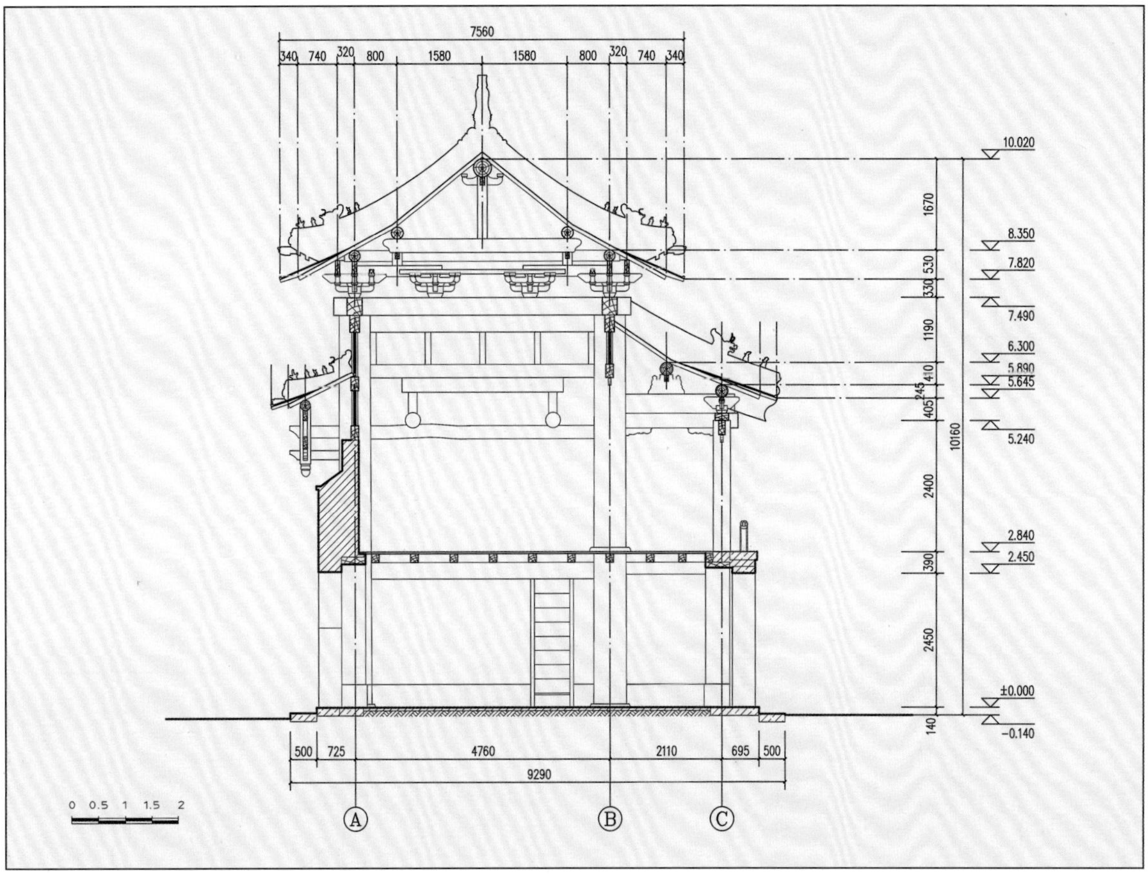

图2-2-1-6 郑州城隍庙乐楼明间横剖面图

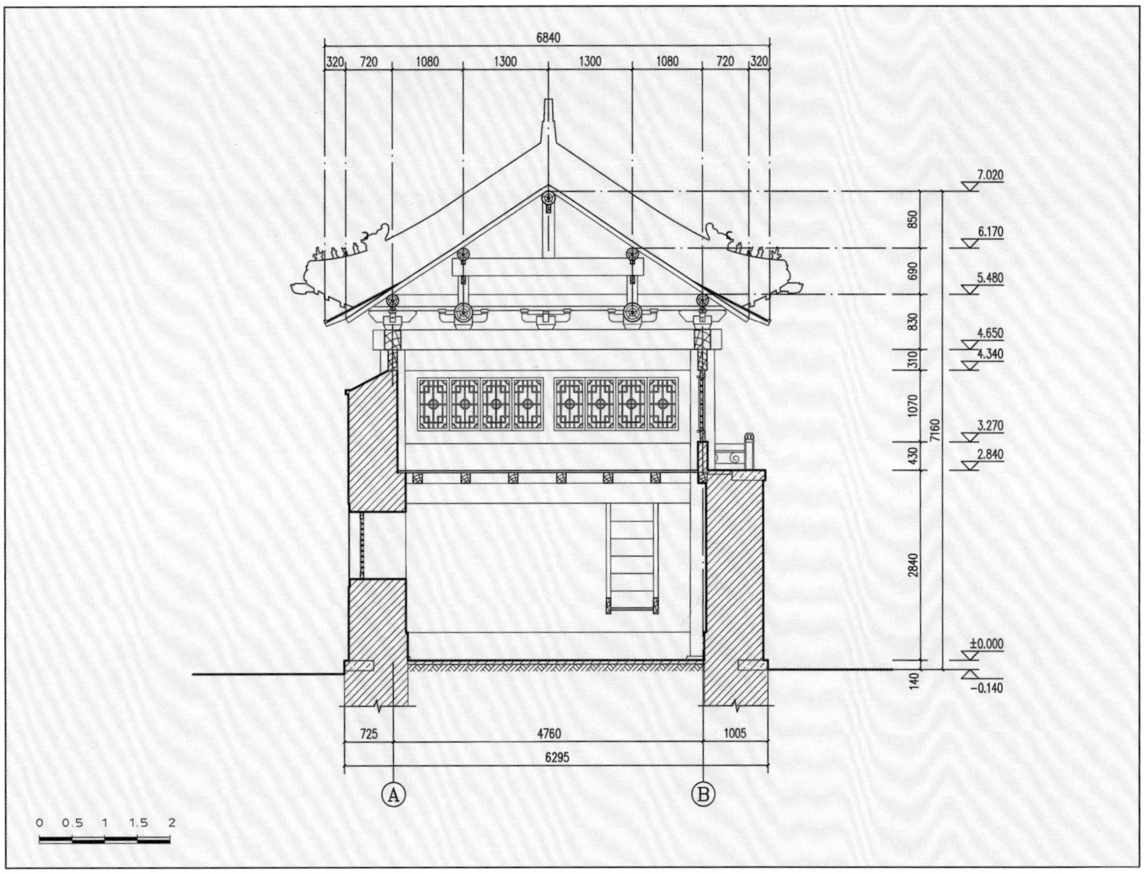

图2-2-1-7 郑州城隍庙乐楼次间横剖面图

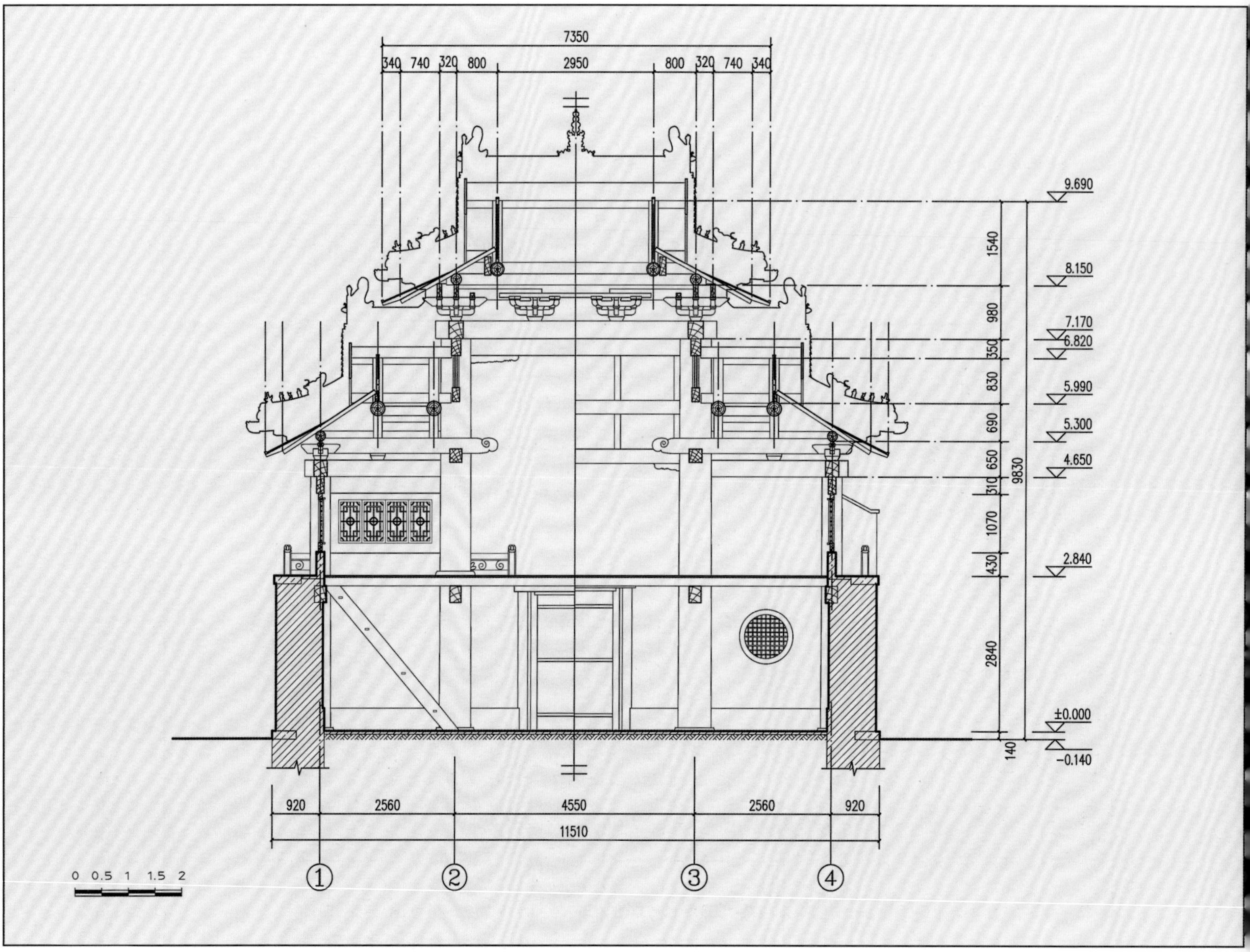

图 2-2-1-8　郑州城隍庙乐楼纵剖面图

（二）新密城隍庙戏楼

新密城隍庙位于新密市老城中心十字街北侧，东与县衙、西与法海寺及节孝祠相邻，北纬34°30′52″，东经113°21′40″，海拔232米。该庙坐北面南，创建于明太祖洪武四年（1371）。“文化大革命”期间，原琉璃照壁、铁狮、石坊被毁。现由戏楼（山门、钟鼓楼）、东西廊房、大殿、东西配殿、寝殿及东西道院组成，系第五批河南省文物保护单位。

戏楼坐南面北，单幢式，平面呈“凸”字形，两层砖木结构。一层为城隍庙入口，二层为戏台。从入口看建筑，为单檐歇山顶建筑，灰筒瓦覆顶。一层辟五道券门，明间拱门券脸上雕饰龙纹图案，两次间为卷草饰纹。二层开四圆窗，周边围饰卷草图案及八仙造型砖雕，线条流畅，雕刻精美。屋檐下施斗栱十二攒，其中明间施三踩重昂斗栱四攒，余为一斗二升交麻叶斗栱。入庙后由北看戏楼，按功能分为戏楼、钟楼及鼓楼三个部分，屋檐高低错落。位于中间的戏楼平面呈长方形，面阔五间，通面阔11.9米，其中明间面阔3.29米、次间3.15米、梢间0.95米。进深一间，以隔断分隔为前后台，通进深6.21米，台高2.8米。一层台体设砖券三道。明间券洞宽2.1米，高2.32米；次间券洞宽1.58米，高2.15米。抬梁式木构架，三架梁上置瓜柱承托脊檩，五、六、七架梁后端插置后檐墙，七架梁前端置于前檐柱头科上。檐下置一斗二升交麻叶斗栱，下用平板枋、额枋及二根方石柱、四根圆木柱承托。角梁与东次间东缝、西次间西缝下金檩相交，与之成45°搭接。两侧钟鼓楼进深、面阔各一间。一层为砖砌券门，券宽1.26米，高2.31米，券洞南墙设板门。二层为抬梁式结构，三架梁置瓜柱承托脊檩，五架梁一端插置南檐墙，一端压在北檐下柱头斗栱上。前后檐一斗二升交麻叶斗栱五攒，角梁与东次间东缝、西次间西缝下金檩相交，与之成45°搭接。前后檐墙设窗，与戏楼毗邻处有一板门相通。戏楼结构设计独特，屋面构造极具地方特色（照2-2-1-2）（照2-2-1-3）（图2-2-1-9）（图2-2-1-10）（图2-2-1-11）（图2-2-1-12）（图2-2-1-13）。

照2-2-1-2 新密城隍庙戏楼正立面

照2-2-1-3 新密城隍庙戏楼背立面

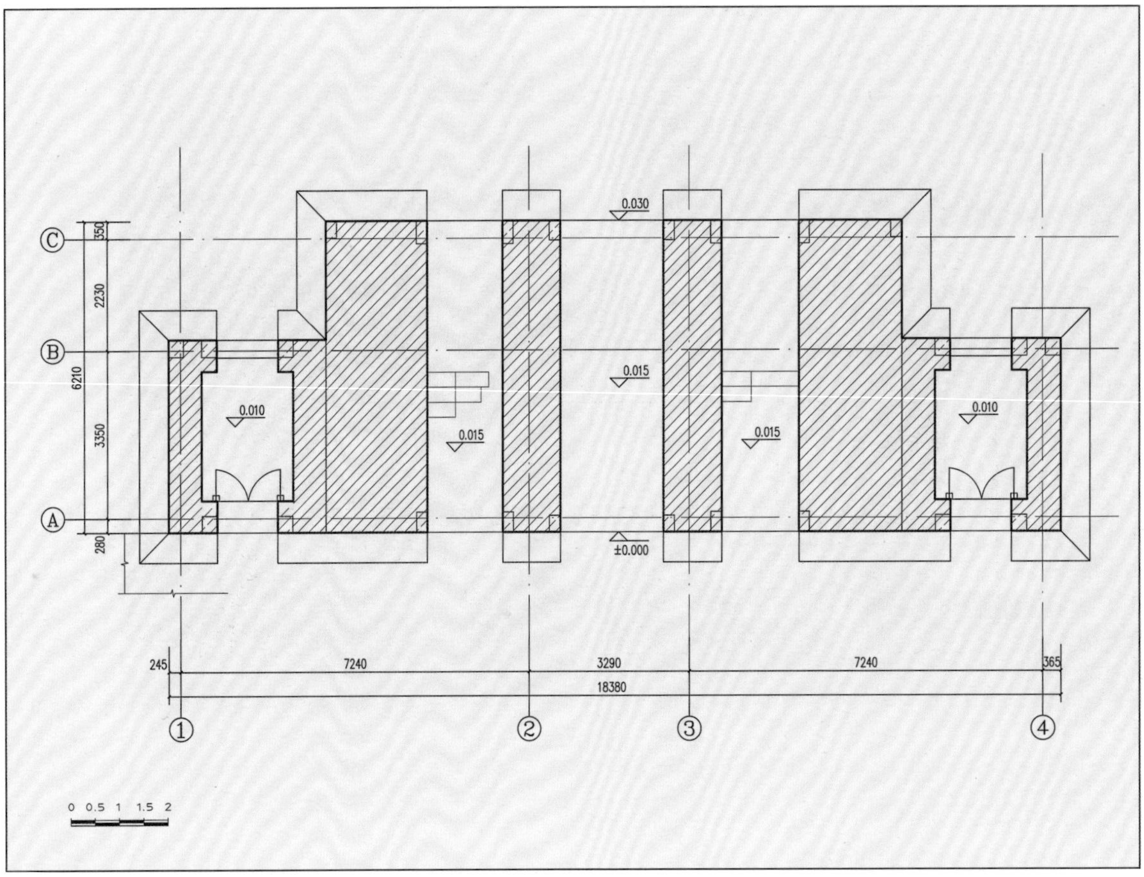

图2-2-1-9 新密城隍庙戏楼一层平面图

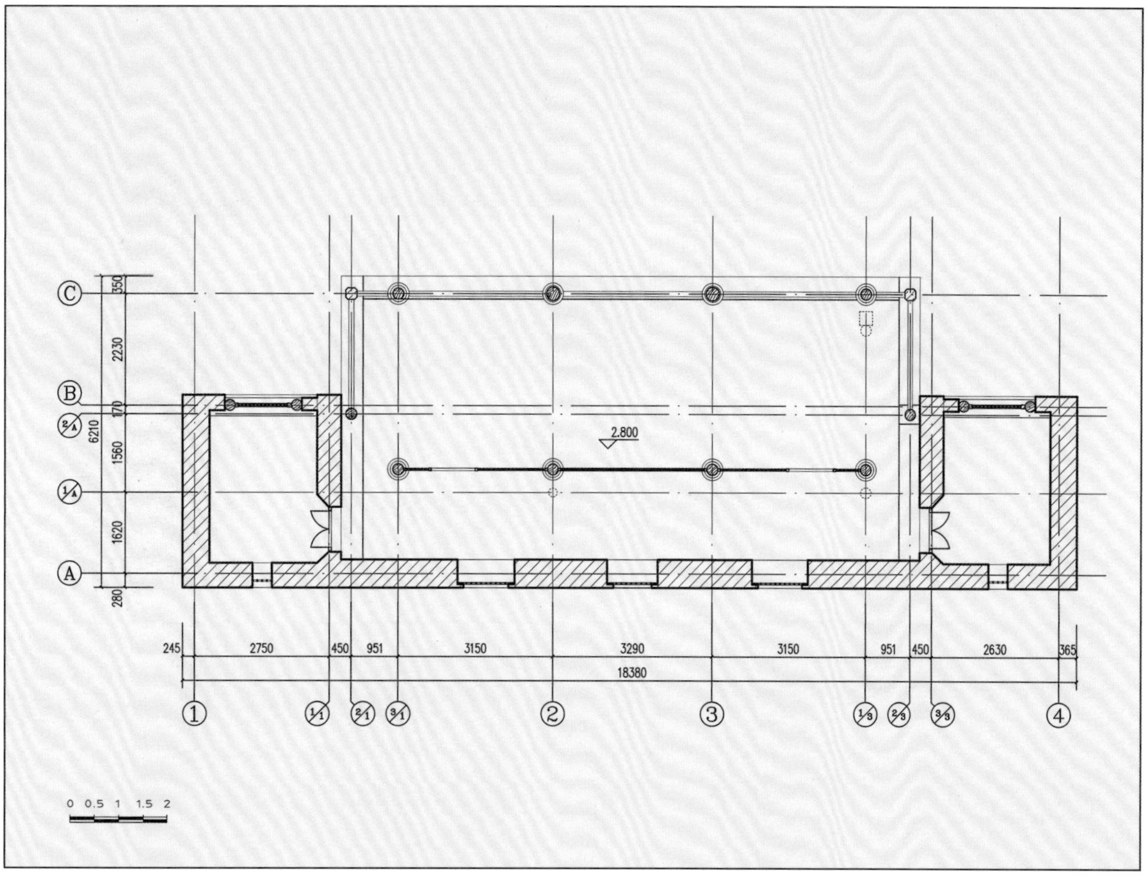

图 2-2-1-10 新密城隍庙戏楼二层平面图

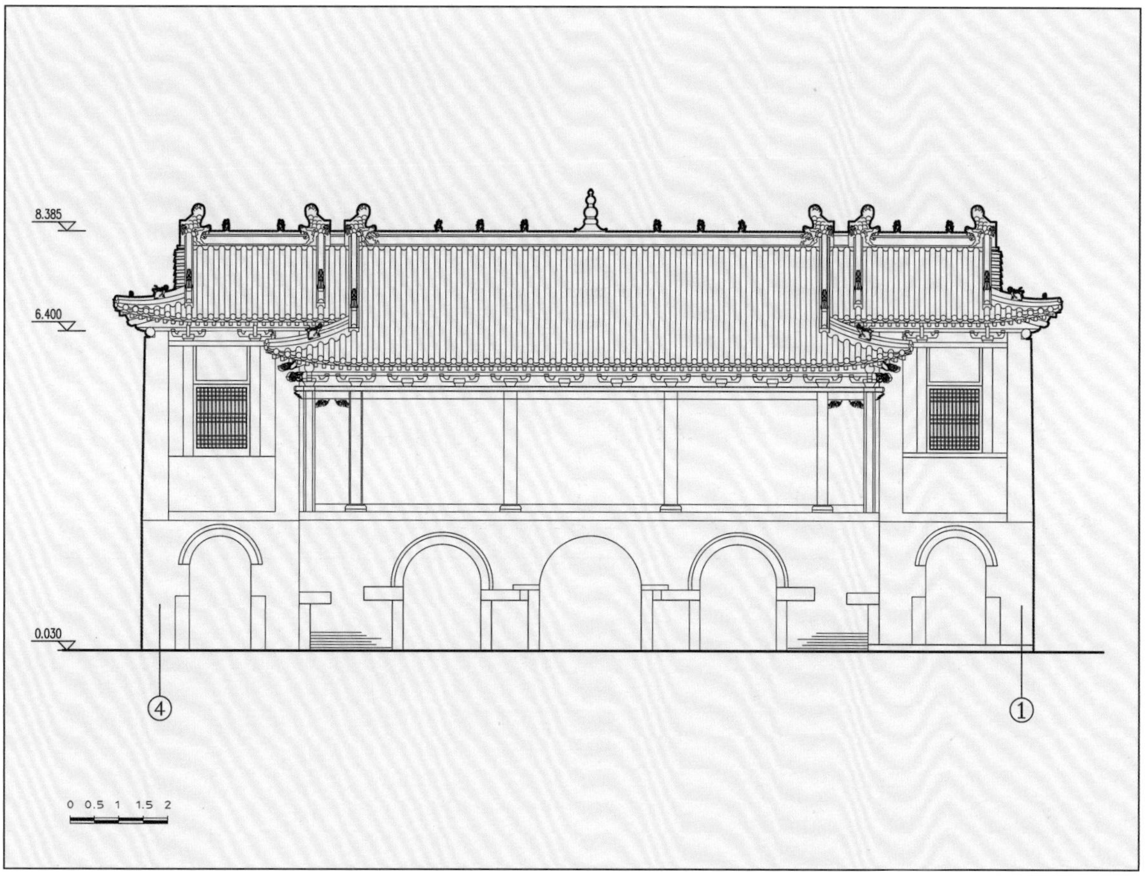

图 2-2-1-11 新密城隍庙戏楼正立面图

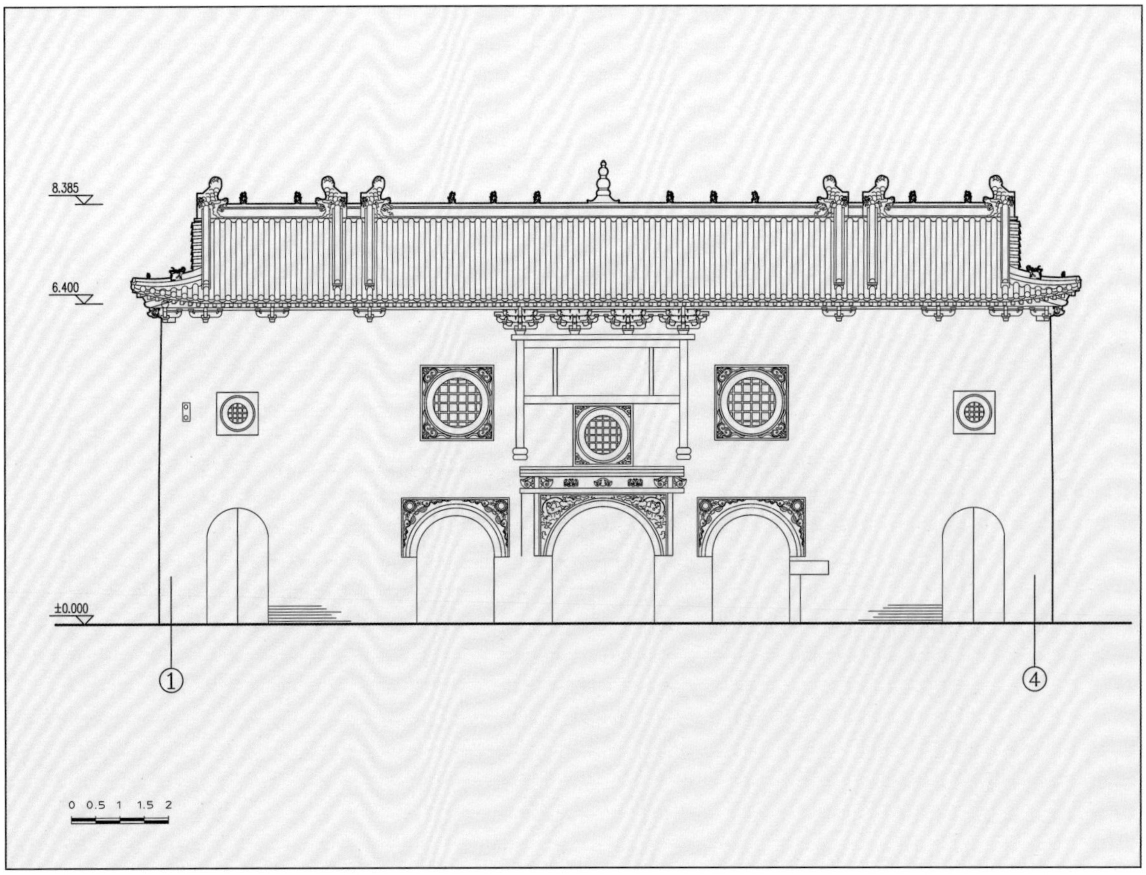

图2-2-1-12 新密城隍庙戏楼背立面图

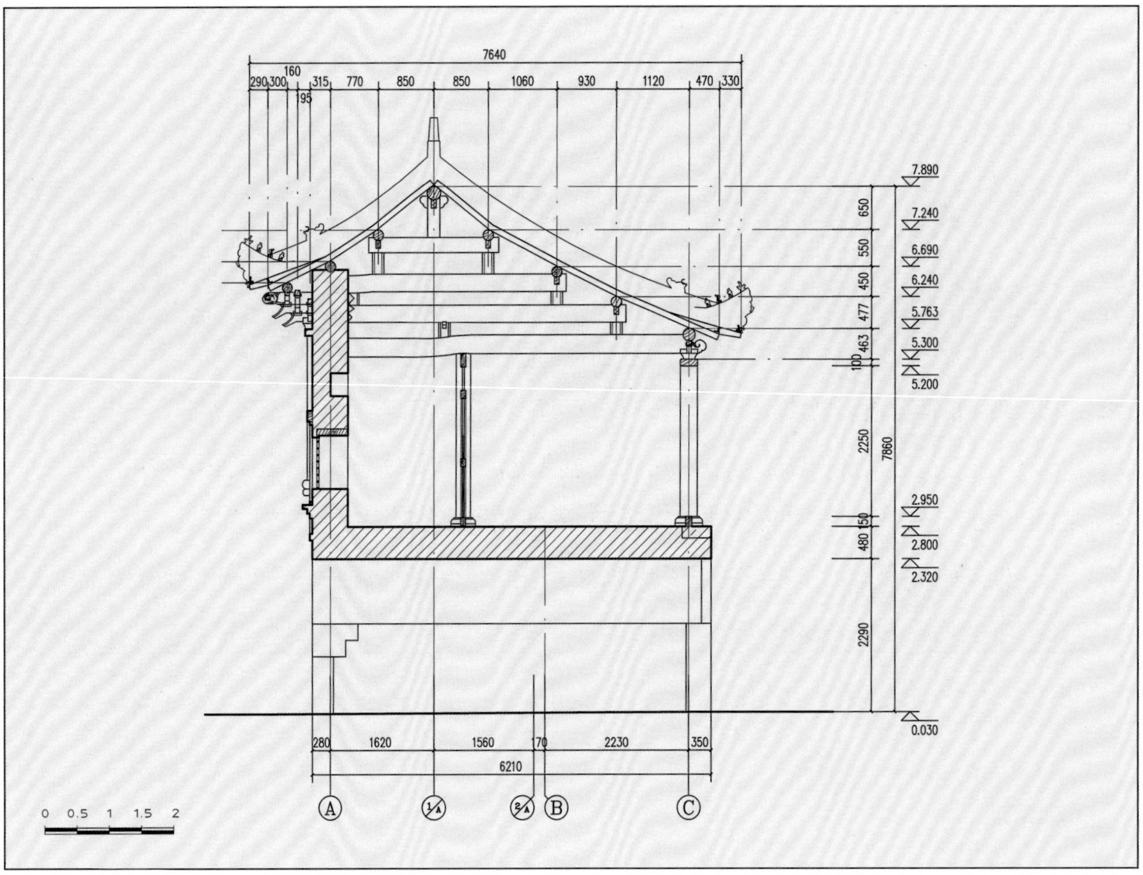

图2-2-1-13 新密城隍庙戏楼横剖面图

（三）新密西街关帝庙戏楼

新密西街关帝庙又称关岳庙，位于新密市城关镇西街村，北纬34°30′49″，东经113°21′21″，海拔247米。庙存清康熙五十六年（1717）《重修关圣帝庙序》碑，由碑文“皇请定鼎……芝兰于壬辰岁创建帝启于西关斯地也”可推知，庙创建于清顺治九年（1652），乾隆四十一年（1776）重修，现仅存戏楼及东西配房3座建筑。

戏楼坐南面北，单幢式，两层砖木结构，一层为庙宇入口，二层为戏台。建筑屋面形式独特，为前坡歇山式与后坡硬山式巧妙结合，灰色筒瓦覆顶。平面布局呈长方形，一层台宽10.24米，深6.3米，高2.72米。台辟三道券门，明间券门宽1.92米，高2.16米；次间券门宽1.54米。二层为戏楼，三面观，面阔五间，进深一间。通面阔9.74米，其中明间3.44米、次间2.25米，梢间0.9米。前檐立木柱六根，柱下为圆鼓式柱础。戏楼梁架简洁，六步椽屋，五架梁上置瓜柱、三架梁、脊瓜柱及各层檩枋。两山面梁架与明、次间不同，脊檩与后坡檩直接插于山墙之上，因山墙止于前檐下金檩位置，山墙与前檐柱之间用平板枋，额枋相连，角柱平板枋上施角科斗栱，上承抹角梁、老角梁及仔角梁，老角梁后尾插于垂莲柱上，垂莲柱上承枋头与前檐下金檩90° 相交。这种山墙与构架的结合方式构成了前檐为歇山、余为硬山式的屋面形式。独特的屋面做法是为迎合戏楼的演出和观众观看需求而衍生的，特点：其一为采光好；其二是形成半三面观的观看形式，方便更多人观戏，最大限度地利用观看空间；其三是建筑外形更为美观，轻盈起翘的歇山式屋面与绚丽的舞台演出相呼应，让观众更为赏心悦目。檐下施一斗二升交麻叶斗栱十二攒，其中明间平身科二攒，次间及山面各一攒。墙体用青砖砌筑，东山墙二层下部设独具戏楼特色的排水石槽，便于演员化妆使用的污水排出，石槽厚重敦实。戏楼前檐现用砖封堵并加设窗三扇，原楼梯缺失，东山墙外侧现用水泥砌筑阶梯可登二层。

该庙遗存碑碣5通，其中3块位于庙东厢房内，分别为：清康熙三十八年（1699）《创建观音大士阁碑记》碑、康熙五十六年（1717）《重修关圣帝君庙序》碑、乾隆四十一年（1776）《重修关帝庙帝庙碑记》碑，记载了关帝庙建庙及发展的过程（照2-2-1-4）（照2-2-1-5）。

照 2-2-1-4　新窑西街关帝庙戏楼正立面

照 2-2-1-5　新密西街关帝庙戏楼背立面

（四）陈沟青龙庙戏楼

陈沟青龙庙位于新密市来集镇陈沟村，北纬34° 30′ 17″，东经113° 26′ 37″，海拔223米。青龙庙也称广胤祠、白龙庙，创建年代不详。遗存碑碣记载，广胤祠于清雍正三年（1725）重修。庙宇为一进院落，现存戏楼、大殿、东西厢房4座建筑。

戏楼位于青龙庙中轴线南端，单幢式，平面呈长方形。面阔三间，通面阔8.45米，其中明间3.16米、次间2.32米。进深一间，通进深6.68米。台基部分被淤埋，现仅高0.15米。前檐置四根石柱，柱方0.24 × 0.2米，柱高1.86米。柱下置方形多层叠加复合式柱础，高0.31米。木构架为抬梁式，六架梁前端置于柱头，后端插于

照2-2-1-6 陈沟青龙庙戏楼

后檐墙中，上承瓜柱、五架梁、三架梁及各层檩枋。柱间未设平板枋及额枋。山面梁架与明间不同，山墙止于前檐上金檩位置，墙与檐柱之间设双步梁，上承瓜柱及五架梁前端。这种山墙与构架的组合方式构成了前檐二步架为悬山、其后为硬山的屋面形式。庙内遗存雍正三年（1725）《重修广胤祠序》、清雍正八年（1730）《创建老君庙碑记》、乾隆二十九年（1764）《补葺广胤祠并买青龙庙门记》、清乾隆四十二年（1777）《重修青龙庙老君殿……》以及1995年《郑州市民乐剧团王钦娘娘庙》碑碣5通，分别嵌位于西配房前檐或立于正殿前东侧，记载了庙宇的发展及名称的演变过程（照2-2-1-6）（图2-2-1-14）。

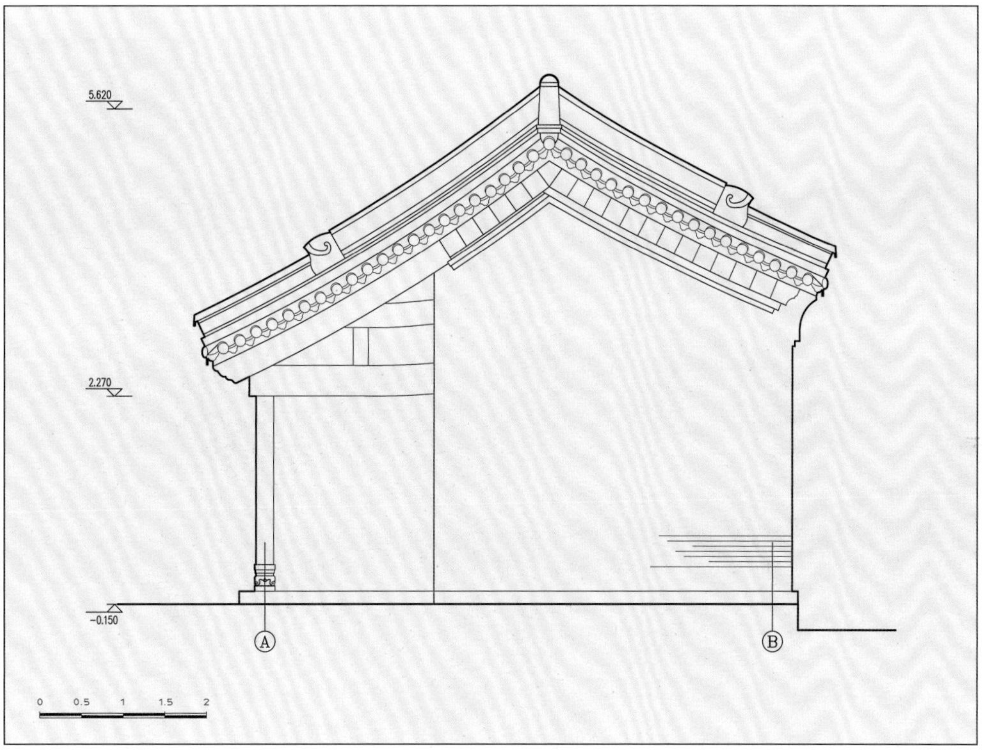

图 2-2-1-14　陈沟青龙庙戏楼侧立面图

（五）西土门李氏祠堂戏楼

西土门李氏祠堂位于新密市岳村镇西土门村，北纬34° 33′ 01″，东经113° 32′ 53″，海拔172米。创建年代无考。

戏楼建于清嘉庆八年（1803），位于祠堂外南，坐南面北，正对大门。单幢式，半三面观。面阔三间，进深一间，通面阔6.06米，其中明间3.02米，次间1.52米，通进深6.01米。台基部分被淤埋，仅露出地面0.16米。前檐立四根石柱，柱方0.21×0.19米，高3.1米。柱下设圆鼓式柱础，高0.16米。梁架为抬梁式，采用自然材，柱头置七架梁，上承五架梁、三架梁，梁之间施以瓜柱。山墙与前檐柱之间空当1.9米，上置双步梁、瓜柱、单步梁及各层檩枋，形成前坡双步梁上采用悬山、其后为硬山式的屋面形式。檐下无平板枋，柱间横向由额枋相连，下设雀替。建筑灰瓦覆顶，风格朴素，木构架具有明显的地方特征。

祠堂内遗存咸丰元年（1851）的“文魁”匾、清嘉庆“陇西分派”匾，以及清乾隆三十三年（1768）《以妥先灵勒石……》、嘉庆八年（1803）《重修祠堂门楼垣墙暨新建歌台题名碑》、光绪十二年（1886）《祠以楼先人之灵李氏祖庙》等碑碣（照2-2-1-7）（图2-2-1-15）（图2-2-1-16）（图2-2-1-17）。

照2-2-1-7　西土门李氏祠堂戏楼

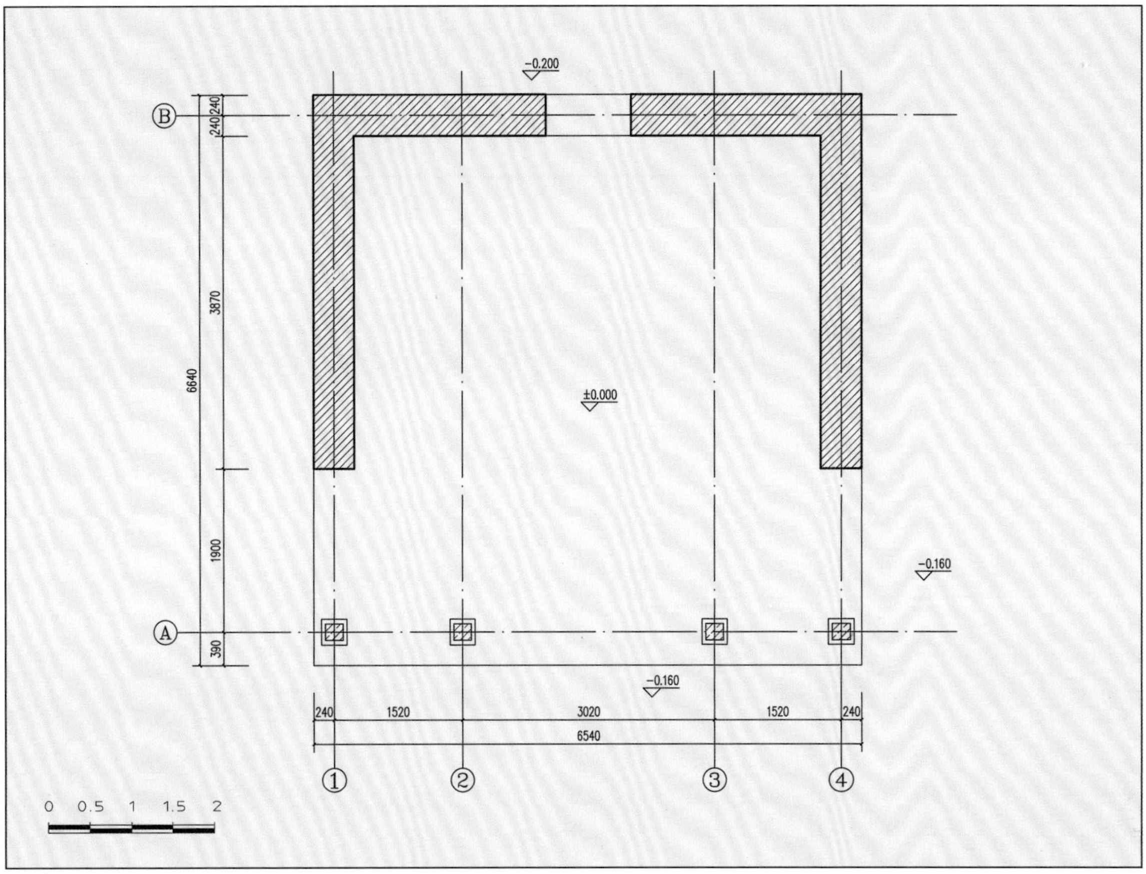

图2-2-1-15 西土门李氏祠堂戏楼平面图

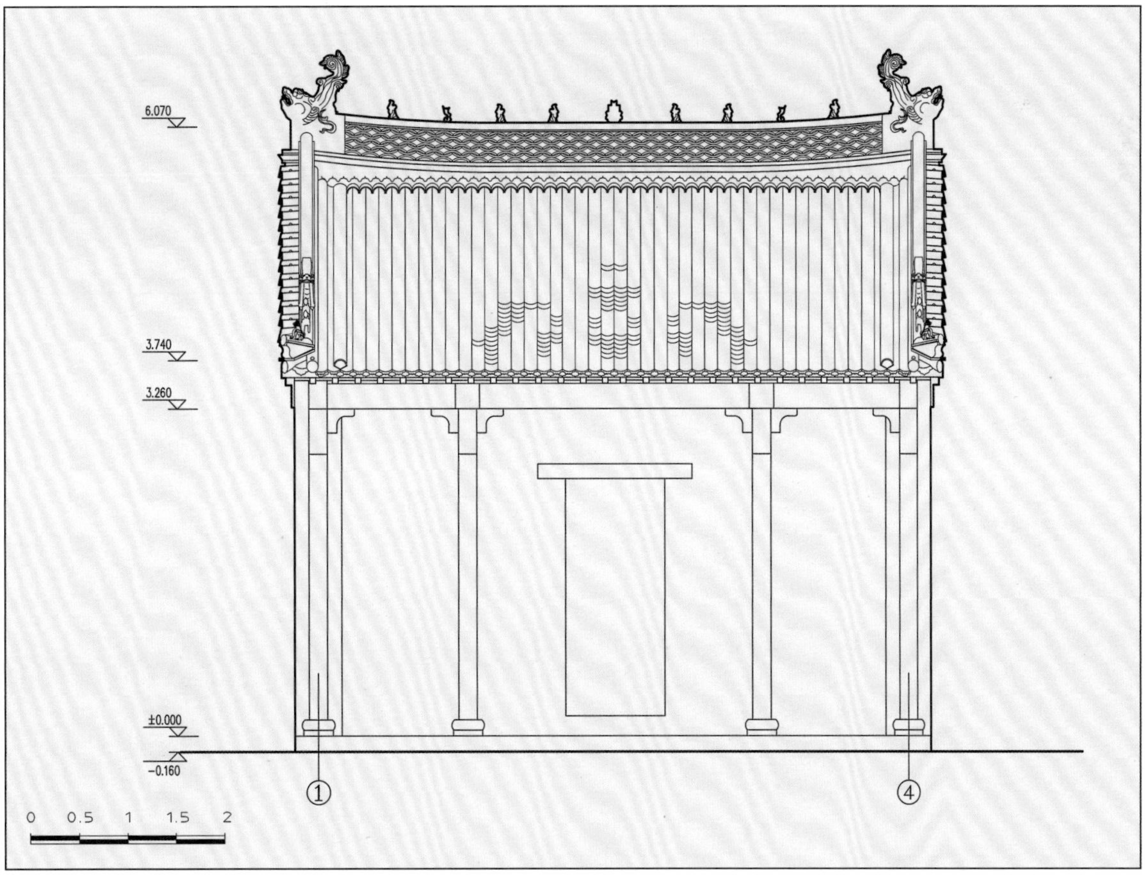

图2-2-1-16 西土门李氏祠堂戏楼正立面图

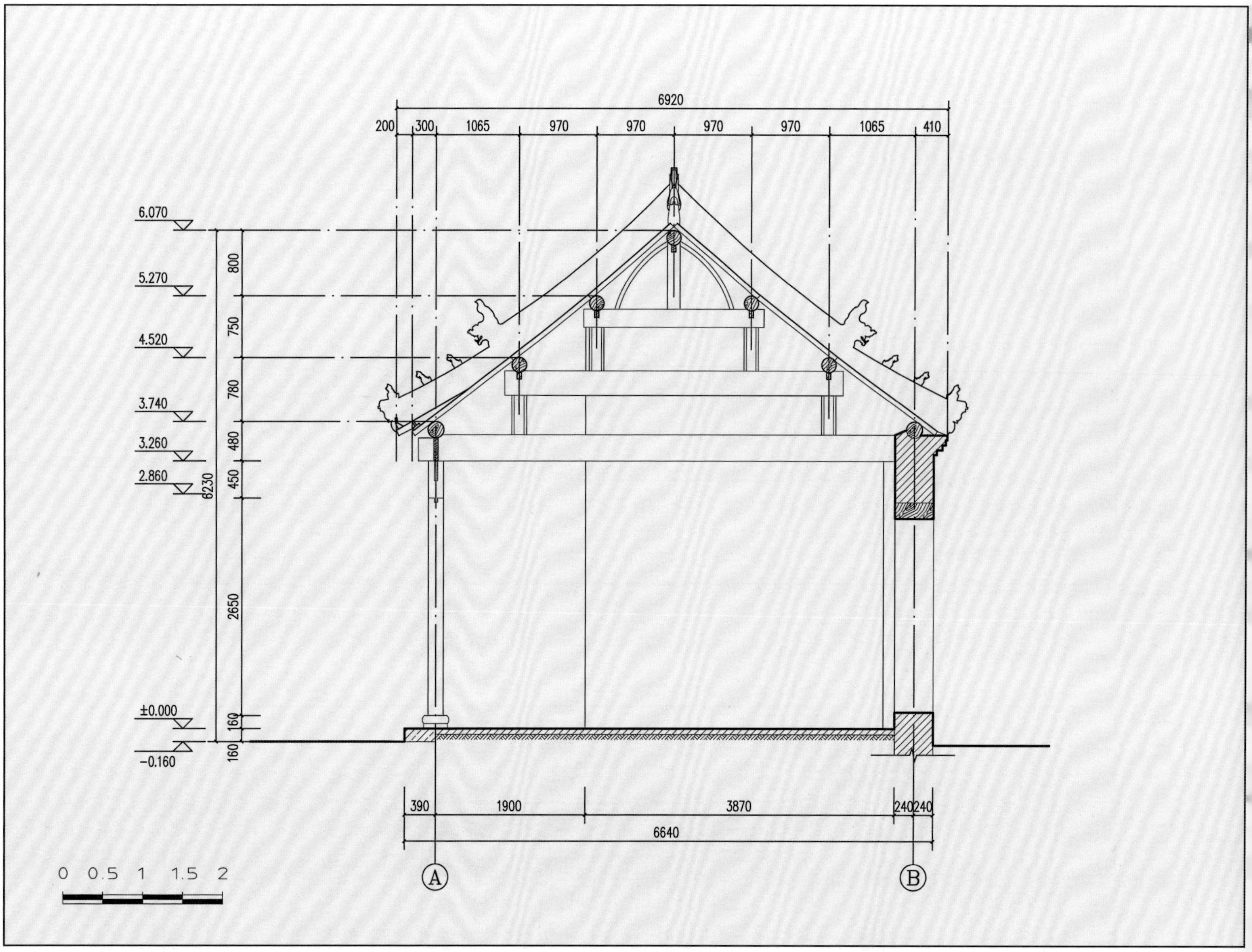

图 2-2-1-17　西土门李氏祠堂戏楼横剖面图

（六）东施村关帝庙乐楼

东施村关帝庙乐楼位于登封市大冶镇东施村中部，北纬34°26′47″，东经113°13′58″，海拔261米。庙已毁，仅存戏楼及碑碣2通。据现存清乾隆九年（1744）《新建关老爷乐楼卷棚碑记》及乾隆二十八年（1763）《创建戏房并重修关帝庙乐楼记》两通碑碣记载，乐楼创建于清乾隆九年（1744），现为第三批登封市文物保护单位。

乐楼坐南面北，单幢式，屋面为前坡二步架悬山、余为硬山式，灰筒瓦覆顶。平面呈长方形，一面观。面阔三间，进深一间，通面阔4.9米，其中明间2.82米；通进深5.25米。下部砖砌台基高1.3米，前檐立抹角方石柱四根，柱方0.24×0.24米，高2.54米。柱下设圆鼓式柱础，柱顶部由木枋相连，下部设石地栿。抬梁式木构架，六步椽屋，七架梁上承五架梁、三架梁、瓜柱及各层檩枋。室内设木隔断将舞台分隔为前后台，上绘山水彩画，梁头后人用现代手法绘制人物头像，装饰手法为古今结合，极富个性。屋顶正脊饰浮雕花草图案，两端置吻（照2-2-1-8）。

照2-2-1-8 东施村关帝庙乐楼

（七）周庄全神庙戏楼

全神庙又称三官庙，位于登封市东金店乡周庄村李楼自然村北部，北纬

照2-2-1-9 周庄全神庙戏楼

34°21′28″，东经113°02′15″，海拔313米。庙已毁，仅存戏楼，为第三批登封市文物保护单位。

戏楼创建年代不详，重修于明万历和清康熙、道光年间，坐南面北，单幢式。戏楼于1982年改建，原有材料基本保留，但外观及形制改动较大。现存建筑为一面观。面阔三间7.03米，进深一间7米。明间屋面现为山花向前，两次间为平顶。台基为条石砌筑，高1.1米。台上前檐立两根石柱，柱方0.3×0.3米，高2.42米，柱础高0.32米。砖铺台面，后檐墙西侧设排水石槽。前檐遗存横式匾额，上书“碧落云横”，落款“道光乙巳年仲夏月”。匾额蓝底金字，四边雕刻纹饰，形制古朴。庙宇遗存碑碣7通，其中有明万历二年（1574）《重修创建三庙碑记》碑、清康熙三十年（1691）《重修龙王庙殿碑记》碑和《重修金妆广生圣母庙碑记》碑、道光十年（1830）《重修三官庙并金妆神像》碑、清道光十三年（1833）《重修……三官庙碑记》碑（照2-2-1-9）。

（八）沙沟马王庙戏楼

沙沟马王庙位于登封市大冶镇沙沟村，北纬34°21′28″，东经113°02′15″，海拔313米。创建年代不详，仅存戏楼。

戏楼坐南面北，单幢式，为前坡二步架悬山、余硬山式建筑，小青瓦覆顶。平面呈长方形，三面观。面阔三间，进深一间，六步椽屋。通面阔6.25米，其中明间2.61米；通进深2.4米。下部砖砌台基高0.4米，台上前檐置四根抹角方石柱，柱方0.22×0.22米，高2.36米；柱下为圆鼓式柱础，高0.38米。戏楼在修建过程中将明间西缝石檐柱改为木柱，东次间东缝檐柱缺失，用砖墙支撑。抬梁式木构架，柱头承托平板枋，七架梁前端至于平板枋之上，后尾插入后檐墙，上承五架梁与三架梁，梁间设瓜柱支撑。戏楼因年久失修，前坡屋面已坍塌，正脊与西侧垂脊遗失，前檐处用砖封砌，亟待修缮（照2-2-1-10）。

照 2-2-1-10　沙沟马王庙戏楼

（九）涉村东大庙戏楼

涉村东大庙，又称金山寺、中岳后庙、后村关帝庙，位于巩义市涉村镇后村，北纬34° 36′ 48″，东经113° 03′ 38″，海拔359米。创建年代不详，院内存有北宋宣和二年（1120）石供桌，故推测其创建年代为公元1120年前。东大庙坐北面南，现存山门、戏楼、关圣殿、中王殿、圣母殿、卢医殿、三官殿、祖师宫、送子观音殿、白衣阁等建筑，为第五批河南省文物保护单位。

戏楼坐南面北，位于中王殿南13.5米处，与其不在同一中轴线，向东偏移。单幢式，单檐硬山式建筑，一面观。面阔三间，进深一间。四步椽屋，通面阔7.05米，其中明间2.9米；通进深5.46米。砖砌台基高1.64米，前檐立二柱，下设复合式柱础。梁架简洁，五梁架置于前檐平板枋及后檐墙之上，上承瓜柱、三架梁、脊瓜柱及各层檩枋。砖砌盘头，木雕雀替，两侧山墙台口处辟券门，下设阶梯方便登台。墙体用青砖砌筑，后墙中部开方窗，便于采光，后檐墙西侧设排水石槽（照2-2-1-11）（图2-2-1-18）（图2-2-1-19）（图2-2-20）（图2-2-1-21）。

照2-2-1-11　涉村东大庙戏楼

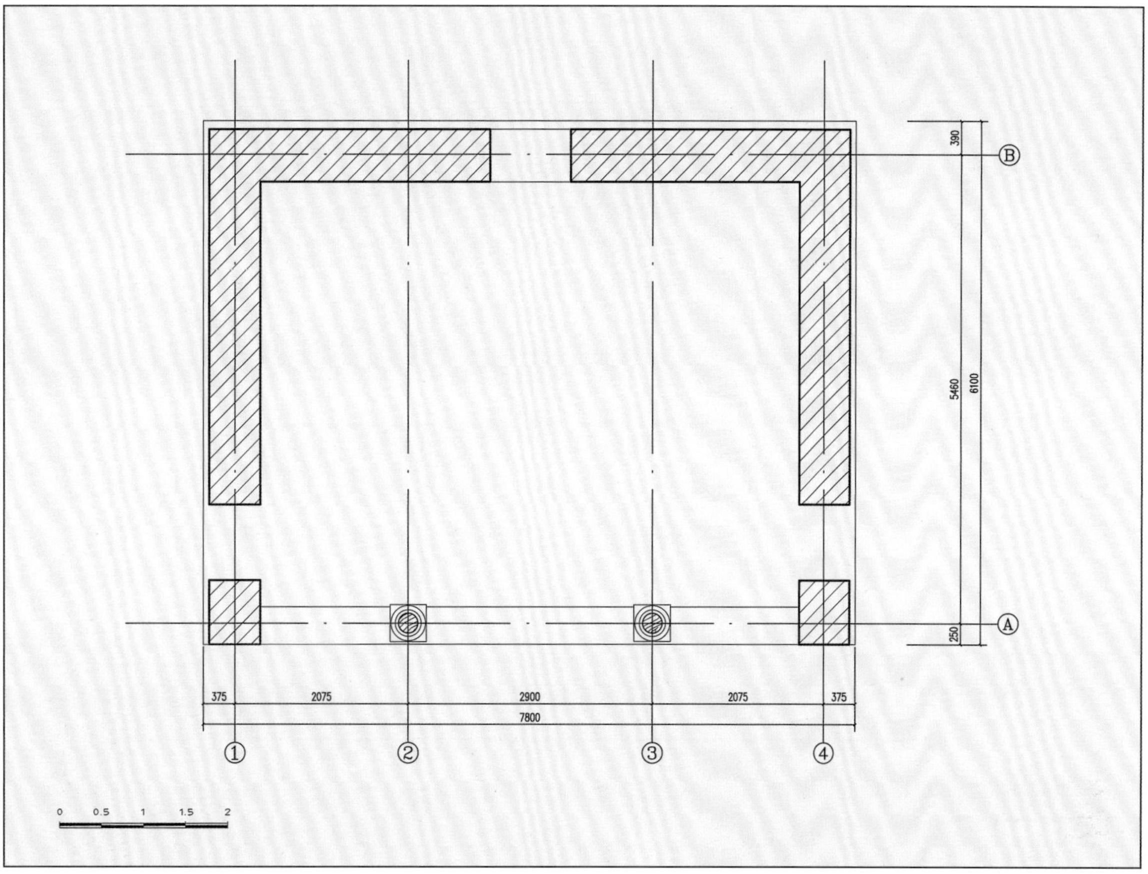

图2-2-1-18 涉村东大庙戏楼平面图

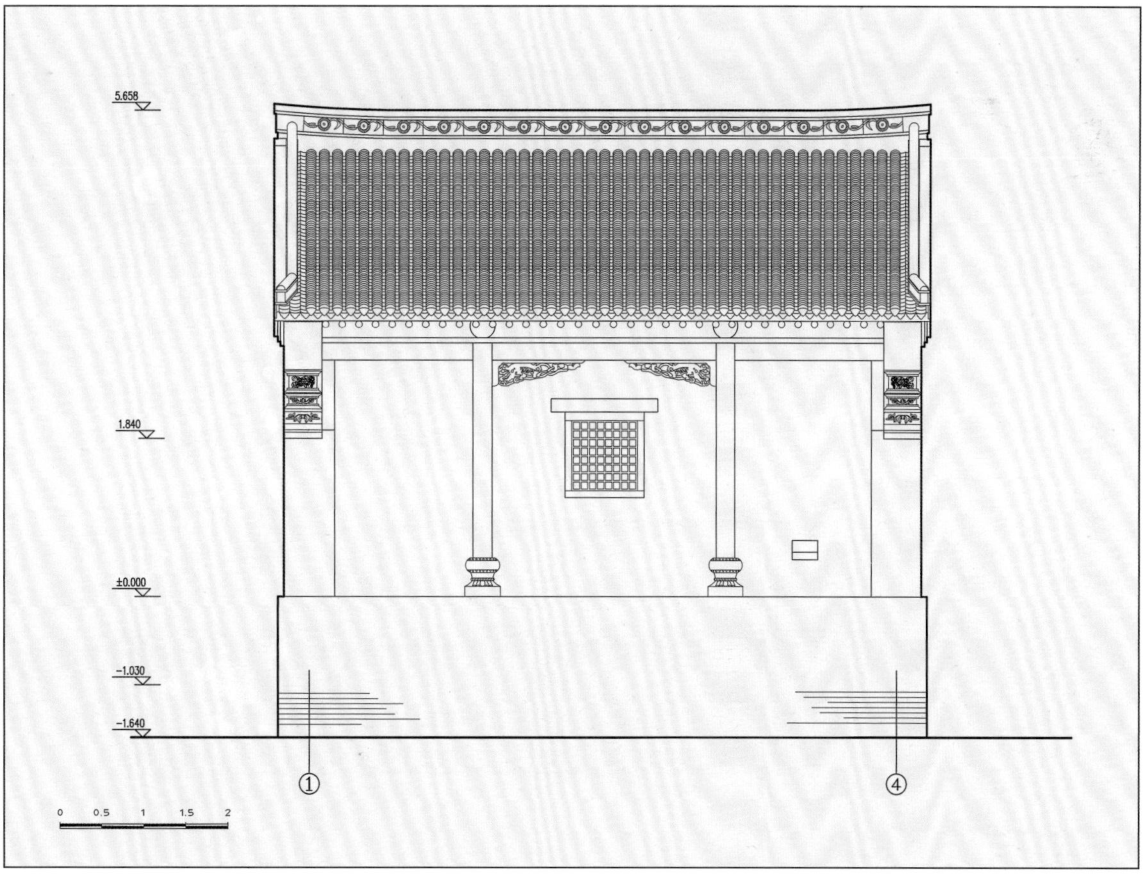

图2-2-1-19 涉村东大庙戏楼正立面图

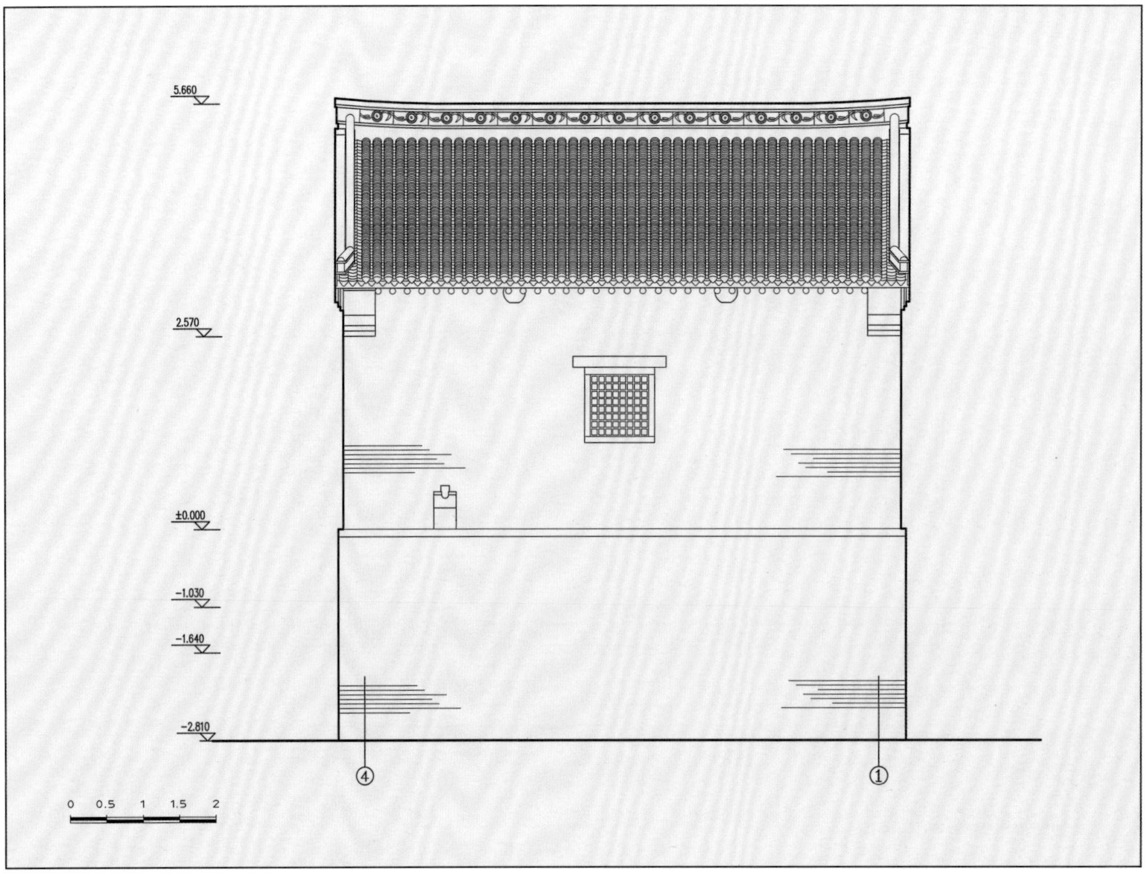

图2-2-1-20 涉村东大庙戏楼背立面图

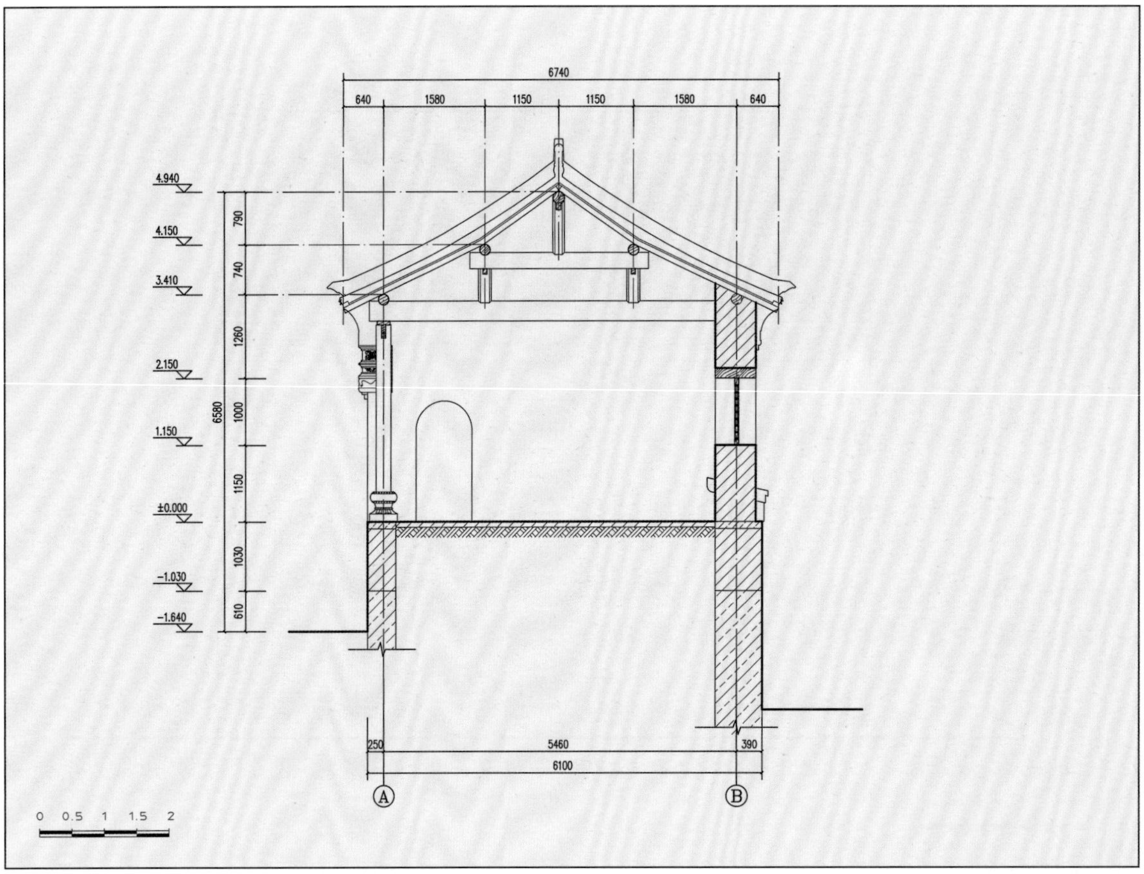

图2-2-1-21 涉村东大庙戏楼横剖面图

（十）楼子沟老君庙戏楼

老君庙位于巩义市小关镇楼子沟村，创建年代不详，庙内大部分建筑于修建铁路时拆除，仅存戏楼。

戏楼坐南面北，北纬34° 42′ 29″，东经113° 10′ 49″，海拔201米。单幢式，单檐硬山灰瓦顶建筑。平面呈长方形，一面观。面阔三间，进深二间，通面阔7.15米，其中明间2.88米；通进深4.82米。下部砖砌台基高0.6米，木构架为四梁架后带单步梁用三柱，四架梁上承三架梁、瓜柱及各层檩枋，脊檩下设叉手。金柱与后檐墙之间设单步梁，墙体用青砖砌筑。梁架施有彩画，已模糊不清。据当地居民回忆，常香玉幼年时期曾在此戏楼登台演出。现戏楼前檐用青砖封堵，加设门窗，内供奉神像，作为殿宇使用（照2-2-1-12）。

照 2-2-1-12　楼子沟老君庙戏楼

（十一）高庙村关帝庙戏楼

高庙村关帝庙戏楼位于巩义市米河镇高庙村，北纬34°43′12″，东经113°13′81″，海拔161米。创建年代不详，仅存戏楼。

戏楼坐南面北，双幢前后串联式，屋面为前台单檐卷棚歇山式、后台硬山式。平面呈长方形，三面观。前、后台均面阔三间。台基用块石垒砌，前台宽7.84米，深5.01米，高1.29米；后台宽6.78米，深3.86米，高0.91米。前台明间面阔3.41米，次间面阔1.49米，前檐施四根抹角石柱，下设圆鼓式柱础。抬梁式木构架，前檐施柱头科、角科各二攒，山面檐下施平身科二攒，坐斗硕大，两侧出花板装饰。前檐石柱刻楹联两副："锺赓歌遗韵，扬扢升平雅奏；尽宇宙大观，雍容盛世衣冠。""逢场作戏，往事今朝重提起；当代论文，知人尚友宏观摩。"墙体为青砖砌筑，后台后檐墙正中设一方窗，便于采光。戏楼整体风格灵秀、古朴（照2-2-1-13）。

照2-2-1-13　高庙村关帝庙戏楼

（十二）巩义刘氏祠堂戏楼

刘氏祠堂位于巩义市大黄冶村，北纬34° 45′ 40″，东经113° 02′ 11″，海拔132米。依据遗存碑碣可知，祠堂创建于清乾隆年间，民国十三年（1924）曾修缮。祠堂为一进院落，坐北面南，现存戏楼、大殿及碑碣两通。

戏楼坐南面北，与大殿相对而建，间距13.25米。双幢前后串联式，平面呈“凸”字形，三面观。前台屋面为卷棚悬山式、后台硬山式。建筑为两层：一层台高2.92米，明间辟券门为祠堂入口；二层为戏台，东侧设有台阶可登台。前台戏楼面阔三间，进深一间，通面阔7.04米，通进深3.04米。整体用石柱六根，抬梁式木构架，四架梁两端分别置于前后檐平板枋之上，承瓜柱、月梁及各层檩枋。后台面阔大于前台，通面阔8.28米，进深4.33米。檐下施柱头科四攒，补间檐檩与平板枋之间设花板装饰。戏楼六根石柱镌刻楹联三副，前檐内联为：“曲传子夜，笙箫聊堪格祖；乐奏霓裳，歌舞亦足娱神。”外联：“青黎乙照，当日神功赫烁；黄冶族居，此时鼓□休明。”后檐柱镌刻：“骏奔在庙，假管弦以话既翕；陟降于庭，凭蒸尝乃见且平。”（照2-2-1-14）（照2-2-1-15）

照2-2-1-14　巩义刘氏祠堂戏楼正立面

照2-2-1-15　巩义刘氏祠堂戏楼背立面

（十三）山川村大庙戏楼

山川村大庙又称老君庙，位于巩义市北山口镇山川村东南隅，北纬34°40′58″，东经113°00′17″，海拔315米。该庙内仅戏楼为清代建筑，其余均为原址新建。

戏楼创建于清光绪八年（1882），位于庙宇中轴线南端，坐南面北，两幢左右并联式，戏台东侧有耳房一间，为演员更衣及化妆使用。屋面为灰瓦硬山顶，平面呈“凸”字形，一面观。戏楼面阔三间，进深一间，四步椽屋，通面阔6.12米，通进深4.58米。台基用块石砌筑，高1.96米，前檐立两根抹角石柱，柱方0.2×0.2米，高2.54米，下设圆鼓式柱础。抬梁式木构架，前后檐柱上置五架梁、承瓜柱、三架梁及各层檩枋，脊檩枋遗存题记：“大清光绪八年岁次壬午十一月初八。”墙体采用青砖砌筑，东山墙设门与耳房相通，西山墙开券门，其下可搭木梯上下。后檐墙正中开设方窗，一侧设排水石槽。前檐石柱镌刻楹联一副：“舞袖低徊，作奇观于胜地；歌声清切，住余韵于青山。”耳房屋面低于戏楼，为二层砖木结构，一层架空，二层为化妆间。面阔、进深均为一间，通面阔3.34米，通进深3.52米。梁架结构简洁，一层楞木及二层檩枋直接插于山墙之上，一层设板门，二层开窗。戏

照2-2-1-16 山川村大庙戏楼

楼屋面用小青瓦覆顶，正脊升起明显，曲线轻盈（照2-2-1-16）。

（十四）山头村卢医庙戏楼

卢医庙位于巩义市康店镇山头村，北纬34°46′41″，东经112°54′25″，海拔305米。仅存戏楼和大殿两座建筑。庙宇创建年代不详，民国十六年（1927）曾修缮。

戏楼坐西面东，单幢式，为两层单檐硬山灰瓦顶建筑。面阔五间，台基高2.92米。因建筑外立面现用青砖封砌，梁架结构不详。墙体为青砖砌筑，后檐墙镶嵌民国十六年（1927）《补修诸殿戏楼庙墙及村南关帝庙碑记》碑碣一通（照2-2-1-17）。

照2-2-1-17 山头村卢医庙戏楼

（十五）桥沟老君庙戏楼

桥沟老君庙位于巩义市大峪沟镇桥沟村，北纬34° 43′ 38″，东经113° 03′ 24″，海拔309米。庙宇坐北面南，二进院落，现存戏楼、过厅、老君殿、关帝殿、圣母殿5座文物建筑。遗存老君庙创建年代不详，清咸丰三年（1853）曾有建修活动，为第二批巩义市文物保护单位。

戏楼坐南面北，位于中轴线南端，与过厅相对而立，间距9.7米。单幢式，单檐悬山式建筑，灰瓦覆顶。平面呈长方形，一面观。面阔三间，进深一间，四步椽屋，通面阔7.71米，其中明间3.11米；通进深5.17米。台基用块石垒砌，高1.03米，前檐置两根抹角石柱，柱方0.38×0.38米，高2.45米，下设圆鼓式柱础。檐下柱头科为一斗二升交麻叶异型斗栱，栱身为足材，满雕花草图案，无槽升子。补间未施栱，用雕刻精美的花板替代。墙体用青砖砌筑，后檐墙设排水石槽。石柱镌刻楹联一副：“舞遏行云飞燕；调高白雪阳春。”此楹联为河南电视台《梨园春》节目所采用。庙内遗存明清时期碑碣以及清乾隆年石香亭一座、明代石香炉两个。碑碣4通分别为：清乾隆五十九年（1794）《重修卷棚》碑、嘉庆十七年（1812）《重修梅子沟石桥记》碑、清咸丰三年（1853）《建修乐舞楼碑记》碑和《建修照壁南大门东角门募化捐资碑》碑。据当地老人讲述，戏楼维修时，曾在坐斗上发现明代修缮题记。老君庙戏楼承载了丰厚的文化及历史信息，具有较高的研究价值（照2-2-1-18）。

照2-2-1-18　桥沟老君庙戏楼

照2-2-1-19 焦湾关帝庙戏楼

（十六）焦湾村关帝庙戏楼

焦湾村关帝庙又称东岳庙，位于巩义市康店镇焦湾村，北纬34° 46′ 48″，东经112° 56′ 47″，海拔198米。庙已毁，仅存戏楼。戏楼创建年代不详，民国二十五年（1936）重修。

戏楼坐南面北，单幢式，两层砖木结构。一层为关帝庙入口，二层为戏台。建筑平面布局独特，进深方向用轴线分为前后两部分，前半部面阔三间，后半部面阔收为一间，整体呈“凸”字形，三面观。前檐三间屋面为悬山式，后檐一间屋面为硬山式，抬梁式木构架。北檐一层正中辟券门，门上石匾阴刻“东岳庙舞楼”。建筑布局独特，精巧玲珑，造型别致。戏楼北立面现用红砖封堵，并搭建临时房屋，红砖墙有“文化大革命”时期题写的毛泽东诗词。庙周遗存碑碣两通，即民国二十五年（1936）《重修关圣帝君甬门及金装各神像》碑和《重修关圣帝君左右角门暨金装各神像》碑（照2-2-1-19）。

（十七）孙寨老君庙戏楼

孙寨老君庙又称三官庙，位于巩义市竹林镇孙寨村，北纬34° 42′ 23″，东经113° 08′ 41″，海拔343米。创建年代不详，明崇祯四年（1631）重建。该庙为二进院落，现存戏楼、过厅、大殿、东西厢房共5座建筑。戏楼位于庙外南29米处，与庙院相隔于国道301线两侧。

戏楼坐南面北，三幢左右并联式，西侧有耳房一间，东耳房在修路时被拆毁。建筑屋面均为硬山式，平面布局呈“凸”字形，三面观。戏台面阔三间，进深二间，通面阔6.99米，其中明间3.27米；通进深6.1米。建筑为两层，因前檐地坪抬高，现于明间后檐设门，用于出入。二层前檐立石柱两根，柱上镌刻楹联一副：“曲奏阳春，宛若唐时古调；歌赓闾里，居然宋世遗声。”梁架为抬梁式，七梁架置于前平板枋与金柱之上，承瓜柱、五架梁、三架梁及各层檩枋，金柱与后檐墙之间设单步梁。前檐梁头两侧及补间正中装饰花板，板上雕刻寓意吉祥的龙凤及牡丹图案。墙体用青砖砌筑，盘头雕刻花卉及瑞兽，后檐墙西南角处斜出排水石槽。西耳房为化妆间，面阔、进深均为一间，面阔3.12米，进深2.96米。庙内遗存明崇祯四年（1631）碑碣1通，清代碑碣4通（照2-2-1-20）。

照2-2-1-20 孙寨老君庙戏楼

（十八）桃花峪火神庙戏楼

桃花峪火神庙戏楼位于巩义市新中镇桃花峪村，北纬34° 37′ 53″，东经113° 10′ 24″，海拔503米。火神庙创建于清乾隆三十九年（1774），坐北面南，二进院落，系第一批郑州市文物保护单位。

戏楼位于庙外西南50米处，坐南面北，单幢式，为单檐硬山式建筑。平面呈长方形，一面观。面阔三间，进深一间，六步椽屋，通面阔6.54米，其中明间面阔3.06米；通进深5.8米。戏楼台基高1.17米，用块石垒砌，前檐置两根抹角石柱，镌刻楹联一副："四美具二难，并人正好逢场做戏；千金多一刻，少天何不转夜为年。"抬梁式木构架，七架梁置于前平板枋与后檐墙之上，承瓜柱、各层梁及檩枋。檐檩与平板枋之间设花板装饰，雕刻为花蕾形状，线条流畅，花瓣饱满。雀替以龙凤、鲤鱼、荷花为题材，雕刻细腻。两山墙前檐设有券门，方便设踏步登台，墙体采用块石硬芯、外包青砖的做法。庙内遗存清乾隆三十九年（1774）《创建南方火帝庙碑记》、清嘉庆三年（1798）《重建火神殿拜台并金塑神像碑》碑碣两通。戏楼前场地空旷，1958年以前，每年均有戏曲演出。戏楼现被改为居住用房，前檐用红砖封砌（照2-2-1-21）。

照2-2-1-21 桃花峪火神庙戏楼

（十九）河洛大王庙舞楼

河洛大王庙位于巩义市河洛镇神北村东北部，北纬34° 49′ 56″，东经

113° 03′ 27″，海拔171米。庙宇地处黄河与伊洛河的交汇处，创建年代不详。明嘉靖《巩县志》记载，因河水泛滥，当地百姓为祈平安修建此庙，清至民国时期多有修葺。大王庙坐北面南，现存舞楼、拜殿、正殿3座文物建筑，为第八批河南省文物保护单位。

舞楼坐南面北，正对拜殿，与其间距35米。单幢式，两层单檐硬山灰瓦顶建筑。一层为庙宇入口，二层为戏台。平面呈长方形，一面观。屋面形制独特，上设三条正脊、十二条垂脊，形成并列三个独立屋顶，而檐口处则连为一体。南面观建筑面阔三间，北面观则面阔五间，通面阔14.51米；其中明间3.85米，次间2.65米。进深一间，通进深4.96米；台口高3.24米。一层明间辟券门，门上设砖雕斗栱四攒。券门上有砖砌匾额，上书“大王庙”三字，两侧墙面镶嵌楹联一副：“范围万派千流无容泛滥；鞭辟惊涛骇浪并入沧溟。”落款：“光绪乙巳仲春既望庚子辛丑并科举人任同堂。”前檐立四根石柱，柱高2.86米，下设圆鼓式柱础。戏楼二层梁架为四步椽用二柱，五梁架置于前平板枋及后檐墙之上，承瓜柱、三架梁、脊瓜柱及各层檩枋。檐柱镌刻楹联，惜字体遭破坏，模糊不清（照2-2-1-22）（照2-2-1-23）。

照 2-2-1-22　河洛大王庙舞楼正立面

照 2-2-1-23　河洛大王庙舞楼背立面

（二十）白沙崔氏祠堂戏楼

白沙崔氏祠堂位于巩义市孝义镇白沙村北部，北纬34°46′35″，东经112°58′25″,海拔109米。祠堂创建于明崇祯十三年（1640），清康熙五十年（1711）扩建，由戏楼、大门、拜殿、配殿、正殿、偏殿、库房、厨房等10余座建筑组成，占地面积1938平方米，为第二批郑州市文物保护单位。

戏楼位于祠堂大门外南17米处，坐南面北，正对大门，建于清咸丰二年（1852），单幢式，为单檐前坡悬山、后坡硬山式建筑。平面呈长方形，半三面观。面阔三间8.12米，其中明间面阔3.42米；进深一间4.8米，通高5.32米。前台三面敞开，台口立四根方石柱，柱高2.6米。舞台用木隔断分隔为前后台，后台为演员化妆、换装的空间。下部砖砌台基宽8.8米，周边地坪被垫高，台现高1.1米。建筑屋面为前坡歇山与后硬山的巧妙组合，灰瓦覆顶。台前石柱上刻有楹联两副："刻羽引商，此中隐寓春秋意；知来观往，局外须深劝诫心。""乃武乃文，把往事何妨再叙；演忠演孝，劝世人莫作闲看。"（照2-2-1-24）（图2-2-1-22）（图2-2-1-23）（图2-2-1-24）

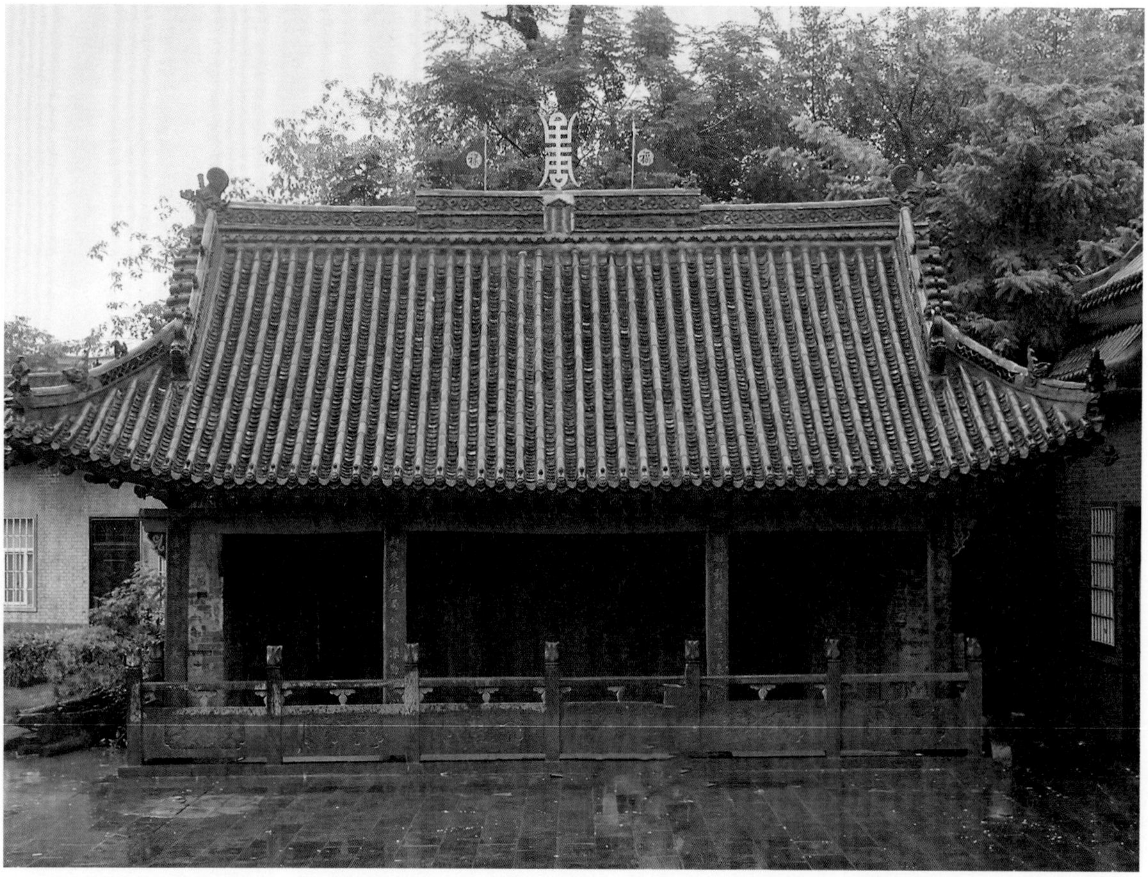

照2-2-1-24　白沙崔氏祠堂戏楼

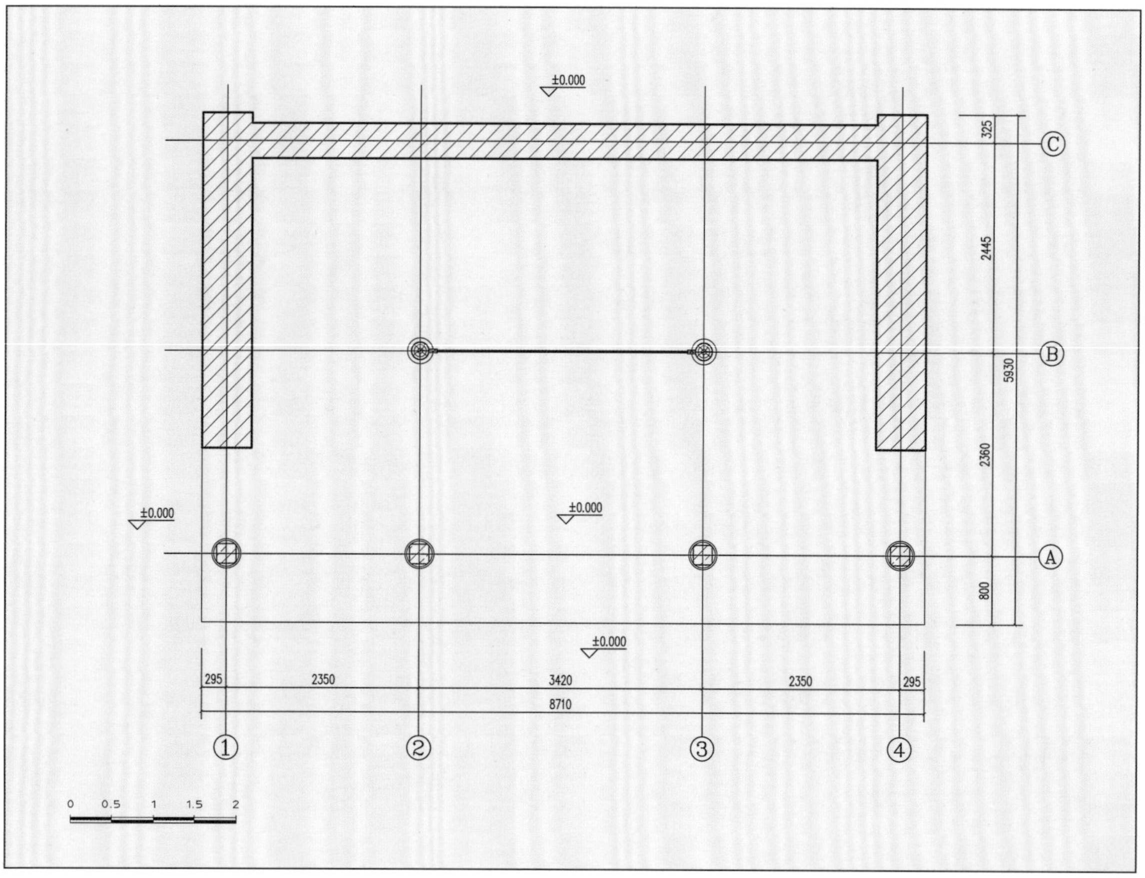

图2-2-1-22　白沙崔氏祠堂戏楼平面图

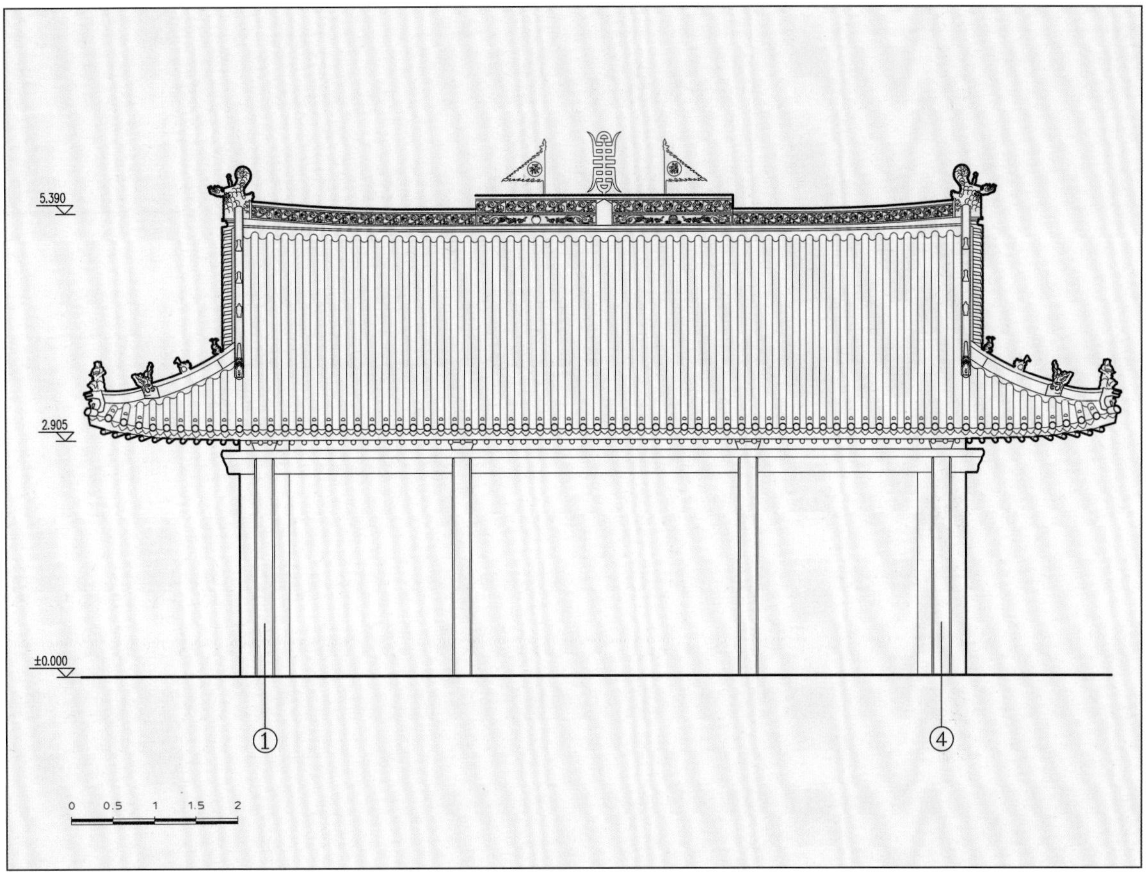

图 2-2-1-23 白沙崔氏祠堂戏楼正立面图

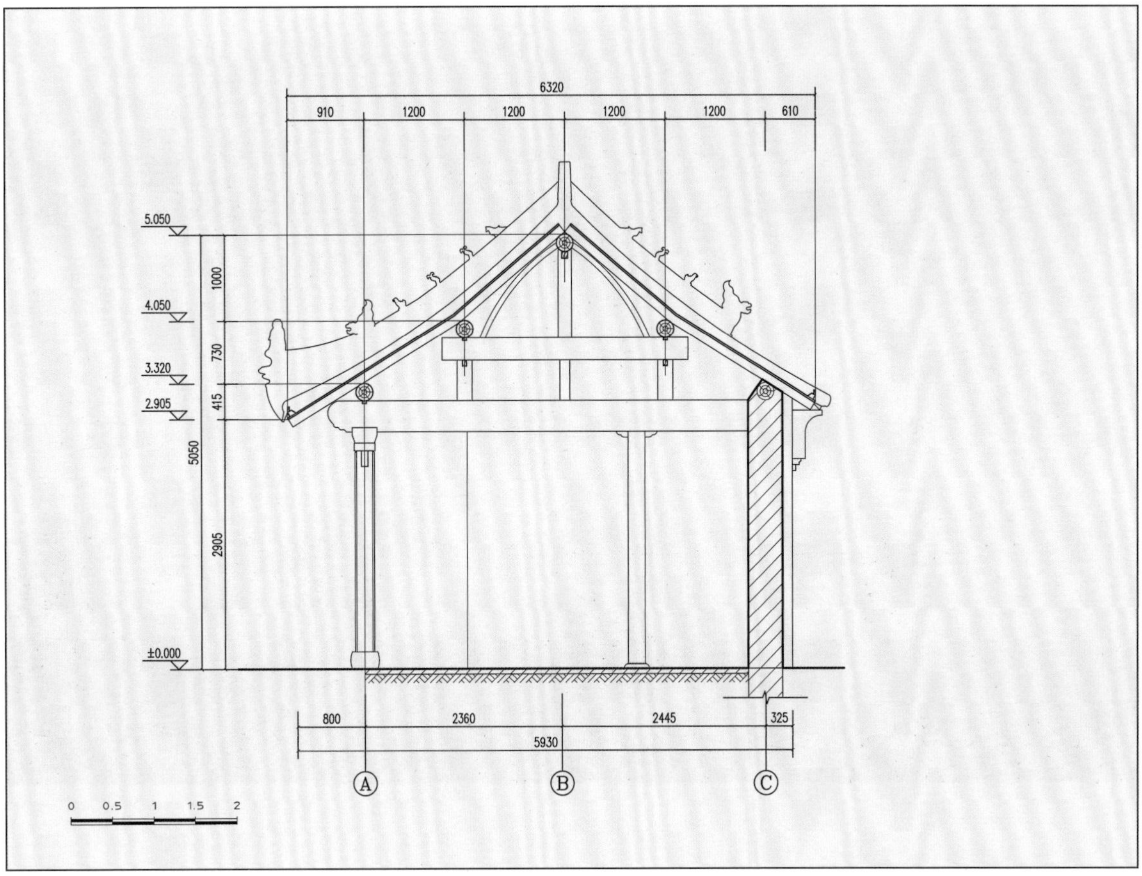

图 2-2-1-24 白沙崔氏祠堂戏楼横剖面图

（二十一）鲁庄姚氏祠堂戏楼

鲁庄姚氏祠堂位于巩义市鲁庄镇鲁庄村，北纬34°37′01″，东经112°52′14″，海拔249米。创建于明崇祯十三年（1640），现存戏楼（大门）、拜殿、大殿3座文物建筑及碑碣5通，建筑均为硬山式，灰瓦覆顶，为第二批巩义市文物保护单位。

戏楼重建于民国三年（1914），坐东面西，为两层单檐硬山式建筑，一层为祠堂入口，二层为戏台。平面呈长方形，一面观。面阔三间计9.62米，进深一间计5.55米，通高7.5米。一层明间辟门，门上方悬挂木匾额，门檐下两侧设有墀头，之间置额枋，下设雕刻龙纹的雀替。次间一层设楼梯通往二层戏台。戏楼台口高2.56米，前檐立两根抹角石柱，上刻楹联一副："忠孝结义，万古纲常，昭人耳目；礿祀蒸尝，四时典礼，矢我精诚。"木构架为抬梁式，四梁架上承三架梁、瓜柱及各层檩枋，柱间设额枋串联，雀替雕刻花鸟、卷草图案。戏台前檐装修均为格扇门，演出时打开，平时紧闭（照2-2-1-25）（照2-2-1-26）（图2-2-1-25）（图2-2-1-26）（图2-2-1-27）。

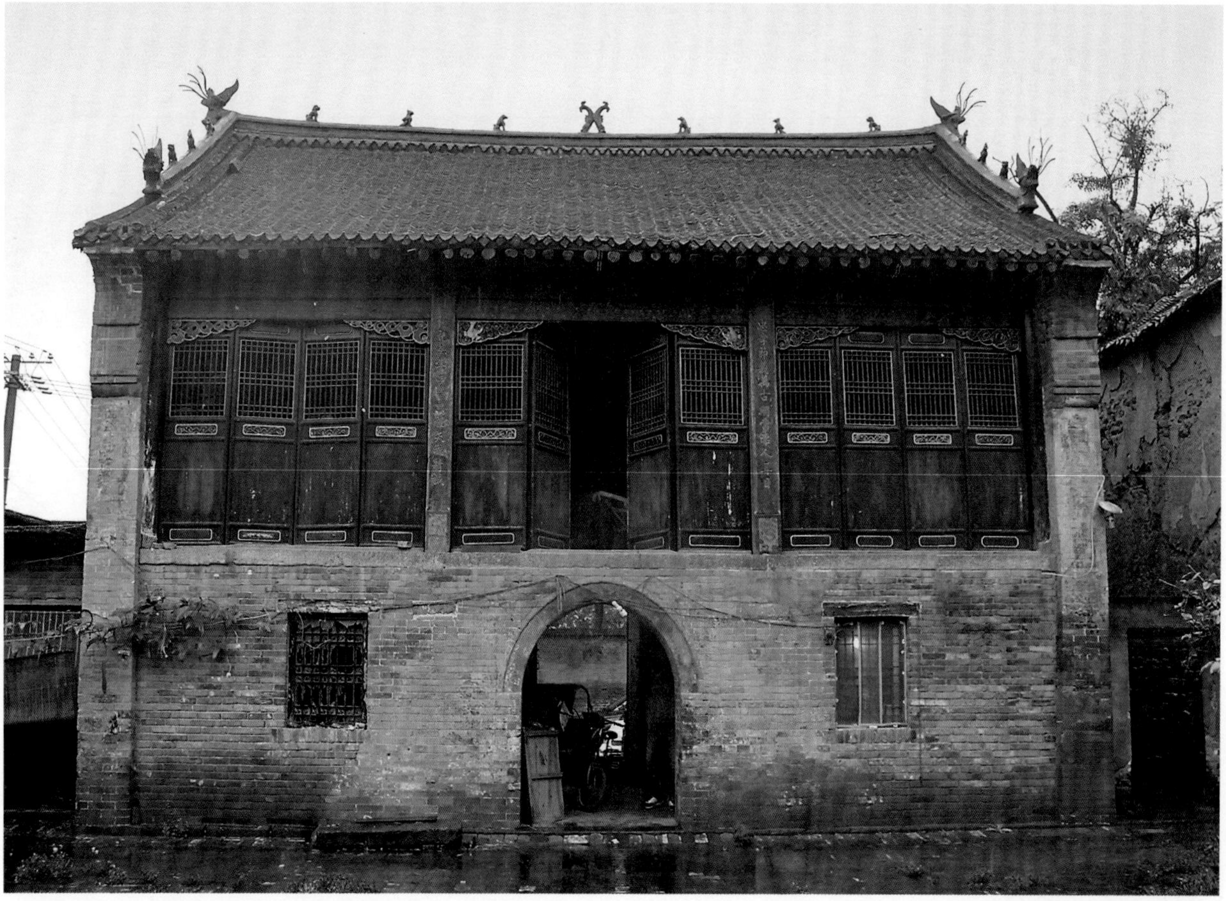

照2-2-1-25　鲁庄姚氏祠堂戏楼正立面

照2-2-1-26　鲁庄姚氏祠堂戏楼背立面

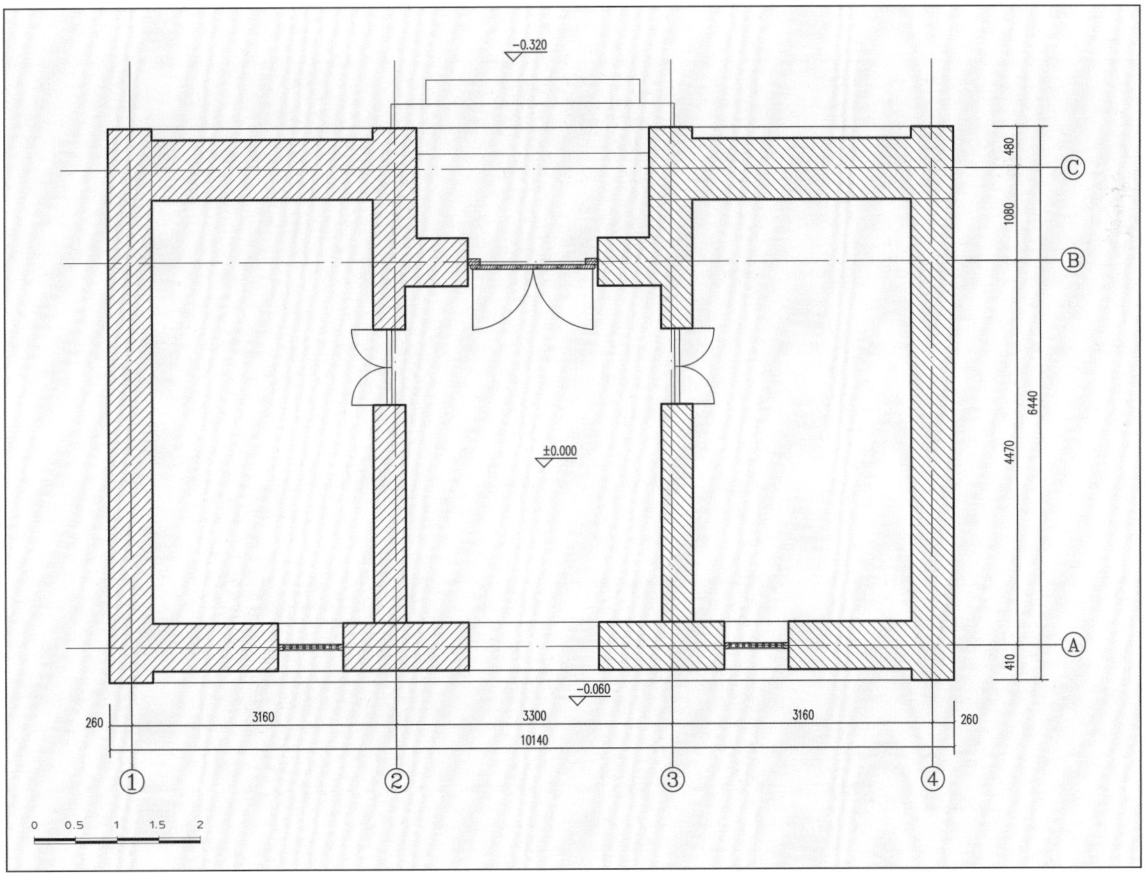

图2-2-1-25　鲁庄姚氏祠堂戏楼平面图

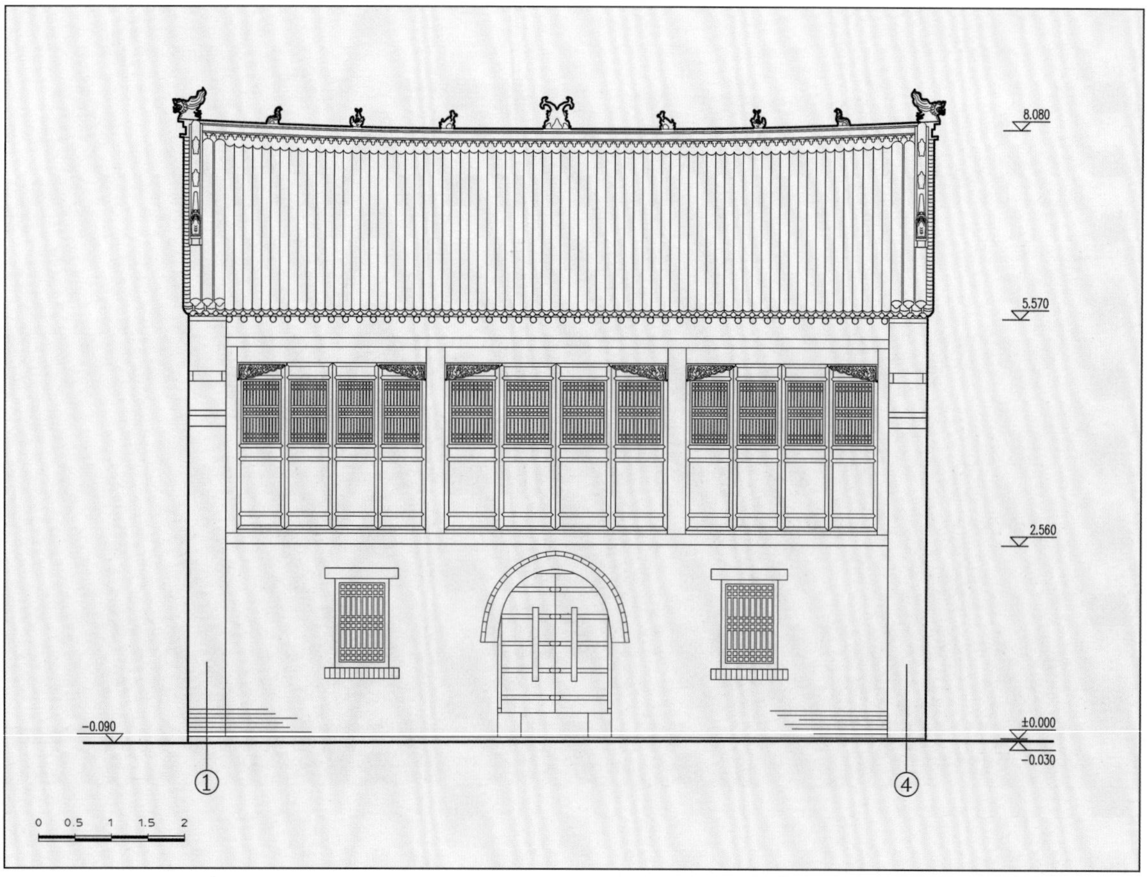

图2-2-1-26 鲁庄姚氏祠堂戏楼正立面图

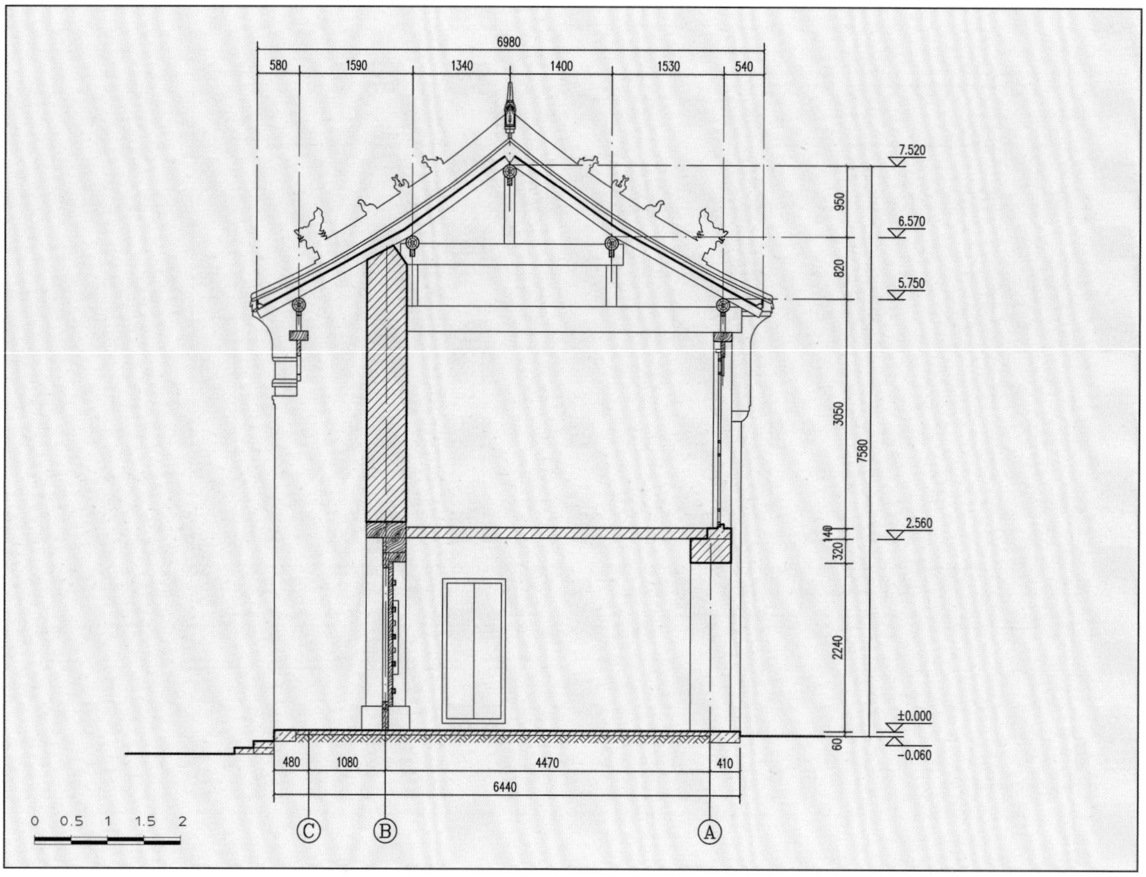

图2-2-1-27 鲁庄姚氏祠堂戏楼横剖面图

（二十二）荥阳王村戏楼

王村戏楼位于荥阳市王村镇王村，北纬34° 52′ 44″，东经113° 16′ 18″，海拔137米。创建年代不详，坐南面北，双幢前后串联式，屋面为前台卷棚悬山式，后台硬山式。平面呈倒“凸”字形，三面观。前台面阔五间，后台三间，进深均为一间。前台通面阔10.45米，其中明间3.25米、次间2.23米、梢间1.37米，进深2.59米。台基用青砖砌筑，高1.42米，舞台共施石柱十二根，前檐柱刻楹联两副：“榱栋灿日星，南嵩北河并添彩；徵角彻霄汉，虞凤晋鹤共和鸣。”“水仙子捧碧玉箫，台前吹出声声慢；香柳娘穿红绣鞋，场中行得步步娇。”前后檐柱之上置四架梁、承瓜柱、月梁及各层檩枋。檐下施一斗二升交麻叶斗栱十攒，其中明间平身科二攒、次间一攒。斗栱及外檐平板枋、额枋均施彩绘，色彩艳丽。后台为二层砖木结构，面阔三间，通面阔8.52米，进深一间3.53米。木构架为抬梁式，五架梁置于前檐柱平板枋及后檐墙之上，承三架梁、瓜柱及各层檩枋，椽上铺望砖。墙体用青砖砌筑，厚0.52米。两侧山墙正中均设方窗一扇。戏楼近年得以修缮，保存完整，每年庙会期间均有戏曲演出（照2-2-1-27）。

照 2-2-1-27　荥阳王村戏楼

二、开封市

开封位于河南东部、中原腹地、黄河之滨，先后有夏朝，战国时期的魏国，五代时期的后梁、后晋、后汉、后周，宋朝，金朝等在此定都，素有“八朝古都”之称。河南传播最广的地方戏曲豫剧发源于此。开封现存古戏楼4座，均位于龙亭区山陕甘会馆内及周边。国保单位3处，一般文物点1处（图2-2-2-1）。

① 开封山陕甘会馆中轴线戏楼、东西堂戏楼

（开封市龙亭区）

② 徐府坑街戏楼（开封市龙亭区）

图 2-2-2-1　开封市遗存古戏楼分布示意图

（一）开封山陕甘会馆中轴线戏楼、东西堂戏楼

山陕甘会馆位于开封市龙亭区徐府街路北，北纬34°47′54″，东经114°20′50″，海拔68米。会馆创建于清乾隆三十年（1765），后经道光、光绪年间的扩建，遂成现有规模。会馆坐北面南，现存照壁、东西翼门、戏楼、钟鼓楼、牌楼、正殿、东西厢房、东西跨院等建筑，为第五批全国重点文物保护单位。会馆内现存3座戏楼，分别为中轴线上过路戏楼以及东西跨院的堂戏楼。

山陕甘会馆原中轴线戏楼于1958年拆毁，1988年开封火神庙戏楼迁建于此。戏楼位于中轴线上，坐南面北，砖木结构，平面呈“凸”字形，三面观。双幢前后串联式，屋面为前台单檐卷棚歇山式、后台硬山式。建筑为两层，下层明间为通道，二层为戏台，东西两侧有台阶可通二层。前台一层面阔三间，进深一间，通面阔6.28米，通进深4.3米；台高3.37米。二层平面则采用减柱造，减去明间两根檐柱，采用通长平板枋和额枋，将面阔改为一间，加大了舞台演出空间。木构架为抬梁式，檐下绕周施栱九攒，平板枋、额枋、雀替上施以精美雕刻。后台面阔三间，进深一间，通面阔9.76米，通进深4.18米。屋面为灰筒瓦覆顶，绿琉璃瓦剪边（照2-2-2-1）（照2-2-2-2）（图2-2-2-2）（图2-2-2-3）（图2-2-2-4）（图2-2-2-5）（图2-2-2-6）。

堂戏楼位于会馆两侧的东西跨院内，东西对称各一座，专为女眷观戏所建。两座堂戏楼均坐南面北，双幢前后串联式，为前台卷棚歇山后台硬山式的砖木建筑。台面呈“凸”字形，三面观。前台面阔一间5.82米，进深一间4.37米，台基高0.45米：后台面阔三间，进深一间，通高6.58米，屋面为灰筒瓦覆顶。前后台之间设木格扇，两侧上下场门上分别题写“管雅”“琴风”（照2-2-2-3）（照2-2-2-4）（图2-2-2-7）（图2-2-2-8）（图2-2-2-9）。

照 2-2-2-1　开封山陕甘会馆中轴线戏楼正立面

照 2-2-2-2　开封山陕甘会馆中轴线戏楼背立面

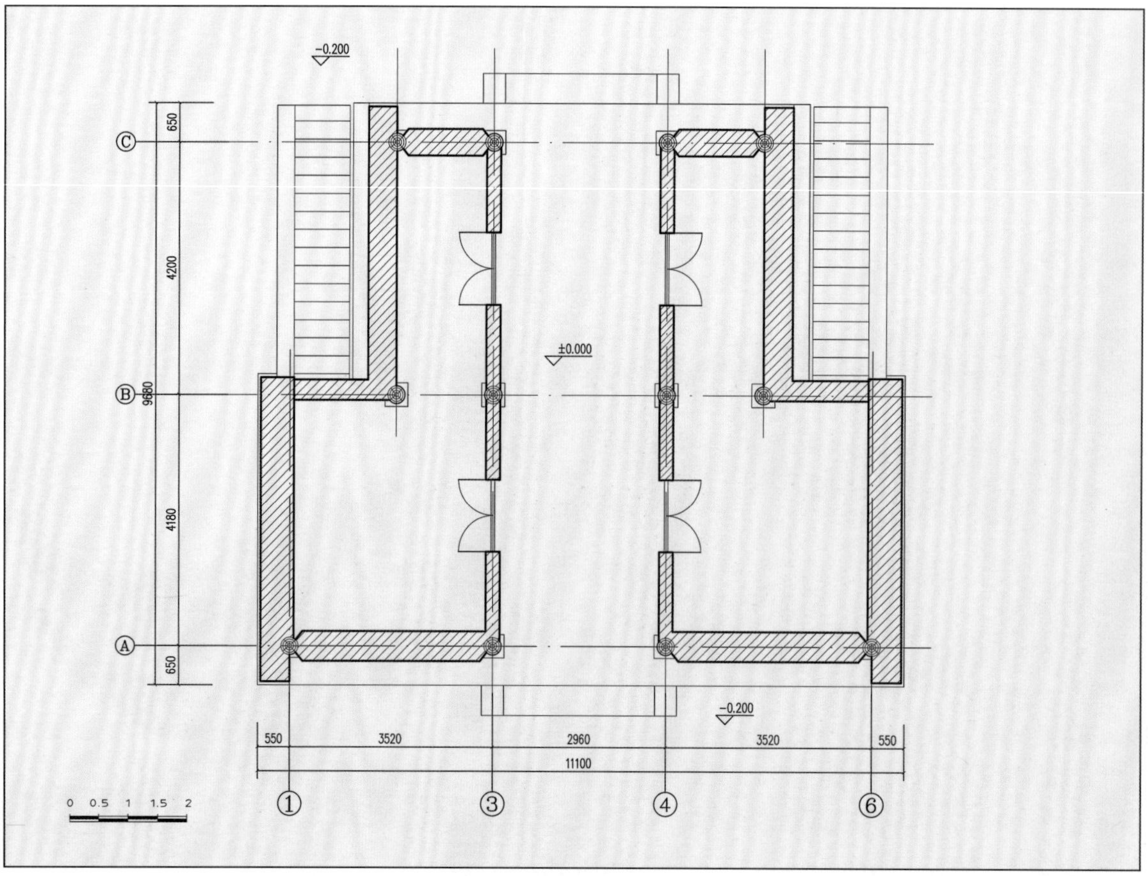

图2-2-2-2 开封山陕甘会馆中轴线戏楼平面图

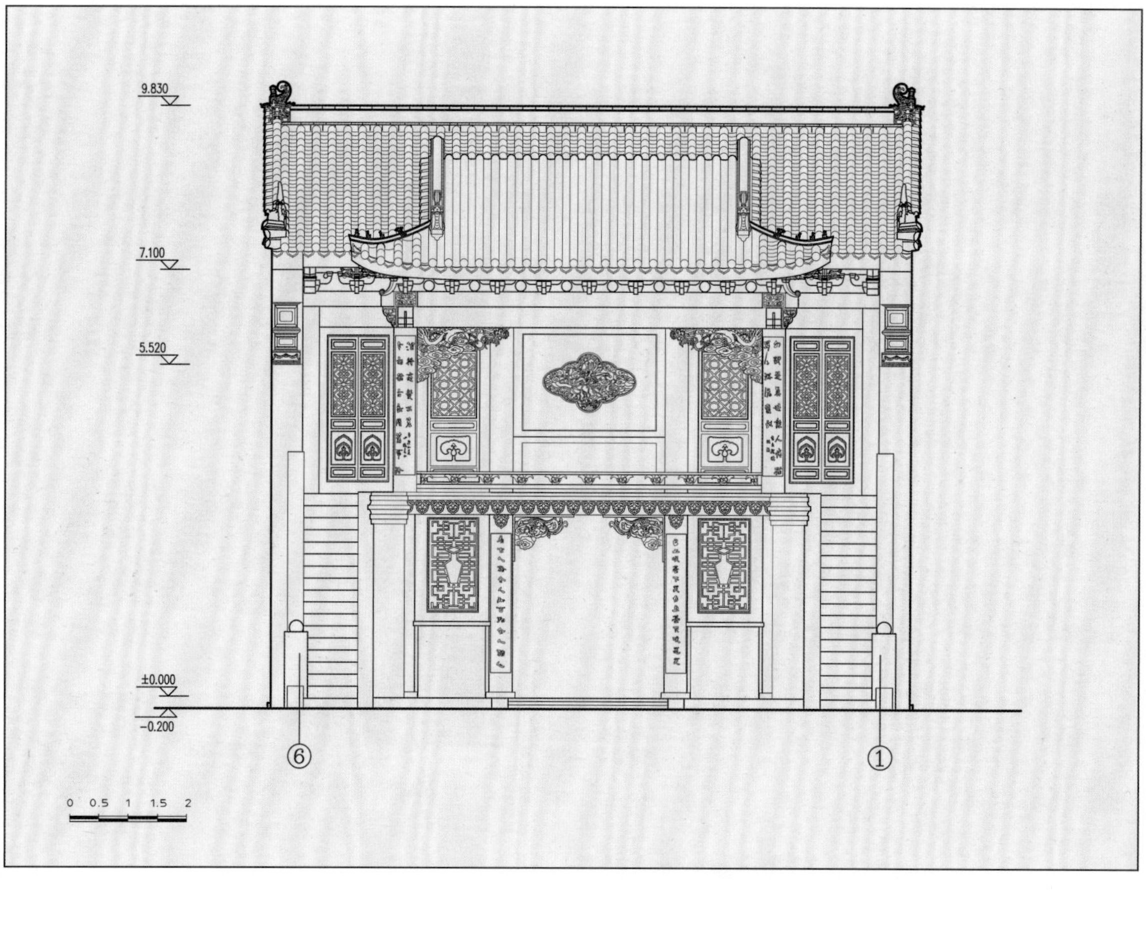

图2-2-2-3 开封山陕甘会馆中轴线戏楼正立面图

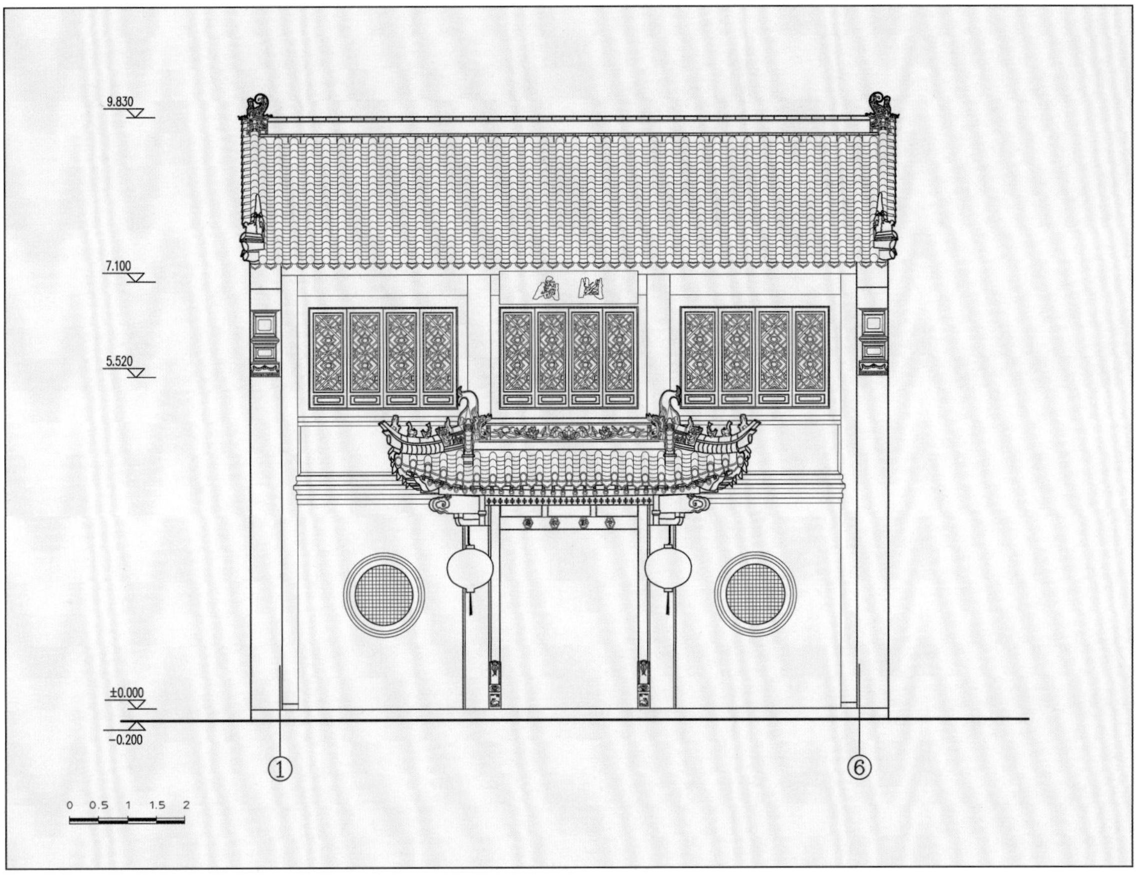

图2-2-2-4 开封山陕甘会馆中轴线戏楼背立面图

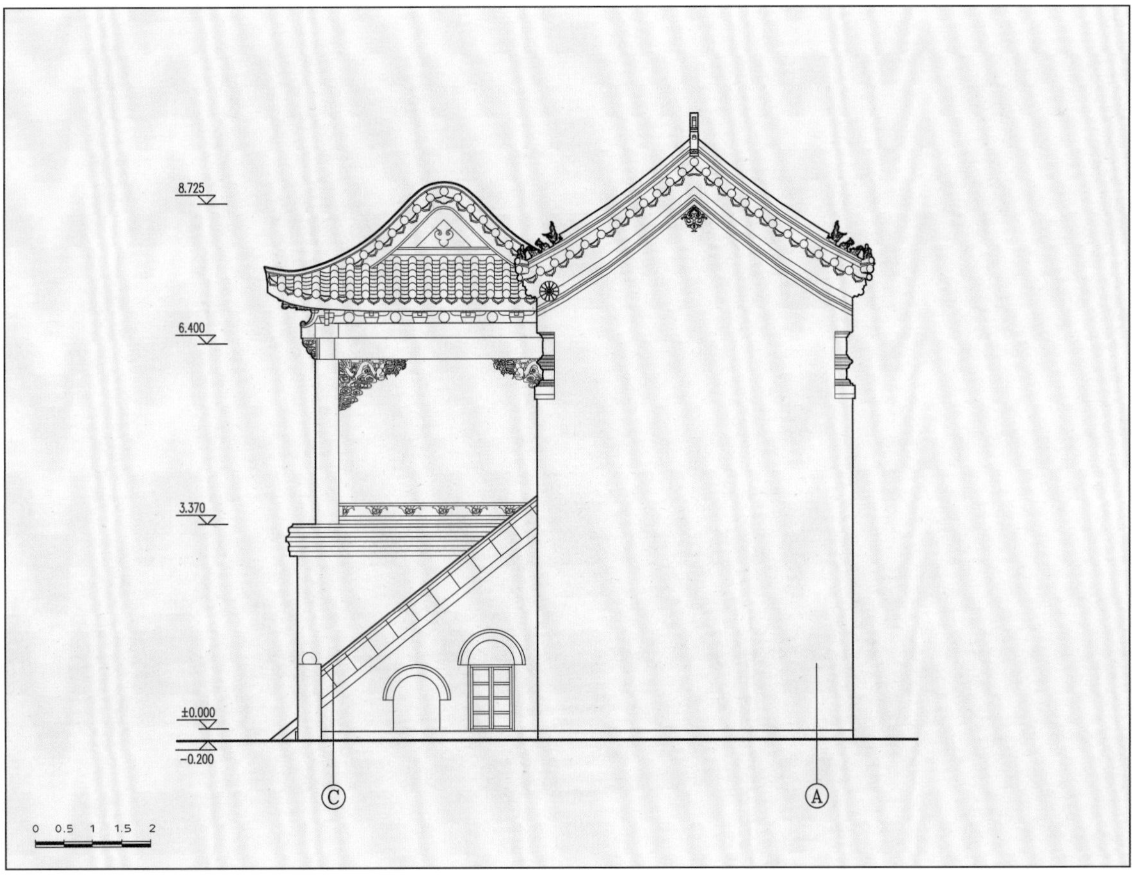

图2-2-2-5 开封山陕甘会馆中轴线戏楼侧立面图

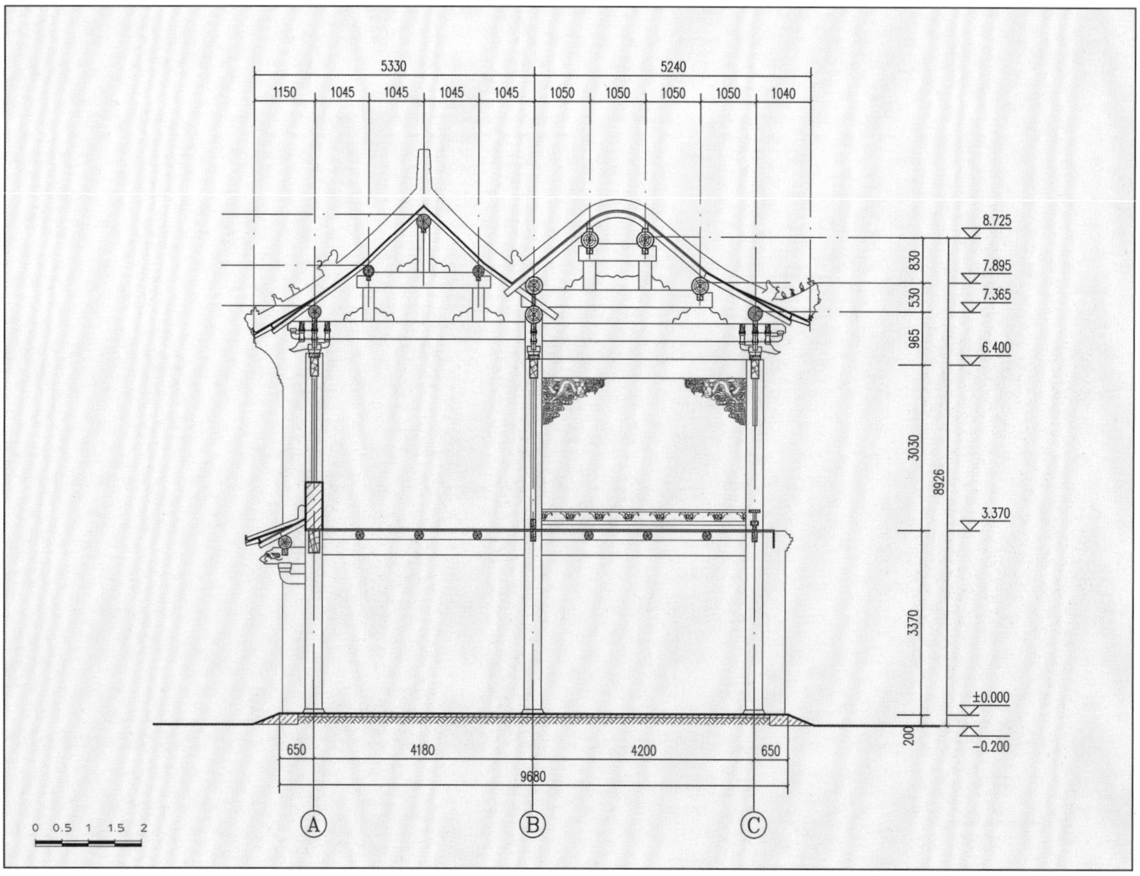

图2-2-2-6 开封山陕甘会馆中轴线戏楼横剖面图

照2-2-2-3 开封山陕甘会馆西堂戏楼

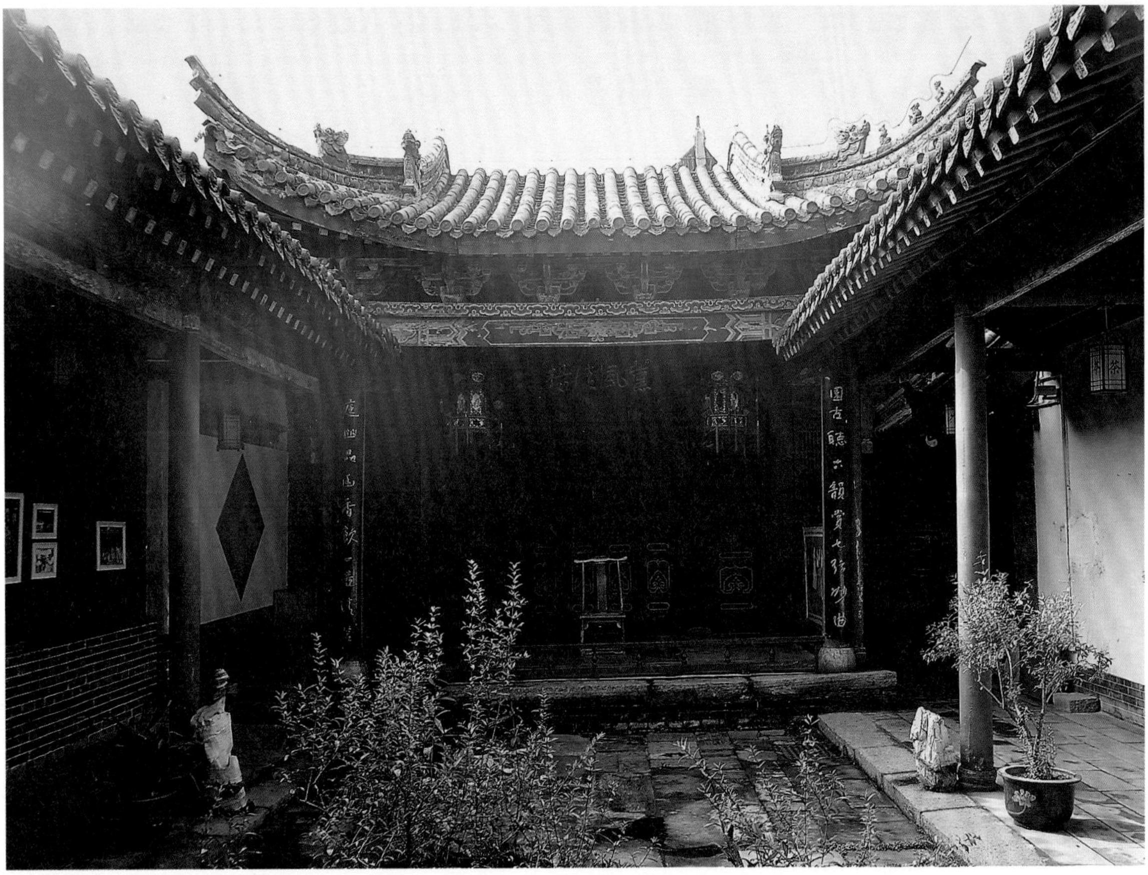

照2-2-2-4 开封山陕甘会馆东堂戏楼

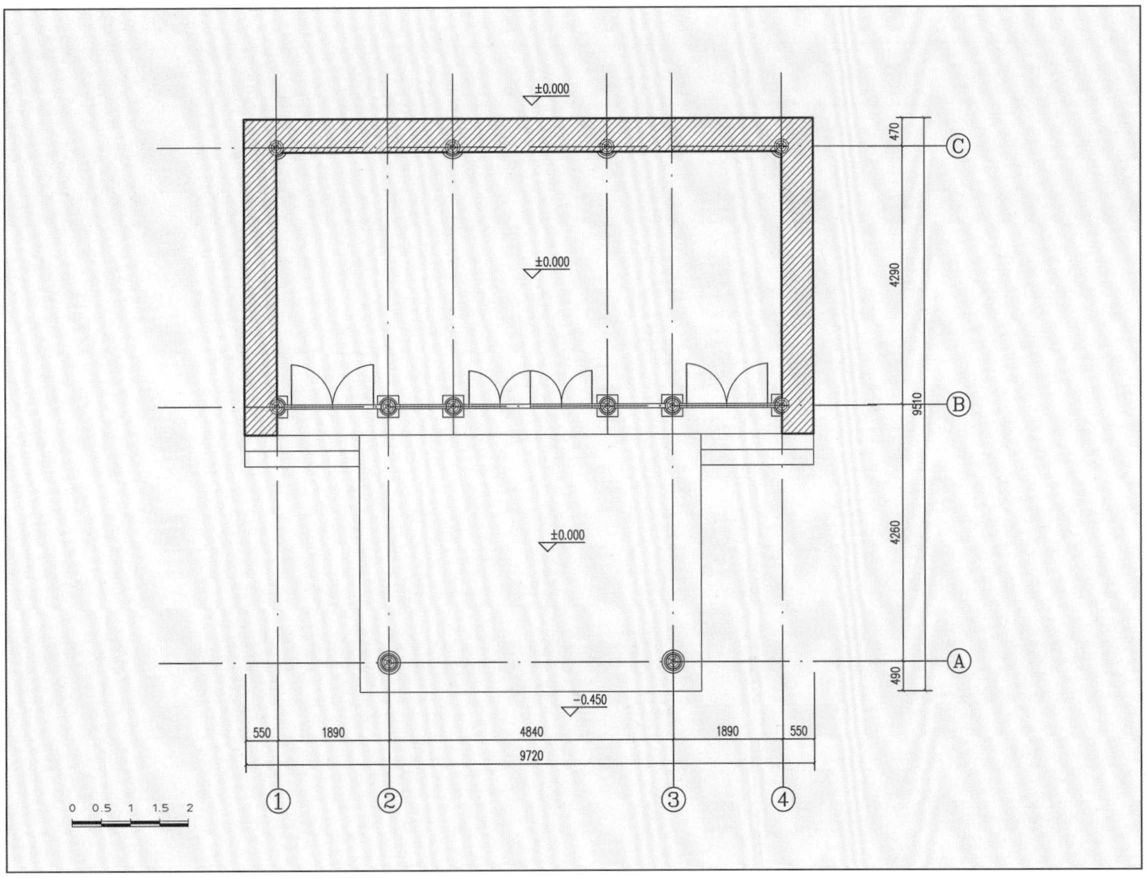

图2-2-2-7 开封山陕甘会馆堂戏楼平面图

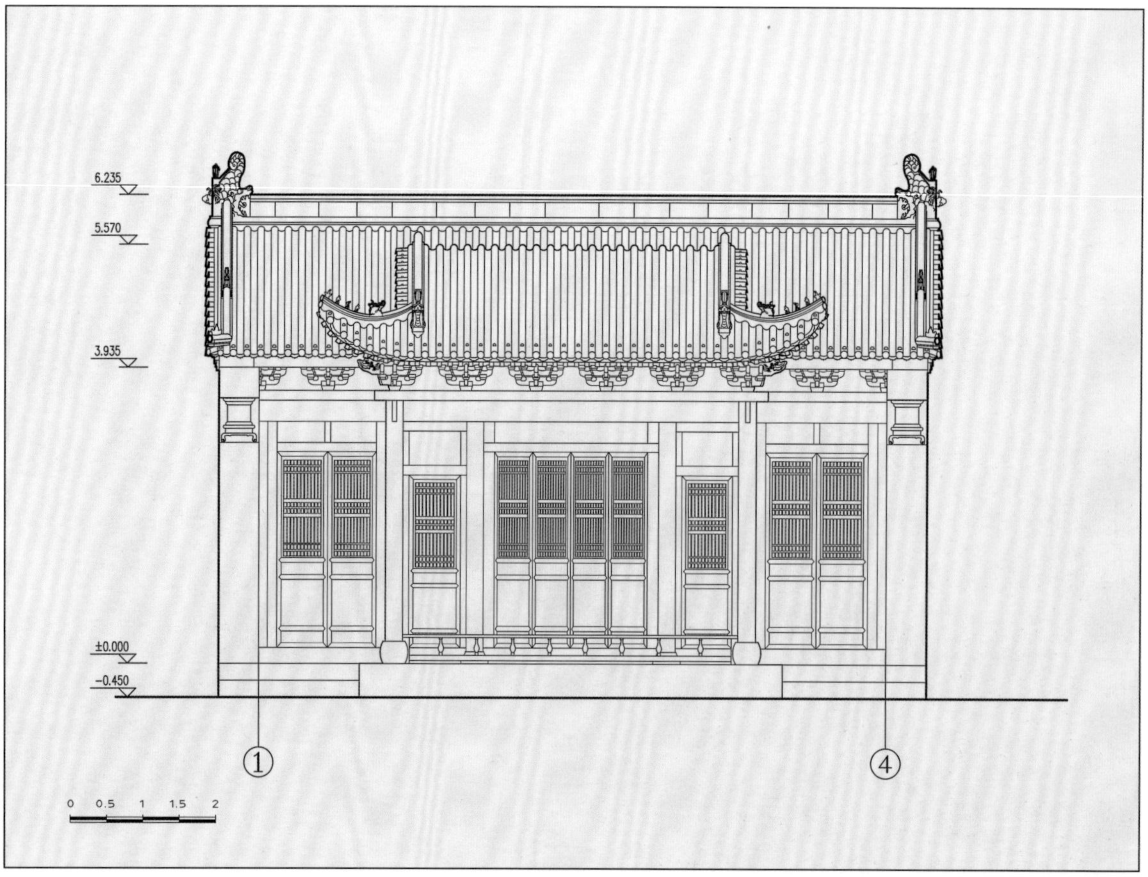

图 2-2-2-8 开封山陕甘会馆堂戏楼正立面图

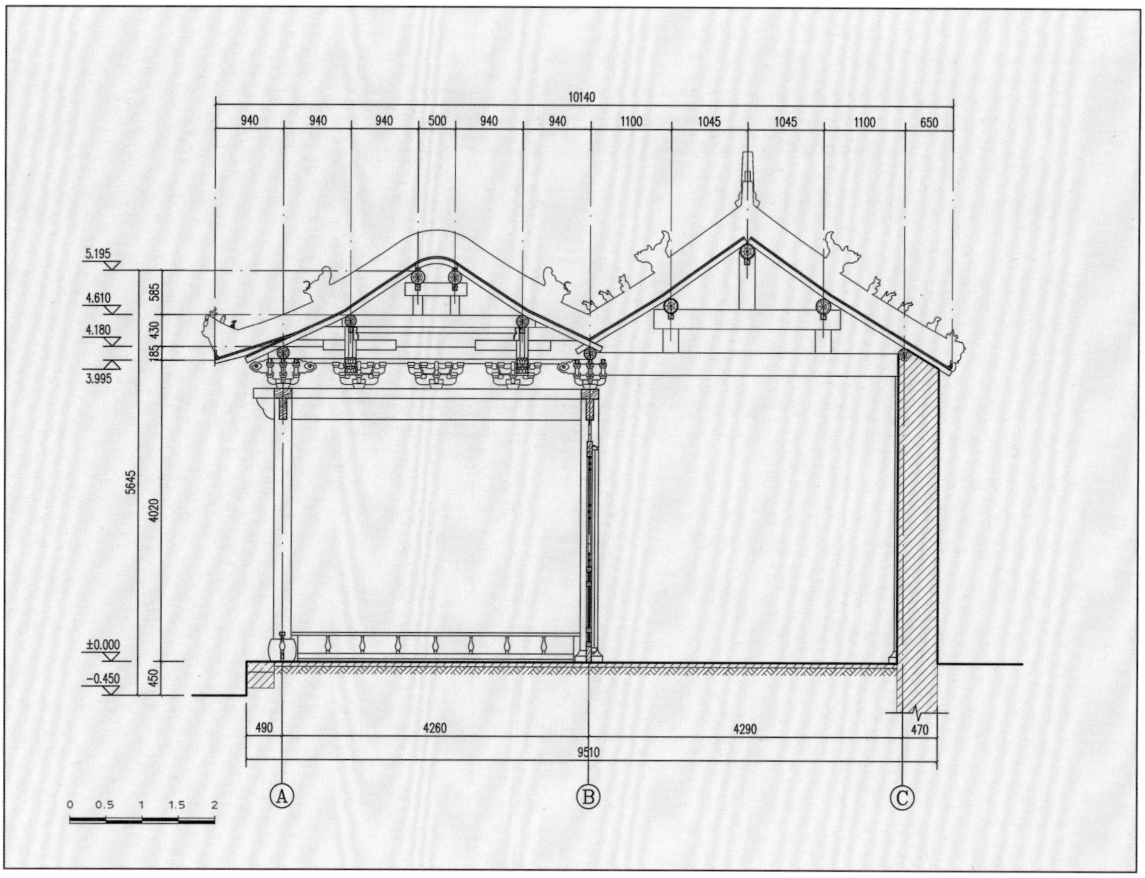

图 2-2-2-9 开封山陕甘会馆堂戏楼横剖面图

（二）徐府坑街戏楼

徐府坑街戏楼又称阁楼，位于开封市龙亭区徐府坑街中段南侧，开封山陕甘会馆北85米处，北纬34° 47′ 58″，东经114° 20′ 52″，海拔45米。创建年代不详，现为民国时期建筑。

戏楼坐东面西，单幢式，两层砖木结构。面阔三间，进深一间，通面阔5.19米，通进深4.36米。平面近长方形，南次间后檐向东推0.38米。屋面形式独特，东、西面及南面观为四坡顶，北面屋面至山墙处则收为硬山，上覆小青瓦。戏台前檐及南立面二面敞开，前檐立通长木柱两根，柱高4.28米。柱上插置平梁，上承楞木及楼板。二层为舞台，台面以木板铺设，台口高2.51米。二层梁架为抬梁式，五梁架置于前檐柱及后檐墙之上，上承三架梁及瓜柱和各层檩枋。墙体为青砖砌筑，青砖尺寸为0.26×0.125×0.06米。南次间一层设楼梯通往二层。现一层墙体有较大改动，整体残破不堪，已废置（照2-2-2-5）。

照2-2-2-5　徐府坑街戏楼

三、洛阳市

洛阳市位于河南西部，横跨黄河中下游南北两岸，境内山川丘陵交错，地形复杂，其中山区面积占总面积的45.51%。洛阳在历史上曾经是中国政治、经济、文化和交通的中心，早在宋代，戏曲广泛流传，偃师区、洛宁等地出土了宋墓杂剧砖雕。明清时期地方戏曲更是蓬勃发展，盛行蒲剧、曲剧、扬高戏、眉户戏等剧种。民俗及戏曲文化的盛行以及经济的繁荣，带动了古戏楼的建造，现洛阳遗存古戏楼的数量为河南之最。

洛阳现存古戏楼40座，包括市区4座、偃师区3座、孟津区1座、新安县6座、伊川县1座、嵩县4座、洛宁县15座、宜阳县6座；其中国保单位3处、省保单位9处、市保单位4处、县保单位12处，一般文物点12处（图2-2-3-1）。

① 洛阳山陕会馆舞楼（洛阳市老城区）
② 洛阳潞泽会馆舞楼（洛阳市瀍河区）
③ 洛阳关林舞楼（洛阳市洛龙区）
④ 河南府城隍庙戏楼（洛阳市老城区）
⑤ 府店东大庙戏楼（洛阳市偃师区府店镇府北村）
⑥ 游殿村玉皇庙戏楼（洛阳市偃师区山化镇游殿村）
⑦ 省庄牛王庙戏楼（洛阳市偃师区市邙岭镇省庄村）
⑧ 孟津玄帝庙舞楼（洛阳市孟津区朝阳镇阎凹村）
⑨ 李村龙王庙戏楼（新安县南李村镇李村）
⑩ 新安宝真观戏楼（新安县五头镇梁村）
⑪ 黑扒村奶奶庙戏楼（新安县石井镇黑扒村）
⑫ 袁山村奶奶庙舞楼（新安县青要山镇袁山村）
⑬ 胡岭村关帝庙戏楼（新安县石寺镇胡岭村）
⑭ 骆庄三教堂戏楼（新安县石井镇骆庄自然村）
⑮ 白沙村南街戏台（伊川县白沙镇白沙村）
⑯ 大章关帝庙戏楼（嵩县大章镇大章村）
⑰ 嵩县财神庙舞楼（嵩县城关镇上仓村）
⑱ 旧县村城隍庙舞楼（嵩县旧县镇旧县村）
⑲ 安岭三圣殿舞楼（嵩县库区乡安岭村）
⑳ 东南村关帝庙戏楼（洛宁县底张乡东南村）

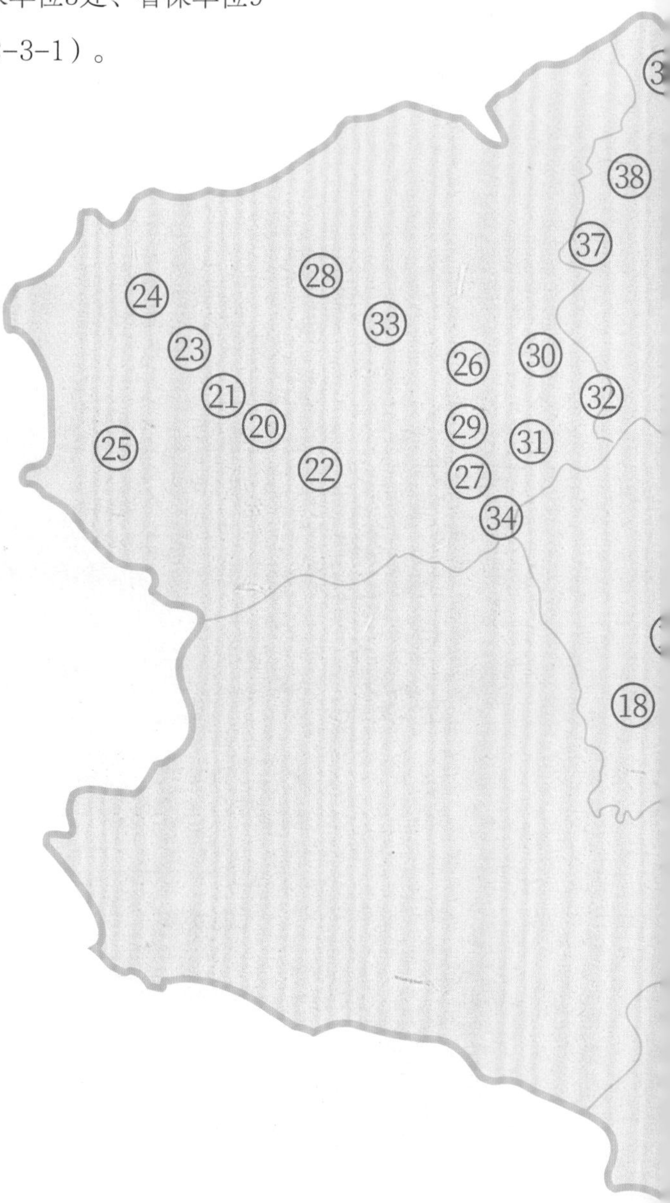

图 2-2-3-1　洛阳市遗存古戏楼分布示意图

㉑ 柴窑村戏楼（洛宁县底张乡柴窑村）
㉒ 草庙岭圣母庙戏楼（洛宁县底张乡草庙岭村）
㉓ 礼村戏楼（洛宁县底张乡礼村）
㉔ 南旧县村戏楼（洛宁县东宋镇南旧县村）
㉕ 隍城村隍城庙戏楼（洛宁县故县镇隍城村）
㉖ 北村杨公祠戏楼（洛宁县景阳镇北村）
㉗ 中方村李氏祠堂乐楼（洛宁县景阳镇中方村）
㉘ 彭凹彭氏祠堂戏楼（洛宁县底张乡彭凹村）
㉙ 大许村杨公祠戏楼（洛宁县赵村镇大许村）
㉚ 凡村段氏祖祠戏楼（洛宁县赵村镇凡东村）
㉛ 凡村张氏宗祠戏楼（洛宁县赵村镇凡村）
㉜ 凡村曹氏祠堂戏楼（洛宁县赵村镇凡村）
㉝ 西王村孙氏宗祠戏楼（洛宁县赵村镇西王村）
㉞ 东山底山神庙戏楼（洛宁县赵村镇东山底村）
㉟ 宜阳山陕会馆戏楼（宜阳县白杨镇白杨村）
㊱ 东营村关帝庙戏楼（宜阳县高村镇东营村）
㊲ 南村泰山庙戏楼（宜阳县三乡镇南村）
㊳ 古村常氏祠堂戏楼（宜阳县三乡镇古村）
㊴ 东马村戏楼（宜阳县白杨镇东马村）
㊵ 草场村三官火神庙戏楼（宜阳县莲庄镇草场村）

（一）洛阳山陕会馆舞楼

洛阳山陕会馆，位于洛阳市老城区九都路东段，北纬34°23′59″，东经112°15′00″，海拔150米。会馆创建于清康熙至雍正年间，为山西、陕西两省众商集资创建的“叙乡谊，通商情”“敬关爷”的场所，系第六批全国重点文物保护单位。会馆坐北面南，二进院落，现存琉璃照壁、仪门、山门、舞楼、拜殿、正殿及东西配殿、东西廊房等文物建筑。

舞楼位于一进院中轴线前部，坐南面北，两层砖木结构。一层是供人行走的通道，二层为戏台。舞楼形制为双幢前后串联式，前台为面阔三间的歇山顶建筑，后台是面阔五间的庑殿顶建筑，形成两种屋顶形式、十三条屋脊的组合式屋面。平面呈“凸”字形，三面观。前台通面阔10.78米，通进深2.43米，台口高3.05米；后台通面阔15.64米，通进深7.36米，通高9.82米。平面布局采用减柱造，减去明间前檐金柱两根，加大了室内使用功能。舞楼一层辟三道拱门，石拱券上雕刻有二龙戏珠图案，东西券门分别镶“帝域”“居圣”石匾。木构架为抬梁式，戏台用柱十二根，前台柱础为鼓式与六面相叠的复合式柱础，后台为覆盆式。柱身插设平梁，上承楞木及楼板。二层前、后台梁架贯通，明间梁架采用一根通梁分别搁于前后舞台斗栱之上，其上用三根瓜柱支撑前后台三架梁，上承二根脊瓜柱及各层檩枋，脊瓜柱两侧用角背、叉手，金檩下有隔架科。前台原设有天花封护，后台为彻上露明造。檐下施三踩单昂斗栱，额枋及雀替浮雕云龙、麒麟、狮子、花卉等图案，形象生动。次间梁架为柱头科与山面平身科共同支撑抹角梁，上立柁墩、踩步金。山面平身科后尾穿插垂莲柱，柱头与踩步金相连。前台

檐柱之间有高0.44米木栏杆，后台东西梢间为扮戏房，供演员化妆、休息所用，后檐墙各设一窗，便于采光。

山陕会馆舞楼构造巧妙，装饰华丽，风格既雄伟壮观又雍容华贵。木雕、砖雕技艺精巧，内容丰富。特别是屋面前台歇山、后台庑殿的组合形式在河南省内罕见，是研究河南地方建筑构造不可多得的珍贵例证（照2-2-3-1）（照2-2-3-2）（图2-2-3-2）（图2-2-3-3）（图2-2-3-4）（图2-2-3-5）（图2-2-3-6）。

照2-2-3-1　洛阳山陕会馆舞楼正立面

照 2-2-3-2　洛阳山陕会馆舞楼背立面

聖居

图2-2-3-2 洛阳山陕会馆舞楼一层平面图

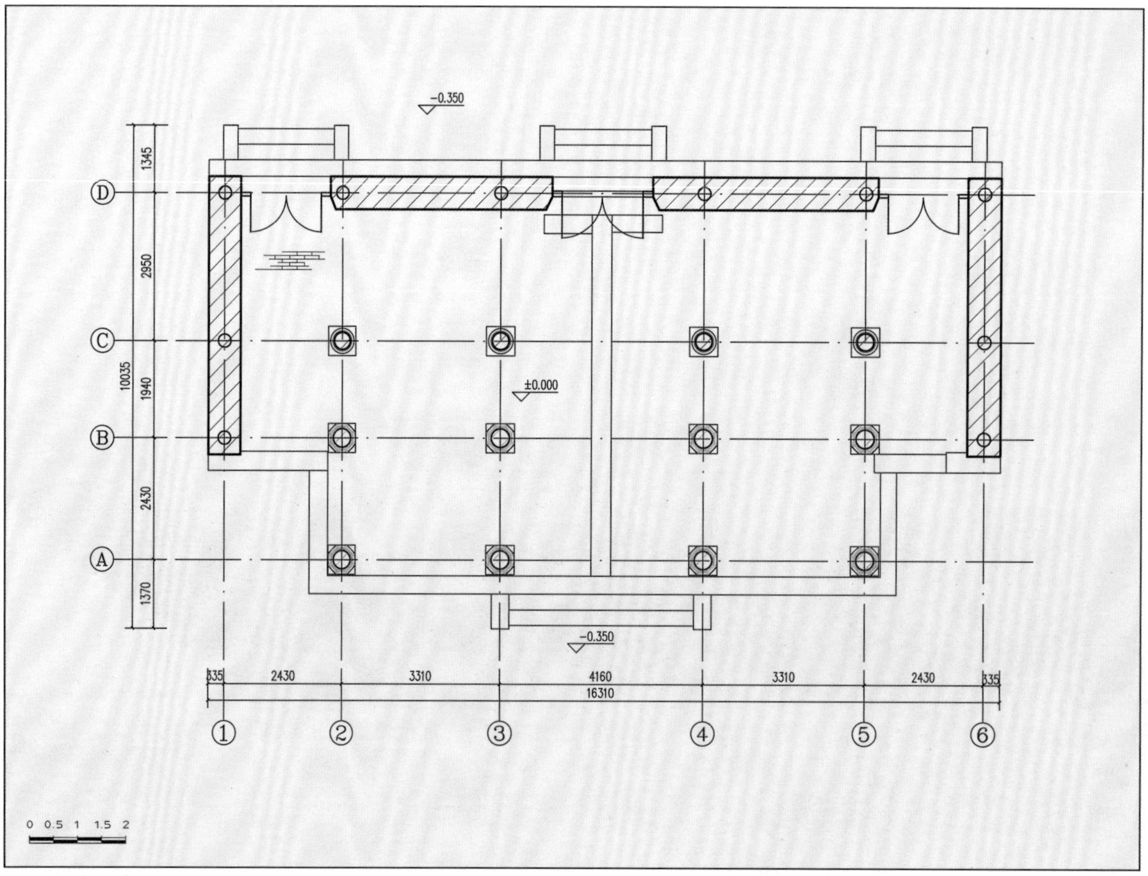

图2-2-3-3 洛阳山陕会馆舞楼二层平面图

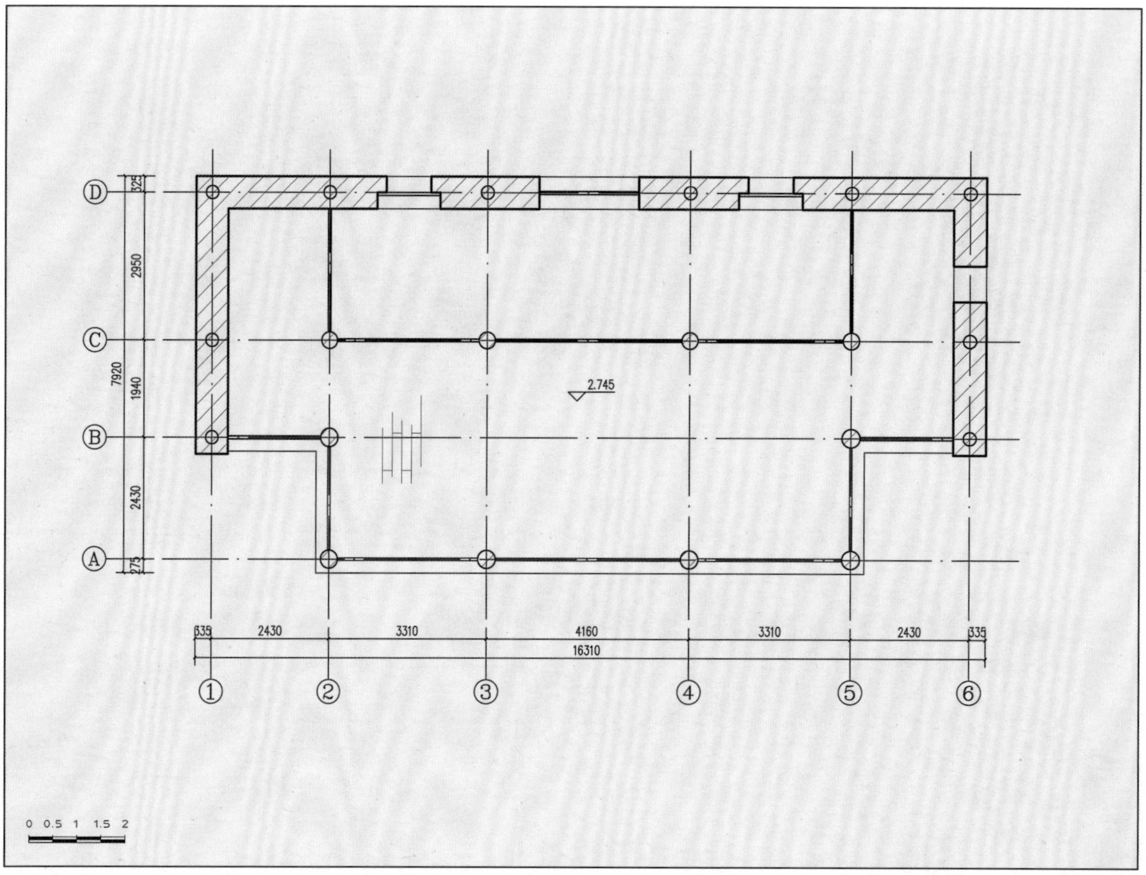

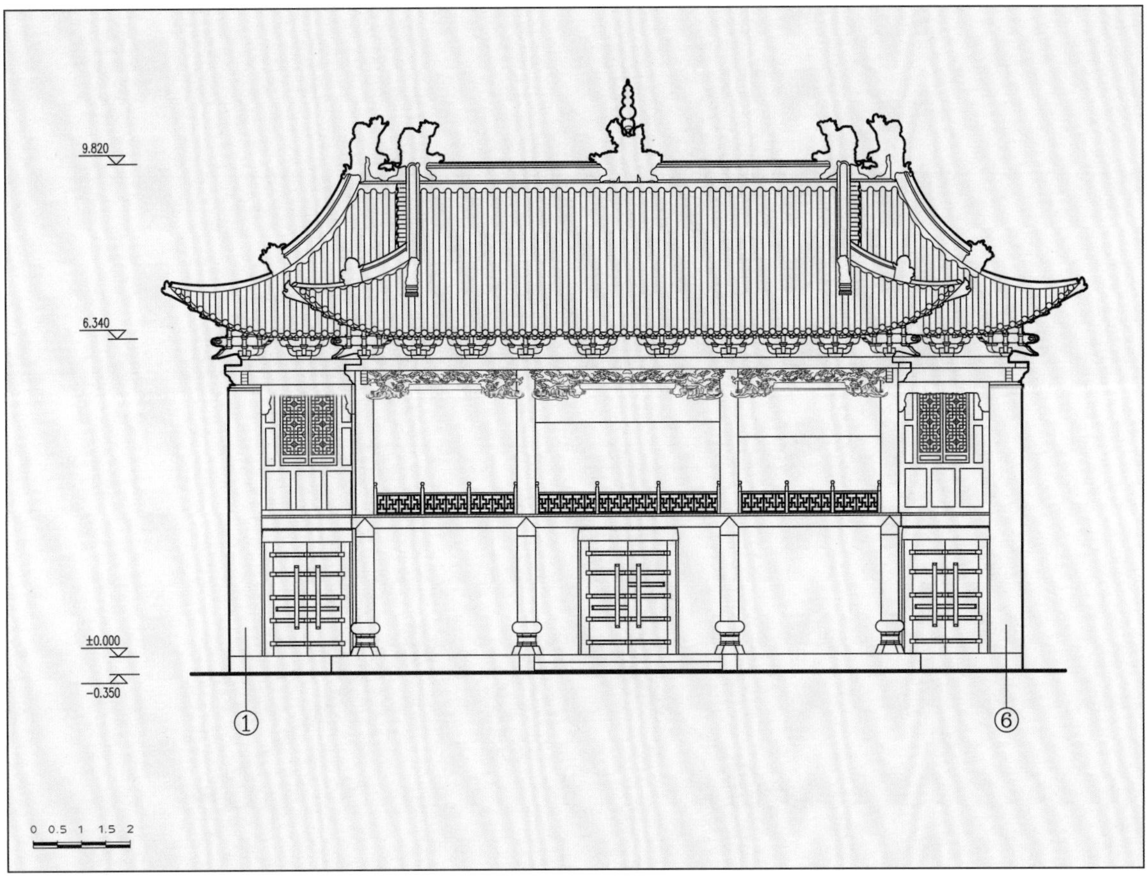

图2-2-3-4 洛阳山陕会馆舞楼正立面图

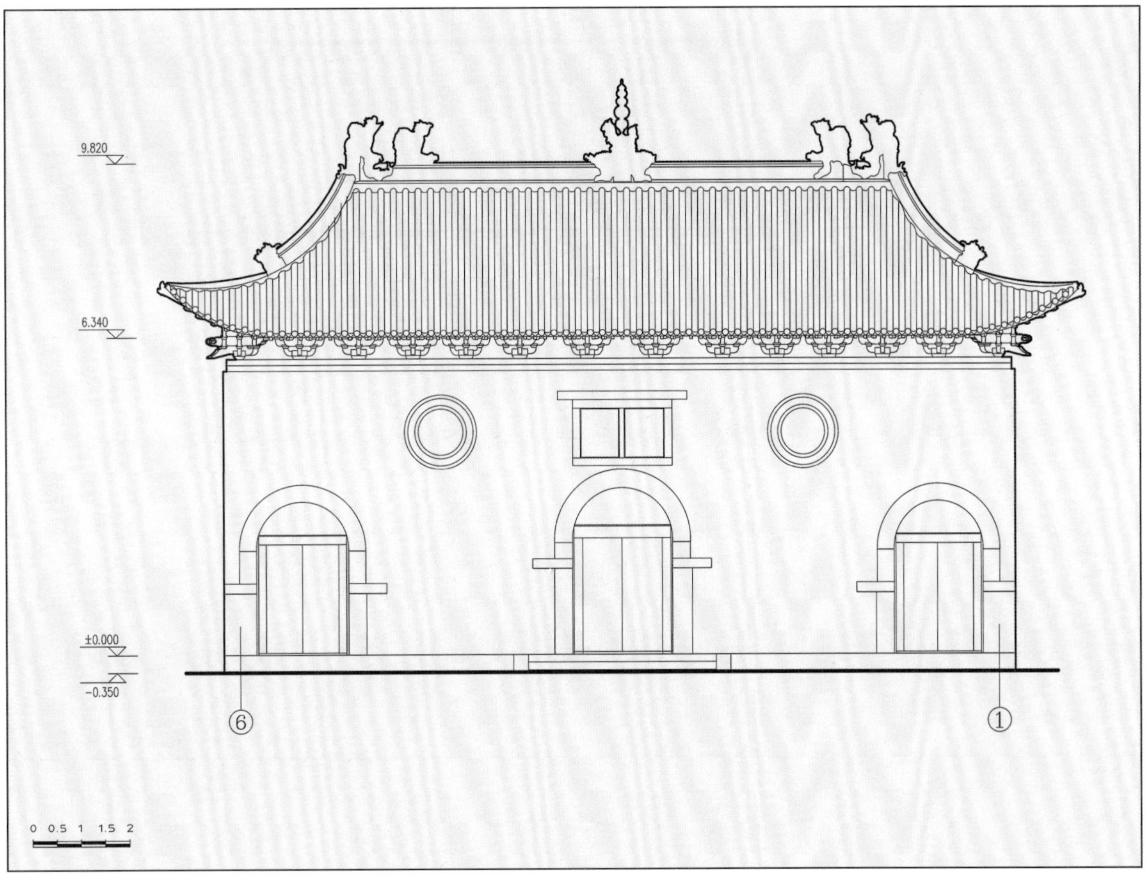

图2-2-3-5 洛阳山陕会馆舞楼背立面图

图2-2-3-6 洛阳山陕会馆舞楼横剖面图

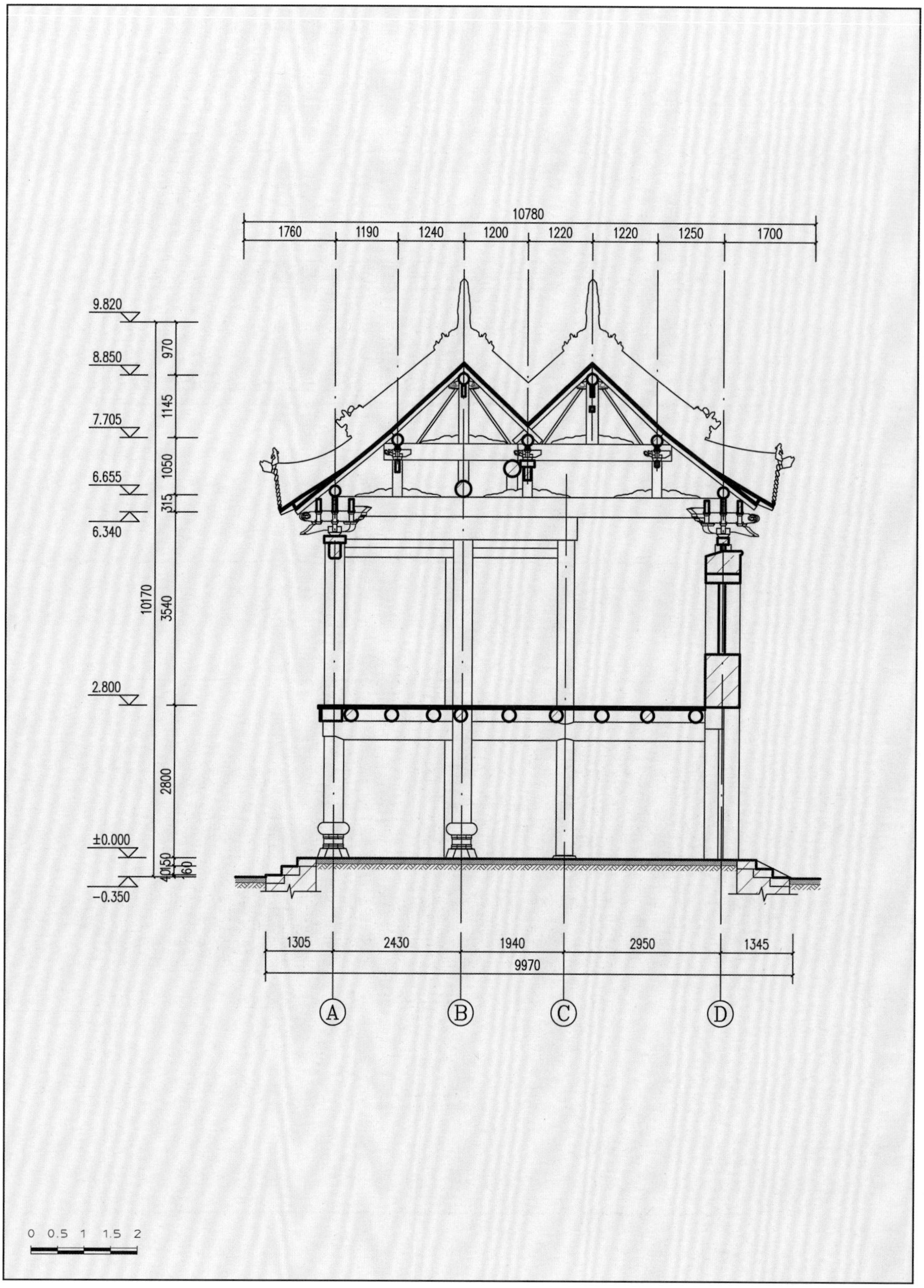

（二）洛阳潞泽会馆舞楼

潞泽会馆位于洛阳市瀍河区新街，东临瀍河，南望洛河，北纬34°25′12″，东经112°16′48″，海拔132米。古洛河河道宽阔，水运繁荣，是中国古代著名的水上交通要道。会馆创建于清乾隆九年（1744），由居住洛阳的潞安府（今山西长治）、泽州府（今山西晋城）两地商人集资所建，初为供奉关公的关帝庙，后改为会馆。会馆二进院落，现存舞楼、大殿、后殿及两侧的钟、鼓楼、东西穿房、东西廊房、东西配殿和西跨院等建筑，为第五批全国重点文物保护单位。

舞楼坐南面北，单幢式，重檐歇山顶式建筑，灰瓦绿琉璃剪边，正脊、垂脊为黄绿色琉璃件，脊筒上浮雕云龙图案。建筑为三层砖木结构，平面布局呈长方，三面观。面阔五间，进深三间，通面阔17.17米，通进深10.28米，通高16.31米。建筑一层为会馆入口通道，二层为戏台，三层为阁楼，戏台由两侧石踏步登临。整体木构架为进深三间带前廊用四柱，以砖墙分隔为南北两部分，南为山门前廊，面阔五间，进深一间，檐柱石础雕刻石狮。明间前檐柱与砖墙间用双步梁连接，上置瓜柱、脊檩，檐下为重翘五踩偷心造斗栱。北部进深二间，用柱八根，一层檐柱为抹角石柱，高2.4米，柱身搭设平梁，上承楞木及楼板。二层为进深三间，用四柱六架梁对双步梁。木柱高3.21米，前檐柱与后墙之间施六架梁，上置瓜柱，分别承担双步梁、三架梁、单步梁及各层檩枋。明间前后台间设屏风分隔，次间有上下场门。前台设有天花封护，后台彻上露明造。两山面梁架做法与明、次间不同，梁支撑抹角梁、角梁、踩步金。檐下施五踩斗栱二十一攒，补间采用如意斗栱，栱、翘均被雕刻成各种卷草形状，耍头被雕刻成龙首或象首。斗栱内拽均无栱及枋，平身科耍头后尾均加长超过金檩中线，在后尾与金檩间设一叉柱以作平衡。额枋下为透雕龙、鹿、麒麟、牡丹、卷草纹饰雀替，梢间装六抹格扇门四扇，明间、次间檐柱下部设高0.3米栏杆。舞台金柱挂楹联一副：“人为鉴即古为鉴，且往观乎；鼓尽神兼舞尽神，必有以也。”建筑规模宏大，系河南遗存古戏楼中台面最为宽阔的实例。柱础式样为覆斗，方形，瓜楞叠加为三层，上负有精美雕饰；斗栱、额枋、雀替等部分雕刻花鸟禽兽，采用透雕、浮雕、贴雕等多种技法，图案布局和空间的对比均衡、刀法细腻流畅；天花及内檐彩画色彩鲜艳，这些特点均生动形象地反映了河南地区清代会馆戏楼的风格，对认识和研究河南地区戏楼建筑的发展、艺术、风俗等方面具有相当高的价值（照2-2-3-3）（照2-2-3-4）（图2-2-3-7）（图2-2-3-8）（图2-2-3-9）（图2-2-3-10）（图2-2-3-11）（图2-2-3-12）。

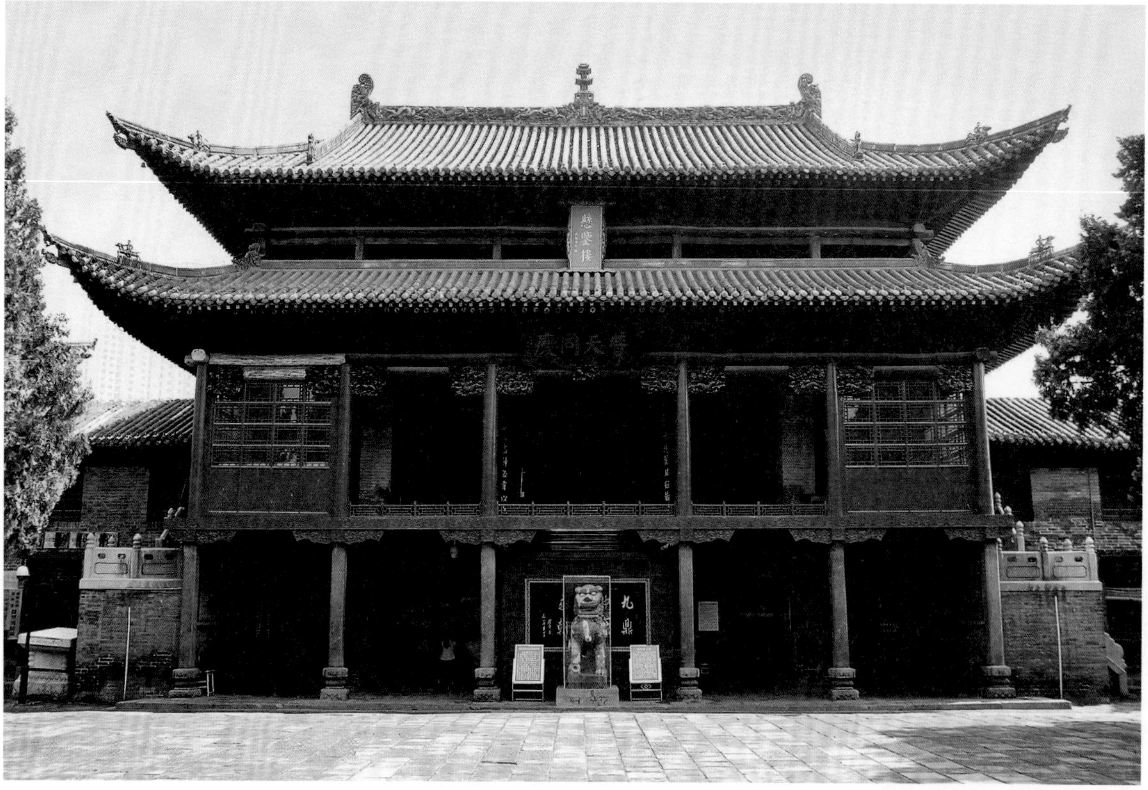

照2-2-3-3 洛阳潞泽会馆舞楼正立面

照2-2-3-4 洛阳潞泽会馆舞楼背立面

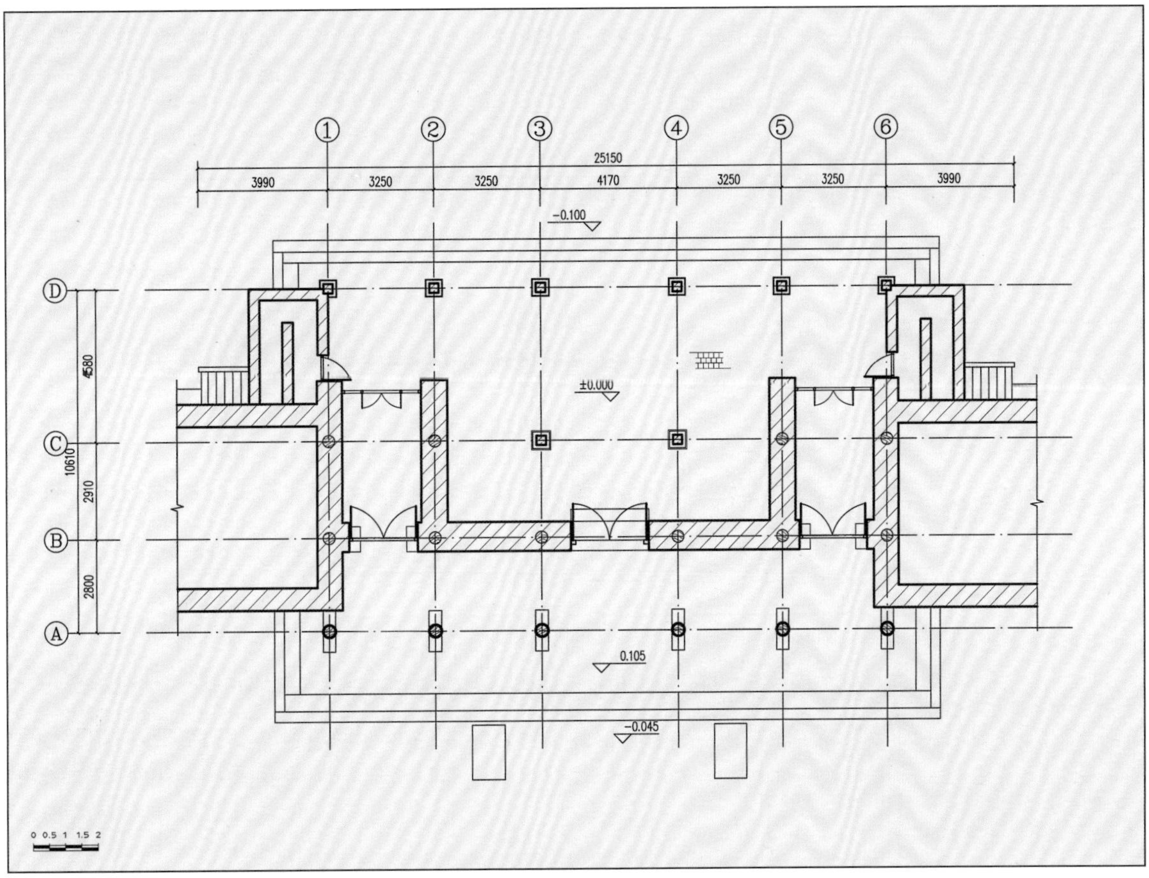

图2-2-3-7 洛阳潞泽会馆舞楼一层平面图

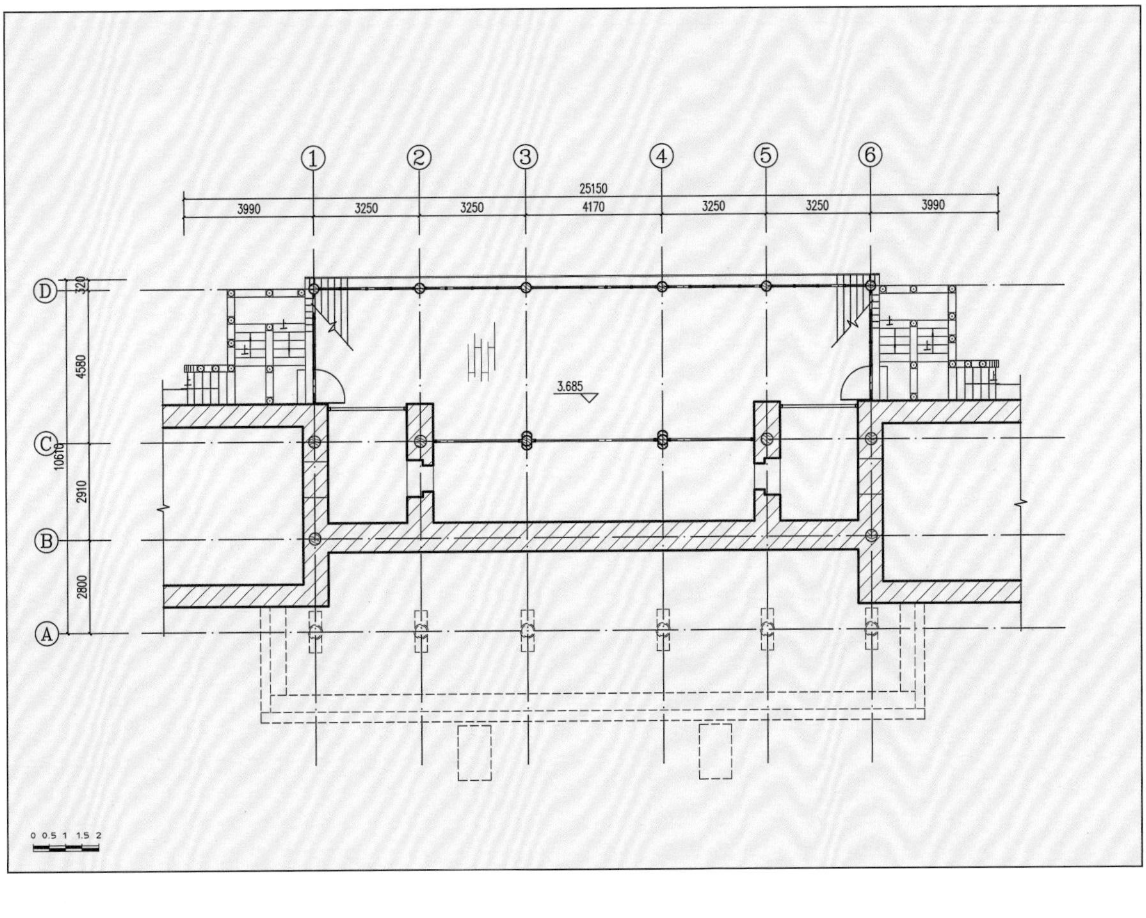

图2-2-3-8 洛阳潞泽会馆舞楼二层平面图

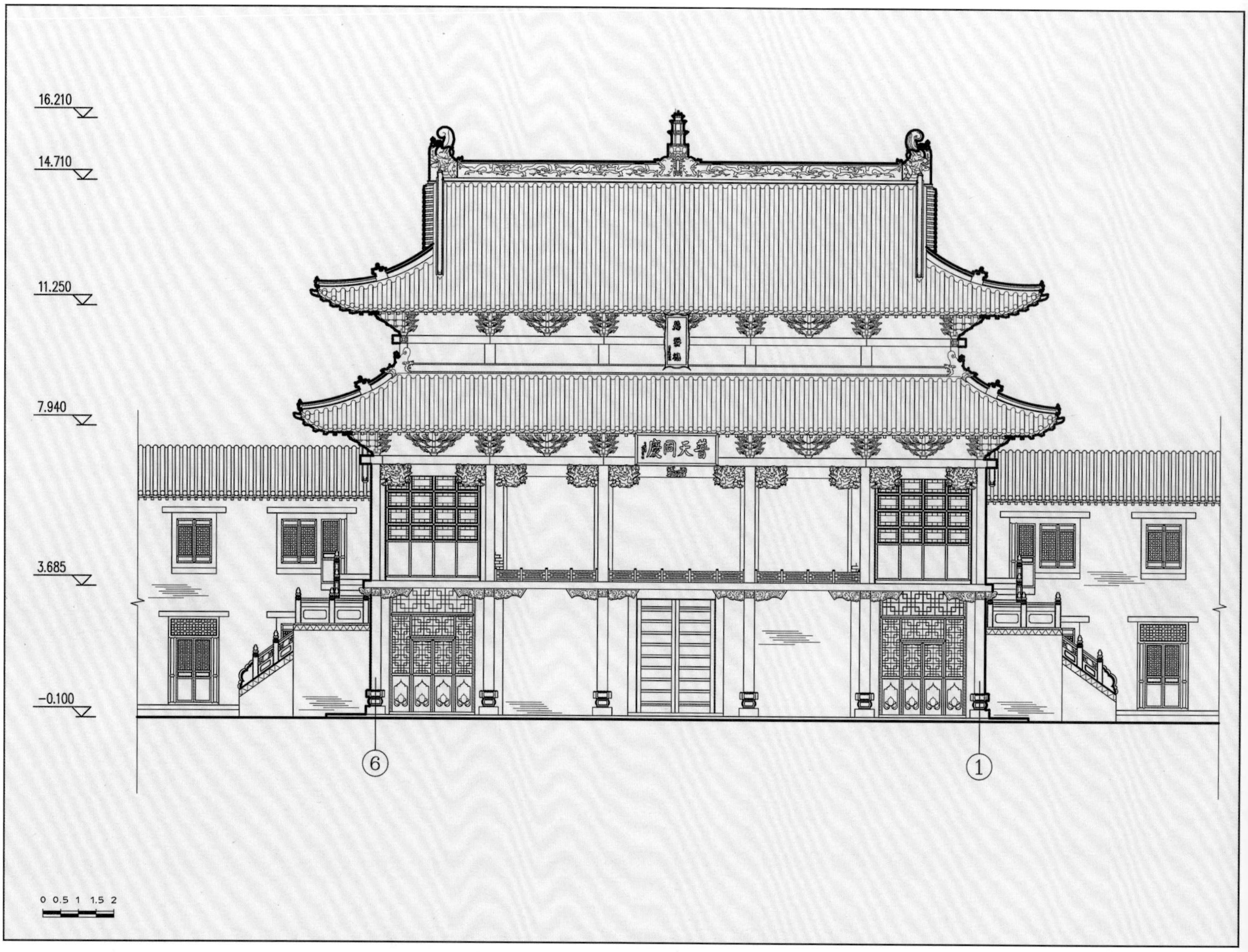

图 2-2-3-9　洛阳潞泽会馆舞楼正立面图

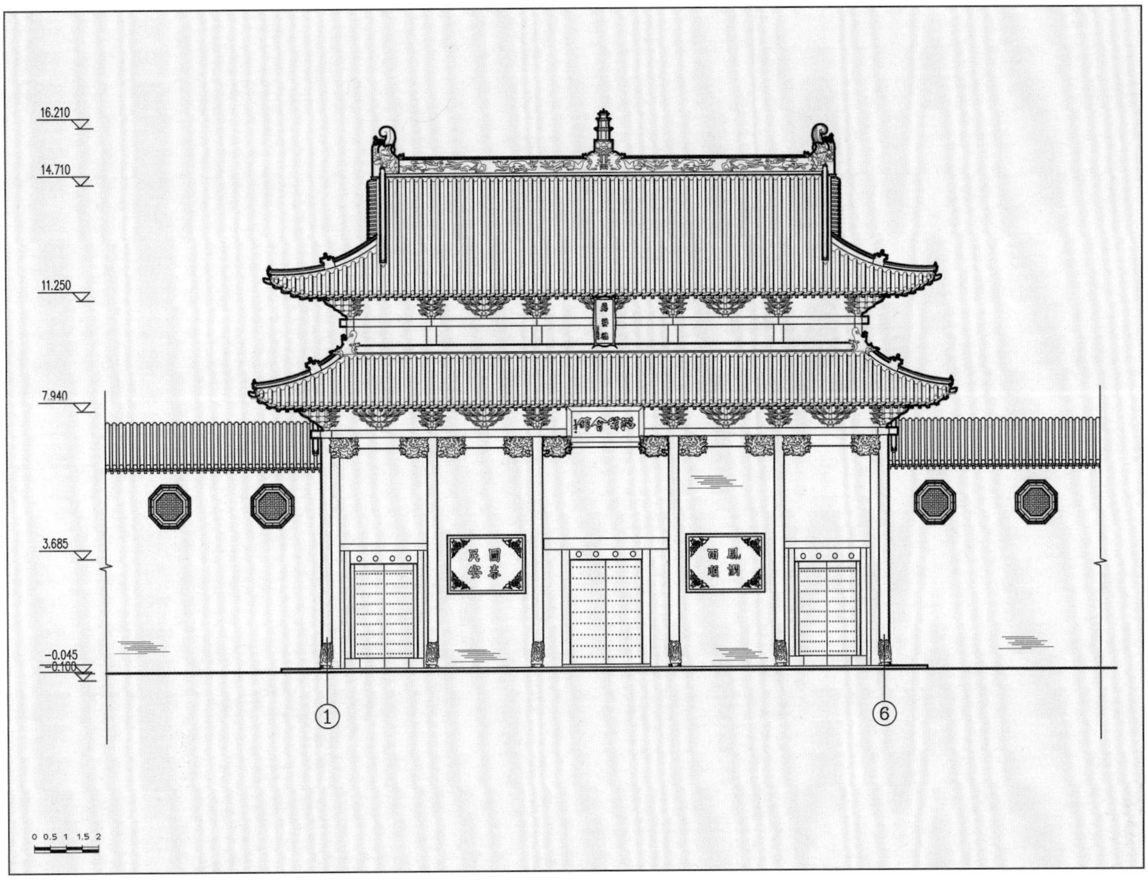

图2-2-3-10 洛阳潞泽会馆舞楼背立面图

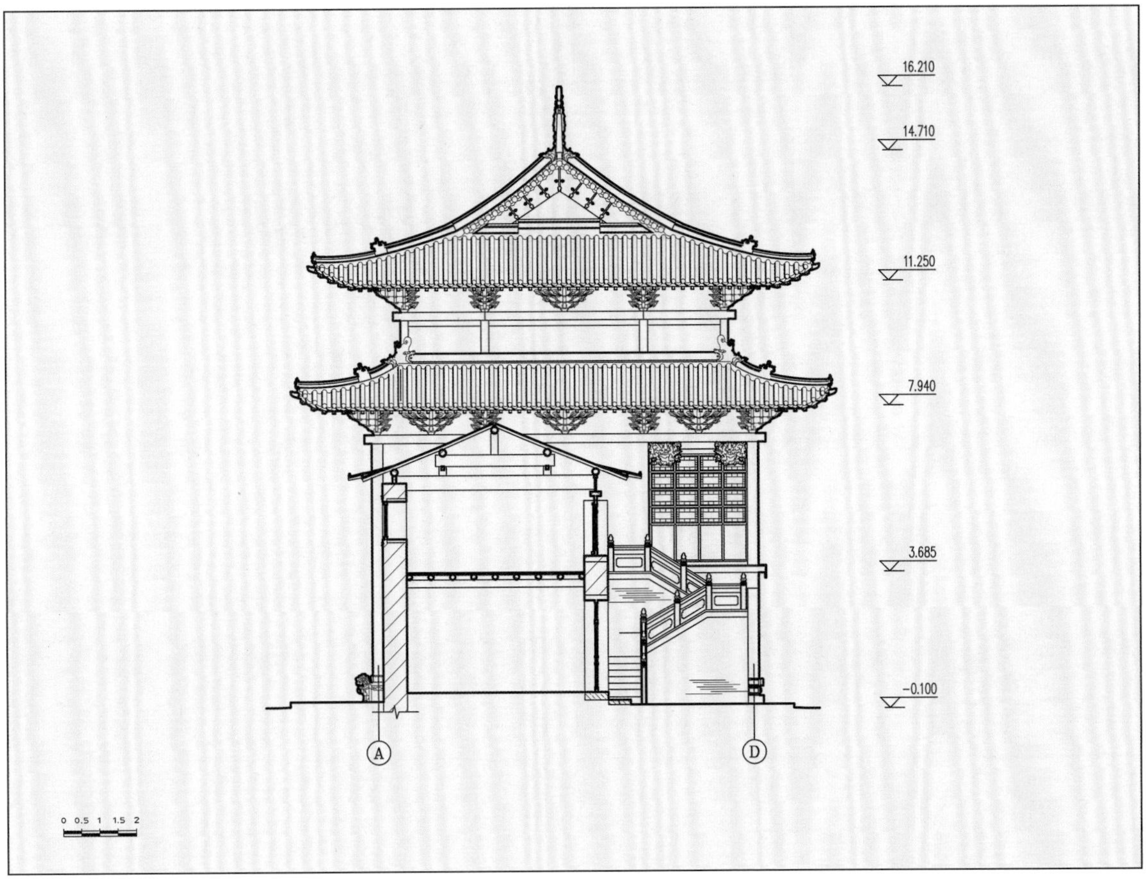

图2-2-3-11 洛阳潞泽会馆舞楼侧立面图

图 2-2-3-12　洛阳潞泽会馆舞楼横剖面图

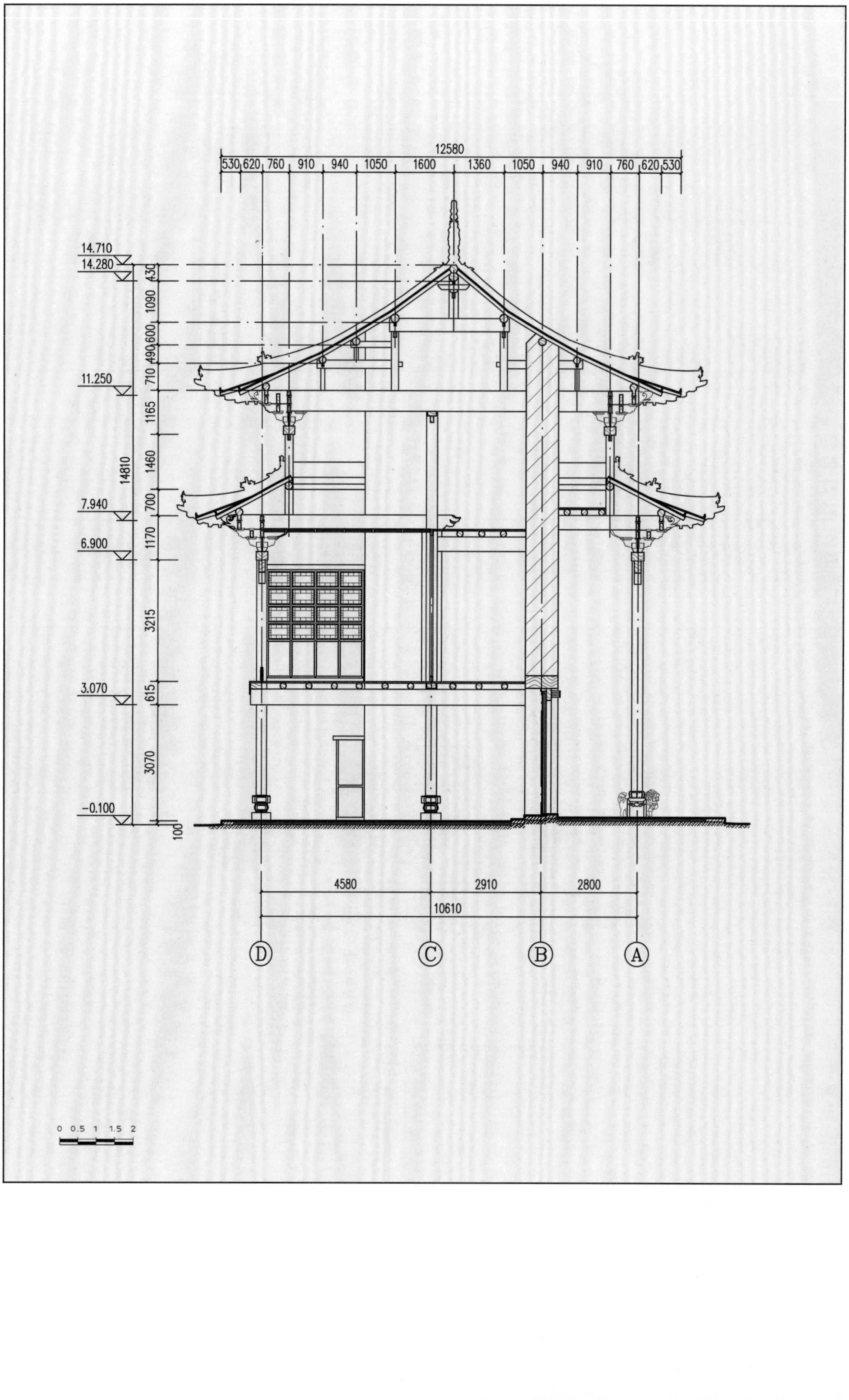

（三）洛阳关林舞楼

关林位于洛阳市洛龙区关林南路，北纬34° 36′ 44″，东经112° 29′ 23″，海拔153米。是三国蜀将关羽葬首之所，国内三大关庙之一，集“冢、庙、林”三祀合一的经典古建筑群。三国时期的土冢依然，现存洛阳关林创建于明万历二十一年（1593），竣工于万历四十八年（1620），为第六批全国重点文物保护单位。关林坐北面南，四进院落，沿中轴线依次为舞楼、大门、仪门、甬道、拜殿、大殿、二殿、三殿、墓坊、奉敕碑亭，最后为关冢。两侧建有钟楼、鼓楼、五虎殿、圣母殿、东西廊房等建筑。

舞楼即千秋鉴楼，创建于清乾隆五十六年（1791），坐南面北，坐落在关林前方广场上，与大门间距58米。舞楼平面呈“凸”字形，三面观，双幢前后串联式，屋面为前台重檐歇山式，后台硬山式。正脊正中设狮子宝瓶，两端置吻，屋面上覆绿色琉璃瓦。前台面阔三间8.98米，进深一间3.9米，用柱八根，柱础分圆鼓式和鼓镜式两种。后台左右外伸至五间，以增大面积供演员化妆、休息和候场，通面阔15.45米，进深二间3.58米，绿琉璃瓦顶，用柱十六根。后墙、左右山墙用青砖砌筑，后墙厚1.1米，中开一方形直棂窗，镶嵌清代贞烈辞赋石碑5方，两山面各设一内方外圆直棂窗，径1.1米。东、西次间外侧设阶梯，前、后台以隔断及上下场门相隔。前台后檐柱悬挂楹联一副：“匹马斩颜良，偏师擒于禁，威武震三军，

照2-2-3-5 洛阳关林舞楼

爵号亭侯公不忝；徐州降孟德，南郡丧孙权，头颅行万里，封号大帝耻难消。”（照2-2-3-5）（图2-2-3-13）（图2-2-3-14）（图2-2-3-15）（图2-2-3-16）（图2-2-3-17）（图2-2-3-18）。

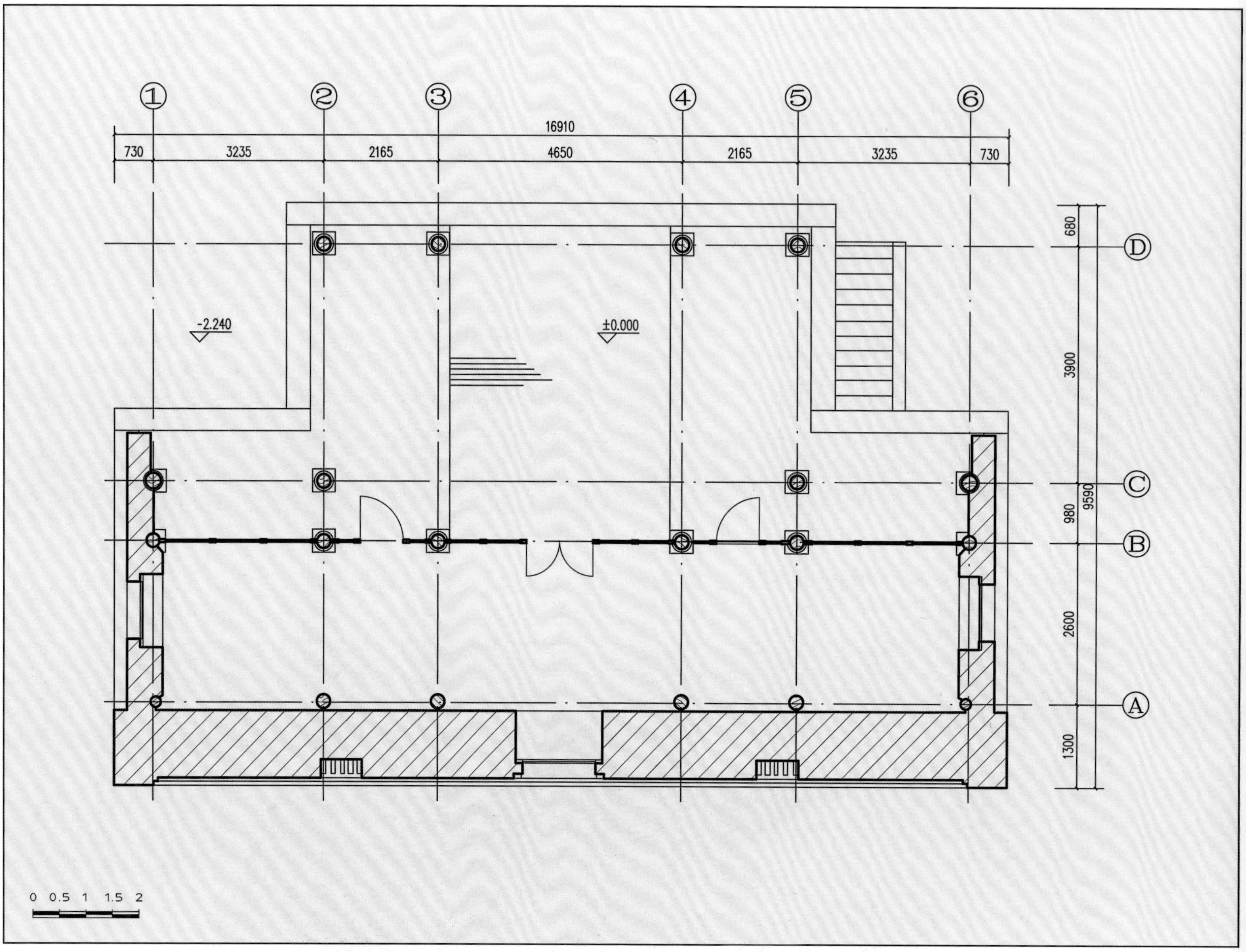

图 2-2-3-13 洛阳关林舞楼平面图

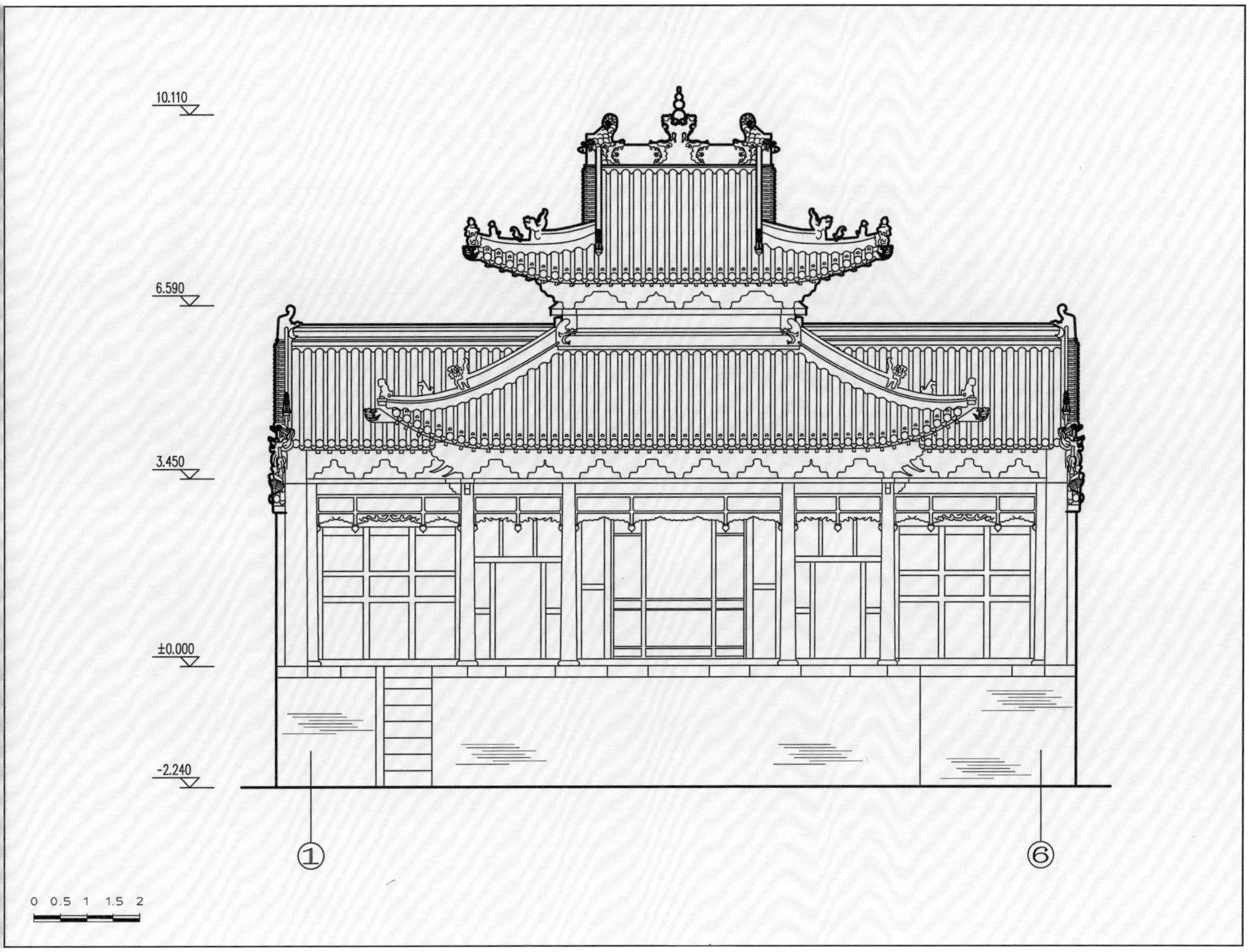

图 2-2-3-14　洛阳关林舞楼正立面图

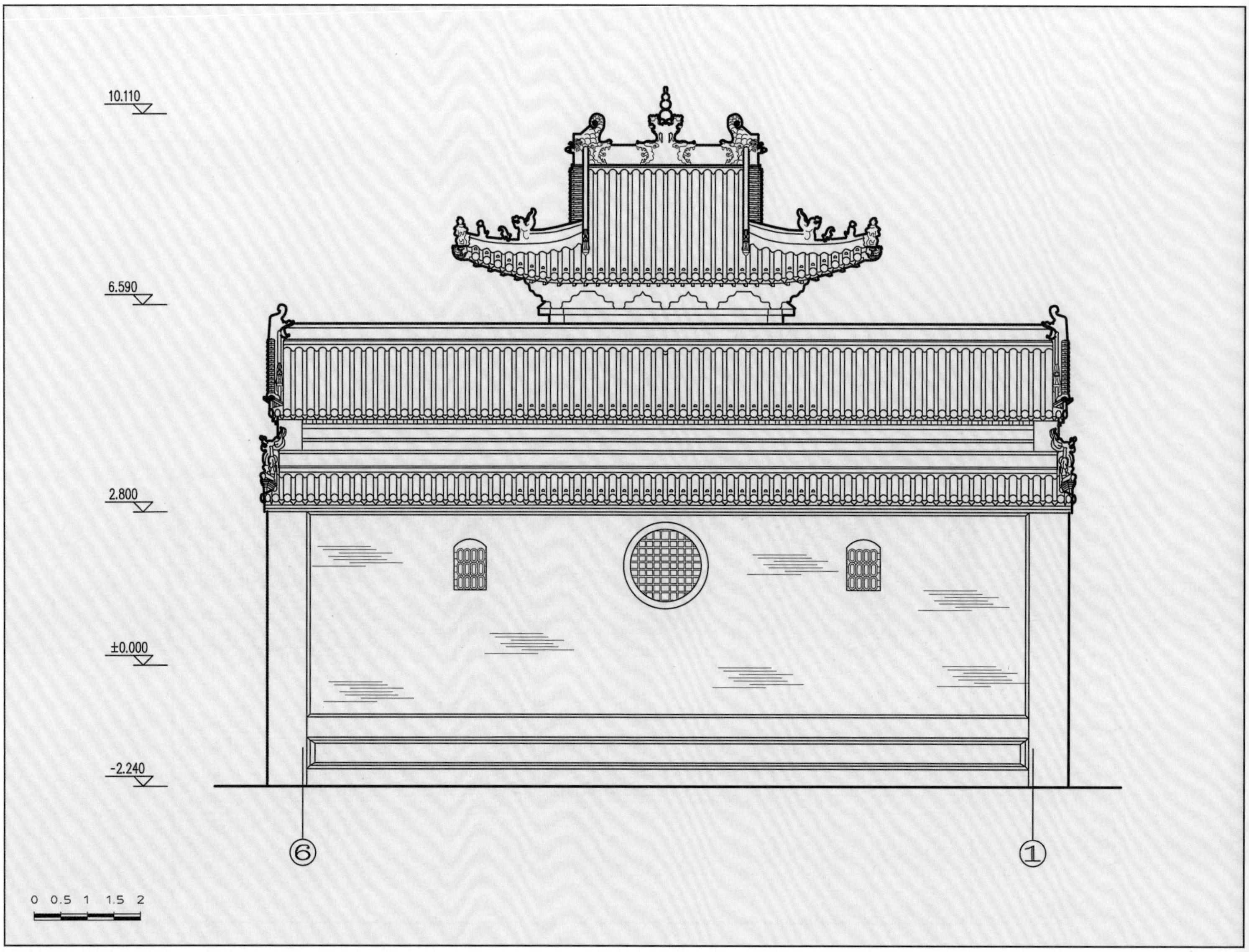

图 2-2-3-15 洛阳关林舞楼背立面图

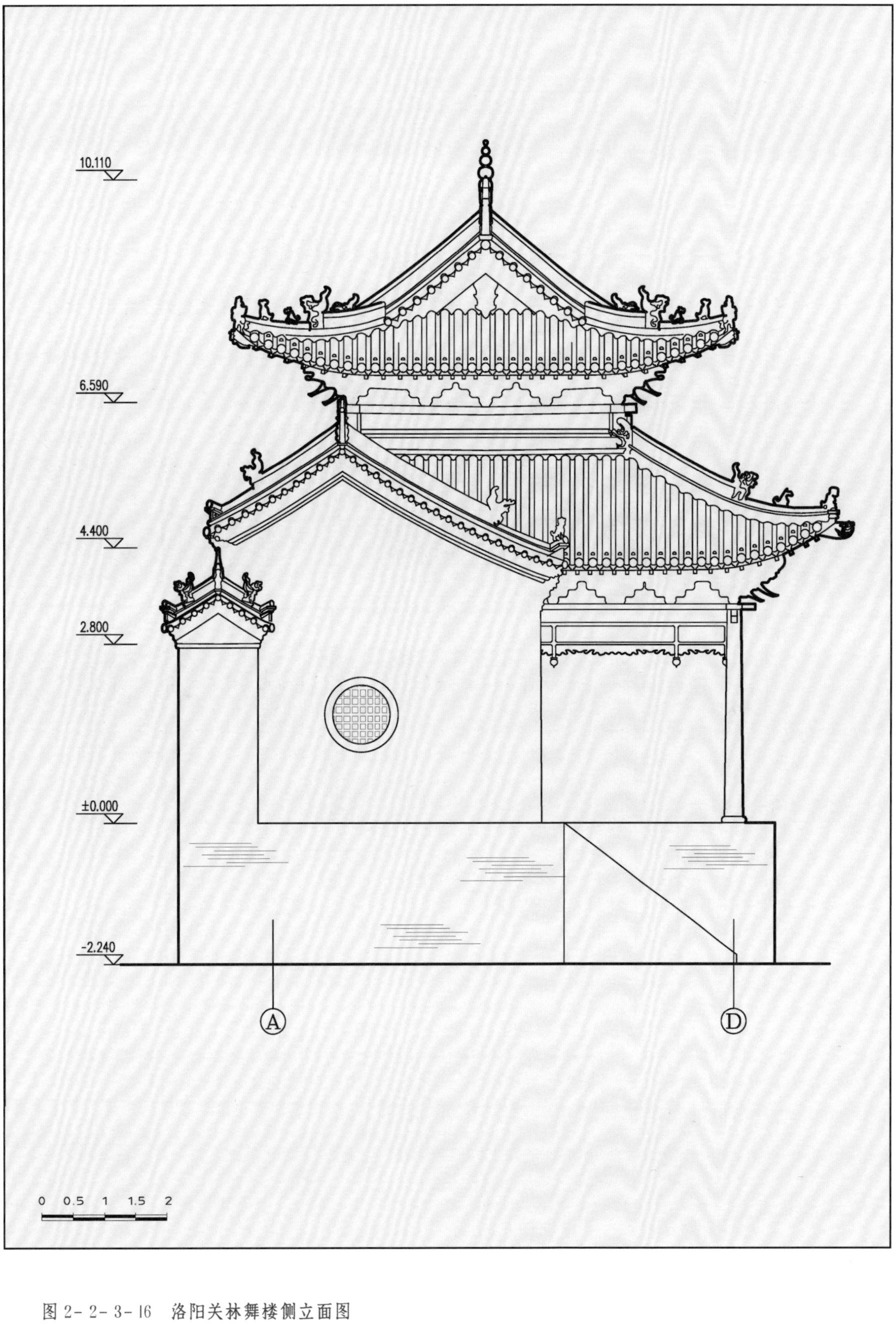

图 2- 2- 3- 16 洛阳关林舞楼侧立面图

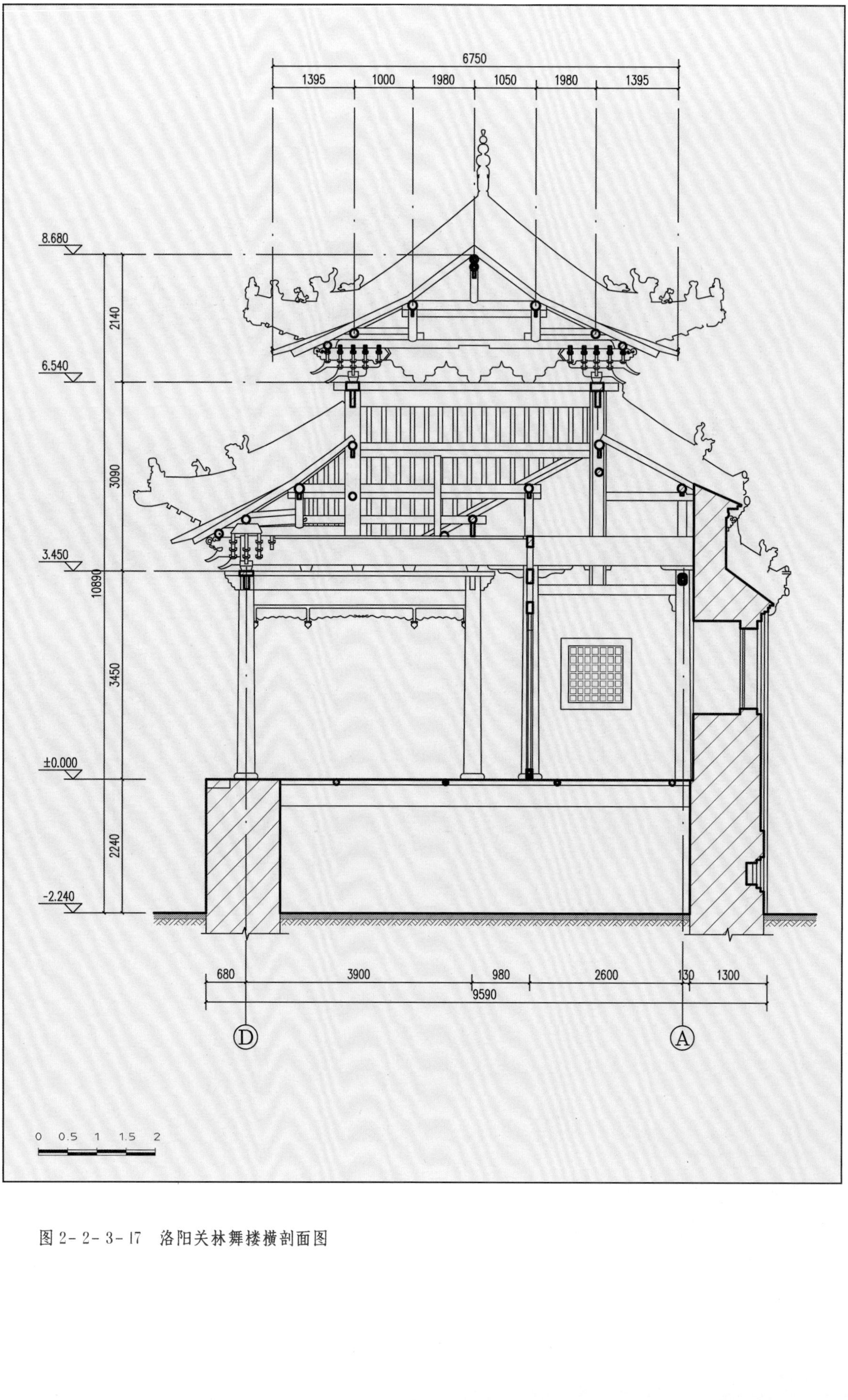

图 2-2-3-17　洛阳关林舞楼横剖面图

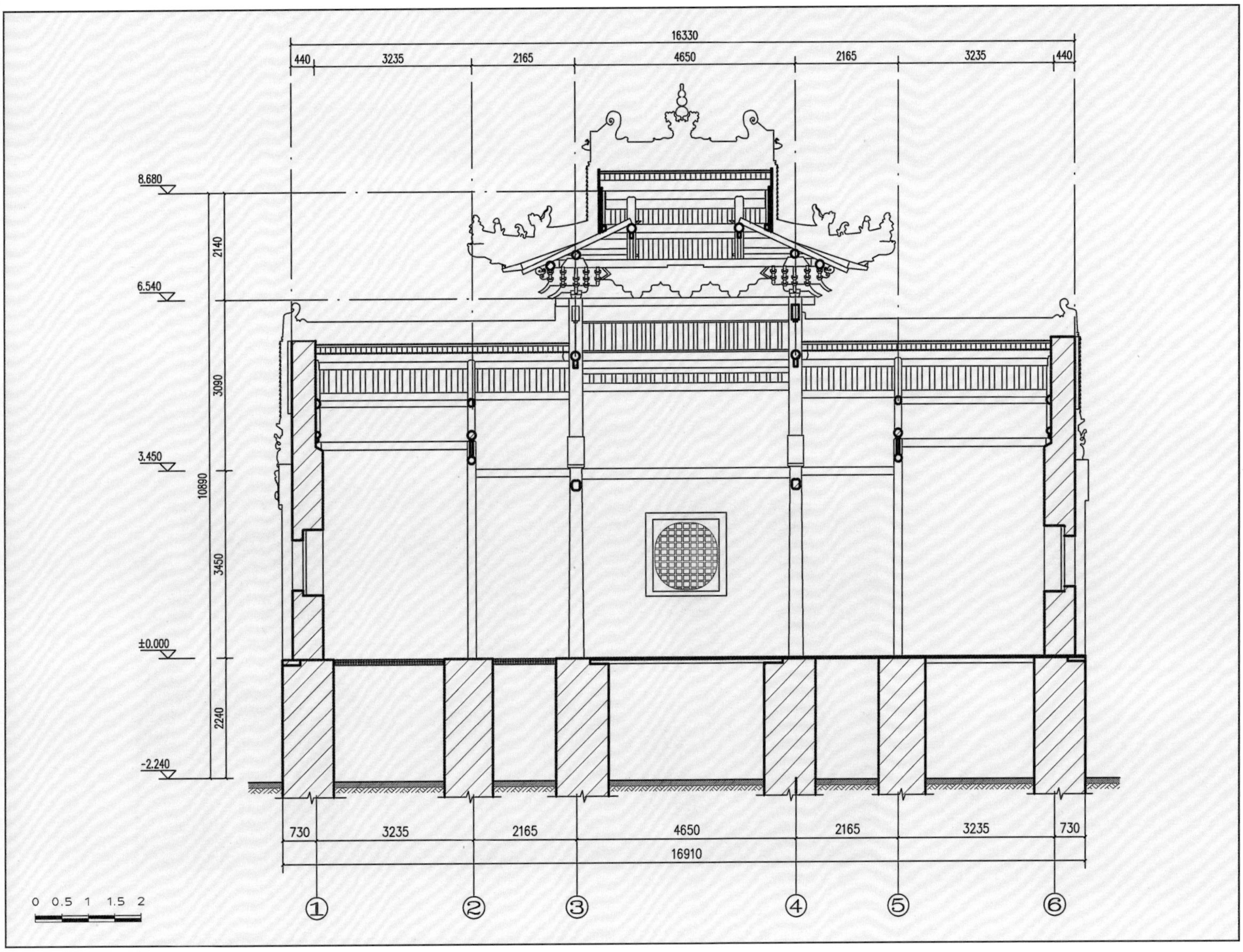

图 2-2-3-18　洛阳关林舞楼纵剖面图

（四）河南府城隍庙戏楼

河南府城隍庙位于洛阳市老城区中州东路，北纬34°41′05″，东经112°27′53″，海拔130米。据史料记载，该庙创建于明，后历经明崇祯，清乾隆、嘉庆、道光、同治、光绪等年间的多次重修，所存建筑格局真实性较差，依稀可辨当时风貌，为第三批河南省文物保护单位。城隍庙坐北面南，现存建筑由南向北依次为辕门、山门、戏楼、东厢房、石亭、威灵殿及寝殿等。

戏楼位于中轴线上，单幢式，两层砖木结构，为过路戏楼。一层是供人行走的通道，二层为戏台。建筑坐南面北，单檐硬山式，抬梁式木构架，灰瓦覆顶。平

照2-2-3-6 河南府城隍庙戏楼正立面

照2-2-3-7 河南府城隍庙戏楼背立面

面呈长方形，一面观。面阔三间，进深一间，通总面阔9.2米，通进深8.12米。山墙盘头雕饰麒麟图案，西山墙设排水石槽。现建筑一、二层外檐加设青砖墙体及门窗，原演戏功能丧失（照2-2-3-6）（照2-2-3-7）。

（五）府店东大庙戏楼

府店东大庙又称关帝庙，位于洛阳市偃师区府店镇府北村东部，北纬34°34′36″，东经112°51′26″，海拔206米。创建于清康熙四十三年（1704），清嘉庆二十二年（1817）重修，近代曾作为小学使用，1974年庙内其余建筑被拆毁，仅存戏楼。

戏楼坐南面北，建于清嘉庆二十二年（1817），单幢式，两层单檐硬山灰瓦顶建筑。一层为庙宇入口，二层为戏台。平面呈长方形，一面观。面阔五间，进深一间，通面阔14.47米，通进深5.24米，通高7.8米；台口高2.22米。一层辟三道券门，正中券门宽1.4米，高2.4米；次间券门高宽尺寸与明间较之略微低窄。南檐明间券门上有砖砌匾额，字体遭破坏，痕迹模糊。戏楼梁架简洁，为四步椽屋，用二柱。北檐立四根通长檐柱，均为方形石柱，柱高4.16米，下设莲花瓣扁鼓与六边形相叠的复合式柱础。二层木构架为抬梁式，五梁架上置瓜柱、三架梁、脊瓜柱及各层檩枋，檐檩、平板枋之间有卷草纹花板，下置雀替。檐柱镌刻两副楹联："演武修文，阐发从前经济；描忠写孝，激扬现在纲常。""非幻非真，只要留心大结局；是虚是实，当须着眼好排场。"落款："嘉庆二十二年九月吉日，本镇席万选立。"建筑风格古朴，形制舒展、简约。

庙遗存碑碣两通，分别为清康熙四十八年（1709）《重修圣关帝庙院碑记》及《创建关帝庙过亭碑记》，记载了山陕商贾集资建庙的过程（照2-2-3-8）（照2-2-3-9）。

照2-2-3-8　府店东大庙戏楼正立面

照2-2-3-9　府店东大庙戏楼背立面

照 2-2-3-10　游殿玉皇庙鸟瞰

照 2-2-3-11　游殿玉皇庙戏楼

（六）游殿村玉皇庙戏楼

玉皇庙位于洛阳市偃师区山化镇游殿村南部台地上，北纬34°45′42″，东经112°53′33″，海拔245米。创建于清乾隆四十年（1775）。历史上曾多次维修，2002年再次修缮。庙为一进院落，建筑沿中轴线南北向纵深排列，现存戏楼和天爷阁两座文物建筑，系第八批河南省文物保护单位。

戏楼位于中轴线南端，依崖而建，需拾级而上，耸立于阶梯之端。戏楼坐南面北，单幢式，两层单檐灰瓦硬山式。一层为玉皇庙入口，二层为戏台。戏楼面阔三间，进深一间，一面观。一层墙体采用块石垒砌，二层及山墙为青砖砌筑。一层明间正中辟券门，南檐券脸两侧各有一砖砌仿木柱，柱头出浮雕卷草花纹砖雀替，共同承担上方砖仿檩枋及屋檐，屋檐两端有小挑檐，做工精细。穿过券门踏步入庙宇，北檐二层为戏楼，明间地面铺木板，次间为条砖。抬梁式木构架，四步椽屋。前檐立四根木柱，柱下为圆鼓式与覆斗式叠加的复合式柱础。五梁架分搁于前檐平板枋及后檐墙上，上承三架梁、瓜柱及各层檩枋，脊瓜柱两侧用丁栿叉手。檐下无柱头科，施平身科四攒。两侧山墙前檐处各开一券洞，东侧设砖砌踏步，可登临舞台（照2-2-3-10）（照2-2-3-11）。

照 2-2-3-12　省庄牛王庙戏楼

（七）省庄牛王庙戏楼

牛王庙戏楼位于洛阳市偃师区市邙岭镇省庄村，庙已圮，仅存戏楼。

戏楼坐南面北，北纬34°46′51″，东经112°43′48″，海拔239米。创建于清嘉庆十二年（1807）丁卯十二月，单幢式，为单檐卷棚硬山灰瓦顶建筑。平面呈长方形，一面观。面阔三间，进深二间，通面阔6.58米，通进深3.98米，通高4.1米。平面布局迎合戏楼的使用功能，明间宽敞，次间紧凑。戏楼位于坡地，台基高0.59—1.19米，块石垒砌。木构架采用四架梁后带单步梁用三柱，四梁架分别搭在前檐柱与金柱上，承三架梁、瓜柱及檩枋，脊檩两侧设叉手，金柱与后檐墙之间设单步梁。盘头雕刻花卉图案。墙体采用外熟里生的手法砌筑，内墙为土坯，外墙用青砖。脊檩枋上遗存题记："清嘉庆十二年丁卯十二月。"建筑构架简约、朴素。现戏楼前檐用土坯及红砖封堵，加设门窗，内供奉神像（照2-2-3-12）。

（八）孟津玄帝庙舞楼

玄帝庙舞楼坐落于洛阳市孟津区朝阳镇阎凹村坡地上，北纬34°48′15″，东经112°30′39″，海拔260米。庙内其他建筑已毁，唯舞楼历经沧桑，现状基本完整。舞楼创建于明万历四十六年（1618），为第八批河南省文物保护单位。

舞楼坐南面北，单幢式，为两层单檐灰瓦硬山顶建筑，下层明间为庙宇入口通道，二层为戏台。平面呈长方形，一面观。面阔三间，进深二间，五步椽屋，通面阔6.29米，通进深6.43米，通高5.9米。下部砖砌台体长7.41米，宽7.4米，台高2.13米。台体正中辟券门，券宽1.43米，高1.77米。南檐墙券门上方镶石匾一块，阴刻“玄帝庙”三字，并留存“万历戊午岁（即万历四十六年，1618）季冬吉旦创立”题记。梁架为抬梁式，脊檩下设中柱，前后梁均采用双步梁及单步梁承瓜柱及各层檩枋。明间两中柱间设屏风将舞台分割为前后台，惜屏风遗失，仅存卯口。后檐墙正中开一扇圆窗，便于采光。两侧山墙辟券门，并设砖砌踏步以便上下。山墙收分明显，东山墙二层设有独具戏楼特色的排水石槽，供演员倒泻污水。

孟津玄帝庙舞楼是河南省现存少见的带明确纪年的戏楼之一，对研究戏剧文化及戏楼建筑形制和工艺的发展演变具有重要的价值（照2-2-3-13）（照2-2-3-14）。

照2-2-3-13　孟津玄帝庙舞楼正立面

照2-2-3-14　孟津玄帝庙舞楼背立面

（九）李村龙王庙戏楼

李村龙王庙位于新安县南李村镇李村，北纬34° 40′ 36″，东经112° 07′ 58″，海拔375米。庙宇二进院落，现存戏楼、龙王殿、观音殿等建筑，为第四批洛阳市文物保护单位。

戏楼位于庙南端，坐南面北，创建于康熙五十九年（1720），民国二十八年（1939）重修。建筑原为单檐前坡悬山、后坡硬山式屋面，现改为硬山式。戏楼为单幢式，一面观。面阔一间，进深二间，五步椽屋，通面阔4米，通进深6.94米。下部砖砌台基高1.05米。前檐石柱镌刻一副楹联："假像传真，演古今之奇事；虚迹成宝，谈历代之余文。"边侧题刻"康熙五十九年四月穀旦"。脊檩枋存

照2-2-3-15　李村龙王庙戏楼

有“民国二十八年三月初旬，礼村村合社公造大吉”重修题记。建筑平面、梁架、屋面改建较大，真实性较差（照2-2-3-15）。

（十）新安宝真观戏楼

新安宝真观亦名养马观，坐落于新安县五头镇梁村南部，创建于唐贞观初年，后经明正德九年（1514）、清康熙及乾隆年间多次重修，迄今基本保持旧制。宝真观沿中轴线南北向纵深排列为五进院落，依据地势高低，错落有致。现存戏楼、山门、老君殿、东厢房、玉皇殿、三皇殿、斗母阁、佛殿、配殿等文物建筑，系第八批河南省文物保护单位。

戏楼坐南面北，位于宝真观外南34.93米处，正对山门。北纬34° 46′ 48″，东经112° 12′ 17″，海拔269米。单幢式，平面呈长方形，半三面观。面阔三间计6.79米，其中明间面阔3.61米；进深二间，五步椽屋计5.53米。因乡村建设的发展，戏楼周边地坪逐渐抬高，台基已被淤埋。戏楼前檐立四柱，明间为木柱、次间为石柱，抬梁式木构架。明间梁架为五梁架后带双步梁，五梁架置于前檐柱及后檐双步梁的瓜柱之上，上承瓜柱、三架梁、脊檩。脊檩枋有民国时期题记，惜字迹模糊。山面梁架与明间不同，前檐柱与下金檩间不设山墙，用双步梁连接，上置瓜柱、单步梁、前檐金檩，形成前坡一步架为悬山式、余为硬山式屋面，小青瓦覆顶，建筑风格朴素。

观内存清康熙四十一年（1702）至清宣统三年（1911）的碑碣9通，记载了宝真观的发展过程（照2-2-3-16）。

照2-2-3-16 新安宝真观戏楼

（十一）黑扒村奶奶庙戏楼

黑扒村奶奶庙位于新安县石井镇黑扒村，北纬34° 587′ 08″，东经112° 02′ 23″，海拔368米。创建年代不详，一进院落，现存戏楼、东厢房、西厢房、正殿共4座单体建筑，为第八批河南省文物保护单位。

戏楼位于庙中轴线南端，距正殿13.8米，坐南面北，单幢式，为单檐硬山灰瓦顶建筑。平面呈长方形，一面观。面阔三间，进深一间，五步椽屋，通面阔9.48米，通进深4.96米，通高5.4米。戏楼台基由块石垒砌，高1.57米，台前东侧有石踏步可登戏台。梁架结构简洁，五梁架上置瓜柱、三架梁、脊瓜柱及各层檩枋，上铺荆芭。山墙及后檐墙均采用块石垒砌，墙有内粉，后檐墙正中设一方窗，后檐墙东侧距地高0.75米处置有石槽伸出墙体，便于演员将污水排出。石槽厚0.27米，上方开方形洞口。建筑因地制宜，因材致用，墙体采用当地多产的块石，梁架为自然木，基层采用荆芭，与周边绿树青山、块石院墙融为一体，具有独特的自然原始淳朴之美。现建筑前檐加砌土坯墙及门窗，屋面局部坍塌，保存状况较差（照2-2-3-17）。

照2-2-3-17　黑扒村奶奶庙戏楼

（十二）袁山村奶奶庙舞楼

袁山村奶奶庙位于新安县青要山镇袁山村，北纬34° 55′ 16″，东经

照2-2-3-18 袁山村奶奶庙舞楼

112° 02′ 15″，海拔403米。庙坐北面南，二进院落，中轴线由南向北依次为戏楼、大殿、后殿，西侧列厢房，系第八批河南省文物保护单位。

舞楼位于庙中轴线南端，坐南面北，正对大殿，距其19米。创建于清嘉庆七年（1802），单幢式，单檐硬山灰瓦顶建筑。平面呈长方形，一面观。面阔三间，进深一间，通面阔6.37米，通进深4.94米。台基由块石垒砌，高1.01米。抬梁式木构架，五梁架上置瓜柱、三架梁、脊瓜柱及各层檩枋，梁均采用自然材。墙体均为块石垒砌，后檐墙正中设一方窗，东山墙内侧镶嵌清嘉庆七年（1802）《建舞楼碑》，建筑风格朴素自然。庙内遗存清光绪三十二年（1906）二月二十六立《王母会碑记》碑，碑文“自嘉庆七年修建舞楼，每年三月初三日演戏以祝……”记载了清代舞楼使用情况。现建筑前檐加砌土坯墙及门窗，改作他用，屋面局部坍塌，保存现状较差。

袁山村奶奶庙舞楼与黑扒村奶奶庙戏楼建筑风格及形制基本相同，唯有戏台前观演场地更为宽敞（照2-2-3-18）。

（十三）胡岭村关帝庙戏楼

胡岭村关帝庙位于新安县石寺镇胡岭村，北纬34° 50′ 06″，东经

照2-2-3-19 胡岭村关帝庙戏楼

112°02′23″，海拔375米。关帝庙创建年代不详，一进院落，因年久失修，仅存戏楼、大殿两座文物建筑。庙南紧邻村道，无围墙合围，建筑周边荒芜。

戏楼坐南面北，正对大殿，单幢式，为单檐硬山式灰瓦顶建筑。面阔三间计13.76米，其中明间6.3米，进深一间计5.72米；一面观。墙体均采用不规则块石垒砌，一层高2米，明间设门，次间开窗。戏楼前有水沟，上置砖砌拱桥可登戏台。二层木构架为抬梁式，前后檐柱承五架梁，东次间二层后檐墙处置排水石槽。因年久失修，现建筑明间东西缝梁架均倒塌，明间及西次间屋面坍塌，木楼板缺失，岌岌可危。戏楼在1990年以前尚在使用，曾演出豫剧《打金枝》《三哭殿》等剧目（照2-2-3-19）。

（十四）骆庄三教堂戏楼

三教堂位于新安县石井镇骆庄自然村东部，北纬34°58′31″，东经112°04′30″，海拔337米。坐北面南，创建年代无考，据遗存碑文记载明万历三十五年（1607）曾重修。因原村民多已搬迁，且年久失修，现仅存大殿及戏楼两座文物建筑。

三教堂系集佛、道、儒三教于一体的庙宇，大殿内供奉释迦牟尼、老子和孔子。殿内墙壁镶嵌一通明万历三十五年（1607）《重修骆庄村三教堂碑》，碑文记载："吾新安以北有地名骆庄者，去县里有百计，环山中设一堂焉。"殿西次间外墙镶嵌一通《神人两便碑记》碑，碑文称三教堂"地基窄狭"，村公议扩建，众人欢欣不已，“即当报赛演戏，男女瞻拜者亦得以宽然有余。因念神人两相洽者，阴阳两相和”，遂立碑为记。此碑立于清道光十四年（1834），记载了三教堂戏楼的修建时间。

戏楼位于三教堂大殿南26.8米处，坐南面北，与其相对。戏楼为单幢式，面阔三间计9.32米，进深一间，四步椽屋计5.98米；一面观。木构架为抬梁式，五梁架上置瓜柱、三架梁、脊瓜柱及各层檩枋，西次间檐下残存斗栱一攒。因年久失修，建筑墙体倒塌、屋面坍塌，木构架仅存明间西缝（照2-2-3-20）。

照2-2-3-20 骆庄三教堂戏楼

（十五）白沙村南街戏台

白沙村南街戏台位于伊川县白沙镇白沙村南街一处民居内，北纬34° 22′ 51″，东经112° 31′ 54″，海拔229米。民居创建于清光绪十一年（1885），一进院落，现存大门、正房及两侧厢房。正房为单檐硬山灰瓦顶建筑，两层砖木结构，面阔五间，进深四步椽前带廊。明间装修上存有石砌匾额，上书“凌云声”三字，上款“乙酉仲春月”，下款“曹坦赠题”。

戏台即为正房前月台，作为演戏娱乐使用，坐北面南，平面呈方形，台长4.51

米，宽4.47米，高1.69米，台前设四级踏跺。民国时期该宅院被军官购买，新中国成立后为当地百姓使用，豫剧名伶马金凤曾在此演出，“文化大革命”时期不再作为演出场所。该戏台为河南古戏楼中唯一的一座私宅戏台，反映了河南戏剧文化及戏楼形制的多样性（照2-2-3-21）。

照2-2-3-21　白沙村南街戏台

（十六）大章关帝庙戏楼

大章关帝庙位于嵩县大章镇大章村东部，北纬34°04′00″，东经111°53′12″，海拔432米。创建于明万历三十年（1602），光绪二十八年（1902）重修。关帝庙为一进院落，中轴线由南向北依次为山门（戏楼）、拜殿、大殿，两侧立东、西厢房，为第八批河南省文物保护单位。院内立清乾隆四十七年（1782）《重修大章关帝庙碑记》石碑1通。

关帝庙戏楼与山门一体，坐南面北，单幢式，为单檐悬山灰瓦顶建筑。下层为庙宇入口通道，二层为戏台。平面呈长方形，一面观。面阔三间，进深一间，通面阔9.04米，通进深5.02米，通高6.76米；台口高2.26米。墙体采用下部青砖上部土坯混砌手法，南檐一层正中辟门，宽1.76米，高2.43米。木构架为抬梁式，四步椽屋，檐柱为通柱，柱高4.02米，柱身插设平梁，上承楞木及楼板。二层五梁架置于前后檐斗栱之上，其上立三架梁、瓜柱及各层檩枋，脊瓜柱两侧设叉手，椽上铺望砖。望砖上遗存题记："大清光绪二十八年菊月，主持刘至廉重修。"前檐施一斗二升交麻叶斗栱十攒，其中柱头科四攒，明、次间平身科各二攒；后檐设五踩双昂斗栱十一攒，其中明间平身科三攒，栱身精雕花卉图案。戏楼原每年正月初八有演出，剧种为豫剧、曲剧。现建筑两次间前檐加砌墙体及门窗，保存现状一般（照2-2-3-22）（照2-2-3-23）（图2-2-3-19）（图2-2-3-20）（图2-2-3-21）（图2-2-3-22）。

照2-2-3-22 大章关帝庙戏楼背立面

照 2-2-3-23　大章关帝庙戏楼正立面

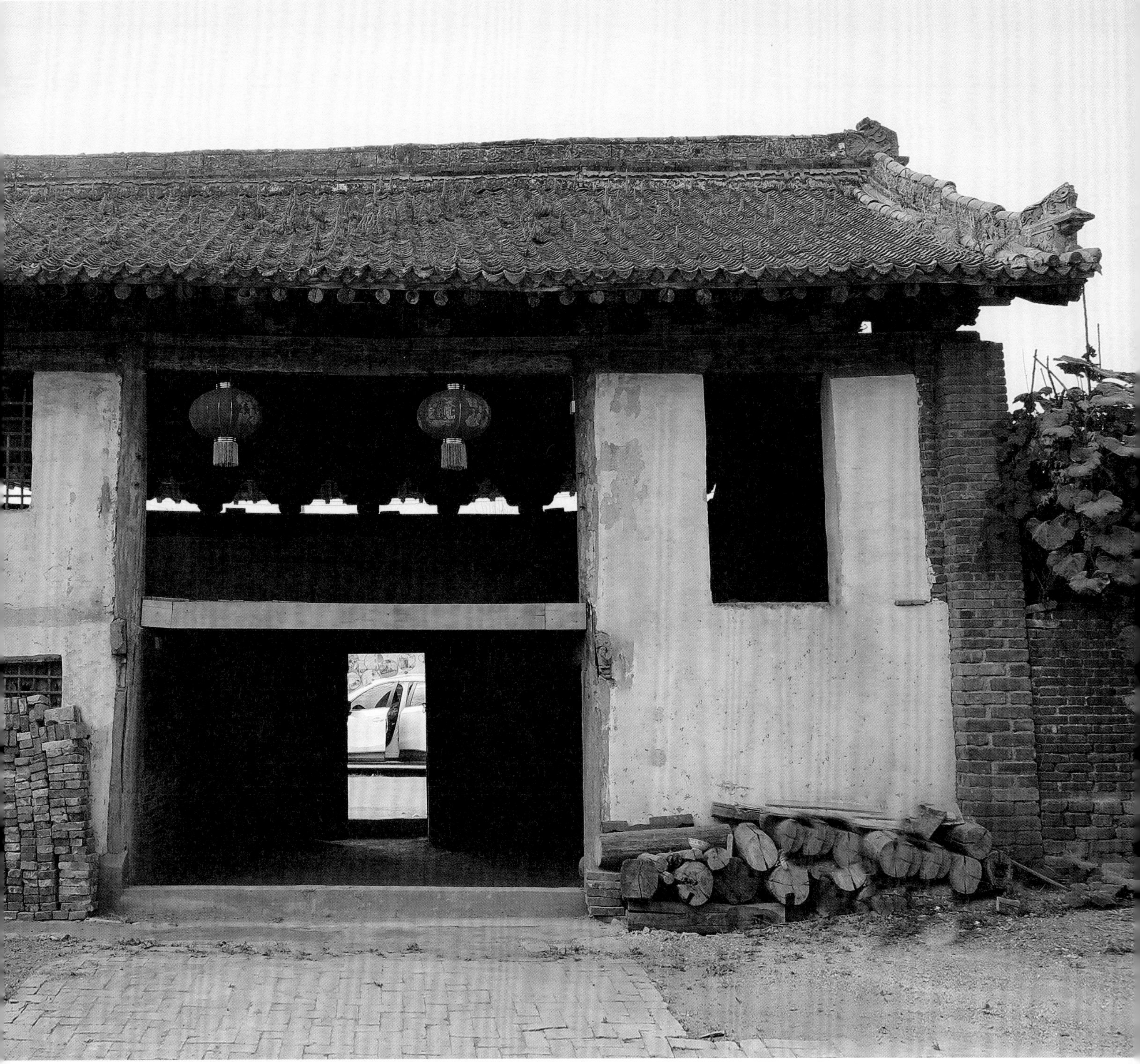

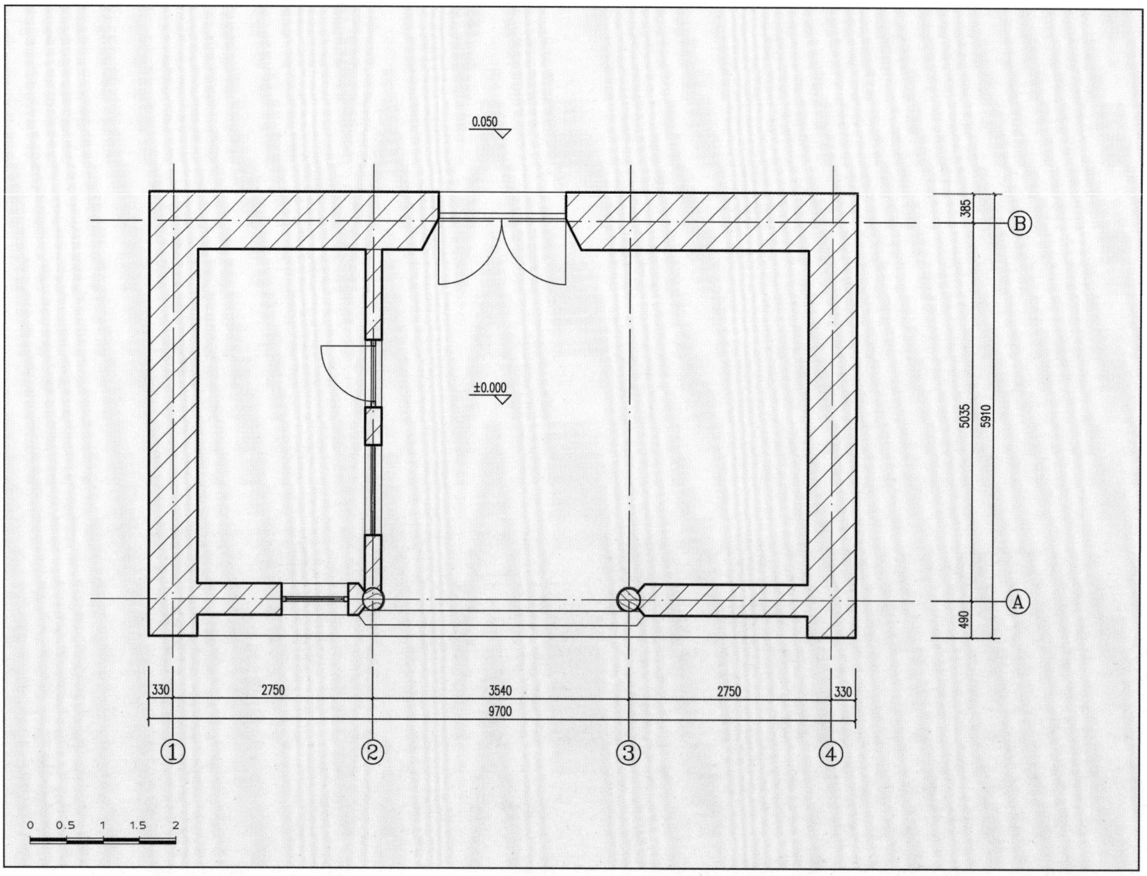

图2-2-3-19 大章关帝庙戏楼一层平面图

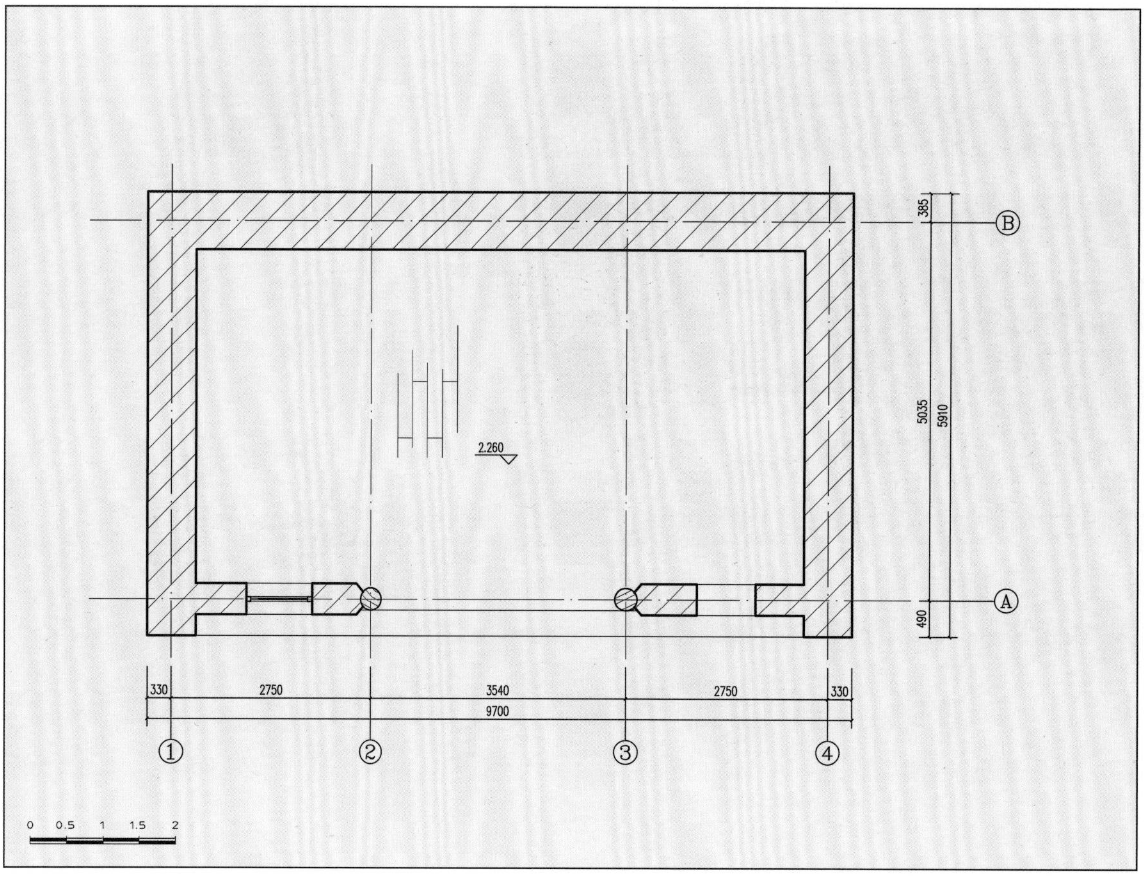

图2-2-3-20 大章关帝庙戏楼二层平面图

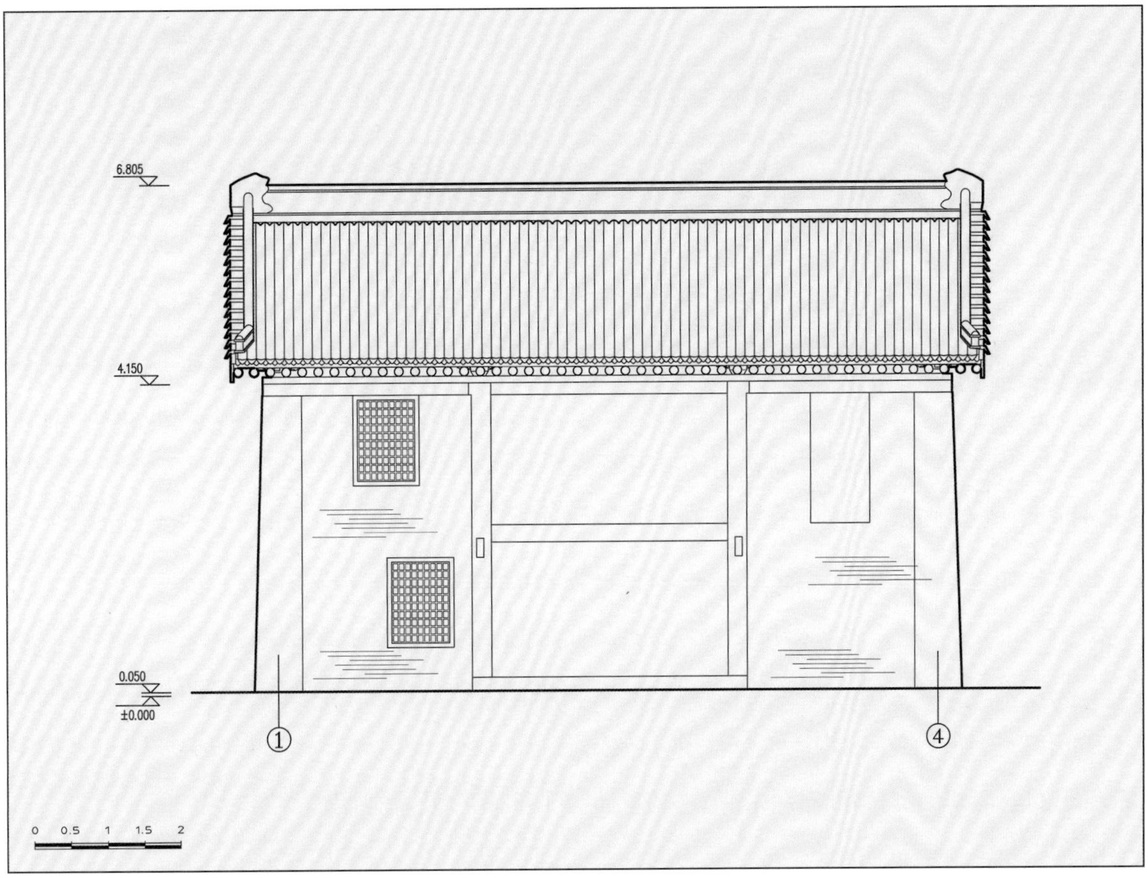

图2-2-3-21 大章关帝庙戏楼正立面图

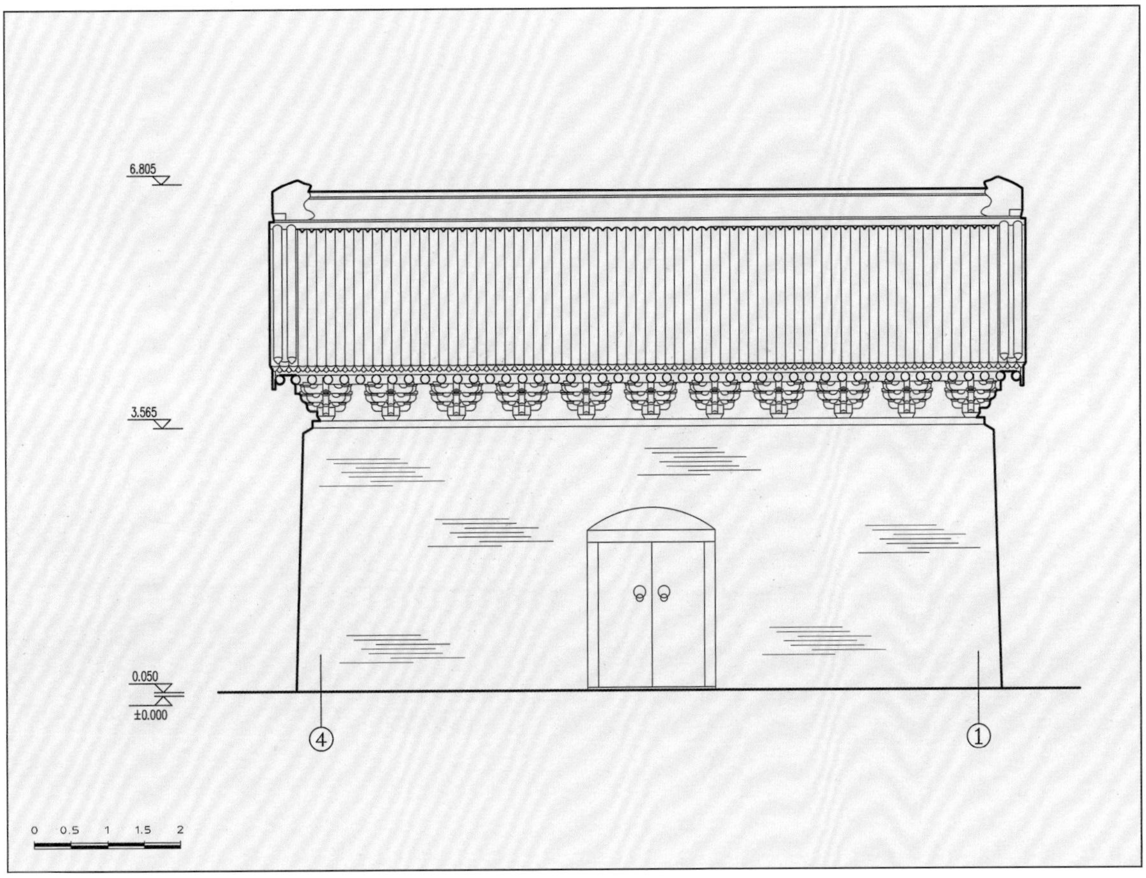

图2-2-3-22 大章关帝庙戏楼背立面图

（十七）嵩县财神庙舞楼

嵩县财神庙位于嵩县城关镇陆浑水库北岸的上仓村，创建年代不详。据县志载，清康熙五十一年（1712）“重修财神庙正殿并创建拜殿两廊戏楼”，时正殿已存，并创建了拜殿、两廊及舞楼。1953年，古戏楼曾经历一次修缮。现庙已圮，仅存舞楼，为第八批河南省文物保护单位。

舞楼坐东南朝西北，北偏西30°，北纬34°08′52″，东经112°05′30″，海拔445米。舞楼为单幢式，平面呈长方形，一面观。面阔五间，进深四间，通面阔12.33米，通进深8.7米，通高约9.5米。屋面形式独特，前檐、山面为单檐歇山式，后檐明、次间为硬山式，两梢间将前檐戗脊用垂脊替代，山面围脊与垂脊相碰后收起，形成两组硬山顶的巧妙组合。舞楼正面，戏楼翼角起翘突出，两侧立砖雕八字墙，当心刻“寿、福”二字。戏楼背面，硬山灰瓦顶照壁居中，两侧相称侧立单坡硬山建筑。舞楼独特多变的构造组合，构思巧妙，别具一格。

戏楼砖砌台基高1.05米，平面布局采用减柱造，减去明间檐柱及金柱四根，加大了前台的使用功能，形成了前台宽敞、后台紧凑的平面特点。明、次间中柱之间设屏风，屏风上施斗栱六攒。次间屏风设上下场门，上书“出将”“入相”，梢间用墙体分割。前台现有柱网三排，后台设后檐柱一排，明、次间后檐墙外凸

照2-2-3-24　嵩县财神庙舞楼正立面

0.24米。

梁架为抬梁式，五步椽设中柱，彻上露明造。因明间减柱，明间、次间用通长大额枋替代平板枋，高度、厚度大于梢间平板枋。前檐柱头科上置大梁长跨三步椽，梁尾插入中柱柱身。前金柱上加设额枋，用于前檐柱头科的辅助支撑。大梁中部承雕花柁墩，上置瓜柱、月梁，梁上双檩搭罗锅椽，形成卷棚轩廊，以隐草架。月梁后端檩身搭双步梁与中柱连接，上承瓜柱、单步梁及檩枋。中柱与后檐柱间设双步梁承托单步梁及檩、椽。梢间梁架为前檐与山面柱头科后尾插于金柱柱身，金柱与中柱之间用双步梁连接，上承瓜柱、单步梁及檩枋。角科上承老角梁及仔角梁，角梁后尾插于金柱上。舞楼檐下绕周共施斗栱十七攒，其中柱头科八攒、平身科七攒、角科二攒。前檐与山面斗栱布列不同，前檐除当心间施平身科一攒，次、梢间均未设置平身科；山面则每间均施平身科一攒。后檐墙明、次间与梢间不在同一轴线，而是向东南外扩移0.24米，使墙体形成“凸”形，外观为影壁墙造型，檐下砖砌椽飞，下饰砖雕垂花柱、雀替、额枋、平板枋、斗栱等构件。墙面有砖雕图案，惜现被水泥封护。

照2-2-3-25 嵩县财神庙舞楼背立面

舞楼构造巧妙，装饰华丽，斗栱疏朗，檐口曲线轻巧若飞，木雕、砖雕技艺精美。特别是利用平面布局的灵动，不同屋面形式的巧妙组合，使建筑兼具戏楼和照壁不同功能，在河南省内较为少见，是研究区域传统舞楼式建筑珍贵的实物资料，具有较高的历史、科学、艺术价值。

据史料记载，民国时期，洛阳曲剧第一代名艺人朱六来、朱天水等，曾在此演出《蓝桥会》；新中国成立后，嵩县第一个专业曲剧团的首场演出《王贵与李香香》，也是在这里进行的。如今，古戏楼仍是村里文化广场的主舞台（照2-2-3-24）（照2-2-3-25）（图2-2-3-22）（图2-2-3-23）（图2-2-3-24）（图2-2-3-25）（图2-2-3-26）。

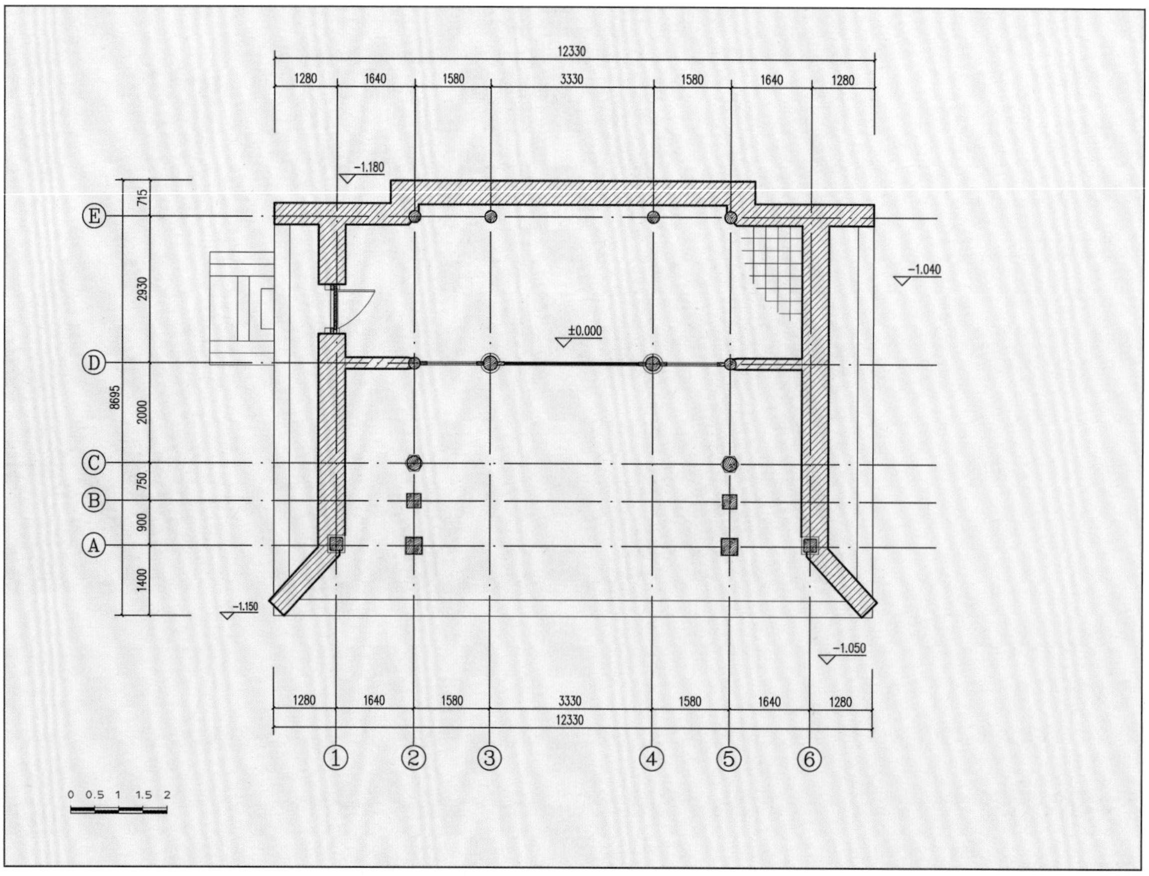

图 2-2-3-23　嵩县财神庙舞楼平面图

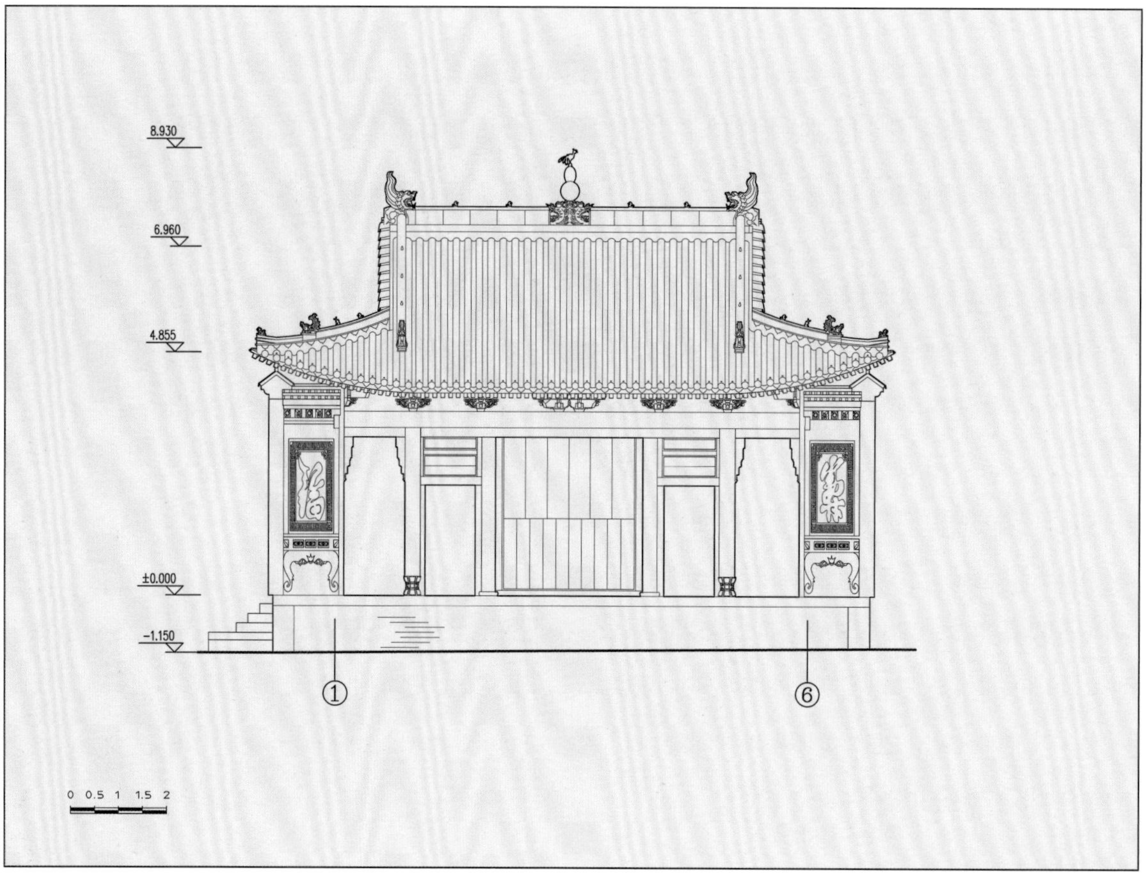

图 2-2-3-24　嵩县财神庙舞楼正立面图

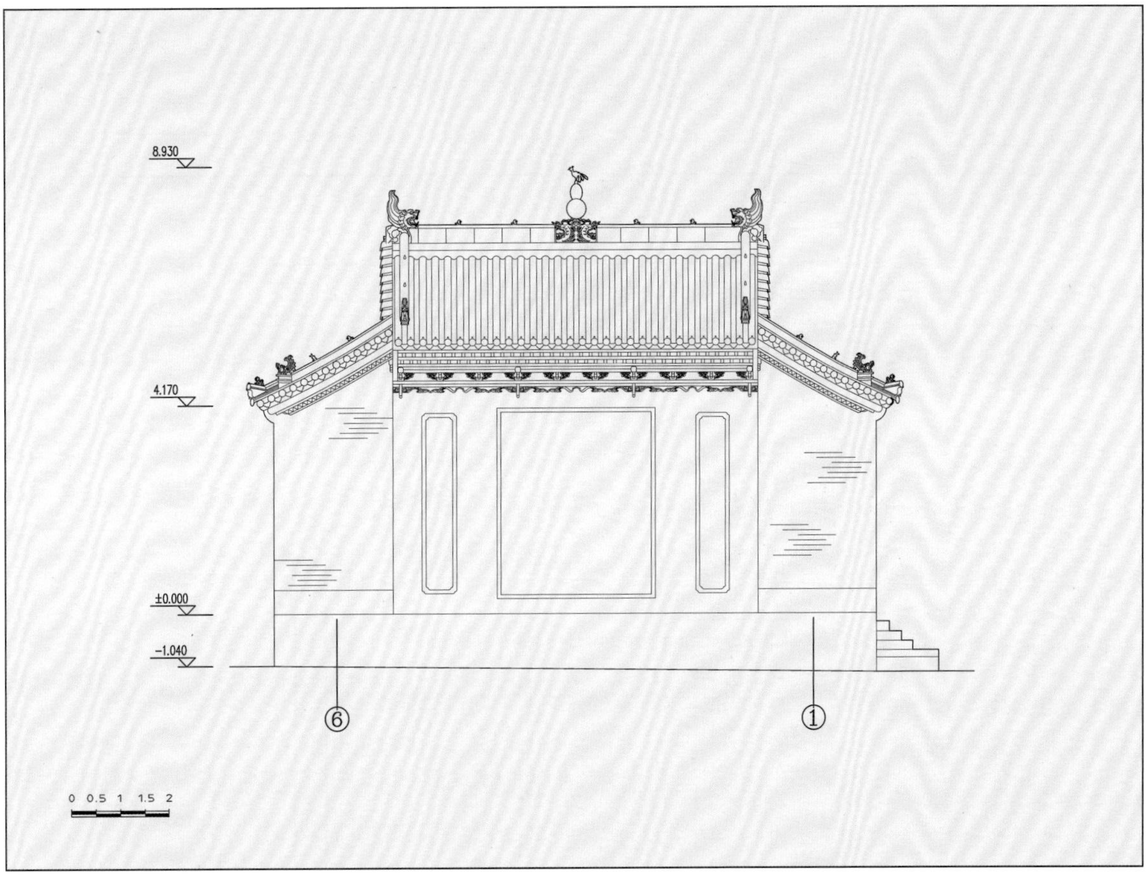

图2-2-3-25 嵩县财神庙舞楼背立面图

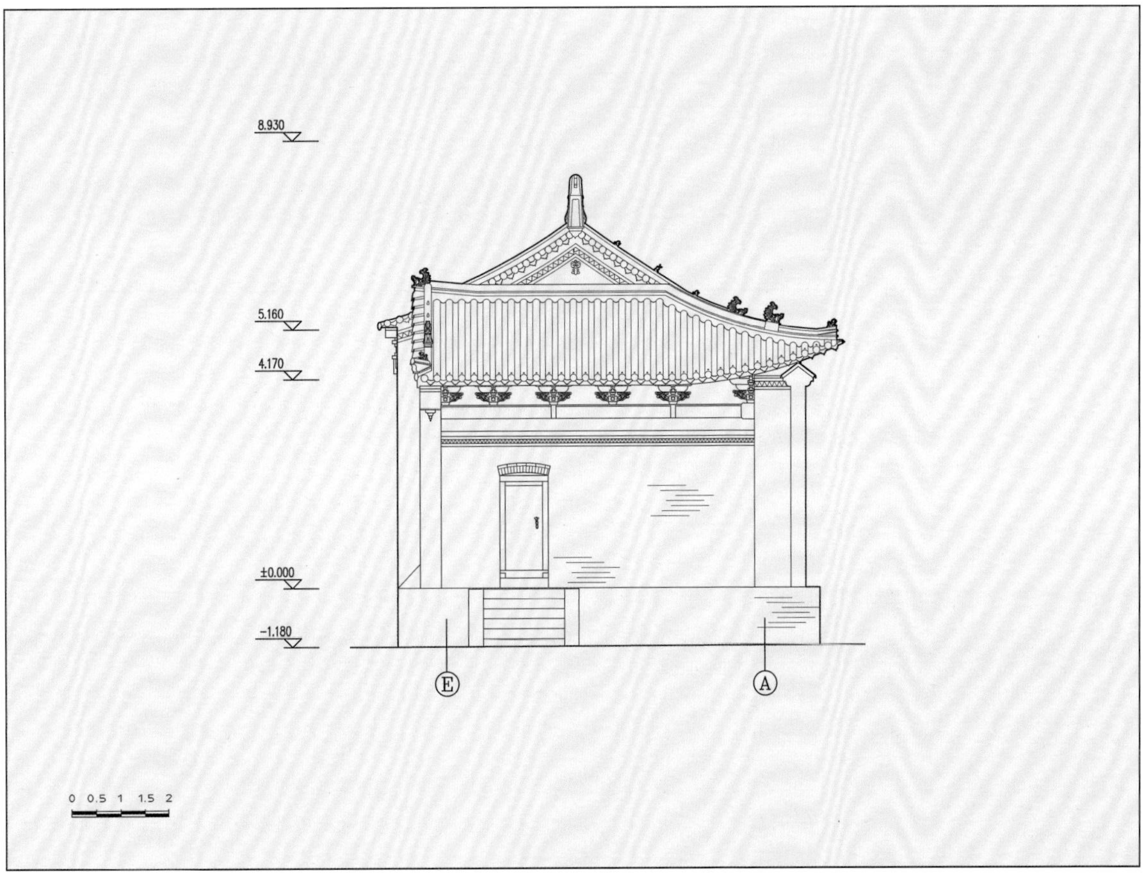

图2-2-3-26 嵩县财神庙舞楼侧立面图

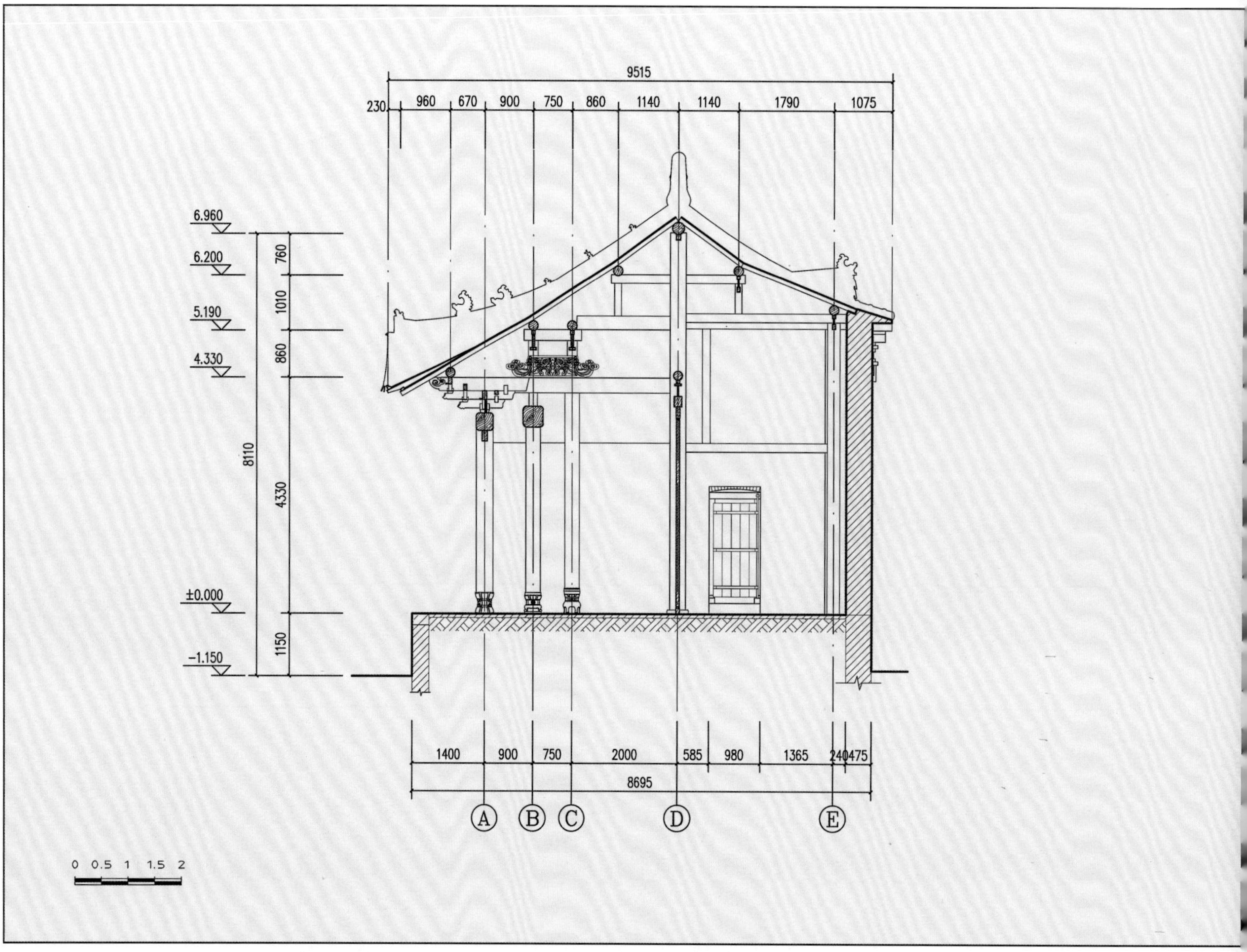

图 2-2-3-27　嵩县财神庙舞楼横剖面图

（十八）旧县村城隍庙舞楼

旧县村城隍庙舞楼位于嵩县旧县镇旧县村，北纬34°01′26″，东经111°51′03″，海拔445米。创建年代无考，清光绪三十年（1904）重建。为第三批洛阳市文物保护单位。庙内遗存清光绪三十年（1904）《隍庙重修舞楼及庙左裙房记》碑碣1通。

舞楼坐南面北，位于城隍庙外南26米处，正对庙门。单幢式，为楼阁式重檐歇山式建筑。平面呈方形，三面观。面阔、进深均为三间，通面阔、通进深7.3米，通高8.68米。舞楼坐落在1.57米的砖砌高台上，条石砌边。舞台用柱十六根，扁鼓形柱础。檐柱上置通长额枋，枋上每面各施一斗二升交麻叶斗栱六攒。檐柱与金柱间用单步梁连接，梁头前端置于斗栱上，后尾插于金柱。四根金柱上承额枋，枋上每面置栱五攒，其中平身科三攒。每面正中平身科支撑抹角梁，梁上童柱上承井口枋，枋上山面立脊瓜柱、叉手及脊檩。次间一、二层翼角处均设老角梁，梁两端搁置于角科斗栱及金柱柱上，上承仔角梁及翼角飞檐，翼角起翘突出，轻巧若飞。室内井口枋上设海墁天花，四角绘蝙蝠，中部则为八卦图案。砖砌墙体三面围合，两山面前檐柱与金柱间不设砖墙。明间金柱间原有屏风分隔舞台，两侧有上下场门，现遗失。次间台口有排剑式栏杆，二层檐口正中悬挂木匾，上书“歌舞楼”三字。舞楼屋面正脊上立雄狮，背驮宝瓶，鸱吻为龙首形，下层四个挑角边缘置韩信、罗成、秦桧、庞涓“四大短人”陶像，灰瓦覆顶，下悬风铎，风摇铃鸣。亭台前场地宽阔，可容纳观众千余人。2006年以前，舞楼每年正月仍有演出，剧种以豫剧、曲剧为主。

舞楼为典型的舞亭式建筑，台基接近方形，建筑空间追求高广，建筑风格古朴、雄伟，在河南遗存古戏楼中具有典型性（照2-2-3-26）（照2-2-3-27）（图2-2-3-28）（图2-2-3-29）（图2-2-3-30）。

照2-2-3-26　旧县村城隍庙舞楼正立面

照2-2-3-27 旧县村城隍庙舞楼侧立面

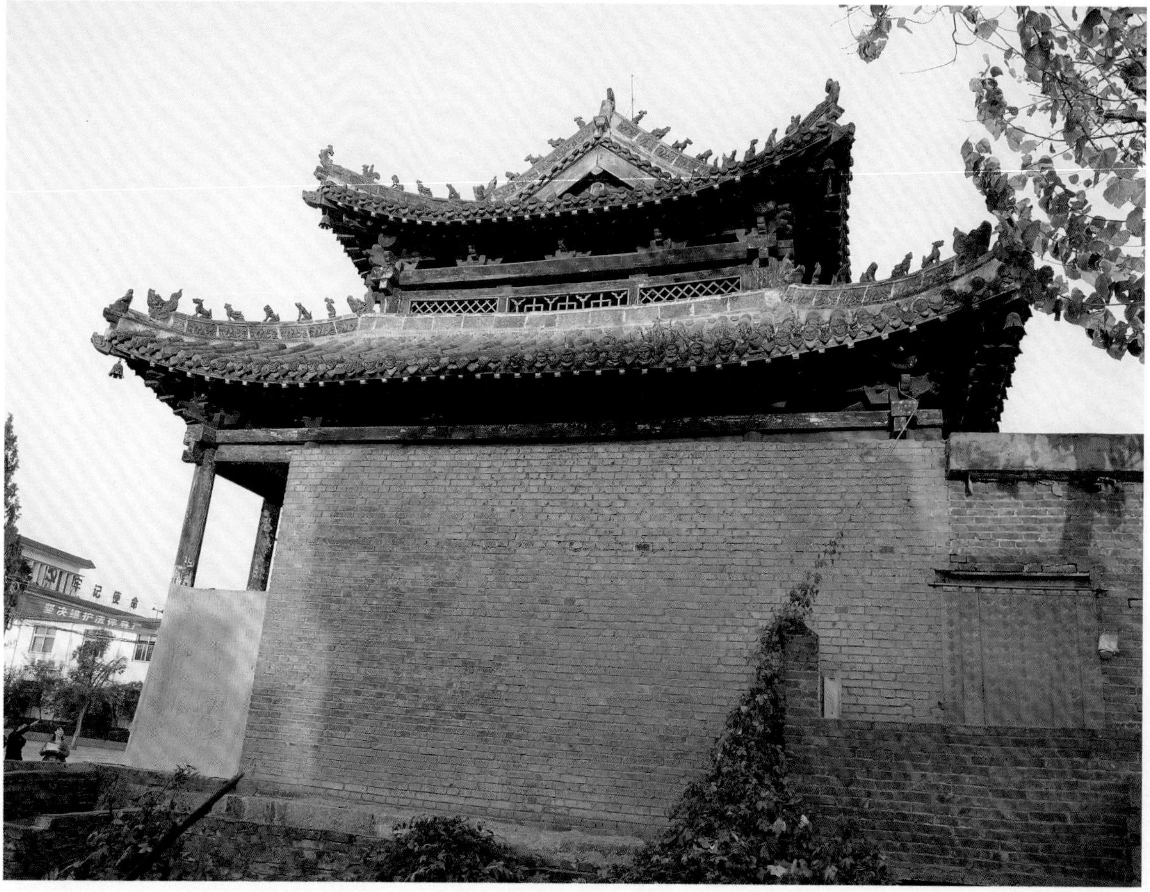

图2-2-3-28 旧县村城隍庙舞楼平面图

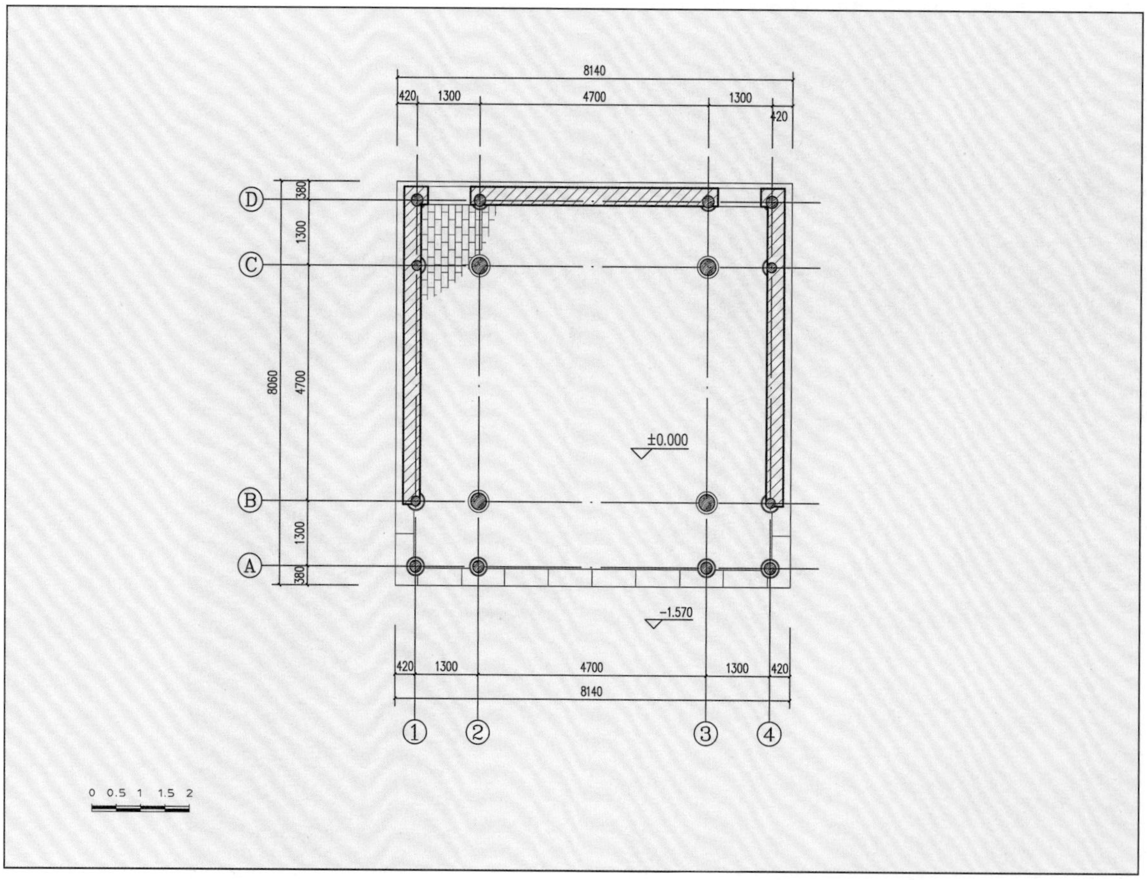

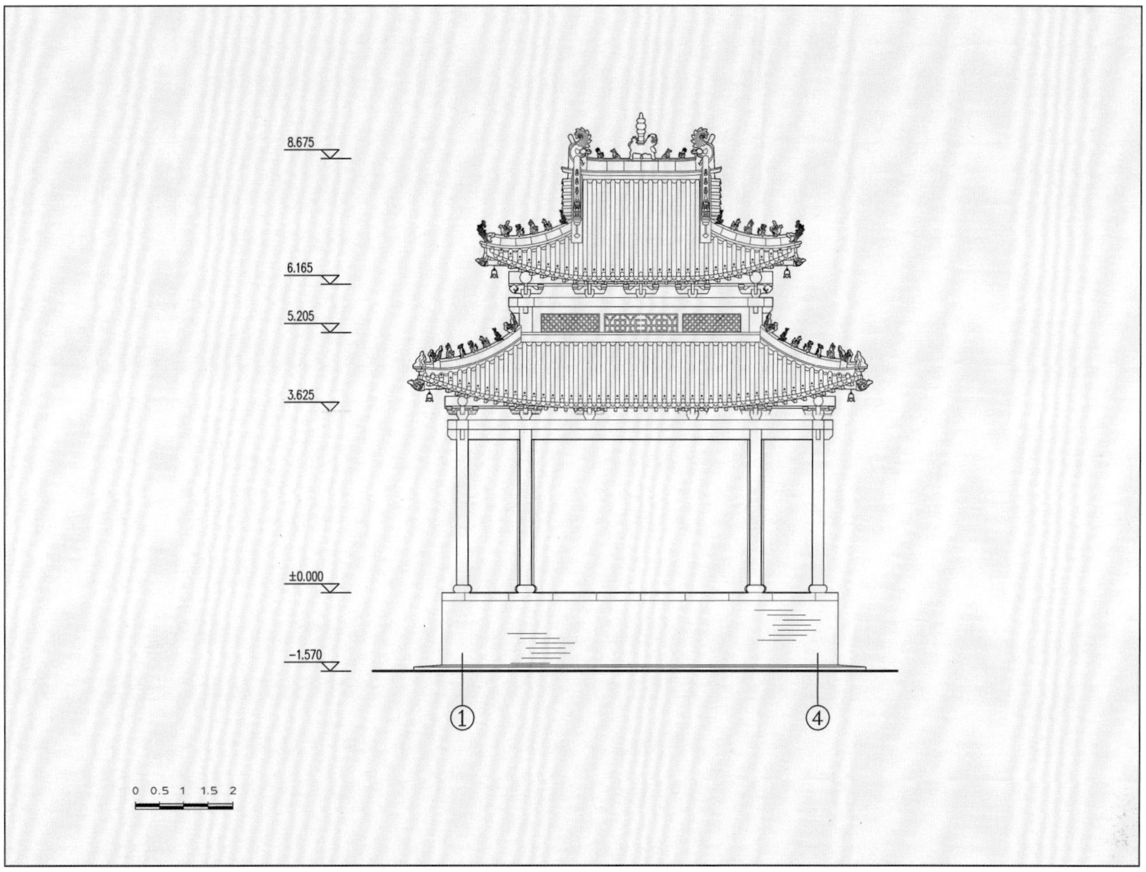

图 2-2-3-29 旧县村城隍庙舞楼正立面图

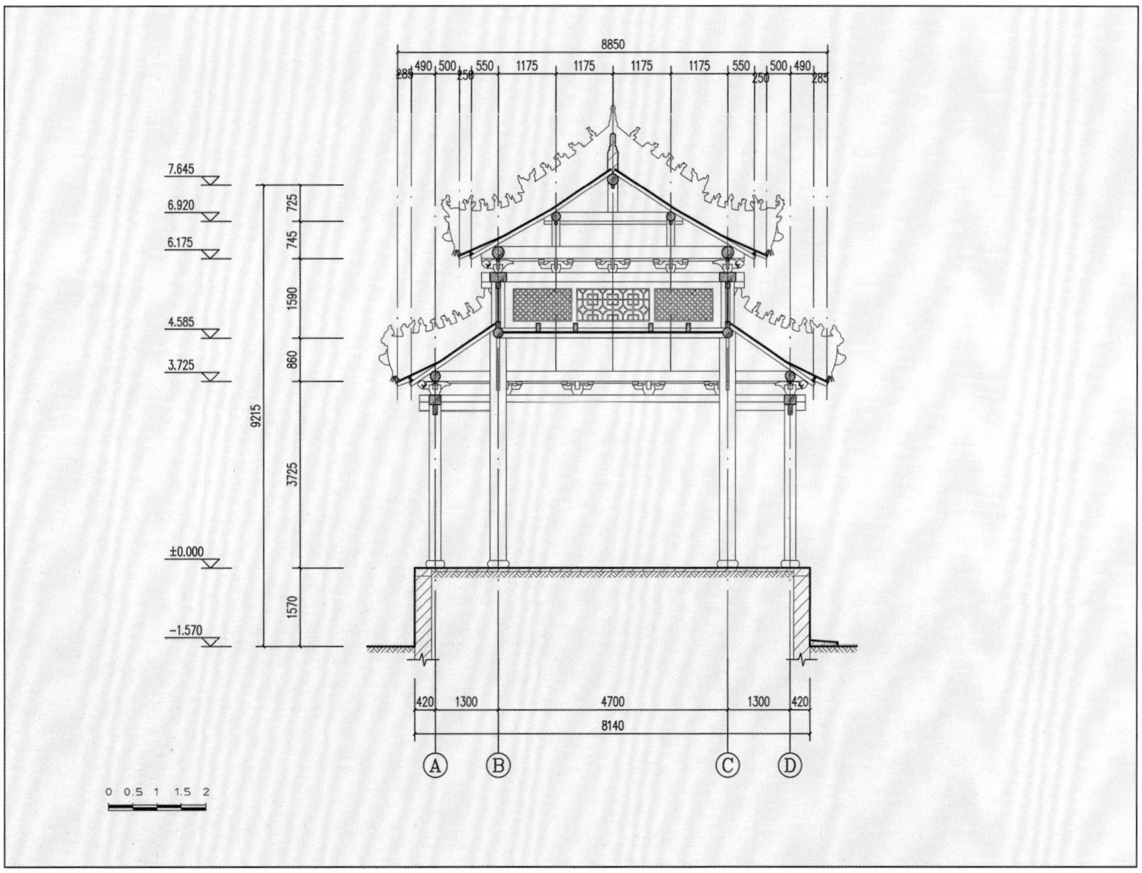

图 2-2-3-30 旧县村城隍庙舞楼横剖面图

（十九）安岭三圣殿舞楼

三圣殿舞楼位于嵩县库区乡安岭村东部，北纬34° 12′ 34″，东经112° 07′ 21″，海拔393米。史料记载，三圣殿原名火神庙，创建于清雍正五年（1727）。咸丰五年（1855），殿破败不堪，村人将殿扩建，并更名为三圣殿，同时创建拜殿3间，乐舞楼1座。庙现存三圣殿及舞楼两座单体建筑，为第三批洛阳市文物保护单位。庙内遗存碑碣两通，分别为清咸丰五年（1855）《安岭村创建三圣殿并舞楼记》碑及《创建三圣殿并舞楼捐赀记》碑。

舞楼坐南面北，与三圣殿相对而建，单幢式，单檐硬山灰瓦顶建筑。平面呈长方形，一面观。面阔三间，进深二间，四步椽屋，通面阔7.79米，其中明间3.89米；通进深5.44米。舞楼坐落在1.57米的高台上，前后檐立方石柱各两根，方墩柱础，柱础间设地栿。抬梁式木构架，五梁架置于前檐平板枋及后檐柱上，上承瓜柱、三架梁、脊瓜柱及各层檩枋。梁下距后檐墙1.63米处立辅柱，柱间设八字屏风将舞台分割为前后台。次间屏风开设上下场门，并向前台斜出，扩大了后台使用面积。明间隔断彩绘猛虎，次间为仕女图；两山墙则绘制人物、花草作为装饰。屏风上悬挂木匾额，上书柳体“乐舞楼”三字，落款：“咸丰五年仲秋月，洛宁县儒学生员李嵩芝题写。”墙体用青砖砌筑，山墙厚0.55米，有收分。明间后檐墙正中设圆窗，便于采光。檐下盘头做法讲究，砖雕一斗二升斗栱支撑盘头，斗及栱身棱角分明，比例协调。檐柱镌刻楹联一副：“白雪曲高，依永和声传雅奏；清平调古，式歌且舞有遗音。”据文献记载，清道光之后，安岭村木偶戏时常在此活动，乐舞楼前可容观众1500余人（照2-2-3-28）。

照2-2-3-28 安岭三圣殿舞楼

（二十）东南村关帝庙戏楼

关帝庙位于洛宁县底张乡东南村，北纬34°15′51″，东经111°31′51″，海拔490米。创建于清乾隆五十六年（1791），为第三批洛宁县文物保护单位。该庙坐北面南，一进院落，中轴线由南向北依次为戏楼、拜殿、正殿，拜殿前两侧立东西厢房，建筑群保存完整，拜殿梁架存清乾隆五十六年（1791）十二月创建题记。

戏楼坐南面北，位于中轴线南端，与大殿相对而建。单幢式，两层硬山灰瓦顶建筑。平面呈长方形，一面观。面阔三间，进深一间，四步椽屋，通面阔7.31米，通进深5.87米，通高5.24米，台口高2米。院内地坪抬高，台基部分被淤埋。梁架为抬梁式，前檐置两根长木通柱，径0.28米，高4.12米。下设圆墩柱础，一层柱身插设平梁，上承楞木及楼板。明间开设板门，次间为窗。二层戏台五梁架直接搁于前后檐斗栱之上，其上承三架梁、瓜柱及各层檩枋，脊瓜柱两侧用叉手。檐下施一斗二升交麻叶异型栱六攒，其中柱头科二攒、明间平身科二攒、次间平身科各一攒。栱身采用圆雕、透雕等技法刻卷草纹，造型舒展，线条流畅。墙体采用下青砖上土坯混砌，两山墙有收分，盘头层叠相加，中部浮雕云龙，上枭为卷草，形象生动。正脊、垂脊浮雕花卉、卷草图案，花梗连绵不断，花叶萦回盘绕。正脊升起明显，屋面线条轻盈、灵动。檐檩及斗栱遗存彩画，斑驳不清。建筑整体比例协调，风格秀美（照2-2-3-29）。

照2-2-3-29 东南村关帝庙戏楼

照2-2-3-30　柴窑村戏楼

（二十一）柴窑村戏楼

柴窑村戏楼位于洛宁县底张乡柴窑村中部，北纬34°16′52″，东经111°32′23″，海拔504米。坐南面北，单幢式，为两层硬山式建筑。创建年代不详，清代建筑。因年久失修，现梁架局部坍塌，屋面缺失，岌岌可危。戏楼一面观。面阔三间计8.93米，进深一间计5.44米。檐柱为通柱，一层设平梁，上承楞木及楼板，台口高1.7米。二层为抬梁式木构架，五梁架置于前檐平板枋及后檐柱之上。前檐东次间遗存一斗二升交麻叶异型斗栱一攒。檐柱铺设平板枋、额枋、雀替，雀替上雕刻惹草、狮子，工艺精巧，图案美观。墙厚0.76米，山墙有收分。后檐墙置木质排水槽（照2-2-3-30）。

（二十二）草庙岭圣母庙戏楼

圣母庙位于洛宁县底张乡草庙岭村东部，北纬34°16′26″，东经111°32′13″，海拔550米。该庙为一进院落，现存戏楼、山门、拜殿、大殿及两侧厢房，为第四批洛阳市文物保护单位。庙内遗存清代重修碑两通，记述了庙宇的发展过程。

戏楼建于清乾隆四十九年（1784），坐南面北，位于庙外南41.6米处，正对山门。单幢式，单檐硬山灰瓦顶建筑。面阔三间，进深一间，四步椽屋，一面观。通面阔7.77米，通进深6.1米，通高8.16米。建筑砖砌台基高1.61米。抬梁式木构架，前后檐柱上承平板枋、五梁架、柁墩、三架梁、脊瓜柱及各层檩枋，脊檩两侧用角背及叉手。柁墩造型敦厚、古朴，并雕饰花纹，三架梁、五架梁梁头均有拔腮。檐下施一斗二升交麻叶异型栱六攒，其中柱头科及明间平身科均为二攒、次间平身科各一攒。斗栱麻叶部位雕刻为龙首，栱身雕刻花草。梁架原有彩绘，已模糊不清。墙体用青砖砌筑，山墙收分明显，盘头有雕饰。山面内墙遗存壁画，大部分被毁或用黄泥覆盖，仅见西山墙有墨色线描烛台小画一幅，边侧题记“乾隆四十九年三月十五日记”。山墙前端设有灯龛。建筑后檐地坪明显高于前檐，墙正中开设板门。屋面正脊、垂脊脊筒雕饰花卉图案，正脊两端置龙吻，中部置砖雕吉星楼，上部已残，下部为庑殿式建筑，檐下施一斗二升斗栱，门上有铺首及乳钉三列，鼓式柱础。现戏楼前檐部分改动较大，檐柱、额枋遗失，后人以钢筋混凝土补筑。

戏楼斗栱柁墩等木雕采用透雕、采地雕等技法精雕细琢，图案花梗连绵不断，花叶萦回盘绕，刻画细腻。盘头上下枋雕花卉，上下枭雕仰俯莲，腰部雕麒麟、飞龙、奔马，雕饰精美，主次分明。屋面脊饰造型独特，反映了当地建筑形制及匠人审美。建筑木砖瓦雕饰保存完整，图案布局均衡、造型独特、刀法细腻流畅，是河南遗存古戏楼中的佳例，也是研究祠宇建筑和雕刻工艺的宝贵资料（照2-2-3-31）（照2-2-3-32）（照2-2-3-33）。

照2-2-3-31 草庙岭圣母庙戏楼正立面

照2-2-3-32　草庙岭圣母庙戏楼背立面

照2-2-3-33　草庙岭圣母庙戏楼墀头

（二十三）礼村戏楼

戏楼位于洛宁县底张乡礼村小学院内，北纬34°20′05″，东经111°27′57″，海拔390米。建于清同治八年（1869），坐南面北，单幢式，两层单檐悬山灰瓦顶建筑。平面布局呈长方形，一面观。面阔三间，进深一间，四步椽屋，通面阔7.89米，通进深5.73米。因院内地坪抬高，二层楼板仅高于地面0.2米。木构架为抬梁式，一层檐柱为通柱，插设平梁，上承楞木及楼板。楼板距柱头高2.4米，五梁架置于前檐斗栱及后檐柱之上，其上承三架梁、瓜柱及各层檩枋。檐下施斗栱七攒，其中柱头科四攒、明、次间平身科各一攒。斗栱为一斗二升交麻叶，平身科翘的后尾呈月牙形状，栱身刻卷草纹。两山墙

照2-2-3-34 礼村戏楼背立面

有收分，正脊、垂脊浮雕花草图案，脊檩枋遗存题记：“大清同治八年二月二十七日辰时。”（照2-2-3-34）

（二十四）南旧县村戏楼

戏楼位于洛宁县东宋镇南旧县村，北纬34° 33′ 19″，东经111° 35′ 38″，海拔600米。戏楼创建年代不详，坐南面北，单幢式，为两层硬山灰瓦顶建筑。平面呈长方形，一面观。面阔三间，进深一间，四步椽屋，通面阔7.58米，其中明间3.4米；通进深5.59米，通高7.2米，台口高2.2米。木构架为抬梁式，一层明间设板门，次间为窗，平梁落于前后檐墙之上，上承楞木及楼板。二层戏台立木檐柱两根，高2.55米，五梁架置于前檐平板枋及后檐墙之上，承三架梁、瓜柱及各层檩枋。檐下无柱头科，补间施一斗二升交麻叶异型栱四攒，其中明间二攒、次间各一攒。坐斗硕大，栱身刻卷草纹。墙体砌筑材料多样，前檐一层墙体用青砖砌筑，后檐墙下碱用不规则块石垒砌，上身为青砖与土坯混砌。山墙下碱及上身中部用块石，余用青砖。两山墙有收分，盘头三层叠加。二层东次间后檐墙设方形排水石槽，排水口宽0.29米，高0.25米。戏楼现无人维护，西次间前檐用红砖封堵，正脊部分缺失，保存状况一般（照2-2-3-35）。

照2-2-3-35 南旧县村戏楼

（二十五）隍城村隍城庙戏楼

隍城庙位于洛宁县故县镇隍城村，北纬34° 16′ 58″，东经111° 13′ 19″，海拔595米。坐北面南，二进院落，中轴线由南向北依次为山门（戏楼）、大殿、后殿

3座文物建筑，大殿南两侧分立东西厢房。庙创建于元至元八年（1271），系第四批河南省文物保护单位。院内遗存有碑碣3通，碑文记载了隍城庙创建过程。

戏楼坐南面北，单幢式，两层单檐硬山灰瓦顶建筑，下层明间为庙宇入口通道，二层为戏台。平面呈长方形，一面观。面阔三间，进深二间，五步椽前出廊，通面阔9.98米，其中明间3.26米；通进深6.3米，台口高2.24米。墙体三面围合，一层明间辟门，北檐明间立两根通长檐柱，柱上插设平梁，上承楞木及楼板。两次间正中设方窗。二层木构架为抬梁式，檐柱上部出单步梁承担挑檐檩，梁头前端下设垂莲柱，柱下端用穿插枋承接，柱下部遗存栏杆卯口，垂莲柱身形纤细，穿插枋出头处雕刻卷云纹。室内五梁架置于前檐平板枋及后檐柱之上，承三架梁、瓜柱及各层檩枋。南檐墙体一层用块石垒砌，二层为土坯砖砌筑。山墙采用块石、青砖混砌，两山墙有收分。戏楼梁架前檐采用挑檐檩及垂莲柱构成外廊，使戏楼舞台出挑，扩大了前台使用面积。

现戏楼檐柱加设装修，前檐垂莲柱下加临时柱支顶；屋面檐口瓦件滑落，二层木地板变形，亟待保护。戏楼每年农历四月一日起会3天，承接演出（照2-2-3-36）。

照2-2-3-36 隍城村隍城庙戏楼

（二十六）北村杨公祠戏楼

杨公祠位于洛宁县景阳镇北村，北纬34°19′15″，东经111°33′15″，海拔386米。创建于乾隆三十八年（1773），为第三批洛宁县文物保护单位。祠堂一进院落，坐北面南，现存戏楼（山门）、献殿、正殿3座文物建筑，院内遗存碑碣2通，其一为清乾隆三十八年（1773）三月十五日立《创建献殿碑记》。

照2-2-3-37 北村杨公祠戏楼

戏楼坐南面北，单幢式，为两层悬山灰瓦顶建筑。一层为祠堂入口通道，二层为戏台。平面呈长方形，一面观。面阔三间，进深一间，四步椽屋，通面阔6.76米，其中明间3.28米；通进深5.02米，通高5.18米，台口高2.26米。南檐明间辟门，次间设木楼梯连通二层舞台。前檐柱为通柱，檐柱上插平梁并承楞木及楼板，二层木构架为抬梁式，五梁架置于前檐斗栱及后檐柱之上，承三架梁、瓜柱及各层檩枋。檐下施一斗二升交麻叶异型栱八攒，其中柱头科四攒、平身科明间二攒，次间各一攒。明间额枋雕刻二龙戏珠图案，次间为飞马、耕牛，雀替雕刻花卉，外檐有新制彩绘。次间台口设有栅栏，墙体均为青砖砌筑，两山墙有收分。墙体厚重，柱及梁架用材较小，现南立面改动较大，大门加建水泥材质现代门头，外贴红色瓷砖，一层墙体用水泥封面，原真性差（照2-2-3-37）。

（二十七）中方村李氏祠堂乐楼

李氏祠堂位于洛宁县景阳镇中方村小学南侧，北纬34°18′15″，东经111°33′39″，海拔403米。创建于乾隆十五年（1750），为第二批洛宁县文物保护单位。祠堂为一进院落，坐北面南，现存东楼（大门）、献殿、正殿3座文物建筑，院内遗存清代碑碣3通，其中两通分别为清乾隆十五年（1750）《李氏创建家庙碑记》碑及清嘉庆三年（1798）《李氏祠堂前乐楼碑记》碑。

碑载，乐楼建于清乾隆六十年（1795），嘉庆元年（1796）竣工。乐楼坐南面北，与献殿相对而建，间距15.4米。单幢式，为两层悬山灰瓦顶建筑。下为大门，上为戏台。平面呈长方形，一面观。面阔三间，进深一间，四步椽屋，通面阔7.04米，其中明间3.63米；通进深6.12米，通高8.43米。一层明间辟券门为祠堂入

照2-2-3-38 中方村李氏祠堂乐楼

口，二层明间用屏风将舞台分隔为前后台，现屏风遗失，仅存卯口。木构架为抬梁式，檐柱为通柱，五梁架置于前檐斗栱及后檐柱之上，承瓜柱、三架梁、脊瓜柱及各层檩枋。檐下施一斗二升交麻叶异型栱六攒，其中柱头科四攒、平身科二攒，栱身雕刻卷草图案。南檐下有砖砌盘头，外檐遗存彩绘，斑驳不清。脊檩枋题记字迹模糊，无法辨认。墙体为青砖、土坯砖混砌，山墙有收分。现乐楼改建较大，大门封堵，另设院门。一层地面及二层台面高度已被改动，新砌水泥台基高2.5米，二层平梁、楞木、木楼板遗失（照2-2-3-38）。

（二十八）彭凹彭氏祠堂戏楼

彭氏祠堂位于洛宁县底张乡彭凹村，北纬34°16′59″，东经111°32′26″，海拔519米。坐西面东，一进院落，中轴线由东向西依次为戏楼、拜殿、大殿，北侧新建戏楼一座。庙创建于清嘉庆二年（1797），为第二批洛宁县文物保护单位。大殿梁架存清代彩画及“清嘉庆二年岁次丁辰月壬子日甲辰时”题记，墙面并列绘制5幅山水、鸟兽等题材壁画，色彩古朴，线条流畅。

戏楼坐东面西，单幢式，单檐硬山灰瓦顶建筑。两层砖木结构，下层明间为南北通道，二层为戏台。平面呈长方形，一面观。面阔三间，进深一间，四步椽屋。梁架为抬梁式，后檐一层明间辟砖砌券门为祠堂入口，两层设窗。前檐设通长檐柱

照2-2-3-39 彭凹彭氏祠堂戏楼

二根，插设平梁，上承楞木及楼板。二层五架梁置于前檐斗栱及后檐柱之上，承三架梁、柁墩、瓜柱及各层檩枋。前檐下施斗栱六攒，山墙及后檐墙用土坯砖、青砖混砌，两山墙有收分。因年久失修，戏楼西次间木构架、墙体、屋面均已坍塌，明间、西次间一层平梁、楞木、楼板缺失，亟待修缮（照2-2-3-39）。

（二十九）大许村杨公祠戏楼

大许村杨公祠位于洛宁县赵村镇大许村，北纬34°18′43″，东经111°34′43″，海拔411米。一进院落，坐北面南，现存戏楼（大门）、献殿、大殿3座文物建筑，创建于乾隆年间，系第三批洛宁县文物保护单位。

戏楼重建于民国二十四年（1935），坐南面北，距献殿月台29.3米。单幢式，单檐硬山式灰瓦顶建筑。两层砖木结构，下为祠堂入口，上为戏台，平面呈长方形，一面观。面阔三间，进深一间，四步椽屋，通面阔6.96米，其中明间3.88米；通进深5.73米，通高5.1米，台口高2.24米。一层明间辟券门为通道，设双扇板门，门上有石质匾额，阴刻“杨公祠”三字。次间设木楼梯连通二层，梁架为抬梁式，一层平梁上承楞木及楼板。二层戏台檐柱高2.36米，五梁架置于前檐斗栱及后檐柱上，承三架梁、瓜柱及各层檩枋。檐下施一斗二升交麻叶异型栱六攒，栱身舒展，斗口5.5厘米，雕刻卷草图案。次间额枋下设骑马雀替，透雕惹草、莲瓣图

照 2- 2- 3- 40　大许村杨公祠戏楼背立面

照 2-2-3-41　大许村杨公祠戏楼前檐

照 2-2-3-42　大许村杨公祠戏楼盘头

案，精美别致。二层内外檐均有彩绘，色彩明丽。两山墙各设一圆窗，便于采光，山墙采用下块石、上青砖混砌手法，收分明显。上部盘头雕刻花草、鸟兽图案，山墙铁铸扒钉采用蜘蛛纹饰，趣味十足。脊檩枋上存“时民国二十四年三月十九日竖柱三十日丑时，上梁大祠总理人”题记。建筑整体背面观古朴、端庄，正面装饰繁缛、华丽。现正面立钢架顶棚，一层砌筑水泥台封堵（照2-2-3-40）（照2-2-3-41）（照2-2-3-42）。

（三十）凡村段氏祖祠戏楼

段氏祖祠位于洛宁县赵村镇凡东村，北纬34°17′27″，东经111°35′54″，海拔510米。一进院落，坐北面南，现存门楼、戏楼、大殿3座文物建筑，创建于清嘉庆十四年（1809），系第三批洛宁县文物保护单位。

戏楼坐南面北，与大殿相对而立，建于清道光三年（1823），2004年曾修缮。单幢式，两层砖木结构，单檐硬山灰瓦顶建筑。平面呈长方形，一面观。面阔三间，进深二间，三步椽后带廊，通面阔8.05米，其中明间3.91米；通进深5.28米，通高5.86米，台口高1.71米。木构架为抬梁式，前檐设两根通长檐柱，插设平梁，上承楞木及楼板，明间设板门，次间为窗。二层戏台三梁架置于前檐平板枋及金柱之上，承瓜柱及各层檩枋，脊瓜柱两侧用叉手。金柱与后檐柱之间用单步梁连接，两山墙有收分，素面盘头层叠相加。西次间后檐墙下部设具戏楼特色的排水石槽，便于演员化妆使用污水排出。脊檩枋存有“时道光三年岁次□□□□乙卯日□□□□择乙未段姓合族”题记。建筑存在修缮不当之处，墙体局部用红砖补砌，外饰瓷砖（照2-2-3-43）。

照2-2-3-43 凡村段氏祖祠戏楼

照2-2-3-44 凡村张氏宗祠戏楼

（三十一）凡村张氏宗祠戏楼

张氏宗祠位于洛宁县赵村镇凡村西南部，北纬34°23′10″，东经111°35′38″，海拔523米。一进院落，坐北面南，现存戏楼（大门）、拜殿、大殿3座文物建筑，系第三批洛宁县文物保护单位。

戏楼坐南面北，位于中轴线南端，距大殿月台20米，建于清道光二十年（1840）。单幢式，单檐硬山灰瓦顶建筑。两层砖木结构，下为大门，上为戏台，平面呈长方形，一面观。面阔三间，进深一间，四步椽屋，通面阔8.08米，其中明间3.92米；通进深5.46米，通高5.43米，台口高1.97米。一层明间辟门为祠堂入口，门上有石质匾额，阴刻“张氏宗祠”四字，落款“明清丑丁”。因门前道路地坪抬高，大门封闭。次间设木楼梯连通二层，二层楼梯入口位于明间后台处。梁架为抬梁式，一层檐柱为通柱，圆墩柱础，柱身插设平梁，上承楞木及楼板。二层五梁架置于前檐斗栱及后檐柱之上，承三架梁、瓜柱及各层檩枋，脊瓜柱两侧设叉手。檐下施一斗二升交麻叶异型栱六攒，其中柱头科二攒、平身科明间二攒、次间各一攒，栱身雕刻卷草图案。二层台口封板雕饰花纹。两山墙中部各设一窗，北端各有一灯龛。西山墙南侧设排水石槽，槽头为圆形。山墙采用逐段收分，二层台面高度位置收一砖宽度，采用下块石、上青砖砌筑，整体收分明显，前后檐均设砖砌盘头，外檐饰彩画。脊檩枋上存“时大清道光二十年九月”题记。现前檐一层装修遗失，用红砖补砌，二层木地板局部缺失（照2-2-3-44）（图2-2-3-31）（图2-2-3-32）（图2-2-3-33）。

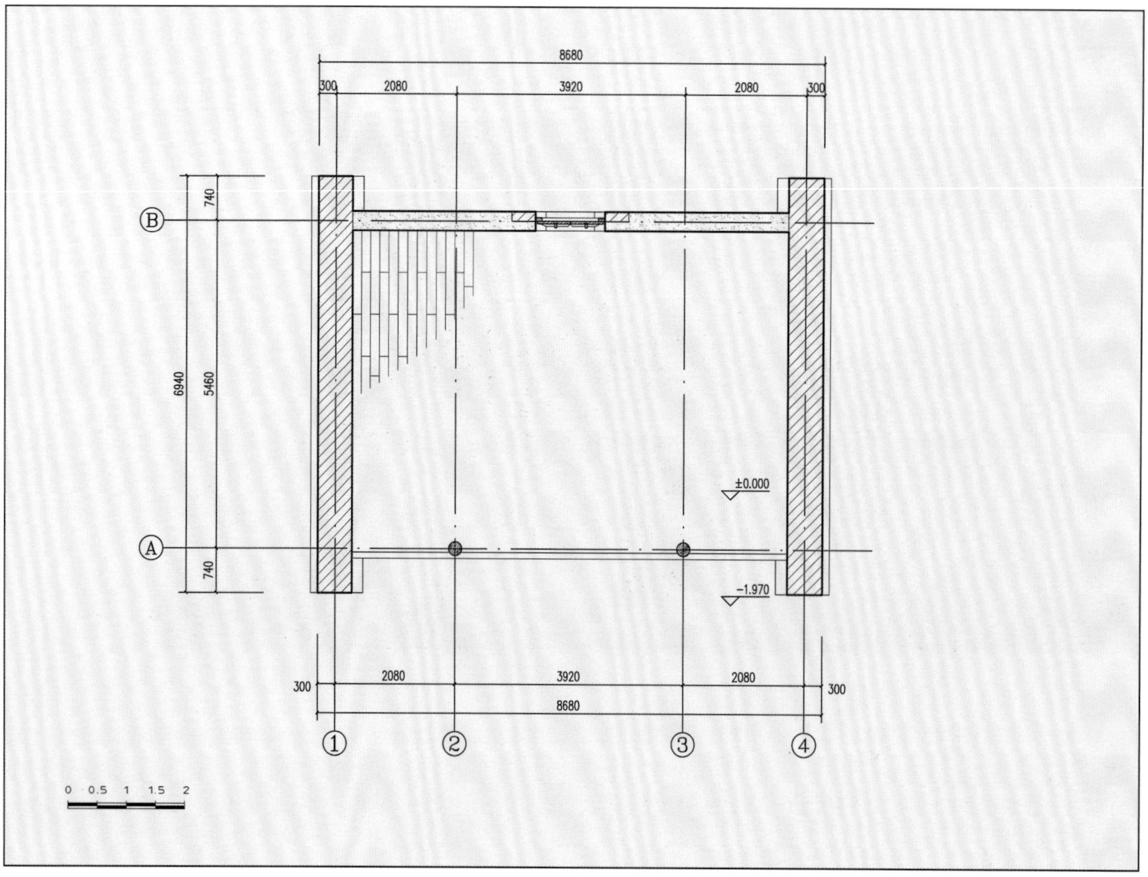

图 2-2-3-31 凡村张氏宗祠戏楼平面图

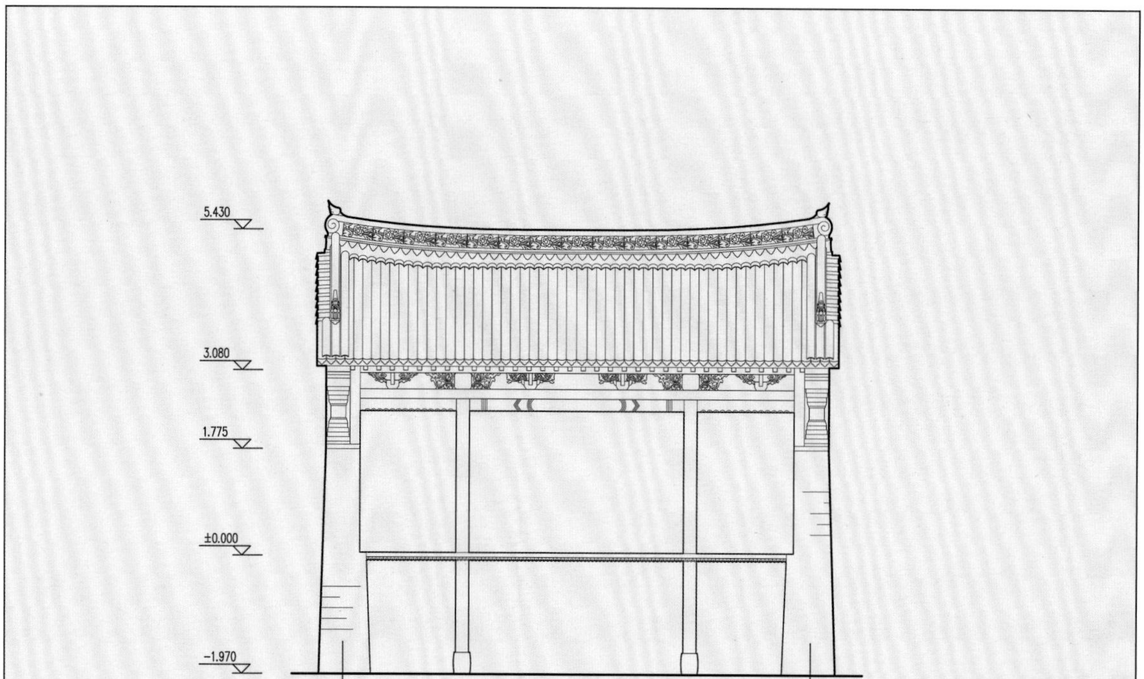

图 2-2-3-32 凡村张氏宗祠戏楼正立面图

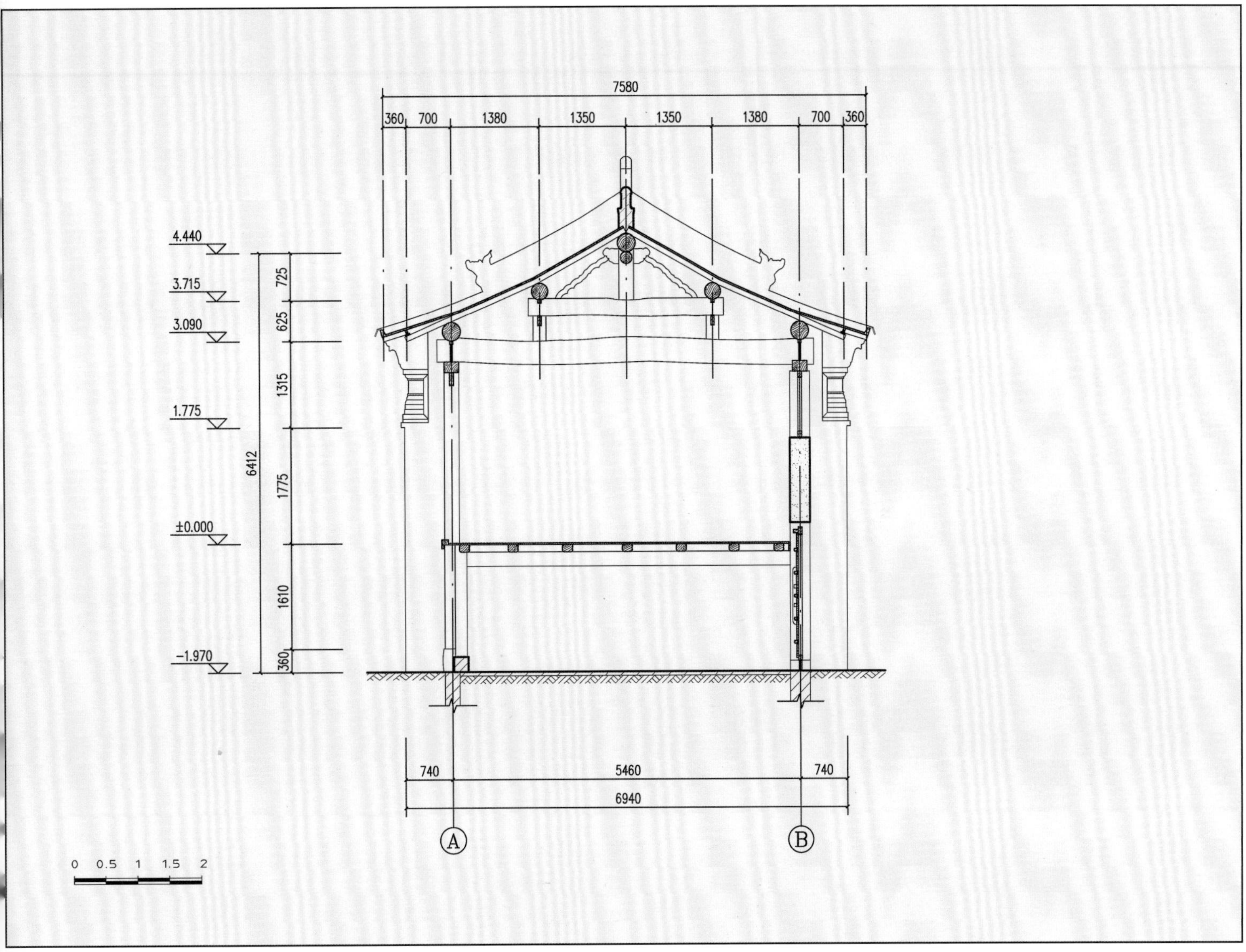

图 2-2-3-33　凡村张氏宗祠戏楼横剖面图

（三十二）凡村曹氏祠堂戏楼

曹氏祠堂位于洛宁县赵村镇凡村小学西侧，北纬34° 17′ 29″，东经111° 35′ 47″，海拔479米。祠堂创建年代不详，一进院落，坐北面南，现存戏楼（大门）、拜殿、大殿3座文物建筑，系第三批洛宁县文物保护单位。

戏楼坐南面北，距大殿月台29.3米，单幢式，单檐硬山灰瓦顶建筑。两层砖木结构，下为祠堂入口，上为戏台，平面呈长方形，一面观。面阔三间，进深一间，四步椽屋，通面阔8.635米，其中明间4.225米；通进深5.65米，通高5.55米，台高2.055米。一层明间辟券门为祠堂入口，次间设木楼梯连通二层。梁架为抬梁式，一层前檐立两根木通柱，柱身插设平梁，上承楞木及楼板。二层五梁架置于前后檐柱之上，承三架梁、瓜柱及各层檩枋，脊瓜柱两侧设叉手。檐下补间斗栱及雀替遗失，二层台口采用透雕花纹图案。排水石槽位于西山墙南端，山墙采用边框青砖、中部土坯砖的混砌手法，整体收分明显，前后檐均设盘头。戏楼平面布局、形制及装修风格与张氏宗祠戏楼雷同，风格古朴、端庄。建筑存在不当修缮，南檐券门上加设现代材质重檐仿古门罩，北檐一层装修遗失，用红砖补砌（照2-2-3-45）（图2-2-3-34）（图2-2-3-35）（图2-2-3-36）。

照2-2-3-45 凡村曹氏祠堂戏楼

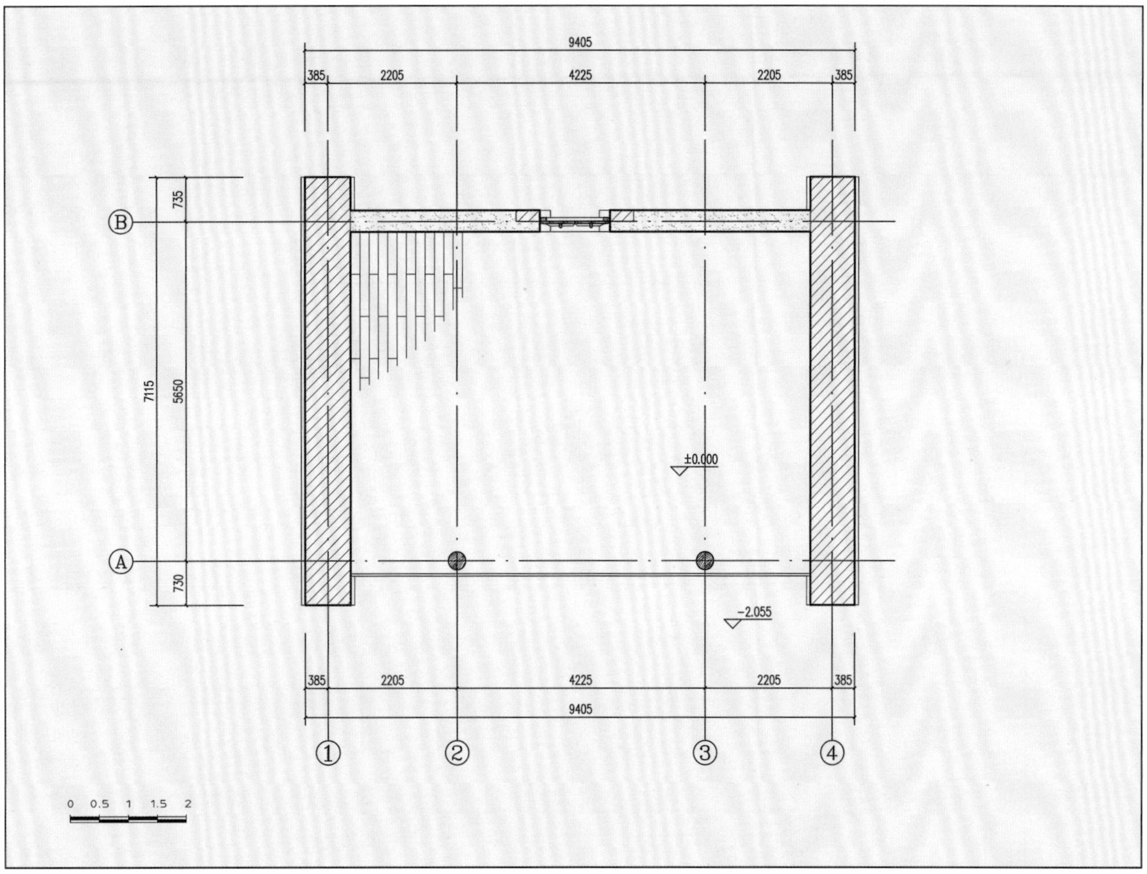

图2-2-3-34　凡村曹氏祠堂戏楼平面图

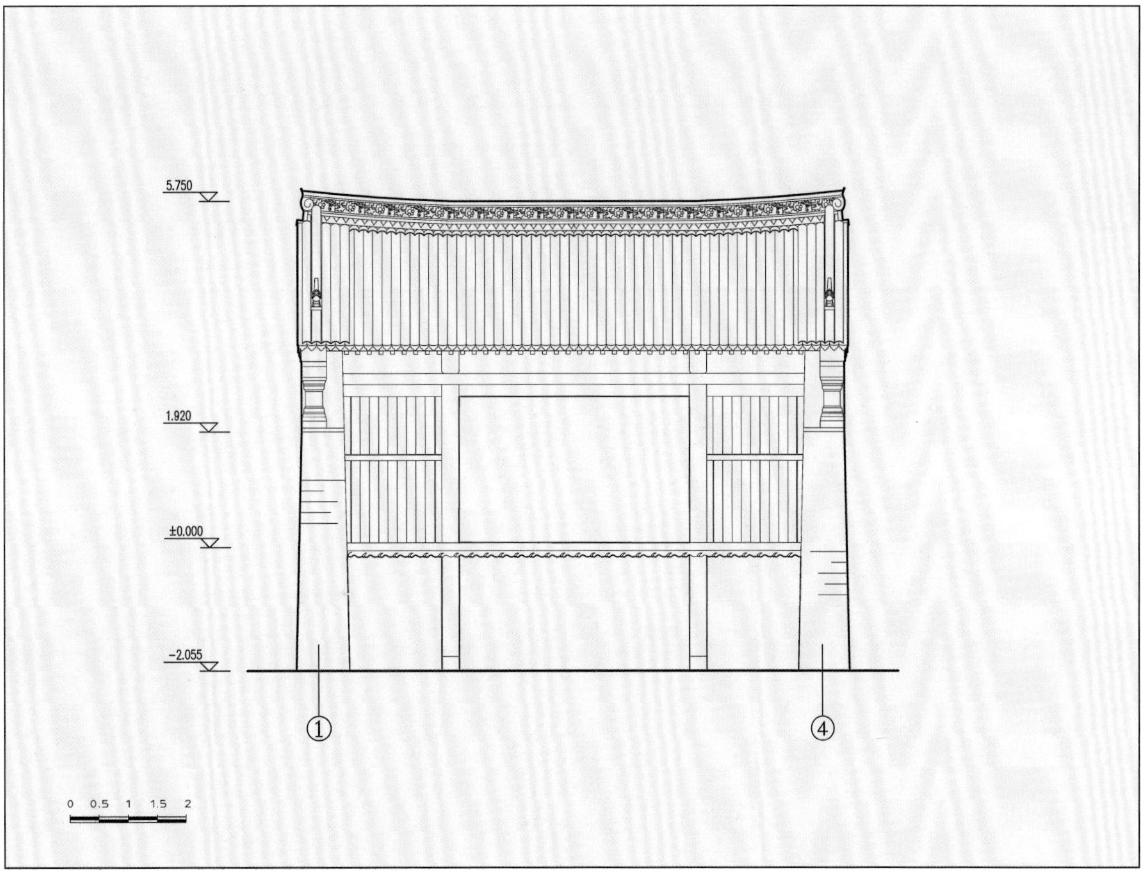

图2-2-3-35　凡村曹氏祠堂戏楼正立面图

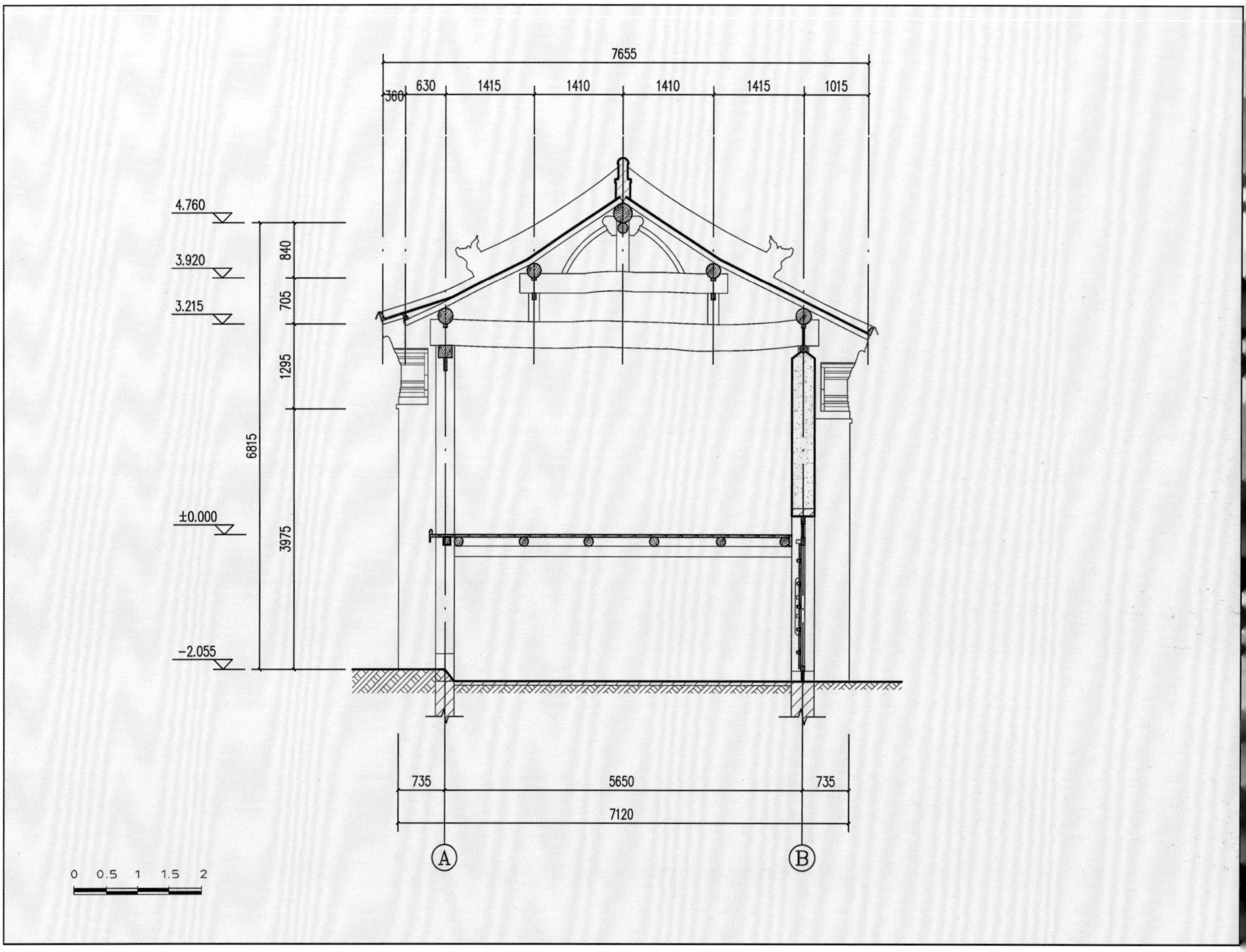

图 2-2-3-36　凡村曹氏祠堂戏楼横剖面图

（三十三）西王村孙氏宗祠戏楼

孙氏宗祠位于洛宁县赵村镇西王村，北纬34°21′13″，东经111°35′21″，海拔334米。一进院落，坐北面南，现存戏楼（大门）、献殿、大殿3座文物建筑，系第三批洛宁县文物保护单位。

戏楼坐南面北，位于宗祠中轴线南端，距献殿月台16.16米。创建年代无考，2019年曾修缮。单幢式，两层单檐硬山灰瓦顶建筑。平面呈长方形，一面观。面阔三间，进深一间，通面阔8.72米，其中明间3.92米；通进深7.2米，台高1.71米。梁架为抬梁式，一层檐柱为通柱，柱身插设平梁，上承楞木及楼板。二层五梁架置于前檐木板枋及后檐柱之上，承三架梁、瓜柱及各层檩枋，脊瓜柱两侧设叉手，明间檐檩与平板枋之间用花板辅助支撑。墙体用青砖砌筑，有收分，素面盘头。因建筑在近年修缮时将墙体、二层地板用混凝土改砌，次间二层设铁质栏杆，原真性差（照2-2-3-46）。

照2-2-3-46　西王村孙氏宗祠戏楼

（三十四）东山底山神庙戏楼

东山底山神庙位于洛宁县赵村镇东山底村大沟口，北纬34°16′30″，东经111°35′09″，海拔508米。一进院落，坐北面南，现存戏楼、山门、过厅、正殿4座文物建筑。创建年代不详，系第一批洛宁县文物保护单位。

戏楼坐南面北，位于庙外南40米处，正对山门，创建于清道光三年

照2-2-3-47 东山底山神庙戏楼

（1823），2019年曾修缮。单幢式，两层砖木结构，单檐硬山灰瓦顶建筑。平面呈长方形，一面观。面阔三间，进深一间，通面阔9.35米，其中明间3.9米；通进深6.53米，通高6.7米，台高2.2米。梁架为抬梁式，一层墙体采用不规则块石砌筑，明间设门。墙上搭设平梁，上承楞木及楼板。二层木构架为四步椽屋，前檐两根木柱，柱高2.3米，三梁架置于前檐平板枋及后檐柱上，承瓜柱及檩枋，脊瓜柱两侧设叉手。明间檐檩与平板枋之间用花板辅助支撑。后檐墙设方窗。山墙采用青砖与土坯混砌手法，墙厚0.71米，有收分，前后檐有砖砌盘头。脊檩枋遗存“时道光三年岁□□□□乙卯日□□□□”题记。庙内遗存残碑《建山神庙碑记》1通，碑文记载了当地每年的三月有庙会，为时5天（照2-2-3-47）。

（三十五）宜阳山陕会馆戏楼

宜阳山陕会馆位于宜阳县白杨镇白杨村东街，北纬34°23′28″，东经111°13′54″，海拔325米。白杨镇自古就是豫西重镇，交通便利，明清时期，这里河道交错，自此可西通秦晋、东达苏皖、南至宛鄂，是闻名遐迩的通衢之地。会馆创建于清乾隆九年（1744），由山西、陕西两省商贾筹资而建，作为山西、陕西到宜阳经商之人聚居和歇脚的场所。会馆坐北面南，一进院落，中轴线由南向北依次为戏楼（山门）、献殿、大殿，两侧为厢房。系第三批宜阳县文物保护单位。

戏楼坐南面北，创建于清乾隆九年（1744），清道光十四年（1834）及民国十六年（1927）等多次修建。单幢式，单檐灰瓦硬山顶建筑。两层砖木结构，一层为会馆入口，上为戏台，平面呈长方形，一面观。面阔三间，进深一间，四步椽屋，通面阔9.68米，其中明间3.56米；通进深7.44米，通高8.46米，台高2.64米。一层用砖墙隔为南北两部分，南为檐廊式山门，面阔三间，进深一间。檐柱石础为圆鼓式，檐柱高3.81米，檐柱与砖墙间用单步梁及穿插枋连接，上置檐檩、椽。檐下无柱头科，梁头两侧出花板，补间施一斗二升交麻叶异型栱三攒，额枋雕刻花卉图案，施彩绘。明间为会馆入口通道，前设双扇板门。门上题写“山西夫子”四字。后为砖砌券洞，宽2.62米，高2.29米。次间砖墙为照壁形制，上部有拔檐。北立面一层前檐置2根通长木柱，柱身插设平梁，上承楞木及楼板。二层五梁架置于前檐斗栱及后檐柱之上，承柁墩、三架梁及各层檩枋，三架梁上柁墩两侧设叉手。柁墩雕刻卷草纹，古朴秀美。前檐梁头两侧装饰透雕花板，补间施一斗二升交麻叶异型栱三攒，栱身满雕花草纹饰。前檐平板枋下设骑马雀替，透雕花卉图案，线条流畅，雕刻精美。墙体为青砖砌筑，山墙为五花山墙，厚0.88米。建筑整体风格古朴、端庄。现二层为水泥地面，前檐加设玻璃窗。

会馆遗存碑碣3通，其中两通分别为清道光十四年（1834）《重修会馆碑记》碑及民国十六年（1927）《重修关帝庙碑记》碑，记载了山陕会馆营建的过程，并见证了当时商业繁荣的盛况（图2-2-3-37）（图2-2-3-38）（图2-2-3-39）（图2-2-3-40）（图2-2-3-41）。

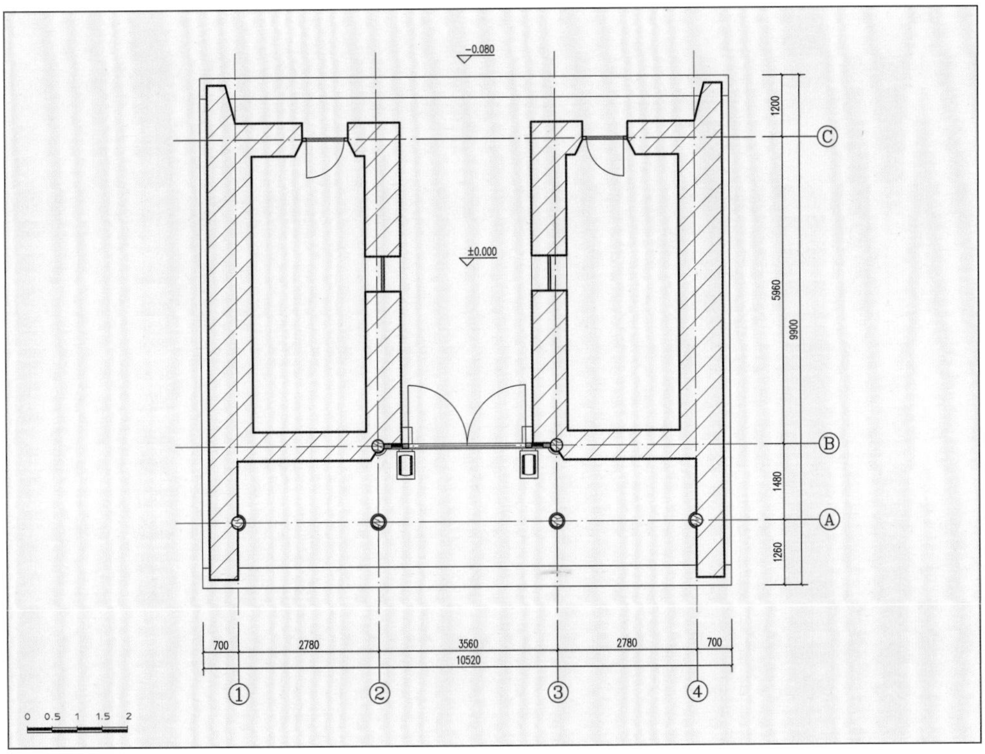

图2-2-3-37 宜阳山陕会馆戏楼一层平面图

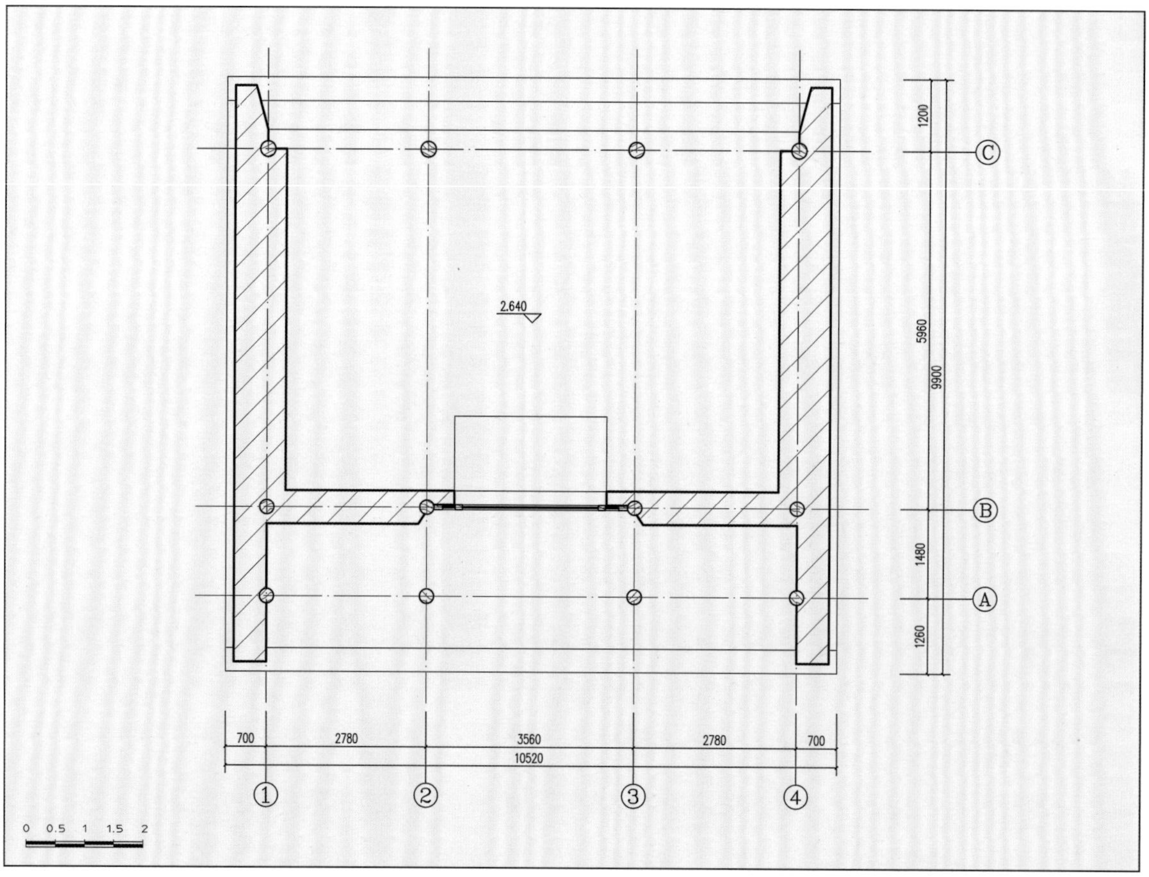

图2-2-3-38 宜阳山陕会馆戏楼二层平面图

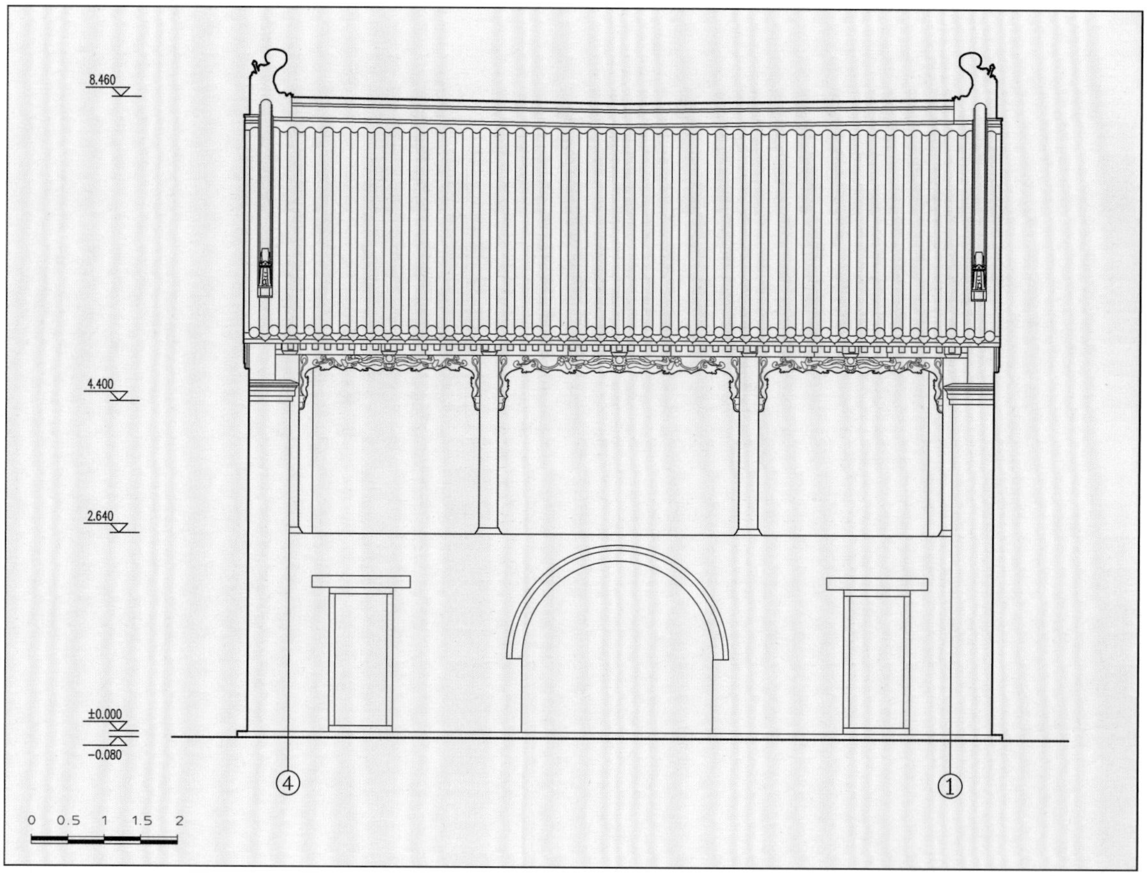

图2-2-3-39 宜阳山陕会馆戏楼正立面图

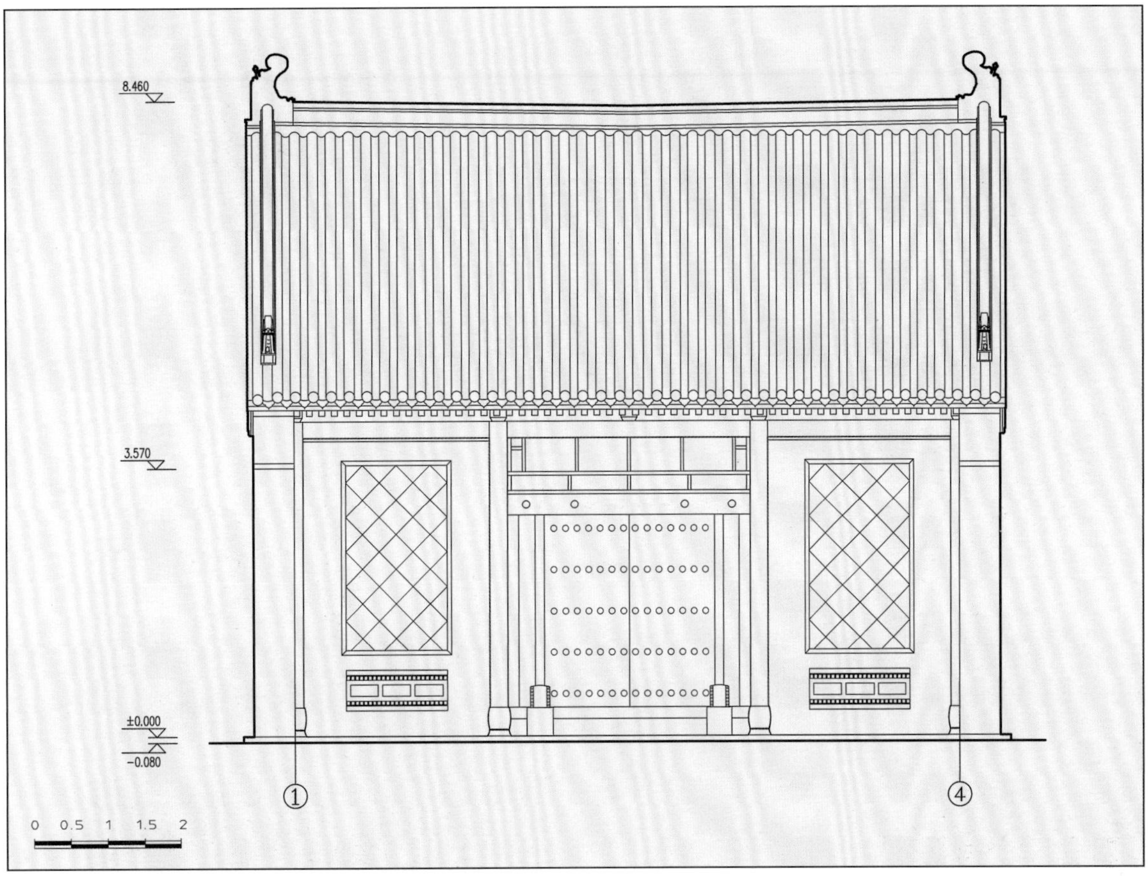

图 2-2-3-40 宜阳山陕会馆戏楼背立面图

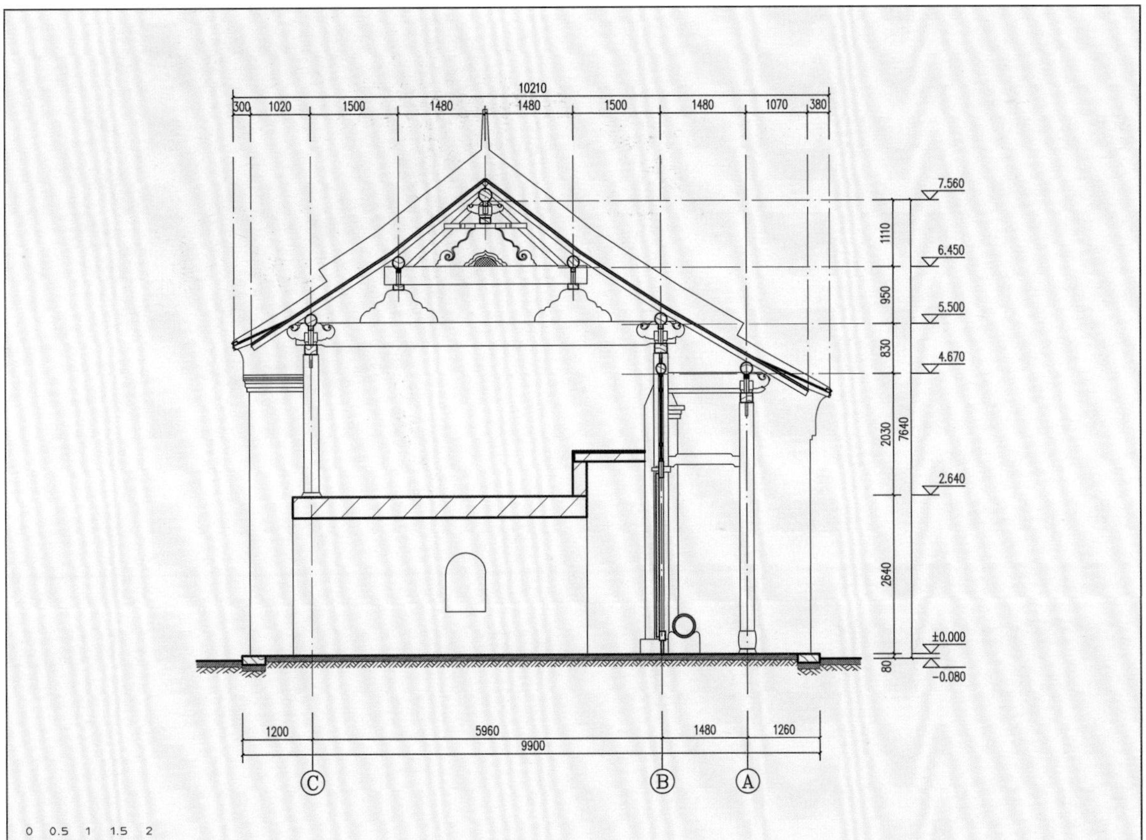

图 2-2-3-41 宜阳山陕会馆戏楼横剖面图

照2-2-3-48 东营村关帝庙戏楼

（三十六）东营村关帝庙戏楼

东营村关帝庙位于宜阳县高村镇东营村，北纬34°37′31″，东经111°50′25″，海拔454米。创建年代不详，1957年曾修缮。现存戏楼及大殿两座建筑，无院墙围护。

戏楼坐南面北，与大殿相对而建，间隔14.88米。单幢式，单檐硬山灰瓦顶建筑。平面呈长方形，一面观。面阔三间，进深二间，四步椽屋。通面阔7.19米，其中明间3.24米；通进深6.94米，台高0.84米。前檐立两根木柱，柱径0.21米，高2.33米，下设圆鼓式与圆柱叠加复合式柱础，高0.54米。木构架为抬梁式，五梁架置于前檐平板枋及后檐柱上，承瓜柱、三架梁、脊瓜柱及各层檩枋。山墙厚0.56米，檐下盘头雕刻花草、吉兽，后檐墙设排水石槽（照2-2-3-48）（照2-2-3-49）。

照2-2-3-49 东营村关帝庙戏楼盘头

（三十七）南村泰山庙戏楼

南村泰山庙位于宜阳县三乡镇南村南部，北纬34° 27′ 55″，东经111° 51′ 27″，海拔215米。创建年代不详，庙已圮，仅存戏楼。

戏楼坐南面北，单幢式，为单檐硬山灰瓦顶建筑。平面呈长方形，一面观。面阔三间，进深一间，通面阔7.76米，通进深5.9米，檐下施一斗二升交麻叶异型栱。现院内地坪被垫高，台基埋入地下1米余，前檐加砌墙体及搭建房屋，后檐墙加设门窗。因年久失修，屋面瓦件部分缺失，用铁皮瓦搭盖（照2-2-3-50）。

照2-2-3-50　南村泰山庙戏楼

（三十八）古村常氏祠堂戏楼

古村常氏祠堂位于宜阳县三乡镇古村中部，北纬34° 29′ 22″，东经111° 48′ 34″，海拔352米。创建于清乾隆二十八年（1763），民国十二年（1923）及2015年均有修缮，系宜阳县文物保护单位。

戏楼位于中轴线上，坐南面北，与正堂相对而建，间隔26.5米。两层砖木结构，单檐硬山灰瓦顶建筑。一层为祠堂入口，二层为戏台。平面呈长方形，一面观。面阔三间，进深一间，通面阔7.55米，其中明间3.29米；通进深5.25米，通高6.69米，台口高1.61米。一层明间辟券门，上承楞木及楼板。二层梁架为抬梁式，前檐立木柱两根，柱径0.22米，柱高2.32米，五梁架置于前檐平板枋及后檐

照 2-2-3-51　古村常氏祠堂戏楼

柱上，承三架梁、瓜柱及各层檩枋，脊瓜柱两侧设叉手。脊檩上遗存民国十二年（1923）题记。墙体用青砖砌筑，厚0.6米。建筑在近年修缮时，将一层券门封堵，在戏楼西侧重建大门。现建筑二层为水泥地面，院内地坪抬高。戏楼近年仍有演出活动，演出剧种主要为越调（照2-2-3-51）。

（三十九）东马村戏楼

东马村戏楼位于宜阳县白杨镇东马村南部，北纬34°24′07″，东经112°14′29″，海拔346米。创建年代不详，坐南面北，砖木结构，单檐硬山灰瓦顶建筑。平面呈长方形，一面观。面阔三间，进深一间，四步椽屋。通面阔7.72米，其中明间3.37米；通进深6.45米，通高5.3米。台基用块石垒砌，前檐距地高0.6米，后檐高1.06米。前檐立两根石柱，柱方0.25×0.25米，高2.65米。木构架为抬梁式，五梁架置于前檐平板枋及后檐柱之上，承瓜柱、三架梁、脊瓜柱及各层檩枋。墙体以青砖砌筑，山墙有收分。现前檐用砖封堵，明间加门，次间加窗（照2-2-3-52）。

照 2-2-3-52　东马村戏楼

（四十）草场村三官火神庙戏楼

三官火神庙戏楼位于宜阳县莲庄镇草场村北部，北纬34° 28′ 50″，东经112° 01′ 46″，海拔282米。创建于清同治年间，1964年曾修缮。据当地老人叙说，戏楼原为殿宇，后因当地村民精神文化需求，改为戏楼。戏楼坐北面南，单幢式，为单檐灰瓦硬山顶建筑。平面呈长方形，一面观。面阔三间，进深二间，五步椽屋。通面阔7.19米，其中明间3.6米；通进深5.85米，通高5.4米。台基为块石砌筑，高1.01米。前檐立木柱四根，柱径0.21米，柱高2.82米，下部圆鼓式柱础。柱上用通长檐梁替代平板枋。建筑在改建时，为满足戏楼功能的需求，平面布局采用移柱造。明间檐柱与金柱不在同一轴线，向两侧外移，分别位于明间二缝梁架的外侧，从而加大了明间的面阔，形成了明间宽敞、次间紧凑的平面特点。五梁架置于檐梁及金柱之上，承瓜柱、三架梁、脊瓜柱及各层檩枋。金柱与后檐柱之间用单步梁连接。梁架均为自然材。墙体采用外熟里生的砌法，外墙青砖，内墙土坯，东山墙部分为红砖及水泥修葺。脊檩枋遗存1964年修缮题记。庙遗存残碑1通（照2-2-3-53）。

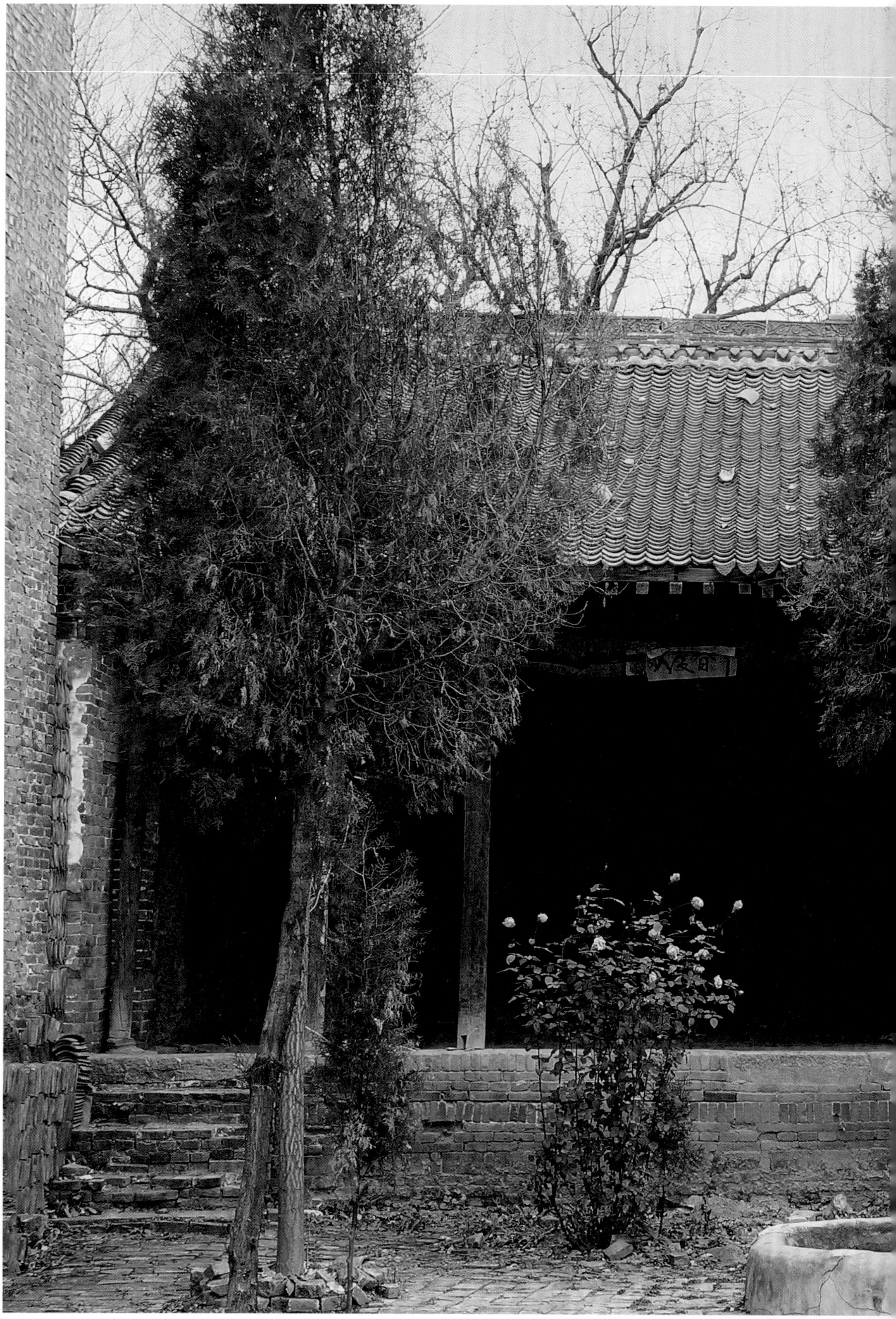

照2-2-3-53　草场村三官火神庙戏楼

图2-2-4-1 安阳市遗存古戏楼分布示意图

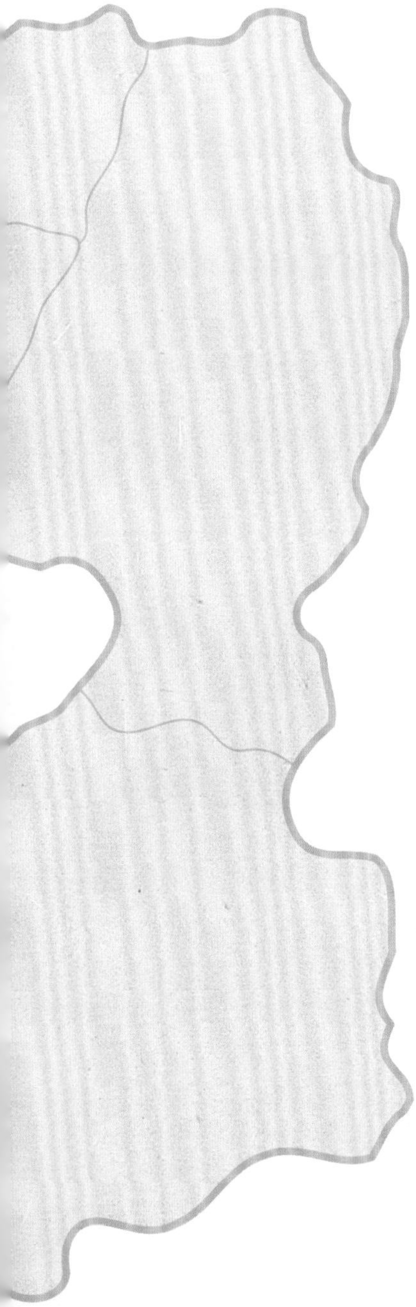

① 安阳火神庙戏楼（安阳市文峰区）
② 安阳白龙庙戏楼（安阳市龙安区龙泉镇白龙庙村）
③ 朝元洞戏楼（安阳市龙安区彰武街道中龙山村）
④ 泉门村五龙庙戏楼（安阳市殷都区磊口乡泉门村）
⑤ 角岭村歌舞楼（安阳市殷都区铜冶镇角岭村）
⑥ 西积善村关帝庙戏楼（安阳市殷都区铜冶镇西积善村）
⑦ 辛庄村关帝庙戏楼（安阳市殷都区铜冶镇辛庄村）
⑧ 北齐村北禅寺戏楼（安阳市龙安区马家乡北齐村）
⑨ 东岭西村戏楼（安阳县都里镇东岭西村）
⑩ 古城村关帝庙戏楼（林州市任村镇古城村）
⑪ 任村昊天观戏楼（林州市任村镇任村）
⑫ 官庄药王庙戏楼（林州市河顺镇官庄村）
⑬ 桑耳庄药王庙戏楼（林州市任村镇桑耳庄村）
⑭ 尖庄三仙圣母庙戏楼（林州市任村镇尖庄村）
⑮ 大安村栖霞观戏楼（林州市合涧镇大安村）

四、安阳市

安阳市位于河南省北部，地处河南、山西、河北三省交界处。西部为太行山，中、东部为平原，地势最高点在林州市，海拔1632米。全境地势西高东低，呈阶梯状展布。安阳现存古戏楼大多分布在西部山区，地貌山峦环绕曲折。

安阳市现遗存古戏楼15座，包括市区8座、林州市6座、安阳县1座；其中省保单位2处、市保单位2处、县保单位2处、一般文物点9处（图2-2-4-1）。

（一）安阳火神庙戏楼

火神庙戏楼位于安阳市文峰区相州路路东，火神庙东15米处，北纬36° 05′ 07″，东经114° 20′ 50″，海拔68米。创建年代不详，庙已毁，仅存戏楼。

戏楼坐东面西，为单檐灰瓦悬山顶建筑，平面呈长方形，面阔三间。因作为民居使用改建，形制变动较大，目前有六缝梁架，原真性差。

（二）安阳白龙庙戏楼

安阳白龙庙位于安阳市龙安区龙泉镇白龙庙村，北纬36° 03′ 11″，东经114° 14′ 05″，海拔127米。因庙前有白龙潭，故又称白龙潭庙。创建年代不详，明嘉靖、崇祯年间及清雍正、乾隆年间曾多次重修。庙宇为两进院落，现存戏楼、拜殿、大殿、厢房等文物建筑，系第五批河南省文物保护单位。

戏楼位于中轴线南端，距白龙殿15.6米。坐南面北，单幢式，为两层单檐卷

照2-2-4-1　安阳白龙庙戏楼正立面

棚悬山式建筑。一层台体采用当地特有材料花斑石（鹅卵石受挤压形成，质地比较坚硬）砌筑。平面呈长方形，一面观。面阔三间，通面阔6.7米，其中明间面阔2.96米；进深二间，通进深8.42米，通高7.64米。一层明间辟券门，为白龙庙入口通道，西次间后檐墙设两处拴马石环。二层为戏台，抬梁式木构架，前檐立抹角石柱四根，明间柱础雕刻有顽猴，栩栩如生。石柱承托平板枋，横向用额枋连接，檐下施栱八攒，其中柱头科四攒、平身科明间二攒、次间各一攒。梁架为七步椽屋用三柱，四架梁前端置于柱头坐斗之上，后尾插入中柱，承4根瓜柱，瓜柱间用短梁及月梁连接，上置檩椽。中柱与后檐之间用三步梁，承瓜柱、单步梁及各层檩枋。中柱间设木隔断，前部为演出空间，后部为化妆区域。墙体青砖砌筑，后檐墙设三窗，明间圆窗，两次间方窗，东山墙设置排水石槽。前檐石柱刻楹联两副："略迹原情，俱是镜花水月；设身处地，罔非海市蜃楼。""管弦奏春夏，惟祈甘霖时布；歌舞荐馨香，但愿大泽无疆。"庙内遗存明清碑碣13通，每年正月戏楼均有戏曲演出（照2-2-4-1）（照2-2-4-2）（图2-2-4-2）（图2-2-4-3）（图2-2-4-4）（图2-2-4-5）（图2-2-4-6）（图2-2-4-7）。

照2-2-4-2　安阳白龙庙戏楼背立面

图 2-2-4-2 安阳白龙庙戏楼一层平面图

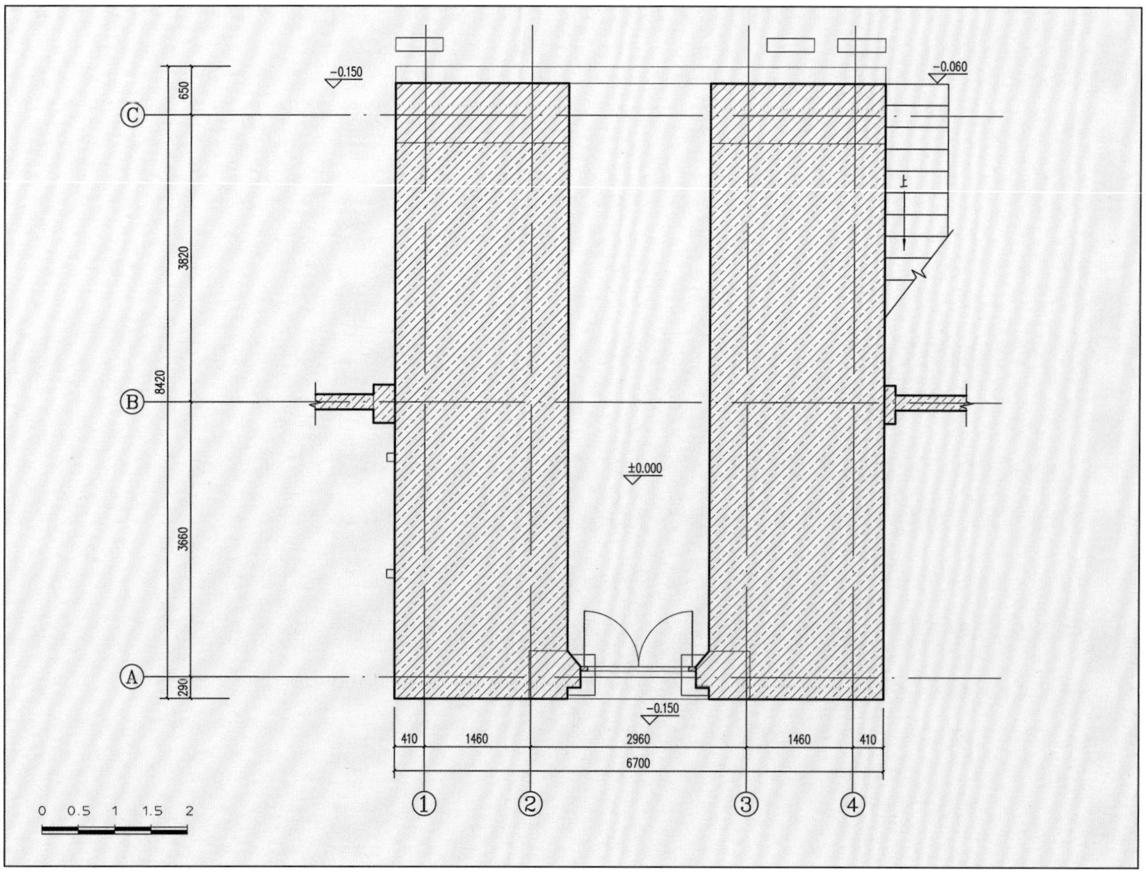

图 2-2-4-3 安阳白龙庙戏楼二层平面图

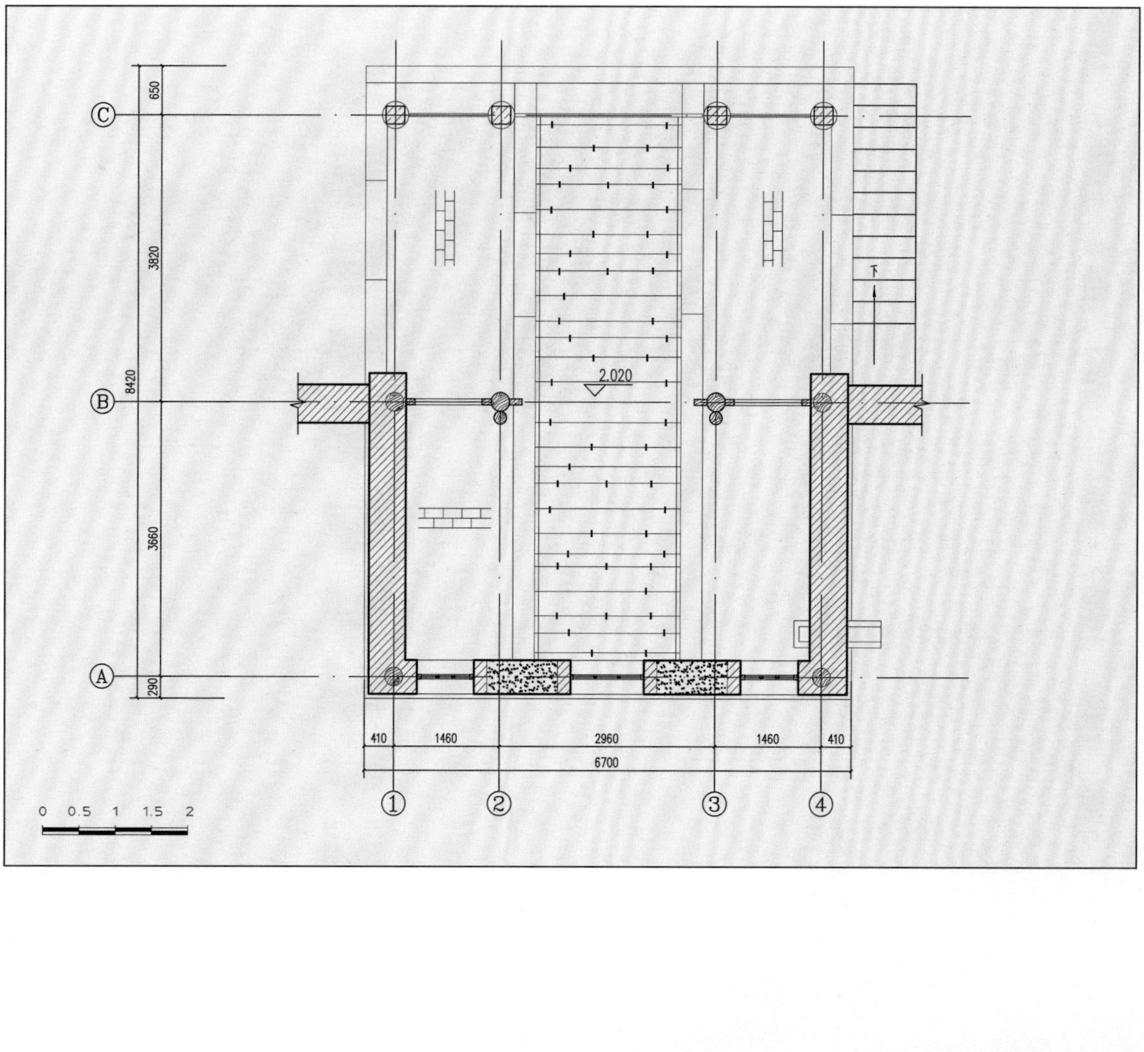

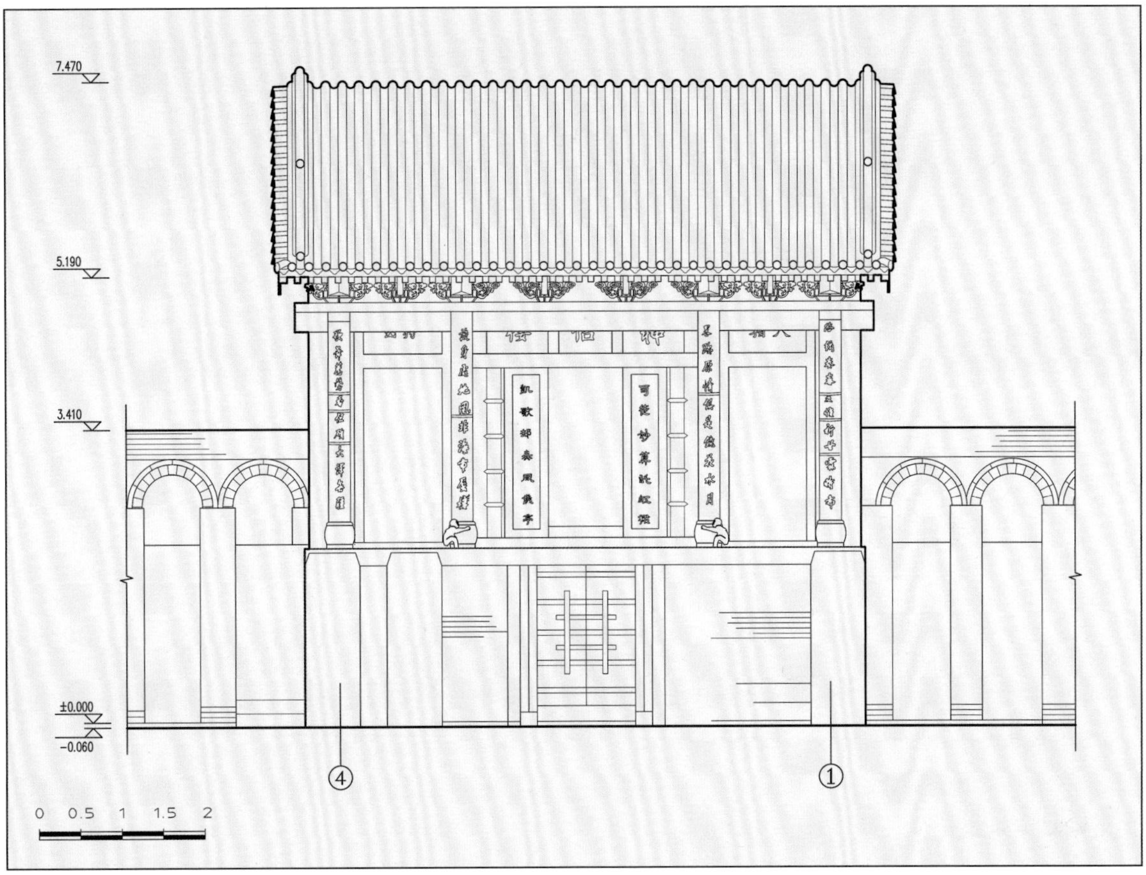

图2-2-4-4 安阳白龙庙戏楼正立面图

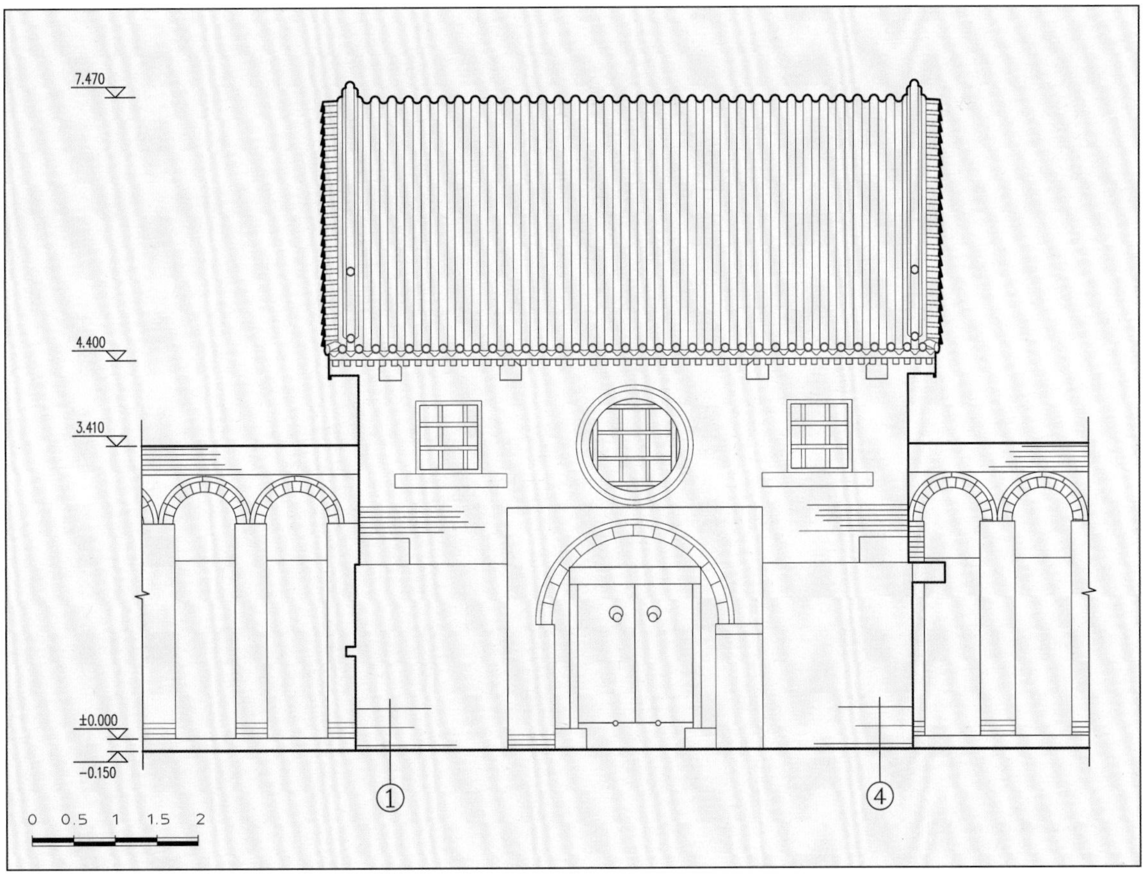

图2-2-4-5 安阳白龙庙戏楼背立面图

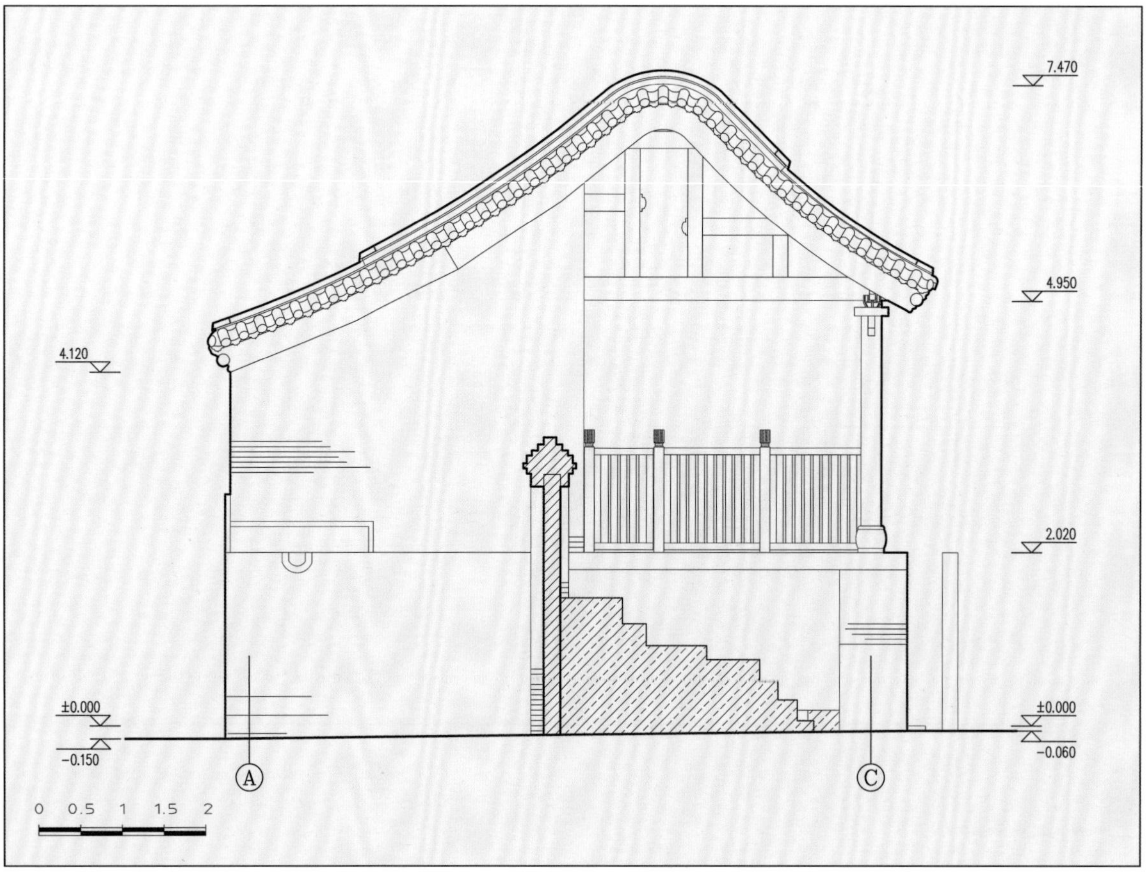

图2-2-4-6 安阳白龙庙戏楼侧立面图

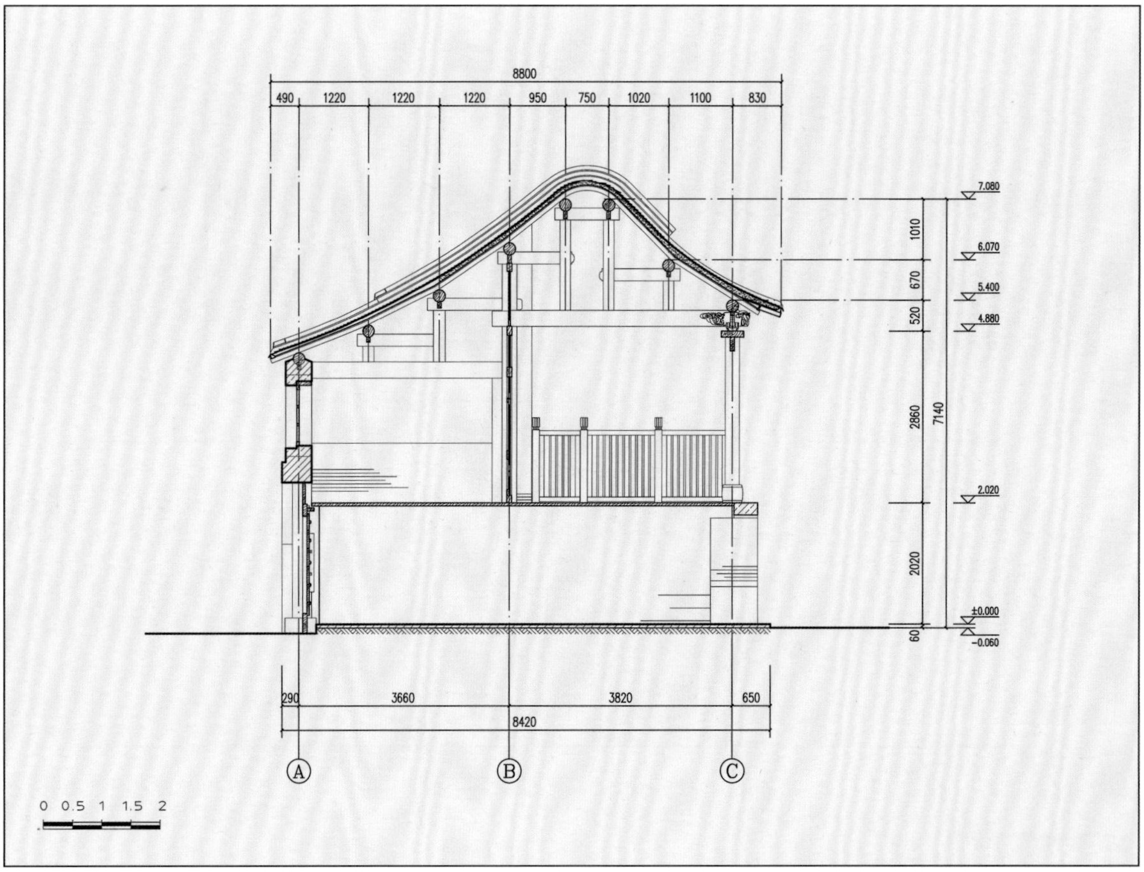

图2-2-4-7 安阳白龙庙戏楼横剖面图

（三）朝元洞戏楼

朝元洞位于安阳市龙安区彰武街道中龙山村，北纬34°05′40″，东经114°06′08″，海拔151米。三进院落，现存戏楼、关帝殿、玉皇大殿、碧霞宫共4座文物建筑。创建年代不详，文献记载创建于明代，清代重建，系第三批安阳市文物保护单位。

戏楼位于朝元洞中轴线南端，坐南面北，双幢前后串联式，屋面为前台单檐卷棚悬山式、后台悬山式。平面呈长方形，三面观。前后台均面阔三间，进深一间，通面阔5.44米，其中明间2.96米。前台进深4.1米，后台进深3.41米，台基高1.48米，条石砌筑。木构架为抬梁式，前台用石柱四根，前后檐平板枋上置五架梁，承瓜柱、四架梁支撑月梁、瓜柱及各层檩枋。檐下明间施栱二攒，外檐檩、枋、斗栱上均饰彩画，色彩绚丽。后台四架梁分别置檐墙及后檐柱上，承三架梁、脊瓜柱及各层檩枋。后台两山墙各设一圆窗，后檐墙正中开设方窗，便于采光，墙体用青砖砌筑。前檐石柱刻两副楹联："庐山面目原真，任作风波于世上；国史文章不假，堪消傀儡在胄中。""宛如太史陈诗，传出真情为世劝；俨若伶人播乐，奏成法曲协神听。"（照2-2-4-3）（图2-2-4-8）（图2-2-4-9）（图2-2-4-10）（图2-2-4-11）（图2-2-4-12）。

照2-2-4-3 朝元洞戏楼

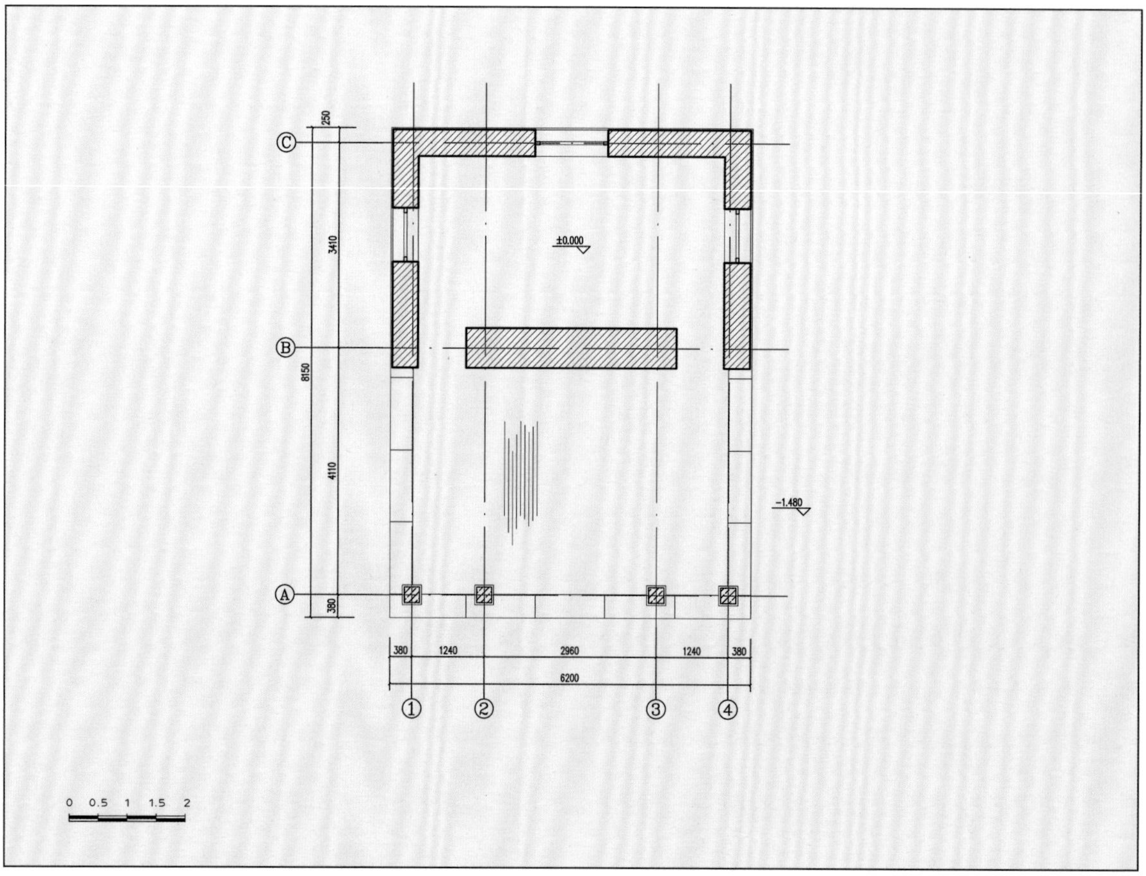

图2-2-4-8 朝元洞戏楼平面图

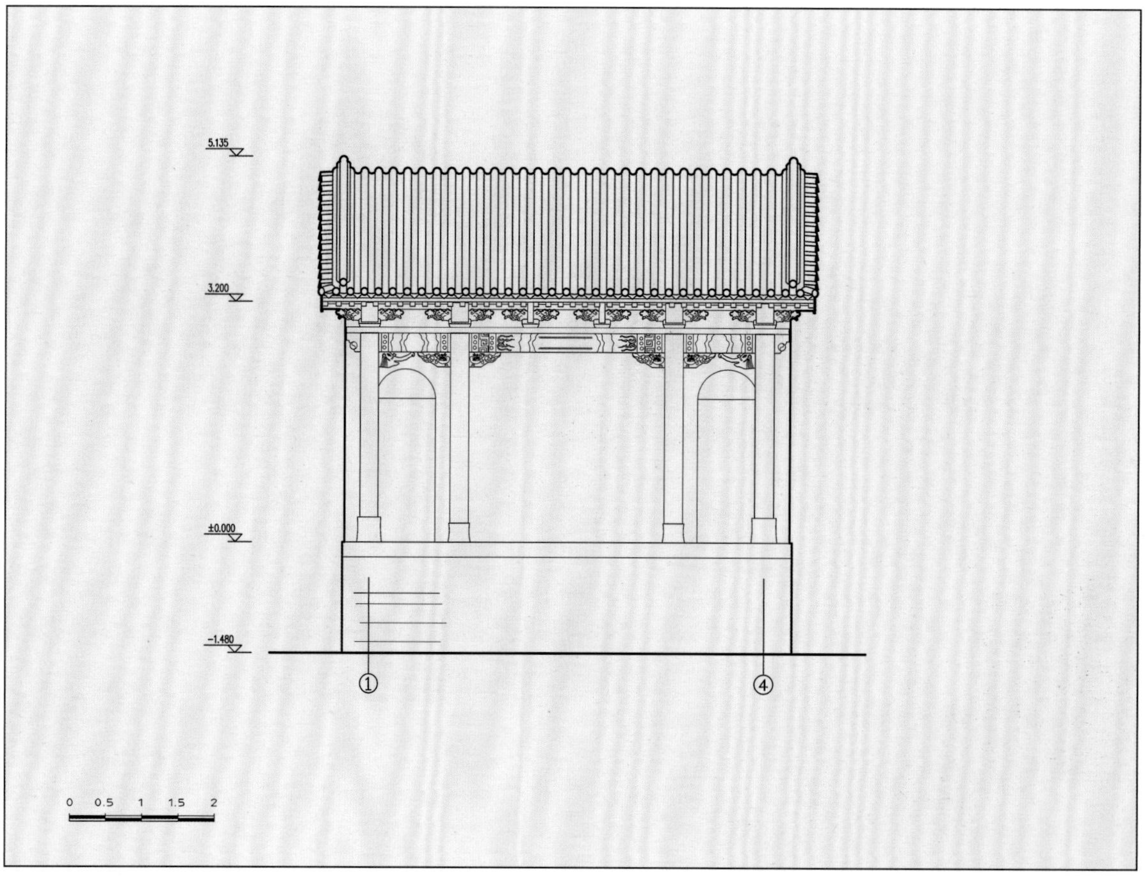

图2-2-4-9 朝元洞戏楼正立面图

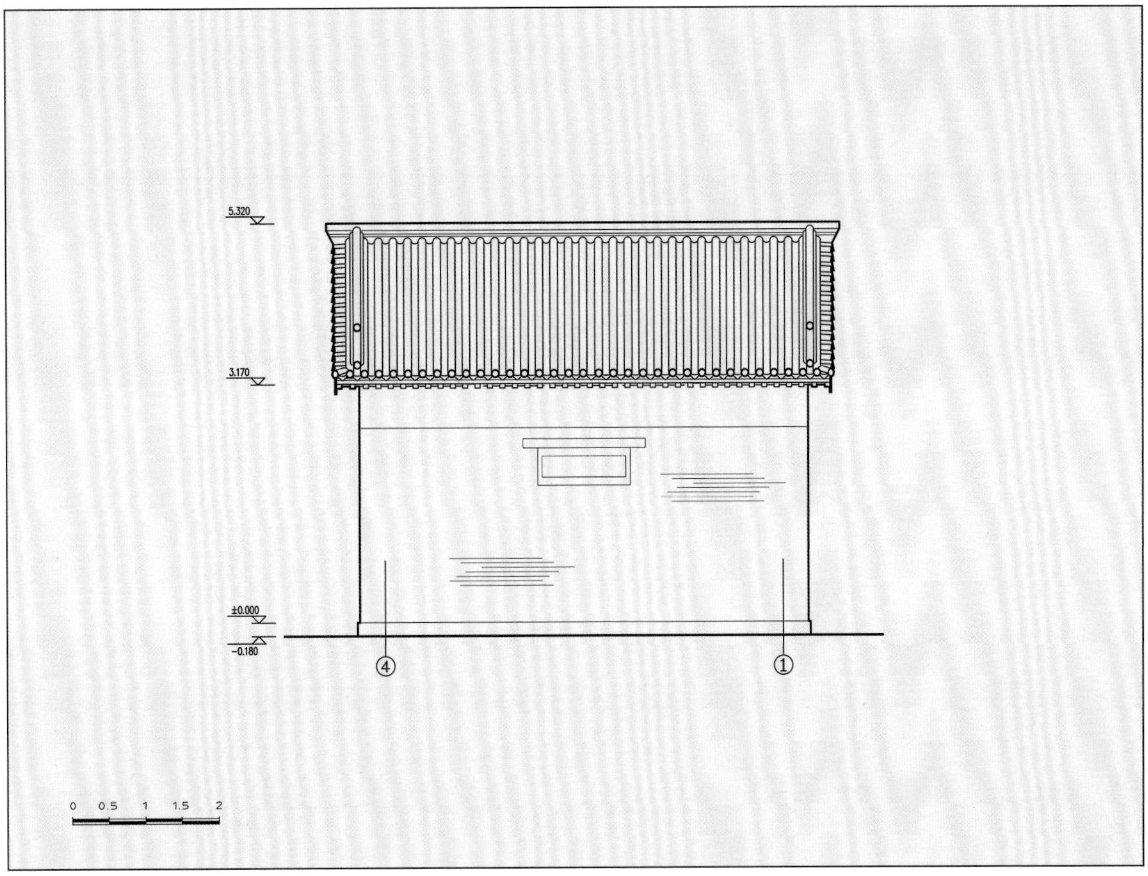

图2-2-4-10 朝元洞戏楼背立面图

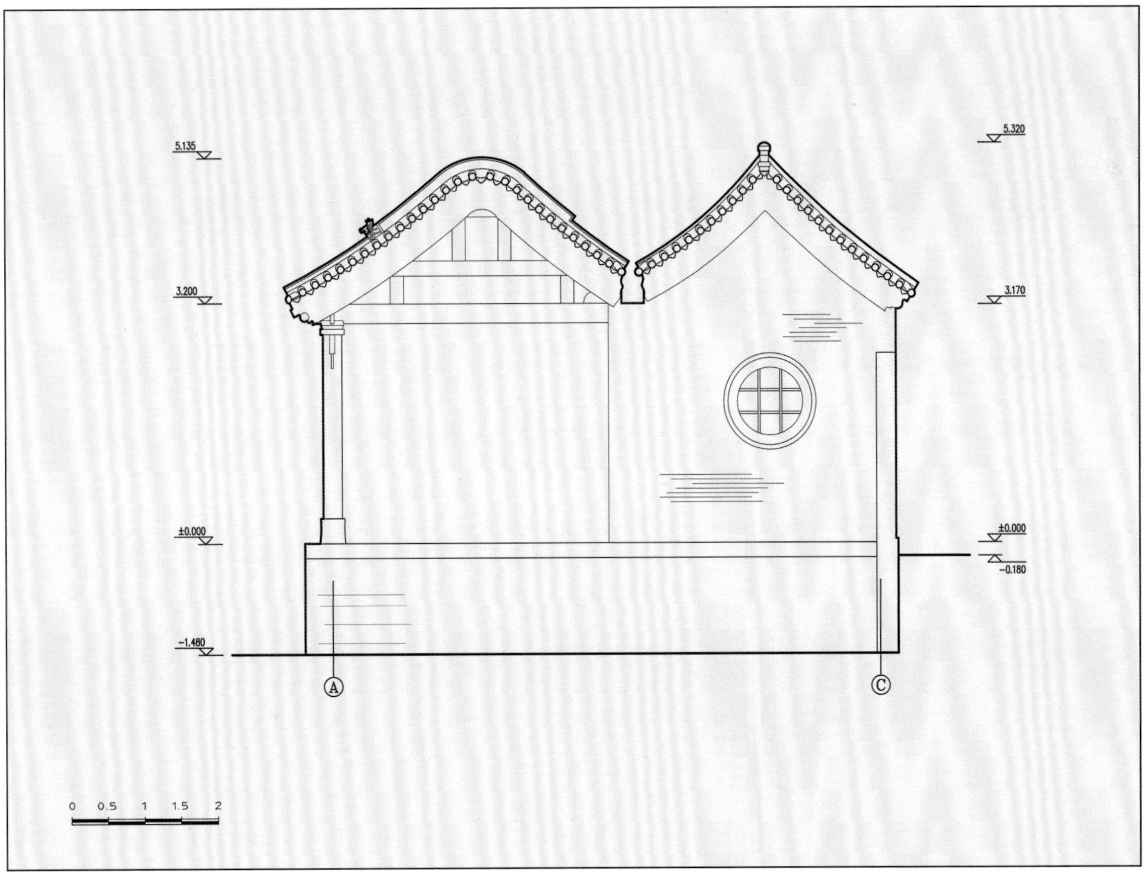

图2-2-4-11 朝元洞戏楼侧立面图

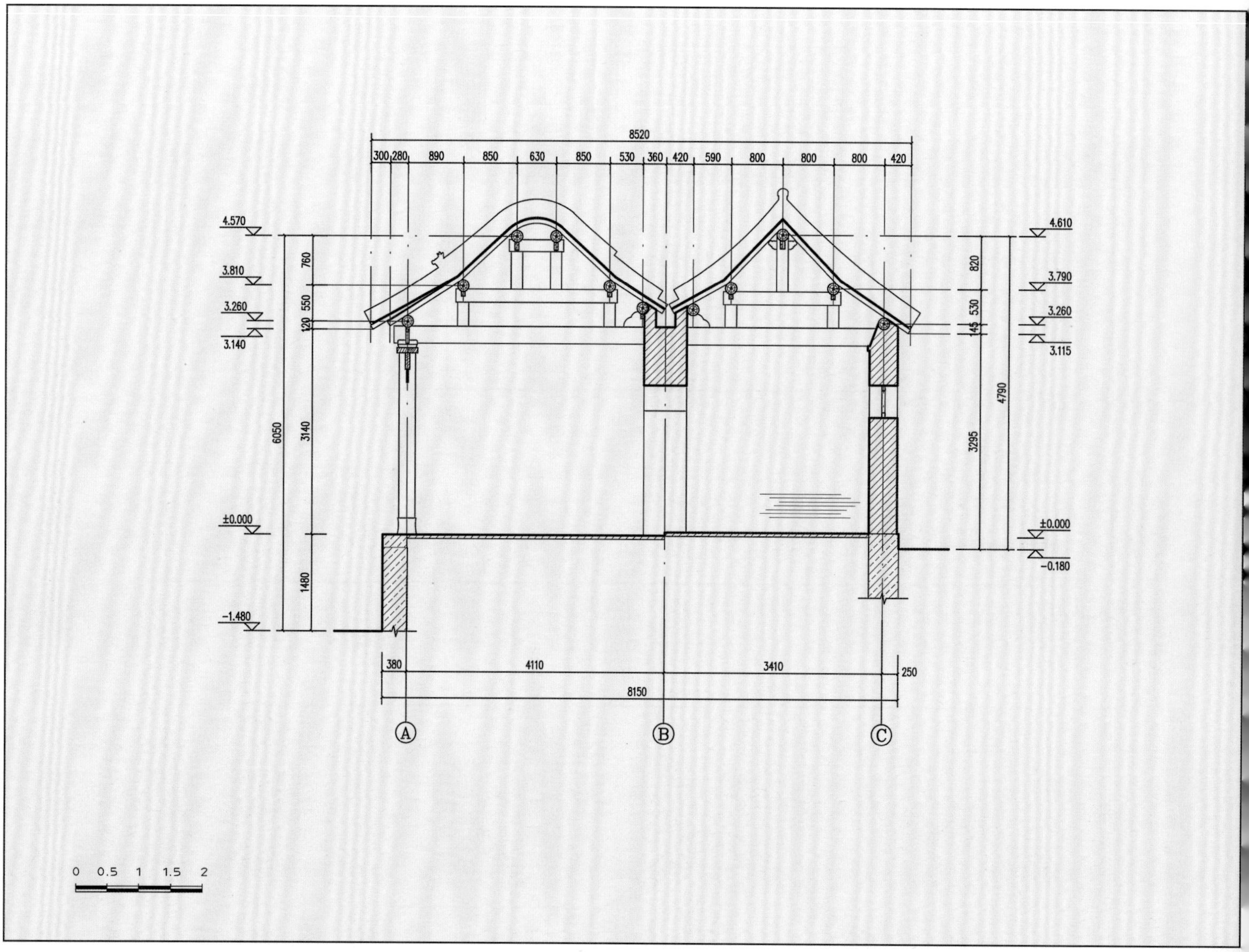

图 2-2-4-12 朝元洞戏楼横剖面图

（四）泉门村五龙庙戏楼

五龙庙戏楼位于安阳市殷都区磊口乡泉门村西部，北纬36°10′03″，东经114°00′11″，海拔242米。创建年代不详，现已毁，仅存大殿。原戏楼坐北面南，为单檐硬山式建筑。戏楼损毁后，村民把五龙庙大殿改为戏楼进行演出。现存建筑坐北面南，面阔五间，进深二间，通面阔13.97米，通进深10米。梢间前檐用红砖封堵，屋面被改建，原真性差（照2-2-4-4）。

照2-2-4-4　泉门村五龙庙戏楼

（五）角岭村歌舞楼

角岭村歌舞楼位于安阳市殷都区铜冶镇角岭村中部，北纬36°13′05″，东经114°01′21″，海拔305米。创建年代不详，清乾隆六年（1741）、民国五年（1916）均有修建。

歌舞楼坐南面北，单幢式，为前坡悬山、后坡卷棚硬山式建筑，灰瓦覆顶。平面呈长方形，一面观。面阔三间，进深二间，通面阔7.7米，通进深7.73米，通高4.28米，台口高0.94米。前檐设抹角石柱四根，柱高2.45米，柱方0.26×0.26米，柱下为多层复合式柱础，高0.42米，柱础雕刻莲瓣、卐字等纹饰。石柱上承平板枋，柱头额枋连接。抬梁式木构架，八步椽用三柱。六架梁前端置于坐斗之上，后尾搭于中柱柱头，上置瓜柱、四架梁、月梁及各层檩枋。中柱与后檐墙之间用双步梁连接，上承瓜柱及单步梁。金檩枋遗存题记："中华民国五年荷月□圣□五日，健置绘。"中柱间设八字形木隔断分割前后舞台，走马板上题写"歌舞楼台""镜中花""郢中曲"等字。檐下补间无栱，柱头上设坐斗上承梁头，坐斗两侧装饰花板，雕刻"八仙过海"神话故事。雀替透雕龙戏牡丹、童子等图案。舞楼雕刻题材丰富，技法多样，刻画生动细腻，为研究安阳地区的清代古戏楼及建筑雕刻技艺提供了宝贵的实物例证。

歌舞楼山墙镶嵌碑碣3通，分别为：清乾隆六年（1741）《歌楼重修碑记》碑，清乾隆十年（1745）《大清国河南彰德府安阳县角岭……》碑，民国五年（1916）《创修歌舞楼碑记》碑，碑文："河南彰德安阳县角岭村中大街，旧有歌舞楼一座，风雨损伤，于池切近有损木。村贾公讳振伦立意，会请众人公议，移

照2-2-4-5 角岭村歌舞楼

动于后一大有余，创修可也，谨志之。书丹贾临洲。”记载了戏楼的修缮过程。（照2-2-4-5）（图2-2-4-13）（图2-2-4-14）（图2-2-4-15）。

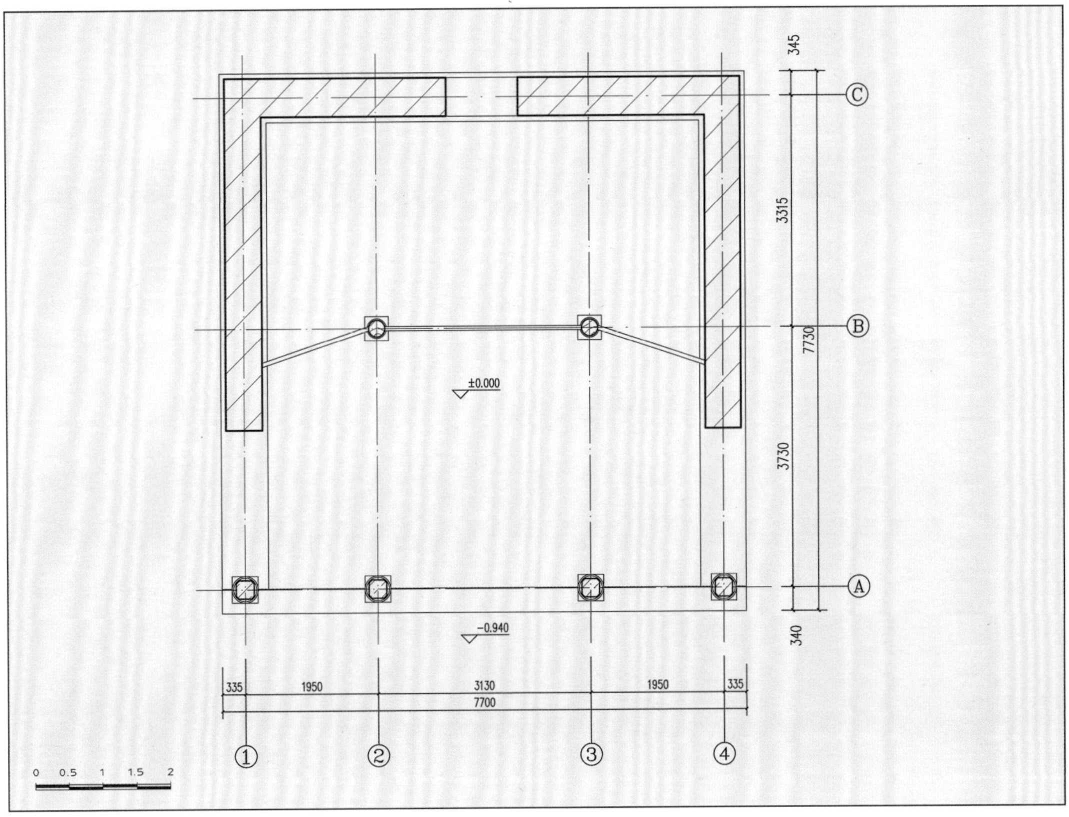

图2-2-4-13 角岭村歌舞楼平面图

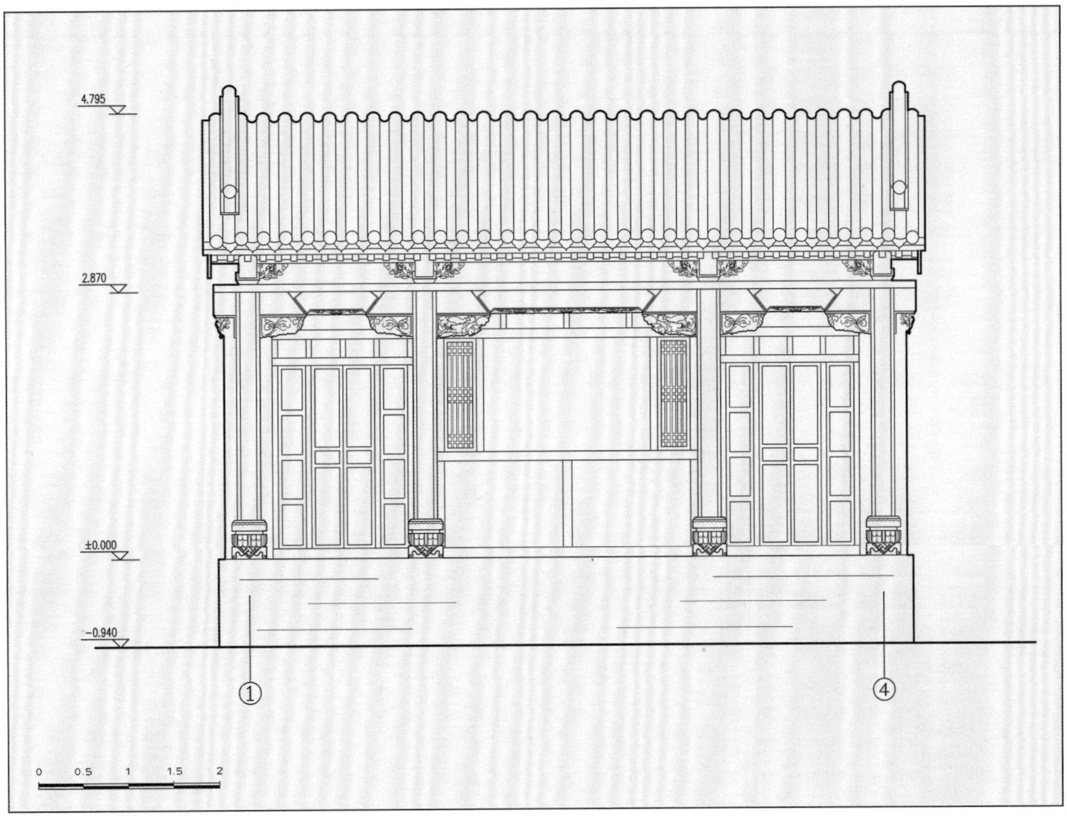

图2-2-4-14 角岭村歌舞楼正立面图

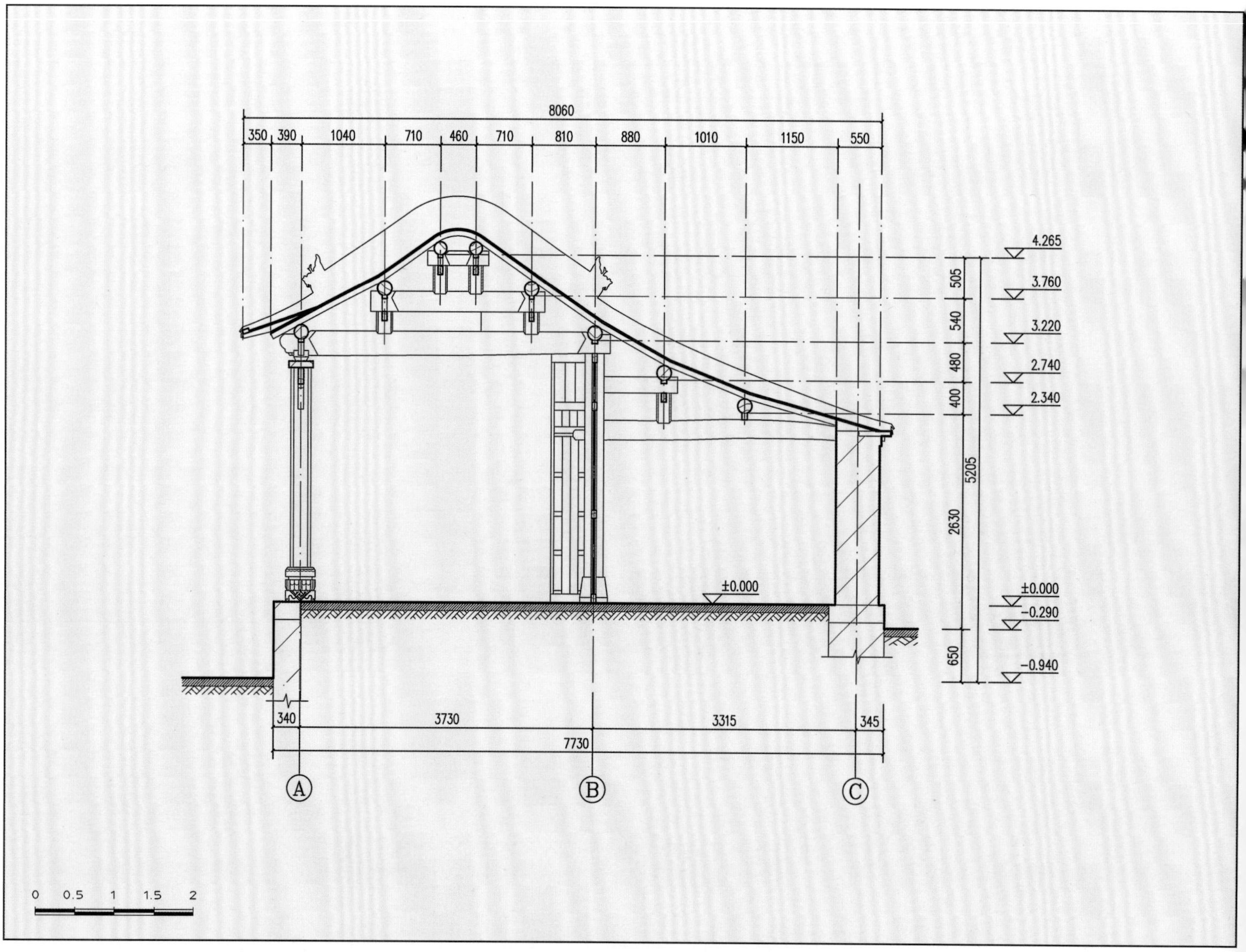

图 2-2-4-15　角岭村歌舞楼横剖面图

（六）西积善村关帝庙戏楼

西积善村关帝庙位于安阳市殷都区铜冶镇西积善村，北纬36° 15′ 37″，东经114° 02′ 53″，海拔241米。创建于明弘治十六年（1503），坐北面南，一进院落，现存戏楼（山门）、拜殿、大殿3座文物建筑，为安阳市殷都区文物保护单位。

戏楼坐南面北，单幢式，为两层前坡悬山、后坡卷棚硬山灰瓦顶建筑。平面呈长方形，三面观。面阔三间，进深二间，通面阔7.75米，其中明间面阔2.8米；通进深6.64米。一层采用块石砌筑，台口高2.69米，明间辟券门为关帝庙入口，二层为戏台。二层前檐立柱四根，柱径0.3米，高2.6米，柱下置复合式柱础，高0.31米。梁架为抬梁式，六架梁前端置于柱头坐斗上，后尾插入中柱，四架梁用二根单步梁替代，上承瓜柱、月梁及各层檩枋。后坡三步梁前端插与中柱，后端落于后檐墙之上，承瓜柱及单步梁。中柱之间设置木隔断分前后台，明间隔断浅雕“世事是式”四字，次间隔断分别刻写“入相”“将出”。檐下施一斗二升交麻叶异型栱八攒，其中柱头科四攒、平身科明间二攒、次间各一攒，栱身雕刻卷草纹饰。墙体为青砖砌筑，后檐墙设置排水石槽。戏楼每年农历九月十三均有戏曲演出（照2-2-4-6）（图2-2-4-16）（图2-2-4-17）（图2-2-4-18）（图2-2-4-19）（图2-2-4-20）。

照2-2-4-6 西积善村关帝庙戏楼

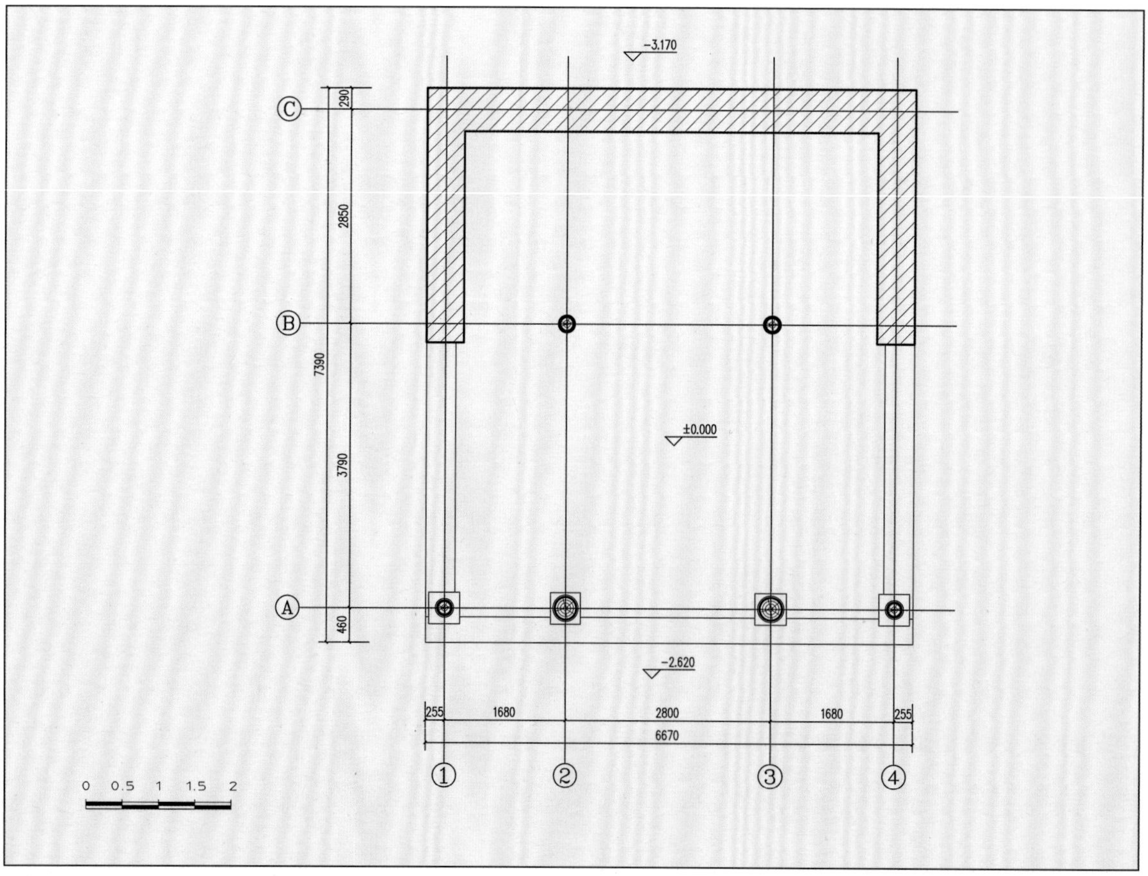

图2-2-4-16 西积善村关帝庙戏楼平面图

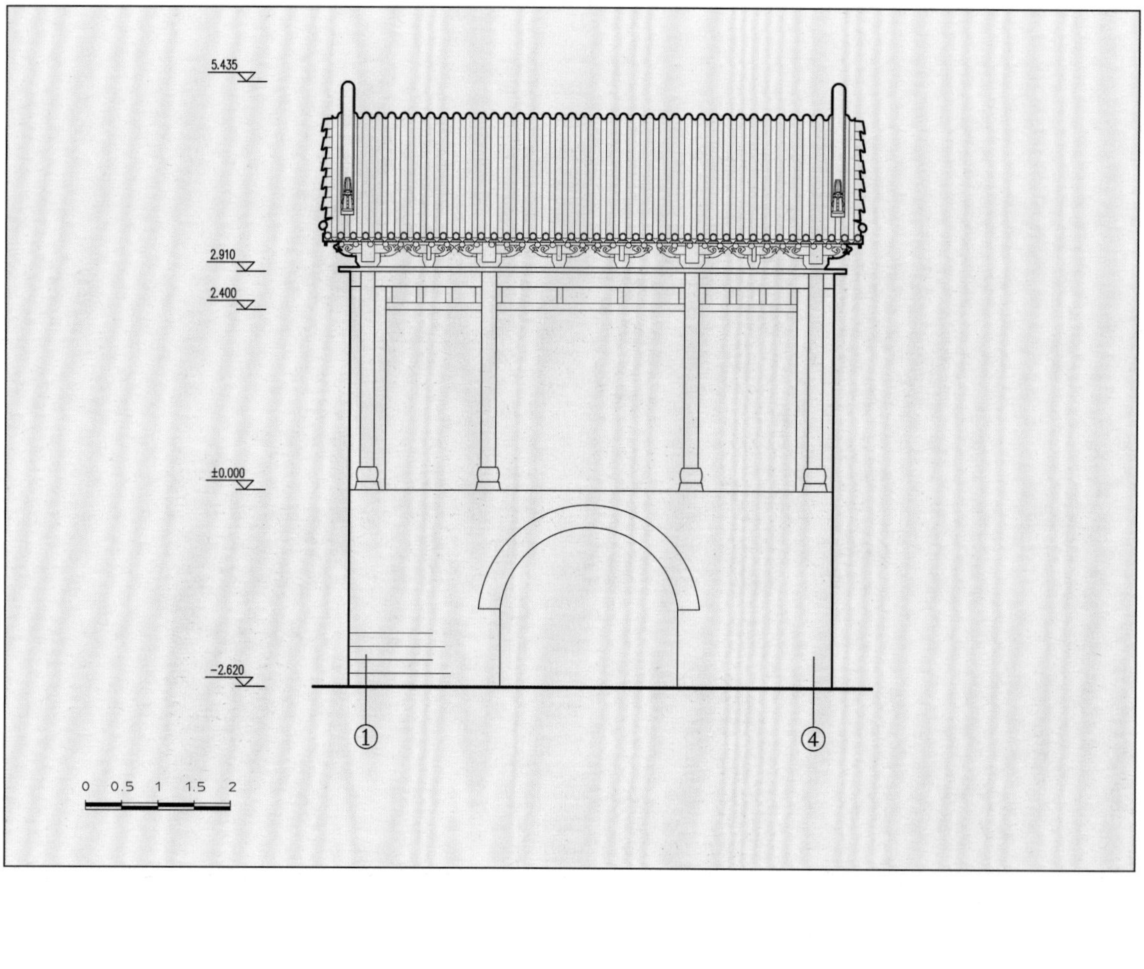

图2-2-4-17 西积善村关帝庙戏楼正立面图

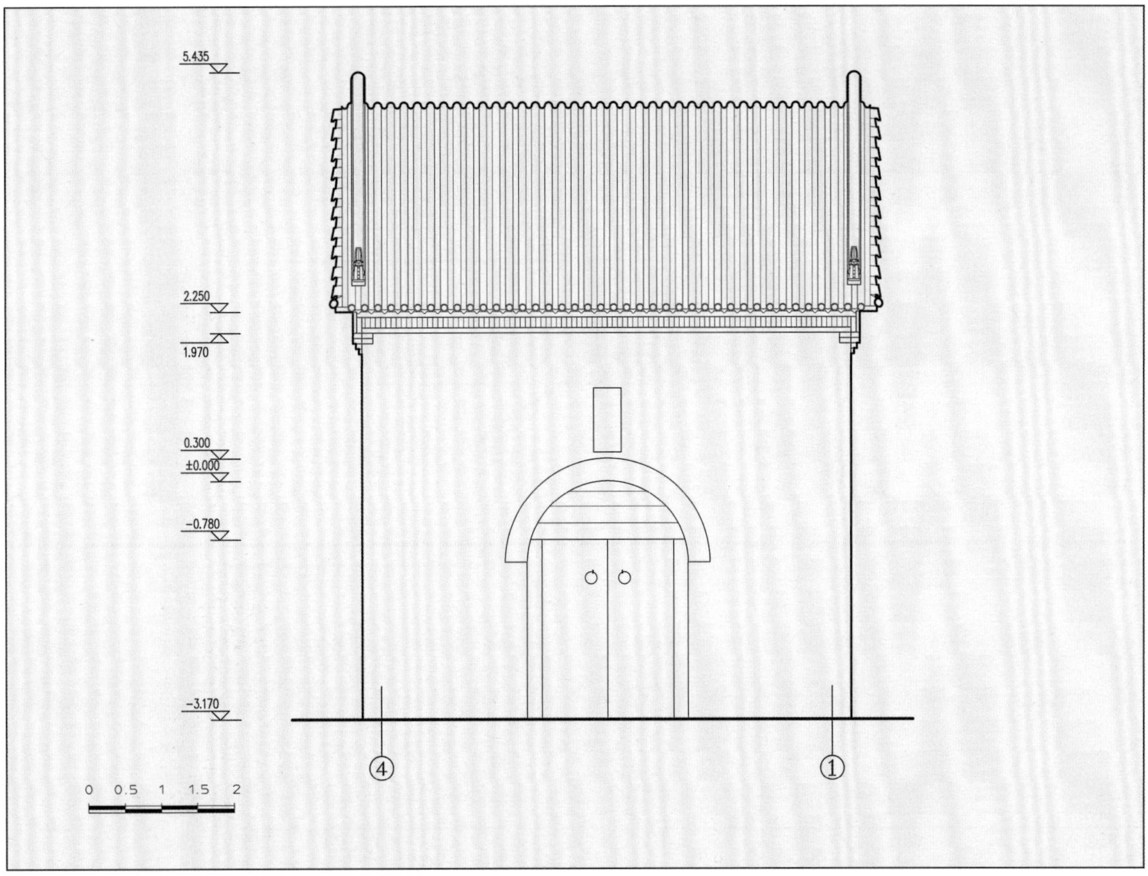

图2-2-4-18 西积善村关帝庙戏楼背立面图

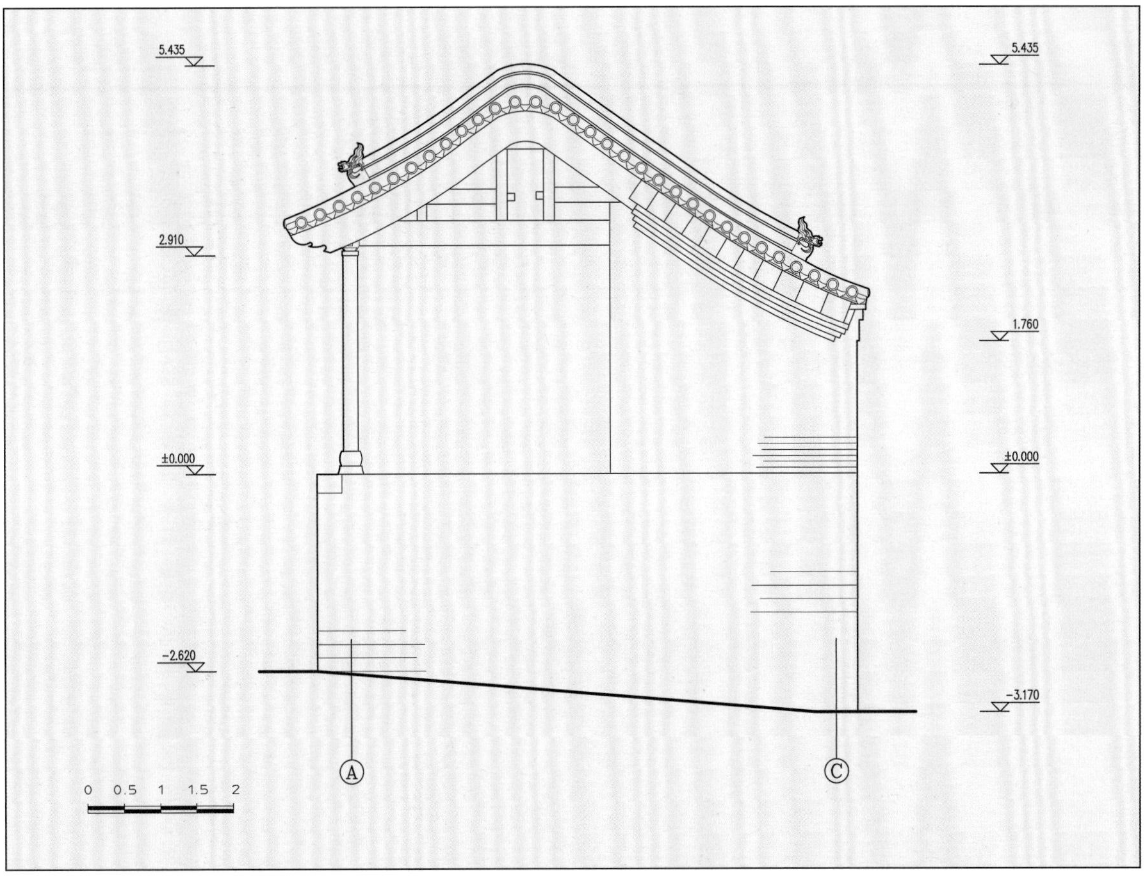

图2-2-4-19 西积善村关帝庙戏楼侧立面图

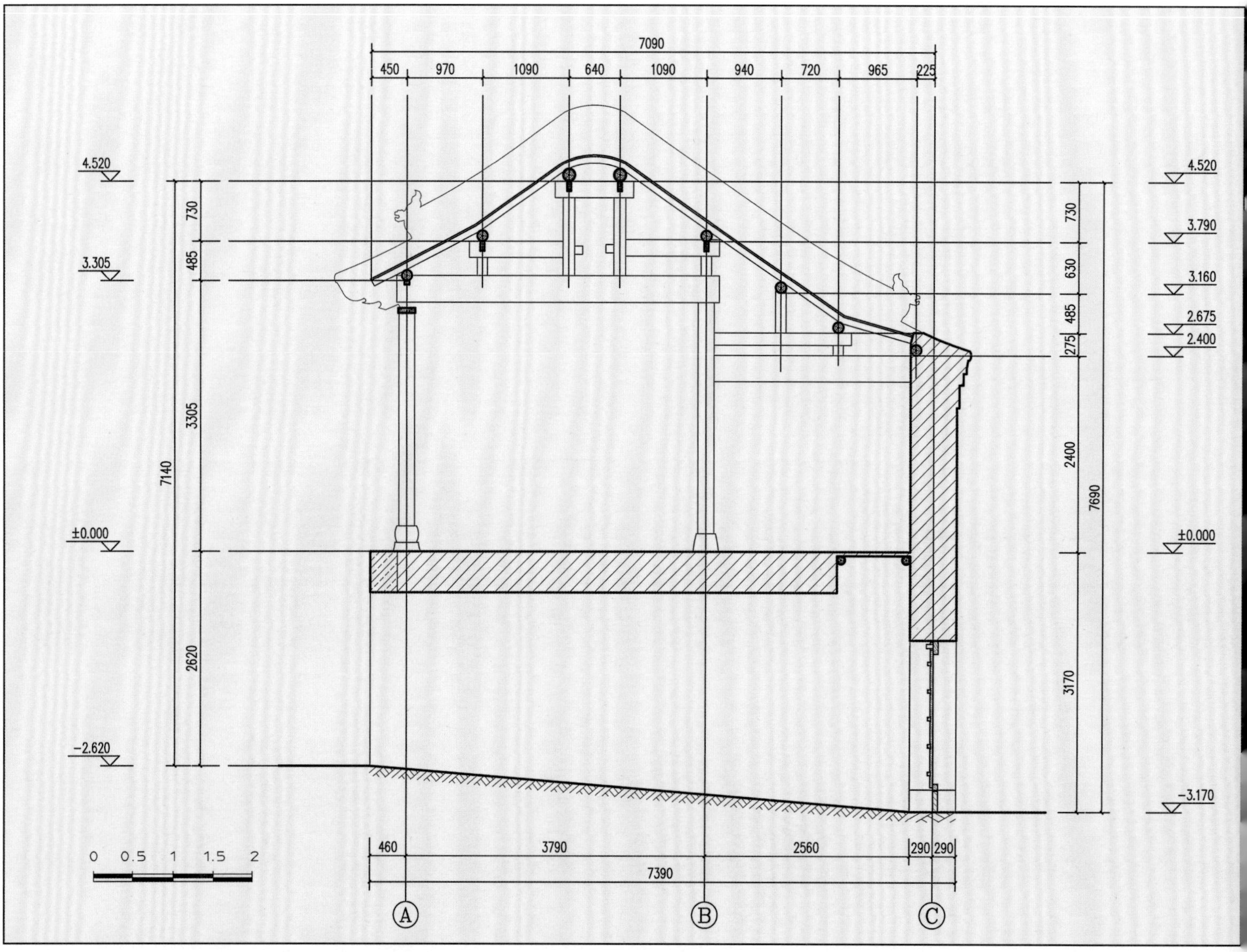

图 2-2-4-20　西积善村关帝庙戏楼横剖面图

（七）辛庄村关帝庙戏楼

辛庄村关帝庙位于安阳市殷都区铜冶镇辛庄村南部，北纬34°16′42″，东经114°05′03″，海拔214米。创建于清乾隆十五年（1750），坐北面南，一进院落，现存戏楼、正殿、配殿3座文物建筑。

戏楼坐南面北，单幢式，为单檐前坡悬山、后坡卷棚硬山顶建筑，平面呈长方形，三面观。建筑面阔三间，进深二间，通面阔5.86米，通进深7.52米，通高5.14米。台基用条石包砌，高1.29米。木构架为抬梁式，前檐立四根抹角石柱，柱方0.29×0.29米，高2.18米，柱下为覆斗形石柱础，高0.39米。柱上承托平板枋，柱头额枋连接，枋上施栱八攒，其中柱头科四攒，明间平身科二攒、次间各一攒。室内立中柱，四架梁置于柱头坐斗上，后尾插入中柱，上承瓜柱、三架梁、月梁及各层檩枋。后坡三步梁插于中柱与后檐墙上，上承瓜柱及单步梁，中柱间设木隔断，分隔舞台前后空间。墙体用青砖砌筑，两山墙各开八边形窗一扇，后檐墙东南角设排水石槽。关帝庙院内遗存碑碣两通，分别为清乾隆十五年（1750）《创建关帝庙碑记》碑、清光绪二十三年（1897）《关帝庙前戏台重修石柱》碑。2014年以前戏楼尚有戏曲演出，以豫剧、平调、落子戏等剧种为主（照2-2-4-7）（照2-2-4-8）（图2-2-4-21）（图2-2-4-22）（图2-2-4-23）（图2-2-4-24）（图2-2-4-25）。

照2-2-4-7　辛庄村关帝庙戏楼

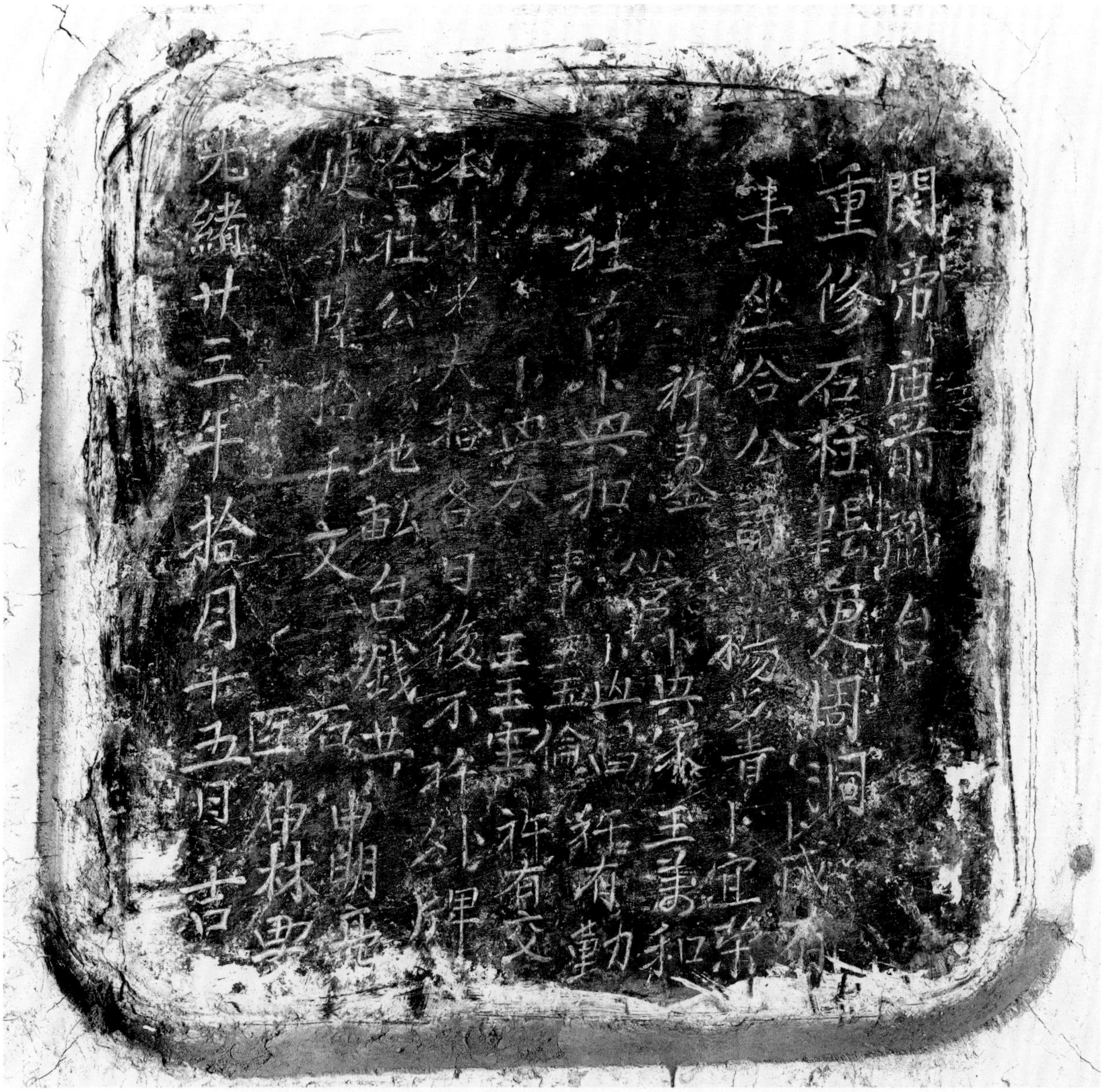

照2-2-4-8　辛庄村关帝庙戏楼碑刻

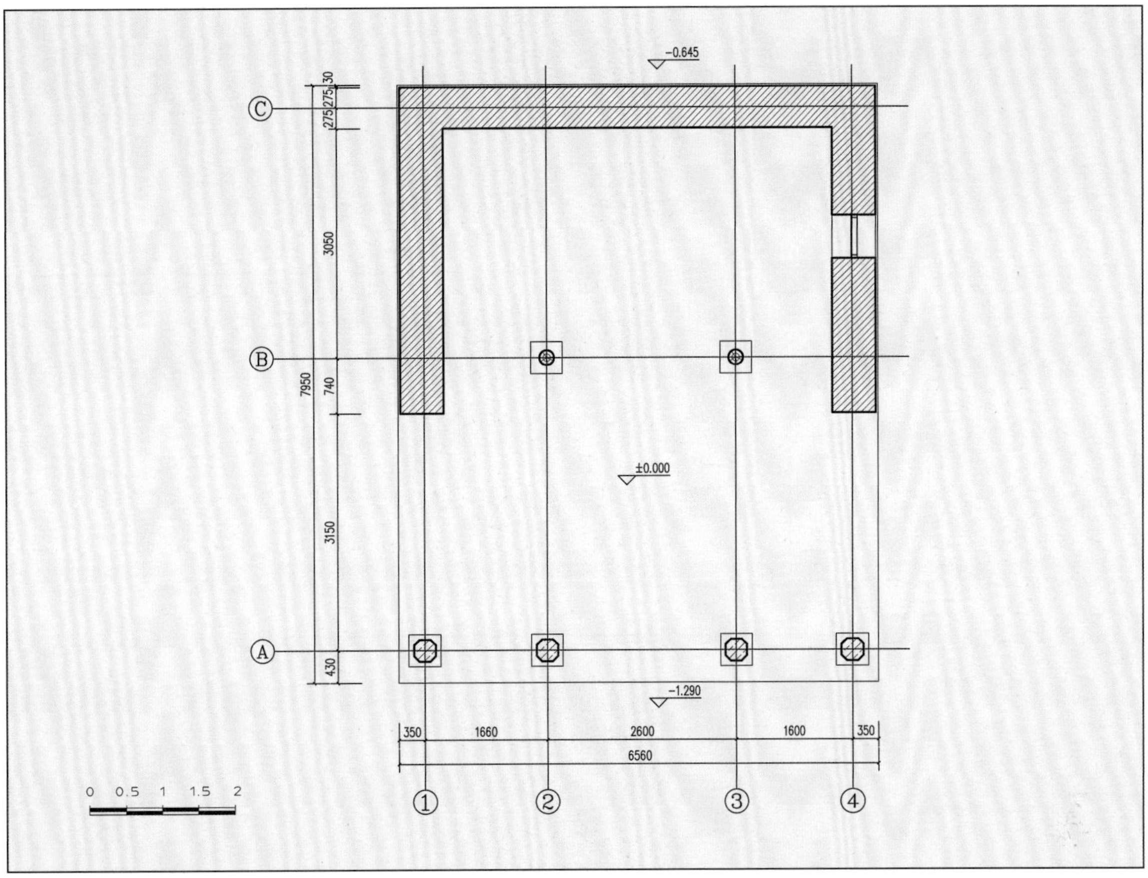

图2-2-4-21 辛庄村关帝庙戏楼平面图

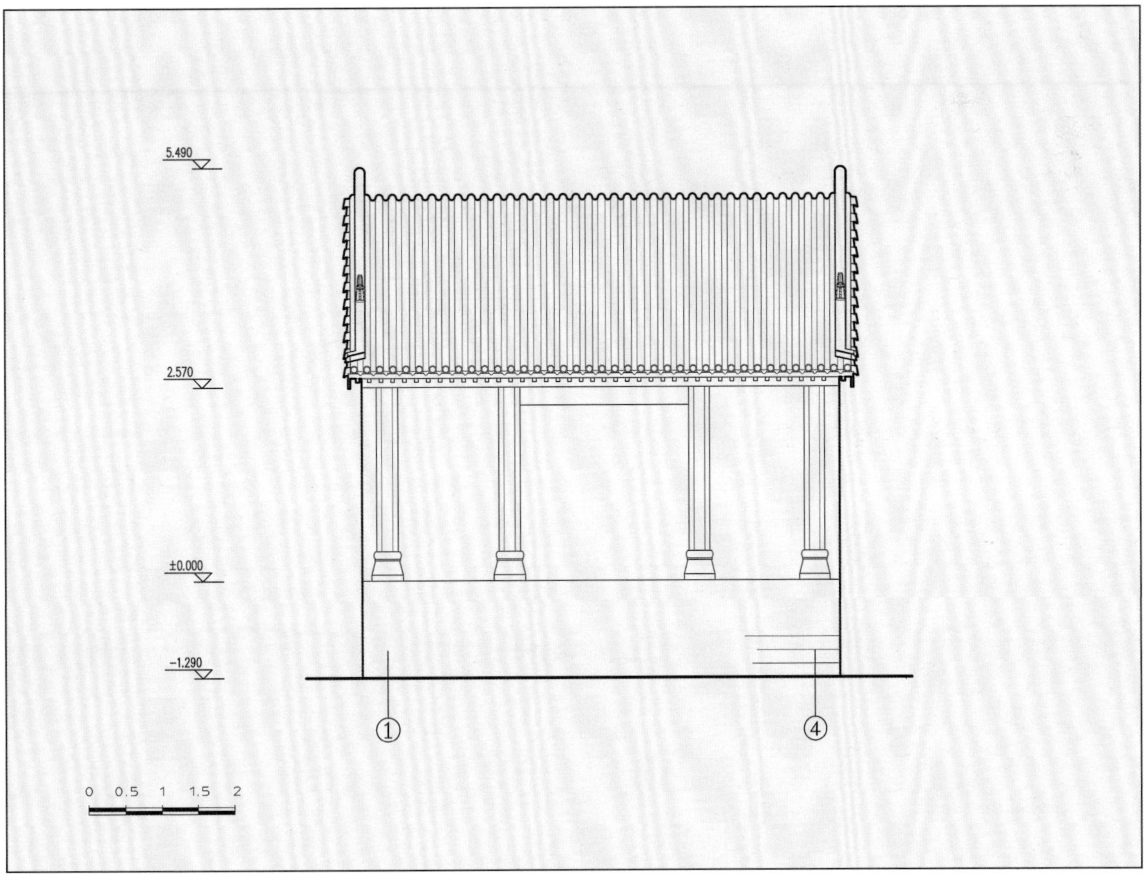

图2-2-4-22 辛庄村关帝庙戏楼正立面图

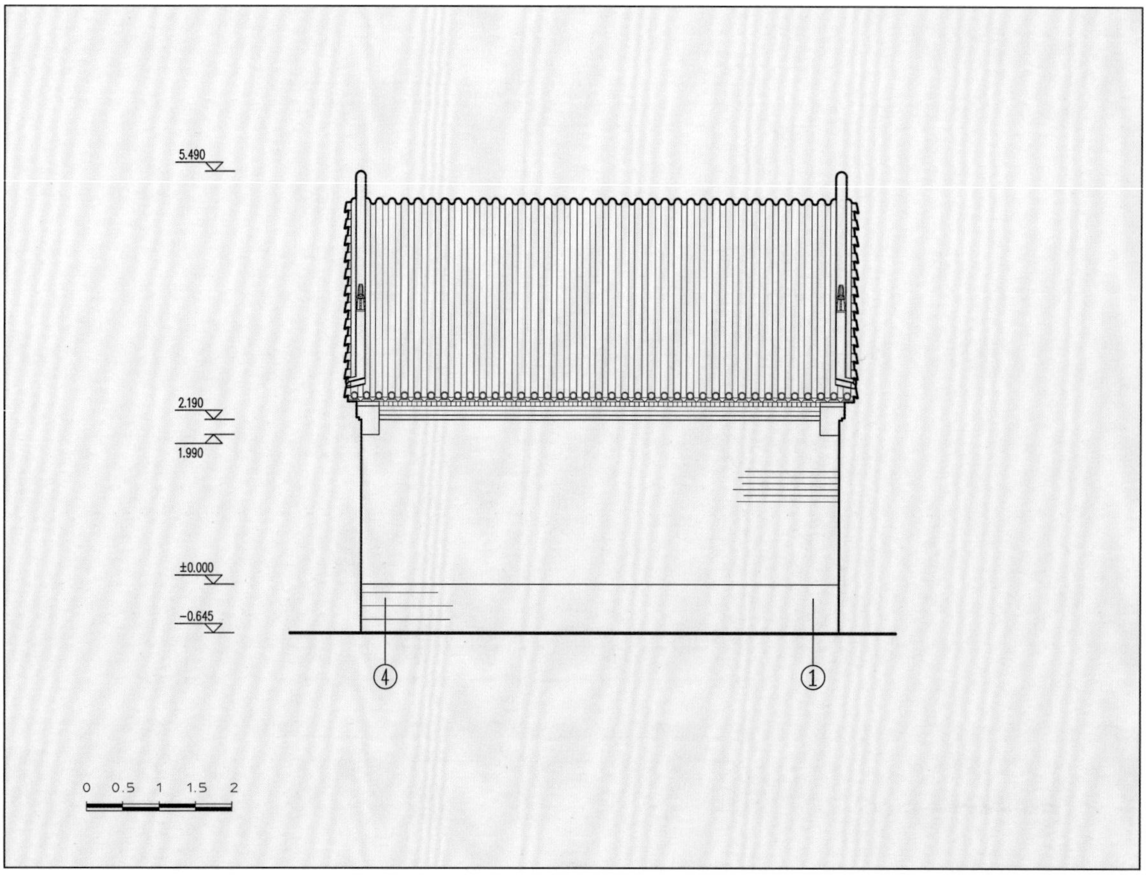

图2-2-4-23 辛庄村关帝庙戏楼背立面图

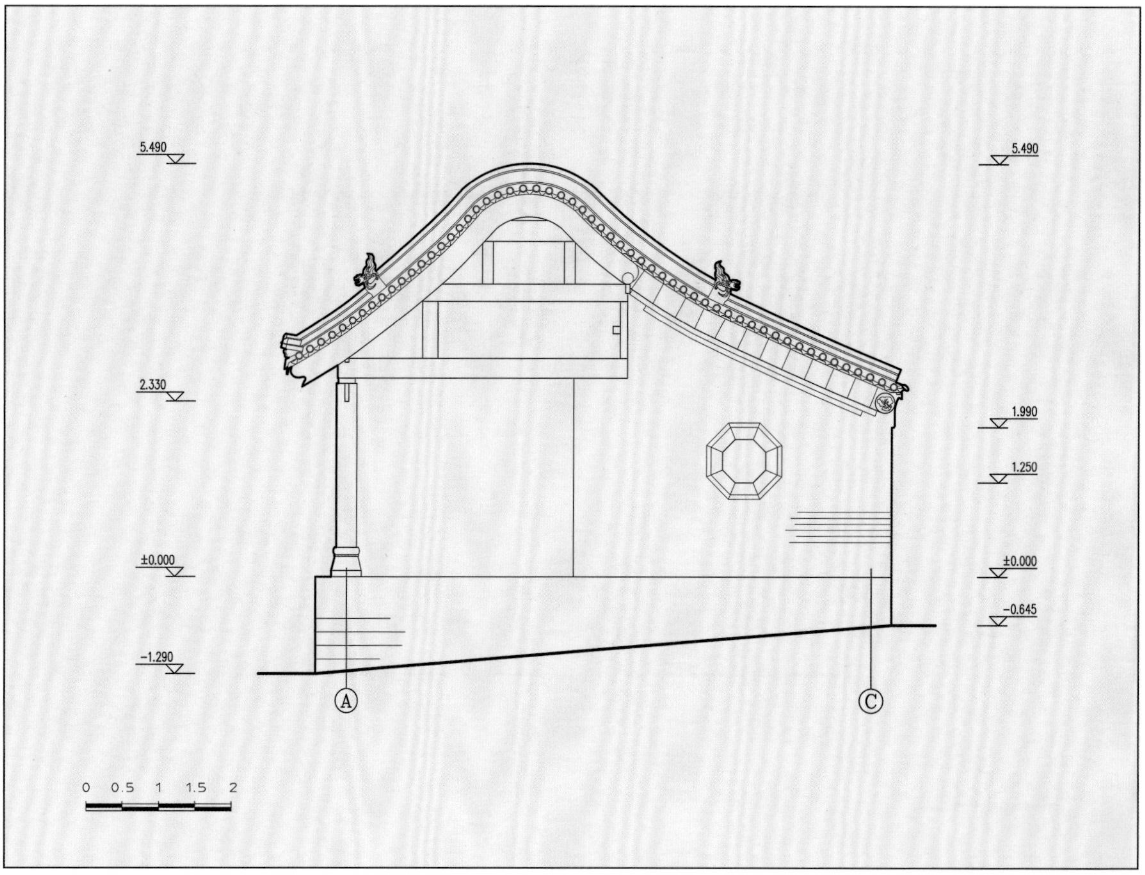

图2-2-4-24 辛庄村关帝庙戏楼侧立面图

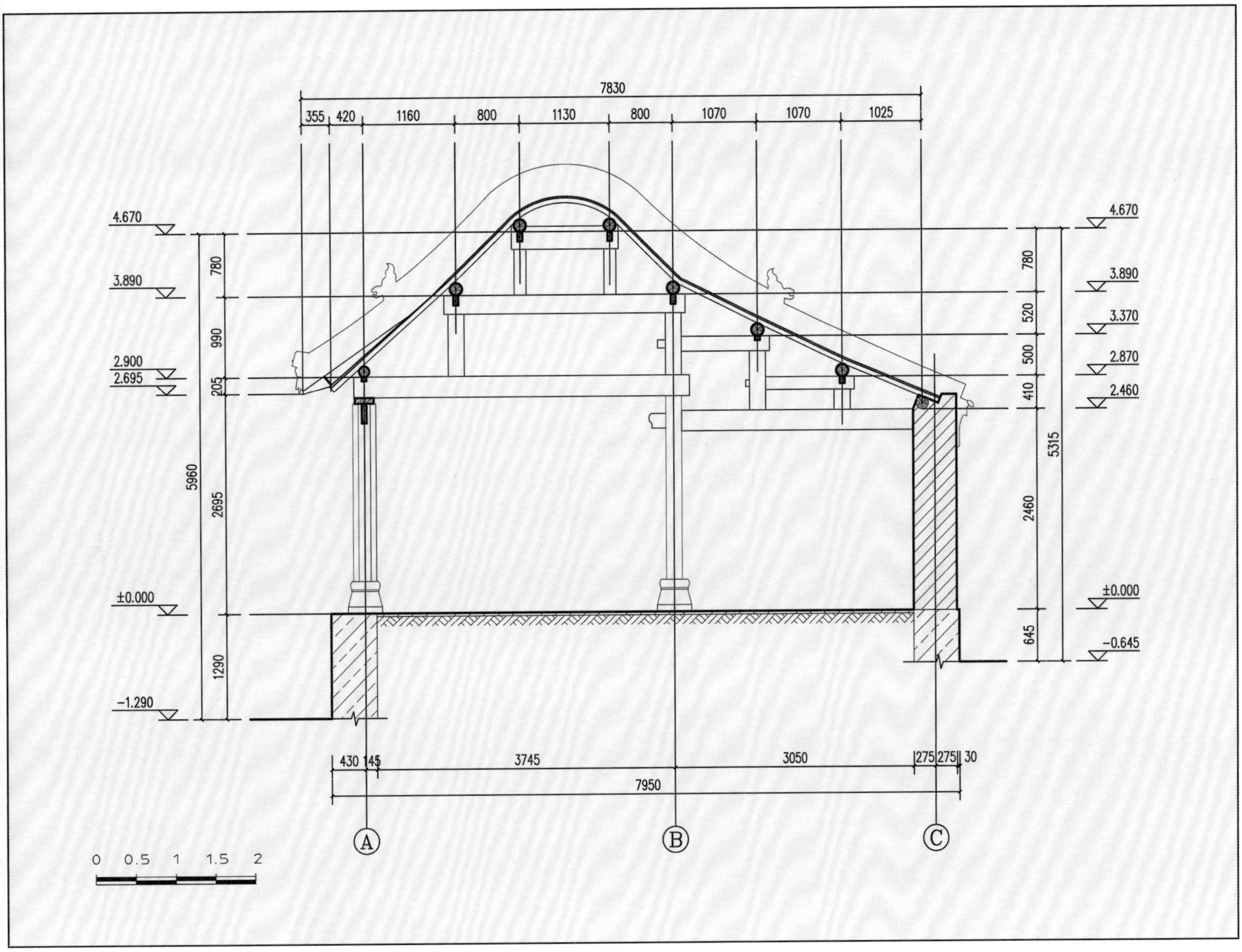

图 2-2-4-25　辛庄村关帝庙戏楼横剖面图

（八）北齐村北禅寺戏楼

北禅寺位于安阳市龙安区马家乡北齐村，北纬36° 03′ 18″，东经114° 01′ 38″，海拔274米。距北禅寺五里的宝山寺内的一块隋开皇十一年（591）残碑上记载“灵泉寺下院北禅寺□□住持僧照忠□□”，故北禅寺最迟建于该时期。明嘉靖十五年（1536）、清雍正二年（1724）、清光绪二十五年（1899）曾多次修缮。寺院坐北面南，三进院落，中轴线由南向北依次为山门、戏楼、水陆殿、大雄宝殿等建筑，系第八批河南省文物保护单位。庙存清光绪二十五年《重修北禅寺碑记》碑，由碑文“创修戏房七间，补修南堂钟棚三间，门楼一座，戏楼一座”可知，戏楼创建于清光绪二十五年（1899）。

戏楼坐南面北，正对水陆殿，与其相距15米。单幢式，为单檐前坡悬山、后坡卷棚硬山式建筑。平面呈长方形，三面观。面阔三间，进深二间，通面阔5.82米，其中明间面阔2.69米；通进深7.66米。台基用条石砌筑，高1.6米。前檐立四根木柱，柱径0.21米，高2.69米，下部为圆鼓式与方形叠加的复合式柱础，高0.31米。梁架为抬梁式，四架梁两端分别置于前檐木板枋与中柱之上，承瓜柱三架梁与月梁，中柱与后檐墙之间置三步梁，上承瓜柱、单步梁及檩枋。中柱之间设一字木隔断，将舞台分隔为前后台。檐下施栱八攒，其中柱头科四攒、明间平身科二攒、次间平身科各一攒。栱身雕刻花草纹饰，额枋下雀替雕刻龙及牡丹图案。墙体用青砖砌筑，厚0.58米，两侧山墙上各开一窗，东山墙上设排水石槽。戏楼后檐砌筑精

照2-2-4-9　北齐村北禅寺戏楼

美的一字影壁，具有遮蔽视线及装饰点缀院落的作用。

寺内遗存碑碣5通，分别为：嘉靖十五年（1536）《重建北禅寺记》碑、清雍正二年（1724）《重修碑记》碑、清乾隆二十三年（1758）《创建人悲……》碑、清道光年间《北禅寺旧有……》碑、清光绪二十五年（1899）《重修北禅寺碑记》碑（照2-2-4-9）（图2-2-4-26）（图2-2-4-27）（图2-2-4-28）（图2-2-4-29）。

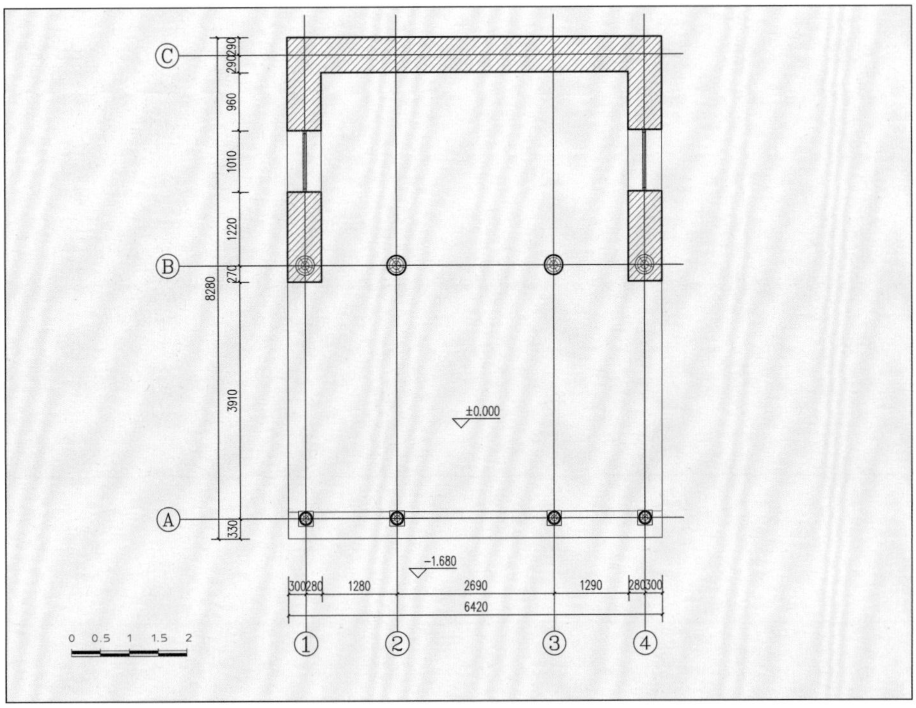

图2-2-4-26　北齐村北禅寺戏楼平面图

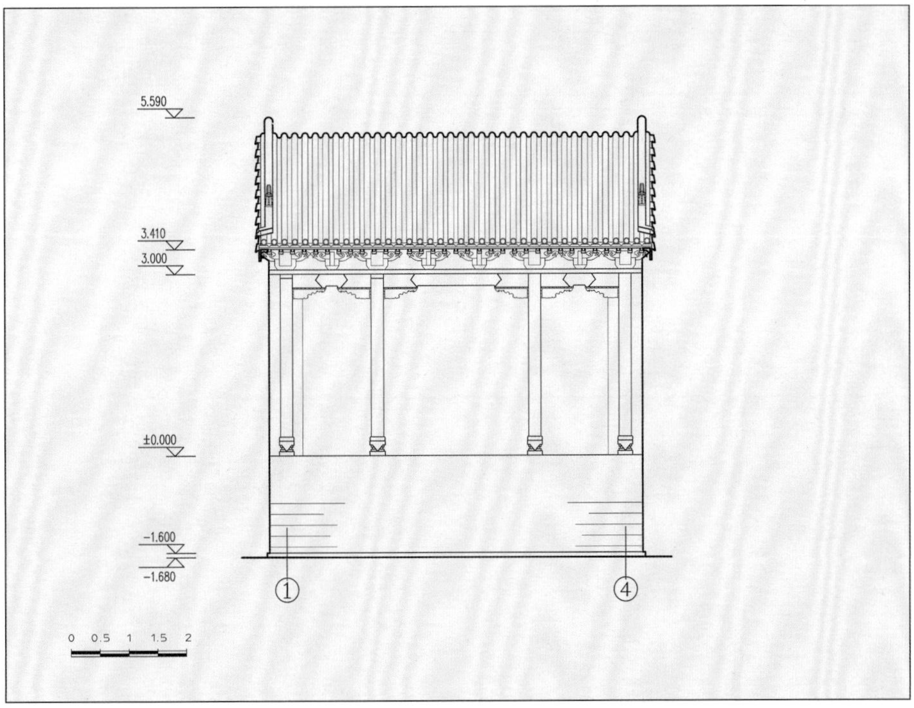

图2-2-4-27　北齐村北禅寺戏楼正立面图

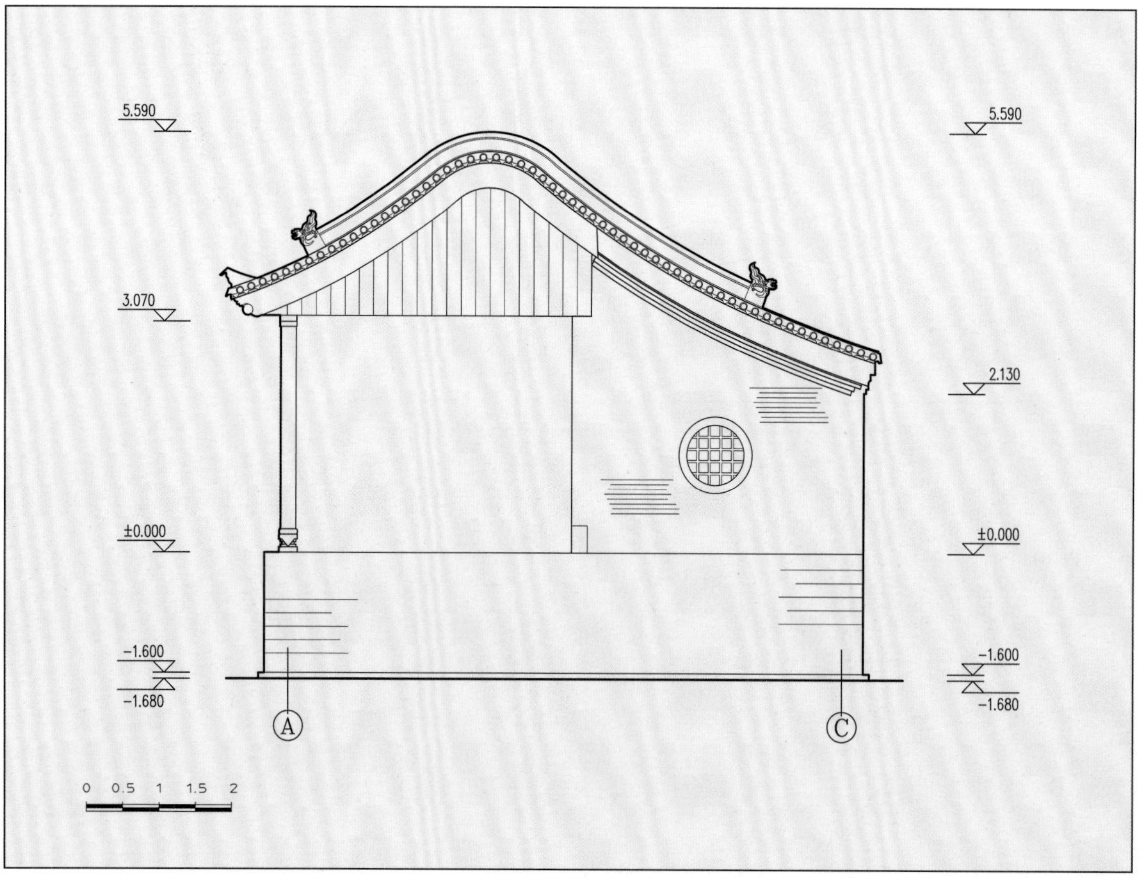

图2-2-4-28 北齐村北禅寺戏楼侧立面图

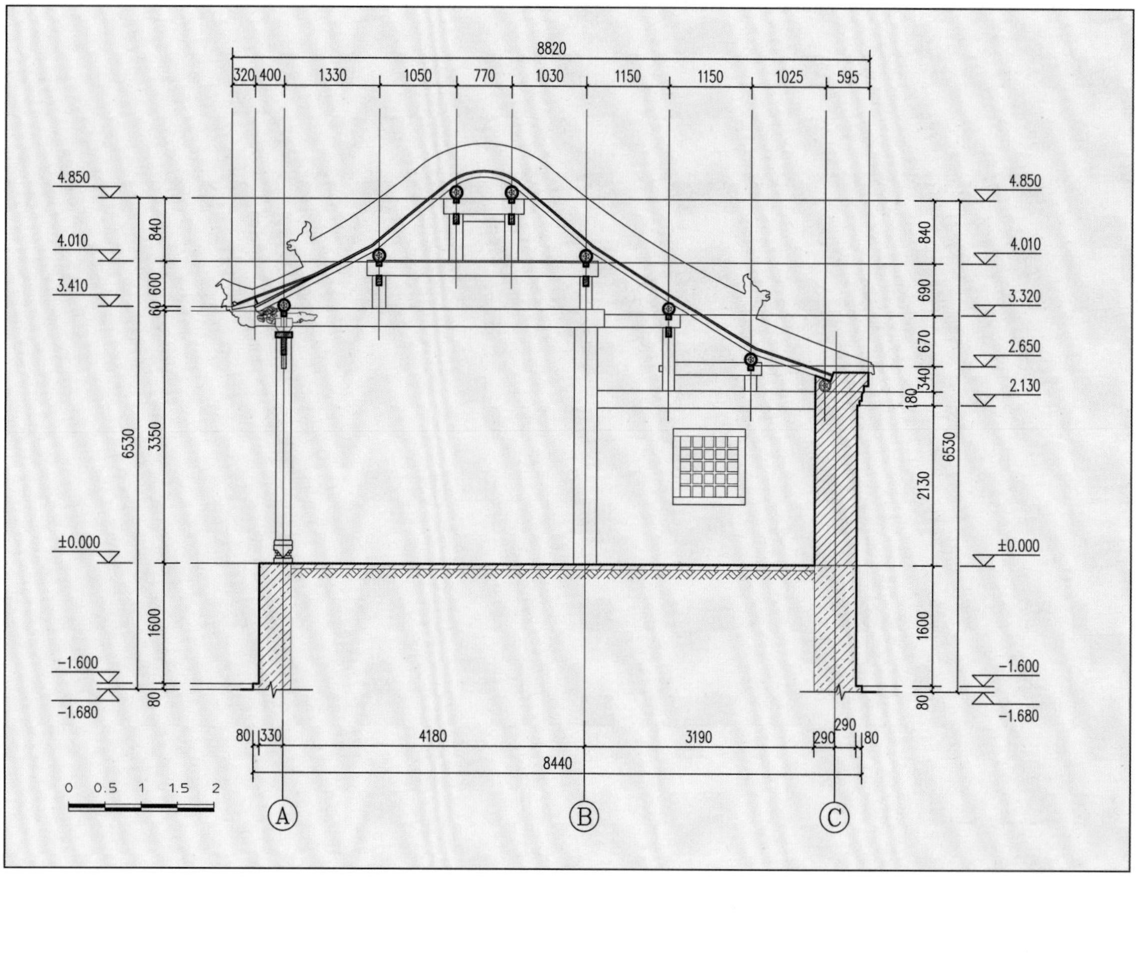

图2-2-4-29 北齐村北禅寺戏楼横剖面图

照 2-2-4-10　东岭西村戏楼

（九）东岭西村戏楼

东岭西村戏楼位于安阳县都里镇东岭西村中部，北纬36° 19′ 30″，东经113° 59′ 15″，海拔235米。

戏楼创建年代不详，坐西面东，单幢式，为单檐前坡悬山、后坡硬山式建筑。台基用条石砌筑，宽6.35米，深7.79米，高1.45米。戏楼三面观，面阔三间，进深二间。前檐立四根木柱，径0.24米，高2.56米；柱下为覆斗式柱础，高0.34米。墙体用青砖砌筑，后檐墙设排水石槽。现戏楼前檐三面用砖封砌，改作商铺使用，室内吊顶。因年久失修，前檐椽飞糟朽，瓦件脱落，亟待修缮（照2-2-4-10）。

（十）古城村关帝庙戏楼

古城村关帝庙位于林州市任村镇古城村东部，北纬36° 20′ 48″，东经113° 51′ 31″，海拔293米。创建年代无考，一进院落，现存戏楼、石亭、拜殿、大殿及钟鼓楼等建筑。

戏楼创建年代不详，重建于清乾隆二十七年（1762），坐南面北，位于庙中

照 2-2-4-11 古城村关帝庙戏楼

轴线南端，与拜殿、大殿相对。单幢式，为单檐卷棚硬山式灰瓦顶建筑。一面观，面阔三间，进深二间，通面阔7.81米，通进深6.77米。台基为条石包砌，宽8.46米，深7.24米，高1.78米。戏楼前檐立两根木柱，柱高2.33米，下置复合式柱础，正面分刻“演”“台”二字。梁架为抬梁式，八步椽屋。前檐柱与中柱上置六架梁，梁上立两根瓜柱，上下金檩间用单步梁相连。中柱与后檐墙设三步梁，檩间采用单步梁荷载。架梁表面施彩绘，中柱间设置木隔断分隔前后台。明间脊步上屋面开亮窗一孔，较为罕见，为河南遗存古戏楼中孤例。檐下仅设柱头科，坐斗上落梁头，两侧栱身及槽升子用整块木板雕刻出外形，手法新颖别致。额下雀替采用浮雕及透雕技法刻游龙及牡丹图案，做工精细。墙体用青砖砌筑，东山墙前部设券门，下置踏步可登台，两山墙正中各设六边形窗一扇。两侧盘头为多层叠合，雕刻精美，中间分刻“辛”“酉”二字。

庙内存有碑碣6通，其中3通为清康熙二十六年（1687）《创造慈船立碑为记》碑、清乾隆二十七年（1762）《重修戏楼碑记》碑、清嘉庆二十四年（1819）《重修关帝庙碑记》碑（照2-2-4-11）（图2-2-4-30）（图2-2-4-31）（图2-2-4-32）（图2-2-4-33）。

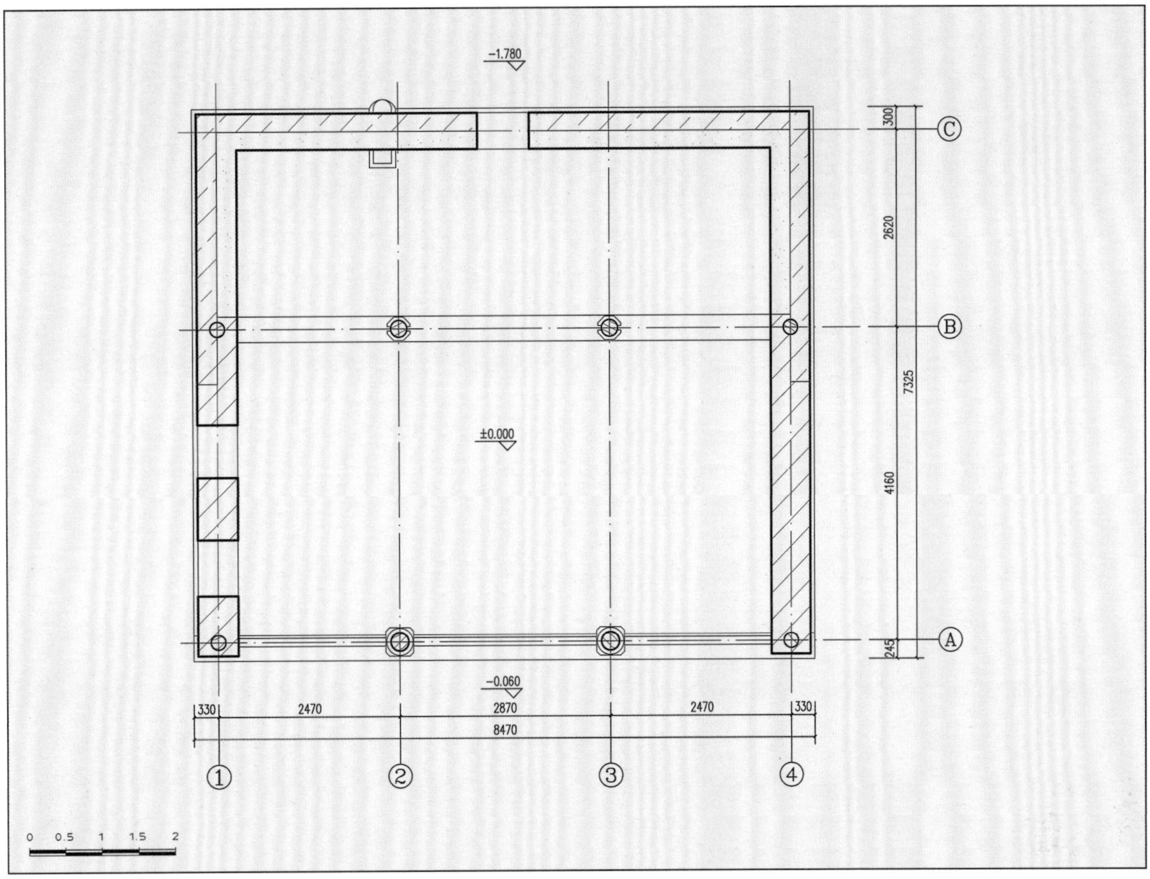

图2-2-4-30 古城村关帝庙戏楼平面图

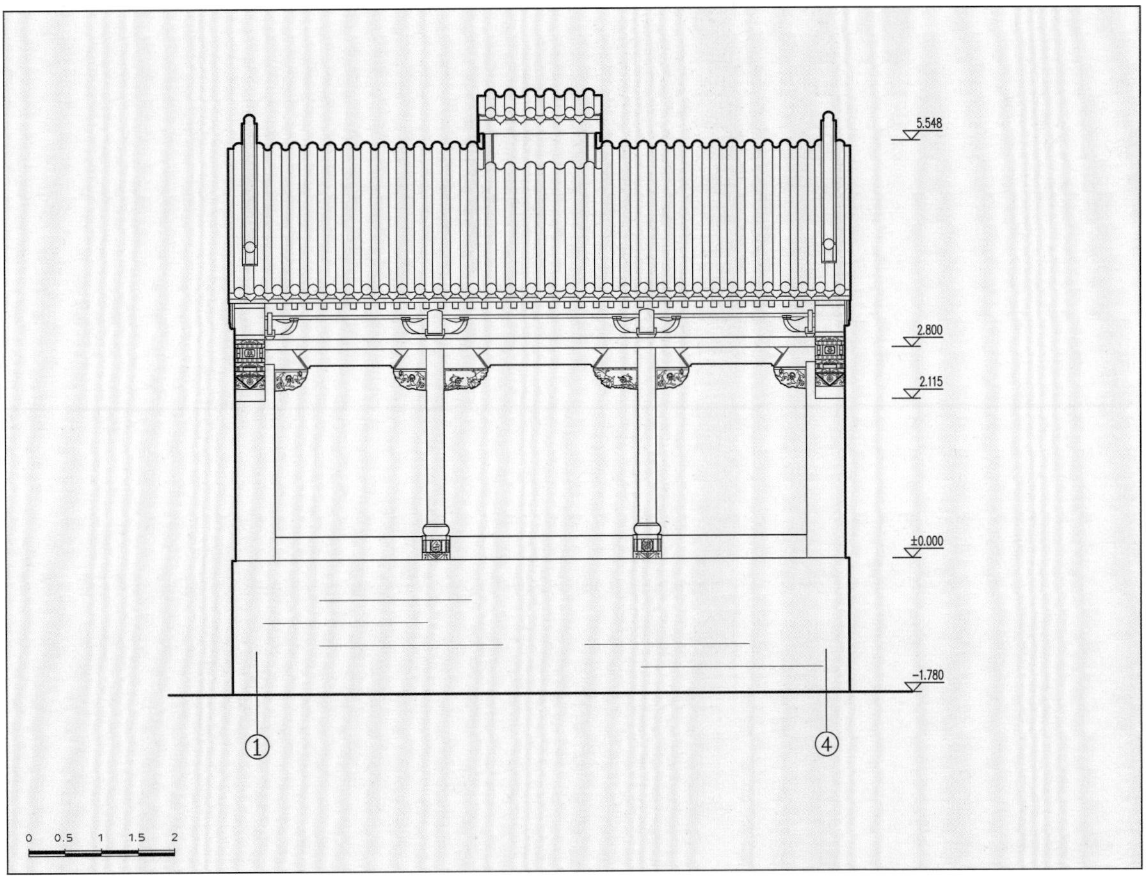

图2-2-4-31 古城村关帝庙戏楼正立面图

图 2-2-4-32 古城村关帝庙戏楼背立面图

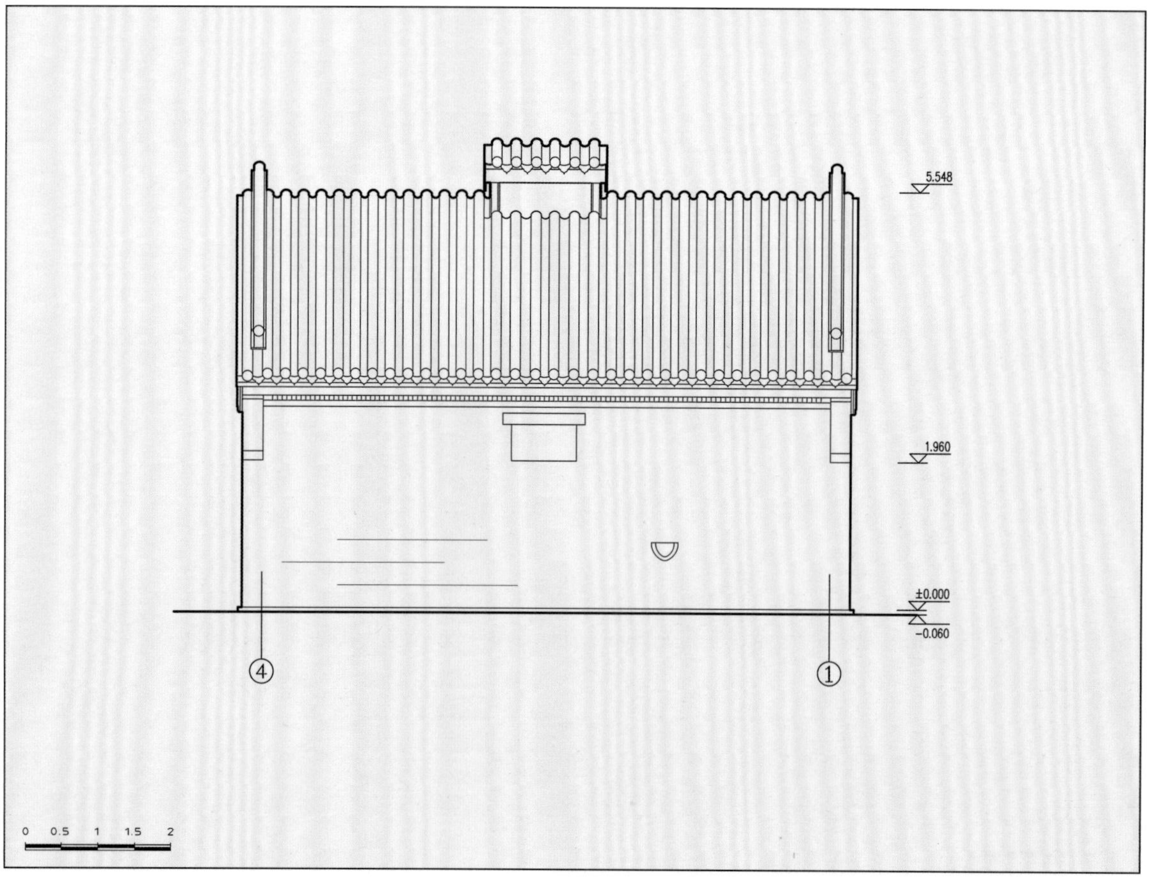

图 2-2-4-33 古城村关帝庙戏楼横剖面图

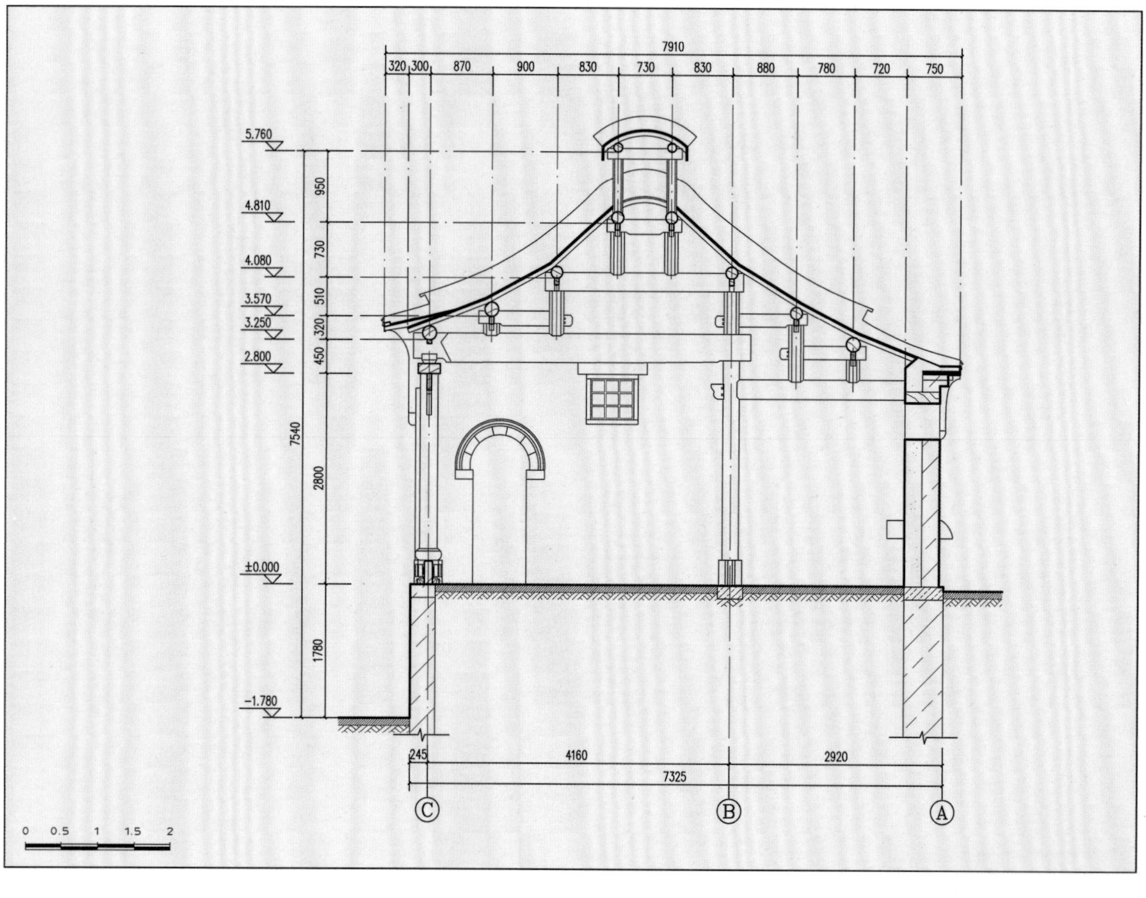

（十一）任村昊天观戏楼

昊天观位于林州市任村镇任村，北纬36° 16′ 36″，东经112° 48′ 08″，海拔396米。创建于元代，明弘治十八年（1505）及清代曾多次修缮。昊天观坐北面南，南北长45米，东西宽38米，两进院落，现存戏楼（山门）、拜殿、玉皇殿，东龙母殿、五龙殿、三官殿、西佛殿、关帝殿及厢房等建筑，为林州市保存较为完整的元至清代的建筑群，系第四批河南省文物保护单位。

戏楼于清同治四年（1865）重建，坐南面北，位于中轴线南端，与拜殿相对，间距12.59米，为两层单檐悬山灰瓦顶建筑。一层明间辟门为昊天观入口，二层为戏台。建筑平面呈“凸”字形，三幢左右并联式。戏台两侧各有二层耳房二间，进深一间。一层设过门，二层为扮戏房，山墙设门与戏楼二层相通，为演员更衣及化妆使用。戏楼为一面观。面阔三间，进深一间；通面阔8.92米，通进深5.57米，通高8.45米，台口高2.8米。一层明间券门宽2.04米，高3.38米，门上设砖砌斗栱五攒，上部出仿木砖砌椽飞及筒板瓦单坡屋檐。戏楼北檐立两根通长木柱，柱有收分，柱高4.71米，下设扁鼓与六边基座相叠的复合式柱础。二层梁架为抬梁式，七架梁置于前后檐斗栱之上，承瓜柱、五架梁、三架梁及各层檩枋。檐下绕周施栱十四攒，各间平身科均为一攒。额枋用材较小，雀替遗失。屋面灰筒板瓦覆顶，云龙纹黄绿琉璃脊饰。观内现存明弘治十八年（1505）的经幢1座（照2-2-4-12）（照2-2-4-13）（图2-2-4-34）（图2-2-4-35）（图2-2-4-36）（图2-2-4-37）（图2-2-4-38）（图2-2-4-39）（图2-2-4-40）。

照2-2-4-12　任村昊天观戏楼正立面

照 2-2-4-13　任村昊天观戏楼背立面

吉祥地萬事如

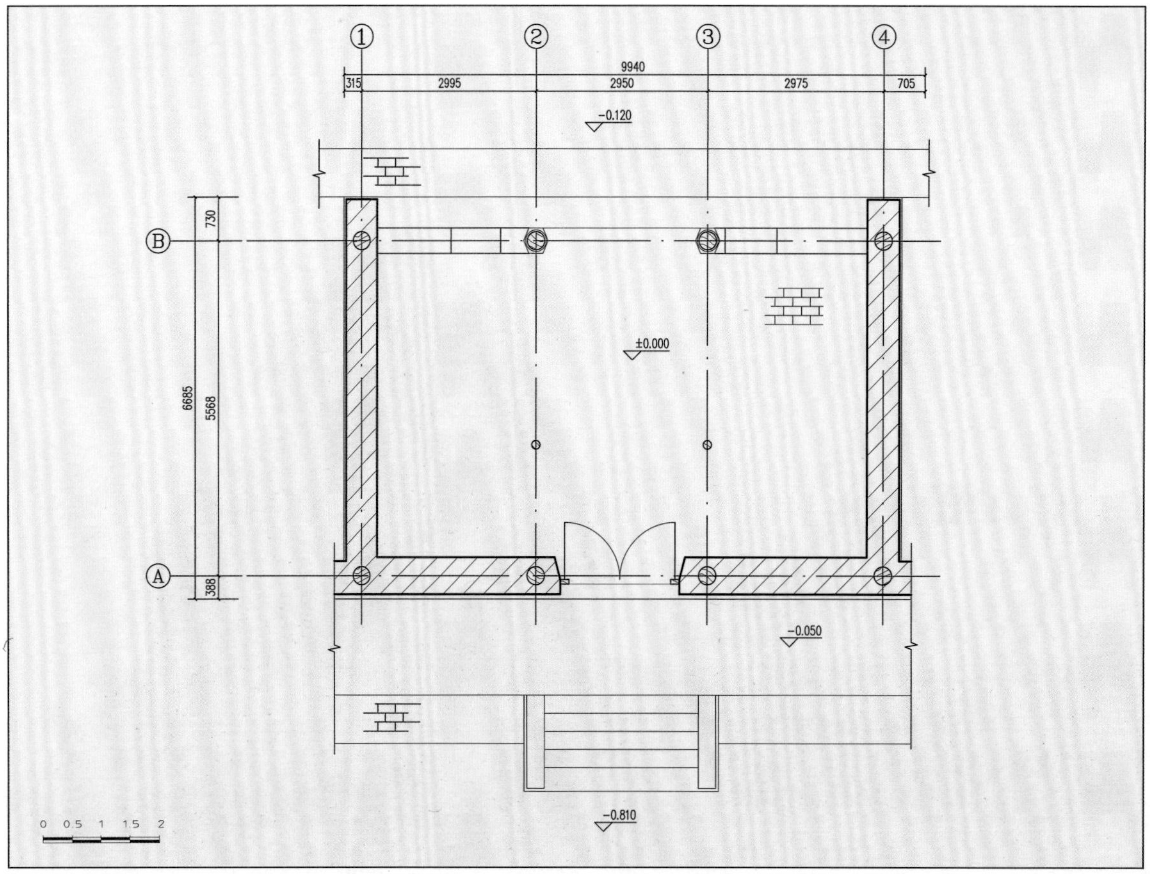

图2-2-4-34 任村昊天观戏楼一层平面图

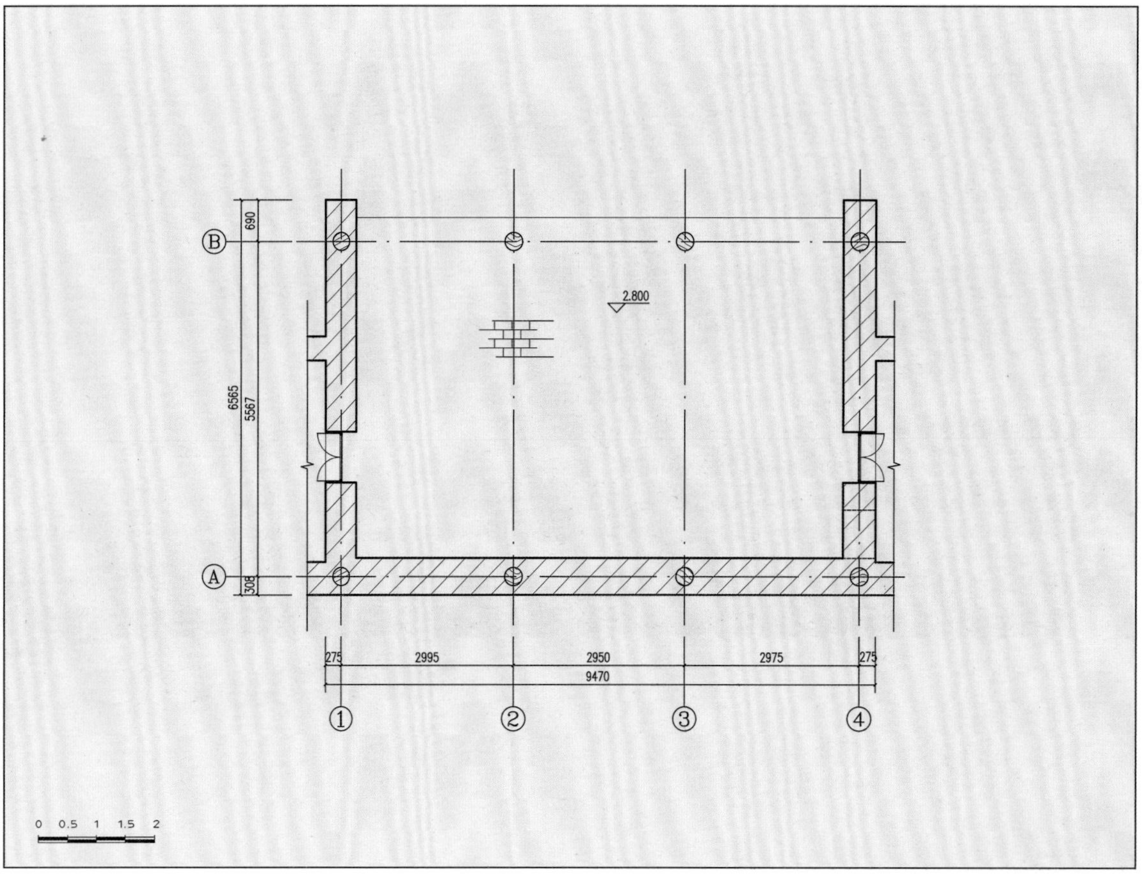

图2-2-4-35 任村昊天观戏楼二层平面图

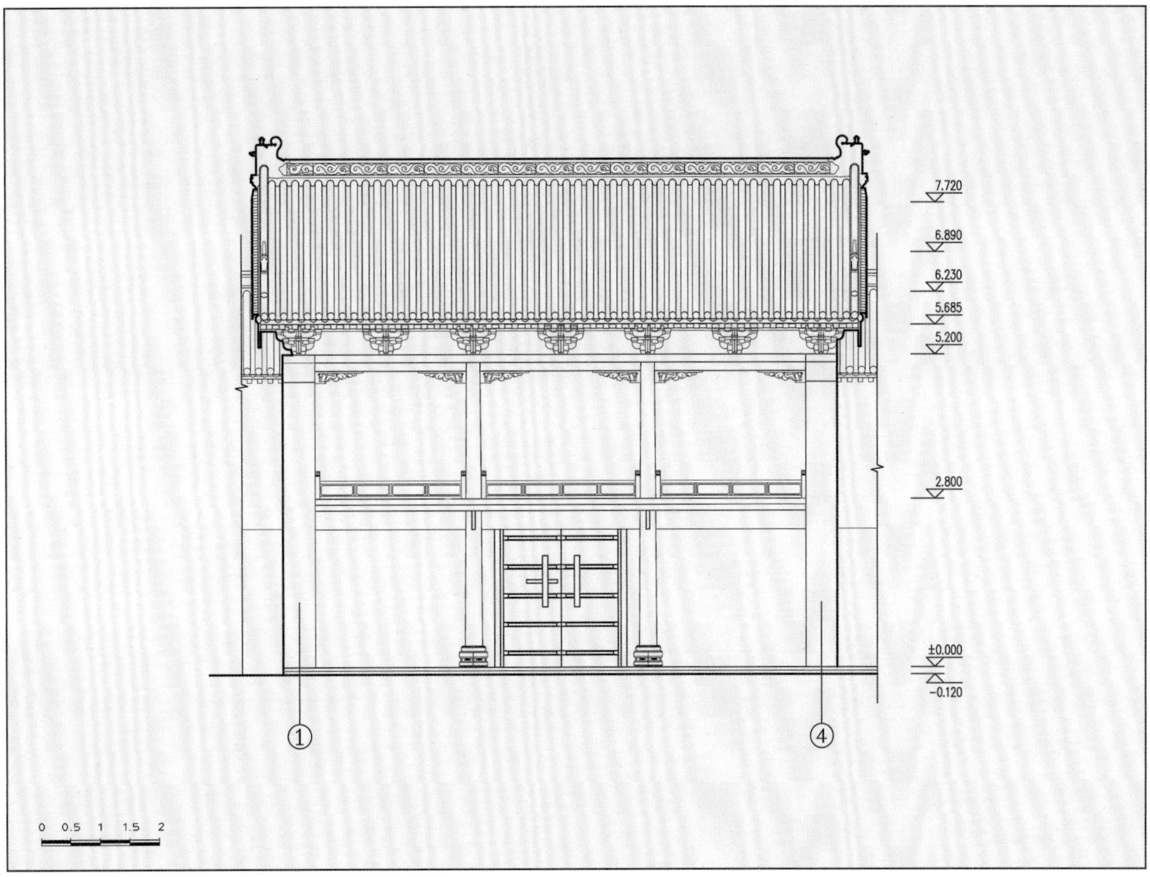

图2-2-4-36 任村昊天观戏楼正立面图

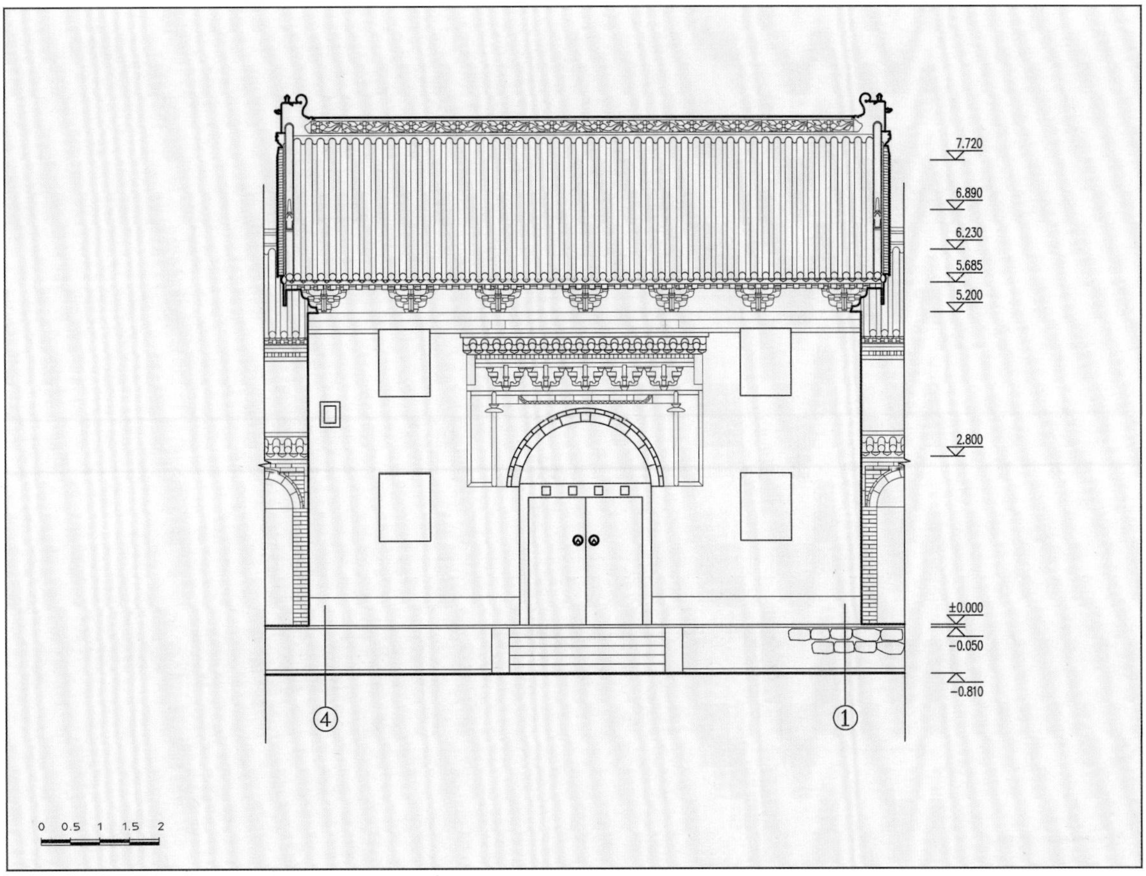

图2-2-4-37 任村昊天观戏楼背立面图

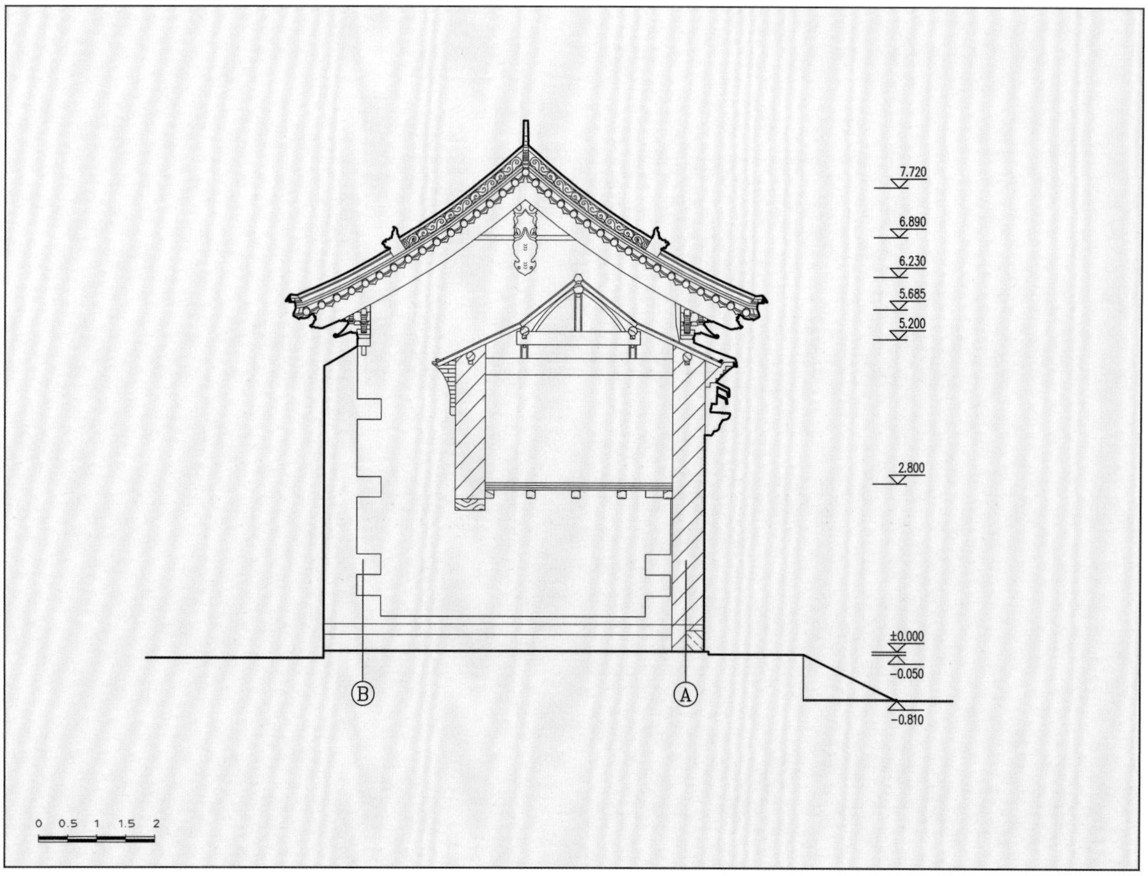

图 2-2-4-38 任村昊天观戏楼侧立面图

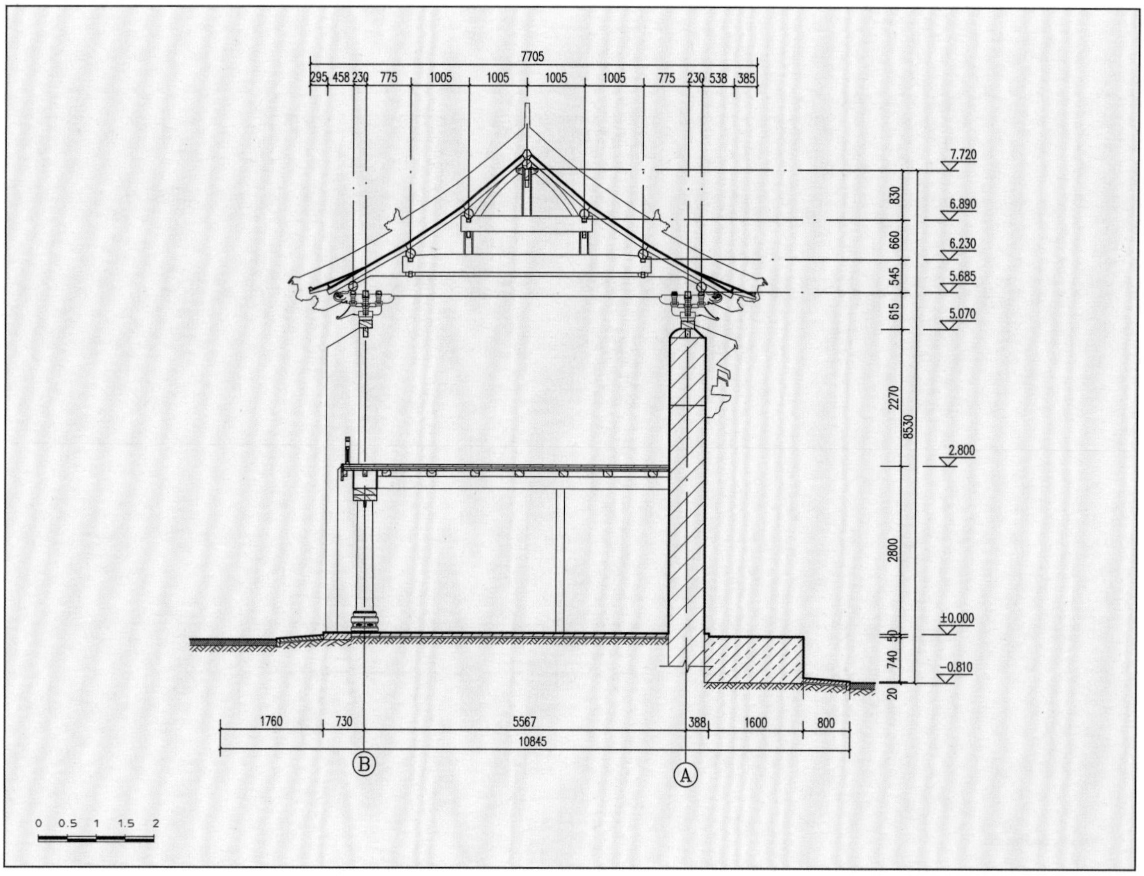

图 2-2-4-39 任村昊天观戏楼横剖面图

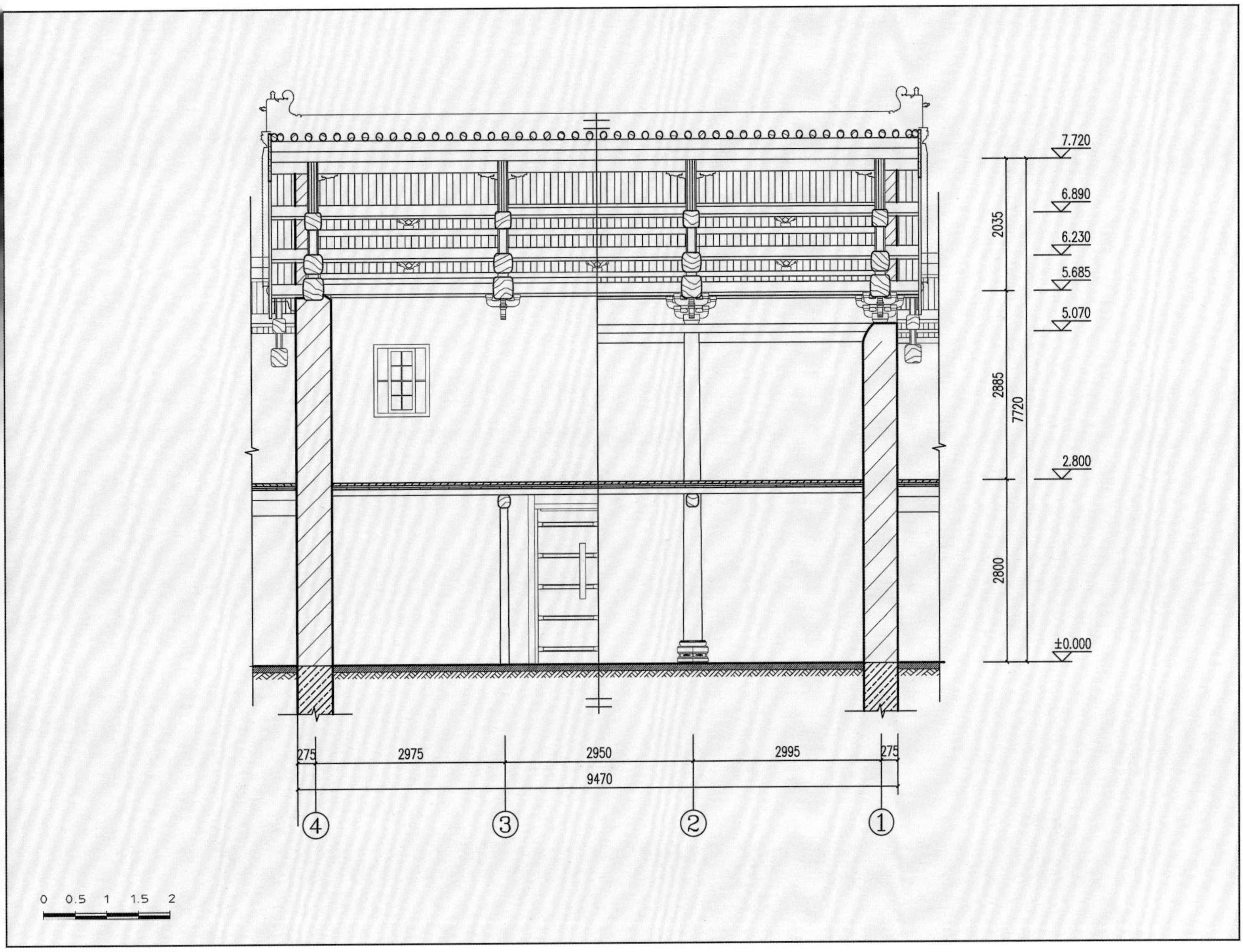

图 2-2-4-40　任村昊天观戏楼纵剖面图

（十二）官庄药王庙戏楼

官庄村药王庙位于林州市河顺镇官庄村西部，北纬36° 07′ 23″，东经113° 54′ 21″，海拔291米。创建于清乾隆四十八年（1783），现存戏楼、大殿、配殿3座建筑，未设围墙。

戏楼坐南面北，与大殿相对而建，间距18.13米。单幢式，为前坡悬山、后坡卷棚硬山式建筑。平面呈长方形，三面观。面阔三间，进深二间，通面阔6.14米，其中明间2.6米；通进深6.52米。台基用条石砌筑，长7.52米，宽6.62米，高0.5米。台上前檐置四根抹角石柱，柱高2.33米，柱下为上圆鼓式下覆盆式复合式柱础，表面浅雕莲瓣。檐下施一斗二升交麻叶斗栱八攒，栱身雕刻成花草形状。墙体用规整的块石砌筑，后檐设排水石槽。药王庙内存有碑碣两通，分别为乾隆三年（1738）《重修牛王庙序》碑及乾隆四十八年（1783）《官庄村创修药王庙碑文》碑。戏楼现改作商店，前檐用砖封砌，室内吊顶，梁架无法勘察（照2-2-4-14）。

照2-2-4-14　官庄药王庙戏楼

（十三）桑耳庄药王庙戏楼

药王庙位于林州市任村镇桑耳庄村，北纬36°15′52″，东经113°48′39″，海拔421米。创建于清康熙十三年（1674），戏楼为清乾隆三十二年（1767）重修。一进院落，现存戏楼、拜殿、东西厢房共4座建筑。

戏楼坐南面北，位于中轴线上。单幢式，为前檐一步架悬山、余硬山式建筑。面阔三间，进深二间，通面阔6.9米，其中明间2.7米；通进深7.97米。台基用条石砌筑，高1.43米。抬梁式木构架，前檐立四根木柱，柱径0.22米，高2.15米，柱下设圆鼓式柱础，高0.38米。柱头设额枋连接，额枋下置卷草纹雀替，檐下施一斗二升交麻叶斗栱八攒，其中柱头科四攒、平身科明间二攒、次间各一攒。室内设金柱，金柱与前檐柱上承五架梁，梁前端落于斗栱之上，后尾插于金柱。金柱与后檐墙间设双步梁，斗栱、平板枋、额枋、雀替均有新绘彩画。庙内现存碑碣3通，其中两通为清康熙十三年（1674）《创立药王药圣五瘟庙碑记》碑及清乾隆三十二（1767）《重修拜殿戏楼建立厨房碑记》碑（照2-2-4-15）。

照2-2-4-15　桑耳庄药王庙戏楼

（十四）尖庄三仙圣母庙戏楼

三仙庙圣母庙位于林州市任村镇尖庄村，北纬36° 14′ 52″，东经113° 43′ 41″。庙宇创建于清康熙年间，一进院落，现存戏楼、大殿两座建筑。

戏楼坐南面北，位于中轴线上。单幢式，单檐硬山式建筑。面阔三间，进深一间。台基用条石砌筑，前檐立柱两根，柱用额枋连接，檐下施一斗二升交麻叶斗栱三攒。抬梁式木构架，五梁架置于前檐平板枋及后檐柱之上，承三架梁、瓜柱及檩枋。墙体均用青砖砌筑，后檐墙正中设方窗。庙内现存碑碣1通，记载了三仙庙的创建时间（照2-2-4-16）。

（十五）大安村栖霞观戏楼

栖霞观位于林州市合涧镇大安村，北纬35° 58′ 58″，东经113° 38′ 17″，海拔439米。创建年代无考，坐北面南，现存三清殿，玉皇殿、戏楼等建筑，为第二批林州市文物保护单位。

戏楼坐南面北，紧贴三清殿后墙而建，单幢式，单檐硬山式建筑。面阔三间，进深一间，一面观。台基用条石砌筑，前檐立柱二根，上刻有楹联一副："鸿门设宴，楚汉谈天下；青梅煮酒，曹刘论英雄。"柱头设额枋，檐下明间施三踩斗栱一攒，次间为荷叶墩。抬梁式构架，五梁架置于前后檐柱之上，承三架梁、瓜柱及檩枋，墙体均用青砖砌筑。

照2-2-4-16　尖庄三仙圣母庙戏楼

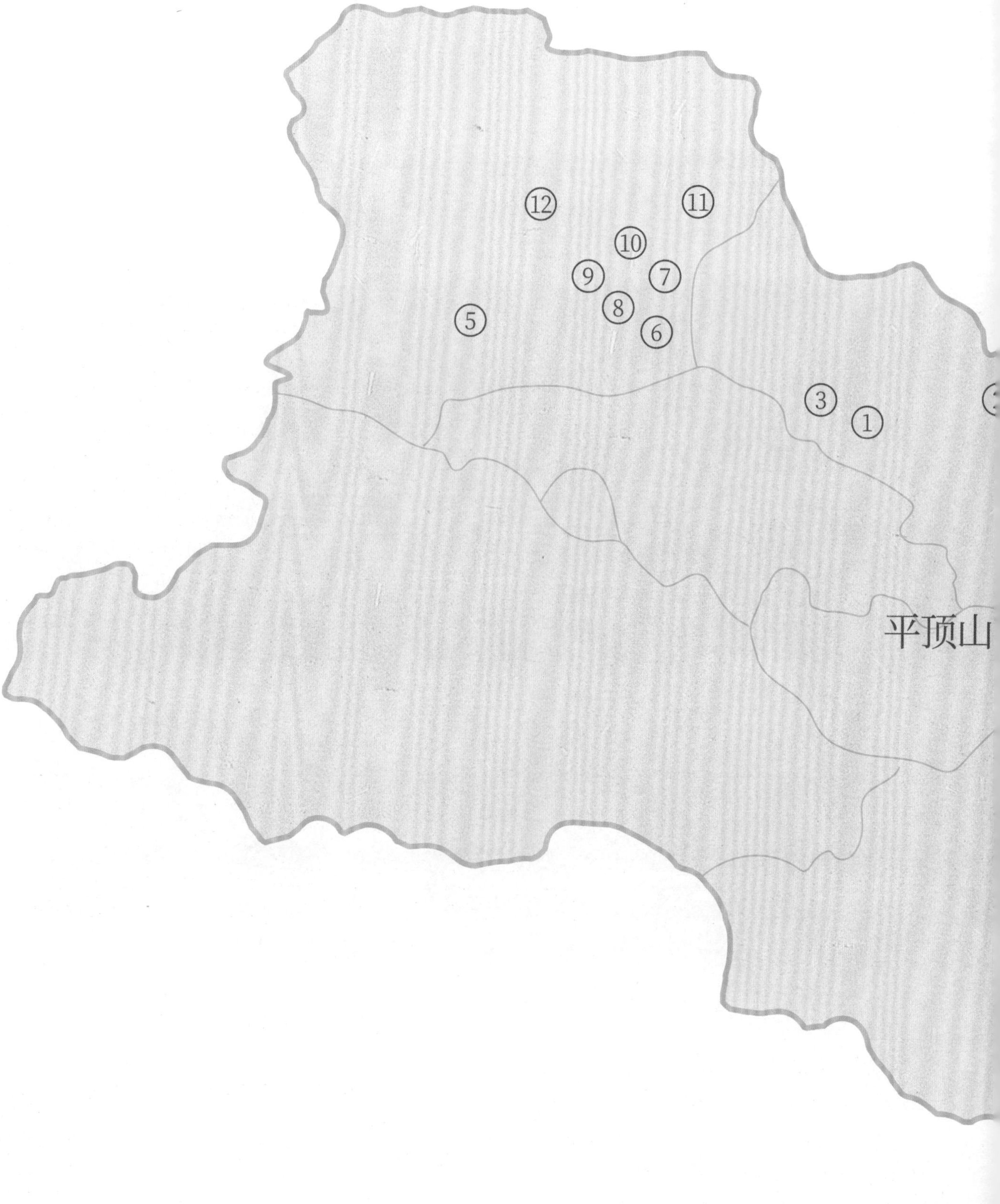

图 2-2-5-1　平顶山市遗存古戏楼分布示意图

① 郏县山陕会馆戏楼（郏县城关镇）

② 冢头大王庙戏楼（郏县冢头镇南街村）

③ 林村戏楼（郏县渣园乡林村）

④ 洛岗戏楼（叶县洪庄杨镇洛北村）

⑤ 半扎关帝庙戏楼（汝州市蟒川镇半扎村）

⑥ 周庄火神庙戏楼（汝州市小屯镇周庄村）

⑦ 东赵落村玉皇庙戏楼（汝州市纸坊镇东赵落村）

⑧ 车渠汤王庙戏楼（汝州市纸坊镇车渠村）

⑨ 虎头村戏楼（汝州市汝南街道虎头村）

⑩ 留王店村戏楼（汝州市纸坊镇留王店村）

⑪ 张村戏楼（汝州市焦村镇张村）

⑫ 汝州中大街（钟楼）戏楼（汝州市）

五、平顶山市

平顶山市位于河南省中南部，地势西高东低，地貌类型多样，山脉、丘陵、平原、河谷、盆地齐全。西部为巍峨起伏的伏牛山，中部、东部为丘陵、平原，其中山区占13%、丘林占63%、平原占24%。

平顶山市现存古戏楼12座，包括汝州市8座、郏县3座、鲁山县1座；其中国保单位1处、省保单位3处、县保单位1处、一般文物点7处（图2-2-5-1）。

照2-2-5-1　郏县山陕会馆戏楼背立面

（一）郏县山陕会馆戏楼

郏县山陕会馆，又名山陕庙，位于郏县城关镇西关街北侧，北纬33°58′36″，东经113°11′43″，海拔129米。会馆创建于清康熙三十二年（1693），雍正、乾隆、嘉庆时期又增建了钟楼、鼓楼、戏楼及殿堂馆舍等，是清代晋、陕商旅往来的驿站和洽谈生意、迎宾宴客的场所，系第七批全国重点文物保护单位。会馆坐北面南，两进院落，南北长105米，东西宽60米，现存古建筑共9座，中轴线上自南向北依次为照壁、戏楼、大殿及春秋楼，戏楼东西两侧分别为钟楼和鼓楼。会馆建筑上的砖、木、石雕精美，建筑布局亦富有特色。

戏楼重建于清嘉庆二十四年（1819），坐南面北，位于中轴线上，与大殿相对，两侧为钟鼓楼。戏楼为单幢式，系两层砖木结构悬山式建筑，灰瓦覆顶。平面呈长方形，一面观。面阔三间8.4米，进深一间3.8米，通高10米；台口高2.3米。一层明间辟门为会馆入口，门上设雕工精美的垂花门头。门楣上镶石匾额一块，阴刻“山陕庙”三字。戏楼一层设平梁，上承楞木及木楼板。二层为抬梁式木构架，六步椽屋。脊檩枋上存题记：“时皇清嘉庆二十四年岁次巳仲秋吉日辰时监柱上梁，阖社商人，泥木石匠人，住持重建谨志。”西山墙设排水石槽。前檐下施五踩斗栱七攒，浮雕惹草纹饰，柱头科为双下昂，耍头雕刻为龙首，平身科为如意斗栱，昂头及耍头被雕刻成上龙首中龙身下龙尾造型。平板枋、额枋则采用高浮雕、镂雕等技法雕刻二龙戏珠、狮滚绣球、蝙蝠、喜鹊等纹饰，刀法精巧（照2-2-5-1）（照2-2-5-2）。

照2-2-5-2　郏县山陕会馆戏楼正立面

（二）冢头大王庙戏楼

冢头大王庙位于郏县冢头镇南街村，北纬33° 59′ 05″，东经113° 20′ 38″，海拔107米。创建于明，清代重修，整体坐北面南，现存戏楼、东西厢房及东西大殿等文物建筑，系第七批河南省文物保护单位。

戏楼重修于清乾隆四十四年（1779），位于中轴线上，坐南面北。为两层单檐悬山式建筑，一层为南北通道，二层为戏台，三面观。面阔三间，进深二间，通面阔7.16米，通进深6.55米。一层墙上置平梁，上承楞木及木楼板。二层脊檩下设中柱，前后各施三步梁。排水口置于东山墙。院内现存碑碣两通，其中《重修会馆东西道院墙壁并整乐楼》碑，落款为大清乾隆四十四年（1779）岁次己亥孟冬（照2-2-5-3）。

照2-2-5-3 冢头大王庙戏楼

（三）林村戏楼

林村戏楼位于郏县渣园乡林村，北纬34° 00′ 80″，东经113° 16′ 12″，创建年代无考。

戏楼坐南面北，单幢式，三面观，为单檐前坡悬山、后坡硬山式建筑。面阔三间，进深二间。台基用块石砌筑，高1.3米。抬梁式木构架，内置中柱，前施三步梁，后施双步梁。中柱间设一字形木隔断，将舞台分割为前后台。墙体用青砖砌筑，为稳固加设拔石，东山墙置排水石槽。戏楼遗存清咸丰二年（1852）《买演戏楼前地基……》碑碣1通（照2-2-5-4）（图2-2-5-2）（图2-2-5-3）（图2-2-5-4）（图2-2-5-5）（图2-2-5-6）。

照 2- 2- 5- 4　林村戏楼

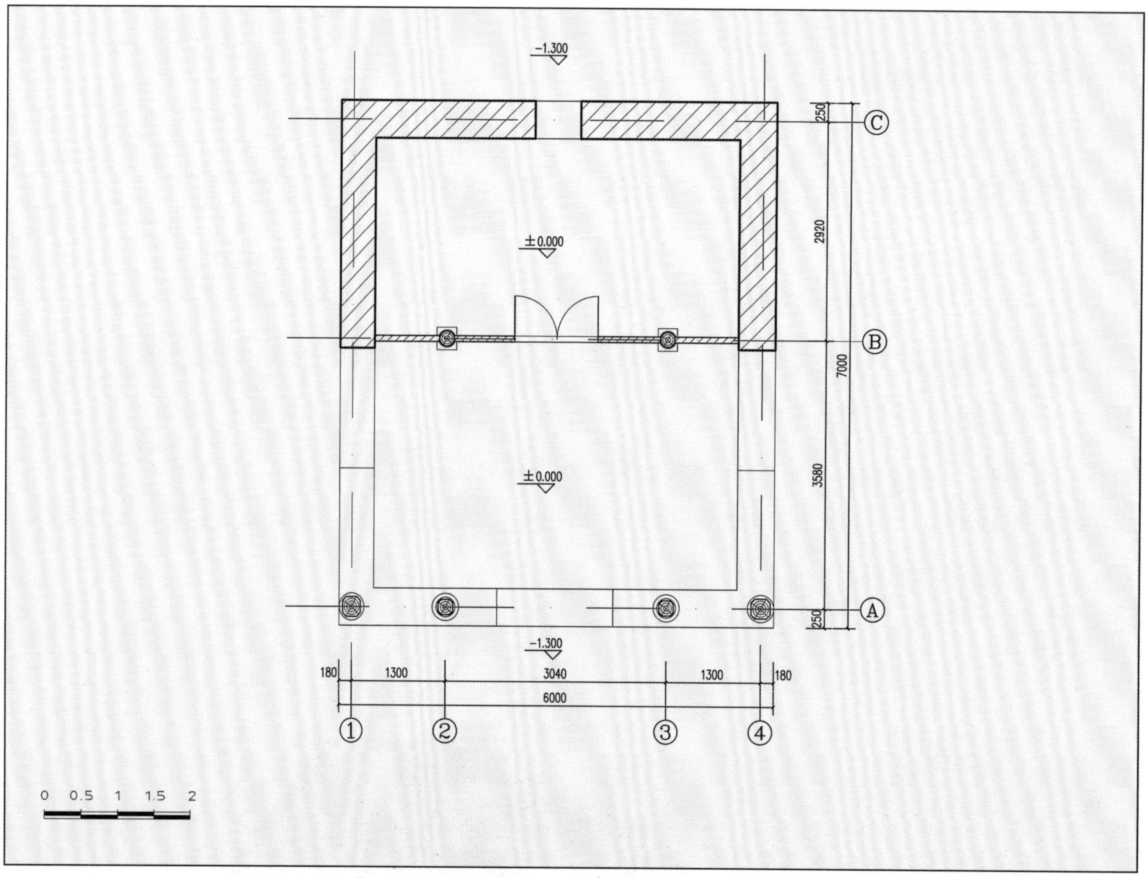

图2-2-5-2 林村戏楼平面图

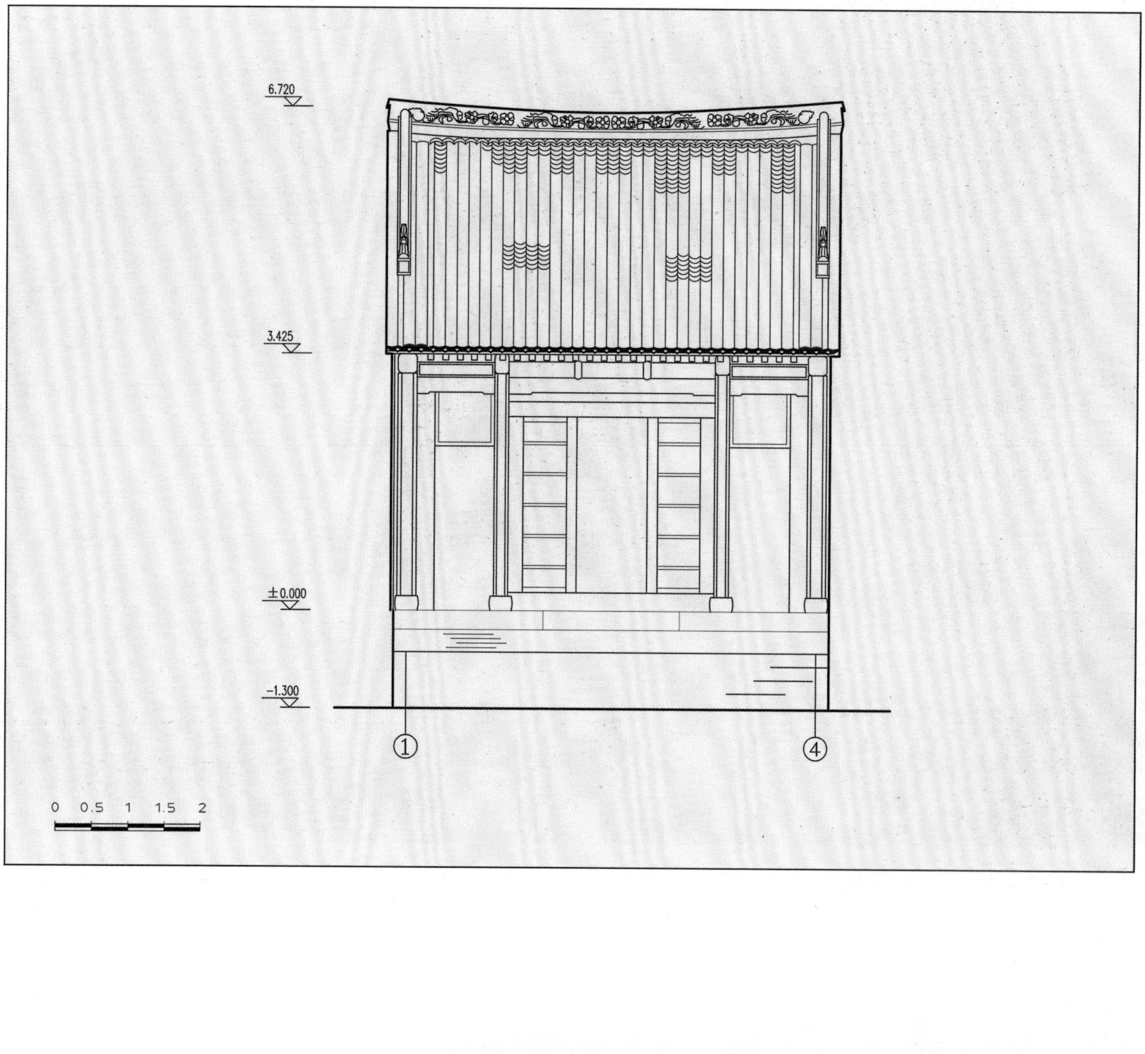

图2-2-5-3 林村戏楼正立面图

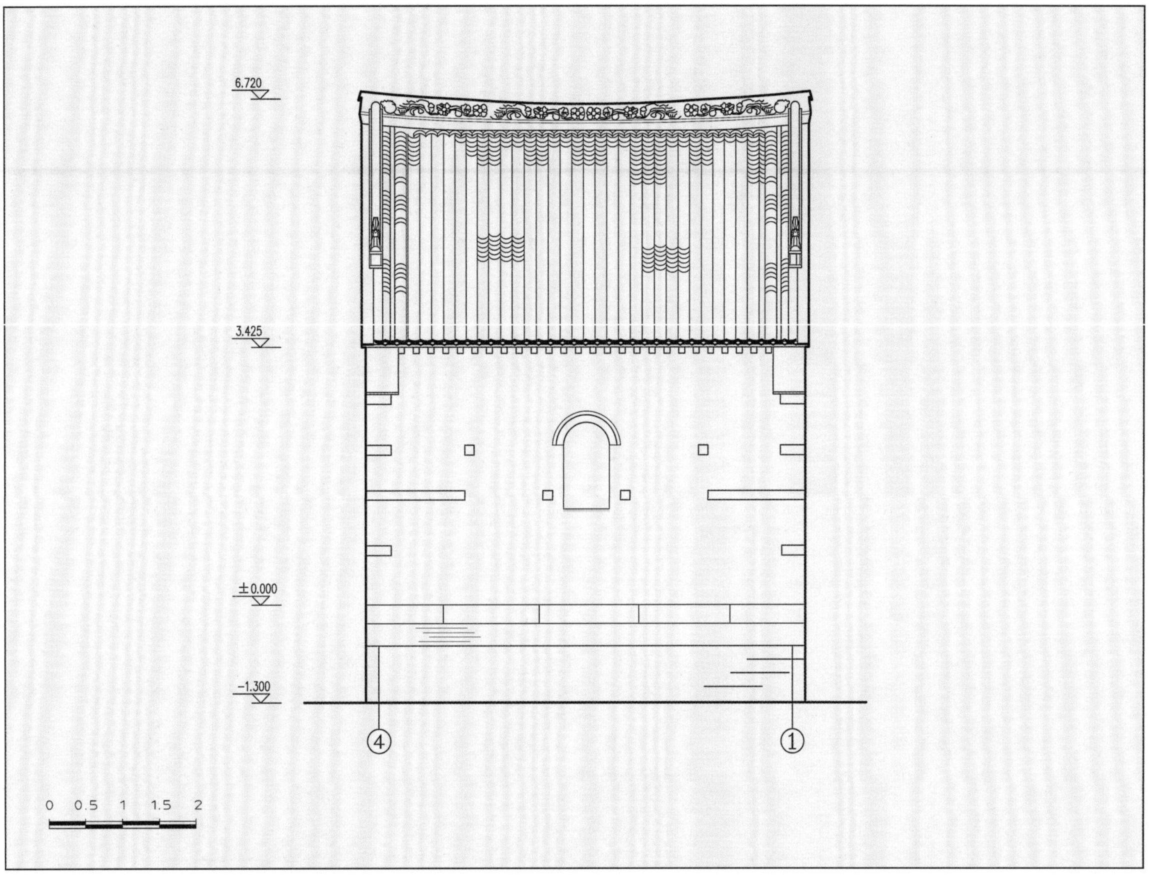

图2-2-5-4 林村戏楼背立面图

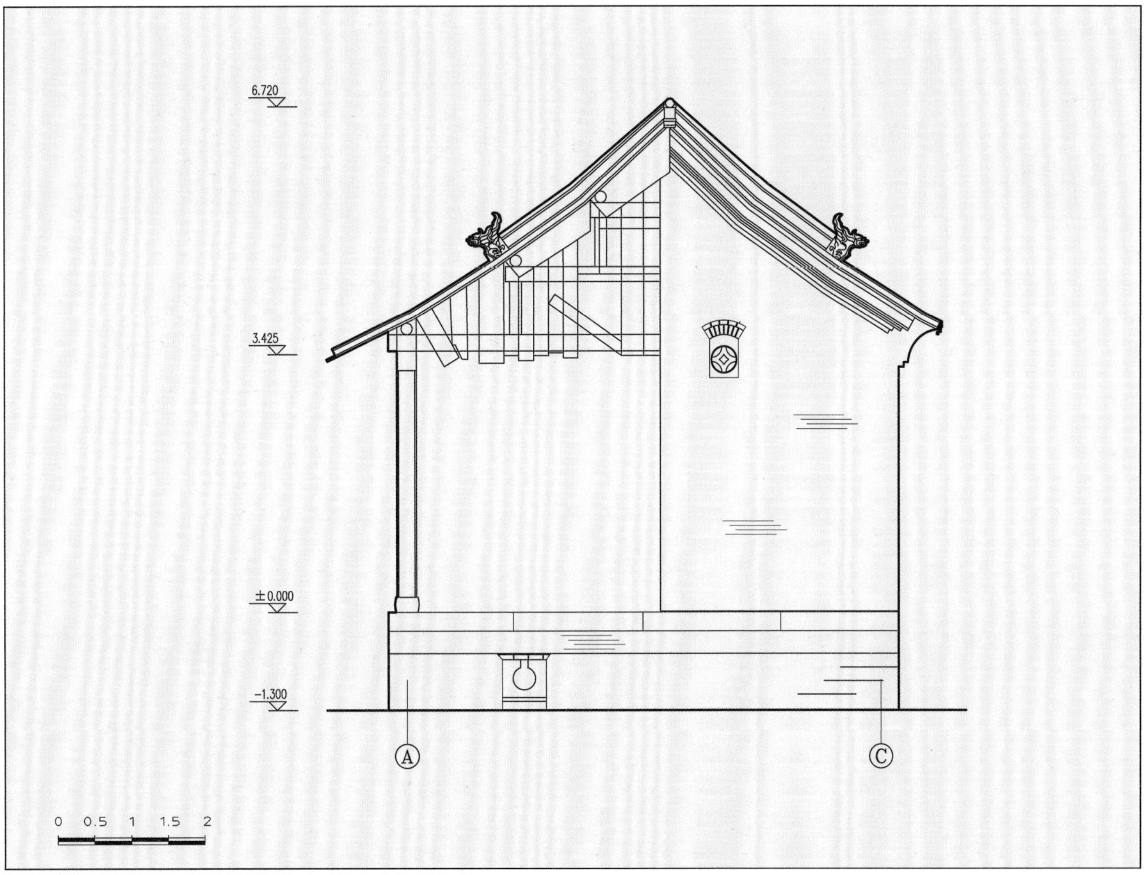

图2-2-5-5 林村戏楼侧立面图

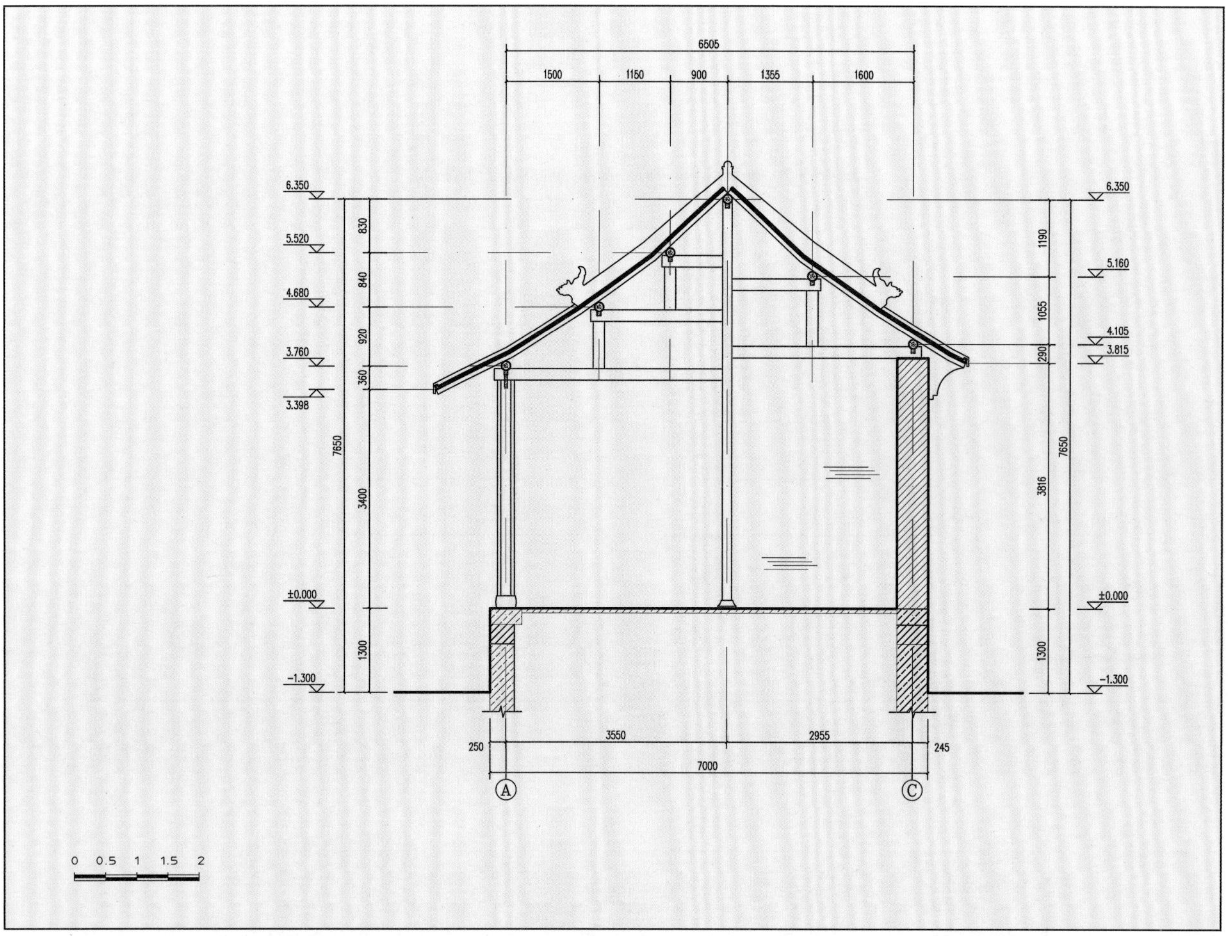

图 2-2-5-6 林村戏楼横剖面图

（四）洛岗戏楼

洛岗戏楼位于叶县洪庄杨镇洛北村，北纬33° 43′ 26″，东经133° 33′ 07″，海拔69米。创建于清嘉庆六年（1801），系第八批河南省文物保护单位。

戏楼坐南面北，单幢式，悬山式建筑，三面观。面阔三间，进深二间，通面阔7.34米，通进深6.82米。砖砌台基长8.15米，宽7.72米，高2.1米。抬梁式木构架，前檐用四根方石柱，檐下施五踩斗栱八攒，其中柱头科四攒、平身科明间二攒、两次间各一攒。七架梁两端分别置于前檐斗栱及后檐墙上，承瓜柱、五架梁、三架梁及各层檩枋。七架梁下立中柱，柱间设隔断，将表演和化妆空间分隔。戏楼脊枋上遗留有“大清嘉庆六年岁次辛酉桐月建修”题记。墙体用青砖砌筑，前檐角柱与山墙之间存2.56米间隙，山墙长度约为山面进深的1/2，形成前部舞台三面敞开布局。额枋采用高浮雕技法雕刻龙凤图案，雀替为花草纹饰。洛岗戏楼构造简洁，雕刻精美细腻，体现了当地传统建筑特色（照2-2-5-5）（图2-2-5-7）（图2-2-5-8）（图2-2-5-9）（图2-2-5-10）（图2-2-5-11）。

照2-2-5-5　洛岗戏楼

图2-2-5-7 洛岗戏楼平面图

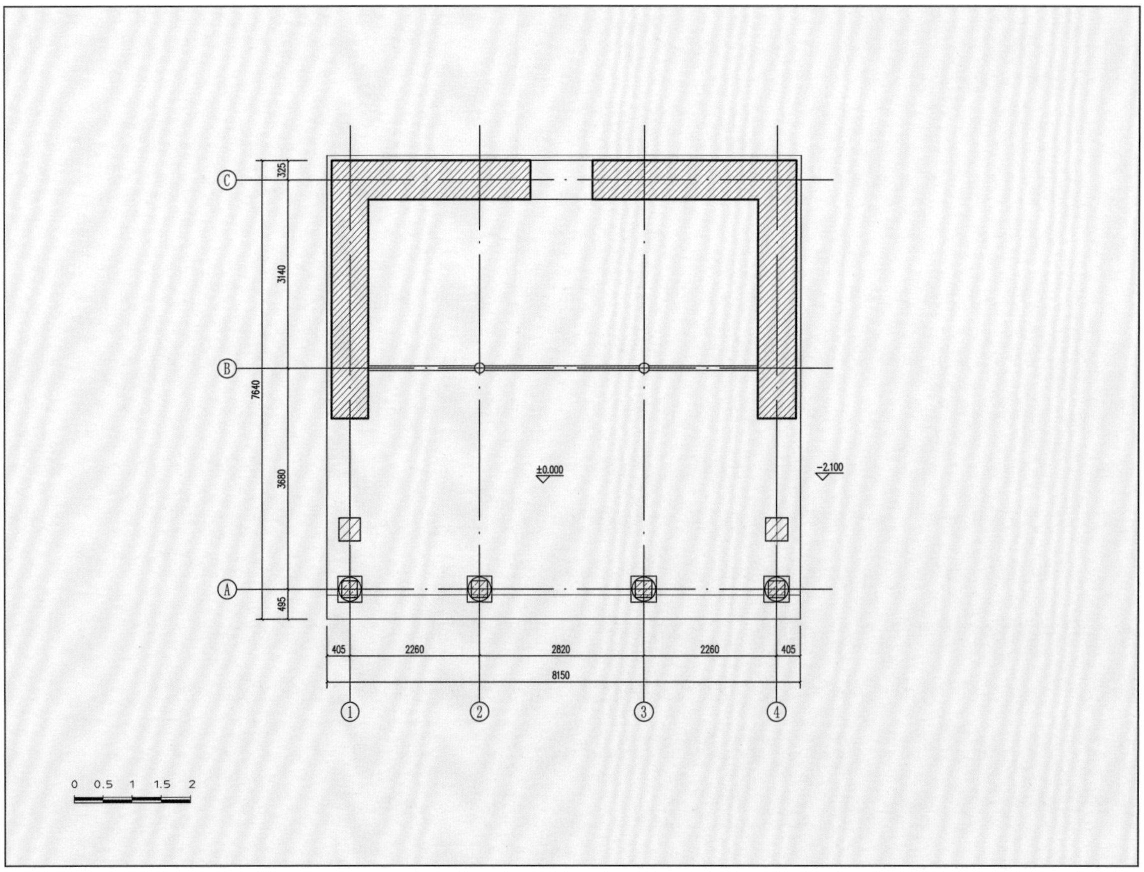

图2-2-5-8 洛岗戏楼正立面图

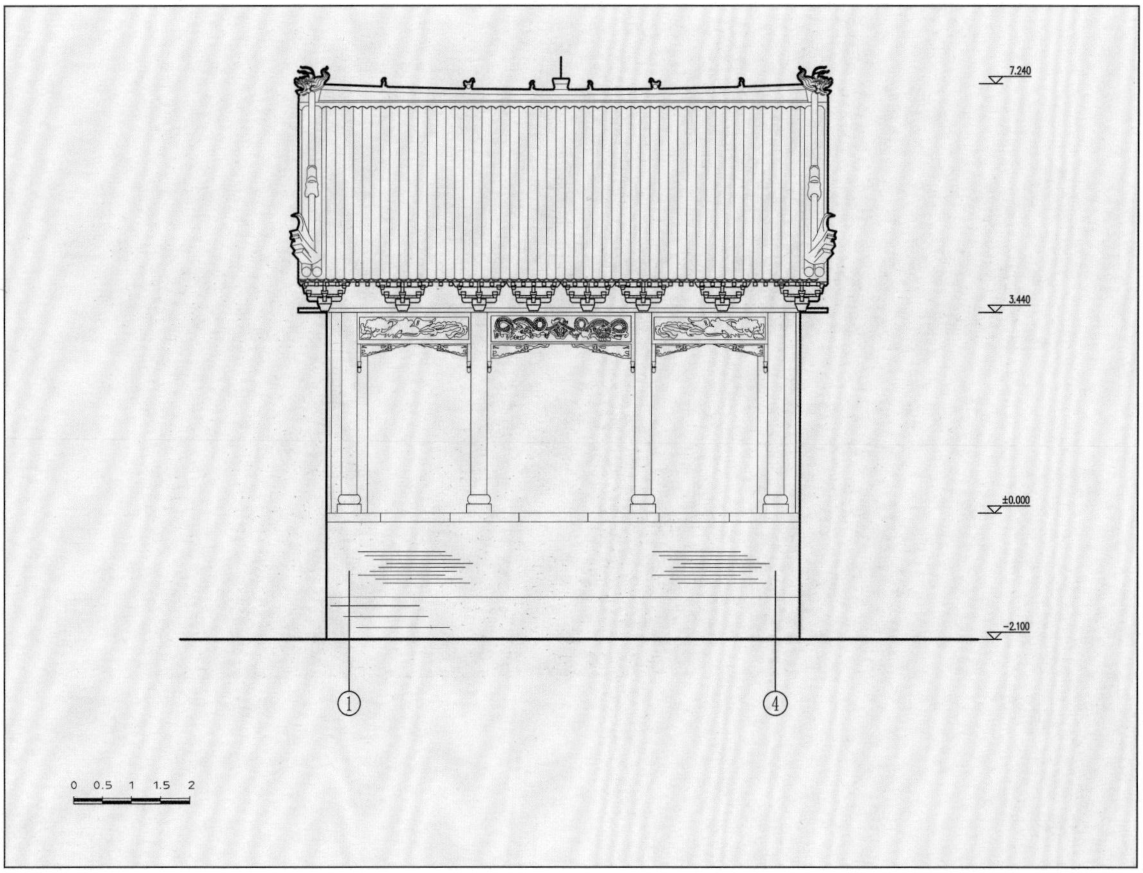

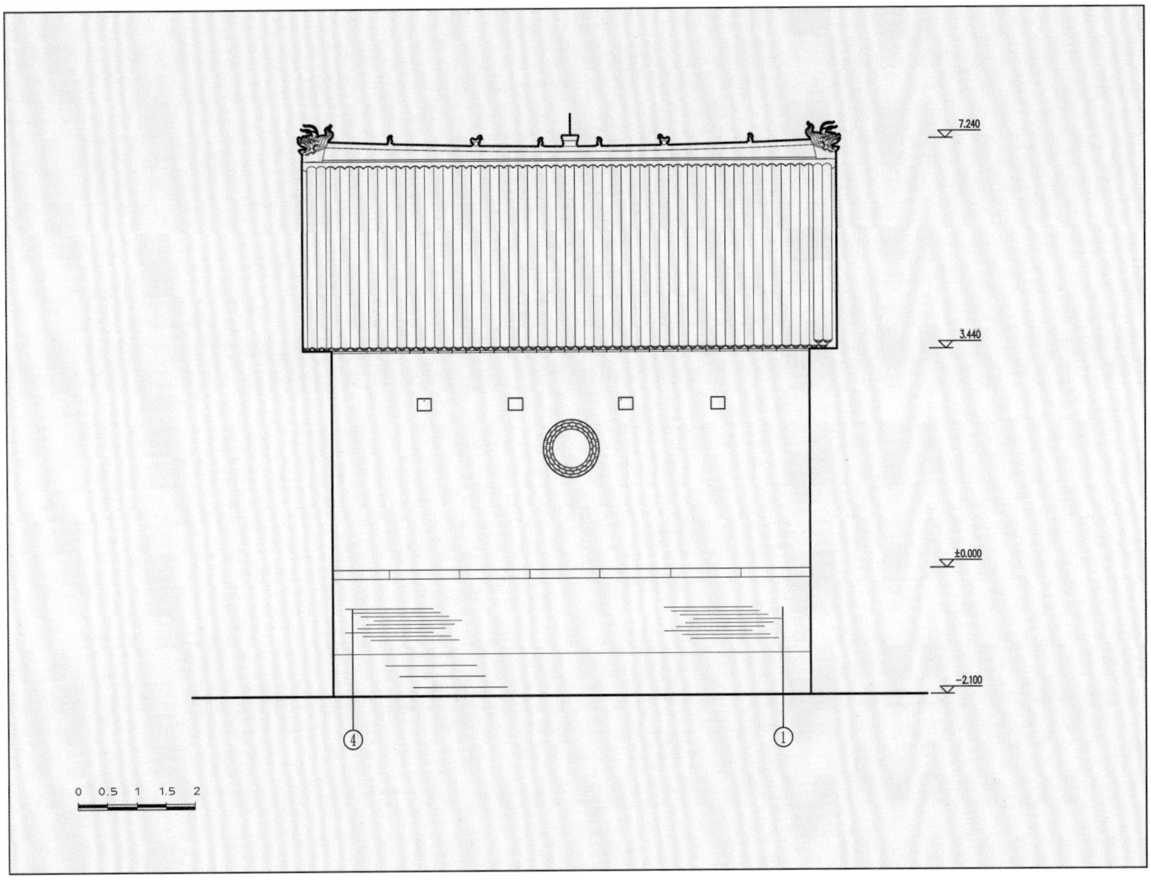

图2-2-5-9 洛岗戏楼背立面图

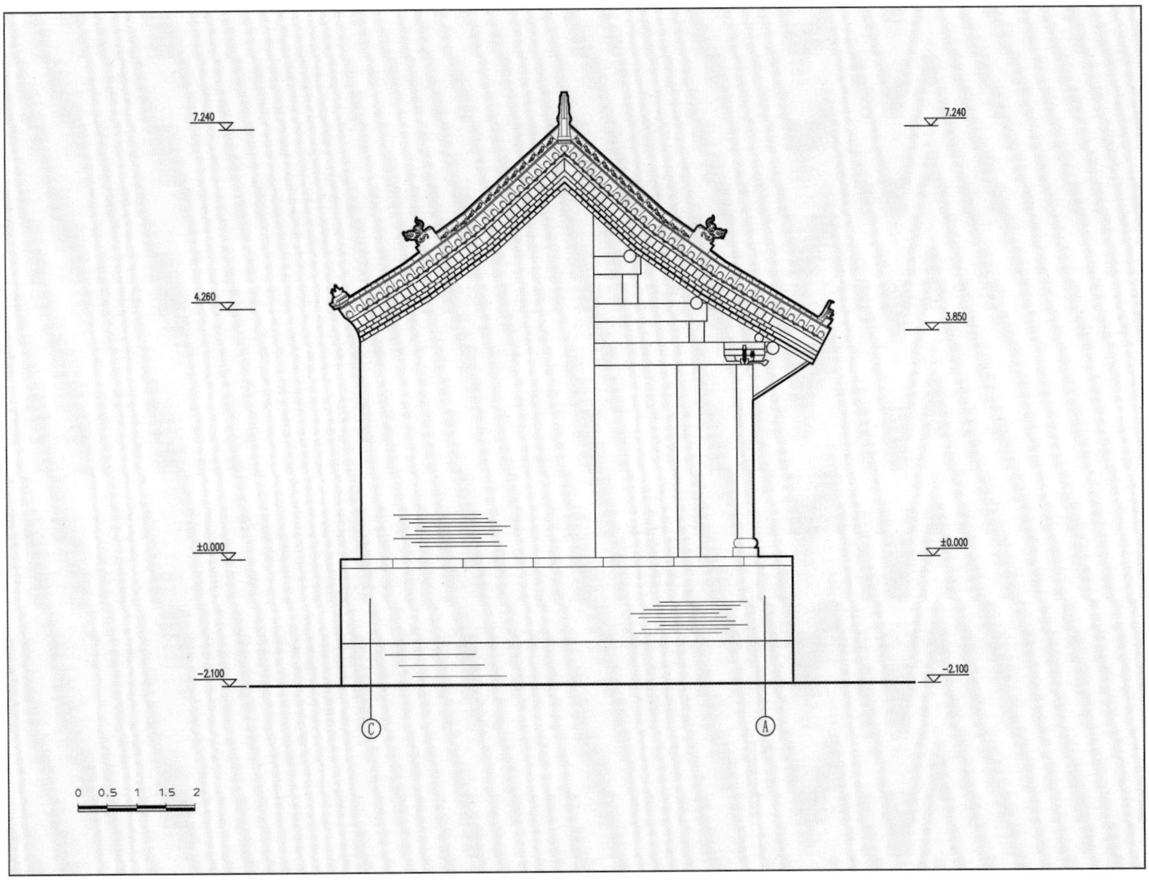

图2-2-5-10 洛岗戏楼侧立面图

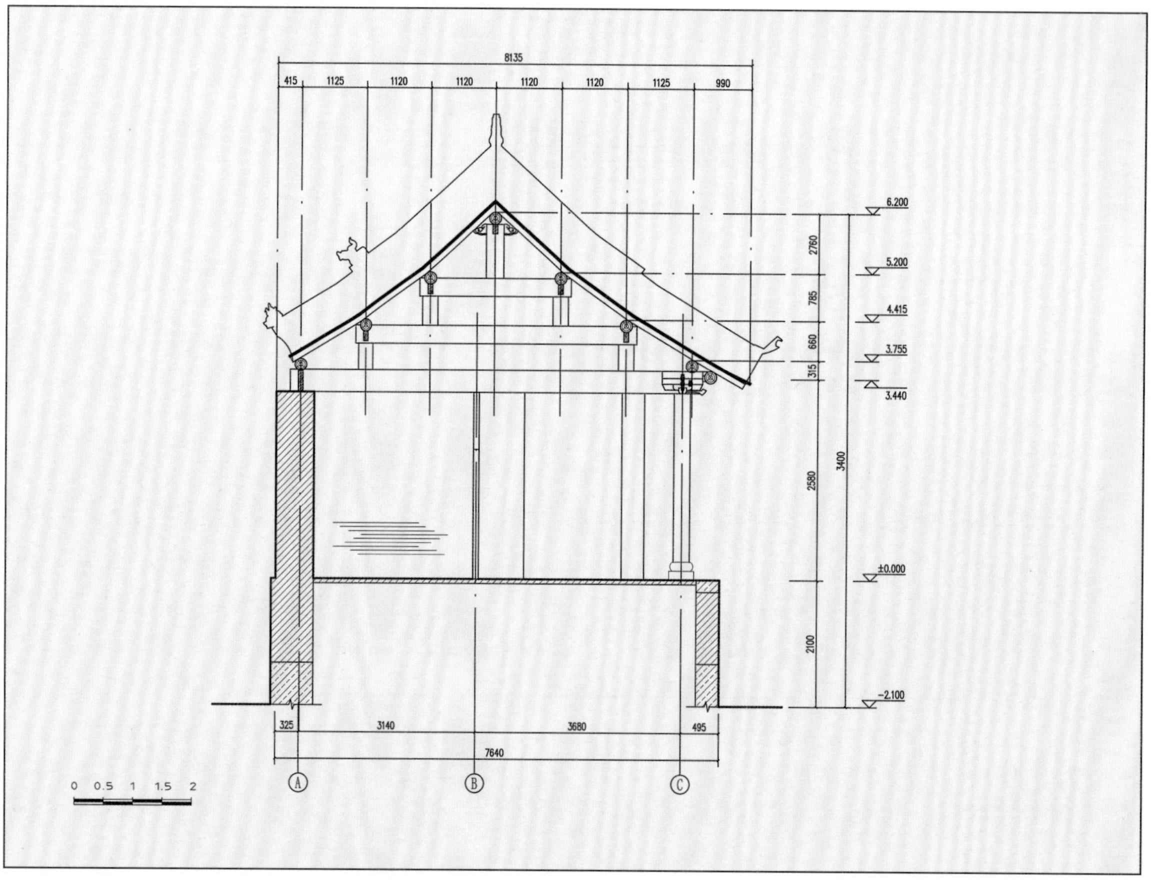

图2-2-5-11 洛岗戏楼横剖面图

（五）半扎关帝庙戏楼

半扎关帝庙位于汝州市蟒川镇半扎村，北纬34° 1′ 0.87″，东经112° 49′ 29.06″，海拔264米。关帝庙创建于乾隆二十七年（1762），坐北面南，现存戏楼、拜殿、大殿及东、西厢房，为第八批河南省文物保护单位。

戏楼又称乐楼，单幢式，半三面观。坐南面北，为两层前坡一步架悬山、其后硬山式建筑，一层明间为关帝庙入口通道，二层为戏台。面阔三间，进深二间，通面阔6.68米，通进深7.84米。台基用条石砌筑，长9米，宽8.4米，高2.7米，中间辟券门，拱脸红砂岩砌成，门洞上方镶青石匾，刻“关帝庙”三字。二层为抬梁式木构架，前檐施三踩斗栱六攒，栱下置四根方形抹角石柱，下垫花瓣纹方形须弥座式石柱础，石柱镌刻两副戏曲楹联：“当年那事非真，演出忠奸昭明月；此地何言是假，看来赏罚似春秋”“盛衰一局棋，自古常如汉魏；邪正千秋价，于今试看刘曹。”阑额和平板枋均有三层透雕，图案为二龙戏珠、花鸟、游龙花卉等，工艺精美，形态逼真。西次间柱根处残存石栏杆，高0.27米，透雕梅竹图样，精美别致。墙体用青砖砌筑，东、西次间后檐墙各辟一圆窗（照2-2-5-6）（照2-2-5-7）（图2-2-5-12）（图2-2-5-13）（图2-2-5-14）（图2-2-5-15）。

照2-2-5-6　半扎关帝庙戏楼正立面

照2-2-5-7　半扎关帝庙戏楼背立面

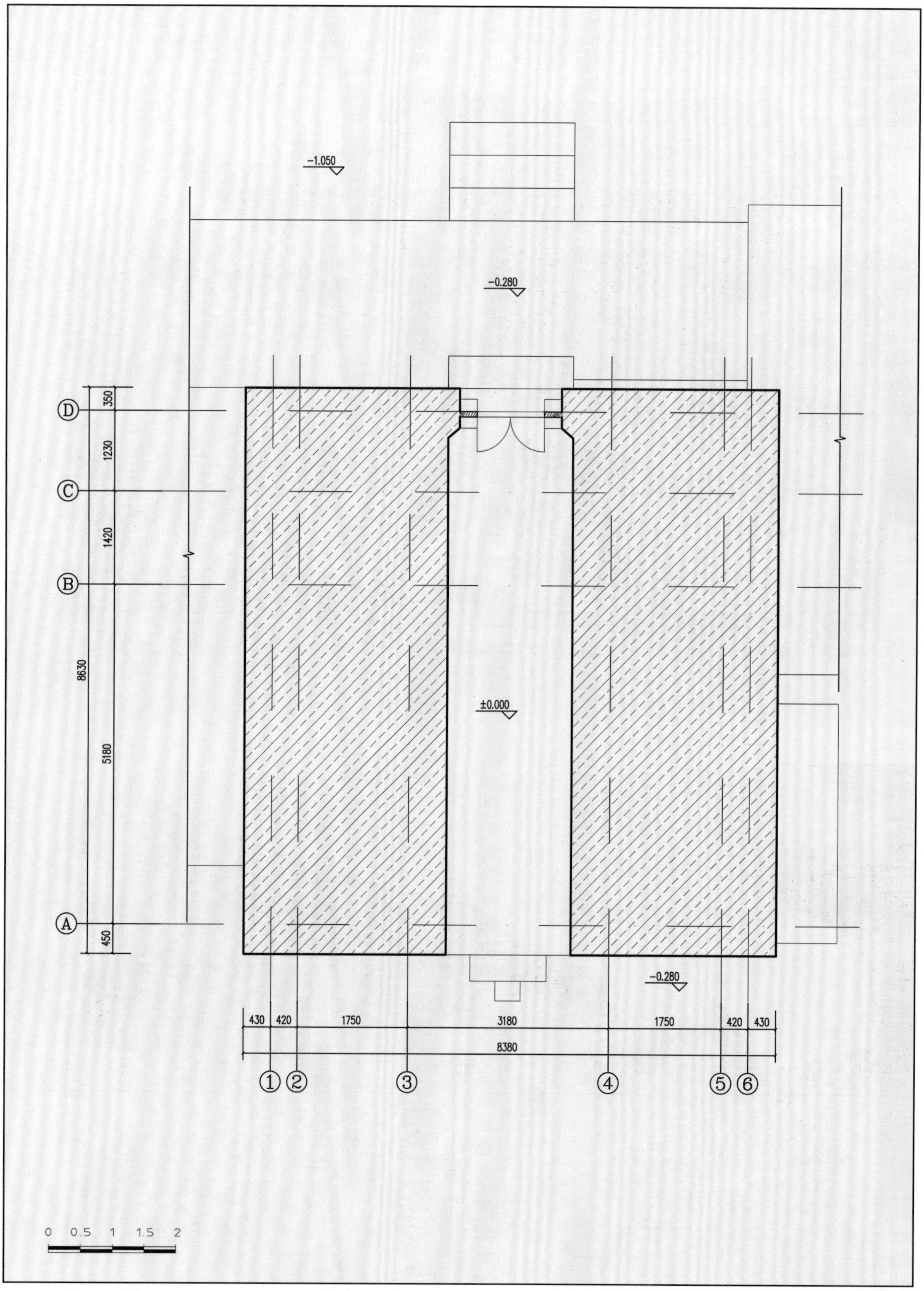

图 2-2-5-12 半扎关帝庙戏楼一层平面图

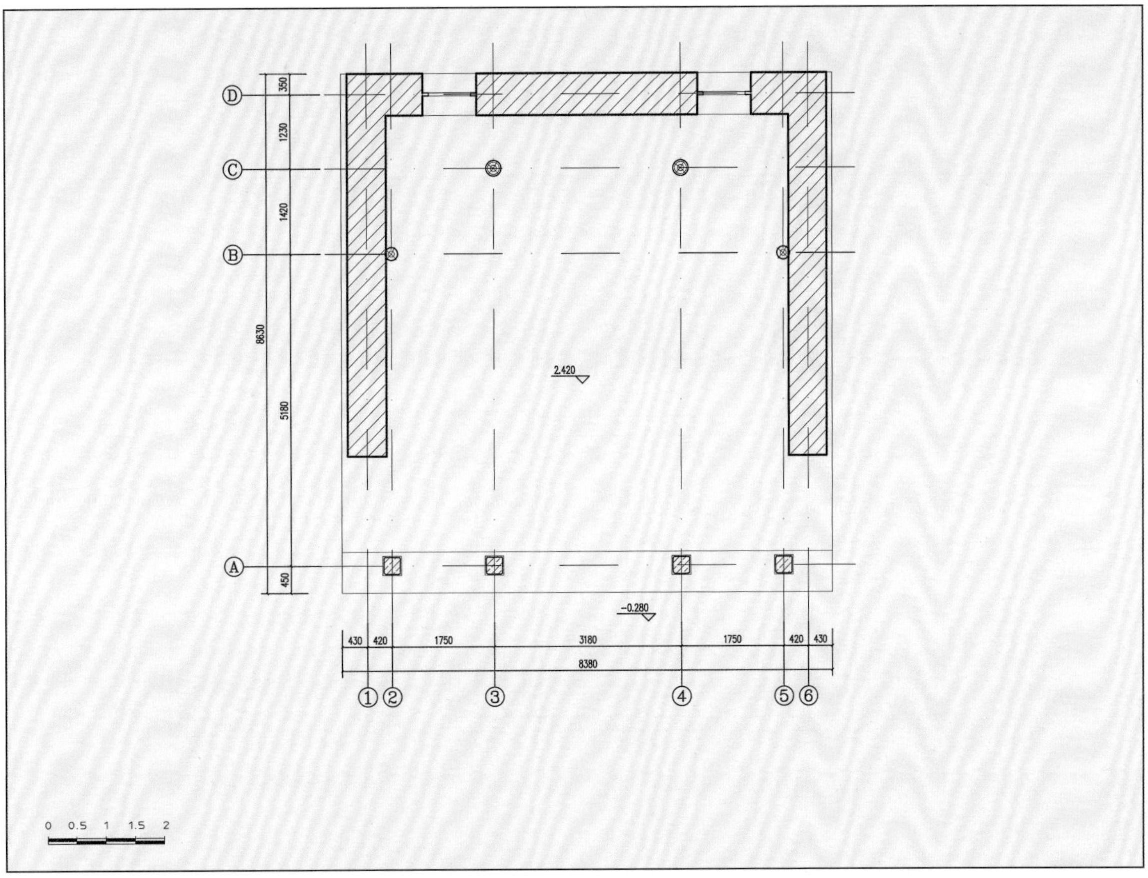

图2-2-5-13 半扎关帝庙戏楼二层平面图

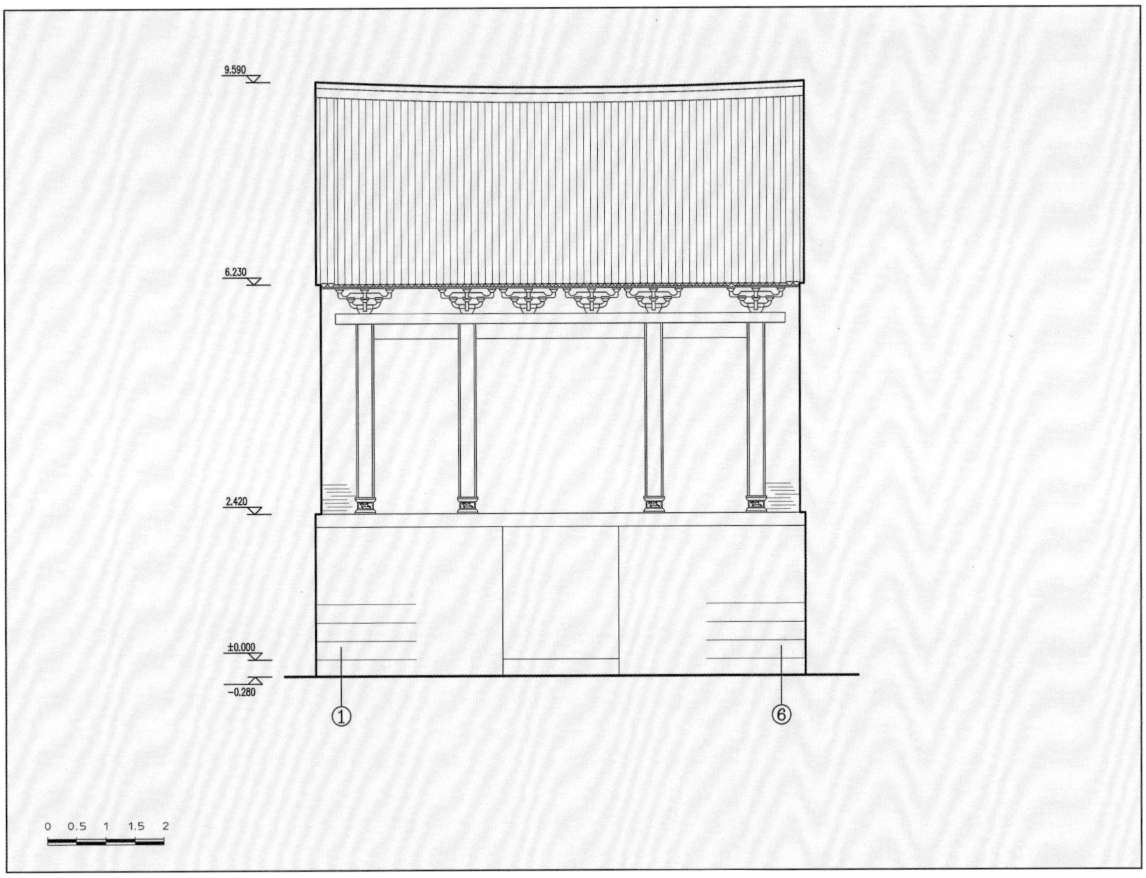

图2-2-5-14 半扎关帝庙戏楼正立面图

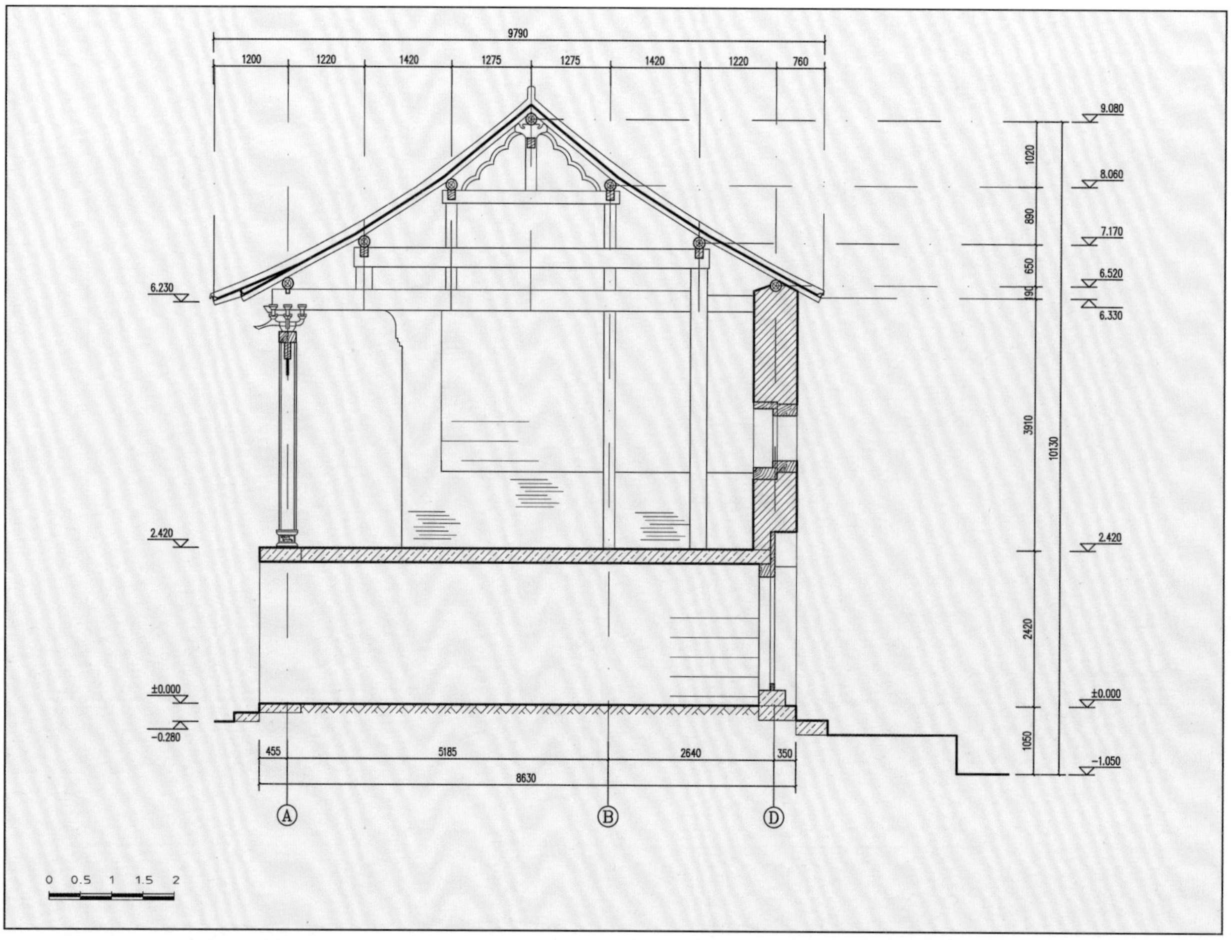

图 2-2-5-15　半扎关帝庙戏楼横剖面图

（六）周庄火神庙戏楼

周庄火神庙戏楼位于汝州市小屯镇周庄村中部，北纬34° 02′ 15″，东经112° 59′ 03″，海拔152米。

戏楼坐南面北，单幢式，为单檐悬山式建筑，小青瓦覆顶。三面观。面阔三间，进深二间，通面阔6.91米，其中明间3.09米；通进深6.25米，砖砌台基高1.51米。抬梁式木构架，四步椽屋，前檐立四根石柱，柱方0.24×2.24米，柱高2.42米。未设平板枋，五梁架两端置于前檐柱及金柱上，承瓜柱、三架梁、脊瓜柱及各层檩枋。墙体采用里生外熟的砌筑手法，内墙土坯，外墙青砖，檐墙东侧设置排水石槽。戏楼屋面正脊起翘明显，曲线轻盈（照2-2-5-8）。

照2-2-5-8　周庄火神庙戏楼

照2-2-5-9　东赵落村玉皇庙戏楼

（七）东赵落村玉皇庙戏楼

东赵落村玉皇庙戏楼位于汝州市纸坊镇东赵落村，北纬34°04′49″，东经112°58′31″，海拔155米。庙已毁，仅存戏楼，创建年代不详。

戏楼坐南面北，单幢式，两层砖木结构，屋面为前坡悬山、后坡硬山式，小青瓦覆顶。平面呈长方形，三面观。面阔三间，进深一间，通面阔7.48米，通进深6.03米，台口高1.4米。二层为抬梁式木构架，形式与周庄火神庙戏楼相似，前檐立四根石柱，柱上不设平板枋，七架梁直接搭于前檐柱头及后檐墙上，上承瓜柱、五架梁、三架梁及各层檩枋，脊瓜柱两侧设叉手。梁架均为自然材，椽上望板有卷草及卍字纹饰。柱头用额枋拉接，上浅刻“福”“高山”“流水”字样。墙体采用里生外熟的砌筑手法，内墙土坯，外墙青砖。山墙长度仅为进深的1/2，与前檐角柱之间用双步梁连接。现一层前檐墙已被拆除，前檐台口处用水泥搭设平台。每年正月二十五庙会期间，戏楼均有戏曲演出，表演剧种以曲剧和越调为主（照2-2-5-9）。

（八）车渠汤王庙戏楼

车渠汤王庙戏楼位于汝州市纸坊镇车渠村东南部，北纬34° 06′ 19″，东经112° 55′ 48″，海拔167米。庙已毁，仅存戏楼，创建年代无考，民国二十二年（1933）重修。

戏楼坐南面北，单幢式，为单檐前坡悬山、后坡硬山式建筑。平面呈长方形，三面观。面阔三间，进深二间，通面阔7.99米，其中明间3.25米；通进深6.38米。抬梁式木构架，前檐立四根木柱，下设圆鼓式与八边形叠加的复合式高墩柱础，高0.71米。五架梁搭于前檐柱及后檐金柱上，承瓜柱、三架梁及各层檩枋，脊瓜柱两侧设叉手。金柱与后檐墙之间设双步梁。脊檩枋遗存题记："民国二十二年仲冬月中旬合寨重修，大吉大利。"梁架均为自然材，椽上望板饰卐字纹。墙体采用里生外熟的砌筑手法，内墙土坯，外墙青砖，东山墙设排水石槽，前檐台口三面开敞。现前檐被封堵，山墙贴有戏报。每年农历正月十八、二月十五，戏楼前广场均有戏曲演出，表演的剧种以曲剧和越调为主（照2-2-5-10）。

照2-2-5-10 车渠汤王庙戏楼

（九）虎头村戏楼

虎头村戏楼位于汝州市汝南街道虎头村，北纬34° 06′ 27″，东经112° 52′ 44″，海拔180米。创建年代不详。

戏楼坐南面北，单幢式，为单檐前坡悬山、后坡硬山式建筑。平面呈长方形，半三面观。面阔三间，进深二间，通面阔7.2米，其中明间3.26米；通进深6.08米，台基高0.8米。抬梁式木构架，前檐立四根石柱，五架梁搭于前檐平板枋及后檐金柱上，承三架梁、瓜柱及檩枋，脊瓜柱两侧设叉手。金柱与后檐墙之间用单梁连接。檐檩与平板枋之间装饰草纹花板。墙体采用里生外熟的砌筑方式，内墙用土坯，外墙为青砖。因山墙止于前檐下金檩位置，山墙与前檐柱之间设双步梁，承单步梁、瓜柱及檩枋。后檐墙设排水石槽。戏楼椽上铺设望砖，上刻卐字纹（照2-2-5-11）（图2-2-5-16）（图2-2-5-17）（图2-2-5-18）。

照2-2-5-11　虎头村戏楼

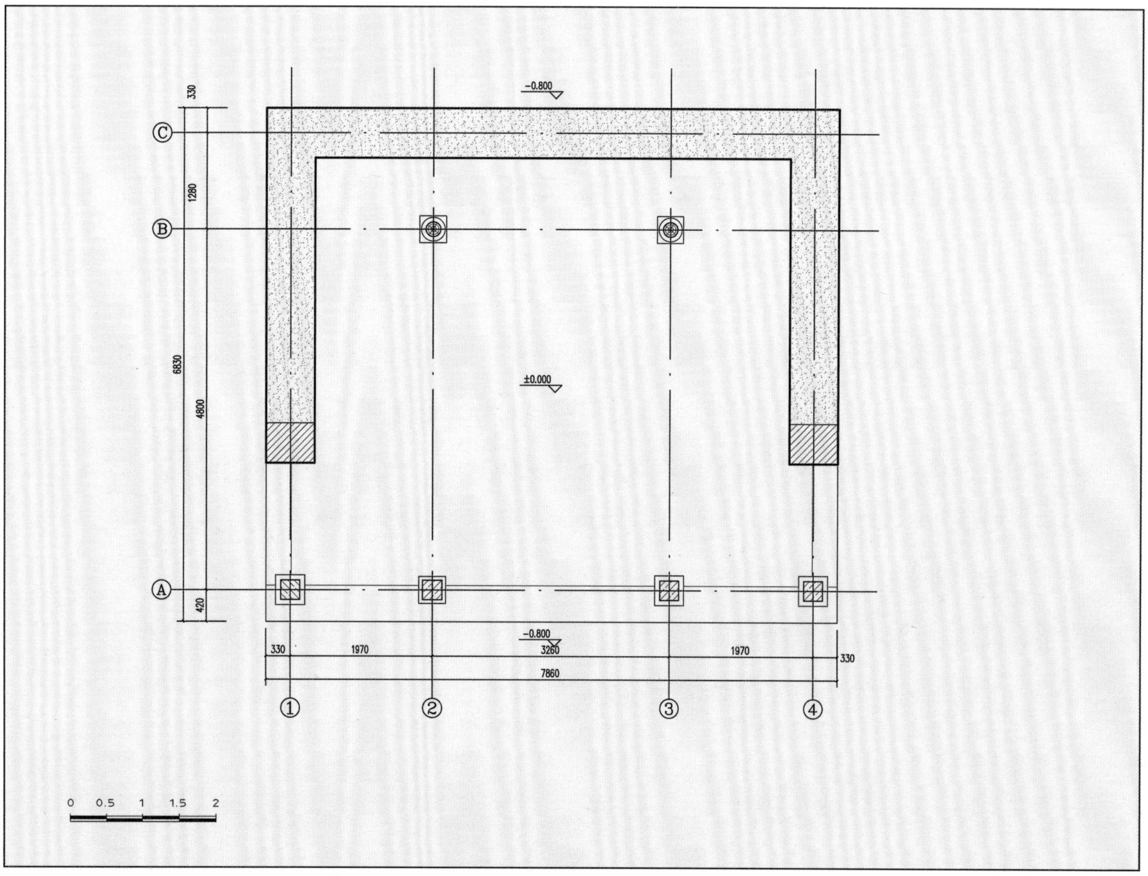

图2-2-5-16 虎头村戏楼平面图

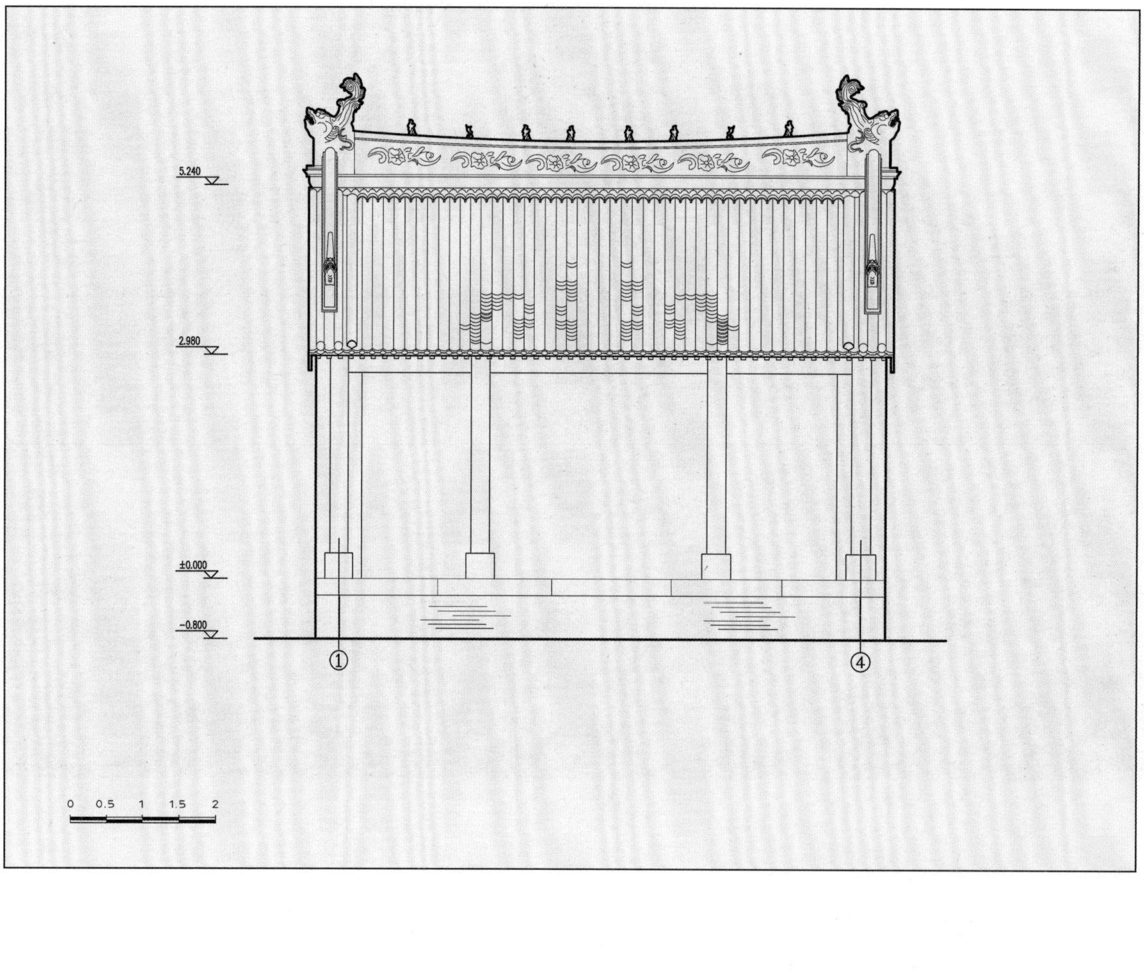

图2-2-5-17 虎头村戏楼正立面图

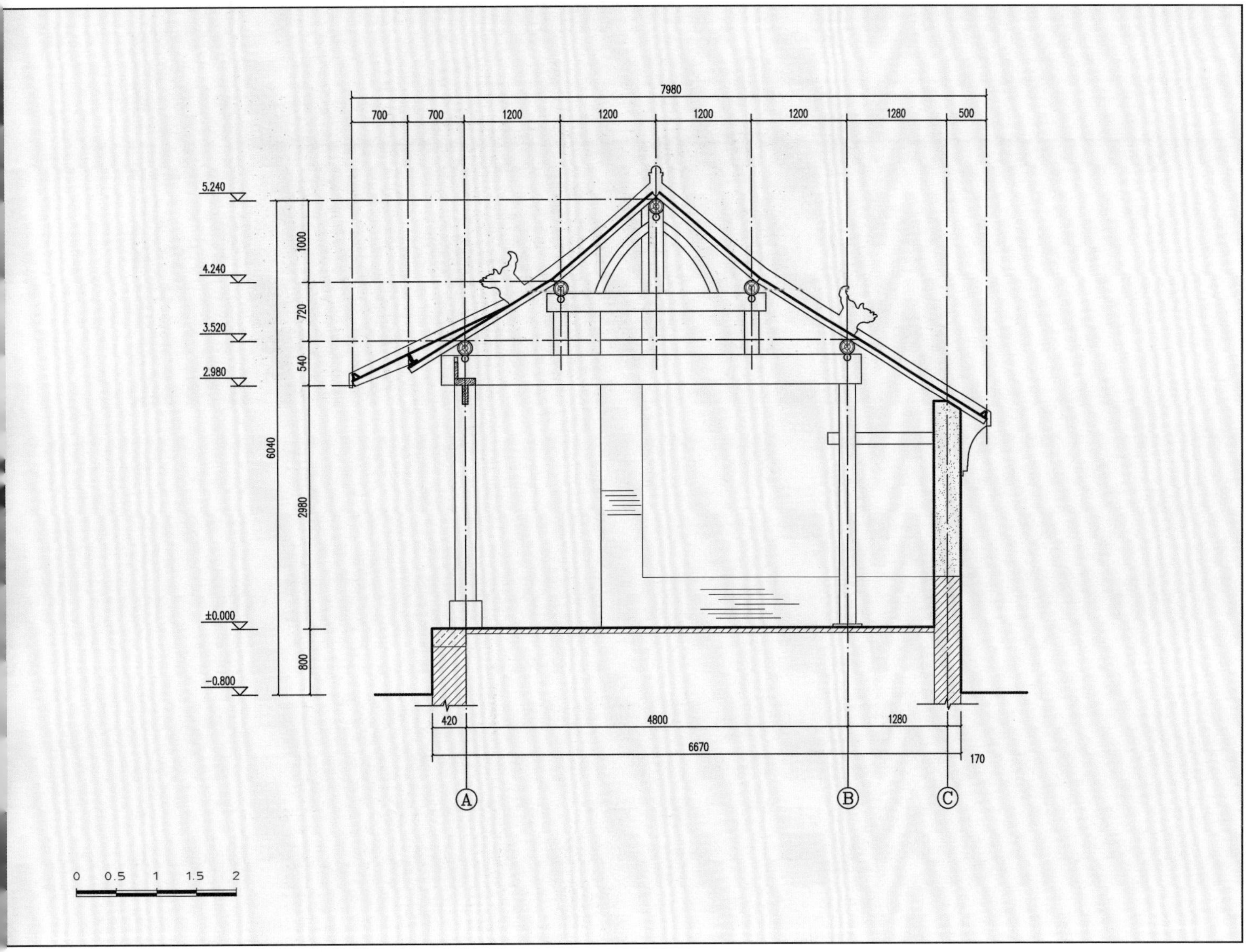

图 2-2-5-18　虎头村戏楼横剖面图

照2-2-5-12　留王店村戏楼

（十）留王店村戏楼

留王店村戏楼位于汝州市纸坊镇留王店村中部，北纬34° 08′ 17″，东经112° 56′ 33″，海拔195米。戏楼创建于清光绪十九年（1893）。

戏楼坐南面北，单幢式，为单檐前坡悬山、后坡硬山式建筑。平面呈长方形，半三面观。面阔三间，进深二间，通面阔6.94米，其中明间3.34米；通进深6.28米，台口高1.4米。抬梁式木构架，前檐立四根石柱，构架置中柱，前后各施三步梁，梁上承瓜柱、双步梁及各层檩枋，脊瓜柱两侧设叉手。脊枋存清光绪十九年四月题记。墙体采用里生外熟的砌筑方式，内墙用土坯，外墙为青砖。山墙止于前檐下金檩位置，与前檐柱之间以双步梁相连，上承瓜柱、单步梁及檩、椽。东山墙设排水石槽。戏楼椽上铺设望砖，上刻卐字纹。每年农历正月二十五、二月初十，戏楼均有戏曲演出，表演的剧种以曲剧和越调为主。戏楼是当地赛社及戏曲等传统文化的历史见证，为研究汝州戏曲、民俗文化提供了实物例证（照2-2-5-12）。

（十一）张村戏楼

张村戏楼位于汝州市焦村镇张村南部的民居内，北纬34° 09′ 51″，东经113° 00′ 28″，海拔231米。创建年代不详，清代建筑。戏楼原为民居内的厅堂，有观戏需求时，作为戏楼使用。

照2-2-5-13 张村戏楼

戏楼位于院中轴线上，坐南面北，单幢式，为单檐硬山式建筑。三面观。面阔三间，进深一间，通面阔12.44米，通进深4.53米。抬梁式木构架，六步椽屋。檐柱上置大梁，承三架梁、瓜柱及各层檩枋，脊瓜柱两侧设叉手。大梁前端下戗压抱头梁，抱头梁外承挑檐檩，檐檩下有垂花柱。前出檐设计巧妙，空间开敞。挑檐檩与枋间装饰花板，花板中部及两端采用透雕、浮雕等技法雕刻龙、麒麟等纹饰，额枋浮雕牡丹，雀替则透雕卷草图案。两山置砖雕花草墀头，望砖刻卐字纹。戏楼前檐木、砖雕精美，檐口采用挑檐檩及垂花柱，造型美观，别具特色（照2-2-5-13）。

（十二）汝州中大街（钟楼）戏楼

戏楼位于汝州市钟楼街道中大街东段，与汝州钟楼相连。北纬34°09′40″，东经112°50′34″，海拔208米。创建于清雍正二年（1724），后屡有修缮，系第一批汝州市文物保护单位。

戏楼坐南面北，面对广场，与钟楼形成双幢前后串联式组合。钟楼为重檐八角攒尖式建筑，平面呈八边形。台基为青砖铺砌，高3.46米。戏楼平面近半圆形，仿歇山式屋面，砖砌台基最宽处11.15米，深6.03米，高1.78米。抬梁式木架构，五架梁二端分别置于前檐柱及后檐墙上，承瓜柱四架梁、三架梁及檩枋，背檩两侧设叉手。现外檐被封砌，设有门窗（图2-2-5-19）（图2-2-5-20）（图2-2-5-21）（图2-2-5-22）（图2-2-5-23）。

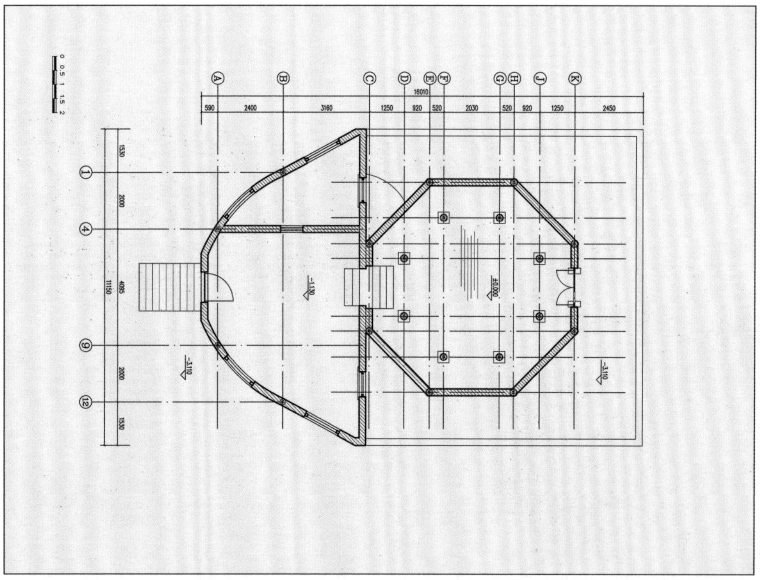

图2-2-5-19　汝州中大街戏楼平面图

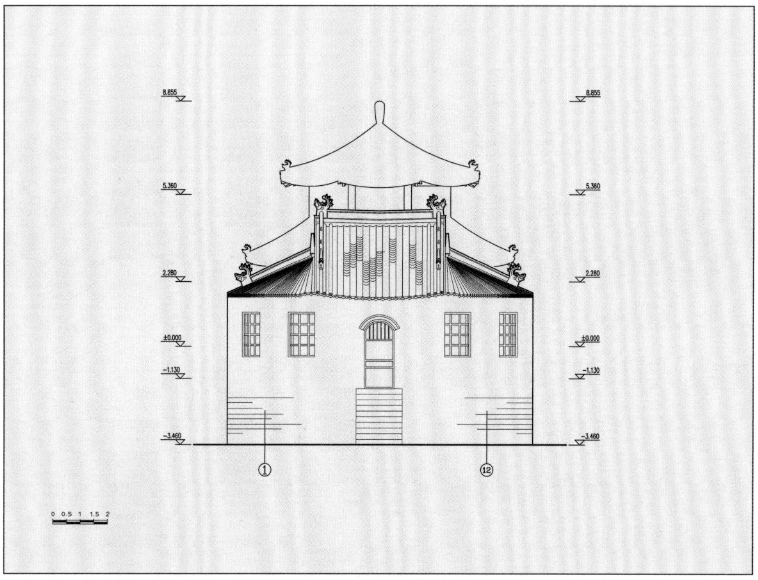

图2-2-5-20　汝州中大街戏楼正立面图

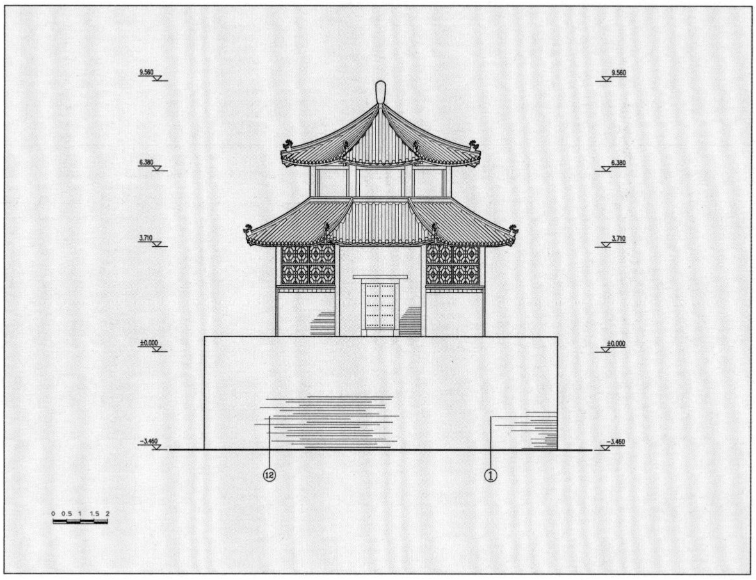

图2-2-5-21　汝州中大街戏楼背立面图

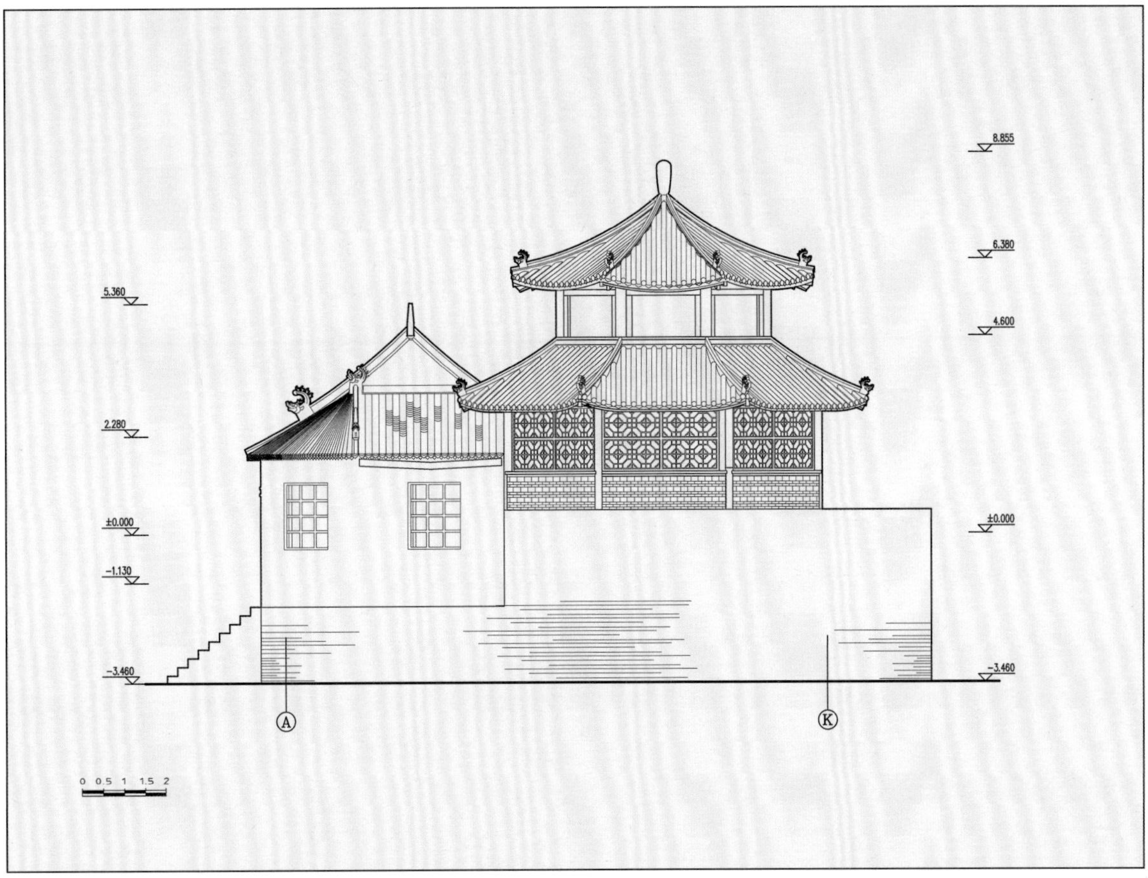

图2-2-5-22 汝州中大街戏楼侧立面图

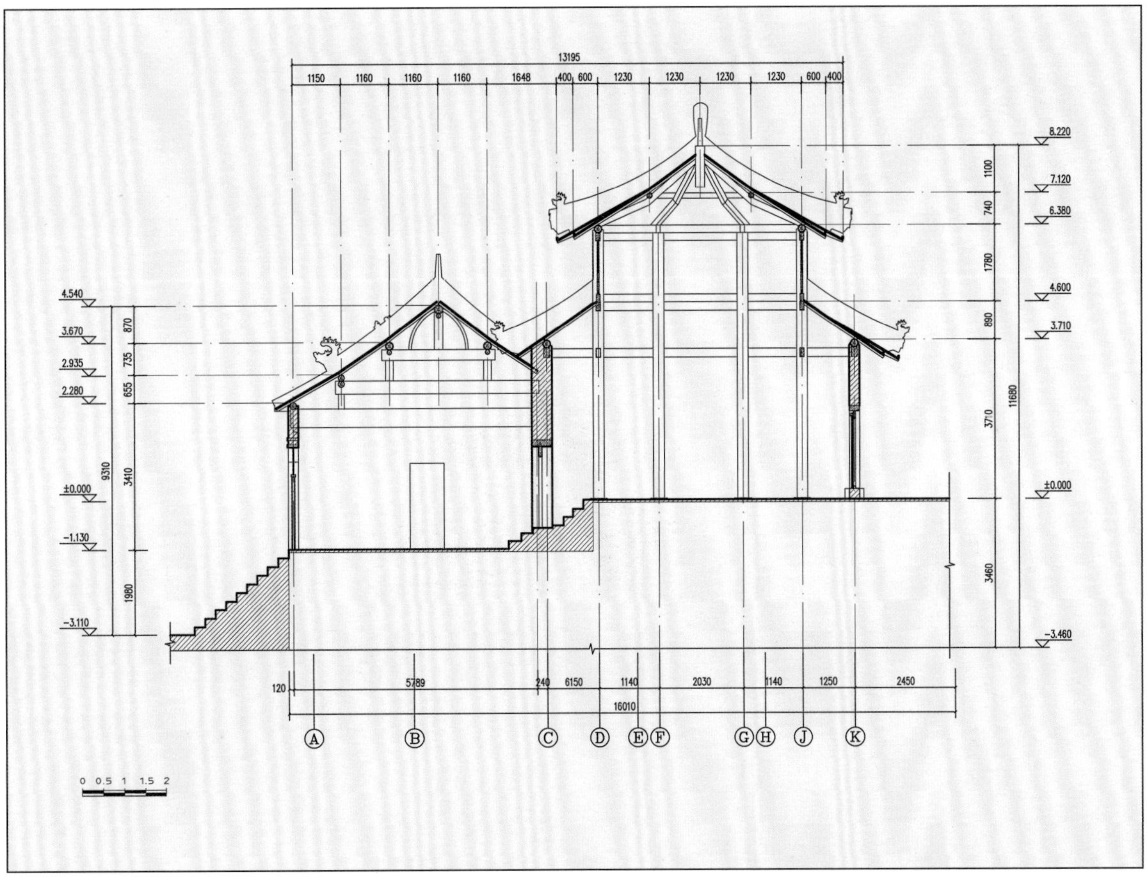

图2-2-5-23 汝州中大街戏楼横剖面图

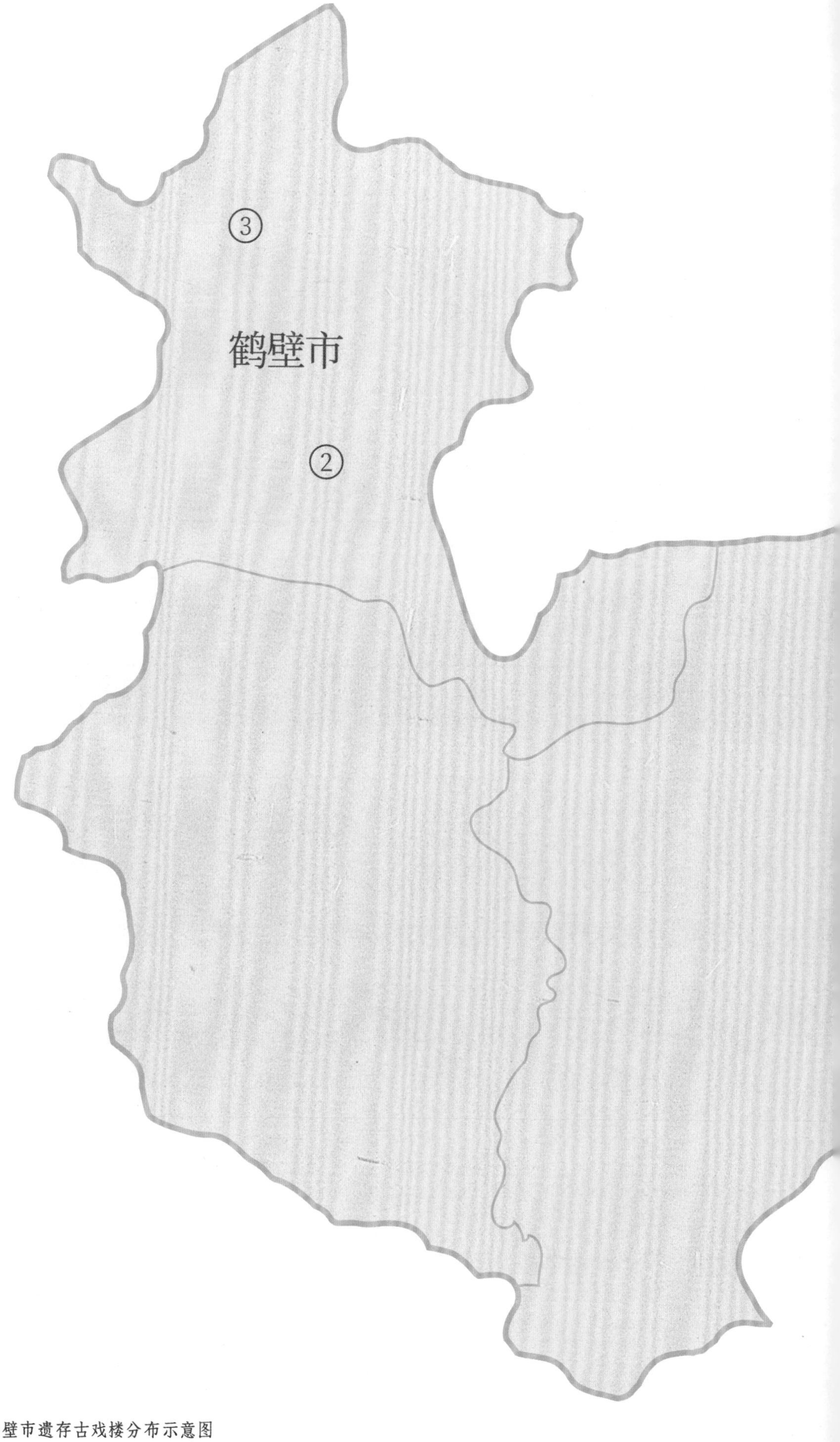

图 2-2-6-1　鹤壁市遗存古戏楼分布示意图

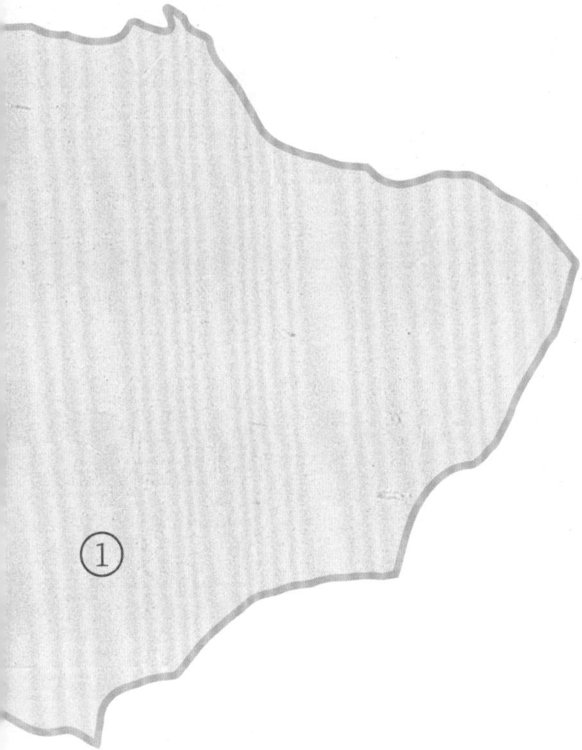

① **碧霞宫戏楼**（浚县浮丘山）

② **上峪乡白龙庙戏楼**（鹤壁市淇滨区上峪乡白龙庙村）

③ **黄庙沟黄龙庙戏楼**（鹤壁市鹤山区姬家山乡黄庙沟村）

六、鹤壁市

鹤壁市位于河南省北部太行山东麓向华北平原过渡地带。现存古戏楼3座，包括市区2座、浚县1座；其中国保单位1处、县保单位1处、一般文物点1处（图2-2-6-1）。

照 2-2-6-1　碧霞宫戏楼

（一）碧霞宫戏楼

碧霞宫位于浚县浮丘山南端峰巅，北纬35°39′30″，东经114°32′26″，海拔72米。碧霞宫创建于明嘉靖二十一年（1542），至嘉靖四十一年（1562）竣工，历时21年。明万历年间、清康熙四十一年（1702）、嘉庆元年（1796）、咸丰二年（1852）、同治九年（1870）、光绪四年（1878）等多次重修，渐具现今规模。民国二十二年（1933）戏楼重修。碧霞宫整体坐北面南，三进院落，中轴线上由南向北依次排列着戏楼、石坊、山门、二门、大殿、琼宫妥圣门、寝宫，东西两侧分列有坤宫楼、巽宫楼、钟鼓楼、东西陪楼等建筑，系第七批全国重点文物保护单位。

戏楼又称遏云楼，位于碧霞宫中轴线南端，距山门25米。戏楼坐南面北，位居砖砌高台之上，台高2.2米。双幢前后串联式，屋面为前台卷棚悬山式、后台硬山式。前后台均面阔三间，二者明间面阔相同，但前台两次间面阔缩减，仅为后台次间面阔的1/3，形成整体呈“凸”字形平面布局，三面观。前台面阔三间5.66米，其中明间4.06米；进深一间。五步椽屋计4.3米，为表演舞台。舞台为青砖地面，用石柱八根，檐柱方0.31×0.31米，柱高2.77米，下设方墩柱础。前后檐平板枋上置六架梁，承柁墩托起四架梁、瓜柱、月梁及各层檩枋。檐檩枋与平板枋之间用荷叶墩支撑，雀替透雕飞鹿、凤凰等图案。石柱镌刻楹联两副，前檐柱为：“山水簇仙，居仰碧榭丹台，一阕清音天半绕；香花酬众，愿看酒旗歌扇，千秋盛会里中传。”后檐柱书：“瘟岂妄加于人，惟作孽者不可逭；神祇行所无事，常为善者自获安。”

后台面阔三间，进深一间，四步椽屋，通面阔8.1米，其中明间2.01米、次间3.04米，通进深4.37米。次间面阔大于明间，设上下场门便于演员出入。梁架为抬梁式，五架梁置于前檐柱及后檐墙之上，承三架梁、瓜柱及各层檩枋，梁架均为自然材，椽上铺望砖。前檐明间设木隔断分隔，次间设上下场门。墙体三面围合，用青砖砌筑，墙厚0.48米。两侧山墙及后檐墙正中各设一圆窗。东、西次间后檐墙下部各设一方形排水石槽，便于演员使用的污水排出。戏楼近年得以修缮，保存完整（照2-2-6-1）（图2-2-6-2）（图2-2-6-3）（图2-2-6-4）（图2-2-6-5）。

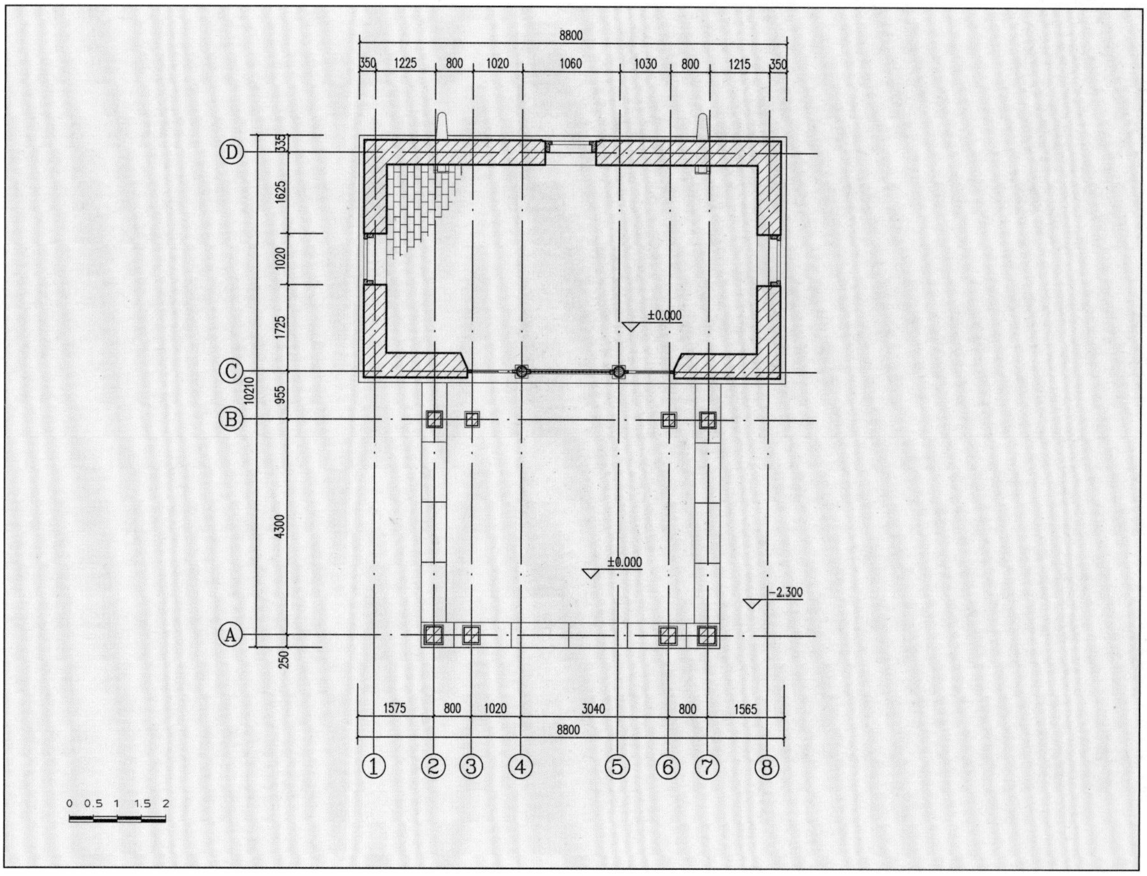

图2-2-6-2 碧霞宫戏楼平面图

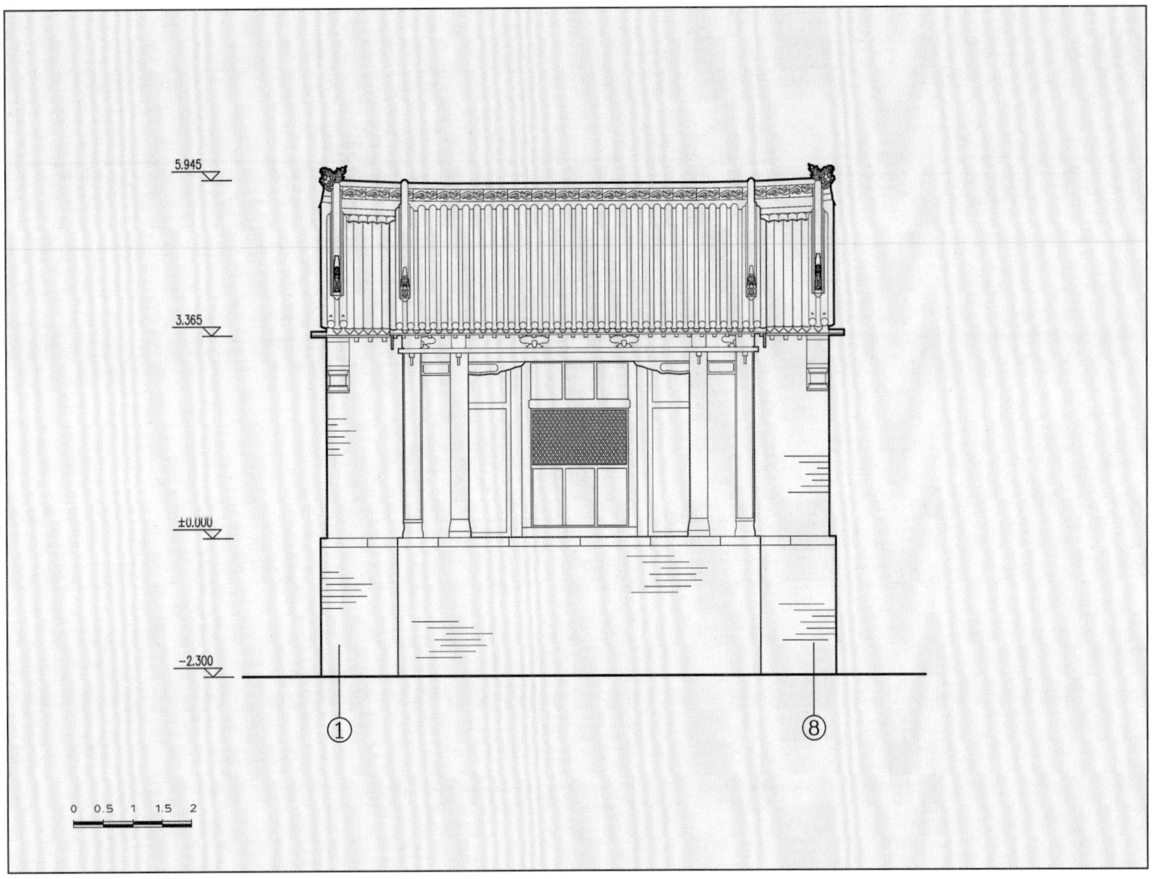

图2-2-6-3 碧霞宫戏楼正立面图

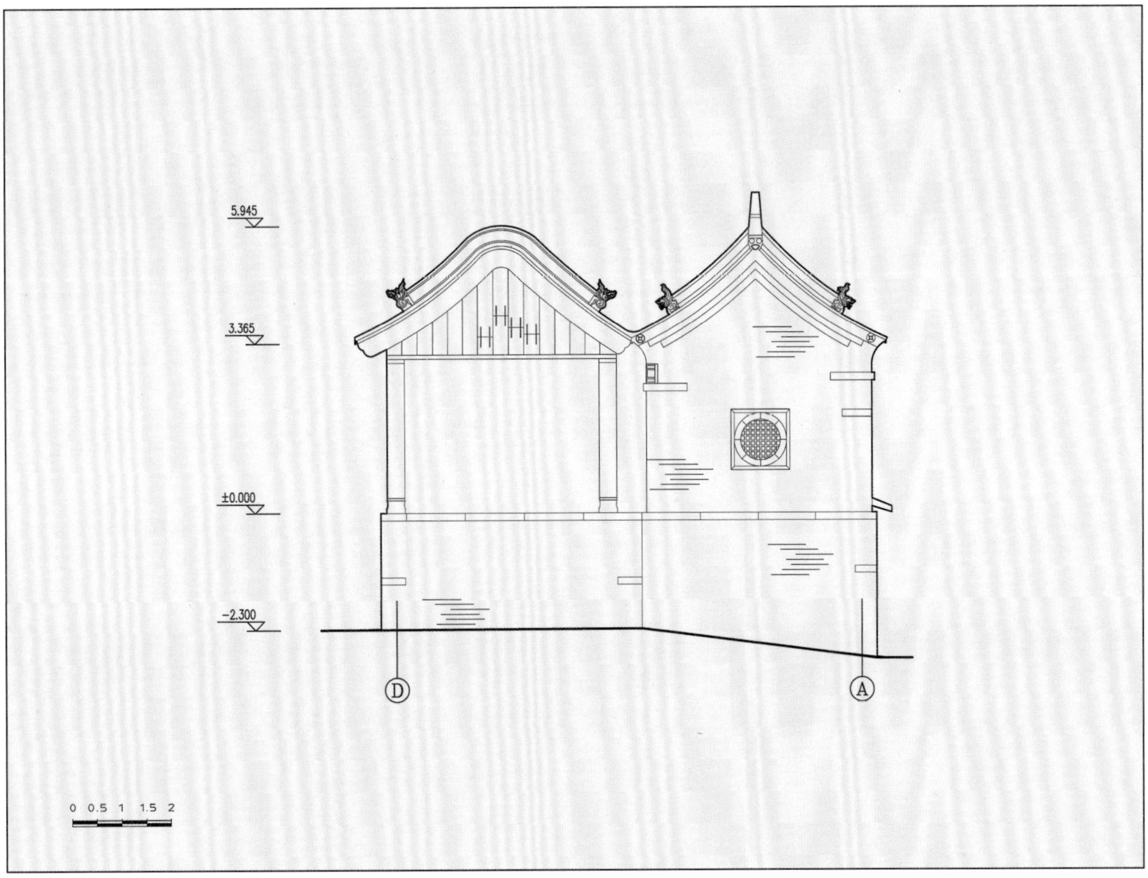

图2-2-6-4 碧霞宫戏楼侧立面图

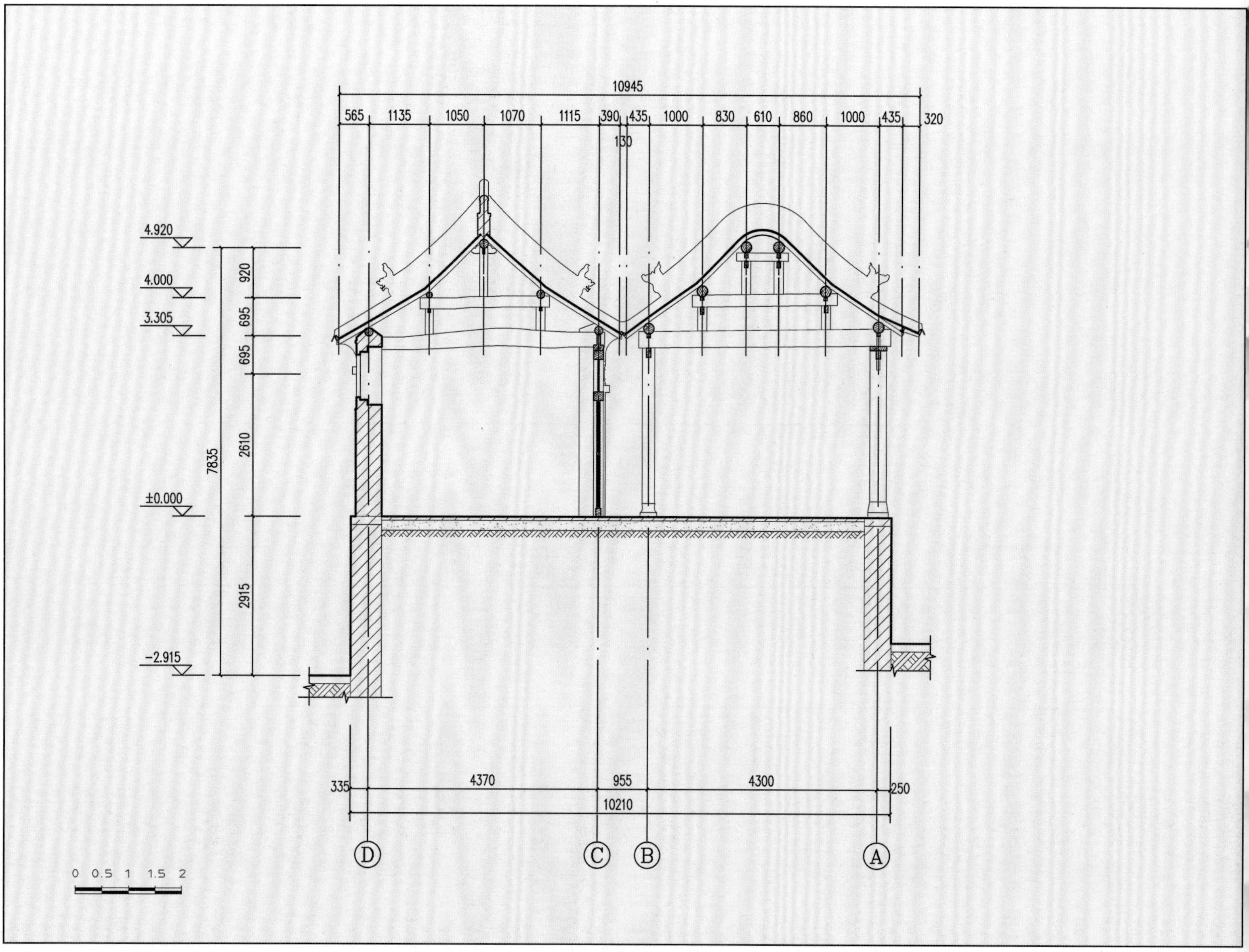

图 2-2-6-5　碧霞宫戏楼横剖面图

（二）上峪乡白龙庙戏楼

白龙庙位于鹤壁市淇滨区上峪乡白龙庙村北部，北纬35°49′16″，东经114°08′16″，海拔167米。白龙庙坐北面南，二进院落，中轴线上自南向北依次为戏楼、山门、献殿、大殿及后殿，东侧立厢房。白龙庙创建于明永乐十四年（1416），明万历、清康熙年间均有重修。系鹤壁市淇滨区文物保护单位。

戏楼位于庙前台地上，北临淇河，南依群山，坐南面北，与山门相照，间距14.93米。双幢前后串联式，屋面为前台单檐卷棚悬山式、后台硬山式。平面呈长方形，三面观。前后台均面阔三间，通面阔5.53米，其中明间2.57米。前台进深一间计3.88米，后台进深3.85米，建筑通高5.35米。台基高1.42米，条石砌边，青砖铺面。木构架为抬梁式，前台共用石柱六根，方墩柱础，前后檐平板枋上置六架梁，承瓜柱、月梁、单步梁及各层檩枋，檐下设补间斗栱四攒，平板枋下有倒挂楣子。前檐石柱刻楹联两副：“盍往观乎，父老闲来消白昼；亦既见止，儿童归去话黄昏”“世务总空，何必以虚为实；人情无定，不妨借假作真。”后台五架梁置于前后檐柱上，承三架梁、脊瓜柱及各层檩枋，脊瓜柱两侧用叉手。两山墙各设一圆窗，后檐墙正中有一方窗，便于采光，墙体下砌青砖，上为土坯，建筑风格古朴。现后檐窗棂遗失，用砖补砌（照2-2-6-2）（图2-2-6-6）（图2-2-6-7）（图2-2-6-8）（图2-2-6-9）（图2-2-6-10）。

照2-2-6-2
上峪乡白龙庙戏楼

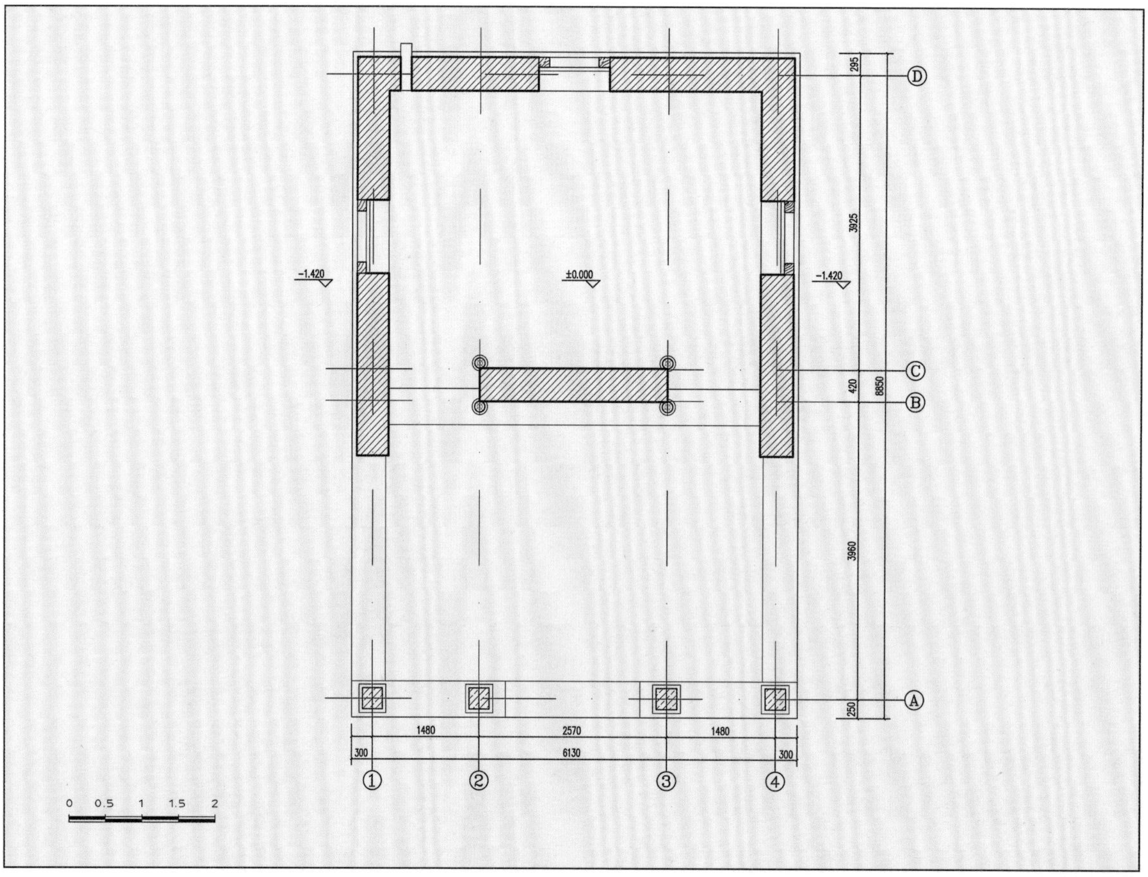

图2-2-6-6 上峪乡白龙庙戏楼平面图

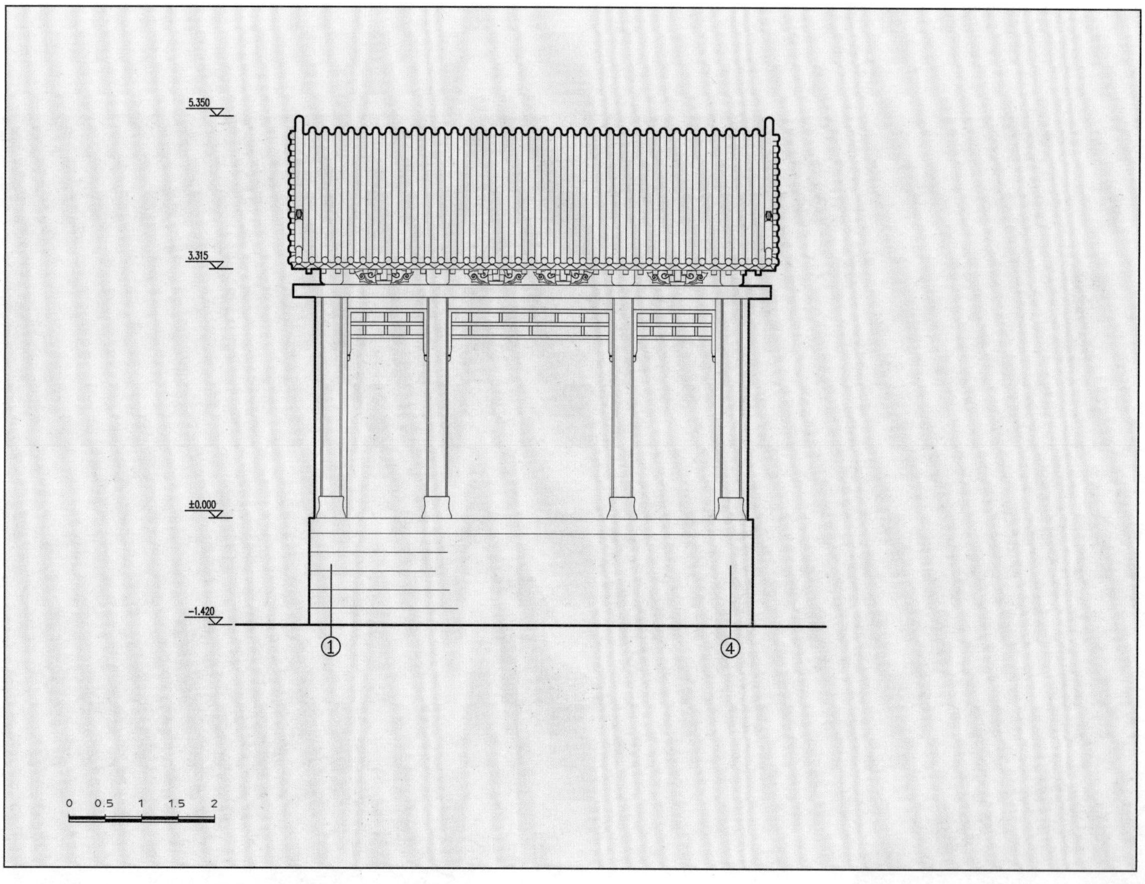

图2-2-6-7 上峪乡白龙庙戏楼正立面图

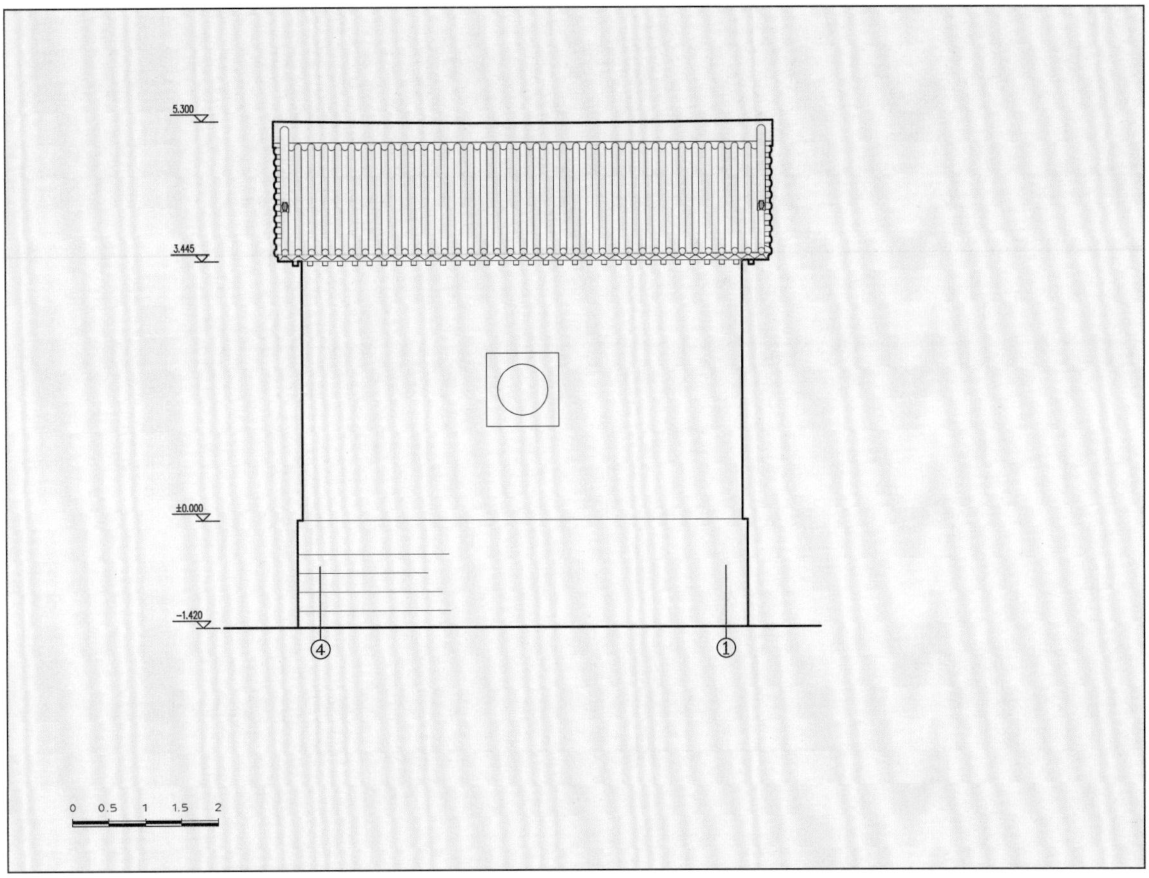

图2-2-6-8 上峪乡白龙庙戏楼背立面图

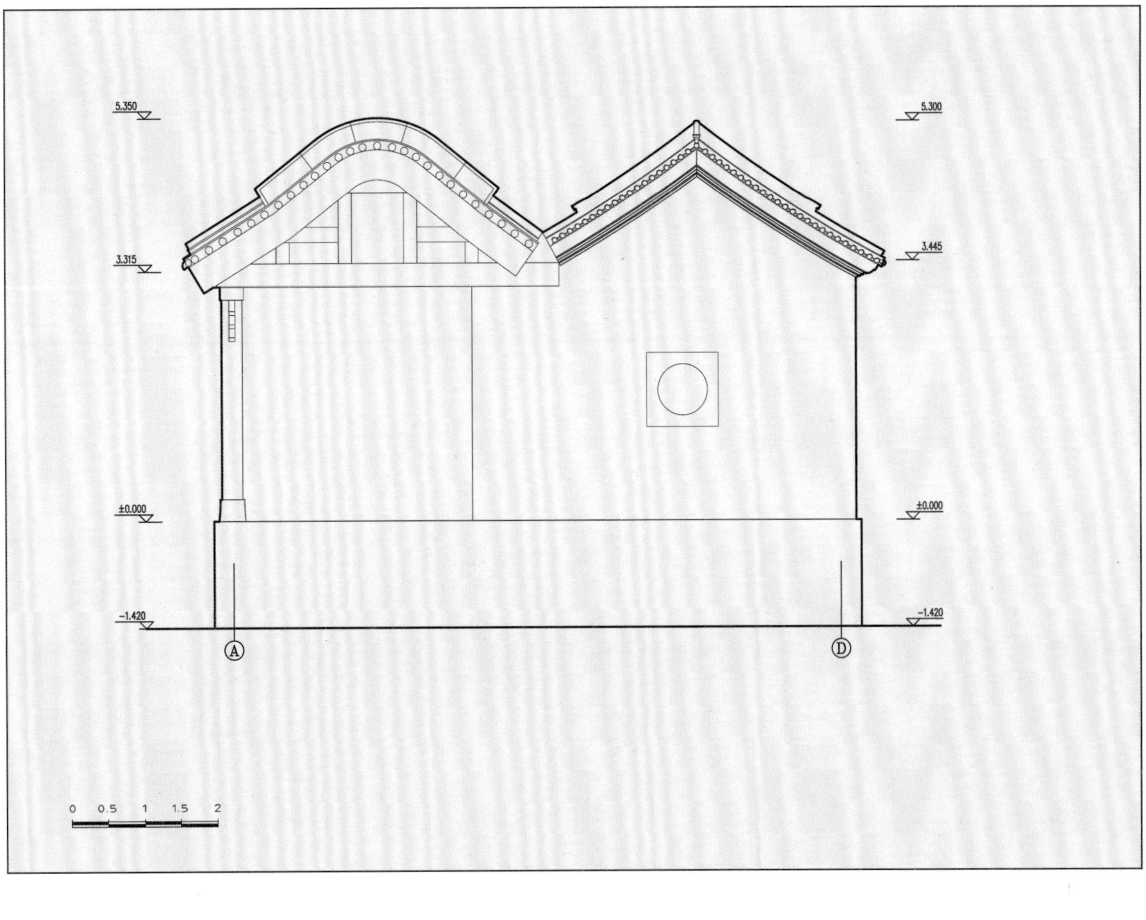

图2-2-6-9 上峪乡白龙庙戏楼侧立面图

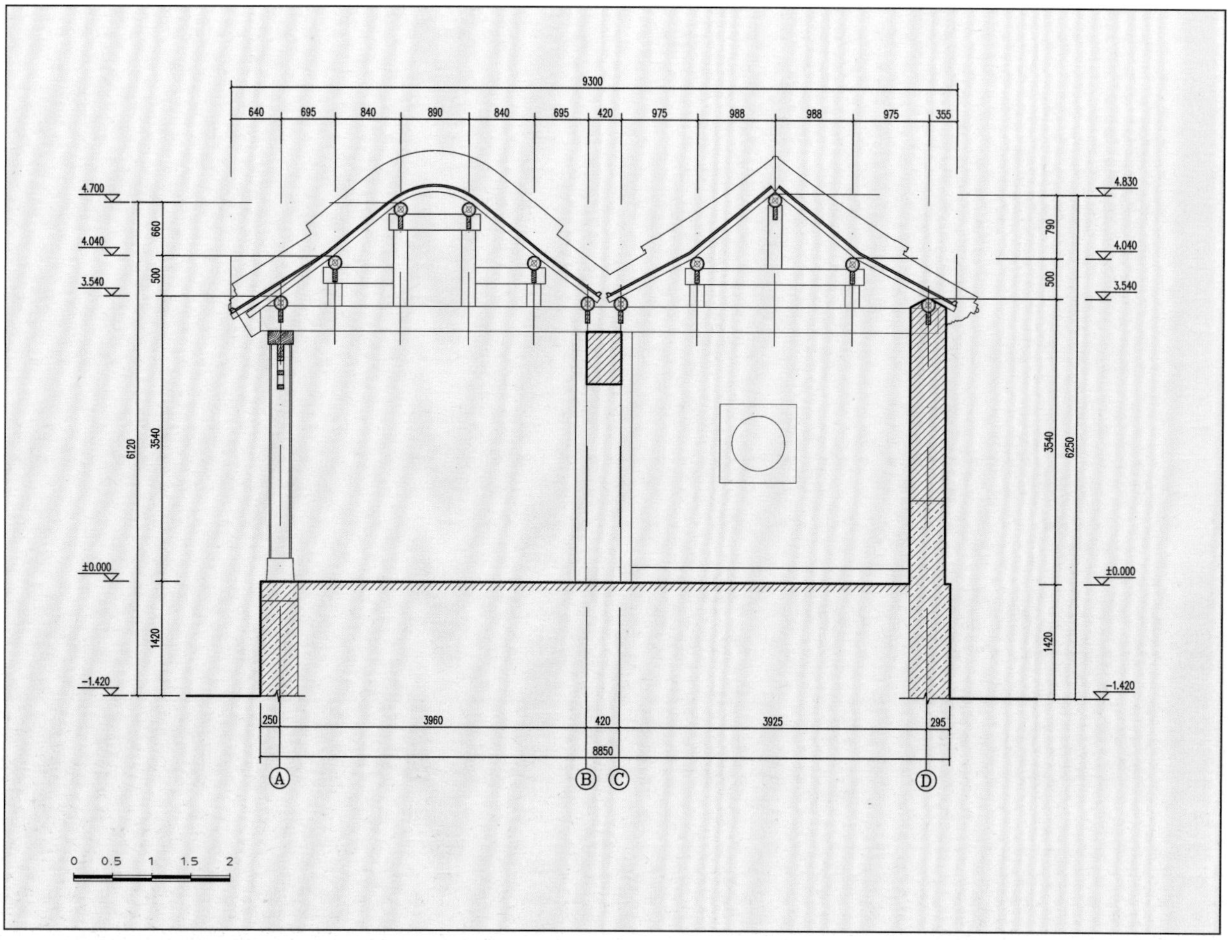

图 2-2-6-10　上峪乡白龙庙戏楼横剖面图

（三）黄庙沟黄龙庙戏楼

黄龙庙位于鹤壁市鹤山区姬家山乡黄庙沟村山地上，戏楼位于黄龙庙外南17.8米处，与寺庙相隔于山路两侧。北纬35° 56′ 30″，东经114° 02′ 51″，海拔275米。戏楼创建于清嘉庆二十五年（1820），坐南面北，单檐硬山式灰瓦顶建筑。面阔三间，进深一间，一面观。石砌台基宽6.58米，深9.35米，高1.43米。台上前檐立两根石柱，柱身镌刻楹联一副：“百年戏局，无非春花秋月；一生梦幻，俱是流水行云。”

据庙内碑碣记载可知，戏楼建成，方圆周里，仅此独有。1966年，村民因嫌戏楼空间狭窄，将戏楼原形制改变，采用现代建筑风格，在左右两侧增设耳房，2016年曾再次修缮，原真性差（照2-2-6-3）。

照 2-2-6-3　黄庙沟黄龙庙戏楼

图 2-2-7-1 新乡市遗存古戏楼分布示意图

七、新乡市

新乡市地处河南省黄河以北，地势北高南低，北部主要是太行山山地和丘陵岗地，南部为黄河冲积扇平原，平原占全市土地总面积的78%。新乡西北部的辉县，地处豫晋两省之交、卫河之源。百泉的祭河神活动逐渐发展成为当地重要的庙会，明代各级官员每年农历四月初八亲祭神明，从而促进了辉县地区戏曲文化的繁荣，新乡现存古戏楼大多分布在辉县。

新乡市现存古戏楼20座、市区4座、辉县11座、获嘉县2座、卫辉县2座、新乡县1座；其中省保单位3处、市保单位3处、县保单位7处、一般文物点7处（图2-2-7-1）。

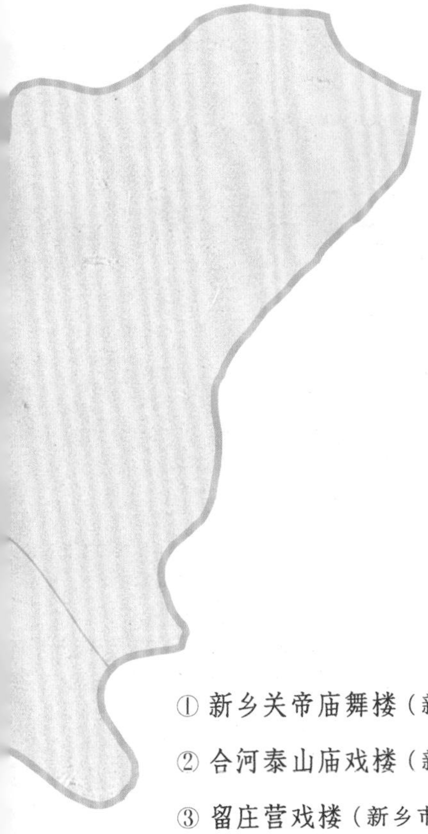

① 新乡关帝庙舞楼（新乡市红旗区）
② 合河泰山庙戏楼（新乡县合河乡合河村）
③ 留庄营戏楼（新乡市红旗区洪门镇留庄营村）
④ 何屯关帝庙戏楼（新乡市凤泉区耿黄镇何屯村）
⑤ 李村戏楼（新乡市卫滨区平原镇李村）
⑥ 刘固堤村王氏祠堂戏楼(获嘉县亢村镇刘固堤村）
⑦ 西寺营村玉皇庙戏楼（获嘉县太山镇西寺营村）
⑧ 吕村奶奶庙戏楼（卫辉市太公镇吕村）
⑨ 芳兰村戏楼（卫辉市太公镇芳兰村）
⑩ 辉县山西会馆戏楼（辉县市）
⑪ 辉县城隍庙戏楼（辉县市）
⑫ 宝泉村玉皇庙舞楼（辉县市薄壁镇宝泉村）
⑬ 平甸村玉皇庙戏楼（辉县市薄壁镇平甸村）
⑭ 周庄大王庙戏楼（辉县市薄壁镇周庄村）
⑮ 苏北村火神庙戏楼（辉县市高庄乡苏北村）
⑯ 北东坡祖师庙戏楼（辉县市南村镇北东坡村）
⑰ 张台寺村关帝庙戏楼（辉县市南寨镇张台寺村）
⑱ 南平罗村奶奶庙戏楼(辉县市西平罗乡南平罗村）
⑲ 西平罗村胜福寺戏楼（辉县市西平罗乡）
⑳ 姬家寨玉皇庙戏楼（辉县市云门镇姬家寨村）

（一）新乡关帝庙舞楼

新乡关帝庙又名关岳祠，位于新乡市红旗区东大街，北纬35° 18′ 13″，东经113° 52′ 29″，海拔80米。据乾隆十二年（1747）《新乡县志》记载："关帝庙在东门内，正殿五楹，拜殿三楹，舞楼三楹，东西并用耳门，元至正年间建，明万历、崇祯年间先后重修。"由此而知，关帝庙的创建时间及建筑构成。关帝庙坐北面南，二进院落，中轴线上由南向北依次为舞楼（山门）、拜殿、大殿3座文物建筑，系第一批新乡市文物保护单位。

照 2-2-7-1　新乡关帝庙舞楼正立面

舞楼坐南面北，正对拜殿，单幢式，两层单檐悬山式建筑。下层南面设抱厦三间，为关帝庙入口，二层为戏台，平面呈长方形，一面观。面阔三间，进深一间，通面阔10.62米，其中明间3.54米；通进深7.7米，台口高3米。檐柱为通长木柱，柱径0.28米，高4.78米。檐柱下为仰俯莲式柱础。一层于柱身搭设平梁，上承楞木及楼板，明间为南北通道，次间前檐墙各设一圆窗。二层梁架为抬梁式，檐下绕周施柱头科八攒，平身科用花板替代。正脊为雕花脊筒，中部立狮子宝瓶。早年间，每年农历五月十二日庙会，唱戏三至五天。现戏楼二层南立面加建门窗，室内吊顶，改为商铺（照2-2-7-1）（照2-2-7-2）。

照2-2-7-2　新乡关帝庙舞楼背立面

照 2-2-7-3　合河泰山庙戏楼背立面

（二）合河泰山庙戏楼

合河泰山庙位于新乡县合河乡合河村小学院内，北纬35°17′27″，东经113°55′17″，海拔57米。创建年代不详，清光绪二十九年（1903）重修。现仅存戏楼、玉皇殿两座文物建筑，系第七批河南省文物保护单位。庙内遗存清嘉庆八年（1803）三月《太山庙施地碑记》碑碣1通。

戏楼坐西面东，与大殿相向而建，三幢左右并联式，戏台两侧有扮戏房各一间，为演员更衣及化妆使用。主戏楼屋面为悬山式，两侧扮戏房为卷棚硬山式。整体平面呈“凸”字形，半三面观。戏楼面阔三间，进深一间，四步椽屋，通面阔8.2米，通进深5.25米，通高7.3米。扮戏房面阔、进深均为一间，面阔2.82米，进深4.52米，通高6.28米。戏楼、扮戏房均为两层砖木结构，戏楼上层为舞台，一层明间辟门，为寺庙入口，门上方镶嵌青石，匾额上书“泰山庙”。次间原设木楼梯连通二层，现改为在北檐西次间台口处砌筑水泥踏步。梁架为抬梁式，北檐立四根通长檐柱，柱础为三层鼓式复合式柱础，束腰刻莲瓣图案。一层于柱身插平梁，上承楞木及楼板。二层五梁架置于前檐平板枋及后檐柱之上，承三架梁、瓜柱及各层檩枋。扮戏房墙体三面围合，与戏楼衔接处墙体开门互通。扮戏房二层梁架为前后檐墙上置六架梁，四架梁、月梁、瓜柱及檩枋。二层北檐墙正中开圆窗，山墙北檐盘头层叠相加，雕刻花草图案，做工精致。戏楼、扮戏房南檐墙在同一轴线，整体建筑宽阔、挺拔，屋面高低起伏，形式多变，风格质朴大方。

现戏楼改建严重，前檐新增现代门窗，后檐墙体新增窗洞，水泥抹面（照2-2-7-3）（图2-2-7-2）（图2-2-7-3）（图2-2-7-4）（图2-2-7-5）（图2-2-7-6）（图2-2-7-7）。

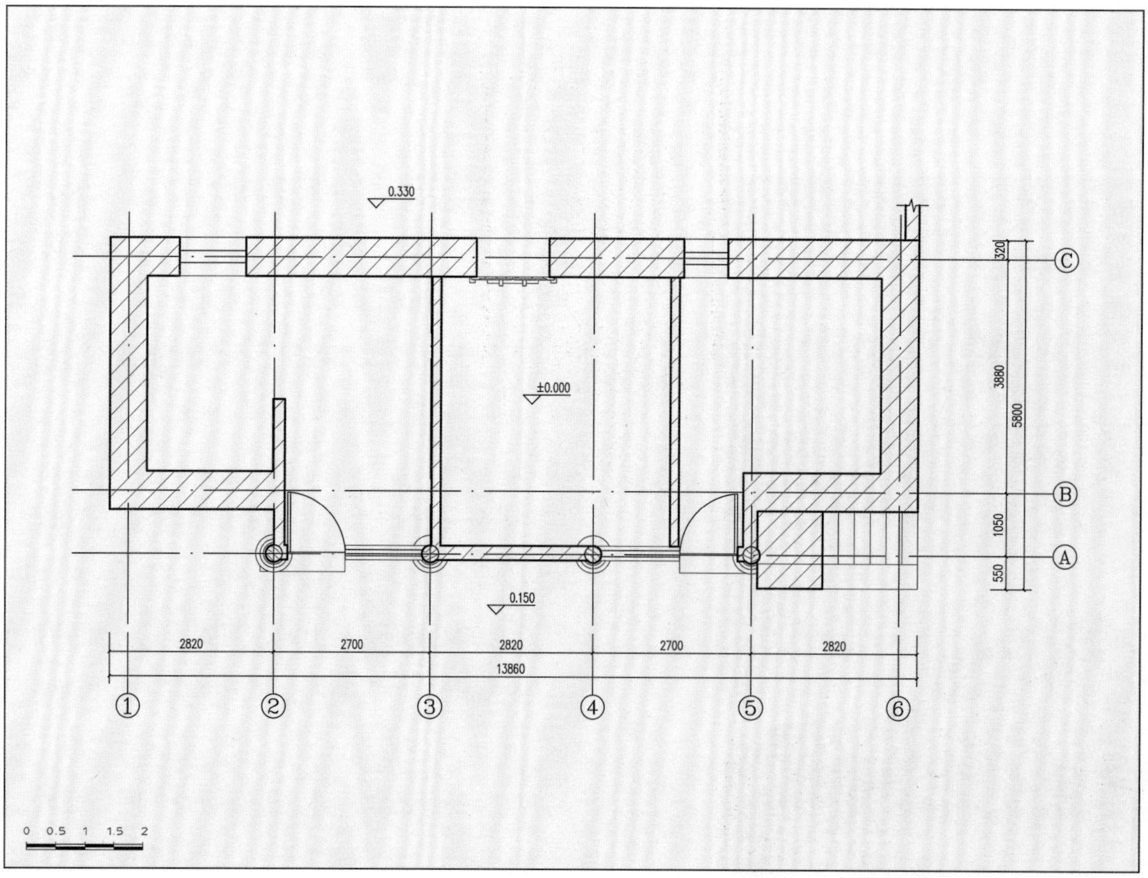

图2-2-7-2 合河泰山庙戏楼一层平面图

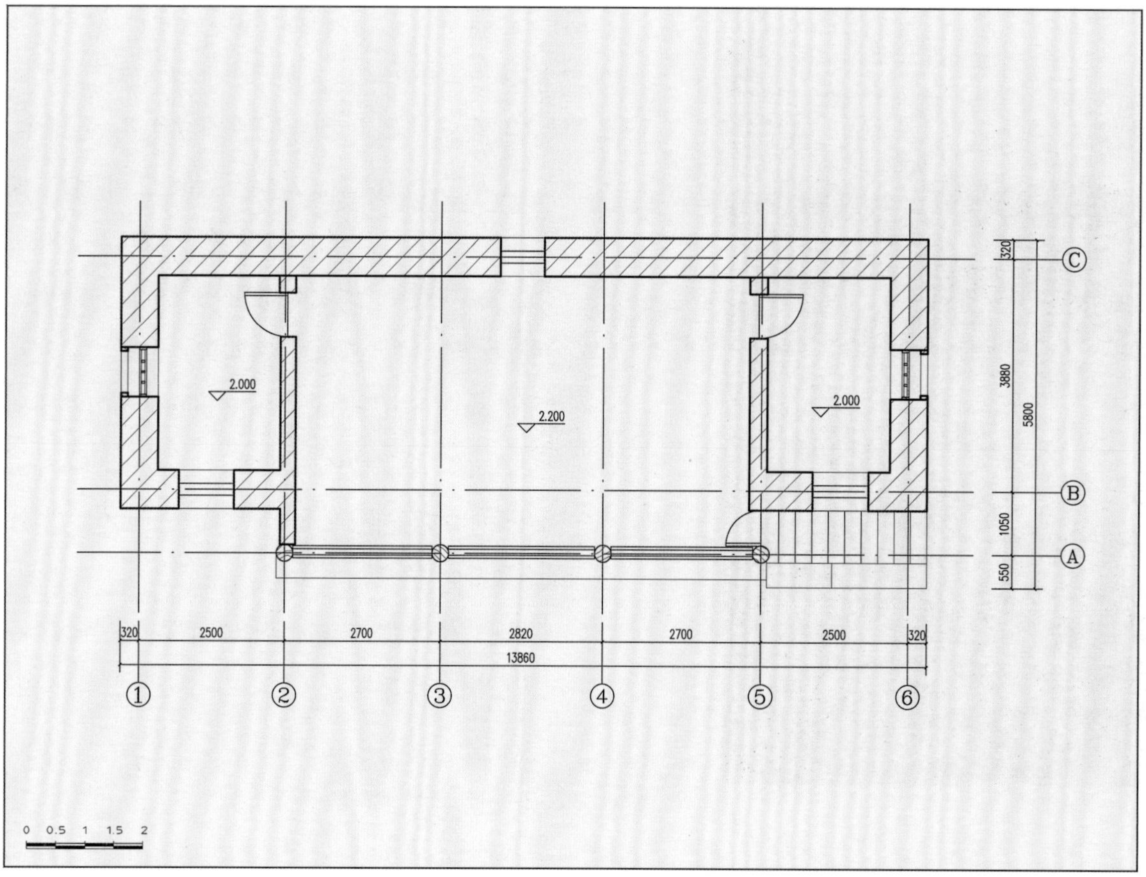

图2-2-7-3 合河泰山庙戏楼二层平面图

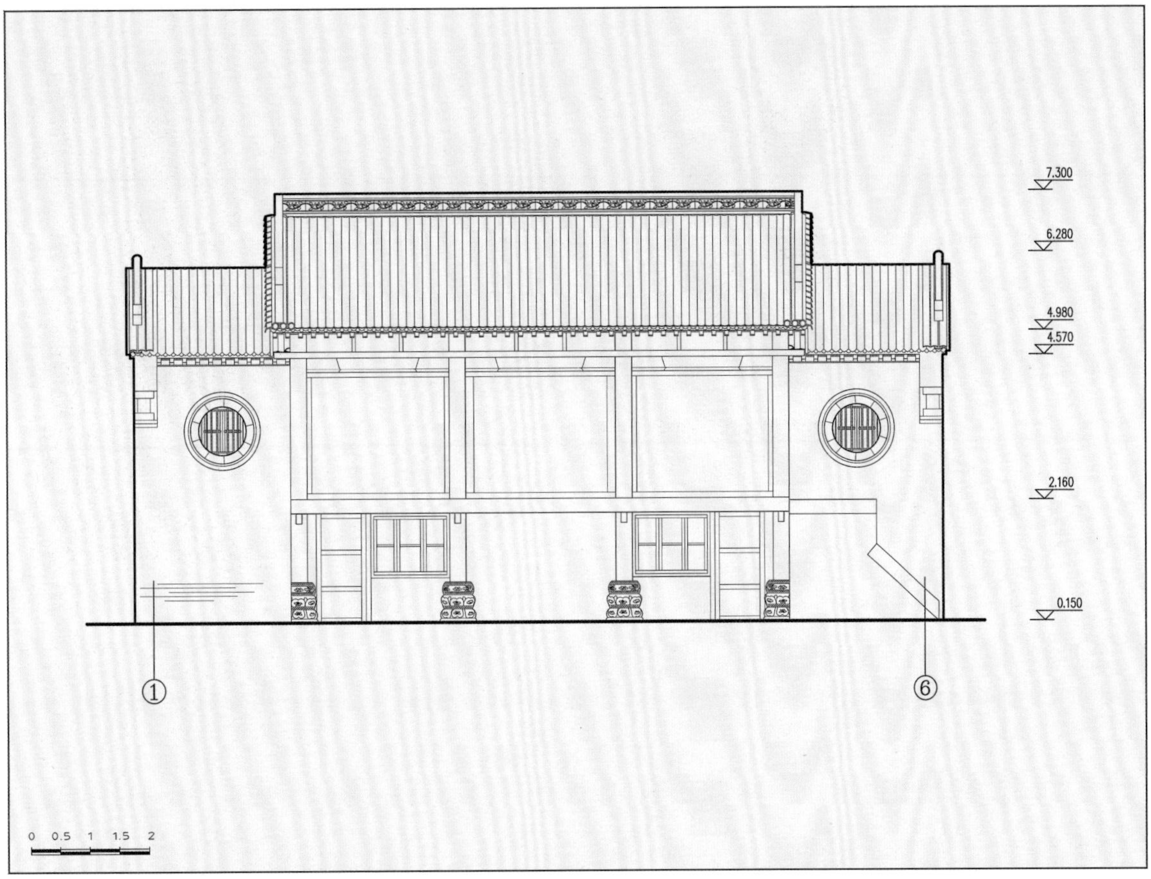

图2-2-7-4 合河泰山庙戏楼正立面图

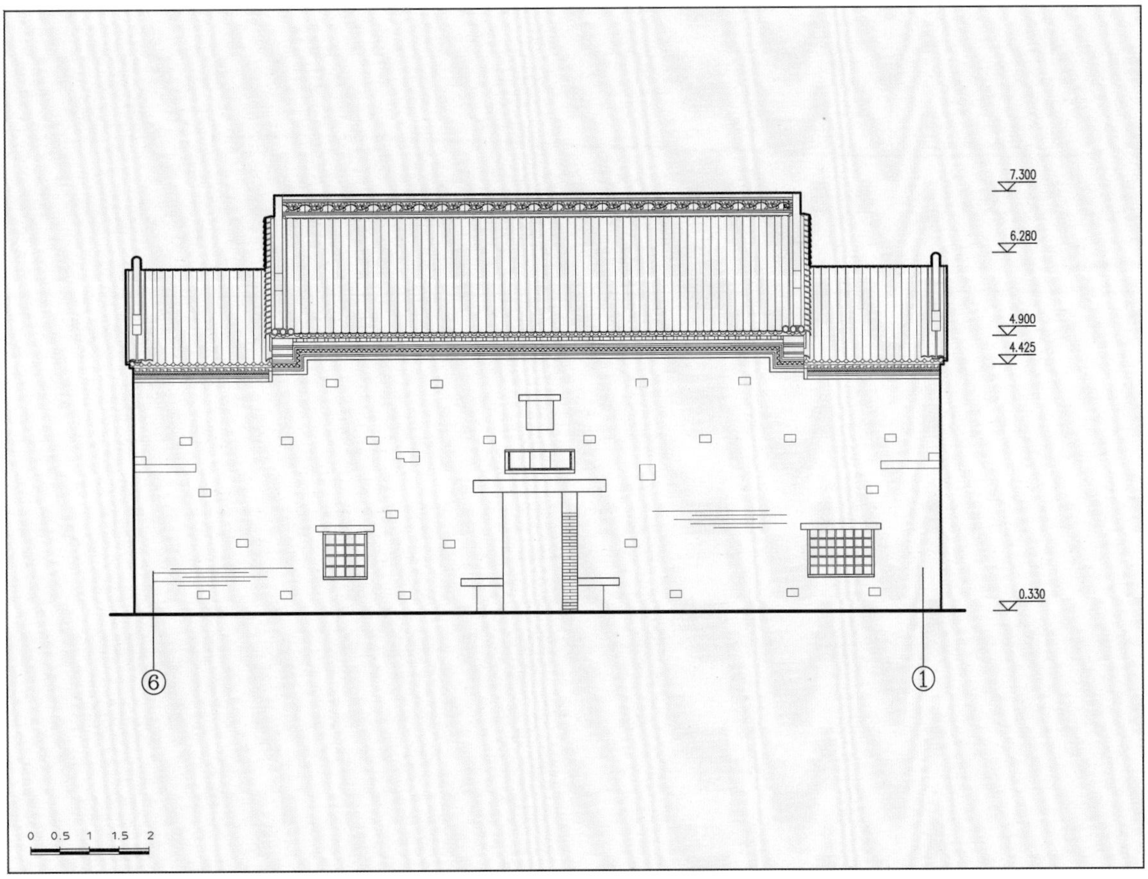

图2-2-7-5 合河泰山庙戏楼背立面图

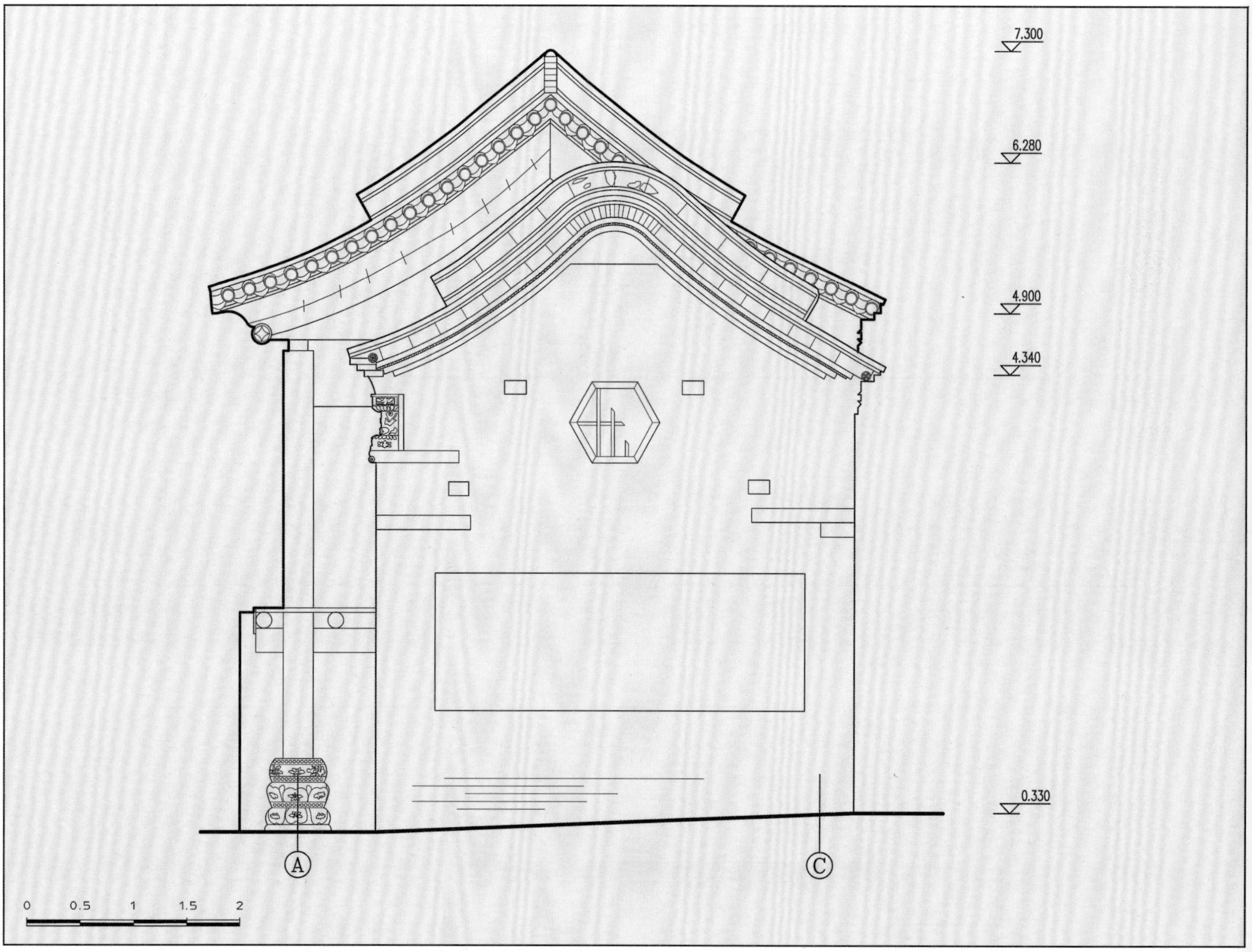

图 2-2-7-6　合河泰山庙戏楼侧立面图

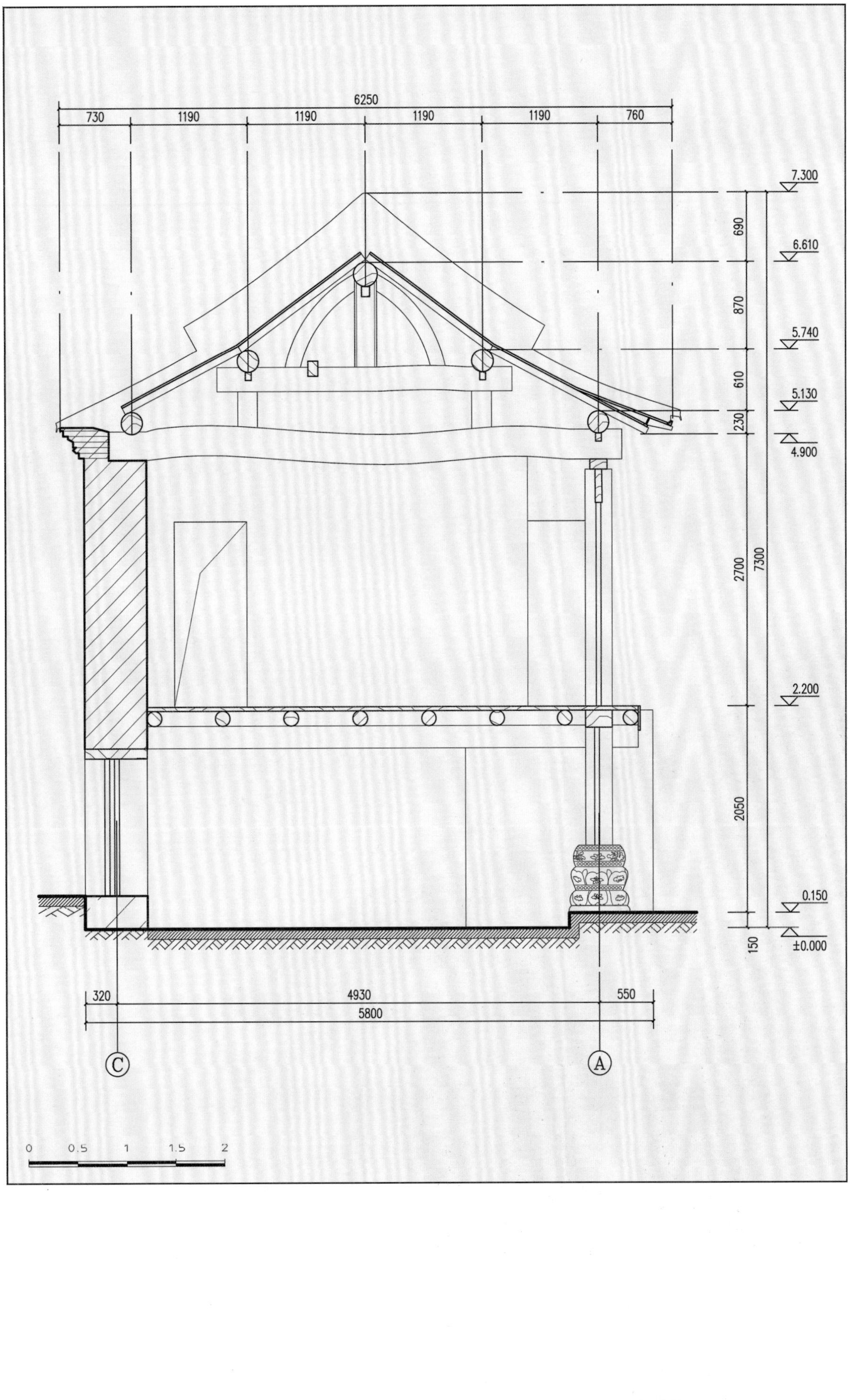

图 2-2-7-7 合河泰山庙戏楼明间剖面图

（三）留庄营戏楼

留庄营戏楼位于新乡市红旗区洪门镇留庄营村，北纬35° 17′ 27″，东经113° 55′ 17″，海拔57米。创建于清康熙四十六年（1707），系第三批新乡市文物保护单位。

戏楼坐北面南，单幢式，为前檐二步架悬山、余为卷棚硬山灰瓦顶建筑。面阔三间，进深二间，四步椽屋，半三面观。通面阔7.12米，其中明间2.9米；通进深6.81米，通高6.5米。石砌台基高1.25米的，台宽8.3米，台深7.2米。戏楼前檐立四根石柱，柱方0.26×0.26米，柱高2.7米，下设雕刻莲瓣的方墩柱础，高0.36米。木构架为抬梁式，前后檐柱上置八架梁，承瓜柱、六架梁、四架梁、月梁及各层檩枋。前檐明间梁头雕刻为狮首图案，次间则为兽面。明、次间檐檩与平板枋之间装饰花板各一，雕刻牡丹、荷花图案。雀替为透雕花卉，富有生机。室内空间采用八字屏风分隔，将舞台分为前后台。明间屏风至后檐墙1.63米，次间屏风戏台前方斜出，扩大了两次间后台使用面积。隔断左右开上下场门，分别名曰“雁来”“云归”。墙体用青砖砌筑，两山墙在位于前檐金檩下方位置止，与前檐柱间距1.86米。东、西次间后檐墙下部设排水石槽，东为方形，西为圆形。明、次间屏风上均悬挂木匾额，明间匾额上书“盛世元音”四字。石柱上有楹联两副，内联：“镜里灯花，疑是火星流夜月；眉间朦腻，恍如红雨过春山。”外联：“律吕调和，依然是高山流水；宫商迭奏，好像是白雪阳春。”梁架上施彩绘，前檐彩绘戏曲人物图案。戏楼原位于现位置西北处，2016年搬迁于此（照2-2-7-4）。

照2-2-7-4 留庄营戏楼

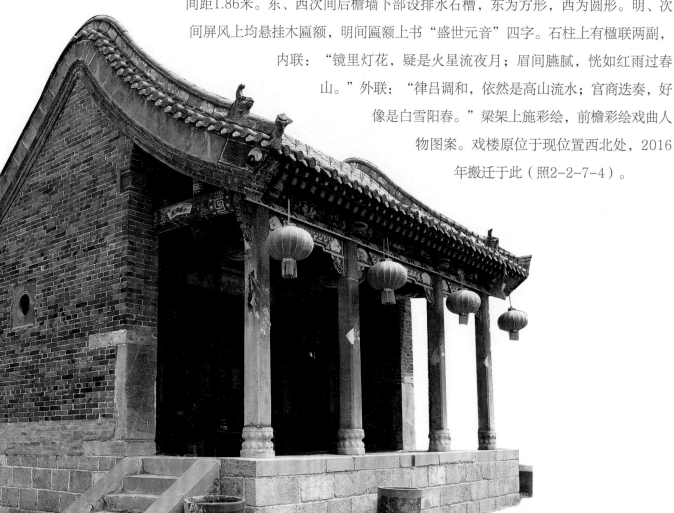

照 2-2-7-5　何屯关帝庙戏楼

（四）何屯关帝庙戏楼

何屯关帝庙戏楼位于新乡市凤泉区耿黄镇何屯村北部，关帝庙山门外南13米处。其北部紧临京广铁路，西部、南部为村中道路，东部为民居，北纬35° 23′ 36″，东经113° 55′ 12″，海拔80米。戏楼创建年代无考，据遗存碑碣记载，清康熙十七年（1678）已存，为新乡市文物保护单位。2000年因修建村中道路，戏楼向东原状平移约30米。

戏楼建于清同治八年（1874），坐南面北，双幢前后串联式。屋面形式为前台单檐卷棚悬山，后台硬山式。平面呈长方形，三面观。前后台均面阔三间计9.05米，前台进深一间4.34米；后台进深4.45米，通高约6.2米。戏楼石砌台基高1.37米，抬梁式木构架，前台共用石柱六根，柱础雕刻莲瓣花纹，前后平板枋上置六架梁，承瓜柱、月梁、单步梁及各层檩枋，梁头雕刻为龙首。后台五架梁置于前后檐柱之上，承三架梁、脊瓜柱及各层檩枋，脊瓜柱两侧用叉手。前后台之间用格扇门分隔，墙体采用下部块石、上部青砖砌筑。前檐石柱镌刻楹联两副，内联为："穷通成败，借讴歌人，描出来得失形容；离合悲欢，楼古今传，演不尽炎凉世态。"外联为："理天合数，天似异看，报应□天道至□；今人兴古，人无亲聆，品评悟人性些□。"庙内遗存碑碣4通，其中两通分别为清康熙十七年（1678）《关帝庙碑记》及乾隆三十年（1765）立《关帝庙……》碑。戏楼存不当修缮，地面水泥铺面，前台两侧各加建耳房及混凝土楼梯（照2-2-7-5）。

（五）李村戏楼

李村戏楼位于新乡市卫滨区平原镇李村，北纬35°15′08″，东经113°52′07″，海拔70米。创建年代不详，清道光六年（1826）重建，2000年落架大修，系新乡市卫滨区文物保护单位。

戏楼坐北面南，单幢式，为单檐前坡悬山、后坡卷棚硬山式建筑。平面呈长方形，三面观。面阔三间，进深一间，四步椽屋，通面阔7.15米，其中明间2.89米；通进深4.05米，通高5.22米，台高0.52米。梁架为抬梁式，前檐立抹角石柱四根，柱方0.26×0.26米，抹边宽0.65米，柱高2.44米，其下柱础高0.32米，上刻莲瓣花纹。六架梁置于前檐平板枋及后檐柱之上，承瓜柱、四架梁、月梁及各层檩枋。明间梁下附立柱，柱距后檐墙1米，柱间原有屏风，现遗失。雀替雕刻花卉，建筑外檐有彩绘。建筑体量偏小，风格古朴、灵巧。现戏楼前檐加建装修，前坡悬山加砌山墙，为村民文化娱乐之场所（照2-2-7-6）。

照2-2-7-6 李村戏楼

照2-2-7-7 刘固堤村王氏祠堂戏楼

（六）刘固堤村王氏祠堂戏楼

王氏祠堂位于获嘉县亢村镇刘固堤村东南部。一进院落，中轴线由南向北分别为戏楼、拜殿、大殿，东侧新建碑廊，系获嘉县文物保护单位。院内遗存乾隆三年（1738）《王氏□》残碑1通。

戏楼坐南面北，位于庙中轴线南端，距拜殿28.5米，北纬35°5′18″，东经113°38′25″，海拔88米。戏楼创建于清雍正八年（1730），清道光二十六年（1846）重建，民国二十二年（1933）八月换四木柱为石柱。单幢式，为二层单檐灰瓦顶建筑，屋面为前檐一步架为悬山式，余为卷棚硬山式。平面呈长方形，半三面观。面阔三间，进深二间，五步椽屋。通面阔9.34米，其中明间3.86米；通进深6.35米，通高7.09米。戏台一层明间辟砖券门为通道，次间墙体承重，设平梁承楞木及楼板，台口高1.84米。二层梁架为抬梁式，檐口立四根抹角石柱，高2.67米，柱础为覆盆与圆鼓叠加，柱身有卯口，原装有栏杆，高0.33米。六架梁置于前檐平板枋及后檐柱之上，承柁墩、瓜柱、四架梁、月梁及各层檩枋。明间梁下附立金柱，柱距后檐墙1.45米，柱间设屏风将戏台分隔为前后台。次间屏风向外斜出，扩大了两次间后台使用面积。次间隔断各开上下场门，上书“入相”“出将”，屏风有新绘彩画。明间外檐悬挂木匾额，行书“戏楼”二字，脊檩枋存有“大清道光二十六年岁次丙午季春月下浣榖旦”题记。墙体用青砖砌筑，两山墙止于前檐金檩下方位置，与前檐柱间距1.08米。两山墙与后檐墙均设一圆窗，便于采光。东次间后檐墙下部砌排水石槽。后檐墙拔檐砖雕椽飞，下设砖雕仿木斗栱四攒、荷叶墩三个，栱身雕花卉图案。戏楼至拜殿前为观演场地，原有旧制，男女分区观戏。南面为男区，深17.5米；北面为女区，深10.7米。东西通道宽18.7米，中间用栅栏相隔，栅栏中间设石牌坊，牌坊两侧有石狮一对。惜旧制痕迹现已无存（照2-2-7-7）。

（七）西寺营村玉帝庙戏楼

玉帝庙位于获嘉县太山镇西寺营村，现存戏楼、大殿、配殿等文物建筑，无围墙围护。创建年代不详，清同治十二年（1873）重修，1995年曾修缮，系第三批

照2-2-7-8　西寺营村玉帝庙戏楼

获嘉县文物保护单位。庙内遗存碑碣3通，分别为：清同治四年（1865）《河南卫辉府获嘉县东路西刘士旗营旧有玉帝庙一座……》碑、清同治十二年（1873）岁次癸酉仲春中旬仝立《获邑东路西刘士旗营玉帝庙重修戏楼志》碑及清光绪十二年（1886）《河南卫辉府获嘉县西士营旗……金顶圣会碑记》碑。

戏楼坐南面北，位于中轴线上，与大殿相对而建，间距24米，北纬35° 10′ 28″，东经113° 43′ 05″，海拔81米。戏楼为单幢式，两层砖木结构，屋面为前檐一步架悬山式、余为卷棚硬山式。平面呈长方形，半三面观。面阔三间，进深一间，五步椽屋，通面阔8.39米，通进深6.77米，通高7.09米；台口高1.79米。梁架为抬梁式，一层为墙体承重，设平梁承楞木及楼板，明间设门。二层檐柱高2.55米，七梁架置于前檐平板枋及后檐柱之上，承瓜柱、五架梁、三架梁及各层檩枋，脊瓜柱两侧设叉手。山面梁架略有不同，前檐檩与下金檩之间的位置加设单步梁，梁下山墙止于前檐金檩位置，距檐柱柱中0.94米。明间梁下立金柱，柱中距后檐墙轴线2.45米，柱间设屏风将戏台分隔为前后台。次间屏风向外斜出，扩大了两次间后台使用面积。明间屏风绘制山水、花鸟彩画，上方悬挂“海市蜃楼”木匾额。次间隔断开上下场门，门上书“古意”“元音”。雀替透雕石榴花等图案，雕工精美。檐檩与平板枋之间垫板绘制山水、花鸟等题材彩画。墙体均用青砖砌筑，后檐墙中部开六角窗，上方拔檐处有精美砖雕。戏楼檐柱镌刻楹联两副，内联：“者般模样，大奸巨恶早回首；恁□形容，忠臣义士莫随心。”外联：“喜怒哀乐，恰能得至圣高贤趣；文韬武略，依然是经邦济世才。”建筑构造简洁，装饰绚丽，屋面形制别致，具有浓郁的地域特点，体现了中原工匠的聪明才智和对美好生活的向往（照2-2-7-8）（图2-2-7-8）（图2-2-7-9）（图2-2-7-10）（图2-2-7-11）。

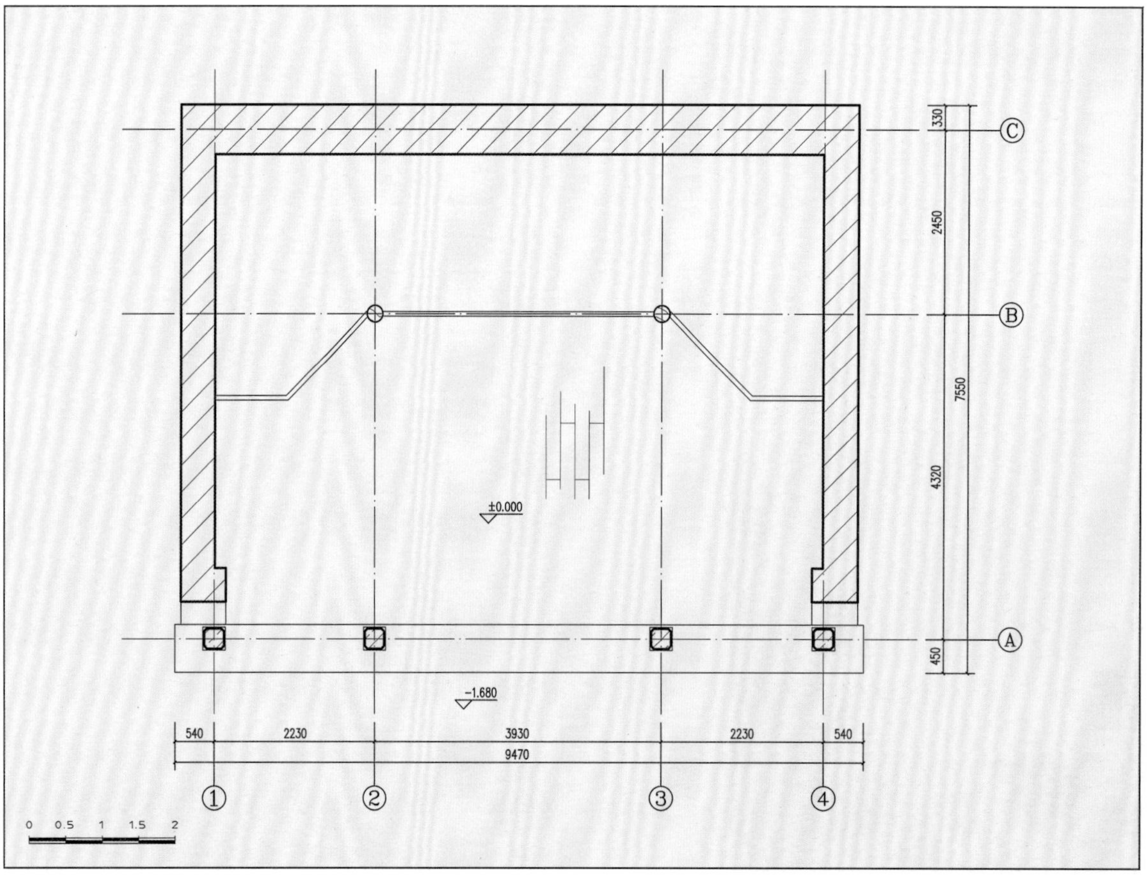

图2-2-7-8 西寺营村玉帝庙戏楼平面图

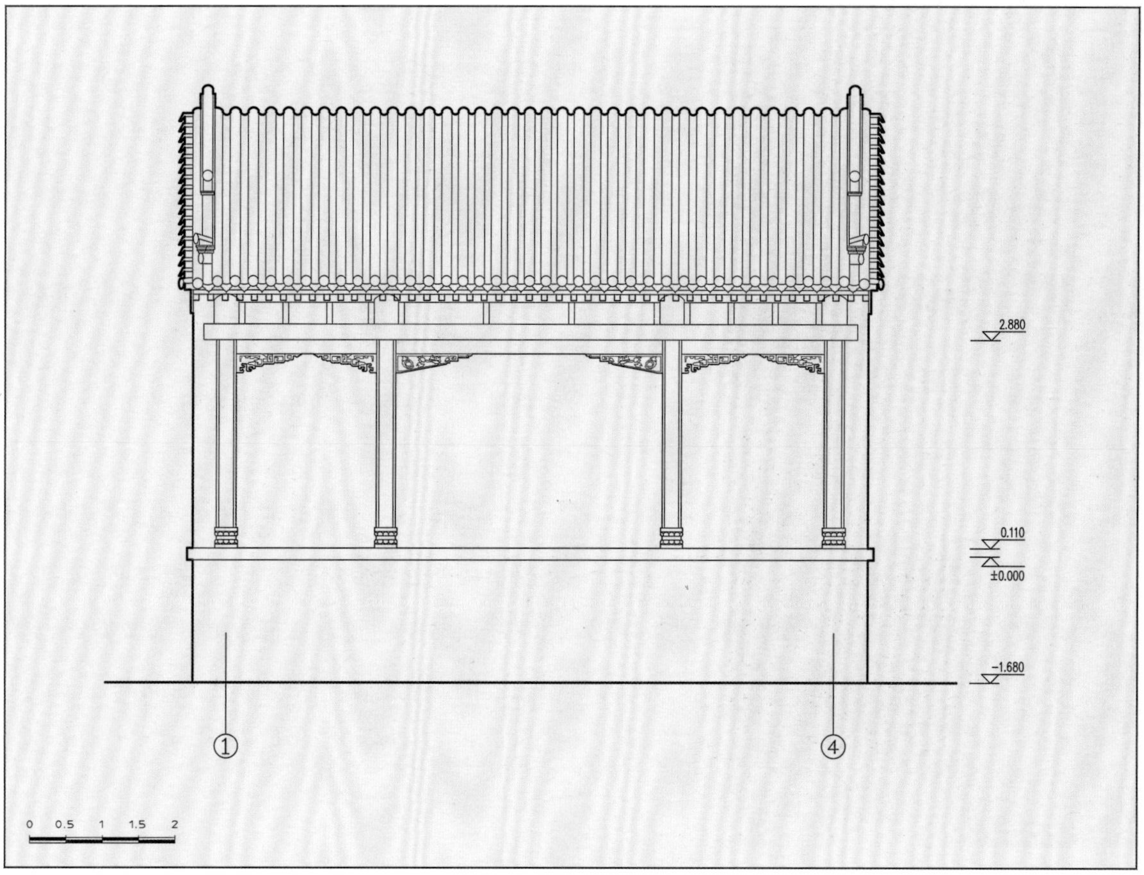

图2-2-7-9 西寺营村玉帝庙戏楼正立面图

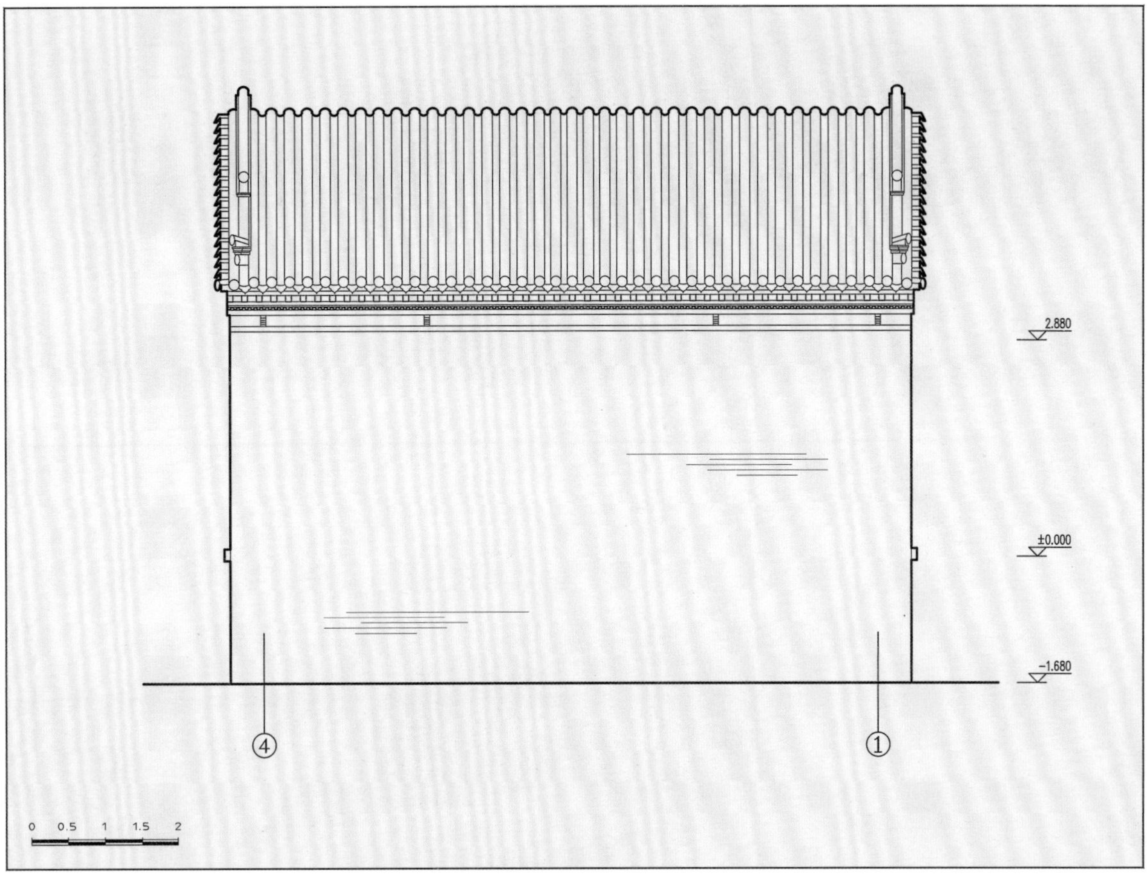

图2-2-7-10 西寺营村玉帝庙戏楼背立面图

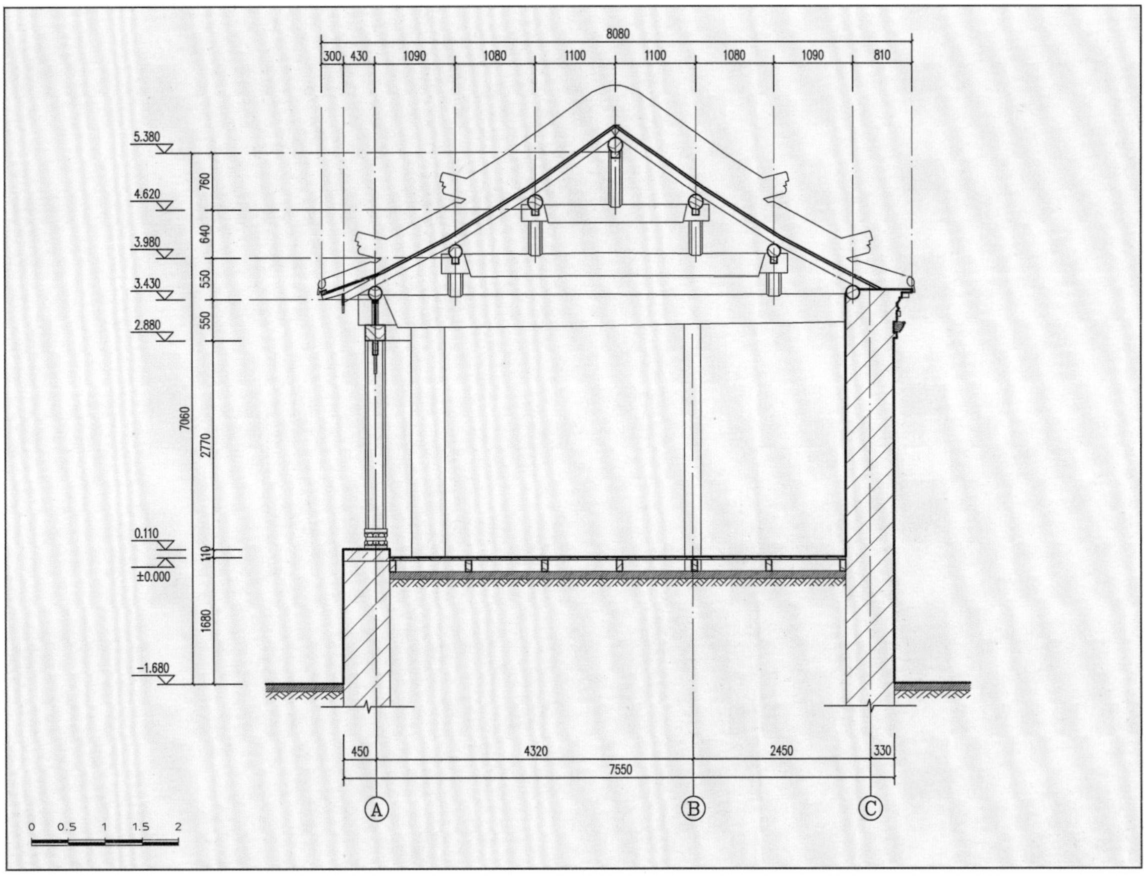

图2-2-7-11 西寺营村玉帝庙戏楼横剖面图

照 2-2-7-9 吕村奶奶庙戏楼

（八）吕村奶奶庙戏楼

奶奶庙位于卫辉市太公镇吕村中部，北纬35°29′25″，东经114°00′13″，海拔105米。创建年代不详，明崇祯五年（1632）重建。一进院落，坐北面南，现存戏楼、山门、大殿及东西厢房等建筑，惜除戏楼外，其余建筑均已改建，系第一批卫辉市文物保护单位。庙内存碑碣4通，其一为崇祯五年（1632）三月初三日立《重修庙志……》碑。

戏楼创建于明崇祯五年（1632），坐南面北，位于庙中轴线门外南23.9米处。双幢前后串联式，屋面为前台单檐卷棚悬山式、后台硬山式。平面呈长方形，三面观。前后台均面阔三间，通面阔5.7米，其中明间2.5米；前台进深一间，五步椽屋3.88米；后台进深3.3米。建筑通高5.58米，石砌台基高1.5米，条石砌边，青砖铺地。木构架为抬梁式，前台用方形石柱四根，柱方0.27×0.27米，柱高2.5米，下设高0.27米方墩柱础。前后檐平板枋上置六架梁，承四根瓜柱及两个单步梁、月梁及各层檩枋，梁头均作卷云形，上刻花纹，雀替遗失。后台五架梁置于前后檐柱上，承三架梁、脊瓜柱及各层檩枋。墙体采用里生外熟的砌筑方式，外墙用青砖砌筑，内墙则为青砖、土坯混砌，青砖尺寸为0.275×0.13×0.06米。两山墙各设一圆窗，青石材质。后檐墙正中设六边形窗，便于采光，窗石榻板遗存“崇祯五年三月二日立”题记，室内墙壁上存有清同治四年（1865）等晚清时期题壁，字迹清晰。后檐墙西侧下部设排水石槽。戏楼前檐石柱存楹联一副，上联：“闲云野树，古道斜阳，举目箕山颍水”；下联：“妙舞清歌，引商刻羽，满怀舜日尧天”。戏楼内壁保存了大量题壁，字迹清晰，是研究当地演唱传统剧目的珍贵资料。

奶奶庙戏楼是河南省遗存古戏楼中罕见的带有明确明代纪年的戏楼之

照2-2-7-10　吕村奶奶庙戏楼题记

一，造型古朴、秀丽。前台木构架四架梁位置采用两个单步梁与双步梁组合的形式，地方特征明显，为研究河南戏剧文化及戏楼建筑形制的发展演变提供了重要实物例证（照2-2-7-9）（照2-2-7-10）（图2-2-7-12）（图2-2-7-13）（图2-2-7-14）（图2-2-7-15）（图2-2-7-16）。

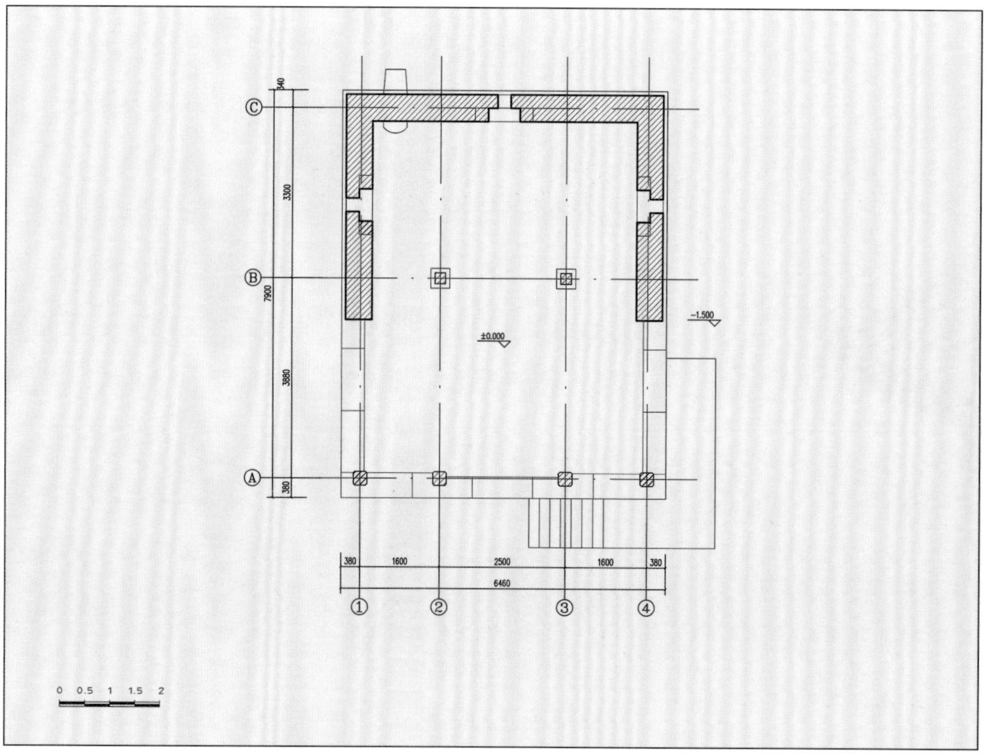

图2-2-7-12 吕村奶奶庙戏楼平面图

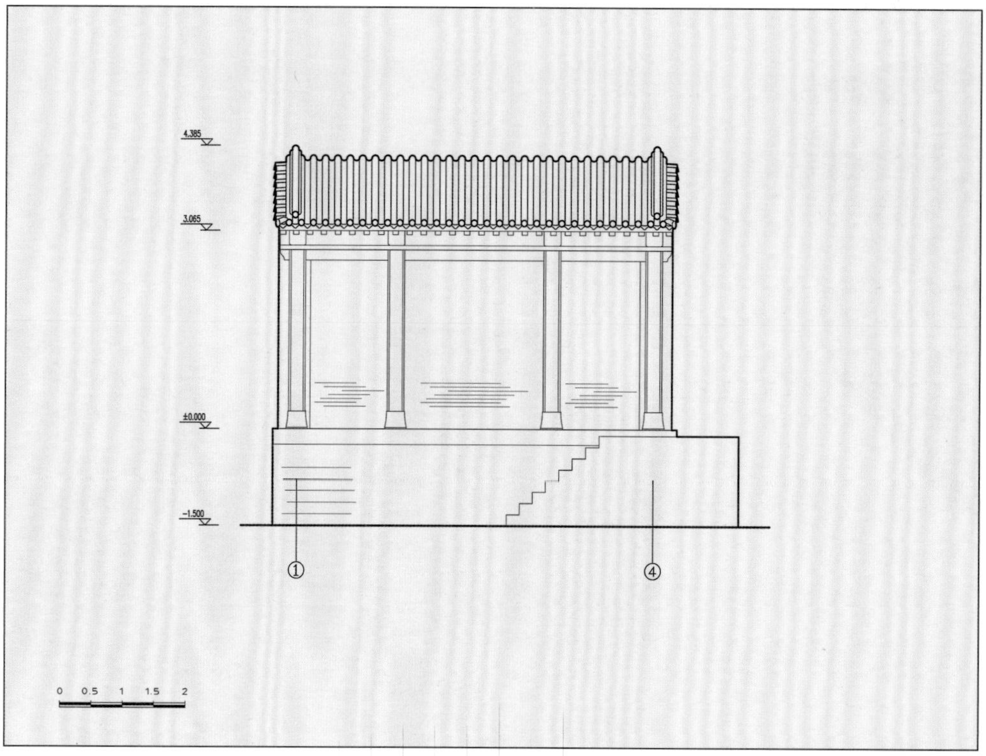

图2-2-7-13 吕村奶奶庙戏楼正立面图

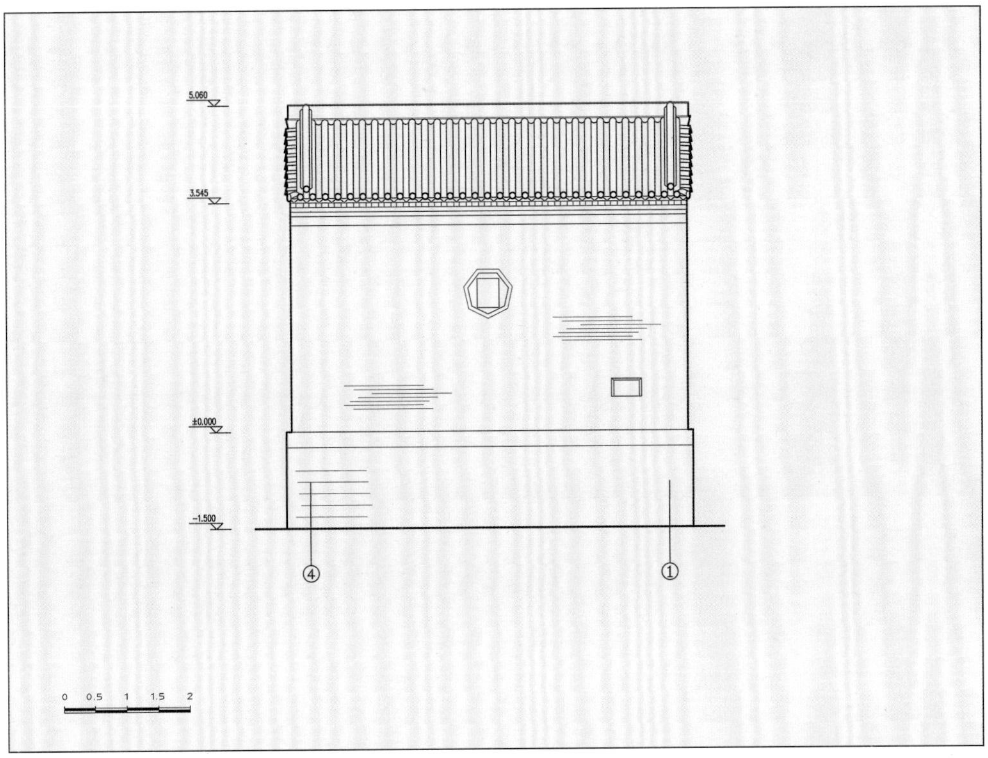

图2-2-7-14 吕村奶奶庙戏楼背立面图

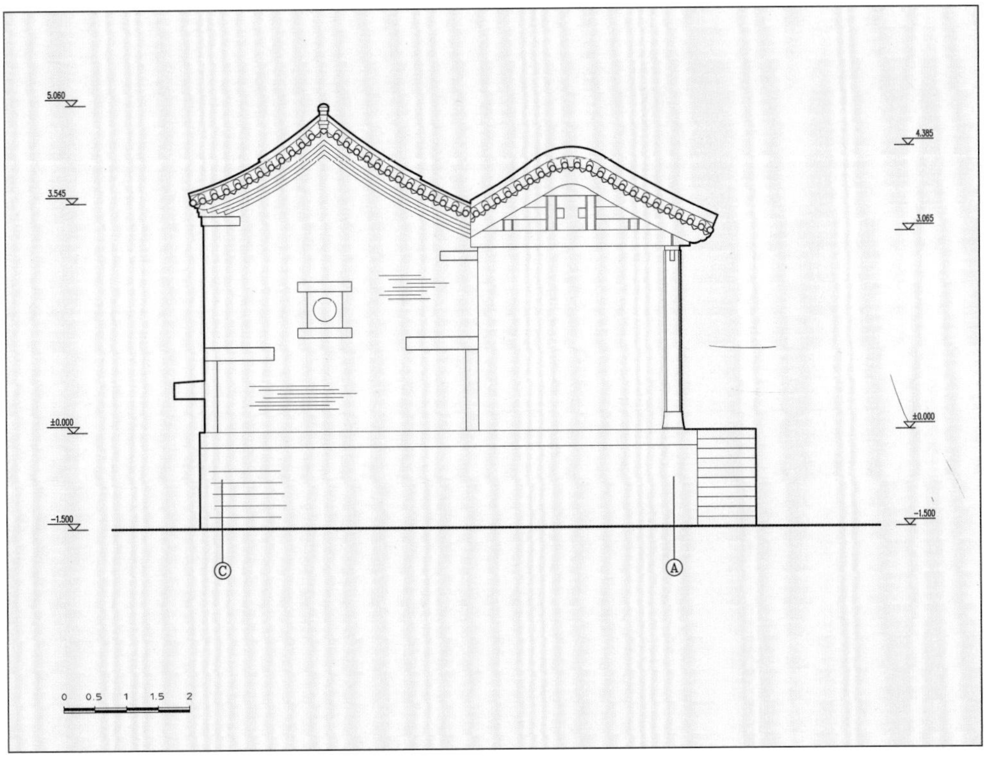

图2-2-7-15 吕村奶奶庙戏楼侧立面图

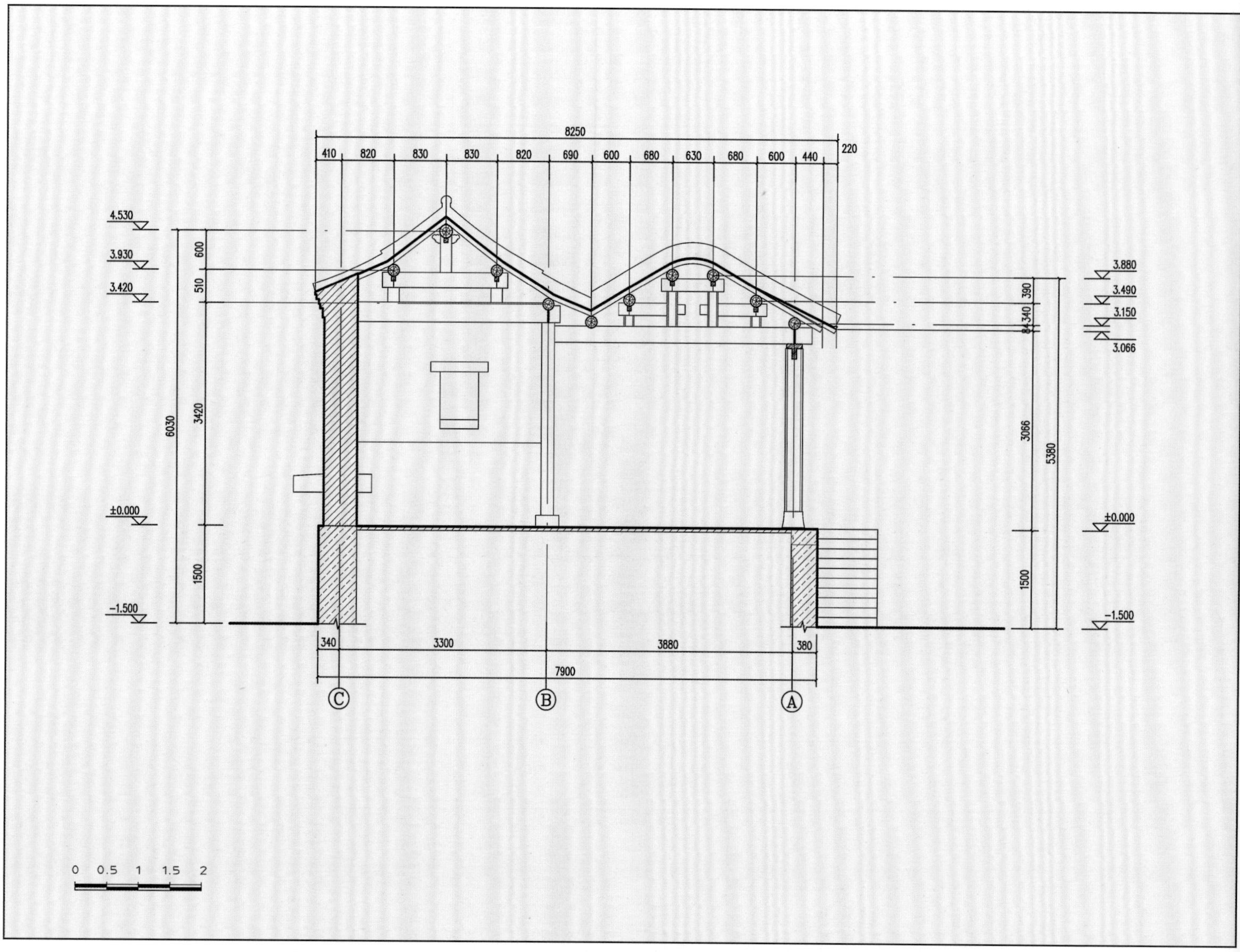

图 2-2-7-16　吕村奶奶庙戏楼横剖面图

（九）芳兰村戏楼

芳兰村戏楼位于卫辉市太公镇芳兰村中部，北纬35°31′35″，东经114°00′21″，海拔132米。坐南面北，创建于清咸丰三年（1853），系卫辉市第一批文物保护单位。

戏楼建筑形制和风格与吕村奶奶庙戏楼相同。双幢前后串联式，屋面为前台单檐卷棚悬山式、后台硬山式。建筑平面呈长方形，三面观。前后台均面阔三间，进深一间，戏楼通面阔6.42米，通进深9.56米，其中前台进深4.16米；后台5.4米，通高约7.9米。建筑坐落于高2.1米的高台之上，前台前檐立四根石柱，后檐用木柱二根，前后檐平板枋上置六架梁，承瓜柱、单步梁、月梁及各层檩枋。后台五架梁置于前后檐柱上，承三架梁、脊瓜柱及各层檩枋。两山墙各设一圆窗，青石材质，四角刻铜钱纹样。后檐墙开一六边形窗，便于采光。台基用青石砌筑，石块2.18×0.26×0.56米；上部山墙与檐墙采用青砖砌筑，砖尺寸为0.275×0.13×0.06米。后檐墙设排水石槽。《卫辉市志》记载，戏楼原脊檩存“清咸丰三年岁次癸丑”题记。因年久失修，戏楼前梁倒墙塌，残损严重，2020年地方文物部门筹资进行了修缮（照2-2-7-11）（照2-2-7-12）。

照2-2-7-11　芳兰村戏楼窗

照2-2-7-12　芳兰村戏楼

（十）辉县山西会馆戏楼

辉县山西会馆，又称关帝庙，系山西商人在辉县建立的聚会场所。位于辉县市区南关大街西端路北，北纬35° 27′ 34″，东经113° 47′ 34″，海拔47米。创建于乾隆二十五年（1760），嘉庆年间增修，始成今日之规模，现存戏楼（大门）、拜殿、大殿及左右配殿、钟鼓二楼、东西配房、东西厢房等文物建筑，系第三批河南省文物保护单位。

戏楼坐南面北，位于山西会馆中轴线南端，三幢左右并联式，戏台两侧各有扮戏房一间，为演员更衣及化妆使用。屋面为主戏楼悬山式，两侧扮戏房硬山式。平面呈“凸”字形，三面观。戏楼面阔三间计9.4米，进深二间计5.86米，五步椽

照 2-2-7-13　辉县山西会馆鸟瞰

屋，通高10.68米。扮戏房面阔三间计9.41米，进深一间计4.66米，通高9.288米。戏楼为两层砖木结构，一层明间为会馆入口，上层为戏台。南檐一层出抱厦三间，通面阔9.4米，进深2.82米，单坡歇山顶。檐下立石柱四根，柱高3米，下部石础高0.6米。柱与砖墙间设双步梁，上置瓜柱、单步梁及檩。檐下施三踩斗栱九攒，其中平身科五攒，柱头科、角科各二攒。平身科为如意斗栱，耍头刻龙首，栱身雕花纹。额枋、雀替采用浮雕及透雕多种雕刻手法，题材为人物、鸟兽、花卉。一层明间辟门，为南北通道，门上方悬挂木匾额，上书“关帝庙”三字。次间设木楼梯连通二层。二层进深与一层存异，为二间，金柱距后檐墙1.65米。一层置平梁，上承楞木及楼板，明间梁下中部立屏门。二层梁架为抬梁式，六梁架置于前檐柱坐斗及后檐柱之上，承五架梁、三架梁、各层瓜柱及檩枋，瓜柱两侧均设角背，脊檩两侧有叉手。因戏楼进深较大，明间东西两缝六架梁下加设金柱，柱头两侧设雀替加大

照 2-2-7-14　辉县山西会馆戏楼正立面

承托力，柱间用枋连接。金柱北侧梁下再加一栱，栱间也用枋串联。次间枋端头至山墙上，金柱次间枋斜出，后尾与其相交。五架梁及六架梁中间立一雕刻精美的花板用作辅助支撑。这种结构形式加大了梁的承载力，扩大了舞台的空间使用面积。梁架遗存彩绘，两山墙有壁画，色彩古朴。明、次间檐下正中均装饰花板，透雕花鸟图案，额枋则中间透雕游龙图案，两端浮雕花卉，工艺精美。屋面正脊为琉璃瓦件，浮雕云龙、牡丹图案，灰色筒板瓦屋面。扮戏房结构简洁，前后檐柱上置五架梁，承瓜柱、三架梁、各层檩枋。山墙盘头层叠相加，雕刻花草图案，做工精致。

戏楼整体多施精美的木雕、砖雕、石雕及彩绘，题材丰富，图案布局均衡，形象生动，线条细腻流畅。建筑屋面类型丰富，梁架结构独特，具有浓郁的地方风格。尤其是梁架下采用雀替、单栱及穿插枋组合的结构，是巧妙的造型设计和力学构造的高度平衡，既丰富了戏楼的装饰形式，又扩大了舞台的空间使用面积，体现了河南多样的地方营造特点，为研究河南地方传统建筑的发展演变提供重要实物例证（照2-2-7-13）（照2-2-7-14）（图2-2-7-17）（图2-2-7-18）（图2-2-7-19）（图2-2-7-20）（图2-2-7-21）（图2-2-7-22）。

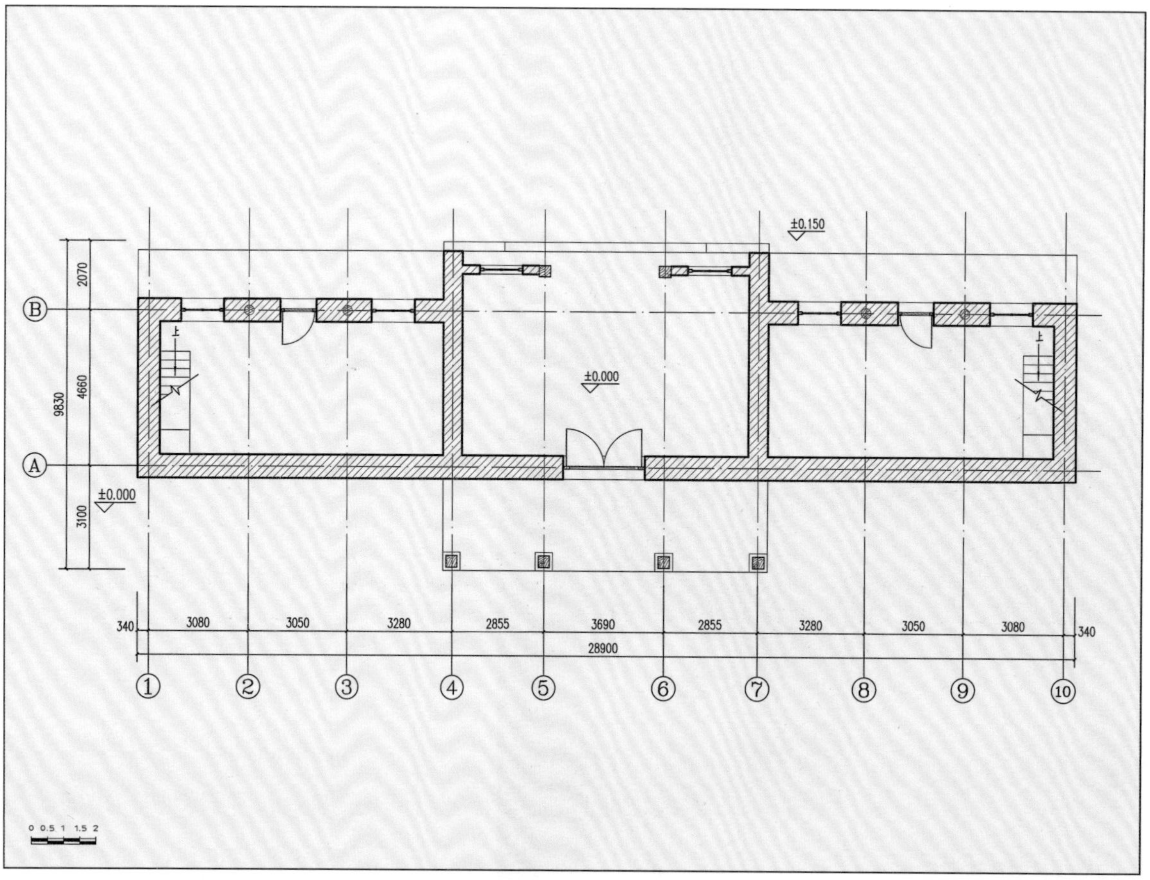

图2-2-7-17 辉县山西会馆戏楼一层平面图

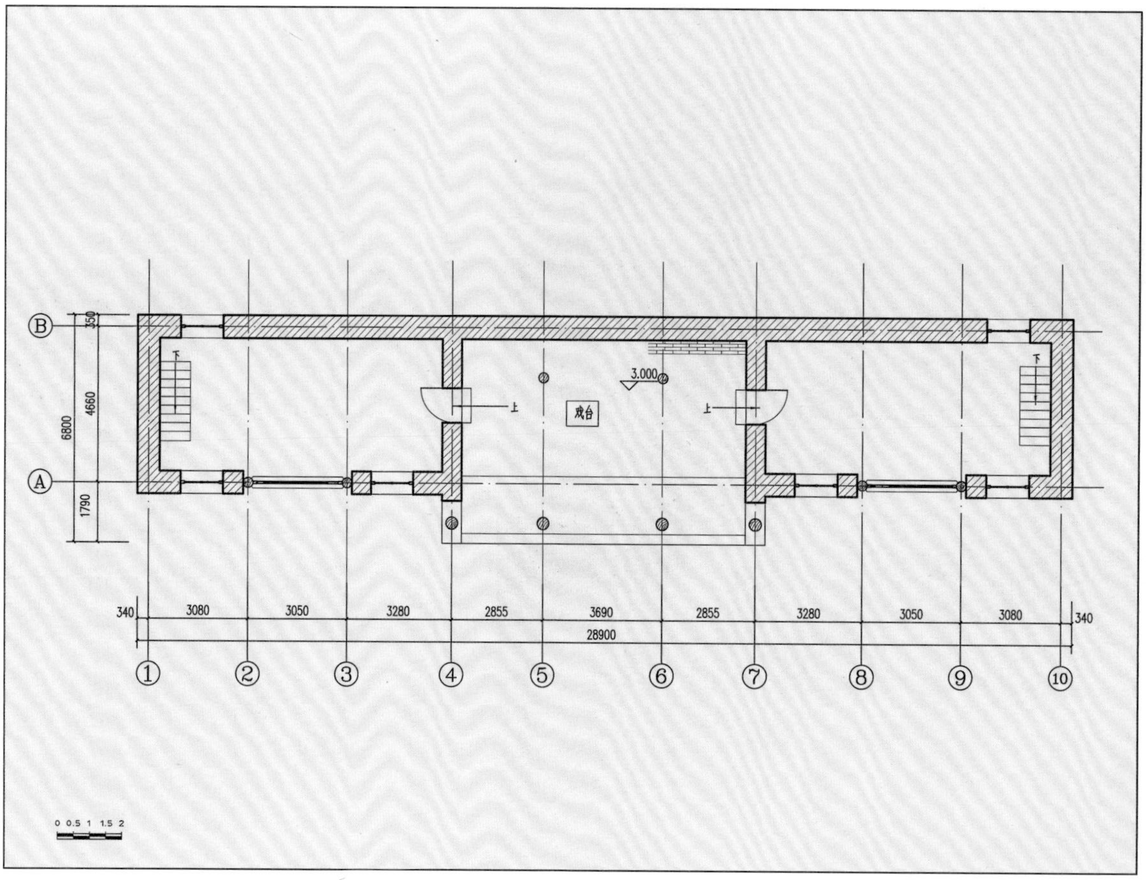

图2-2-7-18 辉县山西会馆戏楼二层平面图

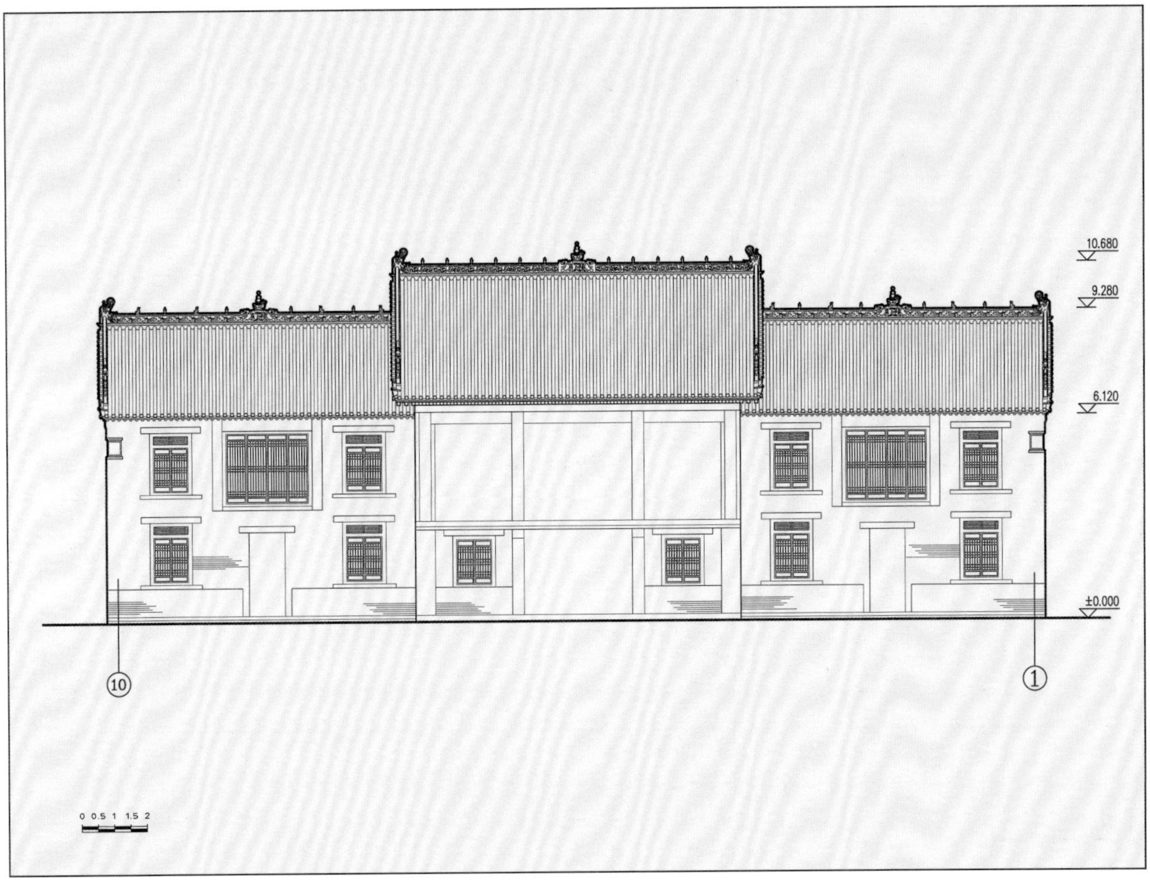

图2-2-7-19 辉县山西会馆戏楼正立面图

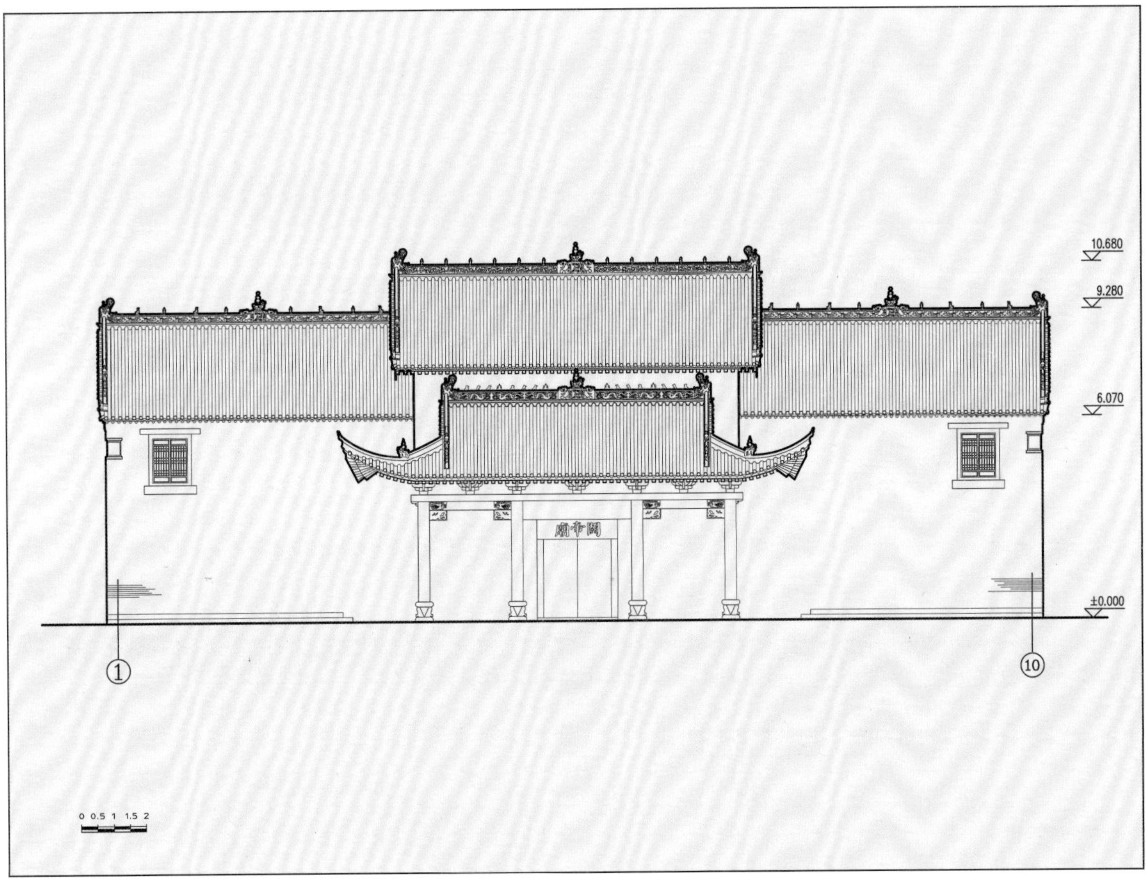

图2-2-7-20 辉县山西会馆戏楼背立面图

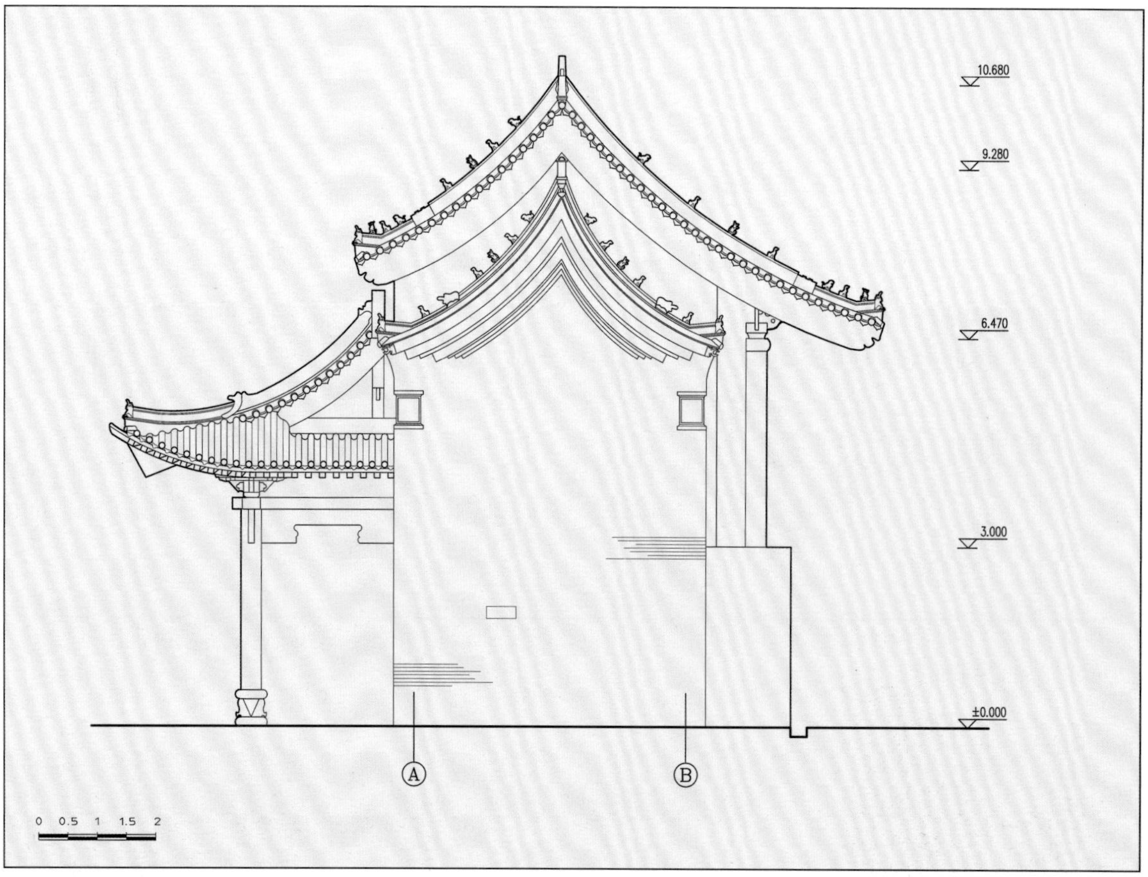

图 2-2-7-21 辉县山西会馆戏楼侧立面图

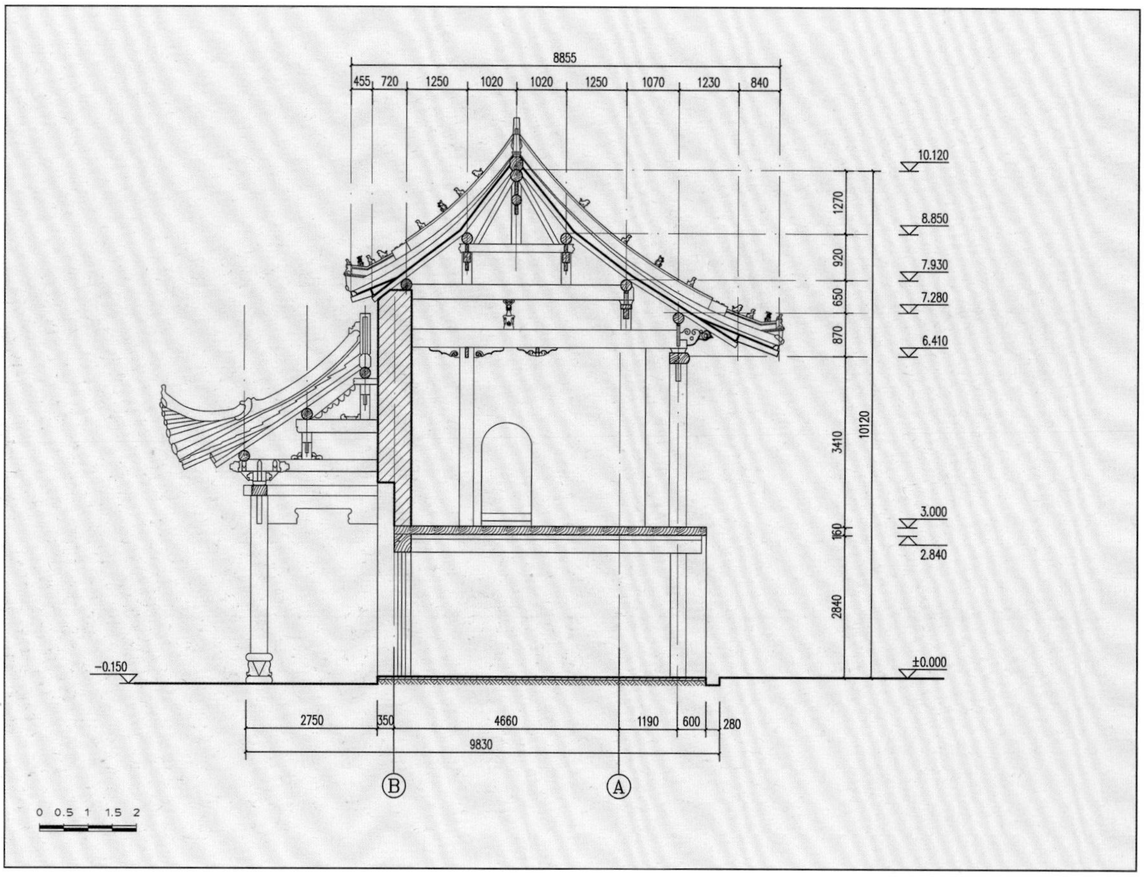

图 2-2-7-22 辉县山西会馆戏楼横剖面图

（十一）辉县城隍庙戏楼

辉县城隍庙位于辉县市共城路市政府院内，北纬35°27′45″，东经113°47′50″，海拔65米。据清道光十五年（1835）《辉县志》记载：“城隍庙，在今县治西，旧无考。明洪武三年（1370）知县张廉建。”后历经明弘治、正德、嘉靖、万历、崇祯等继建，清康熙、道光等年间多次重修。现因城区建设，大门被拆除，大殿、寝殿失修相继颓废，仅存戏楼、拜亭，系第二批辉县市文物保护单位。

戏楼于清道光五年（1825）重建，坐南面北，三幢左右并联式，平面呈“凸”字形，戏台两侧各有耳房一间，为更衣及化妆使用。屋面为主戏楼前檐一步架悬山、其后卷棚硬山式，两侧耳房为卷棚硬山式。戏楼为三面观。面阔三间，进深二间，四步椽屋。通面阔9.79米，其中明间3.5米；通进深6.63米，通高8.84

照2-2-7-15　辉县城隍庙戏楼正立面

照 2-2-7-17 辉县城隍庙戏楼背立面

照2-2-7-16　辉县城隍庙戏楼梁架

米。耳房面阔、进深均为一间。戏楼为两层砖木结构，一层为会馆入口通道，二层为戏台。一层明间辟门，次间设窗，现南立面明、次间加建水泥砌券门、券窗。一层用石柱六根，柱方0.38×0.38米，柱高2.28米，柱上搭平梁，上承楞木及楼板。平梁北侧端头做拔腮，拔腮北侧雕刻卷草图案装饰。平梁下金柱两侧出雀替，加大承托面积；梁上楞木间设单栱斗栱一攒，作为辅助支撑。东次间设木楼梯连通二层舞台，二层为青砖地面。舞台用木柱六根，檐柱径0.33米，柱高2.64米，金柱径0.25米。抬梁式木构架，七梁架置于前后檐平板枋上，承六架梁、四架梁、双步梁，各层瓜柱及檩枋。因戏楼进深较广，明间东西两缝六架梁下加设金柱，柱头两侧设雀替增加承托力。梁架遗存彩绘，色彩古朴，前檐外檐彩画为新饰。檐下各间正中装饰花板各一，浮雕人物、瑞兽图案，雀替与额枋连为一体，透雕花草纹饰。墙体以青砖砌筑，两侧山墙与前檐柱之间有间隙。耳房结构简洁，前后檐柱之上置六架梁，承瓜柱、四架梁、双步梁及各层檩枋。山墙盘头层叠相加，东耳房东山墙后檐处设排水石槽一个，便于污水排出。戏楼宽阔、挺拔，风格大方、壮观，楼前观演空间宽阔，为辉县戏楼的一处佳作。

城隍庙遗存碑碣3通，其中一通为清嘉庆十年（1805）岁次乙丑仲春立《城隍庙……圣会四载圆满碑记》（照2-2-7-15）（照2-2-7-16）（照2-2-7-17）。

（十二）宝泉村玉皇庙舞楼

宝泉村玉皇庙，又名山神庙，位于辉县市薄壁镇宝泉村西北，北纬35°28′46″，东经113°28′04″，海拔625米。此地为古代山西通辉县的交通要道，山西商贾为祈祷山神保佑商路平安营建庙宇。创建年代无考，清乾隆三十七年（1772）重建，嘉庆、同治年间均有修缮，系第八批河南省文物保护单位。建筑依山而建，一进院落，主要建筑依次有舞楼（山门）、大殿、配殿3座文物建筑，两侧分立东西看楼、厢房。整体布局紧凑，因地制宜层层递进，逐步抬高，大殿位于高台之上，舞楼正对大殿，左右两侧看楼围合封闭，形成合院式布局。庙内大殿东侧廊墙上镶石刻两块，西配楼一层南廊墙上镶一碑碣。其中《宝泉村重修山神庙记》碑文记载："增舞楼三间"，落款为："时大清乾隆三十七年岁次壬辰十月初一立。"

舞楼建于清乾隆三十七年（1772），坐南面北，位于玉皇庙中轴线南端，与大殿相向而建，间距12.06米。三幢左右并联式，戏台两侧有耳房各二间，又称扮戏房，为更衣及化妆使用，屋面均为硬山式。平面呈"凸"字形，三面观。戏台面阔三间，进深一间，四步椽屋。通面阔7.24米，其中明间3.1米；通进深6.1米，通高8.43米。耳房面阔二间，进深一间。戏楼为两层砖木结构，一层为玉皇庙入口，二层为戏台。一层明间辟门，前檐石柱高2.15米，覆斗式柱础，雕刻蝉翼几何形图案，柱上置平梁，承楞木及楼板。二层戏台为青砖地面，前檐立抹角石柱两根，柱方0.25×0.25米，柱高2.03米，下设方墩石础，高0.34米，柱础之间设高0.41米的石栏杆，栏板浅刻花草纹饰。二层梁架为抬梁式，七梁架置于前檐坐斗及后檐墙上，其上未设五架梁，而是在支撑上下金檩的瓜柱间用单步梁连接，上金檩下部瓜柱中端插单步梁后尾，上承三架梁、脊瓜柱及脊檩。檐下设柱头科，为一斗二升交麻叶异型栱，栱身雕刻花纹；补间无栱，安置雕刻精美的花板辅助支撑。墙体采用里生外熟的砌筑手法，内墙用土坯，外墙为青砖。明间后檐墙正中设方窗一扇，山墙设门与耳房相通。现因耳房功能改变，舞楼东次间台口处增设石砌踏步，以便上下。南北檐下盘头层叠相加，雕刻花草图案，做工精致。两侧山墙上部绘有壁画，采用墨色勾勒出梁架样式做装饰。两侧耳房为二层砖木结构，一层次间设木楼梯连通二层，二层后檐墙各设一圆窗，便于采光。梁架结构简洁，为前后檐柱上置五架梁，承瓜柱、三架梁、各层檩枋。舞楼、耳房南檐墙在同一轴线，整体建筑宽阔、挺拔，屋面高低错落，风格质朴。

舞楼前两侧各立看楼一座，为两层单檐硬山灰瓦顶建筑。面阔三间，进深二间，通面阔7.83米，通进深4.96米，高7.09米。因庙宇建于山地，院内面积不够宽阔，看楼的体量较大，便于观戏。宝泉玉皇庙选址及布局体现“天人合一”营建思想，处于南关山南侧，北枕玉皇岭，南俯大峡谷，东望狼山，西北眺公鸡山，白陉古道从前面盘旋而过。舞楼梁架结构独特，以尺寸较小的两段单步梁替代了五架梁的功能，并缩小了七架梁与三架梁的间距，抬高了舞台的空间高度，充分体现了建筑巧妙构思及工匠的智慧。

据文献记载，由于山西商贾的影响，清同治十二年（1873）上党梆子由陵川进入辉县西部山区，并在平甸、宝泉二村建立了戏班，常年演出（照2-2-7-18）（照2-2-7-19）（照2-2-7-20）（图2-2-7-23）（图2-2-7-24）（图2-2-7-25）（图2-2-7-26）（图2-2-7-27）（图2-2-7-28）（图2-2-7-29）。

照 2-2-7-18　宝泉村玉皇庙舞楼正立面

佛光普照
玉皇大帝
天明高廣本來空
慧海澄圓無所住

照 2-2-7-19 宝泉村玉皇庙舞楼背立面

照 2-2-7-20 宝泉村玉皇庙看楼

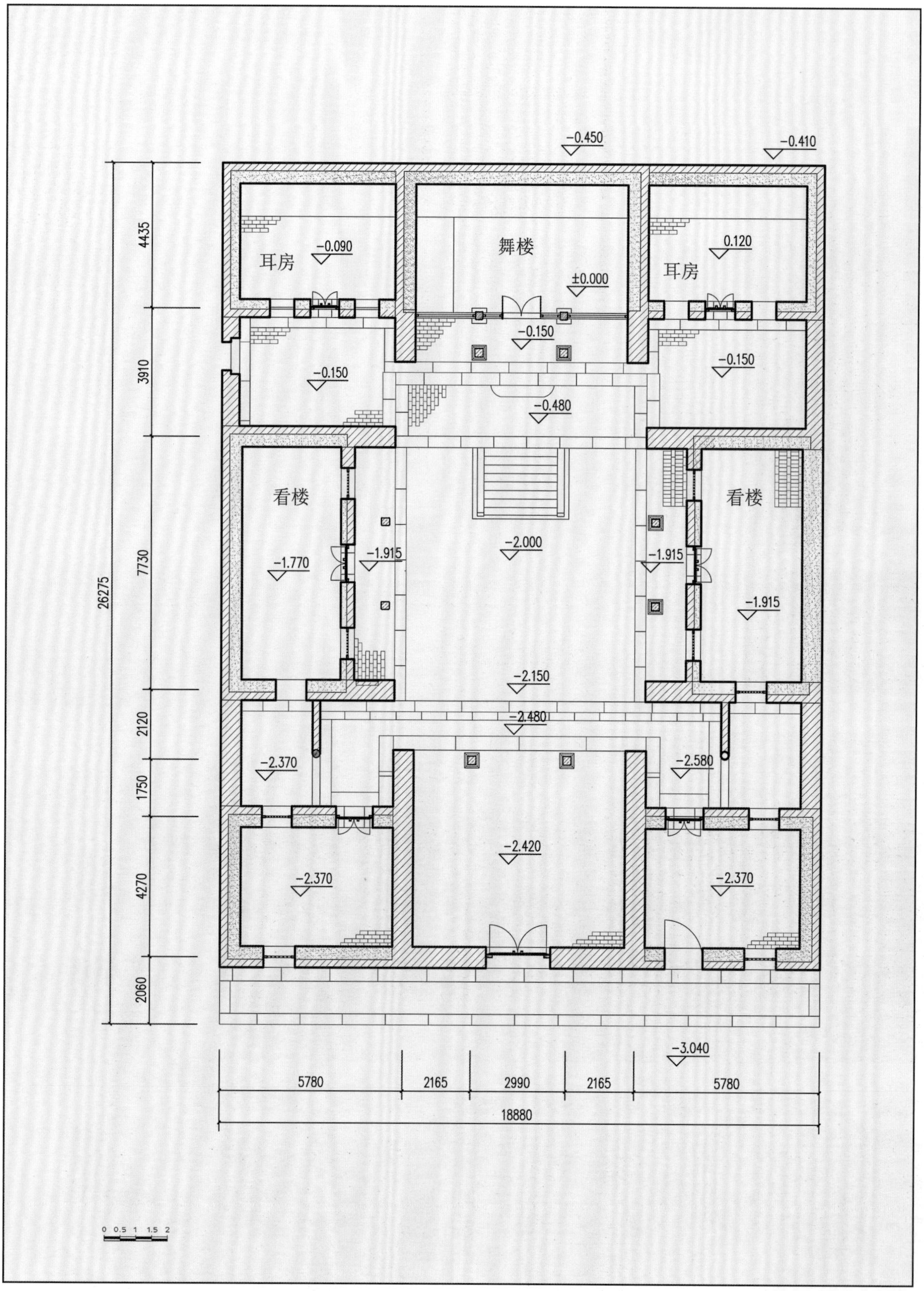

图 2-2-7-23　宝泉村玉皇庙总平面图

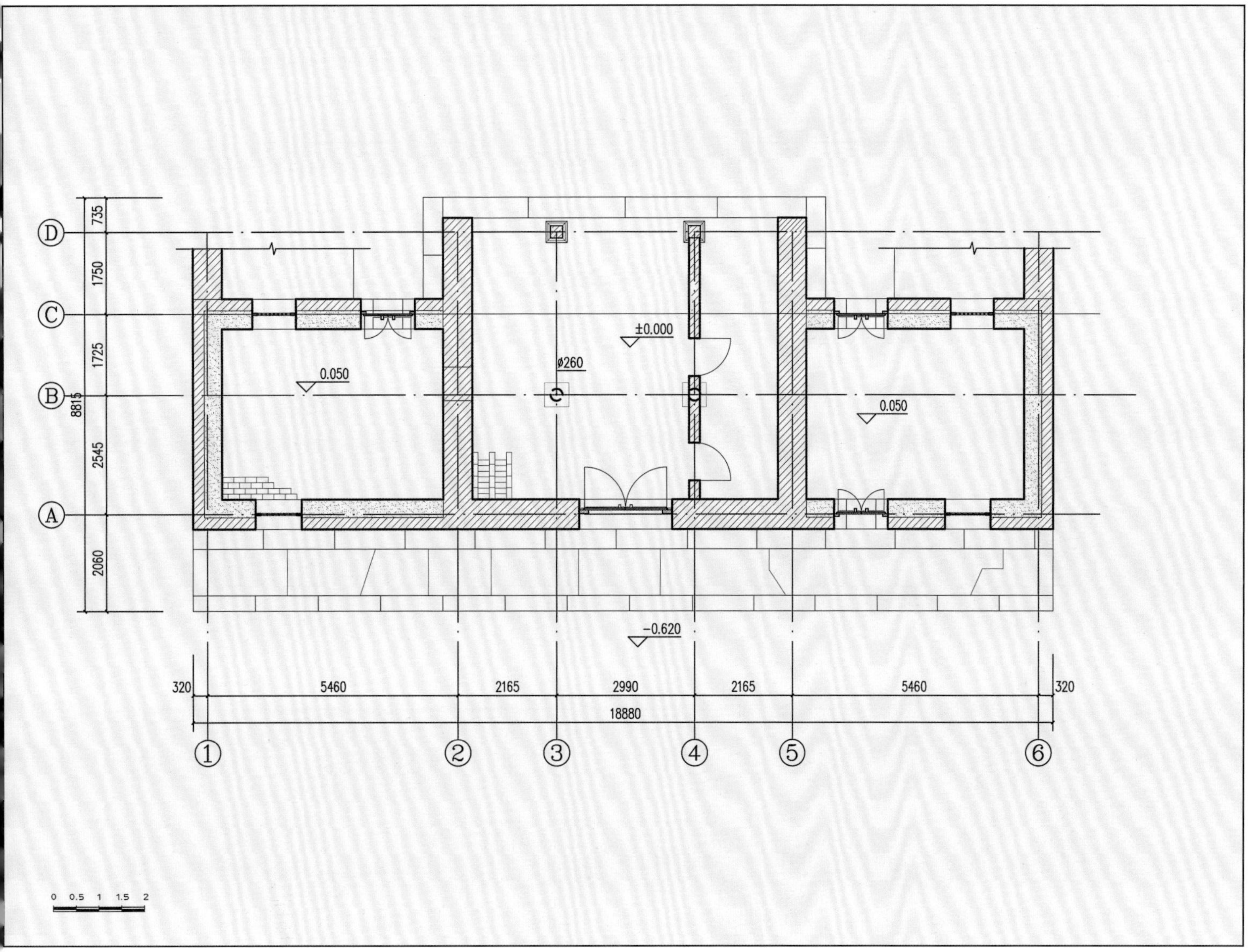

图 2-2-7-24　宝泉村玉皇庙舞楼一层平面图

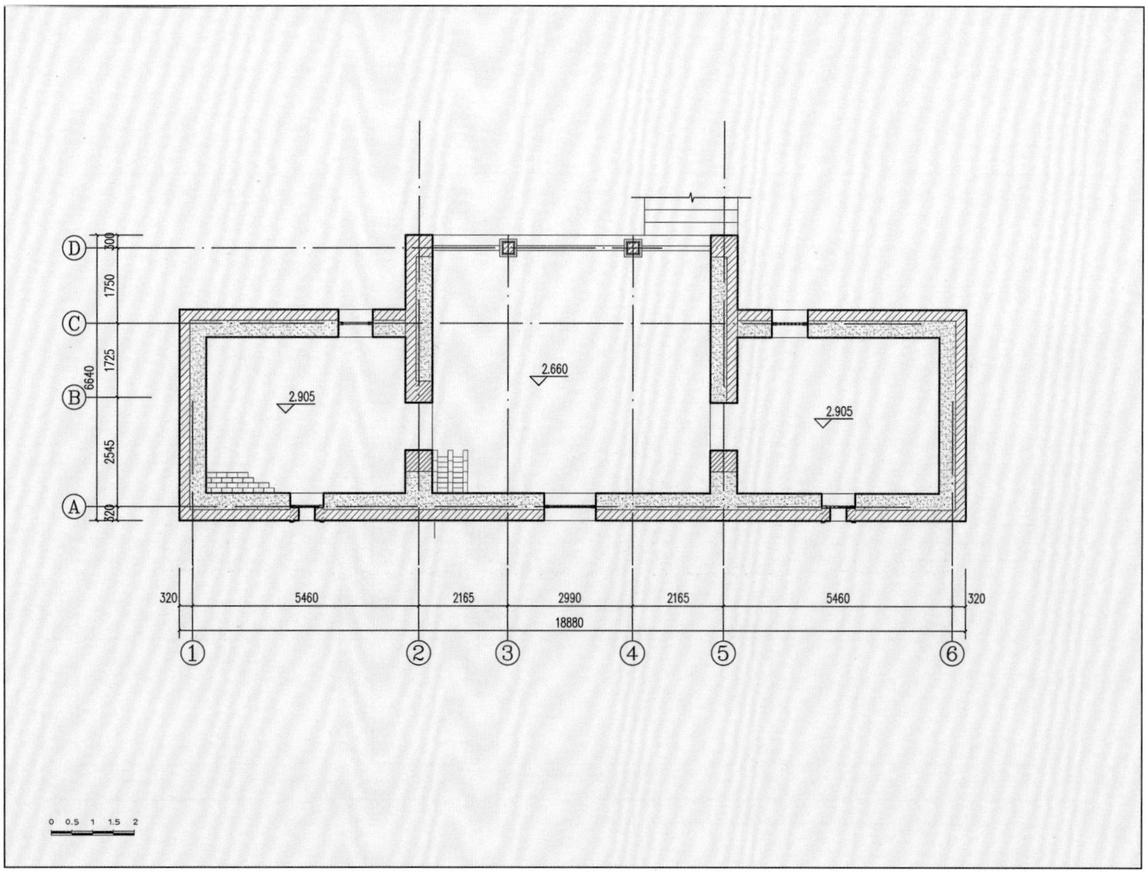

图2-2-7-25 宝泉村玉皇庙舞楼二层平面图

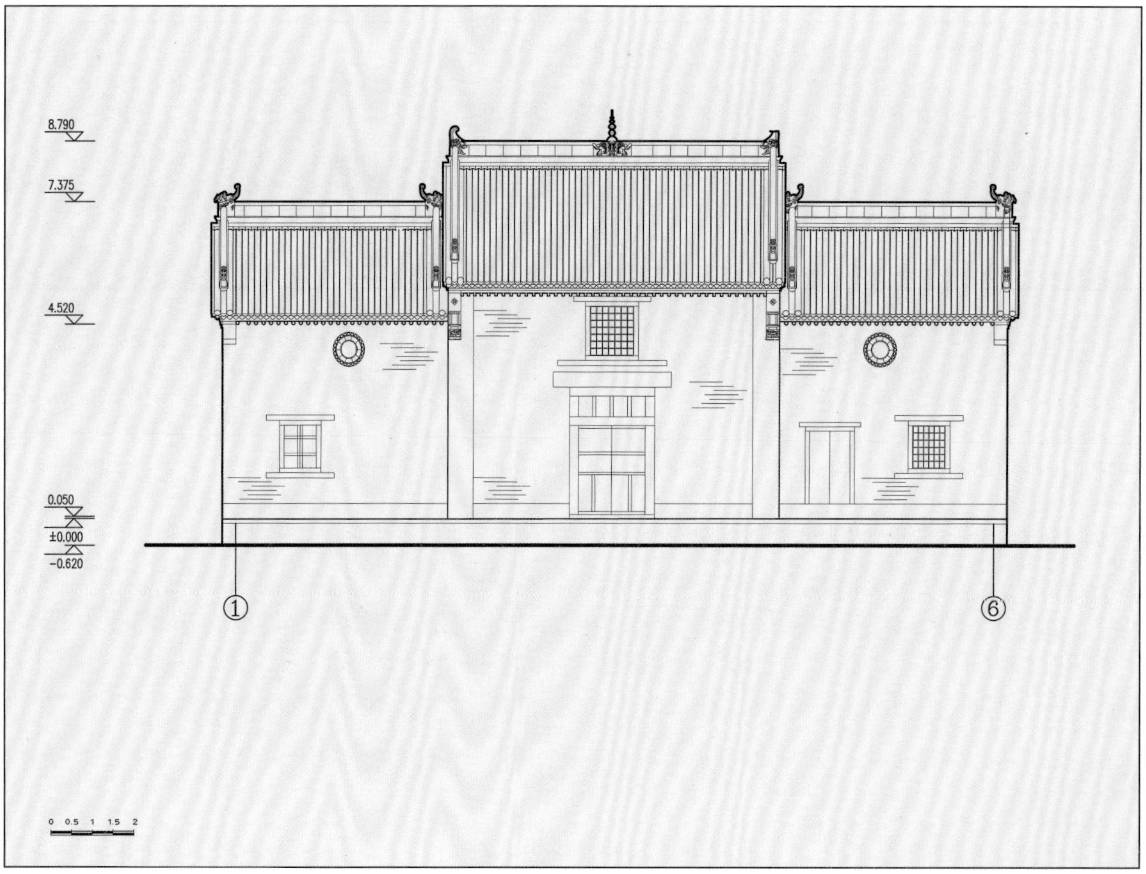

图2-2-7-26 宝泉村玉皇庙舞楼背立面图

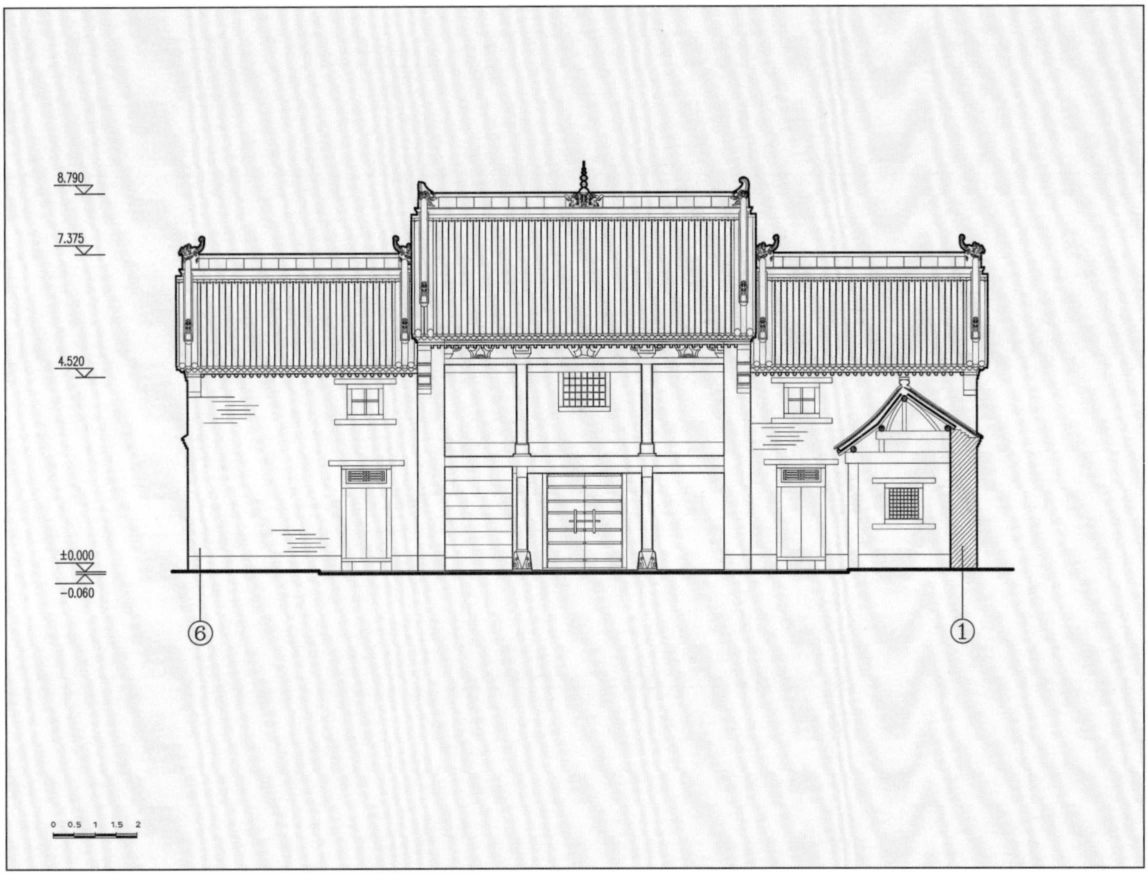

图2-2-7-27 宝泉村玉皇庙舞楼正立面图

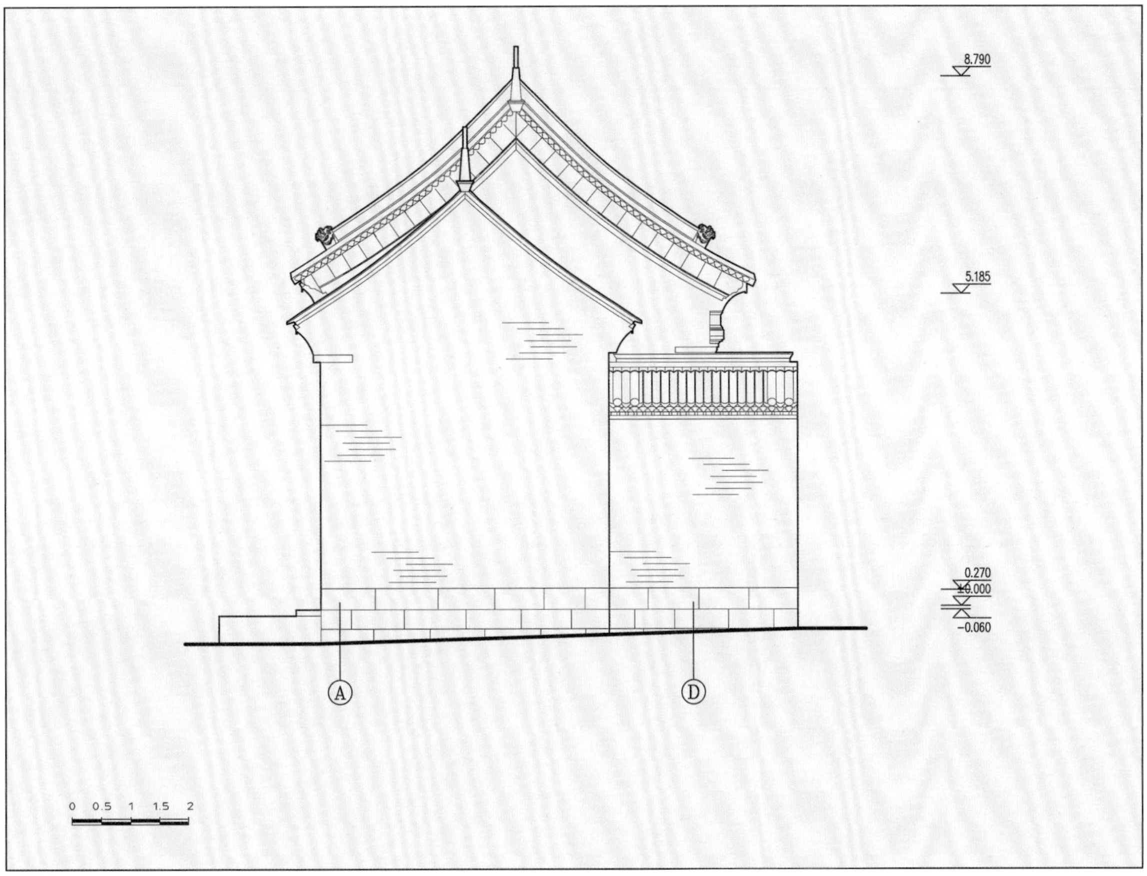

图2-2-7-28 宝泉村玉皇庙舞楼侧立面图

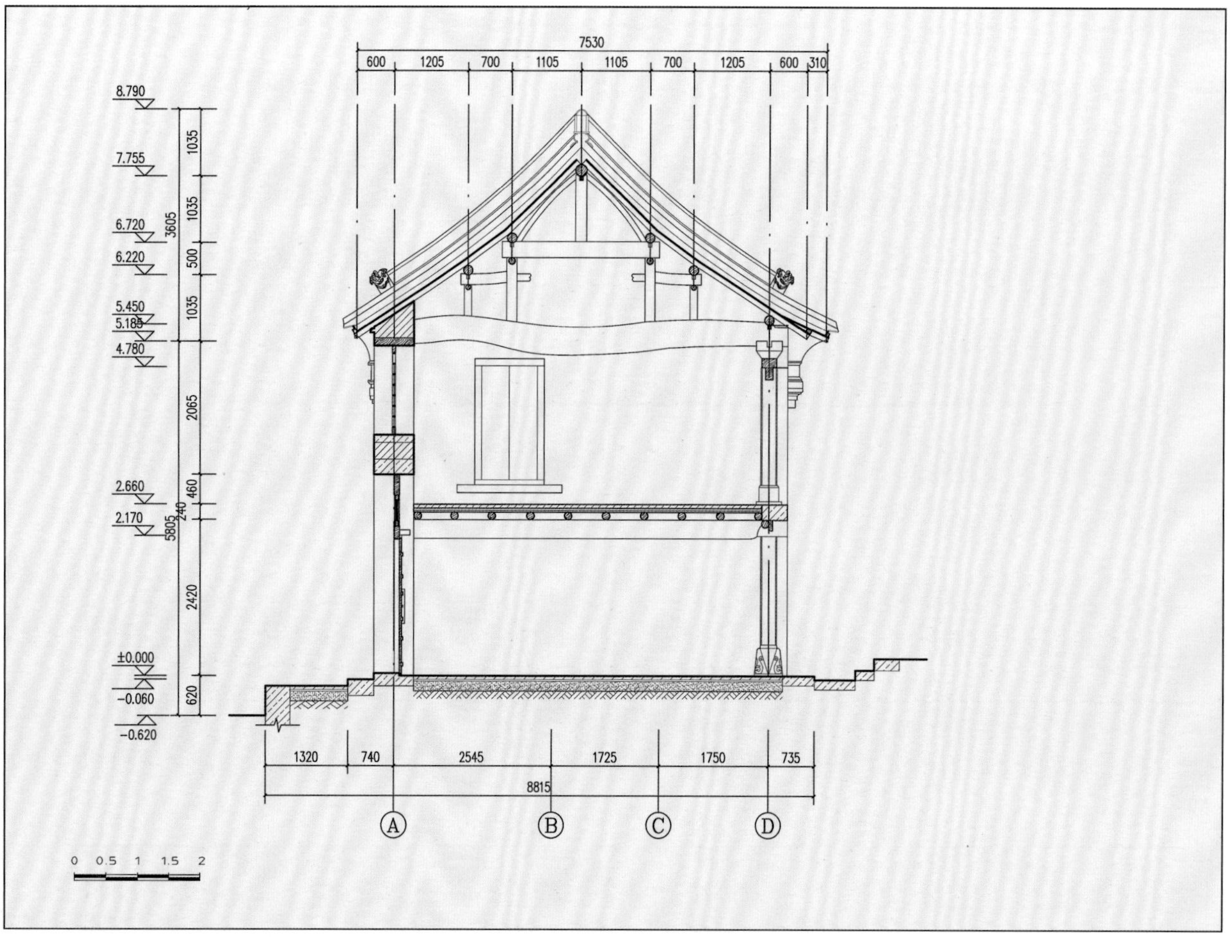

图 2-2-7-29 宝泉村玉皇庙戏楼横剖面图

（十三）平甸村玉皇庙戏楼

平甸村玉皇庙位于辉县市薄壁镇平甸村，北纬35°30′29″，东经113°26′37″，海拔573米。创建年代不详，清乾隆四年（1739）、嘉庆三年（1798）、道光二十六年（1846）以及民国四年（1915）曾多次修缮。庙宇为一进院落，现存戏楼（山门）、大殿及两侧厢房。新中国成立前我军曾在此设立后方医院，为第二批辉县市文物保护单位。

戏楼为清宣统元年（1909）重建，坐南面北，位于中轴线南端，与大殿相向而建。三幢左右并联式，戏台两侧各有耳房一间，为更衣及化妆使用。屋面为前檐一步架悬山式、其后硬山式，耳房为硬山式。平面呈“凸”字形，三面观。戏楼面阔三间，进深一间，六步椽屋，通面阔8.01米，通进深5.96米，通高8.23米。耳房面阔一间，进深一间，面阔7.2米，进深4.32米，通高6.6米。戏楼为两层砖木结构，一层为庙入口，二层为舞台。明间辟门，门上书写“玉皇大帝”四字。一层前檐立四根石柱，柱高1.92米，明间为覆斗式柱础，雕刻莲瓣图案，次间为方墩柱础。柱上置平梁，承楞木及楼板。因建筑跨度较大，一层明间东西缝梁下设有石质金柱，柱间遗存石栏板。二层戏台为青砖地面，前檐立抹角方石柱四根，柱高2.04米，明间柱下为方墩柱础，中部雕刻瑞兽。柱础间设高0.27米石栏板用作围护，表面阴刻卷草纹饰。二层梁架为抬梁式，七梁架置于前檐坐斗及后檐墙之上，承五架梁、三架梁、瓜柱及各层檩枋，明间脊檩枋遗存清宣统元年（1909）上梁题记。檐下柱头科为一斗二升交麻叶异型斗栱，栱身雕花纹。补间无栱，安置雕刻精美的花板辅助支撑。山面梁架略有不同，脊檩与后坡檩直接插于山墙之上，因山墙止于前檐下金檩位置，山墙与前檐柱之间设单步梁，上承瓜柱、坐斗及下金檩，檩上置椽。屋面形制顺应变化，单步梁上方为悬山式，余为硬山式。墙体采用里生外熟的砌筑方式，内墙土坯，外墙青砖，明间二层后檐墙设方窗，山墙设门与耳房相通。现因耳房功能改变，戏楼前檐东山墙台口处增设石砌踏步。南北檐下盘头层叠相加，雕刻花草图案，做工精致。屋面灰瓦覆顶，正脊、垂脊浮雕游龙、牡丹图案，鸱吻为龙首形，整体风格古朴、端庄。耳房为二层砖木结构，一层次间设木楼梯连通二层，二层后檐墙设一圆窗，便于采光。梁架结构简洁，前后檐柱之上置五架梁，承瓜柱、三架梁及各层檩枋。

戏楼、耳房南檐墙在同一轴线，建筑屋面高低错落，风格质朴、大方。庙内现存碑碣3通，均为清代历年的修缮碑碣（照2-2-7-21）（图2-2-7-30）（图2-2-7-31）（图2-2-7-32）（图2-2-7-33）（图2-2-7-34）。

照 2-2-7-21　平甸村玉皇庙戏楼

福
福

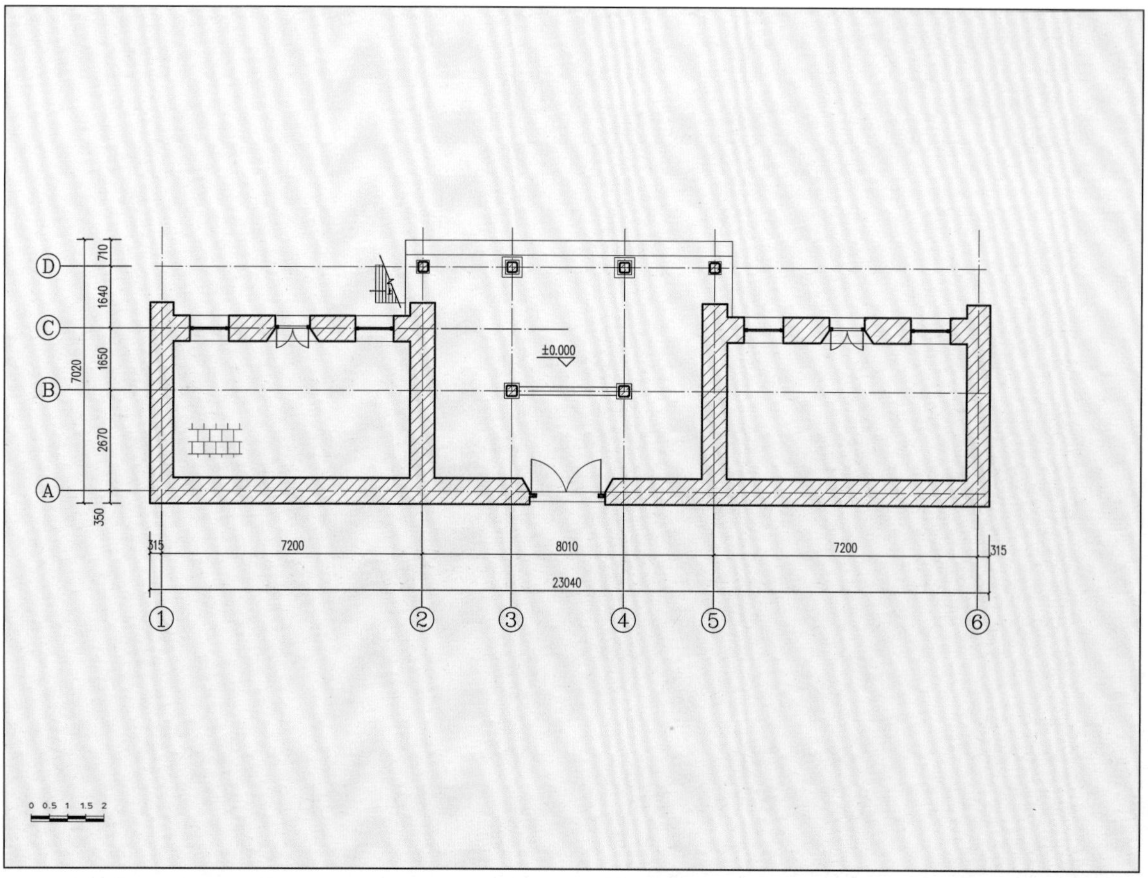

图2-2-7-30 平甸村玉皇庙戏楼一层平面图

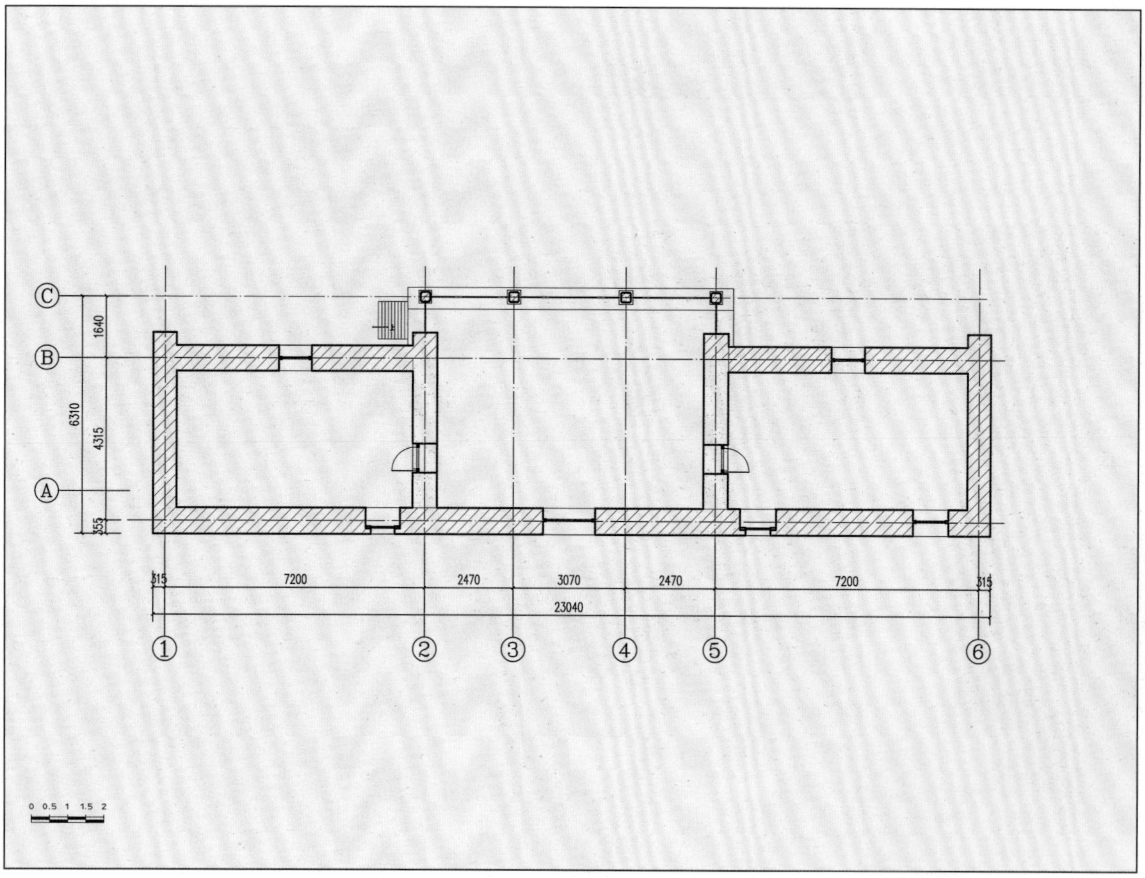

图2-2-7-31 平甸村玉皇庙戏楼二层平面图

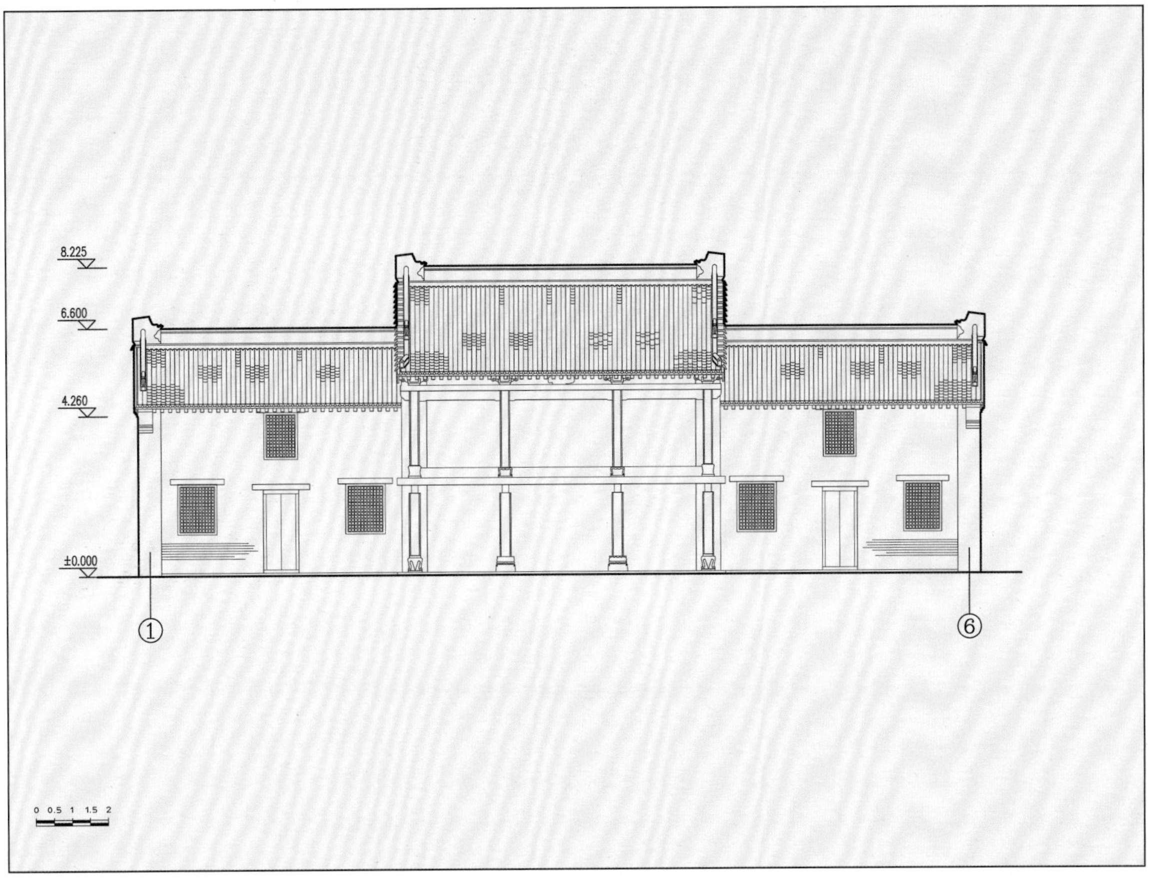

图2-2-7-32 平甸村玉皇庙戏楼正立面图

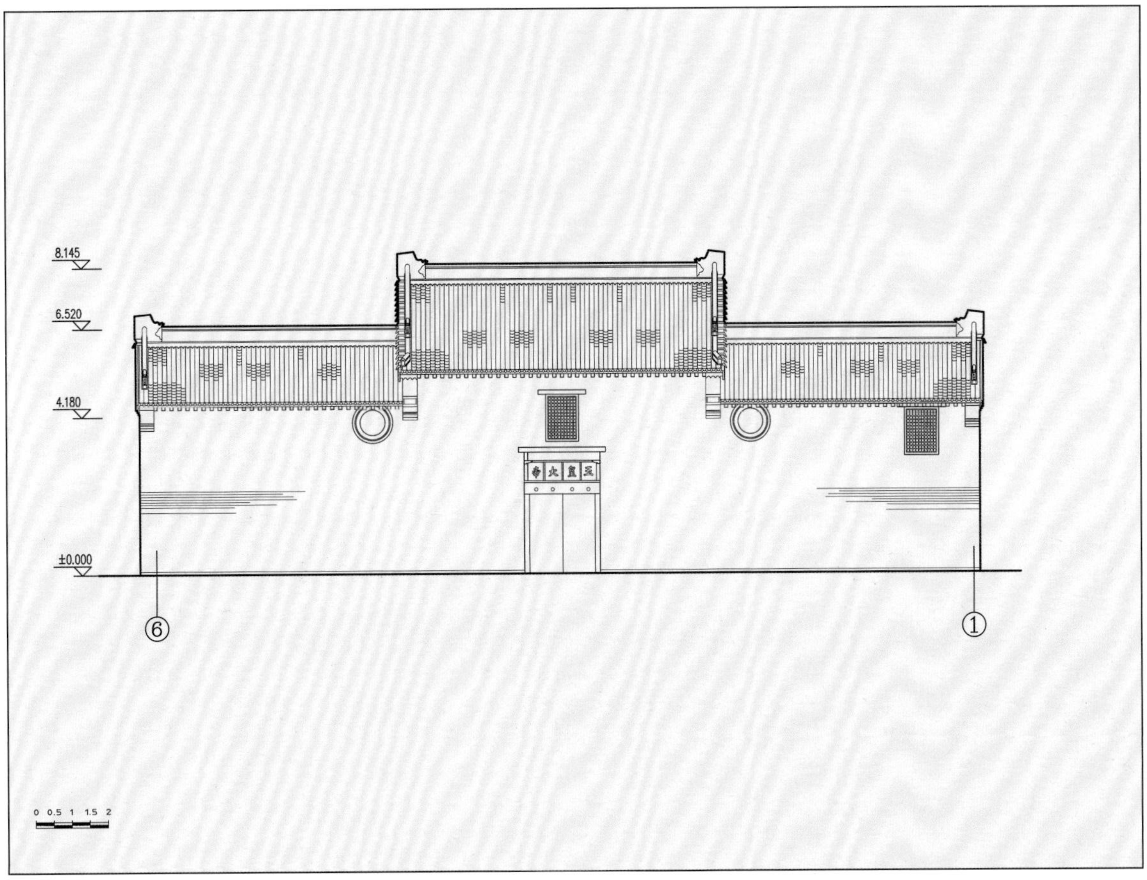

图2-2-7-33 平甸村玉皇庙戏楼背立面图

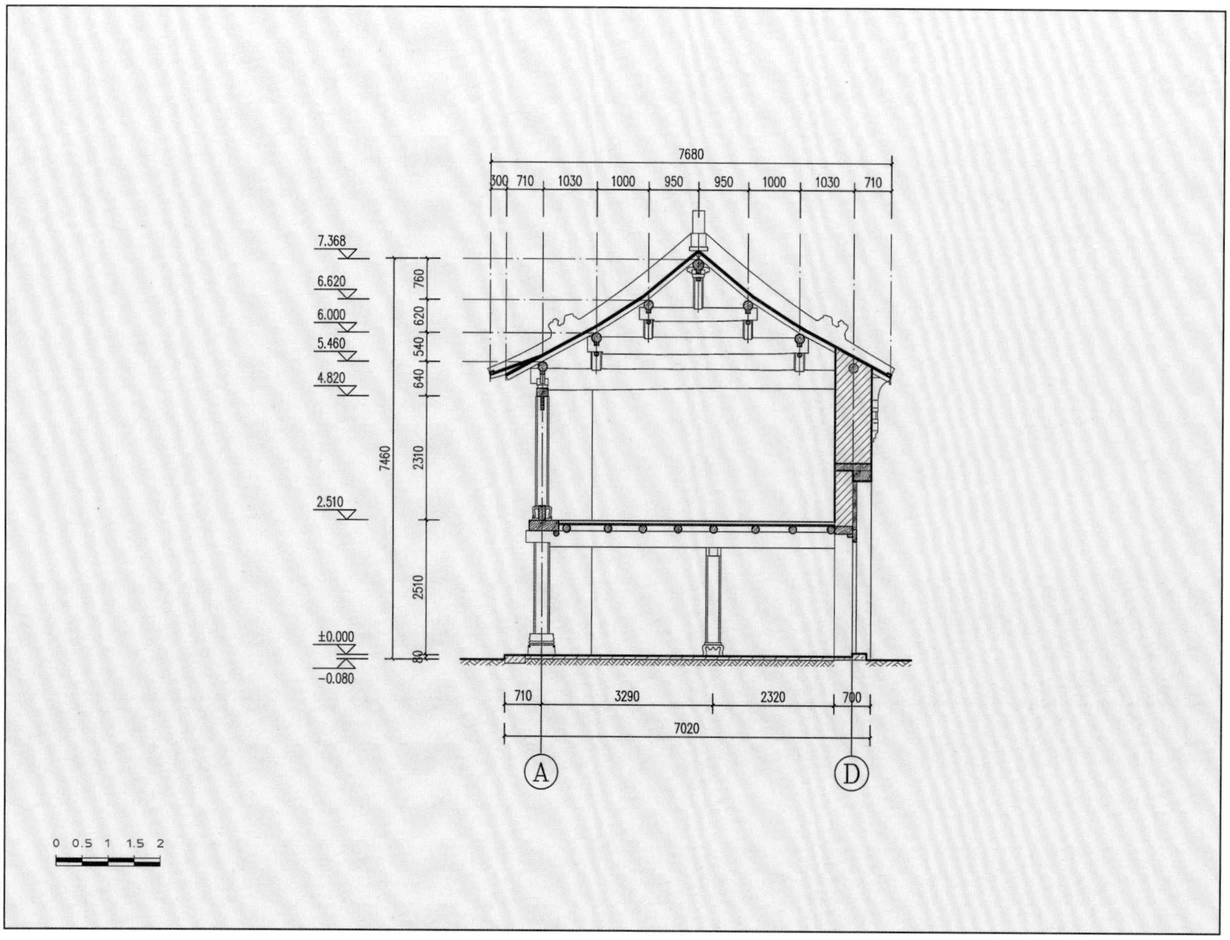

图2-2-7-34　平甸村玉皇庙戏楼横剖面图

（十四）周庄大王庙戏楼

周庄大王庙位于辉县市薄壁镇周庄村冈峦上，前临峪河，北纬35° 44′ 64″，东经113° 45′ 21″，海拔165米。庙宇一进院落，创建年代无考，现存戏楼（山门）、大殿及两侧厢房，新建大门位于戏楼南侧。

戏楼坐西面东，位于中轴线南端，与大殿相向而建，相距19.6米。三幢左右并联式，戏台两侧各有耳房一间，为更衣及化妆使用。戏楼屋面为前檐一步悬山式、余为硬山式，耳房均为硬山顶。平面呈“凸”字形，半三面观。戏楼面阔三间，计9.62米；进深一间计6.44米。耳房面阔二间计5.04米，进深一间计4.3米。戏楼为两层砖木结构，上层为舞台，因院内地坪抬高，一层过半高度埋于地下，现台面距地面高仅1米。一层柱上置平梁，上承楞木及楼板。二层戏台为青砖地面，前檐立四根石础及抹角方石柱，梁架为抬梁式，七梁架置于前檐坐斗及后檐墙之上，承五架梁、三架梁、脊瓜柱及各层檩枋。檐下柱头设坐斗，补间无栱。额枋雕刻精美，采用透雕与浮雕两种技法。山面梁架与明间略有不同，脊檩与后坡檩直接插于山墙之上，因山墙止于前檐下金檩位置，山墙与前檐柱设单步梁连接，上承瓜柱、坐斗及下金檩，檩上布椽。屋面形制顺应变化，单步梁上方屋面为悬山式、余为硬山式。墙体采用里生外熟的砌筑手法，内墙用土坯，外墙为青砖，山墙设门与耳房相通。现因耳房功能改变，戏楼明间前檐台口处增设砖砌踏步。耳房为两层砖木结构，二层山墙各设一方窗，便于采光。梁架结构简洁，前后檐柱之上置五架梁，承瓜柱、三架梁、各层檩枋。因年久失修，北侧耳房屋面局部坍塌。戏楼于20世纪50年代前，每年农历二月十八均有演出（照2-2-7-22）。

照2-2-7-22 周庄大王庙戏楼

（十五）苏北村火神庙戏楼

苏北村火神庙位于辉县市高庄乡苏北村南部，北纬35°33′39″，东经113°43′50″，海拔141米。火神庙坐北面南，一进院落，因年久失修，仅存戏楼、大殿两座文物建筑，无院墙围合。庙遗存碑碣两通，分别为清康熙五十五年（1716）《创建火神庙碑引》碑及乾隆四十六年（1781）岁次辛丑季秋《重建戏楼碑记》碑，碑文记载："火帝庙前旧有戏楼一间，年深日久，庙宇坡坏，戏楼倾颓……补葺庙宇，重塑神像，改建戏楼三间，较前规模廓大……"

戏楼坐南面北，单幢式，为单檐前檐一步架悬山、余为硬山式建筑。戏楼石砌台基高1.71米，宽7.3米，深6.34米。平面呈长方形，半三面观。面阔三间，进深一间，通面阔6.17米，其中明间2.23米；通进深5.5米，通高5.1米。抬梁式木结构，前檐立抹角石柱四根，柱方0.3×0.3米，柱高2.12米，柱下设高0.35米的方墩柱础。五梁架置于前檐平板枋及后檐墙之上，承三架梁、脊瓜柱及各层檩枋，前檐五架梁梁头两侧设花板助柱支撑。山面梁架略有不同，脊檩与后坡檩直接插于山墙之上，因山墙止于前檐下金檩位置，距檐柱1.2米。屋面形制顺应变化，单步梁上方屋面为悬山、余为硬山。后檐墙置排水石槽，前檐后人增设装修（照2-2-7-23）。

照2-2-7-23　苏北村火神庙戏楼

（十六）北东坡祖师庙戏楼

北东坡祖师庙位于辉县市南村镇北东坡村中部，庙现已毁，仅存戏楼。

戏楼坐南面北，北纬35° 41′ 43″，东经113° 45′ 37″，海拔385米。单幢式，为单檐硬山式建筑。《辉县戏曲志》记载：“北东坡祖师庙戏楼建于清道光十年（1830）。”[1]因年久失修，现梁架局部坍塌，屋面缺失，明间东缝梁架倒塌，岌岌可危。建筑平面呈长方形，一面观。面阔三间，进深一间，四步椽屋；通面阔8.05米，通进深5.65米。台基用条石砌筑，高1.5米。抬梁式木构架，前檐立两根木柱，柱础之间设石栏板。五梁架置于前檐平板枋及后檐墙之上，其上未设五架梁，支撑上下金檩的瓜柱用单步梁连接，上金檩下的瓜柱中部插单步梁后尾，上承三架梁、脊瓜柱及脊檩。前檐梁头两侧及补间安置雕刻精美的花板辅助支撑。墙体采用里生外熟的砌筑手法，内墙土坯，外墙青砖，山墙盘头中部雕刻花纹图案装饰。建筑梁架做法、额枋雕刻及台口石栏板与宝泉村玉皇庙戏楼相似，具有浓郁的地方风格（照2-2-7-24）。

1. 王家珠主编，辉县文化局《戏曲志》编辑室编：《辉县戏曲志》，1987年，铅印本，第109页。

照2-2-7-24　北东坡祖师庙戏楼

（十七）张台寺关帝庙戏楼

张台寺关帝庙位于辉县市南寨镇张台寺村，北纬34°45′07″，东经113°41′56″，海拔442米。坐北面南，现仅存戏楼、大殿两座文物建筑，无院墙合围。

戏楼创建于清光绪二十三年（1897），坐南面北，与大殿相对，间距22.7米，单檐硬山式建筑。平面呈长方形，一面观。面阔三间，进深一间，四步椽屋，通面阔7.43米，其中明间2.83米；通进深5.88米。台基用块石砌筑，高1.06米。梁架形式与北东坡村戏楼相同，前檐立石柱两根，柱方0.24×0.24米，柱础高0.33米，柱高2.3米，柱础之间设石栏板。七梁架置于前檐柱及后檐墙之上，支撑上下金檩的瓜柱之间用单步梁连接，上承三架梁、脊瓜柱及脊檩。前檐平板枋及额枋缺失。观建筑用材的尺寸及做法，近年曾修缮，梁架已更换，保持了原形制及做法，仅脊檩枋为原构件，尚存“大清光绪二十三年岁次丁酉，清和月合社仝修”题记。墙体用青砖砌筑，山墙盘头中部雕刻花纹图案装饰。石柱存楹联一副：“戏坛荟萃群星灿；艺苑春融百卉娇。”（照2-2-7-25）

照2-2-7-25　张台寺关帝庙戏楼

照2-2-7-26 南平罗村奶奶庙戏楼

（十八）南平罗村奶奶庙戏楼

南平罗奶奶庙位于辉县市西平罗乡南平罗村中部，北纬35° 42′ 10″，东经113° 42′ 54″，海拔384米。创建年代无考，现仅存戏楼及两侧厢房，无院墙围合。

戏楼坐南面北，单幢式，单檐硬山式建筑。建筑平面布局呈长方形，一面观。面阔三间，进深一间，通面阔8.57米，其中明间3.18米；通进深7.05米。台基用块石砌筑，高1.3米。戏台前檐立两根抹角方石柱，柱方0.26×0.26米，柱高2.84米。柱下设四层叠加基座式柱础，高0.42米，中部浮雕脊兽，上下为莲瓣，柱础之间设石栏板。前檐雀替、额枋透雕龙纹，正脊浮雕牡丹卷草图案。墙体用青砖砌筑，山墙盘头中部雕刻花卉图案装饰。现戏楼前檐增建砖墙，加设门窗，且上部用宣传板遮挡，室内吊顶，地面铺设瓷砖，梁架形式不详（照2-2-7-26）。

（十九）西平罗村胜福寺戏楼

胜福寺已圮，现仅存戏楼，位于辉县市西平罗乡辉县第三中学南部，北纬34° 43′ 37″，东经113° 42′ 59″，海拔382米。

戏楼坐南面北，单幢式，单檐灰瓦硬山式建筑，创建于明嘉靖三十九年

照2-2-7-27 西平罗村胜福寺戏楼

（1560），隆庆元年（1567）竣工。乾隆四十八年（1783）、同治元年（1862）均有重修。戏楼平面呈长方形，一面观。面阔三间，进深一间，六步椽屋。通面阔8.89米，其中明间2.95米；通进深7.5米，台基高0.7米。前檐立石柱两根。抬梁式木构架，七梁架置于前檐坐斗及后檐墙之上，承五架梁、三架梁、瓜柱及各层檩枋。檐下柱头置坐斗，前檐梁头两侧及各间正中安置雕刻精美的花板辅助支撑。墙体均采用青砖砌筑，前檐两侧盘头多层叠加，中部雕刻花卉图案。建筑整体风格古朴、端庄，尤其前檐木雕格外夺目，花板上雕刻花鸟图案，飞禽与花卉相结合，一动一静，产生出独特的艺术效果。花蕾丰满富丽，华贵绚烂，鸟兽羽毛分明，刻画生动细腻。雕刻工艺采用浮雕、凿地平面线刻等多种技法，画面布局合理，富于层次，生动形象地反映了当地传统木雕艺术的风格和特点。

戏楼山墙镶嵌碑碣两块，分别为明隆庆元年（1567）和清同治元年（1862）所立。其中清碑载："村西北隅旧有戏楼三楹，起于前明嘉靖三十九年，工竣于隆庆元年。迨至我朝乾隆四十八年重修一次，后经数十年风雨剥落，□木凋残，且规模浅狭，难堪畅舞。有本村崔公……于同治元年六月十六日集匠兴工，宽其基，高其楼，不三月而厥功告成，画栋雕梁，焕然一新。虽曰重修事，同开创一时华美，百世伟观……"碑文清晰记载了戏楼的创建及重修过程（照2-2-7-27）（照2-2-7-28）。

照 2-2-7-28　西平罗村胜福寺戏楼碑刻

（二十）姬家寨玉皇庙戏楼

姬家寨玉皇庙位于辉县市云门镇姬家寨村东部，北纬35°24′21″，东经113°43′54″，海拔39米。创建年代不详，坐北面南，现存戏楼、大殿两座文物建筑。

戏楼坐南面北，位于玉皇庙中轴线后建庙门外，正对大殿。单幢式，为单檐前檐一步架悬山、其后硬山式建筑。建筑面阔三间，进深二间，四步椽屋，半三面观。通面阔7.85米，其中明间3.16米；通进深4.67米，台高1.13米。前檐立四根抹角方石柱，柱方0.26×0.26米，高2.31米。抬梁式木构架，七架梁置于前檐平板枋及后檐柱上，承瓜柱、五梁架、三架梁、脊瓜柱及各层檩枋，脊檩两侧用叉手。明次间檐檩与平板枋之间各设花板一块，分别雕刻麒麟、荷花、仙鹤等纹饰，形象生动细腻。山面梁架略有不同，脊檩与后坡金檩直接插于山墙之上，因山墙止于前檐下金檩位置，与前檐柱之间置单步梁连接。墙体采用里生外熟的砌筑手法，内墙土坯，外墙青砖，厚0.57米，正脊上雕刻荷花及惹草图案，衬托戏楼愈加古朴端方（照2-2-7-29）。

照2-2-7-29 姬家寨玉皇庙戏楼

① 桶张河老君庙戏楼（焦作市山阳区中星街道桶张河村）
② 马村玉皇庙舞楼（焦作市山阳区宁郭镇马村）
③ 冯竹园三官庙戏楼（博爱县许良镇冯竹园村）
④ 大底村龙王五神庙戏楼（博爱县寨豁乡大底村）
⑤ 白炭窑老君庙戏楼（博爱县寨豁乡白炭窑自然村）
⑥ 柏山刘氏祠堂戏楼（博爱县柏山镇柏山村）
⑦ 南道玉皇庙戏楼（博爱县许良镇南道村）
⑧ 苏寨玉皇庙戏楼（博爱县月山镇苏寨村）
⑨ 桥沟天爷庙戏楼（博爱县寨豁乡桥沟村）
⑩ 上岭后观音堂舞楼（博爱县寨豁乡上岭后村）
⑪ 显圣王庙戏楼、舞楼（孟州市会昌街道堤北头村）
⑫ 衰圪套村上清宫戏楼（孟州市槐树乡衰圪套村）
⑬ 三洼村三清庙戏楼（孟州市槐树乡三洼村）
⑭ 沙滩园龙王庙戏楼（沁阳市西万镇沙滩园村）
⑮ 西沁阳村观音堂舞楼（沁阳市西万镇西沁阳村）
⑯ 窑头村关帝庙戏楼（沁阳市常平乡窑头村）
⑰ 常河村朝阳寺舞楼（沁阳市常平乡常河村）
⑱ 杨庄河村牛王庙戏楼（沁阳市常平乡杨庄河村）
⑲ 马庄村西结义庙戏楼（沁阳市山王庄镇马庄村）
⑳ 大郎寨牛王庙戏楼（沁阳市山王庄镇大郎寨村）
㉑ 盆窑村老君庙舞楼（沁阳市山王庄镇盆窑村）
㉒ 北关庄村关帝庙舞楼（沁阳市太行山街道北关庄村）
㉓ 万善村汤帝庙戏楼（沁阳市西万镇万善村）
㉔ 青龙宫戏楼（武陟县龙源镇万花村）
㉕ 驾步村接梁寺舞楼（武陟县大封镇驾步村）
㉖ 茶棚村通济庵戏楼（修武县云台山镇茶棚村）
㉗ 东岭后村龙王庙戏楼（修武县云台山镇东岭后村）
㉘ 双庙村观音堂戏楼（修武县云西村乡双庙村）
㉙ 一斗水关帝庙戏楼（修武县云台山镇一斗水村）

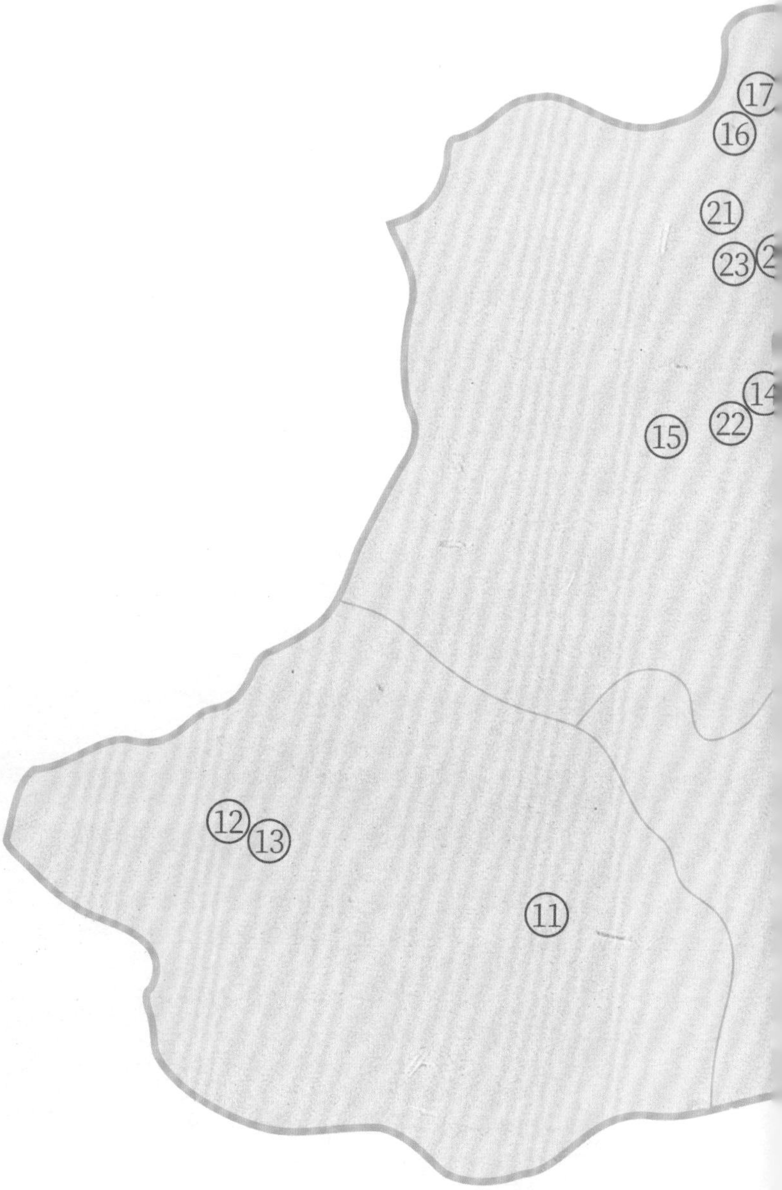

图2-2-8-1 焦作市遗存古戏楼分布示意图

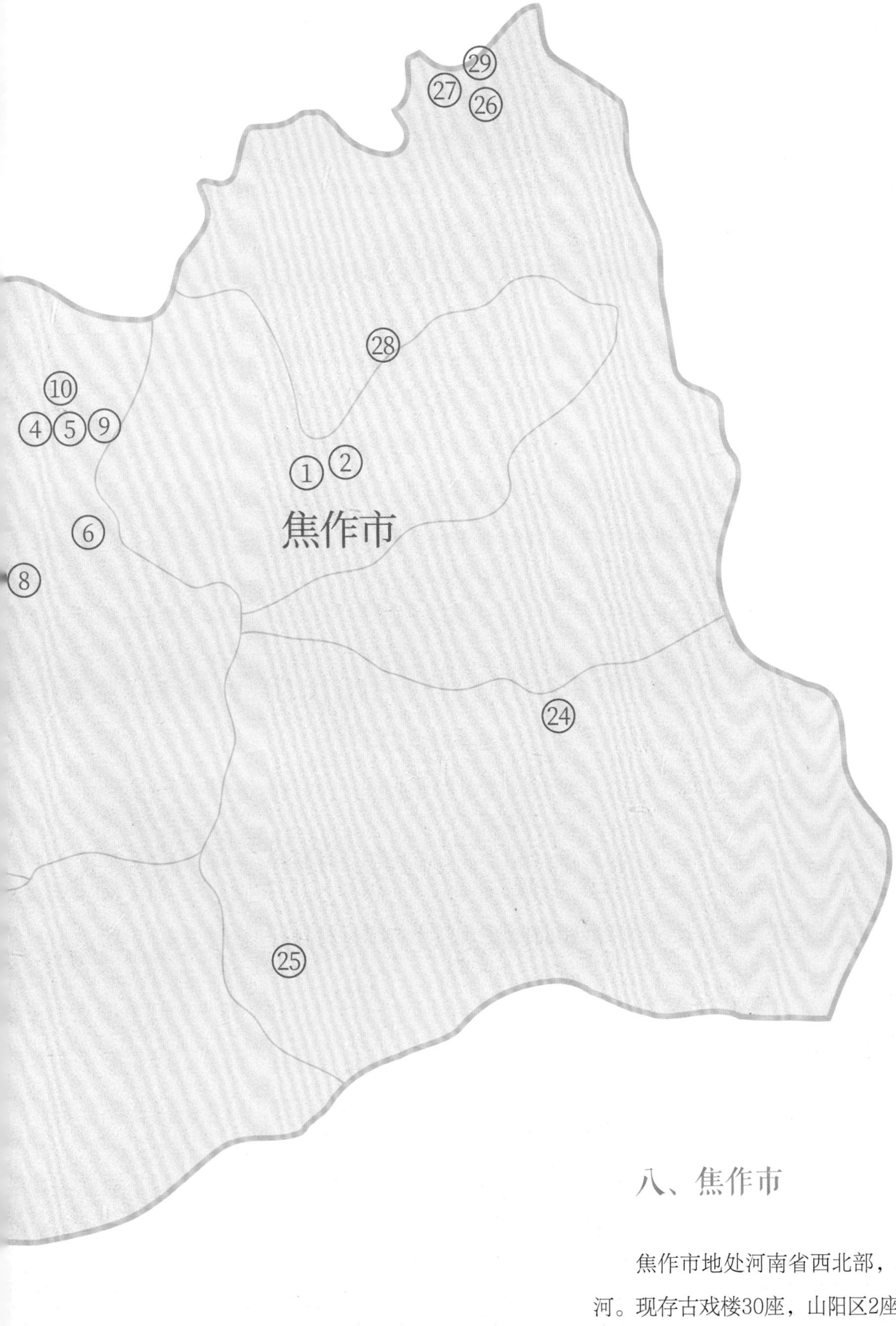

八、焦作市

焦作市地处河南省西北部，北依太行，南临黄河。现存古戏楼30座，山阳区2座、沁阳市10座、孟州市4座、博爱县8座、武陟县2座、修武县4座；其中国保单位3处、省保单位11处、市保单位2处、县保单位2处、一般文物点12处（图2-2-8-1）。

（一）桶张河老君庙戏楼

老君庙位于焦作市山阳区中星街道桶张河村，北纬35°16′42″，东经113°16′25″，海拔167米。庙宇创建于清乾隆年间，清嘉庆、道光及民国年间多次修缮。老君庙坐北面南，一进院落，现存戏楼（山门）、大殿及两侧厢房，2007年曾修缮，系第二批河南省文物保护单位。

戏楼坐南面北，位于老君庙中轴线南端，正对大殿。三幢左右并联式，戏台两侧各有耳房一间，又称扮戏房，为更衣及化妆使用，戏楼、耳房均为两层。戏楼屋面形式较为独特，为前坡歇山式与后坡硬山式巧妙组合，灰色筒瓦覆顶，两侧耳房均为硬山顶。平面整体呈“凸”字形，三面观。戏楼面阔三间，进深一间，六步椽屋，通面阔9.08米，其中明间3.48米；通进深6.14米。耳房面阔、进深均为一间，

照2-2-8-1　桶张河老君庙戏楼正立面

面阔3.74米，进深4.6米。

戏楼一层明间为老君庙入口，二层为戏台。一层台体用块石砌筑，高2.25米，明间辟券门，门上悬挂木匾，书“老君庙”三字。二层戏台为青砖地面，前檐立石础、抹角方石柱，柱础间设石栏板用以围护。梁架为抬梁式，明间七梁架置于前檐平板枋及后檐墙之上，承五架梁、三架梁、脊瓜柱及各层檩枋。檐下梁头及补间安置花板辅助支撑，花板浮雕花卉、花瓶、算盘等图案。平板枋浮雕“回”形图案，额枋雕刻人物、花鸟等，雀替雕刻瑞兽。两山面脊檩与后坡檩直接插于山墙之上，因山墙止于前檐下金檩位置，山墙与前檐柱上设平板枋、额枋以及檐檩。角柱上施转角斗栱，上承老角梁及仔角梁，屋面形制顺应产生变化，角梁上方屋面为歇山式、其后为硬山式。墙体采用里生外熟的砌筑工艺，内墙土坯，外墙青砖，山墙设门与耳房相通。为方便上下，戏楼前檐西山墙台口处设石砌踏步。南北檐下盘头层叠相加，雕刻花草图案，做工精致。屋面正脊浮雕凤穿牡丹，博脊雕刻卷草。前檐

照 2-2-8-2　桶张河老君庙戏楼背立面

照 2-2-8-3　桶张河老君庙戏楼木雕

石檐柱镌刻楹联两副："代诗道性情群怨，兴观菊部即为学地；与佛明因果报施，劝戒梨园亦具婆心""乐无论古今，有裨于世俗民风斯为美；剧岂分新旧，能演出人情天理可以观。"

耳房梁架结构简洁，前后檐墙上置五架梁，承瓜柱、三架梁、各层檩枋。戏楼、耳房南檐墙在同一轴线，建筑整体宽阔、挺拔，风格质朴，屋面高低错落，形式多变。庙内现存记录清代历次修缮碑碣4通，其中清嘉庆四年（1799）《立老君庙碑记》及嘉庆年间《重修老君庙并拜殿序》碑，记载了庙宇的沧桑变化。戏楼现每年二月庙会期间仍有演出活动，表演剧种以豫剧为主（照2-2-8-1）（照2-2-8-2）（照2-2-8-3）（图2-2-8-2）（图2-2-8-3）（图2-2-8-4）（图2-2-8-5）。

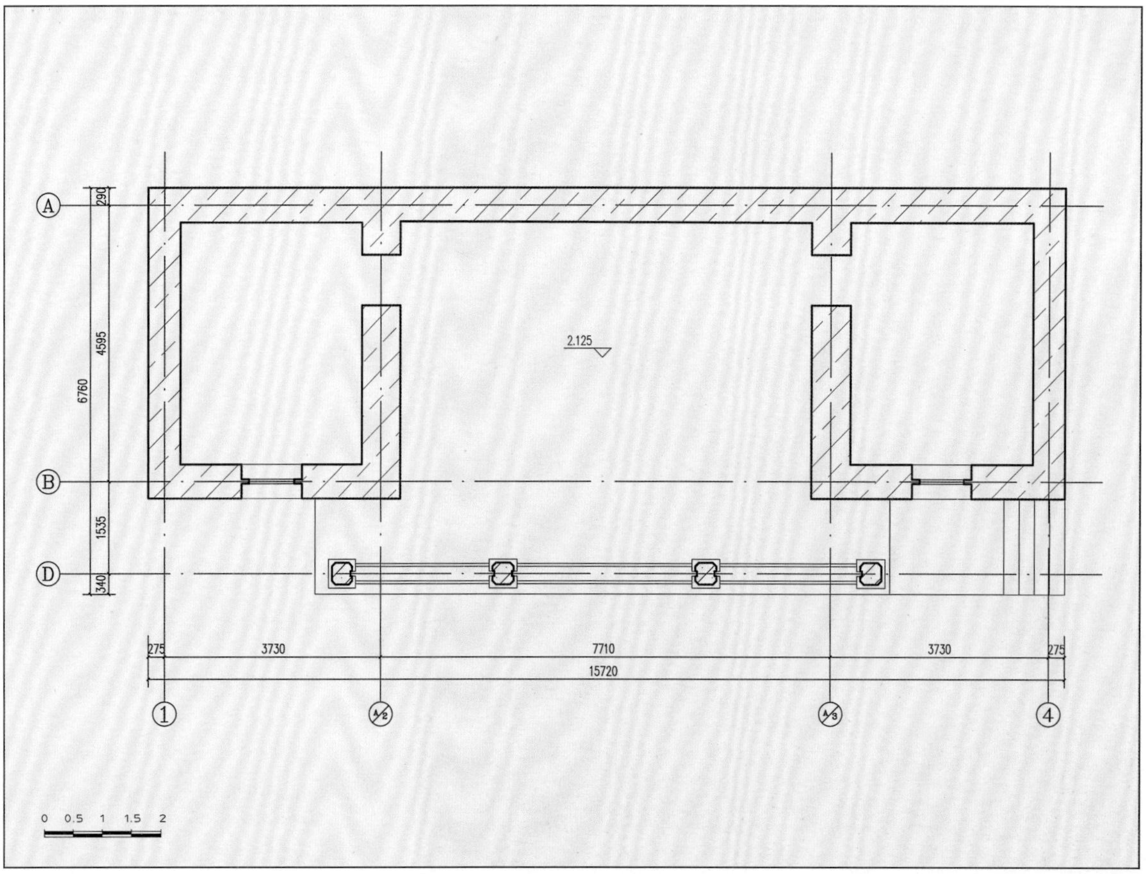

图2-2-8-2 桶张河老君庙戏楼二层平面图

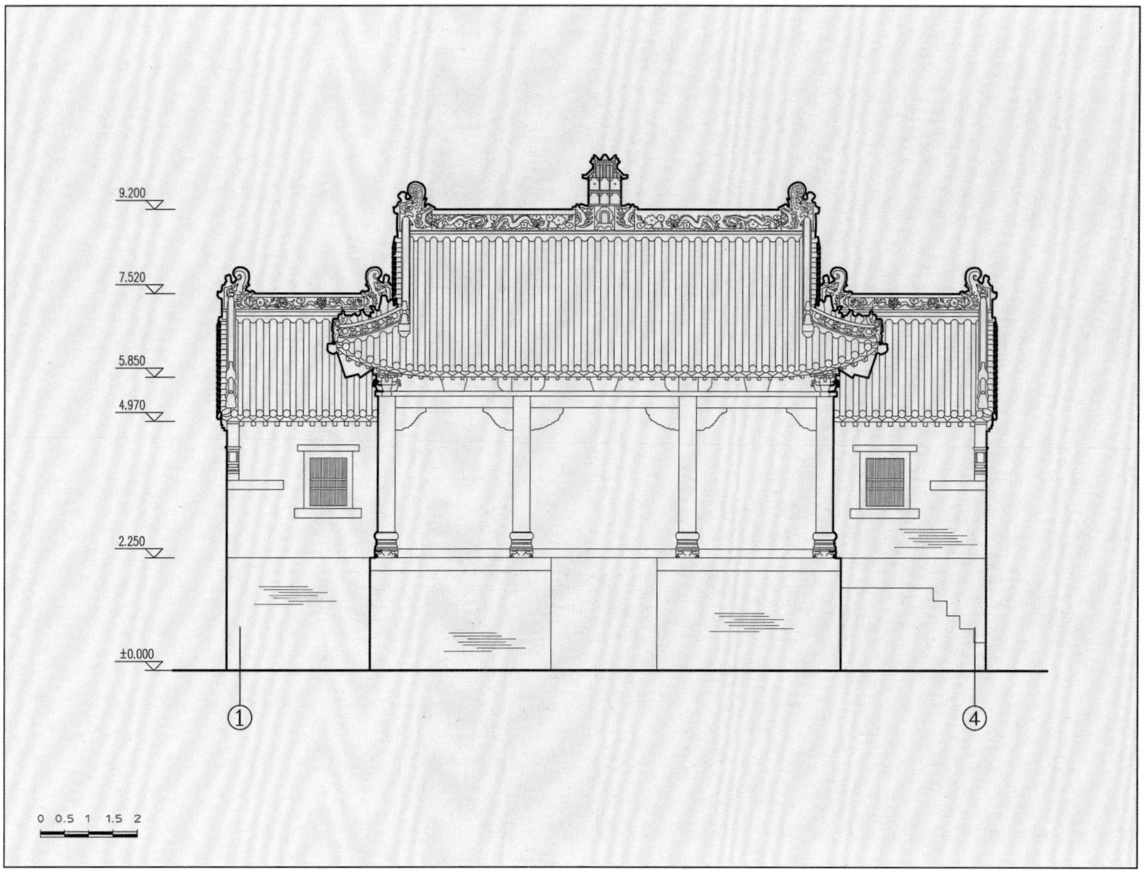

图2-2-8-3 桶张河老君庙戏楼正立面图

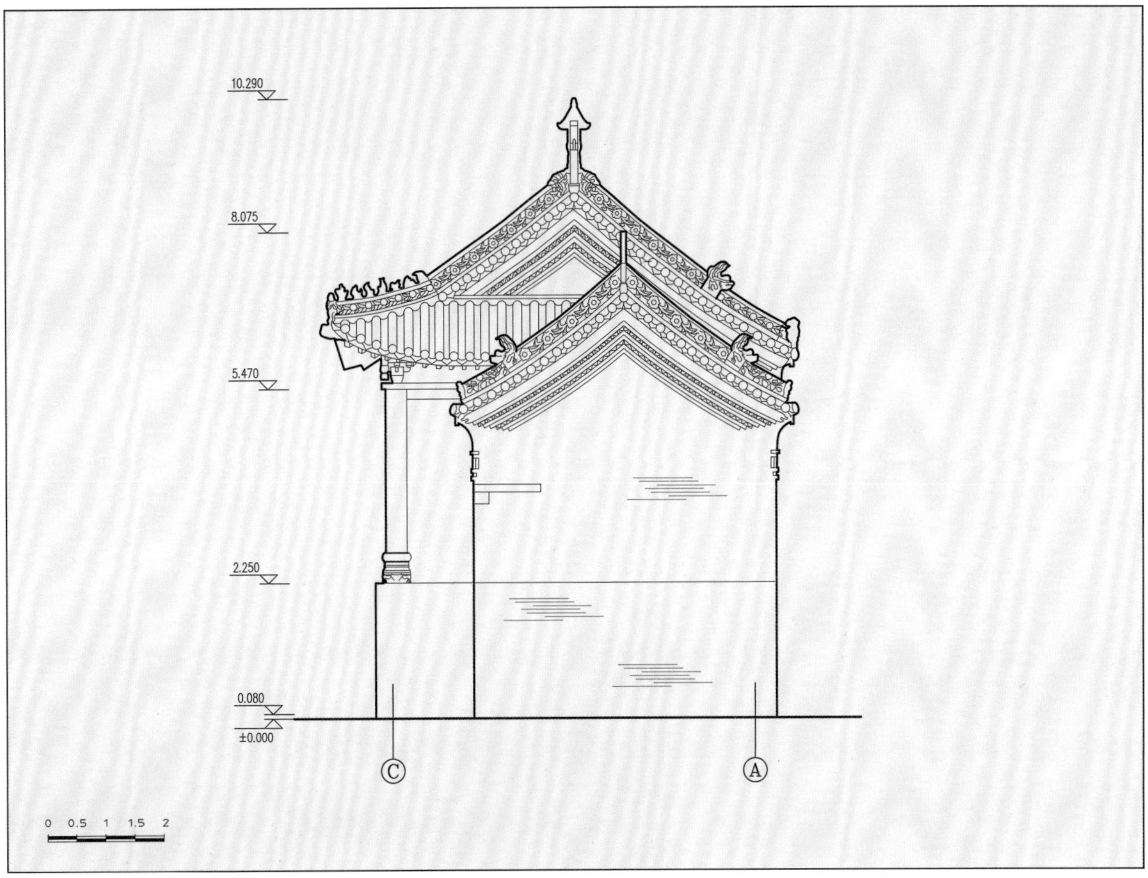

图2-2-8-4 桶张河老君庙戏楼侧立面图

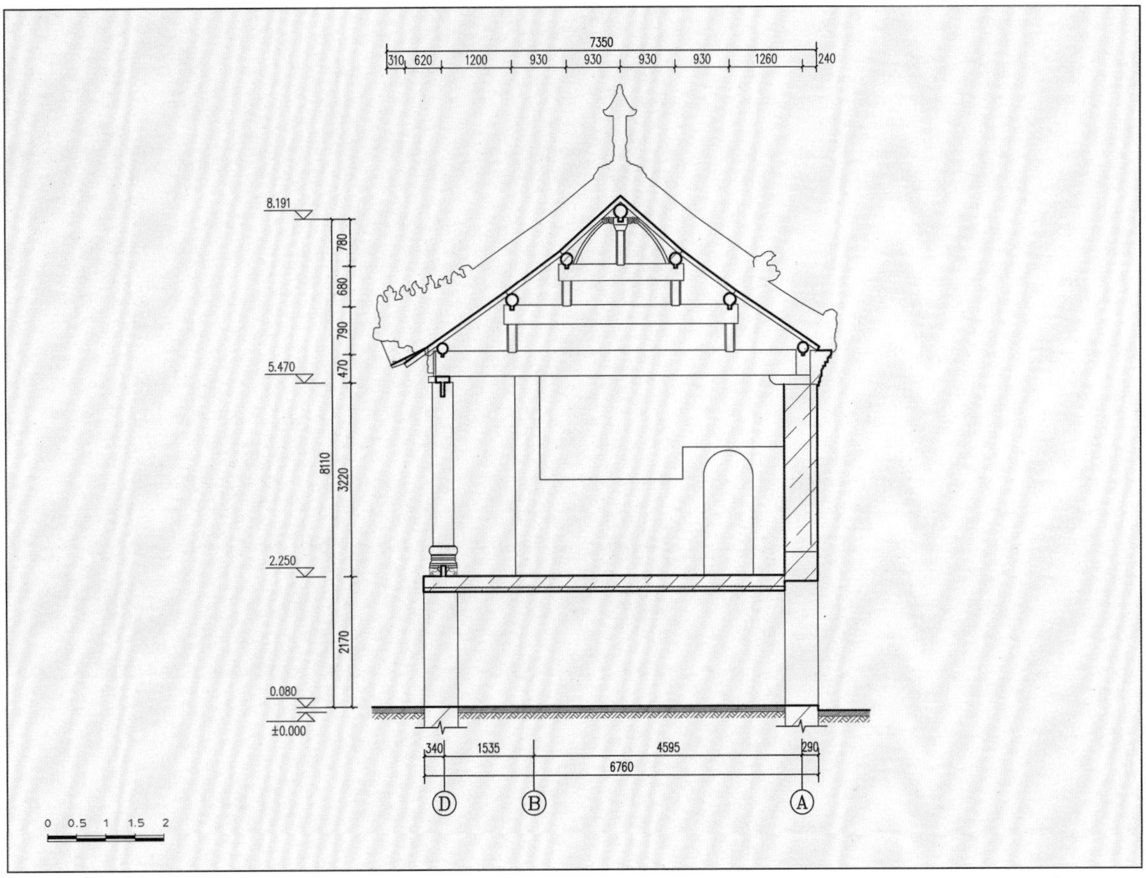

图2-2-8-5 桶张河老君庙戏楼横剖面图

（二）马村玉皇庙舞楼

马村玉皇庙位于焦作市山阳区宁郭镇马村，北纬35°08′39″，东经113°15′44″，海拔102.7米。庙宇为一进院落，中轴线由南向北依次为舞楼、拜殿、大殿。舞楼创建年代不详，清乾隆十九年（1754）重建，1992年曾修缮。

舞楼坐南面北，单幢式，卷棚硬山式灰瓦顶建筑。平面呈长方形，一面观。面阔三间，进深一间，通面阔8米，其中明间2.78米；通进深5.6米，台口高1.15米。抬梁式木构架，前檐立两根木柱，径0.2米，高2.2米。六架梁置于前后檐柱之上，承瓜柱、四架梁、月梁及各层檩枋。梁架均为自然材，南檐下盘头层叠相加，上刻“福”字。东西山墙靠近前檐处均开设券门，方便设踏步登台。现山墙及后檐墙体为红机砖改砌，两侧盘头下墙面分别镶“百花齐放”“推陈出新”水泥题记。东山墙嵌碑碣两通，分别为大清乾隆十九年（1754）岁次甲戌春月《马村玉皇庙重修碑记》碑及清乾隆四十五年（1780）岁次庚子孟冬《重建西殿碑记》碑，记载了舞楼重建过程。每年农历正月十八、二月十五，戏楼均有戏曲演出，表演剧种以怀梆、豫剧和曲剧为主（照2-2-8-4）。

照 2-2-8-4　马村玉皇庙舞楼

百花齐放

照 2-2-8-5 冯竹园三官庙戏楼正立面

（三）冯竹园三官庙戏楼

三官庙位于博爱县许良镇冯竹园村，北纬35° 11′ 11″，东经113° 00′ 57″，海拔179米。庙宇为一进院落，中轴线由南向北依次为戏楼（山门）、拜殿、西配殿，山门两侧有偏门各一，院内植古柏1株。三官庙创建年代无考，清同治十三年（1874）扩建庙宇并重建戏楼，2003年曾修缮。

戏楼坐南面北，位于三官庙中轴线南端。三幢左右并联式，戏台两侧各有扮戏房一间，平面整体呈“凸”字形，三面观。屋面为硬山式。戏楼面阔三间，进深一间，四步椽屋，通面阔8.66米，其中明间3.76米；通进深5.74米。耳房面阔一间，进深一间。戏楼为两层砖木结构，上层为舞台，一层明间辟门，为庙入口，门上镶石质匾额，上书“三官庙”。前檐柱为通柱，一层置平梁，上承楞木及楼板。二层梁架为抬梁式，明间七梁架置于前檐平板枋及后檐墙之上，承五架梁、三架梁、脊

照2-2-8-6　冯竹园三官庙戏楼背立面

瓜柱及各层檩枋。因山墙止于前檐下金檩位置，两次间平板枋外端增单步梁连接山墙与檐柱之间隙，单步梁上承砖博风及山花。墙体采用里生外熟的砌筑手法，内墙土坯，外墙青砖砌筑，二层后檐墙正中设方窗，山墙设门与耳房相通。现因耳房功能改变，原通往二层的楼梯缺失，戏楼前檐西次间台口处增设砖砌踏步。脊檩枋遗存题记："时大清同治十三年岁次甲戌二月丁卯朔，越二日乙亥，重修舞楼五间。宜用辰时上梁，自立之后，永保四社平安，吉祥如意。住持僧圆法，徒兴顺。工毕式，周瑾志。"

耳房为两层砖木结构，前檐一层设门，二层为窗。五架梁置于前后檐柱之上，承瓜柱、三架梁、各层檩枋。南北檐下盘头层叠相加，做工精致，戏楼、耳房南檐墙在同一轴线上。

庙存碑碣两通，分别为清嘉庆二年（1797）《德政碑》、同治十三年（1874）《重修舞楼增修廊房碑记》碑，其中《重修舞楼增修廊房碑记》碑有"重修舞楼五间……"的记载（照2-2-8-5）（照2-2-8-6）。

照 2-2-8-7　大底村龙王五神庙鸟瞰

（四）大底村龙王五神庙戏楼

大底村龙王五神庙位于博爱县寨豁乡大底村，北纬35° 20′ 22″，东经113° 03′ 15″，海拔778米。该庙创建年代不详，清嘉庆五年（1800）、道光元年（1821）、光绪二十二年（1896）、民国十七年（1928）曾多次修缮。庙整体坐北面南，为南北中轴对称布局的一进院落，自南向北有戏楼（山门）、拜殿、大殿等建筑，两侧分立东西看楼。建筑群依山而建，布局紧凑，逐级递升，高低错落有致，庙入口位于戏楼西侧耳房一层，戏楼正对拜殿，左右两侧看楼围合，拜殿、大殿位于高台之上。

戏楼坐南面北，位于庙中轴线南端，与大殿相向而建，清光绪十三年（1887）重修，改三间为五间。三幢左右并联式，戏台两侧各有两层扮戏房一间，为演员更衣及化妆使用，二层有门与戏台相通。屋面均为卷棚硬山式，平面呈“凸”字形，三面观。戏楼面阔三间，进深一间，五步椽屋，通面阔9米，通进深5.29米；通高7.03米，台口高2.33米。耳房面阔一间计2.45米，进深一间计4.24米。戏楼为两层砖石木结构，上层为舞台。一层墙体用青石砌筑，上承楞木及楼板。二层戏台为青砖地面，前檐立石础、抹角方石柱，柱础之间设石栏板。梁架为抬梁式，六梁架置于前檐平板枋及后檐墙之上，承四架梁、瓜柱、月梁及各层檩枋。明间设屏风，二层后檐墙设一六边形窗。戏台二层次间山面与东西耳房共享一缝梁架，屋面连为一体。室内土坯墙面遗存彩画及民国十六年（1927）的戏曲

照2-2-8-8 大底村龙王五神庙戏楼

照 2-2-8-9　大底村龙王五神庙看楼

剧目题记，脊檩枋存清光绪十三年（1887）题记。耳房为两层砖木结构，西次间一层辟券门作为庙宇入口。梁架构造简洁，檩枋置于戏楼次间山面梁架之上，另一端直接插于山墙内。戏楼、耳房南檐墙在同一轴线，俯视屋面与平面布局一致，也呈“凸”字形。建筑整体宽阔、风格质朴、彩画精美，具有浓郁的地方特点。

戏楼前两侧各立看楼一座，面阔五间，进深一间，为两层单檐灰瓦硬山式建筑。因庙宇建于山地，院内面积不够宽阔，看楼的设计体量较大，便于观戏。寺内存碑碣6通，其中两通分别为清光绪十四年（1888）《大寨底改修舞楼碑》碑、民国十七年（1928）《重修拜殿三间改修拜殿东耳房一间补修东西看楼舞楼重修观看碑》碑（照2-2-8-7）（照2-2-8-8）（照2-2-8-9）（图2-2-8-6）（图2-2-8-7）（图2-2-8-8）（图2-2-8-9）。

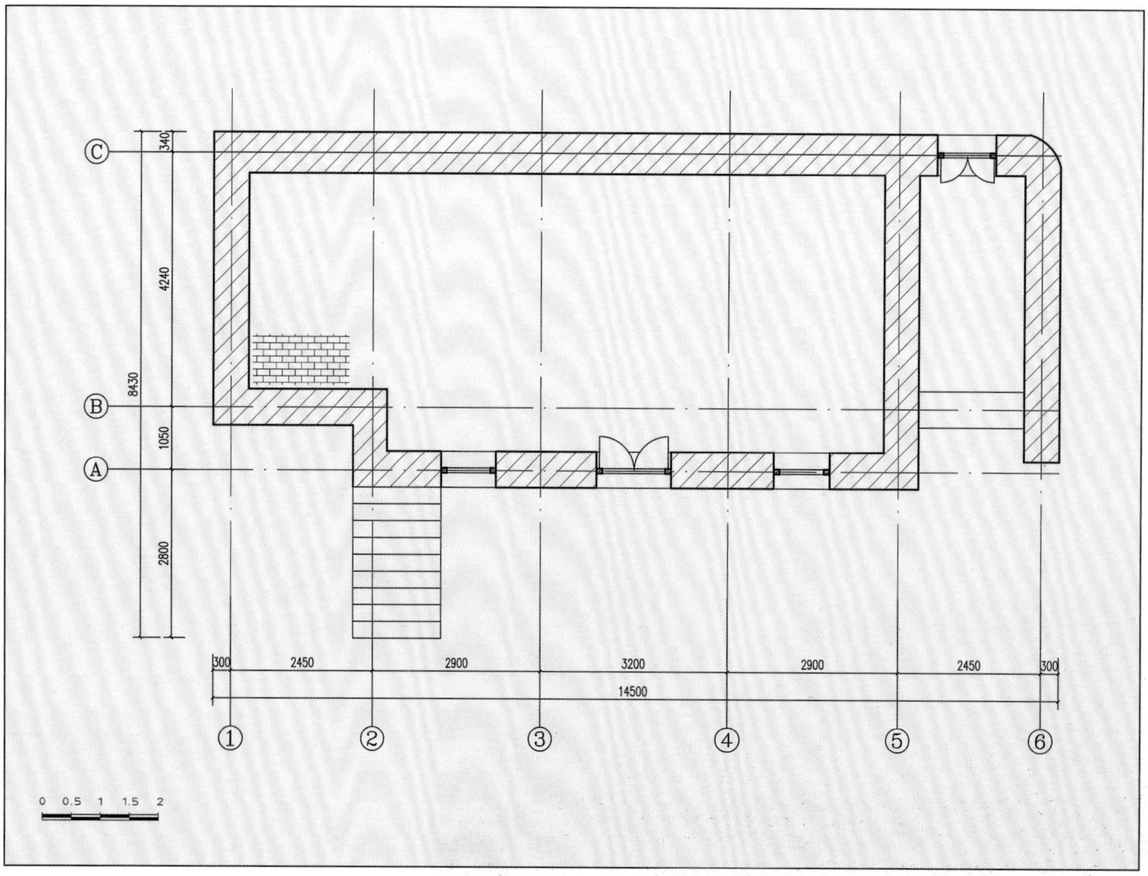

图2-2-8-6 大底村龙王五神庙戏楼一层平面图

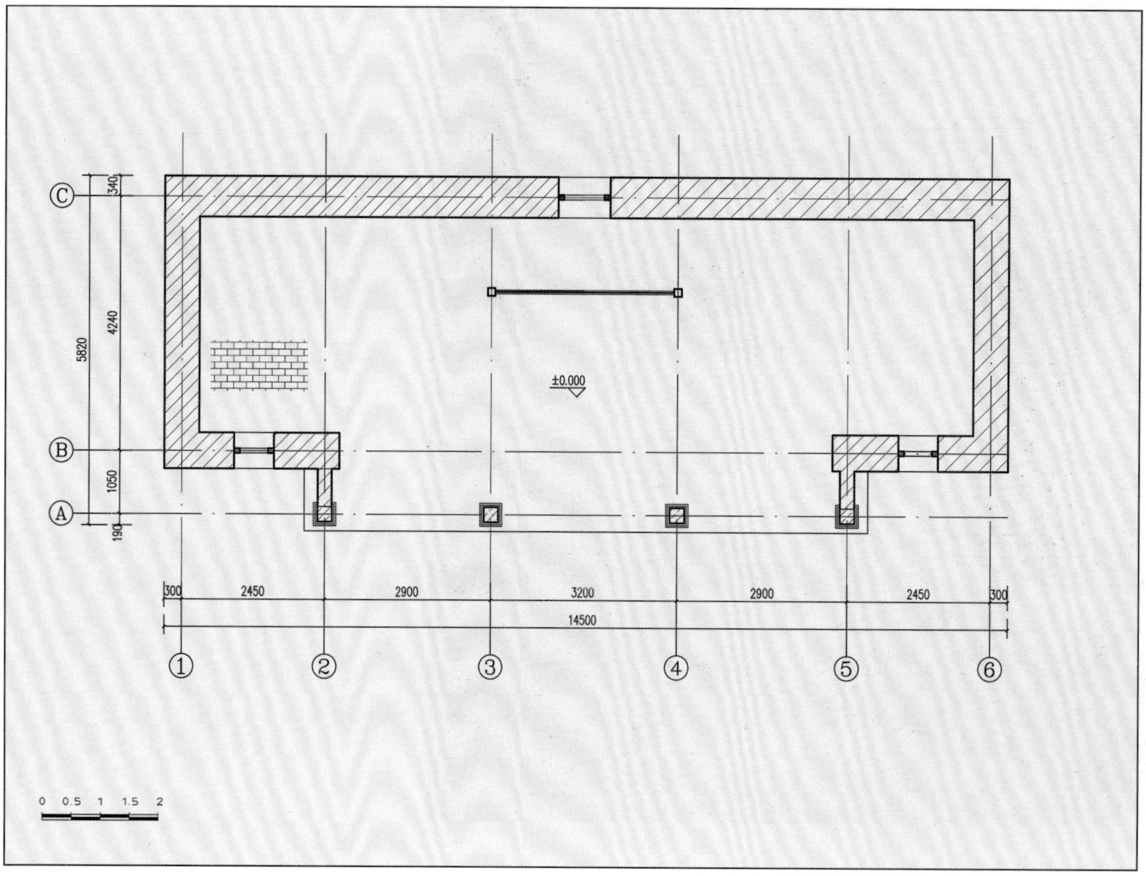

图2-2-8-7 大底村龙王五神庙戏楼二层平面图

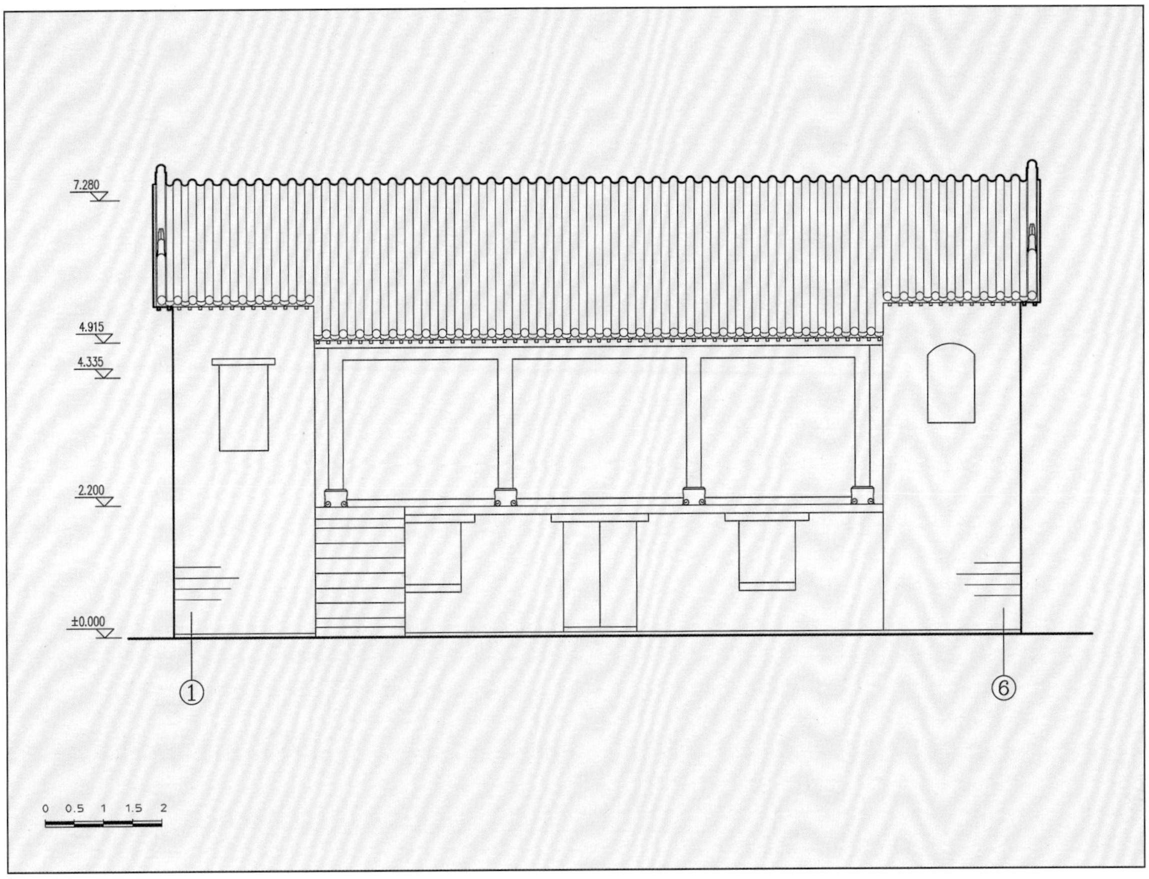

图2-2-8-8 大底村龙王五神庙戏楼正立面图

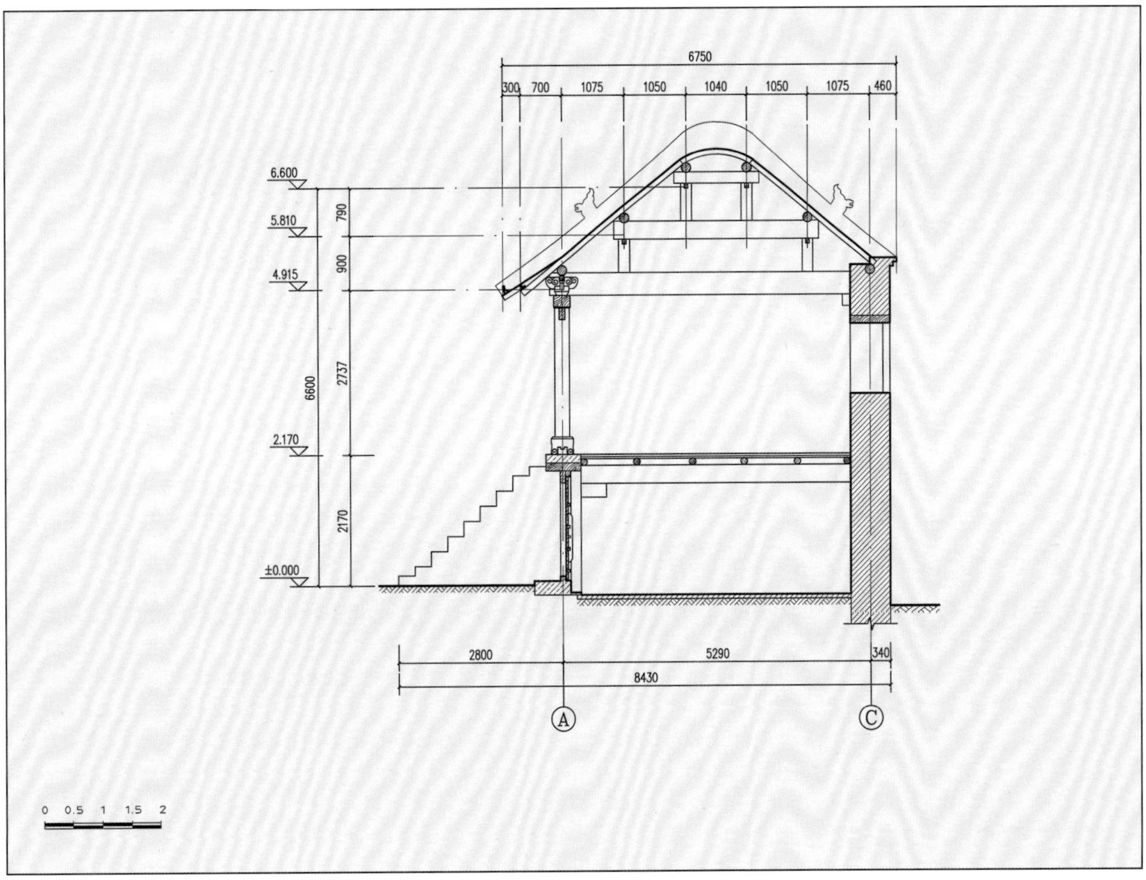

图2-2-8-9 大底村龙王五神庙戏楼横剖面图

（五）白炭窑老君庙戏楼

老君庙戏楼位于博爱县寨豁乡下岭后建制村白炭窑自然村老君庙内，北纬35°14′14″，东经113°03′41″，海拔332米。因年久失修，庙已毁，仅存戏楼。

戏楼创建于民国五年（1916），坐南面北，单幢式，平面呈长方形，石砌台基高1.45米，台前明间新修踏步五级。戏楼为砖木石结构，单檐卷棚硬山灰瓦顶建筑，面阔三间，进深一间，四步椽屋，通面阔7.44米，其中明间3.24米；通进深5.36米。前檐设两根抹角石柱，柱高2.14米，柱间设石栏板。梁架为抬梁式，六梁架置于前檐平板枋及后檐墙之上，承四架梁、瓜柱、月梁及各层檩枋，建筑风格简洁大方。（图2-2-8-10）（图2-2-8-11）（图2-2-8-12）。

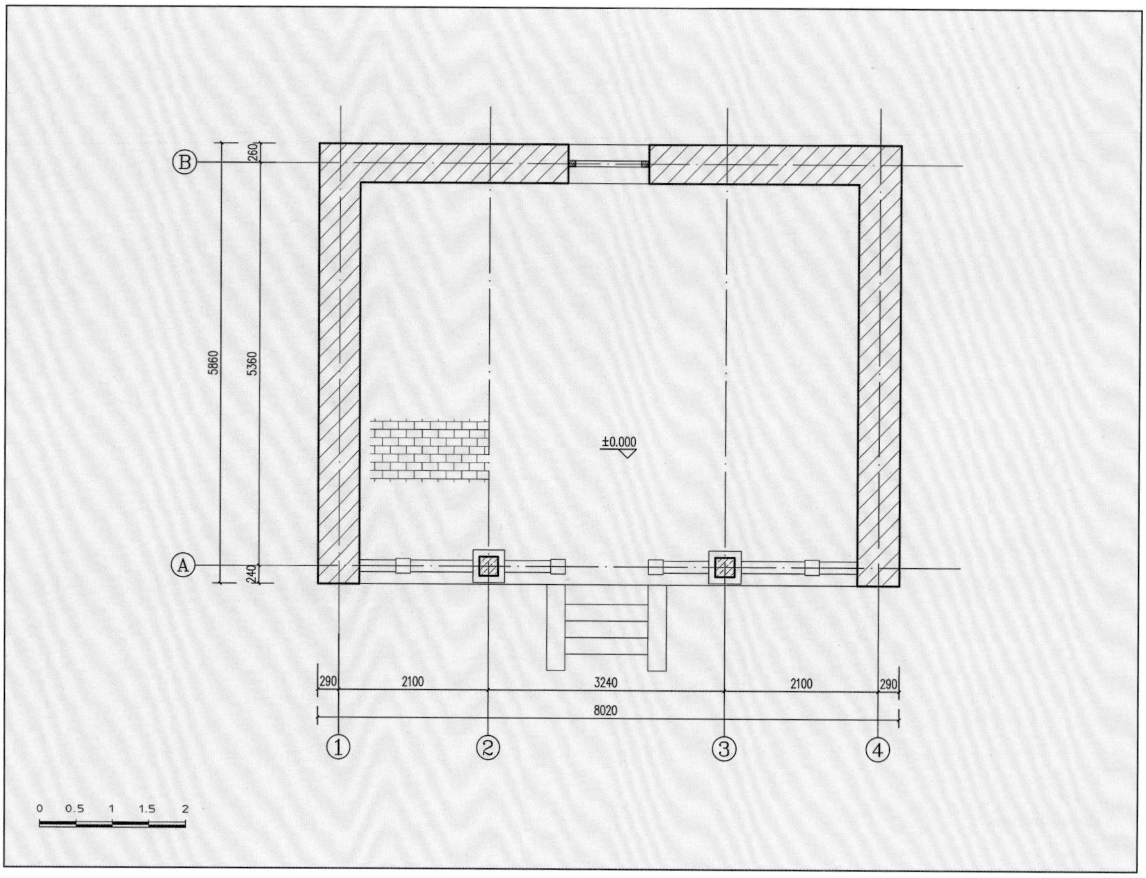

图2-2-8-10 白炭窑老君庙戏楼平面图

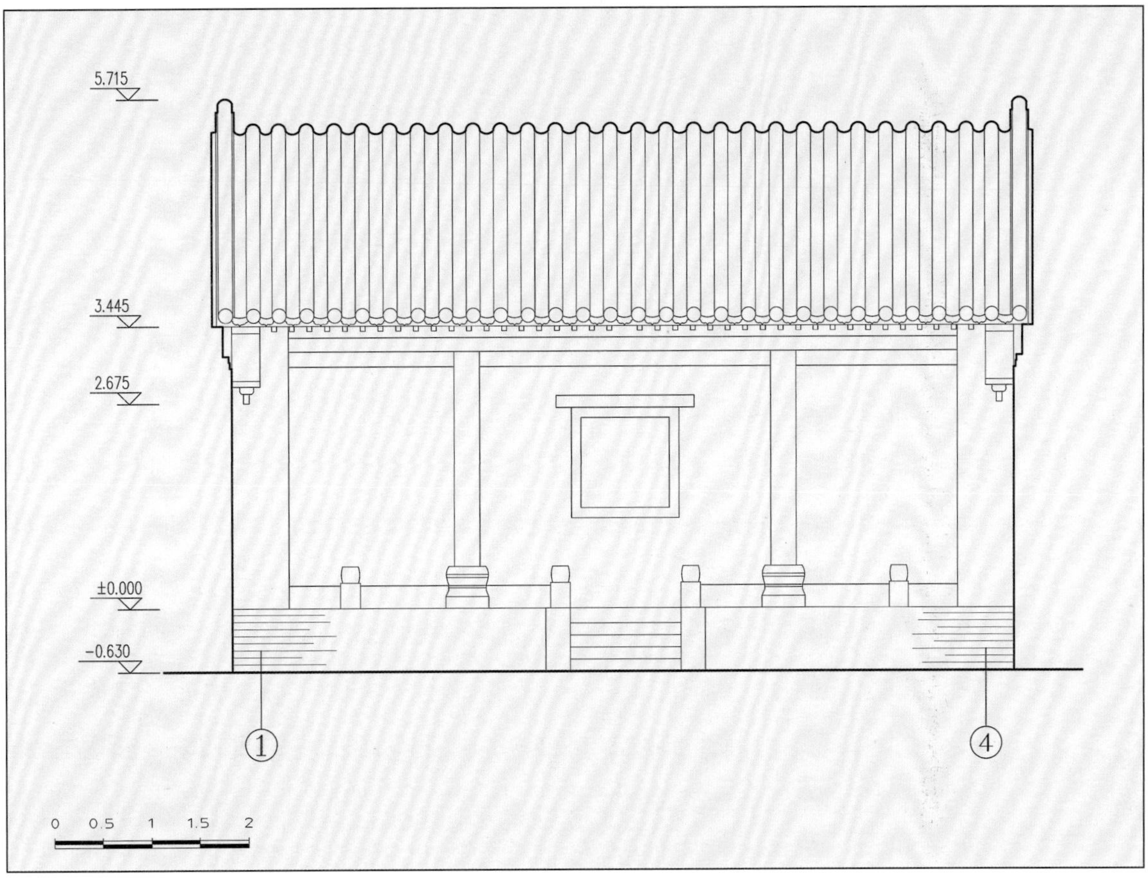

图 2－2－8－11　白炭窑老君庙戏楼正立面图

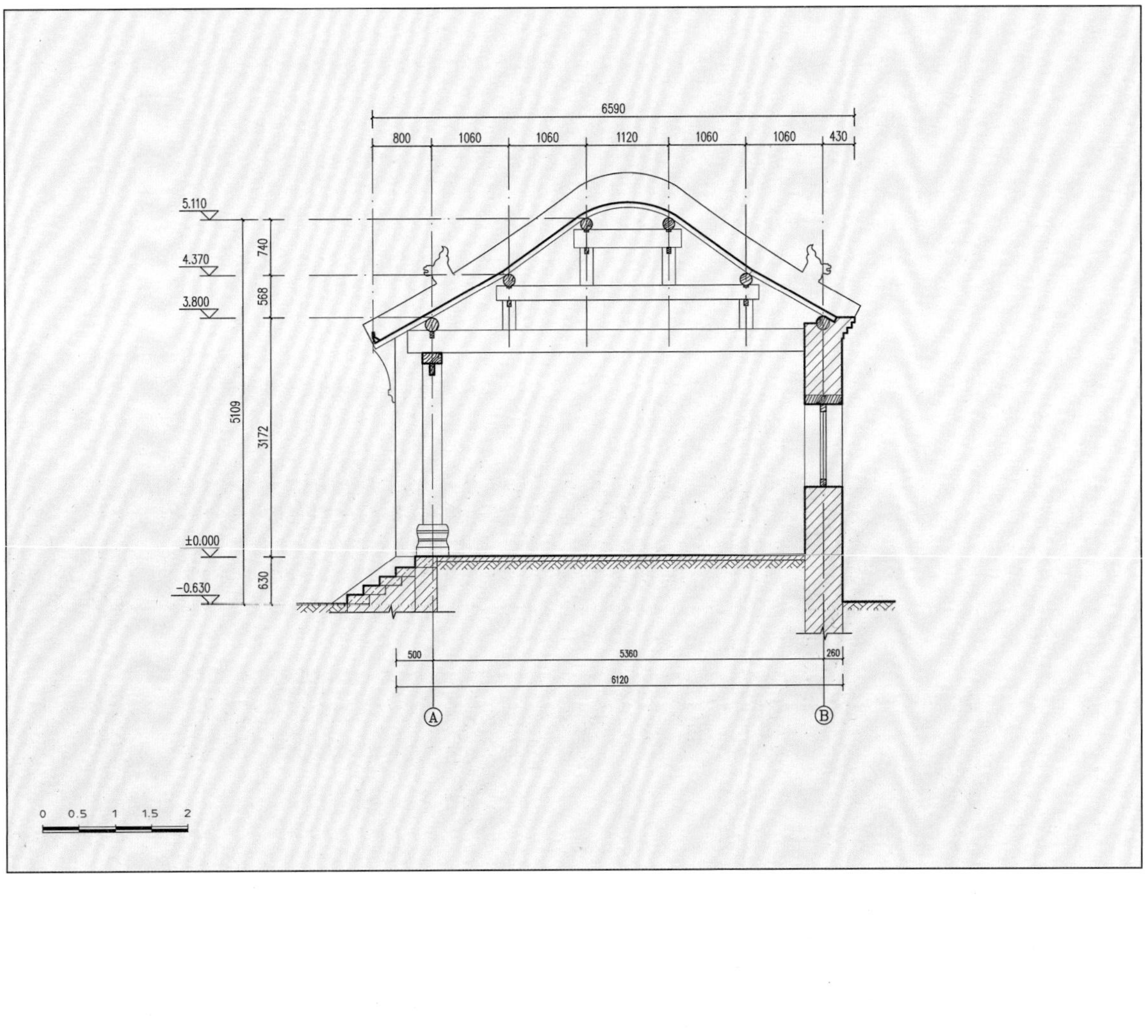

图 2－2－8－12　白炭窑老君庙戏楼横剖面图

（六）柏山刘氏祠堂戏楼

刘氏祠堂位于博爱县柏山镇柏山村，北纬35° 11′ 11″，东经113° 00′ 57″，海拔179米。祠堂创建年代不详，为一进院落，仅存戏楼（大门），祭堂及碑碣1通。

戏楼坐南面北，位于祠堂中轴线上，三幢左右并联式，戏台两侧各有耳房（扮戏房）一间。戏楼屋面为卷棚硬山式，耳房为硬山式。平面呈“凸”字形，三面观。戏楼面阔三间，进深一间，六步椽屋，通面阔10.12米，其中明间3.76米；通进深6.35米，台口高2.51米。耳房面阔、进深均为一间，面阔2.64米，进深6.35米。

戏楼、耳房均为两层砖木结构。一层为祠堂入口，明间南檐辟有大门，北檐明间立通长檐柱两根，柱上插置平梁，上承楞木及楼板。二层为舞台，台面铺设木板，台口高2.51米。前檐次间立木柱两根，加明间通柱，共享柱四根。构架为抬梁式，七梁架置于前檐柱及后檐墙之上，承六架梁、四架梁、月梁及各层瓜柱和檩枋。檐下梁头挂雕刻兽面图案的装饰板。山墙和前檐柱之间增单步梁，上承前坡砖墙。一层山墙下部用块石垒砌，其余墙体均采用里生外熟的砌筑手法，内墙土坯，外墙青砖。明间二层后檐墙设方窗，山墙设门与耳房二层相通。现戏楼改为活动室，前檐加建装修，院内另建大门。

戏楼、耳房南檐墙在同一轴线，耳房为两层砖木结构，前檐一层设门，二层为窗。梁架简洁，檩枋两端插于山墙内，檐下盘头层叠相加，做工精致（照2-2-8-10）（图2-2-8-13）（图2-2-8-14）（图2-2-8-15）。

照2-2-8-10 柏山刘氏祠堂戏楼

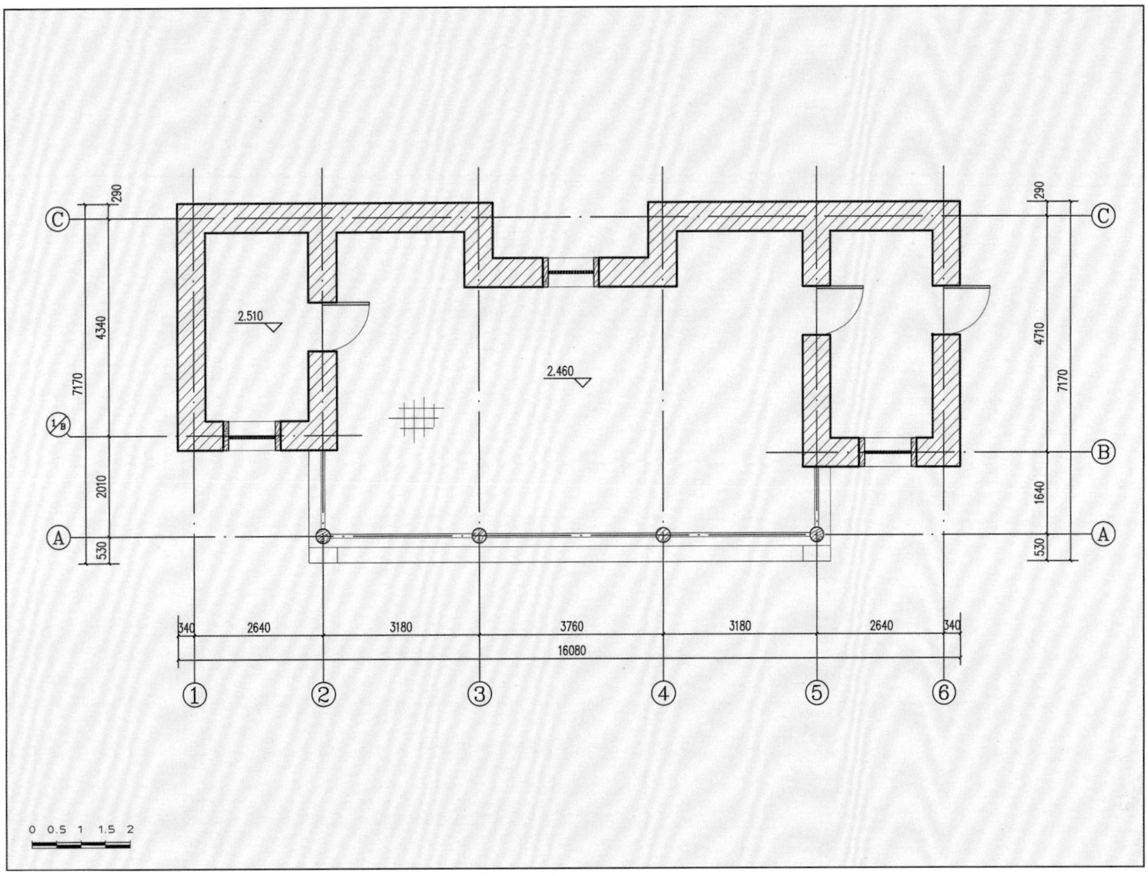

图2-2-8-13　柏山刘氏祠堂戏楼平面图

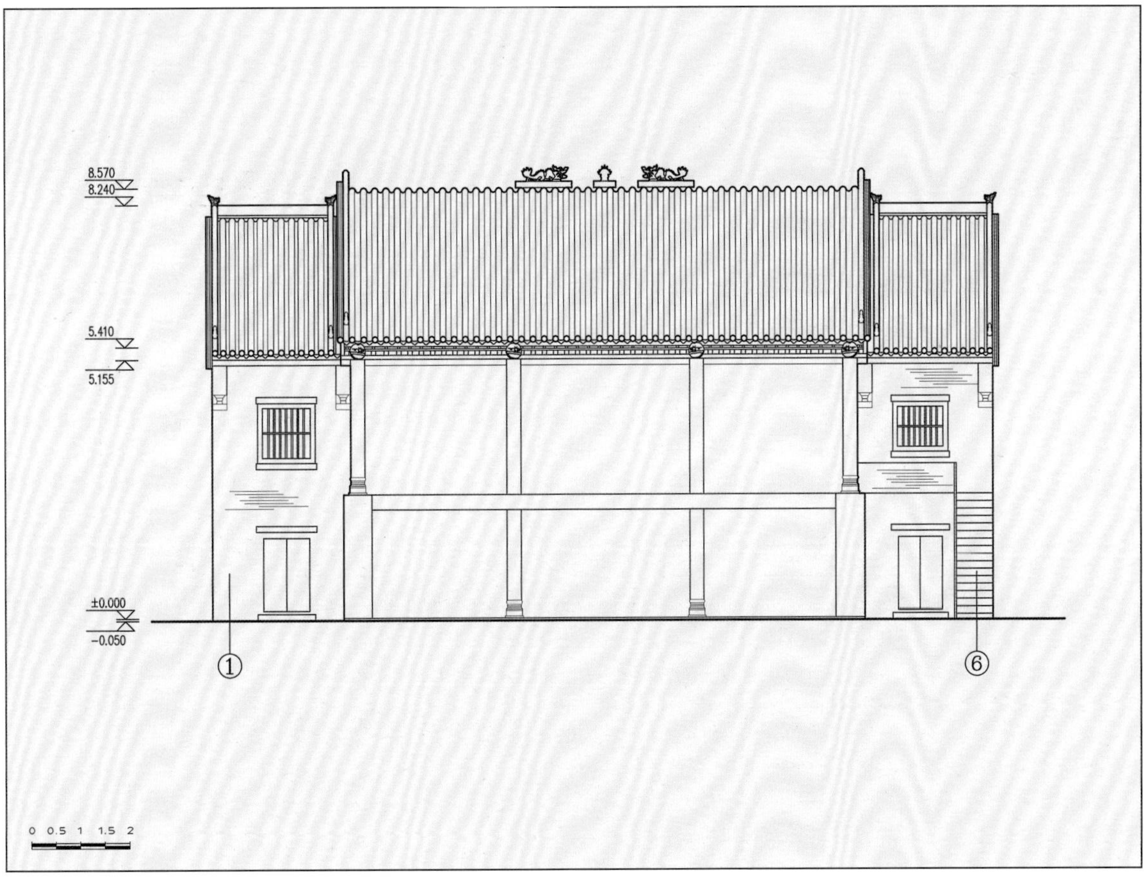

图2-2-8-14　柏山刘氏祠堂戏楼正立面图

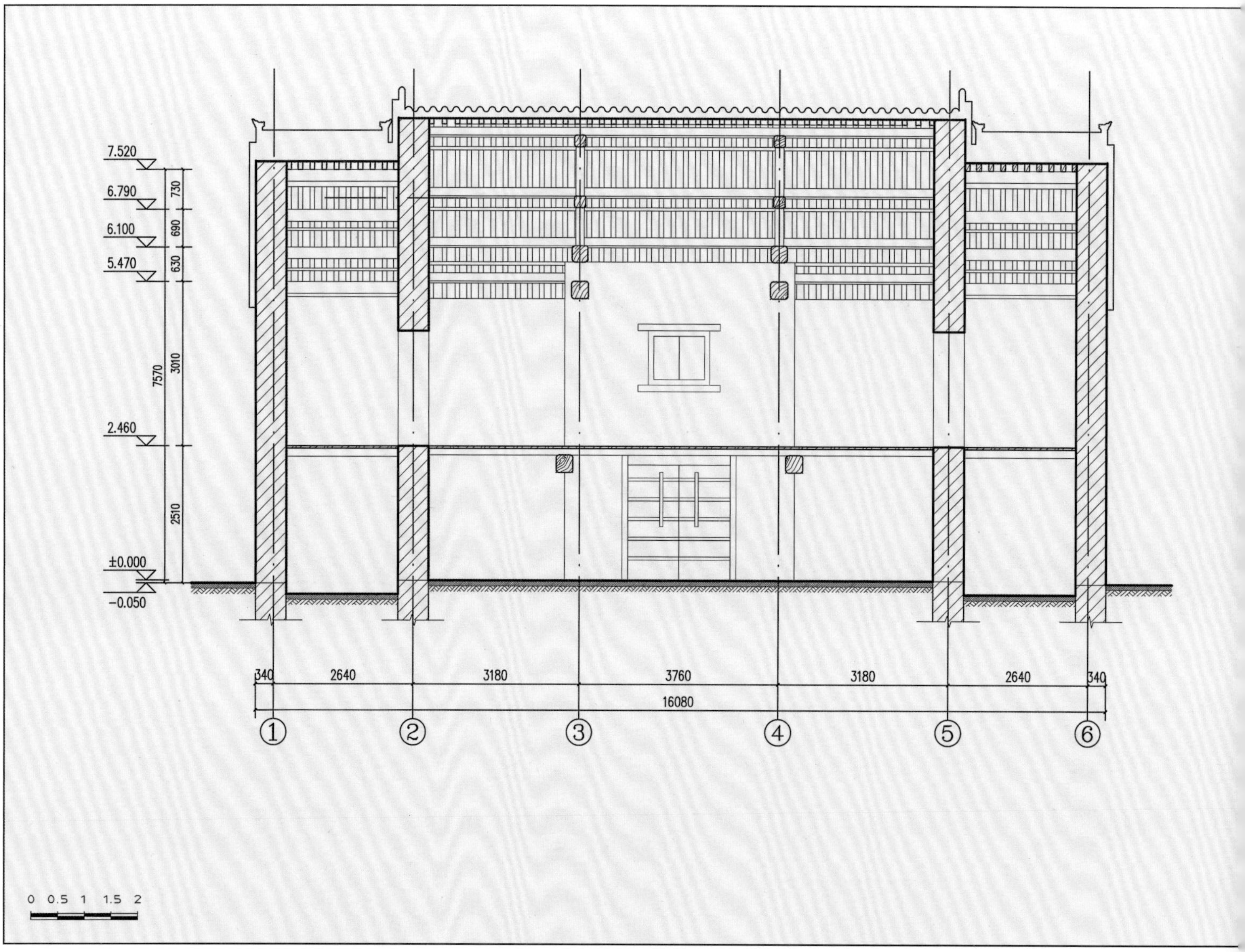

图 2- 2- 8- 15　柏山刘氏祠堂戏楼纵剖面图

（七）南道玉皇庙戏楼

南道玉皇庙位于博爱县许良镇南道村，北纬35°10′24″，东经113°01′03″，海拔142米。创建年代无考，清光绪三十一年（1905）重修。一进院落，现存戏楼、东西偏门及东西配殿5座文物建筑，系第七批河南省文物保护单位。

戏楼坐南面北，与大殿相向而建。单幢式，建筑屋面形式较为独特，为前坡歇山与后坡硬山式巧妙组合，灰筒瓦覆顶。平面布局呈长方形，三面观。面阔三间，进深一间，四步椽屋，通面阔9.4米，通进深4.55米，通高9.2米。建筑为两层，下层明间辟券门为玉皇庙入口通道，门上镶嵌石匾，上书“玉皇庙”三字。梁架为抬梁式，一层前檐设四根通长木柱，柱身插平梁，上承楞木及楼板。二层台面高2.23米，台口柱础间设望柱及栏板用作围护，柱头雕刻狮子绣球，形象灵动，栏板为瑞兽及花卉图案，雕刻精美。明间七梁架置于前檐平板枋及后檐墙之上，承五架梁、三架梁及各层瓜柱和檩枋。梁头两侧及补间安置花板辅助支撑，现均遗失。两山面梁架做法与明次间不同，脊檩与后坡檩直接插于山墙之上，因山墙止于前檐下金檩位置，山墙与前檐柱之间置平板枋、额枋以及檐檩，角科斗栱承老角梁及仔角梁，角梁上方屋面为歇山式，余为硬山式。墙体采用里生外熟的砌筑手法，内墙土坯，外墙青砖，南檐下设素面盘头，正脊、垂脊雕刻卷草，做工精致。排水石槽位于西山墙上。现戏楼东次间南檐墙存“文化大革命”时期水泥制宣传栏（照2-2-8-11）（照2-2-8-12）（图2-2-8-16）（图2-2-8-17）（图2-2-8-18）（图2-2-8-19）。

照2-2-8-11 南道玉皇庙戏楼背立面

照2-2-8-12　南道玉皇庙戏楼正立面

皇庙

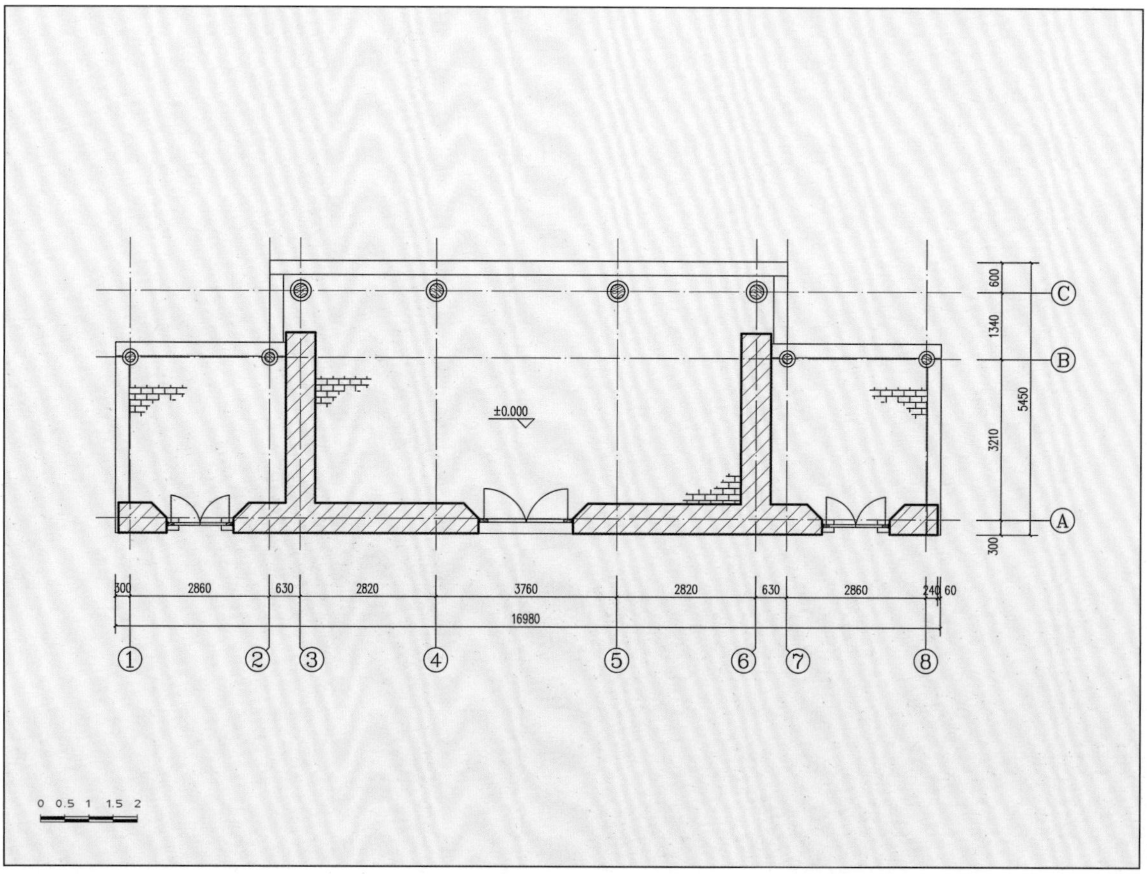

图2-2-8-16　南道玉皇庙戏楼平面图

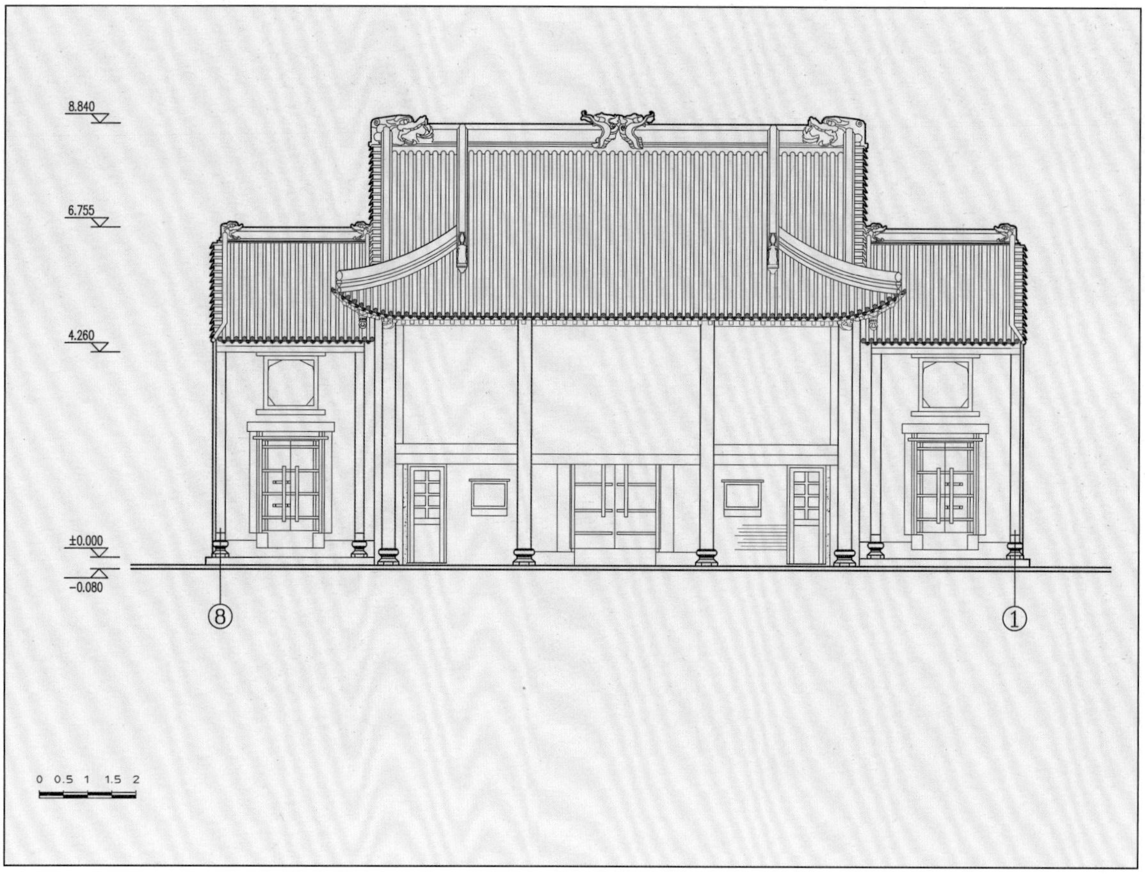

图2-2-8-17　南道玉皇庙戏楼正立面图

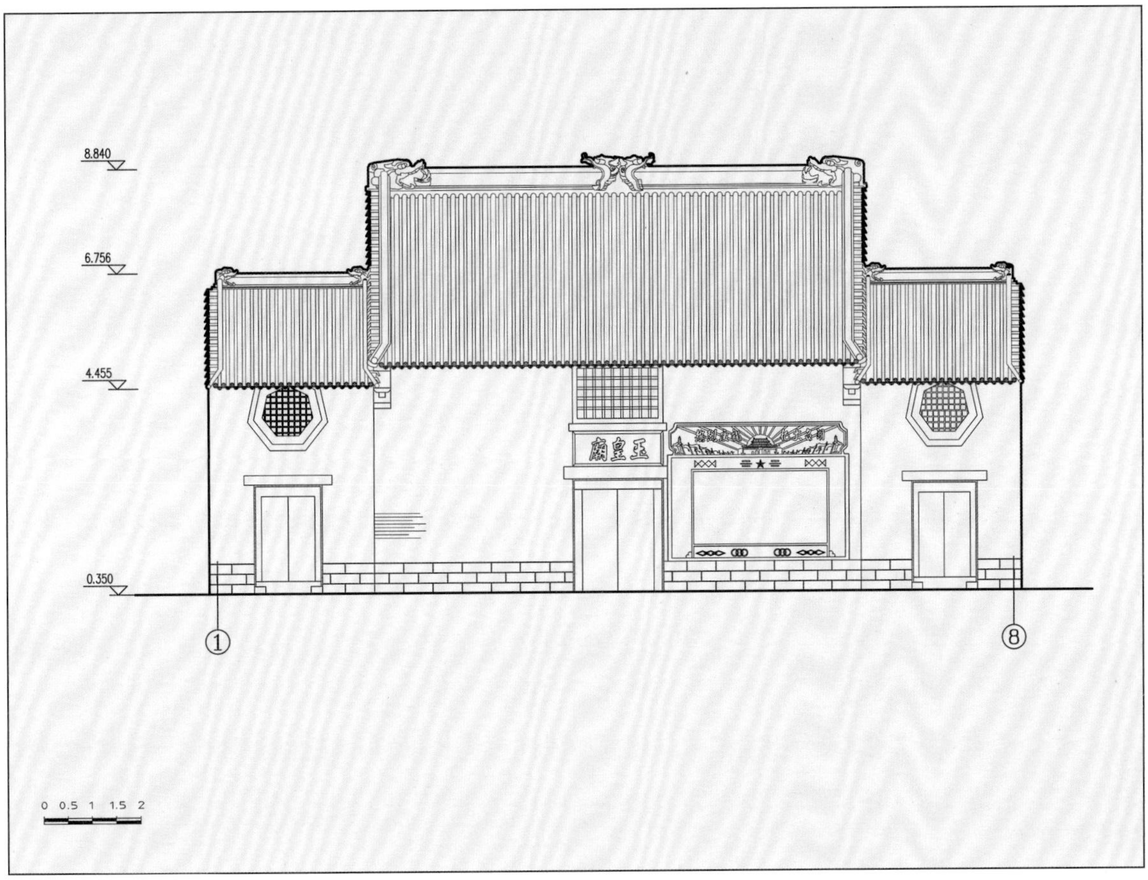

图 2-2-8-18 南道玉皇庙戏楼背立面图

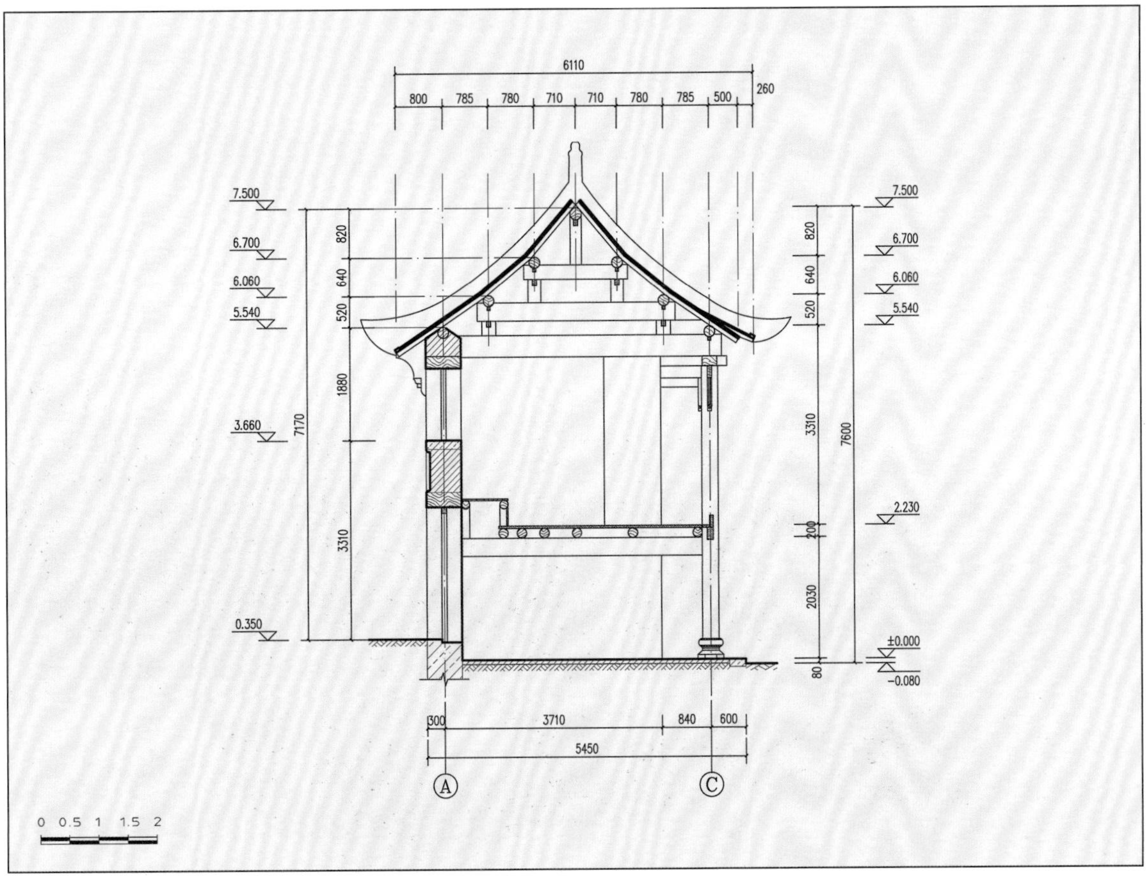

图 2-2-8-19 南道玉皇庙戏楼横剖面图

（八）苏寨玉皇庙戏楼

苏寨玉皇庙位于博爱县月山镇苏寨村，北纬35° 11′ 17″，东经113° 02′ 06″,海拔145米。玉皇庙创建于明万历四十六年（1618），清代、民国四年（1915）、民国十五年（1926）重修。现存戏楼、三仙圣母殿两座文物建筑，系第八批河南省文物保护单位。

戏楼坐南面北，屋面形式与南道玉皇庙相似，为前坡歇山、后坡硬山式，灰色筒板瓦覆顶。三幢左右并联式，戏台两侧各有扮戏房一间，平面布局呈“凸”字形，三面观。面阔三间，进深一间，四步椽屋，通面阔8.54米，通进深5.07米，通高6.93米。建筑为两层，下层明间辟券门，为玉皇庙入口通道，门上镶嵌石匾，上书“玉皇庙”三字。次间檐墙各镶嵌碑碣一通，其一为明万历四十二年创建舞楼碑，碑文记载“大明国河南怀庆府河内县万北乡二图苏家寨，玉皇庙创建戏楼一座……”梁架为抬梁式，一层前檐设四根通长木柱，柱上插平梁，上承楞木及楼板。二层台面高2.025米，台口柱础间设木栏板用作围护，明间六梁架置于前檐平板枋及后檐墙内，承瓜柱、四架梁、月梁及各层檩枋。两山面脊檩与后坡檩直接插于山墙内，因山墙止于前檐下金檩位置，山墙与前檐柱之间置平板枋、额枋及檐檩，角柱平板枋上施角科斗栱，承老角梁及仔角梁，角梁上方屋面为歇山。墙体采用里生外熟的砌筑方式，内墙用土坯，外墙为青砖。

扮戏房为两层砖木结构，梁架结构简洁，一层楞木及檩枋分别置于山墙之上，南北檐下盘头层叠相加。戏楼、耳房南檐墙在同一轴线，屋面连为一体，正脊

照2-2-8-13 苏寨玉皇庙戏楼

两条，垂脊六条，雕刻卷草纹饰。戏楼梁架遗存《民国四年改修舞楼三间创修耳房二间》的题记。因室外地坪抬高，一层部分被掩埋。圣母殿前廊存碑碣3通，其一为民国十五年（1926）《和义社重修舞楼三仙圣母殿东廊房碑记》碑（照2-2-8-13）（图2-2-8-20）（图2-2-8-21）（图2-2-8-22）（图2-2-8-23）（图2-2-8-24）。

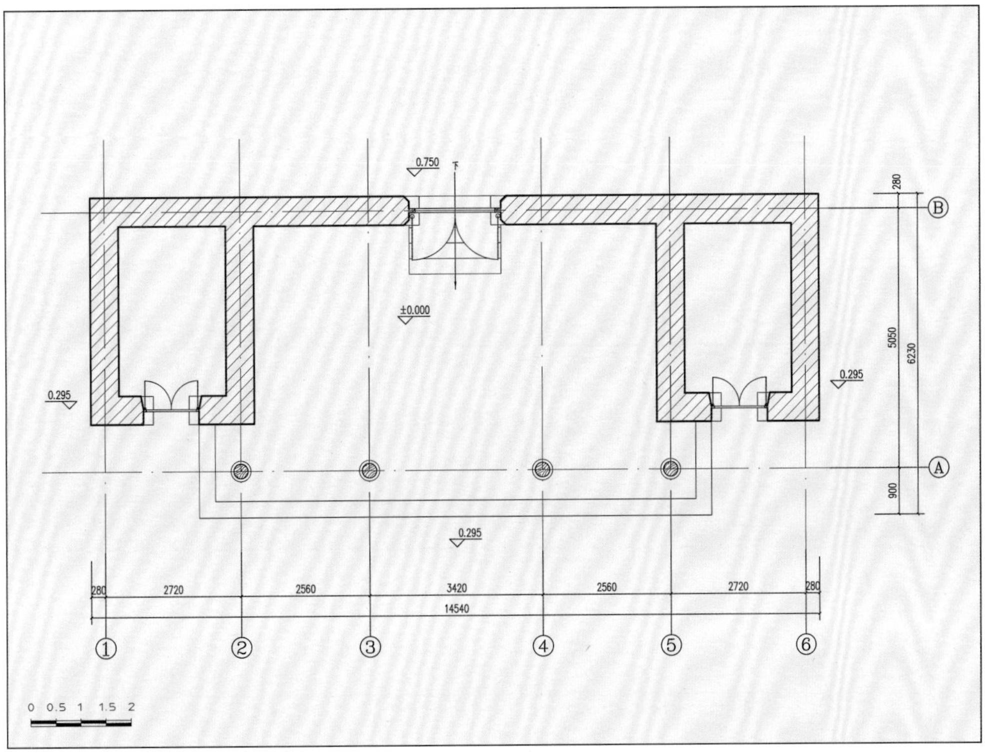

图2-2-8-20 苏寨玉皇庙戏楼一层平面图

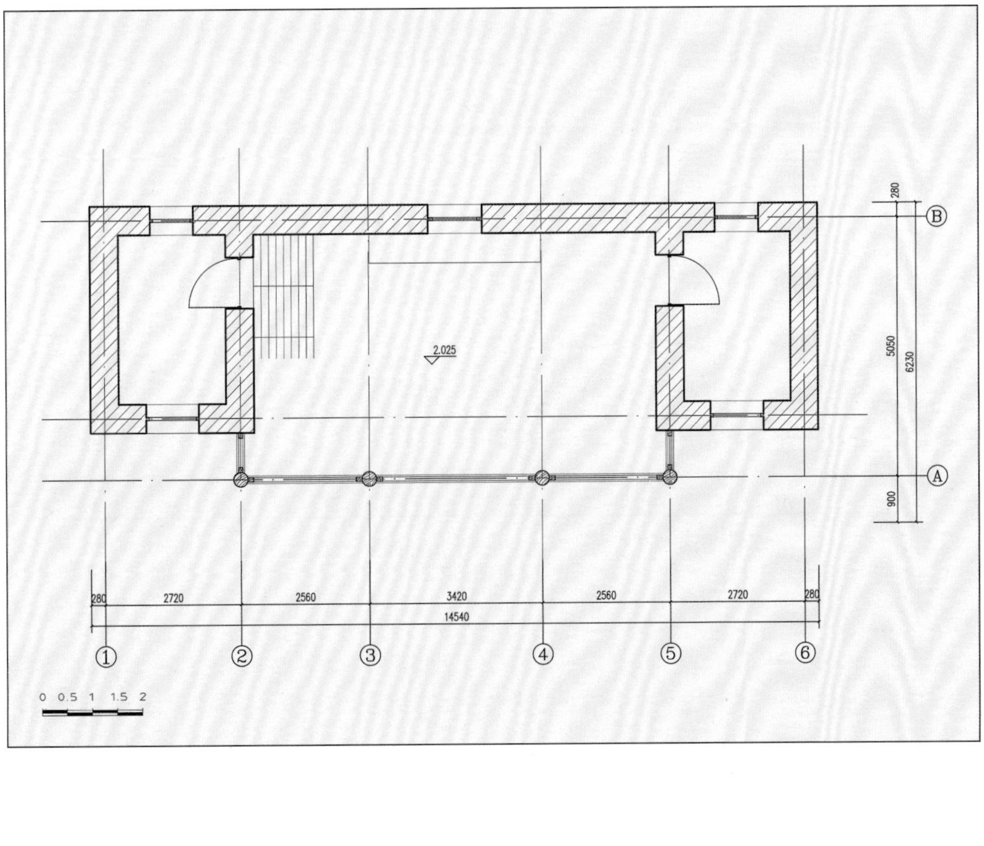

图2-2-8-21 苏寨玉皇庙戏楼二层平面图

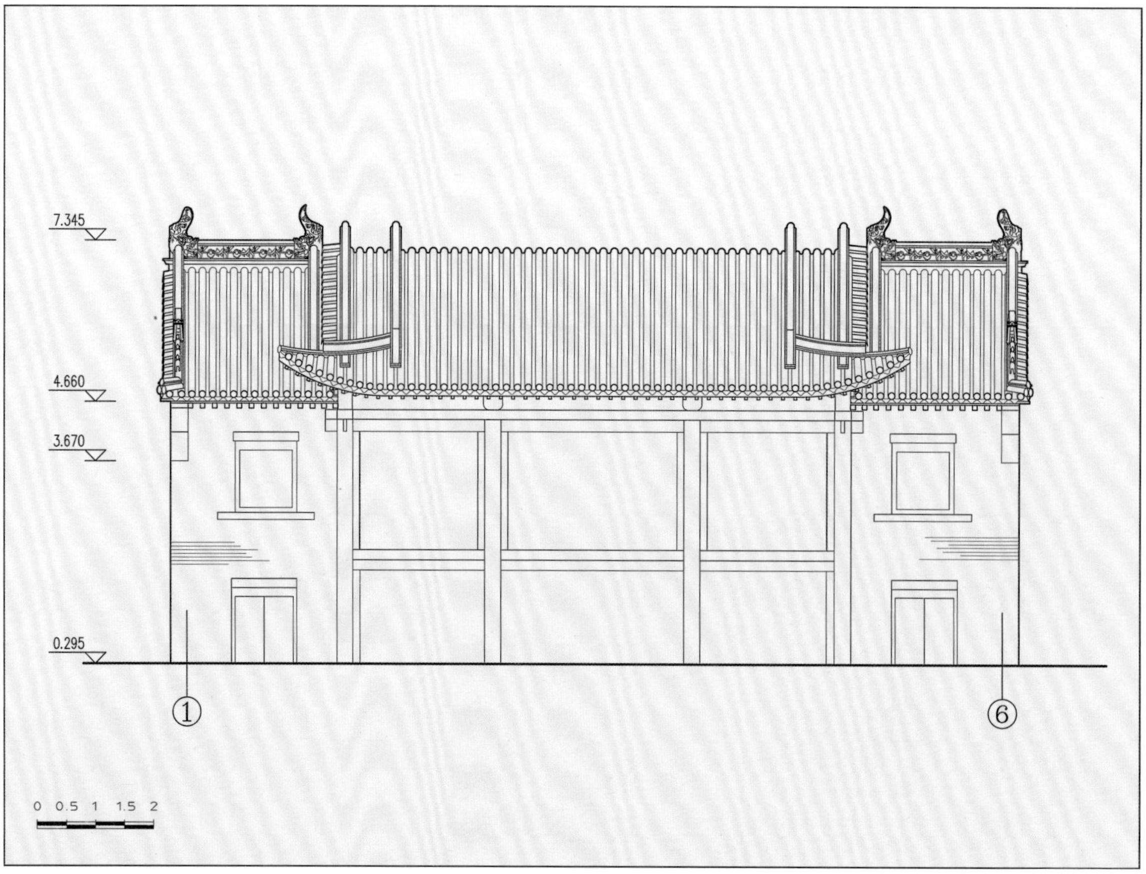

图2-2-8-22 苏寨玉皇庙戏楼正立面图

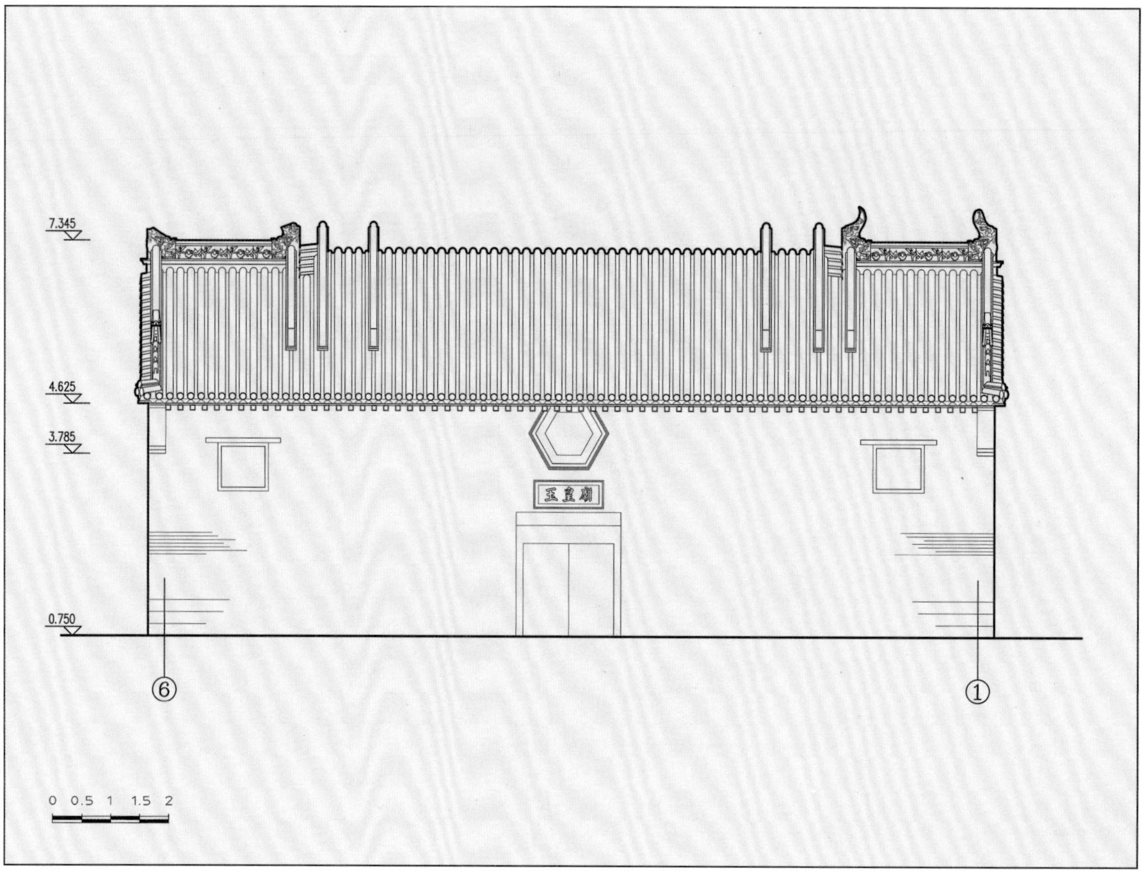

图2-2-8-23 苏寨玉皇庙戏楼背立面图

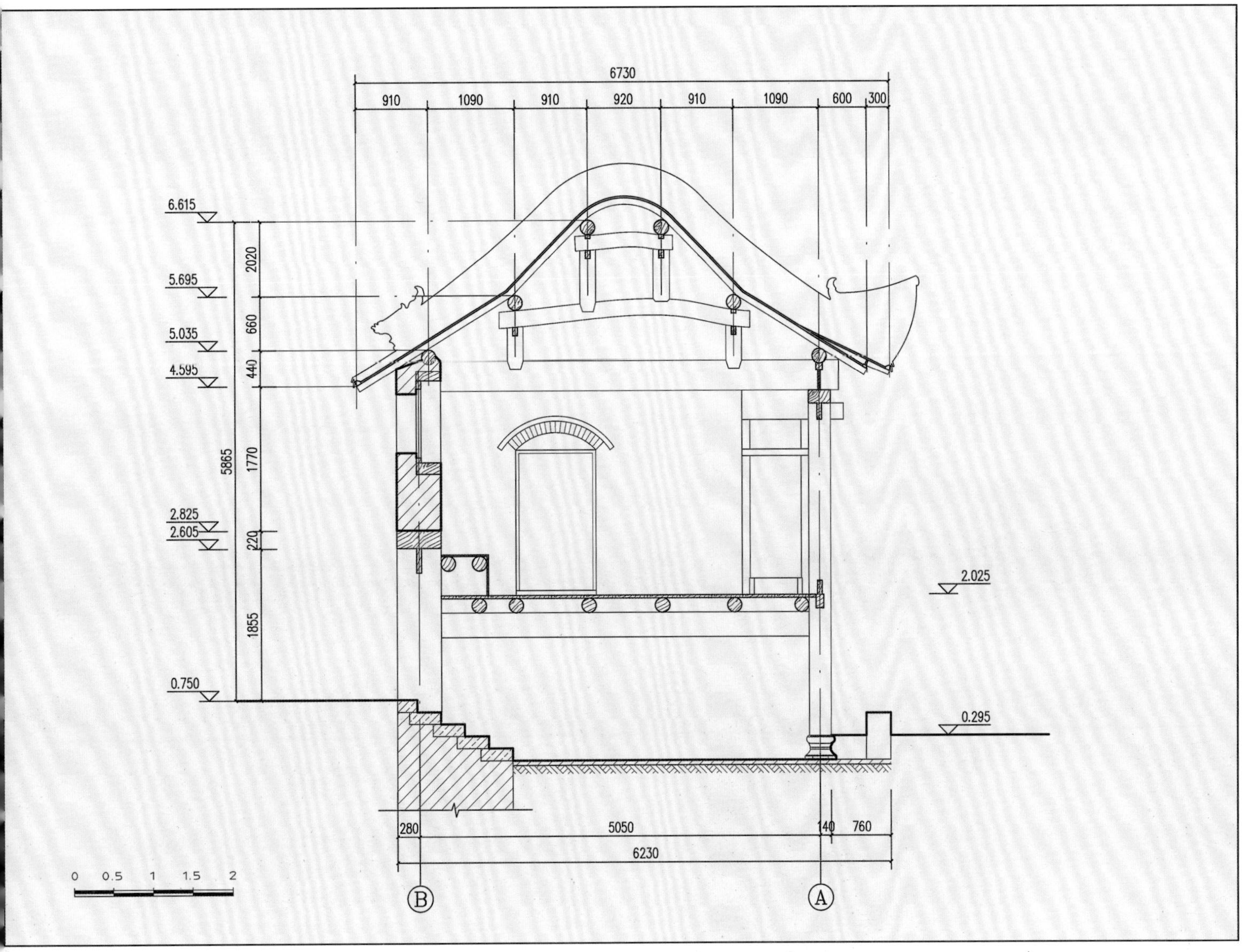

图 2-2-8-24　苏寨玉皇庙戏楼横剖面图

（九）桥沟天爷庙戏楼

桥沟天爷庙位于博爱县寨豁乡桥沟村南部，属于太行山南麓的斜坡地带，北纬35° 14′ 39″，东经113° 5′ 16″，海拔258米。该庙坐北面南，一进院落，中轴线由南向北依次为戏楼、大殿，两侧立东西看楼及厢房，新建大门位于戏楼东侧，整体地势北高南低，分别建在南北两级台地上，布局紧凑，建筑群保存完整。天爷庙创建年代不详，清道光十七年（1837）重修，系第八批河南省文物保护单位。

戏楼坐南面北，位于中轴线南端，三幢左右并联式，戏台两侧各有扮戏房一

照 2-2-8-14　桥沟天爷庙戏楼

间，屋面为硬山式灰瓦顶。平面呈“凸”字形，一面观。戏楼面阔三间，进深一间，通面阔8.25米，其中明间3.4米；通进深5.33米，通高8.36米。扮戏房面阔、进深均为一间，面阔3.56米，进深4.49米，戏楼、扮戏房房均为两层砖木石结构。戏楼一层墙体采用块石砌筑，上承楞木及楼板，明间设门，次间开窗。二层戏台青砖铺地，台口高2.34米，前檐立石础、抹角方石柱，柱径0.36米，柱高2.4米。抬梁式木构架，七梁架置于前檐平板枋及后檐墙之上，承五架梁、三架梁、各层瓜柱和檩枋。二层墙体采用里生外熟的砌筑手法，内墙土坯，外墙青砖。山墙设券门与耳房相通，戏楼西次间前檐台口设砖石混砌踏步。石檐柱镌刻楹联一副：“教人亦有方，开演俗情原为青箐学子；听戏非无益，改良词曲便成白话文章。”现戏楼二层前檐加木装修。扮戏房一层墙体同为块石砌筑，上承楞木及楼板，前檐墙正中设门。二层檩枋分别置于山墙之上，后檐墙各设一六边形窗，便于采光。

戏楼前两侧有看楼，为两层单檐硬山式灰瓦顶建筑。面阔三间，进深一间，通面阔9.6米，通进深4.5米，一层高3.3米，二层高2.5米，现二层前檐用砖封堵。

戏楼前观演区域合理利用院内南低北高两级台地的地形优势，将观演区域分为三层，结合左右两层看楼，既不影响观演视线，又最大限度地提高了观演场地的容积率。戏楼背临河流及山峦，视听效果俱佳。天爷庙戏楼整体布局为半山区演出场所的佳例。

博爱地处豫晋交通要塞，怀梆戏常到晋南演出，而蒲剧、晋剧、上党梆子也常到此地表演，反映了当时“商路即戏楼”的社会现象（照2-2-8-14）（图2-2-8-25）（图2-2-8-26）（图2-2-8-27）（图2-2-8-28）（图2-2-8-29）（图2-2-8-30）。

图2-2-8-25 桥沟天爷庙戏楼一层平面图

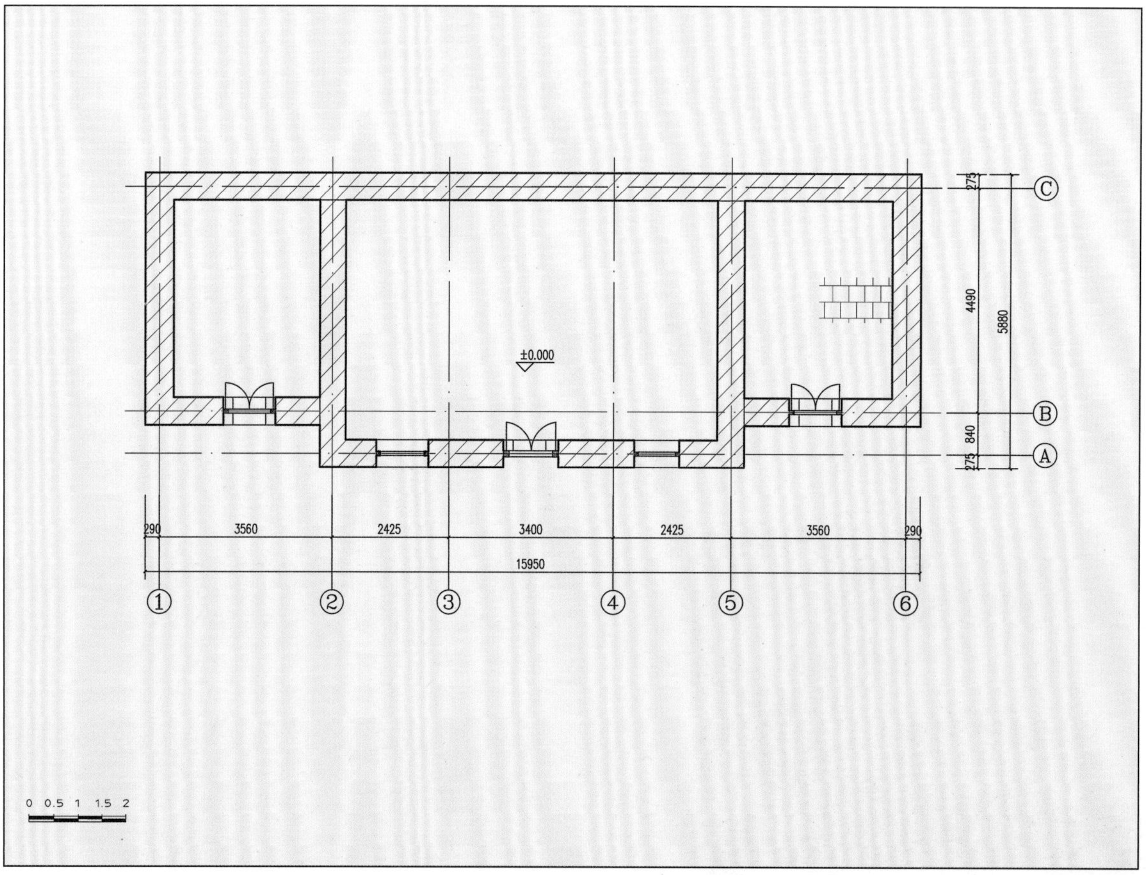

图2-2-8-26 桥沟天爷庙戏楼二层平面图

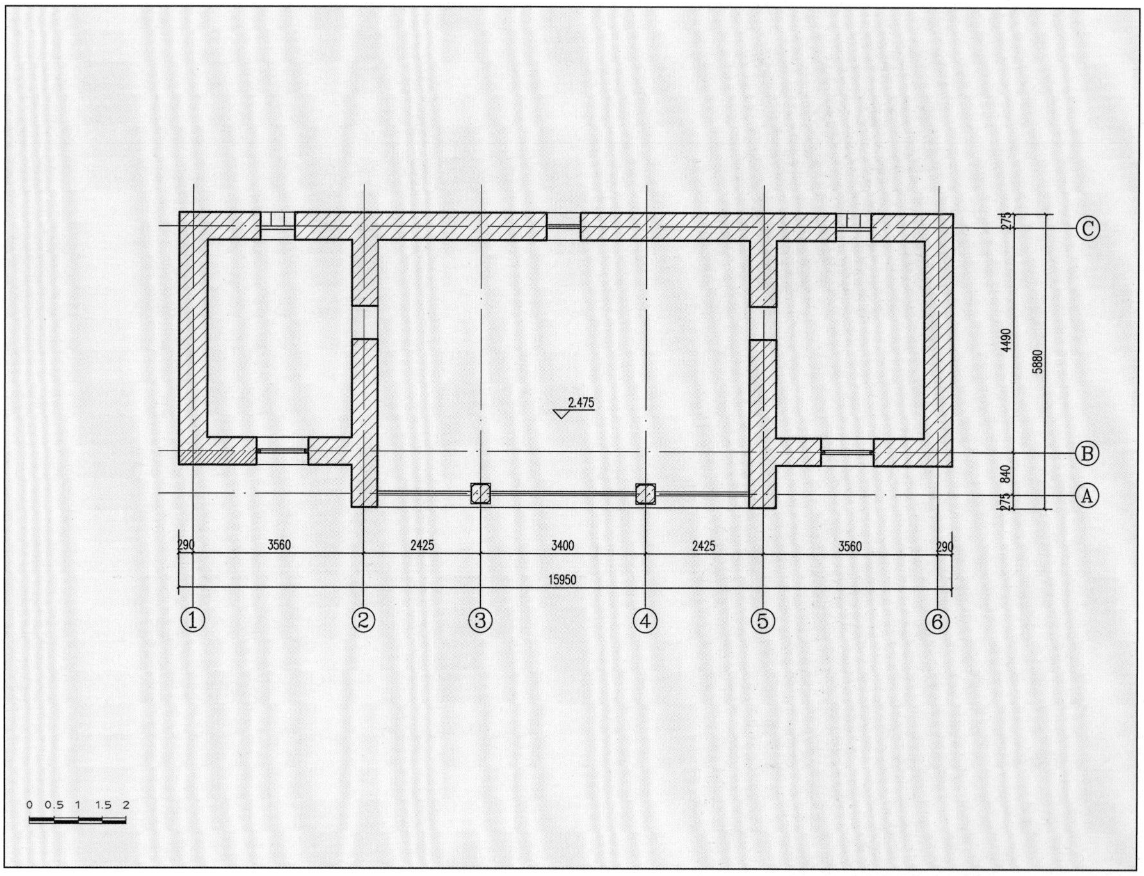

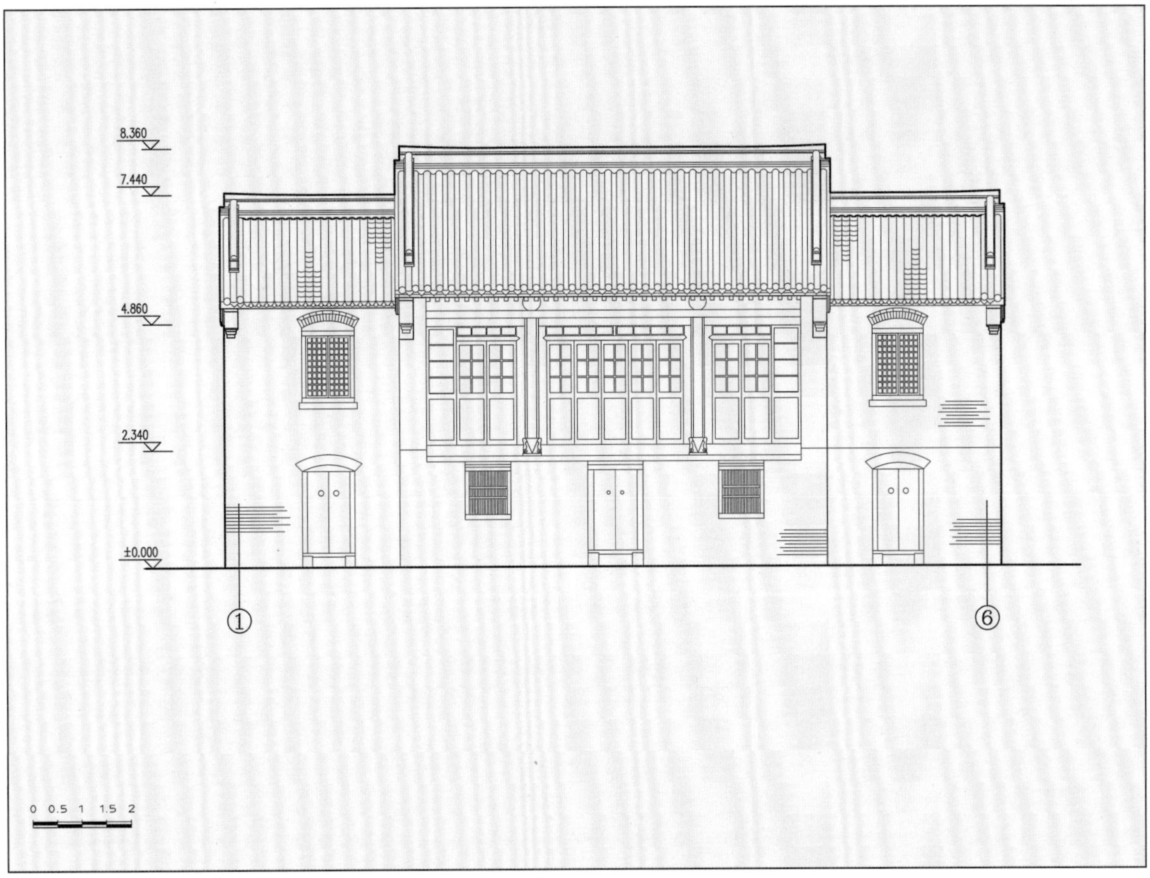

图2-2-8-27 桥沟天爷庙戏楼正立面图

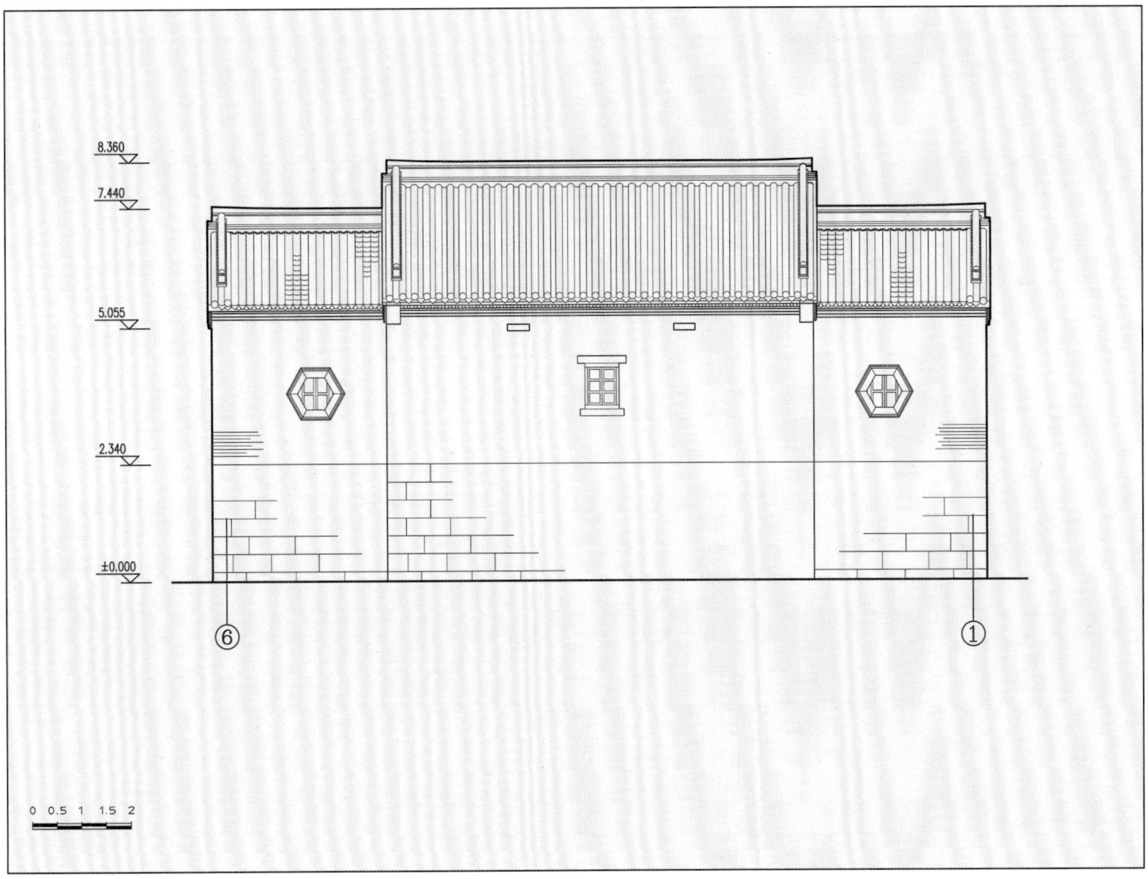

图2-2-8-28 桥沟天爷庙戏楼背立面图

图2-2-8-29 桥沟天爷庙戏楼侧立面图

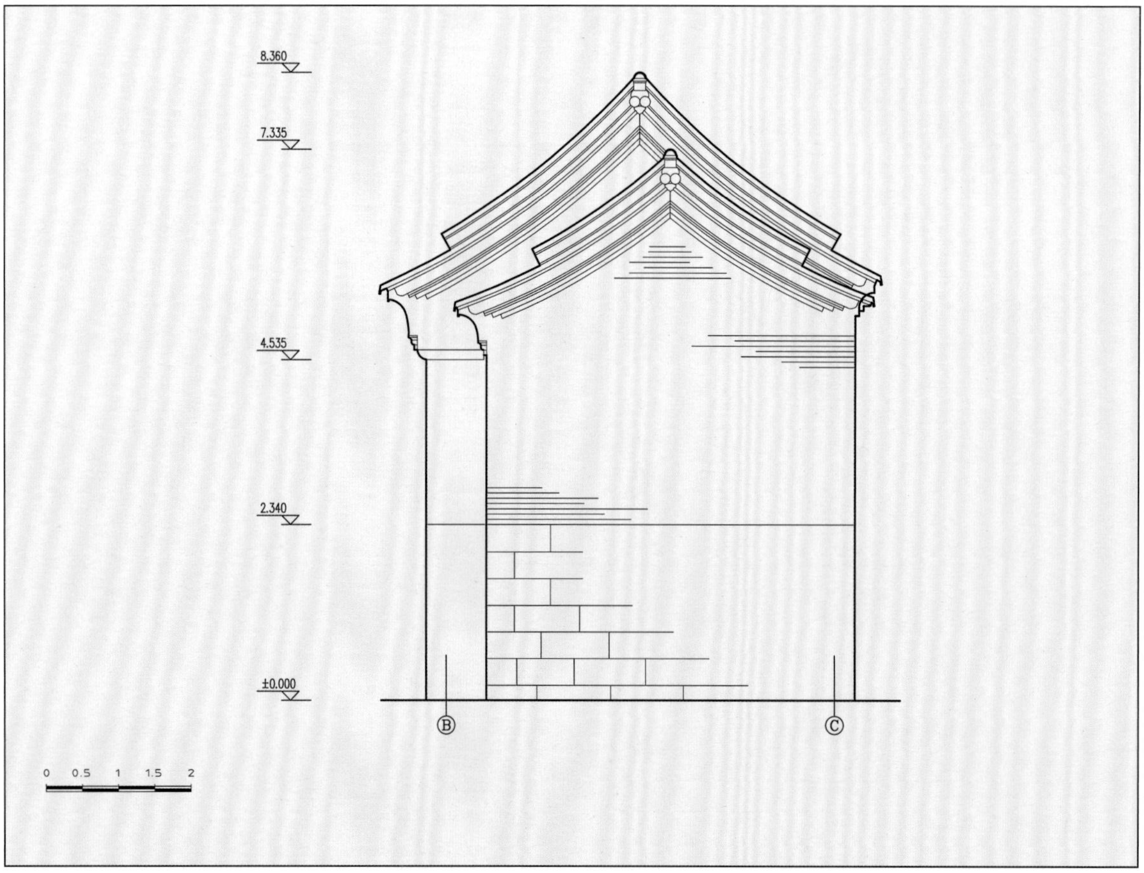

图2-2-8-30 桥沟天爷庙戏楼横剖面图

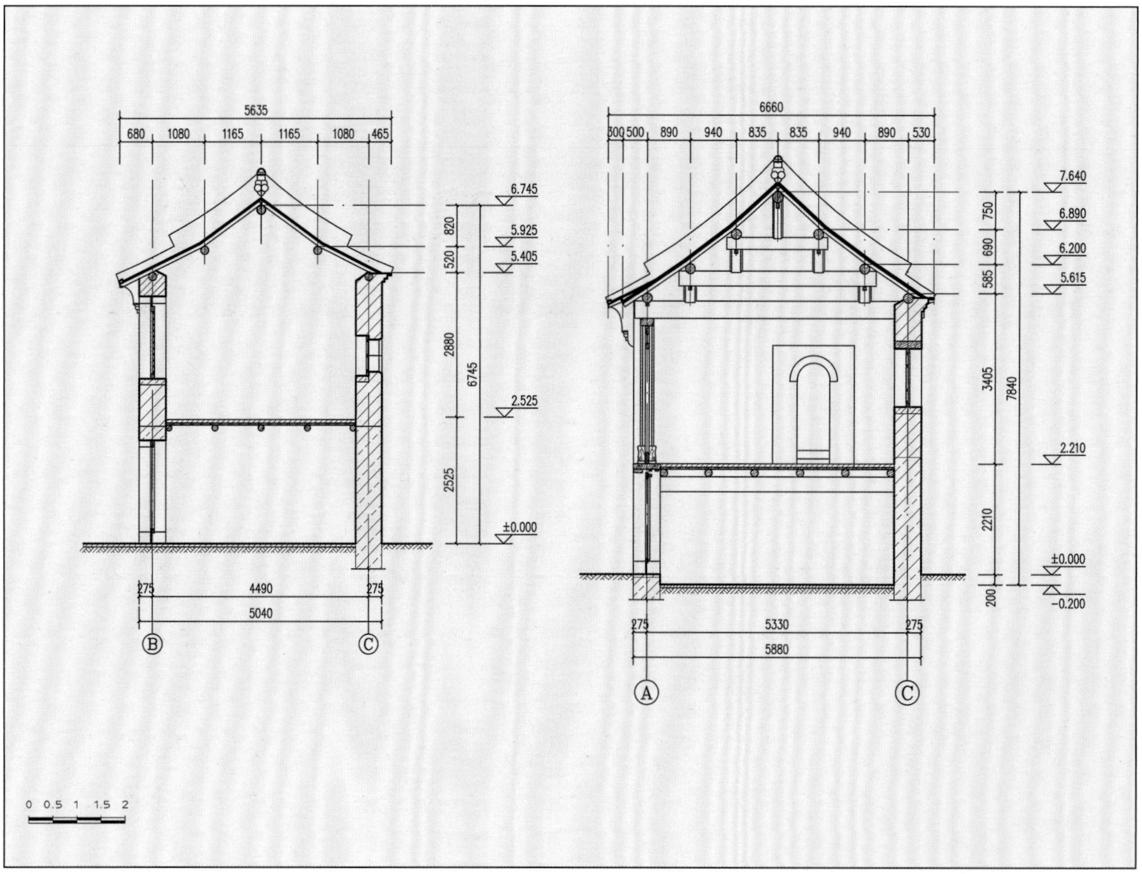

（十）上岭后观音堂舞楼

上岭后观音堂位于博爱县寨豁乡上岭后村，创建于清乾隆三十八年（1773），道光九年（1829）曾修缮。观音堂现存戏楼（山门）、观音殿及两侧厢房。庙内遗存碑碣5通，其一为清乾隆三十八年（1773）《创修观音堂并舞楼序》碑。

舞楼坐南面北，位于中轴线上，与观音堂相对而建。单幢式，为两层单檐硬山式建筑，灰瓦覆顶。一层明间为观音堂入口通道，二层为戏台。平面呈长方形，一面观。面阔三间，进深一间，通面阔8.73米，其中明间3.23米；通进深4.4米，台口高2.5米。一层台基用块石砌筑，明间辟门。二层戏台木构架为抬梁式，前檐立石柱两根，柱础间设石栏杆。五梁架置于前檐柱及后檐墙之上，承瓜柱、三架梁及各层檩条，脊瓜柱两侧用叉手，墙体、盘头均采用青砖砌筑。

（十一）显圣王庙戏楼、舞楼

显圣王庙位于孟州市会昌街道堤北头村，南临黄河，北依丘陵，北纬34°53′14″，东经112°44′57″，海拔133米，系第七批全国重点文物保护单位。据《孟县志》和庙中碑石记载，该庙大殿修建于元至正十一年（1351），原址位于堤北头村东南约2公里处的小金堤东侧。清康熙四十五年（1706），黄河泛滥，洪水破堤冲入大庙，后黄河又多次决口，当地村民被迫于乾隆二十四年（1759）把庙中保存较好的建筑，搬迁至元代开国大将宁玉后代捐出的土地上，并增修了附属建筑。现存主要建筑有元代修建大殿三间，清代舞楼九间、戏楼三间。三间戏楼位于中轴线上，坐南面北。九间舞楼坐东面西，位于戏楼东侧，为3座舞楼组成的三连台。

戏楼建于清乾隆年间，位于显圣王庙中轴线南端，正对大殿，与之间隔23米。单幢式，为两层砖木结构，单檐卷棚硬山灰瓦顶建筑。平面呈长方形，一面观。面阔三间，进深一间，五步椽屋，通面阔10.02米，其中明间3.86米；通进深5.18米，通高7.4米，台口高2.12米。一层用柱四根，前檐立两根通长木柱，檐柱及金柱上设平梁，上承楞木及楼板。明间辟门，为庙宇入口。二层木构架为抬梁式，六梁架置于前檐柱上平板枋及后檐墙之上，承瓜柱、四架梁、月梁及各层檩枋。因建筑进深较大，明间东西缝六架梁下设柱辅助支撑，柱间原有屏风，现遗失，仅存卯口。二层后檐墙中部开方窗，山墙及后檐墙用土坯砖、青砖混砌，两山墙有收分，盘头雕刻花卉及卷草图案。因院内地坪抬高，一层室内低于室外。现一

照2-2-8-15 显圣王庙戏楼

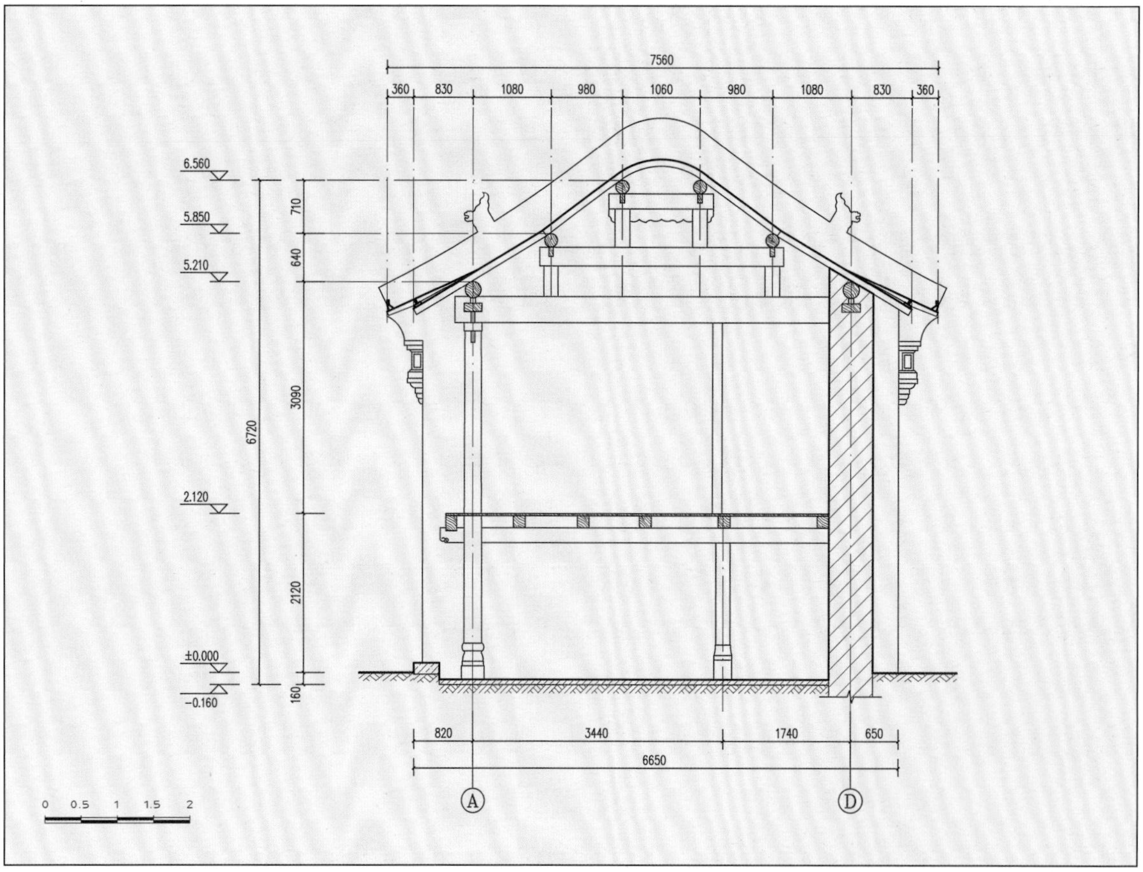

图2-2-8-31 显圣王庙戏楼横剖面图

照2-2-8-16 显圣王庙舞楼

层明间大门用砖封堵，东次间墙体局部用青砖补砌（照2-2-8-15）（图2-2-8-31）。

舞楼位于戏楼东侧，坐东面西，建于清光绪二十二年（1896），由三幢面阔三间的戏楼并列组成，卷棚硬山式建筑，两层砖木结构。平面呈长方形，一面观。通面阔22.1米，其中北侧戏楼通面阔9.75米；中间戏楼通面阔5.26米，南侧戏楼通面阔7.09米。3座戏台进深相同，通进深5.33米，台口高1.28米。梁架构造与中轴线戏楼相似，同为一层檐柱为通柱，下为素面鼓形柱础，柱身插设平梁，上承楞木及楼板，二层戏台六梁架置于前檐平板枋及后檐墙之上，承瓜柱、四架梁、月梁及各层檩枋。山墙及后檐墙用土坯砖、青砖混砌，两山墙有收分，上部设盘头。建筑整体风格独特，立面观为三幢戏楼组合的三连台，屋俯视面，设垂脊四条，连为一体，则为一幢建筑。建筑为河南省现存唯一由3座戏楼相连组合的形式，对研究戏剧文化及戏楼建筑形制发展演变具有重要的价值（照2-2-8-16）。

戏楼、舞楼与大殿之间场地可容纳千余人观戏，旧时，每年农历十月十一日开设庙会，唱戏3天。

（十二）袁圪套上清宫戏楼

袁圪套上清宫位于孟州市槐树乡袁圪套村，北纬34°56′22″，东经

112°37′56″，海拔190米。坐北面南，一进院落，占地面积1313.2平方米。现存大殿、戏楼、东西廊房4座文物建筑。据县志记载，上清宫始创建于元至元三年（1266），明嘉靖十九年（1540），清康熙十七年（1678）、光绪二十年（1894）曾多次维修，系第八批河南省文物保护单位。

戏楼为清光绪二十年（1894）重修，坐南面北，与山门合二为一。单幢式，两层砖木结构，单檐卷棚硬山式灰瓦顶建筑，一面观。面阔三间，进深一间，五步椽屋，通面阔8.53米，其中明间3.5米；通进深5.19米，通高6.715米，台高2.39米。一层墙体用青砖砌筑，插设平梁，上承楞木及楼板，明间辟门，为庙宇入口通道。二层梁架为抬梁式，六梁架置于前檐平板枋及后檐墙之上，承瓜柱、四架梁、月梁及各层檩枋。明间前檐平板枋与檐檩之间置透雕花板。二层后檐墙正中开设方窗，西山墙上设青石排水槽，山墙及后檐墙用土坯砖、青砖混砌，两山墙有收分。戏楼脊檩枋上遗存题记："大清光绪二十年岁次甲午三月上浣，重修戏楼三间。宜用卯时上梁，自立此后，万民获福五社，平安无事，亨通吉祥如意，永远大吉大利。"（照2-2-8-17）（图2-2-8-32）（图2-2-8-33）

照2-2-8-17　袁圪套上清宫戏楼

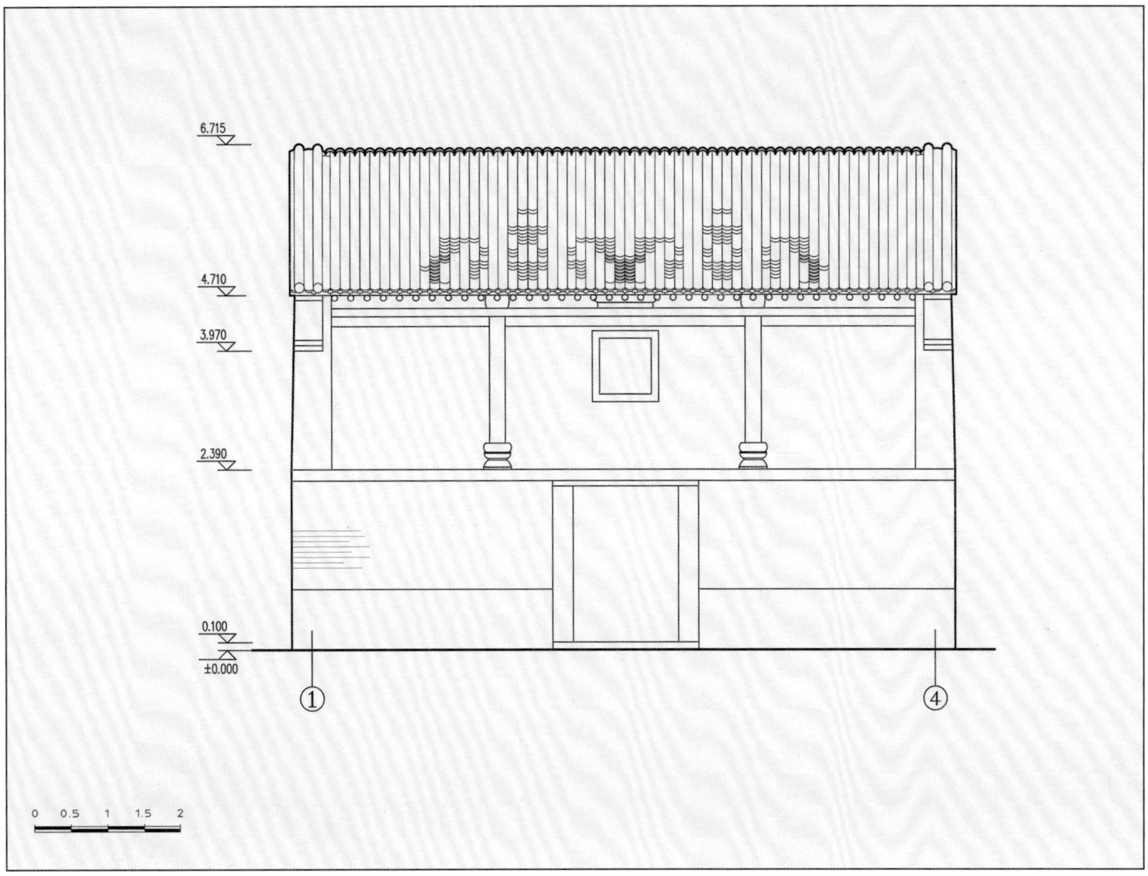

图2-2-8-32　袁圪套上清宫戏楼正立面图

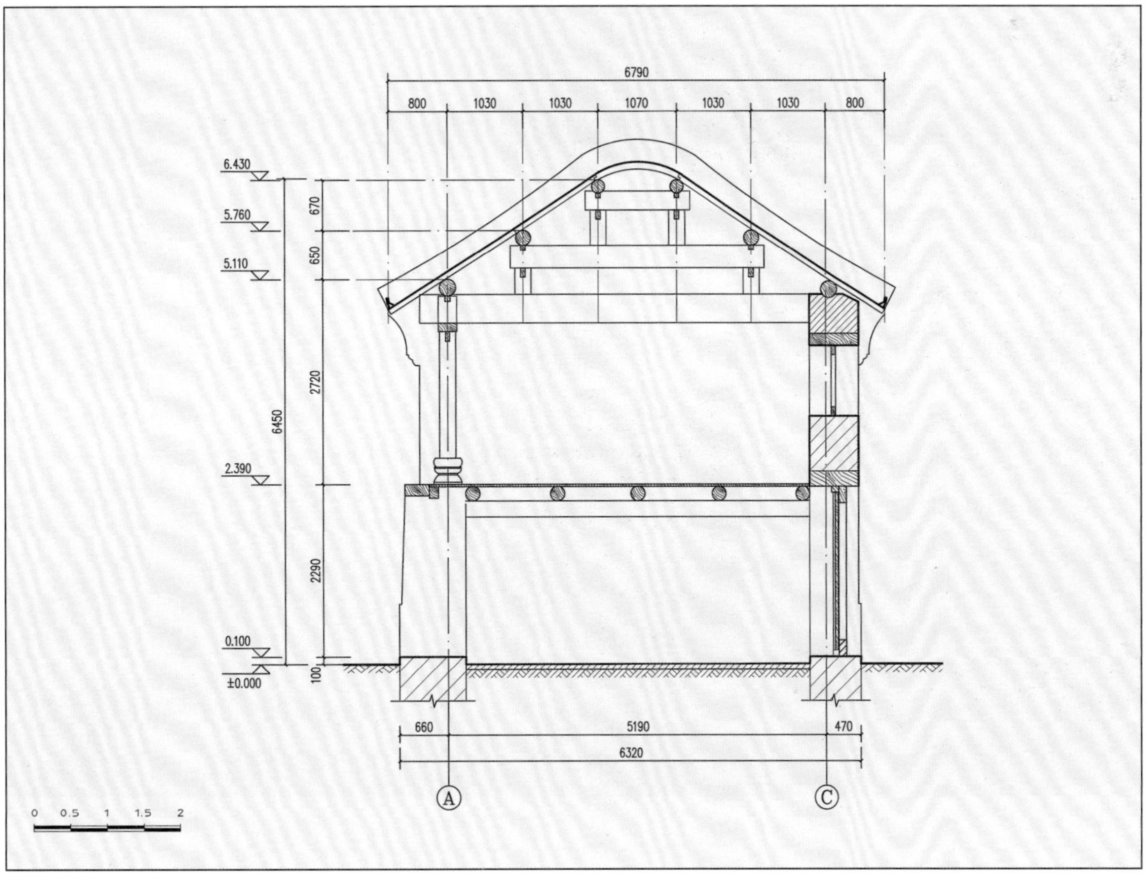

图2-2-8-33　袁圪套上清宫戏楼横剖面图

（十三）三洼村三清庙戏楼

三清庙位于孟州市槐树乡三洼村西部，庙已毁，仅存戏楼。北纬34° 55′ 39″，东经112° 39′ 47″，海拔188米。

戏楼坐南面北，单幢式，为单檐卷棚硬山式建筑，两层过街戏楼。创建年代不详，清代建筑。因年久失修，现东次间东缝梁架及部分墙体倒塌、屋面局部坍塌，保存状况堪忧。戏楼平面呈长方形，一面观。面阔三间，进深一间，五步椽屋，通面阔9.45米，其中明间3.61米；通进深5.65米，台口高2.38米。一层前檐设两根木通柱，柱上插设平梁，上承楞木及楼板，明间南檐辟门。二层梁架为抬梁式，六梁架置于前后檐柱之上，承瓜柱、四架梁、月梁及各层檩枋。明间原有屏风，将舞台分割为前后台，现已遗失，仅存卯口。墙体采用里生外熟的砌筑手法，内墙土坯，外墙青砖。山墙有收分，盘头做工精致（照2-2-8-18）。

照 2-2-8-18　三洼村三清庙戏楼

（十四）沙滩园龙王庙戏楼

沙滩园龙王庙位于沁阳市西万镇沙滩园村东部，地处丹河与龙门石河间，北纬34° 10′ 09″，东经112° 57′ 08″，海拔124米。该庙创建年代无考，清雍正九年（1731），至道光二十三年（1843）多次扩修，1957年、2006年曾进行修缮。庙宇坐北面南，二进院落，占地面积约983平方米。现存戏楼（山门）、关帝殿、孙真殿、过厅及龙王殿等文物建筑，系第四批河南省文物保护单位。

戏楼建于清乾隆四十年（1775），坐南面北，位于龙王庙中轴线南端，三幢左右并联式，戏台两侧各有扮戏房一间，为更衣及化妆使用。戏楼屋面为单檐硬山式，耳房则为单檐卷棚硬山顶。平面呈“凸”字形，三面观。戏楼面阔三间，进深一间，四步椽屋。通面阔7.67米，通进深4.64米，通高8.24米，台口高2.1米。扮戏房面阔进，深均为一间，面阔3.45米，进深3.64米，通高6.45米。戏楼为两层砖

照 2-2-8-19　沙滩园龙王庙戏楼正立面

照 2- 2- 8- 20　沙滩园龙王庙戏楼背立面

木结构，一层明间辟门为龙王庙入口，门楣饰砖雕，檐柱为通柱，置下覆斗、上圆鼓的复合式柱础，柱身插平梁，上承楞木及楼板。上层为舞台，柱间设高0.18米木勾栏用作围护。木构架为抬梁式，明间五梁架置于前檐平板枋及后檐墙上，承瓜柱、三架梁及各层檩枋。檐下施一斗二升交麻叶斗栱六攒，其中柱头科二攒，明间平身科二攒，次间各一攒。雀替透雕卷草图案，线条流畅。室内设屏风，墙体采用里生外熟的砌筑手法，内墙土坯，外墙青砖。二层明间后檐墙设方窗，山墙设门与耳房二层相通，戏楼前檐东西山墙台口处搭设木梯。南北檐下盘头层叠相加，雕刻花草图案。

扮戏房为两层砖木结构，二层后檐墙正中设窗，便于采光。梁架结构简洁，檩枋直接置于山墙之上。檐下施栱，山墙设有排水槽。戏楼、扮戏房南檐墙在同一轴线。因建筑多次维修，扮戏房形制略有改变。庙内遗存碑碣两通，分别为《关帝庙碑记》及清嘉庆八年（1803）《重修龙王大殿东西小楼碑记》碑。戏楼现仍有演出活动，演出剧种以曲剧、怀梆、豫剧为主（照2-2-8-19）（照2-2-8-20）（图2-2-8-34）（图2-2-8-35）（图2-2-8-36）（图2-2-8-37）（图2-2-8-38）。

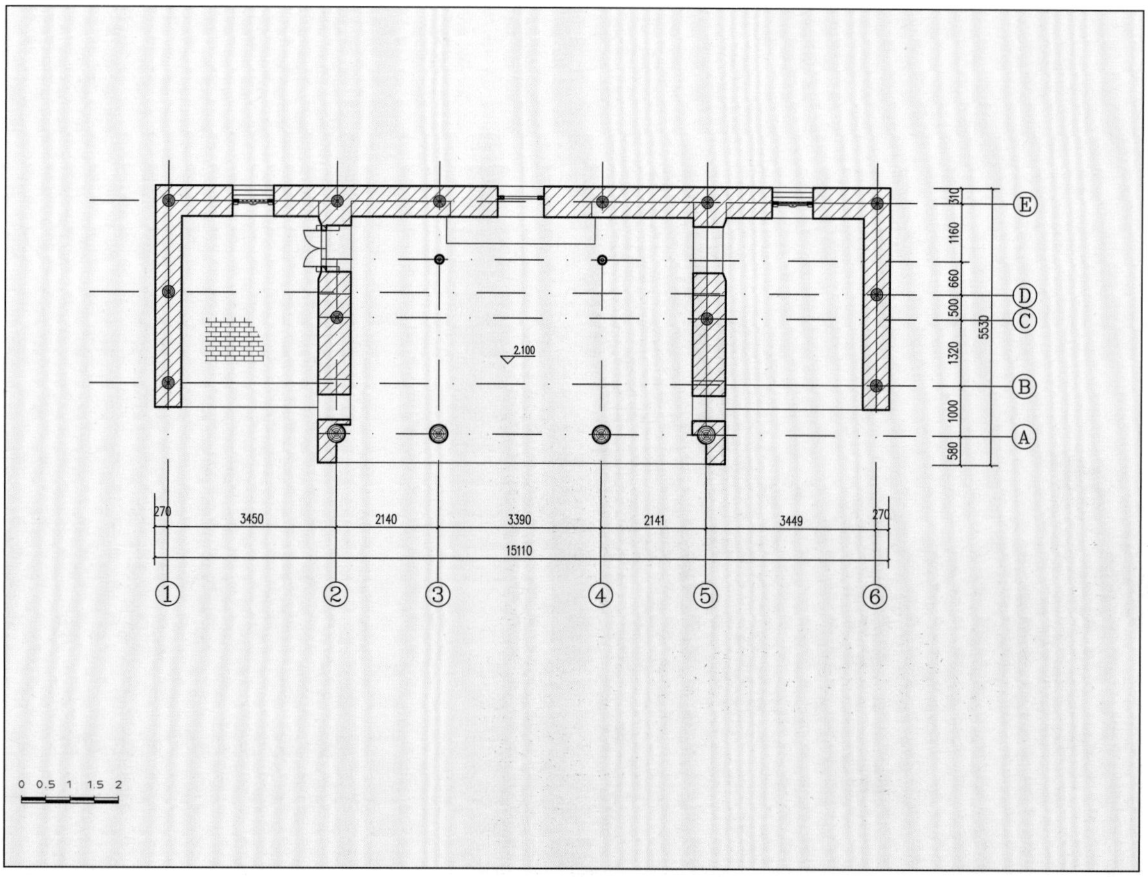

图2-2-8-34 沙滩园龙王庙戏楼平面图

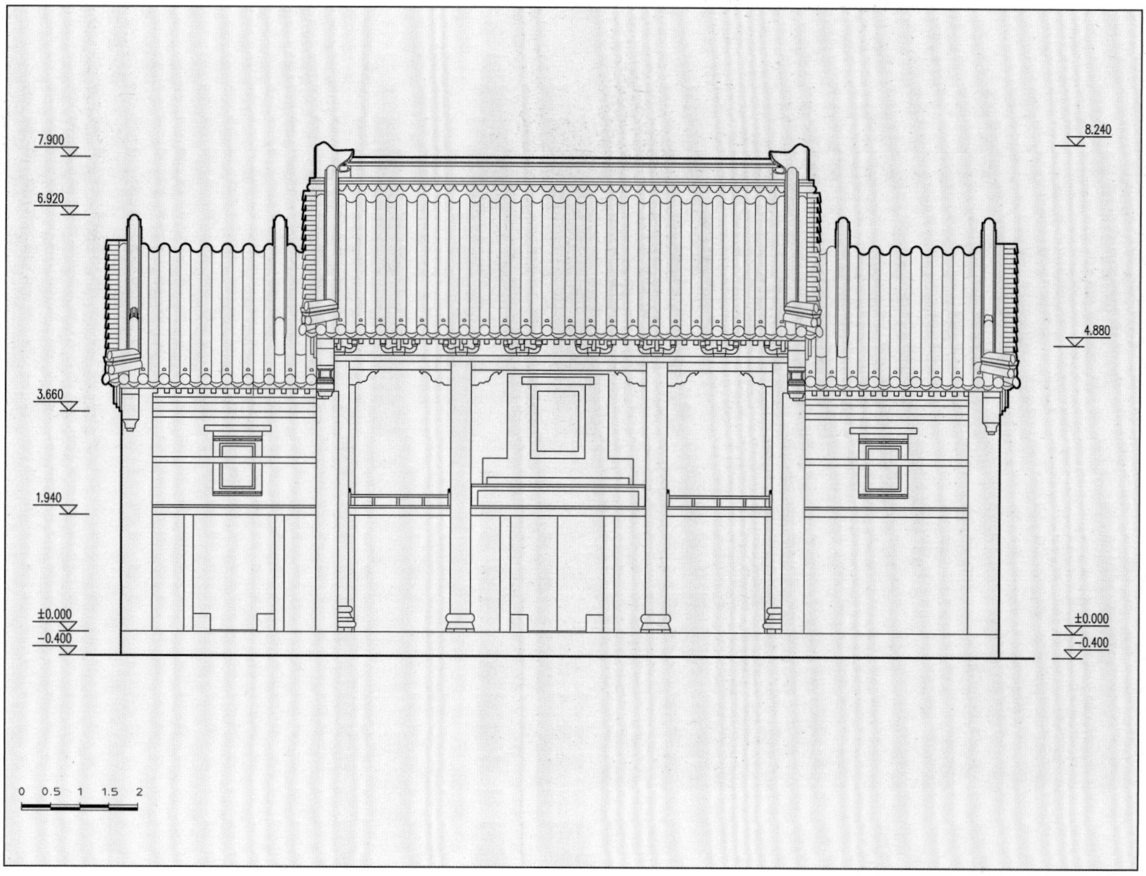

图2-2-8-35 沙滩园龙王庙戏楼正立面图

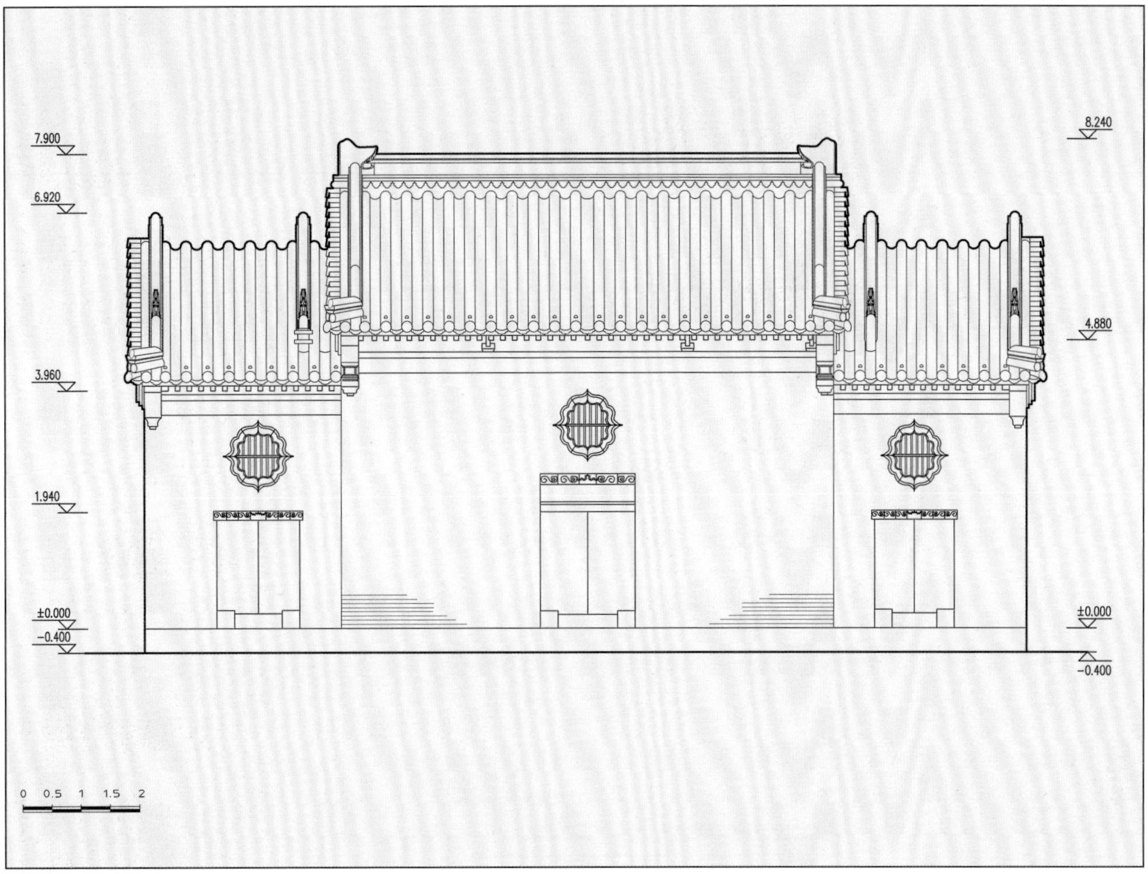

图2-2-8-36 沙滩园龙王庙戏楼背立面图

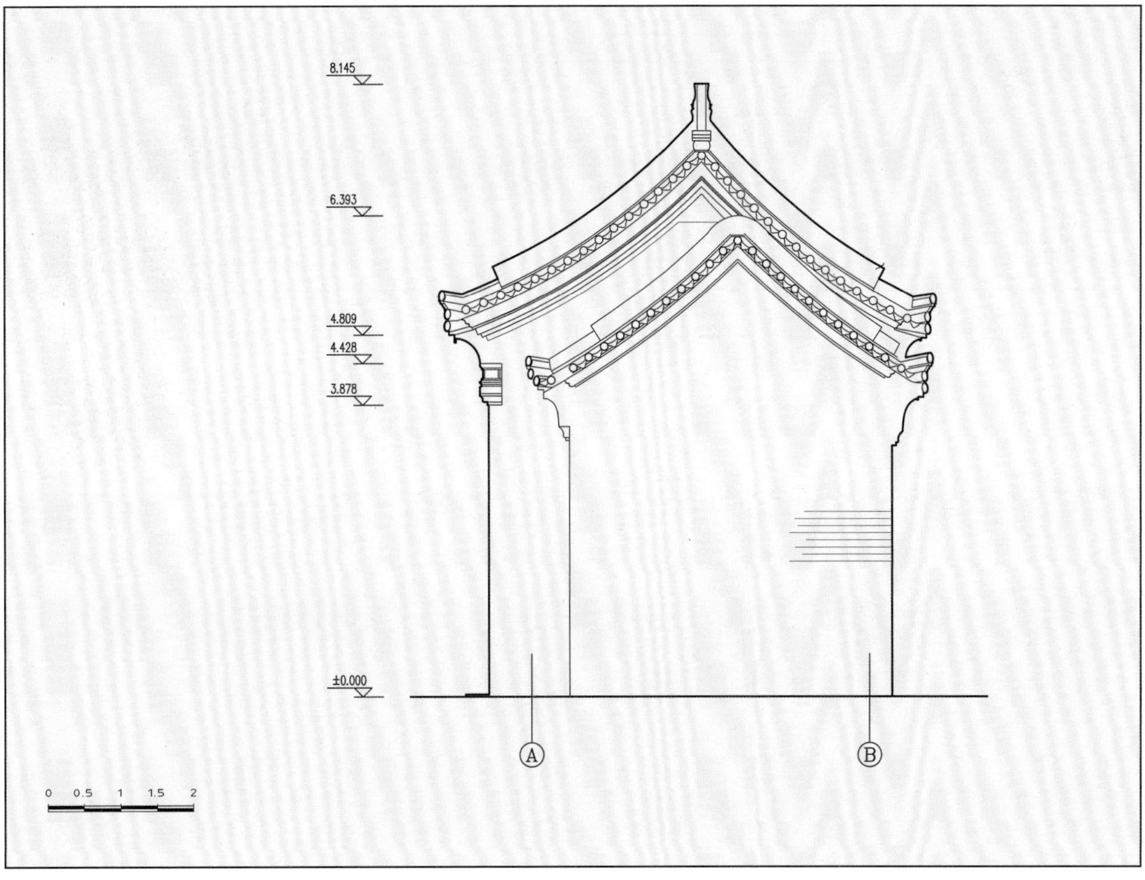

图2-2-8-37 沙滩园龙王庙戏楼侧立面图

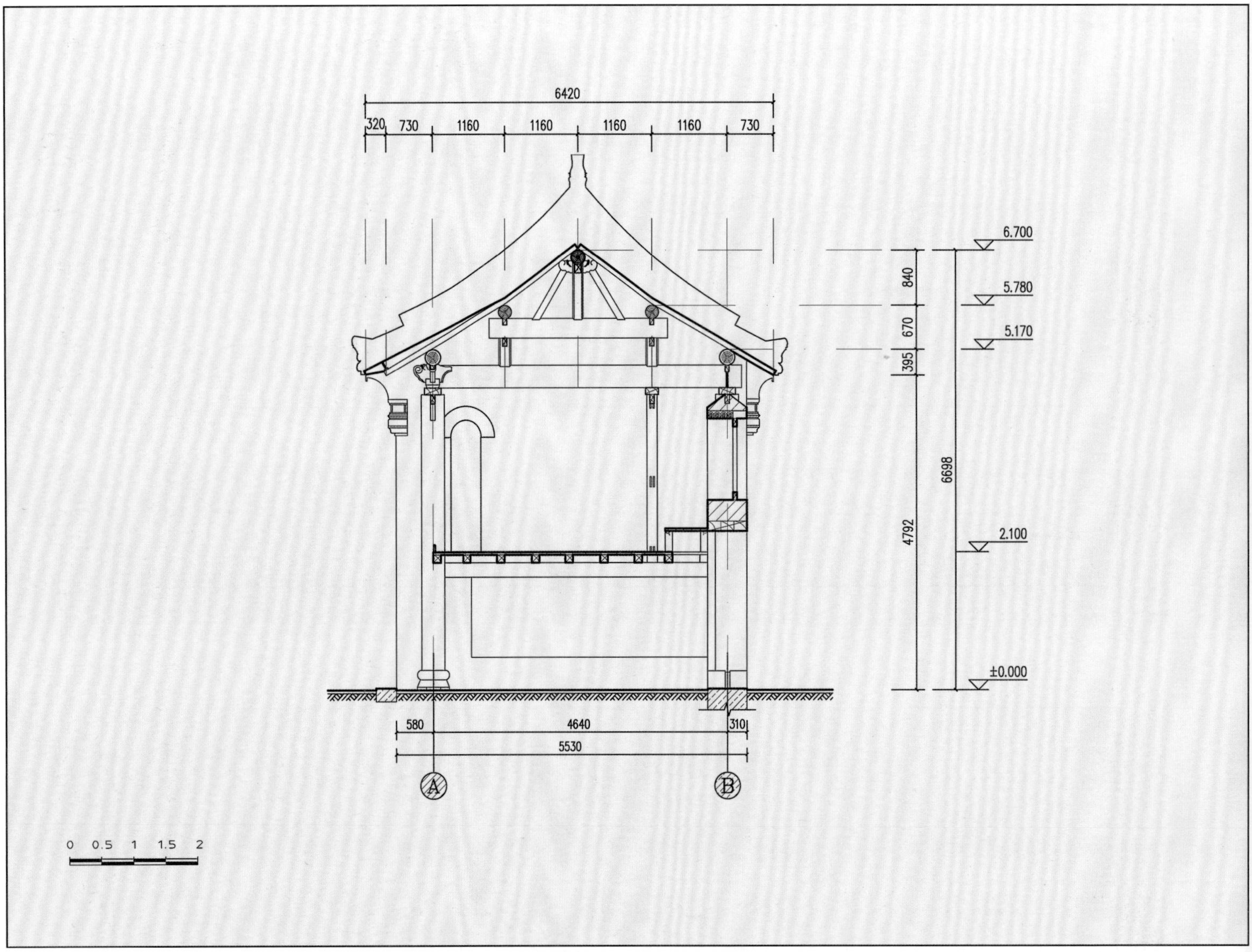

图 2-2-8-38　沙滩园龙王庙戏楼横剖面图

（十五）西沁阳村观音堂舞楼

西沁阳村观音堂位于沁阳市西万镇西沁阳村，北纬35° 07′ 34″，东经112° 54′ 49″，海拔103米。观音堂现存观音殿及舞楼。舞楼位于观音堂西侧，与其并列，创建年代不详。

舞楼坐南面北，单幢式，卷棚悬山式建筑，灰瓦覆顶。平面呈长方形，一面观。面阔三间，进深一间，通面阔5.8米，其中明间3.14米；通进深4.22米。台基用青砖砌筑，高0.49米。木构架为抬梁式，前檐立两根木柱，径0.26米，高2.55米。次间檐下各施平身科一攒，明间缺失，栱身雕刻卷草纹饰。梁架均为自然材，六架梁两端置于前檐平板枋及后檐墙上，承瓜柱、四架梁、月梁及各层檩枋。墙体采用里生外熟的砌筑手法，外墙用青砖砌筑，内墙则为土坯，青砖尺寸为0.27×0.14×0.06米。山墙收分明显，厚0.54米。两山墙各设一券门，方便设踏步登台。戏楼前、后檐上出尺寸不同，前檐因舞楼采光功能需求，为0.54米，明显小于后檐上出的0.74米，充分体现了建筑尺度与使用功能相结合的特征（照2-2-8-21）（照2-2-8-22）。

照2-2-8-21 西沁阳村观音堂舞楼正立面

照2-2-8-22　西沁阳村观音堂舞楼侧立面

（十六）窑头村关帝庙戏楼

窑头村关帝庙戏楼位于沁阳市常平乡窑头村，北纬35°13′57″，东经112°53′23″，海拔572米。关帝庙创建于清康熙二十五年（1686），坐北面南，一进院落，现存戏楼、山门、大殿及两侧厢房共5座建筑。

戏楼位于庙门外南中轴线上，坐南面北，三幢左右并联式，戏台两侧各有耳房一间，为更衣及化妆使用。屋面均为硬山式灰瓦顶，平面呈“凸”字形，一面观。戏楼面阔三间，进深一间，四步椽屋，通面阔8.04米，通进深4.46米，台口高1.88米。耳房面阔、进深均为一间，通面阔2.59米，通进深3.98米。戏楼为两层砖木结构，一层墙体采用青砖砌筑，上承楞木及楼板。二层为舞台，青砖地面，前檐立木柱，柱径0.23米，柱高2.22米。抬梁式木构架，明间七梁架置于前檐柱及后檐墙之上，承五架梁、三架梁、脊瓜柱及各层檩枋，脊檩两侧设叉手。墙体采用里生外熟的砌筑手法，内墙土坯，外墙青砖，山墙设门与耳房相通。明间后檐墙开方窗，便于采光。戏楼东次间前檐台口处设石踏步登台。

耳房同为两层砖木石结构，梁架结构简洁，一层楞木及檩枋分别置于山墙之上，一层设板门，二层开窗，墙体采用块石垒砌（照2-2-8-23）（照2-2-8-24）。

照2-2-8-23 窑头村关帝庙戏楼正立面

照2-2-8-24 窑头村关帝庙戏楼侧立面

照 2-2-8-25 常河村朝阳寺舞楼

照 2-2-8-26　常河村朝阳寺舞楼碑刻

（十七）常河村朝阳寺舞楼

常河村朝阳寺位于沁阳市常平乡常河村，北纬35° 17′ 39″，东经112° 56′ 17″，海拔508米。创建年代不详，明、清时期曾多次修缮。寺院为二进院落，依山而建，地处常河村东南的山坡之上，北高南低，呈二级台阶分布。建筑沿南北中轴线布置，有舞楼（山门）、拜殿、大殿等建筑，为第八批河南省文物保护单位。

舞楼为清乾隆三十九年（1774）重修，坐南面北，位于寺中轴线南端，正对拜殿，单幢式，单檐硬山式灰瓦顶建筑，一面观。舞楼面阔五间，进深一间，五步椽屋，通面阔13.76米，其中明间3.32米、次间2.51米、梢间2.71米；通进深5.56米，通高8.49米，台口高2.805米。舞楼为两层砖石木结构，山墙及南檐墙用毛石垒砌，北檐墙用青砖砌筑。檐柱为通柱，一层设平梁，上承楞木及楼板。明间辟门为庙宇入口，次间开窗。二层为舞台，明、次间开敞，梢间二层前檐用青砖砌筑，正中设方窗。戏台为青砖地面，柱之间设木栏板。梁架为抬梁式，五梁架置于前檐平板枋及后檐墙之上，承三架梁、瓜柱及各层檩枋，梁架均为自然材，椽上铺席箔。梁头两侧及补间安置花板辅助支撑，梢间梁下设木隔断使其与舞台分割，作为更衣及化妆使用。梢间后檐墙设一六边形窗，便于采光。后檐墙下部设有排水槽。东次间前檐立两根石墩上架石板为桥，由拜殿前月台沿桥可登舞楼二层。寺遗存碑碣3通，分别为明崇祯三年（1630）《重修后殿金妆佛像复建拜殿三间功完立碑》碑、明崇祯五年（1632）《金妆三教碑记》碑、清乾隆三十九年（1774）《重修舞楼碑记》碑（照2-2-8-25）（照2-2-8-26）（照2-2-8-27）（图2-2-8-39）（图2-2-8-40）（图2-2-8-41）（图2-2-8-42）（图2-2-8-43）。

照2-2-8-27 常河村朝阳寺鸟瞰

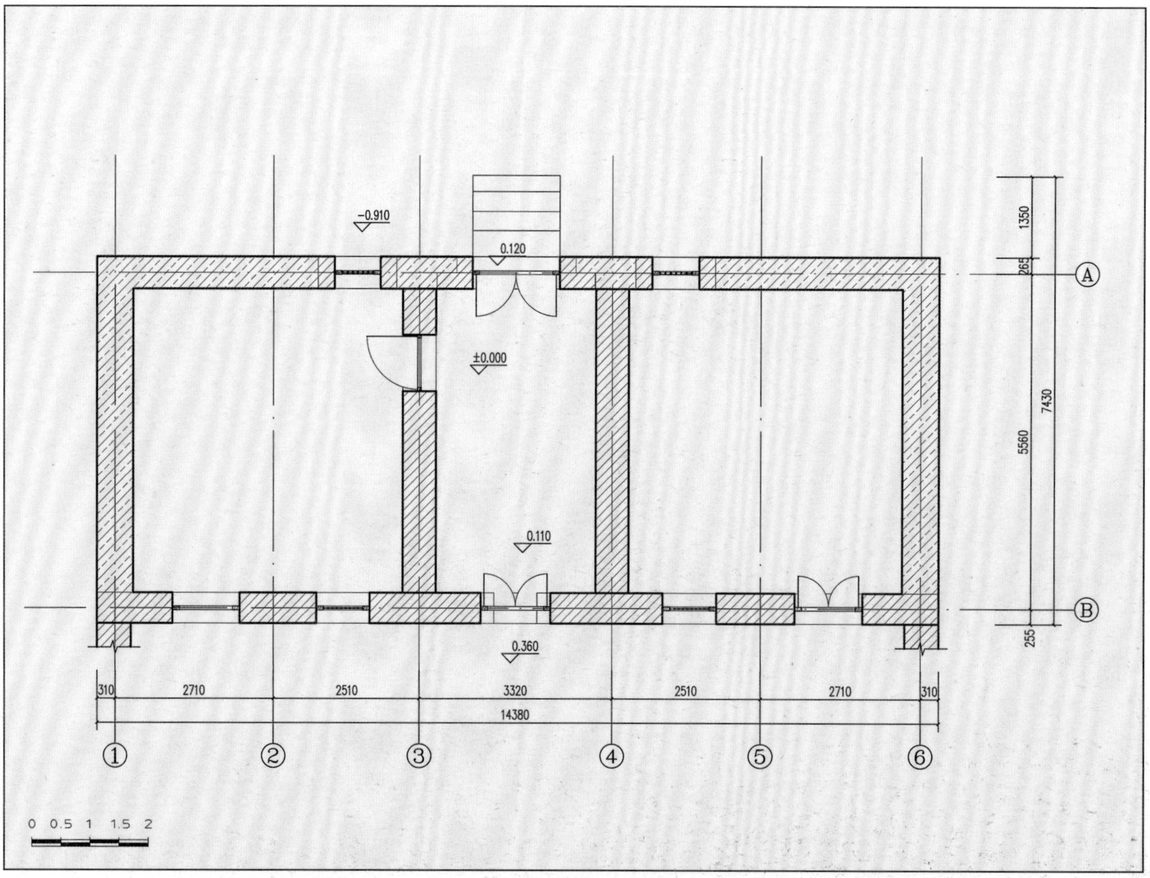

图2-2-8-39 常河村朝阳寺舞楼一层平面图

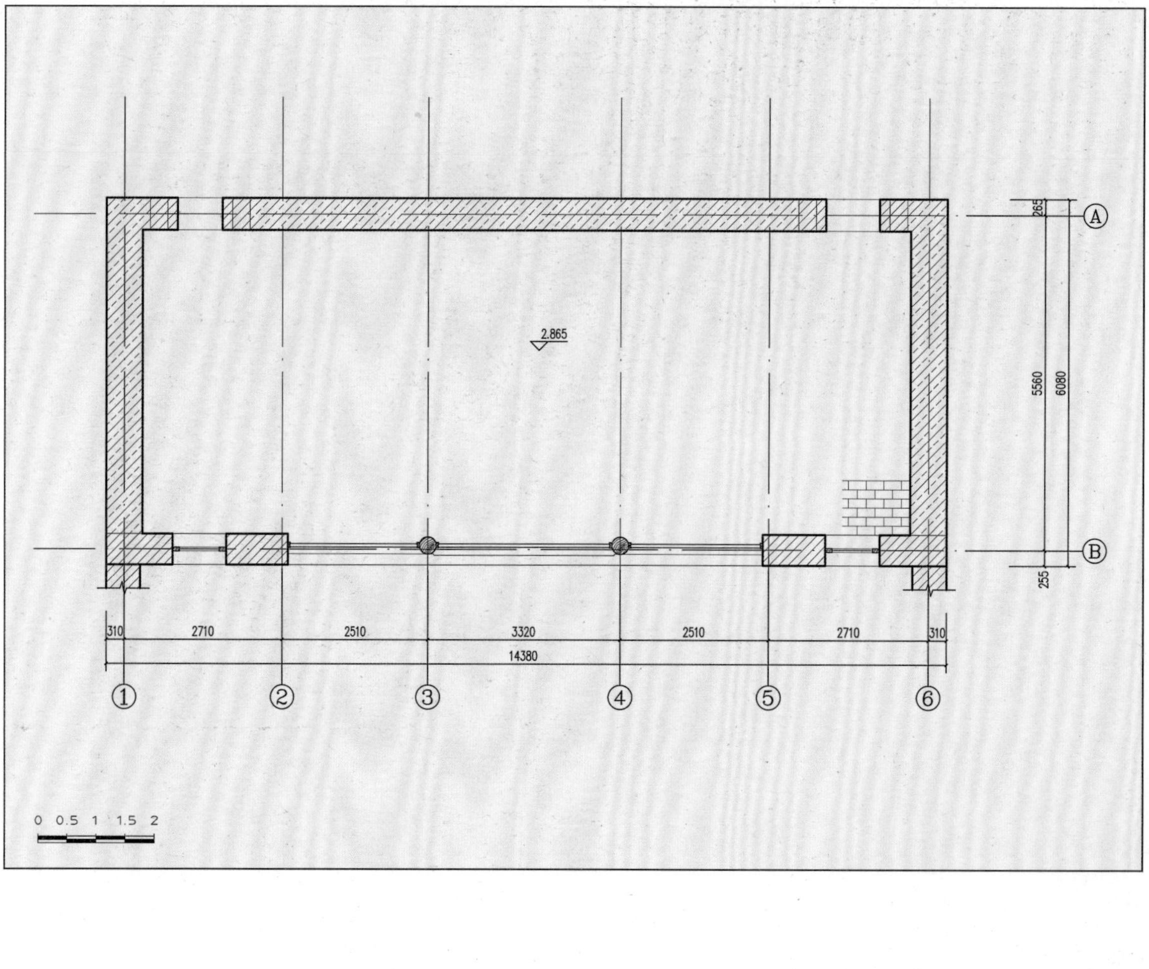

图2-2-8-40 常河村朝阳寺舞楼二层平面图

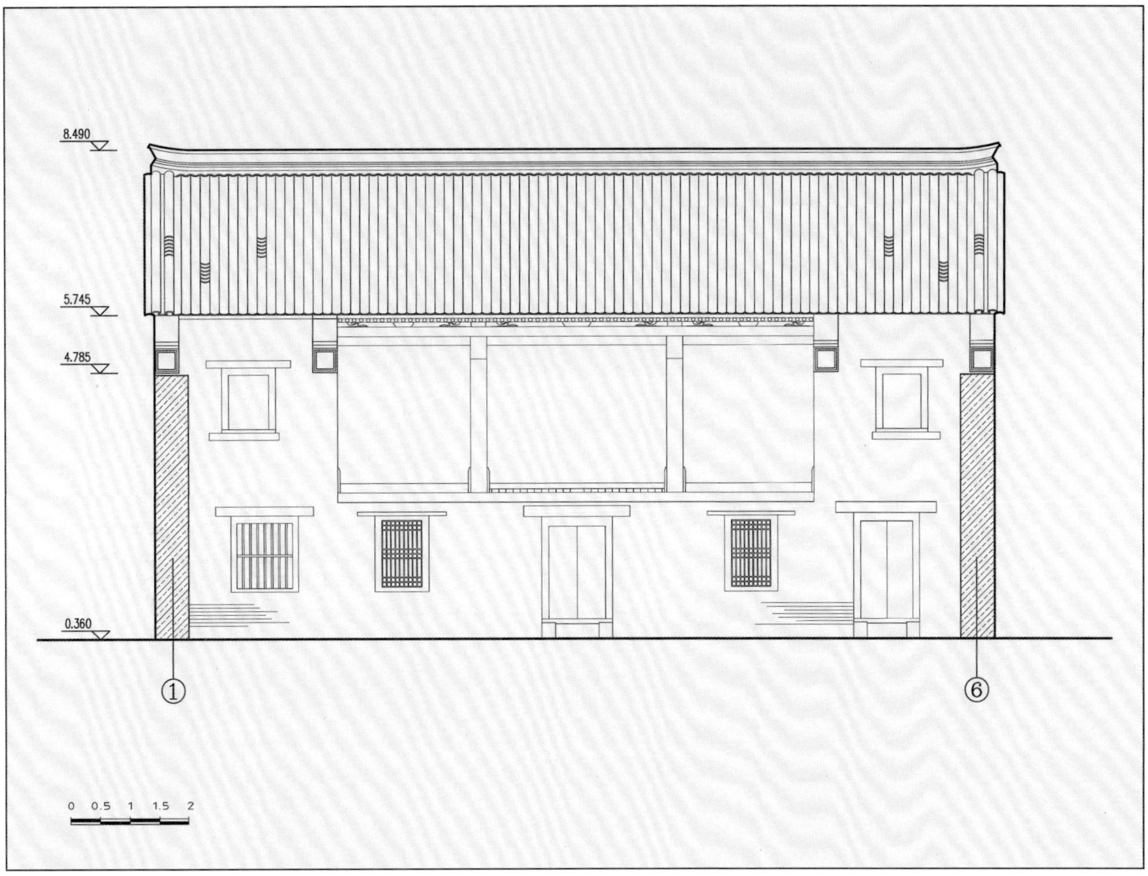

图2-2-8-41 常河村朝阳寺舞楼正立面图

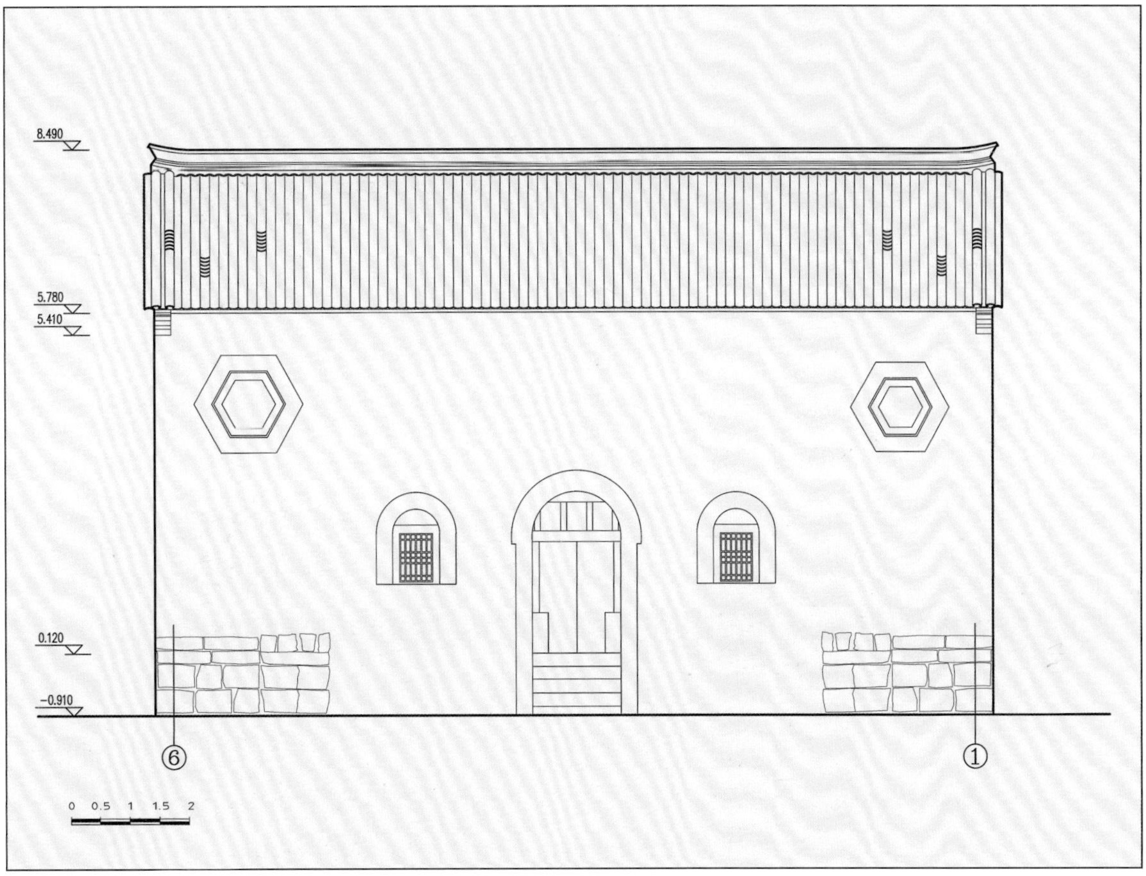

图2-2-8-42 常河村朝阳寺舞楼背立面图

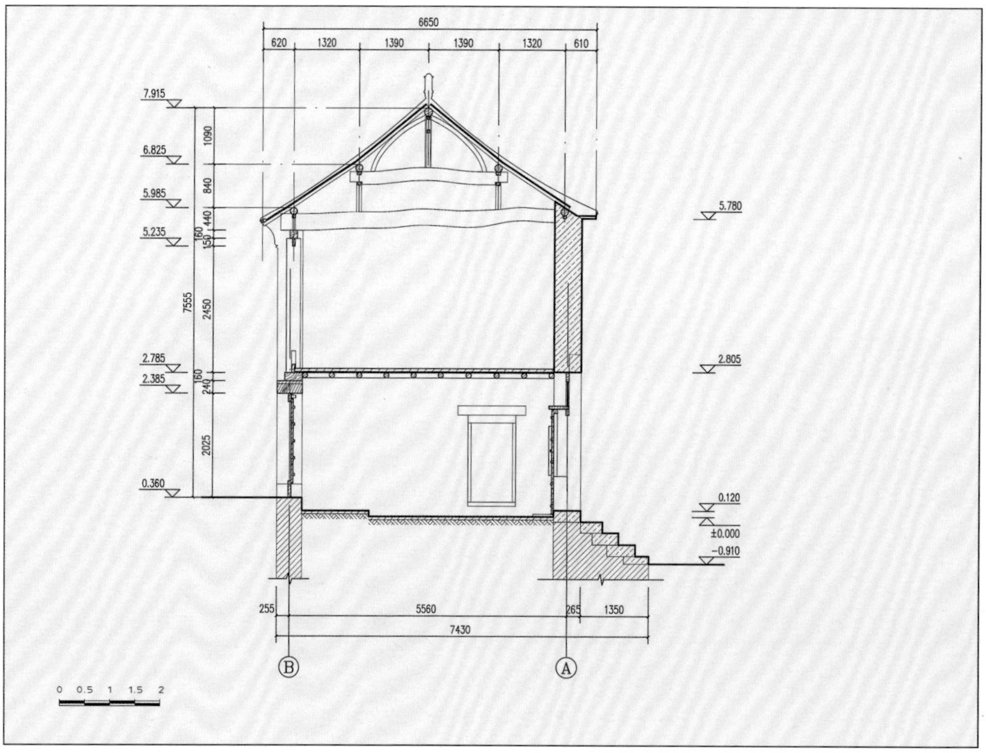

图2-2-8-43 常河村朝阳寺舞楼横剖面图

（十八）杨庄河村牛王庙戏楼

牛王庙位于沁阳市常平乡杨庄河村东北部，北纬35°16′41″，东经112°59′48″，海拔270米。创建于清道光年间，一进院落，仅存戏楼（山门）、大殿两座文物建筑，1995年曾修缮。戏楼北面两侧原分立东西看楼，现已改建。庙宇地处坡地，南低北高，大殿位于台地上，戏楼正对大殿，左右两侧看楼围合封闭，形成合院式布局。

戏楼坐南面北，位于中轴线南端，与大殿相对而建，间距11.2米。三幢左右并联式，戏台两侧各有扮戏房一间，均为两层单檐硬山式建筑。平面呈“凸”字形，一面观。戏台面阔三间，进深一间，通面阔8.22米，其中明间3.24米；通进深4.98米。扮戏房面阔、进深均为一间，面阔2.4米，进深4.42米。戏楼台基为块石垒砌，高2.24米，明间辟门，为牛王庙入口通道。二层为戏台，青砖地面，前檐置圆形石柱两根，径0.3米，高2.28米，下设上圆鼓下方墩的复合式石础，高0.18米，柱础之间设高0.22米的石栏杆。二层梁架为抬梁式，五梁架置于前檐平板枋及后檐墙上，承三架梁、瓜柱及檩条。墙体采用青砖与块石混砌的手法，内墙表面抹灰。两侧山墙上部现遗存壁画，采用墨色勾勒出梁架样式做装饰。明间后檐墙正中设一方窗，两侧山墙设门与扮戏房相通。戏楼东次间台口处增设石板与东看楼相连，南檐下盘头雕刻花草图案。两侧扮戏房梁架结构简洁，檩条直接插于山墙中，一层前檐墙设门，二层前檐墙设方窗，整体建筑风格质朴。

因庙宇建于山地，院内面积不够宽阔，设看楼便于观戏。舞楼前两侧各立看楼一座，为二层单檐硬山式灰瓦顶建筑。面阔三间，进深一间，通面阔10.2米，通进深4.8米，现看楼已毁，仅存基址。牛王庙戏楼为河南现存古戏楼唯一采用圆形石柱的实例（照2-2-8-28）（照2-2-8-29）（照2-2-8-30）。

照2-2-8-28　杨庄河村牛王庙戏楼正立面

照2-2-8-29　杨庄河村牛王庙戏楼背立面

照2-2-8-30　杨庄河村牛王庙戏楼圆形石柱及柱础

（十九）马庄村西结义庙戏楼

西结义庙位于沁阳市山王庄镇马庄村，北纬35° 11′ 20″，东经112° 57′ 44″，海拔156米。创建年代无考，清乾隆至民国年间曾多次修缮。庙宇为一进院落，现存戏楼（山门）、大殿等建筑。

戏楼于民国十年（1921）重修，坐南面北，与大殿相向而建，三幢左右并联式，戏台两侧各有耳房（扮戏房）一间，戏楼屋面为单檐悬山式，耳房硬山式，灰瓦覆顶。平面呈"凸"字形，三面观。戏楼面阔三间，进深一间，四步椽屋，通面阔7.6米，通进深4.66米，通高7.81米，台口高3.1米。耳房面阔，进深均为一间，面阔2.54米，进深4.34米，通高6.99米。戏楼为两层砖木结构，一层明间为庙入口，青砖墙体上置平梁，梁上承楞木及楼板。二层为舞台，青砖地面，前檐立抹

照 2-2-8-31　马庄村西结义庙戏楼正立面

角方石柱，柱下有石础高0.42米，柱高1.67米。木构架为抬梁式，五梁架置于前后檐柱之上，承三架梁、瓜柱及各层檩枋，椽上铺设望砖，望砖刻铜钱纹饰。脊檩遗存题记："中华民国十年岁次辛酉阴历二月既望越九日乙未，移修舞楼五间立上梁。"墙体采用里生外熟的砌筑手法，内墙土坯，外墙青砖。山墙设门与耳房相通，耳房一层原有木楼梯可登二层。南北檐下盘头，做工精致。明间脊檩枋遗存清宣统元年（1909）上梁题记。

耳房为两层砖木结构，前后檐柱上置五架梁，承瓜柱、三架梁、各层檩枋。戏楼、耳房南檐墙在同一轴线。现戏楼一、二层前檐用砖封堵，东侧耳房山墙加设砖砌踏步。庙遗存碑碣3通，其中两通为清乾隆三十三年（1768）十一月初二日立《重修结义庙廊房钟楼并墁地碑文》碑、清咸丰七年（1857）十一月吉旦立《重修结义庙碑记》碑（照2-2-8-31）（照2-2-8-32）。

照2-2-8-32　马庄村西结义庙戏楼背立面

照 2-2-8-33　大郎寨牛王庙戏楼

（二十）大郎寨牛王庙戏楼

大郎寨牛王庙戏楼位于沁阳市山王庄镇大郎寨村，庙已毁，仅存戏楼，北纬35° 10′ 54″，东经112° 57′ 56″，海拔134米。戏楼坐南面北，单幢式，为单檐悬山式建筑，两层砖木结构，创建年代不详，清代建筑。

戏楼一层因后期建设活动被埋入地面以下约1.5米，现改建为大郎寨村村委会大门。建筑平面呈长方形，一面观。面阔三间，进深一间，四步椽屋。一层前檐设通柱，二层为抬梁式木构架，五梁架置于前后檐平板枋之上，承瓜柱、三架梁及各层檩枋。檐下补间施一斗二升斗栱四攒，墙体青砖砌筑，山墙有收分（照2-2-8-33）。

（二十一）盆窑村老君庙舞楼

盆窑村老君庙位于沁阳市山王庄镇盆窑村，北纬35°11′58″，东经112°57′13″，海拔162米。一进院落，仅存戏楼及大殿两座文物建筑，创建年代不详，乾隆四十一年（1776）重修，系第四批焦作市文物保护单位。

舞楼坐南面北，单幢式，为两层单檐硬山式建筑。平面呈长方形，一面观。面阔三间，进深一间，四步椽屋，通面阔7.42米，其中明间2.52米；通进深4.28米。一层檐墙用青砖砌筑，上置平梁承楞木及楼板。南檐墙明间辟门，次间为窗。二层台面高1.94米，前檐立两根石柱，五梁架置于前檐斗栱及后檐柱之上，承瓜柱、三架梁及各层檩枋。前檐施一斗二升斗栱八攒，其中柱头科四攒、平身科明间二攒、次间各一攒。墙体采用下块石、上青砖混砌，山墙有收分，上设盘头。二层后檐墙正中开设圆窗，便于采光。石柱镌刻楹联一副："良善必余庆，畴云今不如古；凶恶终有报，试看假以传真。"因年久失修，屋面局部坍塌，后檐墙、山墙均有通长裂缝，檐口瓦件脱落，亟待修缮。院内遗存碑碣4通，其一为乾隆四十一年（1776）《重修舞楼并创筑院墙碑记》碑（照2-2-8-34）。

照2-2-8-34　盆窑老君庙舞楼

照2-2-8-35　北关庄村关帝庙舞楼

（二十二）北关庄村关帝庙舞楼

北关庄关帝庙舞楼位于沁阳市太行山街道北关庄村，庙已圮，仅存舞楼，系第四批焦作市文物保护单位。

舞楼坐南面北，北纬35°07′39″，东经112°55′08″，海拔148米，为单檐硬山式建筑。创建于清乾隆六十年（1795），清嘉庆元年（1796）及民国八年（1919）均有修缮。建筑为单幢式，两层砖木结构，平面布局呈长方形，一面观。面阔三间，进深一间，四步椽屋，通面阔7.58米，通进深4.6米。一层檐柱为通柱，插设平梁，上承楞木及楼板。二层梁架为抬梁式，五梁架置于前檐平板枋及后檐柱之上，承三架梁、瓜柱及各层檩枋。戏台铺设宽厚的木板，台口高2.16米。檐下明间施一斗二升斗栱二攒，栱身形状圆润，刻为卷边，明、次间正中均加设荷叶墩辅助支撑。雀替形状独特，上部为浅雕卷草纹饰，下部伸出一小斗栱支撑。墙体采用里生外熟的砌筑手法，内墙土坯，外墙青砖。后檐墙正中设圆窗，便于采光。山墙一层墙厚0.61米，二层厚度减半，露出墙内木柱。两侧山墙盘头上分刻“福”“禄”二字，下部雕刻花纹。山墙前檐处开有券门，可搭设木质楼梯上下舞台。梁架有二处题记，脊檩枋上为“时大清乾隆六十年岁次乙卯前二月乙卯朔越十九日辛未卯时，创建舞楼三间。正合黄道，竖柱上梁，自立木之后……”金檩枋题记“民国八年岁次巳季……舞楼三间，年代久远……金秋年三月初八日……”舞楼一层遗存清嘉庆元年（1796）丙辰立《重修关帝庙歌舞楼碑记》碑碣1通，整体建筑风格古朴、灵秀，地方手法独特。（照2-2-8-35）（图2-2-8-44）（图2-2-8-45）（图2-2-8-46）。

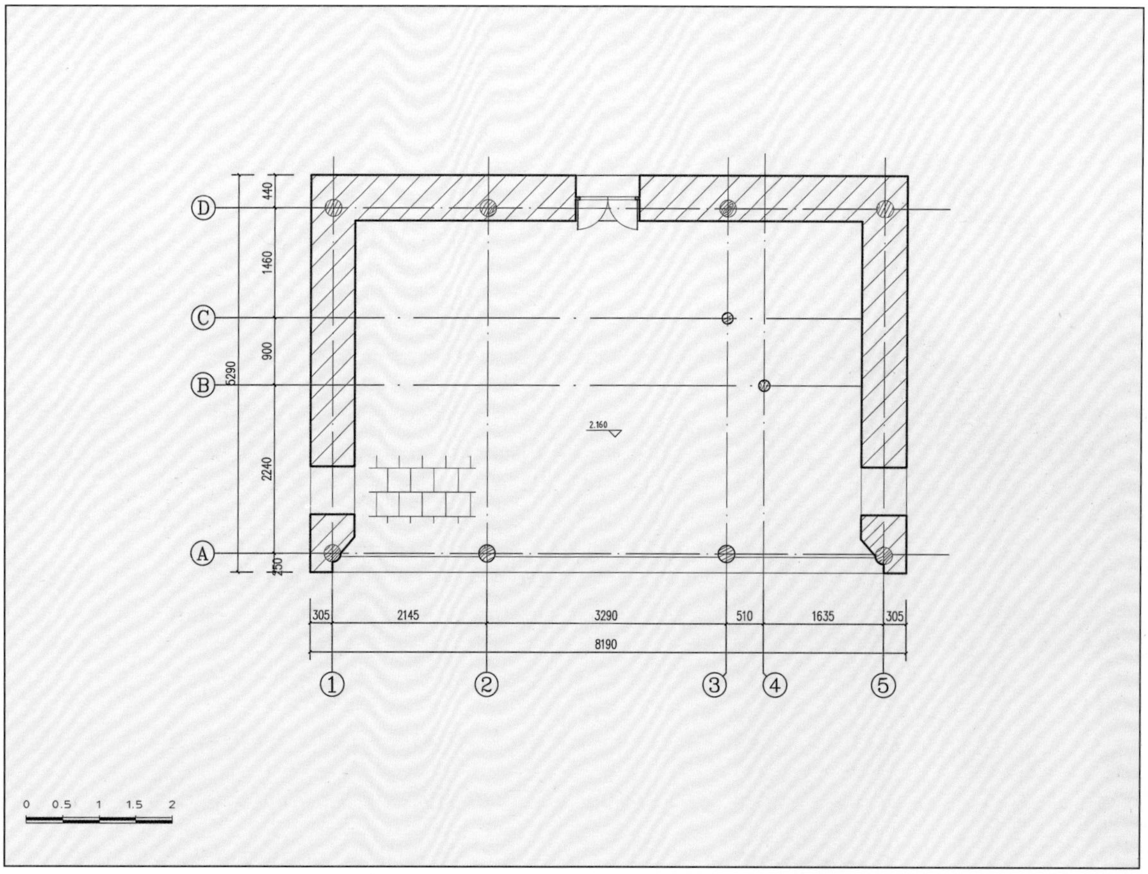

图2-2-8-44 北关庄村关帝庙舞楼平面图

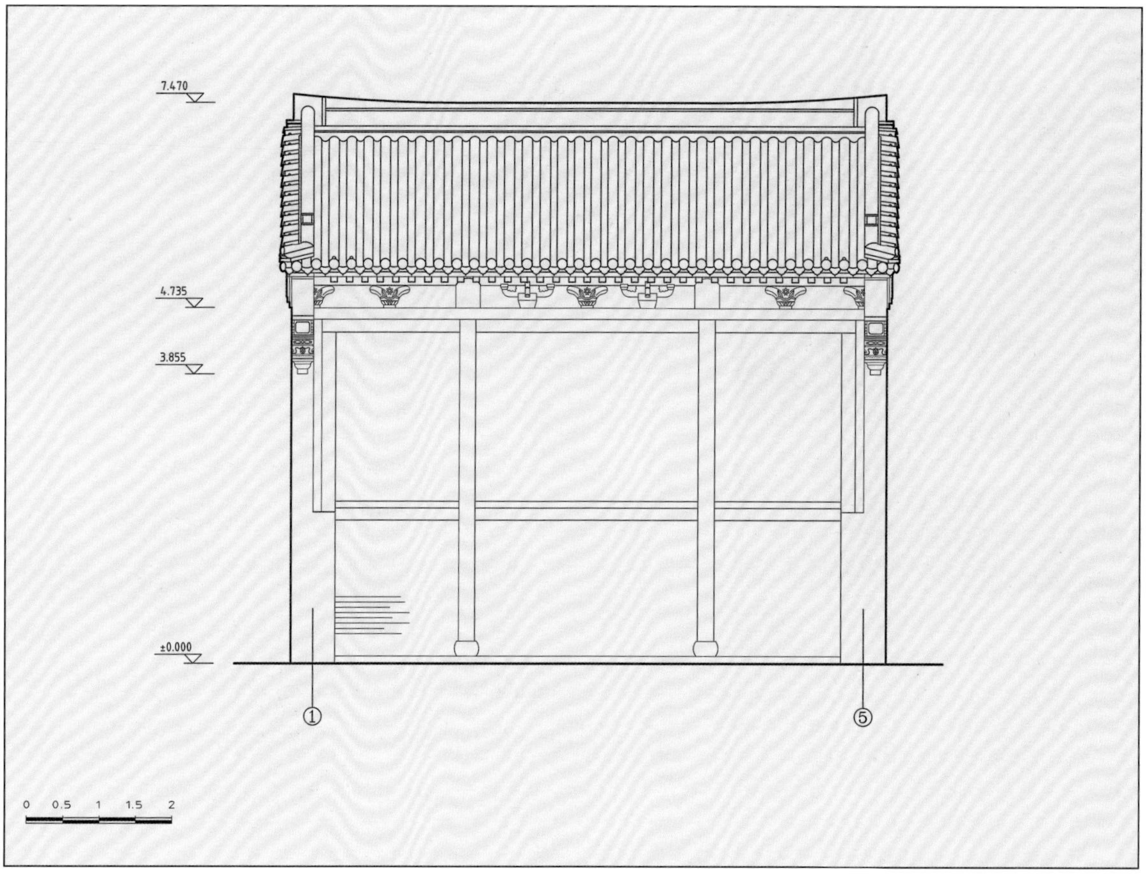

图2-2-8-45 北关庄村关帝庙舞楼正立面图

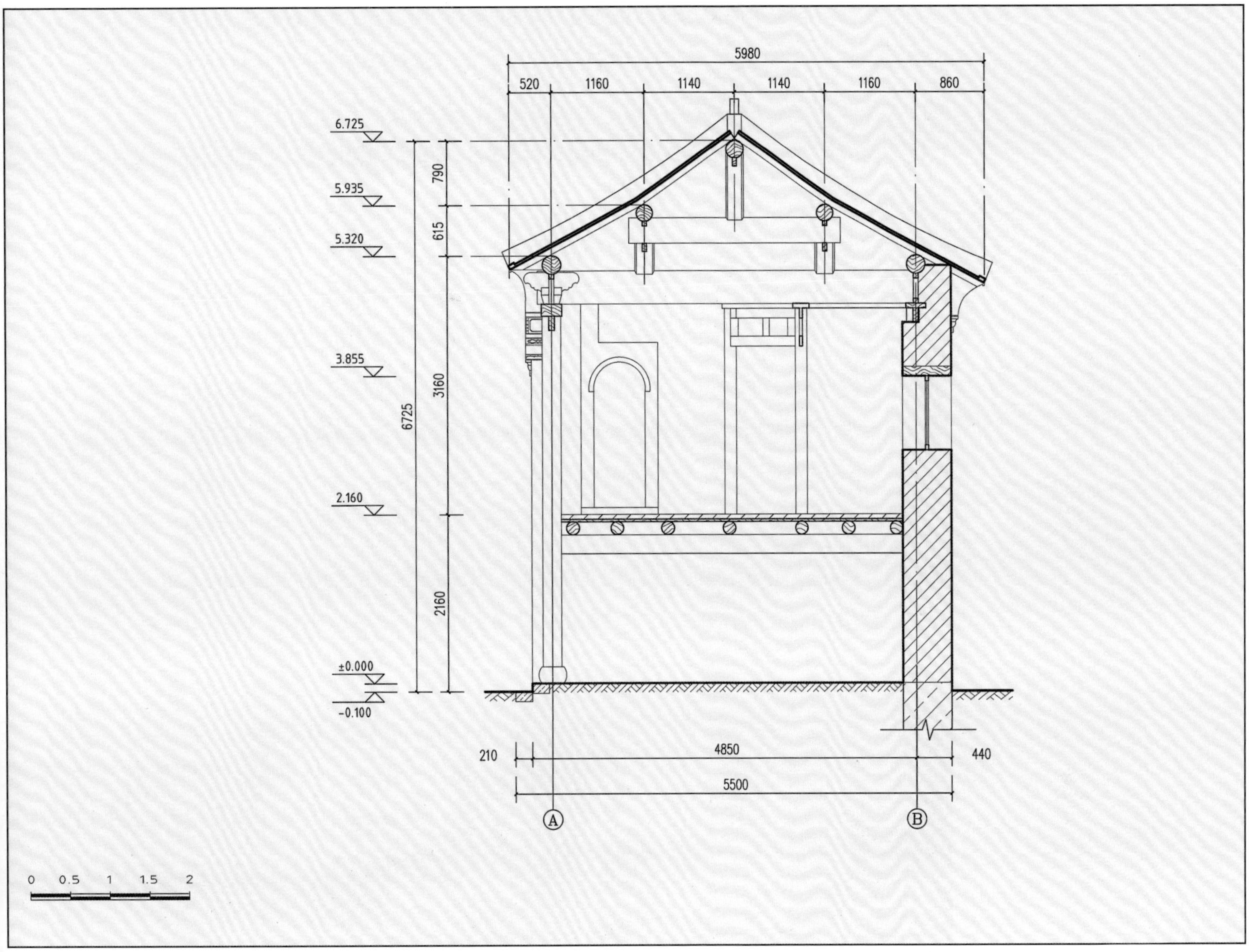

图 2-2-8-46　北关庄村关帝庙舞楼横剖面图

（二十三）万善村汤帝庙戏楼

万善汤帝庙位于沁阳市西万镇万善村，北纬35° 10′ 12″ ，东经112° 56′ 30″，海拔118米。创建年代无考，明弘治五年（1492）、清康熙五十七年（1718）、乾隆十七年（1752）均有修缮。庙宇坐北面南，二进院落，中轴线由南向北依次为戏楼（山门）、过厅、汤帝殿等，两侧有钟鼓楼、厢房等文物建筑，系第七批河南省文物保护单位。

由碑文“乃成化乙酉以镇人春祈秋报无所依庇，创建舞楼一座”可知，戏楼创建于明成化元年（1465）。戏楼坐南面北，三幢左右并联式，戏台两侧各有耳房（扮戏房）一间。屋面形式较为独特：北面观，为单檐歇山式，实为由顶部悬山顶及下部檐口加设角科斗栱形成的翼角挑檐组合而成。南面观，为重檐建筑。戏楼一层出抱厦，屋面与戏楼两侧的卷棚歇山式耳房相连，二层檐则为面阔三间的悬山式。平面呈“凸”字形，三面观。戏楼面阔三间计8.59米，进深一间，四步椽计4.58米，通高8.37米，台口高2.53米。耳房面阔、进深均为一间，面阔2.78米，进深2.5米，通高5.53米。戏楼为两层砖木结构，上层为舞台，一层明间为庙入口。南檐一层出抱厦五间，通面阔14.16米，进深2.15米，单坡歇山顶。檐下用柱四

根，高3.1米，柱础雕刻精美。柱与砖墙间置双步梁，上承瓜柱、单步梁及檩。檐下施斗栱十攒，其中平身科、柱头科均为四攒，角科二攒。明间正中设荷叶墩。平身科为一斗二升交麻叶异型斗栱，栱身雕花纹。额枋下雀替遗失。一层明间辟门，为南北通道，次间设木楼梯连通二层。戏楼一层前檐为复合式柱础，高0.4米，石檐柱高2.08米，柱身插平梁，上承楞木及楼板。二层梁架为抬梁式，石檐柱高2.27米，五梁架置于前后檐平板枋之上，承瓜柱、三架梁及各层檩枋。两山面梁架做法与明、次间不同，脊檩与后坡檩直接插于山墙之上，因山墙止于前檐下金檩位置，山墙与前檐柱之间设平板枋、额枋以及檐檩。角柱平板枋上施角科斗栱，上承老角梁及仔角梁，角梁上方屋面为歇山，余为悬山。室内梁下设天花。墙体采用里生外熟的砌筑手法，内墙土坯，外墙青砖。为方便登台，戏楼前檐东西山墙台口处搭设木梯。耳房为单层砖木结构，卷棚歇山式灰瓦顶建筑，梁架结构简洁，四梁架置于前檐柱及后檐墙之上，承瓜柱、月梁及各层檩枋，檐下施角科斗栱一攒。戏楼、耳房南檐墙在同一轴线。

庙遗存碑碣4通，分别为明弘治五年（1492）《万善镇重修成汤庙记》碑，清康熙五十七年（1718）《汤帝庙载柏树序》碑、乾隆十七年（1752）《下清……渠万善之东偏古有……》碑（照2-2-8-36）（照2-2-8-37）（图2-2-8-47）（图2-2-8-48）（图2-2-8-49）（图2-2-8-50）。

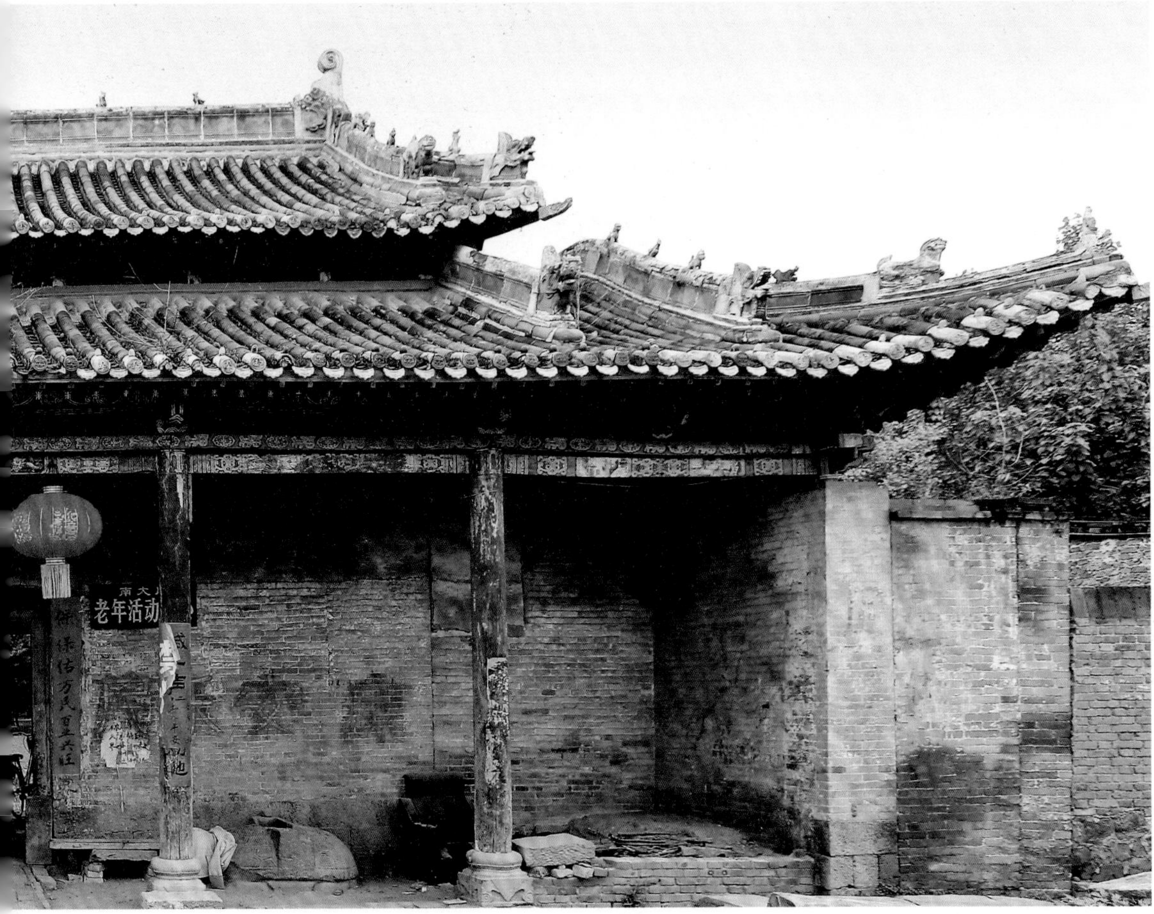

照2-2-8-36 万善汤帝庙戏楼背立面

照 2-2-8-37　万善汤帝庙戏楼正立面

图 2-2-8-47　万善村汤帝庙戏楼平面图

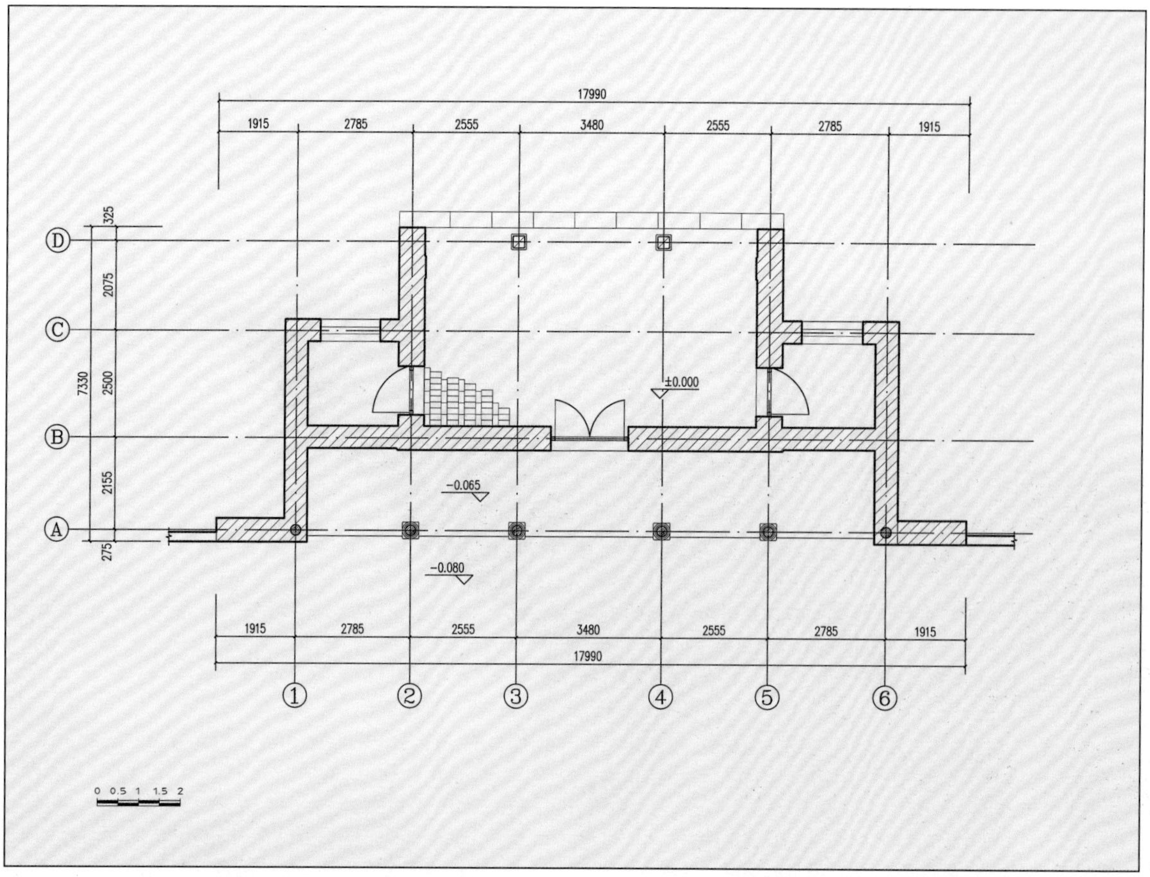

图 2-2-8-48　万善村汤帝庙戏楼正立面图

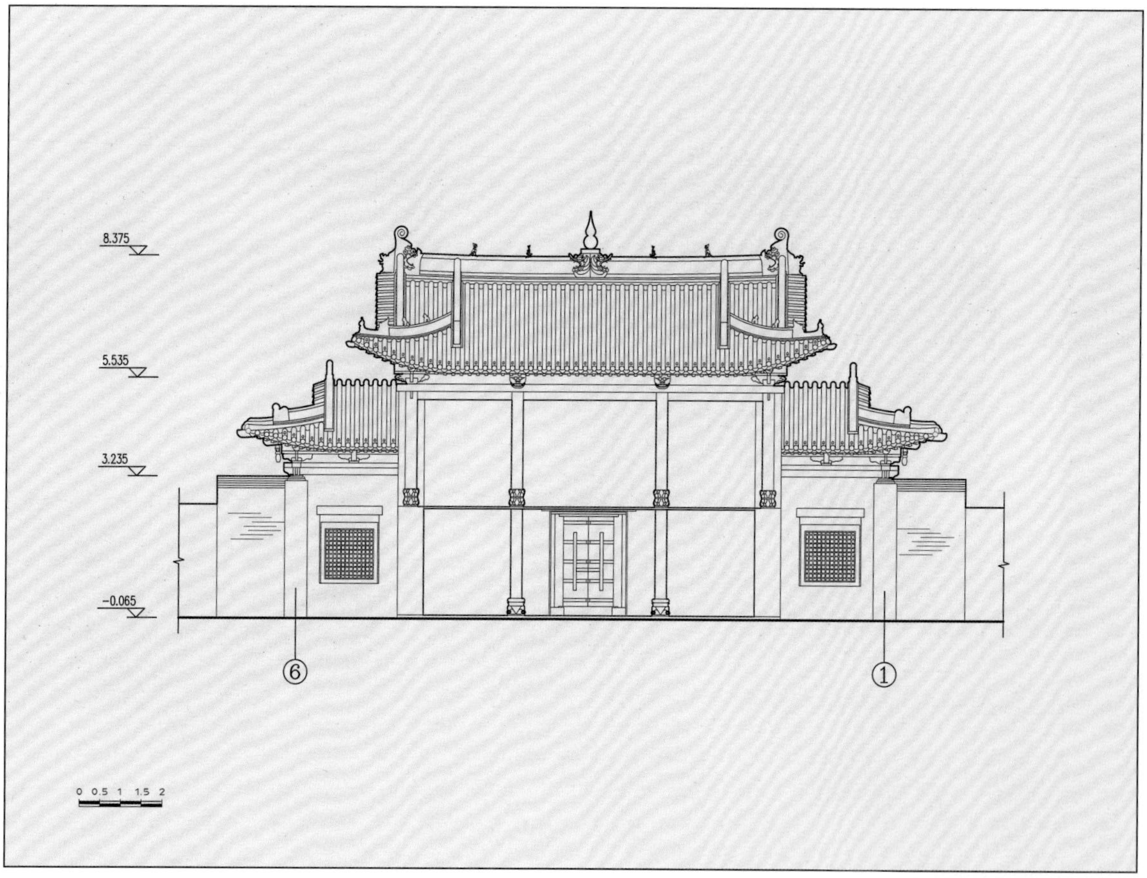

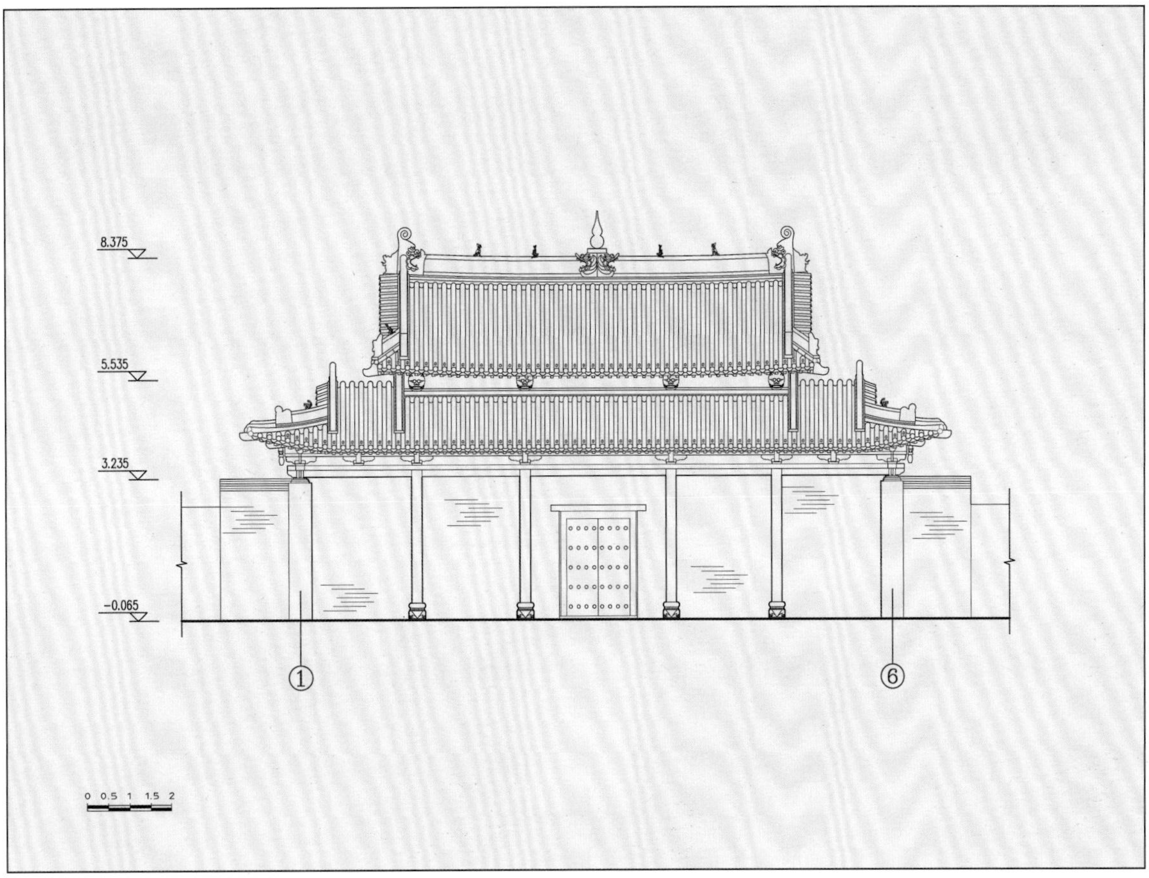

图2-2-8-49 万善村汤帝庙戏楼背立面图

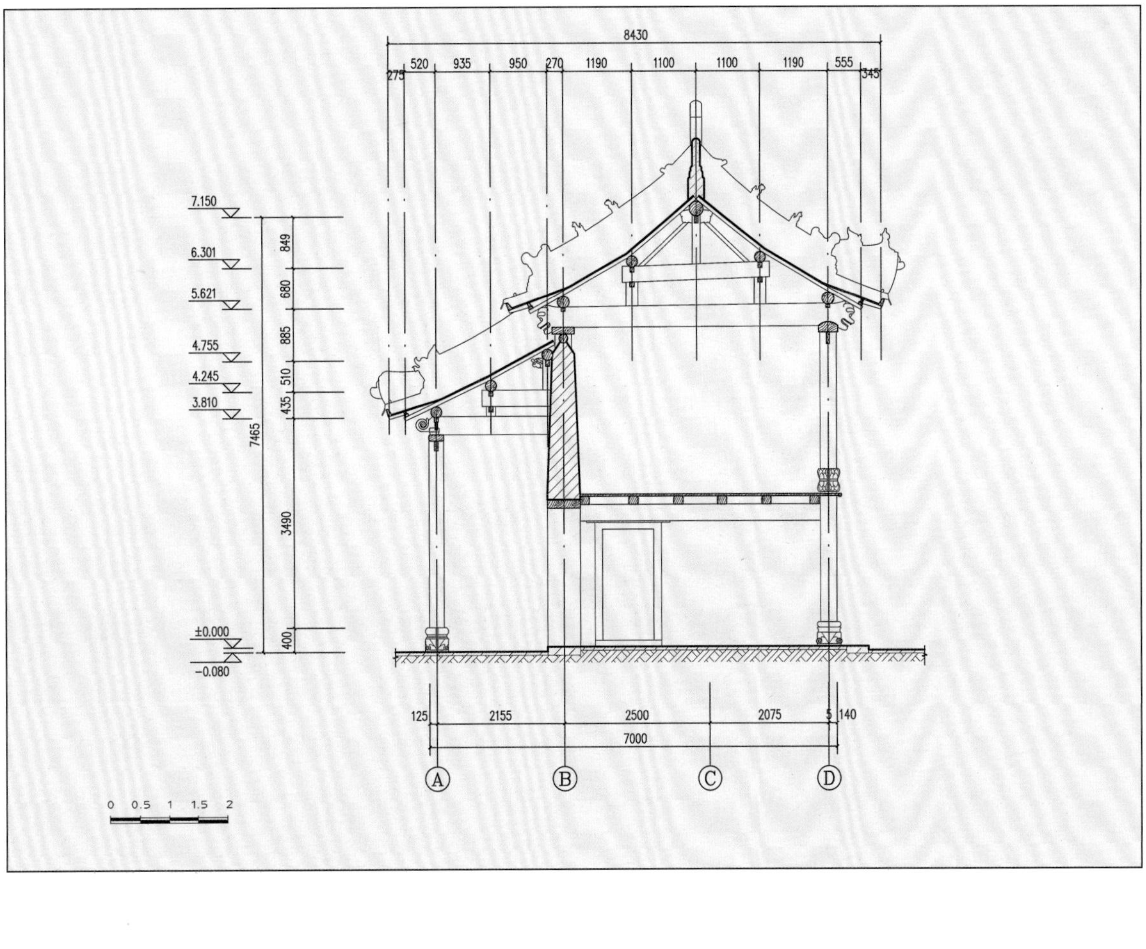

图2-2-8-50 万善村汤帝庙戏楼横剖面图

照 2-2-8-38　青龙宫戏楼正立面

（二十四）青龙宫戏楼

青龙宫又名“龙王庙”“青龙祠”，位于武陟县龙源镇万花村，北纬35° 06′ 54″，东经113° 23′ 16″，海拔93米。创建于明代永乐年间，清嘉庆十八年（1813）重修，道光、光绪年间相继增修。中轴线由南向北依次为戏楼（山门）、拜殿、玉皇阁、寝宫、后殿等文物建筑，系第七批全国重点文物保护单位。

戏楼坐南面北，位于青龙宫中轴线上，三幢左右并联式。戏台两侧各有耳房（扮戏房）一间，为更衣及化妆使用。戏楼屋面形式较为独特，戏楼南坡与两侧耳房屋面连为一体，为面阔五间的悬山式灰瓦顶，一层设有单坡歇山式抱厦。戏楼北坡则为歇山式，耳房为悬山式。平面整体呈“凸”字形，三面观。戏楼面阔三间计8.82米，进深一间，六步椽计6.71米，通高10.76米。耳房面阔、进深均为一间，面阔2.99米，进深4.48米，通高9.68米。戏楼为两层砖木结构，上层为舞台，一层明间为青龙宫入口。南檐一层出抱厦三间，通面阔3.19米，进深2.95米，单坡歇山顶。檐下石柱高3.56米，柱与砖墙间置双步梁，上承瓜柱、单步梁及檩枋。檐下施栱九攒，其中平身科五攒，柱头科、角科均二攒。平身科为异型斗栱，耍头刻龙首，栱身雕花纹。额枋、雀替采用浮雕及透雕多种雕刻手法，精雕彩绘双龙图、五龙腾云图和八仙庆寿、十八罗汉、凤戏牡丹等图案。一层明间辟门，为南北通道，门上方悬挂木匾额，上书“青龙宫”三字。戏楼前檐设两根通长木柱，一层设平梁承楞木及楼板，平梁出头雕为龙首，且加栱装饰。二层梁架为抬梁式，五梁架置于前檐斗栱及后檐墙之上，承五架梁、三架梁、各层瓜柱及檩枋，瓜柱两侧均置角背，脊檩两侧设叉手。檐下施如意斗栱九攒，透雕卷云图案。额枋中间雕卷草图案，两端浮雕瑞兽，工艺精美。两山面梁架做法与明次间不同，脊檩与后坡檩直接插于山墙之上，因山墙止于前檐上金檩位置，山墙与前檐柱之间设平板枋、额枋，平板枋上搭抹角梁，梁上施斗栱承老角梁及仔角梁后尾，再立童柱支撑金檩，角梁上方屋面为歇山式、余为悬山式。墙体采用里生外熟砌筑手法，内墙土坯，外墙青砖，山墙设门与耳房相通。耳房为两层砖木结构，前后檐柱之上置五架梁，承瓜柱、三架梁、各层檩枋。

戏楼多施精美的木雕、砖雕以及彩绘，屋面类型丰富。戏楼、耳房南檐墙在同一轴线，屋面连为一体，具有浓郁的地方特点。

庙内遗存碑碣7通，分别为清雍正六年（1728）《惟汉精忠……》碑，道光十九年（1839）《捐资碑》，咸丰八年（1858）《年三月安昌大旱步青龙洞得雨书事》碑，光绪二十一年（1895）《青龙宫新修后殿记》碑，光绪三十二年（1906）《创建武陟县万花庄青龙神祠东西厢崇祀风云雷雨之神记》碑，民国二十六年（1937）《青龙宫重金庄圣像碑记》碑，无纪年碑《万花庄龙王庙》（照2-2-8-38）（照2-2-8-39）（照2-2-8-40）（图2-2-8-51）（图2-2-5-52）（图2-2-8-53）（图2-2-8-54）（图2-2-8-55）。

照2-2-8-39 青龙宫戏楼背立面

县青龙

照2-2-8-40　青龙宫戏楼木雕

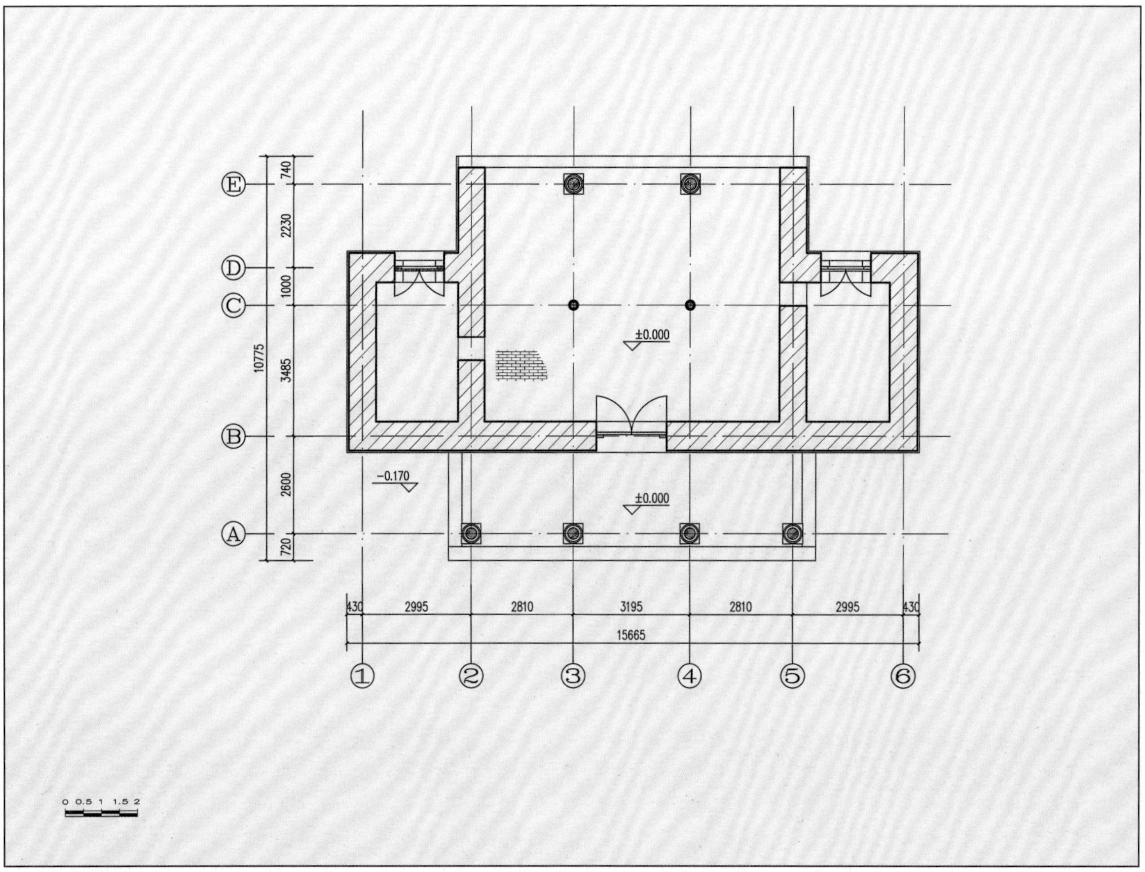

图 2-2-8-51 青龙宫戏楼一层平面图

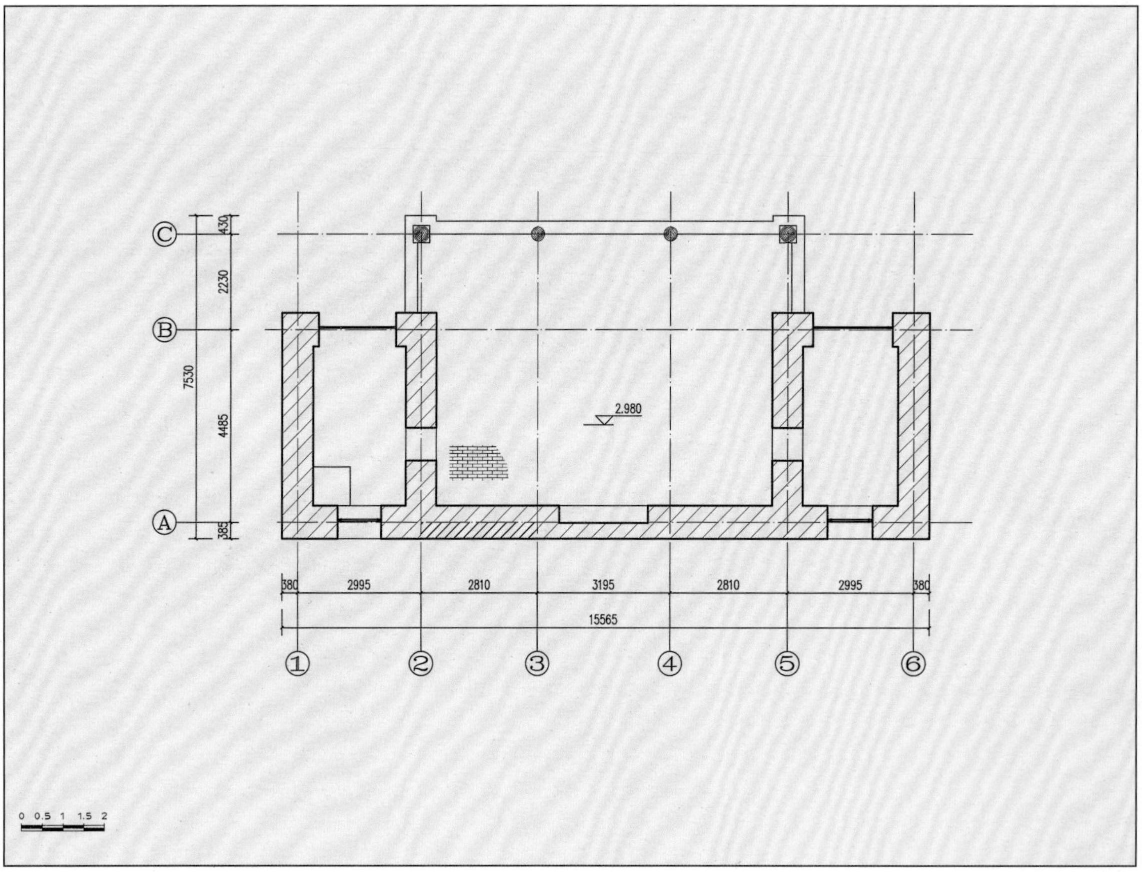

图 2-2-8-52 青龙宫戏楼二层平面图

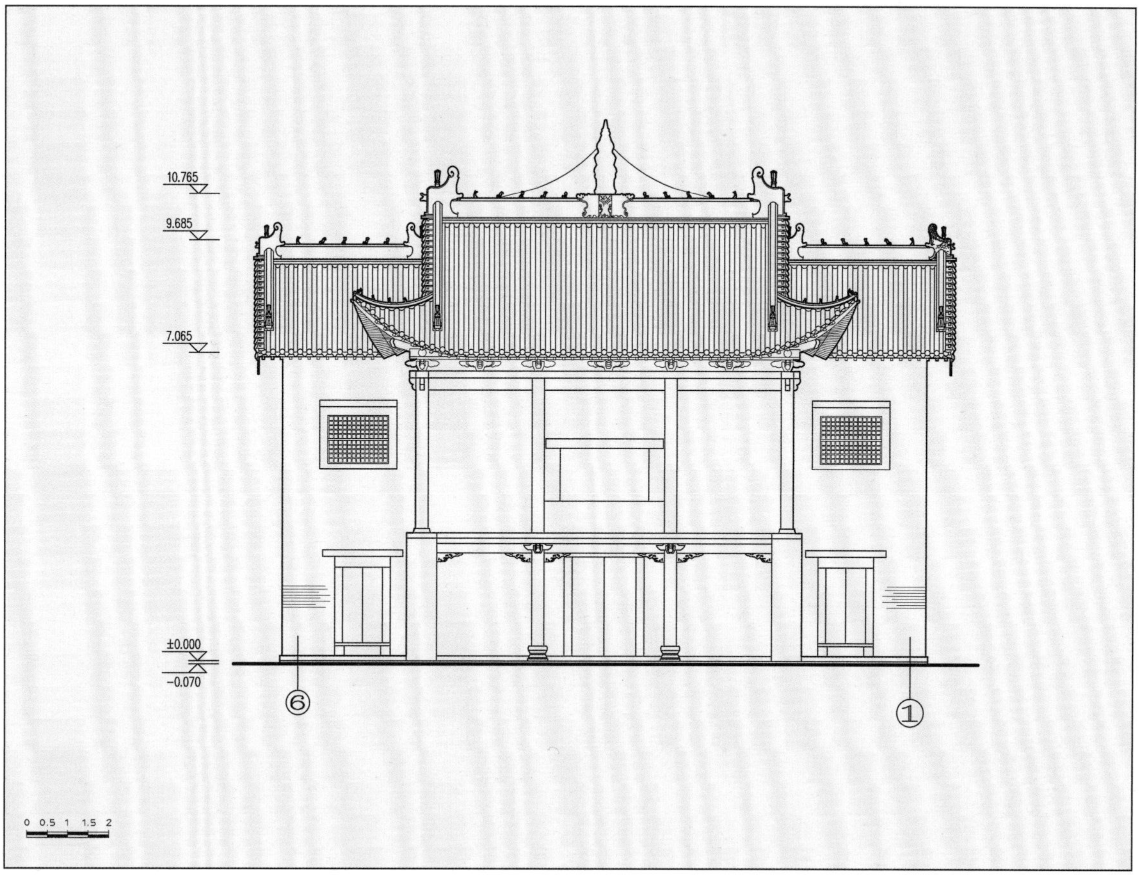

图2-2-8-53 青龙宫戏楼正立面图

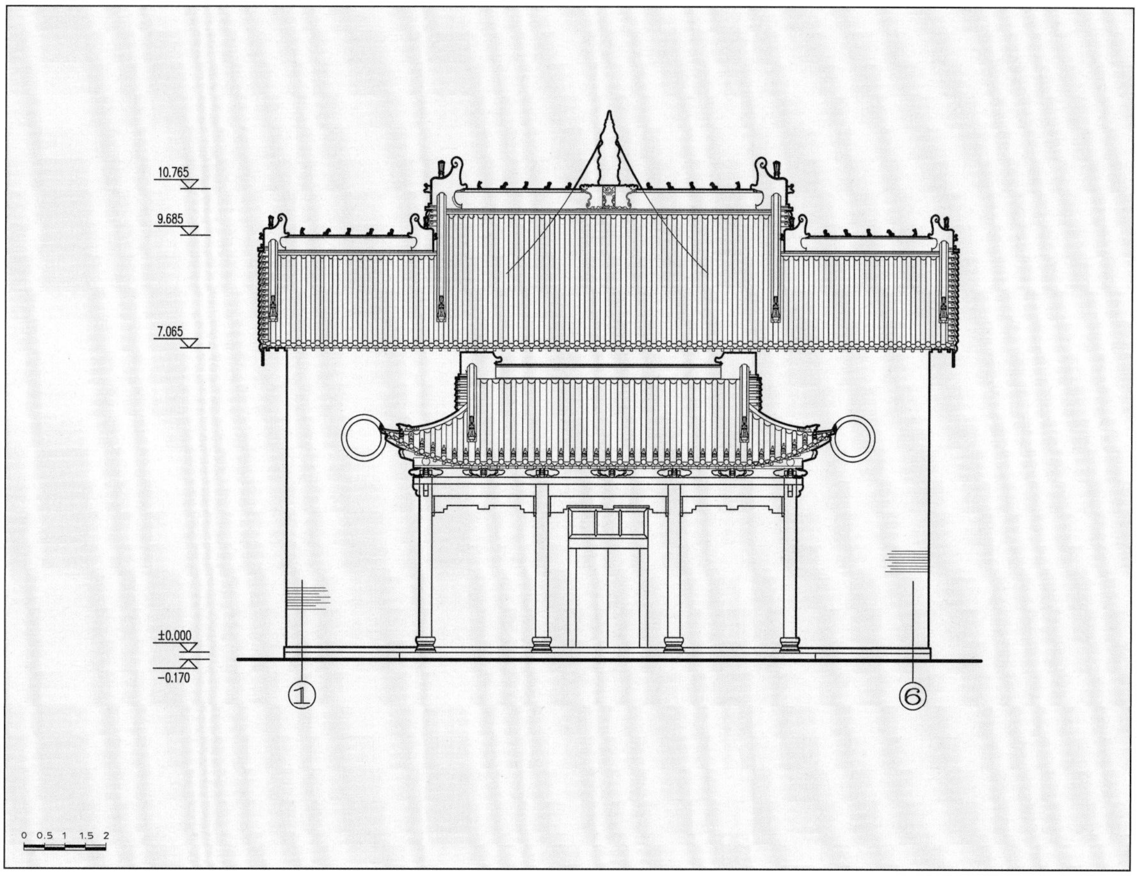

图2-2-8-54 青龙宫戏楼背立面图

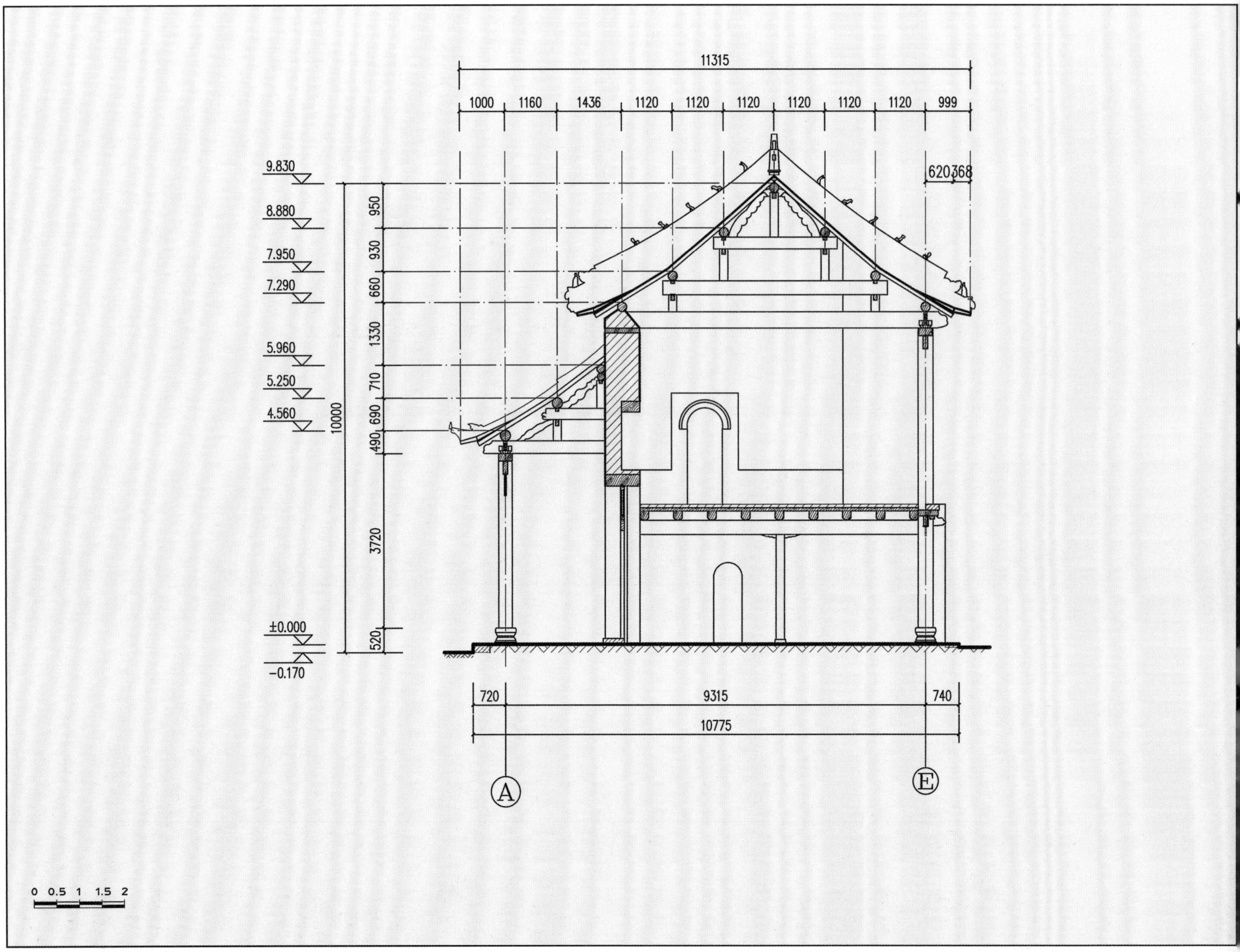

图 2-2-8-55　青龙宫戏楼横剖面图

（二十五）驾步村接梁寺舞楼

接梁寺舞楼位于武陟县大封镇驾步村接梁寺内，庙已圮，仅存舞楼，系第五批武陟县文物保护单位。

舞楼坐南面北，北纬34°88′53″，东经113°24′99″，海拔94米。为单檐前檐一步架悬山、余卷棚硬山式建筑，创建于民国二十四年（1935）。单幢式，两层砖木结构，平面呈长方形，三面观。面阔三间，进深二间，通面阔9.05米，其中明间3.2米；通进深5.97米，通高7.3米，台口高1.95米。一层柱下为圆鼓式柱础，柱高2.26米，柱身插平梁，上承楞木及楼板。二层为抬梁式木构架，檐柱高2.26米，六架梁置于前檐平板枋及金柱之上，承瓜柱、四架梁、月梁及各层檩枋，金柱与后檐墙之间设单步梁相连。山面梁架为脊檩与后坡檩直接插于山墙之上，因山墙止于前檐金檩位置，山墙与前檐柱之间置单步梁，上承瓜柱及下金檩，檩上步椽。屋面形制顺应产生变化，单步梁上方屋面为悬山式、余为硬山式。墙体采用里生外熟的砌筑手法，内墙土坯，外墙青砖。脊檩枋遗存题记："时维中华民国二十四年岁次乙亥八月丁丑朔越十有九日乙未，商农两界创修舞楼，三卯时上梁……"庙遗存碑碣1通。建筑保存较好，前檐二层增设玻璃窗（照2-2-8-41）（照2-2-8-42）（图2-2-8-56）（图2-2-8-57）。

照2-2-8-41
驾步村接梁寺舞楼

照2-2-8-42　驾步村接梁寺舞楼侧立面

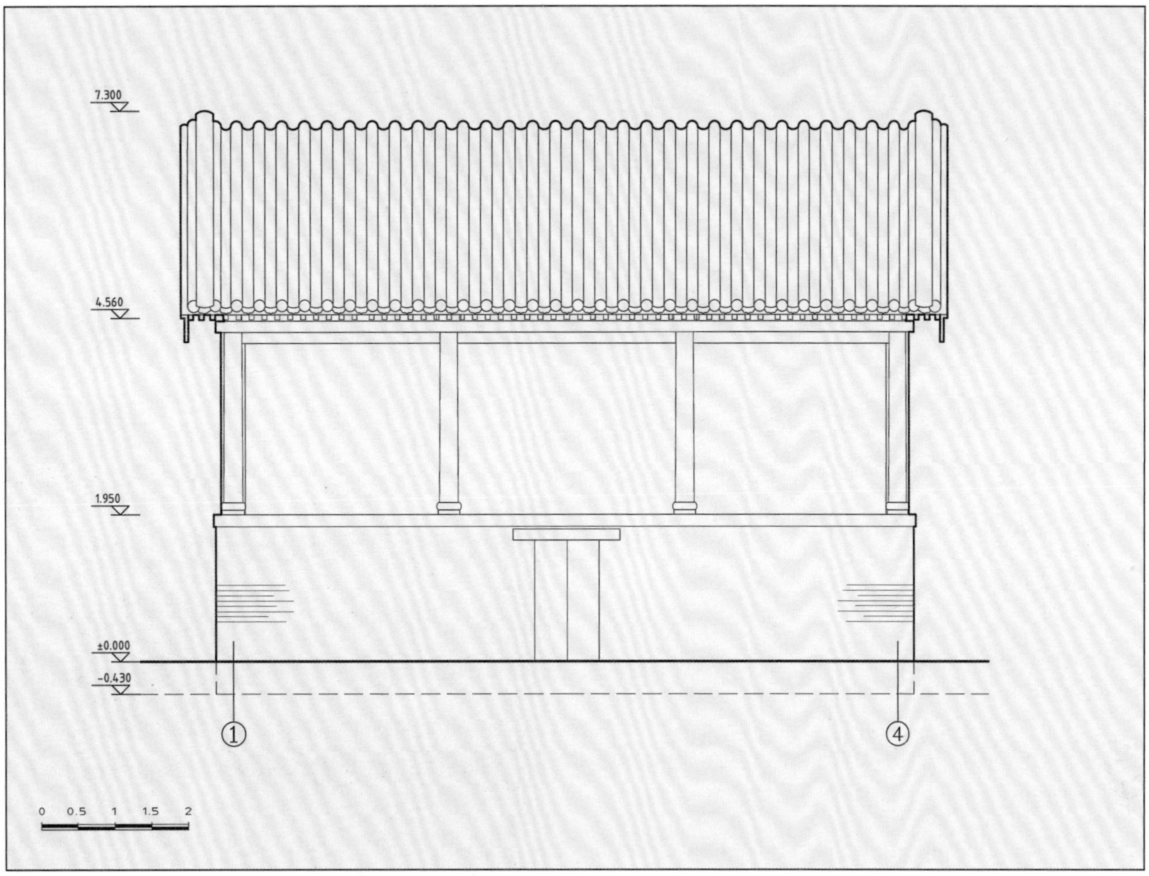

图2-2-8-56 驾步村接梁寺舞楼正立面图

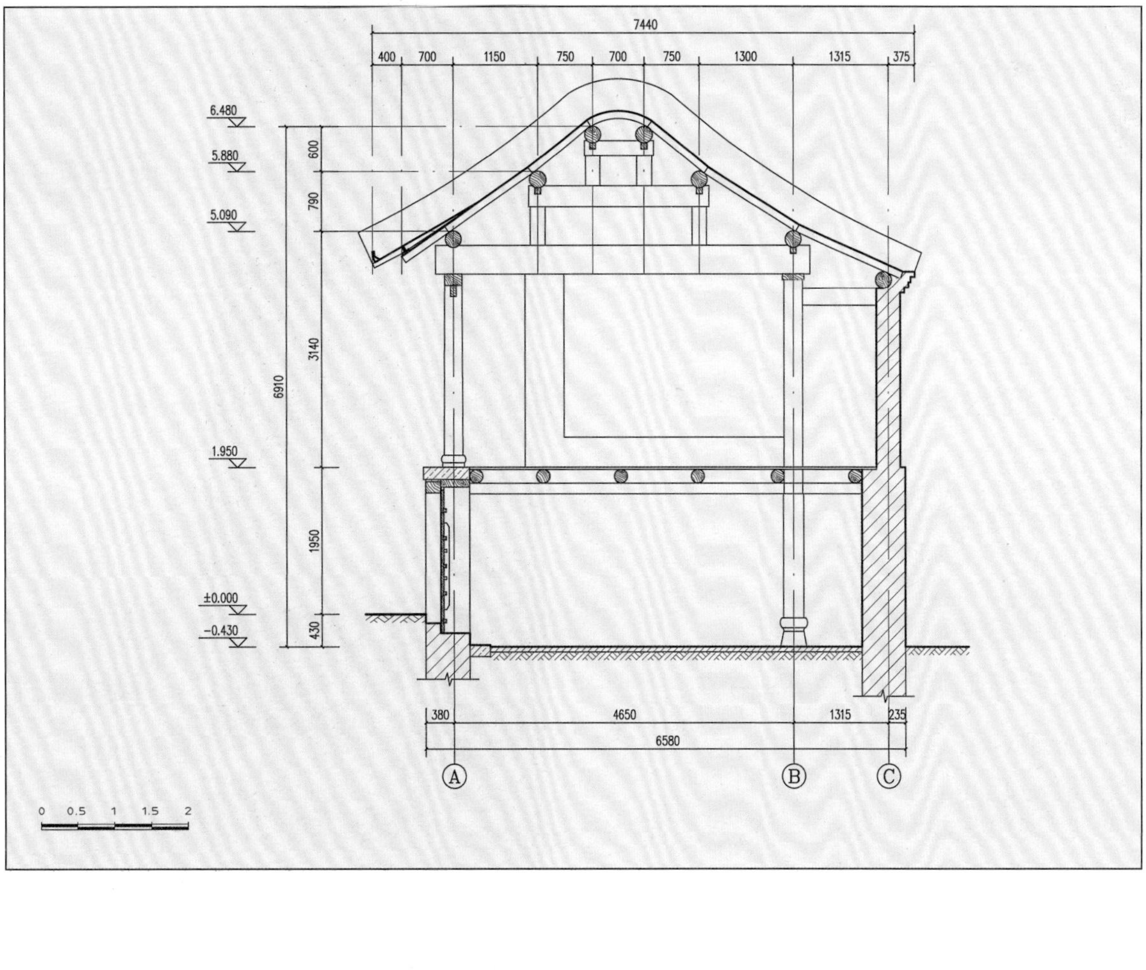

图2-2-8-57 驾步村接梁寺舞楼横剖面图

（二十六）茶棚村通济庵戏楼

通济庵位于修武县云台山镇龙门建制村茶棚自然村，北纬35°25′16″，东经113°17′23″，海拔864米。一进院落，坐北面南，现存戏楼、大殿及两侧看楼，新建大门位于戏楼东侧。通济庵创建于清康熙五十三年（1714），清道光二十四年（1844）、宣统三年（1911）多次修建。

戏楼坐南面北，与大殿相对而建，清道光二十四年（1844）重建。单幢式，两层砖木石结构，单檐硬山式灰瓦顶建筑。平面呈长方形，一面观。面阔三间，进深一间，四步椽屋，通面阔7.65米，其中明间2.92米；通进深5.62米，通高8米，台口高2.34米。一层檐墙插设平梁，上承楞木及楼板，明间辟门，次间设窗。二层梁架为抬梁式，前檐立石柱二根，柱础间设石栏板以做围护，五梁架置于前檐平板枋及后檐墙之上，承瓜柱、三架梁及各层檩枋，脊瓜柱两侧用叉手。墙体、盘头均采用青石砌筑。室内墙面有近年修缮绘制的壁画。

戏楼前两侧立东西看楼，建于清宣统三年（1911），均为两层硬山式建筑，面阔三间，进深一间。现看楼前檐用砖封砌。庵内存碑碣3通，分别为清康熙五十三年（1714）《创修通济庵碑记》碑、清道光二十四年（1844）《……乐舞楼……》碑、清宣统三年（1911）《重修通济庵大殿兼创修东西耳楼看楼碑记》碑（照2-2-8-43）（图2-2-8-58）（图2-2-8-59）。

照 2-2-8-43　茶棚村通济庵戏楼

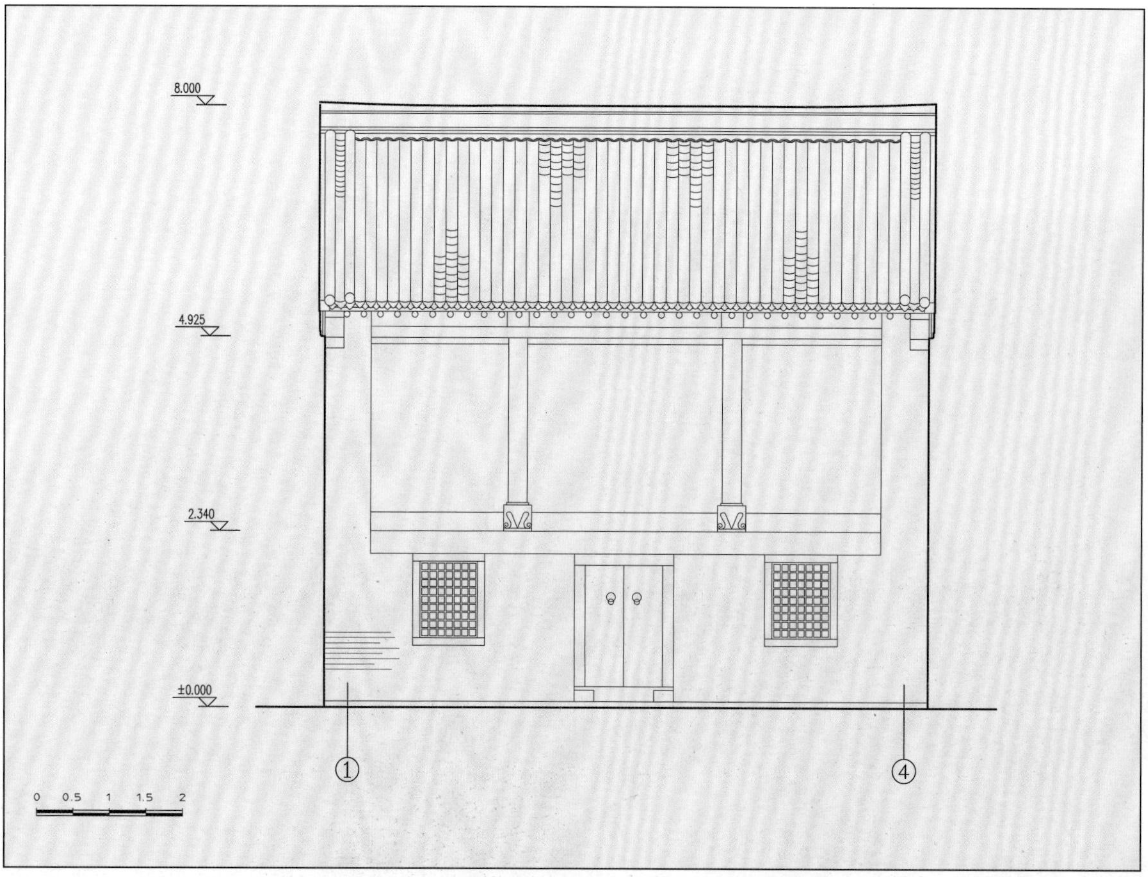

图 2-2-8-58 茶棚村通济庵戏楼正立面图

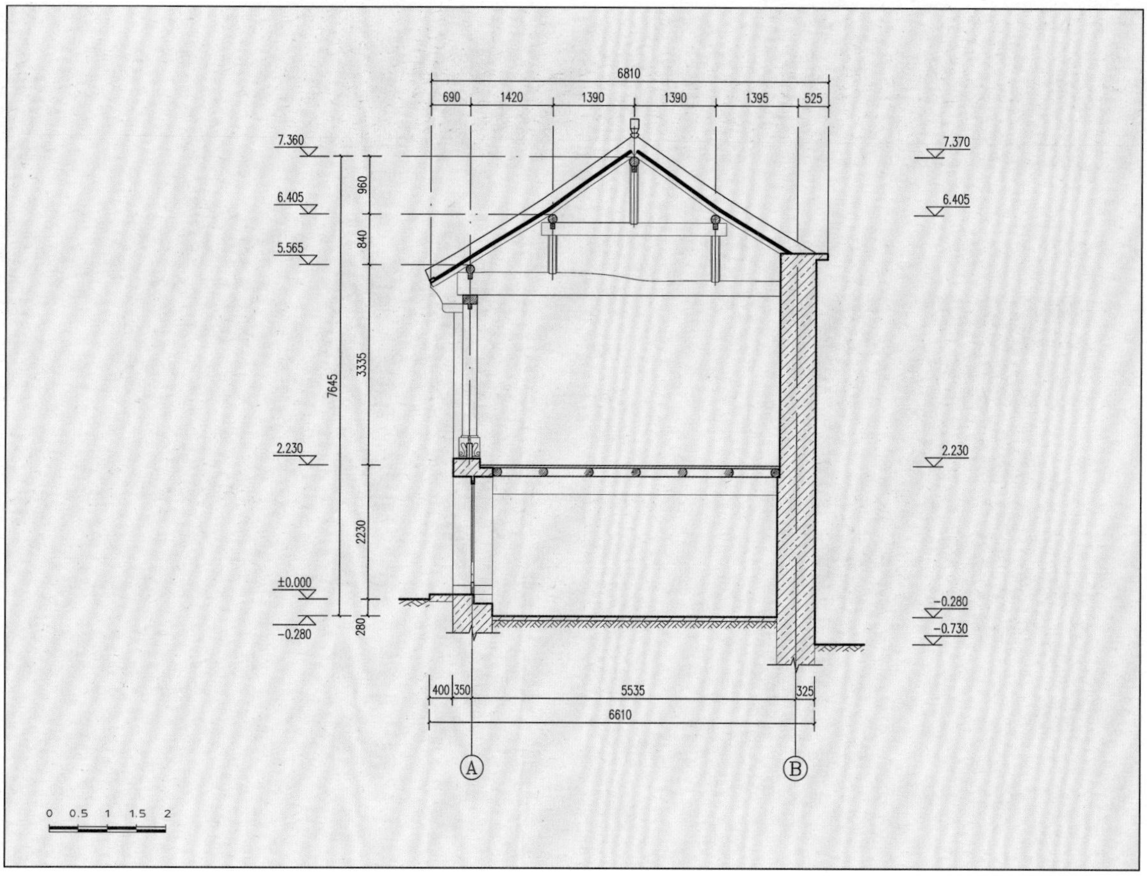

图 2-2-8-59 茶棚村通济庵戏楼横剖面图

（二十七）东岭后村龙王庙戏楼

东岭后村龙王庙位于修武县云台山镇东岭后村，北纬35°26′40″，东经113°18′16″，海拔821米，创建于清嘉庆十年（1805），系第七批河南省文物建筑保护单位。庙宇一进院落，现存戏楼（山门）、大殿及两侧厢房等文物建筑。建筑群位于台地上，逐级递升，高低错落有致，庙入口大门位于戏楼东侧耳房一层，戏楼正对大殿月台，左右两侧厢房围合。厢房、大殿位于二层台地之上，整体布局紧凑。

戏楼坐南面北，与大殿相向而建，三幢左右并联式，戏台两侧各有两层耳房（扮戏房）二间，屋面均为单檐硬山式灰瓦顶。平面呈“凸”字形，三面观。戏楼面阔三间计7.48米，进深一间计5.47米，通高6.31米。两层石木结构，上层为舞台。一层墙体上承楞木及楼板。二层戏台为青砖地面，前檐立石础、抹角方石柱，

照2-2-8-44　东岭后村龙王庙戏楼

照 2-2-8-45　东岭后村龙王庙戏楼木雕

柱础之间设石栏板。木构架为抬梁式，七梁架置于前檐斗栱及后檐墙之上，承五架梁、三架梁、瓜柱及各层檩枋，梁架均为自然材，椽上铺席箔。檐下施柱头科二攒，坐斗两侧及补间安置花板辅助支撑，额枋浮雕游龙牡丹图案，木刻技艺精巧，线条流畅、富于层次。外檐檩枋均有彩画，墙体采用块石垒砌，风格淳朴。

耳房面阔二间5.04米，进深一间4.61米。为两层石木结构，东耳房东间一层辟门，作为庙宇入口。梁架结构简洁，檩枋直接插于山墙内。戏楼、耳房南檐墙在同一轴线，建筑整体风格质朴大方、彩画精美，具有浓郁的地方特点。因年久失修，西耳房梁架部分缺失，屋面局部坍塌，保存状况堪忧。

庙内遗存清嘉庆十年（1805）十月二十五日立《大清河南省怀庆府修武县正北路岭后村社首等》碑碣1通（照2-2-8-44）（照2-2-8-45）。

（二十八）双庙村观音堂戏楼

观音堂位于修武县云西村乡双庙村，北纬35° 22′ 29″，东经113° 11′ 05″，海拔890米。创建年代不详，为第七批河南省文物保护单位。一进院落，由戏楼、观音堂、大殿及看楼4座文物建筑构成。观音堂与大殿同在南北轴线上，观音堂坐南面北，大殿与其相对，坐北面南。戏楼与看楼则同在东西轴线上，戏楼坐东面西，看楼坐西面东。

戏楼距看楼11.12米，为一层平顶建筑，石砌台基，前设踏步四级。面阔三间，进深一间，通面阔7.39米，进深4.96米，通高3.23米。前檐立两根木柱，柱高2.28米。前檐柱及后檐墙上设平梁，上承檩枋及荆条。屋面为三合土，上铺石板，墙体采用块石垒砌。看楼为两层平顶建筑，平面布局L形，通面阔22.05米，进深二间，通高5米。现改建严重，局部屋面坍塌，亟待修缮（照2-2-8-46）（照2-2-8-47）（图2-2-8-60）（图2-2-8-61）（图2-2-8-62）。

照 2-2-8-46　双庙村观音堂戏楼

照 2-2-8-47　双庙村观音堂看楼

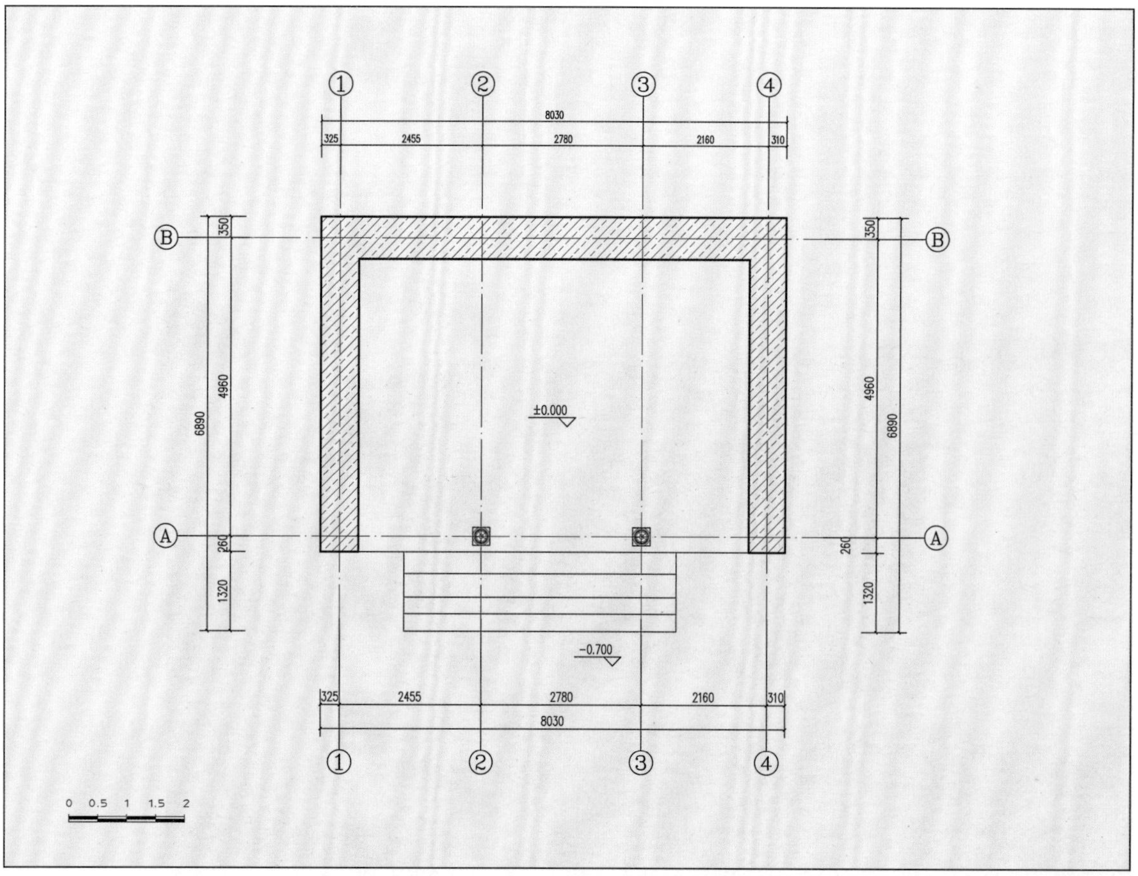

图2-2-8-60 双庙村观音堂戏楼平面图

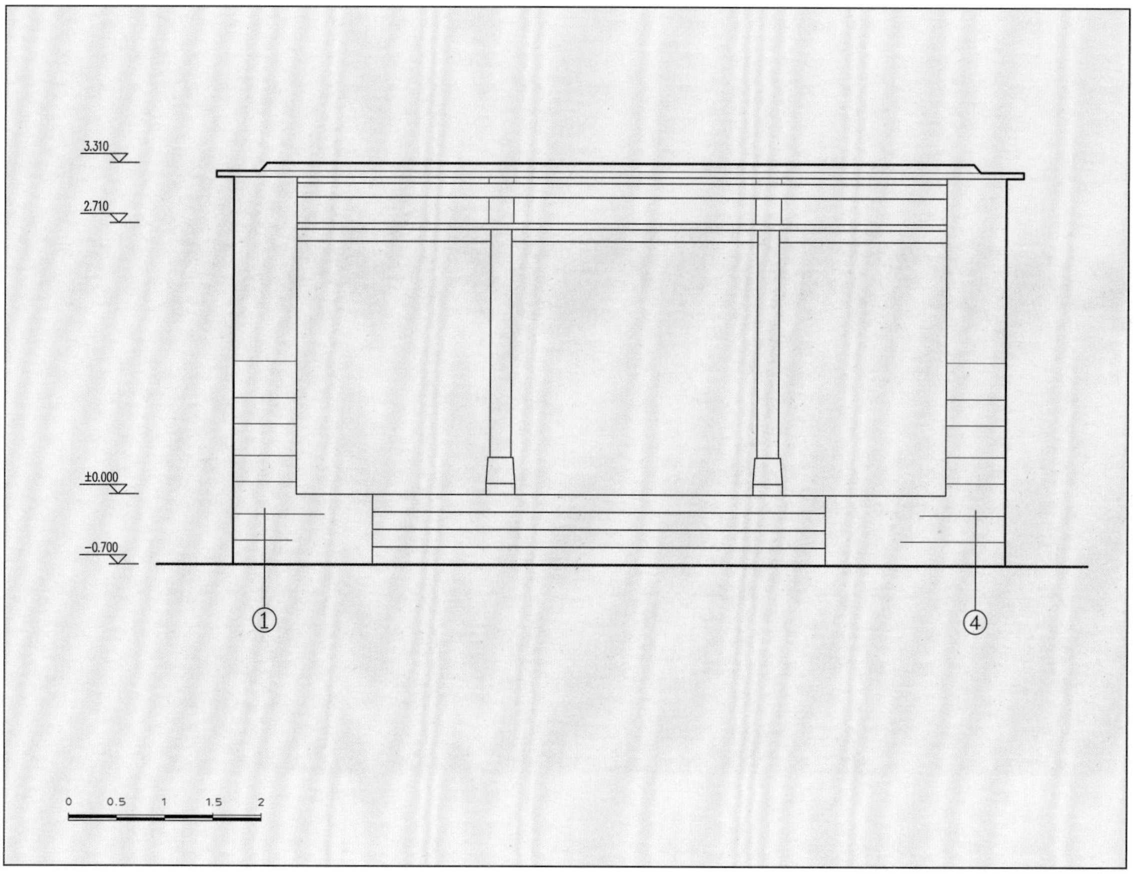

图2-2-8-61 双庙村观音堂戏楼正立面图

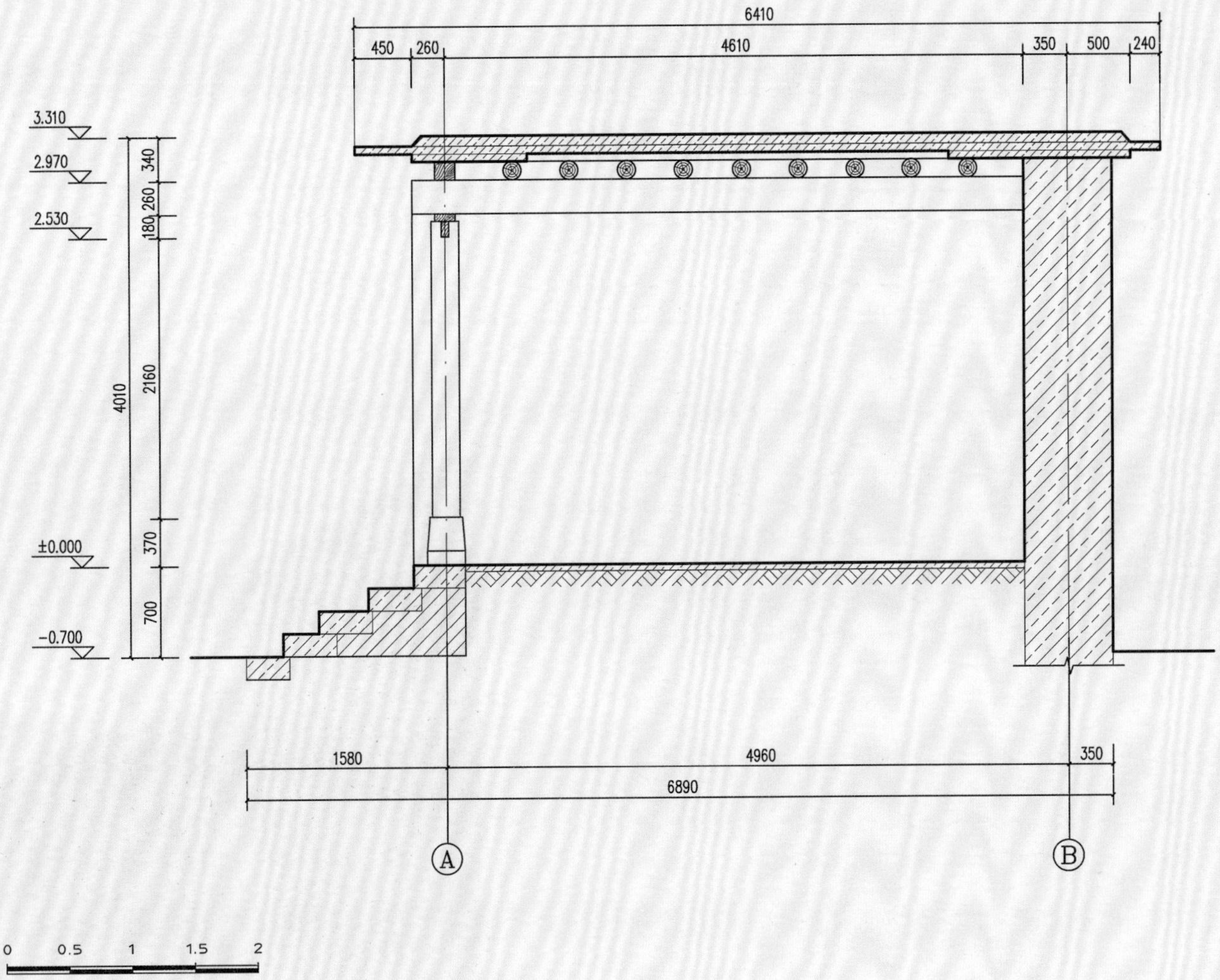

图 2-2-8-62　双庙村观音堂戏楼横剖面图

（二十九）一斗水关帝庙戏楼

一斗水关帝庙位于修武县云台山镇一斗水村，营建于高地之上。东经113°22′43″，北纬35°28′37″，海拔1076米。关帝庙为清乾隆三十年（1765）清口古道商旅集资所建，清道光五年（1825）、咸丰四年（1854）及2018年均有修缮。庙为二进院落，中轴线由南向北依次为照壁、戏楼（山门）、大殿、后殿，两侧分立东西看楼、厢房。地势因地制宜层层递进，逐步抬高，大殿位于二层台地之上，戏楼正对大殿，左右两侧看楼、厢房围合封闭，布局结构紧凑，建筑群保存完整。系第七批河南省文物保护单位。

戏楼于清道光二十一年（1841）重修，坐南面北，与大殿相向而建，距大殿37.75米。为两层石木结构，一层明间为庙入口，上层为舞台，三幢左右并联式。戏楼两侧各有耳房（扮戏房）一间。屋面为单檐硬山式灰瓦顶，平面呈长方形，一面观。戏楼面阔三间，进深一间，四步椽屋，通面阔7.4米，通进深4.84米，通高7.87米。耳房面阔、进深均为一间，面阔3.25米，进深4.84米。戏楼一层明间辟门，门上走马板浅刻“万事忠表”四字，上槛浮雕花鸟图案。门前出抱厦一间，面阔2.66米，进深2.3米，单坡悬山顶。抱厦采用石柱，高2.64米，柱与石墙间置双步梁，上承瓜柱、单步梁以及檩枋。进门至北檐，墙体采用不规则块石垒砌，墙上置平梁，上承楞木及楼板，次间一层设窗。二层戏楼台明、次间开敞，两梢间前檐用块石砌筑，正中开方窗。戏台为青砖地面，前檐立覆斗式柱础、抹角方石柱，柱高2.17米，柱础之间石栏板上设木质勾栏，高0.66米。柱身两侧凿若干圆形坑洞，推测原设置木栏杆等构件。二层梁架为抬梁式，五梁架置于前檐坐斗及后檐墙之上，承三架梁、瓜柱及檩枋，脊檩两侧立叉手。檐下柱头科为异型栱，栱身刻卷草形，中间雕铜钱图案装饰，补间置雕刻精美的荷叶墩辅助支撑。额枋两端雕刻卷草图案，雀替造型纤细，南北檐下置石质盘头。戏楼东耳房设木质楼梯可登戏楼二层。脊檩枋遗存清道光二十一年（1841）重修题记：“时大清道光二十一年选吉于□月初三日，重修歌舞楼五间，石木王四清、桑君财等。维社同力修建之后，合社人口平安，田蚕茂

盛，永垂不朽，长发其详，是以为记耳。”建筑整体宽阔、风格质朴。

戏楼前两侧各立看楼一座，为两层单檐硬山式灰瓦顶建筑，形制及装饰与戏楼相似。石木结构，面阔三间，进深一间，四步椽屋，通面阔6.05米，通进深2.5米，高6.16米。二层柱间设有勾栏。

庙内存碑碣6通，分别为：乾隆三十年（1765）《河南省怀庆府修县一斗村水村创修关帝庙》碑，乾隆四十四年（1779）《河南省怀庆府新修牛马王高禖祠庙》碑，道光三年（1823）《禁树碑记》碑，道光五年（1825）《重修庙宇金妆圣像碑记》碑，咸丰四年（1854）《重修关帝庙玉帝牛马王高禖祠山神龙王庙碑记》碑，同治三年（1864）《补修关帝庙西陪房门楼碑记》碑（照2-2-8-48）（图2-2-8-63）（图2-2-8-64）（图2-2-8-65）（图2-2-8-66）。

照2-2-8-48　一斗水关帝庙戏楼

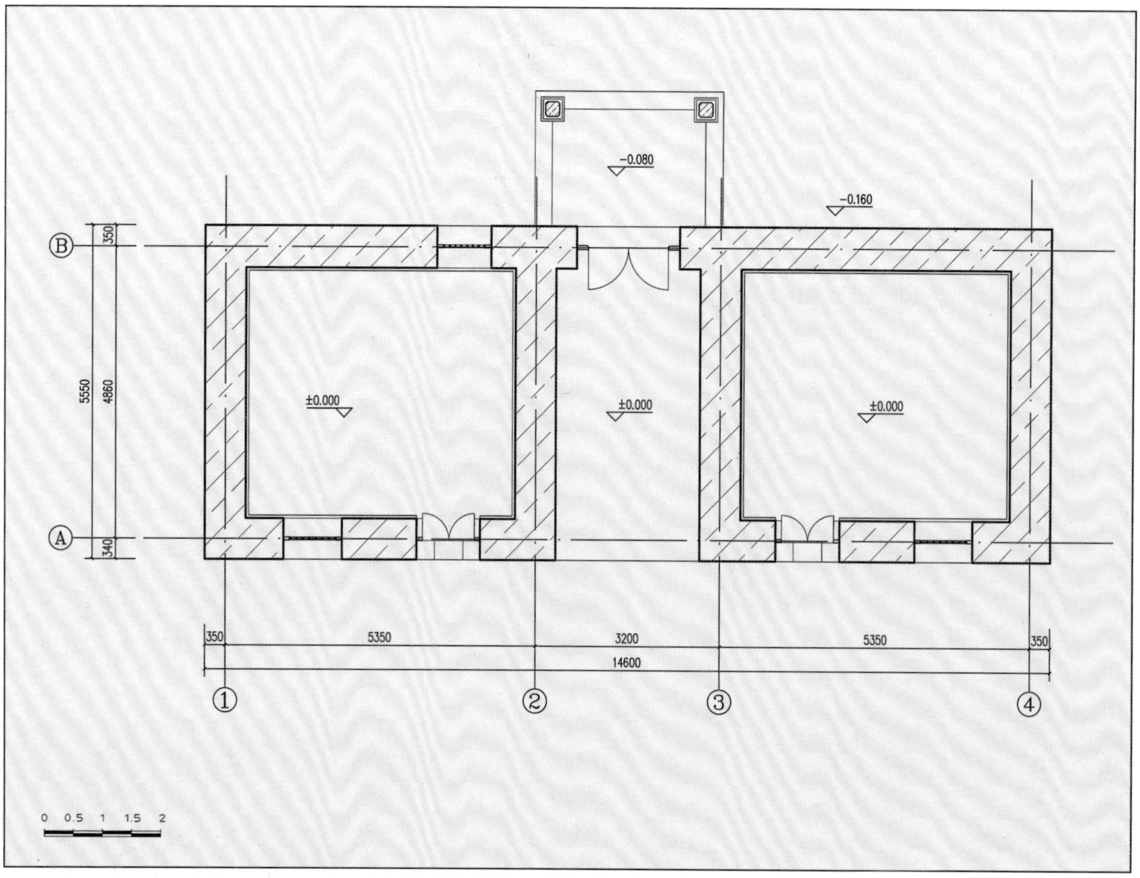

图2-2-8-63 一斗水关帝庙戏楼一层平面图

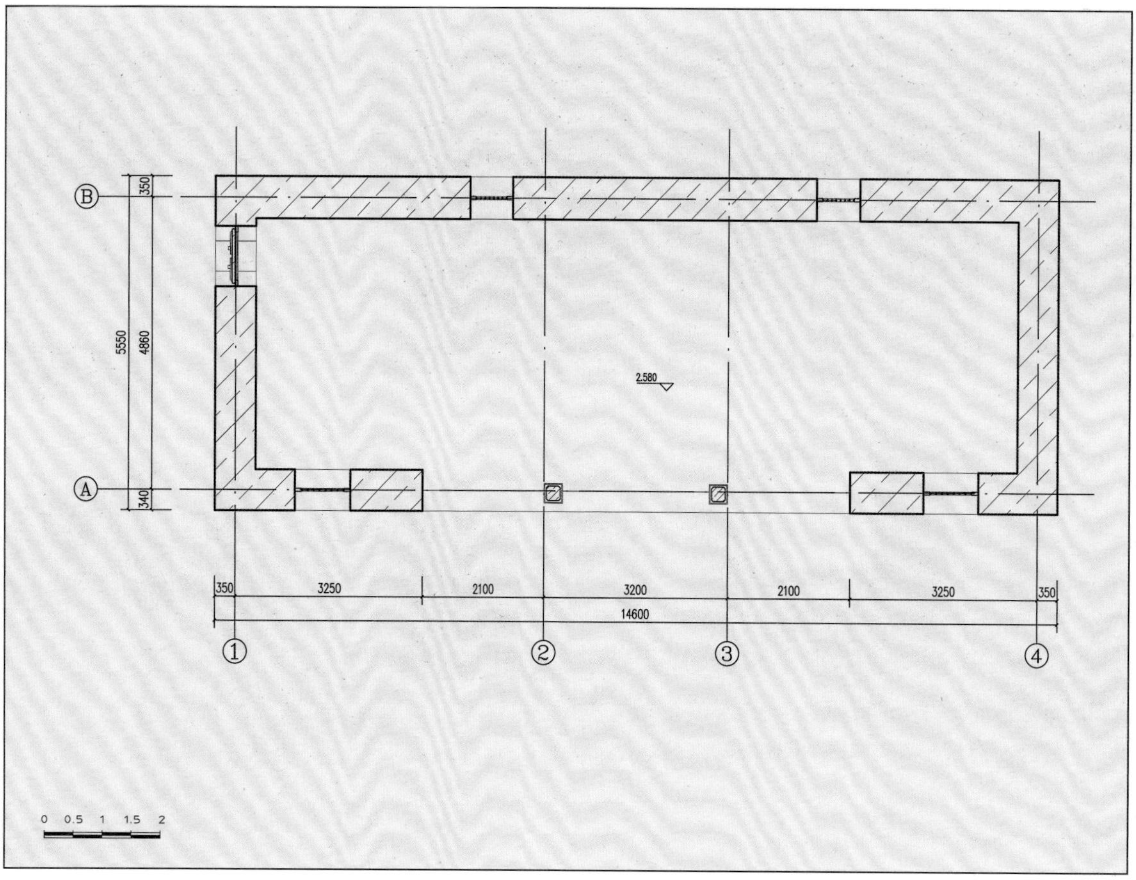

图2-2-8-64 一斗水关帝庙戏楼二层平面图

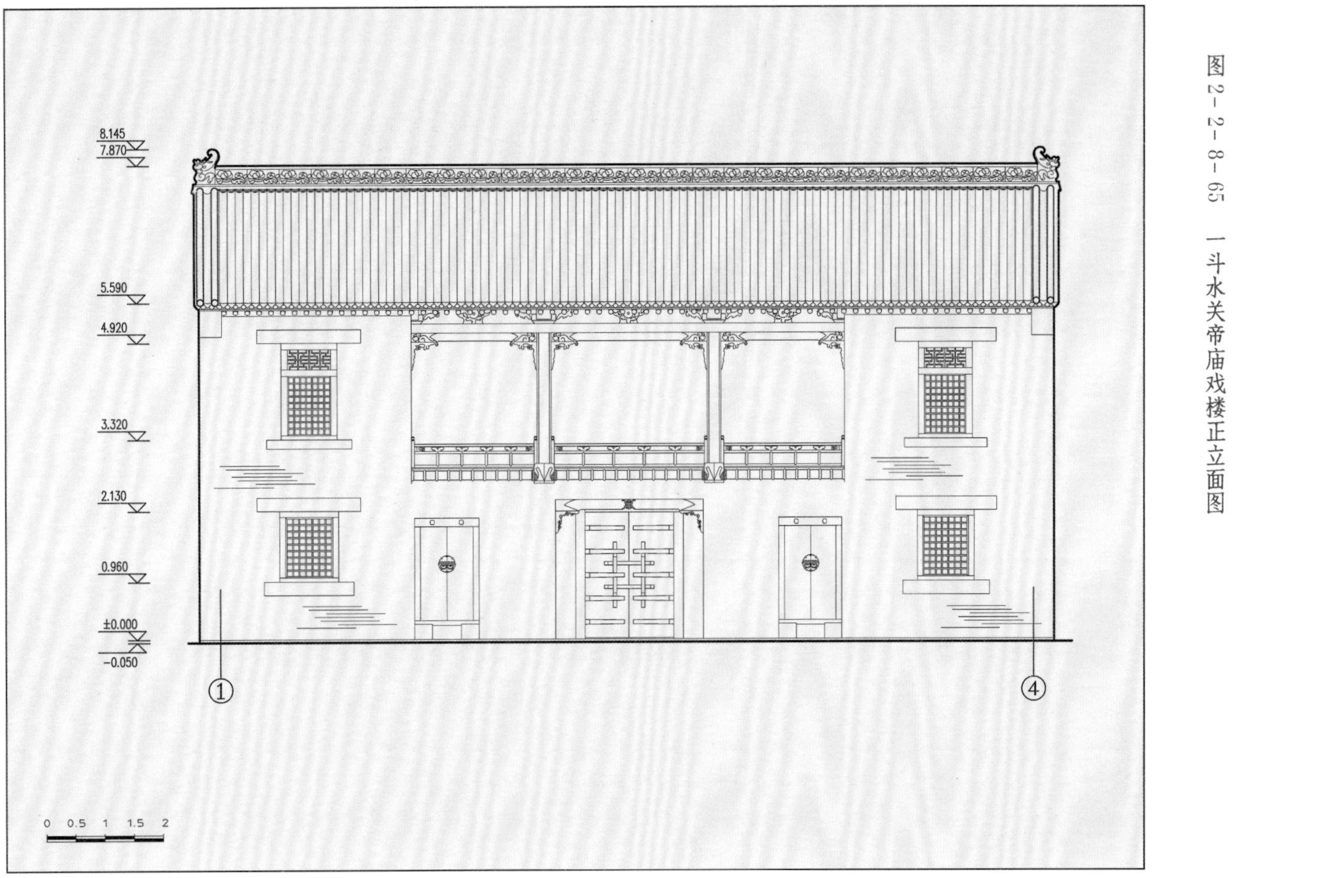

图2-2-8-65 一斗水关帝庙戏楼正立面图

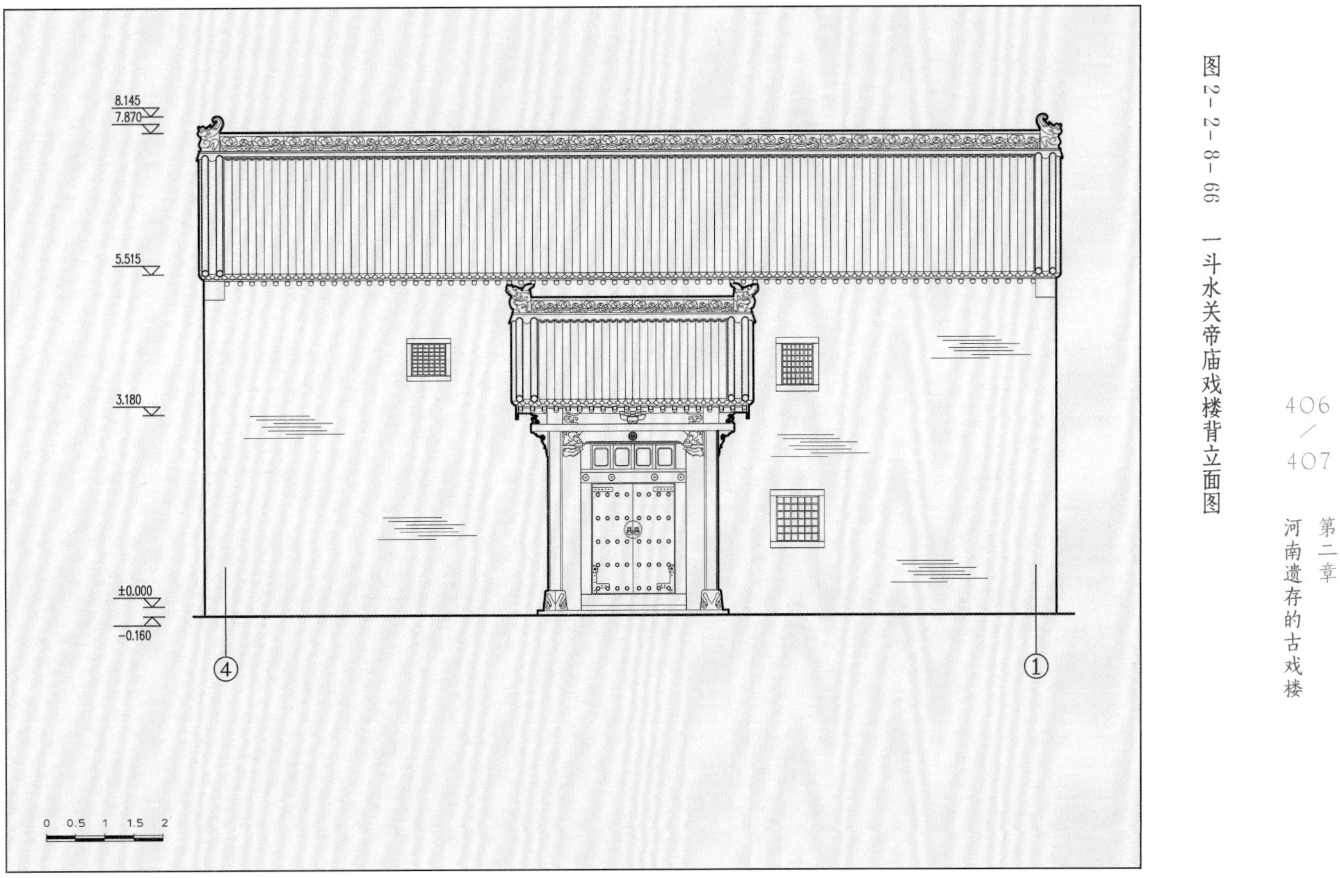

图2-2-8-66 一斗水关帝庙戏楼背立面图

河南古戏楼

Henan Ancient Theatre

（下册）

赵彤梅　主编

中州古籍出版社
·郑州·

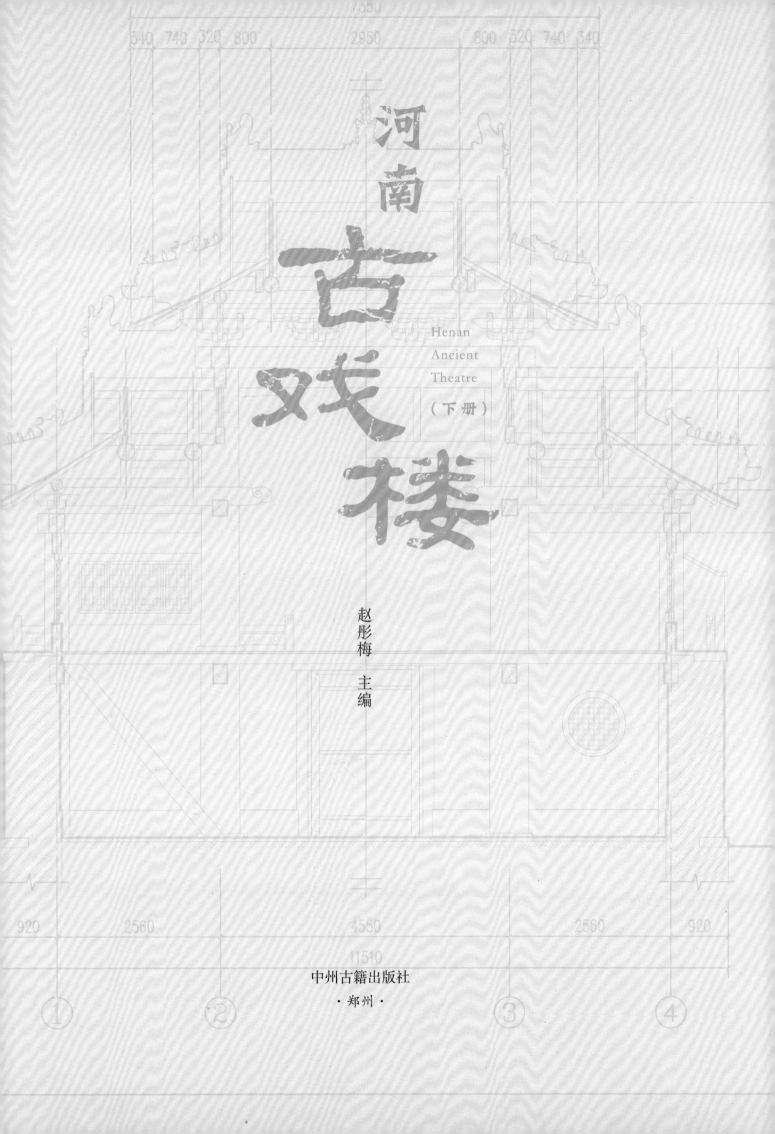

图 2-2-9-1　许昌市遗存古戏楼分布示意图

① 禹州怀帮会馆戏楼（禹州市城关镇）

② 禹州城隍庙戏楼（禹州市城关镇）

③ 郭东村戏楼（禹州市郭连镇郭东村）

④ 五虎庙戏楼（禹州市花石镇白北村）

⑤ 神垕伯灵翁庙戏楼（禹州市神垕镇）

⑥ 神垕关帝庙戏楼（禹州市神垕镇）

⑦ 襄城颍考叔祠戏楼（襄城县颍桥回族镇）

九、许昌市

许昌市位于河南省中部，地处河南腹地，属伏牛山余脉向豫东平原的过渡地带，西部为伏牛山余脉的中低山地丘陵，中东部均为黄淮冲积平原。

许昌市现存古戏楼7座，包括禹州市6座、襄城县1座；其中国保单位1处、省保单位4处、市保单位1处、一般文物点1处（图2-2-9-1）。

（一）禹州怀帮会馆戏楼

禹州怀帮会馆位于禹州市城关镇西北隅文卫路。北纬34° 10′ 07″，东经113° 27′ 50″，海拔116米。会馆创建于清同治十一年（1872），为怀庆府商人在禹州市经营中药材期间集资所建，因建筑青砖表面模印有“怀梆”字样故称怀帮会馆。会馆坐北面南，现存戏楼、拜殿、大殿、配房及西门楼等文物建筑，布局完整，巍峨壮观，为第八批全国重点文物保护单位。

戏楼位于会馆中轴线上，坐南面北，正对拜殿，间距44米。单幢式，两层砖

木结构，一层为会馆入口，二层为戏台。平面呈“凸”字形，三面观，戏楼居中，左右两侧配以卷棚硬山式边楼。整体面阔五间，进深二间，通面阔16.4米，其中明间面阔3.9米、次间3.3米；通进深8.06米。一层南檐出抱厦五间，屋面与两侧边楼的卷棚硬山式相连，二层则为面阔三间的歇山顶。抱厦用木柱六根，上置单步梁，梁头雕刻为龙首，两侧出透雕花鸟纹饰的花板装饰。雀替采用镂雕技法雕刻龙凤、牡丹图案，并施彩绘，显得格外华丽。戏楼一层共享柱十四根，其中戏台面阔三间，进深二间，前檐立四根通柱，下设上圆鼓下基座的复合式柱础，柱间设平梁承担楼板，台口高2.44米。二层五梁架置于前后檐斗栱之上，承瓜柱、三架梁及各层檩枋，脊瓜柱两侧设叉手。脊枋遗存题记“龙飞同治十三年岁次甲戌八月榖旦，

照2-2-9-1　禹州怀帮会馆鸟瞰

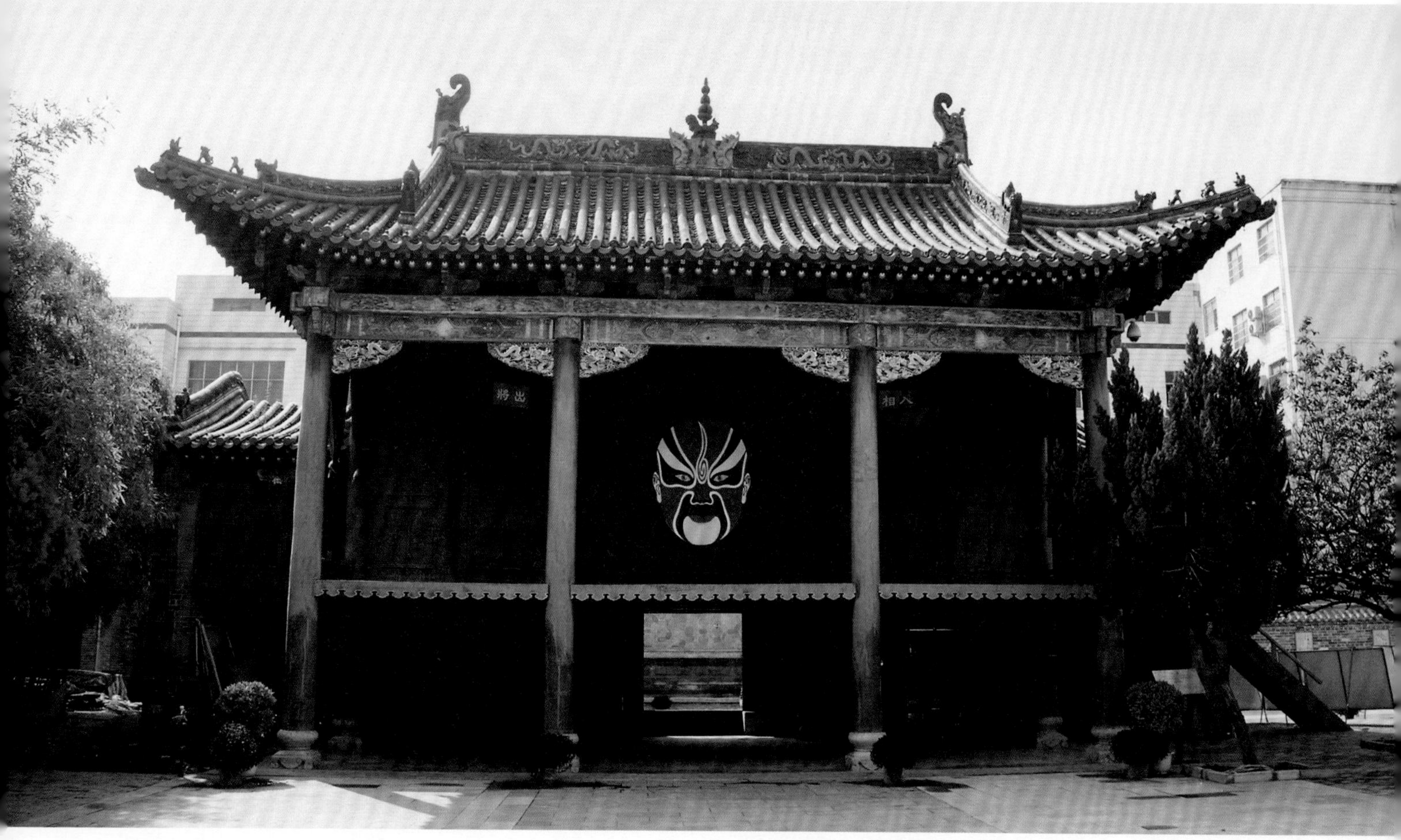

照 2-2-9-2　禹州怀帮会馆戏楼

合帮仝立。匠工吴法库永保平安”。翼角处抹角梁两端置于正身及山面檐檩上，上承老角梁及仔角梁。翼角椽11根，冲出、起翘明显。五架梁柱间设八字形隔断，将戏台分隔为前后台，三面台口设高0.26米的木栏杆，用作围护。檐下绕周施斗栱二十二攒，其中柱头科六攒、平身科十二攒、角科四攒。外檐平板枋、额枋、斗栱均施彩绘，色彩淡雅。屋面覆盖孔雀蓝琉璃瓦，中间部位用黄色琉璃瓦砌出菱形图案。正脊两端施吻，中间置宝瓶，正脊为二龙戏珠图案。边楼面阔，进深均为一间，面阔2.95米，进深3.13米，二层与戏台相通。绿琉璃瓦顶。整座建筑平面布局巧妙，突显戏楼功能，装饰华丽，木砖雕精美，反映了许昌地区清代会馆戏楼的风格和特点（照2-2-9-1）（照2-2-9-2）（图2-2-9-2）（图2-2-9-3）（图2-2-9-4）（图2-2-9-5）（图2-2-9-6）（图2-2-9-7）（图2-2-9-8）。

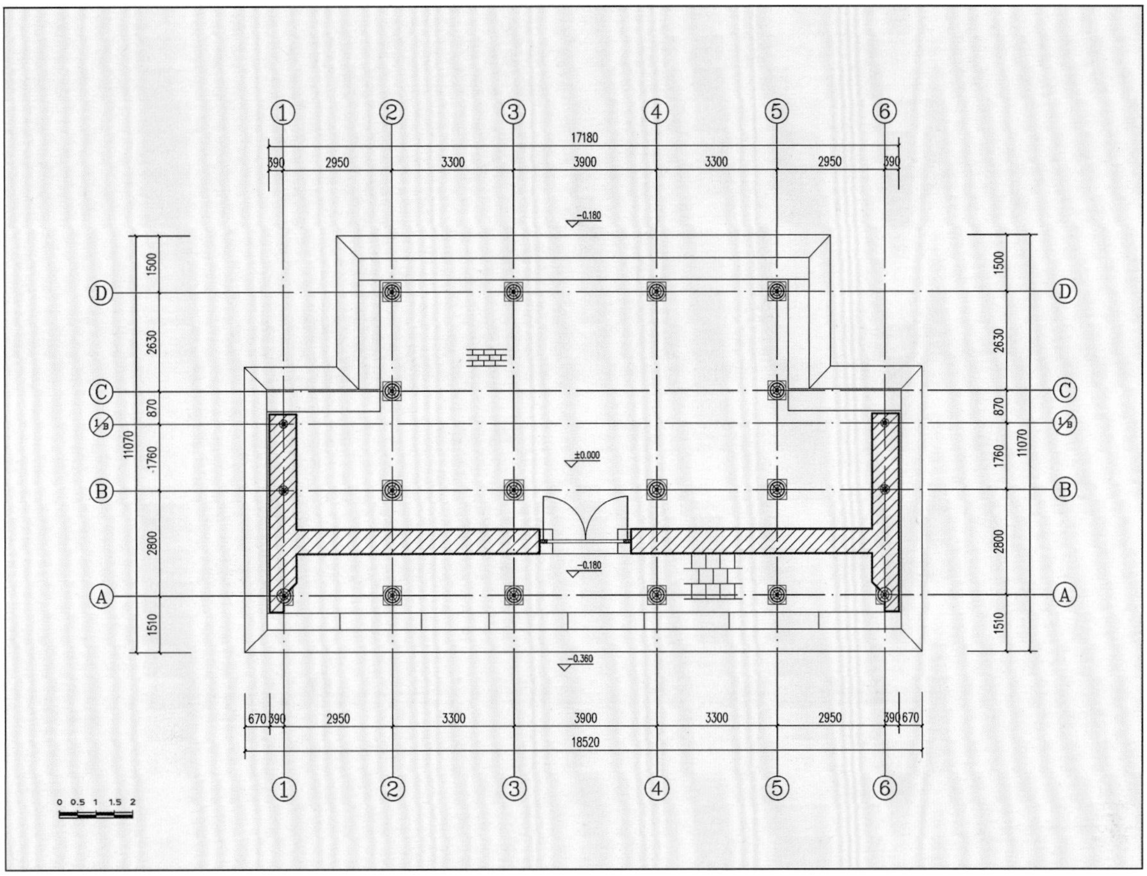

图 2-2-9-2 禹州怀帮会馆戏楼一层平面图

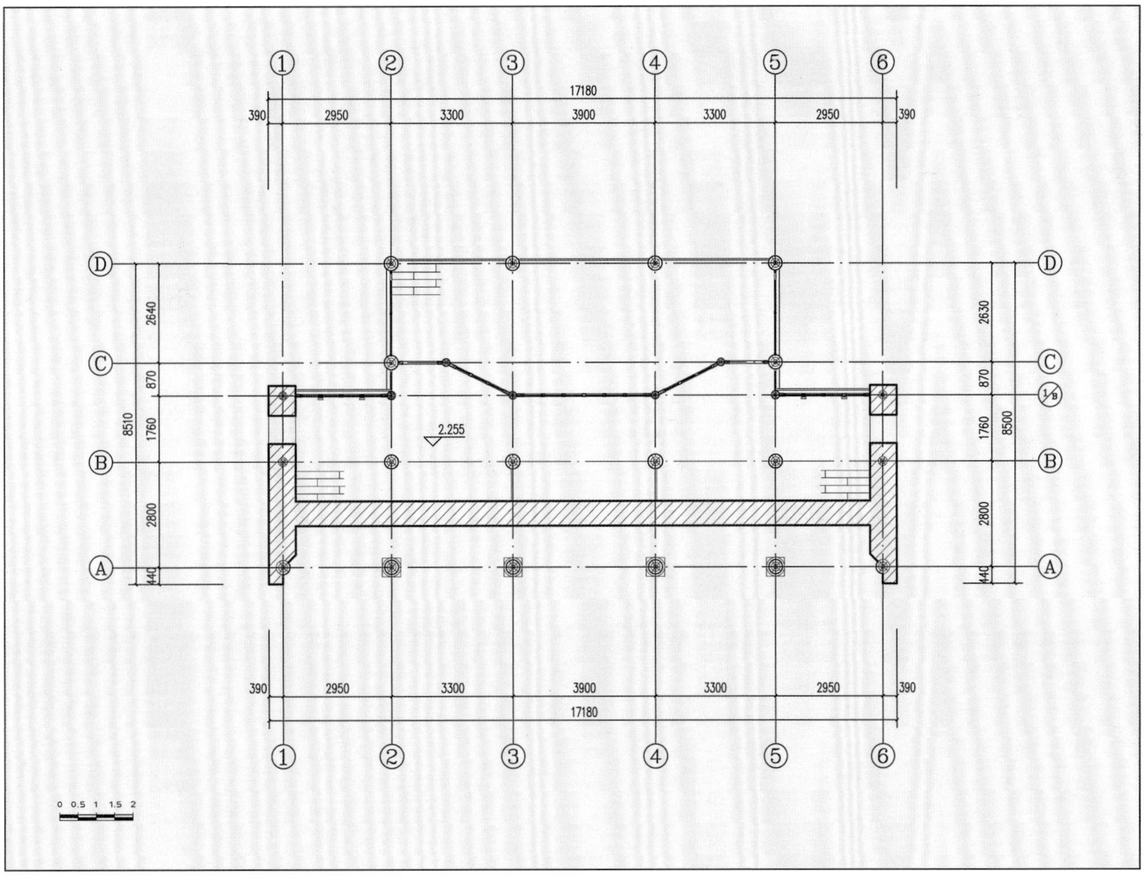

图 2-2-9-3 禹州怀帮会馆戏楼二层平面图

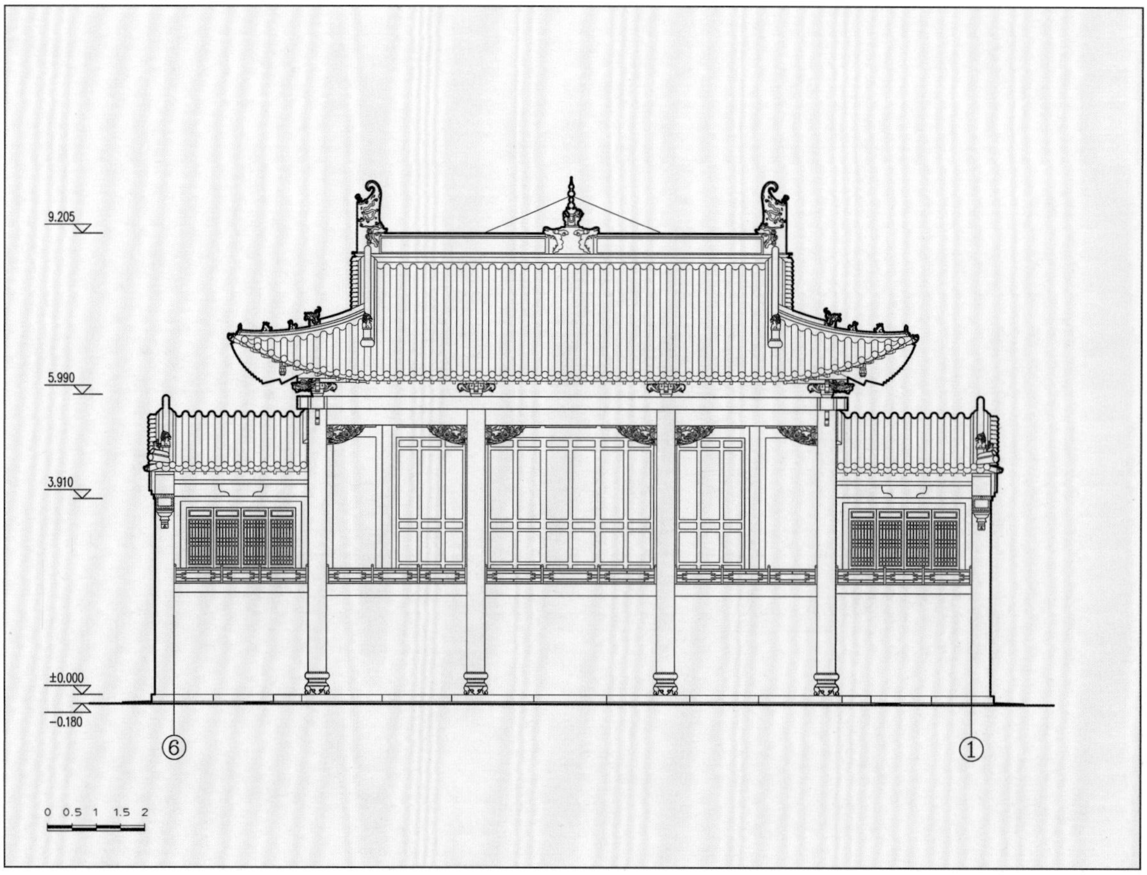

图 2-2-9-4　禹州怀帮会馆戏楼正立面图

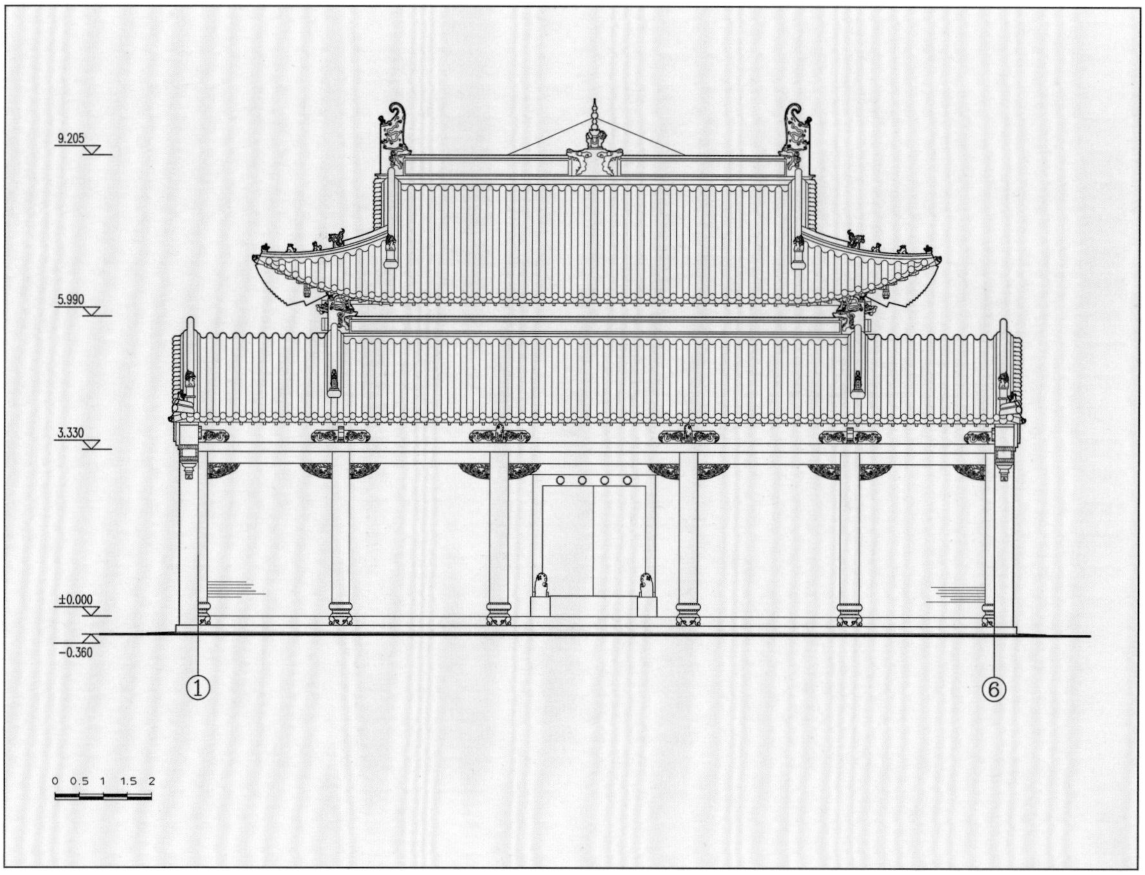

图 2-2-9-5　禹州怀帮会馆戏楼背立面图

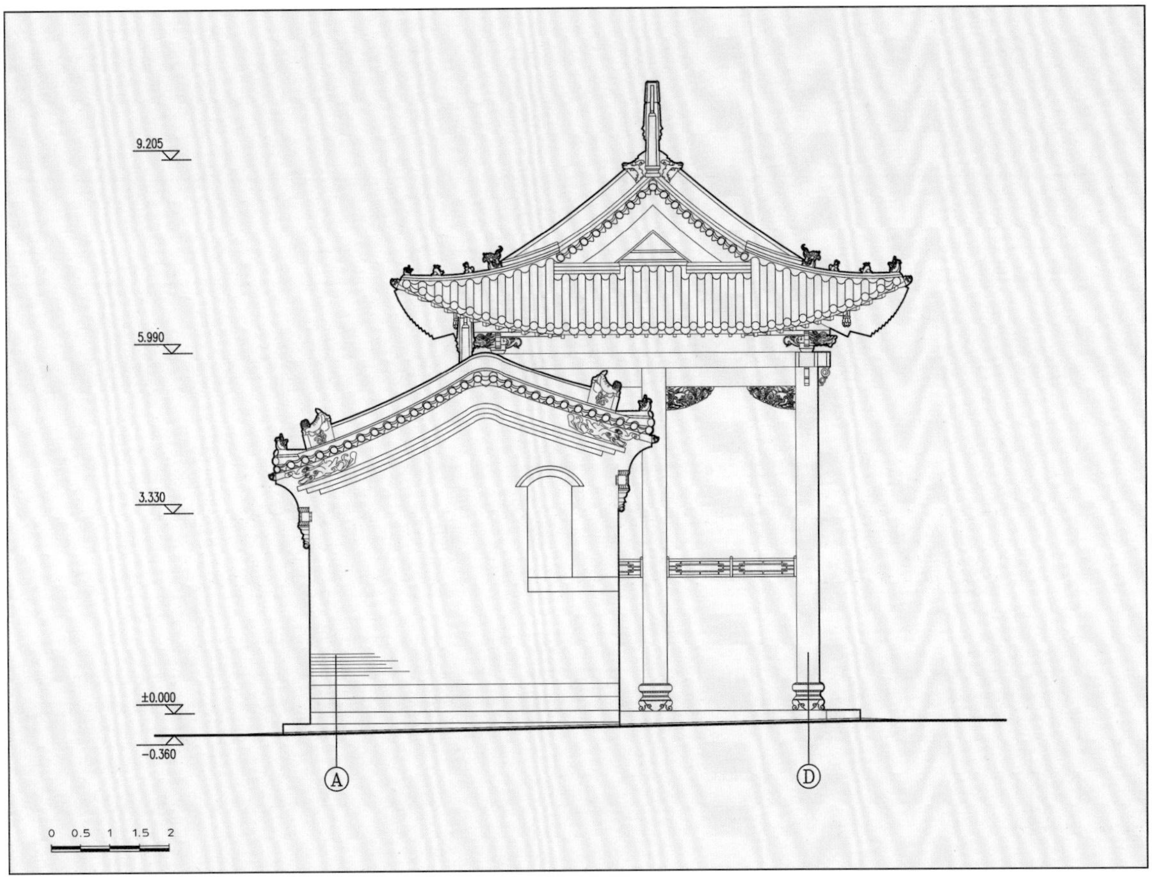

图 2-2-9-6 禹州怀帮会馆戏楼侧立面图

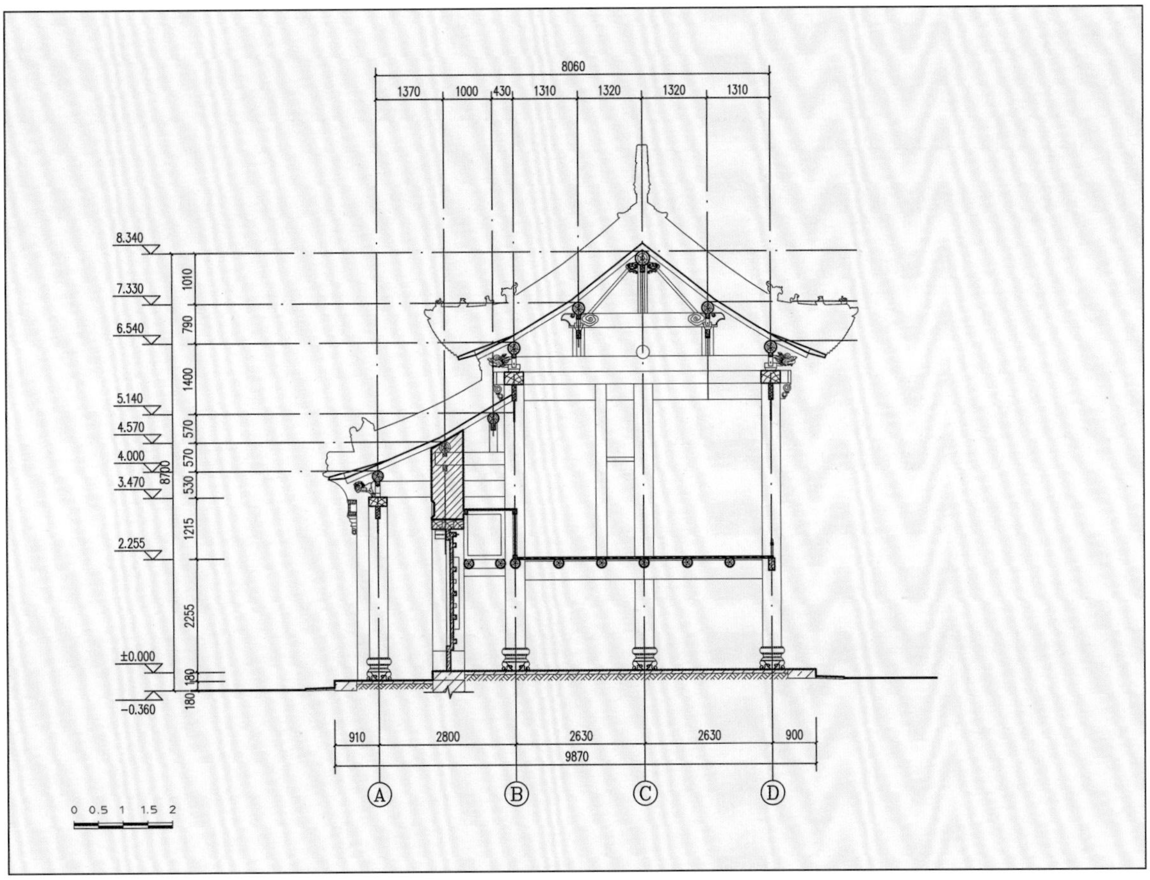

图 2-2-9-7 禹州怀帮会馆戏楼横剖面图

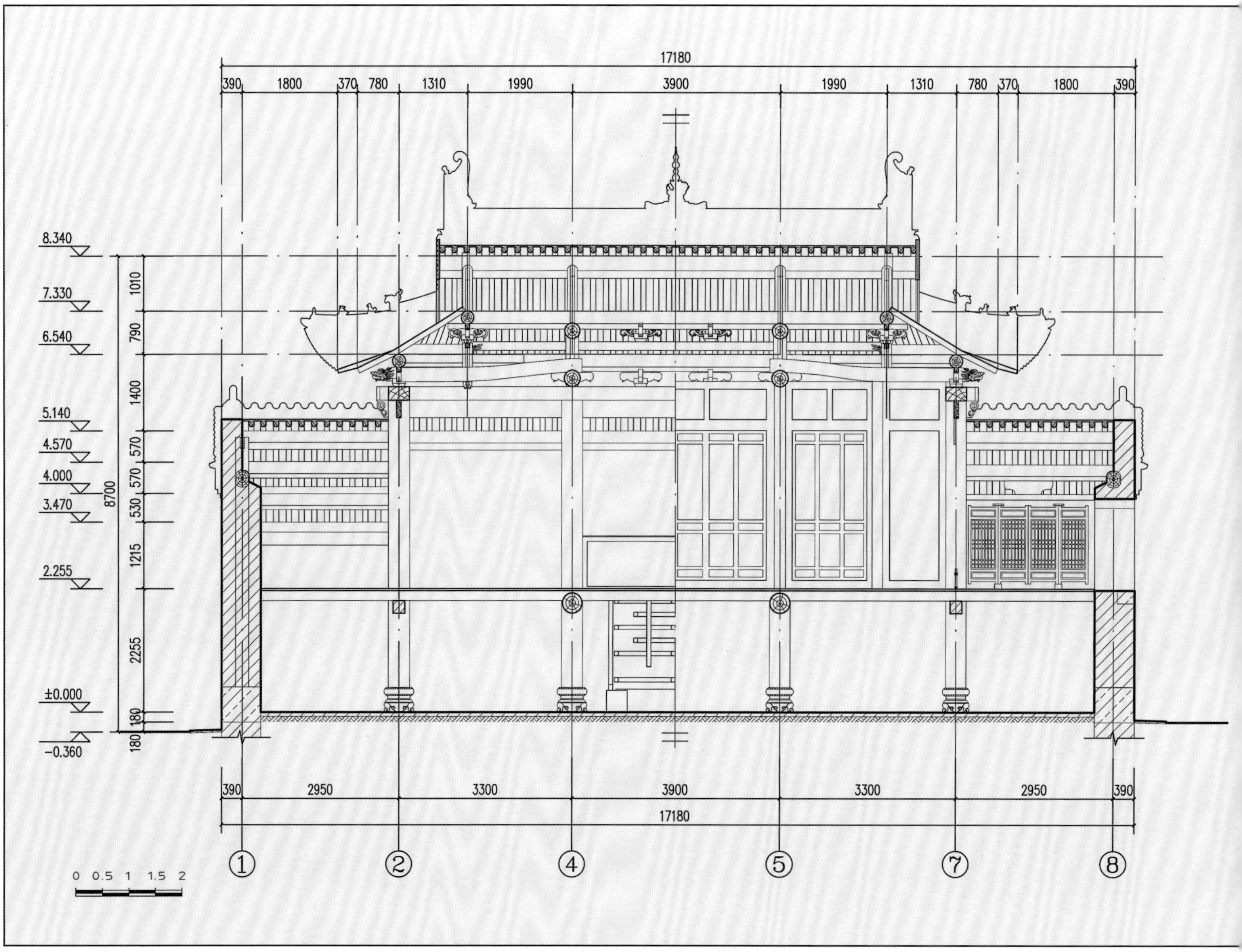

图 2-2-9-8 禹州怀帮会馆戏楼纵剖面图

（二）禹州城隍庙戏楼

禹州城隍庙位于禹州市城关镇西城门（怀远门）内侧，西大街路北，北纬34° 09′ 56″，东经113° 27′ 37″，海拔116米。城隍庙坐北面南，三进院落，现存山门、戏楼、拜殿、大殿、寝殿、东西配房、东西显报司、王母殿、天爷阁、安阳宫、送子观音殿、祖师殿及九龙圣母殿等文物建筑，大殿保留有明正德十年（1515）题记，为第四批河南省文物保护单位。

戏楼重修于清光绪十九年（1893），双幢前后串联式，由两个单檐歇山式建筑前后连搭构成，又称双面戏楼。两戏楼间砌墙体、上做天沟排水，以门洞相通。戏楼坐落在高台之上，前后两台体长度一致，为13.2米，南台宽5.95米，北台宽4.82米。台面南高北低，南台高3.96米，北台高2.71米。台体正中辟砖券门，为城隍庙南北通道，与台基纵向东西开设券洞呈十字交叉，台西侧设阶梯可登二层。南戏楼二层面阔五间，进深一间，通面阔12.37米，通进深5.49米。台上用柱十六根，檐下绕周施三踩斗栱二十六攒，其中柱头科十攒、平身科十二攒、角科四攒。单檐歇山式建筑，灰筒板瓦屋面。梁架为抬梁式，五架梁置于前、后柱头斗栱上，金、脊瓜柱上端均置坐斗，檩与枋间置襻间斗栱。山面施顺梁，老角梁采用压金做法。北戏楼面阔三间，进深二间，通面阔10.25米，通进深4.73米。共享柱八根，采用移柱造，将明间金柱向平后移1.05米，扩大了舞台表演面积。五架梁置于前檐平板枋及后檐墙上，承瓜柱、三架梁，脊瓜柱两侧设角背。翼角内檐置抹角梁，抹角梁上立蜀柱支撑老角梁，续角梁采用压金做法。脊檩枋侧面雕刻“大清光绪十九年榴月重修”题记。屋面为单檐歇山式，绿色琉璃瓦覆顶，明间屋面做出黄绿相间菱芯。

城隍庙戏楼为河南仅存两座双面观戏楼之一，南戏楼庄重大方，北戏楼精致秀丽，体现了许昌地区古戏楼规模较大、营建水平高的显著特征（图2-2-9-9）（图2-2-9-10）（图2-2-9-11）（图2-2-9-12）（图2-2-9-13）（图2-2-9-14）。

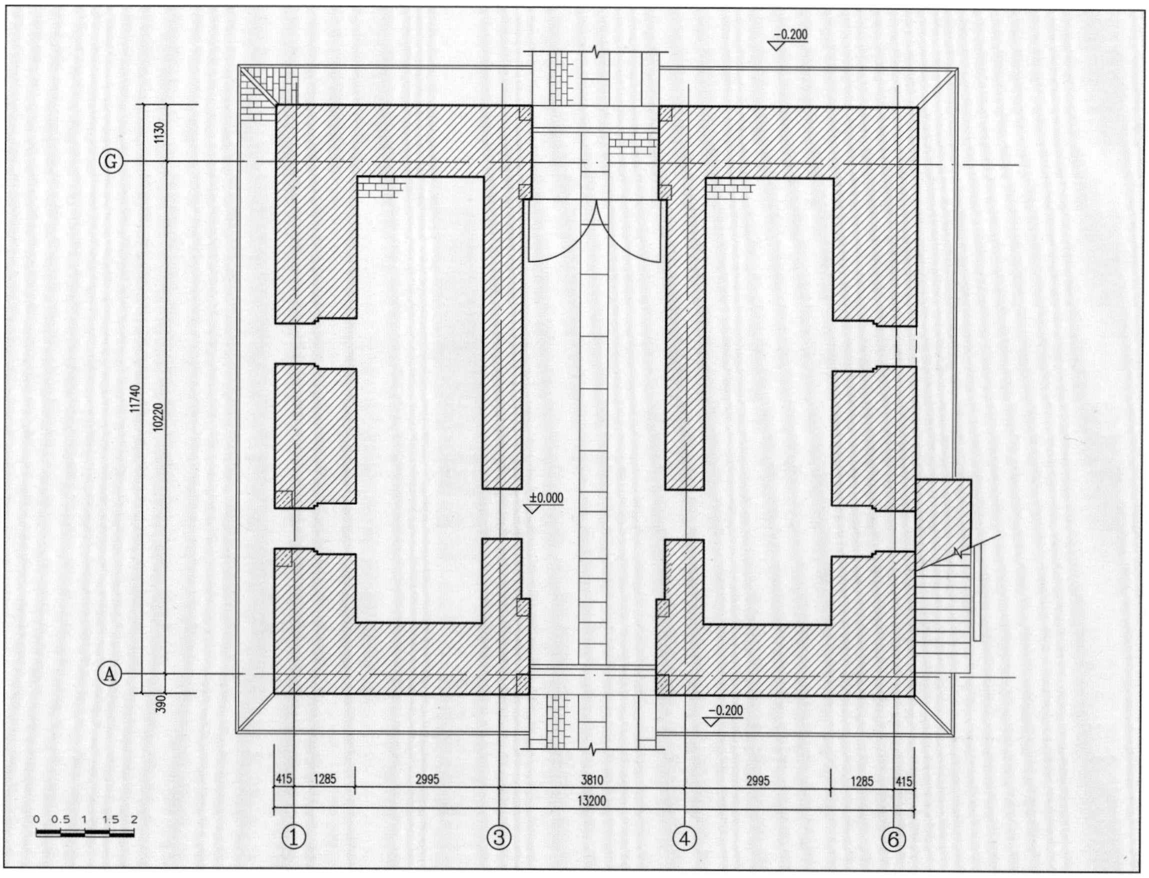

图 2-2-9-9　禹州城隍庙戏楼一层平面图

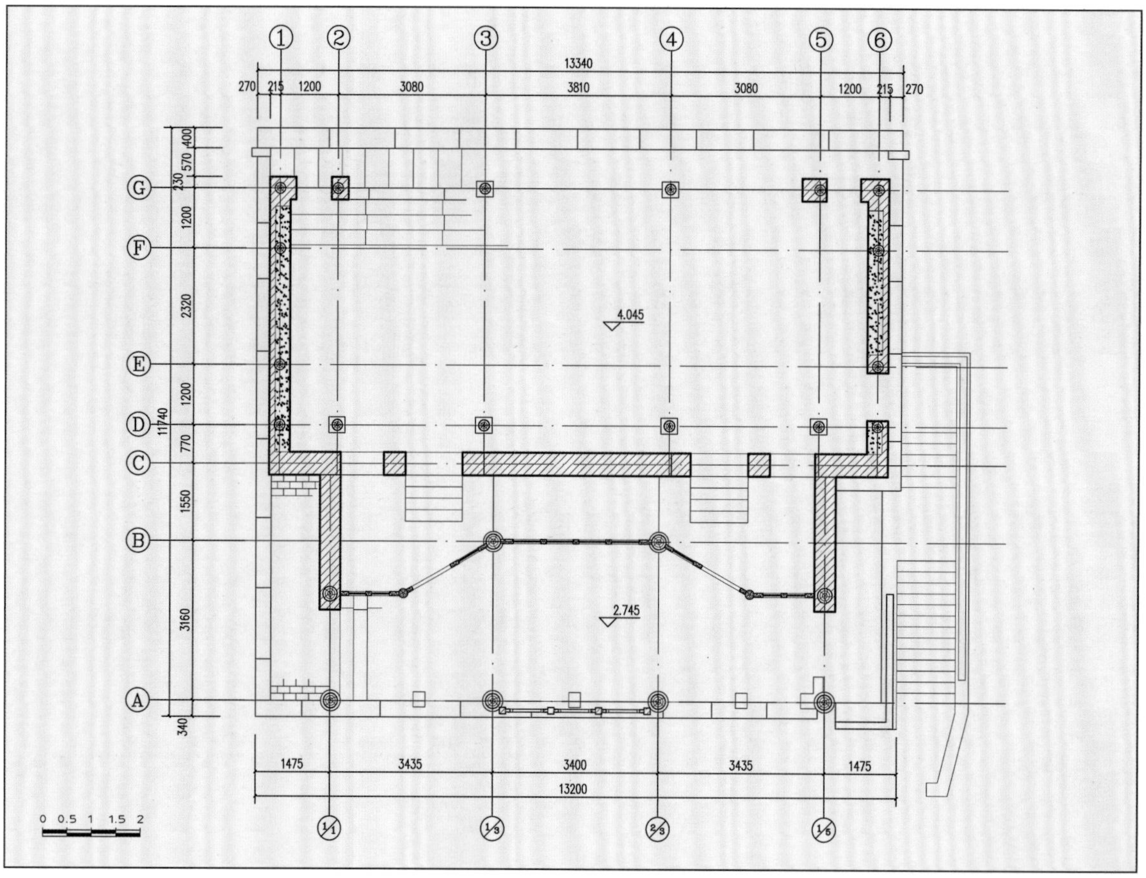

图 2-2-9-10　禹州城隍庙戏楼二层平面图

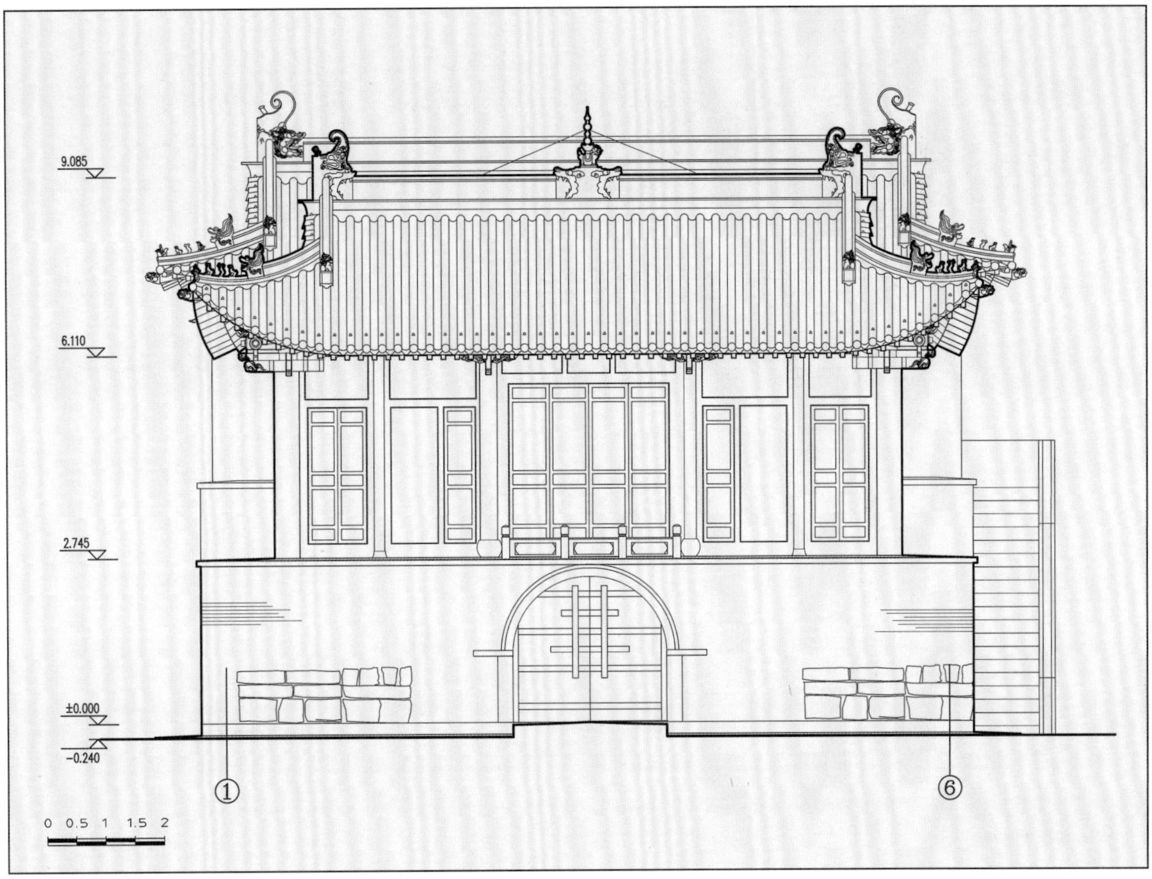

图2-2-9-11 禹州城隍庙戏楼北立面图

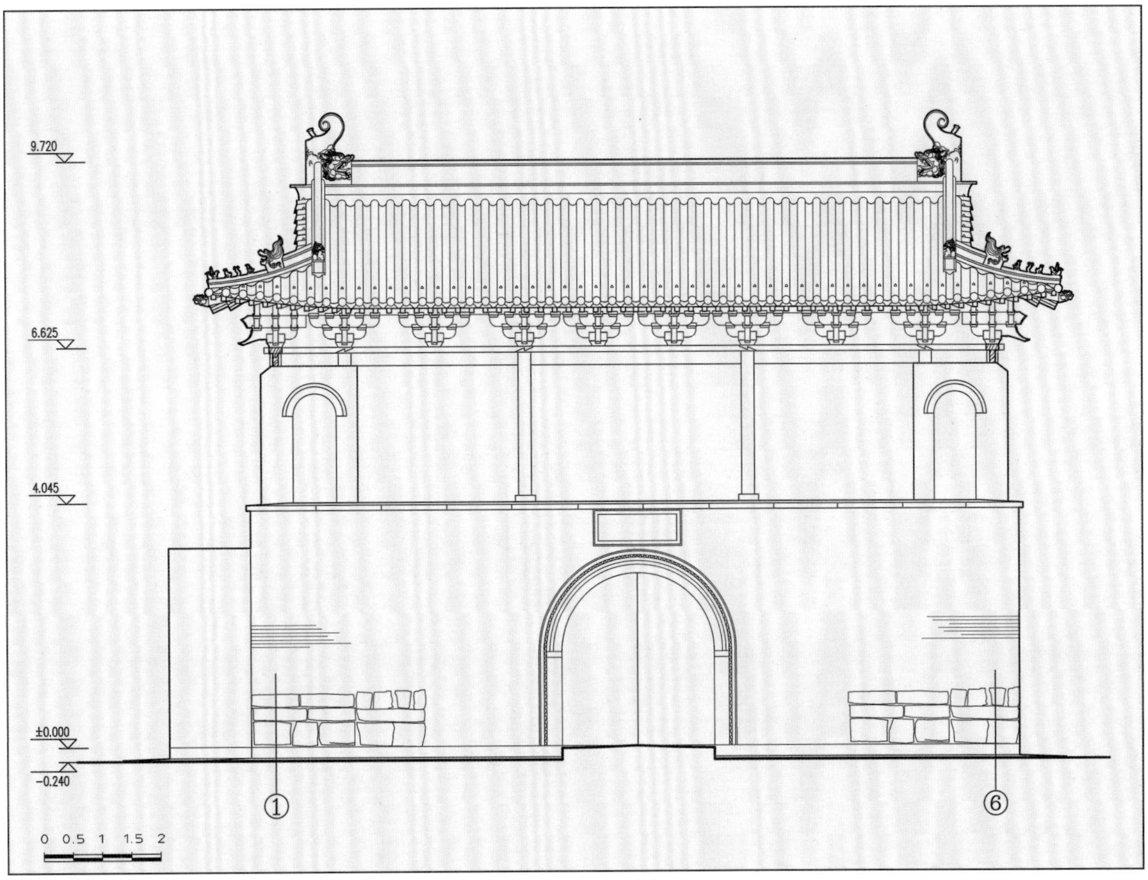

图2-2-9-12 禹州城隍庙戏楼南立面图

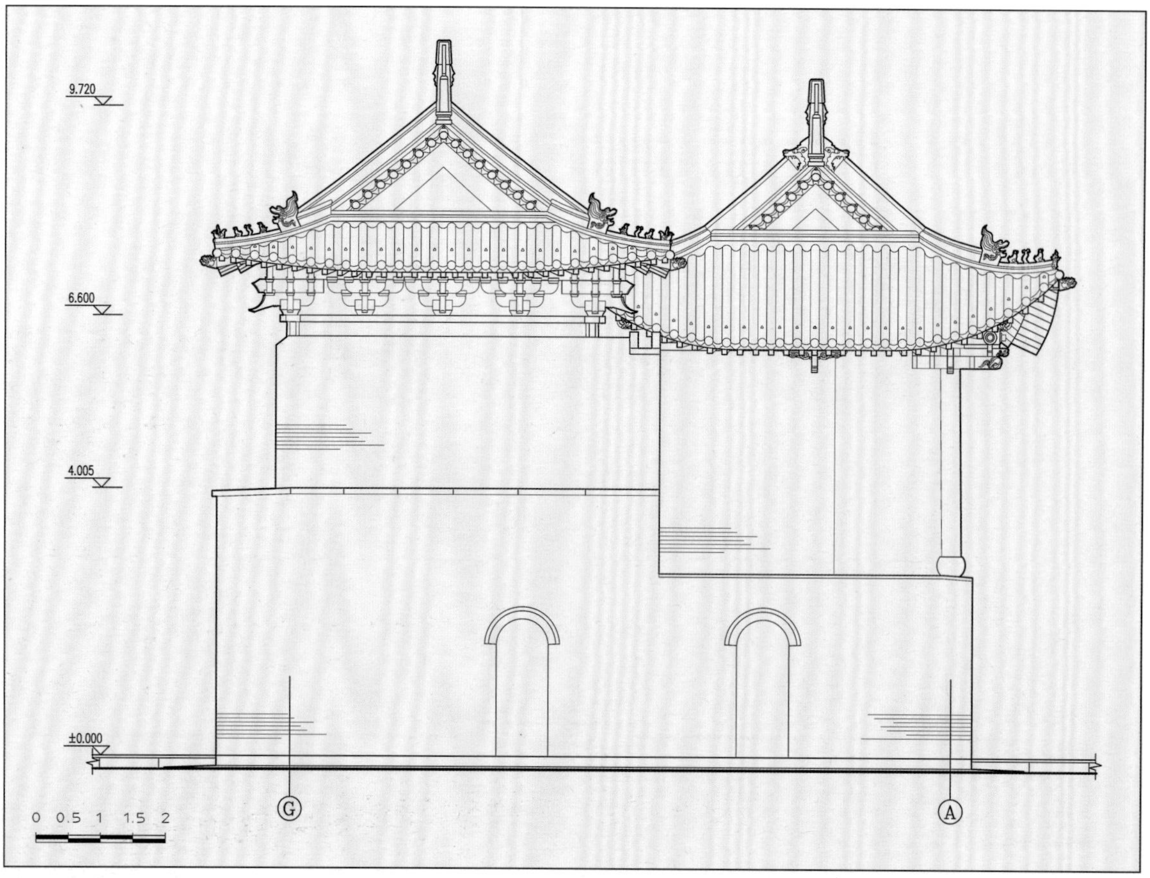

图 2-2-9-13 禹州城隍庙戏楼侧立面图

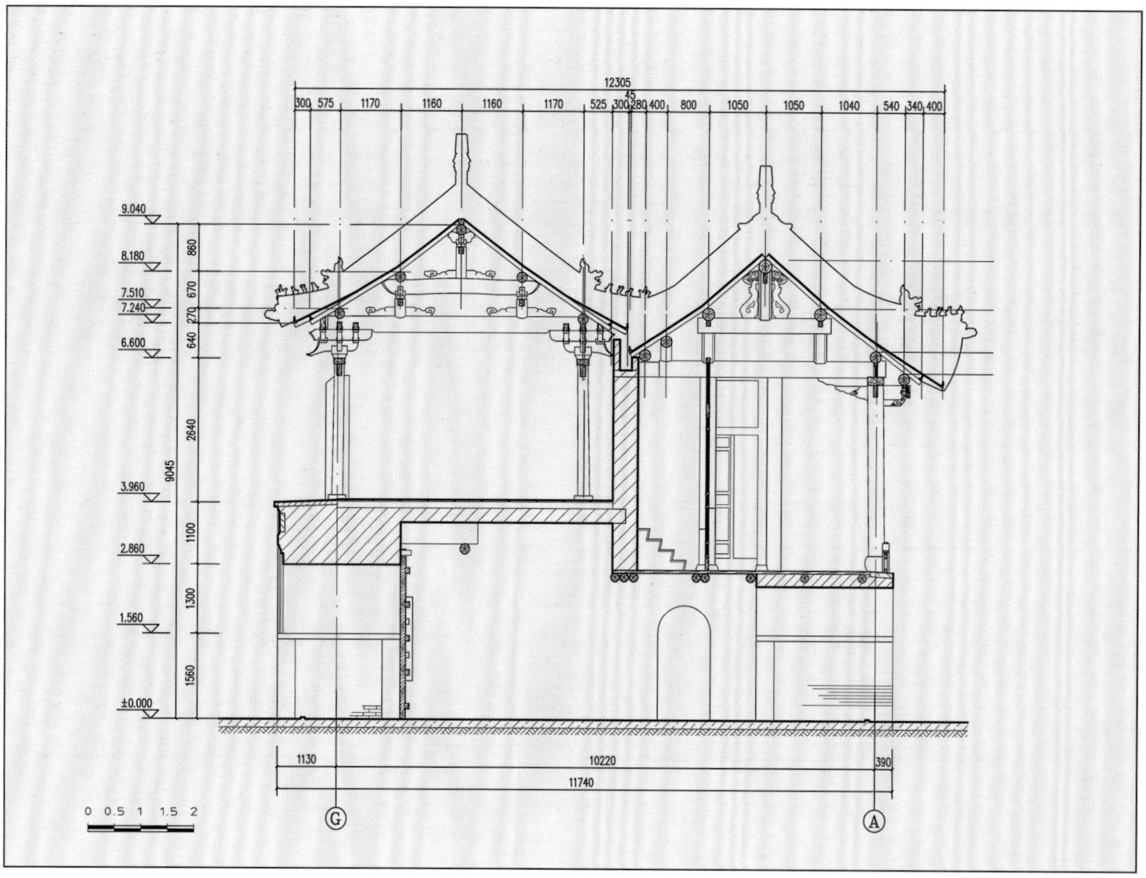

图 2-2-9-14 禹州城隍庙戏楼横剖面图

照 2-2-9-3　郭东村戏楼

（三）郭东村戏楼

戏楼位于禹州市郭连镇郭东村，北纬34° 10′ 21″，东经113° 33′ 53″，海拔114米。创建年代不详，清代建筑。

戏楼坐北面南，单幢式，为单檐前坡悬山、后坡硬山式建筑。三面观，面阔三间，进深一间，通面阔6.46米，其中明间2.68米；通进深7.11米。前檐立石柱四根，柱身镌刻楹联一副："奸党恶徒，正好优人口传笑骂；忠臣孝子，还从歌舞台上有旌。"因乡村建设的发展，地坪逐渐抬高，戏楼台基已被淤埋。前檐及山面用砖封砌（照2-2-9-3）。

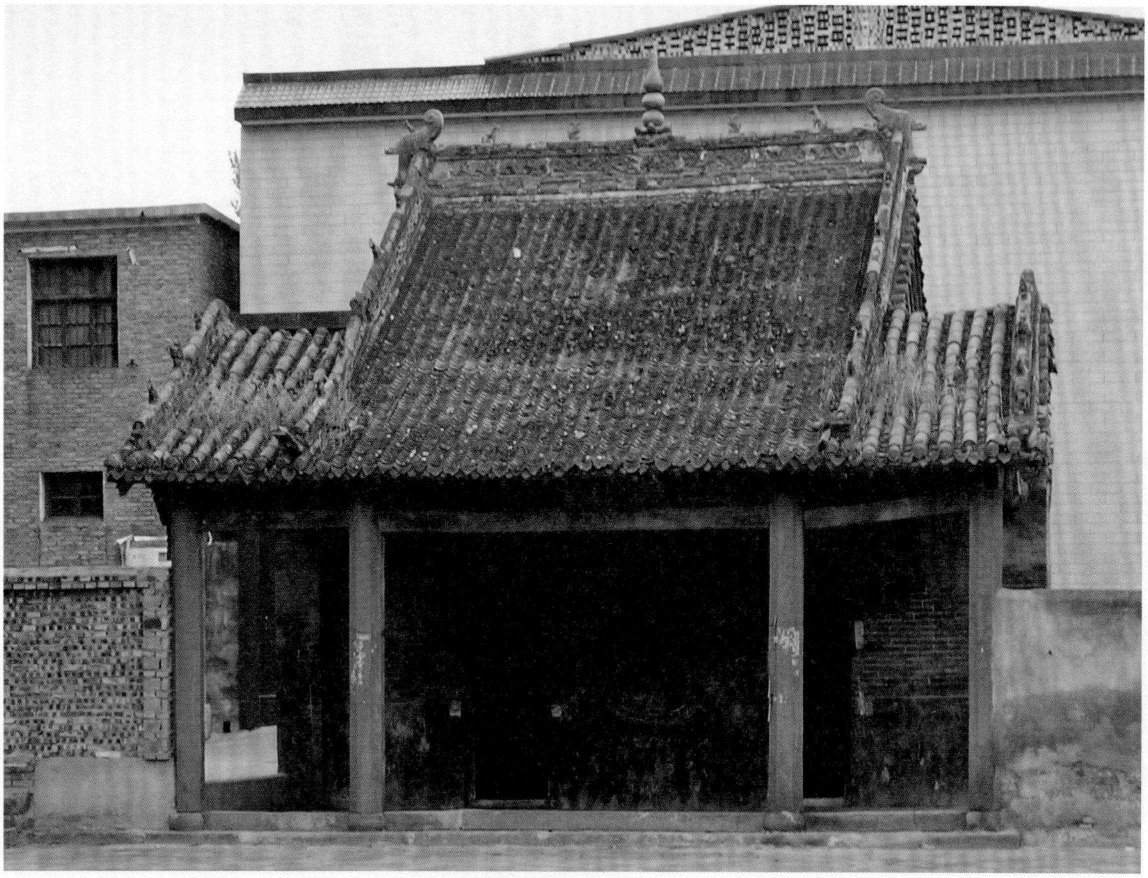

照2-2-9-4 五虎庙戏楼正立面

（四）五虎庙戏楼

五虎庙位于禹州市花石镇白北村南部，北纬34°19′44″，东经113°15′16″，海拔186米。该庙坐北面南，创建于元至正九年（1349），现仅存戏楼、山门、义勇武安王大殿和白衣阁4座文物建筑，系第一批河南省文物保护单位。

戏楼创建于明宣德三年（1428），民国三十三年（1944）重修。位于山门外南中轴线31.2米处，坐南面北，单幢式，三面观。面阔三间，通面阔7.45米，其中明间3.9米。明间进深二间7.65米，次间进深一间3.4米。前檐施红石柱四根。梁架为抬梁式，明间设墙将舞台分为前后台，起到隔断作用，正中设圆窗，两侧各辟一券门为上下场门。墙两侧梁架均为三步梁置于柱头或插于墙身，梁上承瓜柱、双步梁、单步梁及各层檩枋。墙体为青砖砌筑，后檐墙正中设一方窗，上用青石组成卐字纹。戏楼屋面形式独特，为明间硬山、次间卷棚悬山式。明间正脊位置后移，与次间后檐墙同一轴线。形成倒“凸”字形，巧妙别致（照2-2-9-4）（照2-2-9-5）（图2-2-9-15）（图2-2-9-16）（图2-2-9-17）。

照2-2-9-5 五虎庙戏楼侧立面

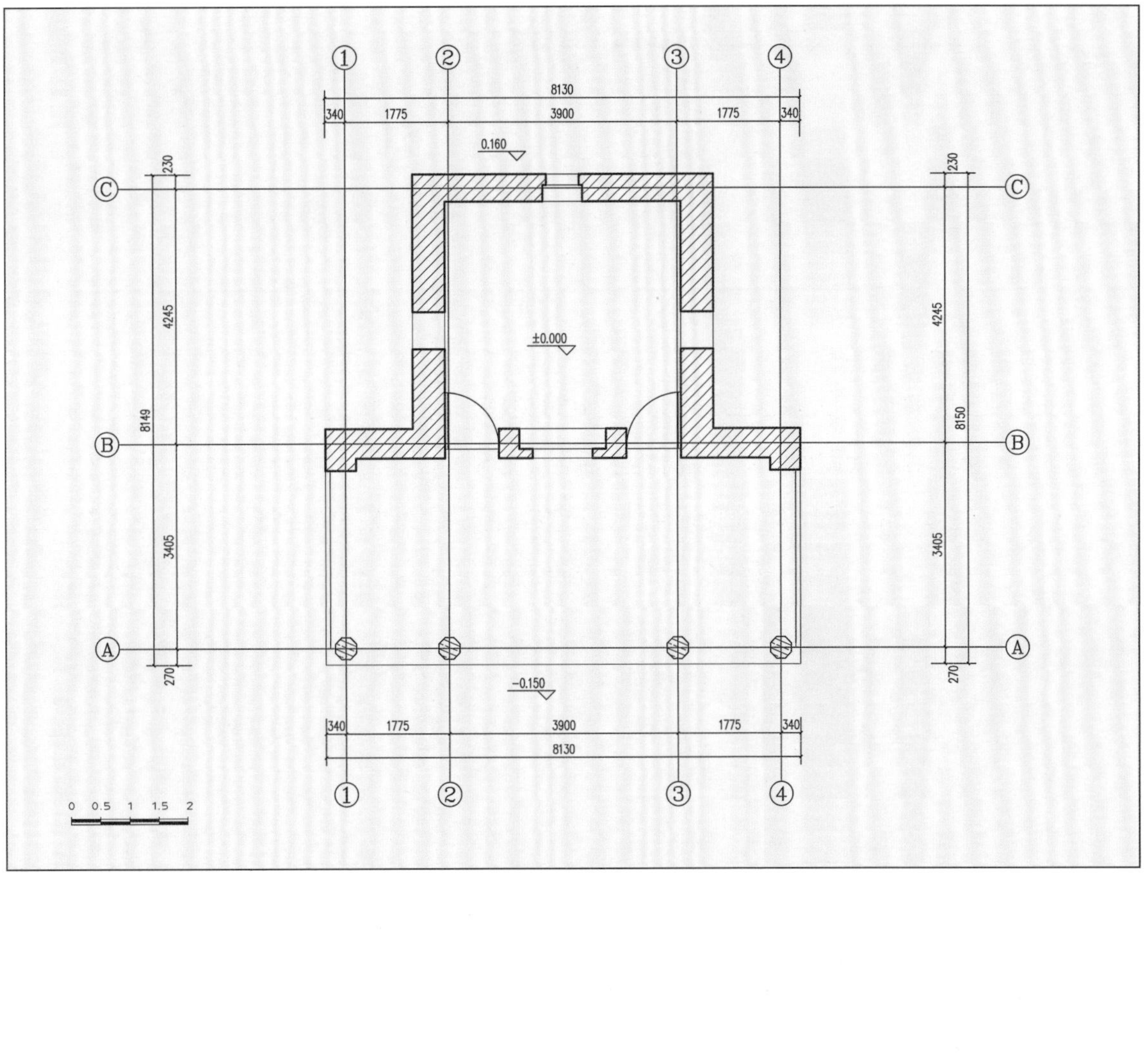

图2-2-9-15 五虎庙戏楼平面图

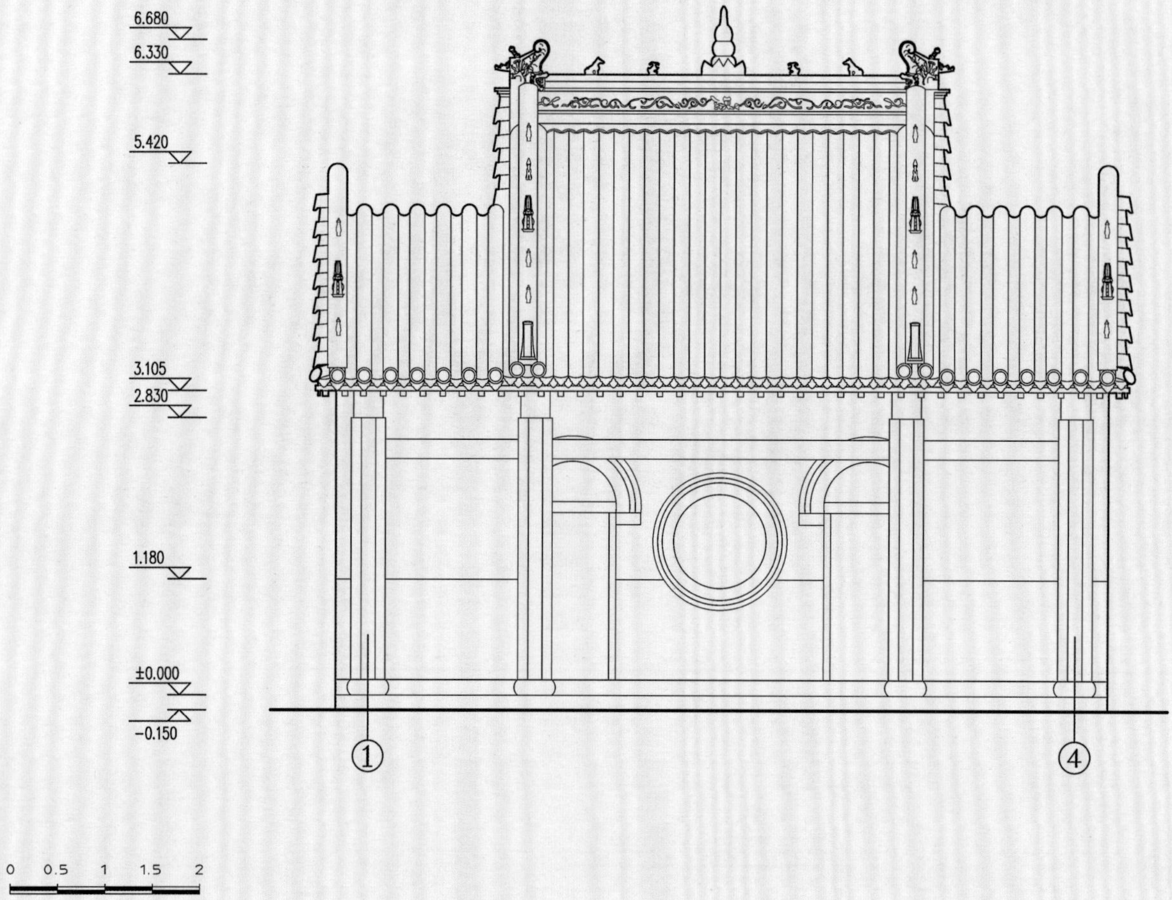

图 2-2-9-16　五虎庙戏楼正立面图

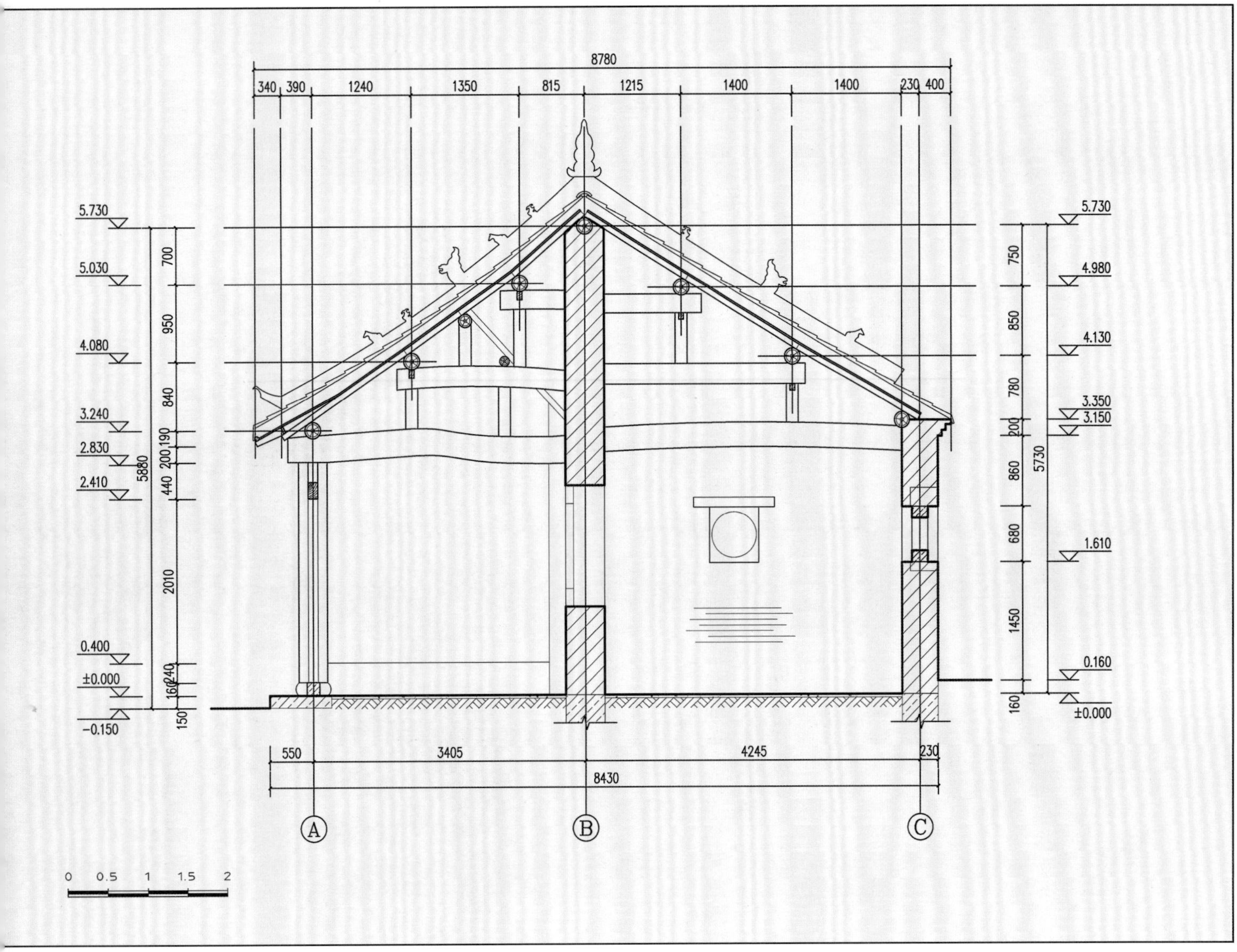

图 2-2-9-17　五虎庙戏楼横剖面图

（五）神垕伯灵翁庙戏楼

伯灵翁庙位于禹州市神垕镇顺东大办事处行政街中部，北纬34°07′10″，东经113°13′20″，海拔272米。又称“窑神庙”，是烧瓷人供奉窑神的地方。创建年代不详，清康熙、光绪年间曾修缮，现仅存戏楼，系第二批河南省文物保护单位。

伯灵翁庙戏楼坐南面北，单幢式，为两层单檐歇山顶建筑。一层为山门，二层为舞台，屋面绿琉璃瓦覆顶。面阔三间8.2米，进深二间7.85米。一层南檐设抱厦一间，面阔、进深均为一间，单坡歇山式屋面，绿琉璃瓦覆顶。前檐立两根石柱，柱身刻楹联一副：“灵丹宝箓传千古；坤德离功利万商。”柱前一对石狮，形象憨态可掬，与柱下复合式柱础连为一体。平板枋、额枋雕刻“八仙过海”等神话故事。戏楼南檐墙明间辟券门，为庙宇入口通道。门两侧青石上正中高浮雕门神图案，周边点缀繁缛的花草纹饰，券门边装饰回纹，纹饰精美。戏楼一层用柱四根，柱础高浮雕民俗故事，上面人物、瑞兽等形态各异，形象灵动。二层空间用柱和屏风分隔为舞台及后台，平面采用减柱造和移柱造，将前檐金柱向后平移，并减去后檐明间金柱，扩大了舞台的演出空间。前檐明间柱础间设低矮木栏杆，次间以栅栏围护。檐下绕周共施如意斗栱二十六攒，其中柱头科八攒、平身科十四攒、角科四攒。梁下设天花，上绘团花及欧亚人物头像，色彩古朴。戏楼屋面采用绿琉璃瓦顶，正脊表面浮雕凤纹，正中立宝瓶。伯灵翁庙戏楼装饰华美，雕刻精细，彩画古朴。特别是木雕、砖雕、石雕工艺精湛，内容丰富，装饰特点鲜明，为河南古戏楼建筑中的精品（照2-2-9-6）（照2-2-9-7）（照2-2-9-8）（照2-2-9-9）（图2-2-9-18）（图2-2-9-19）。

照 2-2-9-6　神垕伯灵翁庙戏楼正立面

照2-2-9-7 神屋伯灵翁庙戏楼背立面

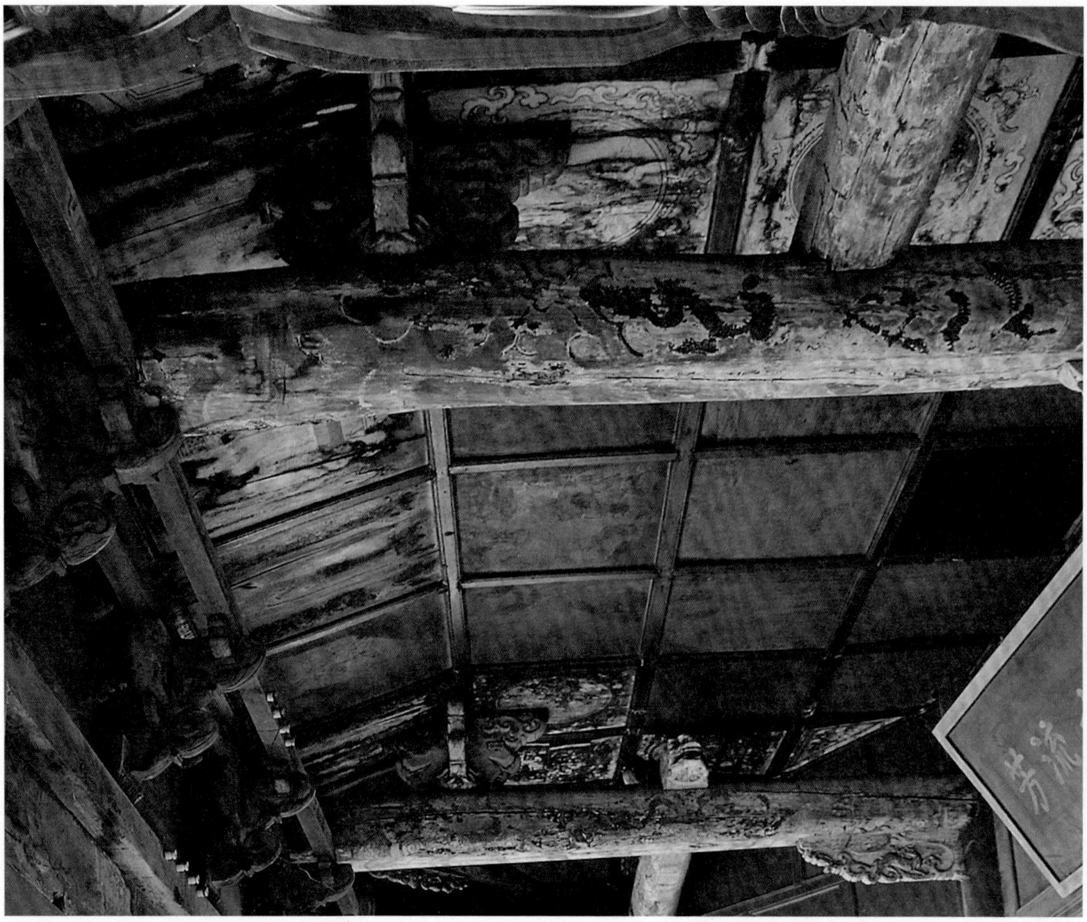

照2-2-9-8 神垕伯灵翁庙戏楼天花

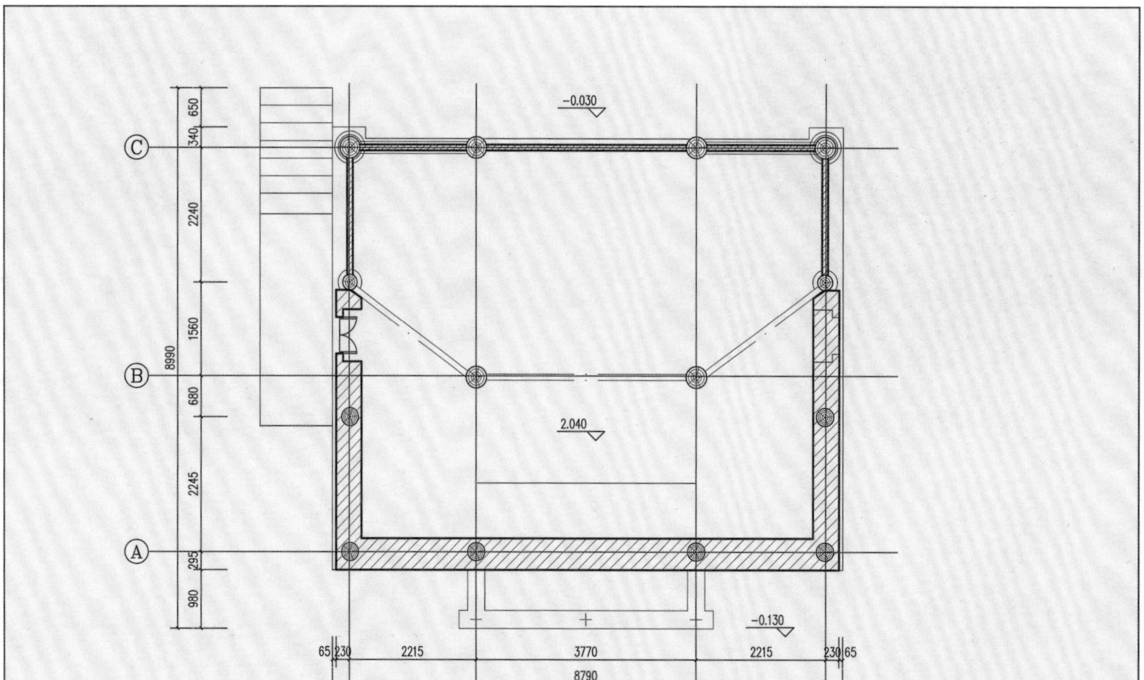

图2-2-9-18 神垕伯灵翁庙戏楼平面图

照2-2-9-9 神垕伯灵翁庙戏楼木雕

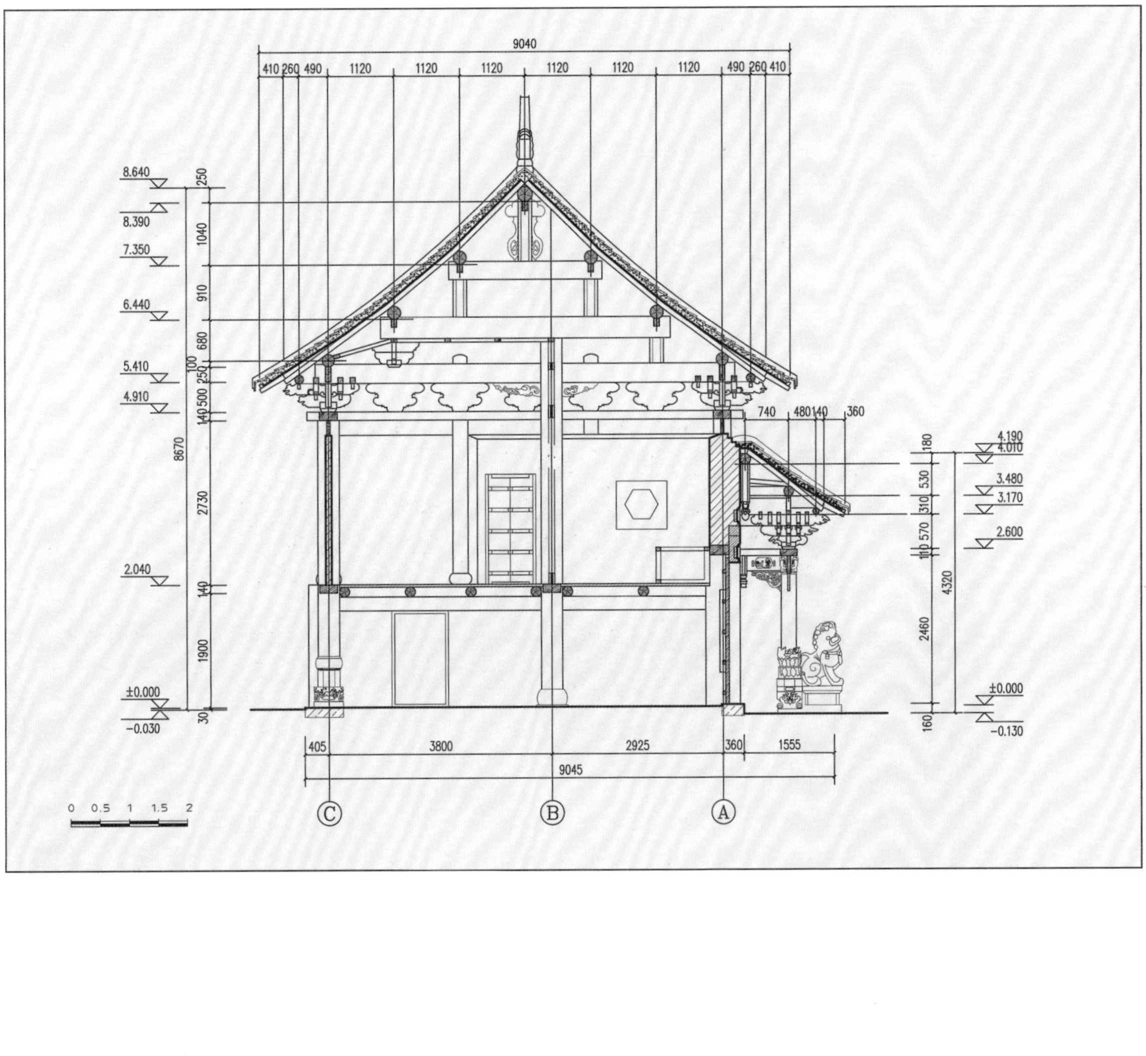

图2-2-9-19 神垕伯灵翁庙戏楼横剖面图

（六）神垕关帝庙戏楼

神垕关帝庙位于许昌市禹州市神垕镇顺东大办事处行政街中部，伯灵翁庙的东侧。创建于清乾隆年间，仅存戏楼、牌楼两座文物建筑，系第二批河南省文物保护单位。

戏楼坐南面北，位于关帝庙中轴线南端，三幢并联式，戏台两侧有耳房（扮戏房）各一间，为更衣及化妆使用。屋面形式独特，为前坡歇山与后坡悬山巧妙组合，灰色筒瓦覆顶，两侧耳房为悬山顶。平面呈“凸”字形，半三面观。戏楼面阔三间，进深二间，五步椽屋，通面阔7.36米，其中明间3.3米；通进深6.02米。戏楼一层为关帝庙入口通道，二层为戏台。一层台体用青砖砌筑，高2.28米，明间辟券门。二层戏台为青砖地面，前檐立柱四根，下设圆鼓式柱础，次间柱间设木栅栏围护。五梁架置于前檐柱及后檐墙之上，承五架梁、三架梁、瓜柱及各层檩枋。五架梁上设有素面天花。梁下有一字木隔断。檐檩及额枋间为花板，采用透雕、高浮雕等技法雕刻麒麟、龙凤、牡丹、荷花等图案，下方雀替同样浮雕龙纹。墙体青砖砌筑，山墙设门与耳房相通。正、垂脊浮雕卷草纹饰。耳房面阔、进深均为一间，面阔2.12米，进深4.06米。为方便上下，东耳房前檐设石砌踏步（照2-2-9-10）（照2-2-9-11）（照2-2-9-12）（图2-2-9-20）（图2-2-9-21）（图2-2-9-22）（图2-2-9-23）（图2-2-9-24）。

照2-2-9-10 神垕关帝庙戏楼正立面

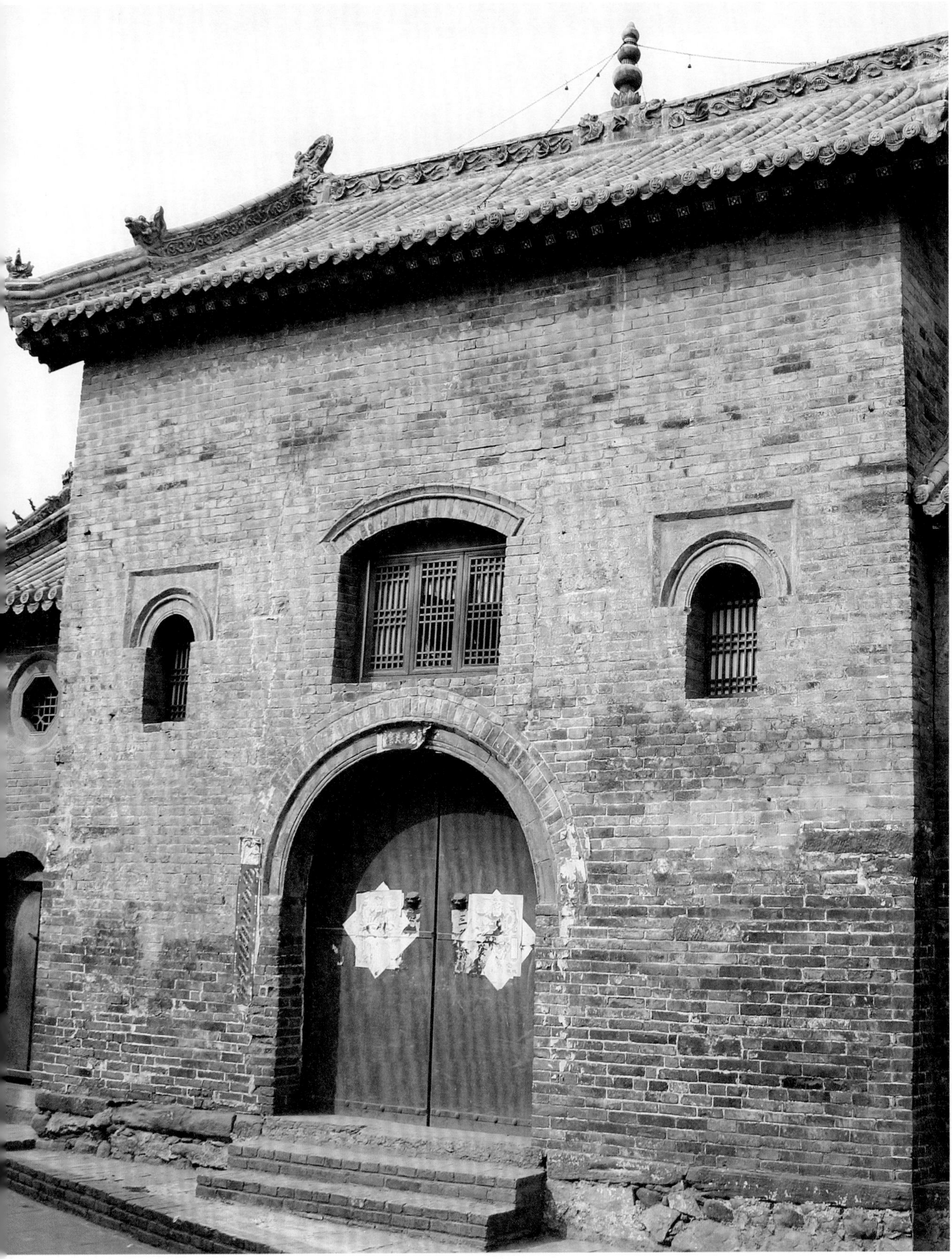

照2-2-9-11 神垕关帝庙戏楼背立面

照2-2-9-12　神垕关帝庙戏楼木雕

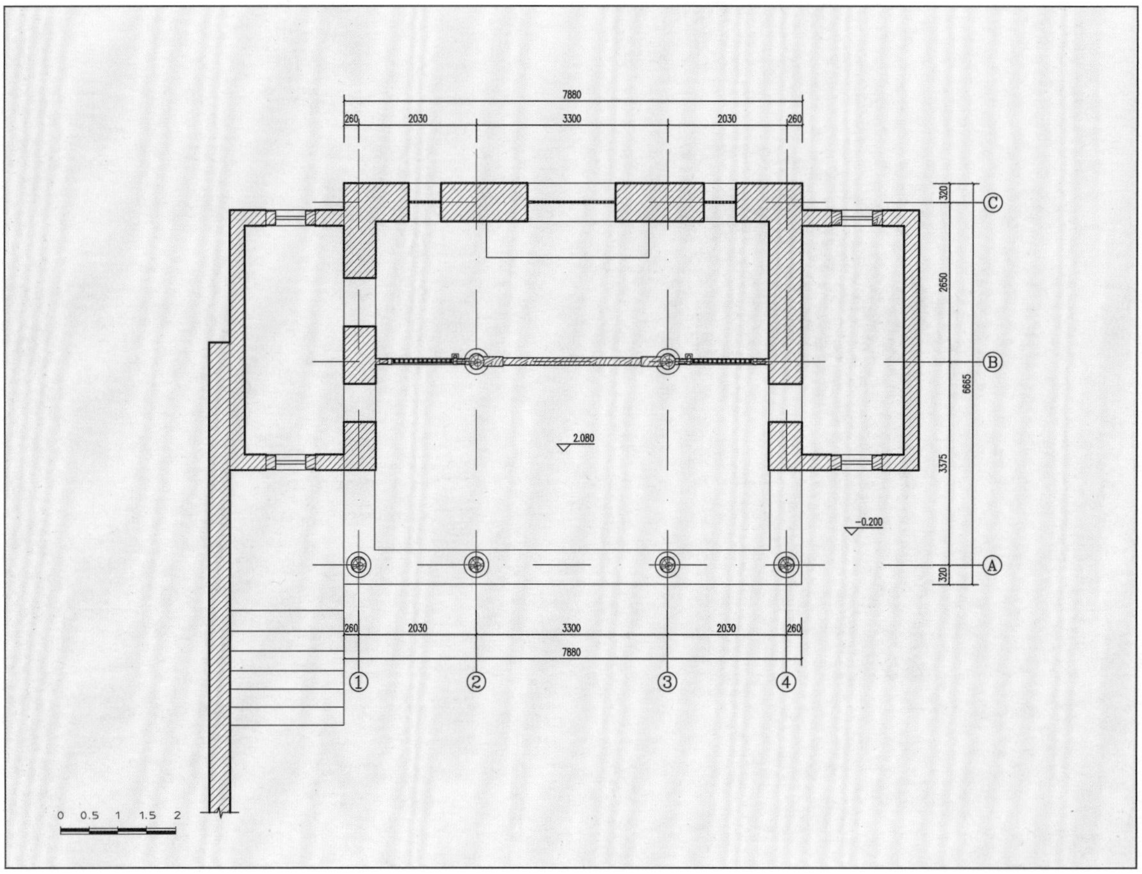

图2-2-9-20　神垕关帝庙戏楼平面图

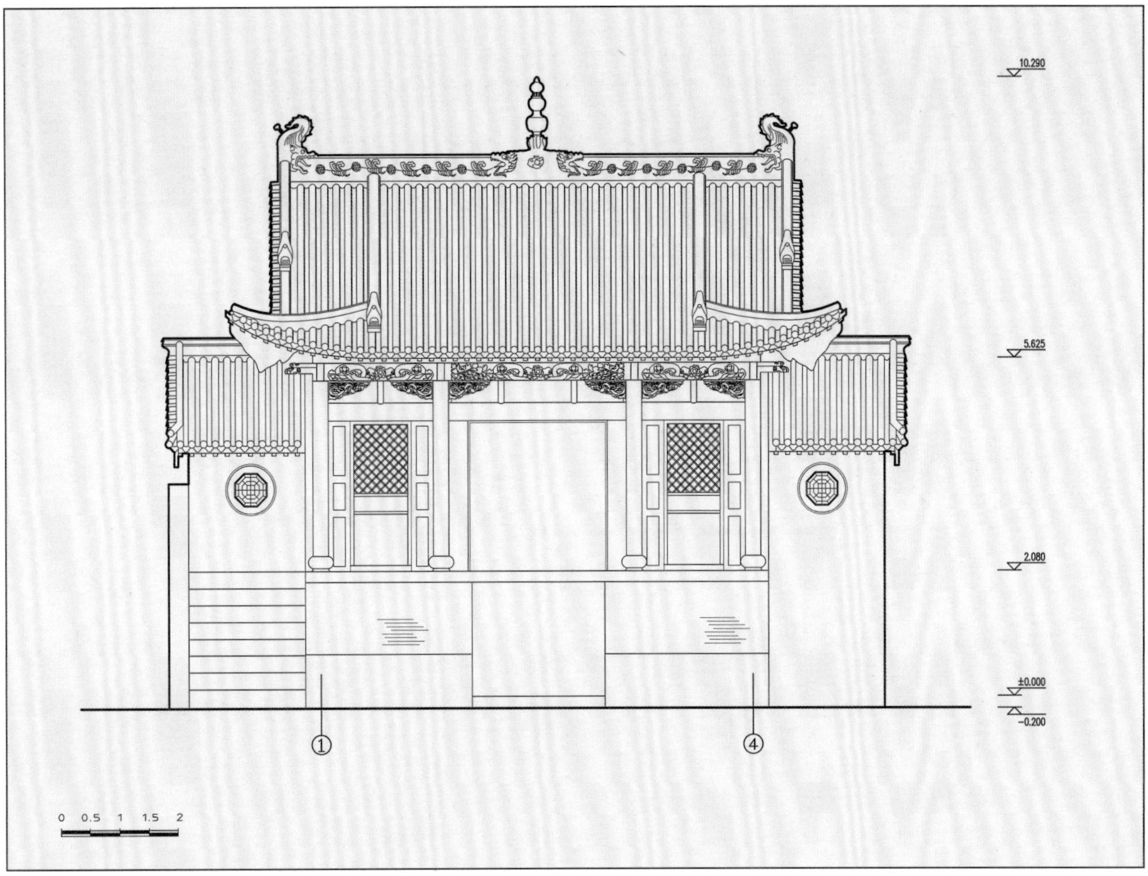

图 2-2-9-21 神垕关帝庙戏楼正立面图

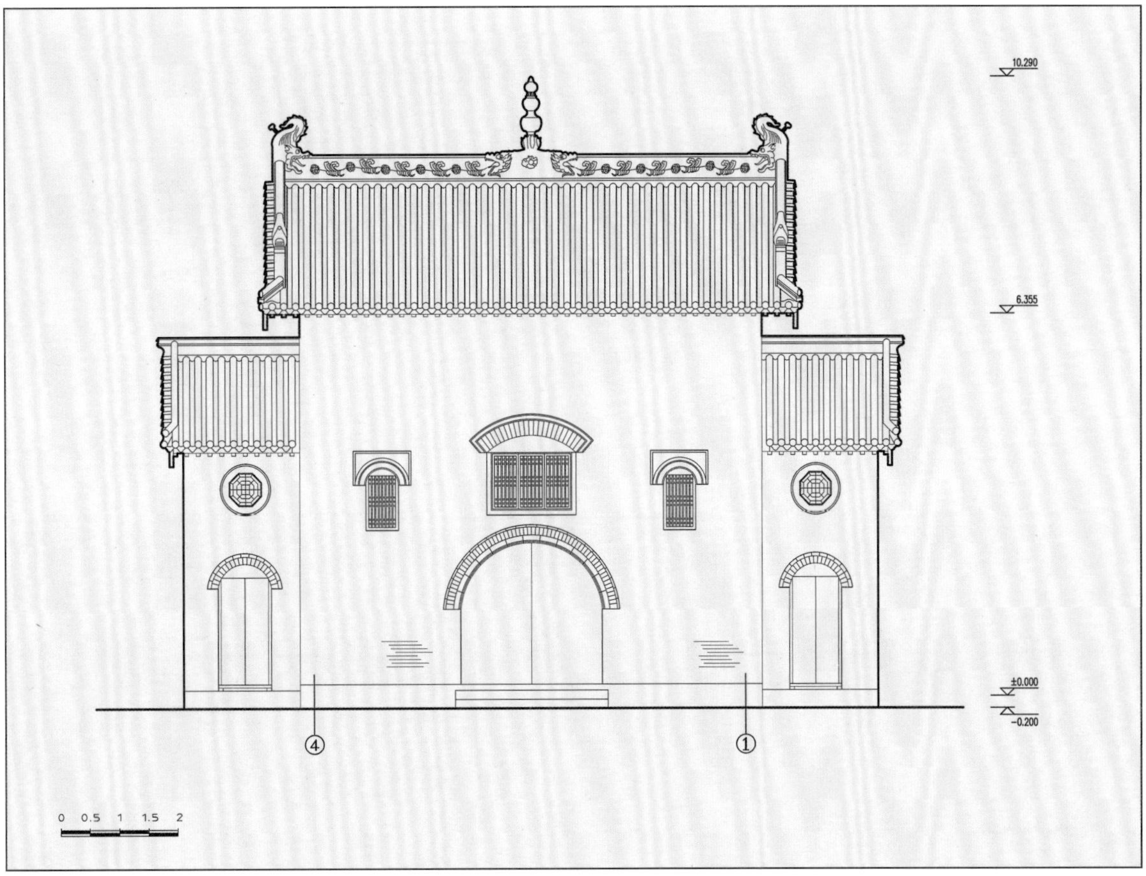

图 2-2-9-22 神垕关帝庙戏楼背立面图

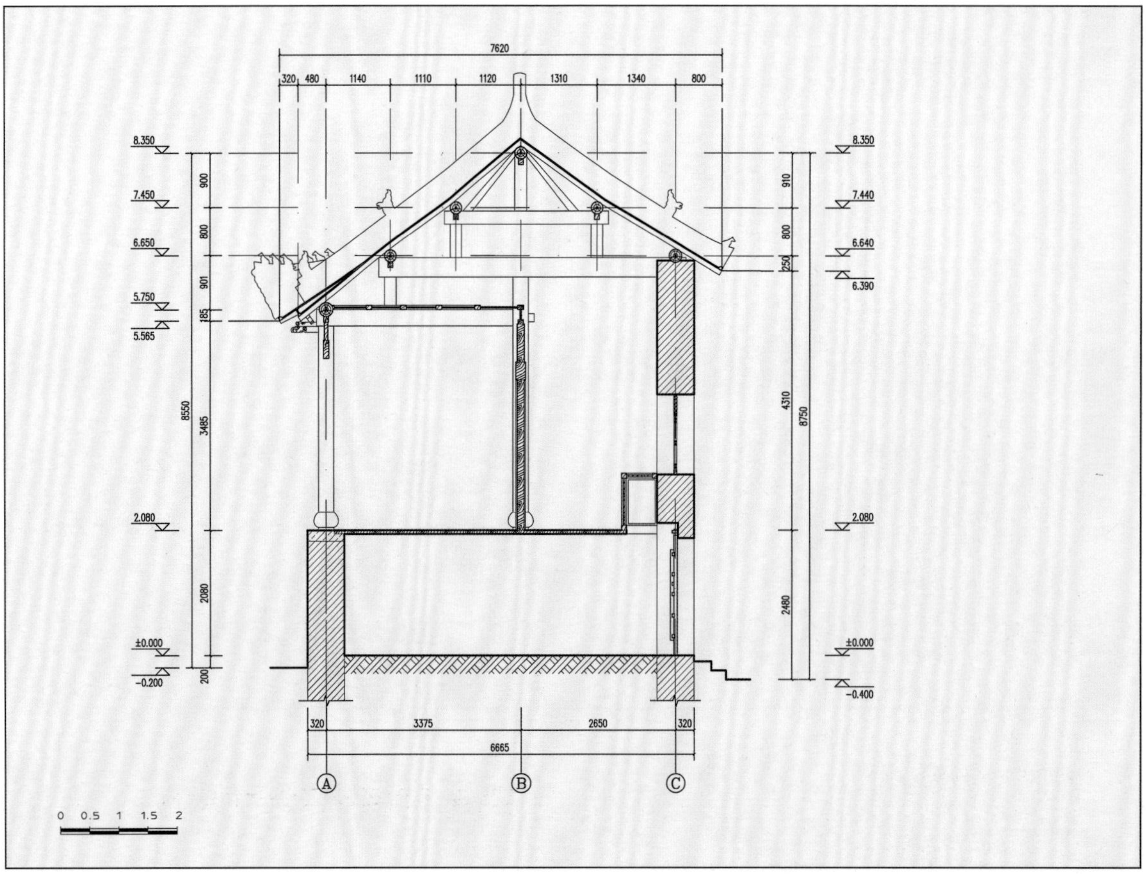

图2-2-9-23 神垕关帝庙戏楼明间横剖面图

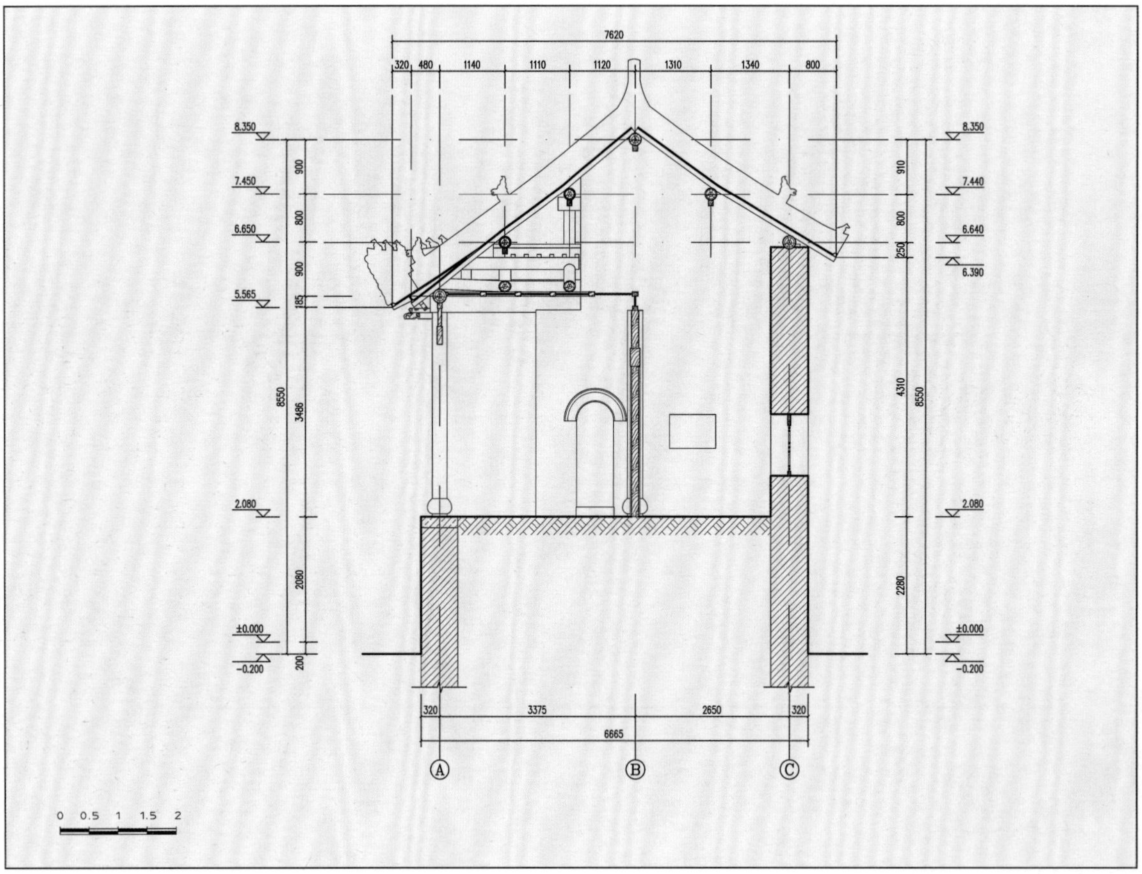

图2-2-9-24 神垕关帝庙戏楼次间横剖面图

（七）襄城颍考叔祠戏楼

襄城颍考叔祠又称颍大夫庙，位于襄城县颍桥回族镇建设街，北纬33° 57′ 45″，东经113° 35′ 08″，海拔78米。创建年代不详，元至大三年（1310）襄城尹赵汝翼在原址重建，并设颍考叔像供人瞻仰。明弘治年间知县王弘重修，后明嘉靖、万历，清康熙、乾隆年间曾多次修缮。颍考叔祠现存颍考叔殿、火神殿、关爷殿、戏楼、走马棚等建筑，系第二批许昌市文物保护单位。

戏楼坐南面北，与大殿不在一中轴线上。单幢式，为单檐悬山式建筑，三面观。面阔三间，进深三间，通面阔6.94米，其中明间3.28米；通进深2.59米。台基用青砖砌筑，高1.76米。前檐立四根石柱，上刻楹联一副：“乐府功高，扬百世忠臣义士；梨园技美，标千秋孝妇烈女。”梁架为六步椽用四柱，前三步梁前端置于檐柱上，后端插于中柱，后单步梁插于后金柱和与后檐墙上，三步梁正中设瓜柱，与中柱、后金柱共同承担五架梁，梁上置瓜柱、三架梁及各层檩枋。墙体用青砖砌筑，两侧山墙长度约为山面进深的1/2，形成舞台前檐三面敞开。东山墙设排水石槽。现前檐及山面用青砖封砌，失去戏楼功能，内供奉神像。

祠内遗存碑碣两通，分别为清乾隆八年（1743）《重修颍考叔祠序》碑及清光绪二十九年（1903）《关帝庙菩萨堂》碑（照2-2-9-13）。

照2-2-9-13 襄城颍考叔祠戏楼

图 2-2-10-1　漯河市遗存古戏楼分布示意图

① 北舞渡马王庙戏楼（舞阳县北舞渡镇西街村）

十、漯河市

漯河市位于河南中部偏南，地势西高东低。现存古戏楼1座，即舞阳县北舞渡镇马王庙戏楼（图2-2-10-1）。

（一）北舞渡马王庙戏楼

马王庙位于舞阳县北舞渡镇西街村舞阳县第二高中院内，北纬33°37′32″，东经113°41′07″，海拔94米。创建年代不详，为商人集资而建，是当时清王朝办理“马证”的部门，1927年国共合作时期，国民党舞阳县第一次党代会也在此召开，系第一批漯河市文物保护单位。

戏楼坐南面北，单幢式，为两层单檐悬山式建筑，小青瓦屋面。平面呈长方形，三面观。一层明间辟券门，为马王庙入口，现已封堵。戏楼二层面阔三间，进深一间，六步椽屋，通面阔8.6米，通进深7.6米。前檐置四根抹角石柱，墙体用青砖砌筑，后檐墙设排水石槽。现戏楼三面封砌，曾做教室使用，后又改为仓库（照2-2-10-1）。

照2-2-10-1 北舞渡马王庙戏楼

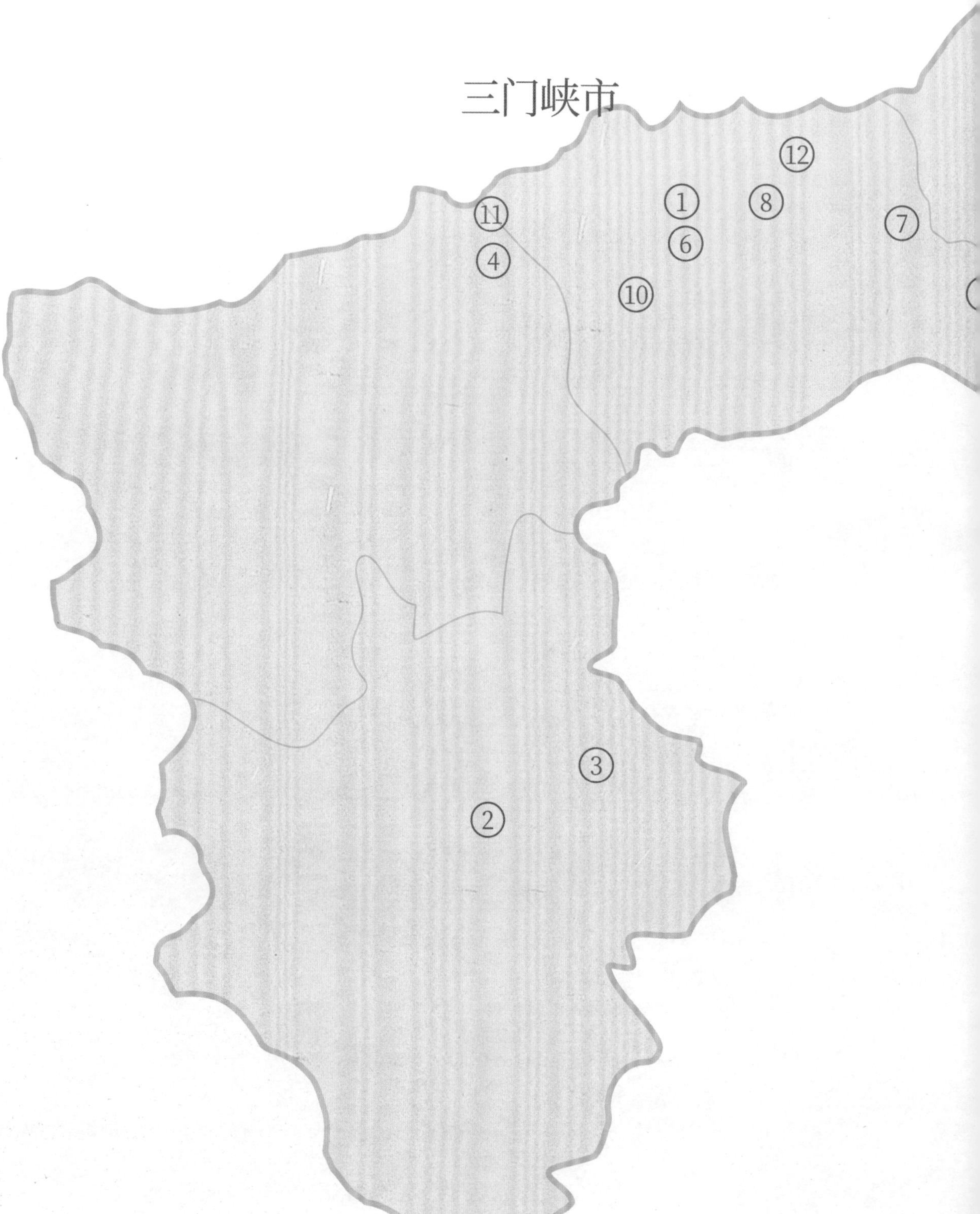

图 2-2-Ⅱ-1 三门峡市遗存古戏楼分布示意图

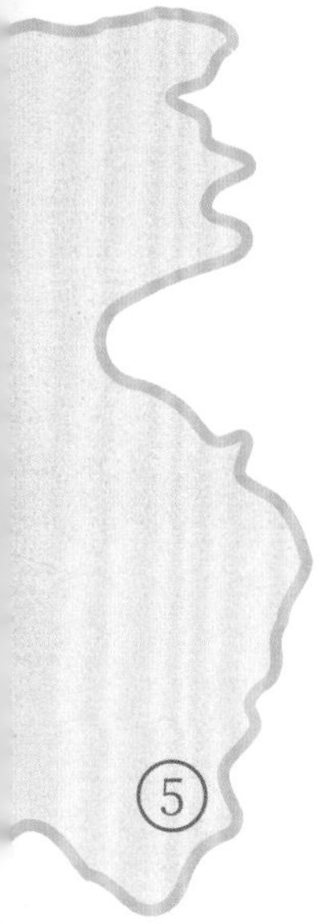

① 南梁万寿宫戏楼（三门峡市湖滨区交口乡南梁村）

② 卢氏城隍庙舞楼（卢氏县）

③ 范里村结义庙戏楼（卢氏县范里镇范里村）

④ 凤沟村关帝庙戏楼（灵宝市大王镇凤沟村）

⑤ 桐树沟席氏祠堂戏楼（渑池县天池镇桐树沟村）

⑥ 南阳村戏楼（三门峡市陕州区菜园乡南阳村）

⑦ 段岩村戏楼（三门峡市陕州区观音堂镇段岩村）

⑧ 山口村三官庙戏楼（三门峡市陕州区张茅乡山口村）

⑨ 柳沟村戏楼（三门峡市陕州区西李村乡柳沟村）

⑩ 上瑶泰山圣母庙戏楼（三门峡市陕州区菜园乡上瑶村）

⑪ 东沟村戏楼（三门峡市陕州区张村镇东沟村）

⑫ 老泉村老泉庙戏楼（三门峡市陕州区王家后乡老泉村）

十一、三门峡市

三门峡市位于河南省西部，与晋陕交界，地貌以山地、丘陵和黄土塬为主。山区面积占总面积的54.8%，丘陵面积占总面积36%，川原面积占总面积9.2%。

现存古戏楼12座，包括市区8座、卢氏县2座、渑池县1座、灵宝市1座；其中国保单位1处、省保单位3处、市保单位1处、县保单位5处、一般文物点2处（图2-2-11-1）。

（一）南梁万寿宫戏楼

万寿宫位于三门峡市湖滨区交口乡南梁村东北角台地上，北纬34°41′10″，东经111°15′57″，海拔489米。坐北面南，三进院落。中轴线由南向北依次为戏楼（山门）、大殿、后殿，系第七批河南省文物保护单位。

戏楼坐南面北，创建年代不详，单幢式，为单檐灰瓦悬山式建筑。两层砖木结构，下为山门，上为戏台，平面呈长方形，一面观。面阔三间，进深二间，通面阔8.5米，其中明间3.5米；通进深7.5米，通高8.97米，台高2.53米。戏楼采用移柱造，将明间金柱向后台挪移0.5米，扩大了舞台表演面积。戏楼一层用砖墙隔为南北两部分，南为檐廊式山门，面阔三间，进深一间。檐柱石础为覆盆式，檐柱高4.37米，前檐柱与砖墙间置单步梁及穿插枋，枋头雕刻卷草图案，上置檐檩、椽。

照 2-2-Ⅱ-1 南梁万寿宫戏楼正立面

檐下梁头两侧出花板，施一斗二升交麻叶异型栱三攒，雀替透雕回字纹图案，形状纤细。一层北部明间为万寿宫入口，设双扇板门。东西山墙过檐柱向南扩出0.9米，墙厚下宽上窄，高度位于平板枋下皮。演出时关闭大门，外扩的墙体与圆窗便于声音的传播，扩音效果佳。戏楼前檐柱为通柱，柱身插设平梁，上承楞木及楼板。二层五梁架置于前檐平板枋及后檐柱之上，承柁墩、三架梁及各层檩枋，脊瓜柱两侧设叉手。五架梁北端下设替木辅助支撑。前檐梁头两侧装饰透雕花板，檐下设平身科四攒，其中明间二攒、次间各一攒。栱身雕刻花草图案，透雕工艺。额枋两端雕刻象鼻图案，精致有趣。二层次间后檐墙正中各设一圆窗，便于采光。山墙为五花山墙，上下层厚度不同，一层厚0.84米，二层0.54米。整体建筑风格古朴、端庄。现屋面缺失，用铁皮覆盖（照2-2-11-1）（照2-2-11-2）（图2-2-11-2）（图2-2-11-3）（图2-2-11-4）（图2-2-11-5）（图2-2-11-6）（图2-2-11-7）（图2-2-11-8）。

照2-2-11-2 南梁万寿宫戏楼背立面

图2-2-II-2　南梁万寿宫戏楼一层平面图

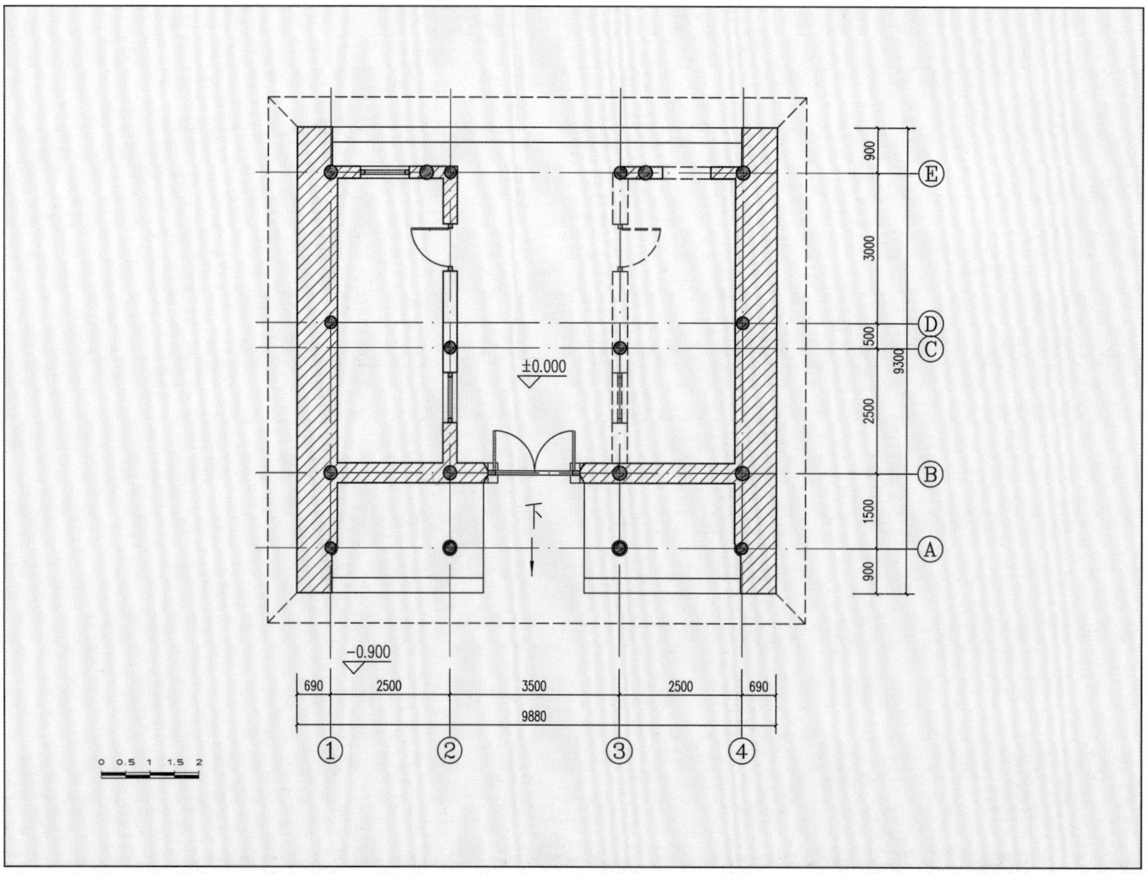

图2-2-II-3　南梁万寿宫戏楼二层平面图

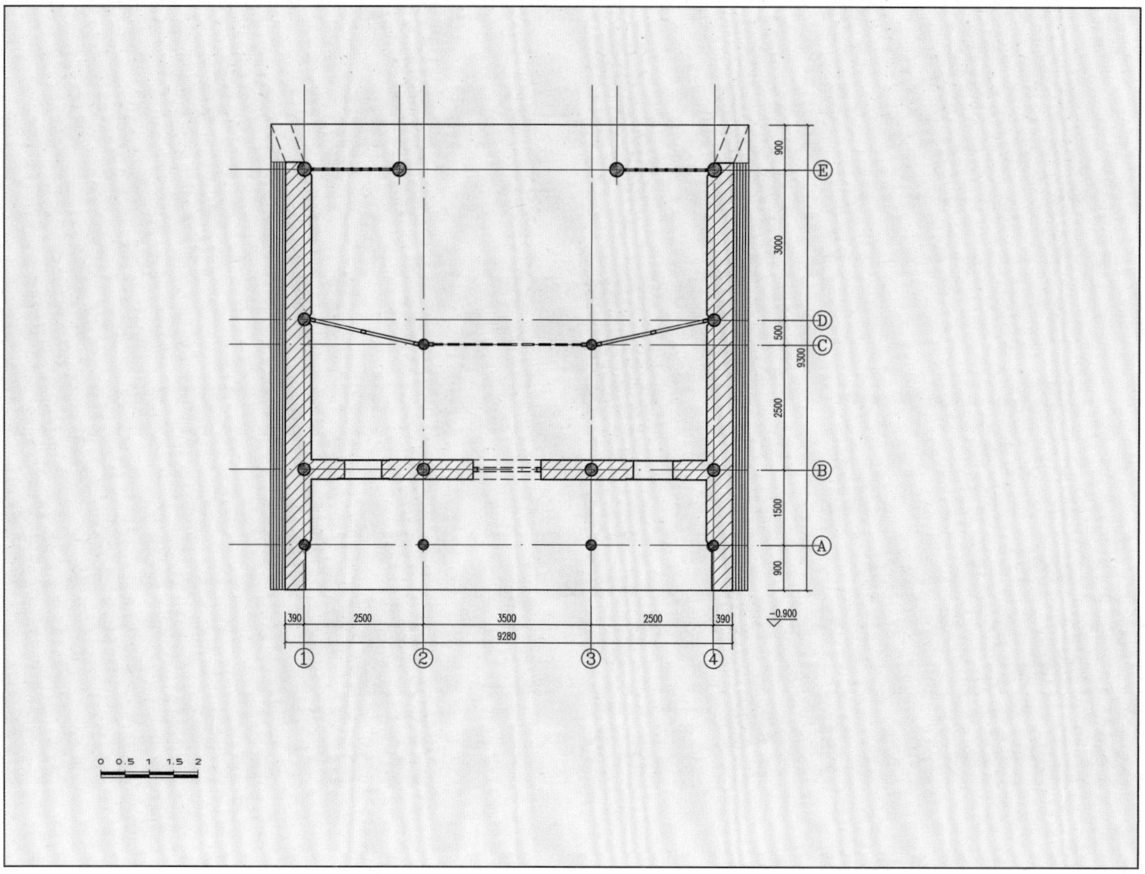

图2-2-II-4 南梁万寿宫戏楼正立面图

图2-2-II-5 南梁万寿宫戏楼背立面图

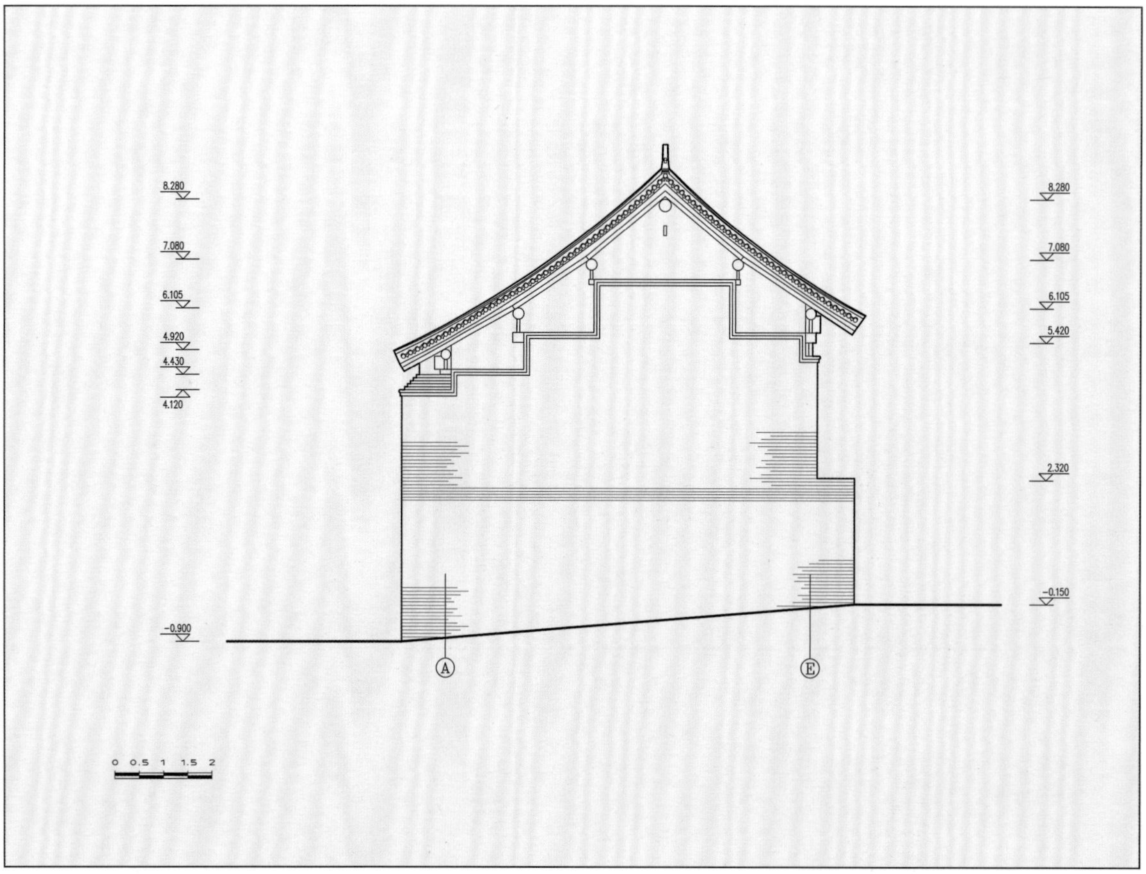

图2-2-II-6 南梁万寿宫戏楼侧立面图

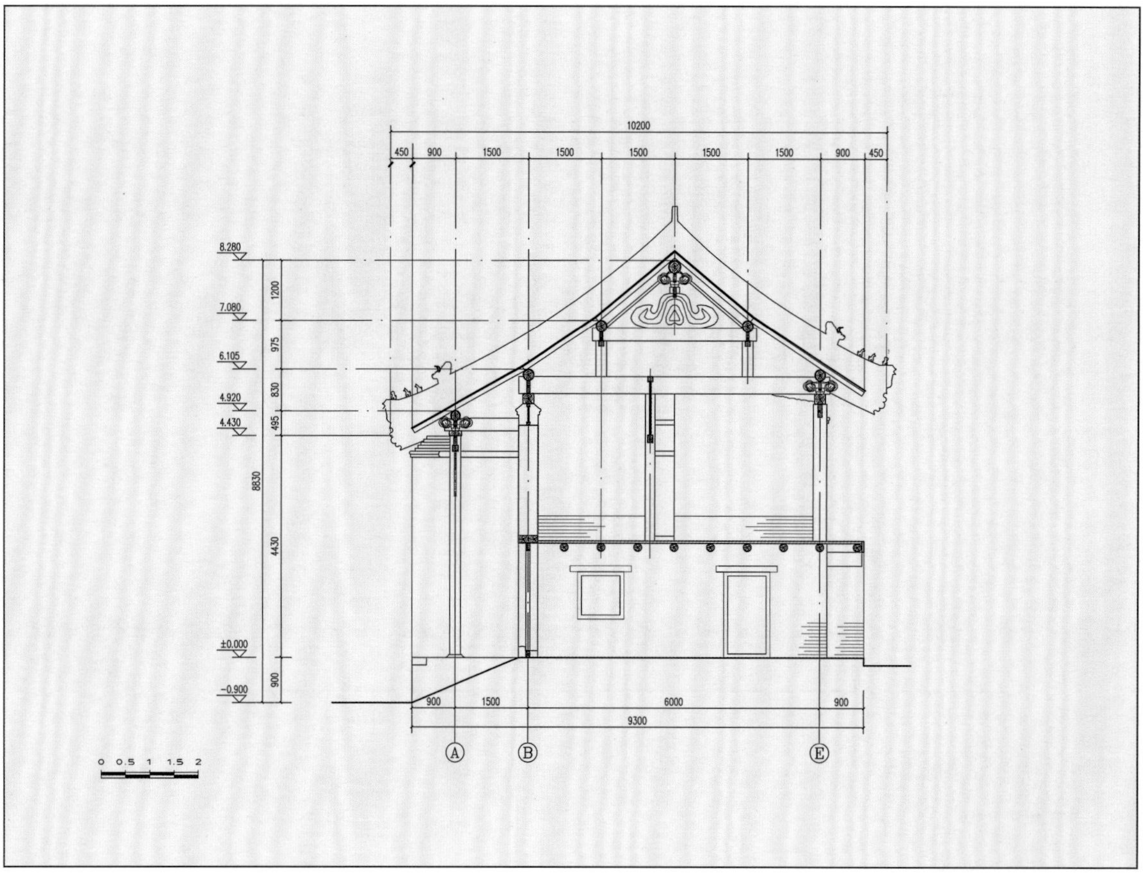

图2-2-II-7 南梁万寿宫戏楼横剖面图

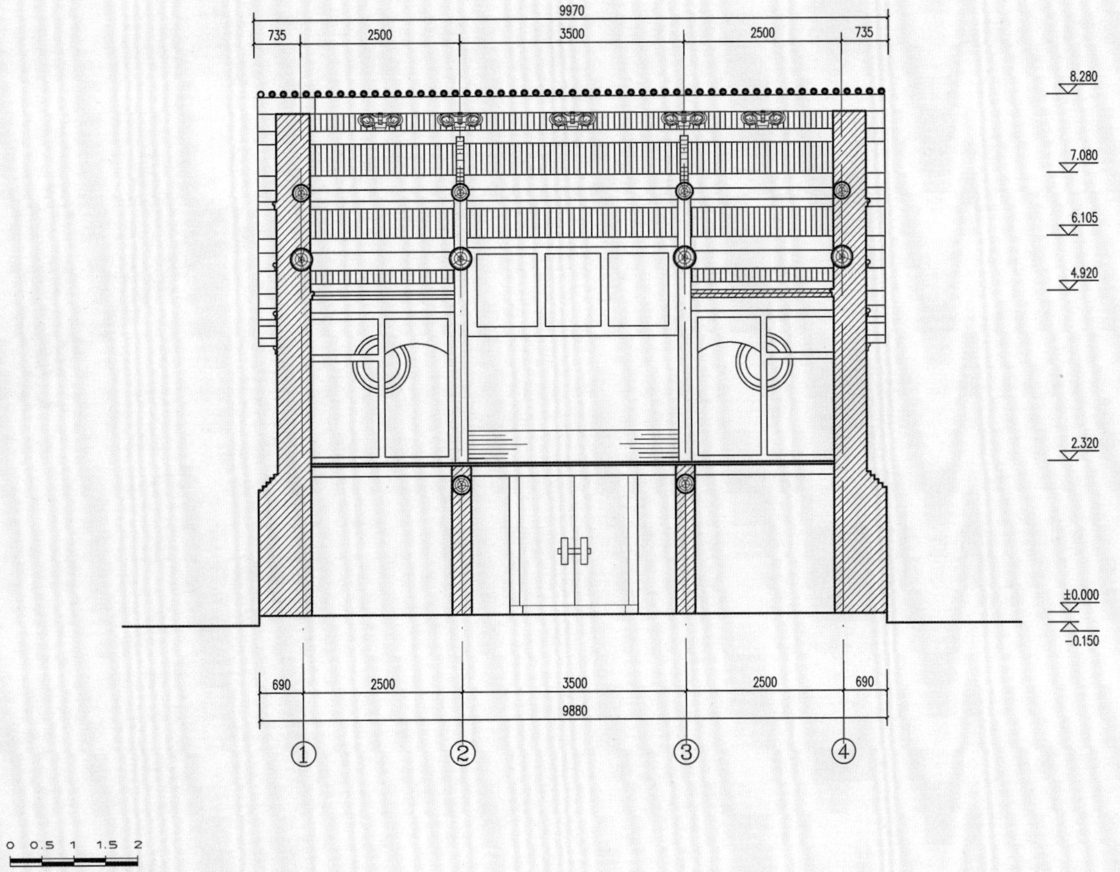

图 2-2-Ⅱ-8　南梁万寿宫戏楼纵剖面图

（二）卢氏城隍庙舞楼

卢氏城隍庙始称关帝庙，位于卢氏县城中心的中华街路北，北纬34°03′14″，东经111°02′38″，海拔550米。据清乾隆十二年（1747）《卢氏县志》卷三十四《卢氏县重修城隍庙记》及碑碣记载，城隍庙创建于元，明初重修，宣德年间遭兵燹。天顺甲申年（1464）至成化丙戌年（1466）及嘉靖三十九年（1560）两次重建。清康熙五十三年（1714）增修山门两侧九龙壁及琉璃门楼，乾隆十年（1745）及民国年间数度维修。城隍庙现为三进院落，中轴线自南向北依次为山门、舞楼、献殿、大殿，两侧立九龙壁及厢房。庙内遗存明清碑碣6通，建筑群整体保存较好，系第七批全国重点文物保护单位。

舞楼坐南面北，与大殿相对而建，单幢式，为单檐双层楼阁式建筑，歇山灰瓦顶。两层砖木结构，下为过门，上为戏台，平面呈长方形，一面观。面阔三间，进深一间，通面阔8.5米，其中明间3.92米；通进深5.9米，通高10.23米，台口高2.93米。一层檐柱为通柱，覆盆式柱础，柱身插设平梁，上承楞木及楼板。明间设格扇门，次间设八边异形窗。二层平面出平座，设木栏杆维护，形成回廊，一层柱身及檐墙出梁承其重。二层梁架为抬梁式，五梁架置于前后檐平板枋之上，承柁墩、三架梁及各层檩枋，脊檩两侧设叉手。金檩与枋之间设一斗二升交麻叶斗栱二攒。次间梁架平身科与山面平身科共同支撑抹角梁，梁上立柁墩、踩步金。山面中部出趴梁，后尾搭于五架梁之上。木构架转角处抹角梁承托老角梁，老角梁后尾直接搭在五架梁上，翼角冲出较小。檐下绕周共施栱二十二攒，其中平身科十二攒，柱头科六攒，角科四攒。柱头科与平身科皆为五踩重昂重栱计心造，昂下刻假华头子，琴面形昂头，昂嘴扁瘦呈面包形，斗颧明显的。柱头科耍头为麻叶头，平身科为蚂蚱头。斗栱间距不等。二层明间为六抹格扇门，次间为槛窗。屋面正脊中部上置象背驮宝瓶，脊筒上浮雕牡丹等花卉图案，鸱吻为龙首形，整体建筑风格古朴、端庄。舞楼曾演出豫剧、京剧、二黄及靠山吼等剧种（照2-2-11-3）（图2-2-11-9）（图2-2-11-10）（图2-2-11-11）（图2-2-11-12）（图2-2-11-13）（图2-2-1-14）（图2-2-11-15）。

照2-2-11-3 卢氏城隍庙舞楼

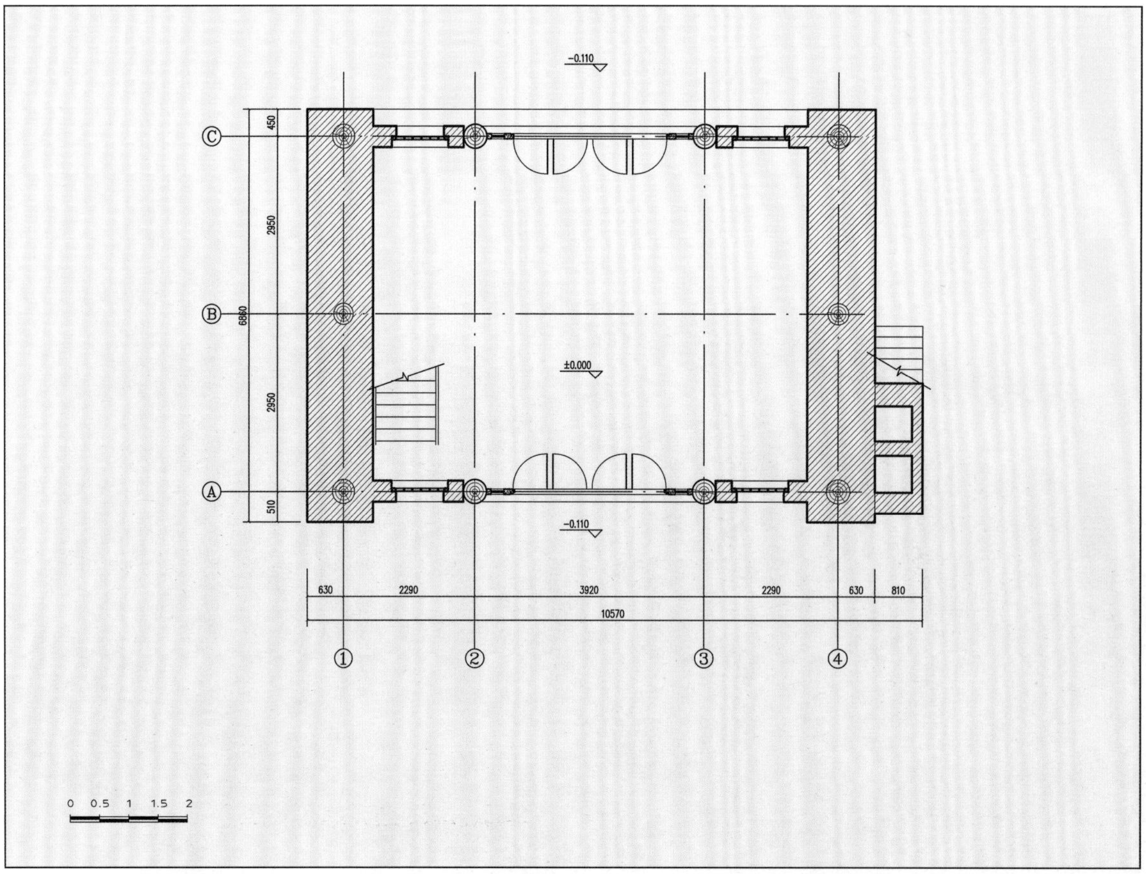

图 2-2-Ⅱ-9 卢氏城隍庙舞楼一层平面图

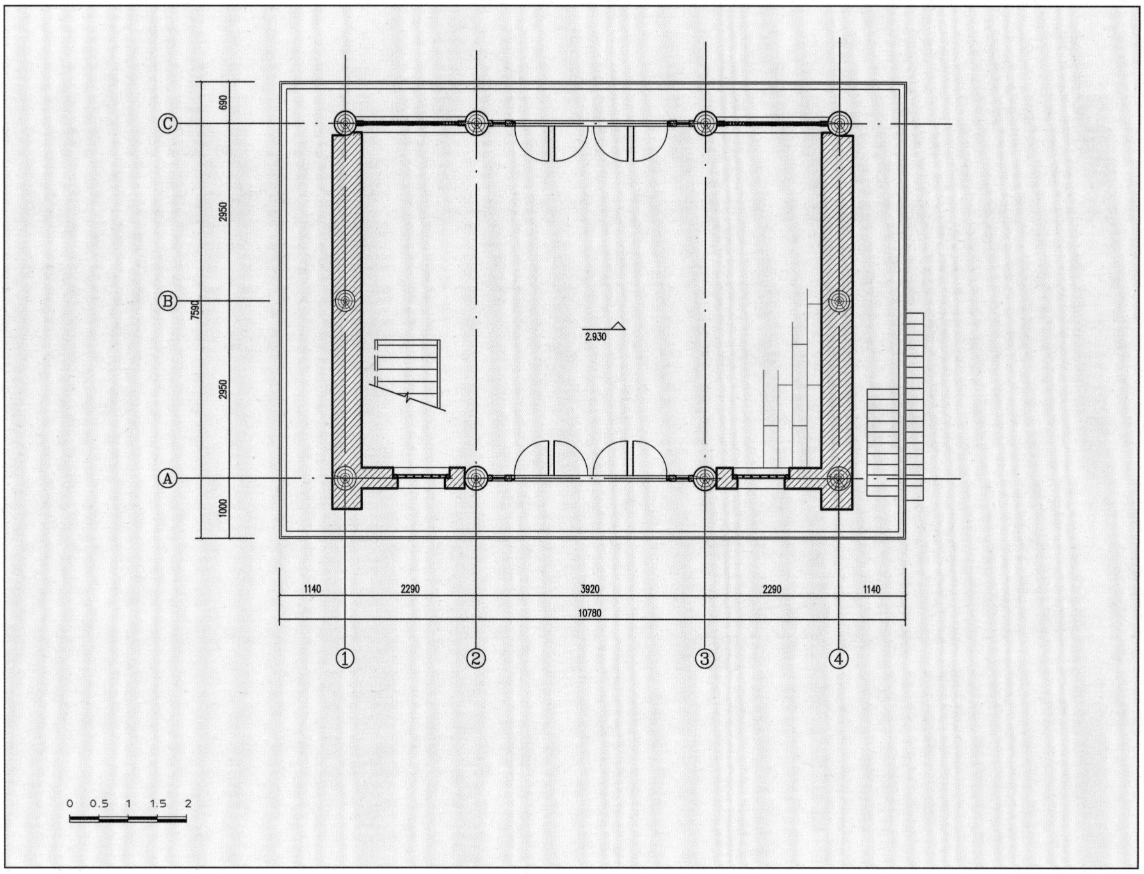

图 2-2-Ⅱ-10 卢氏城隍庙舞楼二层平面图

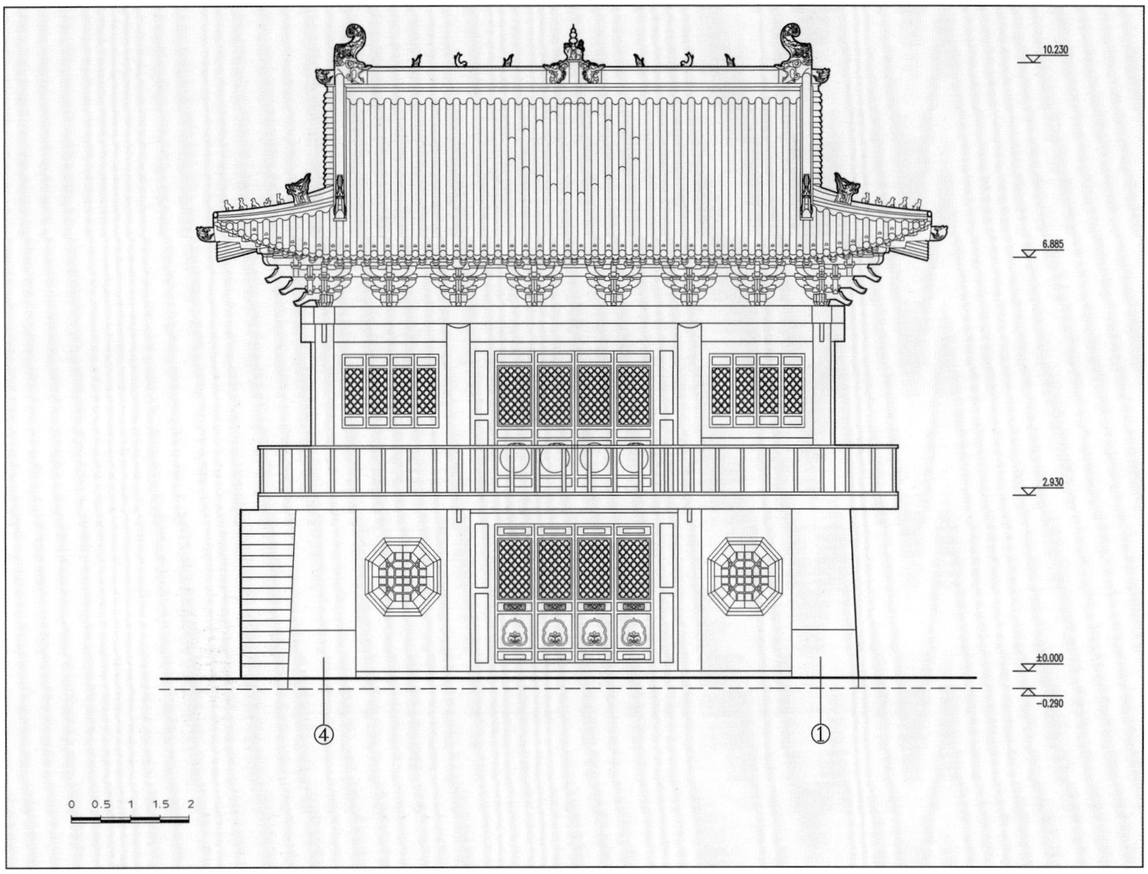

图2-2-11-11 卢氏城隍庙舞楼正立面图

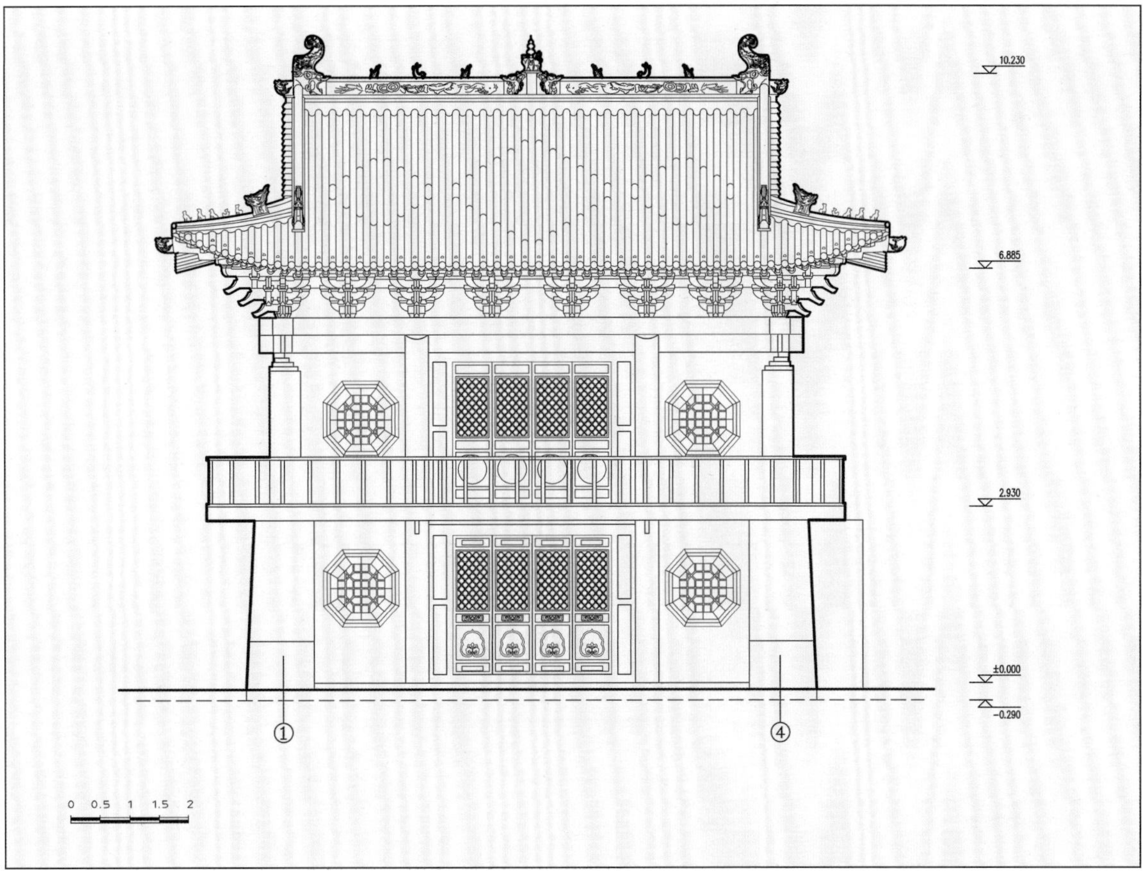

图2-2-11-12 卢氏城隍庙舞楼背立面图

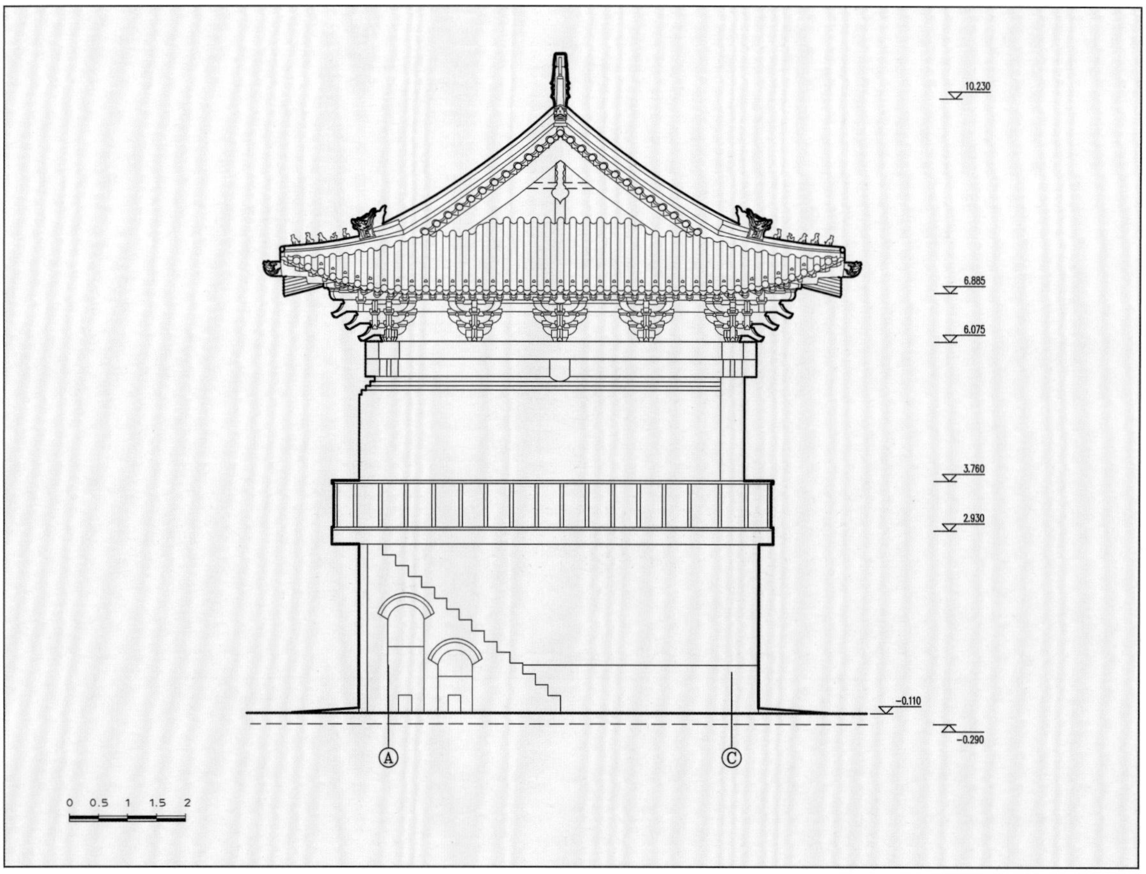

图2-2-Ⅱ-13 卢氏城隍庙舞楼侧立面图

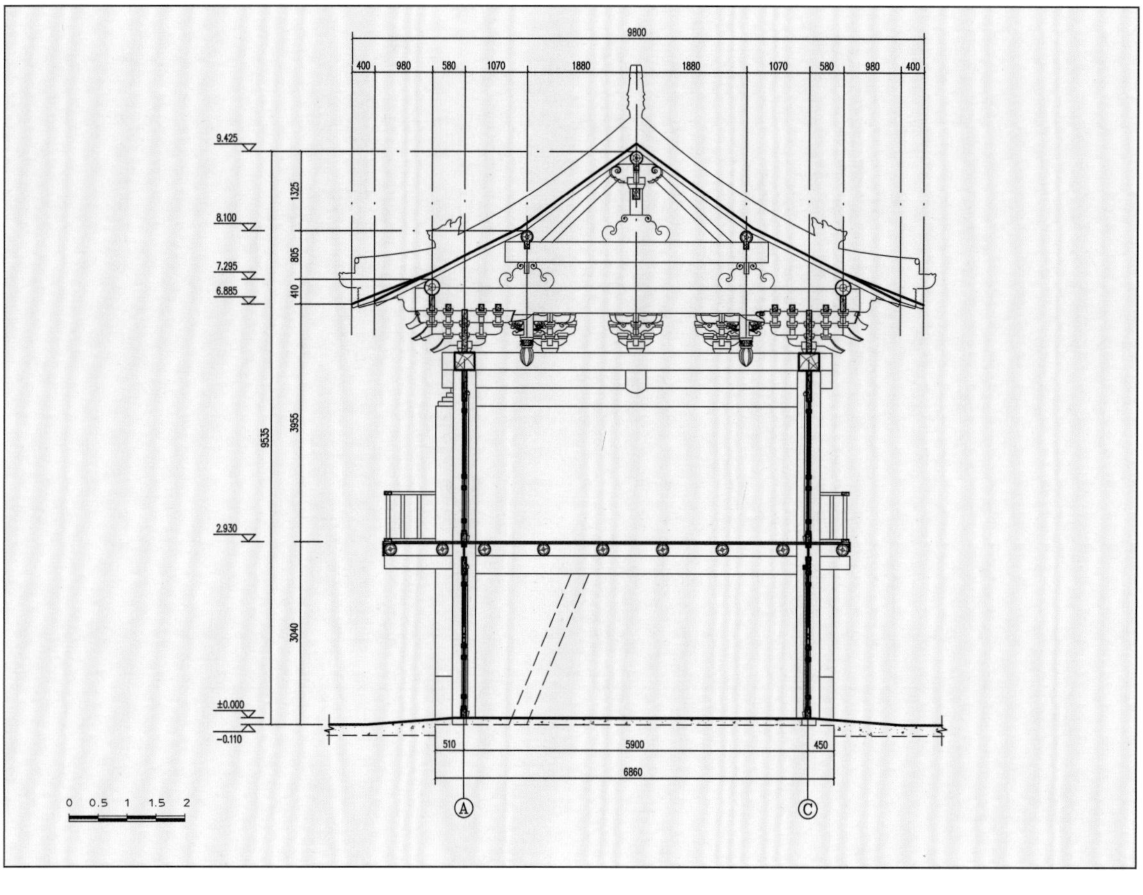

图2-2-Ⅱ-14 卢氏城隍庙舞楼横剖面图

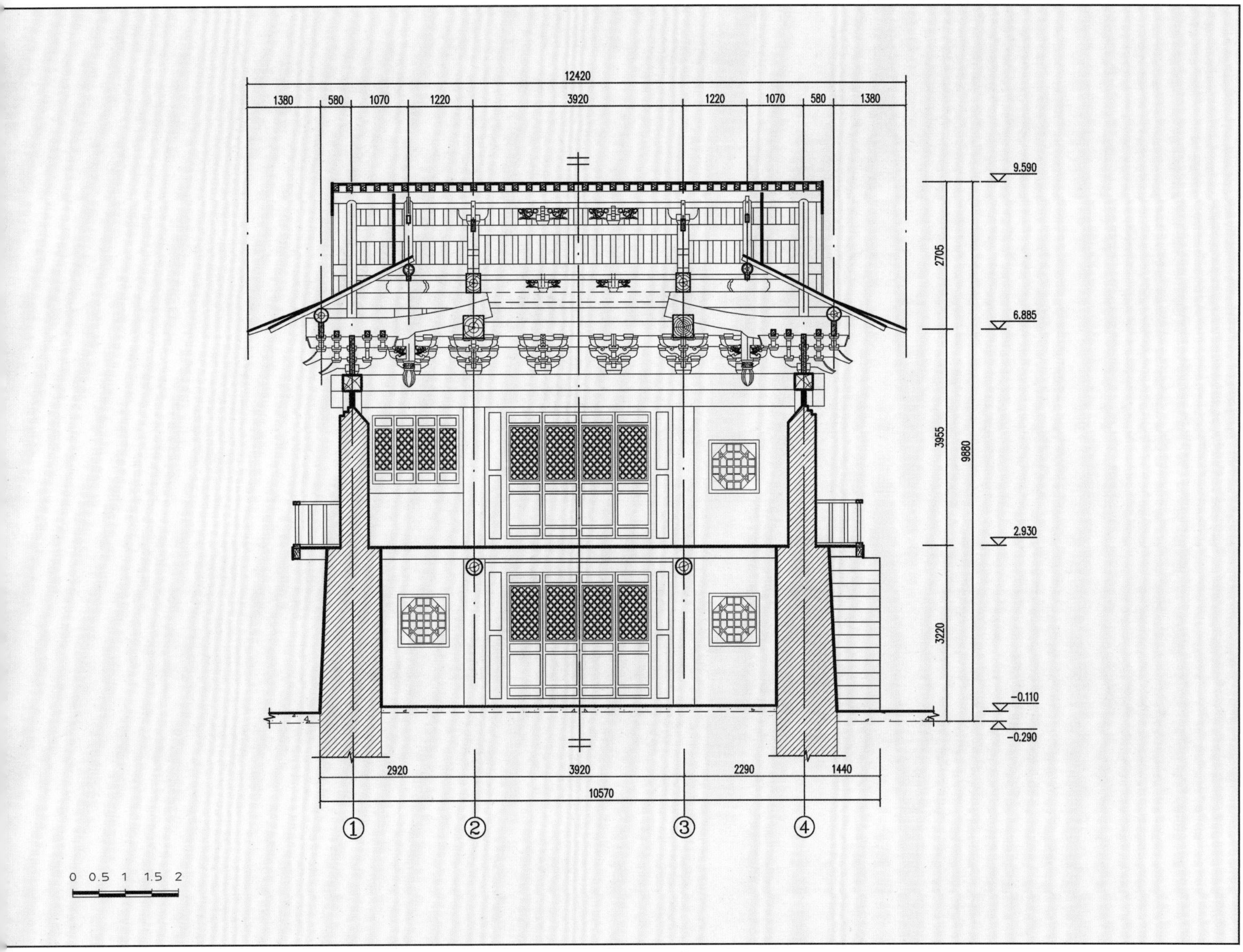

图 2-2-Ⅱ-15　卢氏城隍庙舞楼纵剖面图

（三）范里村结义庙戏楼

结义庙位于卢氏县范里镇范里村洛河南岸，北纬34°07′02.61″，东经111°10′36.73″，海拔537米。庙宇创建年代不详，据《卢氏文史资料》记载，该庙系明代山西商人捐资兴建。因面向洛河，故依形就势。结义庙坐东面西，三进院落，中轴线由西向东依次为山门、戏楼、拜殿、正殿、后献殿、后殿等，两侧分立偏殿、厢房，系第八批河南省文物保护单位。该建筑群荒废多年，2018年文物部门对拜殿及大殿进行了修缮。

戏楼位于中轴线上，与拜殿相对而立，坐西面东。单幢式，两层砖木结构，

照2-2-三-4 范里村结义庙鸟瞰

照 2-2-11-5　范里村结义庙戏楼

下为过门，上为戏台，单檐硬山灰瓦顶建筑。平面呈长方形，一面观。面阔三间，进深一间，通面阔9.24米，通进深7.46米。一层明间辟门为东西通道，次间设窗。因庙宇曾作为学校使用，门已封堵，装修形制改变。梁架为抬梁式，一层平梁上承楞木及楼板，二层戏台五梁架置于前檐斗栱后檐柱之上，承三架梁、瓜柱及各层檩枋。前檐设飞椽，檐下施斗栱七攒，其中柱科四攒，平身科三攒。二层明间中部开设一方窗，便于采光。山墙、下槛墙以青砖砌筑，其余采用土坯；两山墙有收分，墙厚0.54米。戏楼改建严重，保存状况一般（照2-2-11-4）（照2-2-11-5）。

（四）凤沟村关帝庙戏楼

凤沟村关帝庙位于灵宝市大王镇凤沟村西南部，庙已圮，仅存戏楼，系第三批三门峡市文物保护单位。

戏楼坐西面东，中轴线西偏北12°，北纬34°38′31″，东经110°57′29″，海拔362米，创建于清光绪十四年（1888），单幢式，单檐硬山式灰瓦顶建筑。戏

照2-2-11-6　凤沟村关帝庙戏楼

楼台基高1.6米，采用青砖、块石混砌。平面呈长方形，一面观。面阔三间，进深二间，五步椽屋，通面阔7.99米，通进深7.53米，通高5.81米。平面布局采用移柱造，明间檐柱与后檐柱及明间梁架不在同一轴线，而是向两侧偏移，增大明间面阔，形成了明间宽敞、次间紧凑的平面特点。梁架为抬梁式，彻上露明造。因移动明间檐柱，柱上采用了敦实的檐梁，额枋雕刻卷草图案。檐下施一斗二升交麻叶异型斗栱四攒。前檐柱及金柱间设四架梁，上置单步梁、瓜柱及各层檩枋，金柱与后檐墙间设双步梁，上承单步梁、瓜柱及檩枋，脊檩枋遗存“大清光绪十四年创建”题记。建筑梁架、檐口檩枋及山墙内壁均绘有彩画、壁画。墙体以砖、石、坯混砌，后檐墙设排水石槽。戏楼前檐两侧砌八字墙，墙檐下砖砌椽飞。舞台北侧设砖砌台阶便于登台。

建筑整体轮廓端庄，檐下斗栱、额枋雕刻精美。平面布局采用移柱造，檐梁替代平板枋，营造科学，实用性强，具有浓郁的地方风格。据当地年长者回忆，戏楼每年农历十一月十五有戏曲演出活动，演出剧种主要为蒲剧、扬高戏、眉户戏等（照2-2-11-6）（图2-2-11-16）（图2-2-11-17）。

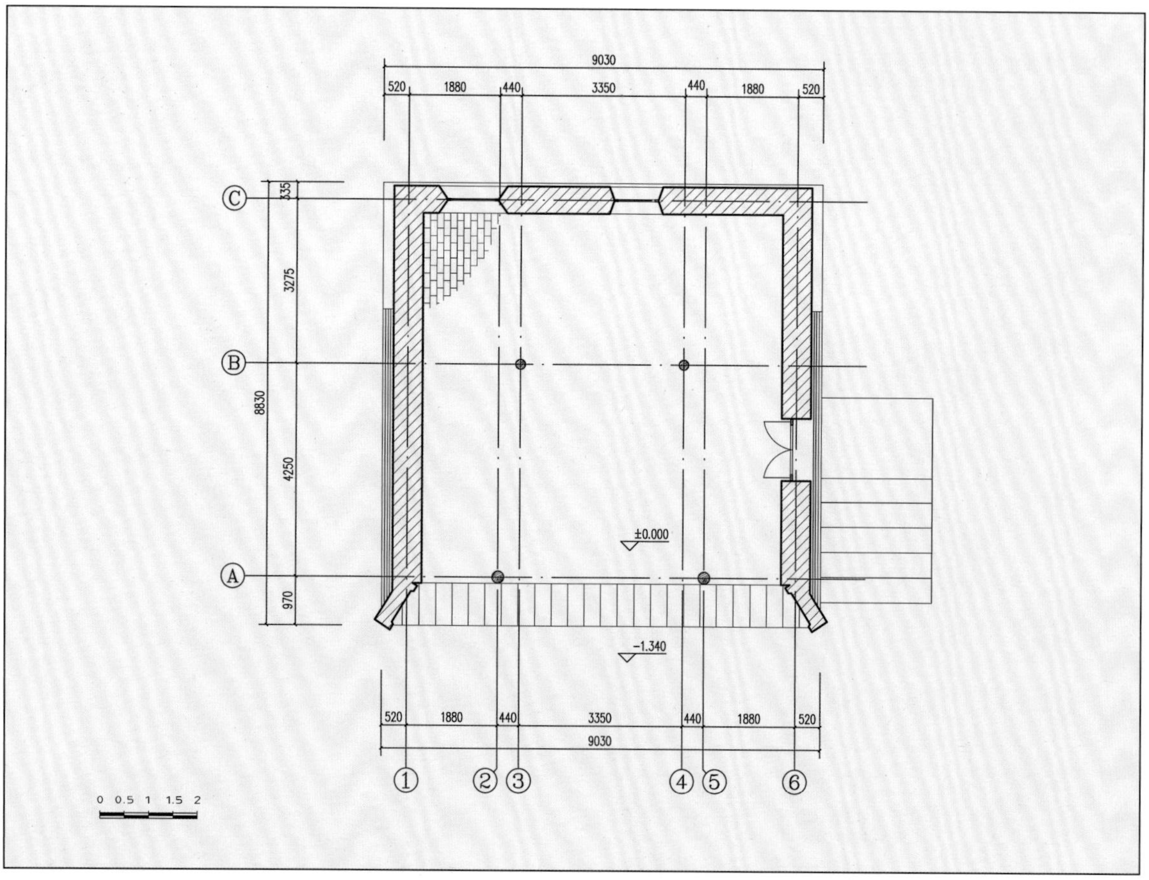

图 2-2-11-16 凤沟村关帝庙戏楼平面图

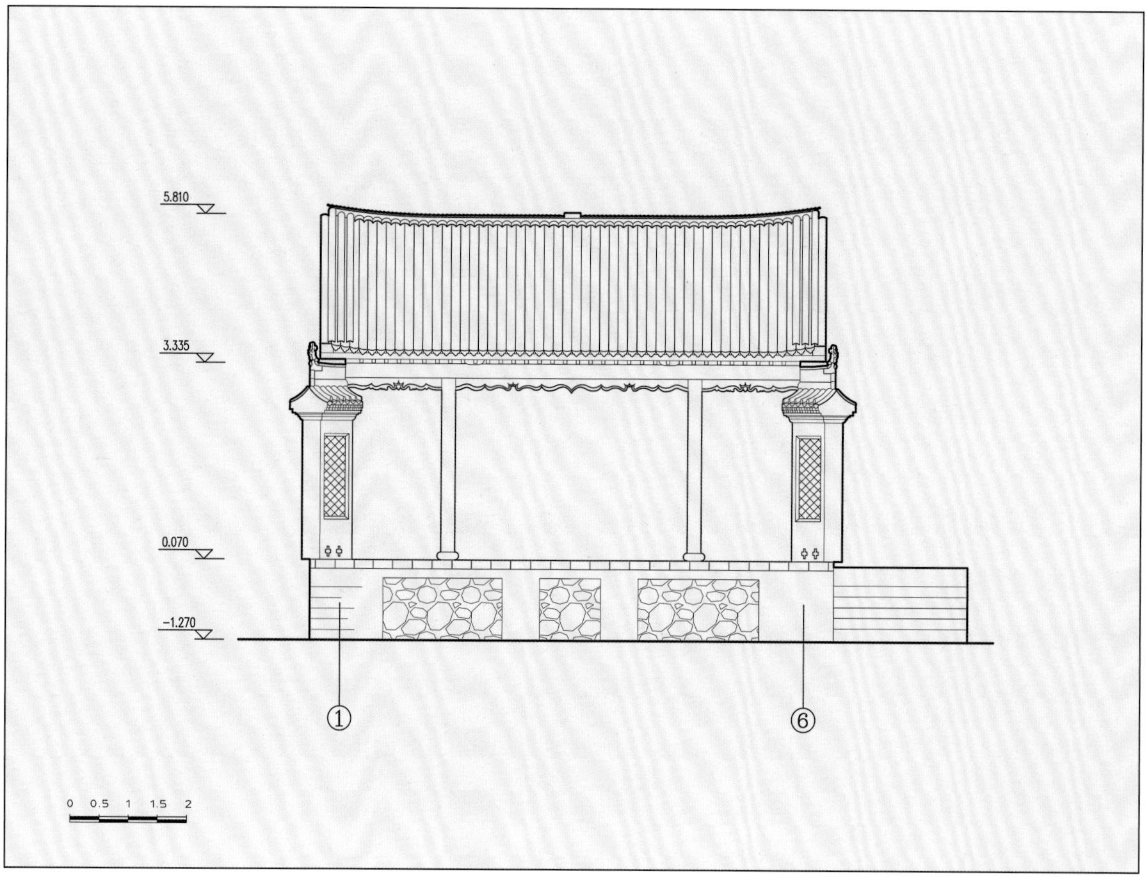

图 2-2-11-17 凤沟村关帝庙戏楼正立面图

（五）桐树沟席氏祠堂戏楼

席氏祠堂位于渑池县天池镇桐树沟村南部台地上，北纬34°37′15″，东经111°52′59″，海拔392米。据碑文记载，祠堂创建于清雍正十一年（1733）。一进院落，现存戏楼、拜殿及大殿3座建筑。

戏楼坐南面北，单幢式，为单檐硬山式灰瓦顶建筑。台基采用青砖、块石混砌，高1.16米。平面呈长方形，一面观。面阔三间，进深一间，四步椽屋，通面阔6.92米，通进深4.16米。前檐柱下为扁鼓式石础，柱高2.42米。木构架为抬梁式，五架梁置于前檐木板枋及后檐柱之上，承三架梁、瓜柱及各层檩枋。檐下施平身科四攒，其中明间科二攒，次间各一攒。枋下雀替样式纤细，斗栱坐斗硕大，地方手法明显。墙体采用里生外熟的砌筑手法，内墙土坯，外墙青砖，山墙有收分，素面盘头，样式简洁。因年久失修，戏楼明间、东次间屋面坍塌，明间东缝梁架倒塌，保存状况差。祠堂遗存乾隆十一年（1746）《席氏合族志事碑》1通，（照2-2-11-7）。

照2-2-11-7　桐树沟席氏祠堂戏楼

（六）南阳村戏楼

南阳村戏楼位于三门峡市陕州区菜园乡南阳村中部，北纬34° 40′ 41″，东经111° 18′ 28″，海拔720米。创建年代不详，清道光九年（1829）重修。为第二批三门峡市陕州区文物保护单位。

戏楼坐南面北，北偏西21° ，为单幢式，单檐硬山式灰瓦顶建筑。平面呈长方形，一面观。面阔三间，进深二间，六步椽屋，通面阔7.67米，其中明间4.04米；通进深5.93米，通高5.68米，台基高1.7米。一层东西次间为砖砌台体，明间楞木搭于两侧砖墙之上，上铺木楼板。戏楼原位于沟渠之上，河水经明间台下流过。戏台前檐立两根木柱，柱高2.95米，五梁架置于前檐平板枋及金柱之上，承三架梁、柁墩及各层檩枋。柁墩上窄下宽，用材敦厚，浮雕花草图案。脊檩两侧用叉手，脊檩与枋之间设襻间斗栱一攒。三架梁上檩、枋间置浮雕花卉图案的方形花板。前檐柱大梁下戗压单步梁外伸，承挑檐檩，枋下用雀替样替木辅助支撑。后檐柱与金柱置单步梁，前檐下施平身科四攒如意斗栱。额枋采用透雕、线刻等多种工艺雕刻凤凰、麒麟、葫芦等图案。后檐下无栱，补间均装饰花板各一，透雕花鸟图案。山墙盘头，中部雕刻瑞兽、花草图案，做工精致。二层明、次间后隔墙正中开设方窗，便于采光。墙体采用青砖砌筑，西山墙上镶碑碣2块，分别为清道光九年（1829）秋《戏楼重修碑》碑及清咸丰元年（1851）《禁赌村规碑》碑。

建筑木雕题材丰富，使用中浮雕、线刻等多种技法，线条流畅、布局合理，富于层次，具有很高的艺术性。戏楼现改建为村活动中心，前檐加设木装修（照2-2-11-8）（图2-2-11-18）（图2-2-11-19）（图2-2-11-20）。

照2-2-11-8 南阳村戏楼

老年之家

图2-2-Ⅱ-18　南阳村戏楼正立面图

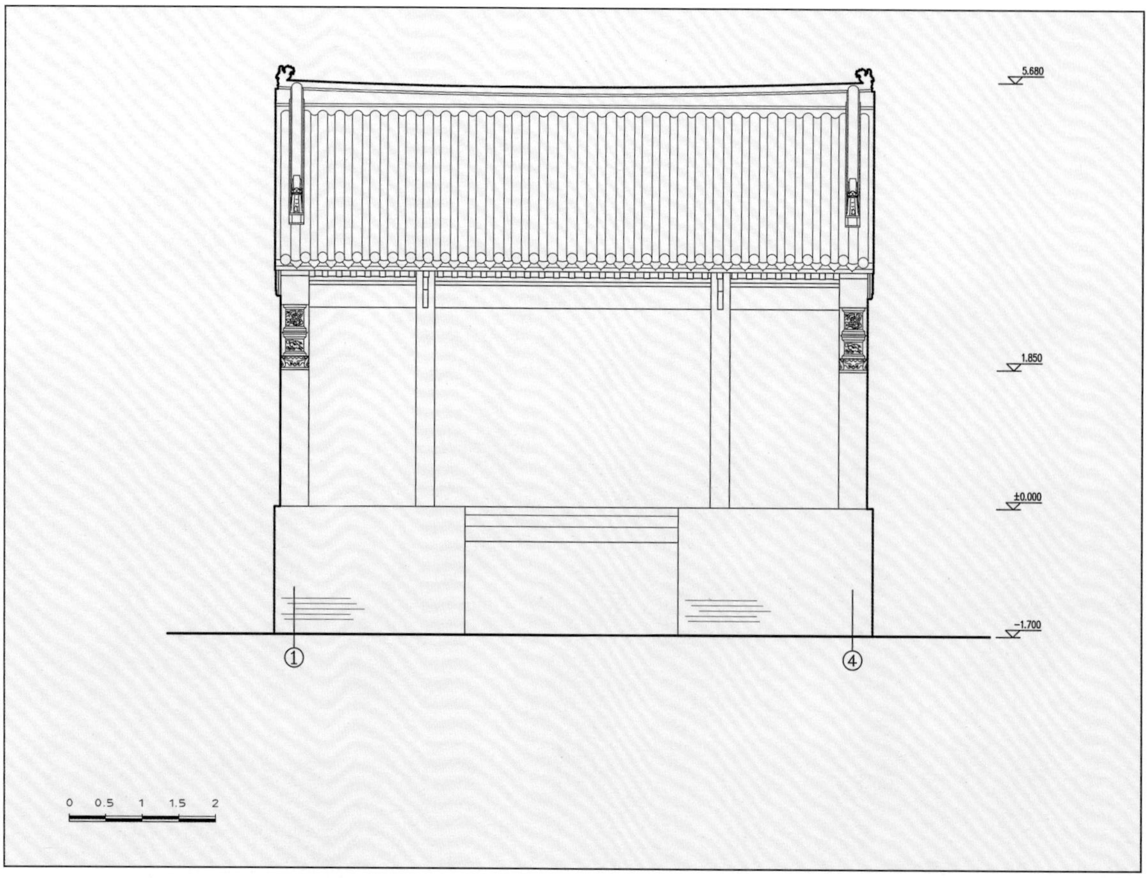

图2-2-Ⅱ-19　南阳村戏楼背立面图

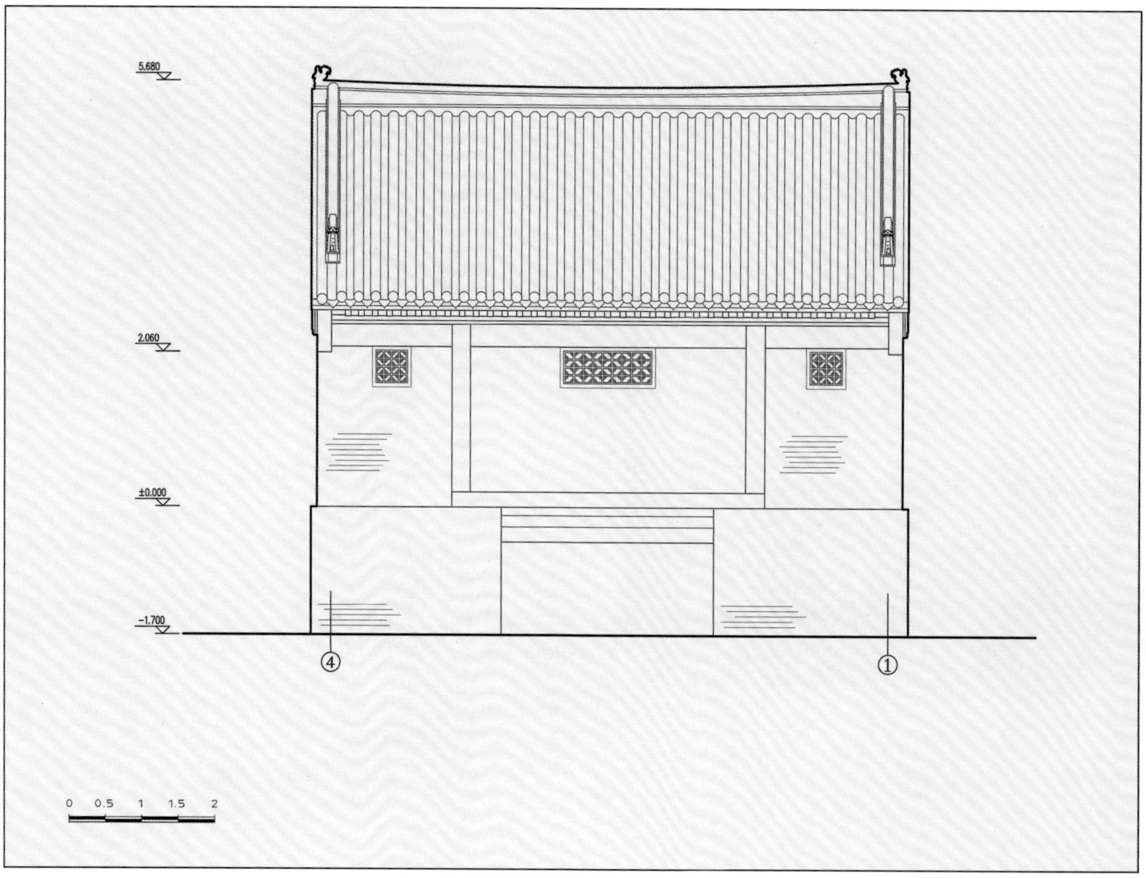

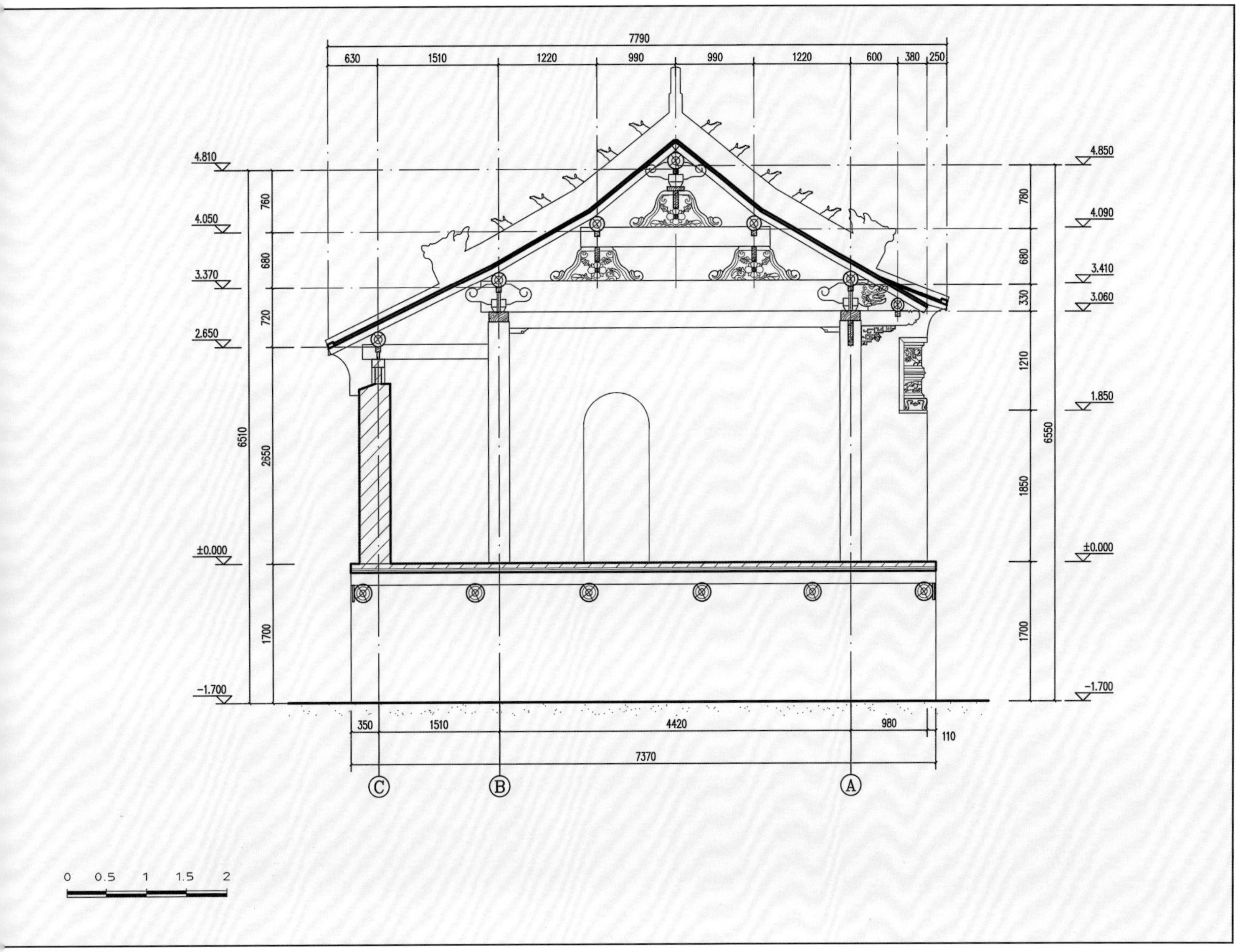

图 2-2-Ⅱ-20　南阳村戏楼横剖面图

（七）段岩村戏楼

段岩村传统民居位于三门峡市陕州区观音堂镇段岩村，形成于明末清初。整个村落有20处院落，坐北面南，每处均为相对独立的四合院，院内布局基本上是正房三间，两侧厢房三间或五间，倒座三间（含门楼一间），青砖布瓦，棂格门窗。村落历史格局完整，古井、古桥、祠堂、文庙、古戏楼、古寨墙、古寨门及传统民居等保存较好，系第七批河南省文物保护单位。

戏楼坐南面北，位于村南部的沟渠之上，北纬34°43′31″，东经111°33′28″，海拔613米。戏楼创建年代无考，单幢式，砖木石结构，单檐硬山式灰瓦顶建筑。平面呈长方形，一面观。面阔三间，进深二间，四步椽屋，通面阔9.74米，其中明间3.94米；通进深6.02米，通高6.23米，台口高0.64米。梁架为抬梁式，台基采用块石与青砖混砌，明间辟券洞，河水经券洞潺潺流过，戏台檐柱高2.94米，五梁架置于前檐柱、金柱之上，承三架梁、瓜柱及各层檩枋，脊檩两侧用叉手。金柱与后檐墙之间用单步梁串联，山墙置盘头。墙体采用青砖砌筑，明、次间中部各开设方窗，便于采光。后檐墙东侧下部置排水口，便于演员化妆使用后污水排出。现建筑前檐加砌砖墙及门，保存现状一般（照2-2-11-9）（图2-2-11-21）（图2-2-11-22）。

照2-2-11-9　段岩村戏楼

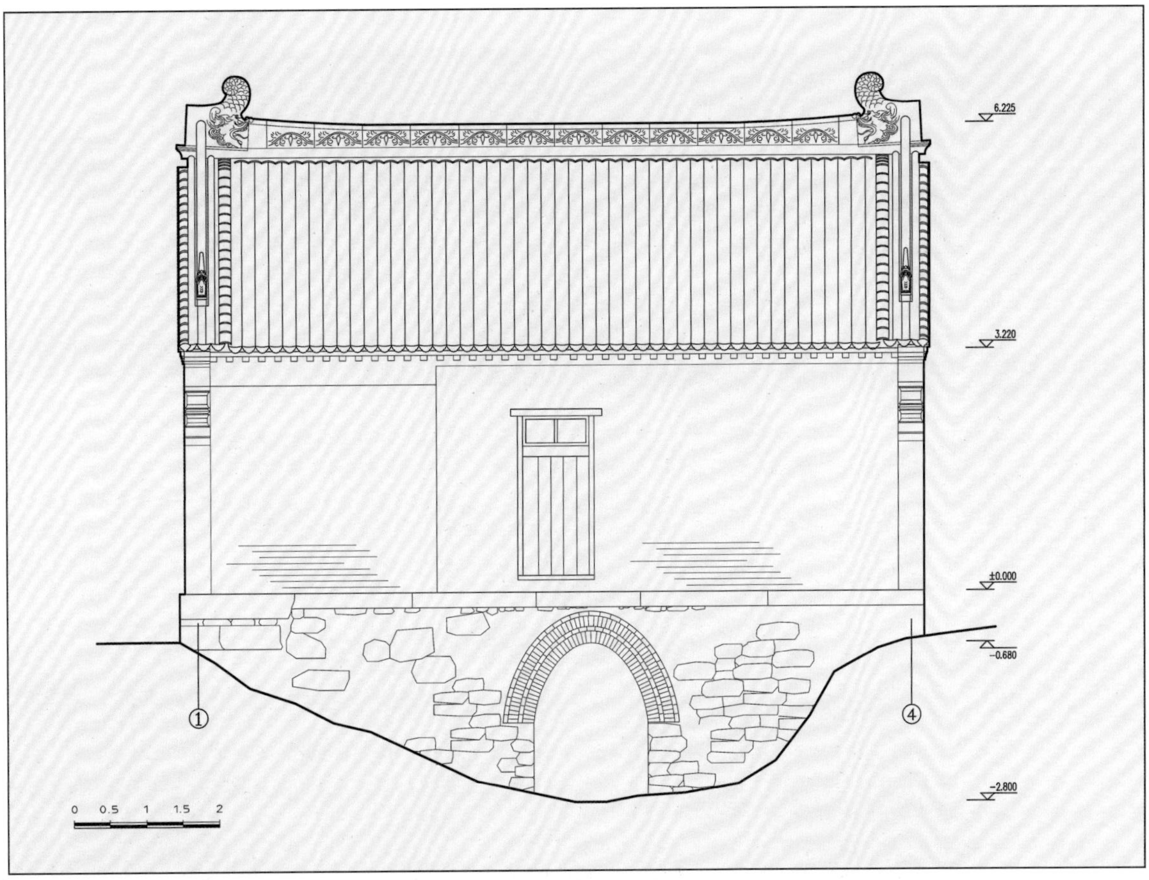

图2-2-Ⅱ-21 段岩村戏楼正立面图

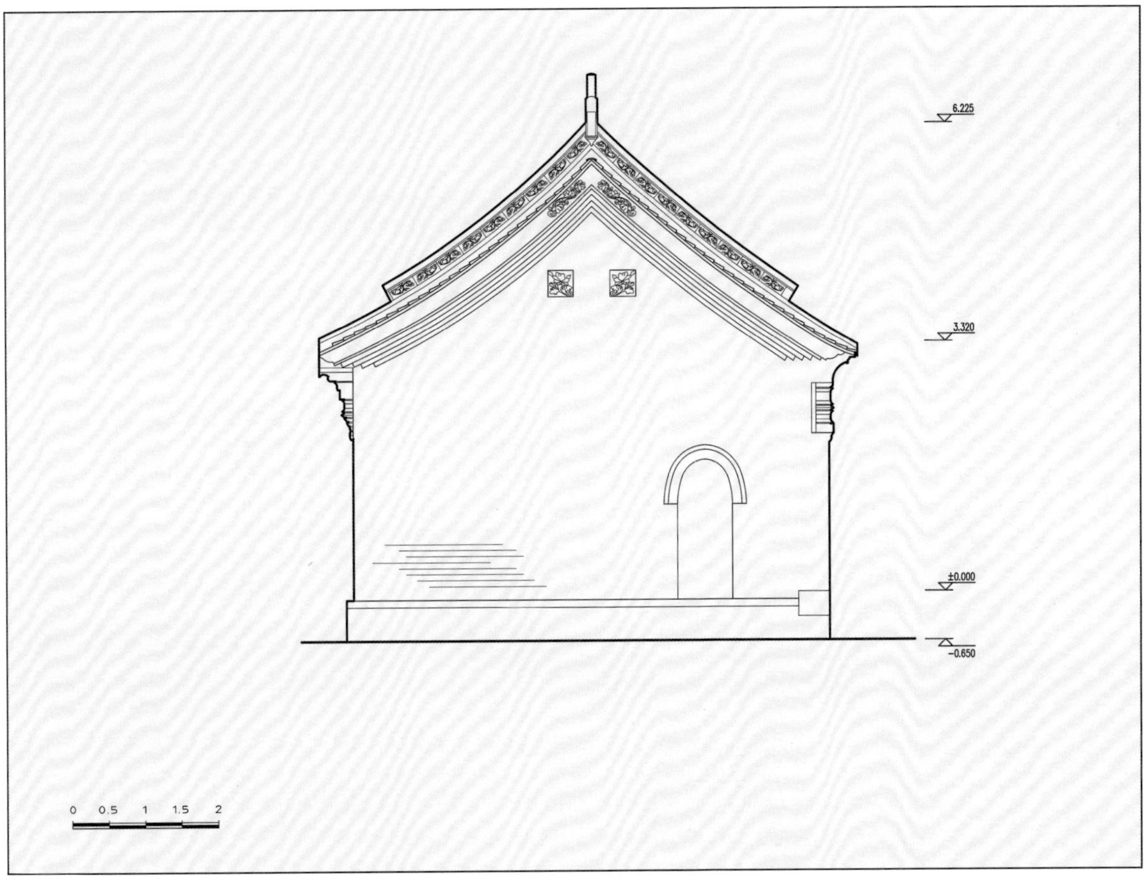

图2-2-Ⅱ-22 段岩村戏楼侧立面图

照 2-2-11-10　山口村三官庙戏楼

（八）山口村三官庙戏楼

山口村三官庙位于三门峡市陕州区张茅乡山口村北部，北纬34° 41′ 40″，东经111° 21′ 50″，海拔580米。该庙坐北面南，一进院落，现存戏楼、三官殿、佛爷殿、观音堂共4座建筑，创建年代不详，系第二批三门峡市陕州区文物保护单位。

戏楼坐南面北，单幢式，与三官殿相对而建，为单檐硬山式灰瓦顶建筑。平面呈长方形，一面观。面阔三间，进深一间，四步椽屋，通面阔6.42米，其中明间面阔3.16米；进深5.72米。台基用块石垒砌，高1.6米。前檐置两根木柱，高2.75米，柱下设覆盆式柱础。梁架简洁，五梁架上置瓜柱、三架梁及各层檩枋，梁身采用自然材。墙体均用青砖砌筑，山墙收分明显。现戏楼次间前檐用砖封堵，加砌方窗。庙遗存碑碣两通，分别为清乾隆三十年（1765）十二月立《重修三官马王殿各神像碑记》碑及乾隆五十四年（1789）三月立《重修献殿龙王殿马王殿碑记》碑（照2-2-11-10）。

照 2-2-11-11　柳沟村戏楼

（九）柳沟村戏楼

柳沟村戏楼位于三门峡市陕州区西李村乡柳沟村幼儿园内，北纬34°39′15″，东经111°38′39″，海拔648米。创建于清光绪二十一年（1895），2019年曾修缮，为第二批三门峡市陕州区文物保护单位。

戏楼坐南面北，单幢式，为单檐硬山式灰瓦顶建筑，台基采用青砖、块石混砌，高1.21米。平面呈长方形，一面观。面阔三间，进深一间，四步椽屋，通面阔8.8米，其中明间2.3米；通进深5.94米。前檐柱下无柱础，柱高2.7米。梁架为抬梁式，五架梁置于前檐平板枋及后檐柱之上，承三架梁、瓜柱及各层檩枋。檐下施平身科四攒，栱身透雕花草图案，线条流畅。墙体采用里生外熟的砌筑手法，内墙土坯，外墙青砖，前檐砖砌盘头做工精细。脊檩枋遗存“大清光绪二十一年”题记。戏楼在2010年仍有戏曲演出，演唱剧种以豫剧为主（照2-2-11-11）。

春和景明古仁村民鼓樂喧天慶廟會

照 2-2-11-12　上瑶泰山圣母庙戏楼

照 2-2-11-13　上瑶泰山圣母庙戏楼砖雕

（十）上瑶泰山圣母庙戏楼

泰山圣母庙位于三门峡市陕州区菜园乡上瑶村南部，北纬34°38′09″，东经111°16′54″，海拔710米。创建年代无考，一进院落，现存戏楼及大殿两座文物建筑，系第二批三门峡市陕州区文物保护单位。

戏楼坐南面北，正对大殿，单幢式，为单檐硬山式灰瓦顶建筑，两层砖木结构。因院内地坪抬高，一层部分被掩于地下，二层楼板遗失，现戏楼被改建为一层。平面呈长方形，一面观。面阔三间，进深二间，五步椽屋。通面阔8.54米，其中明间3.64米；通进深7.02米。台面用青砖铺砌，前檐柱遗失，现用砖墙及水泥梁承重。梁架为抬梁式，五架梁置于前檐水泥梁及金柱之上，承三架梁、瓜柱及各层檩枋。金柱与后檐墙间置单步梁，梁上立瓜柱，承五架梁端头及金檩，椽上铺席箔。梁架残存部分彩画。室内设屏风将舞台分割为前后台，便于演员更衣，屏风上书写“林霄”“清影”“漫舞”“霞飞”等字体。墙体采用里生外熟的砌筑手法，内墙土坯，外墙青砖，山墙有收分。前檐盘头采用透雕、线雕等技法，砖雕喜上眉梢图案（照2-2-11-12）（照2-2-11-13）。

照 2- 2- Ⅱ- 14　东沟村戏楼

（十一）东沟村戏楼

东沟村戏楼位于三门峡市陕州区张村镇东沟村，北纬34°41′45″，东经111°13′07″，海拔628米。创建年代无考，为第二批三门峡市陕州区文物保护单位。

戏楼坐南面北，单幢式，为单檐卷棚硬山式灰瓦顶建筑，平面呈长方形，一面观。面阔三间，进深一间，四步椽屋，梁架为抬梁式。现戏楼明间、东次间梁架均已倒塌，仅余西山墙及西次间屋面，保存状况差（照2-2-11-14）。

（十二）老泉村老泉庙戏楼

老泉庙位于三门峡市陕州区王家后乡老泉村大路旁，北纬34°46′11″，东经111°23′54″，海拔730米。创建于清道光四年（1824），该庙坐北面南，因年久失修，现仅存清静台、戏楼及看楼。

戏楼坐南面北，为单檐硬山式建筑，面阔三间，进深一间，通面阔8.66米，通进深7米，砖砌台基高1.6米。因年久失修，戏楼木构架大部分倒塌，屋面坍塌，墙体仅存两侧山墙，建筑被茂密的灌木遮掩，残破不堪，亟待修缮。

东西两侧有两层看楼，面阔五间，进深一间。观戏时男女观众分别在一、二层观看。庙遗存清代碑碣3通，其中一通为道光四年（1824）《修建老泉庙山九仙宫献殿歌舞楼清静台叙》碑，对研究当地戏剧发展有较高的文献价值。

图 2-2-12-1　南阳市遗存古戏楼分布示意图

① 社旗山陕会馆悬鉴楼（社旗县赊店镇）

② 社旗火神庙戏楼（社旗县赊店镇）

③ 荆紫关山陕会馆戏楼（浙川县荆紫关镇中街村）

④ 荆紫关禹王宫戏楼（浙川县荆紫关镇中街村）

⑤ 镇平城隍庙戏楼（镇平县侯集镇西门村）

⑥ 方城维摩寺戏楼（方城县四里店镇维摩寺村）

⑦ 云阳镇城隍庙戏楼（南召县云阳镇）

十二、南阳市

南阳市位于河南南部、豫鄂陕三省交界地带。地处伏牛山以南、汉水以北。南阳曲艺种类繁多，流派纷呈，历史上南阳曲艺的大调曲、三弦书、鼓词影响最大，在三个主要曲种的基础上，清末和民国时期逐渐引进了评书、坠子、莲花落等曲种。

南阳市现存古戏楼7座，包括社旗县2座、淅川县2座、镇平县1座、南召县1座、方城县1座；其中国保单位3处、省保单位2处、市保单位2处（图2-2-12-1）。

（一）社旗山陕会馆悬鉴楼

社旗山陕会馆位于社旗县赊店镇永庆街，北纬33°03′27″，东经112°56′24″，海拔131米。会馆坐北面南，东西宽62米，南北长152.5米，总面积9518.4平方米，遗存古建筑20余座。山陕会馆布局严谨，排列有序，装饰华丽，为国内罕见的具有重要历史、科学、艺术价值的古建筑群，为第三批全国重点文物保护单位。

悬鉴楼又称舞楼，创建于清嘉庆元年（1796），竣工于清道光元年

（1821）。坐南面北，位于会馆戏楼中轴线南端，单幢式，为三重檐歇山式建筑。通面阔12.37米，通进深13.48米。舞楼一层被分为南北两部分，南部为会馆入口，卷棚硬山式屋面，面阔三间，进深三步架，檐下施五踩双下昂单栱造如意斗栱。明间东西两缝四架梁上立柱，两山面则将第一层山柱直达二层为檐柱。二层屋顶与楼北抱厦屋顶交圈相连为一，檐下施五踩重翘单栱造斗栱。二层大梁上复立柱，至三层作为檐柱。三层南北构造对称，面阔三间，进深六步架，外设回廊，歇山顶。三层南北老檐柱间有格扇门可入室内，两山面则为格扇窗。老檐柱之间置五架梁，承瓜柱、三架梁，再上复置脊瓜柱承脊檩。第三层斗栱分为上下两层，下层斗栱为五踩重翘单栱造，柱头科、角科头翘及耍头向外延伸承垂花柱，垂花柱头置平板枋，枋顶置上层斗栱。上层斗栱为三踩单下昂单栱造，耍头尾入老檐柱，其上立正心瓜柱承正心檩。舞楼北部为戏楼主体部分。为便于观戏，台基高度较低，高1.94米，次间各有石级通达二层。二层以木隔断分为前后台，八字隔断上覆木雕斗栱及椽飞，后台西部设木梯通达三层。前台即舞台，檐口设0.3米高的石质栏杆，石栏板精雕历史故事和狮形望柱。明间为抱厦，歇山式屋面，五踩双下昂单栱造如意斗栱，檐下悬挂“悬鉴楼”木匾，字体雄浑遒劲，明间隔断上则悬“既和且平”匾额，端庄韵致。两次间屋顶为卷棚歇山式，位低于抱厦。舞台前檐石柱上镌刻楹联两副：“幻即是真，世态人情描写得淋漓尽致；今亦犹昔，新闻旧事扮演来毫发无差。”“还将旧事重新演；聊借俳优作古人。”屋顶琉璃雕饰华丽无比，正脊北龙南凤，垂脊牡丹缠枝。腾龙大吻，跑狮垂兽，四角仙人栩栩如生。正脊端立十二仙人，神采奕奕。脊正中立三重檐琉璃楼阁，两侧立麒麟驮宝瓶。其下部二层、一层之琉璃屋顶，脊部或雕化生戏莲，或塑行龙、牡丹，尤其是北部戏台屋顶的行龙垂兽，蟠虬有力。悬鉴楼的各层额枋、雀替通体雕图案，以南部下层及北部二层最为精美。采用高浮雕、透雕等多种技法，雕刻神话故事，龙、牡丹、山水及动物等纹饰。社旗山陕会馆戏楼的木雕、石砖、砖雕均具有极高的艺术价值，为河南古戏楼中的佳作（照2-2-12-1）（照2-2-12-2）（图2-2-12-2）（图2-2-12-3）（图2-2-12-4）（图2-2-12-5）（图2-2-12-6）（图2-2-12-7）。

照2-2-12-1　社旗山陕会馆悬鉴楼正立面

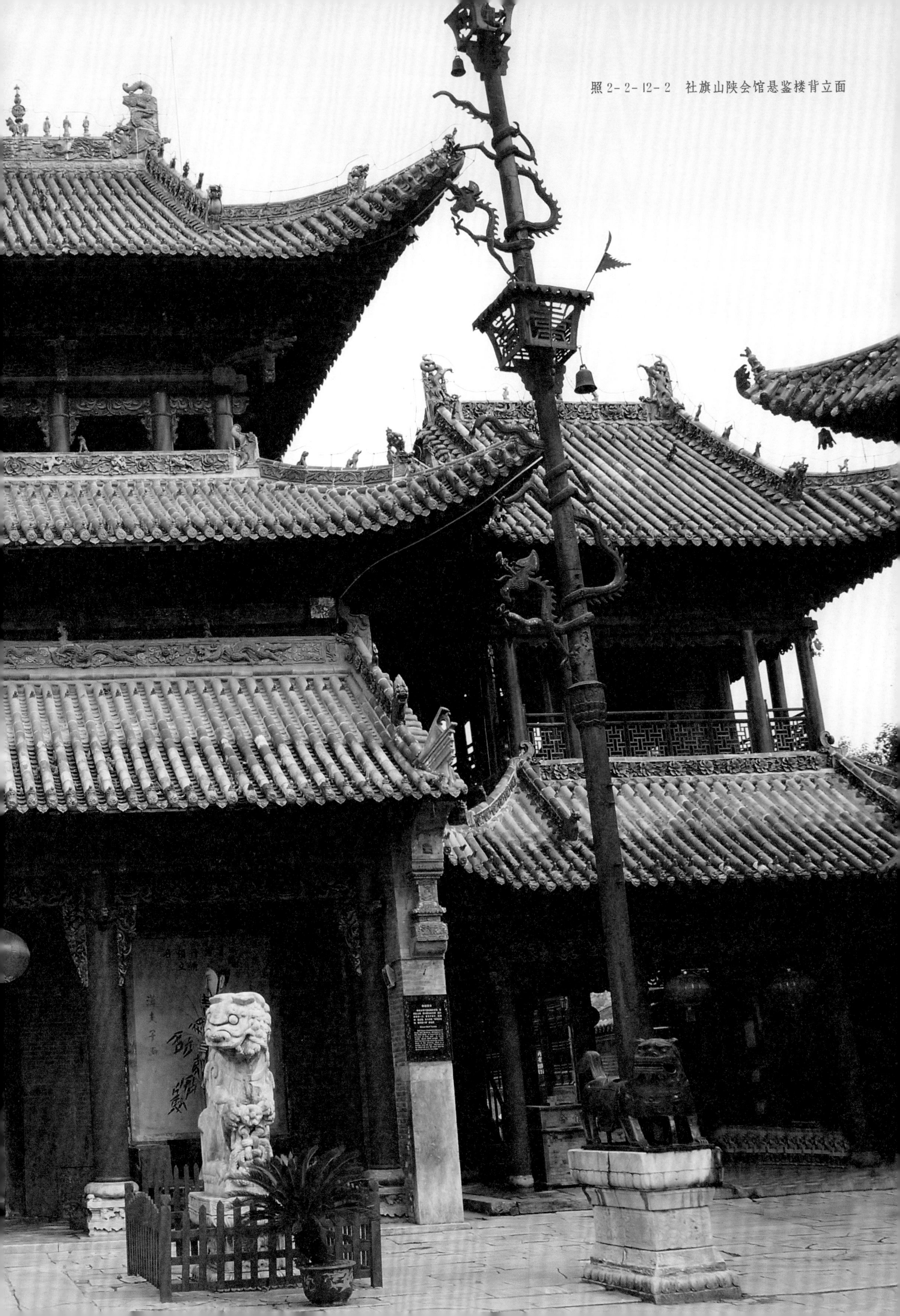
照 2-2-12-2　社旗山陕会馆悬鉴楼背立面

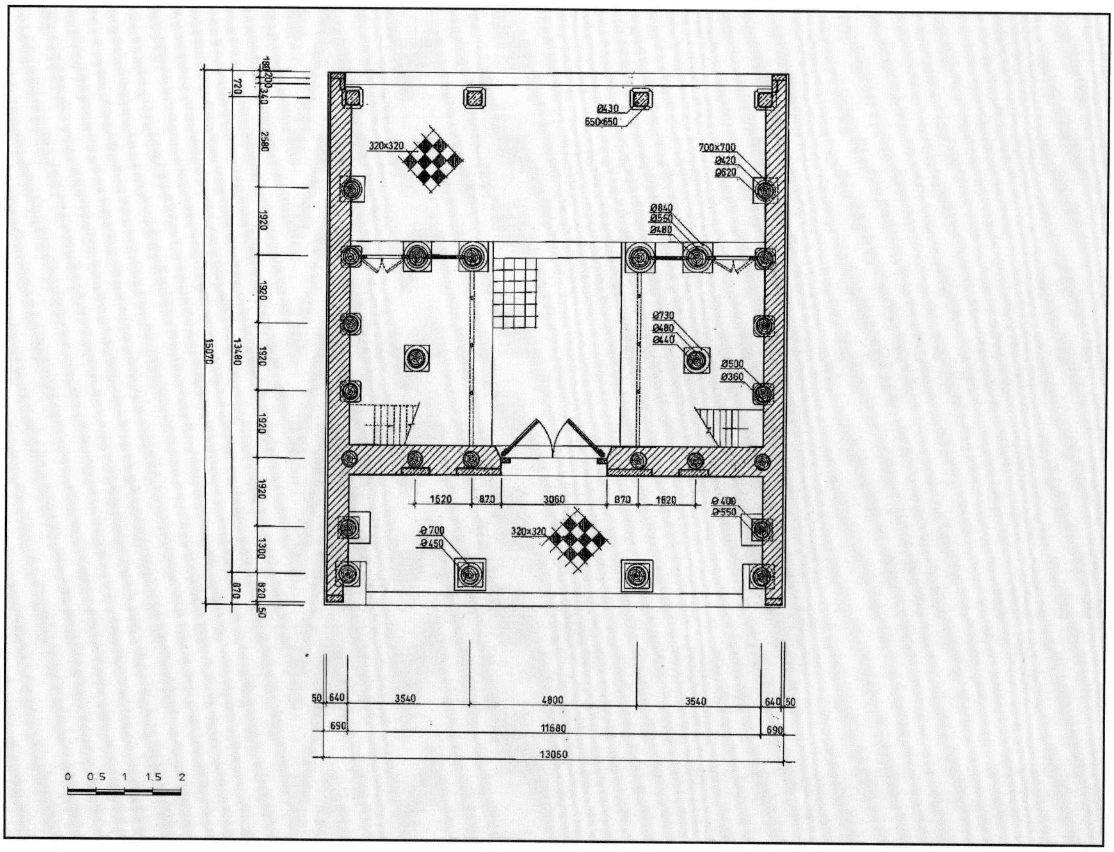

图2-2-12-2 社旗山陕会馆悬鉴楼平面图（摘自：《社旗山陕会馆》，河南省古代建筑保护研究所，文物出版社，1999年）

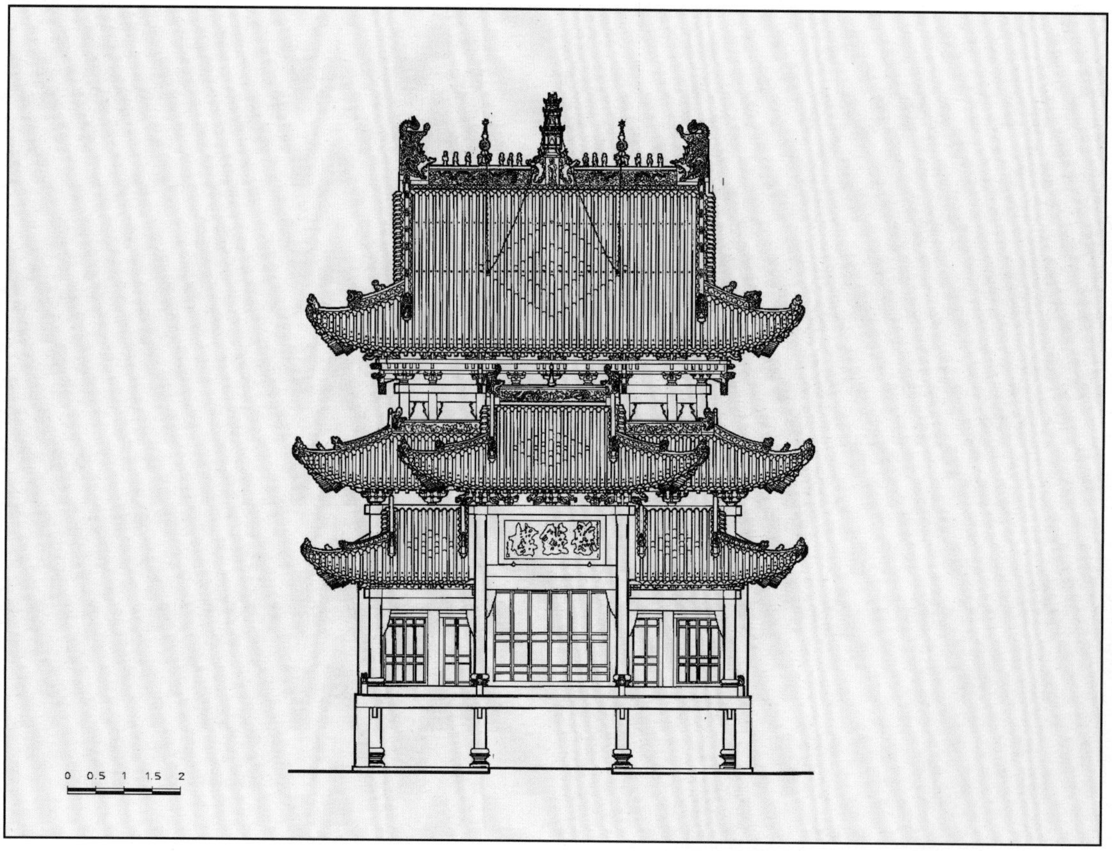

图2-2-12-3 社旗山陕会馆悬鉴楼正立面图（摘自：《社旗山陕会馆》，河南省古代建筑保护研究所，文物出版社，1999年）

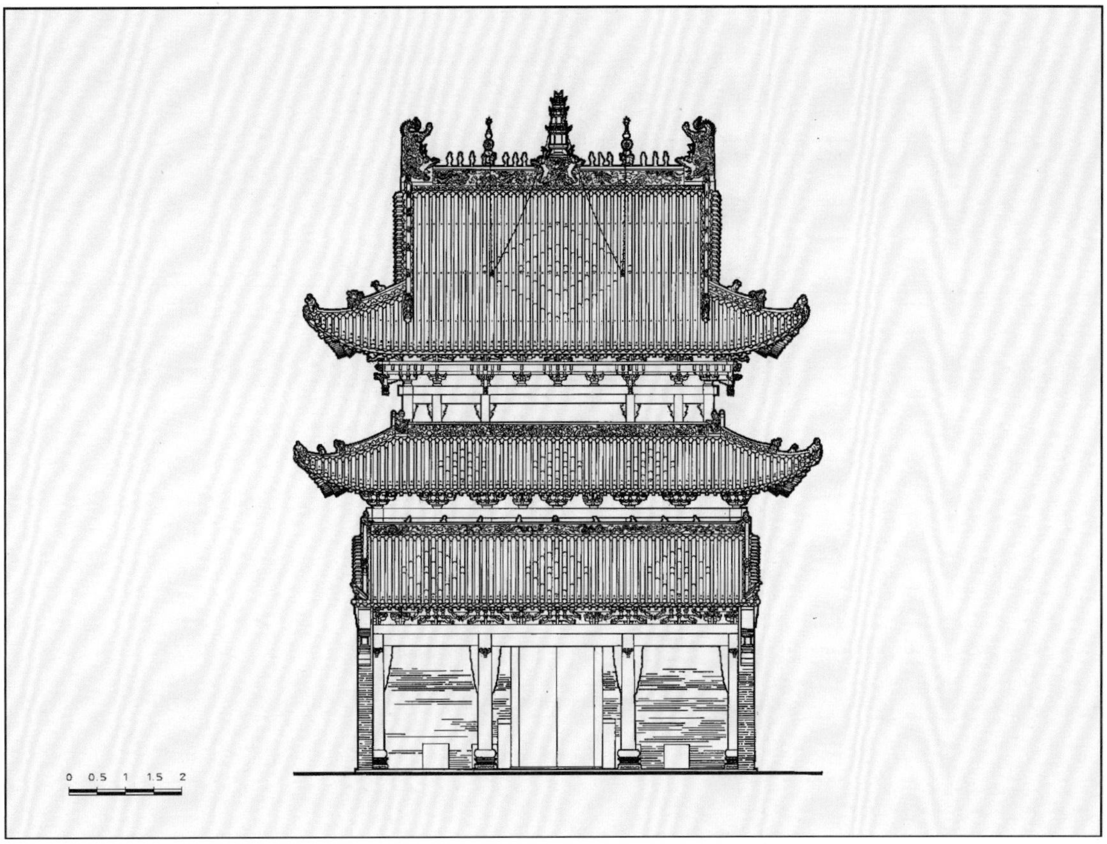

图2-2-12-4 社旗山陕会馆悬鉴楼背立面图（摘自：《社旗山陕会馆》，河南省古代建筑保护研究所，文物出版社，1999年）

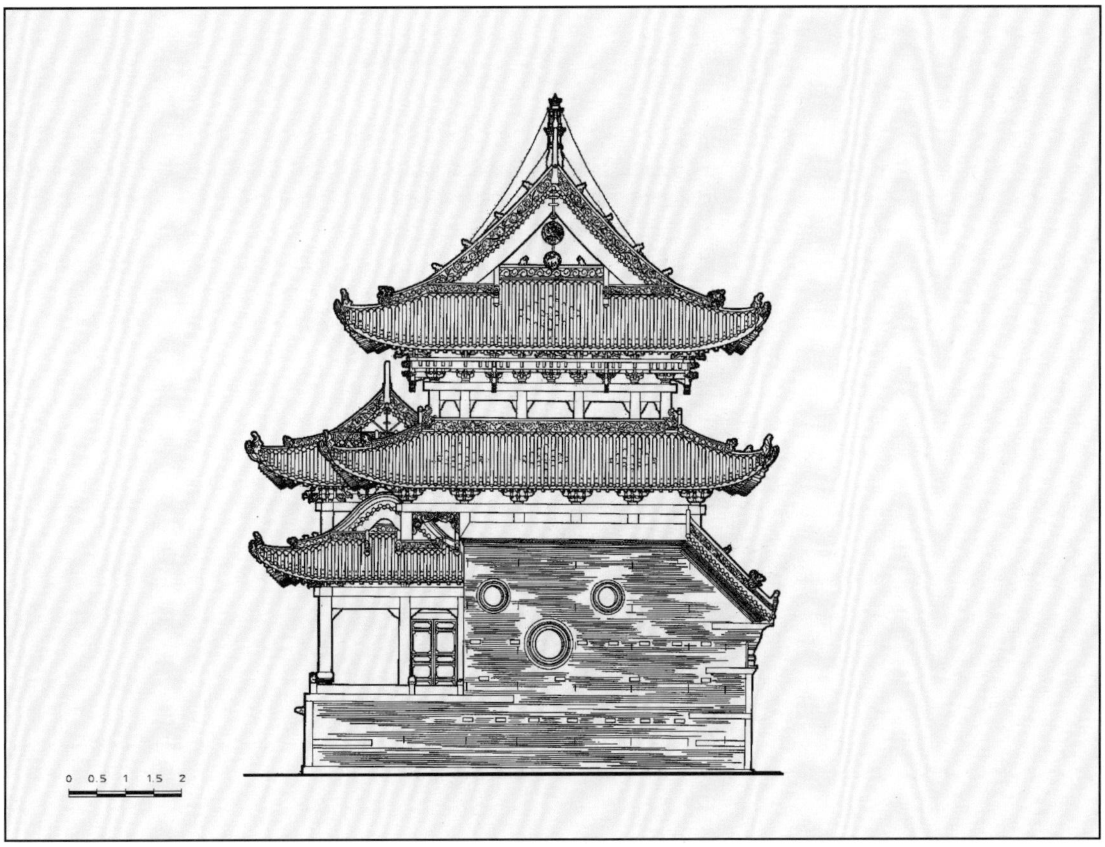

图2-2-12-5 社旗山陕会馆悬鉴楼侧立面图（摘自：《社旗山陕会馆》，河南省古代建筑保护研究所，文物出版社，1999年）

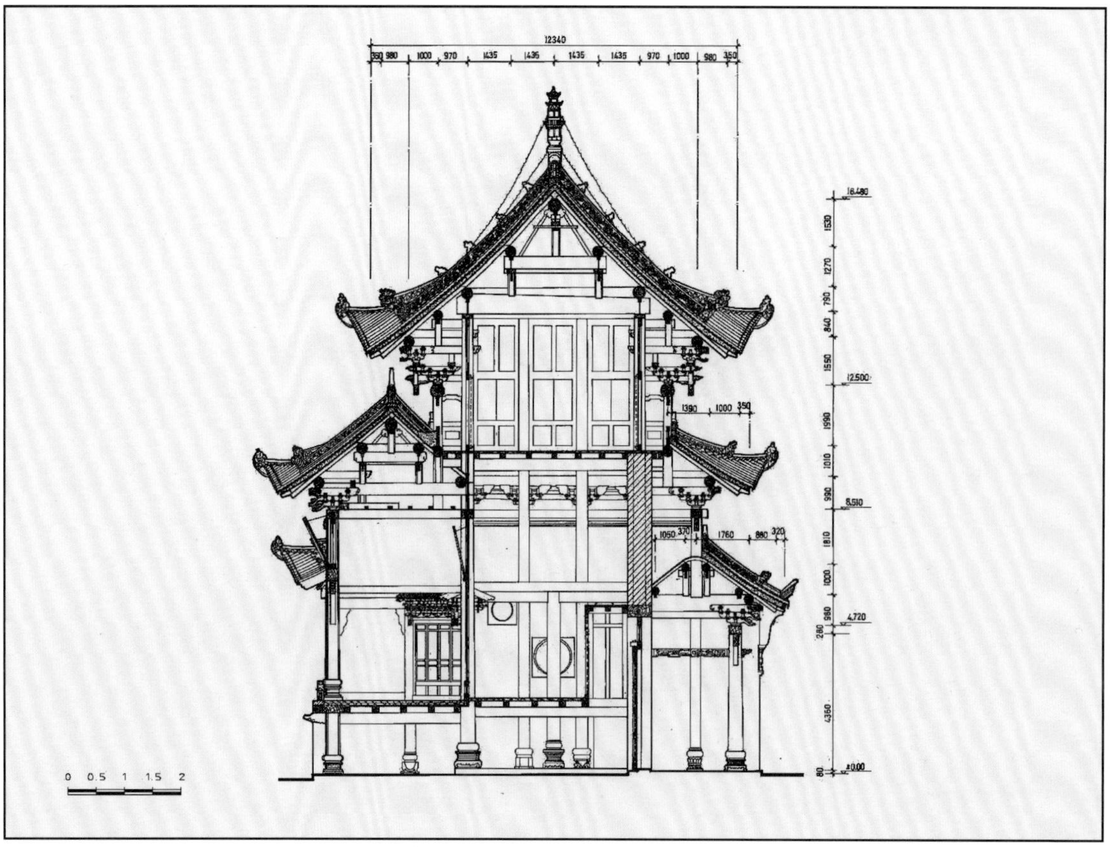

图2-2-12-6 社旗山陕会馆悬鉴楼横剖面图（摘自：《社旗山陕会馆》，河南省古代建筑保护研究所，文物出版社，1999年）

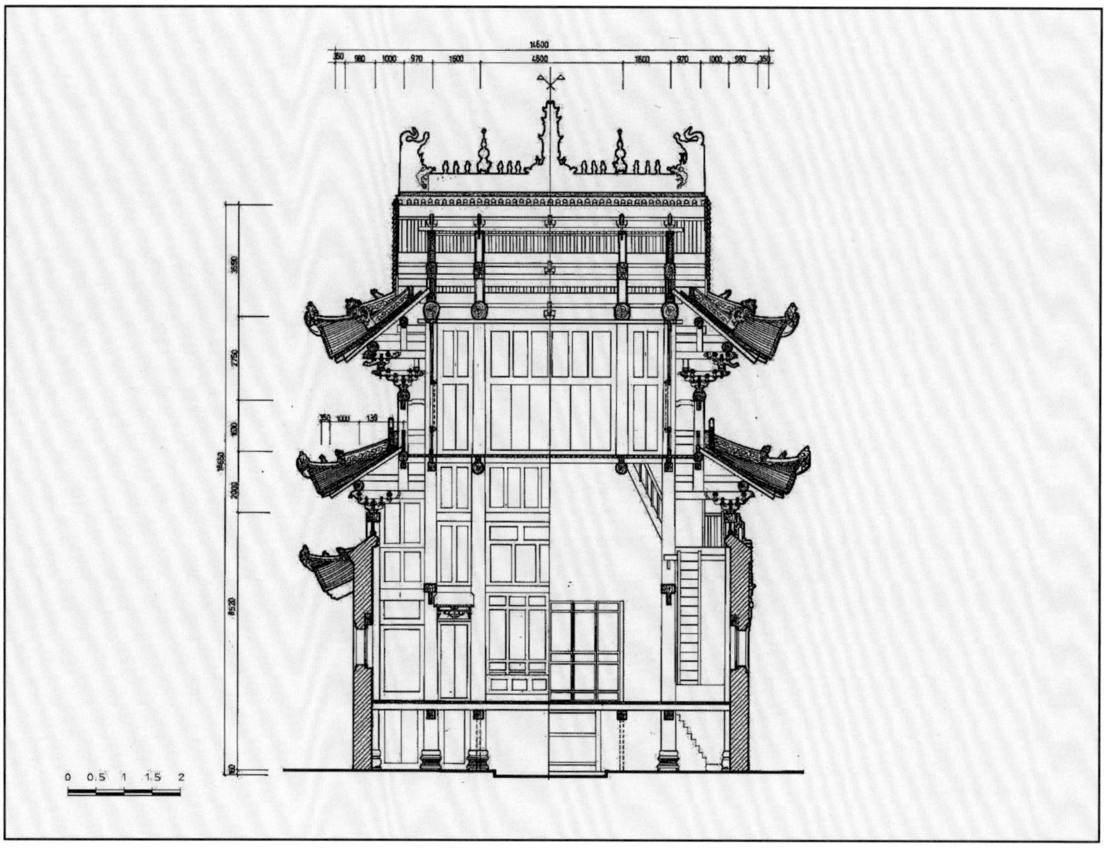

图2-2-12-7 社旗山陕会馆悬鉴楼纵剖面（摘自：《社旗山陕会馆》，河南省古代建筑保护研究所，文物出版社，1999年）

（二）社旗火神庙戏楼

社旗火神庙位于社旗县赊店镇公安街东端，北纬33°03′21″，东经112°56′32″，海拔118米。坐北面南，创建于清雍正二年（1724），至雍正六年（1728）竣工，历经四年建成。火神庙现存戏楼（山门）、木牌楼、拜殿、大殿、钟鼓楼等建筑，系第三批河南省文物保护单位。

戏楼坐南面北，双幢前后串联式，两层砖木结构。一层为火神庙入口，二层为戏台，屋面为前台单檐卷棚歇山式、后台硬山式。戏楼前后台均面阔三间，后台与两侧钟楼、鼓楼相连，平面呈“凸”字形。戏楼后台为单檐硬山顶建筑，灰瓦覆顶。一层明间设正门，门前有抱厦，面阔三间，进深一间。前檐立四根木柱，下设上鼓形下须弥座的复式柱础，刻八宝、狮子以及虎、马等图案。檐下施五踩单栱造斗栱十五攒，明间平身科为如意斗栱。额枋、雀替木雕二龙戏珠、花卉牡丹等纹饰。戏楼前台面阔三间，进深一间，通面阔8.76米，明间面阔4.2米；通进深3.29米。一层为通道，室内设中柱两根，前檐明间设两根通长木柱，外立石柱辅助支撑。过梁插入柱身，上置楞木、楼板。二层前檐设柱四根，明间两根为木柱，角柱为石柱，木柱高3.36米，柱径0.3米，石柱方0.34×0.34米，柱高2.74米。柱下方形须弥座石柱础，雕刻狮、虎、菊花以及鸟、花枝等图案，柱础高0.58米。柱头上置平板枋，横向额枋连接，额枋雕刻动物、植物、几何形图案。戏楼为抬梁式木构架，六架梁搁于前后檐平板枋上，上承瓜柱、四架梁、月梁及各层檩枋。山面设踩步金及抹角梁，承托翼角椽飞。檐下绕周共施三踩单下昂如意斗栱二十一攒，其中柱头科二攒、平身科十五攒、角科四攒。檐柱刻楹联三副，其正面对联为：“对月清歌，不亚广陵之曲；当花妙舞，何殊西子之姿。”檐柱西侧对联为：“其中大观，那得头头都是也；此间细领，究之着着皆真耳。”东侧对联为：“剧戏当场假笑，啼中真面现；解人寓意外留，连处内心知。”戏楼后台面阔五间，进深一间4.36米，前檐柱与前台后檐柱间距1.82米，抬梁式结构，五架梁上承瓜柱、三架梁及各层檩枋。屋面为单檐硬山式，与两侧钟楼、鼓楼连为一体（照2-2-12-3）（图2-2-12-8）（图2-2-12-9）（图2-2-12-10）（图2-2-12-11）（图2-2-12-12）（图2-2-12-13）。

照 2-2-12-3 社旗火神庙戏楼

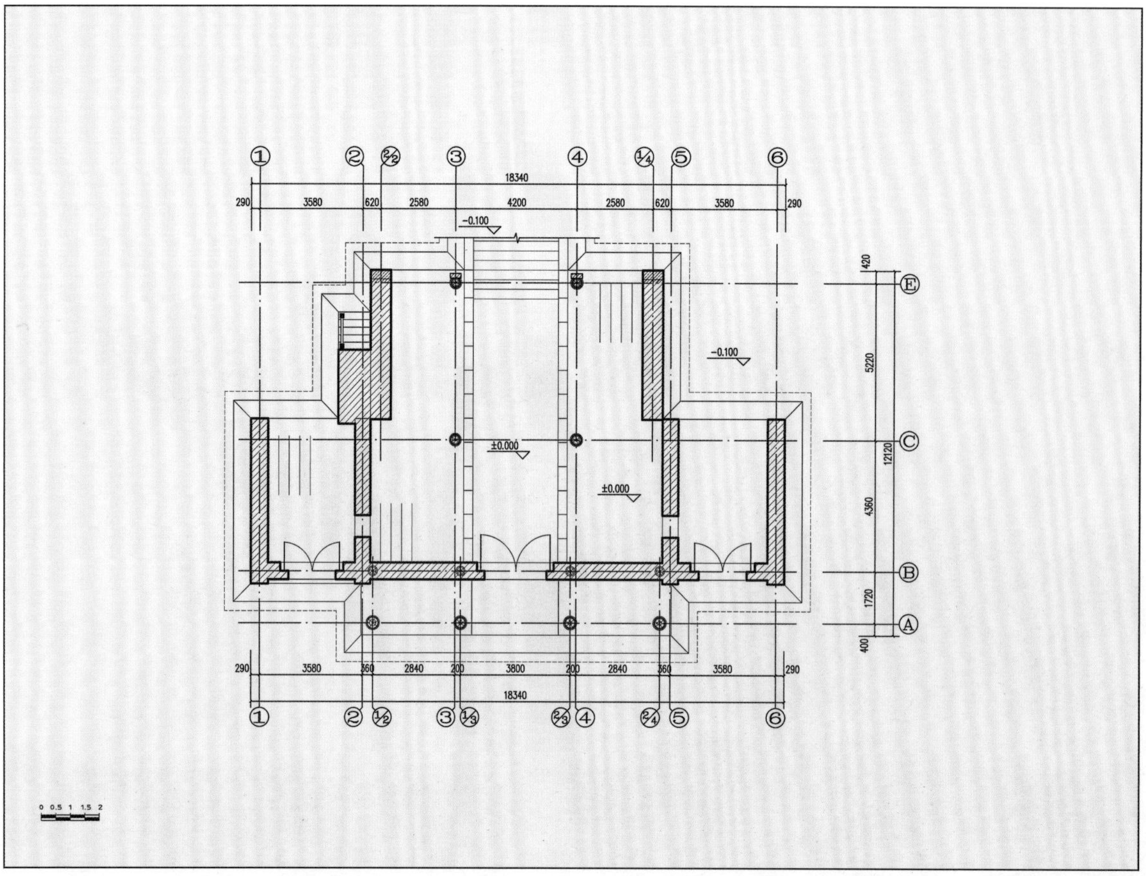

图2-2-12-8　社旗火神庙戏楼一层平面图

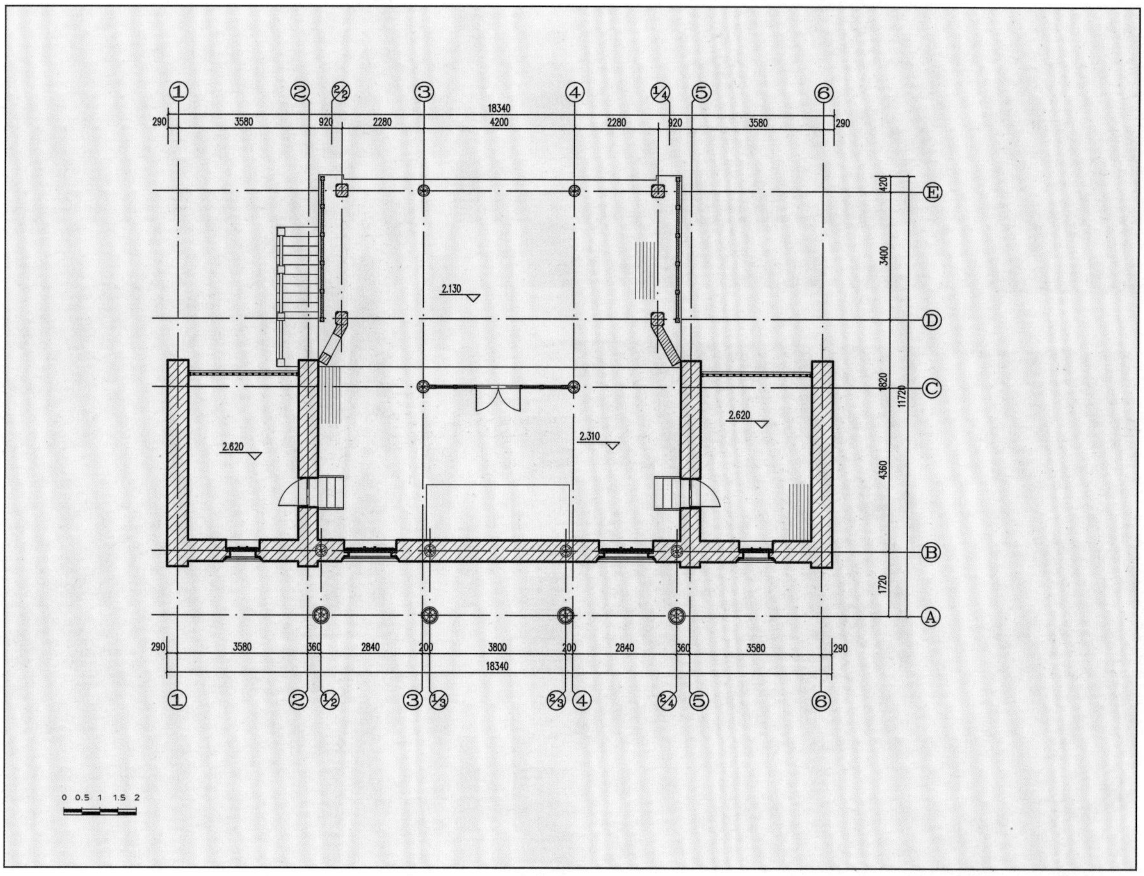

图2-2-12-9　社旗火神庙戏楼二层平面图

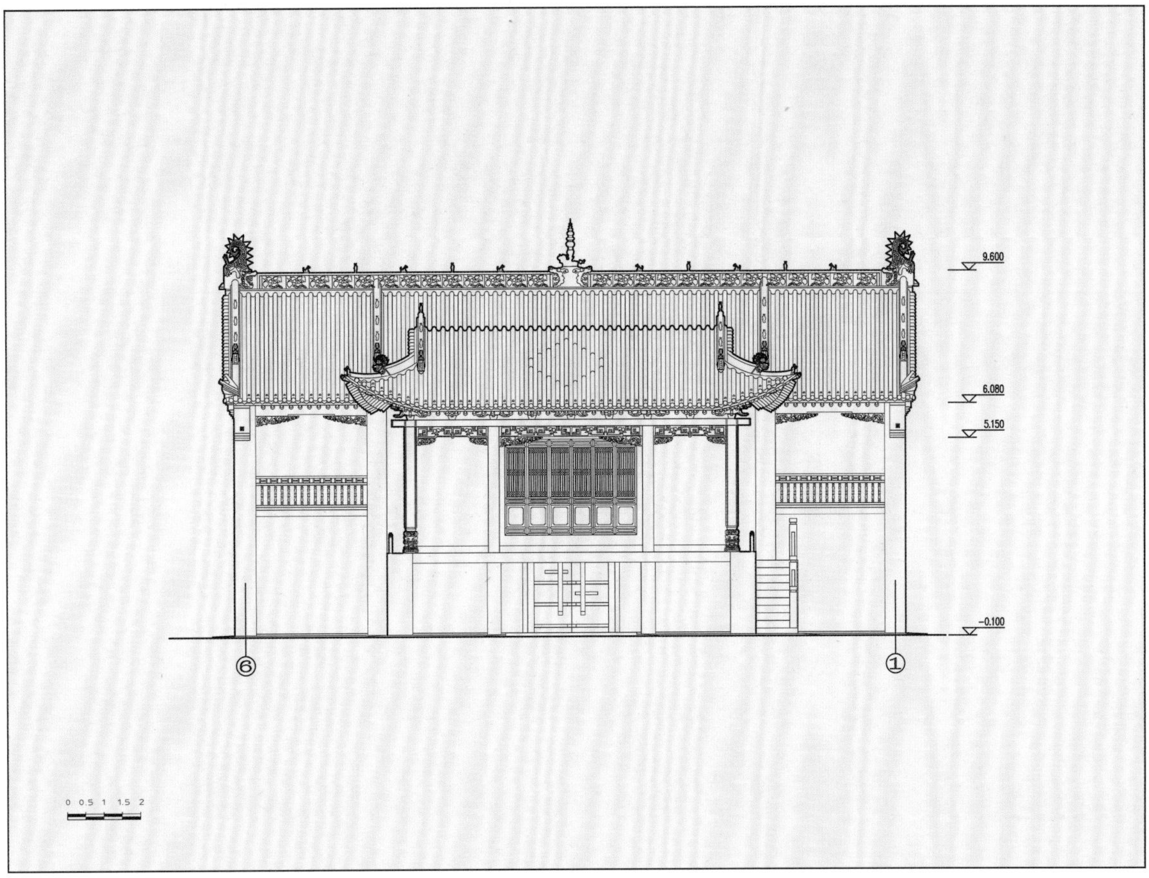

图2-2-12-10 社旗火神庙戏楼正立面图

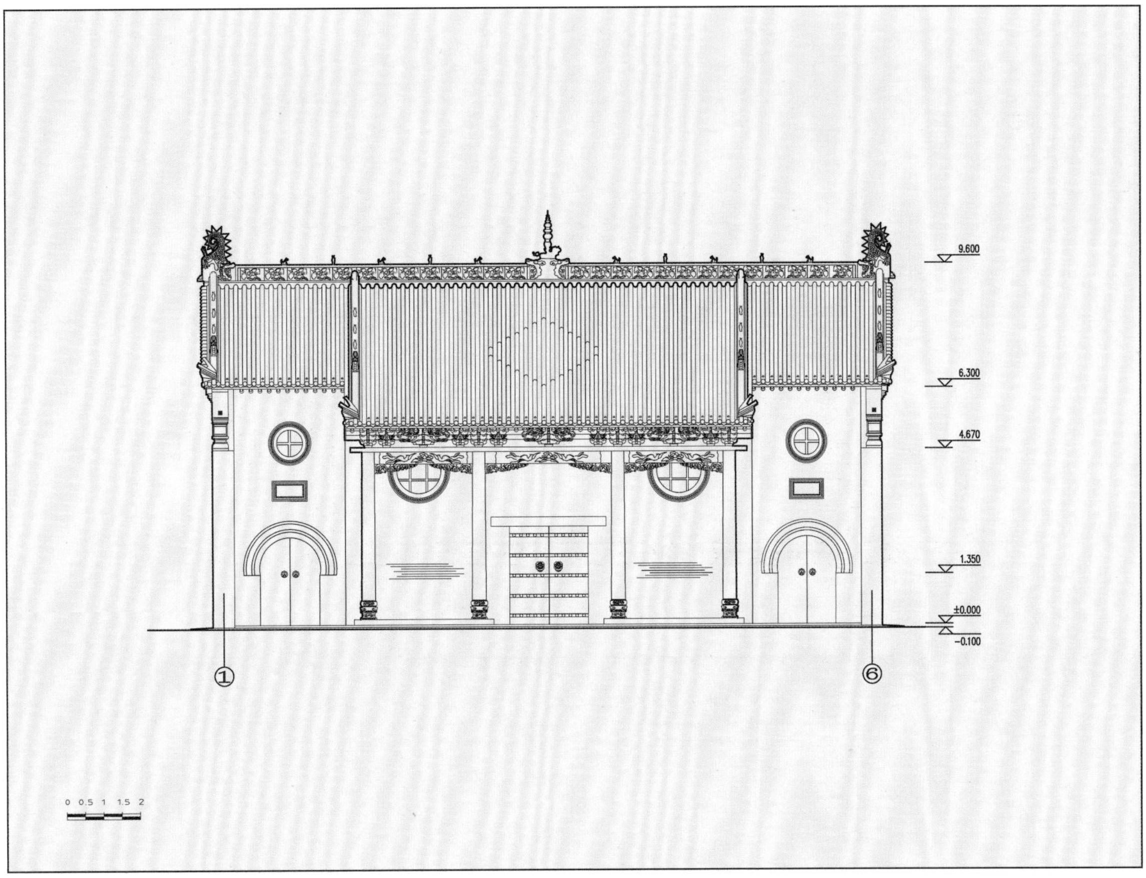

图2-2-12-11 社旗火神庙戏楼背立面图

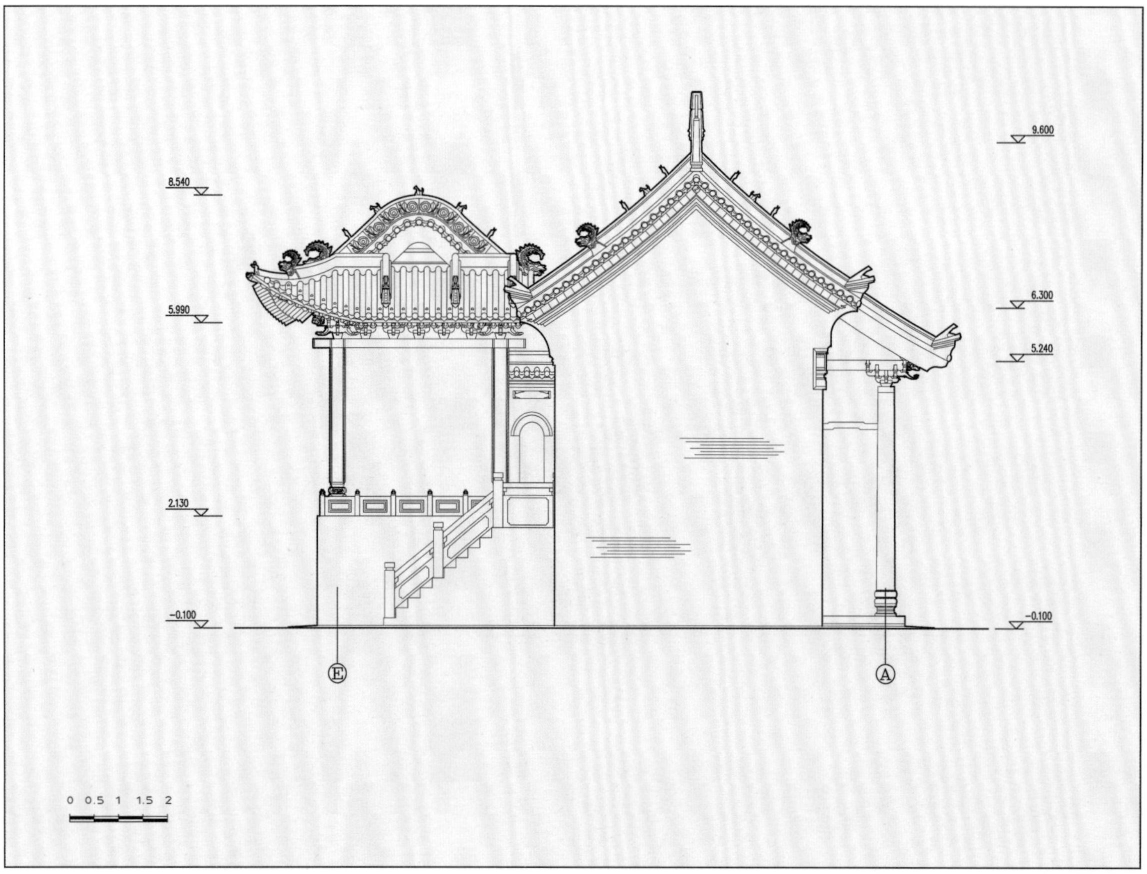

图2-2-12-12 社旗火神庙戏楼侧立面图

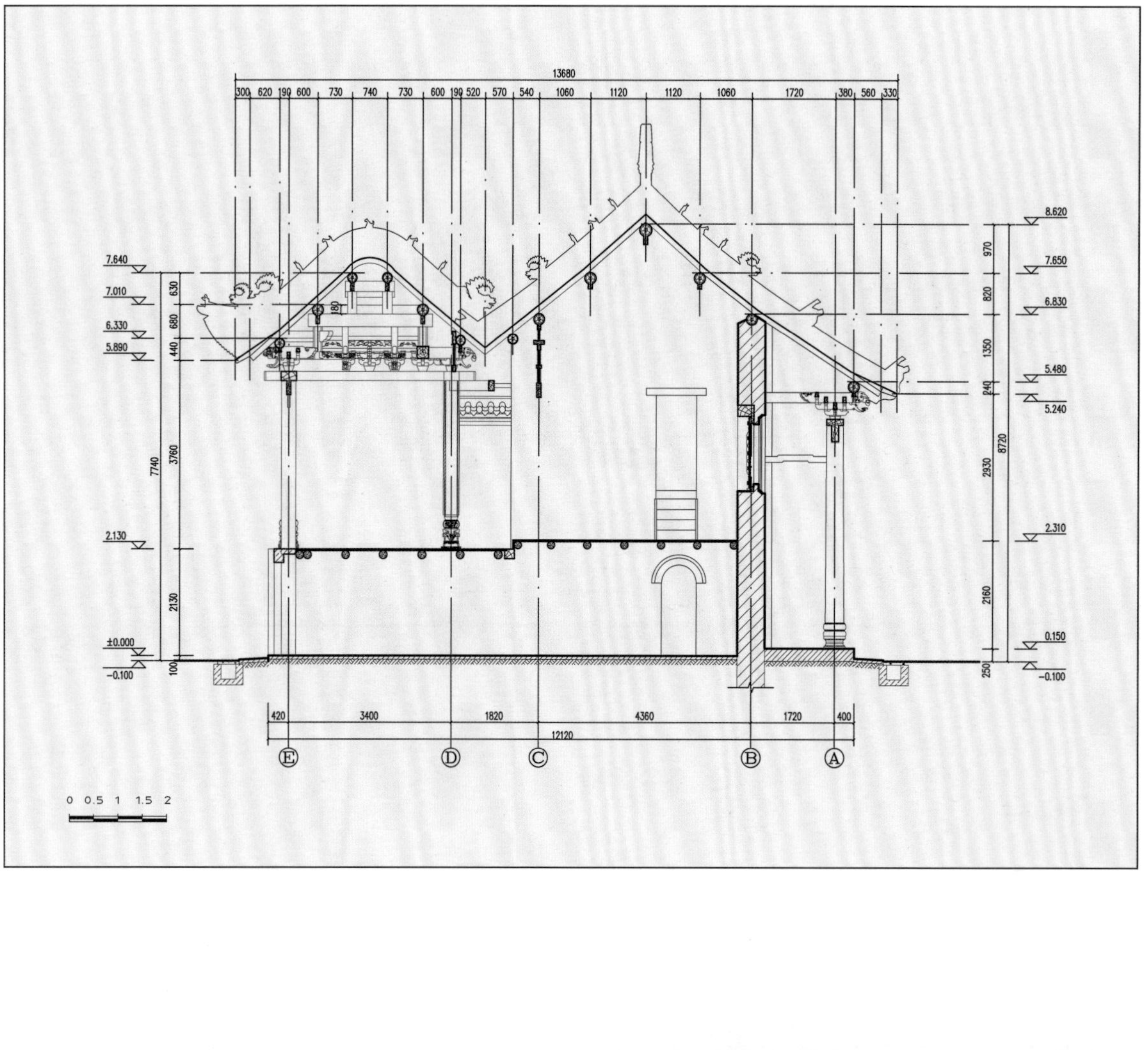

图2-2-12-13 社旗火神庙戏楼横剖面图

（三）荆紫关山陕会馆戏楼

荆紫关山陕会馆位于淅川县荆紫关镇中街村，北纬33°14′42″，东经111°01′58″，海拔270米。创建于清乾隆年间，为山陕两省的药材和漆业商人所建。清嘉庆十一年（1806）扩建，清道光二十九年（1849）重建。坐东面西，现存山门，戏楼，钟楼，春秋阁、后殿等文物建筑，建筑面积1210平方米。系第五批全国重点文物保护单位。

戏楼位于会馆中轴线上，双幢前后串联式，由两个戏楼前后连搭构成，又称双面戏楼。戏楼间砌墙体，设门相通。戏楼均为两层，下层为通道，二层为戏台。平面呈“凸”字形，台基为砖石垒砌，阶条石砌边，高2.44米。东戏楼一层台体辟券门三道，为会馆东西通道。二层面阔五间，进深二间，通面阔12.55米，通进深7.97米。梢间两侧设八字影壁，台上用柱十根，檐下施如意斗栱。木构架为穿斗式为主、抬梁式为附的混合构架，进深三柱二间六界，四界梁前端坐于檐柱上，后端插于中柱，中柱与后檐墙之间置三界梁，梁上立童柱。承接脊童柱的山界梁截面较大，并直接承檩，其他童柱之间用穿枋连接，柱头承檩。整个梁架体现了南北方构架形式的融合性及建筑手法的灵活性。前檐木柱悬挂楹联一副：“男女老幼，品味世间善恶；生旦净丑，演绎多彩人生。”屋面为前坡歇山、后坡硬山式，较有特色的是歇山屋面是从山墙向外伸出一挑梁，山面檐檩和前檐挑檐檩共同托起角梁形成翼角，而室内梁架未采用抹角梁及顺梁。西戏楼一层台基正中辟门与东戏楼通道相通，两侧有2.5米宽石台阶十二踏，可通往舞台。二层戏台面阔、进深均为一间，面阔3.79米，进深2.04米。檐柱上悬挂楹联一副：“小舞台演尽人生百态；大会馆汇聚商贾万千。”屋面为单檐歇山式，灰瓦覆顶，飞檐起翘，楼体现了南方轻盈、婉约的建筑风格（图2-2-12-14）（图2-2-12-15）（图2-2-12-16）（图2-2-12-17）（图2-2-12-18）。

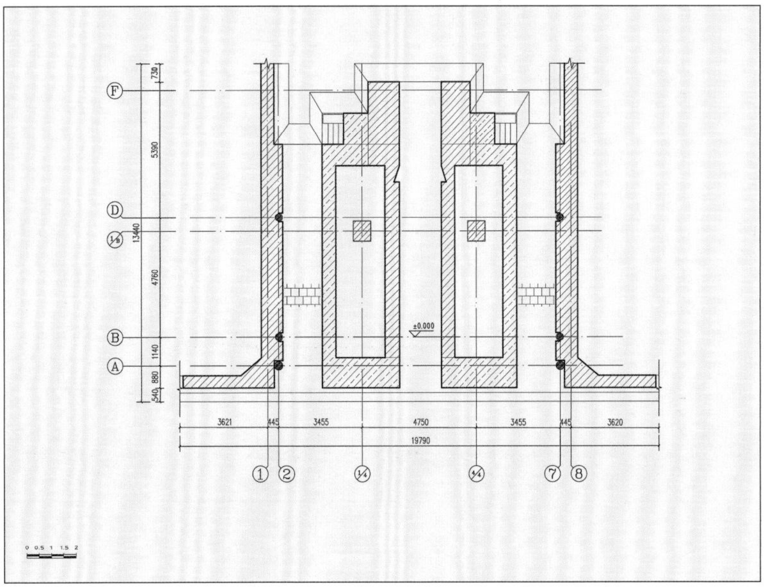

图2-2-12-14　荆紫关山陕会馆戏楼一层平面图

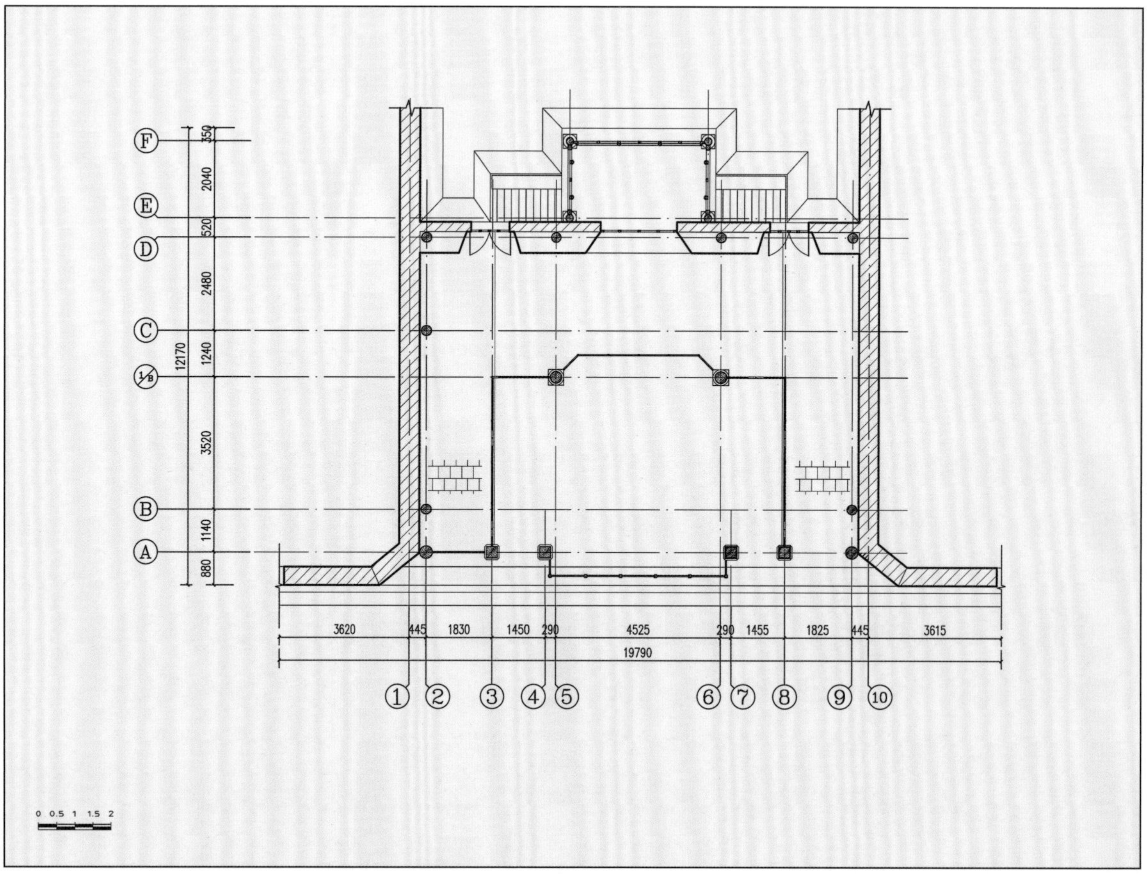

图 2-2-12-15　荆紫关山陕会馆戏楼二层平面图

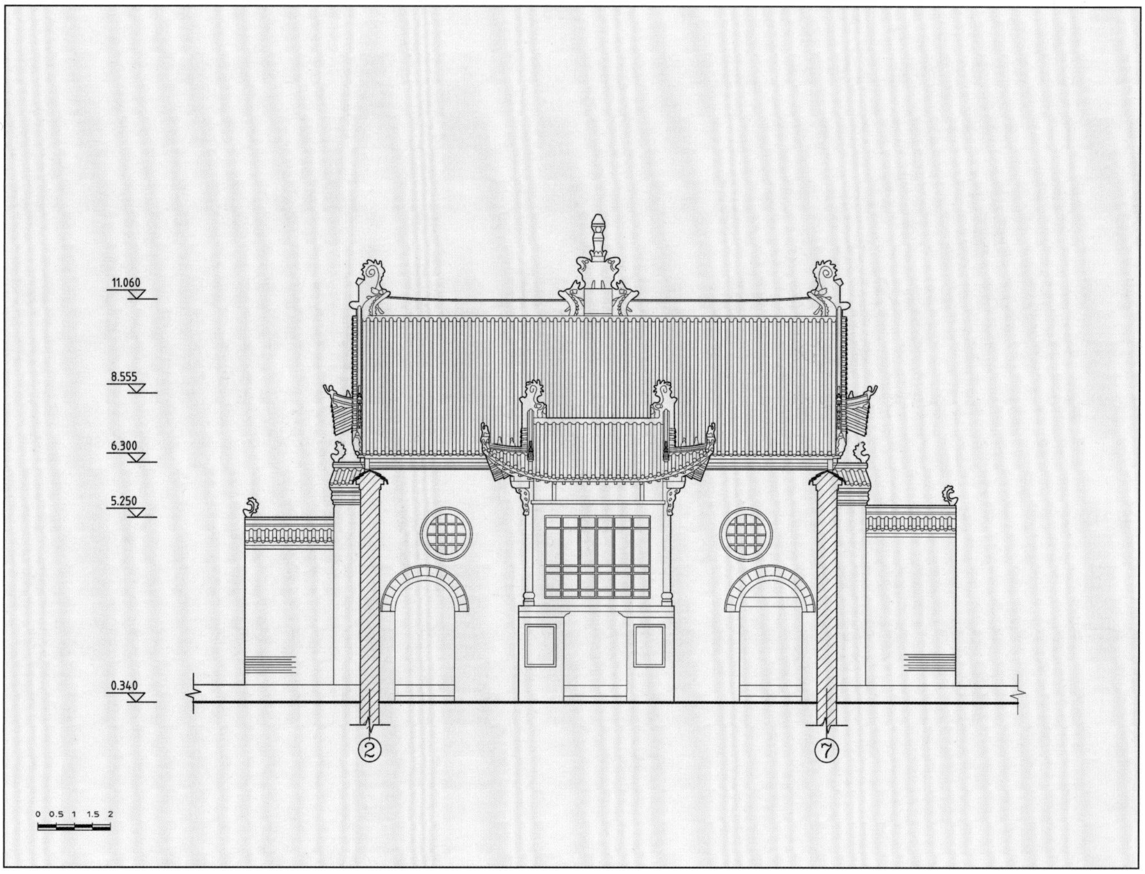

图 2-2-12-16　荆紫关山陕会馆戏楼西立面图

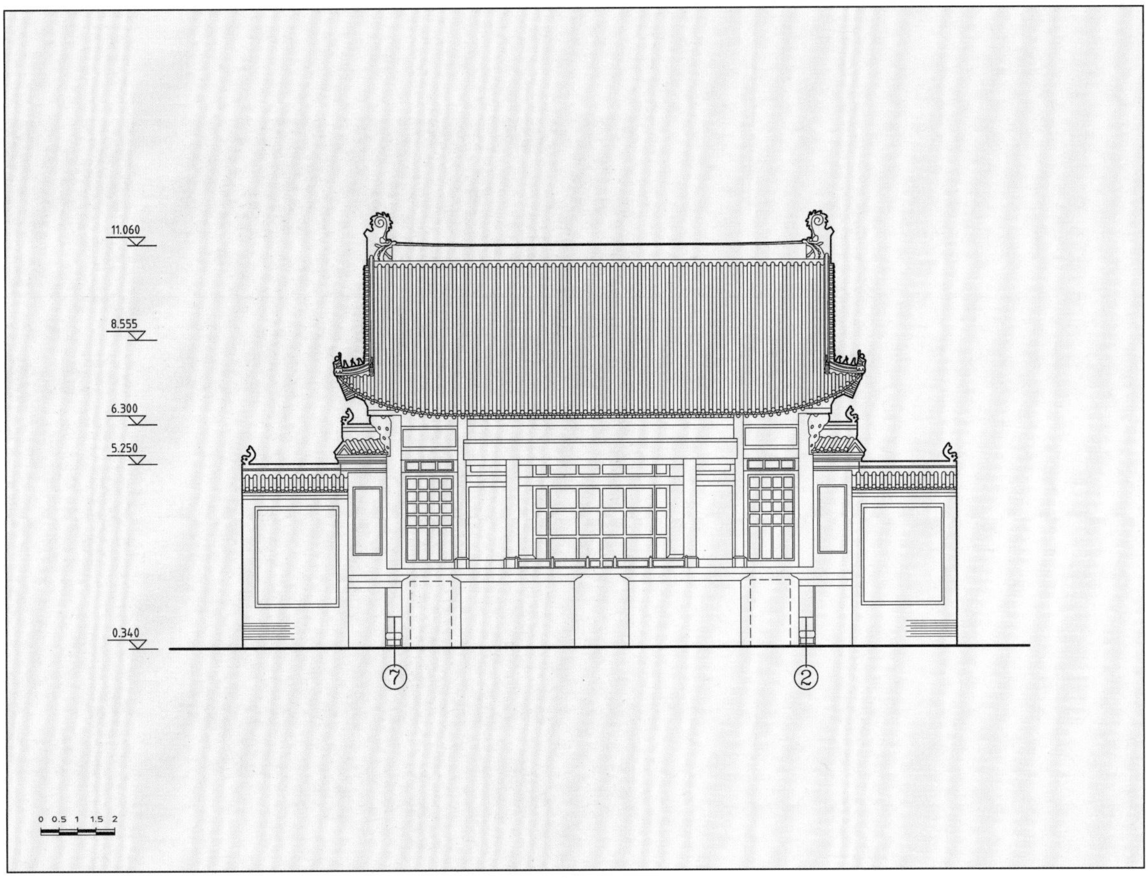

图2-2-12-17 荆紫关山陕会馆戏楼东立面图

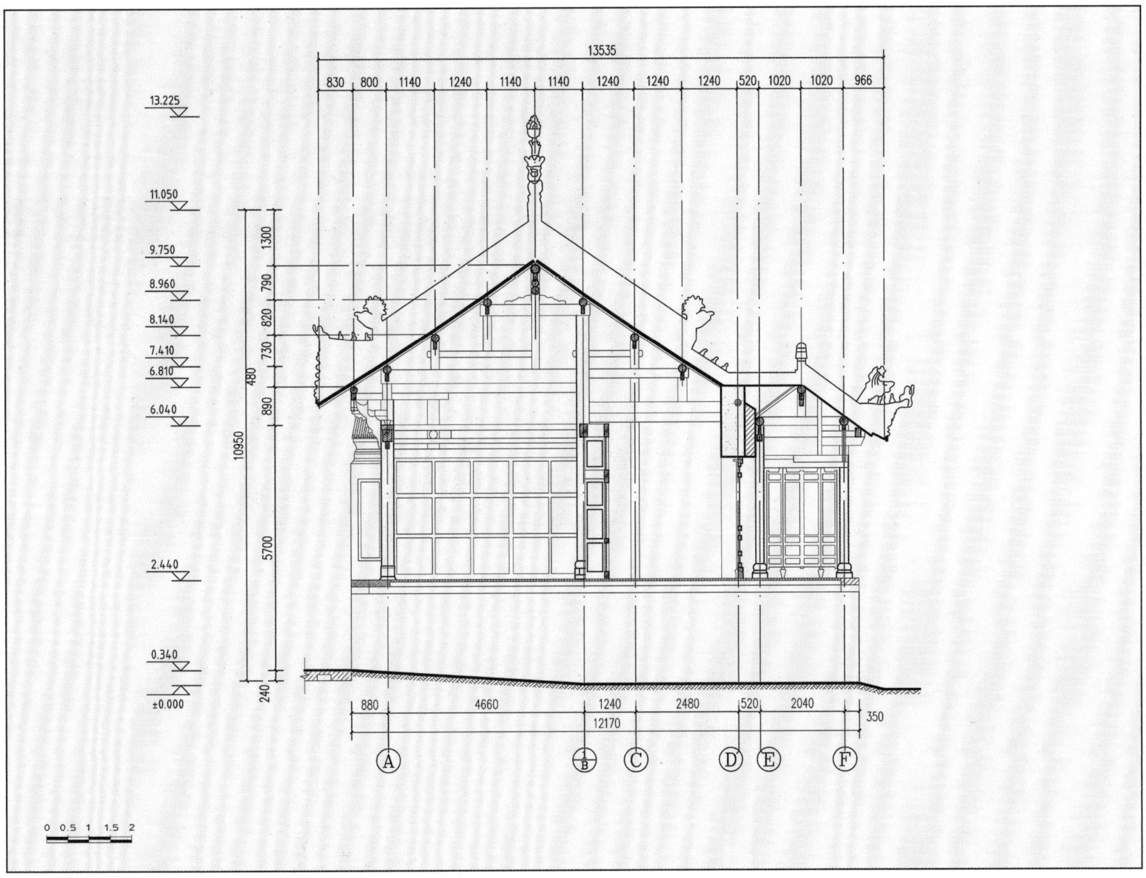

图2-2-12-18 荆紫关山陕会馆戏楼横剖面图

（四）荆紫关禹王宫戏楼

禹王宫又称湖广会馆，嘉庆十年（1805）由湖广商人捐资修建。位于淅川县荆紫关镇中街村，南与马饮桥接壤，北与陕山会馆相邻。北纬33°14′43″，东经111°00′59″，海拔229米。坐东面西，由戏楼（山门）、中殿、大殿组成，建筑面积412平方米，为第五批全国重点文物保护单位。

戏楼坐西面东，三幢左右并联式，戏台为两层单檐前坡歇山式、后坡悬山式建筑；耳房为硬山式。一层为禹王宫入口，二层为戏台。西檐一层正中辟门，门上用青石及青砖拼砌出四柱三间五楼式牌楼，明间屋面高出墙檐。牌楼用石筑造出柱、梁骨架，再用砖雕斗栱支撑屋面。明间分上中下三层，下层门洞两侧设抱鼓石，门楣及门上额枋雕刻人物故事，中层阴刻“声律身度”四字，上层设字牌，牌上有“禹王宫”字样。戏楼整体平面呈“凸”字形，面阔五间，进深二间，通面阔18.17米，其中明间3.73米；通进深10.5米，台口高2.28米。台上用柱二十根，木构架为穿斗式为主，抬梁式为附相结合。前檐挑檐檩下额枋雕刻人物及瑞兽，线条流畅，雕刻精美。屋面正脊浮雕花卉图案，正中有宝瓶。禹王宫戏楼屋檐正脊升起突出，曲线优美，门头形制比例协调，檐下木雕刀法细腻流畅，凸显了豫南建筑风格和艺术特点（照2-2-12-4）（照2-2-12-5）（照2-2-12-6）（照2-2-12-7）。

照 2-2-12-4　荆紫关禹王宫戏楼正立面

照2-2-12-5 荆紫关禹王宫戏楼背立面

照 2-2-12-6　荆紫关禹王宫戏楼背立面

照 2-2-12-7　荆紫关禹王宫戏楼石雕

（五）镇平城隍庙戏楼

镇平城隍庙又称纪公祠，位于镇平县侯集镇西门村中山大街西段北侧，北纬33° 02′ 17″，东经112° 13′ 48″，海拔193米。坐北面南，创建于元至正元年（1341），明代为道会司所在地，是豫西南地区具有重要影响的建筑群。明代洪武、正统、景泰、成化、万历年间均有修葺，清同治十二年（1873）再次重修。现存大门、戏楼、东西厢房、拜殿、大殿共6座清代文物建筑，系第四批河南省文物保护单位。

戏楼坐南面北，位于城隍庙中轴线上，单幢式，为高台重檐歇山式建筑。一层高台用青砖砌筑，高3.33米。台体辟三孔券洞为通道，明间洞宽2.38米，高2.93米，次间高2.74米，台两侧设踏步可登戏台。戏楼二层面阔五间，通面阔10.52米，其中明间面阔3.36米、次间2.68米；两梢间尺寸较小，为0.9米。进深三间，通进深5.35米。戏楼设外廊，抬梁式木构架，五架梁对前后单步梁。檐下绕周施三踩单翘斗栱十八攒，其中柱头科四攒、平身科十攒、角科四攒。戏楼造型端庄、质朴。

庙内现存清同治年间《重修城隍庙碑记》碑1通（照2-2-12-8）（图2-2-12-19）（图2-2-12-20）（图2-2-12-21）（图2-2-12-22）（图2-2-12-23）（图2-2-12-24）。

照2-2-12-8 镇平城隍庙戏楼

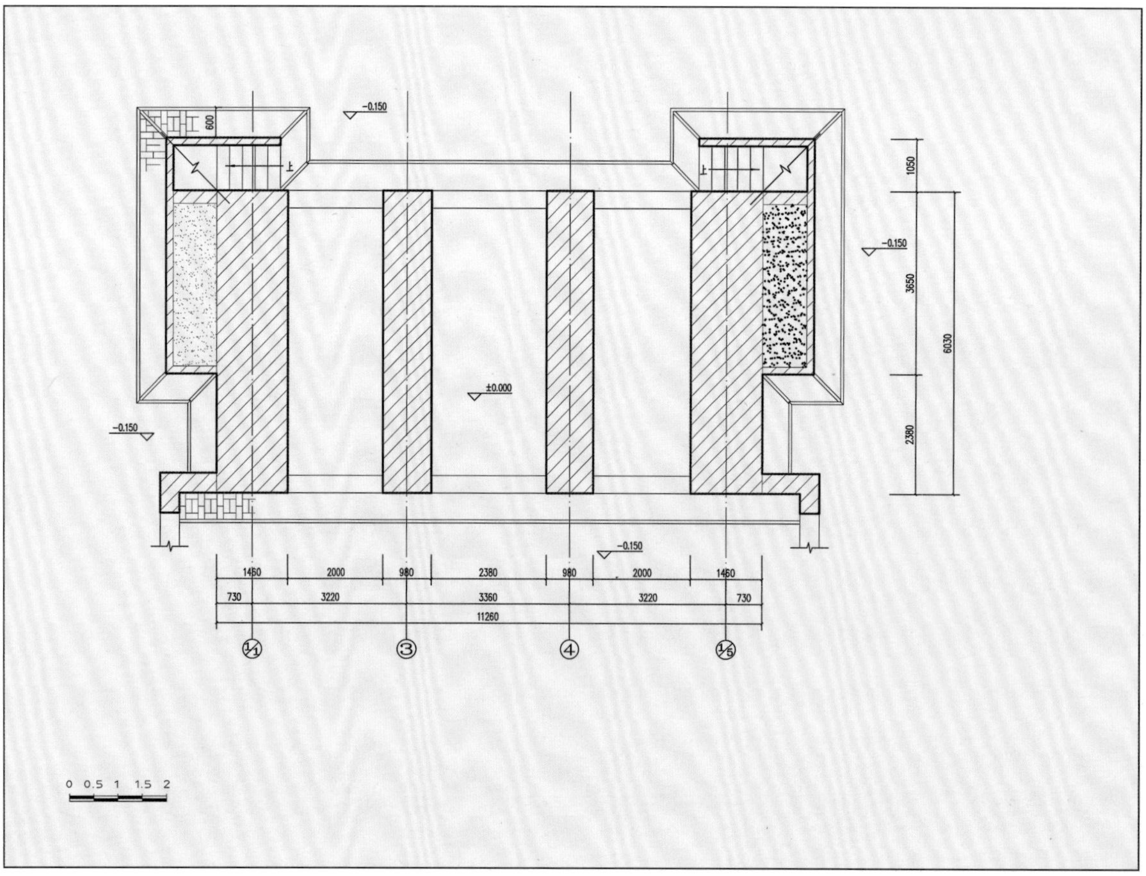

图 2-2-12-19 镇平城隍庙戏楼一层平面图

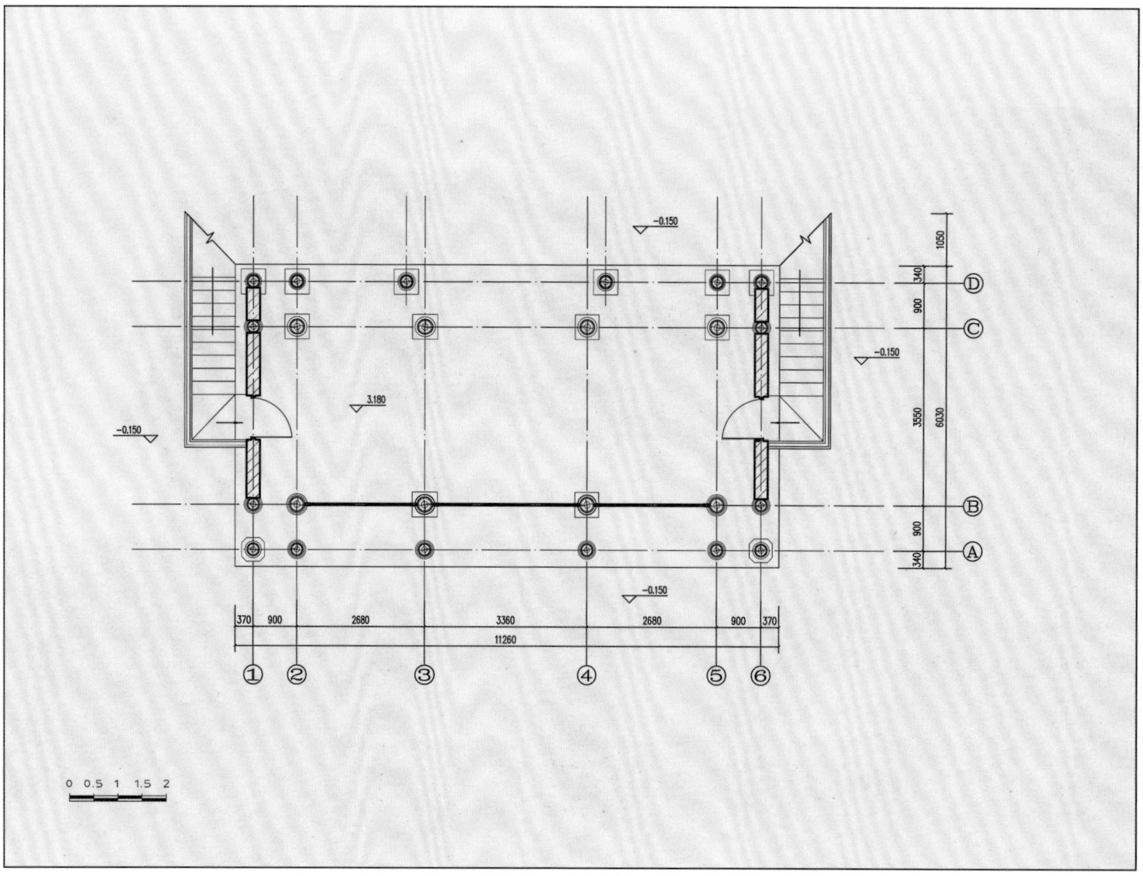

图 2-2-12-20 镇平城隍庙戏楼二层平面图

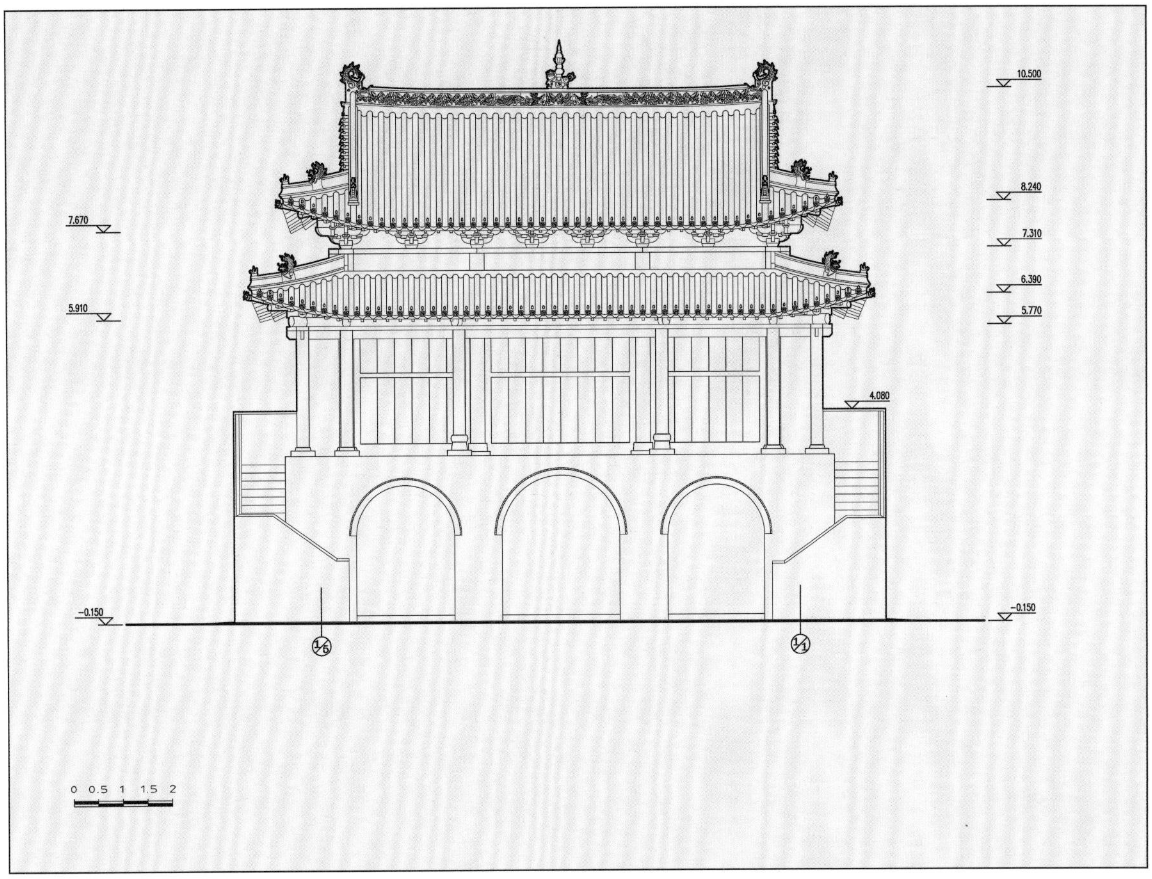

图 2-2-12-21　镇平城隍庙戏楼正立面图

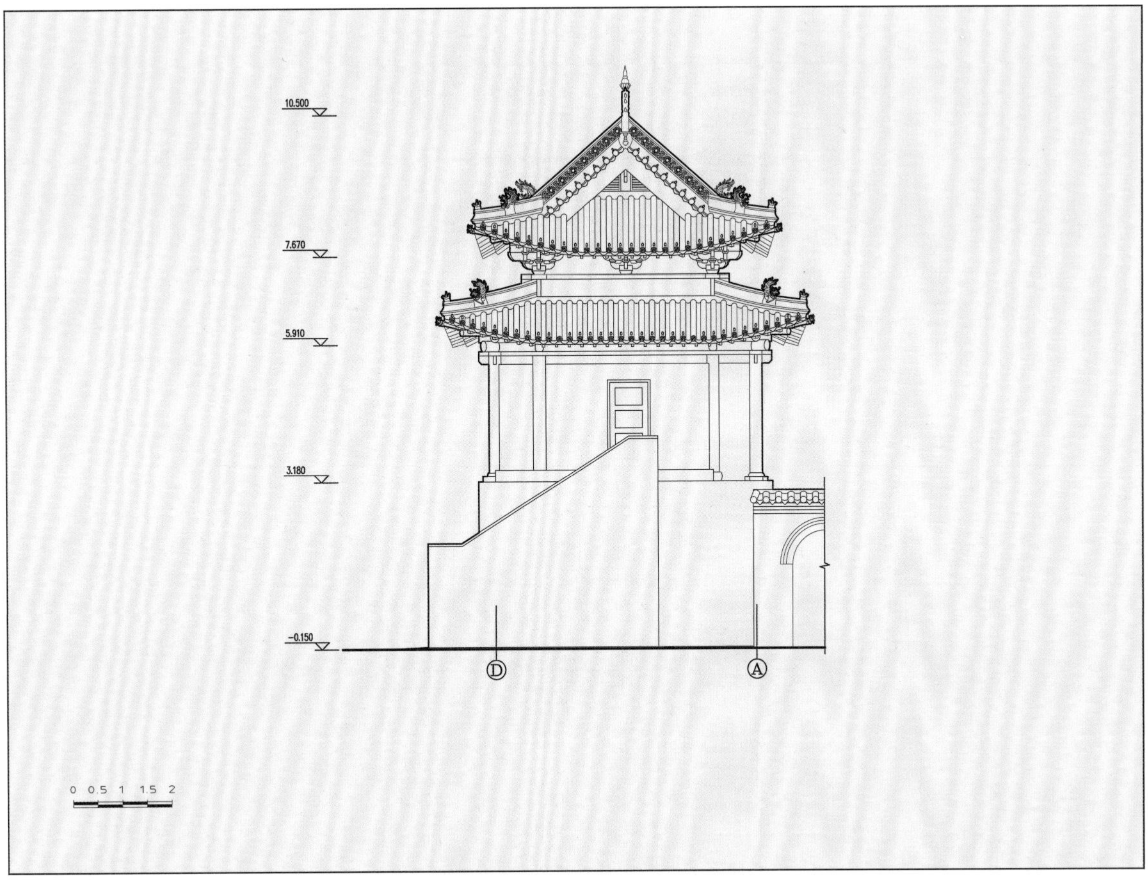

图 2-2-12-22　镇平城隍庙戏楼侧立面图

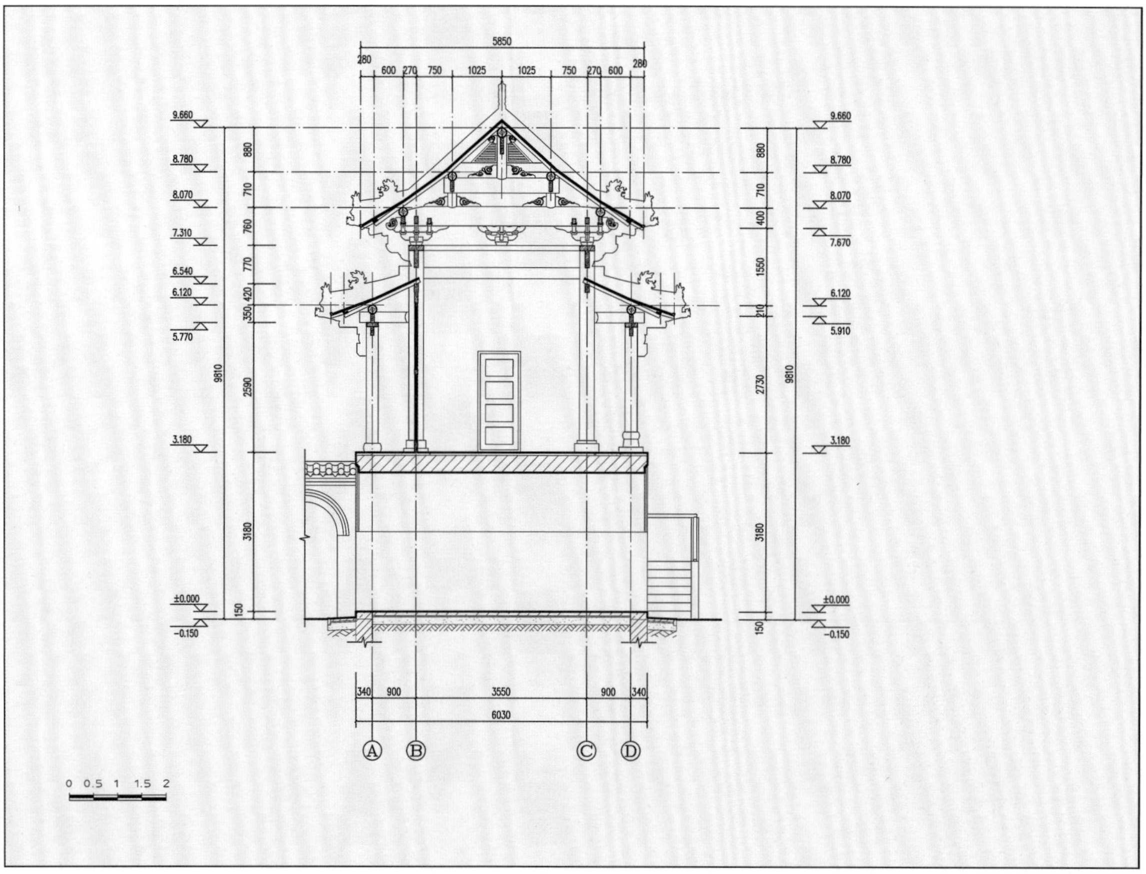

图2-2-12-23 镇平城隍庙戏楼横剖面图

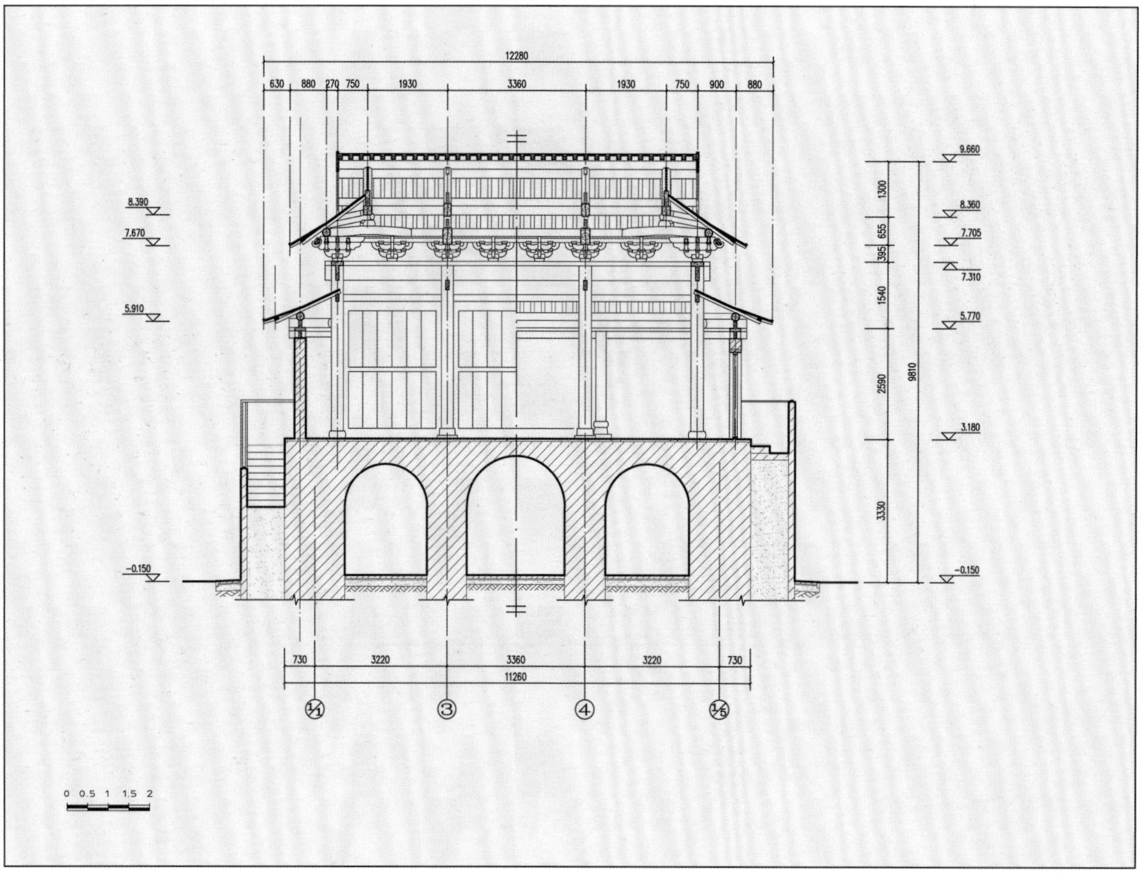

图2-2-12-24 镇平城隍庙戏楼纵剖面图

（六）方城维摩寺戏楼

维摩寺位于方城县四里店镇维摩寺村，北纬33°22′32″，东经112°51′43″，海拔210米。创建年代不详。戏楼位于寺庙外南部，清代建筑，为南阳市文物保护单位。

戏楼坐南面北，单幢式，为单檐悬山式灰瓦顶建筑。平面呈长方形，三面观。面阔三间，进深二间，通面阔6.47米，其中明间面阔3.57米；通进深7.72米，台口高1.56米。木构架为抬梁式，设中柱，六步椽屋。戏楼前檐及山面前半部开敞，便于观众观戏。前檐立四根抹角石柱，柱方0.4×0.4米，高2.73米；柱下为圆鼓式柱础，高0.17米。柱头设平板枋及额枋，雀替佚失。前檐三步梁置于前檐平板枋上，后尾插入中柱，承瓜柱、双步梁、单步梁及檩枋。后檐双步梁插入中柱与后檐墙，承后瓜柱及单步梁。中柱位置设木屏风将舞台分为前后场，后檐墙正中开内方外圆窗，下部设排水石槽（照2-2-12-9）。

照2-2-12-9　方城维摩寺戏楼

（七）云阳镇城隍庙戏楼

云阳镇城隍庙位于南召县云阳镇古城老街路北，北纬33°26′45″，东经112°42′49″，海拔202米。创建于明代，明成化十二年（1476）重修。现存戏楼、东西厢房、拜殿、大殿等建筑，系南阳市文物保护单位。

戏楼于清光绪年间重修，位于城隍庙中轴线南端，坐南面北，单幢式，为两层前檐二步架悬山余硬山式建筑。一层为城隍庙入口，二层为戏台。平面呈长方形，半三面观。面阔三间，进深二间，通面阔9.62米，其中明间3.9米；通进深6.67米，通高9.35米，台口高2.01米。一层明间辟券门，门上镶嵌“城隍庙”石匾额。墙体上置平梁，承楞木及楼板。二层木构架为抬梁式，六步椽屋，柱间设屏风划分前后舞台。前檐设石柱四根，柱方0.31×0.31米，高2.6米；柱下为多层柱础。五架梁置于前檐平板枋上，后尾插入中柱，承瓜柱、四架梁，四架梁后尾置于中柱之上，承瓜柱、三架梁及各层檩枋。戏楼台基两侧设台阶上下舞台，次间后檐各开一六边形窗。前檐石柱刻楹联两副：“怀旧喜从新，幻幻奇奇，装傀儡登场演出人心变态；居今宜鉴古，非非是是，看俄顷结果不外天理恒情。”“一曲奏霓裳，妙舞清歌，想象人间天上；千秋垂藻鉴，前因后果，试看古往今来。”（照2-2-12-10）（图2-2-12-25）（图2-2-12-26）（图2-2-12-27）（图2-2-12-28）（图2-2-12-29）（图2-2-12-30）

照2-2-12-10　云阳镇城隍庙戏楼

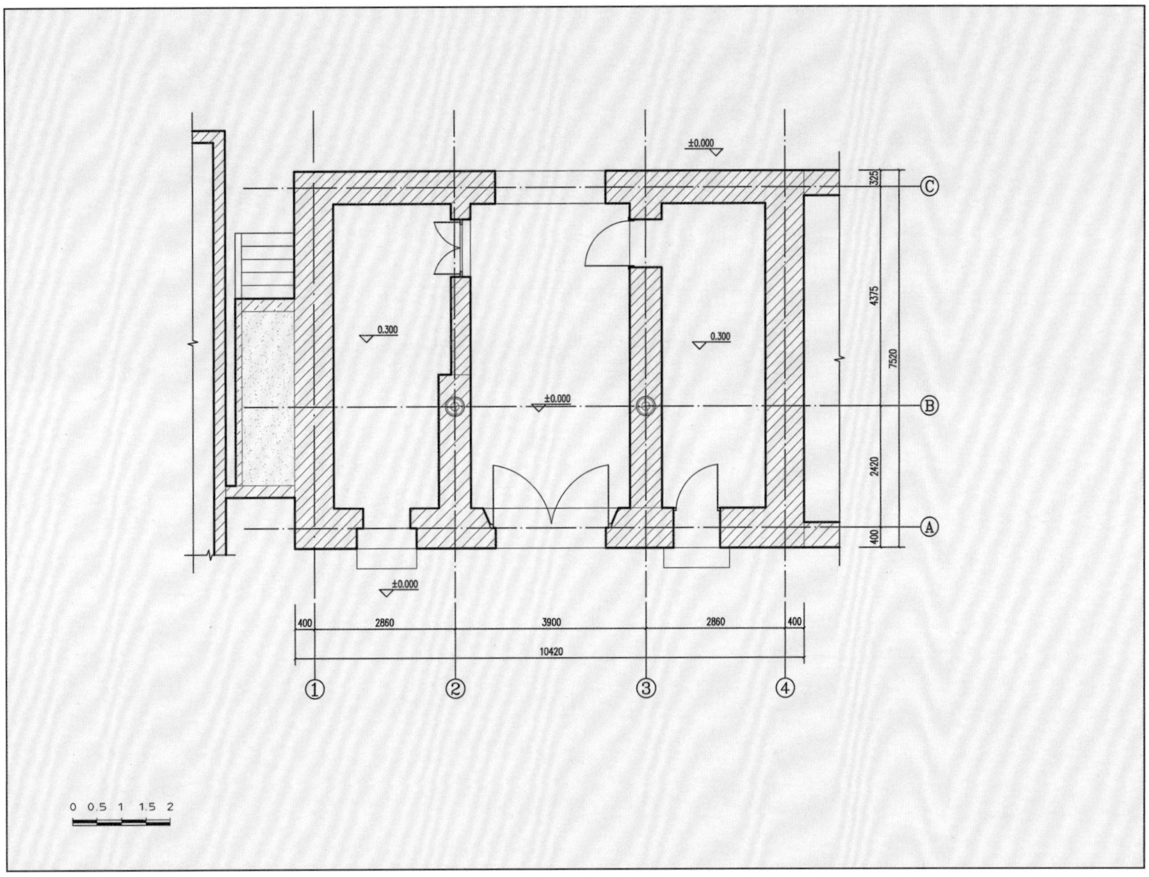

图 2-2-12-25　云阳镇城隍庙戏楼一层平面图

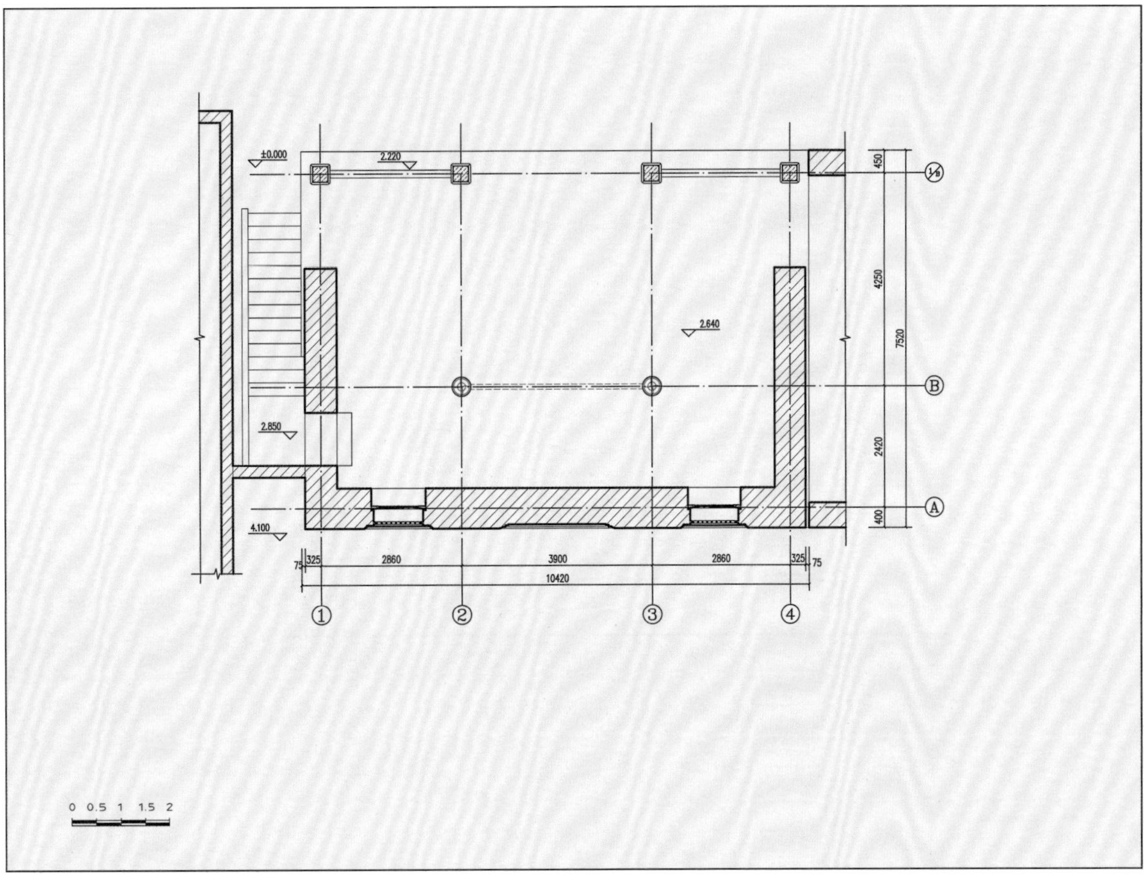

图 2-2-12-26　云阳镇城隍庙戏楼二层平面图

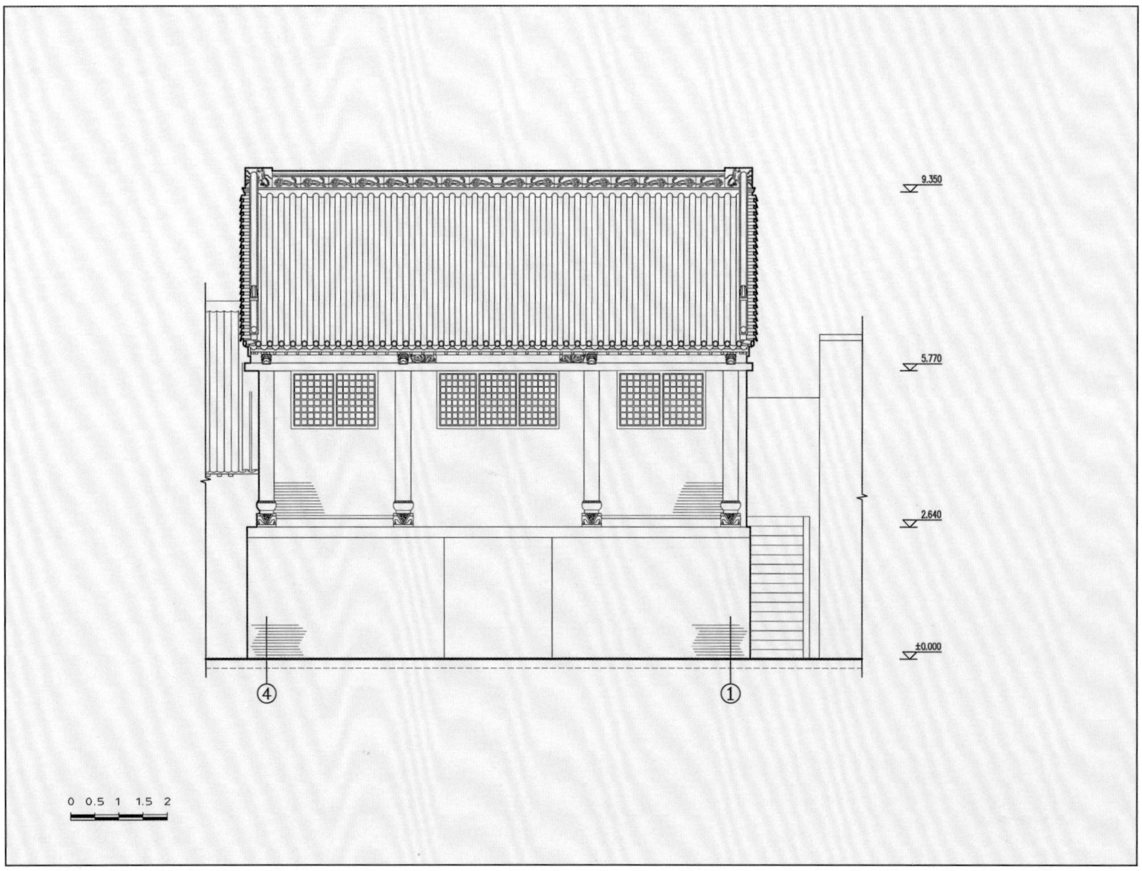

图2-2-12-27 云阳镇城隍庙戏楼正立面图

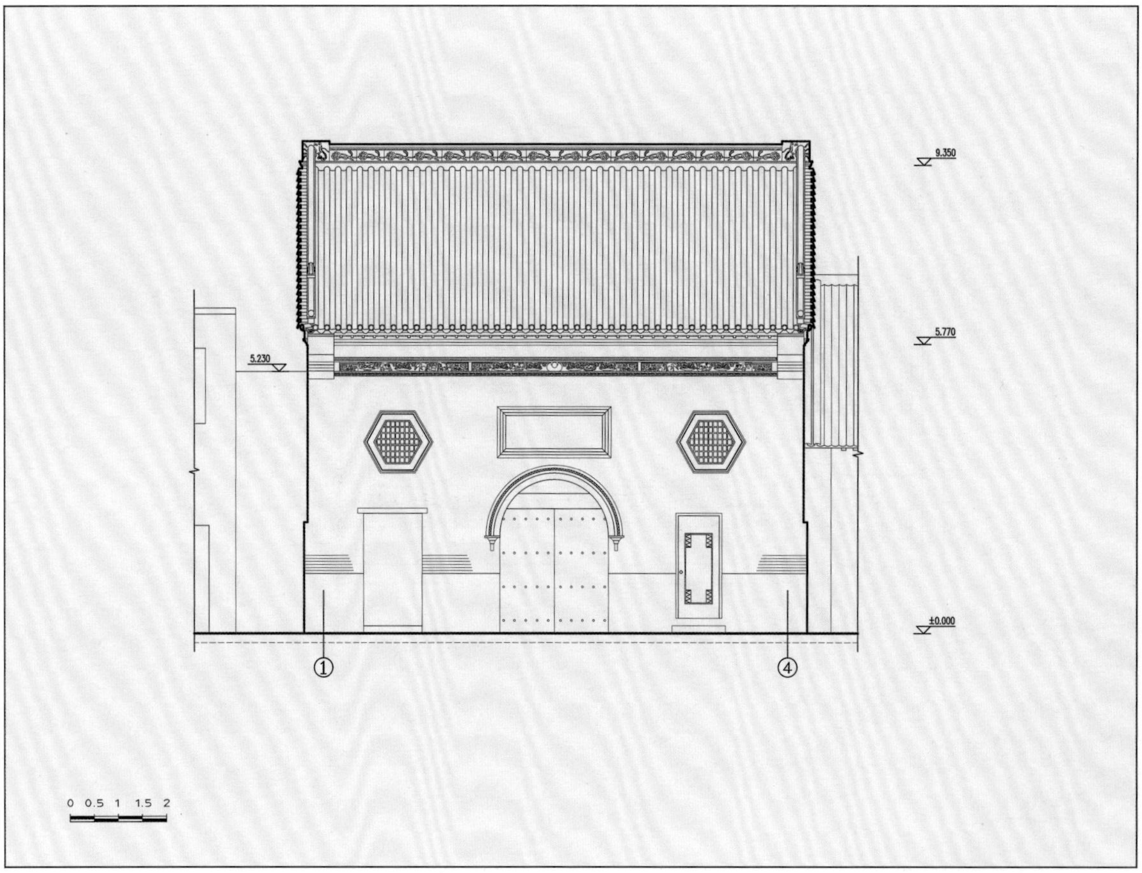

图2-2-12-28 云阳镇城隍庙戏楼背立面图

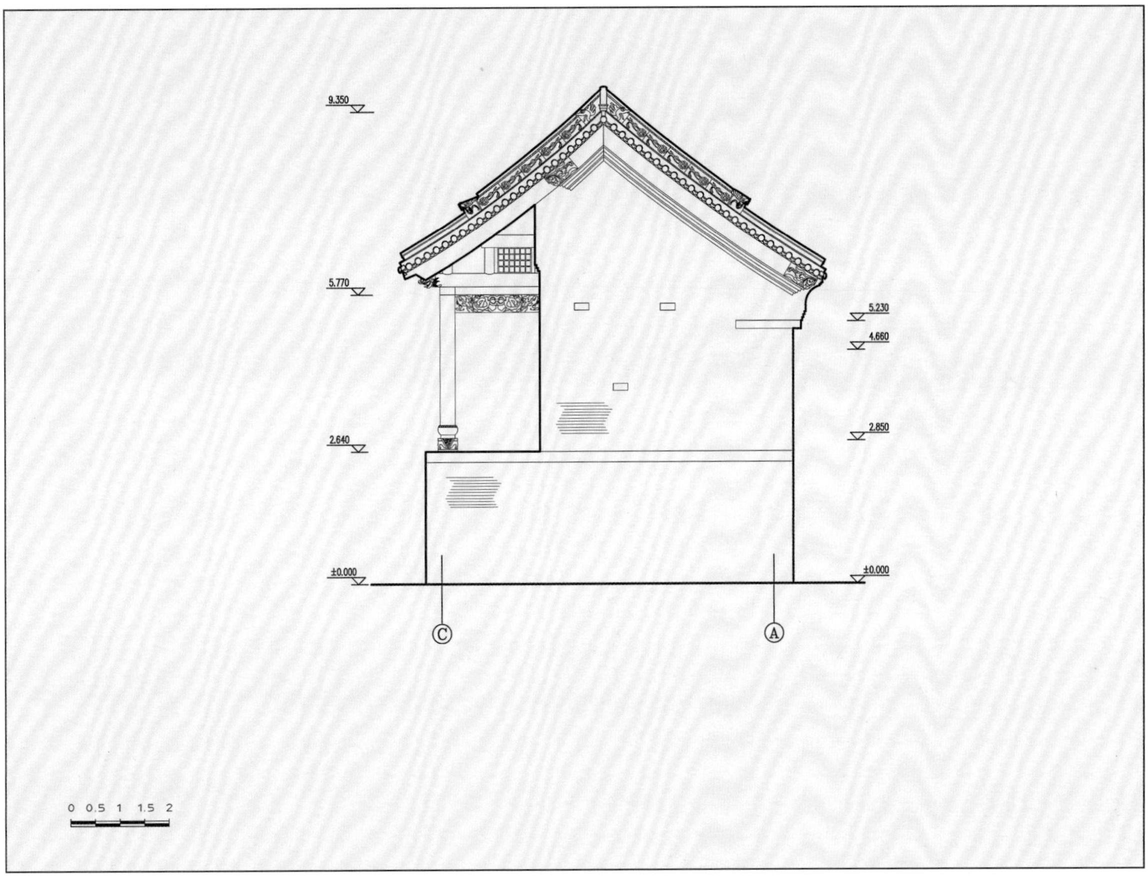

图2-2-12-29 云阳镇城隍庙戏楼侧立面图

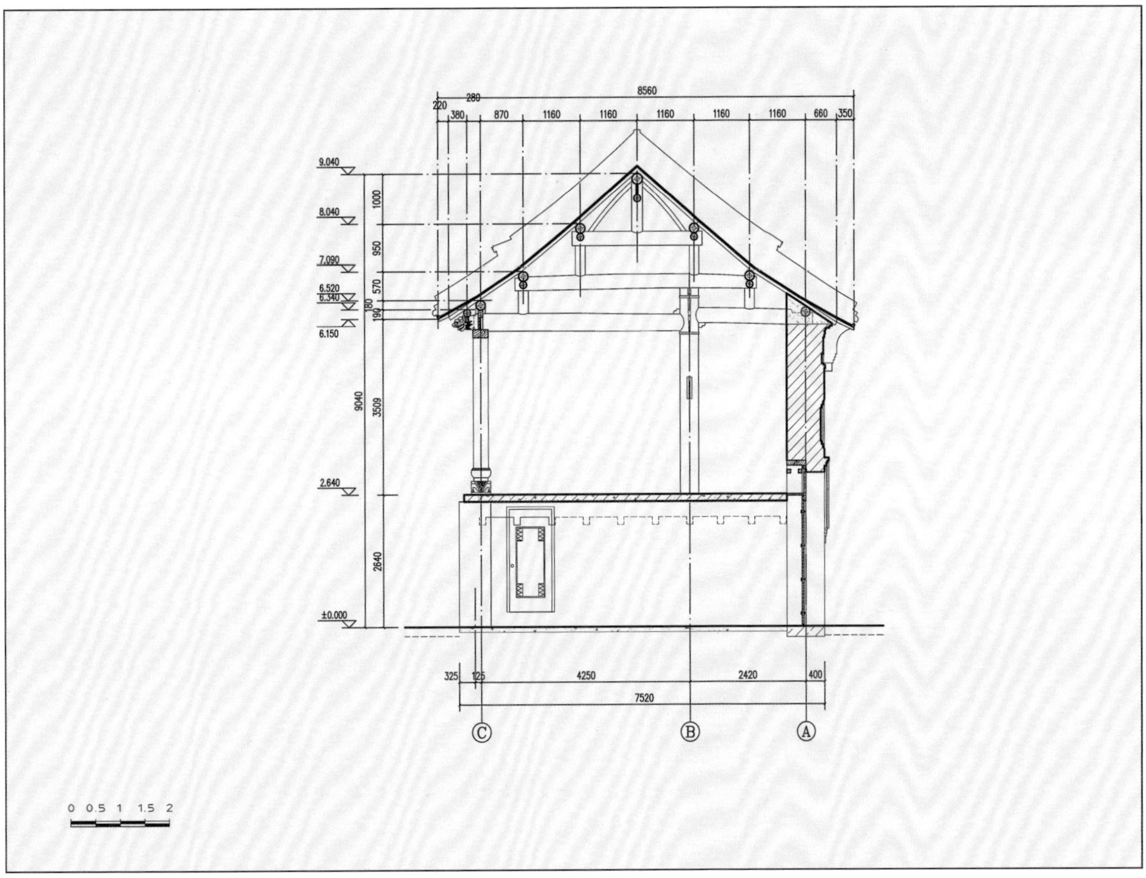

图2-2-12-30 云阳镇城隍庙戏楼横剖面图

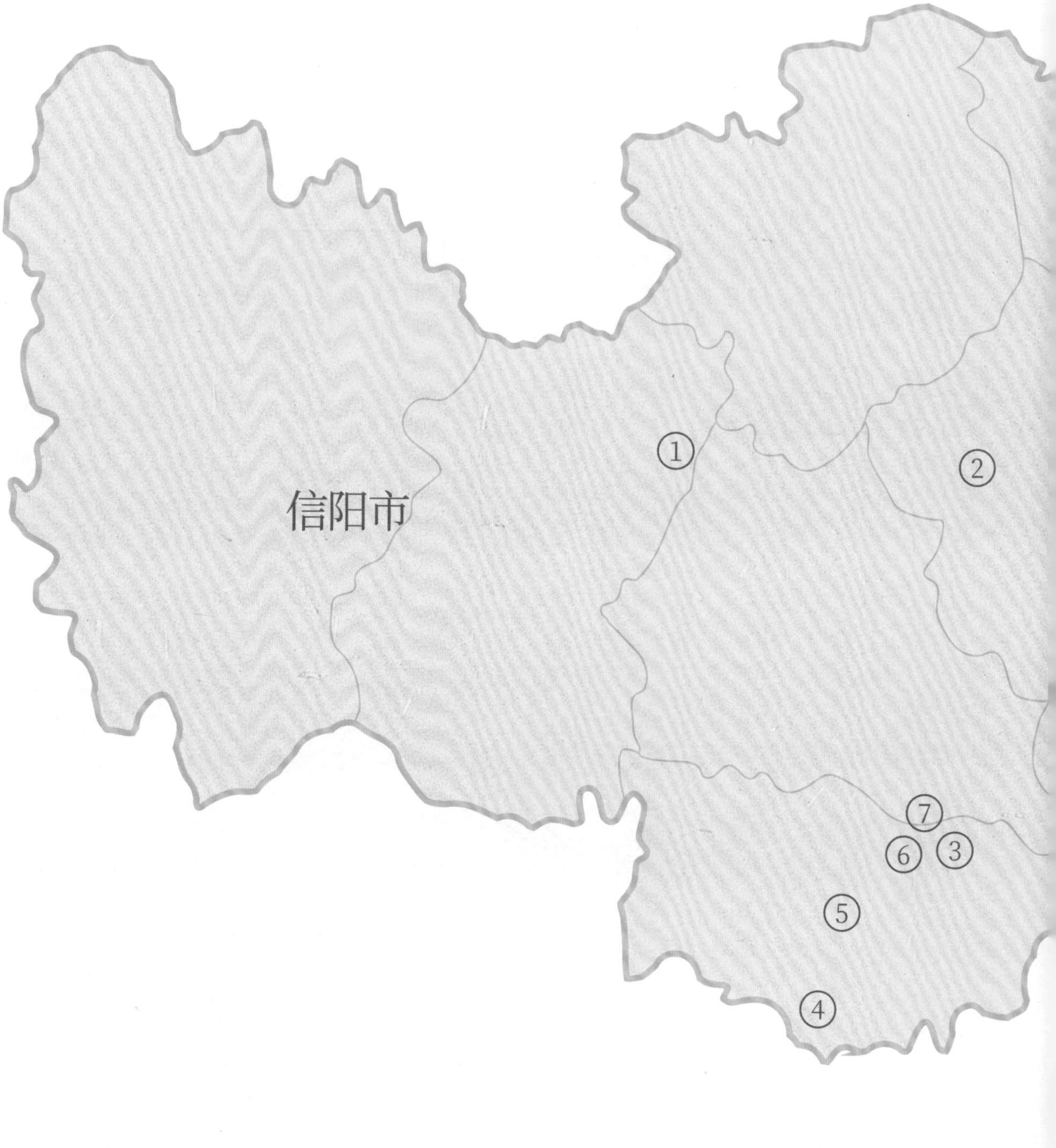

图 2-2-13-1　信阳市遗存古戏楼分布示意图

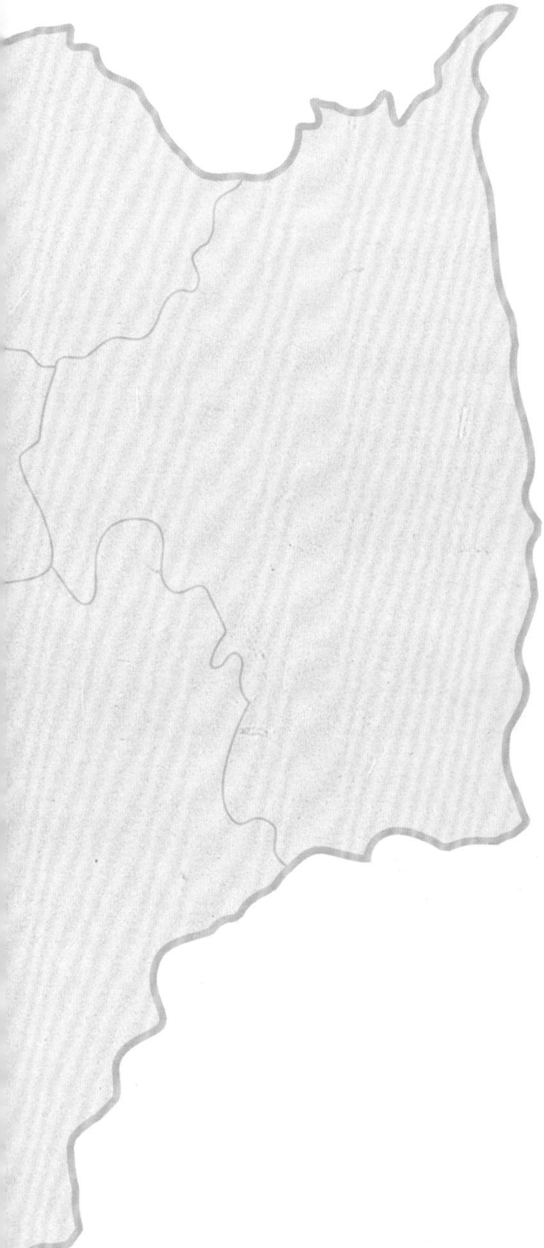

① 罗山大王庙戏楼（罗山县竹竿镇河口村）

② 潢川观月亭戏台（潢川县）

③ 宋家畈宋氏祠堂戏楼（新县八里畈镇长河村）

④ 西扬畈吴氏祠堂戏楼（新县箭厂河乡西扬畈村）

⑤ 新县普济寺戏楼（新县新集镇）

⑥ 西河村焕公祠戏楼（新县周河乡西河村）

⑦ 毛铺村彭氏祠堂戏楼（新县周河乡毛铺村）

十三、信阳市

信阳位于河南省南部，地处鄂豫皖三省的接合部，大别山北麓与淮河上游之间。信阳地势南高北低，为岗川相间、形态多样的阶梯地貌。西部和南部是山地，占全市总面积的36.9%；中部是丘陵岗地，占全市总面积的38.5%；北部是黄淮平原和洼地，占全市总面积的24.6%。潢川皮影戏、光山花鼓戏均列入国家级非物质文化遗产。

现存古戏楼7座、包括新县5座、潢川县1座、罗山县1座；其中国保单位1处、省保单位6处（图2-2-13-1）。

（一）罗山大王庙戏楼

罗山大王庙位于罗山县竹竿镇河口村北部，北纬32°15′14″，东经114°41′08″，海拔39米。大王庙为湖北黄陂及两广商人筹资修建，现仅存戏楼及大殿，系第八批河南省文物保护单位。

戏楼创建于清道光四年（1824），坐南面北，三幢左右并联式，两层砖木结构，屋面形式为前坡歇山、后坡硬山式组合，仰合瓦屋面。中间三间为戏台，两侧各有扮戏房三间，二层设门与戏楼相通。戏楼一层为庙宇入口通道，二层为戏台。面阔三间，10.21米；进深三间，10.28米。戏台一层均为石柱承重，设平梁，上承楞木及楼板，东次间南部设楼梯。明间入口为双扇板门，门洞上镶石质门楣，阴刻“大王庙”三个大字，右侧竖排阴刻题记“道光四年岁次甲申秋七月穀旦、同治八

照 2-2-13-1 罗山大王庙戏楼

年（1869）季秋月拾六日榖旦重修立”，左侧竖排阴刻“湖广众姓弟子仝立”。门楣上设枋木结构砖雕门罩，门楣两侧有柱，柱及门楣之上自下而上设砖雕额枋、平板枋、斗栱、连檐、椽子及外挑屋面。戏台二层设木柱，梁架为抬梁式与穿斗式相结合的形式，中置通柱，直承脊檩，前后坡大梁后尾插于中柱之上。戏台前檐两翼角为歇山翼角做法，有冲出和翘起，设戗脊，与硬山垂脊搭配呈歇山式屋面样式；后檐外观为硬山式，东西山墙盘头外冲上挑，为封火山墙的做法。左右两侧为化妆间，建筑体量及形制相同，均面阔三间7.71米，进深二间6.9米，屋面为硬山式。一层设平梁，上承楞木及楼板；二层明间两缝为抬梁式与穿斗式相结合的形式，无中柱，次间为穿斗式，设中柱，两侧大梁后尾均插于中柱之上。东化妆间的东山墙及西化妆间的西山墙为封火山墙样式，和安徽、湖北、湖南等地的民居建筑样式相似（照2-2-13-1）（照2-2-13-2）（图2-2-13-2）。

照 2-2-13-2　罗山大王庙戏楼背立面

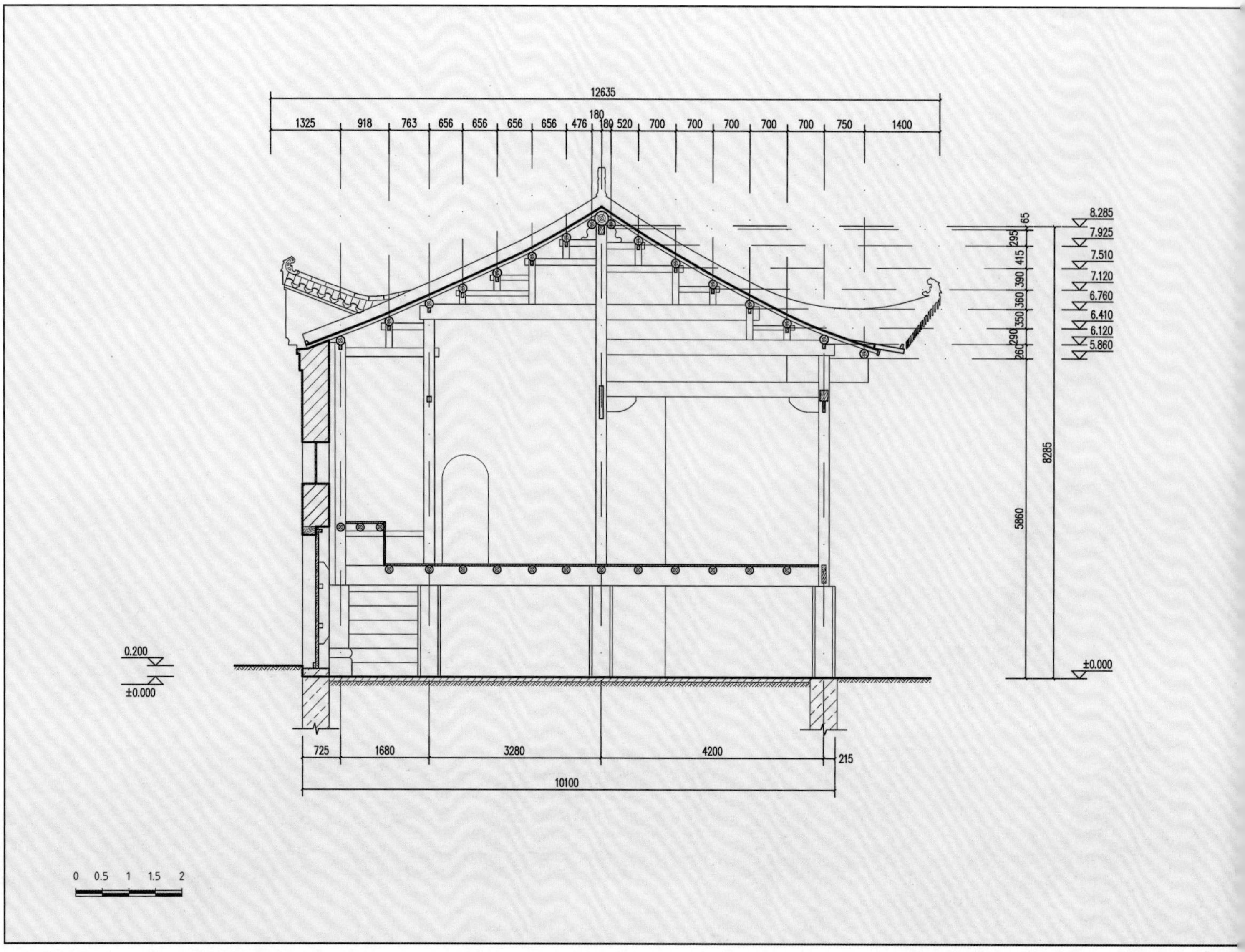

图 2- 2- 13- 2　罗山大王庙戏楼横剖面图

照 2-2-13-3　潢川观月亭戏台

（二）潢川观月亭戏台

观月亭戏台位于潢川县定城街道沿河路，抗战教育宣讲团旧址院内东南隅，潢水岸边，北纬32° 07′ 56″，东经115° 02′ 54″，海拔45米。系第五批河南省文物保护单位。

戏台南北朝向，为民国十七年（1928）建造的凉亭式戏台。平面呈长方形，四面观。面阔、进深均为一间，屋面为卷棚四坡顶。观月亭坐落于砖砌高台之上，台宽5.1米，深4.1米，高3.1米。亭用柱四根，柱高2.12米，柱间设雕刻瑞兽图案的石栏板作围护，台西侧设砖砌台阶。因戏台面积狭窄，平时表演歌舞小戏，演出时台上搭挂布幔。惜年久失修，仅存台体。亭子于2015年得以复建，但与原形制有所不同。台前有长11米、宽约20米的观戏场地。观月亭戏台形式独特，四面观戏台现为河南孤例，为研究河南古戏楼形制提供了重要的实物例证（照2-2-13-3）（照2-2-13-4）。

照 2-2-13-4　潢川观月亭戏台石雕

（三）宋家畈宋氏祠堂戏楼

宋氏祠堂位于新县八里畈镇长河村宋家畈，北纬31°41′36″，东经115°0′44″，海拔112米。创建年代不详，清代建筑，二进院落，建筑沿南北中轴线布置，由南向北依次为戏楼（大门）、过厅、正堂，两侧有连廊围合，系河南省文物保护单位。

戏楼坐南面北，位于大门二层，平面呈长方形，一面观。面阔三间，进深一间，通面阔8.95米，其中明间3.92米；通进深7.51米，台口高2.73米。两层砖木结构，一层为宗祠入口，上层为舞台。屋面为单檐硬山式，因两侧山墙上部出拔檐使墙体加宽，90°铺设瓦垄，形似歇山顶。明间入口设双扇板门，门洞上镶石质门楣，中间刻“宋氏宗祠”四个大字，两侧雕刻麒麟等瑞兽图案，门楣下石质替木雕刻花卉，上方石匾额中部浮雕寿星、财神等神仙，边侧为仙鹤、神鹿相衬。戏楼前檐置两根通长木柱，一层设平梁，上承楞木及楼板。二层木构架为抬梁式与穿斗式相结合的形式，前檐明间柱身置斜撑，上承挑檐枋。屋面檩直接搭于山墙之上。二层明间台口木枋上雕刻3幅故事场景，镂刻精细，刀法娴熟。一层山墙前檐处开设门洞，可通两侧廊屋。戏楼屋面形式构造巧妙，建筑体量小巧，舞台面积与河南其他地区相较狭窄许多，极富特点（照2-2-13-5）（照2-2-13-6）（图2-2-13-3）。

照 2-2-13-5　宋家畈宋氏祠堂戏楼正立面

照2-2-13-6 宋家畈宋氏祠堂戏楼背立面

解放全

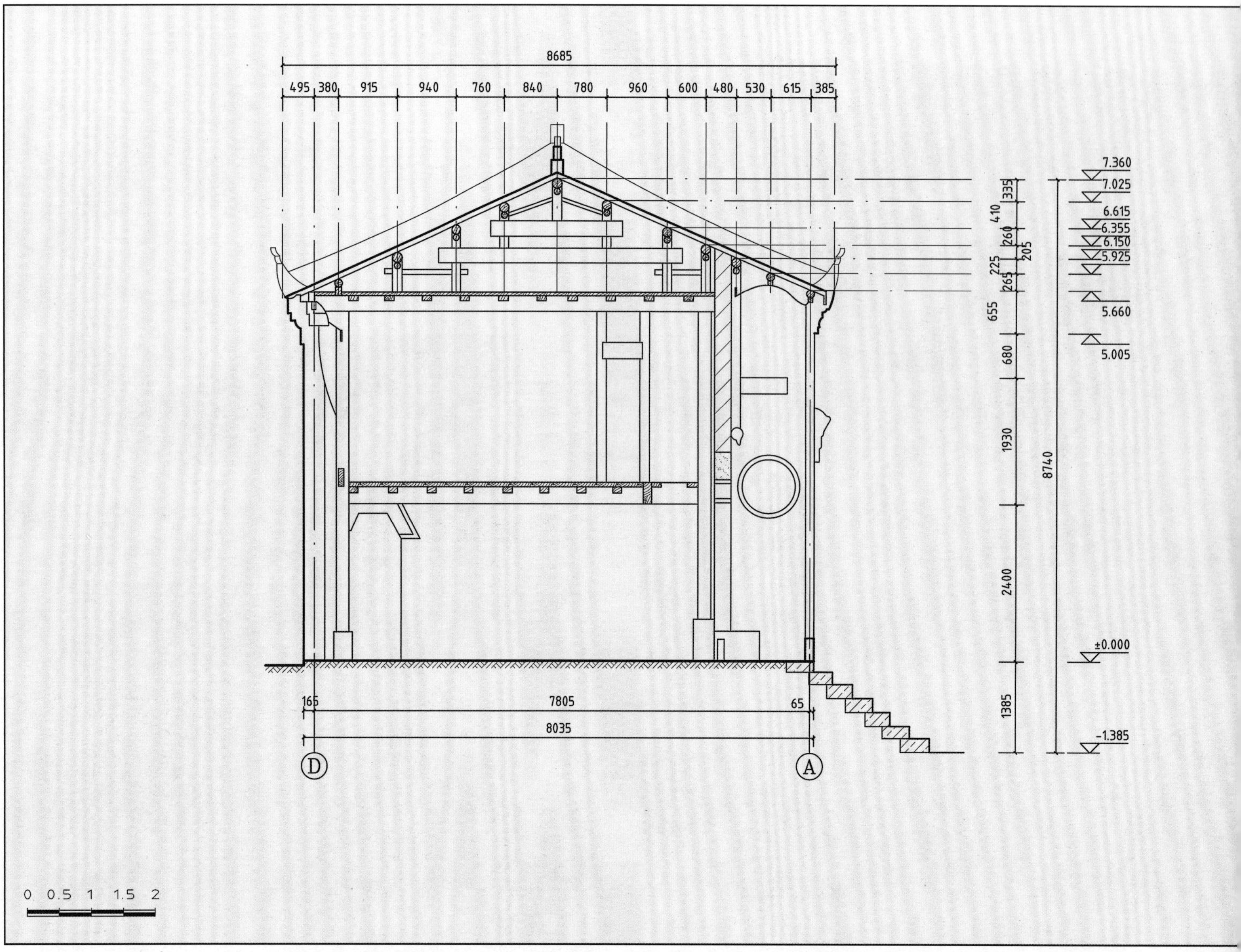

图 2-2-13-3　宋家畈宋氏祠堂戏楼横剖面图

（四）西扬畈吴氏祠堂戏楼

吴氏祠堂位于新县箭厂河乡西扬畈村，北纬31°31′32″，东经114°48′35″，海拔99米。创建于清嘉庆年间，一进院落，现存戏楼（大门）、两侧倒座、厅堂等建筑，系第二批河南省文物保护单位。

戏楼位于大门二层，坐西面东，与正堂相对。平面呈长方形，一面观。面阔、进深均一间，面阔4米，进深5.1米，台口高2.9米。戏楼为两层砖木结构，一层为祠堂入口，上层为舞台，仰合瓦屋面，山面采用封火墙形式。一层为青砖砌筑墙体，明间辟门为祠堂入口，门洞石过梁上悬挂“列宁小学”匾额，上出砖砌拔檐及砖仿木椽飞。门洞内为双扇板门，上镶石质门楣，门楣下石质替木雕刻花卉图案，上方悬挂木匾额，书“新县箭河革命纪念馆”。戏台一层山墙上搭设承楞木及楼板，二层梁架简洁，各层檩枋直接搭于山墙之上，椽上铺设柴栈。前檐台口现用砖砌栏杆，高1.3米。戏楼体量小巧，演出时须临时搭设木梯上下。因演出场地狭窄，每年清明时节演戏祭祀，所演多为地灯、花鼓、皮影等民间小剧种（照2-2-13-7）（照2-2-13-8）。

照2-2-13-7　西扬畈吴氏祠堂戏楼正立面

照 2-2-13-8　西扬畈吴氏祠堂戏楼背立面

（五）新县普济寺戏楼

普济寺位于新县新集镇，北纬31°37′55″，东经114°52′08″，海拔89米。创建于民国十六年（1927）。寺为一进院落，由戏楼（大门）、倒座、正殿和东西连廊围合构成四合院，系第三批全国重点文物保护单位。

戏楼位于大门二层，坐南面北，布局形制与西扬畈吴氏祠堂相似。平面呈长方形，一面观。面阔、进深均一间。戏楼为两层砖木结构，一层明间为入口通道，上层为舞台，硬山式仰合瓦屋面，南坡山面出封火山墙。一层为青砖砌筑墙体，大门设双扇板门，上镶石质门楣，门楣下石质替木雕刻花卉图案，上方悬挂木匾额，书“鄂豫皖革命根据地航空局旧址”。戏台一层山墙上搭设承楞木及楼板，二层梁架各层檩枋直接搭于山墙之上，椽上铺设柴栈。前檐台口设木质栏杆。戏楼体量小巧，二层山墙前檐处开门洞与两侧倒座相连，便于出入（照2-2-13-9）。

照2-2-13-9　新县普济寺戏楼

照 2-2-13-10　西河村焕公祠戏楼正立面

（六）西河村焕公祠戏楼

焕公祠位于新县周河乡西河村，北纬31°37′54″，东经115°01′27″，海拔160米。祠堂依河而建，房前屋后绿树成荫，古树临水垂影，山环水抱，背靠青山绿为屏，面朝西河水绕村，是典型背山面水的风水格局。焕公祠创建年代不详，一进院落，建筑沿南北中轴线布置，由戏楼（大门）、正堂，两侧连廊围合为一进四合院。

戏楼坐东南面西北，位于大门二层，平面呈“凹”字形，一面观。面阔三间，进深二间，通面阔7.19米，其中明间2.99米；通进深5.84米，台口高3.58米。戏楼为两层砖木结构，一层为祠堂入口，上层为舞台，仰合瓦硬山式屋面。戏楼一层用砖墙分隔为南北两部分，南檐墙明间向南退1.83米，二次间檐墙二侧斜出与其相连。明间入口为双扇板门，门洞上镶石质门楣，中间刻“焕公祠”三字，门上方石匾雕刻财神、寿星及小童等浮雕；次间檐墙正中施有石雕。明、次间檐墙中部出四根短梁，上立柱，承檩、椽，屋面椽飞出檐较小。戏楼北檐立通长木柱两根，柱高5.3米，柱下石础为方墩。戏楼一层均为木柱承重，柱身插平梁，上承楞木及楼板。二层梁架为抬梁式与穿斗式相结合的形式，十一步椽用三柱。墙体均为青砖砌筑，戏楼一层两侧山墙前檐处开设券门，二层山墙前檐处不封闭均与两侧连廊相通，便于通行（照2-2-13-10）（照2-2-13-11）（照2-2-13-12）（图2-2-13-4）（图2-2-13-5）（图2-2-13-6）（图2-2-13-7）。

年萬事如意
盈門

照 2-2-13-11　西河村焕公祠戏楼背立面

照 2-2-13-12　西河村焕公祠戏楼砖雕

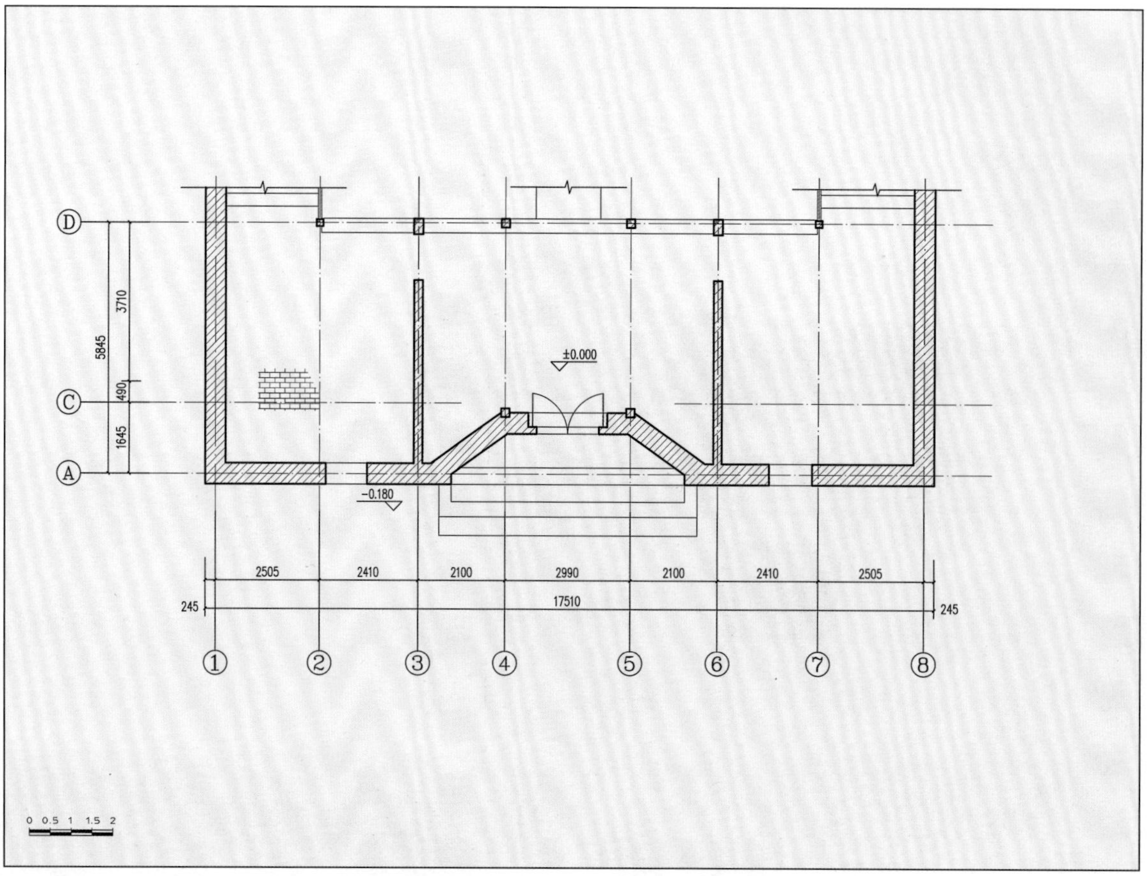

图2-2-13-4　西河村焕公祠戏楼平面图

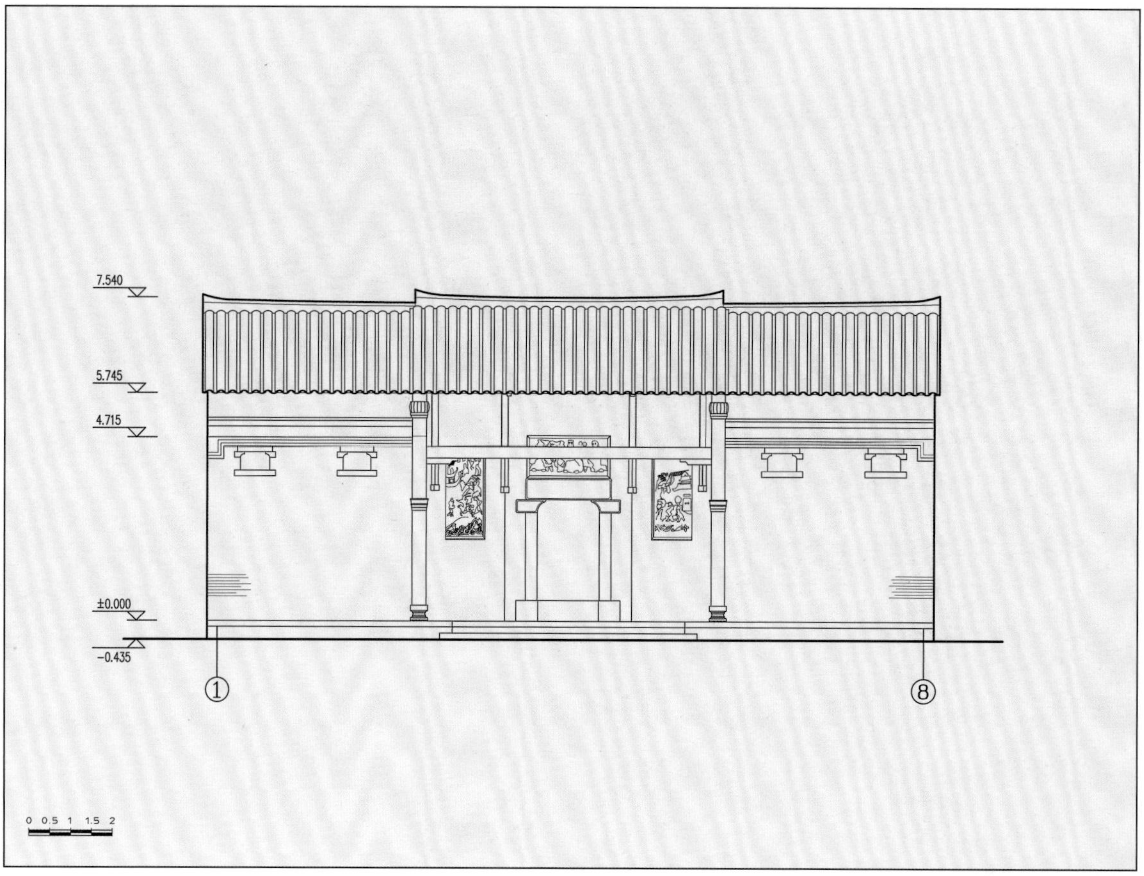

图2-2-13-5　西河村焕公祠戏楼背立面图

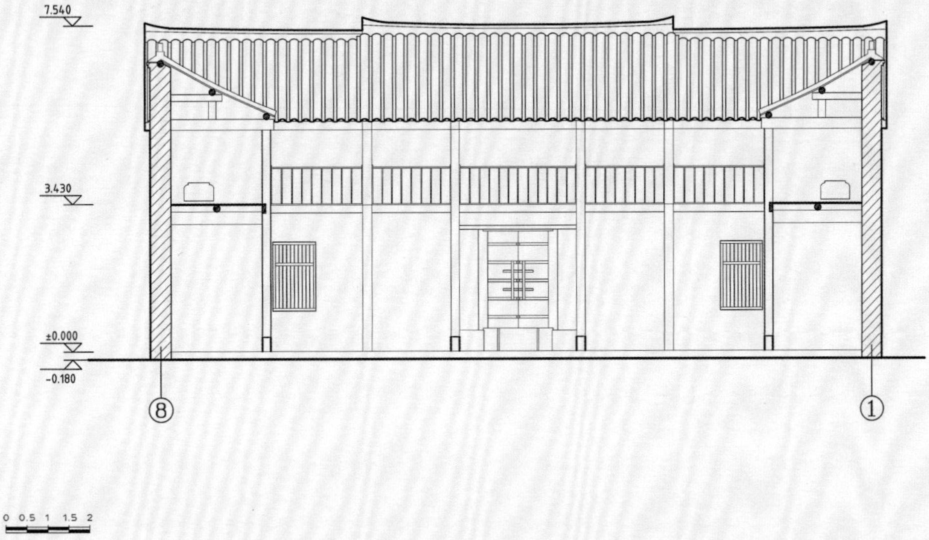

图 2-2-13-6 西河村焕公祠戏楼正立面图

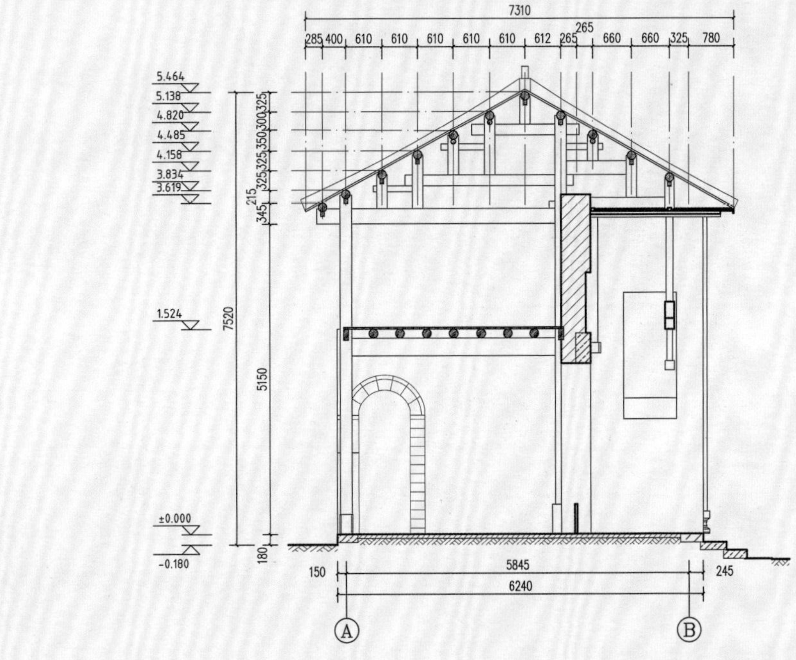

图 2-2-13-7 西河村焕公祠戏楼横剖面图

（七）毛铺村彭氏祠堂戏楼

彭氏祠堂位于新县周河乡毛铺村，北纬31°39′31″，东经115°04′32″，海拔221米。创建年代不详，清代建筑。祠堂为二进院落，前后三排房屋。门前有溪水，景色宜人，为第七批河南省文物保护单位。

戏楼坐东面西，与大门相结合，一层为祠堂入口，二层为戏楼。面阔三间，进深一间，左右两侧各有楼梯登台。惜“文化大革命”期间戏楼被毁，现仅存大门南檐墙及石檐柱。檐柱为石质，下设石柱础，明间柱间辟门洞，门上石过梁浮雕二龙戏珠图案，雕刻手法娴熟，造型生动形象。2018年戏楼得以原址修复（照2-2-13-13）（照2-2-13-14）。

照2-2-13-13　毛铺村彭氏祠堂戏楼正立面

照2-2-13-14　毛铺村彭氏祠堂戏楼背立面

图 2-2-14-1　周口市遗存古戏楼分布示意图

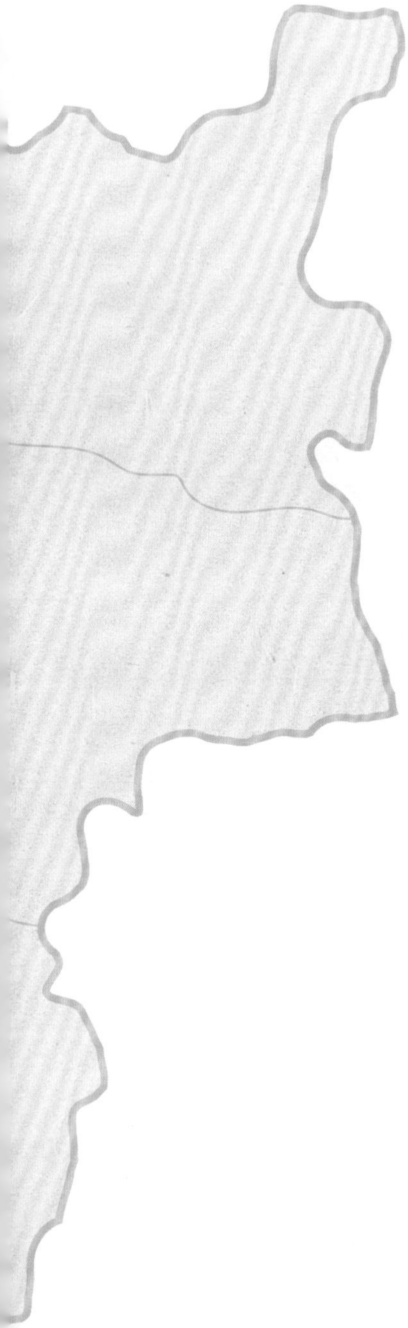

① 周口关帝庙戏楼（周口市川汇区）

十四、周口市

周口市位于河南省东南部，处沙河、颍河、贾鲁河交汇处，地属黄淮平原，整体地貌平坦，地处黄泛区。受外力影响，现仅存古戏楼1座，为全国重点文物保护单位（图2-2-14-1）。

（一）周口关帝庙戏楼

周口关帝庙，原名山陕会馆，位于周口市川汇区沙河北岸富强街，北纬33° 37′ 11″，东经114° 39′ 02″，海拔64米。为清代山西、陕西两省旅居此地的商贾为“叙乡谊、通商情”、“敬关爷”、崇“忠义”而集资兴建，系第四批全国重点文物保护单位。周口关帝庙创建年代无考，据庙藏碑碣可见其营造端绪。《重修关圣庙诸神殿香亭钟鼓楼并照壁僧室戏房及油画诸殿铺砌庙院碑记》载：“中祀大殿创自康熙三十二年……乾隆八年建老君殿。十五年建钟鼓楼。三十年建马王、酒神、瘟神殿及石碑坊、马亭、戏房……”由此可知，清康熙年以前，山陕会馆规模不大，后历经雍正、乾隆、嘉庆、道光年间扩建，于咸丰二年（1852）全部完工，历时159年。关帝庙坐北面南，三进院落，整座庙宇布局主次分明，雕刻华丽，具有重要的历史、艺术和科学价值。

戏楼建于清乾隆三十年（1765），坐南面北，处于中轴线上，单幢式，系砖木结构重檐歇山式建筑。建筑面阔三间计9.69米，进深三间计10.35米，通高11.3米，台基高2.3米。主楼居中、两侧配有歇山式边楼，抬梁式木构架。戏楼共计两层，一层低矮，二层为戏台，平面共计用柱十八根，采用减柱造减少了四根金柱，扩大戏台空间。檐下饰以五踩重昂斗栱，无正心檩，斗栱耍

头均有雕刻，造型多为龙首、云朵、花卉等。柱头科为五踩如意斗栱，其中正身耍头雕龙首，翘雕龙身，斜栱雕龙爪，栩栩如生。戏楼明间平板枋下镶蓝底金字“声振灵霄”匾，匾下骑马雀替精雕龙凤，牡丹及戏剧人物故事，次间额枋、雀替均有

照2-2-14-1 周口关帝庙戏楼

精美木雕，并均存有彩绘痕迹。戏楼屋面为绿色琉璃筒板瓦，正脊中立狮子宝瓶，两端置龙吻，脊筒浮雕花卉。整座戏楼玲珑精巧，装饰妍丽，是研究河南古戏楼的重要实物例证（照2-2-14-1）（图2-2-14-2）（图2-2-14-3）（图2-2-14-4）（图2-2-14-5）（图2-2-14-6）（图2-2-14-7）。

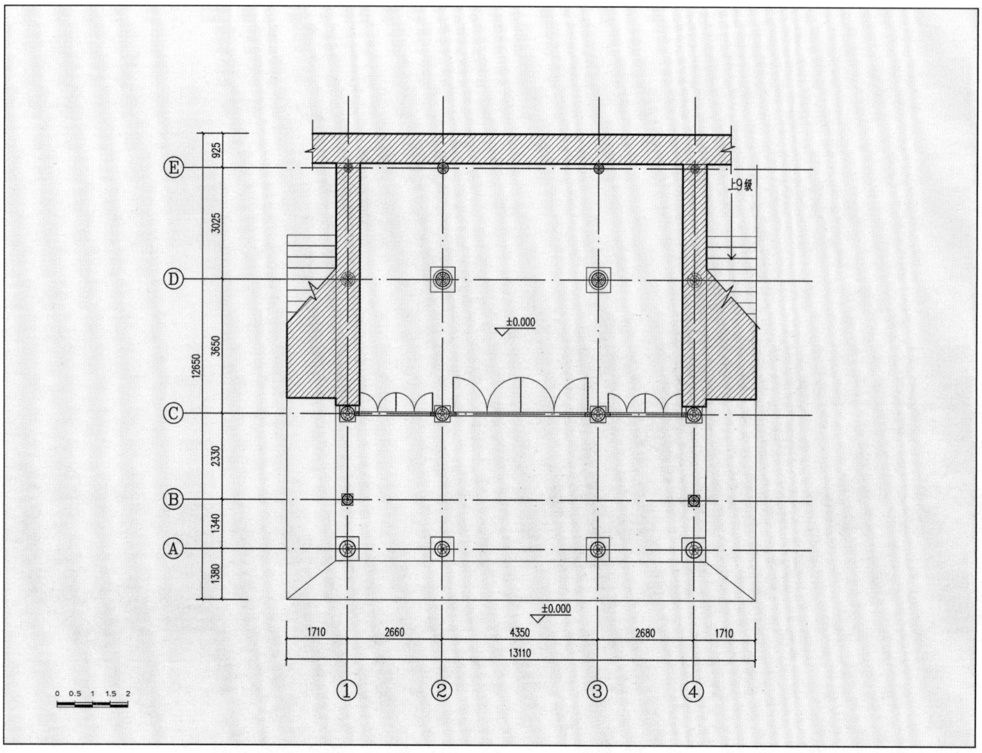

图2-2-14-2 周口关帝庙戏楼一层平面图

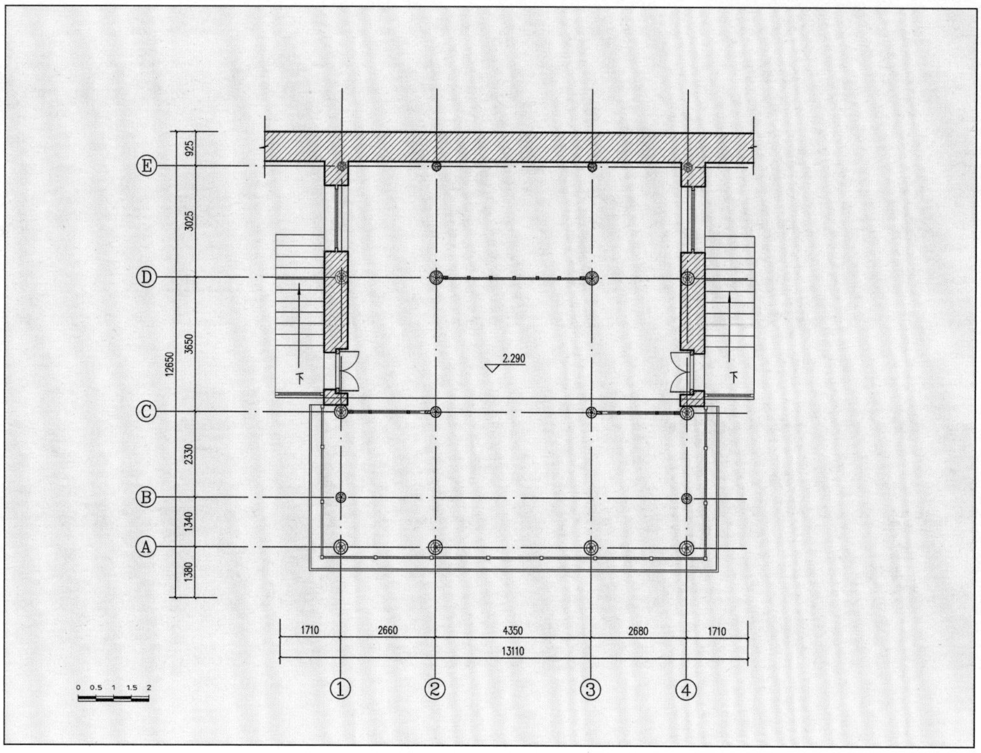

图2-2-14-3 周口关帝庙戏楼二层平面图

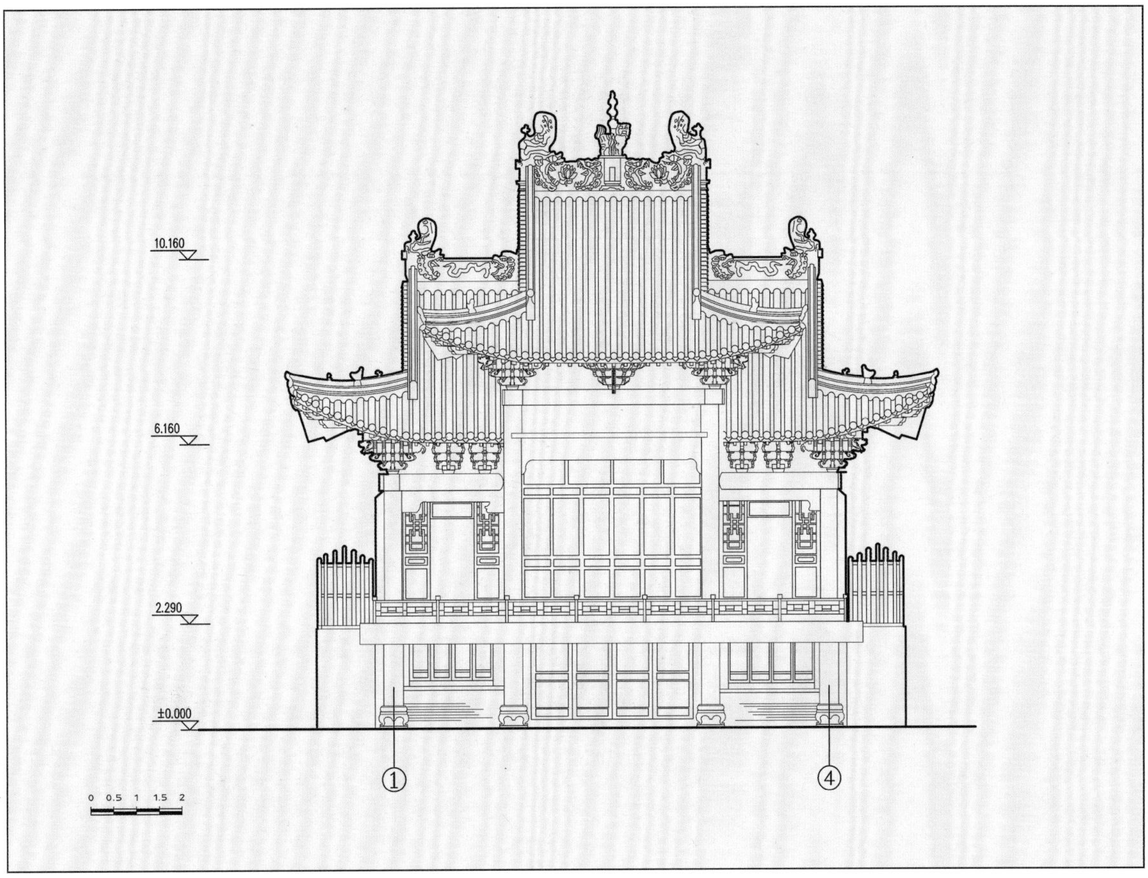

图2-2-14-4 周口关帝庙戏楼正立面图

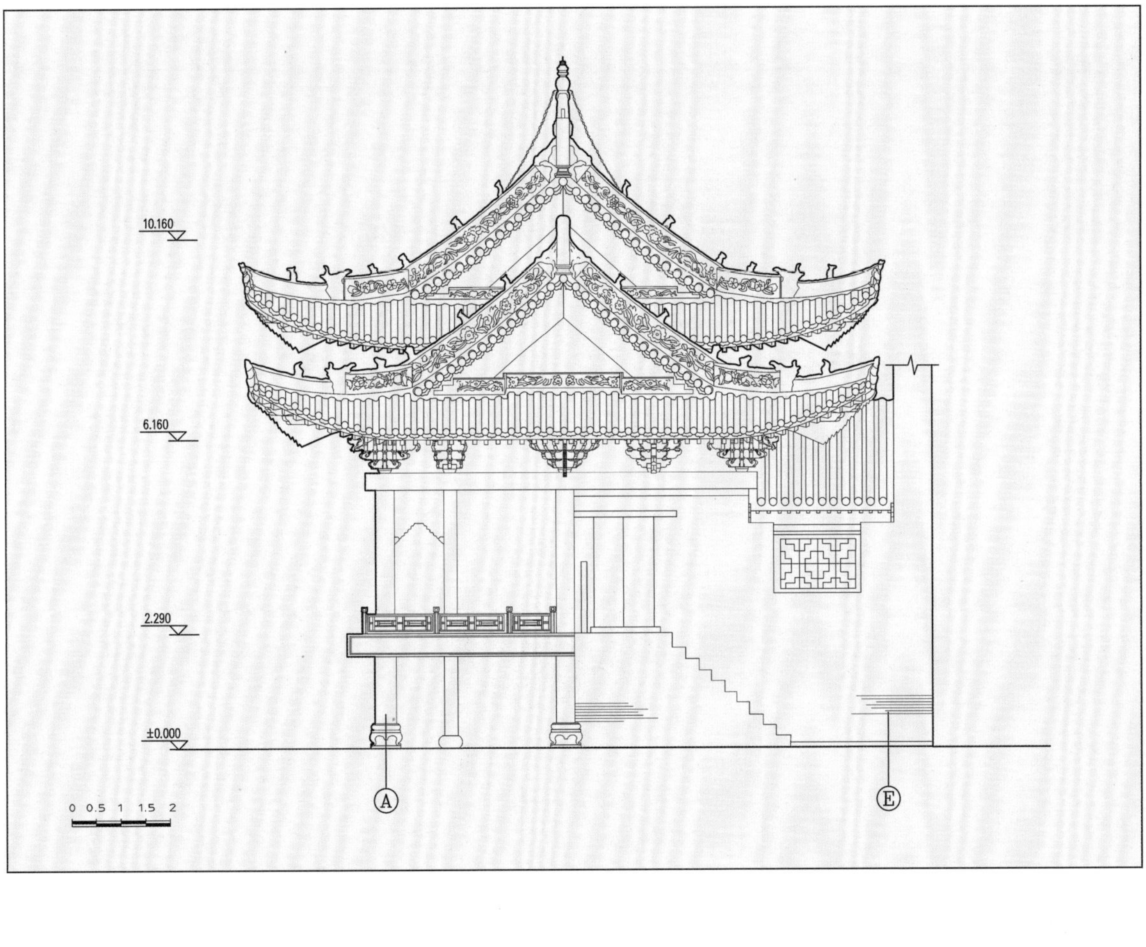

图2-2-14-5 周口关帝庙戏楼侧立面图

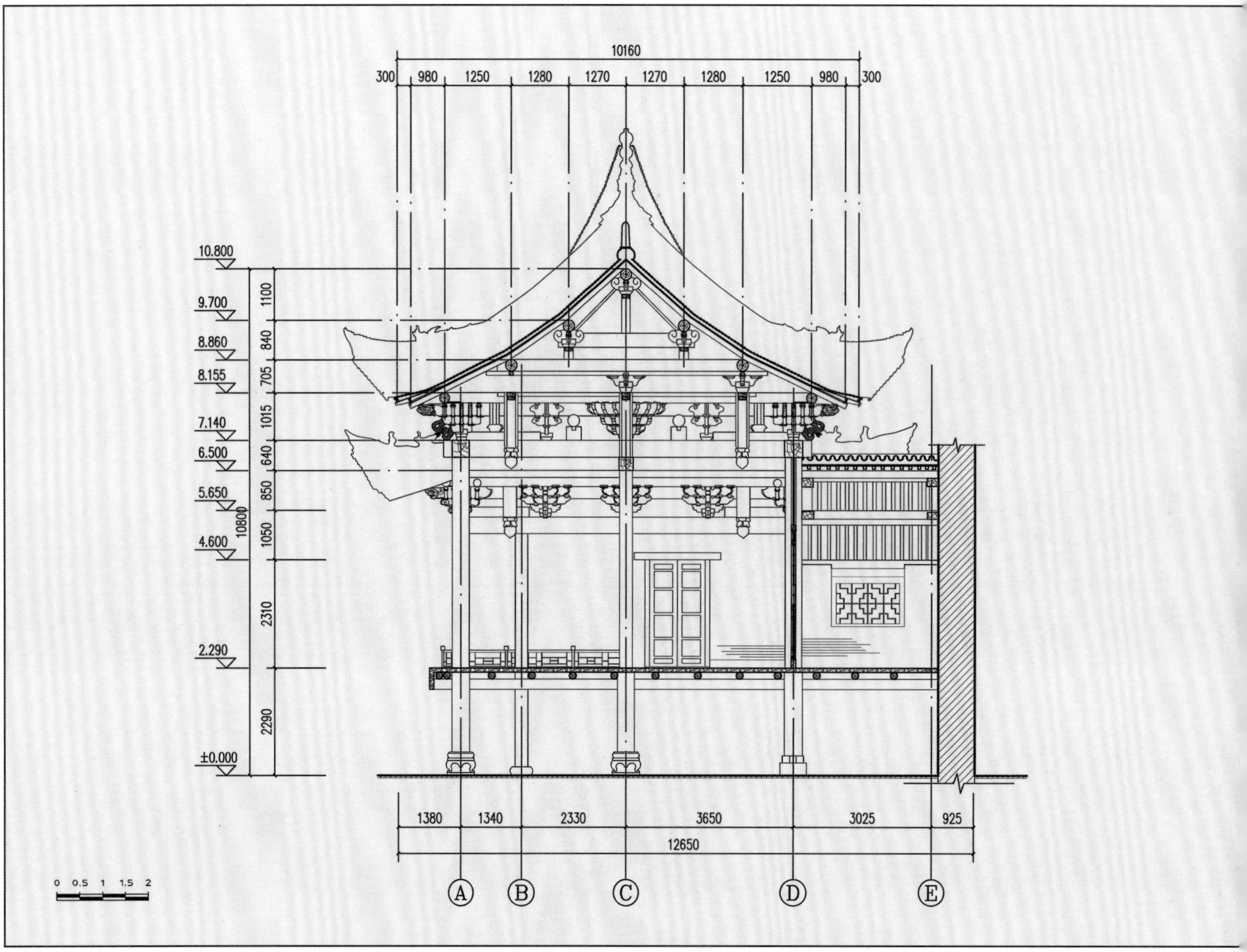

图 2-2-14-6　周口关帝庙戏楼横剖面图（摘自赵刚：《周口关帝庙》，河南文艺出版社，2017 年）

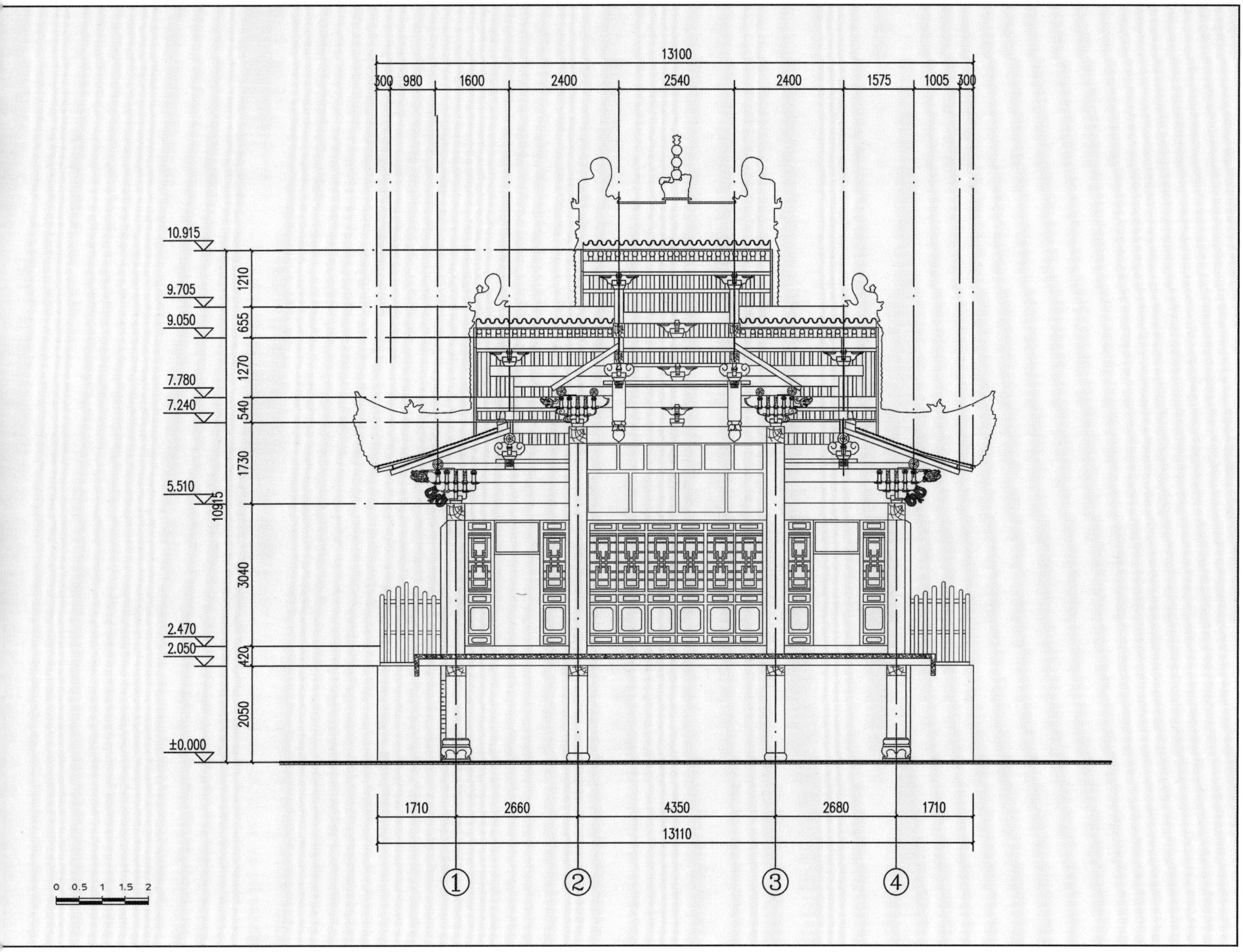

图 2-2-14-7　周口关帝庙戏楼纵剖面图（摘自赵刚：《周口关帝庙》，河南文艺出版社，2017 年）

图 2-2-15-1 济源市遗存古戏楼分布示意图

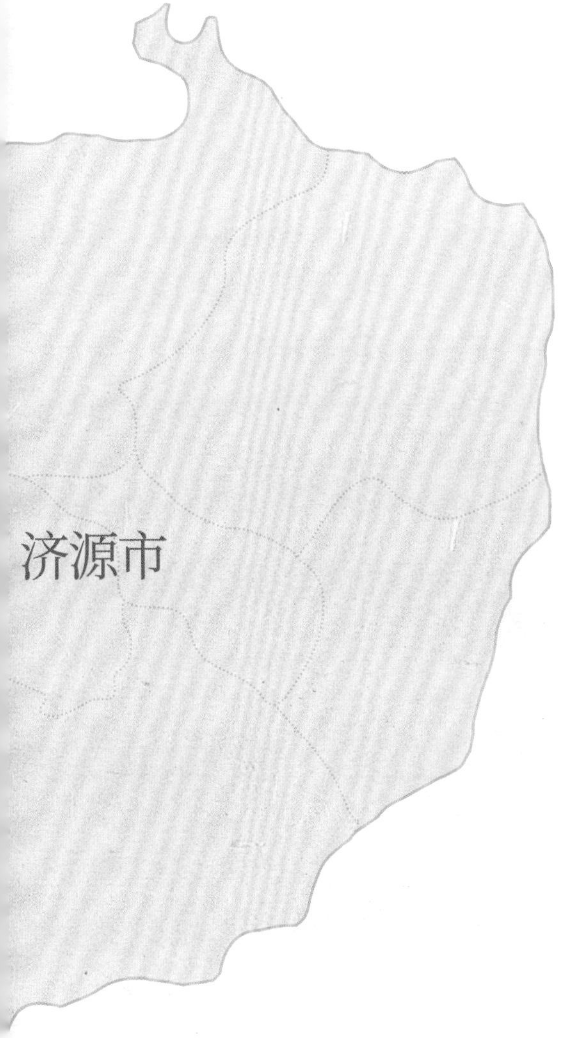

① **南姚村关帝庙戏楼**（济源市承留镇南姚村）

② **南姚村汤帝庙戏楼**（济源市承留镇南姚村）

十五、济源示范区（济源市）

济源示范区（济源市）位于河南省西北部，是河南省直辖县级市。地形北高南低，北部为太行山脉，东南部为黄土丘陵，地形起伏。

济源市现存古戏楼2座，即南姚村汤帝庙戏楼及关帝庙戏楼，均为河南省文物保护单位（图2-2-15-1）。

照 2-2-15-1　南姚村关帝庙戏楼

（一）南姚村关帝庙戏楼

南姚村关帝庙位于济源市承留镇南姚村中部，创建于清顺治六年（1649），清康熙四十二年（1703）、康熙四十九年（1710）、清康熙五十三年（1714），清雍正元年（1723）均有建修。该庙坐北面南，现存戏楼、山门、钟楼、东西厢房、拜殿、道房、关帝殿、西掖殿等10座文物建筑，偏东有道院。庙内遗存《重建关圣帝君庙拜殿》《历年会首碑》等碑碣，系第四批河南省文物保护单位。

戏楼位于庙院外南中轴线上，与庙相隔于河两侧，北纬35° 05′ 40″，东经112° 28′ 45″，海拔199米。坐南面北，单幢式，为单檐悬山式建筑，仰合瓦屋面，两层砖木结构，现一层已被掩埋。平面呈长方形，一面观。面阔三间，进深一间，六步椽屋，通面阔8.83米，其中明间3.83米；通进深5.83米，通高6.15米。抬梁式木构架，前檐立木柱二根，柱径0.32米，柱高2.73米，下设扁鼓式石础，七梁架置于前檐平板枋及后檐墙之上，承五架梁、三架梁、瓜柱及各层檩枋。明、次间檐檩与平板枋之间置花板辅助支撑，花板透雕花卉图案，额枋下雀替素面，形状简洁。墙体用青砖砌筑，山墙为五花山墙。明间后檐墙正中设圆窗，便于采光。建筑整体风格古朴、端庄。现台基地坪抬高，前檐用红砖封堵，次间开窗（照2-2-15-1）（照2-2-15-2）（照2-2-15-3）（图2-2-15-2）。

照 2-2-15-2　南姚村关帝庙戏楼侧立面

照 2-2-15-3　南姚村关帝庙戏楼木雕

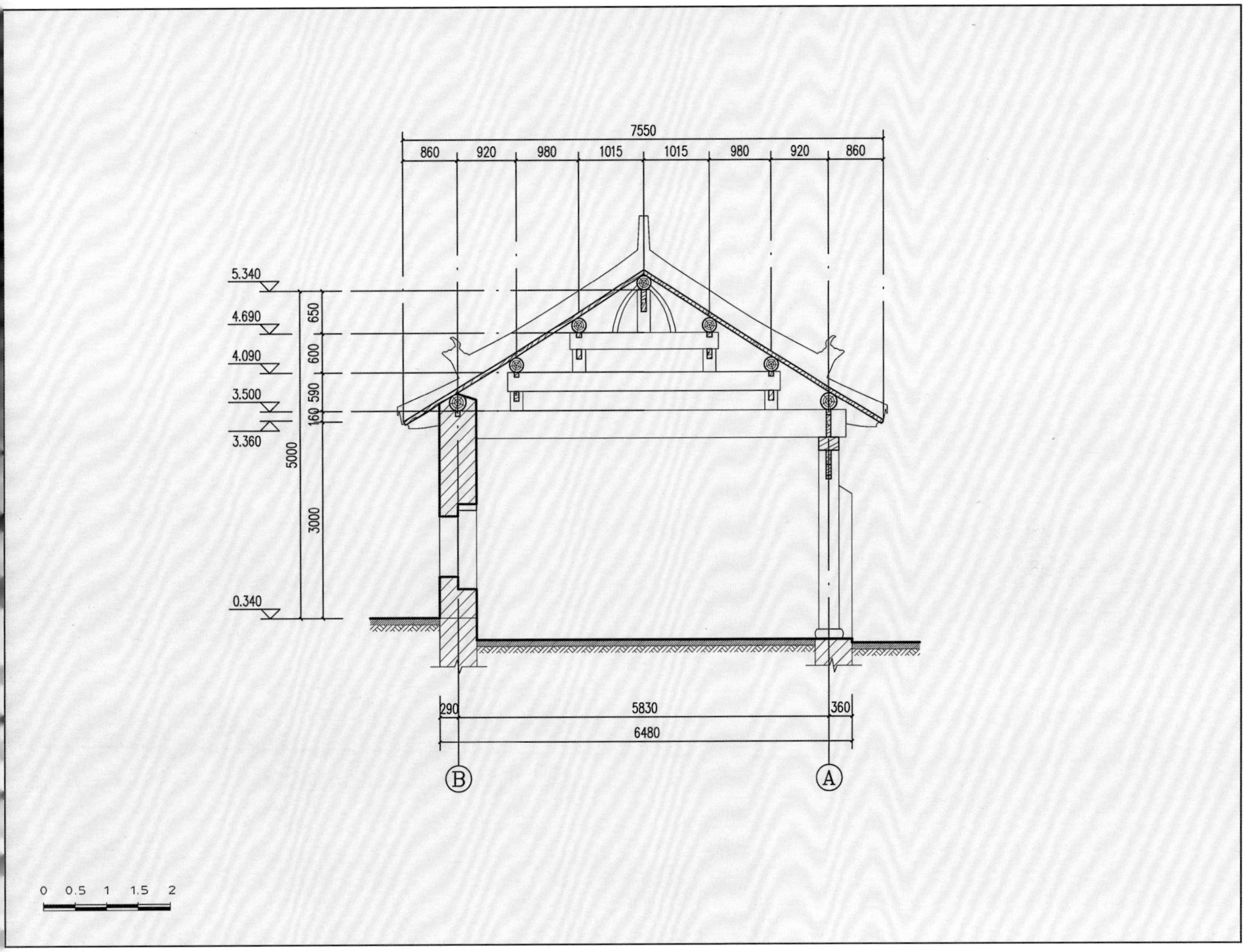

图 2-2-15-2　南姚村关帝庙戏楼横剖面图

（二）南姚村汤帝庙戏楼

汤帝庙位于济源市承留镇南姚村关帝庙东南部，创建于明景泰六年（1455），万历六年（1578）、崇祯二年（1629），清康熙七年（1668）、乾隆三十六年（1771）、道光十九年（1839）均有修建。新中国成立后，汤帝庙曾作为南姚村医疗所使用，2019年再次得到修缮。该庙为一进院落，坐北面南，现存戏楼、山门、拜殿、大殿等文物建筑，庙内遗存历代碑碣10余通，大殿内有石香炉一座，系明代遗物。系第四批河南省文物保护单位。

戏楼坐南面北，位于庙院外南中轴线上，与山门隔路相对，北纬35°04′15″，东经112°30′51″，海拔199米。清乾隆三十六年（1771）重修，据碑碣《重修庙宇山门戏楼序》记载："汤帝庙……戏楼仅一间，龙首蛇尾，内外殊觉不伦。其戏楼前面临路，演戏时肩

照 2-2-15-4　南姚村汤帝庙戏楼

摩毂击，往来不便……拆修舞楼一间，改为三间，较前何等壮观；后移一丈前面，较以前何等体统。且装板挂牌，金碧灿然，是又如辉光也……”由此可知，重修时戏楼由一间扩为三间。

戏楼为单幢式，单檐悬山式建筑，两层砖木结构。因台前地坪抬高，现一层台面高1.41米。平面呈长方形，一面观。面阔三间，进深一间，六步椽屋，通面阔10.01米，其中明间3.85米；通进深5.22米，通高5.19米。二层前檐立木柱两根，柱高2.09米，柱间设木栏板，舞台铺设木板。抬梁式木构架，五梁架置于前檐平板枋及后檐墙之上，承三架梁、瓜柱及各层檩枋。明、次间檐檩与平板枋之间安置雕刻精美的荷叶墩，额枋下雀替素面，形状简洁。墙体采用里生外熟的砌筑手法，内墙土坯，外墙青砖。明间后檐墙正中设圆窗，便于采光。梁架脊檩枋遗存“民国三十六年重修戏楼”题记，建筑整体风格古朴、端庄（照2-2-15-4）（图2-2-15-3）（图2-2-15-4）（图2-2-15-5）（图2-2-15-6）。

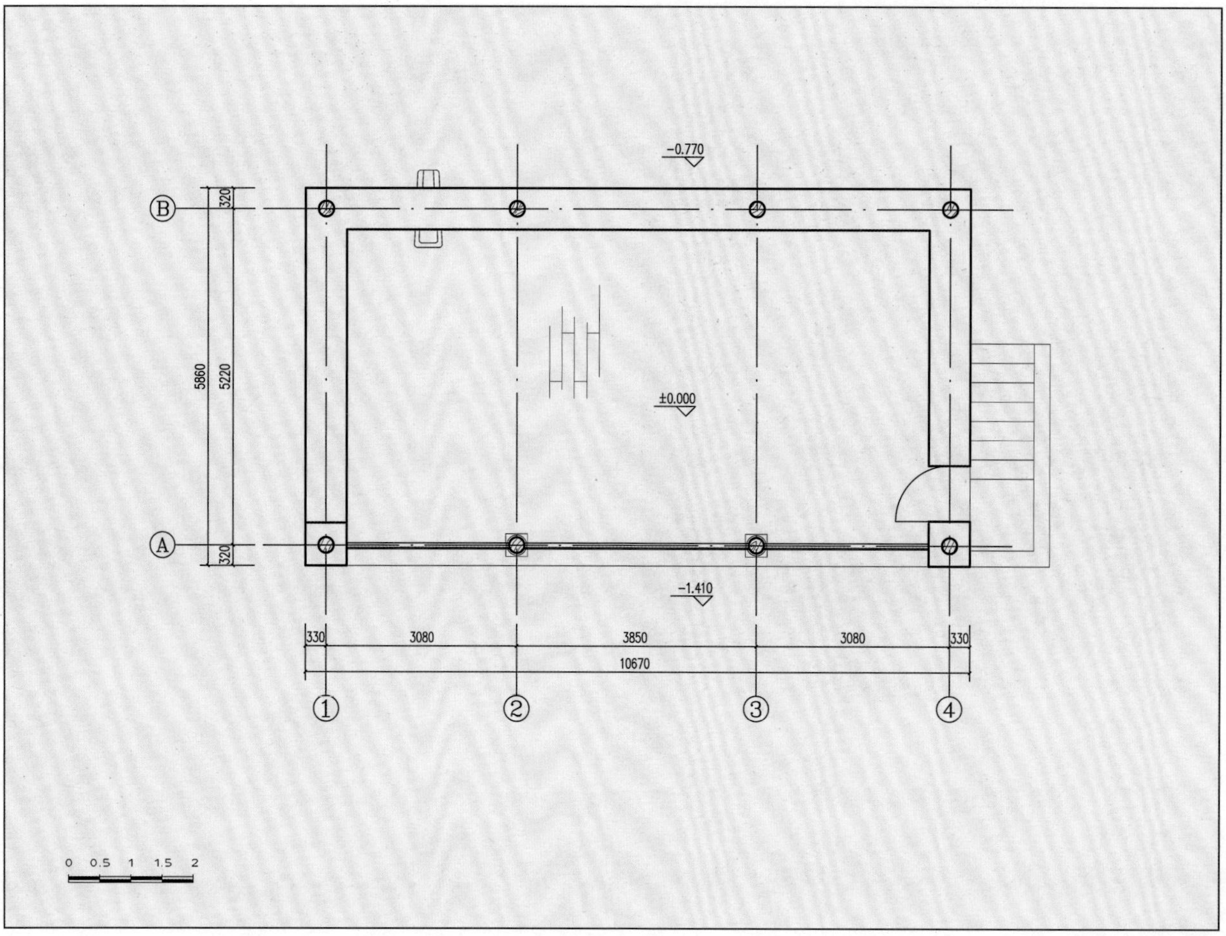

图 2-2-15-3　南姚村汤帝庙戏楼平面图

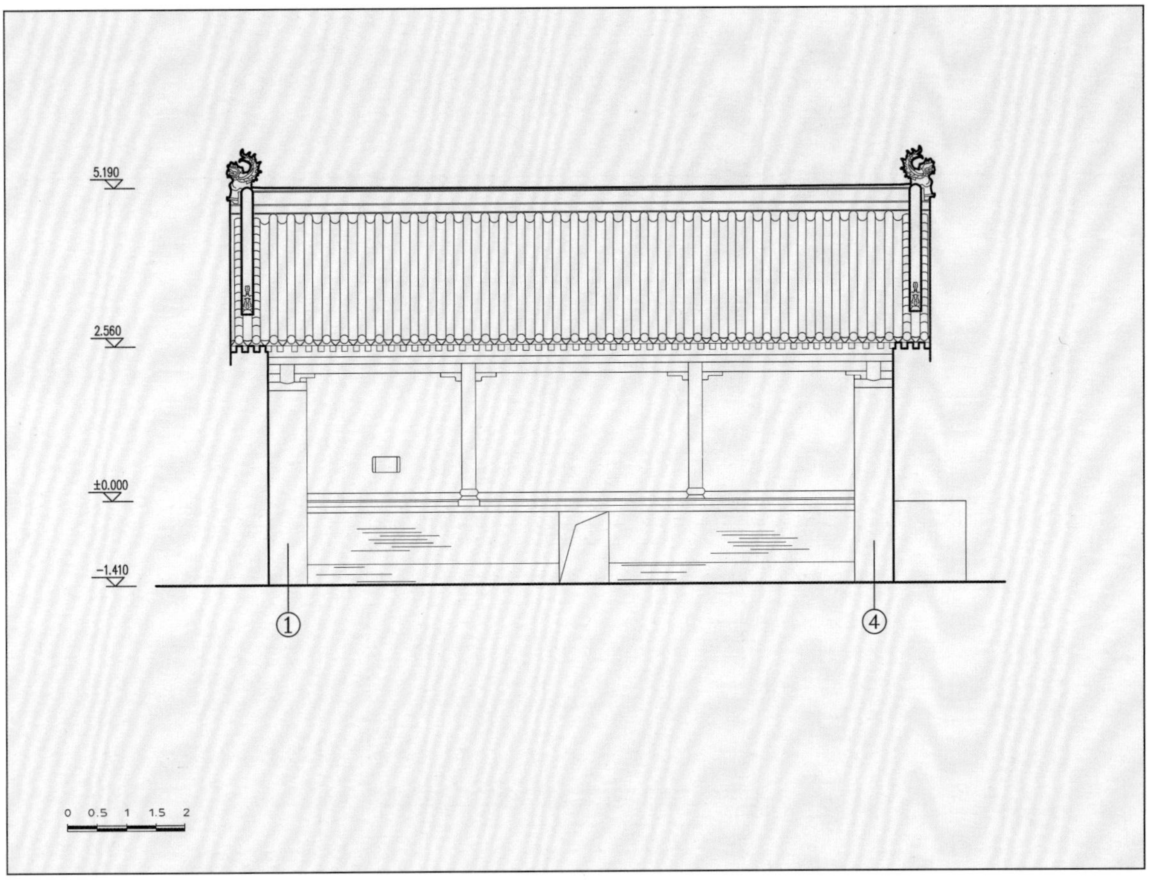

图2-2-15-4 南姚村汤帝庙戏楼正立面图

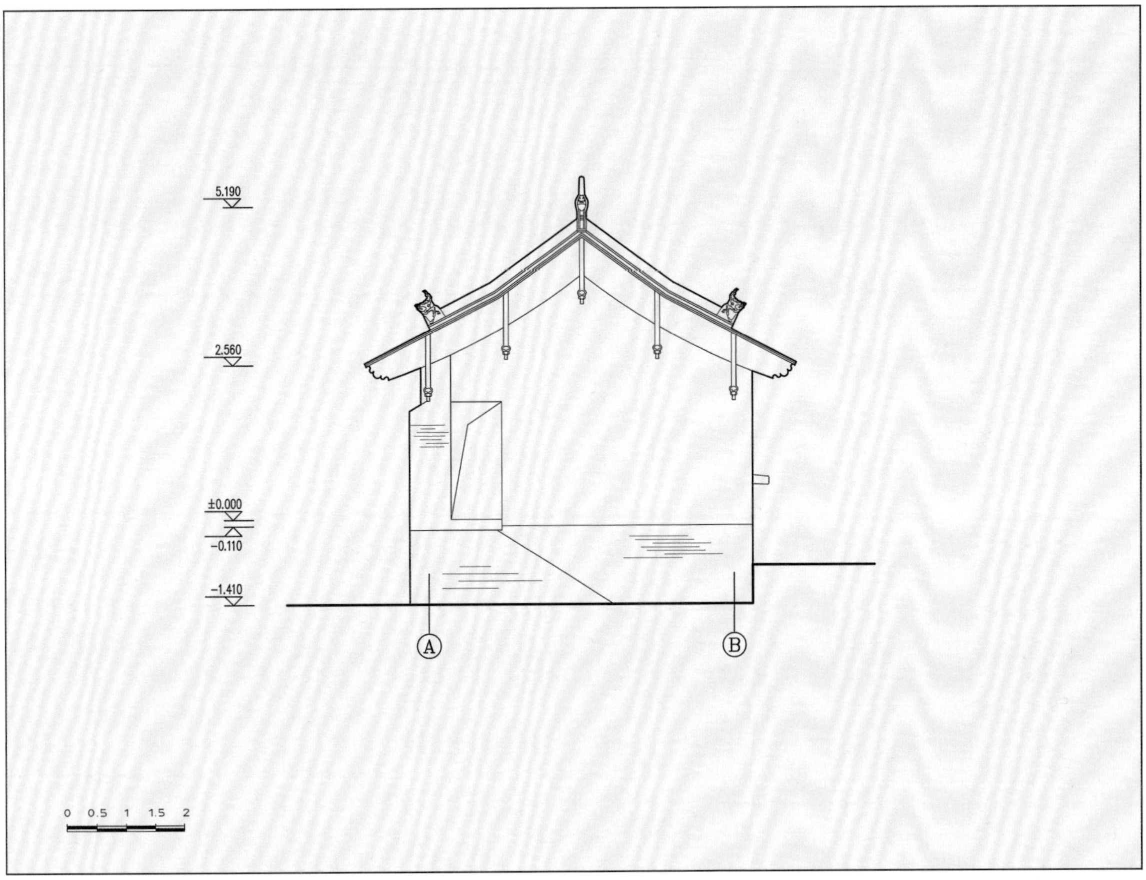

图2-2-15-5 南姚村汤帝庙戏楼侧立面图

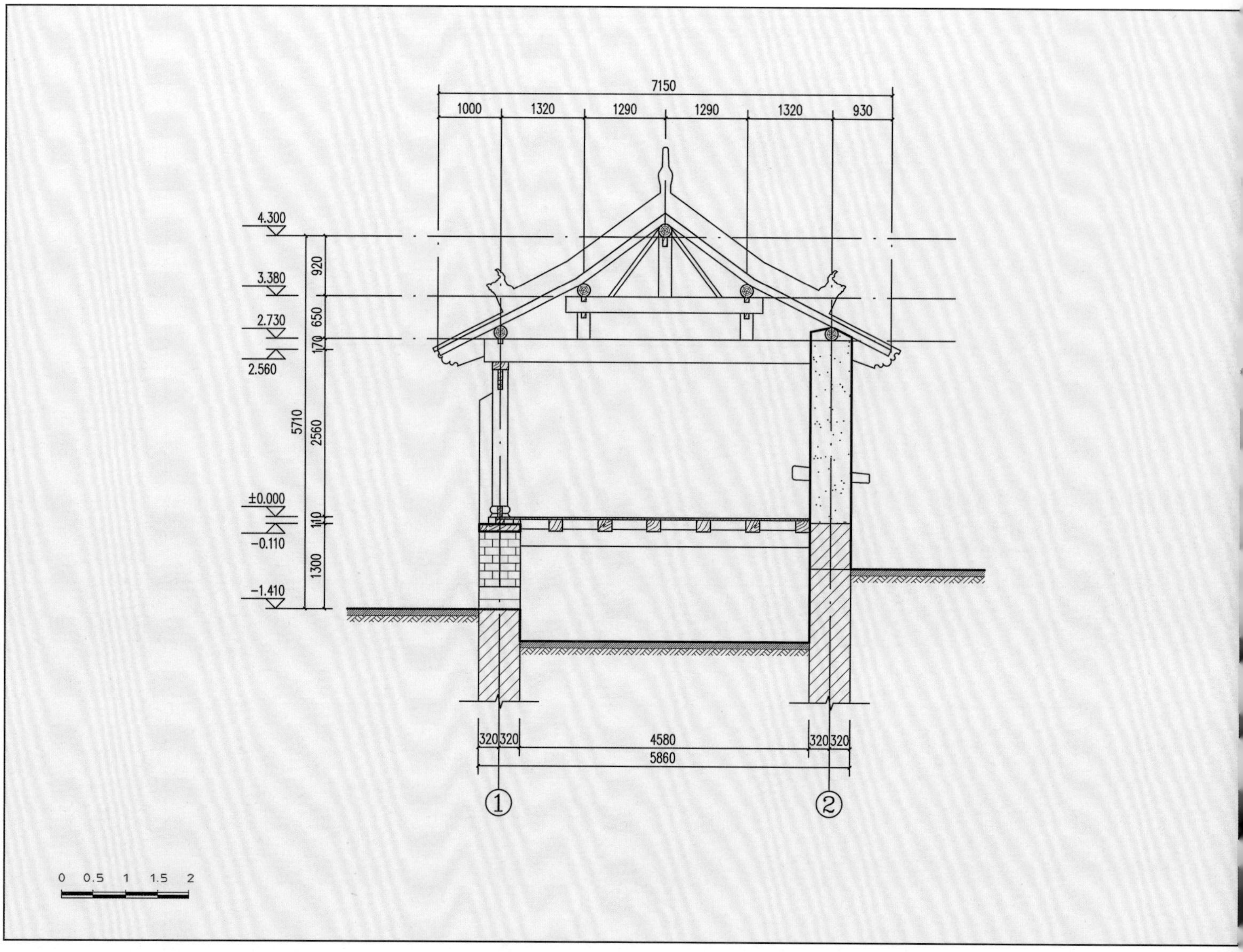

图 2-2-15-6　南姚村汤帝庙戏楼横剖面图

第三章

河南消失的古戏楼

河南历史上古戏楼甚多，90年代初河南尚留存古戏楼400余座，但随着社会的发展，自然和人为因素导致古戏楼被毁，成为消失的历史文物。为了不使古戏楼的历史资料信息之泯灭，笔者等人在查阅相关资料的基础上，实地调查整理出155座消失古戏楼的简况于后，以供文物保护和研究之参考。消失的155座古戏楼中，洛阳38座，三门峡29座，郑州23座，安阳15座，焦作12座，南阳10座，新乡5座，平顶山5座，许昌5座，信阳4座，济源2座，鹤壁2座，漯河2座，开封、商丘、濮阳各1座。

第一节 消失古戏楼个例简述

一、偃师县寺沟大王庙舞楼

舞楼位于洛阳市偃师区山化镇寺沟村东，坐南面北，正对庙殿。据庙存清乾隆五十五年（1790）《创建大王庙前舞楼碑记》碑记载，舞楼“经始于乾隆四十一年十月初一日，落成于四十六年九月四日”，宣统元年（1909）闰二月又重建。舞楼屋面为单檐歇式，灰瓦覆顶，檐下施栱，通高约7米。台基高1.1米（下半部被淤埋），台宽6.6米，深6米。前台三面敞开，舞台口中部的两石柱上刻有楹联：“一柱镇天中，势凌伊洛交流水；五音通汉表，响遏嵩邙出岫云。”[1]（照3-1-1-1）。

照 3-1-1-1　偃师寺沟村大王庙戏楼（摘自杨建民：《中州戏曲历史文物考》，文物出版社，1992 年）

[1] 中国戏曲志编辑委员会：《中国戏曲志·河南卷》，文化艺术出版社，1992 年，第 509 页。

二、内乡显圣庙戏楼

戏楼位于南阳市内乡县王店镇西北4公里的显圣庙门外，距庙门约20米。戏楼创建时间不详，民国四年（1915）重修。戏楼坐南面北，正对庙宇，单幢式，硬山灰瓦顶建筑。舞台平面呈方形，面阔三间，进深二间，通面阔7.2米，通进深7.6米，通高7.5米。台基用青砖砌筑，高1.9米，台面铺木板。台口立四根檐柱，柱高2.8米。从台前沿进深4米处立有两内柱，间距3.5米，演戏时以挂布幕将前后台分开，柱旁距山墙1.5米，为上下场门，前檐梁枋上遗存墨书“欢歌且舞”四字[1]（照3-1-2-1）。

[1] 中国戏曲志编辑委员会：《中国戏曲志·河南卷》，文化艺术出版社，1992年，第512页。

照3-1-2-1　内乡显圣庙戏楼（摘自杨建民：《中州戏曲历史文物考》，文物出版社，1992年）

三、镇平晁陂戏楼

戏楼位于南阳市镇平县晁陂镇西南隅，创建年代不详，毁前为清代建筑。戏楼为双幢前后串联式，屋面形式为前台单檐歇山式，后台硬山式，灰瓦覆顶。前台面阔一间，后台面阔三间，平面呈“凸”字形。台基高2米，台口置方形抹角石柱，三面敞开，形成前、左、右三面观看演出。后台两侧设上下登道，供演员出入。晚上演出时前台两侧悬挂大型铁油灯照明，当地俗称鳖灯。20世纪50年代初戏楼尚在演出《梁山伯与祝英台》《兄妹开荒》《王贵与李香香》等剧目，60年代被拆毁。

四、登封颍阳京城隍庙戏楼

颍阳京城城隍庙位于郑州市登封市颍阳镇颍阳北街。创建于清嘉庆二年（1797），清咸丰四年（1854）重修并创建戏楼。现仅存寝殿、戏楼两座建筑，为登封市第二批文物保护单位。

原戏楼已毁，现为近代在原址重建，仅柱础、石柱为原构件。戏楼石础雕刻石狮，四根石柱上刻有行书楹联两副："城延昔传，保蘖颍谷几数代；隍至今在，赫明伦氏已多年。""聪明不昧，庙貌偕紫峰悠远；赏罚无私，威灵同金溪永流。"

五、卫辉王府戏楼

卫辉潞王府建于明万历年间，戏楼位于新乡卫辉市王府街的王府遗址，创建年代不详，为潞王藩治于卫辉时兴建。现仅存部分遗址及石柱础，柱础为鼓镜式，柱础石长宽各1米，高0.63米，础径0.7米（照3-1-5-1）。

照 3-1-5-1　卫辉王府戏楼柱础

六、洛宁余庄村李氏祖祠戏楼

李氏祖祠戏楼位于洛阳市洛宁县城关镇余庄村，北纬34°24′11″，东经111°42′57″，海拔304米。祠堂一进院落，现存戏楼（山门）、献殿、大殿3座建筑，系洛宁县文物保护单位。

戏楼坐南面北，创建于清同治十二年

（1873），单幢式，单檐硬山式灰瓦顶建筑。两层砖木结构，一层为会馆入口，二层为戏台，平面呈长方形，一面观。面阔三间，进深二间，通面阔8.77米，其中明间3.29米；通进深4.88米，台高2.7米。整座戏楼用砖墙隔为南北两部分，南为檐廊式山门，面阔三间，进深一间，檐柱石础为鼓镜式，檐柱与砖墙间用单步梁及穿插枋连接，上置檐檩、椽。檐下补间施栱，栱身满雕花草纹饰。平板枋下设骑马雀

照 3-1-6-1　余庄村李氏祖祠戏楼正立面

替，透雕花卉图案，线条流畅，雕刻精美。一层明间设双扇板门，门上题写“李氏祖祠”四字。北立面一层檐柱为通柱，柱身插设平梁，上承楞木及楼板。二层五梁架置于前檐斗栱及后檐柱之上，上承瓜柱、三架梁及各层檩条，墙体为青砖砌筑。惜戏楼现为近年在原址重建，二层楼板及墙体、柱身均采用混凝土砌筑（照3-1-6-1）（照3-1-6-2）。

照3-1-6-2　余庄村李氏祖祠戏楼背立面

七、洛宁马东村泰山庙戏楼

泰山庙戏楼位于洛阳市洛宁县马店镇马东村小学校内，创建年代不详。戏楼坐南面北，单幢式，为两层单檐歇山式建筑。一层为庙宇入口，二层为戏台。平面呈长方形，一面观。面阔三间，进深一间，通面阔6.55米，其中明间3.95米；通进深5.67米，通高7.5米，台口高2.67米。檐下施拱，台前立两根通长木柱，台面为木板铺砌，山墙收分明显，最厚处0.8米。戏楼每年农历三月三日庙会时有演出，庙院内和大殿前月台上坐满乡民观戏，热闹非凡。后因学校扩建，戏楼被拆毁（照3-1-7-1）。

照3-1-7-1　洛宁马东村泰山庙戏楼（摘自杨建民：《中州戏曲历史文物考》，文物出版社，1992年）

第二节 消失戏楼调查一览表

序号	戏楼名称	地址	创建年代	屋顶形式	所属类别	现状	信息来源
1	纸坊村舜帝庙戏楼	郑州市登封市中岳庙街道纸坊村	无考	不详	神庙	2015年原址新建庙宇	依据文物普查资料实地核查
2	十里铺村关帝庙戏楼	郑州市登封市城关镇十里铺村	无考	悬山	神庙	消失	依据《中州戏曲历史文物考》实地核查
3	十里铺村龙王庙戏楼	郑州市登封市城关乡十里铺村	无考	硬山	神庙	消失	依据《中州戏曲历史文物考》实地核查
4	王村老君庙戏楼	郑州市登封市宣化镇王村	无考	硬山	神庙	消失	依据《中国文物地图集》实地核查
5	戈湾村戏楼	郑州市登封市大冶镇戈湾村	无考	硬山	村寨	消失	依据文物普查资料实地核查
6	王村白龙庙戏楼	郑州市登封市宣化镇王村	民国	不详	神庙	消失	依据文物普查资料实地核查
7	颍阳京城城隍庙戏楼	郑州市登封市颍阳镇颍北村	清咸丰四年	硬山	神庙	原址复建	依据文物普查资料实地核查
8	老井沟村老君庙戏楼	郑州市巩义市北山口镇老井沟村	无考	不详	神庙	2011年拆毁	依据文物普查资料实地核查

续表1

序号	戏楼名称	地址	创建年代	屋顶形式	所属类别	现状	信息来源
9	白沙村火神庙戏楼	郑州市巩义市白沙村界沟自然村	无考	硬山	神庙	消失	依据文物普查资料实地核查
10	张岭村张家祠堂戏楼	郑州市巩义市康店镇张岭村	无考	不详	祠堂	消失	依据《中国文物地图集》实地核查
11	焦湾村大王庙戏楼	郑州市巩义市康店乡焦湾村	无考	硬山	神庙	消失	依据文物普查资料实地核查
12	石井村三官庙戏楼	郑州市巩义市夹津口镇石井村	清康熙年间	硬山	神庙	坍塌	依据文物普查资料实地核查
13	石灰务村关帝庙戏楼	郑州市巩义市孝义镇石灰务村	无考	硬山	神庙	消失	依据《中州戏曲历史文物考》实地核查
14	石灰务村龙王庙舞楼	郑州市巩义市孝义镇石灰务村	无考，清道光二十九年重修	硬山	神庙	消失	依据《中州戏曲历史文物考》实地核查
15	西作村关帝庙戏楼	郑州市巩义市西村镇西作村	无考，清康熙三十八年重建	硬山	神庙	消失	依据《中州戏曲历史文物考》实地核查
16	郑沟村岱岳庙戏楼	郑州市巩义市小关镇郑沟村	无考	不详	神庙	消失	依据《中国文物地图集》实地核查
17	贺光村观音堂戏楼	郑州市巩义市站街镇贺光村	无考	不详	神庙	消失	依据《中国文物地图集》实地核查
18	白龙庙村白龙庙乐楼	郑州市新密市平陌镇白龙庙村	金大定元年	不详	神庙	采用现代材料原址新建舞台	依据《中国文物地图集》实地核查
19	石坡口戏楼	郑州市新密市米村镇柿石坡口村	无考	硬山	村寨	消失	依据文物普查资料实地核查
20	刘寨圣帝庙戏楼	郑州市新密市苟堂镇山刘寨村	无考	不详	神庙	拆毁	依据《中国文物地图集》实地核查
21	西苏楼村戏楼	郑州市荥阳市广武镇西苏楼村	清雍正九年	不详	村寨	2013年采用现代材料原址新建舞台	依据文物普查资料实地核查
22	纪公庙戏楼	郑州市惠济区古荥镇纪公庙村	无考	不详	神庙	消失	依据《中国文物地图集》实地核查

序号	戏楼名称	地址	创建年代	屋顶形式	所属类别	现状	信息来源
23	开封东火神庙戏楼	开封市顺河回族区	清顺治五年，民国重建	前台歇山后台硬山	神庙	消失	依据《中州戏曲历史文物考》实地核查
24	寺沟村大王庙舞楼	洛阳市偃师区山化镇寺沟村	清乾隆四十一年	歇山	神庙	消失	依据《中国戏曲志·河南卷》实地核查
25	九龙庙戏楼	洛阳市偃师区山化镇石家庄村	清嘉庆十六年	不详	神庙	消失	依据文物普查资料实地核查
26	偃师城隍庙戏楼	洛阳市偃师区	无考	不详	神庙	消失	依据文物普查资料实地核查
27	郭屯村戏楼	洛阳市偃师区高龙镇郭屯村	无考	不详	村寨	消失	依据文物普查资料实地核查
28	寺沟卢医庙戏楼	洛阳市偃师区寺沟村	民国三十六年	硬山	神庙	消失	依据文物普查资料实地核查
29	申阴村玉仙圣母庙戏楼	洛阳市偃师区邙岭镇申阴村	清道光二十三年	硬山	神庙	消失	依据《中州戏曲历史文物考》实地核查
30	刘坡村冯王庙戏楼	洛阳市偃师区邙岭镇刘坡村	无考	硬山	神庙	消失	依据《中州戏曲历史文物考》实地核查
31	营房口火神庙戏楼	洛阳市偃师区顾县镇营房口村	清嘉庆二年	硬山	神庙	消失	依据《中州戏曲历史文物考》实地核查
32	台荫村关帝庙戏楼	洛阳市孟津区会盟镇台荫村	清雍正七年	硬山	神庙	消失	依据《中州戏曲历史文物考》实地核查
33	油坊村关帝庙戏楼	洛阳市孟津区会盟镇油坊村	清光绪六年	硬山	神庙	消失	依据《中州戏曲历史文物考》实地核查
34	白合村北头庙戏楼	洛阳市孟津区白合镇白合村	无考	硬山	神庙	消失	依据《中州戏曲历史文物考》实地核查
35	江屯村关帝庙乐楼	洛阳市新安县南李村镇江屯村	清嘉庆六年	硬山	神庙	消失	依据《中州戏曲历史文物考》实地核查
36	铁门镇关帝庙戏楼	洛阳市新安县铁门镇	清乾隆三十八年	悬山	神庙	消失	依据《中州戏曲历史文物考》实地核查
37	铁门镇二郎庙乐楼	洛阳市新安县铁门镇	清雍正三年	硬山	神庙	消失	依据《中州戏曲历史文物考》实地核查

续表3

序号	戏楼名称	地址	创建年代	屋顶形式	所属类别	现状	信息来源
38	庙头村关帝庙戏楼	洛阳市新安县铁门镇庙头村	无考	硬山	神庙	消失	依据《中州戏曲历史文物考》实地核查
39	横山村牛王庙戏楼	洛阳市新安县苍头镇横山村	无考	硬山	神庙	消失	依据《中州戏曲历史文物考》实地核查
40	滩子沟四王庙舞楼	洛阳市新安县北冶镇滩子沟村	无考，清康熙五十七年重建	无考	神庙	消失	《中州戏曲历史文物考》
41	德亭关帝庙戏楼	洛阳市嵩县德亭镇德亭街	无考	悬山	神庙	消失	依据《中国文物地图集》实地核查
42	孙店村城隍庙戏楼	洛阳市嵩县车村镇孙店村	清康熙年间	不详	神庙	消失	依据文物普查资料实地核查
43	郭村戏楼	洛阳市洛宁县东宋镇郭村	无考	不详	村寨	2014年拆毁	依据文物普查资料实地核查
44	洛宁县城隍庙戏楼	洛阳市洛宁县老城西街村	无考	硬山	神庙	消失	依据文物普查资料实地核查
45	洛宁县关帝庙舞楼	洛阳市洛宁县城关镇	清雍正五年	无考	神庙	消失	《中州戏曲历史文物考》
46	张村关帝庙戏楼	洛阳市洛宁县马店镇张村	无考	悬山	神庙	采用现代材料原址新建舞台	依据《中州戏曲历史文物考》实地核查
47	马东村泰山庙戏楼	洛阳市洛宁县马店镇马东村	无考	歇山	神庙	拆毁	依据《中州戏曲历史文物考》实地核查
48	商山庙戏楼	洛阳市洛宁县罗岭乡商山坡村	清嘉庆二年	硬山	神庙	消失	依据《中州戏曲历史文物考》实地核查
49	余庄村李氏祖祠戏楼	洛阳市洛宁县城关镇余庄村	清同治十二年	硬山	祠堂	原址重建，部分为现代材料	依据文物普查资料实地核查
50	牛头村关帝庙戏楼	洛阳市洛宁县河底镇牛头村	无考	不详	神庙	消失	依据文物普查资料实地核查
51	大原村二程祠戏楼	洛阳市洛宁县陈吴乡大原村	无考	不详	祠堂	坍塌	依据《中国文物地图集》实地核查
52	千佛寺戏楼	洛阳市洛宁县杨坡乡牛渠村	无考	硬山	神庙	消失	依据《中国文物地图集》实地核查

续表4

序号	戏楼名称	地址	创建年代	屋顶形式	所属类别	现状	信息来源
53	马村宋氏祠堂戏楼	洛阳市洛宁县东宋镇马村	无考	硬山	祠堂	消失	依据《中国文物地图集》实地核查
54	崇阳村居仙庙戏楼	洛阳市洛宁县下峪镇崇阳村	无考	硬山	神庙	消失	依据《中国文物地图集》实地核查
55	红庙村戏楼	洛阳市栾川县陶湾镇红庙村	无考	不详	村寨	2017年拆毁	依据文物普查资料实地核查
56	龙王庙村龙王庙戏楼	洛阳市栾川县冷水镇龙王庙村	无考	不详	神庙	消失	依据文物普查资料实地核查
57	石庙村黄大王庙戏楼	洛阳市栾川县石庙镇石庙村	无考	不详	神庙	消失	依据文物普查资料实地核查
58	元村村戏楼	洛阳市宜阳县张坞镇元村村	无考	不详	村寨	采用现代材料原址新建舞台	依据文物普查资料实地核查
59	坡头村戏楼	洛阳市宜阳县三乡镇坡头村	无考	不详	村寨	消失	依据文物普查资料实地核查
60	李沟村戏楼	洛阳市宜阳县高村镇李沟村	无考	不详	村寨	1958年拆毁	依据文物普查资料实地核查
61	后元村戏楼	洛阳市宜阳县张坞镇后元村	无考	不详	村寨	2014年采用现代材料原址新建舞台	依据文物普查资料实地核查
62	西炉村玄帝庙戏楼	安阳市殷都区铜冶镇南西炉村	无考，清乾隆二十年重修	悬山	神庙	2017年采用现代材料原址新建舞台	依据《中州戏曲历史文物考》实地核查
63	东傍佐村龙王庙戏楼	安阳市殷都区铜冶镇东傍佐村	无考	不详	神庙	坍塌	依据《中州戏曲历史文物考》实地核查
64	马鞍山玄帝庙戏楼	安阳市龙安区马家乡岭头村马鞍山	无考，明崇祯十一年重建	不详	神庙	消失	依据《中州戏曲历史文物考》实地核查
65	岭头村龙王庙戏楼	安阳市龙安区马家乡岭头村	清康熙三十七年	悬山	神庙	消失	依据《中州戏曲历史文物考》实地核查
66	紫金山兴禅寺戏楼	安阳市龙安区马家乡王家岗村	清康熙九年	无考	神庙	消失	依据《中州戏曲历史文物考》实地核查

续表5

序号	戏楼名称	地址	创建年代	屋顶形式	所属类别	现状	信息来源
67	好井村玄武庙戏楼	安阳市安阳县都里镇好井村	无考	悬山	神庙	消失	依据《中州戏曲历史文物考》实地核查
68	东郊口村玉帝庙戏楼	安阳市安阳县都里镇东郊口村	清嘉庆十三年	悬山	神庙	消失	依据《中州戏曲历史文物考》实地核查
69	上寺坪官房戏楼	安阳市安阳县都里镇上寺坪	无考	不详	村寨	消失	依据《中州戏曲历史文物考》实地核查
70	善应村大仙庙戏楼	安阳市龙安区善应镇南善应村	无考	不详	神庙	采用现代材料原址新建舞台	依据《中州戏曲历史文物考》实地核查
71	李家村李晋公龙神庙戏楼	安阳市安阳县伦掌镇李家村	无考	悬山	神庙	消失	依据《中州戏曲历史文物考》实地核查
72	驼村真君庙戏楼	安阳市安阳县伦掌镇驼村	无考	悬山	神庙	采用现代材料原址新建舞台	依据《中州戏曲历史文物考》实地核查
73	桑耳庄村龙王庙戏楼	安阳市林州市任村镇桑耳庄村	清嘉庆十九年	前坡一步架悬山后坡硬山	神庙	1999年原址复建	依据文物普查资料实地核查
74	杨家寨村大庙戏楼	安阳市林州市东港乡杨家寨村	无考，清嘉庆二十一年重建	悬山	神庙	消失	《中州戏曲历史文物考》
75	黄家坡村戏楼	安阳市林州市东岗乡黄家坡村	无考	悬山	村寨	消失	依据《中州戏曲历史文物考》实地核查
76	丁冶村戏楼	安阳市林州市东岗镇丁冶村	无考	悬山	村寨	消失	依据《中州戏曲历史文物考》实地核查
77	汝州城隍庙戏楼	平顶山市汝州市	无考	不详	神庙	1992年拆除	依据《中国文物地图集》实地核查
78	尧山镇二郎庙戏楼	平顶山市鲁山县尧山镇	无考	硬山	神庙	采用现代材料原址新建舞台	依据文物普查资料实地核查
79	交口村戏楼	平顶山市鲁山县熊背乡交口村	无考	不详	村寨	消失	依据文物普查资料实地核查
80	王店戏楼	平顶山市舞钢市尚店镇王西村	无考	不详	村寨	消失	依据文物普查资料实地核查

续表6

序号	戏楼名称	地址	创建年代	屋顶形式	所属类别	现状	信息来源
81	蟒背山戏楼	平顶山市舞钢市杨庄乡袁门村东蟒背山	无考	不详	神庙	消失	依据文物普查资料实地核查
82	云濛山戏楼	鹤壁市淇县云濛山	无考	不详	神庙	消失	依据《中国戏曲志·河南卷》实地核查
83	淇县火神庙戏楼	鹤壁市淇县县城	清咸丰十年	不详	神庙	建国前拆毁	《中州戏曲历史文物考》
84	西平罗村佛爷庙戏楼	新乡市辉县市西平罗乡西平罗村	清光绪二十八年	硬山	神庙	消失	依据《中州戏曲历史文物考》实地核查
85	西平罗村天爷庙戏楼	新乡市辉县市西平罗乡西平罗村	明嘉靖三十九年	硬山	神庙	消失	依据《中州戏曲历史文物考》实地核查
86	孙石窑村龙王庙戏楼	新乡市辉县市三郊口镇孙石窑村	无考	不详	神庙	消失	依据《中国文物地图集》实地核查
87	冯庄村冯氏宗祠戏楼	新乡市获嘉县冯庄镇冯庄村	无考	不详	祠堂	2017年采用现代材料原址新建戏楼	依据《中国文物地图集》实地核查
88	新乡卫辉王府戏楼	新乡市卫辉市	无考	不详	宅院	仅存基址及部分柱础	依据文物资料实地核查
89	西张村龙王庙戏楼	焦作市中站区龙洞街道西张村	无考	不详	神庙	消失	依据《中国文物地图集》实地核查
90	恩村玉帝庙舞楼	焦作市王褚乡恩村	明隆庆六年	不详	神庙	消失	《中国文物地图集》
91	许良镇朱家东祠堂戏楼	焦作市博爱县许良镇	无考，清道光十五年重建	硬山	祠堂	消失	依据《中州戏曲历史文物考》实地核查
92	清化镇大王庙戏楼	焦作市博爱县清化镇	清康熙七年	悬山	神庙	消失	碑刻
93	白马沟火神庙戏楼	焦作市博爱县金城乡白马沟村	无考	不详	神庙	消失	依据文物普查资料实地核查
94	静应庙戏楼	焦作市沁阳市西万镇邘台村	无考	硬山	神庙	2001年原址复建	依据文物普查资料实地核查
95	杨庄河村龙王庙戏楼	焦作市沁阳市常平乡杨庄河村	无考	硬山	神庙	坍塌	依据文物普查资料实地核查

续表7

序号	戏楼名称	地址	创建年代	屋顶形式	所属类别	现状	信息来源
96	慈胜寺戏楼	焦作市温县番田镇大吴村	无考	悬山	神庙	1957年原址新建	依据文物普查资料实地核查
97	大善台村戏楼	焦作市温县武德镇大善台村	无考	不详	村寨	采用现代材料原址新建舞台	依据文物普查资料实地核查
98	崔庄观音堂戏楼	焦作市修武县七贤镇崔庄村	清道光三十年	不详	神庙	采用现代材料原址新建舞台	依据文物普查资料实地核查
99	南贾村玉皇庙戏楼	焦作市武陟县龙泉办事处南贾村	明正统二年	悬山	神庙	消失	依据《中州戏曲历史文物考》实地核查
100	张洼村三星庙戏楼	焦作市孟州市槐树乡张洼村	无考	无考	神庙	消失，原址新建庙宇	依据文物普查资料实地核查
101	台前县碧霞宫戏楼	濮阳市台前县	明洪武三年	前台攒尖后台硬山	神庙	1966年拆毁	《中州戏曲历史文物考》
102	十三帮会馆戏楼	许昌市禹州市	清光绪二十年	悬山	会馆	原址复建	依据文物普查资料实地核查
103	李金寨戏楼	许昌市禹州市鸿畅镇李金寨村	无考	悬山	村寨	消失	依据文物普查资料实地核查
104	禹州山西会馆戏楼	许昌市禹州市城关镇	清乾隆二十九年	硬山	会馆	2000年拆毁	依据《中州戏曲历史文物考》实地核查
105	包公寨张公祠戏楼	许昌市建安区张潘镇古城村	无考	前半步悬山后硬山	神庙	原址复建	依据文物普查资料实地核查
106	天宝宫舞楼	许昌市建安区艾庄回族乡聂庄村	无考	不详	神庙	消失	依据《中国文物地图集》实地核查
107	卸店村戏楼	漯河市舞阳县保和乡卸店村	无考	硬山	村寨	原址复建	依据《中国文物地图集》实地核查
108	繁城陕山会馆戏楼	漯河市临颍县繁城镇西街村	明代	不详	会馆	“文化大革命”时期拆毁	依据文物普查资料实地核查
109	紫虚观戏楼	三门峡市卢氏县范里镇涧底村	明代	不详	神庙	消失	依据《中国文物地图集》实地核查
110	名医寺戏楼	三门峡市卢氏县东明镇北苏村	无考	不详	神庙	消失	依据《中国文物地图集》实地核查

序号	戏楼名称	地址	创建年代	屋顶形式	所属类别	现状	信息来源
111	韩文公祠戏楼	三门峡市卢氏县范里镇沟西村	无考	不详	祠堂	消失	依据《中国文物地图集》实地核查
112	乾明寺戏楼	三门峡市卢氏县潘沙镇下河村	无考	硬山	神庙	消失	依据《中国文物地图集》实地核查
113	大岭村汰淙庙戏楼	三门峡市卢氏县官道口大岭村	无考	硬山	神庙	消失	依据《中国文物地图集》实地核查
114	胡家寨村汰淙庙戏楼	三门峡市卢氏县东明镇胡家寨村	无考，清嘉庆年间重修	硬山	神庙	消失	依据《中国文物地图集》实地核查
115	三角城村大明寺戏楼	三门峡市卢氏县沙河乡三角城村	明正德四年	硬山	神庙	消失	依据《中国文物地图集》实地核查
116	杨村戏楼	三门峡市渑池县果园乡杨村	无考	硬山	村寨	消失	依据文物普查资料实地核查
117	杨村关帝庙戏楼	三门峡市渑池县果园乡杨村	无考	硬山	神庙	消失	依据文物普查资料实地核查
118	岳庄村戏楼	三门峡市陕州区西李村乡岳庄村	无考	不详	村寨	2000年原址采用现代材料重建舞台	依据文物普查资料实地核查
119	原村戏楼	三门峡市陕州区西李村乡原村	无考	不详	村寨	2010年拆毁，原址采用现代材料重建舞台	依据文物普查资料实地核查
120	芦草村奶奶庙戏楼	三门峡市陕州区观音堂镇芦草村	无考	硬山	神庙	原址改建，仅木柱为原构件	依据文物普查资料实地核查
121	硖石村戏楼	三门峡市陕州区硖石乡硖石村	无考	不详	村寨	采用现代材料原址新建舞台	依据文物普查资料实地核查
122	双龙寺戏楼	三门峡市陕州区张茅乡庙坡村	无考	不详	神庙	采用现代材料原址新建	依据文物普查资料实地核查

续表9

序号	戏楼名称	地址	创建年代	屋顶形式	所属类别	现状	信息来源
123	东庄村泰山庙戏楼	三门峡市陕州区王家后乡东庄村	清道光十九年	硬山	神庙	采用现代材料在原址新建舞台	依据文物普查资料实地核查
124	新庄村戏楼	三门峡市陕州区张湾乡新庄村	无考	不详	村寨	消失	依据文物普查资料实地核查
125	赵沟村关帝庙戏楼	三门峡市陕州区王家后乡赵沟村	清嘉庆十五年	不详	神庙	采用现代材料原址新建舞台	依据文物普查资料实地核查
126	庙前村戏楼	三门峡市陕州区王家后乡庙前村	无考	不详	村寨	消失	依据文物普查资料实地核查
127	营前村戏楼	三门峡市陕州区西张村镇营前村	无考	不详	村寨	采用现代材料原址新建舞台	依据文物普查资料实地核查
128	五峪村戏楼	三门峡市陕州区宫前乡五峪村	无考	不详	村寨	2000年拆毁	依据文物普查资料实地核查
129	韩庄村戏楼	三门峡陕州区观音堂镇韩庄村	无考	不详	村寨	消失	依据文物普查资料实地核查
130	石堆村戏楼	三门峡市陕州区观音堂镇石堆村	无考	不详	村寨	消失	依据文物普查资料实地核查
131	庙沟村关帝庙戏楼	三门峡市陕州区硖石乡庙沟村	无考	不详	神庙	消失	依据文物普查资料实地核查
132	硖石村关帝庙戏楼	三门峡市陕州区硖石乡硖石村	无考	不详	神庙	消失	依据文物普查资料实地核查
133	王村戏楼	三门峡市陕州区张村镇王村	硬山	不详	村寨	消失	依据文物普查资料实地核查
134	菜园村戏楼	三门峡市陕州区菜园乡菜园村	无考	硬山	村寨	消失	依据文物普查资料实地核查
135	过村戏楼	三门峡市陕州区菜园乡过村	无考	不详	村寨	消失	依据文物普查资料实地核查
136	南沟村戏楼	三门峡市陕州区张村镇南沟村	无考	不详	村寨	消失	依据文物普查资料实地核查
137	太阳村戏楼	三门峡市陕州区张村镇太阳村	清光绪二十六年	硬山	神庙	原址新建三清观	依据文物普查资料实地核查
138	唐河陕西会馆戏楼	南阳市唐河县源潭镇	清雍正九年	不详	会馆	1972年拆毁	文物资料
139	白浪街戏楼	南阳市淅川县荆紫关镇	清道光二十九年	硬山	村寨	消失	依据《中国戏曲志·河南卷》实地核查

序号	戏楼名称	地址	创建年代	屋顶形式	所属类别	现状	信息来源
140	下街关帝庙戏楼	南阳市淅川县西簧乡关帝庙村	清乾隆年间	硬山	神庙	消失	依据文物普查资料实地核查
141	韦集村山陕会馆戏楼	南阳市淅川县厚坡镇韦集村	清乾隆五十八年	不详	会馆	消失	文物资料
142	店子村大庙戏楼	南阳市淅川县店子村	无考	不详	神庙	消失	依据文物普查资料实地核查
143	内乡显圣庙戏楼	南阳市内乡县王店镇显圣庙村	元，民国四年重修	硬山	神庙	原址复建	依据《中国戏曲志·河南卷》实地核查
144	回车堂村戏楼	南阳市西峡县回车镇回车堂村	无考	不详	村寨	原址新建	依据文物普查资料实地核查
145	丹水村财神庙歌舞楼	南阳市西峡县丹水镇丹水村	清乾隆五十四年	前台歇山后台硬山	神庙	消失	依据《中州戏曲历史文物考》实地核查
146	长探河娘娘庙戏楼	南阳市西峡县军马河乡长探河村	清嘉庆年间	不详	神庙	坍塌	依据文物普查资料实地核查
147	二郎坪镇关帝庙戏楼	南阳市西峡县二郎坪镇	无考	前台卷棚歇山后台硬山	神庙	消失	依据《中州戏曲历史文物考》实地核查
148	晁陂戏楼	南阳市镇平县晁陂镇	无考	前台歇山后台硬山	村寨	拆毁	文物资料
149	五龙宫戏楼	信阳市潢川县	清乾隆三十五年	歇山	神庙	1938年拆除	《中州戏曲历史文物考》
150	潢川花庙戏楼	信阳市潢川县	无考	不详	神庙	消失	《中州戏曲历史文物考》
151	邱氏祠堂戏楼	信阳市新县吴陈河乡邱堂村	无考	前台悬山后台硬山	祠堂	消失	依据《中州戏曲历史文物考》实地核查
152	商城城隍庙戏台	信阳市商城县老城	无考	歇山	神庙	消失	《中州戏曲历史文物考》
153	魏堌堆伊尹庙戏楼	商丘市虞城县	无考	戏楼歇山耳房硬山	祠堂	1982年原址复建	《中州戏曲历史文物考》
154	下观村灵都观戏楼	济源市承留镇下观村	无考	不详	神庙	消失	依据《中国文物地图集》实地核查
155	南勋村玉皇庙戏楼	济源市承留镇南勋村	清乾隆年间	悬山	神庙	1961年原址复建	依据《中国文物地图集》实地核查

第四章

河南古戏楼建筑分析

古戏楼作为戏曲的观演场地，展现着传统的剧场形态，在平面布局、结构体系、外部构造以及细部装饰等方面，既保持中轴对称、木构承重体系和坡屋顶等传统布局及营造特征，又由于其特有功能，建筑本身彰显出不同的设计理念，具有自身独特的风格。河南现遗存古戏楼，修建年代集中在清代，其位置朝向、观演平面布局、结构形式、构架特征、屋顶形制、装饰等方面因分布区域、所处地势、服务对象等的差异，形成了不同的表现形式，呈现出不同的建筑风格与艺术特征，反映了不同地域特有的文化意义和内涵。

第一节 修建年代

依据调研统计，河南遗存的183座戏楼中，创建时代可考的共有114座，其中创建于元代的戏楼5座、明代24座、清代79座（顺治年间3座、康熙年间9座、康熙至雍正年间1座、雍正年间4座、乾隆年间28座、嘉庆年间11座、道光年间8座、咸丰年间3座、同治年间4座、光绪年间8座）、民国时期6座。从河南现存戏楼的创建时间看，少数为元代创建，分别为：卢氏城隍庙舞楼创建于元末，故县镇隍城庙戏楼创建于元至元八年（1271），新乡关帝庙戏楼为元至正年间，袁圪套村上清宫戏楼为元至元三年（1266），镇平城隍庙戏楼则为元至正元年（1341）。大多数是明清时期创建或重修，其中以康熙至嘉庆时期最为集中。

神庙戏楼在河南古戏楼类型中遗存数量最多，创建年代较早。现存的183座戏楼中，神庙戏楼占125座，创建年代可考的77座，其中包括创建于元代的5座、明代的23座，清代46座、民国时期3座。孟津阎凹玄帝庙舞楼、卫辉吕村奶奶庙戏楼是河南现存罕见的明确带有纪年的古戏楼，对研究河南戏剧文化及戏楼建筑形制演变具有重要的意义。

清代早期和中期，社会较为安定，商业及地方戏曲艺术蓬勃发展，河南会馆戏楼的建造进入高潮。河南现存会馆戏楼13座，均创建于清，其中顺治年间1座、康熙年间1座、康熙至雍正年间1座、乾隆年间7座、嘉庆年间2座、同治年间1座。创建时间主要集中在康熙至乾隆年间，是河南这个阶段社会安定、经济繁荣的一个缩影和体现。

祠堂建筑在河南出现较早，但因河南地处中原，战乱及黄患频繁，早期民宅建筑留存情况较差，故现存的宗祠戏楼早期较少。现存的21座祠堂戏楼中，创建年代除巩义姚氏祠堂戏楼为明代，其余均为清代，其中雍正年间2座，乾隆年间4座，嘉庆年间3座，道光年间2座，咸丰、民国年间各1座。因戏楼修建文献史料不被重视和保存，现存祠堂戏楼创建年代无考的7座。

村寨戏楼现存22座，因史料不足，创建年代可考的仅9座。分别为：康熙、雍正、嘉庆、咸丰、同治年间各1座，光绪、民国年间各2座。

另外，还存在有附属于民宅中的私人戏楼1座、戏台1处。

第二节 位置朝向

一、位　置

古戏楼在神庙、会馆、祠堂、村寨中所处的位置可归纳为三种情况：一是处于合院式建筑大门之内，二是与合院式建筑大门一体，三是处于合院式建筑大门之外。

建于合院式建筑大门之内的戏楼，分为独立戏楼及过路戏楼两种，为神庙戏楼、会馆戏楼、祠堂戏楼的常见营建位置（照4-2-1-1）（照4-2-1-2）。神庙戏楼、宗祠戏楼的起源及发展都与祭祀有关，表演是为敬神、祭祖，故戏台一般位于神庙、宗祠建筑群中轴线上，正对大殿或享堂。早期宋、金、元的舞亭建于正殿前，四面观看，明、清时演变为舞台与大殿间距深远，有宽阔的观看场地。部分戏楼两侧设看楼，形成独特的观演空间。会馆戏楼出现时，戏曲文化已经非常成熟，戏楼营建已成规制，而会馆有祭祀需求，最早也是以关帝庙的形式出现，故戏楼位置沿袭神庙戏楼的规制。

与合院式建筑大门于一体的戏楼，是大门与舞台的结合，为神庙、会馆、祠堂戏楼的常见营建位置。舞台位于大门二层，下层通行，上层表演，外观为简朴肃穆的大门，内看是装饰华丽的戏楼。戏楼建于大门之上，既减少了建筑占地面积，

照 4-2-1-1　北齐村北禅寺鸟瞰

照 4-2-1-2　洛阳山陕会馆鸟瞰

照 4-2-1-3 巩义河洛大王庙鸟瞰

开阔了观戏场地，经济实用，又适应较大规模的戏曲演出，充分体现了古人创造性的构思和成熟的建筑技巧。因会馆财力雄厚，戏楼体量雄伟、装饰华丽，故现存会馆戏楼一半为独立营建。（照4-2-1-3）。

处于合院式建筑大门之外的戏楼分两种：一是独立式戏楼，但周边有神庙、宗祠等建筑，戏楼朝向礼制建筑，为神庙、祠堂戏楼常见营造位置。戏楼选址于院外中轴线上，正对大门，其目的是扩大观演面积及便于百姓观戏（照4-2-1-4）。二是戏楼为独立式且周边无礼制建筑，是村寨戏楼的常规营建形式，一般选址于村中心的宽阔位置，一村演戏，十里八乡聚而观之，热闹非凡。

河南现存古戏楼处于合院式建筑大门之内的有71座，与合院式建筑大门一体有63座，处于合院式建筑大门之外的有49座。

照 4-2-1-4　洛阳关林鸟瞰

照4-2-2-1　新县西河村焕公祠鸟瞰

二、朝　向

在神庙及礼制建筑群中，戏楼朝向与其他建筑相背，坐南面北，面向大殿，有酬神祭神之意。作为独立的广场戏楼，建筑朝向因需避免演出时出现炫光。出于功能上的考虑，也均坐南面北。还有部分戏楼顺应附属建筑群朝向，注重以“枕山、环水、面屏”“天人合一”的风水观念，依据当地的山、河、路等环境要素，朝向或背山面水，或依街而设。如荆紫关禹王宫戏楼及山陕会馆戏楼均结合街道及建筑群的布局，朝向为坐东朝西。新县西河村焕公祠戏楼位于古村落村头，朝向随村落布局为坐东南朝西北，建筑背靠狮子山，临河而建，门前河水潺潺，岸边古木蔽日，四周围绕枝叶繁茂的枫杨树，为负阴抱阳、背山面水的典范（照4-2-2-1）。

河南现存古戏楼朝向坐南面北的有162座，顺应风水观念及地势朝向而坐西面东的有9座，坐东面西的7座，坐东南朝西北2座，另有因搬迁或改殿堂为戏楼等人为因素而坐北面南的3座。

第三节 结构形式

河南古戏楼的结构形式可分为单幢式、双幢前后串联式和三幢左右并联式三种类型。

单幢式，即戏楼为单体建筑，特点是占地面积少，营建时间短，构造相对简单，造型追求精巧美观，但舞台及后台面积与其他类型相比较为狭小，不适合盛大演出。单幢式为河南遗存古戏楼中最为常见的结构形式，所占比例最大，现存139座。处于山地的戏楼多采用单幢式，村寨戏楼也居多。安阳北齐村北禅寺戏楼，单幢式，平面呈长方形，面阔一间，进深二间。金柱之间设“一”字木隔断分隔前后台，后台三面砌墙围护，形成较隐秘的空间，前台三面敞开，形成三面观（照4-3-0-1）。

照4-3-0-1 单幢式——安阳北齐村北禅寺戏楼

双幢前后串联式，为前后两

座建筑串联组合，特点为两座单体建筑相互勾连，中间由装修或墙分隔为前后台。平面布局呈现纵深的长方形或后台大于前台面阔的“凸”字形。为了建筑的观演视线开阔及利于采光，前台多三面敞开。前台为视线焦点，建筑造型及装饰精美、繁缛，而后台建筑则似“幕布”，简单实用。后台的面积大于前台，屋顶造型更为灵活、多变。河南现存双幢前后串联式戏楼18座。开封山陕甘会馆戏楼，平面呈“凸”字形布局，主体结构为双幢前后串联式，屋面形式为前台单檐歇山式、后台硬山顶。前台面阔一间，进深一间，为表演场所，后台左右外伸至三间，以增大面积供演员化妆和休息使用（照4-3-0-2）。

现存双幢前后串联式古戏台也出现前台面阔大于后台的倒“凸”字形平面布局，如荥阳市王村镇王村戏楼，前台面阔五间，而后台面阔三间，明显狭小于前台。

三幢左右并联式，中间为戏台，两侧建耳房，又称扮戏房，平面为“凸”字形。戏楼宽敞，在布局中占据主导地位，扮戏房左右对称分布于两侧，面阔、进深均明显小于戏台，凸显戏楼的宏伟。戏楼布局特点适用于大型表演，屋顶形制多

照4-3-0-2 双幢前后串联式——开封山陕甘会馆戏楼

照 4-3-0-3　三幢左右并联式——辉县城隍庙戏楼

变，高低错落，主次分明，增添了建筑美感。三幢左右并联式戏楼一般与大门合为一体，为神庙戏楼常采用的结构形式。河南现存三幢左右并联式古戏楼26座。以辉县城隍庙戏楼为例，三幢左右并联式，中间三间戏楼，屋面为前檐一步架悬山，其后卷棚硬山式，一层为庙宇入口通道，二层为戏台。两侧各有硬山式、面阔进深均为一间的耳房，同为两层。建筑宽阔、挺拔，屋面高低起伏，风格质朴、端庄（照4-3-0-3）。

第四节 平面形式及观演形式

戏楼作为演出活动建筑，在建筑群的总体布局中占据了重要的位置，多位于中轴线上。建筑平面以面阔三间、五间，进深一间至二间为主，单幢式戏楼，因功能需设前后台，具有进深广的特点。

一、平面形式

河南古戏楼平面形制可分为台框式和伸出式两种类型。现存古戏楼台框式的有144座，单幢式戏楼常采用此种平面形式。一般指墙体三面围合，仅台前一面敞开，用作观演。孟州显圣王庙戏楼，坐南面北，下层为庙宇入口通道，二层为戏台。平面布局呈长方形，一面观。面阔三间，进深一间（照4-4-1-1）。也有部分双幢前后串联式戏楼，因前后台面阔一致，平面呈现为台框式。安阳朝元洞戏楼结构形制为双幢前后串联式，前台屋面为单檐卷棚悬山，后台悬山顶。平面呈长方形，前后台均面阔三间，进深一间（照4-4-1-2）。

伸出式戏台平面呈“凸”字形，或三面开敞，一面筑墙；或由前后两幢建筑组成，前台面阔小于后台；或由三幢单体建筑左右并列组合而成，中间戏楼突出，面阔进深均大于左右耳房。河南大型古戏楼平面大多为伸出式。“凸”字形的戏台平面，在空间形态上强调戏台的演出空间，在观演视线角度上能更好地避免视线遮

照4-4-1-1　孟州显圣王庙戏楼

照4-4-1-2　安阳朝元洞戏楼

挡，声音能够获得更好的传播。河南现存的184座古戏楼中有39座为伸出式，其中包括开封山陕甘会馆戏楼、郑州城隍庙乐楼，新密城隍庙戏楼、淅川荆紫关镇山陕会馆戏楼、辉县山西会馆戏楼等。大部分“凸”字形平面可细分为由前后双幢串联式和三幢并联式构成。洛阳关林舞楼，为双幢前后串联式。前台为面阔三间的歇山式建筑，后台是面阔五间的硬山式建筑，因前台面阔小于后台，形成“凸”字形平面（照4-4-1-3）。浚县碧霞宫遏云楼，同样为两幢前后串联式，三面观。前台面阔一间，后台面阔三间，平面形成伸出式（照4-4-1-4）。武陟青龙宫戏楼，建筑主体构成为三幢左右并联式，三面观。中间三间戏台，两侧有扮戏房各一间，平面呈“凸”字形（照4-4-1-5）。

照4-4-1-3 洛阳关林舞楼

照4-4-1-4 伸出式——碧霞宫遏云楼

照4-4-1-5　武陟青龙宫戏楼

二、观演形式

河南古戏楼观演形式依据平面形式的不同，可分为一面观、二面观、三面观以及半三面观四种类型。

一面观指戏楼三面砌墙，一面敞开，观众聚集在舞台正前方观看。其优点是无遮挡，缺点为因观看角度致观看场地利用率受限。河南现存一面观古戏楼105座，其中多为单幢式结构（照4-4-2-1）。

二面观最具特点，是在戏台背面加筑另一台面，两个舞台相互背倚，前后二面敞开，中间设隔断分割，形成双台面，也称鸳鸯台。特点是两个台面可互相调换，两者兼顾，演出空间可大可小，相得益彰。河南遗存的二面观古戏楼仅存2处，分别为淅川荆紫关镇山陕会馆戏楼及禹州城隍庙戏楼（照4-4-2-2）（照4-4-2-3）。

三面观指戏楼一面砌筑墙体或设置木隔断，其他三面敞开。单幢式、双幢前

照 4-4-2-1　一面观——巩义姚氏祠堂戏楼

照 4-4-2-2　二面观——荆紫关山陕会馆戏楼东立面

照 4-4-2-3　二面观——荆紫关山陕会馆戏楼西立面

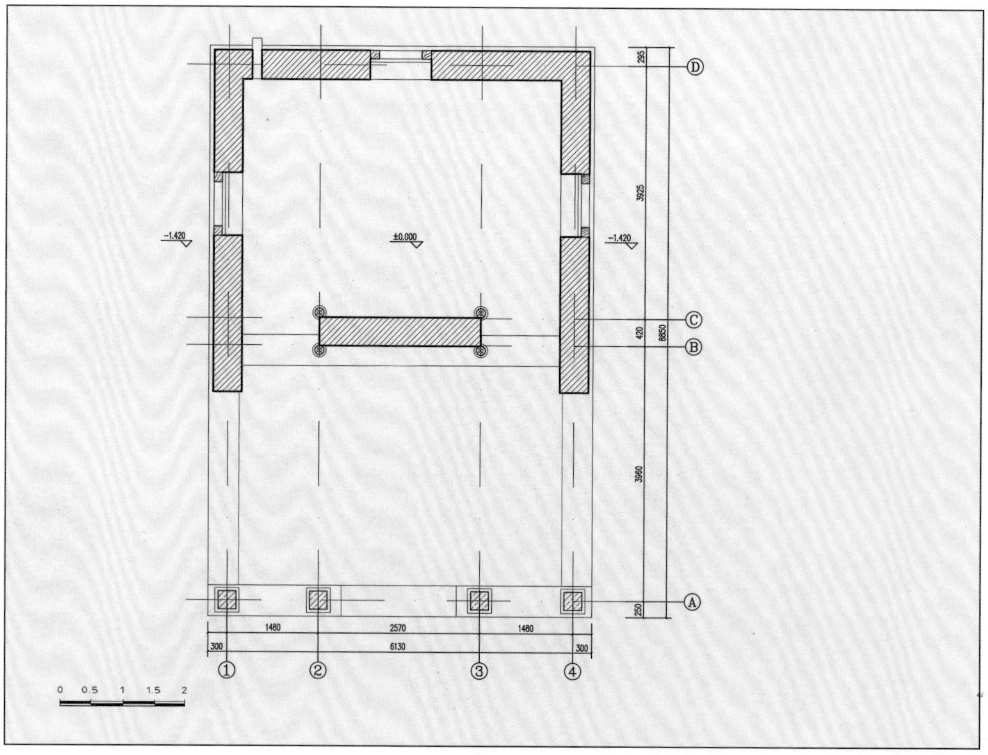

图4-4-2-1 三面观——上峪乡白龙庙戏楼平面图

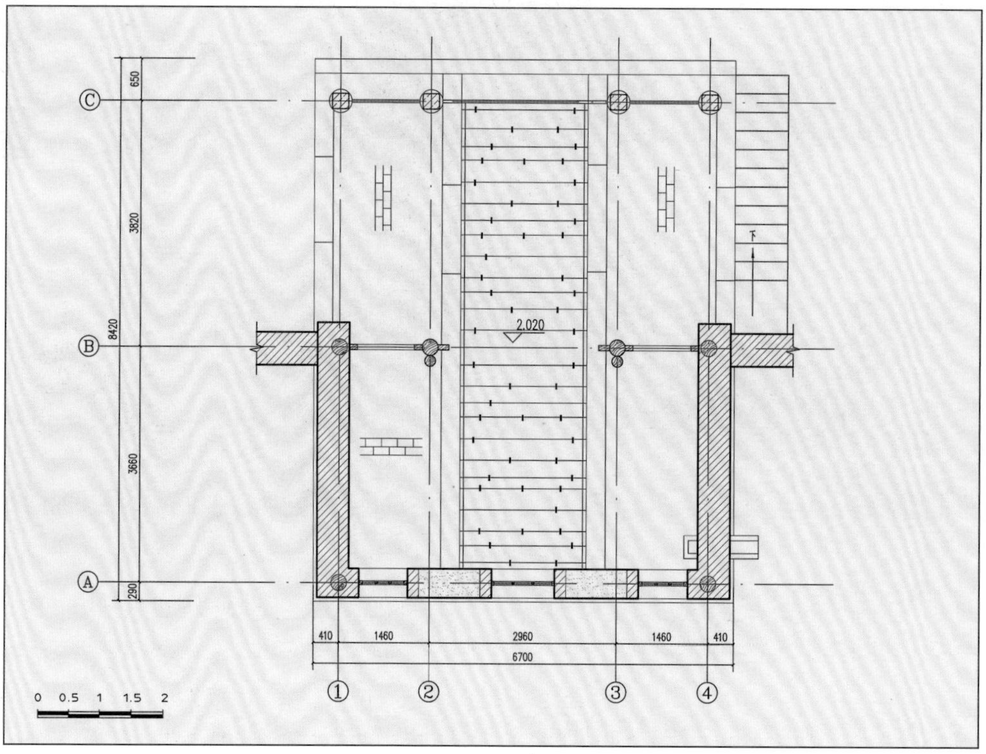

图4-4-2-2 三面观——安阳白龙庙戏楼平面图

后串联式戏楼前台多采用三面观。三面观戏楼优势为观众可以从多个方向观看演出，劣势为观看时视线会受柱子的遮挡。河南现存三面观戏楼有41座，其中单幢式戏楼24座、双幢串联式戏楼16座、三幢并联式戏楼1座。鹤壁上峪乡白龙庙戏楼，建筑主体结构为双幢前后串联式，前台屋面为单檐卷棚悬山式、后台硬山式。平面长呈方形，前后台均面阔三间，进深一间，前台三面观（图4-4-2-1）。

安阳白龙庙戏楼，单幢式，平面呈长方形，面阔三间，进深二间，为两层单檐卷棚悬山式建筑。一层为庙出入通道，二层为戏台。戏台中柱之间设木隔断，将舞台分为前后台，两侧山墙从后檐墙封砌至中柱位置，使戏楼前台部分三面敞开，作为演出空间，形成三面观（图4-4-2-2）。

半三面观指在戏楼前檐一步架或二步架下方不砌山墙，仅用柱支撑，从而形成半三面观的独特形式。特点：一是方便前檐台口设置登台踏步；二是扩大光源，增加舞台的光线需求；三是扩大舞台视线角度。半三面观是为顺应戏楼功能需求演变而成，最能体现古戏楼功能特色。河南现存半三面观古戏楼34座。以平甸玉皇庙戏楼为例。戏楼为两层砖木结构，上层为舞台，一层为庙宇入口。平面呈“凸”字形，面阔三间，进深一间，半三面观。戏台前檐立石柱四根，因山墙止于前檐下金檩位置，山墙与前檐柱之间用单步梁相连，上承瓜柱、坐斗及下金檩，檩上架椽。戏楼前檐柱与东山墙间隙处设石砌踏步，方便演员登台（照4-4-2-4）（图4-4-2-3）。

照4-4-2-4 半三面观——平甸玉皇庙戏楼

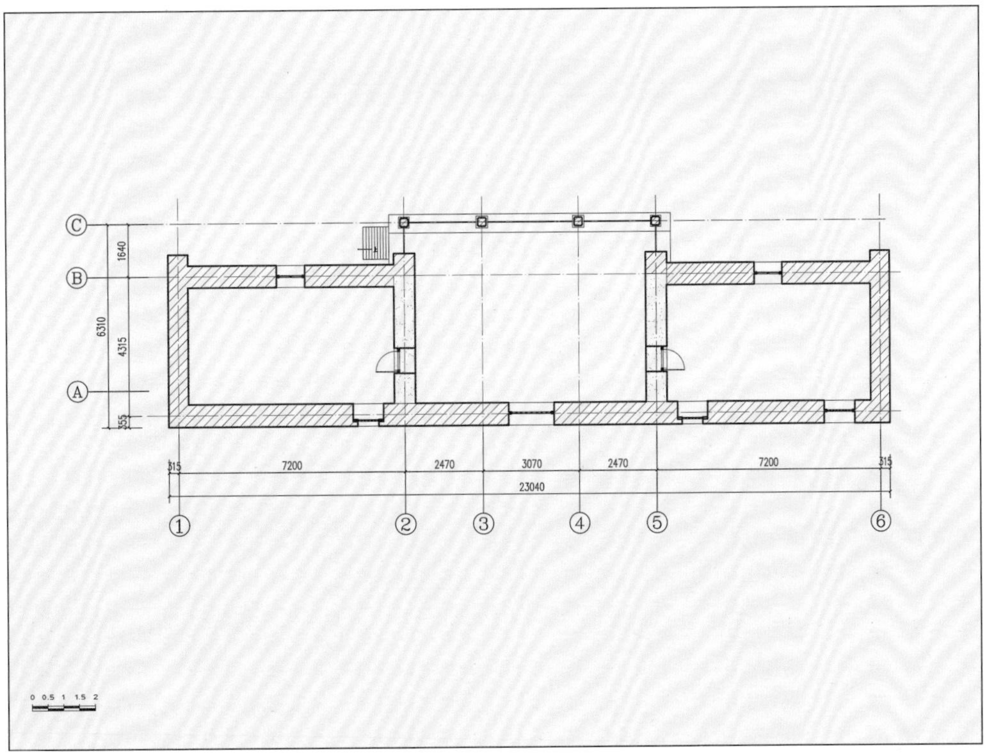

图4-4-2-3 半三面观——平甸玉皇庙戏楼平面图

三、平面特点

戏楼在建筑整体布局及观演空间中占据了主导地位，大多面阔三至五间，进深一至二间。不论是台框式还是伸出式，平面均按建筑的使用功能分区，采用木隔断或者隔墙将前台表演空间及后台辅助空间分割开来，突出了建筑与戏曲文化紧密融合的平面特点。前台与后台之间隔断设上、下场门，是演员进出后台的通道。部分戏楼一侧或两侧山墙前檐处开设券洞，设阶梯方便上下戏楼。戏楼前檐柱间设石质或木质栏板，高在0.12—0.6米之间，起到戏台边界警示和围护作用。

戏楼平面布局为迎合使用功能，满足前台演出场地宽敞需求，扩大舞台空间，部分戏楼平面柱网采用了“移柱造”或“减柱造”的布局方式。河南现存古戏楼中采用减柱造和移柱造的各有9座。减柱造一般将明间前檐柱或明间金柱减去，减少正面观看时对视线的遮挡或扩大表演空间。嵩县财神庙戏楼，平面布局减去明间前檐柱及金柱共六根，使前台明间面阔五间变为三间，进深成为一间，扩大了空间，提高了舞台的使用功能（图4-4-3-1）。

移柱造则是前台明间檐柱向两侧移动，增加明间面阔，或将明间前金柱向后台

图4-4-3-1 嵩县财神庙舞楼平面图

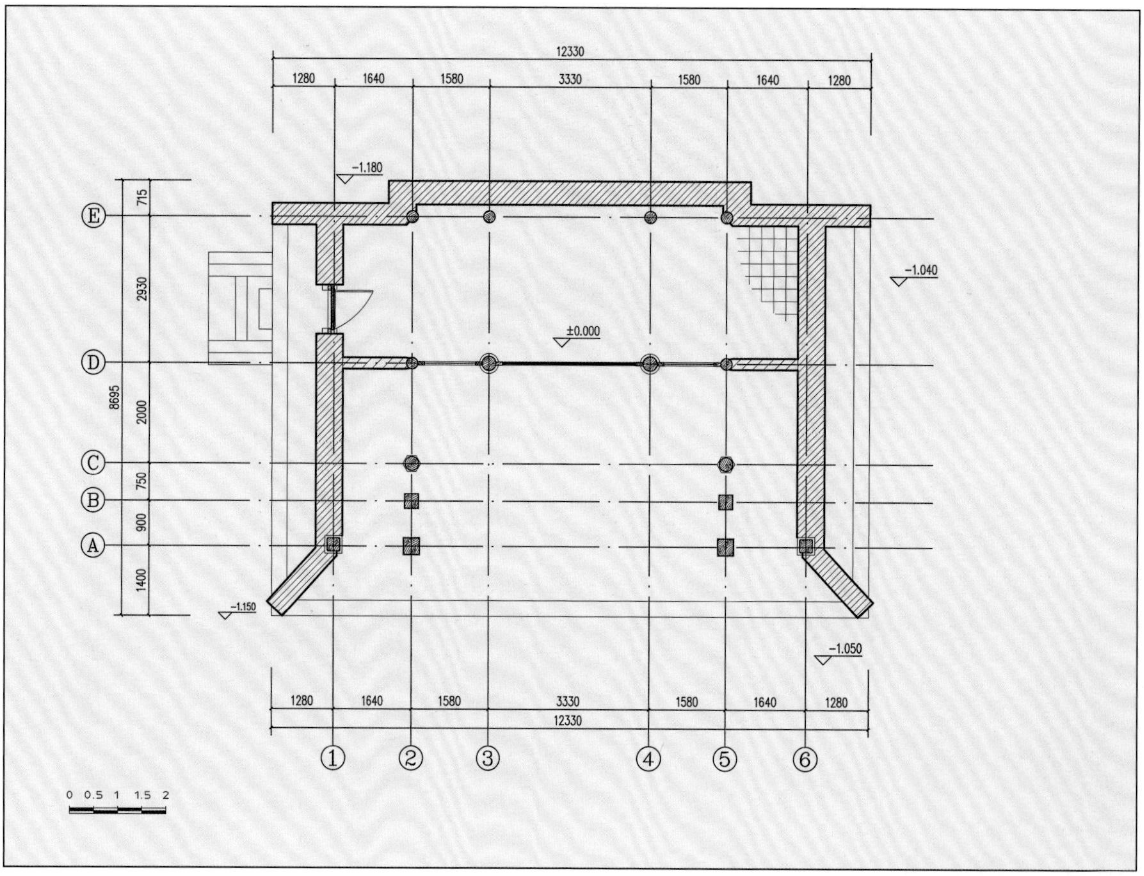

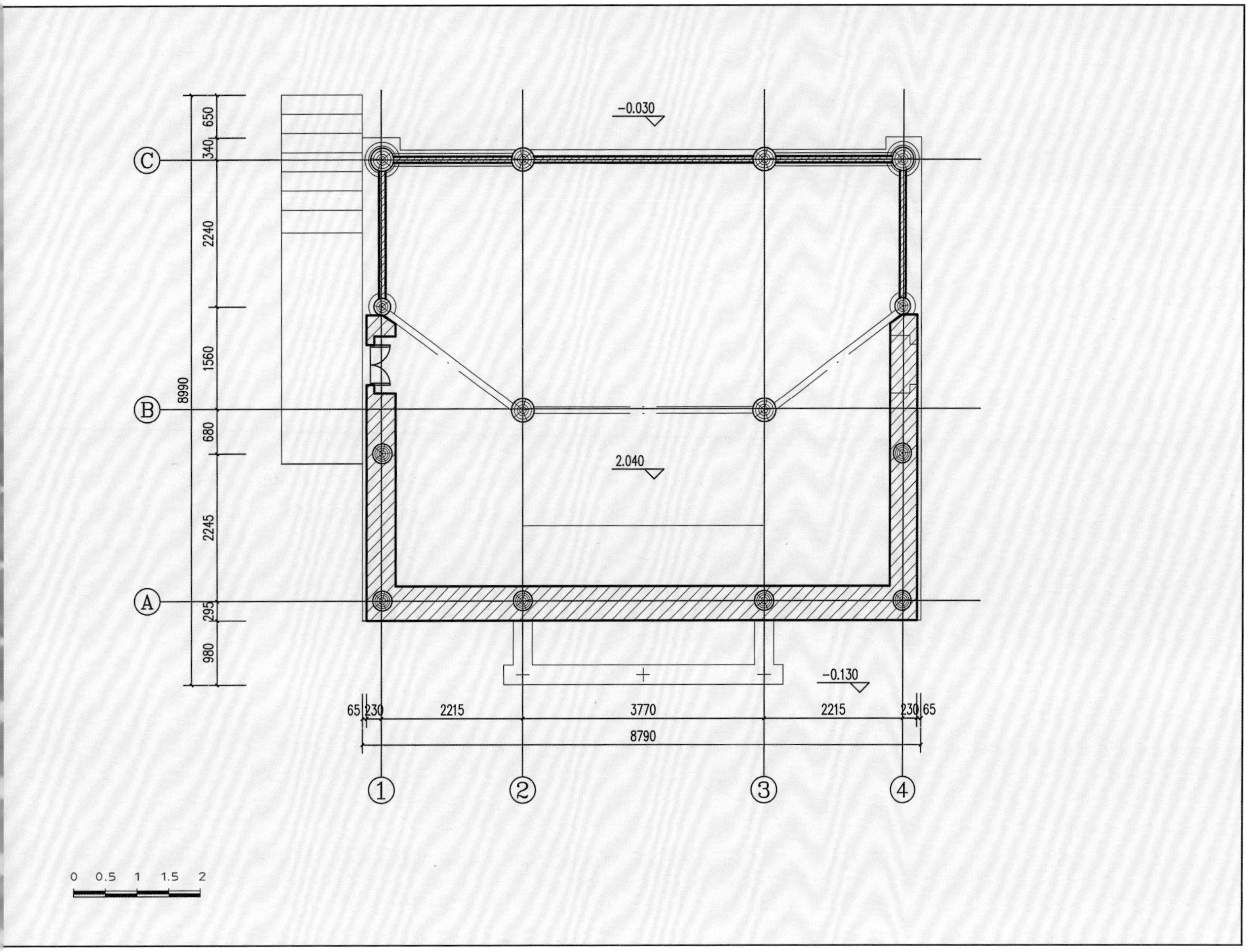

图 4-4-3-2　禹州神垕伯灵翁庙戏楼平面图

方向偏移，扩大台面的进深，创造更大的表演区域。灵宝关帝庙戏楼平面采用移柱造，将明间檐柱外移，形成了明间宽敞、次间紧凑的平面特点。神垕关帝庙戏楼则同时采用了减柱造和移柱造（图4-4-3-2）。

第五节 台基形制

一、台基样式

在木构架建筑中，台基具有防水避潮、稳固屋基、调适空间、扩大体量的功能[1]。历代对台基的高度都有明确规定。《考工记·匠人营国》记述："殷人重屋，堂修七寻，堂崇三尺"，"周人明堂……堂崇一筵（九尺）"。清代，《大清会典事例》仍然延续着对台阶高度的严格等级限定："公侯以下，三品以上房屋台基高二尺；四品以下至庶民房屋台基高一尺。"戏楼台基不受等级限定，更多地体现了调适空间的功能，提高台基高度，满足更多人群观看的需求及观众视线角度的舒适，依据戏楼的不同位置确定其高度。

1 侯幼彬：《中国建筑美学》，黑龙江科学技术出版社，1997年，第24页。

在戏楼形制发展演变的过程中，露台用于表演是中国戏曲舞台发展的重要节点。敦煌莫高窟壁画中露台分三种形式：一为用木柱将舞台架空；二为实心台体；三为两种的结合，实心台壁外沿一周采用木柱构架。其中实心台体为隔身版柱式，台基设上下坊及间柱。宋金时期，舞台建筑完成从露台向舞亭的转变，通过元至明清戏楼的发展，戏楼台基规制成熟，为平台式，砌筑形式可分为实心和空腔两种类型，高度依据舞台与大殿间距深远以及观演空间进行平衡调配。河南遗存古戏楼

照4-5-1-1 嵩县旧县村城隍庙舞楼实心台基

中，实心台基戏楼85座，空腔台基戏楼98座，其中空腔台基采用柱支撑78座、砖石墙支撑20座。

实心台基是用砖、石实心砌筑，单幢式戏楼多采用此种类型。河南实心台基大部分为青砖砌筑，台面边侧砌阶条石，以增加台基的稳固性。嵩县旧县城隍庙舞楼，单幢式，台基广8.14米，深8.06米，高1.57米，青砖砌筑（照4-5-1-1）。潢川观月亭，砖砌台体宽5.1米，深4.1米，高3.1米（照4-5-1-2）。部分戏楼就地取材，台基均采用当地多产的块石垒砌。块石分毛石和条石两种，毛石形状不规则，大小不一。条石则形状规则，大小均衡。如修武一斗水村关帝庙戏楼、新安黑扒村奶奶庙戏楼，台基采用不规则的毛石垒砌，与周边建筑及环境融为一体，具有独特的自然原始淳朴之美，充分体现了因地制宜、因材致用的营建思想。林州桑耳庄村药王庙戏楼台基则采用条石垒砌，稳固美观（照4-5-1-3）。

空腔台基是指用柱或砖石墙体支撑上部戏台，中部跨空。过路戏楼因中间需设置通道，均采用空腔式。空腔台基又分为砖石支撑和柱支撑两种类型。砖石支撑是采用砖、石砌成跨空墙体，围合成一至三个拱券形或方形门洞。如新密城隍庙戏台位于山门二层，坐南面北。台基辟三道券门，明间券洞宽2.1米，高2.32米，上雕饰龙纹图案；次间洞宽1.58米，高2.15米，上为卷草饰纹，线条流畅（照4-5-1-4）。淅川荆紫关山陕会馆戏楼，台基为砖石垒砌，高2.44米。辟方形门券三道，

照 4-5-1-2　潢川观月亭实心台基

照4-5-1-3 林州桑耳庄村药王庙戏楼实心台基

照4-5-1-4 新密城隍庙戏楼空腔砖石支撑式台基

照4-5-1-5 荆紫关山陕会馆戏楼空腔砖石支撑式台基

照4-5-1-6 社旗山陕会馆悬鉴楼空腔柱撑式台基

照4-5-1-7 社旗山陕会馆悬鉴楼空腔柱撑式台基

为会馆东西通道（照4-5-1-5）。柱撑式是用木、石柱支撑板材搭筑而成，柱下设石柱础防水避潮（照4-5-1-6）。社旗山陕会馆舞楼，一层为会馆入口通道，石柱上搭木梁承担楞木及楼板，形成高1.94米的空腔台基（照4-5-1-7）。

二、台基高度

戏楼建筑的类别及位置决定了戏楼台面的高度及观赏方式。实心台基台口高度一般在0.15—2.3米之间。神庙、祠堂戏曲演出时，前排长者坐观，后部站立观看。部分神庙、祠堂利用地形高差，形成阶梯式，更有利于坐于厅堂或后排的观众欣赏，故台基高度一般在0.3—2.1米之间。同为实心台基，村寨广场戏楼因人数众多，为使观众视线少有遮挡，台口高度一般在0.9—2.1米之间。为了满足通行需求，过路戏楼台口高于实心台基戏楼，高度在2.03—3.68米之间。河南现存戏楼中，洛阳潞泽会馆舞楼台面最高，为3.68米，最低的为新密陈沟青龙庙戏楼，仅0.15米。

依据调研统计数据，河南现存古戏楼台基高度1米以下占总数量的9.5%，1—1.49米的占22.5%，1.5—1.99米的占15.4%，2米以上的占到52.6%，是河南古戏楼台基的主要高度。

第六节 构架特征

河南现存古戏楼中除卢氏城隍庙舞楼主体为明代建筑以外，其余均为清代建筑。建筑风格沿袭了元代戏楼的粗犷质朴及明代戏楼的严谨，更加注重装饰，充分展现纤巧华丽、精雕细琢的观演类建筑特点。

一、柱础、柱

柱础的作用，一为使柱子更为稳固并将荷载通过柱础均匀传导地面，二为隔潮，避免木柱直接遭受水的侵蚀。河南古戏楼柱础均系石质，有承重、隔潮和装饰

照 4-6-1-1　洛阳潞泽会馆舞楼狮身柱础

照 4-6-1-2　洛阳潞泽会馆舞楼羊形柱础

功能。从形制看，柱础造型有圆、方、六棱、八棱等形状，立面形象多为圆鼓式、鼓镜式、覆盆式、覆斗式、基座式以及多种形式重叠组合的复合式，造型各异，丰富多彩。复合式柱础无定式，除了常见的多种形制组合之外，还有兽形柱础。如洛阳潞泽会馆舞楼南檐柱础雕刻为站立的石狮、石羊，背上负莲花瓣石础及木柱，表现了独特的创意及风格（照4-6-1-1）（照4-6-1-2）。

柱础雕饰内容，动物有龙、凤、狮、麒麟、鹿等神兽与瑞兽，植物以牡丹、宝莲、卷草最多，也出现少数神话传说及民间故事等题材。更多为多种题材相结合，构图自由、灵活，布局主次分明。雕刻则采用浅浮雕、高浮雕、镂雕、圆雕、线雕、透雕等多种技法，根据不同部位和题材交替使用，刻出主宾分明、层次丰富的图像。这些造型各异的石柱础，形象生动，手法圆润，具有丰富的文化内涵，涵盖植物、人物、器物、文字、几何形图案等，堪称民俗艺术的万花筒，极具研究和观赏价值。

不同类别的戏楼柱础风格不同，会馆戏楼柱础最为华丽，形制多样，图案精美，雕刻题材及技法最为丰富。题材多为植物纹样、瑞兽图案或神话传说等，雕刻技法多采用浮雕、圆雕等。最具代表性的是社旗山陕会馆悬鉴楼24根柱础，样式丰富，工艺精湛，其中4根金柱柱础束腰处浮雕是会馆柱础雕饰精华所在。柱础上圆下方，通高0.8米，四角圆雕动物造型，下枋雕团寿、花草，束腰四面分雕麻姑献寿、二十四孝等故事图案，石鼓表面细琢“喜鹊登梅”“桃花盛开”图案，线条流畅自然，栩栩如生（照4-6-1-3）（照4-6-1-4）。洛阳潞泽会馆舞楼柱础，式样整体呈方形，三层，上赋以花卉及瑞兽图案，雕刻精美、古朴生动（照4-6-1-5）。神垕伯灵翁庙戏楼，柱础三层，上层为扁鼓形，浮雕花卉图案，中间束腰分为八

照4-6-1-3 社旗山陕会馆悬鉴楼金柱柱础（摘自：《社旗山陕会馆》，河南省古代建筑保护研究所，文物出版社，1999年）

照4-6-1-4 社旗山陕会馆悬鉴楼柱础

照 4-6-1-5　洛阳潞泽会馆舞楼柱础

照 4-6-1-6　禹州神垕伯灵翁庙戏楼柱础

照 4-6-1-7　郏县山陕会馆戏楼柱础

照 4-6-1-8　辉县平甸玉皇庙戏楼柱础

照 4-6-1-9　博爱南道村玉皇庙戏楼柱础

照 4-6-1-10　济源南姚村关帝庙戏楼柱础

面，每面高浮雕传说故事，下层方形底座，采用浅浮雕、线刻等手法雕刻龙首、麒麟、鹿牛等神兽，每个柱础图案题材各异，形象灵动（照4-6-1-6）。

神庙戏楼及祠堂戏楼建筑风格较为端庄，柱础常采用覆盆式、圆鼓式、须弥座式以及复合式（照4-6-1-7）（照4-6-1-8）（照4-6-1-9）（照4-6-1-10）。做工讲究的神庙戏楼柱础多为三层，雕饰不同题材的图案（照4-6-1-11）。嵩县财神庙舞楼，8根石础采用高柱础做法，高度均在0.39—0.47米之间，柱础平面采用方形、六棱形状，边长0.28—0.32米不等，组合方式与体积大小不一，造型各异。石础为三层叠加，中部束腰，通体雕饰宝装莲花瓣、卷草或吉兽与花卉图案，采用透雕、高浮雕、浅浮雕和减低线刻等技法，刻出宾主分明、层次丰富、形象生动的石雕精品，为清代佳作（照4-6-1-12）。

照4-6-1-11　汝州半扎关帝庙戏楼柱础

照4-6-1-12　嵩县财神庙舞楼柱础

照4-6-1-13　安阳角岭村歌舞楼柱础

照4-6-1-14　安阳角岭村歌舞楼柱础

村寨广场戏楼柱础样式与其整体建筑风格相统一，造型较为简洁，多采用单层圆鼓形或方形基座式，复合式多为圆鼓与基座、圆鼓与覆盆组合。郏县林村戏楼，柱础为圆鼓式。叶县洛北村戏楼柱础为上圆鼓下方墩的二层叠合形式，方墩四面雕刻卷草及花卉图案。安阳角岭村歌舞楼柱础均为多层复合式，有覆盆式与基座式相叠加，也有圆鼓式与覆斗式组合，表面雕刻有莲瓣、回纹等纹饰，造型精美（照4-6-1-13）（照4-6-1-14）。

由于气候、地理条件各不相同，柱础高度存在明显差异。豫北、豫西等地气候干燥、多风，降水较为集中，柱础高度通常在0.25—0.55米之间。而豫南雨量充沛，气候潮湿，柱础高度大部分在0.5米以上，尤其是信阳地区多采用高柱础，具有防雨、隔潮和装饰美化等功能，罗山大王庙戏楼柱础高达1.68米。

古戏楼的柱子强调美观及实用，檐柱比例细长，形式简单，断面有方形、圆形、抹角八边形等，多为直柱，柱身无收分，柱头无卷刹。檐柱分木柱与石柱，石柱增加了戏楼抵御风雨侵蚀的能力，断面均为方形抹棱，抹角边长0.02—0.03米。檐柱径在0.25—0.48米之间，柱高在2.19—5.48米之间，檐柱径与柱高之比多在1/8—1/12之间。两层戏楼檐柱采用通柱，柱身更为纤细，柱径与柱高比为1/10—1/17之间，与《清式营造则例》“檐柱径为柱高的1/11”的规制相比较更为自由[1]。檐柱多有楹联，石柱采用在柱身镌刻文字的方式，木柱则在柱身悬挂木质楹联，均体现了戏楼建筑特有的文化特色。

[1] 梁思成：《清式营造则例》，中国建筑工业出版社，1981年，第89页。

二、斗 栱

斗栱是中国传统木构架建筑独有的构件，起到柱子与屋架之间的承接过渡及出挑屋檐的作用，最能体现木构建筑的特征及独特性，是表征屋身等级和美化屋身立面的重要构件。

河南现存古戏楼中除卢氏城隍庙舞楼为明代以外，斗栱均为清代形制，密集而纤细，明显趋向装饰性。古戏楼斗栱结构机能减退，柱头科及角科尚可称为结构部分，平身科只起到承托柱间檩枋中部支点的作用，特点为越是木构架简练的戏楼，斗栱结构功能愈加退化，直至成为装饰性的垫木。斗栱虽缩小了尺度，但为丰富观演建筑的美感，迎合戏楼视觉效果，均采取细部装饰处理，逐渐形成了一些显著特点，如分隔前后台的木隔断上置精雕斗栱装饰；前檐栱身均采用多种技法雕刻，较之山面斗栱更为精美；当心间斗栱构造繁缛、雕刻精美，等等。戏楼斗栱形制及尺度未沿袭官式建筑程式化的特点，不拘泥于规制，高度融合地域的审美，将斗栱的结构手段转化为装饰手段，并达到极致。

河南古戏楼斗栱形制有简有繁，从一斗二升、三踩到五踩，形制多样，用材高薄，耍头与昂通常被雕成龙、象、霸王拳及麻叶云等图形。按形制由繁至简可分为四种类型：

一类，三踩或五踩斗栱。通常明间施平身科一或二攒，次间及梢间一攒。攒当距不相等，斗栱总高（坐斗底皮至檐檩下皮之间的垂直高度）与檐柱高之比为20%—27%，斗有方形、瓜楞及讹角等不同形制，耳腰底三者高之比无定制，通常无斗顱，斗栱雕刻华美，栱身及耍头雕刻为龙头、花纹等形状。为突出戏楼的装饰效果，如意斗栱得到普遍使用，附属于会馆及神庙的戏楼因规模较大、财力雄厚，多采用此种形制斗栱（照4-6-2-1）（照4-6-2-2）（照4-6-2-3）（照4-6-2-4）。嵩县财神庙舞楼斗栱地方特色浓厚。舞楼檐下绕周施斗栱十七攒，其中柱头科十攒、平身科五攒、角科二攒。柱头科与山面平身科为五踩重昂单栱造，斗口7厘米，栱身采用圆雕、透雕等技法雕刻卷云、卷草纹，刻画生动细腻。明间为双坐斗并联双交45°出斜昂如意斗栱，舞楼栱材高为0.16米，厚0.07米，坐斗耳、腰、底高度之比为4.5:1:3；小斗为4:1:4；有斗顱。斗栱高度约为檐柱高3.7/10，这些建筑模数尺度均与清官式不符，呈现出戏楼斗栱结构功能减弱、装饰作用为主的特征（图4-6-2-5）（图4-6-2-6）。

二类，一斗二升交麻叶斗栱。河南古戏楼较多采用的斗栱形制，形制及尺度

照4-6-2-1 社旗山陕会馆悬鉴楼斗栱

照4-6-2-2 郏县山陕会馆戏楼斗栱

照 4-6-2-3　禹州神垕伯灵翁庙戏楼斗栱

照 4-6-2-4　平顶山洛岗戏楼斗栱

照 4-6-2-5　嵩县财神庙舞楼前檐斗栱

照 4-6-2-6　嵩县财神庙舞楼隔架科

照4-6-2-7　林州官庄村药王庙戏楼斗栱

照4-6-2-8　沁阳北关庄村关帝庙戏楼斗栱

照4-6-2-9　嵩县大章关帝庙戏楼前檐斗栱

随意。通常面阔三间的戏楼，明间平身科一攒或二攒，次间一攒。斗栱高度、栱长及斗耳、腰、底等无定制，尺度自由（照4-6-2-7）。如沁阳北关庄村关帝庙戏楼，檐下明间设平身科二攒，为一斗二升交麻叶栱，坐斗硕大，栱身弧度圆滑，栱端不做上留和栱瓣，外形刻卷草边，小斗和栱连为一体，显示出较强的装饰性（照4-6-2-8）。嵩县大章关帝庙戏楼前檐施一斗二升交麻叶斗栱十攒，栱身通体雕刻花卉图案（照4-6-2-9）。林州古城村关帝庙戏楼，斗栱则采用浮雕手法雕刻出异型瓜栱、槽升子，突出装饰性，特点鲜明（照4-6-2-10）。

三类，一斗二升演变的异型斗栱。此形制是河南古戏楼中最为常见也是最具代表性的斗栱样式，数量占到古戏楼总数的20%。斗栱舍去槽升子，坐斗二侧栱身

照 4-6-2-10　林州古城村关帝庙戏楼斗栱

照 4-6-2-11　洛宁大许村杨公祠戏楼斗栱

照 4-6-2-12　安阳西积善村关帝庙戏楼斗栱

照 4-6-2-13　武陟青龙宫戏楼斗栱

照 4-6-2-14　沁阳东南村关帝庙戏楼斗栱

照 4-6-2-15　沁阳草庙岭圣母庙戏楼斗栱

为足材，采用浮雕及透雕手法雕饰花卉图案，栱身长短自由，装饰性强（照4-6-2-11）（照4-6-2-12）（照4-6-2-13）（照4-6-2-14）。洛宁草庙岭村圣母庙戏楼檐下施栱六攒，斗栱由坐斗及十字交叉的栱身组成，坐斗正面出头处雕刻龙头，后尾雕刻龙尾，两侧栱身雕刻花草图案（照4-6-2-15）。

四类，柱头上置一硕大坐斗，梁头坐于斗内，两侧出雕刻精美的花板相衬。平身科用荷叶墩或花板替代装饰。安阳角岭村歌舞楼，柱头科坐斗上落梁头，坐斗上宽0.26米、下宽0.2米，上深0.19米、下深0.13米，斗口0.2米；坐斗两侧栱用厚0.07米的花板替代，板长0.35米，高0.17米。花板采用浮雕、透雕等技法雕刻“八仙过海”图案（图4-6-2-16）。辉县周庄村大王庙戏楼前檐柱头设坐斗，承担梁头（照4-6-2-17）（照4-6-2-18）。

另外，还有部分戏楼檐下不施斗栱，明、次间檐檩与平板枋之间设荷叶墩或花板来辅助支撑及装饰。雕以神话故事、瑞兽、花草等题材，折射出百姓对美好生活的追求及生机盎然的生活态度。辉县城隍庙戏楼，前檐明、次间檐檩与平板枋之间装饰花板，上浮雕人物、瑞兽图案（照4-6-2-19）。焦作桶张村老君庙戏楼，前檐装饰花板雕刻文房四宝及算盘图案，雕刻技法娴熟（照4-6-2-20）。

照 4- 6- 2- 16　安阳角岭村歌舞楼斗栱

照 4- 6- 2- 17　辉县薄壁周庄大王庙戏楼斗栱

照 4- 6- 2- 18　济源南姚关帝庙戏楼花板

照 4- 6- 2- 19　辉县城隍庙戏楼荷叶墩

照 4-6-2-20　桶张河关帝庙戏楼花板

三、梁　架

河南现存古戏楼梁架有抬梁式及穿斗式两种形制，普遍采用抬梁式，穿斗式较少，仅存8座，均分布在豫南的信阳、南阳淅川地区。

抬梁式木构架又称叠梁式，即大梁放置在前后檐柱柱头或檐墙上，上置瓜柱及次短的梁，梁端置檩，构成稳定的屋架结构。河南遗存古戏楼多为彻上露明造，梁身油饰彩画，部分戏楼内置天花，用以调节室内空间高度和美化室内的作用。为丰富装饰，做工考究的戏楼梁枋外形工整，采用柁墩承托梁檩，瓜柱多为小八角形，两侧使用雕刻花草图案的角背及叉手，檩枋之间设精雕细刻的隔架科，建筑空间形象美观、实用，比例协调（照4-6-3-1）（照4-6-3-2）（照4-6-3-3）（照4-6-3-4）（照4-6-3-5）（照4-6-3-6）。河南明清官式建筑不置叉手，但戏楼梁架采用叉手的达到总数的90%。梁架简约的戏楼，梁栿多为自然材，椽分方、圆形二种形制，椽上铺设望板或望砖；考究的望砖上雕饰卐字、寿字、铜钱、卷草等纹饰。目前调研现存有5处戏楼望砖存有纹饰。其中巩义神北村河洛大王庙舞楼望砖存“卐”字和“寿”字两种纹饰（照4-6-3-7），汝州车渠村汤王庙戏楼望砖为卐字纹（照4-6-3-8），沁阳马庄村西结义庙戏楼望瓦为铜钱图案（照4-6-3-9），汝州赵落村玉皇庙戏楼望瓦精雕卐字和卷草纹样。少数经济较差的山区，椽上铺设荆芭，如新安黑扒村奶奶庙戏楼，梁架为自然材，木基层采用荆芭。

照 4-6-3-1　嵩县财神庙舞楼柁墩

照 4-6-3-2　嵩县大章关帝庙戏楼叉手

照 4-6-3-3　洛宁草庙岭村圣母庙戏楼叉手角背

照 4-6-3-4　洛宁草庙岭村圣母庙戏楼柁墩

照 4-6-3-5　三门峡万寿宫戏楼柁墩

照 4-6-3-6　郏县山陕会馆戏楼叉手

照 4-6-3-7　巩义河洛大王庙舞楼卐字、寿字望砖

照 4-6-3-8　汝州车渠村汤王庙戏楼望瓦

照 4-6-3-9　马庄村西结义庙戏楼、汝州赵落村玉皇庙戏楼望瓦

穿斗式构架又称立帖式，与北方的抬梁式并列为传统两大木结构形制。河南信阳、南阳淅川地区古戏楼木构架多以穿斗式为主，抬梁式为附，两种构架互补并用。木构架一般沿进深方向立四至五柱，落地的木柱间隔三至五檩距，以界梁或穿枋连接，柱顶直接架檩，少部分梁承檩，用材细小。豫南抬梁和穿斗混合木构架大致有两种类型：一是一缝屋架中不同节点的结构混杂，二是一座建筑不同缝架的结构混杂；而大多采用两种类型并用，形成整体框架。一般穿斗式柱在径0.2—0.3米之间，檩距0.8米左右。

戏楼木构架具有构造与建筑功能有机统一的特征，木构架不受陈规约束，细部结构顺应功能需求而设置，自有特色。为满足观演视线的开阔，戏楼常采用减柱造及移柱造。明间前檐柱采用减柱或移柱，致使平板枋跨度增大。梁架结构顺应需求，用通长大额枋替代平板枋，以满足大跨度的承载力，稳定上部结构，防其出现弯垂。开封山陕甘会馆的3座戏楼，前台均采用减柱造，平面减去明间前檐柱，变面阔三间为一间，檐柱上使用通长的平板枋及额枋。嵩县财神庙舞楼，因减去明间前檐柱，使明、次间合二为一，从而使前台面阔五间变为三间。建筑明间前檐改用敦实的檐额，高度、厚度均大于次间平板枋。灵宝关帝庙戏楼平面采用移柱造，将明间檐柱向两侧外移，形成了明间宽敞、次间紧凑的平面特点。

为扩大室内空间，提高舞台的使用功能，部分戏楼将明间金柱减去，明间采用通长的大梁承重。辉县山西会馆戏楼，明间大梁长跨六架椽，因跨度大，明间东西两缝六架梁下加设辅柱，柱头两侧设雀替加大承托力，柱间用枋连接。辅柱北侧梁下再加一栱，栱间也用枋串联，次间枋端头至山墙上，金柱次间枋斜出，后尾与其相交。这种结构形式加大了梁的承载力，既满足了建筑内部空间跨度的要求，又扩大了舞台的空间使用面积，发挥了木构架的材料、力学性能。

河南大部分地区气候干燥，降水偏少，为迎合观演建筑光照的需求，戏楼前檐上出尺寸与清代营造通例的“带斗栱的大式建筑，上出水平距离为21斗口，其中2/3为檐椽平出尺寸，1/3为飞椽平出尺寸。小式建筑，出檐之远近是檐柱柱高的3/10”[1]相比较显著缩小，甚至部分戏楼前檐不设飞椽。旧县村城隍庙舞楼斗栱斗口为0.08米，檐椽平出尺寸为0.49米，飞椽平出尺寸为0.285米，由此核算上出为0.775米，仅有9.6斗口，明显小于规制。郑州城隍庙乐楼，檐下施栱，斗口为0.08米。前台檐椽平出尺寸为0.72米，飞椽平出尺寸为0.32米，上出为1.04米，仅有13斗口，也明显小于规制，并且与戏台二层檐口上出较之也适当缩小。巩义崔氏祠堂

[1] 梁思成：《清式营造则例》，中国建筑工业出版社，1981年，第29页。

戏楼无飞椽，前檐椽平出尺寸为0.54米，仅为檐柱高的2.2/10，并小于后檐上出尺度。涉村镇后村东大庙戏楼檐口未设飞椽，前檐椽平出0.64厘米，仅为檐柱高的的2.2/10。沁阳市西沁阳村观音堂舞楼，前檐上出0.54米，明显小于后檐上出0.74米的尺度。这些做法体现了建筑形制及尺度与使用功能相结合的特征。

四、天　花

藻井、天花均为古建筑顶棚的一种形式，起到装饰美化室内空间的作用。古戏楼采用天花和藻井除了装饰功能，使得戏台显得更加华丽美观，增加戏台整体美感以外，另有改善音质的作用。天花藻井可以聚合声音，使声音传播更远，为观演空间营造出一个好的声音环境。宋《营造法式》释读为："藻井，当栋中，交木如井，画以藻文，饰以莲茎，缀其根于井中，其华下垂，故云倒也。"[1]天花是满铺在屋顶梁架之下，可遮挡屋顶梁架上的尘土散落，故又称为"承尘"。《营造法式总释下·平棊条》记载："于明栿背上，架算桯方，以方椽施版，谓之平闇，以平版贴华，谓之平棊。"平闇、平棊的做法是用方形椽木相交组成方格，在上面盖木板即成天花。平棊与平闇外观的区别就在于方格大小之不同，平闇为小方格，平棊为大方格。两种类型在唐、宋以来的建筑中都能见到，但在明、清时期，建筑上很少见到平闇形式，平棊做法被广泛用于宫殿、寺庙等建筑中。《清式营造则例》中对天花的注解为："建筑物内上部，用木条交安为方格，上铺板，以遮蔽梁以上之部分。"明清天花分为井口天花和海墁天花两类。井口天花指枋木条纵横相交，形成井字形方格，由厚一寸左右的木板拼成，板背面穿带两道，正面刮刨光平绘制团龙及花卉等图案。海墁天花指用大小木椩条组成天花骨架，在骨架外满钉木板或糊纸。

[1] 李诫：《营造法式》方木鱼译注，重庆出版社，2018年，第33页。

河南现存古戏楼大部分采用彻上露明造，加之岁月更迭，部分戏楼天花已毁，河南现存183座古戏楼中，无藻井遗存，仅洛阳潞泽会馆舞楼、洛阳关林舞楼、禹州神垕伯灵翁庙戏楼、禹州神垕关帝庙戏楼及嵩县旧县村城隍庙舞楼、博爱苏寨玉皇庙戏楼共6座建筑遗存有天花。其中4座戏楼天花采用井口天花，两座为海墁天花，天花上均绘彩画。洛阳潞泽会馆舞楼天花搭于斗栱之上，用扁方形木条形成井字格，木条覆深蓝色，盖板用蓝白金为主色调，搭配朱红色绘制各种姿态的团龙，每个方格内的龙纹不同，形象灵动，周边用云纹装饰，显衬舞台格外炫目（照4-6-4-1）。

禹州神垕关帝庙戏楼因年久失修，原天花盖板已更换，现为原木色，未新补

照4-6-4-1 洛阳潞泽会馆舞楼天花

照4-6-4-2 神垕伯灵翁庙戏楼天花

照4-6-4-3 神垕伯灵翁庙戏楼天花

照4-6-4-4 洛阳关林舞楼天花

彩绘。博爱苏寨玉皇庙戏楼遗存小面积海墁天花，素面。采用井口天花的3座戏楼中，禹州神垕伯灵翁庙戏楼天花形制较为特别，天花置于栱上，中央为平顶，周边第一块盖板承斜面，形成略微的高差，更为聚音。盖板中部彩绘团花，绿叶红花，花枝连绵。图案中绘有西洋人物形象，盖板彩绘上存篆字题记，因年久画面已模糊（照4-6-4-2）（照4-6-4-3）。嵩县旧县村城隍庙舞楼天花样式为海墁天花，用条形木板封护，四角绘蝙蝠图案，中部则为八卦图案。洛阳关林舞楼采用井口天花样式，板中心绘仙鹤，四角用卷草纹饰点缀（照4-6-4-4）。

五、隔　断

隔断是古戏楼用来分隔舞台前后空间的木屏风，宋代称“格子门”，安装于建筑金柱间。戏楼隔断皆用木框架，正面嵌以木板，通常以多扇拼接或者采用整扇装饰。格扇由外框、格扇心、裙板及绦环板组成，裙板上装饰彩绘。格扇的数量由建筑开间大小而定，一般为四至六扇。格扇有六抹、五抹、四抹，通常大体量戏楼多采用六抹、五抹两种，如社旗山陕会馆悬鉴楼明间木隔断为六扇，格扇为六抹，绦环板雕刻花草纹饰（照4-6-5-1）。四抹格扇多见于体量适中或偏小的戏楼，也有将格扇心、裙板合为整块的独特形制。戏楼左右次间隔断设上、下场门，是演员进出后台的通道，通常左场门上场，右场门下场，门上题写“出将”“入相”等字样。安阳角岭村歌舞楼木隔断为四抹，明间格扇芯分为三扇，绦环板上书写“歌舞台楼”四字，次间上下场门分别题写“镜中花”“曲中郢”，隔断风格古朴、雅致（照4-6-5-2）。

照4-6-5-1　社旗山陕会馆悬鉴楼八字形木隔断

照 4-6-5-2　安阳角岭村歌舞楼八字形隔断

河南古戏楼隔断有“一”字形和“八”字形两种形制，一字形隔断指平面呈一字排开，八字形隔断为两侧翼向前台斜出，使后台空间更为开敞。河南现存古戏楼隔断以一字形居多。安阳白龙庙神怡楼、开封山陕甘会馆戏楼等均采用一字木隔断。社旗山陕会馆悬鉴楼、安阳角岭村歌舞楼隔断均为八字形。

隔断是古戏台一个重要的装饰部分，装饰以彩绘为主，内容丰富，具有较强的艺术性。彩绘无固定题材，常常通过具象的手法绘制，人物常以神仙为主要题材，花卉则以牡丹、松树为主，寄寓着追求吉祥、如意、福寿等语意，呈现出鲜明的民俗文化特征（照4-6-5-3）。安阳白龙庙戏楼，其隔断明、次间上方各有走马板三块，上面用鲜亮的色彩绘制天女散花图案，明间裙板绘制“吕布戏貂蝉”图，上

照 4-6-5-3　刘固堤村王氏祠堂戏楼隔断

照 4-6-5-4　安阳白龙庙戏楼一字形木隔断

照 4-6-5-5　社旗火神庙戏楼八字形隔断

方书写“神怡楼”三字，彩绘与书法呈现出中国独有的艺术浪漫气息（照4-6-5-4）。

隔断上常悬挂工艺精美的匾额，共同形成一组完整的舞台装饰。如社旗火神庙戏楼采用八字隔断，隔断正中上方悬挂匾额一块，上题“水镜台”三字，比例尺度与隔断统一协调，营造出美观、和谐的建筑空间（照4-6-5-5）。

六、墙　体

中国传统古建筑是“墙倒屋不塌”的木构架体系[1]，主要靠构架承重。古戏楼中作为围护结构的墙体按位置可分为檐墙、山墙、八字墙等。其中山墙进深方向的长短变化形成不同屋面形式。一是递减变化。山墙满砌，形成硬山式屋面，山墙上部不作满砌，则形成悬山式或歇山式；戏台前檐一至二步架下方不砌山墙，仅用柱子支撑，形成前檐一至二步架处屋面为悬山、其后为硬山式的独特形式。这种形式在河南遗

[1] 梁思成：《清式营造则例》，中国建筑工业出版社，1981 年，第 34 页。

照 4-6-6-1　东宋镇南旧县村戏楼墙体

照 4-6-6-2　凡村曹氏祠堂戏楼墙体

存古戏楼中广泛使用，仅豫北地区就有17座戏楼采用，充分体现了古代匠人的智慧。二是厚度变化。不同地区的墙体厚度差异明显。豫西、豫北气候寒冷、多风，为保温，墙体敦实，厚度在0.5—0.88米之间。豫南天气湿热，墙体厚度在0.24—0.54米之间，便于透气。

河南古戏楼墙体材料多为青砖，土、石两种材料也广泛应用。建造材料因地制宜，就近取材，砖、石、土灵活结合，不拘一格，根据不同材料的属性和应力特性，将其应用在建筑的不同位置，充分发挥材料特性。青砖由于坚固耐用、便于施工、砌筑形式美观而大量用于建筑外墙，内墙则以土坯砖砌筑，采用的是里生外熟的砌筑手法。还有虎皮石墙、下槛墙及上身转角处为块石或青砖，其余采用土坯墙的做法（照4-6-6-1）（照4-6-6-2）（照4-6-6-3）。

砌筑工艺可分为淌白、糙砌，依据不同位置单一或组合使用。我国制砖技术出现较早，明清时期官式建筑砖的大小、厚薄、样制多有规制。河南遗存带有明代题记的两座戏楼：孟津玄帝庙戏楼墙砖尺寸为0.26×0.12×0.06米；吕村奶奶庙戏楼墙砖尺寸为0.26×0.13×0.06米。

戏楼墙体中最具装饰性的莫过于影壁。影壁构造繁简不同，繁缛的影壁由须弥座、壁身及瓦顶组成。壁心素平或砖雕花卉图案，瓦顶下有砖刻斗栱，集中了砖

照 4-6-6-3　大底村龙王五神庙戏楼墙体

作、瓦作、砖雕等工艺的精细加工，是戏楼艺术质量的代表。造型简单的影壁仅拔檐叠涩，质朴、素雅。

戏楼砖影壁有一字影壁和八字影壁两种类型。一字影壁通常砌于戏楼的后檐，具有遮蔽视线、装饰点缀院落的作用。安阳北齐村北禅寺戏楼、嵩县财神庙舞楼后檐墙均有砌筑精美的一字影壁（照4-6-6-4）。戏楼前檐两侧增设外扩的八字影壁，不仅起到装饰作用，更是作为围合界面，提供反射声，起到扩音及混响的作用。灵宝市凤沟村关帝庙戏楼，前檐两侧45°斜出砖砌八字影壁（照4-6-6-5）；淅川荆紫关山陕会馆东面戏楼影壁为一字墙和八字墙的组合（照4-6-6-6）。宜阳山陕会馆戏楼及三门峡万寿宫戏楼影壁形制简单，均为山墙过檐柱向前扩出，高度位于檐口或平板枋下皮。演出时关闭大门，外扩的墙体扩音效果佳。这种建筑与功能结合的平面布局，充分体现了因地制宜的营建思想，是古戏楼的独特之处（照4-6-6-7）。

嵩县财神庙舞楼前檐及后檐墙均设影壁，形制独特、工艺精美，是古戏楼的典范。前檐下两侧八字影壁宽1.65米，厚0.43米，脊高4.54米。筒板瓦覆顶，檐下砖砌仿木构椽飞，下施砖雕斗栱三攒，栱身雕刻牡丹图案。壁心各浮雕遒劲有力的行体“福”“寿”二字，字高1.33米，字周装饰回纹图案，墙下部有间柱分隔，中

照4-6-6-4　安阳北齐村北禅寺戏楼一字影壁

照4-6-6-5　灵宝凤沟关帝庙戏楼八字影壁

照4-6-6-6　荆紫关山陕会馆八字影壁

照4-6-6-7 宜阳山陕会馆戏楼小八字影壁

照4-6-6-8 嵩县财神庙舞楼前檐八字影壁

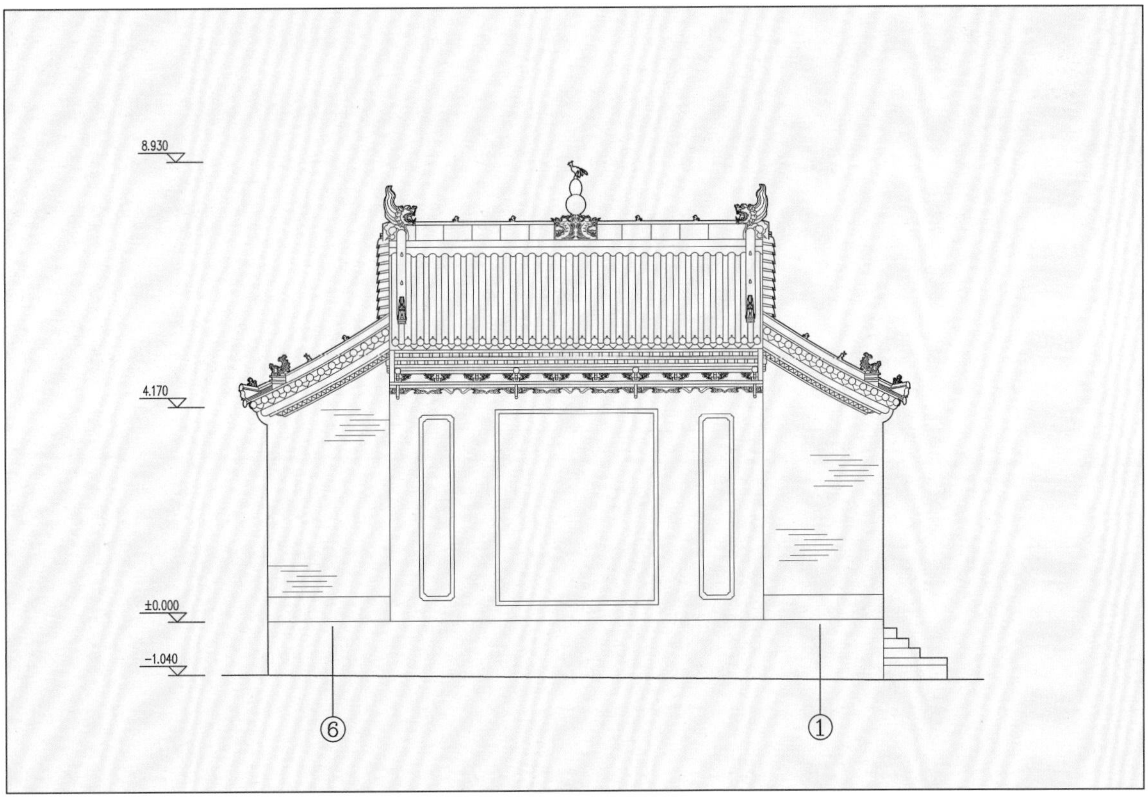

图4-6-6-1 嵩县财神庙舞楼后檐一字影壁

间浅浮雕花卉图案。下碱墙做法讲究，雕饰为卷草纹圭角。后檐一字影壁墙宽7.47米，厚0.47米，檐口高5.27米。檐下砖砌椽飞，下饰砖雕一斗二升交麻叶异型斗栱十攒，其中柱头科四攒。栱身雕刻卷云纹图案，坐斗硕大。栱下雕饰平板枋、额枋、垂花柱、雀替等构件，墙心用线枋子分割为三块，明间宽大，余次之，惜影壁墙枋以下表面用水泥遮盖。八字墙、影壁墙形制对比均衡，雕刻刀法细腻流畅，为砖雕的佳作（图4-6-6-8）（图4-6-6-1）。

七、栏 杆

栏杆又称阑干，纵木为杆，横木为栏，故称栏杆。栏杆有围护、分隔空间及装饰作用。宋《营造法式》“石作”部分，栏杆有“重台钩阑”和“单钩阑”两种形制，梁思成将清式建筑中的栏板分为三种：一是“用望柱及栏板者”；二是“用长石条而不用栏板者”；三是“只用栏板而不用望柱者”[1]。戏楼栏杆主要起防护演员安全和装饰舞台的作用。为不阻挡观众的视线，栏杆高度和传统建筑栏杆不同，较低矮，高度在0.1—0.3米之间。在舞台形制发展演变的过程中，舞台栏杆最早出现在汉代陶楼中，敦煌佛教壁画中也可窥其形制。形制为两边直立望柱，望柱之间最上为寻杖，寻杖与栏杆之间有小柱支撑；栏杆上分布蜀柱，柱间安设栏板，最下层为地栿。

[1]. 梁思成：《梁思成全集·第六卷》，中国建筑工业出版社，2001年，第260页。

河南现存古戏楼的栏杆大体上仍沿用这种形制，材料分木质和石质两种。

戏楼木质栏杆形制多样。洛阳山陕会馆舞楼木质栏杆高0.3米，由望柱、横枋、花格棱条、地栿构成。横枋与地栿之间的木棂条呈连续卐字纹，风格古朴（照4-6-7-1）。修武一斗水关帝庙戏楼采用寻杖栏杆，望柱之间由上至下依次设置寻杖、中枋、栏板、地栿，寻杖与中枋之间立云形花板起支撑及装饰作用（照4-6-7-2）。南道村玉皇庙戏楼栏杆形制简单，仅在望柱之间装实心木长板，板上雕刻瑞兽、花草、卷云等纹饰，别致精美（照4-6-7-3）。

河南古戏楼石栏杆形制丰富，雕刻主要集中在栏板处。郑州城隍庙乐楼栏杆用石料做方形望柱，柱头雕刻莲花瓣，望柱之间用素面横枋、地栿相连，横枋与地栿之间设三块荷叶形石板，用浅浮雕和线雕技法雕饰花卉纹饰，栏杆整体比例均衡，更显戏楼的典雅、古朴（照4-6-7-4）。社旗山陕会馆悬鉴楼石栏杆，望柱上雕有形态生动的石狮子，望柱间以石板相连，一块石板雕刻三个戏曲故事，每个情节不同。采用浮雕、线雕等雕刻技法，布局均衡，雕刻刀法细腻流畅（照4-6-7-5）（照4-6-7-6）。汝州半扎关帝庙戏楼西次间柱间下部残存石栏杆，高0.18

照 4-6-7-1　洛阳山陕会馆舞楼木栏杆

照 4-6-7-2　一斗水关帝庙看楼木栏杆

照 4-6-7-3　南道村玉皇庙戏楼木栏杆

照 4-6-7-4　郑州城隍庙乐楼石栏板

米，透雕梅竹图样，精美别致（照4-6-7-7）。辉县平甸村玉皇庙戏楼，直接于柱础间镶高0.2米石栏板，表面线刻花草图案，素雅、简约（照4-6-7-8）。

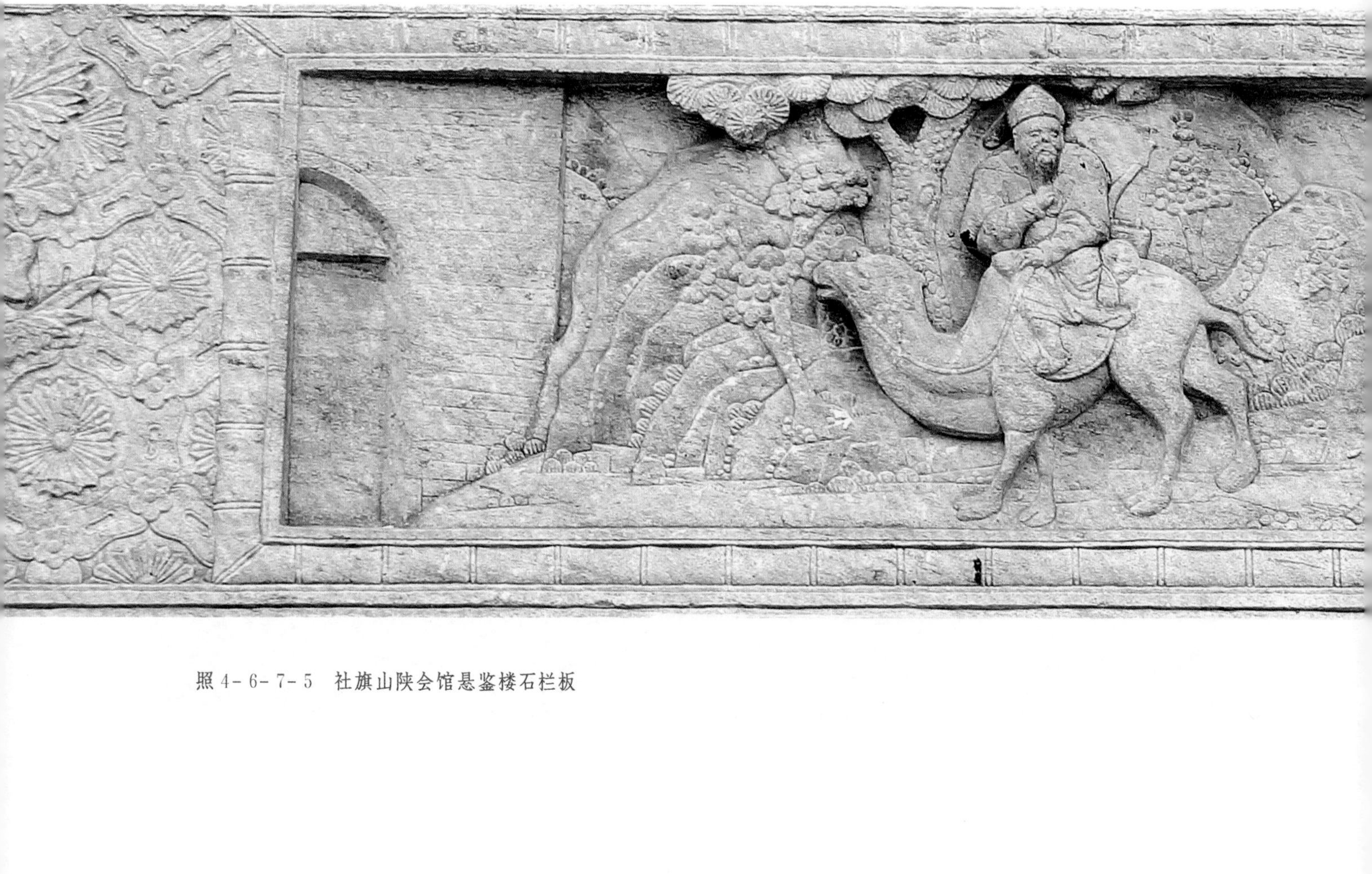

照 4-6-7-5 社旗山陕会馆悬鉴楼石栏板

照 4-6-7-6　社旗山陕会馆悬鉴楼石栏板

照 4-6-7-7　半扎关帝庙戏楼石栏板

照4-6-7-8　平甸村玉皇庙戏楼石栏板

八、排水槽

排水槽是最能体现戏楼功能特色的构件，为演员倾倒化妆、卸妆使用的污水而设，通常位于戏楼或扮戏房的后檐墙、山墙处。排水槽大部分为石质，木质排水槽仅存洛宁柴窑村戏楼一例（照4-6-8-1）。排水槽形式简单，于距室内地面高0.8—1.2米的墙体上开设方形洞口，洞口处镶嵌石槽或木槽，室内一端呈方形或圆形，承接污水。后端为条形，伸出墙外0.2—0.4米，角度略倾斜，内高外低（照4-6-8-2）（照4-6-8-3）（照4-6-8-4）（照4-6-8-5）。通常一座戏楼设一个排水槽，两侧有扮戏房的各设一处。也存个例，浚县碧霞宫遏云楼设有两个排水石槽，分置后檐墙两侧（照4-6-8-6）。新乡留庄营戏楼后檐墙设两个排水石槽，东侧为圆形，西侧为方形（照4-6-8-7）（照4-6-8-8）（照4-6-8-9）。

照4-6-8-1　洛宁柴窑村戏楼木质排水槽

照 4-6-8-2　安阳北齐村北禅寺戏楼排水槽

照 4-6-8-3　林村戏楼排水槽

照 4-6-8-4　林村戏楼排水槽

照 4-6-8-5　袁圪套村上清宫戏楼排水槽

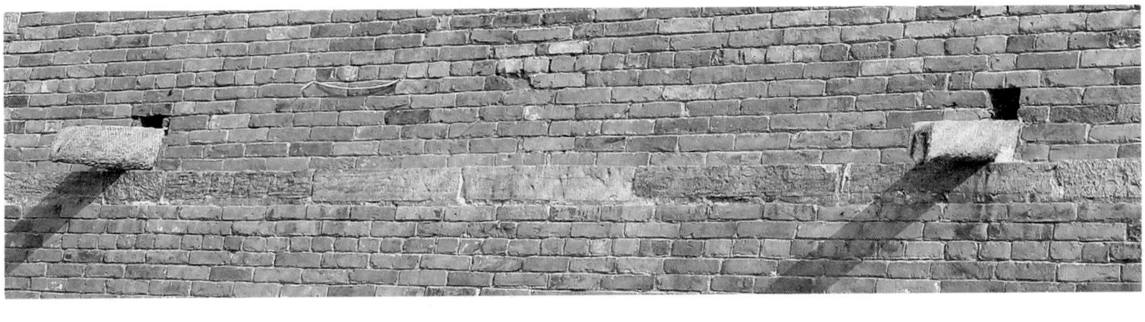

照 4-6-8-6　碧霞宫戏楼排水槽

照 4-6-8-7　新乡留庄营戏楼圆形排水槽

照 4-6-8-8　新乡留庄营戏楼方形排水槽

照 4-6-8-9　新乡留庄营戏楼双排水槽

第七节 屋顶

一、形　制

屋顶是传统木构建筑三个组成部分之一，屋顶样式是建筑形式的重要装饰部分。形制富有变化，装饰精美，极具艺术魅力。河南古戏楼形式多样，屋面除了采用传统的单檐歇山、重檐歇山、悬山、硬山等形式外，不拘泥于陈规定式，将多种形制相互组合，新颖独特，极大地丰富了观演建筑屋面的艺术构思及表现力。古建筑屋顶形式具有严格的等级制度，由高到低依次为庑殿顶、歇山顶、悬山顶、硬山顶、攒尖顶、盝顶。古戏楼作为祭祀酬神的舞台，虽不受等级制度的限制，但少见庑殿顶，而洛阳山陕会馆舞楼为个例，屋面采用前台歇山式、后台庑殿式，风格恢宏大气（照4-7-1-1）。

单幢式戏楼屋面通常采用硬山、悬山、歇山等形式，大型戏楼更多为单檐或重檐歇山屋顶，如社旗山陕会馆悬鉴楼、周口关帝庙舞楼均为重檐歇山式屋面。最能体现戏楼独特风格的屋面形式，则为满足演出需求及功能而营建，形成不拘常规的多种形式组合。诸如前坡歇山式、后坡硬山式，前坡悬山式、后坡硬山式，前坡一步架悬山式、余为硬山式等独特形制。博爱县南道村玉皇庙戏楼，位于山门二层，屋面主体样式为硬山式，前檐利用转角斗栱冲翘冀角，挑檐呈歇山式，灵巧

照4-7-1-1　洛阳山陕会馆舞楼

轻盈，更利于表演空间采光，而后部硬山顶则彰显山门的肃穆、庄严（照4-7-1-2）。安阳北齐村北禅寺戏楼，屋面为前坡悬山、后坡硬山顶，山墙仅砌后部，形成戏台前半部表演场地三面敞开，满足三面观的需求，提高观戏场地的利用率（照4-7-1-3）。辉县苏北村火神庙戏楼，两侧山墙仅前檐一步架位置未砌筑，形成前坡一步架悬山、其后为硬山的屋面形制，这种屋面与前坡悬山、后坡硬山有异曲同工之妙，便于扩音，未砌山墙的位置可搭设踏步，便于演员上下（照4-7-1-4）。

屋顶形制更加繁杂的在大型戏楼中体现得尤为突出。郑州城隍庙乐楼，系高台楼阁式，歇山顶，戏楼居中，左右两侧配以歇山式边楼，前后有抱厦，后抱厦为垂花式，戏楼屋面覆孔雀蓝琉璃瓦，整个建筑精巧别致，造型优美。嵩县财神庙舞楼屋面造型为满足美感及影壁轮廓的完整，通过山面屋顶由歇山到硬山的过渡，形成歇山与硬山之间的多种巧妙组合。前檐歇山顶翼角舒张，轮廓丰美；后檐影壁硬山顶檐口平直，搭配左右侧立单坡斜顶，显得灵动、雅致。匠师通过技术与功能和谐统一的处理，创造出极富表现力的屋面形象，使舞楼既端庄、华丽，又兼具质朴、憨厚之美的独特韵味（照4-7-1-5）（照4-7-1-6）。

双幢前后串联式戏楼在建筑形制上得到相当程度的解放，屋顶组合有了多种发展。前台作为戏曲演出的主要建筑，其屋顶等级高于后台的扮戏房，样式也明显更为丰富，多采用歇山、悬山顶。扮戏房为戏曲演出的辅助空间，屋顶形式以硬山

照 4-7-1-2　南道村玉皇庙戏楼

为主。河南古戏楼最常见的是前台悬山、后台硬山式屋面，以及前台单檐歇山式与后台硬山或悬山式相结合。社旗火神庙戏楼，前台面阔三间，后台面阔五间，平面呈“凸”字形，三面观。屋面为前台卷棚歇山、后台硬山式，灰筒瓦覆顶（照4-7-1-7）。卫辉吕村奶奶庙戏楼，平面呈长方形，三面观。前后台均面阔三间，屋面为前台单檐卷棚悬山式、后台硬山式，风格古朴灵秀（照4-7-1-8）。

三幢并联式戏楼屋面形式是叠落穿插，多种形式相互组合，硬山、悬山、歇山均有应用，主次分明，极具韵律。新密城隍庙戏楼屋面形式为戏台、扮戏房均为歇山式（照4-7-1-9）；新乡合河泰山庙戏楼屋面为戏台悬山式、扮戏房硬山式（照4-7-1-10）；武陟青龙宫戏楼屋面为戏台前坡歇山式、后坡悬山式，扮戏房则为硬山式，大门入口处设歇山顶抱厦（照4-7-1-11）。屋顶样式新颖多变，使居中的戏台作为戏曲演出的主要空间，与两侧扮戏房形成鲜明的主次关系。屋顶轮廓高低错落，产生了丰富的轮廓线，创造出极富表现力的屋面形象，赋予了戏楼独特中国虚实变换的韵律美。具有代表性的是沁阳汤帝庙戏楼，三幢左右并联式，中间三间戏楼，两侧耳房各一间。戏楼正立面屋面外观为单檐歇山式，实为由上部悬山顶及下部檐口加设角科斗栱外挑屋面而组合成歇山样式，左右耳房为卷棚歇山顶。背立面整体外观为重檐屋面，中间戏楼高挑，屋面为悬山式，下出廊五间，

照 4-7-1-3　安阳北齐村北禅寺戏楼

照 4-7-1-4　辉县苏北村火神庙戏楼

照 4-7-1-5　嵩县财神庙舞楼

照 4-7-1-6　嵩县财神庙舞楼

照 4-7-1-7　卫辉吕村奶奶庙戏楼

照 4-7-1-8　社旗火神庙戏楼

照 4-7-1-9　新密城隍庙戏楼

照 4-7-1-10　新乡合河泰山庙戏楼

照 4-7-1-11　武陟青龙宫戏楼

海市蜃樓
请香处

屋面与两侧耳房屋面相连，整体呈歇山式。汤帝庙戏楼设计巧妙，造型独特，集重檐、主副屋面相间等诸多手法，灵活多变的屋面组合形式，充分体现了巧妙的造型设计和力学构造的高度平衡（照4-7-1-12）（照4-7-1-13）。

河南现存单幢式戏楼，屋面采用硬山式的戏楼70座，悬山式20座、单檐歇山式3座、重檐歇山式6座，采用前坡歇山、后坡硬山式4座，前坡悬山、后坡硬山式13座，前檐一至二步架悬山、其后硬山式的14座，明间硬山、次间悬山式2座，四坡顶2座，平顶1座。

照4-7-1-12　沁阳万善村汤帝庙戏楼

照4-7-1-13　沁阳万善村汤帝庙戏楼

双幢串联式戏楼，前台歇山式、后台硬山式戏楼6座，前台歇山、后台庑殿式1座，前后台均为歇山式1座；前台悬山、后台硬山式7座；前、后台均为悬山式1座；前台前坡歇山、后坡硬山式，后台歇山1座。

三幢并联式戏楼，戏楼及扮戏房均为硬山式14座；戏楼及扮戏房均为悬山式1座；戏楼悬山、扮戏房硬山式3座；戏楼前坡歇山、后坡悬山式，扮戏房硬山式的1座；戏楼前坡歇山、后坡硬山式，扮戏房硬山式的2座；戏楼前坡悬山、后坡硬山式，扮戏房硬山式的2座；戏楼前檐一至二步架悬山，其后为硬山式，扮戏房硬山式3座；等等。

二、屋面瓦作

河南古戏楼屋面除豫南地区外，基本为北方传统工艺做法，即在望板或望砖上分层覆盖护板灰、苫背，然后窊瓦，这样既可调节屋面曲线，又具有保温、防水功能。与这种屋面做法相异的豫南地区，戏楼屋面通常在椽挡上直接覆瓦，不铺灰，不设望板，故称干摆瓦，适应豫南多雨潮湿的气候。

河南遗存古戏楼从屋面瓦材及窊瓦方式上，大致可分为仰瓦灰梗屋面、合瓦屋面、筒板瓦屋面、琉璃瓦屋面、干摆瓦屋面及石板屋面6种类型。仰瓦灰梗屋面及合瓦屋面多出现在经济条件差的地区，脊饰简单。筒板瓦屋面最为常见，在现存古戏楼中普遍采用。琉璃瓦屋面多用于会馆戏楼，色彩丰富，脊饰精美。干摆瓦屋面通常为豫南地区戏楼采用，石板屋面最为少见，河南仅存一例，为修武双庙村观音堂戏楼。

戏楼屋面正脊样式丰富，有清水脊、皮条脊、箍头脊、鞍子脊、过垄脊等形制。琉璃瓦件色彩分不同等次，以黄色等级最高，绿色次之，最末为青灰色的布瓦。琉璃屋面常常采用绿色琉璃、瓦黄琉璃剪边，或绿琉璃、瓦黄琉璃棱心等组合。屋面脊饰精美，正脊及垂脊雕饰龙凤及牡丹、惹草纹饰，瓦面上采用不同脊兽装饰。脊饰的点缀、色彩的灵活搭配，消除了屋面原有的单调、笨重的视觉效果，增添了屋面的表现力，造就了轻巧、飞动的独特韵味。

琉璃艺术在戏楼建筑中大多体现在屋面脊饰上。会馆戏楼琉璃屋面，色彩丰富，雕刻精美，技法多采用浮雕。社旗山陕会馆戏楼正脊北侧为高浮雕龙戏牡丹，南侧为丹凤朝阳图案（照4-7-2-1）。神垕伯灵翁庙戏楼屋面采用绿琉璃瓦顶，正脊表面浮雕凤纹，正中立宝瓶，山面琉璃悬鱼小巧精致（照4-7-2-2）。禹州怀帮会馆戏楼正脊中立狮子宝瓶，两端置龙吻，脊筒浮雕飞凤及花卉。花蕾丰满富丽，华贵绚烂，枝叶与凤尾呈波浪形上下翻卷，一凤一花，表现出生机勃勃的态

照 4-7-2-1　社旗山陕会馆悬鉴楼脊饰

照4-7-2-2 神垕伯灵翁庙戏楼脊饰

照4-7-2-3 禹州怀帮会馆戏楼脊饰

照 4-7-2-4 桶张河关帝庙戏楼脊饰

势。脊饰色彩丰富，黄、绿、蓝三色相互映衬，格外艳丽（照4-7-2-3）。

除了琉璃瓦件，戏楼大部分脊饰采用灰件，正脊及垂脊多雕饰龙凤、牡丹及缠枝等纹饰。辉县平甸玉皇庙戏楼屋面正脊、垂脊浮雕游龙、牡丹图案，牡丹花纹和卷草间，龙凤腾空而起，体现着浪漫的气息。焦作桶张河关帝庙戏楼正脊浮雕凤凰戏牡丹纹饰，博脊雕刻卷草，雕刻精美、古朴生动（照4-7-2-4）。洛宁草庙岭奶奶庙戏楼，屋面正脊中部立吉星楼，楼雕刻飞檐挺秀的庑殿顶建筑，檐下施一斗二升斗栱，门上有铺首及乳钉三列，圆鼓式柱础。戏楼正、垂脊雕饰花卉图案，鸱吻为龙首形，鸱尾卷起，造型生动独特（照4-7-2-5）。汝州周庄火神庙戏楼屋面正脊起翘明显，曲线轻盈，正脊砖雕狮子戏绣球，形象活泼灵动（照4-7-2-6）。

照4-7-2-5 洛宁草庙岭圣母庙戏楼脊饰

照4-7-2-6 汝州周庄火神庙戏楼脊饰

第八节　装饰

中国的古建筑装饰艺术体现了特有的民族文化及地域认同，古戏楼作为观演类建筑，装饰尤为绚丽斑斓，华美多姿，在建筑的木石构件、壁画、彩绘、屋顶脊饰等诸多方面广泛体现。透过这些装饰，增添了古戏楼建筑的艺术表现力，反映了戏楼艺术装饰的鲜明特点：题材多样，具有丰富的人文内涵；寓意深刻，表达了中国传统文化的意境、价值观念、生活方式、审美情趣及文化思想。

河南古戏楼装饰有繁有简，主要取决于建造者的财力和观念。会馆戏楼装饰可谓华美之极，精细的雕刻及色调均衡的彩画布满建筑构件。木雕、砖雕、石雕繁缛，惟妙惟肖，装饰特点鲜明。而寺庙、祠堂戏楼、村寨戏楼装饰风格相对端庄、简约，分布在偏僻山区的戏楼装饰风格更为朴实，较少雕琢。

一、雕　刻

中国古建筑砖、木、石雕刻艺术有着悠久的历史，是建筑上常用的一种装饰手法。清代雕刻艺术不论题材的多样性，还是在工艺技法上都远超前代，达到了建筑雕刻艺术的鼎盛。

（一）类型及工艺

古戏楼雕刻艺术主要分木雕、石雕、砖雕三种，雕刻技法多元化。工匠因材施艺，依据建筑的材质、构件的位置，施以不同的雕刻技法。

木雕，多施于内、外檐下，主要用在梁头、柁墩、叉手、斗栱、平板枋、额枋、雀替等构件上。木雕常用技法有浅浮雕、高浮雕、透雕、镂空雕，或多种技法组合运用，雕刻图案层次分明，内容丰富，极富观赏性（照4-8-1-1）。开封山陕甘会馆戏楼采用了多种雕刻技法，在平板枋、额枋、雀替上雕刻着丹凤朝阳、云鹤、祥龙等图案。仙鹤振翅欲飞，凤凰、苍龙腾云驾雾，精湛的木雕艺术表现得淋漓尽致（照4-8-1-2）。社旗山陕会馆悬鉴楼额枋、雀替皆以透雕技法分别

照4-8-1-1 郏县山陕会馆戏楼木雕

照4-8-1-2 开封山陕甘会馆戏楼木雕

照4-8-1-3 社旗山陕会馆悬鉴楼木雕（摘自:《社旗山陕会馆》，河南省古代建筑保护研究所，文物出版社，1999年）

雕“鹿鹤同春”“二龙戏珠”“龙凤牡丹”“缠枝牡丹”等图案，雕刻厚度达0.12—0.15米，线条优美流畅、生动细腻，栩栩如生（照4-8-1-3）。禹州怀帮会馆戏楼抱厦檐下花板尤具特色，花板中部为狮子戏绣球，两侧云龙戏牡丹。雕刻采用高浮雕、透雕及镂空雕刻多种手法，雕饰狮子憨实可爱，云龙游姿行云流水，牡丹花纹和卷草间，龙腾空而起，长尾摇曳，龙身在虚实相映中构成强烈的动态，勾画出祥龙的呼啸和威严，充分体现出龙姿的神韵（照4-8-1-4）。禹州神垕伯灵翁庙戏楼入口抱厦额枋采用浅浮雕、镂空、线雕等组合技法，采用写实的手法雕刻“八仙过海”神话故事。画面上人物姿态不同，表情各异，周边点缀花草、树木等植物，刻画细致入微。人物的眉目及树木的枝蔓清晰可辨，形象逼真（照4-8-1-5）。汝州张村民居戏楼前檐花板及额枋采用透雕、镂雕、浮雕等技法雕刻龙、麒麟、牡丹等图案，木刻技艺精巧，技法丰富，富于层次（照4-8-1-6）。汝州半扎关帝庙戏楼额枋、平板枋透雕二龙戏珠、花鸟、花卉等图案，形态逼真（照4-8-1-7）。

石雕，多用于柱础、石栏杆及墙面等部位的装饰。宋《营造法式》总结石雕技法为剔地起突、压地隐起、减地平钑、素平四种。清代石雕手法常用圆雕、浅浮雕、高浮雕、透雕、镂雕和线雕。河南古戏楼石柱础、石栏板造型丰富多样，是石雕艺术的集中之处。神垕伯灵翁庙戏楼抱厦柱础样式别致，柱础与石狮连为一体。柱础分为四层，底层基座采用浮雕、线雕手法雕刻云纹，顶层圆鼓表面雕刻莲瓣。石狮立于柱础前，采用圆雕及高浮雕等手法，形象憨态

照 4-8-1-4　禹州怀帮会馆戏楼抱厦木雕

照 4-8-1-5　禹州神垕伯灵翁庙戏楼抱厦木雕

照 4-8-1-6　汝州张村民居戏楼木雕

照 4-8-1-7　汝州半扎关帝庙戏楼平板枋、额枋木雕

可掬，带有强烈的动感，柱础与石狮浑然一体，造型比例适宜（照4-8-1-8）。社旗山陕会馆悬鉴楼石栏杆，望柱上用圆雕手法雕刻形态生动的石狮子，望柱间石板雕刻三个戏曲故事，采用浮雕、线雕等雕刻技法，布局均衡，雕刻刀法细腻流畅，是采地雕的精品（照4-8-1-9）（照4-8-1-10）（照4-8-1-11）。

砖雕艺术于明清时期逐渐兴起，但在戏楼建筑中运用较少，仅在墀头、窗

照4-8-1-8 禹州神垕伯灵翁庙戏楼柱础

照4-8-1-9 社旗山陕会馆悬鉴楼石雕

照4-8-1-10 社旗山陕会馆悬鉴楼石栏板

照4-8-1-11 社旗山陕会馆悬鉴楼石栏板

照 4-8-1-12　郏县山陕会馆戏楼砖雕

照 4-8-1-13　三门峡上瑶村泰山圣母庙戏楼盘头砖雕

照 4-8-1-14　洛宁草庙岭圣母庙戏楼盘头砖雕

照 4-8-1-15　新县宋家畈宋氏祠堂戏楼砖雕

饰、影壁等处有所体现。砖雕技法大致可分为浮雕、透雕、线雕（照4-8-1-12）。三门峡上瑶村泰山圣母庙戏楼砖雕墀头为两层叠加，砖雕喜上眉梢、花瓶、荷花及“福”字等图案纹饰，采用透雕、线雕手法，并结合木雕的镂空雕技法，表现出植物茂盛、生机勃勃的态势。花蕾丰满富丽，花叶刻画生动细腻，整体布局主次分明（照4-8-1-13）。洛宁草庙岭奶奶庙戏楼墀头分三层，上下雕刻花卉，中部三面分别为麒麟、飞龙、奔马等图案。刻画生动细腻，动静结合，栩栩如生，产生出独特的艺术效果（照4-8-1-14）。新县宋氏祠堂戏楼匾额中部浮雕寿星、财神、禄星三位神仙，边侧为仙鹤、神鹿，雕刻采用圆雕、浅浮雕和线雕技法相互结合，灵活多变，运用写实的手法，雕刻细腻，屋顶的瓦砾、仙鹤羽毛、人物的衣褶和眉目清晰可辨，技法纯熟（照4-8-1-15）。新县西河焕公祠戏楼，大门两侧檐墙正中分别镶嵌三国故事的砖雕。其中《空城计》砖雕，左侧有城门一座，

照4-8-1-16 西河村焕公祠戏楼砖雕

城楼上诸葛亮手抚琴弦，城门下士兵手持扫帚，右侧司马懿身穿盔甲骑于马上。整幅画面构图均衡，表现手法更为丰富。人物及城楼、树木用高浮雕手法雕刻出整体形象，细节及花草配景采用浅浮雕技法，人物的眉眼、枝叶的纹茎、城墙的砖线则用细微的线刻手法表现。不同的雕刻手法恰当运用，使多层次的空间环境，有序不乱，主题突出，喧宾而不夺主（照4-8-1-16）。

（二）雕饰题材

古戏楼兼容了儒家、佛教、道教的文化艺术。雕刻则以图代文讲述道教的文化、儒家的伦理、佛教的思想。雕饰题材不受规制、等级的限制，从花卉、龙凤、吉纹瑞兽扩展到戏文故事、宗教神话、民间传说、历史故事等，内容丰富多样。牡丹、梅兰竹菊、龙凤、麒麟、鹤、蝙蝠、鹿、马、牛、八仙过海、《三国演义》等皆为常用。另外，与水有关联的荷花等植物，也常常出现。社旗山陕会馆古建筑群被称为“砖、木、石雕刻艺术博物馆”，而悬鉴楼是其中的代表之作。悬鉴楼南部门厅柱础分别雕刻松、牡丹、石榴、鹤、龙、虎、狮、蝙蝠、鹿等吉物，北部雕刻荷叶、卐字锦、龙、凤、狮、虎等。明间柱础雕刻戏曲《白蛇传》中的“水漫金山”，台前栏板分别雕“六国封相”“渔家乐”等戏曲故事场景；化妆间北部柱础雕刻“二十四孝”“渔樵耕读”及《封神演义》等故事；南门前檐雀替雕《三国演义》故事“赵颜求寿”。新县西河焕公祠戏楼大门檐墙有三国故事“空城计”砖雕。武陟青龙宫戏楼抱厦额枋、雀替雕刻五龙腾云和八仙庆寿、十八罗汉、凤凰、牡丹等图案。戏台墙身砖雕麒麟和飞鸟展翅相嬉图，正脊浮雕凤凰戏牡丹图案（照4-8-1-17）。安阳角岭村歌舞楼檐下柱头两侧花板上雕刻“八仙过海”神话故事，每块雀替雕刻内容不同，有龙戏牡丹、童子等图案（照4-8-1-18）。

河南古戏楼雕刻多有以追求美好生活、祈求福富贵吉安等寓意为题材的纹饰。桶张河老君庙戏楼檐檩与平板枋之间的花板雕刻算盘、账本、花瓶以及文具等图案，平板枋上装饰卐字纹，额枋雕刻人物，荷花、蝙蝠、仙鹤等。扮戏房墀头雕饰莲花、蟾蜍（照4-8-1-19）。巩义桃花峪村火神庙戏楼雀替雕刻鲤鱼和荷花（照4-8-1-20）；洛宁东山底村山神庙戏楼前檐明间花板雕刻鲤鱼跃龙门（照4-8-1-21）；林州古城村关帝庙戏楼雀替雕刻飞龙、狮子戏绣球图案（照4-8-1-22）。

照 4- 8- 1- 17　武陟青龙宫戏楼抱厦木雕

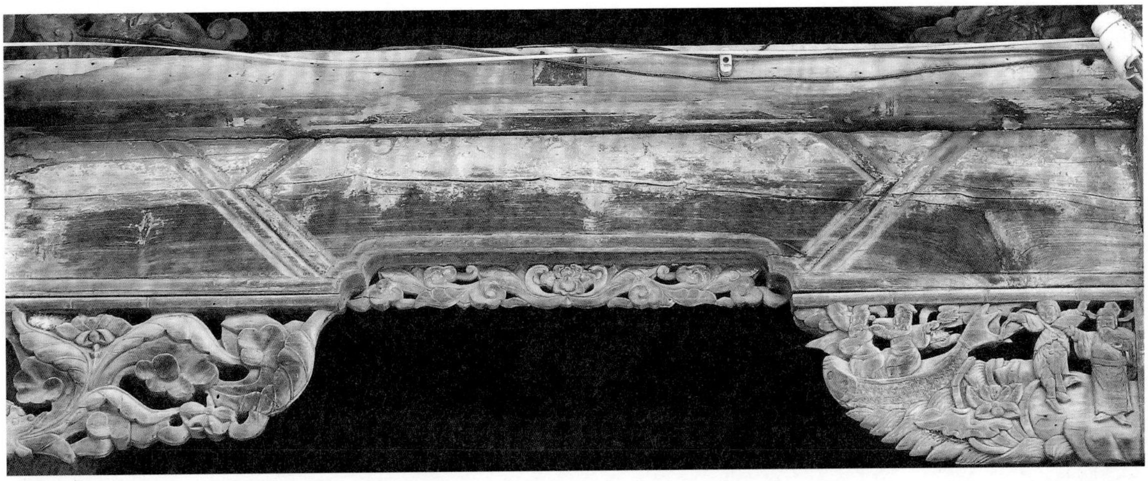

照 4- 8- 1- 18　安阳角岭村歌舞楼木雕

照 4- 8- 1- 19　焦作桶张河关帝庙戏楼木雕

照 4-8-1-20　巩义桃花峪村火神庙戏楼木雕

照 4-8-1-21　洛宁东山底村山神庙戏楼明间花板木雕

照 4-8-1-22　林州古城村关帝庙戏楼雀替木雕

二、彩绘、壁画、题壁

中国传统建筑彩画主要起到装饰及防朽两种功能，既可提高建的装饰性，又可延长木构件的使用寿命，是极富民族特色的建筑艺术。彩画主要用于内檐梁枋部位，外檐集中在斗栱、额枋处。清代彩画基本分为和玺彩画、旋子彩画和苏式彩画三种类型。官式建筑彩画内容有严格等级制度，河南古戏楼多施旋子彩画，图案题材多为龙凤，色彩明亮而有意蕴，但由于风雨侵蚀，原彩画能够保存下来的较少，且图案较为模糊（照4-8-2-1）（照4-8-2-2）（照4-8-2-3）。

照 4-8-2-1　辉县城隍庙戏楼梁架彩绘

照 4-8-2-2　辉县山西会馆戏楼梁架彩绘、壁画

照4-8-2-3　禹州怀帮会馆戏楼外檐彩绘

照4-8-2-4　辉县山西会馆戏楼壁画

河南古戏楼壁画遗存较少。辉县山西会馆戏楼山墙内墙绘有单色水墨壁画，壁画以山水，花草、人物为题材，穿插绘制于山面梁架之间，与梁架的彩绘相互映衬，格外雅致（照4-8-2-4）。博爱大底村龙王五神庙戏楼土坯山墙上遗存瓶花图一幅，采用线描及水墨结合手法绘制，瓶身有四行墨字，画面构图均衡彩淡（照4-8-2-5）。沁阳草庙岭圣母庙戏楼西山墙有墨色线描烛台小画一幅，边侧落款“乾隆四十九年三月十五日记”，画面生动有趣（图4-8-2-6）。辉县宝泉玉皇庙舞楼及沁阳杨庄河牛王庙戏楼，山墙上部均采用墨色用工笔线描手法，勾勒出梁架形制做装饰，线条工整，并填色使画面更为立体，新颖独特（照4-8-2-7）。

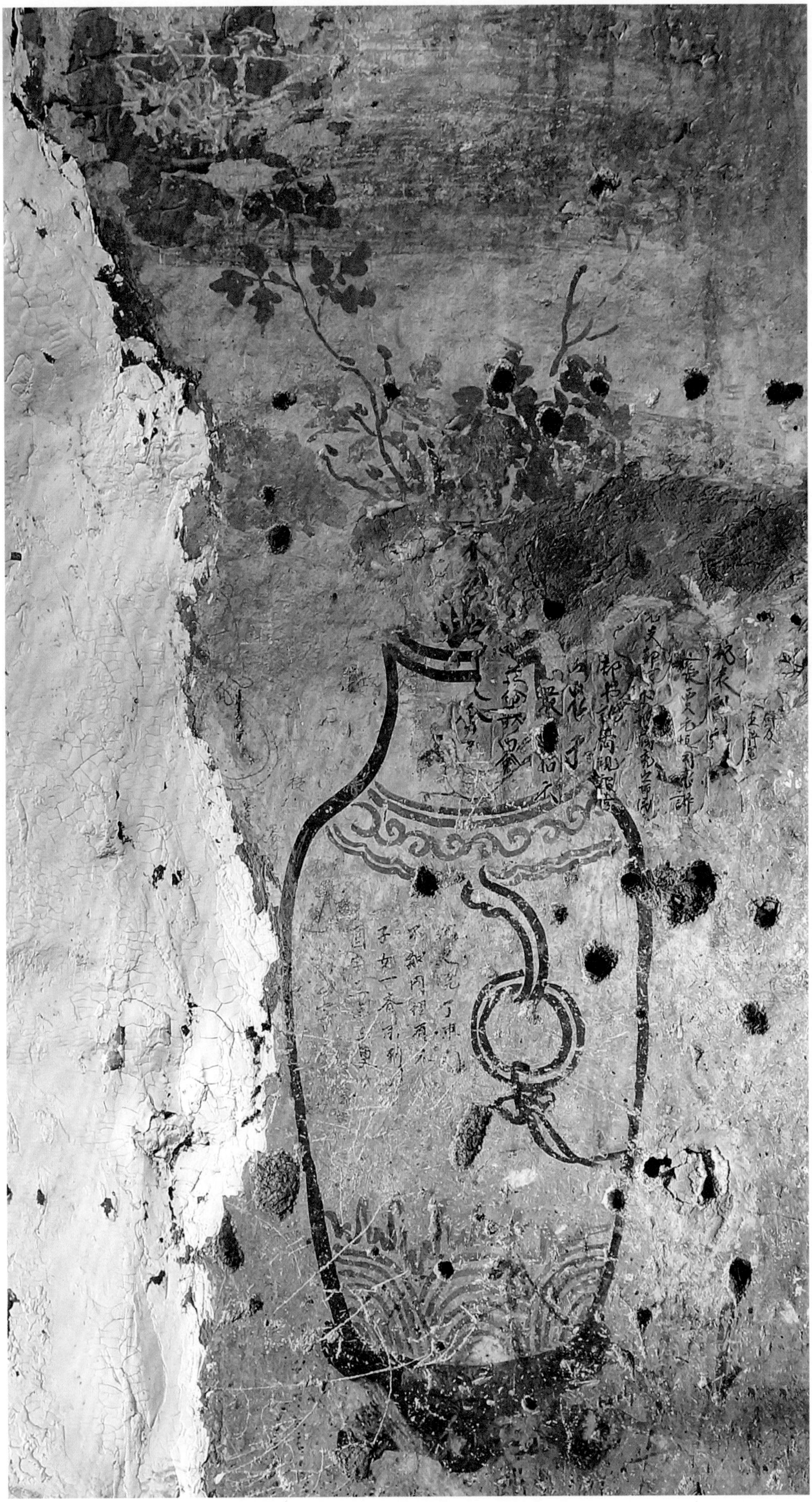

照 4-8-2-5　大底村龙王五神庙戏楼壁画

照4-8-2-6 洛宁草庙岭圣母庙戏楼壁画

照4-8-2-7 辉县宝泉村玉皇庙舞楼壁画

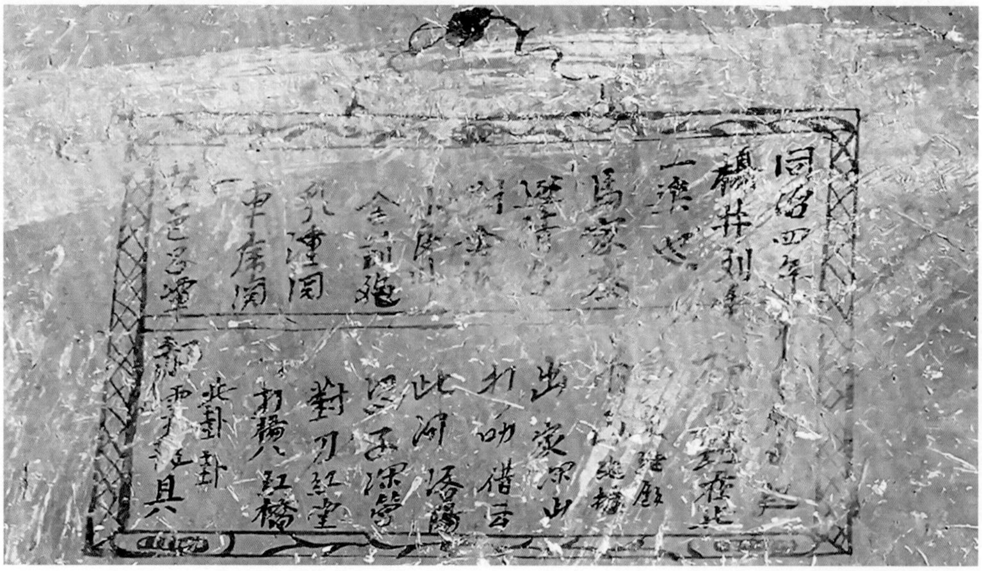

图4-8-2-8 卫辉吕村奶奶庙戏楼清代题壁

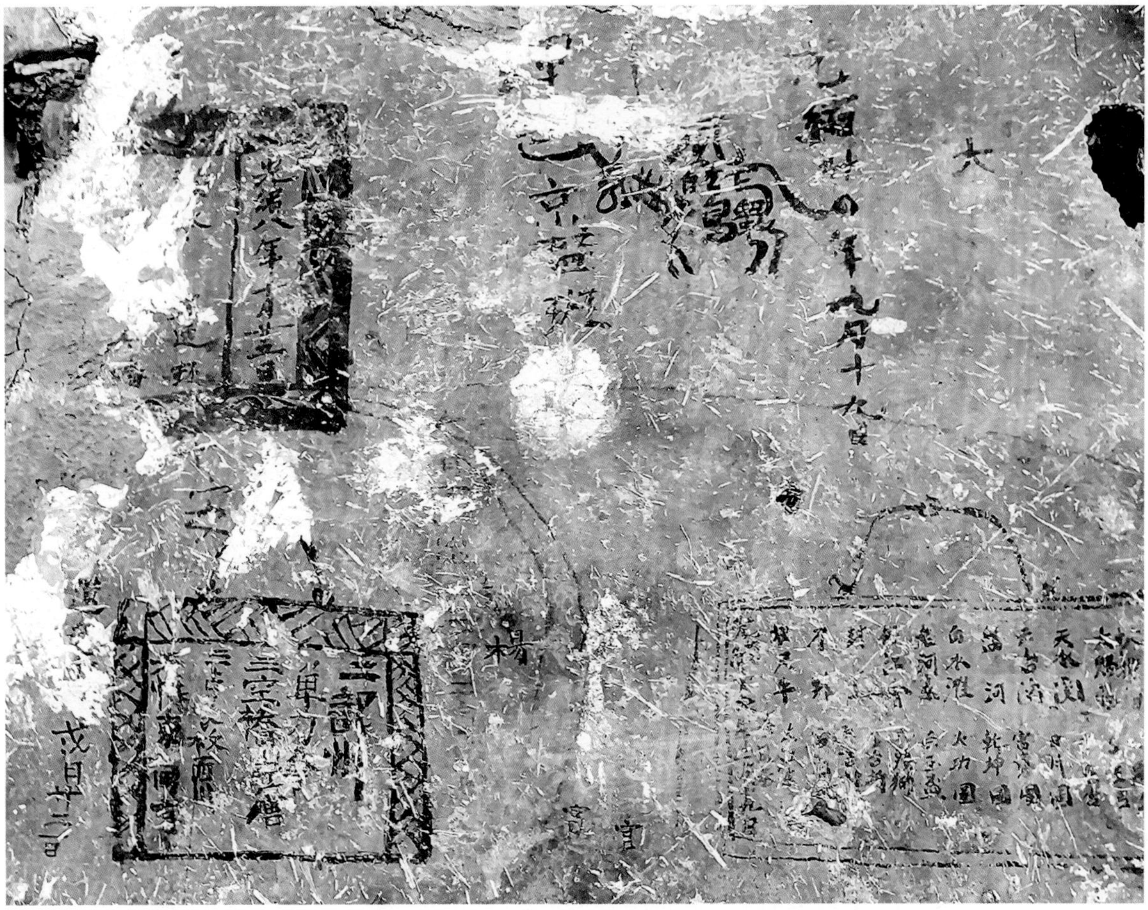

照4-8-2-9 卫辉吕村奶奶庙戏楼清代题壁

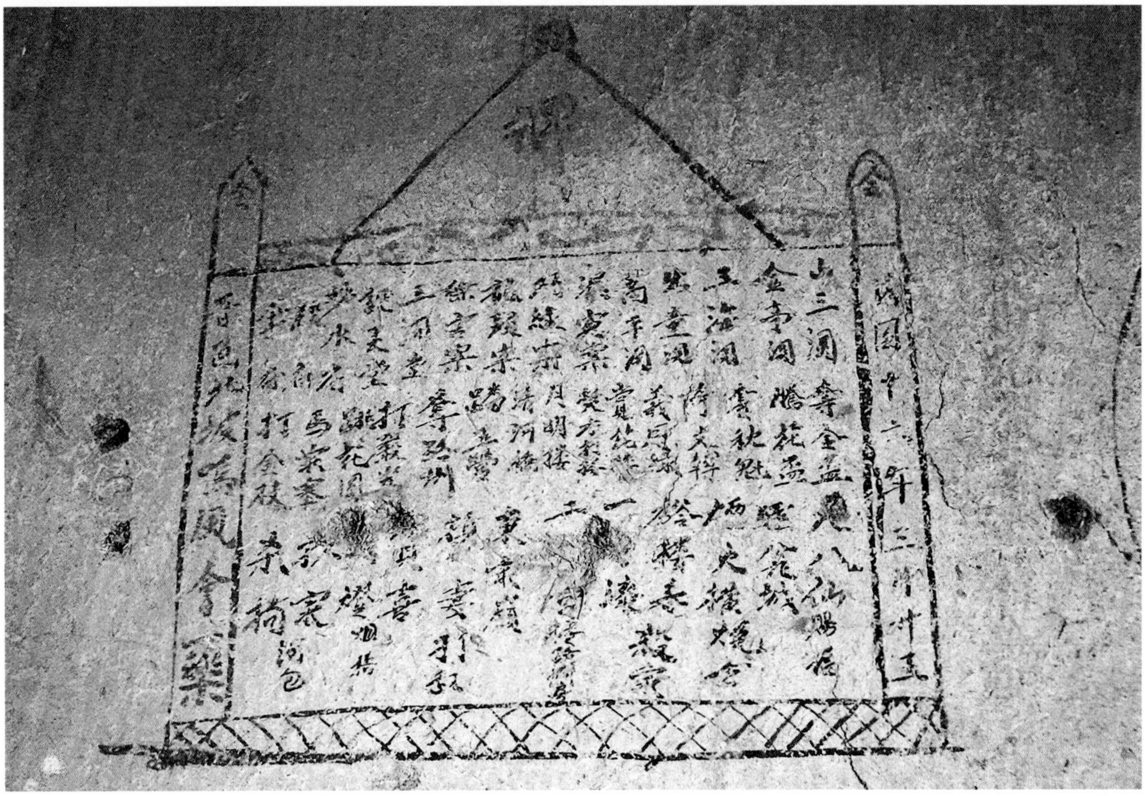

照4-8-2-10 博爱大底村龙王五神庙戏楼民国题壁

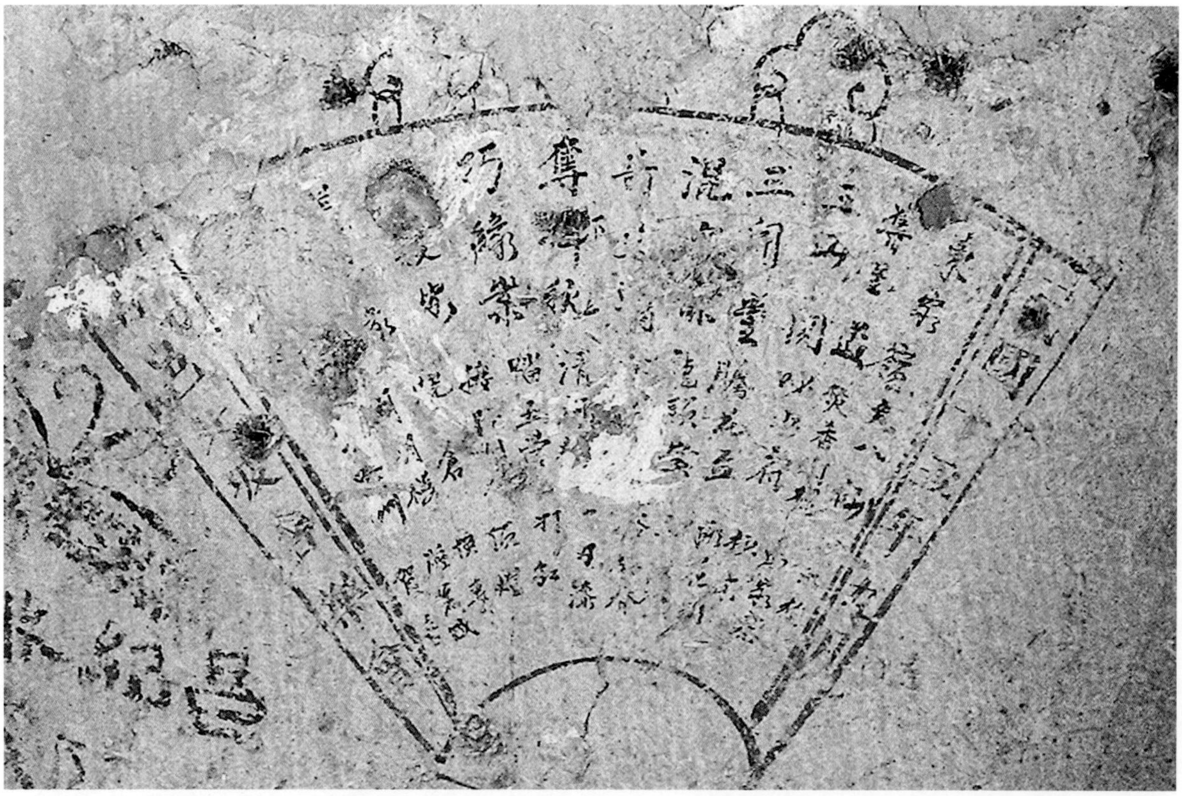

照 4-8-2-11　博爱大底村龙王五神庙戏楼民国题壁

舞台题壁，是戏曲艺人在演出期间题写于舞台墙壁上的文字及图画[1]，分布于后台、扮戏房的墙壁上，内容主要涉及演出的戏曲剧目。河南现存古戏楼中有两座戏楼墙壁上遗存有清末至民国时期的舞台题壁，内容为演出的戏曲剧目，字迹清晰，实属难得。卫辉吕村奶奶庙戏楼山墙上留存有多处戏曲剧目题记，清晰可辨的有清同治四年（1865）、光绪八年（1882）两处（照4-8-2-8）（照4-8-2-9）。修武大底村龙王五神庙戏楼土坯墙面遗存有民国十五年（1926）、十六年（1927）的题壁，用墨色画出扇面及长方形外框，内书写戏曲剧目（照4-8-2-10）（照4-8-2-11）。遗存的戏曲剧目部分至今仍在演出，如《打金枝》等，这些保存较好的题壁，以凝固的形式，客观而真实地记录了当时的戏曲文化信息，是宝贵的实物例证，对认识和研究河南地方戏曲文化的发展和社会人文、风俗习惯、书法艺术等都有较高的价值。

1 王星荣：《戏曲舞台题记蕴涵的社会文化及民俗演剧信息》，《中华戏曲》2014 年第 1 期。

第五章

古戏楼区域特征

河南古戏楼经历了漫长的历史发展过程，必然受到自然环境、戏曲风格及地域经济文化的影响。由于河南地域广袤，地理条件各不相同，气候具有明显的过渡性特征，建筑材料存在许多差异，再加上各地区不同的风俗习惯和审美，致使古戏楼呈现出鲜明的地域特征。其选址、空间组合以及选材、尺度、设施等都具有地域属性要求，设计理念和建造条件、技术等方面呈现出地域建筑文化特质，因地制宜，因材施建，广泛集中了地方的传统营建手法，形成了浓郁的区域造型特征，展示了鲜明的地方建筑特色。

河南省处于中国暖温带和亚热带交错区域，气候具有明显的过渡性特征。信阳、南阳地处豫南地区，系亚热带湿润半湿润气候区，豫北、豫西为大陆季风气候，冬冷夏热，这使得河南古戏楼兼具南北之形、类型多样。根据自然地理条件，将河南省遗存古戏楼分布划分为豫北、豫南、豫西、豫中四个区域，其中豫北地区以安阳、新乡、焦作为代表，豫西以洛阳、三门峡为代表，豫南以信阳、南阳为代表，豫中以郑州、许昌为典型。豫东地区因古戏楼遗存数量较少，不作论述。

第一节 豫西地区

豫西指河南省西部地区，包括洛阳市、三门峡市。洛阳为十三朝古都，长期曾是我国政治、经济、文化和交通中心，是隋唐大运河的重要枢纽。三门峡也曾是夏商王朝统治的中心区域。明清沿宋元旧制，洛阳、三门峡为河南府治所。

一、文化经济的影响

河南古戏楼的发展、分布及地域特点与所属地域的社会政治、经济、文化密切相关。豫西地区的洛阳在历史上曾经是中国政治、经济、文化和交通的中心，神祇庙宇得到长足发展，遍及村落，并形成了形式多样的庙会民俗。早在宋代，戏曲在豫西广泛流传，由闹市波及较为偏远的山乡。温县、偃师、洛宁等地的古墓葬藏出土了杂剧砖雕，其中偃师出土了丁都赛（宋代杂剧演员）雕像砖，现藏于中国历史博物馆。明清时期豫西地方戏曲更是蓬勃发展，盛行蒲剧、曲剧，扬高戏、眉户戏等剧种。经济的繁荣，民俗及戏曲文化的盛行，带动了豫西地区古戏楼的广泛营建。区域内古戏楼具有两个显著特征：一为古戏楼遗存数量众多。豫西现存古戏楼52座，其中洛阳40座、三门峡12座，遗存数量占河南现存总数的28.4%。其中神庙戏楼30座、会馆戏楼3座、祠堂戏楼10座、村寨戏楼8座、民居内戏台1座。二是会馆戏楼体量宏大，形制独特，工艺高超，雕刻精美，是豫西地区乃至河南古

[1] 吴志远：《明清时期中原地区商业交通与城乡市场等级》，《中州学刊》2017 年 9 月第 9 期，第 127 页。

戏楼的典型代表。明清时期河南九省通衢，是连接国家政治与经济两大中心地区的交通枢纽。以河南府、开封府为主的水陆交通，形成中原地区商业交通体系。[1]洛阳城坐落在伊水与洛水交汇的平原上，商贾云集，商会众多，文人聚集。城中心的潞泽会馆舞楼及山陕会馆舞楼充分显现了当时经济的繁荣与戏曲文化的兴盛。以洛阳山陕会馆舞楼为例，建筑位于会馆拜殿正南，为两层砖木结构。一层则是供人行走的通道，二层为戏台。建筑主体结构为双幢前后串联式，前台为面阔三间的歇山顶建筑，后台是面阔五间的庑殿顶建筑，建筑风格恢宏、华丽。舞楼南檐有三道拱门，石拱券上雕刻有二龙戏珠图案，东券门有“帝域”的匾额，西券门上匾额为“居圣”。木构架为抬梁式，戏台用柱十二根，前台为复合式柱础。二层前、后台梁架贯通，檐下施三踩单昂斗栱，额枋及雀替浮雕云龙、麒麟、狮子、花卉等图案，形象生动，栩栩如生。后台东西梢间为扮戏房，供演员化妆、休息所用。舞楼的建筑构造巧妙，木雕、砖雕技艺精巧，内容丰富，风格既雄伟壮观又雍容华贵。特别是屋面采用前台歇山式、后台庑殿式的组合在河南省内罕见，仅存此一例。洛阳潞泽会馆舞楼位于会馆大门二层，坐南面北，重檐歇山顶建筑。面阔五间，进深三间，通面阔17.17米，通进深10.28米，通高16.31米。建筑规模宏大，戏楼台面宽17.71米，系河南遗存古戏楼中台面最宽的建筑。戏楼分三层，一层为通道，二层为戏台，三层为阁楼，戏台由两侧石踏步登临。檐柱石础雕刻石狮，造型生动。前台设有天花封护，檐下施五踩斗栱二十一攒，补间采用如意斗栱。斗栱、额枋、雀替等部分雕刻花鸟瑞兽，采用透雕、浮雕、贴雕等多种技法，图案布局和空间的对比均衡，刀法细腻流畅；室内井口天花色彩明丽。这些均生动形象地反映了河南地区清代会馆戏楼的风格和特点，对认识和研究河南地区戏楼建筑的发展、艺术、风俗等方面有相当高的价值。

二、气候条件的适应

豫西地区位于暖温带，具有春季多风、气候干旱，夏季炎热、降水集中，秋季晴和，日照充足，冬季干冷、雨雪稀少的特点。在这种亦冷亦热、四季分明的气候条件下，使豫西地区的古戏楼带有北方建筑的显著特点。梁架为抬梁式，屋面多采用可避风的硬山式。为适应地域气温，保持冬暖夏凉，墙体敦实，厚度在50—88厘米之间。因气候干爽，少雨，有利于保持土坯墙的干燥和坚固，经久耐用，建筑普遍采用土坯墙。

三、地方材料的运用

建筑材料是营造建筑的物质基础，地方材料的运用是地域建筑最直接的表现形式。土、木、砖、石四种材料在豫西地区戏楼建筑中应用广泛，因地制宜，就近取材，并根据不同材料的属性和应力特性，将其应用在建筑的不同位置，充分发挥材料特性。

豫西地区多为山区，石材成为山区建造房屋的主要材料；另外豫西地的黄土主要以石英和粉砂构成，土质结构紧密，具有抗压、抗震、抗碱作用，制成土坯则坚固耐用，且廉价易得，施工简单。这些特点为豫西地区古戏楼普遍采用石材及土坯为建造材料提供了条件。石头因其坚固耐久的性能，大量用于戏楼的台基、踏步、墙身等部位。块石无统一规格，尺寸大小不一，利用垫托、咬砌、搭插等技术砌筑墙体。

豫西地区广泛采用土坯墙，为了增强墙体抗拉性能，防止土墙开裂，坯中加入当地的草筋、麦秸秆等材料。土坯大多与砖及块石混合砌筑。青砖由于坚固耐用、便于施工、砌筑形式美观的原因大量用于建筑的外墙。砌筑手法采用毛石与砖、土坯相互结合，灵活多变，不拘一格。如有虎皮石墙、槛墙及上身转角处为块石或青砖，其余采用土坯墙的做法。山墙上身材料混搭分为三种做法，分别为青砖砌筑块石硬心、青砖砌筑土坯软心、块石砌筑土坯软心（照5-1-3-1）（照5-1-

照5-1-3-1　青砖砌筑块石硬心墙

照5-1-3-2　青砖砌筑土坯软心墙

照5-1-3-3　块石砌筑土坯软心墙

3-2）（照5-1-3-3）。更有建筑除了木构架，台基、墙体全部采用块石砌筑。如新安县黑扒村奶奶庙戏楼、新安县袁山村奶奶庙舞楼、新安县石寺镇胡岭村关帝庙戏楼等。以新安县黑扒村奶奶庙戏楼为例，戏楼坐落在由块石垒砌的台体上，台前东侧有石踏步可漫步缓登戏台。梁架结构简洁，五梁架上置瓜柱、三架梁、脊瓜柱及各层檩枋，上铺荆芭。山墙及后檐墙均采用块石垒砌，内墙有粉饰。建筑充分体现了因地制宜、因材致用的营建思想，墙体采用当地多产的块石，梁架为自然材，木基层采用荆芭，与周边绿树青山、块石院墙融为一体，具有独特的自然原始淳朴之美（照5-1-3-4）。

木材易于加工，具有很强的竖向抗压能力，主要用于构架结构体系中的柱、檩、梁、枋等各种木作，也用于制作隔断和一些木雕装饰构件。

四、结构特征

豫西地貌以山地、丘陵和黄土塬为主，山川丘陵交错。其中洛阳境内山区面积占45.51%，丘陵面积占40.73%，平原面积仅占13.8%。三门峡山地约占54.8%，丘陵占36%，平原占9.2%。由于地理条件限制，豫西地区古戏楼除了洛阳市区外，大部分市县遗存古戏楼体量适中，结构简洁，洛阳、三门峡现存52座戏楼，单幢式50座，占总数的96%。建筑风格实用简洁，戏楼立于台基之上，梁架均为抬梁式

照 5-1-3-4　块石砌筑墙

结构，柱子顶部支撑梁架，梁上架檩，檩上铺设椽子，椽子上铺设望砖或望板，上铺设灰背。室内均为彻上露明造，梁架多采用天然弯曲的原木，梁架间隔大部分采用瓜柱，部分采用雕刻精美的柁墩，脊瓜柱两侧设叉手。檐柱多为木柱，用材随意，径高之比为1:8—1:13。戏楼的檐柱普遍采用通柱造，柱身插设平梁，上承楞木及楼板。因建筑采用通柱的结构特点，柱身开榫，平梁插设在柱身，截面受力较弱，为减轻上部的荷载，戏楼多采用木地板。墙体收分明显，多为1米收2—5厘米之间。除了会馆戏楼，斗栱形制多为由一斗二升演变的异型栱，无槽升子，栱为足材，并采用浮雕及透雕手法雕饰花卉图案，栱身长短自由。因戏楼建筑采光需求，梁架上出檐较小，并且部分建筑不设飞子；屋顶多为仰瓦灰梗屋面，上覆正脊及垂脊。

五、装饰特征

因豫西现存古戏楼多分布在经济实力一般的山区，风格朴实简单，没有华丽的装饰，木雕使用相对较少，雕刻主要用在斗栱、雀替、檐檩枋之间的花板上。柱础为单层或三层叠加，多为素面。会馆戏楼或较大体量的戏楼柱础则雕饰花卉纹样，工艺精美。山墙盘头多为素面。形制较高的建筑大多在其一层门窗上镶嵌整块的青石匾，石匾的周边雕刻简单的图案和线条。因豫西地区戏楼多采用木柱，故柱身篆刻楹联仅有3座，楹联内容均体现了传统文化中的儒雅意境。

第二节 豫南地区

豫南是中国南北地理、气候过渡带和南北文化融合区，包括南阳、信阳、驻马店等地。信阳地处岗川相间、形态多样的阶梯地貌，有长江、淮河两大水系。南阳大部分处于盆地，豫南的信阳、南阳地区风俗文化兼具南北方特点，丰富多元。

一、气候环境及地貌的影响

豫南属亚热带向暖温带过渡区域，季风气候明显。日照充足，降水丰沛，空气湿润，相对湿度年均74%—78%。春季天气多变，阴雨连绵，夏季高温高湿气候明显，尤其信阳地区，暴雨常现，季均降水量478—633毫米。为防雨防潮，豫南地区现遗存古戏楼14座，其中10座为柱撑式台基。台基用柱架空，中间是通道，上部形成台面，台面高度在2.03米—3.43米之间。为防木柱因雨水侵蚀而糟朽，豫南古戏楼多采用石质高柱础做法，柱础高度在0.45—1.68米之间（照5-2-1-1）。为通风，屋面做法与河南其他地域建筑迥异，不用灰背，扁椽上铺干摆瓦，用小青瓦堆叠脊饰。

信阳地处岗川相间、形态多样的阶梯地貌。西部和南部是由桐柏山、大别山构成的山地，占总面积的36.9%；丘陵岗地占总面积的38.5%，黄淮平原和洼地占总面积的24.6%。因山地、丘陵居多，信阳地区庙宇及宗祠平面布局紧凑，常由两

照 5-2-1-1　罗山大王庙戏楼

层的大门、正堂、厢房或廊房组成院落。为减少建筑占地面积，节省空间，戏楼多采用与大门结合的方式，设置在大门二层，面对正堂。两侧二层围廊设置看台，由此构成了以戏楼和正堂为中心、两侧围廊与院内空地为观看空间的观演形式。戏楼一般面阔、进深较小，具有舞台小巧、近距观演的特点（照5-2-1-2）。新县宋家畈宋氏祠堂戏楼、新县西扬畈吴氏祠堂戏楼、新县西河村焕公祠戏楼等均采用此种平面布局。以新县宋氏宗祠戏楼为例，戏楼位于大门二层，一层为宗祠入口，上层为舞台，一面观。面阔三间，进深一间，两侧有连廊围合。戏台柱础高0.45米，上置通柱，戏楼建筑体量小巧，舞台面积仅65平方米，与河南其他区域相较狭窄许多，特点明显（照5-2-1-3）。信阳地方流传的戏曲为豫南花鼓戏、嗨子戏等剧种，表演规模小，常为一至三名演员，舞台规模适应表演模式。

照 5-2-1-2　新县普济寺戏楼

照5-2-1-3 宋家畈宋氏宗祠戏楼

二、建筑风格的融合

南阳古称宛，为南北交通要冲，自汉代以来就为文化及商业重地，《盐铁论·力耕篇》中表述“宛周齐鲁商遍天下”。南阳出土的两汉时期的画像石、画像砖反映了当时乐舞、百戏的场面。明清时期的赊店及荆紫关是通行天下的商业古镇，舟车所会，商旅如云，会馆云集。山西、陕西商人营建社旗山陕会馆、荆紫关山陕会馆，湖南、广东商人建造了社旗湖广会馆、荆紫关禹王宫，等等。南北文化在此碰撞，建筑风格上，可谓是集南北建筑于一体的大荟萃，表现出明显的南北融合特征。如社旗山陕会馆悬鉴楼、社旗火神庙戏楼梁架采用抬梁式，屋面及装饰运用了北方建筑的材料及工艺，折射出北方厚重、壮观的建筑特色。而荆紫关禹王宫戏楼及荆紫关山陕会馆戏楼构架则采用穿斗式与抬梁式混合，体现了南方轻盈、婉约的建筑风格。豫南古戏楼，充分展示了中原建筑文化和南北过渡地带景观的包容性，是研究中原地域建筑融合文化的样本。

三、结构特征

南阳、信阳地区古戏楼木构架多为抬梁与穿斗混合构架，穿斗式为主，抬梁式为附，两种构架互补并用。木构架一般沿进深方向立四至五柱，落地木柱间隔三至五檩距，以界梁或穿枋连接，多为柱顶直接架檩，少部分梁承檩，这种相互穿、连、叠压的木结构形式，既满足了建筑内部空间跨度的要求，又发挥了木构架的材料、力学性能。豫南抬梁和穿斗混合构架大致有两种类型：类型一，同一缝梁架中结构混杂；类型二，不同缝架梁的结构混杂。戏楼大部分两种类型同时出现。

以荆紫关山陕会馆戏楼为例，建筑主体结构为双幢前后串联式，前台屋面为前坡歇山、后坡硬山式，后台为歇山式屋面。前戏台面阔三间，进深三柱二间六界，四界梁前端置于檐柱上，后端插于中柱，中柱与后檐墙之间用三界梁相连。梁上立童柱，承接脊童柱的山界梁截面较大，并直接承檩，其他童柱之间用穿连接，柱头承檩。整个梁架抬梁式与穿斗相互穿插，体现了南北构架形式的融合性及建筑手法的灵活性（图5-2-3-1）。又如罗山大王庙戏楼梁架，虽同样为抬梁与穿斗相结式，但构架基本舍去了抬梁式叠梁的概念，更接近穿斗式。正贴为中置通柱，直承脊檩，前后坡界梁后尾插于中柱，前端分别担于柱头之上。除了前檐柱及后檐金柱上界梁架檩外，其他均为柱子直接承檩。童柱之间用穿枋拉结，穿枋截面纤

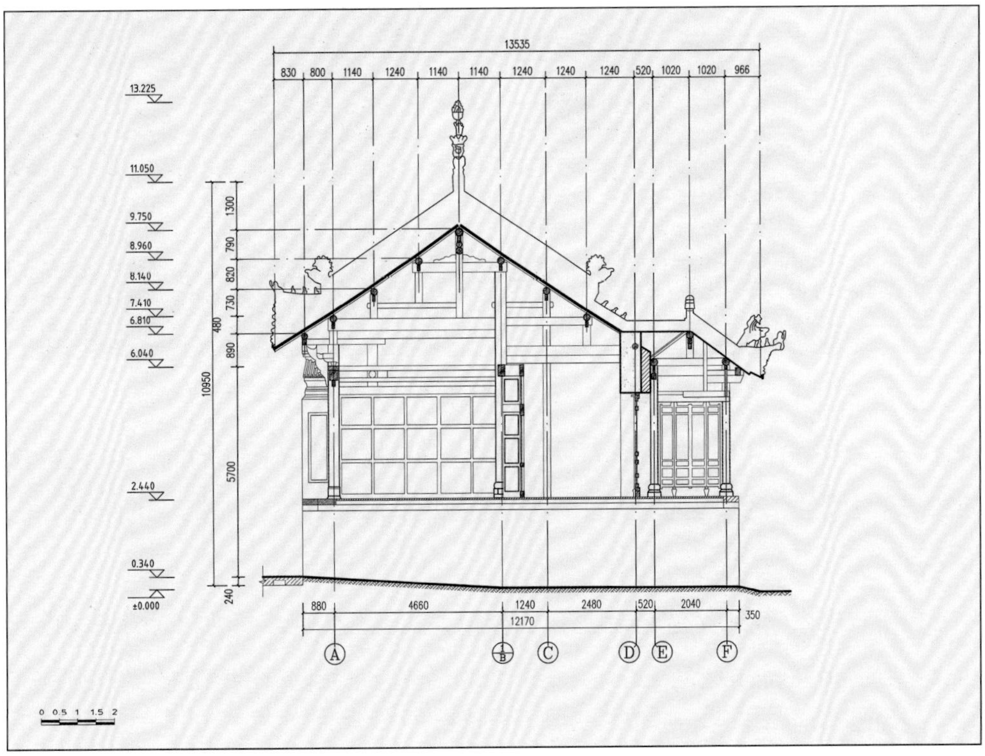

图5-2-3-1 荆紫关山陕会馆戏楼横剖面图

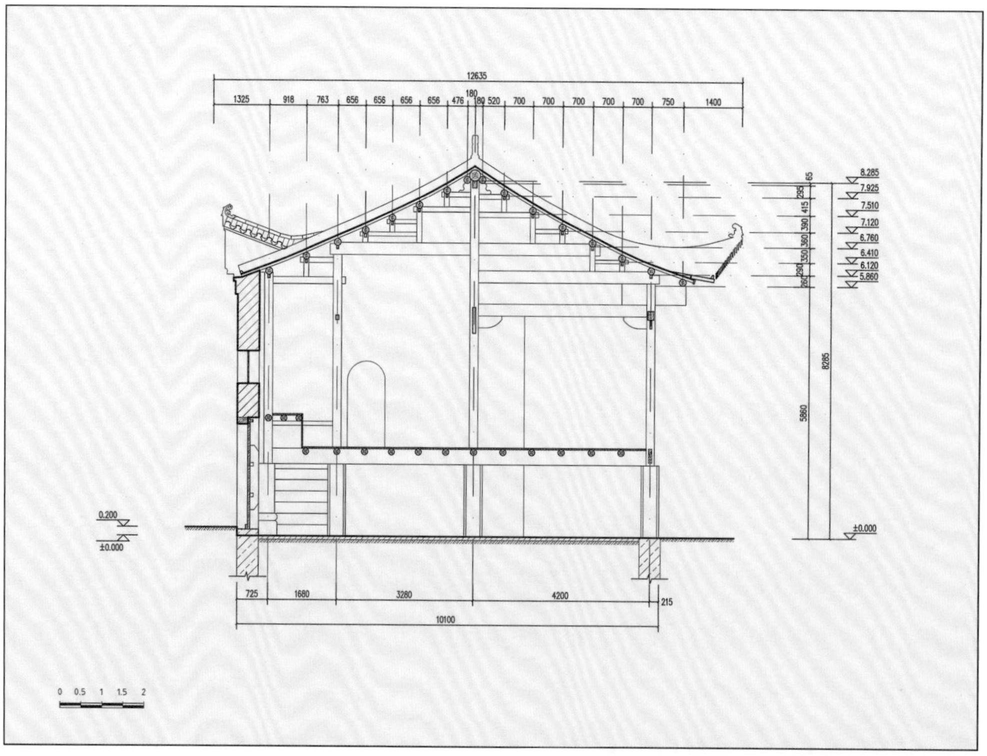

图5-2-3-2 罗山大王庙戏楼横剖面图

照5-2-3-1 西扬畈吴氏祠堂戏楼

细。边贴为典型的穿斗式，柱顶直接架檩，柱间均用穿枋联系，未用界梁。这种抬梁式与穿斗式结合的屋架具有可以获得与抬梁相似的空间又能节省用料的特点（图5-2-3-2）。

豫南戏楼山墙形制与徽派民居做法相似，建筑两侧前坡多为封火山墙，起到防火并增加美观效果（照5-2-3-1）。墙体轻薄，采用陡砖的摆放方式砌筑空斗墙，厚度在24—40厘米之间。

豫南雨量充沛，气候潮湿，为防雨水冲刷，戏楼均出檐较广，增设挑檐檩，檐柱上出长短两根挑檐枋，短枋上设短柱，与长枋分别承托檐檩。建筑空间形象美观、实用。为防潮，柱础均系石质，高度均在0.4米以上。柱础分为单层、双层和三层组合等样式。立面造型常以鼓形和基座式相重叠的手法出现。柱础造型有圆形、方形、八棱形和上圆下方等。单层者多为鼓形及方形柱础；双层的下层为方形或八边形、覆莲形，其上多为鼓形；三层的上下层多与双层相似，于中间加方形或者八边形石墩，各层均雕刻花纹（照5-2-3-2）。

照5-2-3-2 云阳镇城隍庙戏楼柱础

四、装饰特征

门头装饰是豫南地区古戏楼较为典型的特色。门头形制分为二种：一是在门洞上方建砖雕仿木结构形式门头。门两侧贴墙设柱，柱上架横梁，梁柱相交处露出梁头，上置斗栱支撑屋檐。斗栱上有椽飞，屋面瓦件、正脊、脊兽齐全。所有梁枋、斗栱、椽飞均为砖石材料，雕刻精美。以罗山大王庙戏楼为例，戏楼与大门结合，明间入口门洞上镶石质门楣，其上镶阴刻“大王庙”石匾额，两侧雕卐字纹相衬。匾额上设仿木结构砖雕门头，两侧有垂柱，面阔一间，柱上架砖雕额枋、平板枋，上置一斗三升斗栱十一攒，栱身雕刻卷草图案。斗栱撑挑上方砖砌椽头及屋檐，屋檐覆筒板瓦及花脊，正脊两端升起突出，曲线优美。门头形制比例均衡，雕刻刀法细腻流畅，反映了豫南门头艺术的风格和特点（照5-2-4-1）。二是仿牌楼形式在大门上做装饰。用砖石在门两侧墙面上贴附四柱三间的牌楼形制，每间上出屋檐，形成砖筑门头。如荆紫关禹王宫，戏楼与庙门结合为一体，戏台位于大门二层。庙门上用青石及青砖拼砌出四柱三间五楼的牌楼样式。明间屋面高出墙檐，用石筑造出牌楼柱、梁等骨架，再用砖雕二层斗栱支撑屋面。牌楼比例瘦高，明间分上中下三层，下层开设大门，门楣及门上方额枋雕刻人物故事，中层阴刻“声律身度”四字，上层设字牌，阴刻“禹王宫”三字。次间设二层屋檐，层次丰富。大门两侧厢房墙面上均辟偏门，门上装饰同样门头（照5-2-4-2）。

豫南戏楼屋顶造型轻盈飞扬，屋脊为叠瓦花脊或花砖调脊，脊中心用瓦件叠

照5-2-4-1 罗山大王庙戏楼门头

照 5-2-4-2　荆紫关禹王宫戏楼门头

照5-2-4-3　新县普济寺戏楼脊饰

放不同花样装饰，也有正脊、垂脊雕饰花卉图案；两端设鱼龙吻，造型生动，艺术表现力较强，蕴含深刻的地域文化内涵（照5-2-4-3）。

豫南地区木雕、砖雕、石雕手法细腻，雕刻工艺精湛。如社旗山陕会馆悬鉴楼木、砖、石雕题材丰富，刻画生动细腻，每件相异，互不雷同，采用透雕、采地雕等技法精雕细琢，布局主次分明，栩栩如生，堪称木雕、砖雕、石雕的艺术博物馆，对研究河南地区的雕刻艺术有极高的价值。除了华丽的会馆戏楼，豫南宗祠戏楼虽然建筑面积稍小，但装饰上毫不逊色。多采用体现福禄寿等寓意题材，以高浮雕与多层透雕为主，辅以浅浮雕和镂雕，轻盈灵动，层次清晰，营造了一种立体的光影效果。如新县宋氏祠堂戏楼，台口设枋，枋上雕刻观演场景，中间场景图幅较大，刻一龙舟形象，舟上立15人观戏，两侧场景图幅较小，刻头戴长翎人物立于戏楼中生动表演。装饰风格繁密精细，屋顶瓦砾和树叶层层叠叠，人物衣褶和眉目清晰可辨（照5-2-4-4）（照5-2-4-5）。荆紫关禹王宫戏楼大门上石额枋浮雕人物、松竹，雕工细腻（照5-2-4-6）。

照 5-2-4-4　新县宋家畈宋氏祠堂戏楼木雕

照 5-2-4-5　新县宋家畈宋氏祠堂木雕

照 5-2-4-6　淅川荆紫关禹王宫戏楼大门石雕

第三节 豫北地区

豫北地区指黄河以北的新乡、安阳、焦作、濮阳等地区，清代分别为怀庆府（治沁阳）、卫辉府（治卫辉）、彰德府（治安阳）所辖。

一、因地制宜的观戏区域

豫北现存古戏楼大多分布安阳西部林州、新乡北部辉县、焦作修武等山地、丘陵地带。林州市地处太行山南段东麓，境内多山，山坡、丘陵占总面积的86%。辉县境内山地、丘陵面积占总面积的61%。焦作修武、沁阳、博爱属于太行山向华北平原过渡地带。由于地貌影响，大面积平坦开阔地势较少，导致戏楼观演空间局促狭小，无法大量容纳看戏人群。辉县、博爱、修武等地，古人依形就势，将戏楼观看场地分设在上下两个台地，戏楼正对大殿，位于低层台地上，大殿耸立于二层台地，殿前月台作为看台，戏台前两侧建二层看楼。整体布局上充分利用参差错落、高差明显的自然地势，将地形劣势变为独具特色的观演空间。辉县宝泉村玉皇庙舞楼、辉县周庄村大王庙戏楼、博爱桥沟天爷庙戏楼、博爱大底村龙王五神庙戏楼、修武东岭后村龙王庙戏楼、修武一斗水关帝庙戏楼均为此布局方式。以宝泉村玉皇庙为例，建筑依山而建，一进院落，建筑沿南北中轴线布置，舞楼位于山门二层，正对大殿，两侧分立东西看楼。整体布局紧凑，地势北高南低呈阶梯状，舞

照5-3-1-1 宝泉村玉皇庙庙戏楼

楼、大殿分别建在两级台地上，舞楼前观演区域合理利用院内南低北高两级台地，结合左右两层看楼，将观演区域分为三层，既不影响观演视线，又最大限度提高了观演场地的容积率。戏楼背临河流及山峦，视听效果俱佳，戏楼整体布局为半山区演出场所的佳例（照5-3-1-1）。

二、独特的建筑观演形式

半三面观形式是戏楼独有的建筑特点。在戏台前檐一步架或二步架下方不砌山墙，仅用柱子支撑，形成前檐一步架或二步架处屋面为悬山、其后为硬山式的独特形式。豫北地区现遗存古戏楼中采用此种形式的有18座，如新乡留庄营戏楼，山墙止于前檐上金檩位置，山墙与前檐柱之间用双步梁相连，上承瓜柱及檩枋。屋面形制顺应产生变化，双步梁上方屋面为悬山、余为硬山。戏楼前檐两侧山墙台口处设石砌踏步，方便上下舞台（照5-3-2-1）。

照5-3-2-1 留庄营戏楼

三、结构特征

豫北地区古戏楼具有典型的北方传统建筑的风格，抬梁式木构架，彻上露明造。因地理条件、气候环境的影响，豫北古戏楼木构架有两个显著的地域特征：特征一，多采用月梁，形成弧形卷棚式。安阳、新乡、焦作共遗存65座古戏楼，其中有25座采用卷棚式做法。因豫北戏楼多处于山地，规模体量适中，而卷棚建筑线条柔和、灵秀，具有美感与戏台实用并兼的特征，更能展现观演类建筑特点。另外，豫北地区属暖温带大陆性季风气候，冬季多寒潮大风，为防风，工匠建造时因地制宜多选用无正脊的卷棚硬山式及卷棚悬山式（照5-3-3-1）。卷棚式古戏楼均采用抬梁式结构，木构架为前后檐柱上置梁，梁下柱间设木隔断。梁上置瓜柱承月梁、檩、罗锅椽及屋顶荷载，椽有圆椽与方椽两种形式。豫北古戏楼中手法随意的圆椽占比较大，圆椽截面直径在8—10厘米之间。

特征二，豫北古戏楼虽地处山区，但高大的树木生长稀少，且交通不便，为节省木料，古戏楼梁架出现用短梁替代通长大梁的地方做法。如新乡卫辉吕村奶奶戏楼，前台为卷棚悬山式，前后檐柱上置六架梁，六梁上未采用通长四架梁的做法，而是在瓜柱间用短梁连接，达到短木料得以充分利用的目的（照5-3-3-2）。安阳西积善村关帝庙戏楼采用同样做法，前檐柱与中柱间设六架梁，梁上立瓜柱，金檩间步架，用两根单步梁替代四架梁，此种梁架节省了直径较大、较长的四架梁。由此可知，这种节约木材的梁架结构在当地已经运用得较为纯熟（照5-3-3-3）。

照5-3-3-1　袁圪套村上清宫戏楼

照5-3-3-2　吕村奶奶庙戏楼梁架

照5-3-3-3　西积善村关帝庙戏楼梁架

因山区多产石材，且石质坚实，豫北地区的古戏楼檐柱多为石柱，尤其新乡地区，遗存的20座古戏楼中前檐柱采用石柱的有12座，还有两座为一层石柱、二层木柱的做法。石柱四角采用抹角做法，形成八边形，柱径与柱高比在1∶9—1∶12之间。

安阳、新乡、焦作的古戏楼台基多采用当地产的块石垒砌，与豫西地区的毛石不同，块石经过打磨，形状规整，长短统一。戏楼墙体依据不同类别，不同位置分为糙白、糙砌等砌筑手法，墙体无收分。建筑材料多为砖、石及土坯砖混砌。墙体外壁用清砖或块石垒砌，内墙用土坯砖甃砌，采用里生外熟的砌筑方法。

豫北地区戏楼斗栱形制多为一斗二升，或者不设斗栱，檩枋间用荷叶墩及花板替代。特征有三：特征一，普遍采用一斗二升演变的异型斗栱。斗栱舍去槽升子，坐斗两侧栱为足材，用浮雕及透雕手法雕饰花卉图案，栱身长短自由，不遵循官式建筑的规制，结构撑托功能减弱，装饰性强（照5-3-3-4）。特征二，栱身弧度

照5-3-3-4　一斗二升演变的异型斗栱

照 5-3-3-5 沁阳北关庄村关帝庙戏楼斗栱

照 5-3-3-6 修武一斗水关帝庙戏楼斗栱

大，栱无上留，显示出较强的装饰性（照5-3-3-5）。特征三，柱头平板枋上置硕大坐斗，梁头坐于斗内，两侧平出足材雕饰的栱身（照5-3-3-6）。平身科置雕饰精美的花板替代。

四、装饰特征

豫北古戏楼建筑虽然形制简约厚重，但注重装饰，戏台斗栱、荷叶墩、额枋、雀替、柱础、盘头等部位均做精美雕饰，这与明清时期豫北地区繁盛的戏曲文化密不可分。图案多为龙纹、花卉及吉祥图案。豫北地区因其多为山地的地理环境，气候寒冷，土地贫瘠，人稠地薄，所以工匠把五谷丰登、风调雨顺、平安吉祥等寓意的画面作为美好希望雕饰在戏楼中，并表现得尤为细腻和形象。以武陟青龙宫戏楼为例，入口处抱厦平身科为如意斗栱，耍头刻龙首，栱身雕牡丹荷花图案。额枋、雀替采用浮雕及透雕手法，精雕彩绘双龙图，五龙腾云图和八仙庆寿、十八

照5-3-4-1 武陟青龙宫戏楼砖雕

照5-3-4-2 万善汤帝庙舞楼梁头雕刻

罗汉、凤凰戏牡丹等图案。戏楼檐下如意斗栱栱身透雕卷云图案；额枋则中间雕卷草图案，两端浮雕瑞兽，生动精美。戏台一层山墙正面各镶嵌一方形砖雕点缀，浅浮雕麒麟跃于山中，侧上方一只鸟展翅相嬉。正脊脊筒雕饰凤凰卷云纹饰，整体构图丰满，手法厚重、粗放，特点鲜明（照5-3-4-1）。

传统建筑有自己典型的装饰元素，并形成以地区为代表的装饰特点。部分豫北神庙戏台有一些惯用的装饰题材，比如把梁头雕饰为带有震慑性的兽面，神情凶恶，面有獠牙，表面会髹一层色彩斑斓的彩绘，以金色、青蓝色、白色为主，少许红色点缀，充分显示出了神庙建筑应有的威严与神秘。沁阳万善汤帝庙戏楼、辉县

照 5-3-4-3 博爱刘氏祠堂戏楼梁头装饰

周庄大王庙戏楼、新乡留庄营戏楼等梁头均雕饰为此风格（照5-3-4-2）。另有梁头未雕饰，上挂木雕兽面以做装饰，雕刻图案与彩绘与前者相仿，如博爱刘氏祠堂戏楼（照5-3-4-3）。

五、地域个性特征

照 5-3-5-1 戏楼盘头

明清时期，民间建筑的营造技艺是依靠师徒之间的直接相授与传承，因此建筑建造风格及手法具有传承性与地域性。豫北地区古戏楼除了其共性特征外，安阳、新乡焦作三个地区也分别存在地域个性特征。

1. 安阳位于河南省最北部，西倚太行山，东联华北平原。安阳现存古戏楼大多分布在西部山区，地貌山峦环绕曲折，开阔平地甚少，这些客观因素导致安阳现存古戏楼较少有建筑面积宽广、体量宏伟的，而是更追求轻巧、纤丽的风格。现存15座古戏楼中单幢式为13座，屋面形式简洁，均为悬山、硬山式及前坡悬山、后坡硬山的组合方式。与焦作、新乡古戏楼檐柱多为方形石柱不同，多采用比例纤长的圆木柱。盘头雕刻精美，常篆刻“福”“寿”等蕴含祝福吉祥的文字（照5-3-5-1）。

2. 焦作地处太行山脉与豫北平原的过渡地带，地势由西北向东南倾斜，由北向南渐低。从北部山区到南部平原呈阶梯式变化，层次分明。地理特点造成焦作古戏楼与安阳、新乡戏楼相比规模较为宏伟，现存30座古戏楼中结构形式为三幢并联式有15座。焦作戏楼屋面形制丰富，大致可分为7种，分别为硬山式，悬山式，前坡悬山、后坡硬山式，前坡歇山、后坡硬山式，前坡歇山、后坡悬山式，主楼悬山式配楼硬山式等。这种多种形制相互结合的屋面，使整个戏台层次更加分明，视觉效果更加丰富，充分体现出民间艺人高超的技艺、创新的智慧及对美的追求。焦作地貌丰富，致使辖域内建筑风格多样。如修武一斗水关帝庙戏楼地处深山，石料取之不尽，建筑基础、墙体、檐柱、地栿、门窗、过梁、墀头、院内地面等均采用石料，与其他戏楼风格迥异（照5-3-5-2）。

3. 新乡地区古戏楼在建筑体量及结构形式上介于安阳与焦作之间，现存古戏楼20座，其中单幢式11座、二幢前后串联式3座、三幢左右并联式6座，结构形式多样。屋面形式为悬山式、硬山式或悬山式与硬山式的组合。新乡半三面观古戏楼有9座，占总数的45%，前檐一至二步架为悬山、余为硬山式的屋面形制为新乡古戏楼的特征之一。新乡现存古戏楼檐下基本不设栱，均采用雕刻精美的荷叶墩及花板替代，图案以花卉为主（照5-3-5-3）。

照5-3-5-2　一斗水关帝庙戏楼

照5-3-5-3　西平罗村胜福寺戏楼前檐花板

第四节 豫中地区

豫中地区的划界范围包含郑州、许昌、平顶山三个地区。明清时期，分别为开封府、汝州府所辖。豫中地区的古戏楼共性较少，建筑风格不尽相同。

一、郑州古戏楼突出的建筑文化特征

郑州是华夏文明的重要发祥地之一，新郑裴李岗文化遗址、郑州西山古城遗址、大河村遗址均证明早在远古时期中华文明的灿烂成就。隋开皇元年（581），改荥州为郑州。天宝元年（742）改郑州为荥阳郡。北宋建都汴京后，宋代建郑州为西辅，成为宋代四辅郡之一。位于登封峻极峰下的嵩阳书院是当时的四大书院之一。金代和元代时期，郭守敬和王恂在登封主持设立了观测台。郑州的灿烂厚重的历史文化使得该地区古戏楼具有一个显著特征，楹联遗存较为丰富。郑州现遗存古戏楼22座，镌刻楹联的多达11座，为各地区遗存数量之最。

郑州戏楼楹联内容大致可归纳为三个方面：一为警戒世人，劝世励志的，如郑州城隍庙乐楼楹联："传出幽明报应彰天道；演来生死轮回醒世人。"巩义白沙村崔氏祠堂戏楼楹联："刻羽引商，此中隐寓春秋意；知来观往，局外须深劝诫心。""乃武乃文，把往事何妨再叙；演忠演孝，劝世人莫作闲看。"巩义神北村河洛大王庙舞楼："范围万派，千流无容泛滥；鞭辟惊涛，骇浪并入沧溟。"二为宣扬忠孝的。如巩义鲁庄村姚氏祠堂戏楼"忠孝结义，万古纲常昭人耳目；礿祀蒸尝，四时典礼矢我精诚。"三为描述歌舞升平的。如巩义山川村大庙戏楼楹联："舞袖低徊，作奇观于胜地；歌声清切，住余韵于青山。"巩义孙寨村老君庙戏楼："曲奏阳春，宛若唐时古调；歌赓闾里，居然宋世遗声。"巩义刘氏祠堂戏楼："曲传子夜，笙箫聊堪格祖；乐奏霓裳，歌舞亦足娱神。"桥沟村老君庙戏楼："舞遇行云飞燕；调高白雪阳春。"巩义桃花峪村火神庙戏楼："四美具二难，并人正好逢场做戏；千金多一刻，少天何不转夜为年。"

二、许昌古戏楼浓厚的商业经济气息

地域经济对建筑的分布、规模和形制有一定的影响。经济贸易兴盛的地区往往古戏楼分布密集、规模较大、规划与营建水平高、结构形制丰富、装饰繁缛。另外，商业活动还促进了各地戏曲文化的交流。

禹州地理气候优越，盛产药材，唐代药王孙思邈曾长期游居禹州，行医采药、著书立说，禹州的中药文化自此开始繁荣，明清时期是药品货物交流重地。钧瓷发端于东汉，是宋代五大名窑瓷器之一，禹州神垕是钧瓷主产地，宋时称神垕店，明代开始称神垕镇，属鸿畅都，清时属文风里。现仍流传一首民谣："进入神垕山，七里长街观，七十二座窑，烟火遮住天，客商遍地走，日进斗金钱。"由此可见当时之繁华。

许昌遗存古戏楼7座，禹州占6座，其中三幢并列式2座、二幢前后串联式1座、单幢式3座，形制丰富。如禹州城隍庙戏楼为双幢前后串联式，戏楼坐落在高台之上，台体的明间辟券洞为南、北向通道。台上由两座单檐歇山建筑前、后连搭组成，规模宏大，巍峨壮观。南面戏楼面阔五间，进深三间；北面戏楼面阔三间，进深二间。绿色琉璃瓦覆顶。其观演形制为河南仅存两座双面观之一，可窥当时戏曲演出时的壮观景象。

神垕伯灵翁庙戏楼、关帝庙戏楼体量与禹州城隍庙戏楼及怀帮会馆戏楼相比，虽然建筑面积稍小，但装饰可谓华美之极，精细的雕刻及色调均衡的彩画充斥建筑构件，无一疏漏。木雕、砖雕、石雕工艺精湛，惟妙惟肖，特点鲜明，为河南古戏楼建筑的精品。神垕伯灵翁庙戏楼木雕主要集中于檐下的斗栱、平板枋、额枋、雀替等部位。入口抱厦平板枋及额枋上采用浅浮雕、镂空雕相互结合的技法，刻有寿星、八仙等仙人及缠枝花草等纹样，栩栩如生。戏楼檐下座斗浅雕莲瓣图案，平板枋透雕为花枝、枝蔓相互缠绕。额枋及柱头两侧的雀替采用深雕及多层镂空等手法雕刻花卉、瑞兽。石雕集中在戏楼入口抱厦石柱、石券门及柱础上。石柱为八边形，柱头一周雕刻八仙人物形象，柱前两边立一对石狮与柱相连，石狮张牙舞爪，威风凛凛。戏楼柱础分为三层：上层为扁鼓型，浮雕花卉图案；中间束腰分为八面，每面高浮雕两个人物，形态各异；下层方形底座，浅浮雕麒麟、天马、鹿等瑞兽。彩绘体现在梁架、檐口斗栱、额枋、雀替及天花上，内容丰富、色彩古朴。戏楼斗栱之上遗存有天花，彩绘团花及人物图案（照5-4-2-1）。

禹州古戏楼平面布局多采用移柱造、减柱造，也是其特点之一。禹州怀帮会馆戏楼采用减柱造，禹州城隍庙戏楼运用了移柱造，神垕伯灵翁庙戏楼同时运用了减柱造和移柱造。这种构造上的处理，既扩大了舞台空间面积，又满足了建筑内部空间跨度的要求，体现了科学的营建理念和高超的建造工艺。

照5-4-2-1 神垕伯灵翁庙戏楼前檐木雕

第六章

戏楼匾联及碑刻

戏楼的匾额、楹联作为传统建筑的一种装饰艺术，是具有中国人文特色的装饰手段，其携带的文学内涵和艺术美感，对建筑艺术起到画龙点睛的作用，体现了我国传统文化的价值观念，为文学艺术、戏曲文化、书法艺术与建筑艺术的巧妙结合。河南是华夏文明的重要发祥地之一，文化底蕴深厚，明清时期匾联在河南古戏楼中普遍应用。碑刻真实且具体地反映了戏楼建筑的营建信息，对研究戏曲、民俗文化及戏楼建筑的演变具有重要的价值。

第一节 匾额

匾额又称扁额，“匾”字古也作“扁”字，汉代许慎的《说文解字》对“扁”作了注释：“扁，署也，从户册。户册者，署门户之文也。”可解释为悬挂于门上，反映建筑物名称，表达人们义理、情感的文字形式即为匾额。是集书法、雕刻、油饰等艺术为一体的装饰形式，以简单的形式，言简意赅的文字，折射出富有民族特色的戏曲及传统建筑文化的深刻内涵。

匾额艺术历史久远，明清时期已成为戏楼建筑中普遍采用的固定装饰形式。

照 6-1-0-1　孟津玄帝庙舞楼石匾

照 6-1-0-2　周庄村全神庙戏楼木匾

照 6-1-0-3　洛阳山陕会馆舞楼石匾

照 6-1-0-4　伊川白沙村民居戏台石匾

照6-1-0-5　禹州五虎庙戏楼题写匾

照6-1-0-6　西积善村关帝庙戏楼木匾

河南因历史上常常遭受战火侵害，古戏楼匾联遗存情况较差，现仅有42座古戏楼存有木、石匾额。遗存木匾额中，年代最早的为社旗山陕会馆悬鉴楼悬挂的清道光二十四年（1844）“悬鉴楼”匾及“既和且平”匾。石匾额年代最早的为孟津玄帝庙舞楼南檐券门上石匾，阴刻“玄帝庙”三个大字，留“万历戊午岁（1618）季冬吉旦创立”题记（照6-1-0-1）。

河南古戏楼匾额形式多样，最常见的是在悬挂于额枋上的木质匾额，也有雕刻于砖石门额上的石刻匾额，或者直接书写在戏楼墙面或木隔断之上。如登封周庄村全神庙戏楼悬挂的“碧落横云”木匾，蓝底黑字金边，边框采用回字纹装饰，色彩炫目，形制古朴（照6-1-0-2）。洛阳山陕会馆舞楼，南檐有三道拱

照6-1-0-7　留庄营戏楼木匾

照6-1-0-8 新乡留庄营戏楼匾额

照6-1-0-9 刘固堤村王氏祠堂戏楼匾额

券门，东券门上石匾额刻“帝域”二字，西券门上匾额上为“居圣”（照6-1-0-3）。伊川县白沙村南街民居戏台，民居明间石匾额刻“凌云声”三字（图6-1-0-4）。禹州五虎庙戏楼，舞台明间后檐墙上用墨色题写“镜台”二字，旁侧有题跋及落款，白底黑色，引人注目（照6-1-0-5）。

古戏台木匾额的位置相对固定，大都位于戏楼外檐明间的额枋上，或者悬挂于隔断上方正中。隔断左右两边上下场门的门楣上也常悬挂有匾额，题写“出

照 6-1-0-10　洛阳潞泽会馆舞楼匾额

照 6-1-0-11　洛阳潞泽会馆舞楼匾额

照 6-1-0-12　社旗山陕会馆悬鉴楼匾额（清咸丰五年）

照 6-1-0-13　嵩县安岭三圣殿舞楼匾额（清咸丰五年）

照 6-1-0-14　社旗山陕会馆悬鉴楼木匾（清道光二十四年）

将”“入相”或“出风”“入雅”“风琴”“雅管”“来雁”“归云”等文字（照6-1-0-6）（照6-1-0-7）。匾额形制分横式及竖式，竖式宋称为华带牌。清代宫殿内匾额多为斗子匾，宋代称之为“风字匾”。河南古戏楼遗存木质匾额中横匾数量最多，竖式偏少，呈长方形。如新乡留庄营戏楼的“盛世元音”匾额为横式（照6-1-0-8），获嘉刘固堤村王氏祠堂戏楼匾额为竖式（照6-1-0-9）。洛阳潞泽会馆舞楼悬挂两种形制的匾额，一层为“普天同庆”横匾，二层则为“悬鉴楼”竖匾，两块匾相互呼应，成为戏楼装饰的点睛之笔（照6-1-0-10）（照6-1-0-11）。匾额形制分带边框和无边框两种。通常会馆戏楼匾额做工精美，木板上雕刻文字，边框满雕花卉及寓意美好的纹饰。如社旗山陕会馆悬鉴楼匾额，中间采用阴刻的手法雕刻行书“悬鉴楼”三字，边框采用浮雕、镂雕的技法，满刻带有吉祥和顺寓意的植物、器物图案，黑底金字，书法遒劲有力（照6-1-0-12）。神庙戏楼及祠堂戏楼匾额边框通常不做雕饰，还有素面无边框木匾，常常为名人名士所题写，具有很强的艺术性。

匾联艺术使戏楼建筑具有了深刻的思想性，按文字内容归类，戏楼匾额可分为两种：一为题名匾，即为建筑命名。如直抒其意的“舞楼”“乐楼”“神怡楼”等匾名。嵩县安岭三圣殿舞楼屏风上悬挂木匾额，上书“乐舞楼”三字，落款“咸丰五年仲秋月”，系洛宁县儒学生员李嵩芝题写（照6-1-0-13）。二为抒意匾，即写景状物，言表抒情，寓意深邃。如社旗山陕会馆悬鉴楼内檐悬挂的“既和且平”匾，文字出自《诗经·商颂·那》：“鞉鼓渊渊，嘒嘒管声。既和且平，依我磬声。”意思是曲调和谐音清平，磬声节乐有起伏（照6-1-0-14）。匾额还起到命题、点题的作用，从寓意分析，又可分为两类：一为寓意祥瑞，如新乡留庄营戏楼的“盛世元音”、登封周庄村全神庙戏楼的“碧落云横”、开封山陕甘会馆戏楼“熏风清扬”等匾额。二为观古鉴今，规诫自勉。如社旗山陕会馆“悬鉴楼”、许昌禹州五虎庙戏楼“镜台”、开封山陕甘会馆戏楼“振古录今”等。以社旗山陕会馆悬鉴楼悬挂的“悬鉴楼”匾额为例，“悬鉴”二字典出《新唐书·魏徵传》：“以铜为鉴，可正衣冠；以史为鉴，可知兴替；以人为鉴，可明得失。”匾额把戏楼比作高悬之镜，言简意赅，富有哲理。

河南古戏楼匾额一览表

序　号	名　称	木匾额	石匾额	题写匾额
1	登封周庄村全神庙戏楼	碧落云横 （道光二十五年）		
2	荥阳王村戏楼	凤阁、龙楼		
3	巩义河洛大王庙舞楼		大王庙	
4	巩义鲁庄姚氏祠堂戏楼	姚氏家祠 忠烈世家		
5	开封山陕甘会馆中轴线戏楼	振古铄今		
6	开封山陕甘会馆东堂戏楼	熏风清扬		风琴 雅管
7	洛阳潞泽会馆舞楼	普天同庆 悬鉴楼		
8	洛阳山陕会馆舞楼		帝域、居圣	
9	嵩县安岭三圣殿舞楼	乐舞楼 （清咸丰五年）		前瞻 顾后
10	嵩县旧县村城隍庙舞楼	歌舞楼		
11	孟津玄帝庙舞楼		玄帝庙 （万历戊午岁）	
12	洛宁凡村张氏宗祠戏楼		张氏宗祠	
13	洛宁凡村曹氏祠堂戏楼		曹氏宗祠	
14	洛宁大许村杨公祠戏楼		杨公祠	
15	伊川白沙村南街戏台		凌云声 （乙酉仲春月）	
16	宜阳山陕会馆戏楼			山西夫子
17	安阳白龙庙戏楼			神怡楼 出将、入相
18	安阳朝元洞戏楼		阳春 白雪	
19	安阳角岭村歌舞楼			歌舞楼台 镜中花 郢中曲
20	安阳西积善村关帝庙戏楼	世事是式 入相、出将		

续表1

序　号	名　称	木匾额	石匾额	题写匾额
21	郏县山陕会馆戏楼		山陕庙 （清嘉庆二十四年）	
22	汝州半扎关帝庙戏楼		关帝庙	
23	新乡留庄营戏楼	盛世元音 蕴张、吐秀 云归、雁来		
24	新乡合河泰山庙戏楼		泰山庙	
25	辉县平甸村玉皇庙戏楼	玉皇大帝		
26	博爱南道玉皇庙戏楼		玉皇庙	
27	博爱苏寨玉皇庙戏楼		玉皇庙	
28	获嘉西寺营村玉帝庙戏楼	海市蜃楼		古意、元音
29	武陟青龙宫戏楼	海市蜃楼		
30	修武一斗水关帝庙戏楼	万事忠表		
31	禹州神垕伯灵翁庙戏楼	窑神庙		
32	禹州五虎庙戏楼			镜台
33	三门峡上瑶村泰山圣母庙戏楼			清影漫舞 林霄 霞飞
34	社旗山陕会馆悬鉴楼	悬鉴楼 既和且平 山陕会馆		
35	社旗火神庙戏楼	水镜台		入相、出将
36	淅川荆紫关山陕会馆戏楼	戏楼		圈外注
37	淅川荆紫关禹王宫戏楼		禹王宫	
38	罗山大王庙戏楼		大王庙 （清同治八年）	
39	新县宋家畈宋氏祠堂戏楼		宋氏宗祠	
40	新县西河村焕公祠戏楼		焕公祠	
41	新县毛铺村彭氏宗祠戏楼		彭氏宗祠	
42	周口关帝庙戏楼	声振灵霄		

第二节 楹联

楹联也称对联，是在发展过程中，吸收了汉魏骈文、唐代格律诗以及词曲等文学形式的特点，利用汉字特征来撰写的一种民族文体，讲究对仗工整，平仄协调，是中国传统文化的瑰宝。2005年，国务院把楹联习俗列为第一批国家级非物质文化遗产名录。河南古戏楼楹联大多为清代题写，经统计，现共有42座古戏楼留存了楹联65副，其中有纪年且年代最早的为新安李村龙王庙戏楼楹联，建筑檐柱上镌刻：“假象传真，演古今之奇事；虚迹成实，谈历代之余文。”边侧题刻“康熙五十九年（1720）四月镌刻穀旦”。

楹即指屋前的柱子，《说文解字》载：“楹，柱也。从木，盈声。”[1]戏楼楹联均镌刻或悬挂在戏楼柱身上，材质主要为石质或木质，一座戏楼镌刻或悬挂一至二副楹联。河南古戏楼常见的楹联形式为镌刻在前檐石柱上，书体各异，包含隶书、行书、楷书、草书等字体。疏密有致，整齐美观。文字基本为汉字，也存在民族文字的个例，如安阳县许家沟乡小寨村玄帝庙戏楼，檐柱镌刻两副满文楹联，旁题为“满洲正黄旗多岐敬笔”[2]。

楹联讲究左右联句，对仗工整，抒情写意，言简意赅。河南古戏楼楹联的内容范围甚广，或描述美好生活，或喻示人生，或劝世励志，内容折射社会百态，具有深刻的思想性和较高的艺术性。从寓意上可归纳为五类：

[1] 许慎撰，段玉裁注：《说文解字注》上海古籍出版社，1981年，第353页。

[2] 杨建民：《中州戏曲历史文物考》，文物出版社，1992年。

一、宣扬戏曲文化、体现道德观念

白雪曲高，依永和声传雅奏；清平调古，式歌且舞有遗音。

——嵩县安岭三圣殿舞楼

曲奏阳春，宛若唐时古调；歌赓闾里，居然宋世遗声。

——巩义孙寨老君庙戏楼

对月清歌，不亚广陵之曲；当花妙舞，何殊西子之姿。

——社旗火神庙戏楼

男女老幼，品味世间善恶；生旦净丑，演绎多彩人生。

——淅川荆紫关山陕会馆戏楼

宛如太史陈诗，传出真情为世劝；俨若伶人播乐，奏成法曲协神听。

庐山面目原真，任作风波于世上；国史文章不假，堪消傀儡在胄中。

——安阳朝元洞戏楼

二、警戒世人，劝世励志

传出幽明报应彰天道；演来生死轮回醒世人。

——郑州城隍庙乐楼

刻羽引商，此中隐寓春秋意；知来观往，局外须深劝诫心。

乃武乃文，把往事何妨再叙；演忠演孝，劝世人莫作闲看。

——巩义白沙村崔氏祠堂戏楼

范围万派，千流无容泛滥；鞭辟惊涛，骇浪并入沧溟。

——巩义河洛大王庙舞楼

三、宣扬忠孝

忠孝结义，万古纲常昭人耳目；礿祀蒸尝，四时典礼矢我精诚。

——巩义鲁庄村姚氏祠堂戏楼

演武修文，阐发从前经济；描忠写孝，激扬现在纲常。

——偃师府店东大庙戏楼

者般模样，大奸巨恶早回首；□恁形容，忠臣义士莫随心。

——获嘉西寺营村玉帝庙戏楼

四、描述生活情趣、歌舞升平景象

盍往观乎，父老闲来消白昼；亦既见止，儿童归去话黄昏。

——鹤壁上峪乡白龙庙戏楼

舞袖低徊，作奇观于胜地；歌声清切，住余韵于青山。

——巩义山川村大庙戏楼

曲奏阳春，宛若唐时古调；歌赓闾里，居然宋世遗声。

——巩义孙寨老君庙戏楼

曲传子夜，笙箫聊堪格祖；乐奏霓裳，歌舞亦足娱神。

——巩义刘氏祠堂戏楼

舞遏行云飞燕；调高白雪阳春。

——巩义桥沟村老君庙戏楼

五、讲述历史故事

司徒妙算托红裙；凯歌却奏凤仪亭。

——安阳白龙庙戏楼

匹马斩颜良，偏师擒于禁，威武震三军，爵号亭侯公不忝

徐州降孟德，南郡丧孙权，头颅行万里，封号大帝耻难消。

——洛阳关林舞楼

这些楹联集优美的文辞、精湛的书法于一体，寄托了人们对美好生活的向往与追求，体现了古人的信仰和社会习俗，其包含的历史和文化内涵深刻，是研究文学、戏曲、民俗、书法等艺术的宝贵实例（照6-2-5-1）（照6-2-5-2）（照6-2-5-3）。

照6-2-5-1 安阳白龙庙戏楼楹联

照6-2-5-2 安阳朝元洞戏楼楹联

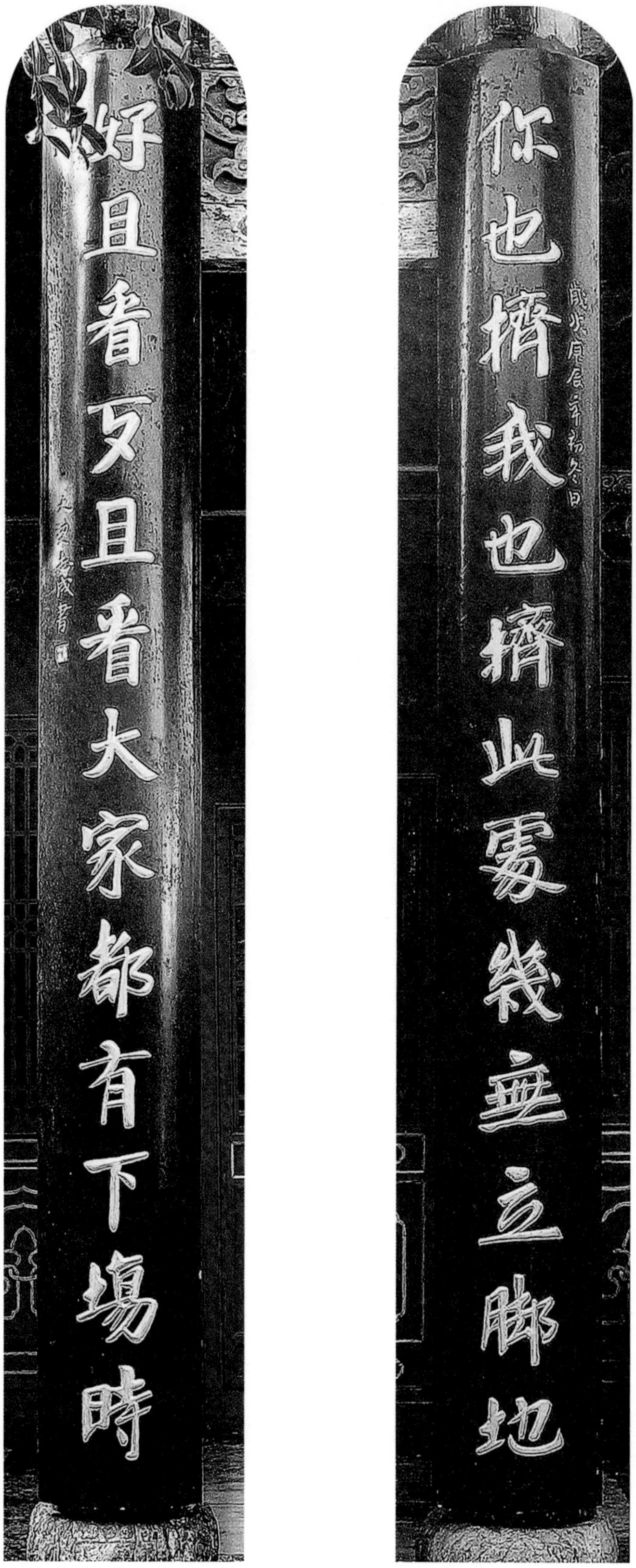

照6-2-5-3 开封山陕甘会馆西堂戏楼楹联

河南古戏楼楹联一览表

序号	名称	联文
1	郑州城隍庙乐楼	传出幽明报应彰天道； 演来生死轮回醒世人。
2	巩义鲁庄村姚氏祠堂戏楼	忠孝结义，万古纲常昭人耳目； 礿祀蒸尝，四时典礼矢我精诚。
3	巩义白沙村崔氏祠堂戏楼	刻羽引商，此中隐寓春秋意； 知来观往，局外须深劝诫心。
		乃武乃文，把往事何妨再叙； 演忠演孝，劝世人莫作闲看。
4	巩义高庙村关帝庙戏楼	踵赓歌遗韵，扬扢升平雅奏； 尽宇宙大观，雍容盛世衣冠。
		逢场作戏，往事今朝重提起； 当代论文，知人尚友宏观摩。
5	巩义刘氏祠堂戏楼	曲传子夜，笙箫聊堪格祖； 乐奏霓裳，歌舞亦足娱神。
		青黎乙照，当日神功赫烁； 黄冶族居，此时鼓□休明。
		骏奔在庙，假管弦以话既翕； 陟降于庭，凭蒸尝乃见且平。
6	巩义山川村大庙戏楼	舞袖低徊，作奇观于胜地； 歌声清切，住余韵于青山。
7	巩义桥沟老君庙戏楼	舞遇行云飞燕； 调高白雪阳春。
8	巩义孙寨村老君庙戏楼	曲奏阳春，宛若唐时古调； 歌赓闾里，居然宋世遗声。
9	巩义桃花峪火神庙戏楼	四美具二难，并人正好逢场做戏； 千金多一刻，少天何不转夜为年。
10	巩义河洛大王庙舞楼	范围万派，千流无容泛滥； 鞭辟惊涛，骇浪并入沧溟。
11	荥阳县王村戏楼	榱栋灿日星，南嵩北河并添彩； 徵角彻霄汉，虞凤晋鹤共和鸣。
		水仙子捧碧玉箫，台前吹出声声慢； 香柳娘穿红绣鞋，场中行得步步娇。

续表1

序号	名称	联文
12	开封山陕甘会馆中轴线戏楼（图6-16）	幻即是真，世态人情描写得淋漓尽致； 今世犹古，新闻旧事扮演来毫发不差。
		台上笑，台下笑，台上台下笑惹笑； 看古人，看今人，看古看今人看人。
		浩然之气塞天地； 忠义之行彻古今。
13	开封山陕甘会馆东堂戏楼	园古听六韵，赏七弦妙曲； 庭幽品函香，饮一壶清茗。
14	开封山陕甘会馆西堂戏楼	你也挤，我也挤，此处几无立脚地； 好且看，歹且看，大家都有下场时。
15	洛阳潞泽会馆舞楼	人为鉴即古为鉴，且往观乎； 鼓尽神兼舞尽神，必有以也。
16	洛阳关林舞楼	匹马斩颜良，偏师擒于禁，威武震三军，爵号亭侯公不忝； 徐州降孟德，南郡丧孙权，头颅行万里，封号大帝耻难消。
17	偃师府店东大庙戏楼	演武修文，阐发从前经济； 描忠写孝，激扬现在纲常。 （清嘉庆二十二年）
		非幻非真，只要留心大结局； 是虚是实，当须着眼好排场。 （清嘉庆二十二年）
18	新安李村龙王庙戏楼	假象传真，演古今之奇事； 虚迹成实，谈历代之余文。 （清康熙五十九年）
19	嵩县安岭三圣殿舞楼	白雪曲高，依永和声传雅奏； 清平调古，式歌且舞有遗音。
20	安阳白龙庙神怡楼	略迹原情，俱是镜花水月； 设身处地，罔非海市蜃楼。
		管弦奏春夏，惟祈甘霖时布； 歌舞荐馨香，但愿大泽无疆。
		司徒妙算托红裙； 凯歌却奏凤仪亭。
21	安阳善应镇朝元洞戏楼	庐山面目原真，任作风波于世上； 国史文章不假，堪消傀儡在胄中。
		宛如太史陈诗，传出真情为世劝； 俨若伶人播乐，奏成法曲协神听。
22	林县栖霞观	鸿门设宴，楚汉谈天下； 青梅煮酒，曹刘论英雄。

续表2

序号	名称	联文
23	汝州半扎关帝庙戏楼	盛衰一局棋，自古常如汉魏； 邪正千秋价，于今试看刘曹。
		当年那事非真，演出忠奸昭日月； 此地何言是假，看来赏罚似春秋。
24	鹤壁黄沟村黄龙庙戏楼	百年戏局，无非春花秋月； 一生梦幻，俱是流水行云。
25	浚县碧霞宫戏楼	山水簇仙，居仰碧榭丹台，一阕清音天半绕； 香花酬众，愿看酒旗歌扇，千秋盛会里中传。
		瘟岂妄加于人，惟作孽者不可逭； 神祇行所无事，常为善者自获安。
26	鹤壁上峪乡白龙庙戏楼	盍往观乎，父老闲来消白昼； 亦既见止，儿童归去话黄昏。
27	新乡何屯关帝庙戏楼	穷通成败，借讴歌人，描出来得失形容； 离合悲欢，楼古今传，演不尽炎凉世态。
		理天合数，天似异看，报应□天道至□； 今人兴古，人无亲聆，品评悟人性些□。
28	新乡留庄营戏楼	镜里灯花，疑是火星流夜月； 眉间臙腻，恍如红雨过春山。
		律吕调和，依然是高山流水； 宫商迭奏，好像是白雪阳春。
29	辉县张台寺关帝庙	戏坛荟萃群星灿； 艺苑春融百卉娇。
30	获嘉西寺营村玉帝庙戏楼	者般模样，大奸巨恶早回首； 恁□形容，忠臣义士莫随心。
		喜怒哀乐，恰能得至圣高贤趣； 文略武韬，依然是经邦济世才。
31	吕村奶奶庙戏楼	闲云野树，古道斜阳，举目箕山颍水； 妙舞清歌，引商刻羽，满怀舜日尧天。
32	焦作桶张河村老君庙戏楼	代诗道性情群怨，兴观菊部即为学地； 与佛明因果报施，劝戒梨园亦具婆心。
		乐无论古今，有裨于世俗民风斯为美； 剧岂分新旧，能演出人情天理可以观。
33	博爱桥沟天爷庙戏楼	教人亦有方，开演俗情原为青箐学子； 听戏非无益，改良词曲便成白话文章。
34	沁阳盆窟老君庙舞楼	良善必余庆，畴云今不如古； 凶恶终有报，试看假以传真。

续表3

序号	名称	联文
35	襄城颍考叔祠戏楼	乐府功高，扬百世忠臣义士； 梨园技美，标千秋孝妇烈女。
36	禹州郭东村戏楼	奸党恶徒，正好优人口传笑骂； 忠臣孝子，还从歌舞台上有旌。
37	禹州神垕伯灵翁庙戏楼	灵丹宝篆传千古； 坤德离功利万商。
38	云阳镇城隍庙戏楼	怀旧喜从新，幻幻奇奇，装傀儡登场演出人心变态； 居今宜鉴古，非非是是，看俄顷结果不外天理恒情。 （清光绪甲辰）
		一曲奏霓裳，妙舞清歌，想像人间天上； 千秋垂藻鉴，前因后果，试看古往今来。
39	社旗山陕会馆悬鉴楼	幻即是真，世态人情描写得淋漓尽致； 今亦犹昔，新闻旧事扮演来毫发无差。
		还将旧事重新演； 聊借俳优作古人。
40	社旗火神庙戏楼	对月清歌，不亚广陵之曲； 当花妙舞，何殊西子之姿。
		其中大观，那得头头都是也； 此间细领，究之着着皆真耳。
		剧戏当场假笑，啼中真面现； 解人寓意外留，连处内心知。
41	淅川荆紫关山陕会馆戏楼	男女老幼，品味世间善恶； 生旦净丑，演绎多彩人生。
		小舞台演尽人生百态； 大会馆汇聚商贾万千。
42	登封颍阳京城隍庙戏楼 （仅存石柱）	城延昔传，保鰲颍谷几数代； 隍至今在，赫明伦氏已多年。
		聪明不昧，庙貌偕紫峰悠远； 赏罚无私，威灵同金溪永流。

第三节 碑刻

碑刻内容承载着一定的历史见证及地理标识作用，具有重要的历史、艺术研究价值。在调查过程中，也发现了大量有关古戏楼的碑刻，碑文记载资料对研究戏曲、民俗文化及戏楼建筑的演变具有重要的文献价值，弥足珍贵。

一、碑文信息

碑刻内容反映的信息广泛，主要可归为四个方面：其一，建筑创建、重建、修建的起源及过程；其二，建筑形制营造演变；其三，与戏曲相关的民俗文化活动；其四，建筑营造经费收支。

（一）反映戏楼创建、重建、修建的起源及过程

碑刻内容记载了戏楼创建、重建的起由及具体营建时间，具有重要的历史文献价值。如新密西土门李氏祠堂清嘉庆八年（1803）《重修祠堂门楼垣墙暨新建歌台题名碑》碑，由碑文可知，祠堂舞楼创建于清嘉庆八年十一月，并共花费经费二百五十千文（照6-3-1-1）；巩义山头村卢医庙的《补修诸殿戏楼庙墙及村南关帝庙碑记》碑，记载了戏楼残破，民国十六年（1927）十月得以修缮（照6-3-

照 6-3-1-1　新密西土门李氏祠堂《重修祠堂门楼垣墙暨新建歌台题名碑》碑

照6-3-1-2　巩义山头村卢医庙《补修诸殿戏楼庙墙及村南关帝庙碑记》碑

照6-3-1-3 巩义桥沟老君庙《建修乐舞楼碑记》碑

1-2）；巩义桥沟老君庙《建修乐舞楼碑记》碑，记载了戏楼创建于清咸丰三年（1853）冬季（图6-3-1-3）；林县古城村关帝庙的清乾隆二十七年（1762）《重修戏楼碑记》碑，仅存上半部，碑文不全，反映了戏楼重建时间、筹捐人姓名及费用（照6-3-1-4）。林县桑耳庄龙王庙遗存清嘉庆十九年（1814）《重修大殿建立戏楼碑记》碑，碑文反映庙宇“不知创自何时”，依据落款可知戏楼创建及大殿修缮时间（照6-3-1-5）。

焦作马村玉皇庙清乾隆十九年（1754）《马村玉皇庙重修碑记》碑，碑文记载：“马村之建玉帝庙也，莫详所自始。庙前舞楼久归乌有，迨今上御极之元年，信士赵得富聚族而谋曰：庙前土业，舞楼故址也，可因其地而重建之……时有毋子玉奇、王子之玺、文俊，同心协力，共襄盛举，而舞楼岿然复矣。”由此可知，玉皇庙始建时即建有舞楼，后毁，仅存基址，赵得富倡导村民在原址重建。后又毁于水患，“越十有六年辛未季夏廿六日，沁水泛溢，村落几荡然。水退起视庙中，诸

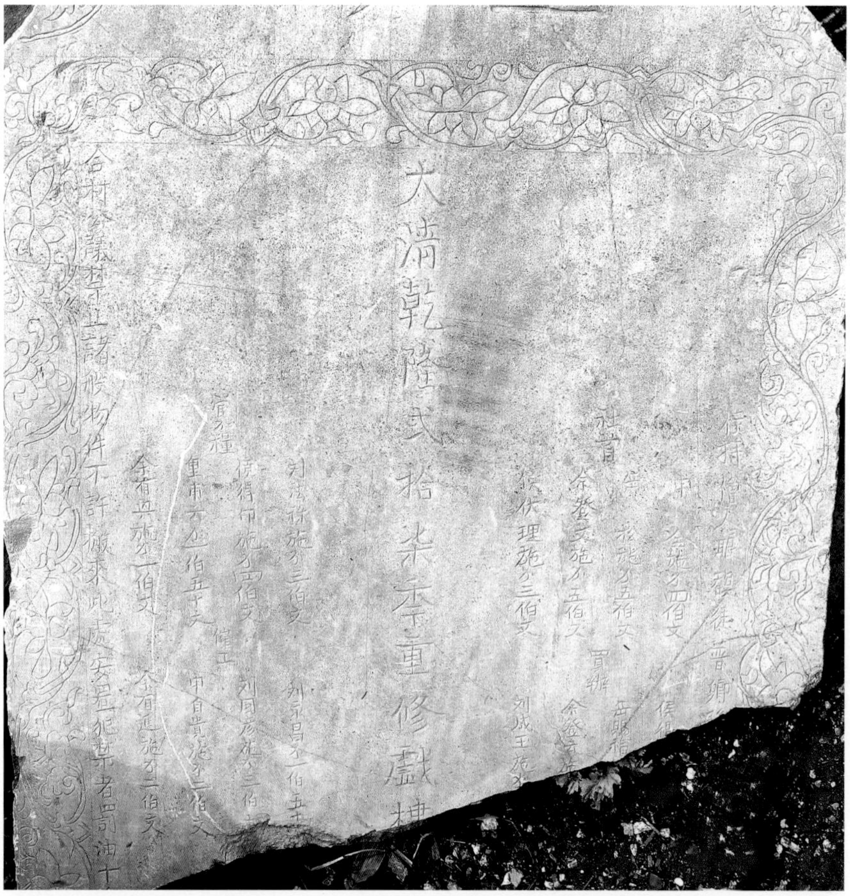

照6-3-1-4　林县古城村关帝庙《重修戏楼碑记》碑

照6-3-1-5　林县桑耳庄龙王庙《重修大殿建立戏楼碑记》碑

像倾颓，西殿凋残过，半而舞楼亦与俱圮矣”。清康熙十七年再次重建，“瞻拜之，余靡不凄惋。赖会首张子法尧、贾子德昌、孟子启福、李子朝栋重修西殿，又有会首毋子中……王子文星，鬻庙中枯柏二株，得价四十余金，重修舞楼，□创山门四楹，与舞楼相辉映……乾隆拾柒年柒月贰拾日起，至拾玖年初壹日止”。工程历时二年。

安阳角岭村歌舞楼遗存清乾隆六年（1741）《歌楼重修碑记》碑，碑文记载戏楼于清乾隆六年重建。庙内另立民国五年（1916）《创修歌舞楼碑记》碑，碑文“河南彰德安阳县角岭村中大街，旧有歌舞楼一座，风雨损伤，于池切近有损木。村贾公讳振伦立意，会请众人公议，移动于后一大有余，创修可也，谨志之……”记载了戏楼于民国五年搬迁并修缮的过程。

新安骆庄三教堂大殿东次间前檐墙镶嵌明万历三十五年（1607）《重修骆庄村三教堂碑》碑，碑文曰：“吾新安以北有地名骆庄者，去县里有百计，环山中设一堂焉。”殿西次间外墙镶嵌《神人两便碑记》碑，碑文称三教堂“地基窄狭”，村公议扩建，众人欢欣不已，“即当报赛演戏，男女瞻拜者亦得以宽然有余。因念神人两相洽者，阴阳两相和”，遂立碑为记。此碑立于清道光十四年（1834），也是三教堂戏楼的创建时间。

获嘉县西寺营村玉帝庙有清同治十二年（1873）《获邑东路西刘士旗营玉帝庙重修戏楼志》碑，由碑文“村溯自道光叁拾年来，村北玉帝庙前旧有戏楼壹所，不意咸丰拾壹年拾壹月贰拾叁日东匪骚扰，木石俱焚，旧制零落，仅供鸟鼠之栖，□址荒凉”可知，戏楼创建于清道光三十年（1850），但于清咸丰十一（1861）年十一月二十三日，因匪盗烧毁。后村民筹款数年，于清同治十二（1873）年春，“仍其旧址，整以新规，鸠工庀材，经营竟成于不日，鸟革翚飞，基址定固于千秋，于以乐神听而祈祉福也。”碑文反映了戏楼于清同治十二年原址重建的信息。

辉县西平罗村胜福寺戏楼内墙镶嵌清同治元年（1862）无名碑一通，碑文曰：“村西北隅旧有戏楼三楹，起于前明嘉靖三十九年，工竣于隆庆元年。迨至我朝乾隆四十八年重修一次，后经数十年风雨剥落，□木凋残，且规模浅狭，难堪畅舞。有本村崔公……于同治元年六月十六日集匠兴工，宽其基，高其楼，不三月而厥功告成，画栋雕梁，焕然一新。虽曰重修事，同开创一时华美，百世伟观……”从碑文来看，戏楼创建于明嘉靖三十九年（1560），竣工于隆庆元年（1567），并且于清乾隆四十八（1783）年及清同治元年（1862）两次重建。

博爱大底村龙王五神庙存有碑刻两通。其一，清光绪十四年（1888）《大寨底改修舞楼碑》碑，碑文曰：“尝闻明镜鉴形，往事鉴心，各社建修舞楼诚往事鉴心意也。而大寨……正殿三间，拜殿□三间，东西厦楼十余间，更于乾艮方修

照6-3-1-6 博爱大底村龙王五神庙《大寨底改修舞楼碑》碑

照6-3-1-7 博爱大底村龙王五神庙《重修拜殿三间改修拜殿东耳房一间补修东西看楼□舞楼重修观音堂三间碑序》碑

有祀……于十二年□见村众欢欣鼓舞，咸欲改修舞楼……”可知，庙内此前已有舞楼，清光绪十四年（1888）得以重建。其二，民国十七年（1928）《重修拜殿三间改修拜殿东耳房一间补修东西看楼□舞楼重修观音堂三间碑序》碑，反映了戏楼、看楼于民国十七年再次修缮的信息（照6-3-1-6）（照6-3-1-7）。

（二）建筑形制营造演变

碑文反映出戏楼营造端绪、工匠的营造理念及对整体建筑群的规划意识，记载了人们为追求更高的精神生活，改善礼乐设施，从而也使戏楼得以建修的过程，同时也反映了当时该区域一定的经济状况。

万善汤帝庙明弘治五年（1492）《万善镇重修成汤庙记》碑，碑文记述“以其父若兄所创舞楼固美矣，但檐阿徒直□以蔽风雪，爰于其北添建抱厦一檐。盖东西南方皆有墙壁，独北面无所屏蔽，故□为□举补其所阙也，且与楼之大势若出一手，是大可嘉也”。记载了工匠营造舞楼时加设抱厦的设计思路，反映了因地制宜的设计理念。“复以庙之旧门界隘而易以□楹，楼之台基狭小而甃以砖石，又以楼下不可无乐工，所处之座乃作数蹬。虽细事亦□心之密若□则其大者□□可□也。

至于土之所宜，尤不可无木以依神……”则叙述了营造舞楼采用的材料及载木美化庙内环境的过程，反映出工匠对舞楼营建及整体庙宇的规划理念和审美旨趣。

辉县苏北村火神庙乾隆四十六年（1781）《重建戏楼碑记》碑，碑文曰：“神圣者，人之所依托庙宇者，神之所安止，敬神演戏必有台阁方可壮……火帝庙前旧有戏楼一间，年深日久，庙宇破坏，戏楼倾颓荒凉……补葺庙宇，重塑神像，改建戏楼三间，较前规模廓大，栋宇灿烂……”反映了清乾隆四十六年，戏楼由面阔一间扩建为三间的营建信息（照6-3-1-8）。

博爱苏寨玉皇庙民国十五年（1926）《和义社重修舞楼三仙圣母殿东廊房碑

照6-3-1-8　辉县苏北村火神庙《重建戏楼碑记》碑

记》碑，碑文“我社旧有玉皇庙一所，舞楼三间，创时不知何代，踵而修葺者屡矣。但历年已久，庙内殿宇不惟丹青脱落，梁檩朽蠹，甚至墙墉倾圮，神像涂地。斯时也，社掌谐声陈公目击神伤，不忍坐视……于是鸠工庀材，先修三仙圣母殿三间，东廊房五间，大殿、拜殿、西禅院略为补葺。重修之名实犹之创修之工也。至于舞楼，规模偏小，每逢演剧，殊觉不便，遂公同议定，改修明三暗五”，清晰记述了舞楼由面阔三间扩建为五间的缘由及过程。

辉县宝泉山神庙清乾隆三十七年（1772）《宝泉村重修山神庙记》碑，碑文记载：“村中坎地旧有山神庙……然代久年湮，栋宇而风雨剥矣，金碧而尘垢蒙矣。且地势轾轩，拜献无由申其诚；规模狭隘，歌舞何以展其足。意欲阔大而更新之……外增舞楼三间。巍之然，焕之然，前此之规模狭隘者而今宏敞矣，前此之地势轾轩者而今平坦矣。”反映了戏楼的规模及形制，不是一蹴而就，而是随着当地经济状况而逐渐扩大并成熟的。

修武茶棚通济庵清宣统三年（1911）《创修东西耳楼看楼碑记》碑。碑文曰：“我社旧有通济庵一所，□人创之于前，但年深日久，风雨损坏，不知几经补葺，仍然土崩瓦解。仰观屋宇破败，□□而不堪入目，近视画屋绘事伤残而□□，观兹圣像惟有尘垢遮身，又目舞楼左右空阔无蔽不成院落，是前人固意留此有余之地，而不欲修成院落哉？非也，但有志未逮，意固有待于后人也。”可知，戏楼与看楼不是同时期营建，而为建造戏楼时预留空地，待村民“目兴怀而善心油然兴矣，因此会集商议，众皆慷慨纳财，不吝踊跃赴功，遂创修东西耳楼四间、左右看楼四间”。耳楼、看楼工期“自光绪三十六年岁次乙巳……□买砖瓦，转运之苦何可胜记。是岁耳楼、看楼工起偶值□□□□，暂且停工，延及宣统二年庚戌丰年乐岁工仍兴”。并且戏楼“丹青绘画之事，莫不焕然一新，美轮美奂”。碑文反映了历年村民营建戏楼、看楼及绘制彩画装饰戏楼的历程。

（三）与戏曲相关的民俗文化活动

通过此类碑刻内容反映了戏楼营造目的以及戏曲与民俗活动的紧密关联。每逢春祈秋报庙会之时，民间百姓兑款，酬神演戏。辉县平甸村玉皇庙清道光二十六年（1846）《重修玉皇庙》碑，“努力捐资重修殿宇……复归整齐，则巍乎焕然，咸与维新，岂不美哉！因演戏镌玉以纪胜事”，记载了因重修玉皇庙，演戏庆贺，酬神娱人的民间风俗（照6-3-1-9）。辉县西平罗村胜福寺戏楼《重修戏楼碑》碑文“于道光二十五年冬月，旋里献戏酬愿，目睹心感顿起修念”，反映了演戏酬神为百姓建造戏楼主要目的。获嘉西寺营村玉帝庙清同治十二年（1873）《获邑东路西刘士旗营玉帝庙重修戏楼志》碑，“古人往往籍以乐神听而祈祉福也。村朔自道光叁拾年村北玉帝庙前旧有戏楼一所……于本年春，仍其旧址，整以新规，鸠工庀材，经营竟成于不日，鸟□□飞，基址定固于千秋，于以乐神听而祈祉福也”。记述了村民敬畏神灵，表达虔诚之心是建造戏楼的主要缘由。沁阳万善汤帝庙存碑两通。其一，明弘治五年（1492）《万善镇重修成汤庙记》碑文，“乃成化乙酉以镇人春祈秋报无所依庇，创建舞楼一座”；其二，辉县宝泉村《重修山神庙记》碑文，“即神在，斯春祈而秋报，于斯有赖也……拜献，无由申其诚；规模狭隘，歌舞何以展□，意欲阔大而更新之”，均反映了明清时期当地民众创建戏楼的缘由及目的就是“乐舞酬神”，借祭神活动展开娱乐，成为当时人们满足宗教和娱乐两种文化需要的共同手段，也是神庙戏楼的显著特征。

照6-3-1-9 辉县平甸村玉皇庙《重修玉皇庙》碑

新安袁山村奶奶庙院内立清光绪三十二年（1906）《王母会碑记序》碑一通，碑文“此圣娘娘王母会也，自嘉庆七年修建舞楼，每年三月初三日演戏以祝。圣诞后值荒年将会倾覆，至咸丰五年扶会。袁山村难以独理，因邀集丁庄掷钱四千文……袁山村以为会首，犹然丂会之一新也。奈光绪三年，天遇奇荒，圣母之会复覆……一议嗣后重修舞楼”。记载了戏楼创建于清嘉庆七年（1802），当地每年三月初三举办王母圣会，并演戏庆祝。清咸丰五年（1855）戏楼曾修缮，清光绪三十二年（1906）再次修缮，并重新复会的经过。每次修建舞楼费用，均为当地各村筹款，可见戏曲文化、戏楼营建与宗教、民俗的紧密关联。

沁阳北关村关帝庙清嘉庆元年（1796）《重修关帝庙歌舞楼碑记》碑，碑文“吾乡关家庄于乾隆五十二年间，关帝会剩钱……数年本利共钱二百一十八千零，乃修关帝庙歌舞楼，庄严妙丽，备极辉煌，客冬厥工告竣……古之人敬天地、礼神明，必有乐歌，后其变为杂剧，追古感今，以饰太平。所扮者，隋谓之康衢乐，唐谓之……宋谓之华林戏，元谓之升平乐。虽古今之名称不同，所以敬天地、礼神明，清歌妙舞，神听和□，其致一也”。揭示了古代敬天礼神必有戏曲的民俗文化，记载了戏曲由乐歌转变为杂剧，后隋为康衢戏，至宋华林戏、元升平乐等历代名称，验证了戏曲文化的发展脉络及演变轨迹。

（四）建筑营造经费收支

戏楼营造一般由当地善士或社首倡议，村民共同商议筹集资金，也有为各村赛社捐赠。营建时，由社首及管事负责资金支出，并监管工程进度。

新安袁山村奶奶庙清光绪三十二年（1906）《王母会碑记序》碑文：“自嘉庆七年修建舞楼，每年三月初三日演戏以祝。圣诞后值荒年将会倾覆，至咸丰五年扶会。袁山村难以独理，因邀集丁庄掷钱四千文，李河掷钱三千文，小寨岭掷钱三千文……袁山村以为会首。犹然亐会之一新也。奈光绪三年，天遇奇荒，圣母之会复覆，神像庙貌有不堪问者矣！身等努力修理之余，意欲演戏扶会，益难胜任，身等复邀五村商议。丁庄五□长情愿每会掷钱七千文，李河长情愿掷钱六千文……共掷钱二十四千文，系各村神首收。至于戏价与敬神各色花费多少，袁山村一切包揽，永远为例……一议嗣后重修舞楼，如破台，花费钱文系五村公摊……”记载了清咸丰五年（1855）及清光绪三十二年（1906）两次重建舞楼的资金，均为周边五村会社共同公摊，并由社首管理及监工的过程。

焦作马村玉皇庙清乾隆十九年（1754）《马村玉皇庙重修碑记》记载，“鬻庙中枯柏二株，得价四十余金，重修舞楼”，记载了舞楼于康熙十七年（1678）重建时采用卖树筹资方式。碑文“本邑陶村生员孙戊甲施柏栽陆株，本村善人李嗣珣施地贰分伍厘，王文明施地伍厘”；以及沁阳北官庄舞楼清嘉庆元年（1796）《重修关帝庙歌舞楼碑记》碑文“匠人二位又施椽二根”。安阳角岭村歌舞楼民国五年（1916）《创修歌舞楼碑记》碑文“吴金玉施柱一根，本村傅青堂施柱二根”。均反映了修建戏楼，除捐钱外，还有直接捐献树、田、椽、柱等物资的情况。

新密西土门李氏祠堂清嘉庆八年（1803）《重修祠堂门楼垣墙暨新建歌台题名碑》碑文记载了修建歌台“共费钱贰佰伍拾仟”；沁阳北关村关帝庙清嘉庆元年（1796）《重修关帝庙歌舞楼碑记》碑文“吾乡关家庄于乾隆五十二年间，关帝会剩钱……数年本利共钱二百一十八千零，乃修关帝庙歌舞楼，庄严妙丽，备极辉煌，客冬厥工告竣”，记载了建造舞楼的费用。安阳辛庄村关帝庙清光绪二十三年（1897）《关帝庙前戏台重修石柱》碑文“关帝庙前戏台重修石柱肆，更周洞壹坐……地亩台前共使钱六十千文”。反映了清光绪二十三年十月十五日，修缮戏

照6-3-1-10 安阳辛庄村关帝庙《关帝庙前戏台重修石柱》碑

照6-3-1-11 陕州南阳村戏楼《戏楼重修》碑

台石柱所用钱数（照6-3-1-10）。陕州南阳村戏楼清道光九年（1829）《戏楼重修》碑文记载了“清道光九年岁次己丑年仲秋，戏楼损坏，乡长水□儒……募化赀财重修告竣，谨将捐助人姓名勒石于左。……共化钱式十叁仟叁佰壹十文”（照6-3-1-11）。平顶山冢头大王庙清乾隆四十四年（1779）《重修会馆东西道院墙壁并整乐楼》碑，碑文详细记载了捐资人的姓名及捐资数额（照6-3-1-12）。

照6-3-1-12 平顶山冢头大王庙《重修会馆东西道院墙壁并整乐楼》碑

博爱苏寨玉皇庙内存碑刻数通。其一，明万历四十二年（1614）《玉皇庙创建戏楼碑》碑文，“大明国河南怀庆府河内县万北乡二图苏家寨玉皇庙创建戏楼一座。施捐姓名开俱于后：社首牛大化钱二百文，陈思智钱二百文……”详细记载了施捐姓名及数额。其二，民国十五年（1926）《和义社重修舞楼三仙圣母殿东廊房碑记》碑文，“其中我社旧有五皇庙一所，舞楼三间……但历年已久，庙内殿宇不惟丹青脱落，梁檩朽蠹，甚至墙墉倾圮，神像涂地。斯时也……公同酌议，卖庙中柏树、楸树、槐树，得钱一千余串，更捐款以益不足”。则叙述了重修资金来自于卖树及捐资的过程。

辉县宝泉山神庙清乾隆三十七年（1772）《宝泉村重修山神庙记》碑文，“旧有山神庙…然代久年湮，栋宇而风雨剥矣，金碧而尘垢蒙……恐赀材不足……无论男妇，□□善好踊跃乐施，因而金积三年，遂至工迟一朝不第，主□光辉场为祈福址神殿也……外增舞楼三间。巍之然，焕之然，前此之规模狭隘者而今宏敞矣，……一切工料费用共使银三百七十五两九钱七分七厘”。记载了村民三年共筹集三百七十五两九钱七分七厘，修建舞楼三间的经过。

沁阳常河村朝阳寺舞楼清乾隆三十九年（1775）《重修舞楼碑记》碑，碑文：“怀庆府河内县常家河村居住刘信，祖有佛前舞楼三间，年深日久，入风雨损坏……外姓各出资材，刘户钱粮包揽……买木头使钱五千八百文，买砖使钱三千文，木匠工钱四千一百文，散碎外化钱二千二百七十一文，垒□工钱六百三十一文，石匠工钱四千一百四十文，丹青使钱二千一百一十七文；刘户出钱一十九千八百文，外有六家出钱二千五百八十文。”详细记载了各项收支账目。

二、碑 文

碑刻真实记录了当时的社会经济、风俗、文化及建筑营建等方面的信息，是反映古戏楼相关历史弥足珍贵的第一手资料。本节精选编录了直接反映古戏楼创建与重修的原因、时间、资金筹集、酬神献戏民俗以及戏曲艺术等有关信息且碑文较为完整、清晰的14通碑刻，以存原始信息，以飨读者研讨。

（一）获邑东路西刘士旗营玉帝庙重修戏楼志

盖闻：和以召祥，乐以宣和。此钟鼓管弦，古人往往籍以乐神听而祈祉福也。村溯自道光叁拾年来，村北玉帝庙前旧有戏楼壹所，不意咸丰拾壹年拾壹月贰拾叁日东匪骚扰，木石俱焚，旧制零落，仅供鸟鼠之栖，□址荒凉，徒切黍离之感，行道者过而致慨。村居者于焉伤心，欲谋重修，赀财短少，因敬约关营，按地每亩派钱叁拾文，兼以修庙余赀积至数年，共计大钱贰百余千文。于本年春，仍其旧址，整以新规，鸠工庀材，经营竟成于不日，鸟革翚飞，基址定固于千秋。于以乐神听而祈祉福也，在是矣。工成之后勒石以志不朽，□是为志。

会首：同仁道、周学恭、王生俊、徐占旭、王生芳、周得道、时天中、张步文、周传道、王生□、时玉衡、王生兰、张来臣、王生梧、王希周。

木工周全道，泥工张步义，石工李伦，画工张会同，做东头；画工周修道，做西头。

大清同治拾贰年岁次癸酉仲春中旬仝立。

※获嘉西寺营村玉帝庙清同治十二年（1873）《获邑东路西刘士旗营玉帝庙重修戏楼志》碑（照6-3-2-1）。

照6-3-2-1　获嘉县西寺营村玉皇庙《获邑东路西刘士旗营玉帝庙重修戏楼志》碑

（二）王母会碑记序

照 6-3-2-2　新安袁山村奶奶庙《王母会碑记序》碑

是岁，余就馆于此北山之半。就馆之余，于丂有庆安王公三兴等，谈及此会之由，公等语余曰：“此圣娘娘王母会也，自嘉庆七年修建舞楼，每年三月初三日演戏以祝。圣诞后值荒年将会倾覆，至咸丰五年扶会。袁山村难以独理，因邀集丁庄揶钱四千文，李河揶钱三千文，小寨岭揶钱三千文，峪里揶钱一千五百文，□坡王窋揶钱五百文。袁山村以为会首，犹然丂会之一新也。奈光绪三年，天遇奇荒，圣母之会复覆，神像庙貌有不堪问者矣！身等努力修理之余，意欲演戏扶会，益难胜任，身等复邀五村商议。丁庄五□长情愿每会揶钱七千文，李河长情愿揶钱六千文，小寨岭老庄情愿揶钱六千文，峪里情愿揶钱四千文，□坡王窋情愿揶钱一千文，共揶钱二十四千文，系各村神首收。至于戏价与敬神各色花费多少，袁山村一切包揽，永远为例。”余曰：“善哉善哉，真承先垂后之美意也。”公等遂欲刻石，嘱余作文，余不敏，即以此为记，永远有所考稽云尔。

一议嗣后重修舞楼，如破台，花费钱文系五村公摊。

邑居士秉篆，刘统功沐手撰并书。

会首事人，五村仝立。

光绪三十二年二月二十六穀旦。

※新安袁山村奶奶庙清光绪三十二年（1906）《王母会碑记序》碑（照 6-3-2-2）。

（三）宝泉村重修山神庙记

昔先王神道设教，则村之有神，犹国之有尊，家之有亲，皆所以□放心而启敬心者也。宝泉山形势嵯峨，气象峥嵘，村中坎地旧有山神庙，父老顾而喜，复俯而忧。喜者谓庙在斯，即神在斯，春祈而秋报，于斯有赖也。然代久年湮，栋宇而风雨剥矣，金碧而尘垢蒙矣。且地势轾轩，拜献无由申其诚；规模狭隘，歌舞何以展其足。意欲阔大而更新之，恐赀材不足□挟山超海之诚也，其奈之何，孰知意念。一举人心乡应 ，无论男妇，鼓舞好善，踊跃乐施，因而金积三年，遂至工迟一朝不第。主殿光辉□为祈福址，□殿之左添广生祠，□子诜□，而孙□□。殿之右添谷神祠，□黍与□，而稷□□，且东西禅房串楼，外增舞楼三间。巍之然，焕之然，前此之规模狭隘者而今宏敞矣，前此之地势轾轩者而今平坦矣。继此而春鞭社鼓秋报赛田，□放心而启敬心者，在于斯矣！于是，尊之亲□之道全神道设教之义者，因援笕而为之记耳。一切工料费用共使银叁百柒拾伍两玖钱柒分柒厘。

晋□：□进士郭壮观撰文，太学士郭壮都敬书。

维首：……（姓名略）；施主：陈文宣施钱贰两壹钱、王士非施钱……（捐资人姓名及捐资数额略）。

时大清乾隆叁拾柒年岁次壬辰拾月初壹。

日住持僧通乾，玉工李曰有，木匠焦玉秀，泥水匠张当，画匠王九成仝立。

照 6-3-2-3　辉县宝泉村玉皇庙《宝泉村重修山神庙记》碑

※辉县宝泉玉皇（山神）庙清乾隆三十七年（1772）《宝泉村重修山神庙记》碑（照6-3-2-3）。

（四）重修关帝庙歌舞楼碑记[1]

嘉庆元年丙辰毕皋，关子良选以剥啄声惊予午梦，予起而廉其故，关子曰：吾乡关家庄于乾隆五十二年间，关帝会剩钱……数年本利共钱二百一十八千零，乃修关帝庙歌舞楼，庄严妙丽，备极辉煌，客冬厥工告竣。今欲镌石以志颠末，乡之人皆欲求文于……勷厥善事以垂不朽乎？余曰：善哉！古之人敬天地、礼神明，必有乐歌，后其变为杂剧，追古感今，以饰太平。所扮者，隋谓之康衢乐，唐谓之……谓之华林戏，元谓之升平乐。虽古今之名称不同，所以敬天地、礼神明，清歌妙舞，神听和□，其致一也。将见帝德居歆，阴阳和风，雨时……征万户下土有庆年谷丰民物阜膺繁祉而瑞霭千门，皆此重修之功也。于是退而为之记。

恩贡元，侯选教谕刘振祚撰文、石匠常天禄镌

关伯俊备馔待匠人二位，又施椽二根……

五月榖旦勒石。

[1] 程峰、任勤：《沁阳北官庄舞楼及其碑刻考述》，《焦作师范高等专科学校学报》，2017年，第33卷3期。

照6-3-2-4　沁阳北关庄村关帝庙《重修关帝庙歌舞楼碑记》碑

※沁阳北关庄村关帝庙清嘉庆元年（1796）《重修关帝庙歌舞楼碑记》碑（照6-3-2-4）。

（五）重修戏楼碑

村西北隅旧有戏楼三楹，起于前明嘉靖三十九年，工竣于隆庆元年。迨至我朝乾隆四十八年重修一次，后经数十年风雨剥落，□木凋残，且规模浅狭，难堪畅舞。有本村崔公印灿者宦游山左，每有村人至东谈及此事，趣升唏嘘。时值崔公身体达和，心许酬

照 6-3-2-5　辉县西平罗村胜福寺《重修戏楼碑》碑

愿，于是精神顿爽，饮食尤加。于道光二十五年冬月，旋里献戏酬愿，目睹心感，顿起修念，缘官事在身，匆匆回东，遂以中止。至咸丰十年，崔公因丁外艰，卸篆回里，即邀请本村社首及余等，共为商酌。于是，我村共喜乐为，于同治元年六月十六日集匠与工，宽其基，高其楼，不三月而厥功告成，画栋雕梁，焕然一新。虽曰重修事，同开创一时华美百世伟观。此前人倡于前而后人继于后，故我同人勒石志之以昭……

司工人：杨□、申同文、王桐、郭俊德、崔玉轸、赵宗朱，赵宗□、马温、王榛、崔炳章仝志。

大清同治元年菊月日。

王化醇撰序，崔镇藩丹书，崔秀春制造。

※辉县西平罗村胜福寺戏楼同治元年（1862）《重修戏楼碑》碑（照6-3-2-5）。

（六）马村玉皇庙重修碑记

马村之建玉帝庙也，莫详所自始。庙前舞楼久归乌有，迨今上御极之元年，信士赵得富聚族而谋曰：“庙前土业，舞楼故址也，可因其地而重建之。余耄老无能焉，尔曹盍体，我志子生麒，毅然身任。”时有毋子玉奇、王子之玺、文俊同心协力，共襄盛举，而舞楼岿然复矣。越十有六年辛未季夏廿六日，沁水泛溢，村落几荡然。水退起视庙中诸像倾颓，西殿凋残过半而舞楼亦与俱圮矣！瞻拜之余，靡不凄惋。赖会首张子法尧、贾子德昌、孟子启福、李子朝栋重修西殿，又有会首毋子中吉、张子汉贵、赵子芝香、王子文星，鬻庙中枯柏二株，得价四十余金，重修舞楼，□创山门四楹，与舞楼相辉映。至于金妆诸像，则赵子殿香一人之力也。工既告竣，住持来问记焉。予嘉诸君后先相继克底，乃绩也，爰为质言以纪并紧以铭焉。铭曰：

帝灵赫赫，庙食兹乡。狂澜汩没，狼狈堪伤。诸君乐善，倾力坚强。或资庙柏，或倾已囊。倡众修葺，遂复其常。内外严整，金碧辉煌。神□既奠，永锡千祥。用告来许，似续勿忘。

本邑陶村生员孙戊甲施柏栽陆株，本村善人李嗣珣施地贰分伍厘，王文明施地伍厘；赵殿香重修东殿一人之力；张法尧等收会银陆两，重修西殿。

乾隆拾柒年柒月贰拾日起，至拾玖年贰月初壹日止。每一会首分树银拾两，出利银陆两伍钱壹分，共使出银陆拾陆两零肆分，又买庙后王、许二姓地壹亩捌分伍厘，原额庙地贰亩捌分伍厘，施买共地伍亩。南活拾柒弓三尺，北活同，中长陆拾捌弓壹尺，东至路，西至许远宝，南至原宅，北至路心。

会首：张汉贵、毋中吉、赵芝香、王文星，施山门□梁一根、檩一根，施银伍钱。

邑庠生赵一元书丹。

乾隆拾玖年岁次甲戌春月重修，至戊寅岁仲秋穀旦勒石，住持僧心太、昌松，玉工赵淳、田仝立。

※焦作马村玉皇庙清乾隆十九年（1754）《马村玉皇庙重修碑记》碑（照6-3-2-6）。

照6-3-2-6　焦作马村玉皇庙《马村玉皇庙重修碑记》碑

（七）重修舞楼并创筑院墙碑记

邑庠生员卫佺　撰文　邑庠增生卫敬宗　书丹

庙之有舞楼也，旧矣！世远年湮，风雨飘摇，盖□级砖之破缺者，梁楹栋桷板槛之腐黑挠折者，不修且坏，但功程浩大，非一□足之，烈而无人焉，以为之倡则其气，弗作其功亦废，□不见举□役也。□事诸人，若□子朝亮、王子文杰、太学生卫子尔绪等，各有分任，详载于左。而倡先总成者，则忠乙张君也，躬率作劝，募化一乡。中咸争先而恐后，施财者探囊，输工者竭力，不数月而舞楼以成。时乾隆之三十二年九月也。盖此庙，貌旧，以碧山为屏障，白云为藩篱，廓如也。虽可以极目万里，而牛羊畜牧时或骚动，非清净之意，其毋贻怨恫于神明乎，诸君子患之。因墙焉於戏盛哉，惜工既竣，碑永立。张君已物化，诸善信芳名俱湮没不彰，亦良可慨矣。岁丙申，张君仲郎永明欲以扬众，美成父志，将勒所以成此舞楼者，以垂不朽，乃求序于吾。吾因之有感矣。闻之舞有二，斯楼之所谓舞，干戚耶，羽旄耶，义舞勺舞。象学乐咏诗，先王之良法美意，载在典章，何独闻于古而不获见于今耶！虽然□思之，古人之所学者，入格致诚，正修齐治平。而其要不越于好善而恶恶，斯理也，莫备于《诗》，莫备于《书》，莫备于易象《春秋》。与夫二十二代之史事然，惟学士大夫好古深思，心知其义，为能尊所闻，行所知讵，可责之田夫牧□哉。俳优之舞，衡之古义，遐哉弗可及。然雅俗共赏于化民成俗之意，未始无小补盖□于傀儡场中。见夫奸者慝者权佞者，无知愚咸指而斥，设有忠臣烈士出乎其间，则莫不欣焉羡焉。若□其为优孟焉，好善之心油然以生，又谁肯从匪□而□□□乎！可知激浊扬清，贤愚攸同而必有物焉，以生其感则兹舞也，其诸野人之诗书而为庸夫之史册也欤。今而后问，犹有短垣之逾者乎，吾将与之观诸舞。是为序。

施财善人开列于左，卫首强施地二亩；吕大宇一两，王成周二两……（捐资人姓名及捐资数额略）。

皇清乾隆四十一年三月初一日。主持丁教辉、石工常可凤仝立。

※沁阳盆窑老君庙清乾隆四十一年（1776）《重修舞楼并创筑院墙碑记》碑（照6-3-2-7）。

照6-3-2-7　沁阳盆窑老君庙《重修舞楼并创筑院墙碑记》碑

（八）重修通济庵大殿东殿兼创东西耳楼看楼碑记

尝思天下之善贵有创之于前，尤贵有继之于后，若但有创之于前而无继之于后，则前人之善将湮没……我社旧有通济庵一所，□人创之于前，但年深日久，风雨损坏，不知几经补葺，仍然土崩瓦解。仰观屋宇破败，□□而不堪入目，近视画屋绘事伤残而□□，观兹圣像惟有尘垢遮身，又目舞楼左右空阔无蔽，不成院落，是前人固意留此有余之地，而不欲修成院落哉？非也，但有志未逮，意固有待于后人也。我社人……目兴怀，而善心油然兴矣，因此会集商议。众皆慷慨纳财，不吝踊跃赴功，遂创修东西耳楼四间、左右看楼四间。自光绪三十六年岁次乙巳……□买砖瓦，转运之苦何可胜记。是岁耳楼、看楼工起偶值□□□□，暂且停工，延及宣统二年庚戌丰年乐岁工仍兴。作始又重修大殿补葺东廊金装……丹青绘画之事，莫不焕然一新，美轮美奂……回思兴工以至落成……经年累积，屡次捐资，兼之□□施助……以垂不朽云尔。

石□山神会施五千七百，茶棚山神会施一千五百。总理：陈自明、林高桂、郝玉碧、牛太平、张敬德，各捐钱十五千文。维首：苏个□捐钱七千文……（捐资人姓名及捐资钱数略）催钱人……催工人……（姓名略）。

时大清宣统三年岁次辛亥丑月上浣戊戌穀旦。

照6-3-2-8　修武茶棚村通济庵《创修东西耳楼看楼碑记》碑

※修武茶棚村通济庵清宣统三年（1911）《重修通济庵大殿东殿兼创东西耳楼看楼碑记》碑（照6-3-2-8）。

（九）玉皇庙创建戏楼碑

大明国河南怀庆府河内县万北乡二图苏家寨，玉皇庙创建戏楼一座。施捐姓名开俱于后：

社首牛大化钱二百文，陈思智钱二百文，王自好钱一百文，小会佘钱四十文，陈思让钱三百文，陈国才钱六十文，陈国卿钱三百文，牛大义钱五十文，马学钱二百文，王进才钱五十文，宋坤钱二百文，王思启钱五十文，陈国兴钱二百文，任守库钱五十文，陈国宾钱二百文，李世□钱五十文，陈国佐钱二百文，刘汝明□十文，秦以清钱一百文，□□钱□十文，陈思本钱一百文，刘得财□□十文，牛大认钱一百文，朱国守□□十文，陈思诏钱一百文，何孟秋钱三十文，陈国用钱一百文，秦以明钱二十文，陈国宁钱一百文，牛星谨钱三十文，陈国相钱一百文，牛星美钱五十文，牛星谏钱一百文，张大□钱五十文，常国忠钱一百文，□□□□钱五十文。

万历四十六年三月吉日，社首牛大化、陈思智，住持牛清平，石匠李春香仝立。

※博爱苏寨玉皇庙明万历四十二年（1614）《玉皇庙创建戏楼碑》碑（照6-3-2-9）。

照6-3-2-9 博爱苏寨玉皇庙《玉皇庙创建戏楼碑》碑

（十）和义社重修舞楼三仙圣母殿东廊房碑记

古人云：莫为之前，虽美弗彰；莫为之后，虽盛弗传。是知创者固艰而继者亦綦难也。我社旧有玉皇庙一所，舞楼三间，创时不知何代，踵而修葺者屡矣。但历年已久，庙内殿宇不惟丹青脱落，梁檩朽蠹，甚至墙墉倾圮，神像涂地。斯时也，社掌谐声陈公目击神伤，不忍坐视，邀集总理、会首、村之乐善者，公同酌议，卖庙中柏树、楸树、槐树，得钱一千余串，更捐款以益不足。于是鸠工庀材，先修三仙圣母殿三间，东廊房五间，大殿、拜殿、西禅院略为补葺。重修之名实犹之创修之工也。至于舞楼，规模偏小，每逢演剧，殊觉不便，遂公同议定，改修明三暗五。不意工程浩大，财用告匮，半途而停止之。再欲捐施未敢骤举，因此中断数年。岁甲子，谐声、全恕，两社掌挺身复出，聚合村而谋曰：各殿工毕而舞楼势不可缓。于是，又邀请总理、会首、村中善士等共同商议，按照地亩加捐。幸蒙神诱其中，善心顿起，各出资财踊跃争先。我社掌每日不遑，无分昼夜监工督理，除修舞楼外又盖山门、修院墙、铺永路、油洗丹青，不数月而工程告竣，非敢云轮奂斯崇、翚飞在望，而庙貌鼎新焕然改观矣。

谨将施财姓名、捐资、数目，前后修葺并诸执事列叙颠末，勒诸贞珉，永垂不朽云。

前县议会参事员郭存直撰文，河南河务局西沁分局总务科科员吕润石书丹。

社掌清赠六品衔陈谐声施钱一百六十串，陈全恕施钱一百三十串。

总理陈天申施钱一百零五千文，陈全仁施钱一百零一千文，陈凤洲施钱一百千文，郭存直施钱八十五千文……（捐资人姓名及捐资数额略）。

会首陈元魁施钱六十七千文，陈全明施钱五十二千文，牛占和施钱五十一千文，张青霄施钱四十五千文……（捐资人姓名及捐资数额略）。

兹将合村布施开列于后：

西民局施五千文……村管秦和顺泉施钱两千文……（捐资人姓名及捐资数额略）。

以上共收布施钱贰仟柒百贰拾玖串三百文，又卖杨木板、屋土、榆皮、石头、椽得钱壹佰壹拾壹串玖百文，二共得钱贰千捌百肆拾壹串贰百文。

买树木、砖瓦、石头、土坯、石灰、大小木匠、石匠、油漆匠工□、立碑、封礼一切杂项化费，使钱贰千捌百壹拾伍串三百文，除化费下存钱贰拾伍串玖百文。

中华民国十五年夏历四月上浣榖旦。

住持僧觉云、徒海澈、徒孙了凡；刻石：孙秉光、田丰义，合社仝志。

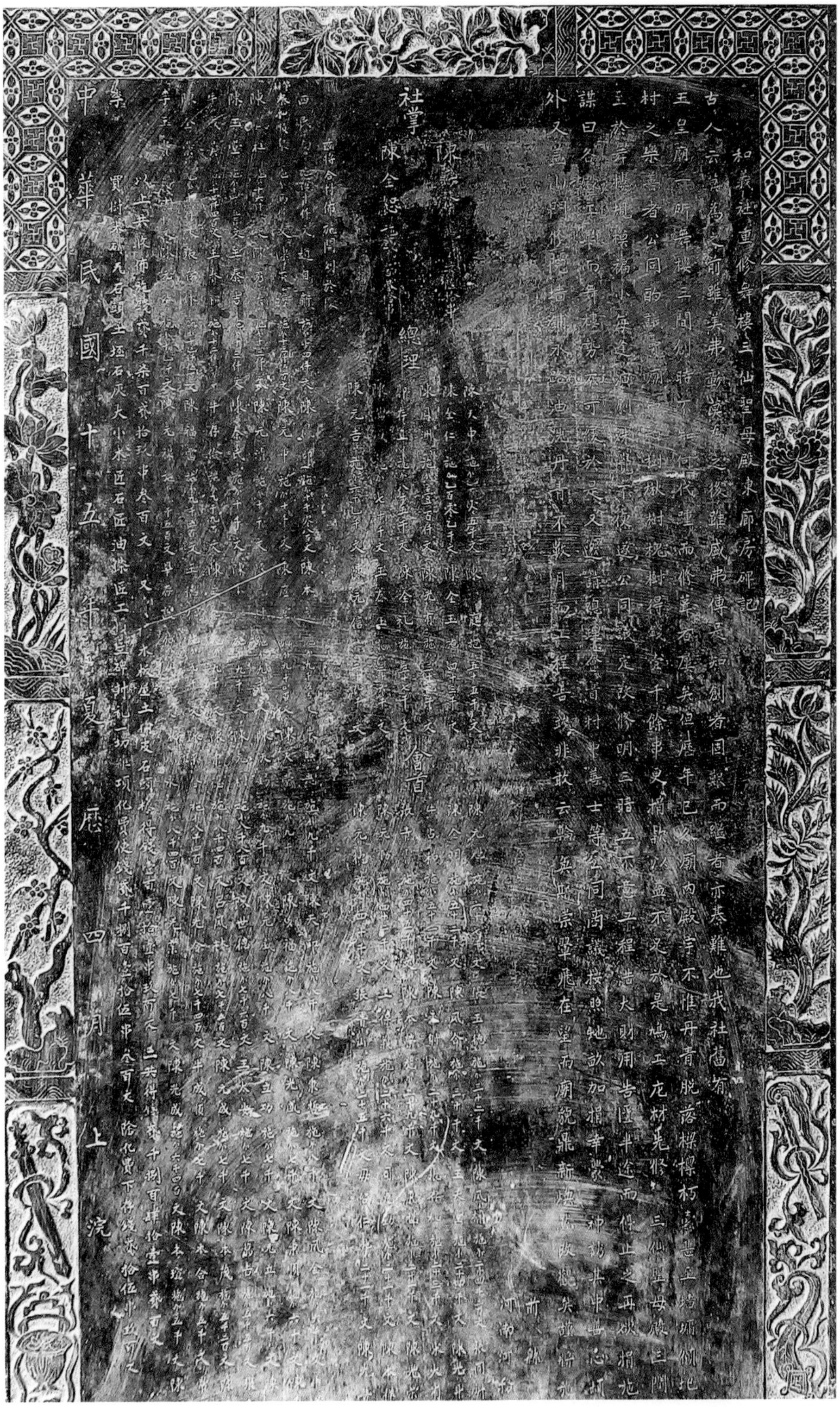

照6-3-2-10　博爱苏寨玉皇庙《和义社重修舞楼三仙圣母殿东廊房碑记》碑

※博爱苏寨玉皇庙民国十五年（1926）《和义社重修舞楼三仙圣母殿东廊房碑记》碑（照6-3-2-10）。

（十一）重修舞楼碑记

怀庆府河内县常家河村居住刘信，祖有佛前舞楼三间，年深日久，入风雨损坏，崇神刘喜青、李得臣、刘喜俊、刘喜成普化善士，外姓各出资材，刘户钱粮包揽。又有山神祠重修内外乙新，舞楼重修乙新，工□钱成万，善同□，永为记耳。

总领人：刘得怀、刘得京、刘得宝、刘喜重、刘喜法。

外有修马王庙使费，刘户钱四千文：豆松林施钱八百文，李得臣施钱五百文，豆杯林施钱四百文，宋得兴施钱三百文，李得印施钱二百文，豆柏林施钱二百八十文。

买木头使钱五千八百文，买砖使钱三千文，木匠工钱四千一百文，散碎外化钱二千二百七十一文，垒□工钱六百三十一文，石匠工钱四千一百四十文，丹青使钱二千一百一十七文；刘户出钱一十九千八百文，外有六家出钱二千五百八十文。

乾隆叁拾玖年十二月二十日。

※沁阳常河村朝阳寺清乾隆三十九年（1774）《重修舞楼碑记》碑（照6-3-2-11）。

照6-3-2-11　沁阳常河村朝阳寺《重修舞楼碑记》碑

（十二）万善镇重修成汤庙记

怀庆府儒学生，邑人袁绶撰文并篆额书丹

距河内县北二十里太行山之阳，万善镇在焉。镇南有成汤庙，不详其始作，然庙貌甚伟。我皇明正统间，镇长者卫福林重□公谨尝创建拜殿暨诸神祠器具，靡不致备。后人思其功德，为塑其像。厥子振字时举，与乃父同一心志，复为本庙，为庙之主。乃成化乙酉以镇人春祈秋报无所依庇，创建舞楼一座。栋梁已构第，未施瓦镘甃脊之类，而时举物故，于是其家子□继之，盖众论所举以其克肖父志也。□因鸠工市材，完所未就，凡斯楼之□必公必信，而其壮丽百端，仰视俯察高且美矣，所谓考作室而子肯堂者□则有焉。无何□复以邑宰之命，去为本里老人理申明亭事。承其守庙之责者，则其弟□也。□为人忠耿性纯，质与□盖难为兄难为弟也。以其父若兄所创舞楼固美矣，但檐阿徒直□以蔽风雪，爰于其北添建抱厦一檐。盖东西南方皆有墙壁，独北面无所屏蔽，故□为□举补其所阙也，且与楼之大势若出一手，是大可嘉也。复以庙之旧门界隘，而易以□楹；楼之台基狭小，而甃以砖石；又以楼下不可无乐工，所处之座乃作数蹬。虽细事亦□心之密若□则其大者□□可□也。至于土之所宜，尤不可无木以依神，□复□柏□□□千株于庙之丹墀内。盖汤殷人□其所宜也于焉。是庙制度宏伟，规模广大，轮□□□兴盛哉□！□可见，□之功又有以大于前人可征也。兹本镇及傍村耆士数十辈□□□□□簿书与□□，昔尝同事者偕袁绶为文，以彰卫氏父子兄弟之德与镇民积年□□□□□，于是乎书。

弘治五年，岁在壬子孟冬望日立石，山王庄廉安利

※沁阳万善汤帝庙明弘治五年（1492）《万善镇重修成汤庙记》碑（照6-3-2-12）。

照6-3-2-12　沁阳万善汤帝庙《万善镇重修成汤庙记》碑

（十三）神人两便碑记

新安石井牌骆庄村东头旧有三教堂一座，地基窄狭。合村公议，欲建立垣墙、廊坊，修理不便。因与信士陈君宗圣商议，陈君慨然愿将两傍地基拨入庙中。东西俱各开展，南北立石相照，众皆欣然，踊跃以为嗣。后廊房可□，即当报赛演戏，男女瞻拜者亦得以宽然有余。因念神人两相冾者，阴阳两相合，遂众口一辞，向陈君而言曰："君之祖茔不便，众所知也。君即拨地以妥，神灵会欲拨地以安尔祖。本庙香火地内西北岭东西□，旧传可用。情愿拨给一亩二分作君安□之资。"陈君唯唯，于是村众共□，排定立石交付。陈君□业听其理□各无异说，天此一事也，上以安神，下以安人，不可以不记，因列诸石，永垂不朽。

邑庠生赵化南撰。村姓氏列后：社首常胡堂，监工：张魁援、茹万全、张琳、陈宗礼、茹场安、张金富、张凤鸣、陈□□、陈清廉、茹万美、陈宗槐、张金栋、如明□、张凤□、徐□□、张凤□、张万仓、盛敬德、张全安、陈宗尧。

陈田荣书，石匠崔禄。

大清道光十四年四月吉日立。

※新安骆庄三教堂清道光十四年（1834）《神人两便碑记》碑（照6-3-2-13）。

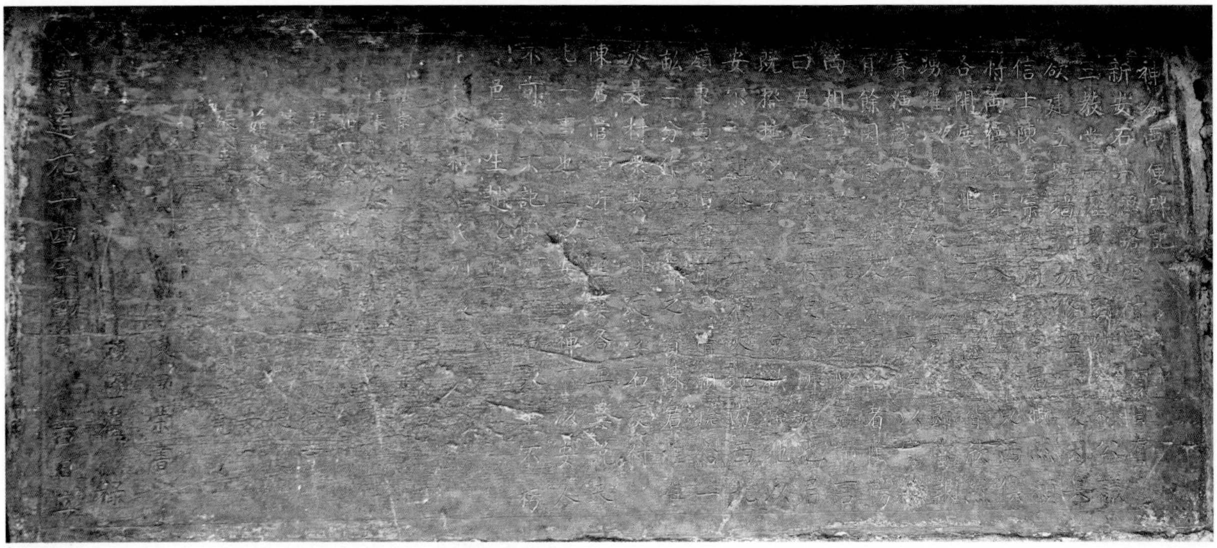

照6-3-2-13　新安骆庄三教堂《神人两便碑记》碑

（十四）创修歌舞楼碑记

河南彰德安阳县角岭村中大街，旧有歌舞楼一座，风雨损伤，于池切近有损木。村贾公讳振伦立意，会请众人公议，移动于后一大有余，创修可也，谨志之。书丹贾临洲。

社首：傅聚和、贾临孛、贾振伦、武央邦；管事：孙兆昇、傅曾禄、贾顺成、贾临清、贾安仁、武得禄；管杂事：贾临吉、武得玉、贾景堂、傅青□；管木石：赵成名、贾临文、贾临元、傅青海；催工：武治和、贾振良、贾起元、傅九高；监工：傅青朝、贾振□、武得名；监物料：付九□、贾振明、孙永成、卜宜付、王青和。

矿窟村：吴金玉施柱一根；本村：傅青堂施柱二根，贾振玉施□拾千文……（捐资人姓名及捐资数额略）。

中华民国五年七月初五日穀旦立。

※安阳角岭村歌舞楼民国五年（1916）《创修歌舞楼碑记》碑（照6-3-2-14）。

照6-3-2-14　安阳角岭村歌舞楼《创修歌舞楼碑记》碑

第七章

戏楼的保护与利用

通过对河南全省古戏楼的调查与梳理，已基本摸清了现有古戏楼的保存状况。基于现在各级政府对优秀传统文化保护和传承的重视，古戏楼的保护与利用工作提上日程。增强人们对古戏楼的了解，提高保护意识，探索古戏楼合理利用的途径，最终使这一具有独特意义的优秀民族文化遗产得到合理有效的保护和传承，是我辈文化工作者肩负的重要使命。

第一节 河南古戏楼保护和利用现状

随着近现代娱乐形式的多元发展，古戏楼逐步失去了原有的功能，多数面临着损坏乃至消失的危险。调查中发现20世纪后期还存在的一些戏楼现已不复存在，并且不少还存在随时可能毁坏消失的危险。因此对遗存古戏楼的保护，是现阶段迫在眉睫的工作。古戏楼的使用状况不容乐观，大部分处于闲置甚至废弃的状态。古戏楼的保护和利用现主要取决于文物部门的管理，存在管理主体单一、投入经费有限、利用效率较低等不利局面。文物部门通过多年努力，现存的183座戏楼，现已有19处被公布为全国重点文物保护单位，49处被公布为河南省文物保护单位，16处被公布为市级文物保护单位，34处被公布为县级文物保护单位，其他为一般文物点，有一些在第三次全国文物普查中被列入名录。

现阶段古戏楼的保护存在三种情况：一是已得到有效的保护，主要是那些已公布为国保和省保的古戏楼，管理级别和重视程度较高，经费相对有保障，通过文物保护相关程序，国家及省两级政府给予专项经费支持，对古戏楼进行了有效的维修保护。也有少量地方文物部门或民间自主保护的情况，特别是一些地方家族祠堂，自主筹资并聘请专业文物保护队伍对戏楼进行了保护。二是使用者自主的保护，主要存在于一些民间庙宇、村落中或家族祠堂中，自主筹资，自主修缮，虽临时解决了一些坍塌、渗漏或木构件糟朽等问题，但因不懂文物保护的“不改变文物原状”及“最小干预”等基本原则，实则对古戏楼造成了局部的修缮性破坏。此种情况虽防止了古戏楼的进一步塌毁，有一定的可取性，但需在维修保护中得到专业性指导。三是未得到保护，古戏楼处于废弃状态。这种情况主要存在于农村，特别是较为偏远的乡村和山区的乡村中，居民相对较少，经济较为落后，戏楼的存在感较低甚至已被完全忽视。这种情况是最为不利的，古戏楼随时会有毁灭的危险。

古戏楼的利用同样不容乐观，现阶段也存在三种状态：一是仍按戏楼的原功能得到合理的使用。存在这种情况的戏楼很少，如郑州城隍庙乐楼，曾作为戏曲茶楼仍在使用，戏楼演戏，两旁的厢房喝茶听戏。浚县碧霞宫戏楼，长年来一直在庙会期间仍担负唱戏功能。二是仅作为展示使用，不在戏楼上演唱戏剧。这种情况多是已得到保护并作为博物馆性质开放的场所，如社旗山陕会馆戏楼、洛阳山陕会馆舞楼、洛阳潞泽会馆舞楼；等等。三是未加利用，古戏楼尚未开放或已荒废，这种情况占有大多数，特别是处于农村中的古戏楼，荒废占有一定的比例。

第二节 河南古戏楼保护和利用的有利条件

近些年，国家在推动精神文明建设中更加重视文化领域的革新，不仅加强了相关规章制度的推陈出新，也逐步加大了经费的投入，保护传统文化元素，扩大文化管理、保护和研发力量，全方位地提升文化宣教阵地，使文化软实力和硬件逐步得到强化，为河南古戏楼这一传统文化载体带来新的生机。

一、古戏楼是文旅融合形势下公共文化发展的重要元素

2018年3月，中共中央印发的《深化党和国家机构改革方案》提出，将原文化部、国家旅游局的职责整合，组建中华人民共和国文化和旅游部，作为国务院组成部门。伴随文化和旅游部的组建，文化和旅游融合发展作为一项重要的机构改革任务、一个重要的社会经济现象和学术研究命题而受到各方热切关注。“文化是旅游的灵魂”，而服务于民众的公共文化的发展已经成为文化和旅游融合的重要组成部分得以进一步提升。古戏楼是传统戏剧文化的实物载体，具有布局分散、覆盖面广、大众喜闻乐见、文化传播频繁且常态化的特点，是文旅融合下发展公共文化、传播民族文化最直接、最有效的基础单元。

二、古戏楼是传统戏剧这一非物质文化遗产保护和展示的实物载体

近年来，国家对非物质文化遗产的调研和保护力度逐步加强，而戏剧是其中重要的组成部分。截至2021年，河南省已公布的国家级非物质文化遗产5批共125项，其中传统戏剧29项，共占总数的23.2%；省级非物质文化遗产4批共523项，其中传统戏剧52项，占10%。国家在公布名录的同时，还积极推动其保护和传承，宣布传承人，成立研习所，设定专业的保护机构，并在社会中广泛进行演艺，扩大了在社会中的影响。

古戏楼作为传统戏剧的实物载体和演艺场所，必将随着传统戏剧的复兴而恢复生机，古戏楼在得到有效保护后，能够为戏剧表演提供舞台场地，两者结合可以更好地促进传统文化的交融，吸引更多的民众关注文化遗产保护和传统戏剧的传承，带动文化发展，活跃群众生活。

三、古戏楼是新农村建设及乡村振兴中亟待加强的文化阵地

2005年10月8日，中国共产党第十六届五中全会通过《“十一五”规划纲要建议》，提出要按照“生产发展、生活宽裕、乡风文明、村容整洁、管理民主”的要求，扎实推进社会主义新农村建设。其中社会主义新农村的文化建设，主要指在加强农村公共文化建设的基础上，开展多种形式的、体现农村地方特色的群众文化活动，丰富农民群众的精神文化生活。对于新农村建设，习近平总书记指出，农村是我国传统文明的发源地，乡土文化的根不能断，农村不能成为荒芜的农村、留守的农村、记忆中的故园。强调搞新农村建设要注意生态环境保护，注意乡土味道，体现农村特点，保留乡村风貌，坚持传承文化，发展有历史记忆、地域特色、民族特点的美丽城镇。《“十一五”规划纲要建议》的制定，为新农村建设指明了道路，并以文件的形式制度化，总书记的指示更是将优秀传统文化的传承、保护历史记忆、发展地域特色作为新农村建设中的重点。现我国已实现全部脱贫并逐步走向小康社会，乡村振兴是下一步的工作重点。古戏楼在乡村中是保留较少的一种历史记忆，其保护和利用必将成为新农村建设和乡村振兴中的重点关注对象。

中共河南省委、河南省人民政府关于印发《河南省乡村振兴战略规划（2018—

2022年）》的通知中，第七章“推动乡村文化振兴，塑造中原质朴美善新乡风”明确指出：坚持物质文明和精神文明一起抓，激发乡村文化创新创造活力，培育文明乡风、良好家风、淳朴民风。《规划》提出加强农村思想道德建设、弘扬中原优秀乡村文化、丰富乡村文化生活三项重点任务，让广大农村焕发文明新气象，到2020年，实现农村综合性文化服务中心建设村级全覆盖，全省50%以上的建制村和80%以上的乡镇达到县级以上文明村镇标准。实施“拯救老屋”行动，探索古村落古民居利用新途径，促进古村落保护和振兴，实现农村综合性文化服务中心建设村级全覆盖。依上述政策和要求，河南省农村文化广场建设活动有序展开，也为保护和利用好古戏楼这一原有的文化阵地提供了珍贵的文旅融合契机。依托古戏楼，建设农村公共活动文化广场，是保护和利用古戏楼、传承优秀戏剧文化最为直接有效的手段，也是新农村建设和乡村振兴中加强文化阵地建设切实可行的措施。

第三节 河南古戏楼保护和利用展望

社会主义精神文明建设的大政方针及规划路线，为古戏楼的保护和利用提供了广阔的前景和有利的条件，使这一具有独特意义的优秀民族文化遗产得到合理有效的保护和传承成为可能。

古戏楼是最基本的物质存在，对其进行保护也是利用前的首要工作。保护资金可以通过多个方面进行筹措：一是可以借助申报各级文物保护单位之机，将古戏楼申报为文物保护单位或提升为更高级别的文物保护单位，利用各级政府的文物保护资金对其本体进行修缮，展现其传统风貌。二是争取社会中文化或文物保护类型的基金会的支持，把握基金会规章制度，申请资金，实施保护。三是可以借力社会企业捐助。文物保护事业属公益性，企业对公益性事业的捐助享受国家一定的优惠政策，同时也使作为文物的古戏楼得到有效的保护，实为互惠互利的双赢局面。四是争取民间热爱优秀传统文化人士的捐助，这需要管理者挖掘古戏楼相关历史和文化内涵，扩大宣传和影响力，得到人们的认可，也不妨学学古人，对捐助者立功德碑以示褒扬。

古戏楼作为公共文化中的重要一环，现实需要探索一条其在公共文化建设中合理利用及弘扬传统戏剧文化的途径，完善具有中国特色的立足于人民群众基本文化需求、体现时代发展趋势、符合文化发展规律的现代公共文化服务体系，带动公共文化发展，丰富群众生活，使其在经济发展中更好地服务于人民群众对美好生活的精神需求。

一、依托城镇古戏楼营建文化宣教和休闲场所

现代社会城镇是经济发展最为迅速的地方，城镇居民随着经济条件的提高，精神生活的需求日益提升，追求修身养性和提高传统文化素养的人群逐步增加。城镇中的古戏楼多和会馆、庙宇共存，传统的院落，古朴典雅的建筑，优美的原生环境，已成为令人驻足品赏的人文景观，惜现在多仅作为古代建筑群进行展示和开放，并未能够为弘扬传统文化发挥出更大的作用。而古戏楼是一个非常好的切入点，围绕古戏楼，打造戏曲茶楼，让人们在结束一天的紧张工作之余，品茶赏戏，放松身心，品评传统戏曲文化之美，提升自身文化素养。并且，对于现代商业交往中，具有更高文化品位的雅致的戏曲茶楼未尝不可成为更好的社交场所。戏曲茶楼的营运常态化，将赋予古戏楼新的生命力。

这种戏曲茶楼模式在郑州城隍庙已经有所尝试，不仅实现了戏楼原始功能再现，还取得较好的社会效果。这种模式能够解决多年困扰管理部门的文物利用问题，契合“合理利用”的文物保护方针，并且运营中增加了收入，也有利于更好地保护文物。相声和二人转小剧场在全国众多个城市中的流行，是戏曲茶楼模式发展的榜样，河南广播电视台《梨园春》等戏曲节目的广泛传播，带动和培养了大量的戏曲受众，为古戏楼的原始功能再现奠定了坚实的基础。国家对优秀传统戏剧这类非物质文化遗产不遗余力地保护和传承，也为戏剧实物载体——古戏楼以戏曲茶楼形式的再利用提供了新的机遇。

二、依托传统庙会，弘扬民俗文化，传承传统戏曲

国家近些年逐步加大对非物质文化遗产的保护和传承，国家级“非遗”已公布5批，河南有125项入选，其中有5处庙会作为民俗类被公布，即淮阳太昊伏羲祭典、辉县百泉药会、禹州药会、浚县正月古庙会、商丘火神台庙会，多在固定的时间段举办，如浚县庙会在正月，淮阳太昊陵庙会在农历二月二日至三月三日。河南各地多有庙会活动，而当地传统戏曲表演是庙会中最为常见的一种形式。结合传统庙会，利用古戏楼，有计划地组织戏曲的演出，传统曲目与传统建筑相得益彰，能够引起人们对优秀传统文化的共鸣，吸引更多的观赏人群。

庙会以前多是自发形成的在固定的时间段内举办的祭祀、物资交流、娱乐等活动，现基本上是由当地政府组织、引导和管理，活动形式丰富多样，活动内容

积极健康，活动场地更为安全，传统戏曲、杂耍、美食等是最为吸引人的内容。浚县正月古庙会历时一个月，据调查，参加庙会最多的时候，一天有10余万人拥入面积并不算大的浚县县城。赶庙会人群不仅仅是河南本省人，还包括大量河北、山东、安徽等省的人。碧霞宫古戏楼在庙会期间得到充分利用，戏曲赶场演出，未能抢到戏楼使用权的戏班，甚至在戏楼附近搭起临时舞台，和古戏楼上演出的戏班唱对台戏，台上倾情演唱，台下游人如织，场面热闹非凡。传统庙会拥有广泛而庞大的游客人群，也是传播优秀传统戏曲、弘扬民俗文化最为适宜的机会。

三、庙宇祭祀与娱乐功能的结合

乡村庙宇多具有传统祭祀功能，并代表了民间劳动人民精神层面的一种诉求。如龙王庙，多祈风调雨顺、国泰民安；牛王庙、马王庙，祈求六畜兴旺、五谷丰登；大王庙，寄望风平浪静、商贸亨通，等等。这种对美好生活的向往及期望，不能简单地作为封建迷信行为对待。这些庙宇虽然在现代生产、生活方式冲击下多呈颓废态势，但在广大农村仍拥有大量的信仰人群，特别是庙宇内供奉的神仙生辰之日，上香以祭，演戏以庆。另外，很多农村的一些典仪也保留着演戏的传统，如结婚庆典、老人大寿、新婴百日等，一些地方子女考中理想大学也进行庆祝。这些庆典多邀请戏班，连续三日演唱传统剧目，亲朋相聚，举村同庆。而古戏楼是举办庆典演唱最好的场所，雅俗共赏，娱民于乐。古戏楼得以充分利用，也能够达到情感沟通的目的，呈现出和谐安顺的农村气象。

四、配合农村大舞台建设，推动古戏楼的再利用

我国于2021年底取得了脱贫攻坚的全面胜利，全国全面小康社会建成，国家下一步的工作重点是乡城振兴，其中精神文明建设是一项重要内容。河南省为契合国家乡村振兴方针及农村精神文明建设的要求，开展了建设农村大舞台的活动，并普及到了全省所有最基层的建制村。配合乡村大舞台，还建设了农村文化广场，添设健身设备，为老百姓营建了锻炼和娱乐的场所，成为老百姓劳作和茶余饭后休闲之地。

分布在农村的古戏楼是建设农村大舞台最好的切入点，无须花费太多的经费即可实现对古戏楼的修缮，其原有的空间也能够作为文化广场使用。我省民间流传着大量传统剧目，在已公布的5批125项国家级非物质文化遗产中，传统戏剧29项、

河南省国家级非物质文化遗产传统戏剧类一览表

序　号	名　称	所在地	项目保护单位	批　次
1	豫　剧	河南省	河南省非物质文化遗产保护中心	第一批
2	宛　梆	内乡县	内乡县宛梆艺术传承保护中心	第一批
3	怀　梆	沁阳市	沁阳市怀梆艺术保护传承中心	第一批
4	大平调	濮阳县	濮阳县大平调艺术保护传承中心	第一批
5	大平调	滑　县	滑县大平调剧团	第一批
6	大平调	延津县	延津县大平调艺术传承保护中心	第一批
7	越　调	周口市	河南省越调艺术保护传承中心	第一批
8	大弦戏	滑　县	滑县大弦戏剧团	第一批
9	大弦戏	濮阳县	濮阳县大弦戏艺术保护传承中心	第一批
10	四平调	商丘市	商丘市梁园区四平调艺术研究中心	第一批
11	四平调	濮阳市	范县四平调艺术传播研究中心	第一批
12	曲　剧	河南省	河南省曲剧艺术保护传承中心	第一批
13	道情戏	太康县	太康县道情艺术保护传承中心	第一批
14	目连戏	南乐县	南乐县非物质文化遗产保护中心	第一批
15	越　调	许昌市	许昌市越调艺术保护传承中心	第二批
16	柳子戏	清丰县	清丰县柳子戏艺术传承中心	第二批
17	皮影戏	罗山县	罗山县文化馆	第二批
18	二夹弦	开封市	开封市田爱云二夹弦剧团	第二批
19	二夹弦	滑　县	滑县二夹弦剧团	第二批
20	罗卷戏	汝南县	汝南县罗卷戏艺术传承保护中心	第二批
21	罗卷戏	范　县	范县罗卷戏剧团	第二批
22	二股弦	武陟县	武陟县大司马二股弦剧团	第二批
23	大平调	浚　县	浚县大平调传承保护中心	第三批
24	越　调	邓州市	邓州市越调剧团	第三批
25	皮影戏	桐柏县	桐柏县人民文化馆	第三批
26	淮　调	安阳县	安阳县郼祥淮调艺术有限公司	第三批
27	落　腔	内黄县	内黄县文化馆	第三批
28	花鼓戏	光山县	光山县非物质文化遗产保护中心	第四批
29	罗卷戏	邓州市	邓州市孔庄罗卷戏剧团有限公司	第四批

河南省国家级非物质文化遗产曲艺类一览表

序号	名称	所在地	项目保护单位	批次
1	河洛大鼓	洛阳市	洛阳市非物质文化遗产保护中心	第一批
2	河南坠子	河南省	河南省非物质文化遗产保护中心	第一批
3	三 弦 书	南阳市	南阳市说唱团演艺有限公司	第二批
4	大调曲子	南阳市	南阳曲剧艺术中心	第二批
5	陕州锣鼓书	三门峡市	三门峡市群众艺术馆	第五批

曲艺5项，共占总数的27.2%。国家近些年不遗余力地加大了“非遗”的保护和传承工作，公布传承人，成立“非遗”研习所，并有大量经费支持。而古戏楼本身即是戏剧传唱的实物载体，依托古戏楼，建设乡村大舞台及公共文化活动广场，使古戏楼成为优秀戏剧传承的阵地。这种古戏楼合理利用与“非遗”保护和传承的有机结合，是保护和利用古戏楼、传承地方传统戏剧文化最为直接有效的手段，必将产生良好的社会效益，也是现阶段乡村振兴工作中加强农村文化阵地建设和推进农村精神文明建设切实可行的措施。

五、利用古戏楼，营造人文与自然相辅相成的乡土民俗旅游区

现代经济的高速发展，特别是城市居民，平时处于紧张的工作和生活之中，在节假日更愿意步入农村，寄情山水，放松身心，由此催生了乡土民俗旅游度假产业的大量投入和建设。现在河南各地均有民俗类旅游区的推出和规划，除政府主导的旅游度假区外，个人投资的农家乐和民宿旅游产品也大量出现，并成为一些地方较为有特色的产业。

在民俗旅游产品的建设中，将古戏楼纳入进来，合理利用，恢复传统功能，不仅能够更好地表演地方传统剧目，宣传和弘扬地方优秀传统文化，传承非物质文化遗产，表现出独特的民俗风情，还能够为风土民俗旅游增色，提升旅游产品的品位，吸引更广更多的旅游人群。

附录

河南现存古戏楼一览表

序号	戏楼名称	地区	始建年代	现存年代	平面布局	结构形式	屋顶形式	面阔进深	朝向	位置	所属类别	级别
1	郑州城隍庙乐楼	郑州市管城区	明洪武二年（1369），清康熙五十年（1711）重修	清	伸出式	单幢式	重檐歇山	面三进二	坐南面北	合院式建筑山门内	神庙	国保
2	东施村关帝庙乐楼	郑州市登封市	清乾隆九年（1744）	清	台框式	单幢式	前檐二步架悬山、余硬山	面三进一	坐南面北	合院式建筑山门外	神庙	县保
3	周庄全神庙戏楼	郑州市登封市	明万历二年（1574），清道光二十五年（1845）重修	清	台框式	单幢式	明间悬山、次间平顶	面三进一	坐南面北	合院式建筑山门外	神庙	县保
4	沙沟马王庙戏楼	郑州市登封市	无考	清	台框式	单幢式	前檐二步架悬山、余硬山	面三进一	坐南面北	合院式建筑山门内	神庙	一般文物点
5	鲁庄姚氏祠堂戏楼	郑州市巩义市	明崇祯十三年（1640），民国三年（1914）重建	民国	台框式	单幢式	硬山	面三进一	坐东面西	合院式建筑山门上	祠堂	县保
6	白沙村崔氏祠堂戏楼	郑州市巩义市	清咸丰二年（1852）	清	台框式	单幢式	前坡歇山、后坡硬山	面三进一	坐南面北	合院式建筑山门外	祠堂	市保
7	涉村东大庙戏楼	郑州市巩义市	无考	清	台框式	单幢式	硬山	面三进一	坐南面北	合院式建筑山门内	神庙	省保
8	楼子沟老君庙戏楼	郑州市巩义市	无考	清	台框式	单幢式	硬山	面三进二	坐南面北	合院式建筑山门外	神庙	一般文物点
9	高庙村关帝庙戏楼	郑州市巩义市	无考	清	台框式	双幢前后串联式	前台卷棚歇山、后台硬山	前台：面三进一 后台：面三进一	坐南面北	合院式建筑山门外	神庙	一般文物点

续表1

序号	戏楼名称	地区	始建年代	现存年代	平面布局	结构形式	屋顶形式	面阔进深	朝向	位置	所属类别	级别
10	巩义刘氏祠堂戏楼	郑州市巩义市	清乾隆年间，民国十三年（1924）修缮	清、民国	伸出式	双幢前后串联式	前台卷棚悬山、后台硬山	前台：面三进一 后台：面三进一	坐南面北	合院式建筑山门上	祠堂	一般文物点
11	山川村大庙戏楼	郑州市巩义市	清光绪八年（1882）	清	伸出式	三幢左右并联式	硬山	戏楼：面三进一 耳房：面一进一	坐南面北	合院式建筑山门内	神庙	一般文物点
12	山头村卢医庙戏楼	郑州市巩义市	无考，民国十六年（1927）修缮	清、民国	台框式	单幢式	硬山	面五进一	坐西面东	合院式建筑山门内	神庙	一般文物点
13	桥沟老君庙戏楼	郑州市巩义市	明代，清咸丰三年（1853）重修	清	台框式	单幢式	悬山	面三进一	坐南面北	合院式建筑山门内	神庙	县保
14	焦湾关帝庙戏楼	郑州市巩义市	无考，民国二十五年（1936）重修	民国	伸出式	单幢式	明间硬山、次间卷棚悬山	面三进一	坐南面北	合院式建筑山门上	神庙	一般文物点
15	孙寨老君庙戏楼	郑州市巩义市	无考，明崇祯四年（1631）重建	清	伸出式	三幢左右并联式	硬山	戏楼：面三进二 耳房：面一进一	坐南面北	合院式建筑山门外	神庙	一般文物点
16	桃花峪火神庙戏楼	郑州市巩义市	清乾隆三十九年（1774）	清	台框式	单幢式	硬山	面三进一	坐南面北	合院式建筑山门外	神庙	一般文物点
17	河洛大王庙舞楼	郑州市巩义市	明，清光绪三十一年（1905）重建	清	台框式	单幢式	硬山	面三进一	坐南面北	合院式建筑山门上	神庙	省保
18	新密城隍庙戏楼	郑州市新密市	明洪武四年（1371）	清	台框式	单幢式	歇山	面五进一	坐南面北	合院式建筑山门上	神庙	省保
19	新密西街关帝庙戏楼	郑州市新密市	清顺治九年（1652）	清	台框式	单幢式	前坡歇山、后坡硬山	面三进一	坐南面北	合院式建筑山门上	神庙	一般文物点
20	陈沟青龙庙戏楼	郑州市新密市	无考,清雍正三年(1725)重建	清	台框式	单幢式	前檐二步架悬山、余硬山	面三进一	坐南面北	合院式建筑山门内	神庙	一般文物点

续表2

序号	戏楼名称	地区	始建年代	现存年代	平面布局	结构形式	屋顶形式	面阔进深	朝向	位置	所属类别	级别
21	西土门 李氏祠堂戏楼	郑州市 新密市	清嘉庆八年（1803）	清	台框式	单幢式	前檐二步架悬山、余硬山	面三进一	坐南面北	合院式建筑山门外	祠堂	一般文物点
22	荥阳王村戏楼	郑州市 荥阳市	无考	清	伸出式	双幢前后串联式	前台卷棚悬山、后台硬山	前台：面五进一 后台：面三进一	坐南面北	合院式建筑山门外	村寨	一般文物点
23	开封山陕甘会馆中轴线戏楼	开封市 龙亭区	清顺治五年（1648）	清	伸出式	双幢前后串联式	前台卷棚歇山、后台硬山	前台：面一进一 后台：面三进一	坐南面北	合院式建筑山门内	会馆	国保
24	开封山陕甘会馆（东）堂戏楼	开封市 龙亭区	清乾隆三十年（1765）	清	伸出式	双幢前后串联式	前台卷棚歇山、后台硬山	前台：面一进一 后台：面三进一	坐南面北	合院式建筑山门内	会馆	国保
25	开封山陕甘会馆（西）堂戏楼	开封市 龙亭区	清乾隆三十年（1765）	清	伸出式	双幢前后串联式	前台卷棚歇山、后台硬山	前台：面一进一 后台：面三进一	坐南面北	合院式建筑山门内	会馆	国保
26	开封徐府坑街戏楼	开封市 龙亭区	民国	民国	台框式	单幢式	四坡顶	面三进一	坐东面西	合院式建筑山门外	村寨	一般文物点
27	河南府城隍庙戏楼	洛阳市 老城区	明代	清	台框式	单幢式	硬山	面三进一	坐南面北	合院式建筑山门内	神庙	省保
28	洛阳潞泽会馆舞楼	洛阳市瀍河回族区	清乾隆九年（1744）	清	台框式	单幢式	重檐歇山	面五进三	坐南面北	合院式建筑山门上	会馆	国保
29	洛阳山陕会馆舞楼	洛阳市 老城区	清康熙、雍正年间	清	伸出式	双幢前后串联式	前台歇山、后台庑殿	前台：面三进一 后台：面五进二	坐南面北	合院式建筑山门内	会馆	国保

续表3

序号	戏楼名称	地区	始建年代	现存年代	平面布局	结构形式	屋顶形式	面阔进深	朝向	位置	所属类别	级别
30	洛阳关林舞楼	洛阳市洛龙区	清乾隆五十六年（1791）	清	伸出式	双幢前后串联式	前台重檐歇山、后台硬山	前台：面三进一 后台：面五进二	坐南面北	合院式建筑山门外	神庙	国保
31	府店东大庙戏楼	洛阳市偃师区	清嘉庆二十二年（1817）	清	台框式	单幢式	硬山	面五进一	坐南面北	合院式建筑山门上	神庙	一般文物点
32	游殿玉皇庙戏楼	洛阳市偃师区	清乾隆四十年（1775）	清	台框式	单幢式	硬山	面三进一	坐南面北	合院式建筑山门上	神庙	省保
33	省庄牛王庙戏楼	洛阳市偃师区	清嘉庆十二年（1807）	清	台框式	单幢式	卷棚硬山	面三进二	坐南面北	合院式建筑山门内	神庙	一般文物点
34	孟津玄帝庙舞楼	洛阳市孟津区	明万历四十六年（1618）	明、清	台框式	单幢式	硬山	面三进二	坐南面北	合院式建筑山门上	神庙	省保
35	李村龙王庙戏楼	洛阳市新安县	清康熙五十九年（1720），民国二十八年（1939）重修	清、民国	台框式	单幢式	硬山	面一进二	坐南面北	合院式建筑山门内	神庙	市保
36	黑扒村奶奶庙戏楼	洛阳市新安县	无考	清	台框式	单幢式	硬山	面三进一	坐南面北	合院式建筑山门内	神庙	省保
37	骆庄三教堂戏楼	洛阳市新安县	清道光十四年（1834）	清	台框式	单幢式	硬山	面三进一	坐南面北	合院式建筑山门内	神庙	一般文物点
38	新安宝真观戏楼	洛阳市新安县	无考，民国重建	民国	台框式	单幢式	前檐一步架悬山、余硬山	面三进二	坐南面北	合院式建筑山门外	神庙	省保
39	胡岭村关帝庙戏楼	洛阳市新安县	无考	清	台框式	单幢式	硬山	面三进一	坐南面北	合院式建筑山门内	神庙	一般文物点

序号	戏楼名称	地区	始建年代	现存年代	平面布局	结构形式	屋顶形式	面阔进深	朝向	位置	所属类别	级别
40	袁山村奶奶庙舞楼	洛阳市新安县	清嘉庆七年（1802）	清	台框式	单幢式	硬山	面三进一	坐南面北	合院式建筑山门内	神庙	省保
41	白沙村南街戏台	洛阳市伊川县	清光绪十一年（1885）	清	台框式	单幢式	无	面一进一	坐南面北	合院式建筑山门内	民居	一般文物点
42	嵩县财神庙舞楼	洛阳市嵩　县	清康熙五十一年（1712）	清	台框式	单幢式	前坡歇山、后坡硬山	面五进四	坐东南面西北	合院式建筑山门内	神庙	省保
43	大章关帝庙戏楼	洛阳市嵩　县	明万历三十年（1602），清光绪二十八年（1902）重建	清	台框式	单幢式	悬山	面三进一	坐南面北	合院式建筑山门上	神庙	省保
44	旧县村城隍庙舞楼	洛阳市嵩　县	无考，清光绪三十年（1904）重建	清	台框式	单幢式	重檐歇山	面三进三	坐南面北	合院式建筑山门外	神庙	市保
45	安岭三圣殿舞楼	洛阳市嵩　县	清咸丰五年（1855）	清	台框式	单幢式	硬山	面三进二	坐南面北	合院式建筑山门内	神庙	市保
46	柴窑村戏楼	洛阳市洛宁县	无考	清	台框式	单幢式	硬山	面三进一	坐南面北	合院式建筑山门外	村寨	一般文物点
47	草庙岭圣母庙戏楼	洛阳市洛宁县	清乾隆四十九年（1784）	清	台框式	单幢式	硬山	面三进一	坐南面北	合院式建筑山门外	神庙	市保
48	东南村关帝庙戏楼	洛阳市洛宁县	清乾隆五十六年（1791）	清	台框式	单幢式	硬山	面三进一	坐南面北	合院式建筑山门内	神庙	县保
49	礼村戏楼	洛阳市洛宁县	清同治八年（1869）	清	台框式	单幢式	悬山	面三进一	坐南面北	合院式建筑山门外	村寨	一般文物点

续表5

序号	戏楼名称	地区	始建年代	现存年代	平面布局	结构形式	屋顶形式	面阔进深	朝向	位置	所属类别	级别
50	南旧县村戏楼	洛阳市洛宁县	无考	清	台框式	单幢式	硬山	面三进一	坐南面北	合院式建筑山门外	村寨	一般文物点
51	东山底山神庙戏楼	洛阳市洛宁县	清道光三年（1823）	清	台框式	单幢式	硬山	面三进一	坐南面北	合院式建筑山门外	神庙	县保
52	隍城村隍城庙戏楼	洛阳市洛宁县	元至元八年（1271）	清	台框式	单幢式	硬山	面三进二	坐南面北	合院式建筑山门上	神庙	省保
53	北村杨公祠戏楼	洛阳市洛宁县	清乾隆三十八年（1773）	清	台框式	单幢式	悬山	面三进一	坐南面北	合院式建筑山门上	祠堂	县保
54	中方村李氏祠堂乐楼	洛阳市洛宁县	清乾隆六十年（1795），嘉庆元年（1796）竣工	清	台框式	单幢式	悬山	面三进一	坐南面北	合院式建筑山门上	祠堂	县保
55	彭凹彭氏祠堂戏楼	洛阳市洛宁县	清嘉庆二年（1797）	清	台框式	单幢式	硬山	面三进一	坐东面西	合院式建筑山门上	祠堂	县保
56	凡东村段氏祖祠戏楼	洛阳市洛宁县	清道光三年（1823）	清	台框式	单幢式	硬山	面三进二	坐南面北	合院式建筑山门内	祠堂	县保
57	凡村张氏宗祠戏楼	洛阳市洛宁县	清道光二十年（1840）	清	台框式	单幢式	硬山	面三进一	坐南面北	合院式建筑山门上	祠堂	县保
58	凡村曹氏祠堂戏楼	洛阳市洛宁县	无考	清	台框式	单幢式	硬山	面三进一	坐南面北	合院式建筑山门上	祠堂	县保
59	西王村孙氏宗祠戏楼	洛阳市洛宁县	无考	近代改建	台框式	单幢式	硬山	面三进一	坐南面北	合院式建筑山门内	祠堂	县保
60	大许村杨公祠戏楼	洛阳市洛宁县	民国二十四年（1935）	民国	台框式	单幢式	硬山	面三进一	坐南面北	合院式建筑山门上	祠堂	县保

续表6

序号	戏楼名称	地区	始建年代	现存年代	平面布局	结构形式	屋顶形式	面阔进深	朝向	位置	所属类别	级别
61	宜阳山陕会馆戏楼	洛阳市宜阳县	清乾隆九年（1744）	清	台框式	单幢式	硬山	面三进一	坐南面北	合院式建筑山门上	会馆	县保
62	草场村三官火神庙戏楼	洛阳市宜阳县	清同治年间（1862—1874）	清、近代改建	台框式	单幢式	硬山	面三进二	坐北面南	合院式建筑山门内	神庙	一般文物点
63	东营村关帝庙戏楼	洛阳市宜阳县	无考	清	台框式	单幢式	硬山	面三进二	坐南面北	合院式建筑山门内	神庙	一般文物点
64	南村泰山庙戏楼	洛阳市宜阳县	无考	清	台框式	单幢式	硬山	面三进一	坐南面北	合院式建筑山门内	神庙	一般文物点
65	古村常氏祠堂戏楼	洛阳市宜阳县	清乾隆二十八年（1763），民国十二年（1923）重修	民国	台框式	单幢式	硬山	面三进一	坐南面北	合院式建筑山门上	祠堂	县保
66	东马村戏楼	洛阳市宜阳县	无考	清	台框式	单幢式	硬山	面三进一	坐南面北	合院式建筑山门外	村寨	一般文物点
67	安阳火神庙戏楼	安阳市文峰区	无考	清	台框式	单幢式	悬山	面三进一	坐东面西	合院式建筑山门外	神庙	一般文物点
68	安阳白龙庙戏楼	安阳市龙安区	无考，明嘉靖年间、崇祯六年（1633）重修	清	台框式	单幢式	卷棚悬山	面三进二	坐南面北	合院式建筑山门上	神庙	省保
69	泉门村五龙庙戏楼	安阳市殷都区	无考	清	台框式	单幢式	硬山	面五进二	坐北面南	合院式建筑山门内	神庙	一般文物点
70	角岭村歌舞楼	安阳市殷都区	无考，清乾隆六年（1741）、民国五年（1916）重修	清、民国	台框式	单幢式	前坡卷棚悬山、后坡硬山	面三进二	坐南面北	合院式建筑山门外	村寨	一般文物点

续表7

序号	戏楼名称	地区	始建年代	现存年代	平面布局	结构形式	屋顶形式	面阔进深	朝向	位置	所属类别	级别
71	辛庄村关帝庙戏楼	安阳市殷都区	清乾隆十五年（1750）	清	台框式	单幢式	前坡卷棚悬山、后坡硬山	面三进二	坐南面北	合院式建筑山门内	神庙	一般文物点
72	西积善村关帝庙戏楼	安阳市殷都区	明弘治十六年（1503）	清	台框式	单幢式	前坡卷棚悬山、后坡硬山	面三进二	坐南面北	合院式建筑山门上	神庙	县保
73	东岭西村戏楼	安阳市安阳县	无考	清	台框式	单幢式	前坡悬山、后坡硬山	面三进二	坐西面东	合院式建筑山门外	村寨	一般文物点
74	北齐村北禅寺戏楼	安阳市龙安区	清光绪二十五年（1899）	清	台框式	单幢式	前坡卷棚悬山、后坡硬山	面三进二	坐南面北	合院式建筑山门内	神庙	省保
75	朝元洞戏楼	安阳市龙安区	明代	清	台框式	双幢前后串联式	前台卷棚悬山、后台悬山	前台：面三进一 后台：面三进一	坐南面北	合院式建筑山门内	神庙	市保
76	古城村关帝庙戏楼	安阳市林州市	无考，清乾隆二十七年（1762）重建	清	台框式	单幢式	卷棚硬山	面三进二	坐南面北	合院式建筑山门内	神庙	一般文物点
77	官庄药王庙戏楼	安阳市林州市	清乾隆四十八年（1783）	清	台框式	单幢式	前坡卷棚悬山、后坡硬山	面三进二	坐南面北	合院式建筑山门内	神庙	一般文物点
78	任村昊天观戏楼	安阳市林州市	无考，清同治四（1865）重建	清	伸出式	三幢左右并联式	悬山	戏楼：面三进一 耳房：面二进一	坐南面北	合院式建筑山门上	神庙	省保
79	桑耳庄药王庙戏楼	安阳市林州市	清康熙十三年（1674）	清	台框式	单幢式	前檐一步架悬山、余硬山	面三进二	坐南面北	合院式建筑山门内	神庙	一般文物点
80	尖庄三仙圣母庙戏楼	安阳市林州市	清康熙年间	清	台框式	单幢式	硬山	面三进一	坐南面北	合院式建筑山门内	神庙	一般文物点

续表8

序号	戏楼名称	地区	始建年代	现存年代	平面布局	结构形式	屋顶形式	面阔进深	朝向	位置	所属类别	级别
81	大安村栖霞观戏楼	安阳市林州市	无考	清	台框式	单幢式	硬山	面三进一	坐南面北	合院式建筑山门内	神庙	县保
82	郏县山陕会馆戏楼	平顶山市郏县	清康熙三十二年（1693），嘉庆二十四年（1819）重建	清	台框式	单幢式	悬山	面三进一	坐南面北	合院式建筑山门上	会馆	国保
83	冢头大王庙戏楼	平顶山市郏县	无考，清乾隆四十四年（1779）重建	清	台框式	单幢式	悬山	面三进二	坐南面北	合院式建筑山门内	神庙	省保
84	林村戏楼	平顶山市郏县	无考	清	台框式	单幢式	前坡悬山、后坡硬山	面三进二	坐南面北	合院式建筑山门外	村寨	一般文物点
85	周庄火神庙戏楼	平顶山市汝州市	无考	清	台框式	单幢式	悬山	面三进二	坐南面北	合院式建筑山门外	神庙	一般文物点
86	东赵落村玉皇庙戏楼	平顶山市汝州市	无考	清	台框式	单幢式	前坡悬山、后坡硬山	面三进一	坐南面北	合院式建筑山门内	神庙	一般文物点
87	车渠汤王庙戏楼	平顶山市汝州市	无考，民国二十二年（1933）重修	民国	台框式	单幢式	前坡悬山、后坡硬山	面三进二	坐南面北	合院式建筑山门内	神庙	一般文物点
88	虎头村戏楼	平顶山市汝州市	无考	清	台框式	单幢式	前坡悬山、后坡硬山	面三进二	坐南面北	合院式建筑山门外	村寨	一般文物点
89	留王店村戏楼	平顶山市汝州市	清光绪十九年（1893）	清	台框式	单幢式	前坡悬山、后坡硬山	面三进二	坐南面北	合院式建筑山门外	村寨	一般文物点
90	张村戏楼	平顶山市汝州市	无考	清	台框式	单幢式	硬山	面三进一	坐南面北	合院式建筑山门内	民居	一般文物点

续表9

序号	戏楼名称	地区	始建年代	现存年代	平面布局	结构形式	屋顶形式	面阔进深	朝向	位置	所属类别	级别
91	半扎关帝庙戏楼	平顶山市汝州市	清乾隆二十七年（1762）	清	台框式	单幢式	前檐一步架悬山、余硬山	面三进二	坐南面北	合院式建筑山门上	神庙	省保
92	汝州中大街（钟楼）戏楼	平顶山市汝州市	清雍正二年（1724年）	清	台框式	双幢前后串联式	戏楼仿歇山、钟楼重檐攒尖	戏楼：面一进一 钟楼：面五进五	坐南面北	合院式建筑山门外	村寨	县保
93	洛岗戏楼	平顶山市鲁山县	清嘉庆六年（1801）	清	台框式	单幢式	悬山	面三进二	坐南面北	合院式建筑山门外	村寨	省保
94	黄庙沟黄龙庙戏楼	鹤壁市鹤山区	清嘉庆二十五年（1820）	近代改建	台框式	单幢式	硬山	面三进一	坐南面北	合院式建筑山门外	神庙	一般文物点
95	碧霞宫戏楼	鹤壁市浚县	明嘉靖二十一年（1542），民国二十二年（1933）重建	民国	伸出式	双幢前后串联式	前台卷棚悬山、后台硬山	前台：面三进一 后台：面三进一	坐南面北	合院式建筑山门外	神庙	国保
96	上峪乡白龙庙戏楼	鹤壁市淇滨区	明永乐十四年（1416），清康熙年间重修	清	台框式	双幢前后串联式	前台卷棚悬山、后台硬山	前台：面三进一 后台：面三进一	坐南面北	合院式建筑山门外	神庙	县保
97	新乡关帝庙舞楼	新乡市红旗区	元至正年间（1341—1368）	清	台框式	单幢式	悬山	面三进一	坐南面北	合院式建筑山门上	神庙	市保
98	留庄营戏楼	新乡市红旗区	清康熙四十六年（1707）	清	台框式	单幢式	前檐二步架悬山、余卷棚硬山	面三进二	坐北面南	合院式建筑山门外	村寨	市保
99	河屯关帝庙戏楼	新乡市凤泉区	清同治八年（1874）	清	台框式	双幢前后串联式	前台卷棚悬山、后台硬山	前台：面三进一 后台：面三进一	坐南面北	合院式建筑山门外	神庙	市保

续表10

序号	戏楼名称	地区	始建年代	现存年代	平面布局	结构形式	屋顶形式	面阔进深	朝向	位置	所属类别	级别
100	合河泰山庙戏楼	新乡市新乡县	无考，清光绪二十九年（1903）重建	清	伸出式	三幢左右并联式	戏楼悬山；耳房卷棚硬山	戏台：面三进一 耳房：面一进一	坐西面东	合院式建筑山门上	神庙	省保
101	李村戏楼	新乡市卫滨区	无考，清道光六年（1826）重建	清	台框式	单幢式	前坡悬山、后坡卷棚硬山	面三进一	坐南面北	合院式建筑山门外	村寨	县保
102	宝泉玉皇庙舞楼	新乡市辉县市	清乾隆三十七年（1772）	清	伸出式	三幢左右并联式	硬山	戏楼：面三进一 耳房：面二进一 看楼：面三进二	坐南面北	合院式建筑山门上	神庙	省保
103	周庄大王庙戏楼	新乡市辉县市	无考	清	伸出式	三幢左右并联式	戏楼前檐一步架悬山、余硬山；耳房硬山	戏台：面三进一 耳房：面二进一	坐西面东	合院式建筑山门内	神庙	一般文物点
104	平甸村玉皇庙戏楼	新乡市辉县市	无考，清乾隆四年（1739）、清宣统元年（1909）重建	清	伸出式	三幢左右并联式	戏楼前檐一步架悬山、余硬山；耳房硬山	戏台：面三进一 耳房：面一进一	坐南面北	合院式建筑山门上	神庙	县保
105	辉县城隍庙戏楼	新乡市辉县市	明洪武三年（1370），清道光五年（1825）重建	清	伸出式	三幢左右并联式	戏楼前檐一步架悬山、余卷棚硬山；耳房卷棚硬山	戏楼：面三进二 耳房：面一进一	坐南面北	合院式建筑山门上	神庙	县保
106	辉县山西会馆戏楼	新乡市辉县市	清乾隆二十五年（1760）	清	伸出式	三幢左右并联式	戏楼悬山，南檐带歇山抱厦；耳房硬山	戏楼：面三进二 耳房：面三进一	坐南面北	合院式建筑山门上	会馆	省保
107	苏北火神庙戏楼	新乡市辉县市	清康熙五十五年（1716）	清	台框式	单幢式	前檐一步架悬山、余硬山	面三进一	坐南面北	合院式建筑山门外	神庙	一般文物点

续表11

序号	戏楼名称	地区	始建年代	现存年代	平面布局	结构形式	屋顶形式	面阔进深	朝向	位置	所属类别	级别
108	姬家寨玉皇庙戏楼	新乡市辉县市	无考	清	台框式	单幢式	前檐一步架悬山、余硬山	面三进二	坐南面北	合院式建筑山门外	神庙	一般文物点
109	北东坡村祖师庙戏楼	新乡市辉县市	清道光十年（1830）	清	台框式	单幢式	硬山	面三进一	坐南面北	合院式建筑山门内	神庙	一般文物点
110	张台寺关帝庙戏楼	新乡市辉县市	清光绪二十三年（1897）	近代改建	台框式	单幢式	硬山	面三进一	坐南面北	合院式建筑山门内	神庙	一般文物点
111	南平罗村奶奶庙戏楼	新乡市辉县市	无考	清	台框式	单幢式	硬山	面三进一	坐南面北	合院式建筑山门内	神庙	一般文物点
112	西平罗村胜福寺戏楼	新乡市辉县市	明嘉靖三十九年（1560）开工，隆庆元年（1567）竣工；清同治元年（1862）重建	清	台框式	单幢式	硬山	面三进一	坐南面北	合院式建筑山门内	神庙	一般文物点
113	刘固堤村王氏祠堂戏楼	新乡市获嘉县	清雍正八年（1730），清道光二十六年（1846）重建、民国二十二年（1933）修缮	清、民国	台框式	单幢式	前檐一步架悬山、余卷棚硬山	面三进二	坐南面北	合院式建筑山门内	祠堂	县保
114	西寺营村玉帝庙戏楼	新乡市获嘉县	无考，清同治十二年（1873）重修	清	台框式	单幢式	前檐一步架悬山、余卷棚硬山	面三进一	坐南面北	合院式建筑山门内	神庙	县保
115	吕村奶奶庙戏楼	新乡市卫辉市	明崇祯五年（1632）	明、清	台框式	双幢前后串联式	前台卷棚悬山、后台硬山	前台：面三进一 后台：面三进一	坐南面北	合院式建筑山门外	神庙	县保

续表12

序号	戏楼名称	地区	始建年代	现存年代	平面布局	结构形式	屋顶形式	面阔进深	朝向	位置	所属类别	级别
116	芳兰村戏楼	新乡市卫辉市	清咸丰三年（1853）	清	台框式	双幢前后串联式	前台卷棚悬山、后台硬山	前台：面三进一 后台：面三进一	坐南面北	合院式建筑山门外	村寨	县保
117	桶张河老君庙戏楼	焦作市山阳区	清乾隆年间（1736-1795）	清	伸出式	三幢左右并联式	戏楼前坡歇山、后坡硬山；耳房硬山	戏楼：面三进一 耳房：面一进一	坐南面北	合院式建筑山门上	神庙	省保
118	马村玉皇庙舞楼	焦作市山阳区	无考，清乾隆十九年（1754）重建	清	台框式	单幢式	卷棚硬山顶	面三进一	坐南面北	合院式建筑山门内	神庙	一般文物点
119	冯竹园三官庙戏楼	焦作市博爱县	无考，清同治十三年（1874）重建	清	伸出式	三幢左右并联式	硬山	戏楼：面三进一 耳房：面一进一	坐南面北	合院式建筑山门上	神庙	一般文物点
120	大底村龙王五神庙戏楼	焦作市博爱县	无考，清光绪十三年（1887）、民国十七年（1928）重修	民国	伸出式	三幢左右并联式	戏楼卷棚硬山；耳房卷棚硬山	戏楼：面三进一 耳房：面一进一 看楼：面三进一	坐南面北	合院式建筑山门上	神庙	县保
121	白炭窑老君庙戏楼	焦作市博爱县	民国五年（1916）	民国	台框式	单幢式	卷棚硬山	面三进一	坐南面北	合院式建筑山门内	神庙	一般文物点
122	柏山刘氏祠堂戏楼	焦作市博爱县	无考	清	伸出式	三幢左右并联式	戏楼卷棚硬山；耳房硬山	戏楼：面三进一 耳房：面一进一	坐南面北	合院式建筑山门上	祠堂	县保
123	南道玉皇庙戏楼	焦作市博爱县	无考，清光绪三十一年（1905）修缮	清	台框式	单幢式	前坡歇山、后坡硬山	面三进一	坐南面北	合院式建筑山门上	神庙	省保

续表13

序号	戏楼名称	地区	始建年代	现存年代	平面布局	结构形式	屋顶形式	面阔进深	朝向	位置	所属类别	级别
124	苏寨玉皇庙戏楼	焦作市博爱县	明万历四十六年（1618），民国四年（1915）、民国十五年（1926）重修	清、民国	伸出式	三幢左右并联式	戏楼前坡歇山、后坡硬山；耳房硬山	戏楼：面三进一 耳房：面一进一	坐南面北	合院式建筑山门上	神庙	省保
125	桥沟天爷庙戏楼	焦作市博爱县	无考，清道光十七年（1837）重建	清	伸出式	三幢左右并联式	硬山	戏楼：面三进一 耳房：面一进一 看楼：面三进一	坐南面北	合院式建筑山门内	神庙	省保
126	上岭后村观音堂舞楼	焦作市博爱县	清乾隆三十八年（1773）	清	台框式	单幢式	硬山	面三进一	坐南面北	合院式建筑山门上	神庙	一般文物点
127	显圣王庙戏楼	焦作市孟州市	清乾隆年间（1736—1795）	清	台框式	单幢式	卷棚硬山	面三进一	坐南面北	合院式建筑山门上	神庙	国保
128	显圣王庙舞楼	焦作市孟州市	清光绪二十二年（1896）	清	台框式	单幢式	卷棚硬山	三连台戏楼，每台：面三进一	坐东面西	合院式建筑山门内	神庙	国保
129	袁圪套上清宫戏楼	焦作市孟州市	元至元三年（1266），清光绪二十年（1894）重建	清	台框式	单幢式	卷棚硬山	面三进一	坐南面北	合院式建筑山门上	神庙	省保
130	三洼村三清庙戏楼	焦作市孟州市	无考	清	台框式	单幢式	卷棚硬山	面三进一	坐南面北	合院式建筑山门外	神庙	一般文物点
131	窑头村关帝庙戏楼	焦作市沁阳市	清康熙二十五年（1686）	清	伸出式	三幢左右并联式	硬山	戏楼：面三进一 耳房：面一进一	坐南面北	合院式建筑山门外	神庙	一般文物点

续表14

序号	戏楼名称	地区	始建年代	现存年代	平面布局	结构形式	屋顶形式	面阔进深	朝向	位置	所属类别	级别
132	常河村朝阳寺舞楼	焦作市沁阳市	明，清乾隆三十九年（1774）重修	清	台框式	单幢式	硬山	面五进一	坐南面北	合院式建筑山门上	神庙	省保
133	沙滩园龙王庙戏楼	焦作市沁阳市	清乾隆四十年（1775）	清	伸出式	三幢左右并联式	戏楼硬山；耳房卷棚硬山	戏楼：面三进一 耳房：面一进一	坐南面北	合院式建筑山门上	神庙	省保
134	马庄西结义庙戏楼	焦作市沁阳市	无考，民国十年（1921）重修	民国	伸出式	三幢左右并联式	戏楼悬山；耳房硬山	戏楼：面三进一 耳房：面一进一	坐南面北	合院式建筑山门上	神庙	一般文物点
135	大郎寨牛王庙戏楼	焦作市沁阳市	无考	清	台框式	单幢式	悬山	面三进一	坐南面北	合院式建筑山门上	神庙	一般文物点
136	盆窑老君庙舞楼	焦作市沁阳市	无考，清乾隆四十一年（1776）重修	清	台框式	单幢式	硬山	面三进一	坐南面北	合院式建筑山门内	神庙	市保
137	北关庄村关帝庙舞楼	焦作市沁阳市	清乾隆六十年（1795），民国八年（1919）修缮	清、民国	台框式	单幢式	硬山	面三进一	坐南面北	合院式建筑山门内	神庙	市保
138	万善汤帝庙戏楼	焦作市沁阳市	明成化元年（1465），明弘治五年（1492）修缮	清	伸出式	三幢左右并联式	戏楼前坡歇山、后坡悬山；耳房卷棚歇山	戏楼：面三进一 耳房：面一进一	坐南面北	合院式建筑山门上	神庙	省保
139	西沁阳村观音堂舞楼	焦作市沁阳市	无考	清	台框式	单幢式	卷棚悬山	面三进一	坐南面北	合院式建筑山门内	神庙	一般文物点

续表15

序号	戏楼名称	地区	始建年代	现存年代	平面布局	结构形式	屋顶形式	面阔进深	朝向	位置	所属类别	级别
140	杨庄河村牛王庙戏楼	焦作市沁阳市	清道光年间（1821-1850）	清	伸出式	三幢左右并联式	硬山	戏楼：面三进一 耳房：面一进一	坐南面北	合院式建筑山门上	神庙	一般文物点
141	青龙宫戏楼	焦作市武陟县	明永乐年间，清嘉庆十八年（1813）重建	清	伸出式	三幢左右并联式	戏楼前坡歇山、后坡悬山；耳房悬山	戏楼：面三进一 耳房：面一进一	坐南面北	合院式建筑山门上	神庙	国保
142	驾步村接梁寺舞楼	焦作市武陟县	民国二十四年（1935）	民国	台框式	单幢式	前檐一步架悬山、余卷棚硬山	面三进二	坐南面北	合院式建筑山门内	神庙	县保
143	茶棚村通济庵戏楼	焦作市修武县	清康熙五十三年（1714），清道光二十四年（1844）重修	清	台框式	单幢式	硬山	戏楼：面三进一 看楼：面三进一	坐南面北	合院式建筑山门内	神庙	一般文物点
144	东岭后村龙王庙戏楼	焦作市修武县	清嘉庆十年（1805）	清	伸出式	三幢左右并联式	硬山	戏楼：面三进一 耳房：面二进一	坐南面北	合院式建筑山门上	神庙	省保
145	双庙村观音堂戏楼	焦作市修武县	无考	清	台框式	单幢式	平顶	戏楼：面三进一 看楼：面七进二	坐东面西	合院式建筑山门内	神庙	省保
146	一斗水关帝庙戏楼	焦作市修武县	清乾隆三十年（1765）	清	台框式	三幢左右并联式	硬山	戏楼：面三进一 耳房：面一进一 看楼：面三进一	坐南面北	合院式建筑山门上	神庙	省保
147	襄城颍考叔祠戏楼	许昌市襄城县	无考	清	伸出式	单幢式	悬山	面三进三	坐南面北	合院式建筑山门内	祠堂	市保

续表16

序号	戏楼名称	地区	始建年代	现存年代	平面布局	结构形式	屋顶形式	面阔进深	朝向	位置	所属类别	级别
148	禹州怀帮会馆戏楼	许昌市禹州市	清同治十一年（1872）	清	伸出式	单幢式	明、次间歇山，梢间卷棚硬山	面五进二	坐南面北	合院式建筑山门上	会馆	国保
149	郭东村戏楼	许昌市禹州市	无考	清	台框式	单幢式	前坡悬山、后坡硬山	面三进一	坐南面北	合院式建筑山门外	村寨	一般文物点
150	禹县城隍庙戏楼	许昌市禹州市	明正德十年（1515），清光绪十九年（1893）重修	清	台框式	双幢前后串联式	歇山	北戏楼：面三进二南戏楼：面五进一	坐南面北	合院式建筑山门内	神庙	省保
151	五虎庙戏楼	许昌市禹州市	明宣德三年（1428），民国三十三年（1944）重修	民国	台框式	单幢式	明间硬山、次间卷棚悬山	面三进二	坐南面北	合院式建筑山门外	神庙	省保
152	神垕伯灵翁庙戏楼	许昌市禹州市	无考，清康熙、光绪年间重修	清	台框式	单幢式	歇山	面三进二	坐南面北	合院式建筑山门上	神庙	省保
153	神垕关帝庙戏楼	许昌市禹州市	清乾隆年间（1736-1795）	清	伸出式	三幢左右并联式	戏楼前坡歇山，后坡悬山；耳房悬山	戏楼：面三进二耳房：面一进一	坐南面北	合院式建筑山门上	神庙	省保
154	北舞渡马王庙戏楼	漯河市舞阳县	无考	清	台框式	单幢式	悬山	面三进一	坐南面北	合院式建筑山门内	神庙	市保
155	南梁万寿宫戏楼	三门峡市湖滨区	无考	清	台框式	单幢式	悬山	面三进二	坐南面北	合院式建筑山门上	神庙	省保
156	范里村结义庙戏楼	三门峡市卢氏县	无考	清	台框式	单幢式	硬山	面三进一	坐西面东	合院式建筑山门内	神庙	省保

续表17

序号	戏楼名称	地区	始建年代	现存年代	平面布局	结构形式	屋顶形式	面阔进深	朝向	位置	所属类别	级别
157	卢氏城隍庙舞楼	三门峡市卢氏县	元末，明嘉靖三十九年（1560）重建	明	台框式	单幢式	歇山	面三进一	坐南面北	合院式建筑山门内	神庙	国保
158	凤沟村关帝庙戏楼	三门峡市灵宝县	清光绪十四年（1888）	清	台框式	单幢式	硬山	面三进二	坐西面东	合院式建筑山门内	神庙	市保
159	桐树沟席氏祠堂戏楼	三门峡市渑池县	清雍正十一年（1733）	清	台框式	单幢式	硬山	面三进一	坐南面北	合院式建筑山门内	祠堂	一般文物点
160	南阳村戏楼	三门峡市陕州区	无考，道光九年（1829）重修	清	台框式	单幢式	硬山	面三进二	坐南面北	合院式建筑山门外	村寨	县保
161	段岩村戏楼	三门峡市陕州区	无考	清	台框式	单幢式	硬山	面三进二	坐南面北	合院式建筑山门外	村寨	省保
162	山口村三官庙戏楼	三门峡市陕州区	无考	清	台框式	单幢式	硬山	面三进一	坐南面北	合院式建筑山门内	神庙	县保
163	柳沟村戏楼	三门峡市陕州区	清光绪二十一年（1895）	清	台框式	单幢式	硬山	面三进一	坐南面北	合院式建筑山门外	村寨	县保
164	上瑶泰山圣母庙戏楼	三门峡市陕州区	无考	清	台框式	单幢式	硬山	面三进二	坐南面北	合院式建筑山门内	神庙	县保
165	东沟村戏楼	三门峡市陕州区	无考	清	台框式	单幢式	卷棚硬山	面三进一	坐南面北	合院式建筑山门外	村寨	县保
166	老泉村老泉庙戏楼	三门峡市陕州区	清道光四年（1824）	清	台框式	单幢式	硬山	戏楼：面三进一 看楼：面五进一	坐南面北	合院式建筑山门内	神庙	一般文物点
167	方城维摩寺戏楼	南阳市方城县	无考	清	台框式	单幢式	悬山	面三进二	坐南面北	合院式建筑山门外	神庙	市保

续表18

序号	戏楼名称	地区	始建年代	现存年代	平面布局	结构形式	屋顶形式	面阔进深	朝向	位置	所属类别	级别
168	云阳镇城隍庙戏楼	南阳市南召县	明，明成化十二年（1476）、清光绪年间重建	清	台框式	单幢式	前檐二步架悬山、余硬山	面三进二	坐南面北	合院式建筑山门上	神庙	市保
169	社旗山陕会馆悬鉴楼	南阳市社旗县	清嘉庆元年（1796），清道光元年（1821）竣工	清	台框式	单幢式	重檐歇山	面三进三	坐南面北	合院式建筑山门上	会馆	国保
170	社旗火神庙戏楼	南阳市社旗县	清雍正二年（1724），雍正六年（1728）竣工	清	伸出式	双幢前后串联式	前台歇山、后台硬山	前台：面三进一 后台：面三进一	坐南面北	合院式建筑山门上	神庙	省保
171	荆紫关山陕会馆戏楼	南阳市淅川县	清乾隆年间，清道光二十九年（1849）重建	清	伸出式	双幢前后串联式	东戏楼前坡歇山、后坡硬山；西戏楼歇山	东戏楼：面五进二、西戏楼：面一进一	坐西面东	合院式建筑山门内	会馆	国保
172	紫荆关禹王宫戏楼	南阳市淅川县	清嘉庆十年（1805）	清	伸出式	三幢左右并联式	戏楼前坡歇山、后坡硬山；耳房硬山	戏楼：面三进二 耳房：面一进二	坐西面东	合院式建筑山门上	会馆	国保
173	镇平城隍庙戏楼	南阳市镇平县	元至正元年（1341）	清	台框式	单幢式	重檐歇山	面五进三	坐南面北	合院式建筑山门内	神庙	省保
174	罗山大王庙戏楼	信阳市罗山县	清道光四年（1824）	清	伸出式	三幢左右并联式	戏楼前坡歇山、后坡硬山；耳房硬山	戏楼：面三进三 耳房：面三进二	坐南面北	合院式建筑山门上	神庙	省保
175	潢川观月亭戏台	信阳市潢川县	民国十七年（1928）	民国	台框式	单幢式	卷棚四坡顶	面一进一	坐南面北	合院式建筑山门内	村寨	省保

续表19

序号	戏楼名称	地区	始建年代	现存年代	平面布局	结构形式	屋顶形式	面阔进深	朝向	位置	所属类别	级别
176	宋家畈宋氏祠堂戏楼	信阳市新县	无考	清	台框式	单幢式	硬山	面三进一	坐南面北	合院式建筑山门上	祠堂	省保
177	西扬畈吴氏祠堂戏楼	信阳市新县	清嘉庆年间（1796—1820）	清	台框式	单幢式	硬山	面一进一	坐西面东	合院式建筑山门上	祠堂	省保
178	新县普济寺戏楼	信阳市新县	民国十六年（1927）	民国	台框式	单幢式	硬山	面一进一	坐南面北	合院式建筑山门上	神庙	国保
179	西河村焕公祠戏楼	信阳市新县	无考	清	台框式	单幢式	硬山	面三进二	坐东南面西北	合院式建筑山门上	祠堂	省保
180	毛铺村彭氏祠堂戏楼	信阳市新县	无考	清	伸出式	单幢式	硬山	面三进一	坐东面西	合院式建筑山门上	祠堂	省保
181	周口关帝庙戏楼	周口市川汇区	清乾隆三十年（1765）	清	台框式	单幢式	重檐歇山	面三进三	坐南面北	合院式建筑山门内	会馆	国保
182	南姚村关帝庙戏楼	济源市	清顺治六年（1649）	清	台框式	单幢式	悬山	面三进一	坐南面北	合院式建筑山门外	神庙	省保
183	南姚村汤帝庙戏楼	济源市	明景泰六年（1455），清乾隆三十六年（1771）、民国三十六年（1947）重修	清、民国	台框式	单幢式	悬山	面三进一	坐南面北	合院式建筑山门外	神庙	省保

后记

编著《河南古戏楼》，源起于2014年本人主持的“河南典型古戏楼遗存现状调查及研究”基础性科研课题，课题组成员有田冰峰、张勇、张大鹏三位同事。课题组选择了具有代表性的16处古戏楼，对其历史沿革、环境、平面布局、结构形式、建筑特点等方面进行分析研究，并勘测、绘制了戏楼实测图，为后期戏楼的研究做了必要的准备和铺垫。通过初步对河南古戏楼现状的了解及审视，以及领导、同事的鼓励，我萌生了对河南现存古戏楼进行全面调查，并梳理归纳，以图文并茂的形式出版成册，达到增加人们对古戏楼建筑的了解、提高保护意识、使其得到更好保护和传承目的想法。2017年起，本人延续了古戏楼研究工作，主持“河南遗存古戏楼建筑研究”科研课题，主要成员有张毫、杨华南、朱春平、张勇、付力等同事。课题组历时4年时间，结合文献资料对省内各地区进行拉网式调查，基本摸清了河南省现存古戏楼的数量，完成了全省167处遗存古戏楼的信息采集工作。工作中采用摄影、三维激光扫描、法式测绘等技术手段，尽可能采集较全面的数据，绘制了几十座古戏楼实测图，为研究河南古戏楼夯实了基础资料，填补了从建筑史的角度对河南省古戏楼进行系统、全面调查的空白。课题组分为测绘、图片摄制、图纸绘制三个小组，成员交织穿插，相互配合。组成、分工如下：

1. 测绘组。由本人、张毫、杨华南、朱春平、张勇、李楠、刘重等组成，完成了戏楼的基础数据采集工作。其中李楠、刘重完成了7座古戏楼的三维激光扫描工作。

2. 图片摄制组。由付力、张毫、杨华南、李楠及本人组成，完成了古戏楼的摄影及部分航片拍摄工作。

3. 图纸绘制组。由杨华南、朱春平、张勇、李楠及本人组成，完成了33座古戏楼的测稿绘制工作。

2021年课题结项后，课题组立即投入《河南古戏楼》的编写、出版工作。我担任主编，承担了本书的主要编写、图片选编、图纸及书稿的校核工作。工作团队分为文字编写组及图纸绘制、整理组，成员、分工如下：

1. 文字编写组。由我和杨华南、张亳组成。本人撰写了第一章、第三章、第四章、第五章、第六章以及附录《河南现存古戏楼一览表》。第二章由本人及张亳、杨华南共同编写，杨华南还负责第七章撰写以及书稿审改工作。

2. 图纸绘制、整理组。由蔡金呈、丁语为组长，李楠、白天宜、石菁菁、董怡冰、李帅、楚胜博、李金伟共9位同志共同绘制、整理测绘图349幅；张亳绘制了15个地市戏楼分布图。这些图片编辑在本书第二章。

《河南古戏楼》蕴含着前后课题组成员的艰辛付出，是集体精诚合作的成果。大家克服困难，以细致、扎实的工作态度完成了本书的出版。

《河南古戏楼》的较快付梓，得益于河南省文物建筑保护研究院领导的扶持。课题组的实地勘查及书稿的编写，得到了院长杨振威的支持和鼓励，副院长吕军辉、副院长赵刚则身体力行，亲赴现场指导。杨焕成先生为本书拨冗作序，并给予了宝贵的指导建议。中州古籍出版社的王小方、宗增芳、高雅三位编辑，不辞辛苦，伏案审稿。谨在此向以上给予课题组及本书帮助、支持的单位及个人表示衷心的感谢！感谢共同参与古戏楼课题的同仁！

另外，本书从相关书刊选用了一些图片及图纸，均注明出处。赵书磊、马燕、邢培庆、禹红梅、张伟等同仁给予了热情的帮助与支持，提供了部分戏楼的实测图。因图纸有较大改动未注明出处，敬请谅解。特谨向图片原拍摄者以及绘制建筑图的工程师致以深谢！

古戏楼的研究需在史实中求识，这个优秀的文化遗产有待于深度探索、认知。由于积累不足，水平犹浅，本书只构架了框架，展现了主干部分，难免存在谬误，诸多地方也有待充实、深化。另外，在调查中难免出现疏漏的情况。急盼得到各位学者及读者的教正。

赵彤梅

2022年3月

照片索引

说明：

一、本索引包括本书照片索引和图版索引，由照片（图版）标题和照片（图版）编号组成。

二、索引按汉语拼音字母顺序排列。

三、索引名称后的阿拉伯数字表示内容所在页码。

A

安岭三圣殿舞楼　照2-2-3-28　/ 142

安阳白龙庙戏楼背立面　照2-2-4-2　/ 175

安阳白龙庙戏楼一字形木隔断　照4-6-5-4　/ 619

安阳白龙庙戏楼楹联　照6-2-5-1　/ 709

安阳白龙庙戏楼正立面　照2-2-4-1　/ 174

安阳北齐村北禅寺戏楼　照4-7-1-3　/ 636

安阳北齐村北禅寺戏楼排水槽　照4-6-8-2　/ 631

安阳北齐村北禅寺戏楼一字影壁　照4-6-6-4　/ 622

安阳朝元洞戏楼　照4-4-1-2　/ 583

安阳朝元洞戏楼楹联　照6-2-5-2　/ 710

安阳角岭村歌舞楼《创修歌舞楼碑记》碑　照6-3-2-14　/ 745

安阳角岭村歌舞楼八字形隔断　照4-6-5-2　/ 617

安阳角岭村歌舞楼斗栱　照4-6-2-16　/ 608

安阳角岭村歌舞楼木雕　照4-8-1-18　/ 657

安阳角岭村歌舞楼柱础　照4-6-1-13　/ 601

安阳角岭村歌舞楼柱础　照4-6-1-14　/ 601

安阳金代墓葬砖雕戏台模型　照1-2-3-1　/ 21

安阳西积善村关帝庙戏楼斗栱　照4-6-2-12　/ 606

安阳辛庄村关帝庙《关帝庙前戏台重修石柱》碑　照6-3-1-10　/ 727

B

白沙崔氏祠堂戏楼　照2–2–1–24　/ 74
白沙村南街戏台　照2–2–3–21　/ 127
柏山刘氏祠堂戏楼　照2–2–8–10　/ 332
半三面观——平甸玉皇庙戏楼
照4–4–2–4　/ 589
半扎关帝庙戏楼背立面　照2–2–5–7　/ 227
半扎关帝庙戏楼石栏板　照4–6–7–7　/ 628
半扎关帝庙戏楼正立面　照2–2–5–6　/ 227
宝泉村玉皇庙舞楼背立面
照2–2–7–19　/ 291
宝泉村玉皇庙舞楼正立面
照2–2–7–18　/ 289
宝泉村玉皇庙看楼　照2–2–7–20　/ 291
宝泉村玉皇庙戏楼　照5–3–1–1　/ 683
北村杨公祠戏楼　照2–2–3–37　/ 149
北东坡祖师庙戏楼　照2–2–7–24　/ 306
北关庄村关帝庙舞楼　照2–2–8–35　/ 377
北齐村北禅寺鸟瞰　照4–2–1–1　/ 574
北齐村北禅寺戏楼　照2–2–4–9　/ 196
北舞渡马王庙戏楼　照2–2–10–1　/ 442
碧霞宫戏楼　照2–2–6–1　/ 244
碧霞宫戏楼排水槽　照4–6–8–6　/ 631
博爱大底村龙王五神庙《大寨底改修舞楼碑》碑
照6–3–1–6　/ 722
博爱大底村龙王五神庙《重修拜殿三间改修拜殿东耳房一间补修东西看楼□舞楼重修观音堂三间碑序》碑　照6–3–1–7　/ 722
博爱大底村龙王五神庙戏楼民国题壁
照4–8–2–10　/ 663
博爱大底村龙王五神庙戏楼民国题壁
照4–8–2–11　/ 664
博爱刘氏祠堂戏楼梁头装饰
照5–3–4–3　/ 689
博爱南道村玉皇庙戏楼柱础
照4–6–1–9　/ 600
博爱桥沟天爷庙看楼　照1–2–4–9　/ 27
博爱苏寨玉皇庙《和义社重修舞楼三仙圣母殿东廊房碑记》碑　照6–3–2–10　/ 741
博爱苏寨玉皇庙《玉皇庙创建戏楼碑》碑
照6–3–2–9　/ 739

C

草场村三官火神庙戏楼　照2–2–3–53　/ 171
草庙岭圣母庙戏楼背立面
照2–2–3–32　/ 146
草庙岭圣母庙戏楼墀头　照2–2–3–33　/ 146
草庙岭圣母庙戏楼正立面
照2–2–3–31　/ 145
茶棚村通济庵戏楼　照2–2–8–43　/ 397
柴窑村戏楼　照2–2–3–30　/ 144
常河村朝阳寺鸟瞰　照2–2–8–27　/ 367
常河村朝阳寺舞楼　照2–2–8–25　/ 364
常河村朝阳寺舞楼碑刻　照2–2–8–26　/ 365
朝元洞戏楼　照2–2–4–3　/ 179
车渠汤王庙戏楼　照2–2–5–10　/ 234
陈沟青龙庙戏楼　照2–2–1–6　/ 52

D

大底村龙王五神庙戏楼墙体

照4-6-6-3 / 621
大底村龙王五神庙看楼 照2-2-8-9 / 326
大底村龙王五神庙鸟瞰 照2-2-8-7 / 324
大底村龙王五神庙戏楼 照2-2-8-8 / 325
大底村龙王五神庙戏楼壁画
照4-8-2-5 / 661
大金承安中岳庙图（拓本临摹）
照1-2-1-6 / 19
大郎寨牛王庙戏楼 照2-2-8-33 / 374
大许村杨公祠戏楼背立面
照2-2-3-40 / 152
大许村杨公祠戏楼盘头 照2-2-3-42 / 153
大许村杨公祠戏楼前檐 照2-2-3-41 / 153
大章关帝庙戏楼背立面 照2-2-3-22 / 128
大章关帝庙戏楼正立面 照2-2-3-23 / 129
单幢式——安阳北齐村北禅寺戏楼
照4-3-0-1 / 579
单幢式——洛阳潞泽会馆舞楼
照1-2-4-2 / 23
丁都赛砖雕 照1-1-1-7 / 8
东沟村戏楼 / 474
东岭后村龙王庙戏楼 照2-2-8-44 / 399
东岭后村龙王庙戏楼木雕
照2-2-8-45 / 400
东岭西村戏楼 照2-2-4-10 / 199
东马村戏楼 照2-2-3-52 / 169
东南村关帝庙戏楼 照2-2-3-29 / 143
东山底山神庙戏楼 照2-2-3-47 / 162
东施村关帝庙乐楼 照2-2-1-8 / 57
东宋镇南旧县村戏楼墙体 照4-6-6-1 / 620
东营村关帝庙戏楼 照2-2-3-48 / 166
东营村关帝庙戏楼盘头 照2-2-3-49 / 166
东赵落村玉皇庙戏楼 照2-2-5-9 / 232
段岩村戏楼 照2-2-11-9 / 468
敦煌西方净土变壁画 照1-1-1-6 / 7

E

二面观——荆紫关山陕会馆戏楼东立面
照4-4-2-2 / 586
二面观——荆紫关山陕会馆戏楼西立面
照4-4-2-3 / 587
二面观——禹州城隍庙戏楼
照1-2-4-7 / 26
二面观——禹州城隍庙戏楼
照1-2-4-8 / 26
二幢前后串联式——安阳朝元洞戏楼
照1-2-4-3 / 24

F

凡村曹氏祠堂戏楼 照2-2-3-45 / 158
凡村曹氏祠堂戏楼墙体 照4-6-6-2 / 620
凡村段氏祖祠戏楼 照2-2-3-43 / 154
凡村张氏宗祠戏楼 照2-2-3-44 / 155
范里村结义庙鸟瞰 照2-2-11-4 / 459
范里村结义庙戏楼 照2-2-11-5 / 460
方城维摩寺戏楼 照2-2-12-9 / 503
芳兰村戏楼 照2-2-7-12 / 277
芳兰村戏楼窗 照2-2-7-11 / 277
冯竹园三官庙戏楼背立面 照2-2-8-6 / 323
冯竹园三官庙戏楼正立面 照2-2-8-5 / 322
凤沟村关帝庙戏楼 照2-2-11-6 / 461
府店东大庙戏楼背立面 照2-2-3-9 / 115

府店东大庙戏楼正立面　照2-2-3-8　/ 115

G

高庙村关帝庙戏楼　照2-2-1-13　/ 64
巩义河洛大王庙鸟瞰　照4-2-1-3　/ 576
巩义河洛大王庙舞楼卐字、寿字望砖　照4-6-3-7　/ 611
巩义刘氏祠堂戏楼背立面　照2-2-1-15　/ 66
巩义刘氏祠堂戏楼正立面　照2-2-1-14　/ 65
巩义桥沟老君庙《建修乐舞楼碑记》碑　照6-3-1-3　/ 719
巩义山头村卢医庙《补修诸殿戏楼庙墙及村南关帝庙碑记》碑　照6-3-1-2　/ 718
巩义桃花峪村火神庙戏楼木雕　照4-8-1-20　/ 658
古城村关帝庙戏楼　照2-2-4-11　/ 200
古村常氏祠堂戏楼　照2-2-3-51　/ 168
官庄药王庙戏楼　照2-2-4-14　/ 210
郭东村戏楼　照2-2-9-3　/ 423

H

合河泰山庙戏楼背立面　照2-2-7-3　/ 258
何屯关帝庙戏楼　照2-2-7-5　/ 265
河洛大王庙舞楼背立面　照2-2-1-23　/ 73
河洛大王庙舞楼正立面　照2-2-1-22　/ 72
河南府城隍庙戏楼背立面　照2-2-3-7　/ 114
河南府城隍庙戏楼正立面　照2-2-3-6　/ 114
黑扒村奶奶庙戏楼　照2-2-3-17　/ 122
胡岭村关帝庙戏楼　照2-2-3-19　/ 124
虎头村戏楼　照2-2-5-11　/ 235
黄庙沟黄龙庙戏楼　照2-2-6-3　/ 253
隍城村隍城庙戏楼　照2-2-3-36　/ 148
潢川观月亭实心台基　照4-5-1-2　/ 594
潢川观月亭戏台　照2-2-13-3　/ 513
潢川观月亭戏台石雕　照2-2-13-4　/ 513
辉县薄壁周庄大王庙戏楼斗栱　照4-6-2-17　/ 608
辉县宝泉村玉皇庙《宝泉村重修山神庙记》碑　照6-3-2-3　/ 731
辉县宝泉村玉皇庙舞楼壁画　照4-8-2-7　/ 662
辉县城隍庙戏楼背立面　照2-2-7-17　/ 286
辉县城隍庙戏楼荷叶墩　照4-6-2-19　/ 608
辉县城隍庙戏楼梁架　照2-2-7-16　/ 287
辉县城隍庙戏楼梁架彩绘　照4-8-2-1　/ 659
辉县城隍庙戏楼正立面　照2-2-7-15　/ 285
辉县平甸村玉皇庙《重修玉皇庙》碑　照6-3-1-9　/ 725
辉县平甸玉皇庙戏楼柱础　照4-6-1-8　/ 600
辉县山西会馆鸟瞰　照2-2-7-13　/ 278
辉县山西会馆戏楼壁画　照4-8-2-4　/ 660
辉县山西会馆戏楼梁架彩绘、壁画　照4-8-2-2　/ 659
辉县山西会馆戏楼正立面　照2-2-7-14　/ 280
辉县苏北村火神庙《重建戏楼碑记》碑　照6-3-1-8　/ 723
辉县苏北村火神庙戏楼　照4-7-1-4　/ 636
辉县西平罗村胜福寺《重修戏楼碑》碑　照6-3-2-5　/ 733
获嘉县西寺营村玉皇庙《获邑东路西刘士旗营玉帝庙重修戏楼志》碑　照6-3-2-1　/ 729

J

姬家寨玉皇庙戏楼　照2–2–7–29　/ 311
济源南姚村关帝庙戏楼柱础
照4–6–1–10　/ 600
济源南姚关帝庙戏楼花板
照4–6–2–18　/ 608
郏县山陕会馆戏楼背立面　照2–2–5–1　/ 216
郏县山陕会馆戏楼叉手　照4–6–3–6　/ 611
郏县山陕会馆戏楼斗栱　照4–6–2–2　/ 603
郏县山陕会馆戏楼木雕　照4–8–1–1　/ 651
郏县山陕会馆戏楼正立面　照2–2–5–2　/ 217
郏县山陕会馆戏楼柱础　照4–6–1–7　/ 600
郏县山陕会馆戏楼砖雕　照4–8–1–12　/ 655
贾湖骨笛　照1–1–1–1　/ 4
驾步村接梁寺舞楼　照2–2–8–41　/ 393
驾步村接梁寺舞楼侧立面
照2–2–8–42　/ 394
尖庄三仙圣母庙戏楼　照2–2–4–16　/ 212
焦湾关帝庙戏楼　照2–2–1–19　/ 69
焦作马村玉皇庙《马村玉皇庙重修碑记》碑
照6–3–2–6　/ 735
焦作桶张河关帝庙戏楼木雕
照4–8–1–19　/ 657
角岭村歌舞楼　照2–2–4–5　/ 184
荆紫关山陕会馆八字影壁　照4–6–6–6　/ 622
荆紫关山陕会馆戏楼空腔砖石支撑式台基
照4–5–1–5　/ 596
荆紫关禹王宫戏楼背立面
照2–2–12–5　/ 497
荆紫关禹王宫戏楼背立面
照2–2–12–6　/ 498
荆紫关禹王宫戏楼门头　照5–2–4–2　/ 679
荆紫关禹王宫戏楼石雕　照2–2–12–7　/ 498
荆紫关禹王宫戏楼正立面
照2–2–12–4　/ 495
旧县村城隍庙舞楼侧立面
照2–2–3–27　/ 140
旧县村城隍庙舞楼正立面
照2–2–3–26　/ 139

K

开封山陕甘会馆东堂戏楼　照2–2–2–4　/ 89
开封山陕甘会馆西堂戏楼　照2–2–2–3　/ 88
开封山陕甘会馆西堂戏楼楹联
照6–2–5–3　/ 711
开封山陕甘会馆戏楼木雕　照4–8–1–2　/ 651
开封山陕甘会馆中轴线戏楼背立面
照2–2–2–2　/ 84
开封山陕甘会馆中轴线戏楼正立面
照2–2–2–1　/ 83
块石砌筑墙　照5–1–3–4　/ 671
块石砌筑土坯软心墙　照5–1–3–3　/ 670

L

礼村戏楼背立面　照2–2–3–34　/ 147
李村龙王庙戏楼　照2–2–3–15　/ 120
李村戏楼　照2–2–7–6　/ 266
林村戏楼　照2–2–5–4　/ 219

林村戏楼排水槽　照4－6－8－3　/ 631
林村戏楼排水槽　照4－6－8－4　/ 631
林县古城村关帝庙《重修戏楼碑记》碑
照6－3－1－4　/ 720
林县桑耳庄龙王庙《重修大殿建立戏楼碑记》碑
照6－3－1－5　/ 720
林州古城村关帝庙戏楼斗栱
照4－6－2－10　/ 606
林州古城村关帝庙戏楼雀替木雕
照4－8－1－22　/ 658
林州官庄村药王庙戏楼斗栱
照4－6－2－7　/ 605
林州桑耳庄村药王庙戏楼实心台基
照4－5－1－3　/ 595
灵宝出土东汉时期三层百戏陶楼
照1－2－1－4　/ 18
灵宝凤沟关帝庙戏楼八字影壁
照4－6－6－5　/ 622
刘固堤村王氏祠堂戏楼　照2－2－7－7　/ 267
刘固堤村王氏祠堂戏楼匾额
照6－1－0－9　/ 700
刘固堤村王氏祠堂戏楼隔断
照4－6－5－3　/ 618
留王店村戏楼　照2－2－5－12　/ 238
留庄营戏楼　照2－2－7－4　/ 264
留庄营戏楼　照5－3－2－1　/ 683
留庄营戏楼木匾　照6－1－0－7　/ 699
柳沟村戏楼　照2－2－11－11　/ 471
楼子沟老君庙戏楼　照2－2－1－12　/ 63
卢氏城隍庙舞楼　照2－2－11－3　/ 453
鲁庄姚氏祠堂戏楼背立面　照2－2－1－26　/ 77
鲁庄姚氏祠堂戏楼正立面　照2－2－1－25　/ 76
罗山大王庙戏楼　照2－2－13－1　/ 510
罗山大王庙戏楼　照5－2－1－1　/ 673
罗山大王庙戏楼背立面　照2－2－13－2　/ 511
罗山大王庙戏楼门头　照5－2－4－1　/ 678
洛岗戏楼　照2－2－5－5　/ 223
洛宁草庙岭村圣母庙戏楼叉手角背
照4－6－3－3　/ 610
洛宁草庙岭村圣母庙戏楼柁墩
照4－6－3－4　/ 610
洛宁草庙岭圣母庙戏楼壁画
照4－8－2－6　/ 662
洛宁草庙岭圣母庙戏楼脊饰
照4－7－2－5　/ 648
洛宁草庙岭圣母庙戏楼盘头砖雕
照4－8－1－14　/ 655
洛宁柴窑村戏楼木质排水槽
照4－6－8－1　/ 630
洛宁大许村杨公祠戏楼斗栱
照4－6－2－11　/ 606
洛宁东山底村山神庙戏楼明间花板木雕
照4－8－1－21　/ 658
洛宁马东村泰山庙戏楼　照3－1－7－1　/ 556
洛阳关林鸟瞰　照4－2－1－4　/ 577
洛阳关林舞楼　照2－2－3－5　/ 107
洛阳关林舞楼　照4－4－1－3　/ 584
洛阳关林舞楼天花　照4－6－4－4　/ 615
洛阳潞泽会馆舞楼背立面　照2－2－3－4　/ 102
洛阳潞泽会馆舞楼匾额　照6－1－0－10　/ 701
洛阳潞泽会馆舞楼匾额　照6－1－0－11　/ 701
洛阳潞泽会馆舞楼狮身柱础
照4－6－1－1　/ 598
洛阳潞泽会馆舞楼天花　照4－6－4－1　/ 614
洛阳潞泽会馆舞楼羊形柱础
照4－6－1－2　/ 598
洛阳潞泽会馆舞楼正立面　照2－2－3－3　/ 102
洛阳潞泽会馆舞楼柱础　照4－6－1－5　/ 600

洛阳山陕会馆鸟瞰　照4-2-1-2　/ 575
洛阳山陕会馆舞楼　照4-7-1-1　/ 634
洛阳山陕会馆舞楼背立面　照2-2-3-2　/ 96
洛阳山陕会馆舞楼木栏杆　照4-6-7-1　/ 625
洛阳山陕会馆舞楼石匾　照6-1-0-3　/ 698
洛阳山陕会馆舞楼正立面　照2-2-3-1　/ 95
骆庄三教堂戏楼　照2-2-3-20　/ 125
吕村奶奶庙戏楼　照2-2-7-9　/ 272
吕村奶奶庙戏楼梁架　照5-3-3-2　/ 685
吕村奶奶庙戏楼题记　照2-2-7-10　/ 273

M

马村玉皇庙舞楼　照2-2-8-4　/ 320
马庄村西结义庙戏楼、汝州赵落村玉皇庙戏楼望瓦　照4-6-3-9　/ 611
马庄村西结义庙戏楼背立面　照2-2-8-32　/ 373
马庄村西结义庙戏楼正立面　照2-2-8-31　/ 372
毛铺村彭氏祠堂戏楼背立面　照2-2-13-14　/ 529
毛铺村彭氏祠堂戏楼正立面　照2-2-13-13　/ 528
孟津玄帝庙舞楼背立面　照2-2-3-14　/ 120
孟津玄帝庙舞楼石匾　照6-1-0-1　/ 697
孟津玄帝庙舞楼正立面　照2-2-3-13　/ 119
孟州显圣王庙三连台舞楼　照1-2-4-10　/ 27
孟州显圣王庙戏楼　照4-4-1-1　/ 583
莫高窟112窟主室南壁——观无量寿经变　照1-2-1-8　/ 19

N

南村泰山庙戏楼　照2-2-3-50　/ 167
南道村玉皇庙戏楼　照4-7-1-2　/ 635
南道村玉皇庙戏楼木栏杆　照4-6-7-3　/ 625
南道玉皇庙戏楼背立面　照2-2-8-11　/ 335
南道玉皇庙戏楼正立面　照2-2-8-12　/ 336
南旧县村戏楼　照2-2-3-35　/ 147
南梁万寿宫戏楼背立面　照2-2-11-2　/ 447
南梁万寿宫戏楼正立面　照2-2-11-1　/ 446
南平罗村奶奶庙戏楼　照2-2-7-26　/ 308
南阳出土东汉厅堂观舞画像砖　照1-2-1-1　/ 16
南阳出土东汉庭院表演画像砖　照1-2-1-2　/ 16
南阳出土汉许阿瞿画像石　照1-1-1-4　/ 6
南阳村戏楼　照2-2-11-8　/ 464
南姚村关帝庙戏楼　照2-2-15-1　/ 540
南姚村关帝庙戏楼侧立面　照2-2-15-2　/ 542
南姚村关帝庙戏楼木雕　照2-2-15-3　/ 542
南姚村汤帝庙戏楼　照2-2-15-4　/ 545
内乡显圣庙戏楼　照3-1-2-1　/ 552

P

盆窑老君庙舞楼　照2-2-8-34　/ 375
彭凹彭氏祠堂戏楼　照2-2-3-39　/ 151
平甸村玉皇庙戏楼　照2-2-7-21　/ 298
平甸村玉皇庙戏楼石栏板　照4-6-7-8　/ 630

平顶山洛岗戏楼斗栱　照4–6–2–4　/ 604
平顶山冢头大王庙《重修会馆东西道院墙壁并整乐楼》碑　照6–3–1–12　/ 728

Q

桥沟老君庙戏楼　照2–2–1–18　/ 68
桥沟天爷庙戏楼　照2–2–8–14　/ 345
沁阳北关庄村关帝庙《重修关帝庙歌舞楼碑记》碑　照6–3–2–4　/ 732
沁阳北关庄村关帝庙戏楼斗栱　照4–6–2–8　/ 605
沁阳北关庄村关帝庙戏楼斗栱　照5–3–3–5　/ 687
沁阳草庙岭圣母庙戏楼斗栱　照4–6–2–15　/ 607
沁阳常河村朝阳寺《重修舞楼碑记》碑　照6–3–2–11　/ 742
沁阳东南村关帝庙戏楼斗栱　照4–6–2–14　/ 607
沁阳盆窑老君庙《重修舞楼并创筑院墙碑记》碑　照6–3–2–7　/ 737
沁阳万善村汤帝庙戏楼　照4–7–1–12　/ 642
沁阳万善村汤帝庙戏楼　照4–7–1–13　/ 642
沁阳万善汤帝庙《万善镇重修成汤庙记》碑　照6–3–2–12　/ 743
青龙宫戏楼背立面　照2–2–8–39　/ 387
青龙宫戏楼木雕　照2–2–8–40　/ 389
青龙宫戏楼正立面　照2–2–8–38　/ 386
青砖砌筑块石硬心墙　照5–1–3–1　/ 669
青砖砌筑土坯软心墙　照5–1–3–2　/ 670
泉门村五龙庙戏楼　照2–2–4–4　/ 183

R

任村昊天观戏楼背立面　照2–2–4–13　/ 204
任村昊天观戏楼正立面　照2–2–4–12　/ 203
汝州半扎关帝庙戏楼平板枋、额枋木雕　照4–8–1–7　/ 653
汝州半扎关帝庙戏楼柱础　照4–6–1–11　/ 601
汝州车渠村汤王庙戏楼望瓦　照4–6–3–8　/ 611
汝州张村民居戏楼木雕　照4–8–1–6　/ 653
汝州周庄火神庙戏楼脊饰　照4–7–2–6　/ 648

S

三门峡上瑶村泰山圣母庙戏楼盘头砖雕　照4–8–1–13　/ 655
三门峡万寿宫戏楼柁墩　照4–6–3–5　/ 610
三面观——开封山陕甘会馆堂戏楼　照1–2–4–6　/ 25
三洼村三清庙戏楼　照2–2–8–18　/ 354
三幢左右并联式——博爱冯竹园三官庙戏楼　照1–2–4–4　/ 24
三幢左右并联式——辉县城隍庙戏楼　照4–3–0–3　/ 581
桑耳庄药王庙戏楼　照2–2–4–15　/ 211
沙沟马王庙戏楼　照2–2–1–10　/ 59
沙滩园龙王庙戏楼背立面　照2–2–8–20　/ 356

沙滩园龙王庙戏楼正立面
照2-2-8-19 / 355
山川村大庙戏楼 照2-2-1-16 / 67
山口村三官庙戏楼 照2-2-11-10 / 470
山头村卢医庙戏楼 照2-2-1-17 / 67
陕州南阳村戏楼《戏楼重修》碑
照6-3-1-11 / 727
上瑶泰山圣母庙戏楼 照2-2-11-12 / 473
上瑶泰山圣母庙戏楼砖雕
照2-2-11-13 / 473
上峪乡白龙庙戏楼 照2-2-6-2 / 249
社旗火神庙戏楼 照2-2-12-3 / 487
社旗火神庙戏楼 照4-7-1-8 / 639
社旗火神庙戏楼八字形隔断
照4-6-5-5 / 619
社旗山陕会馆悬鉴楼背立面
照2-2-12-2 / 481
社旗山陕会馆悬鉴楼八字形木隔断
照4-6-5-1 / 616
社旗山陕会馆悬鉴楼匾额
照6-1-0-12 / 701
社旗山陕会馆悬鉴楼斗栱 照4-6-2-1 / 603
社旗山陕会馆悬鉴楼脊饰 照4-7-2-1 / 644
社旗山陕会馆悬鉴楼金柱柱础
照4-6-1-3 / 599
社旗山陕会馆悬鉴楼空腔柱撑式台基
照4-5-1-6 / 596
社旗山陕会馆悬鉴楼空腔柱撑式台基
照4-5-1-7 / 597
社旗山陕会馆悬鉴楼木匾
照6-1-0-14 / 702
社旗山陕会馆悬鉴楼木雕 照4-8-1-3 / 652
社旗山陕会馆悬鉴楼石雕 照4-8-1-9 / 654
社旗山陕会馆悬鉴楼石栏板
照4-6-7-5 / 626
社旗山陕会馆悬鉴楼石栏板
照4-6-7-6 / 628
社旗山陕会馆悬鉴楼石栏板
照4-8-1-10 / 654
社旗山陕会馆悬鉴楼石栏板
照4-8-1-11 / 654
社旗山陕会馆悬鉴楼正立面
照2-2-12-1 / 479
社旗山陕会馆悬鉴楼柱础 照4-6-1-4 / 599
涉村东大庙戏楼 照2-2-1-11 / 60
伸出式——碧霞宫遏云楼 照4-4-1-4 / 584
伸出式——郑州城隍庙乐楼
照1-2-4-1 / 23
神垕伯灵翁庙戏楼背立面 照2-2-9-7 / 431
神垕伯灵翁庙戏楼脊饰 照4-7-2-2 / 646
神垕伯灵翁庙戏楼木雕 照2-2-9-9 / 433
神垕伯灵翁庙戏楼前檐木雕
照5-4-2-1 / 693
神垕伯灵翁庙戏楼天花 照2-2-9-8 / 432
神垕伯灵翁庙戏楼天花 照4-6-4-2 / 614
神垕伯灵翁庙戏楼天花 照4-6-4-3 / 615
神垕伯灵翁庙戏楼正立面 照2-2-9-6 / 429
神垕关帝庙戏楼背立面 照2-2-9-11 / 435
神垕关帝庙戏楼木雕 照2-2-9-12 / 436
神垕关帝庙戏楼正立面 照2-2-9-10 / 434
双庙村观音堂看楼 照2-2-8-47 / 401
双庙村观音堂戏楼 照2-2-8-46 / 401
双幢前后串联式——开封山陕甘会馆戏楼
照4-3-0-2 / 580
四层绿釉百戏陶楼 照1-1-1-5 / 6
嵩县安岭三圣殿舞楼匾额
照6-1-0-13 / 702
嵩县财神庙舞楼 照4-7-1-5 / 638

嵩县财神庙舞楼　照4–7–1–6　/ 638
嵩县财神庙舞楼背立面　照2–2–3–25　/ 133
嵩县财神庙舞楼隔架科　照4–6–2–6　/ 604
嵩县财神庙舞楼前檐八字影壁
照4–6–6–8　/ 623
嵩县财神庙舞楼前檐斗栱　照4–6–2–5　/ 604
嵩县财神庙舞楼柁墩　照4–6–3–1　/ 609
嵩县财神庙舞楼正立面　照2–2–3–24　/ 132
嵩县财神庙舞楼柱础　照4–6–1–12　/ 601
嵩县大章关帝庙戏楼叉手　照4–6–3–2　/ 610
嵩县大章关帝庙戏楼前檐斗栱
照4–6–2–9　/ 605
嵩县旧县村城隍庙舞楼实心台基
照4–5–1–1　/ 593
宋家畈宋氏祠堂戏楼背立面
照2–2–13–6　/ 516
宋家畈宋氏祠堂戏楼正立面
照2–2–13–5　/ 515
宋家畈宋氏宗祠戏楼　照5–2–1–3　/ 674
苏北村火神庙戏楼　照2–2–7–23　/ 305
苏寨玉皇庙戏楼　照2–2–8–13　/ 340
孙寨老君庙戏楼　照2–2–1–20　/ 70

T

桃花峪火神庙戏楼　照2–2–1–21　/ 71
桐树沟席氏祠堂戏楼　照2–2–11–7　/ 463
桶张河关帝庙戏楼花板　照4–6–2–20　/ 609
桶张河关帝庙戏楼脊饰　照4–7–2–4　/ 647
桶张河老君庙戏楼背立面　照2–2–8–2　/ 315
桶张河老君庙戏楼木雕　照2–2–8–3　/ 316
桶张河老君庙戏楼正立面　照2–2–8–1　/ 314

W

万善汤帝庙舞楼梁头雕刻　照5–3–4–2　/ 688
万善汤帝庙戏楼背立面　照2–2–8–36　/ 381
万善汤帝庙戏楼正立面　照2–2–8–37　/ 382
卫辉吕村奶奶庙戏楼　照4–7–1–7　/ 638
卫辉吕村奶奶庙戏楼清代题壁
照4–8–2–8　/ 662
卫辉吕村奶奶庙戏楼清代题壁
照4–8–2–9　/ 663
卫辉王府戏楼柱础　照3–1–5–1　/ 553
五虎庙戏楼侧立面　照2–2–9–5　/ 425
五虎庙戏楼正立面　照2–2–9–4　/ 424
武陟青龙宫戏楼　照4–4–1–5　/ 585
武陟青龙宫戏楼　照4–7–1–11　/ 640
武陟青龙宫戏楼抱厦木雕
照4–8–1–17　/ 657
武陟青龙宫戏楼斗栱　照4–6–2–13　/ 606
武陟青龙宫戏楼砖雕　照5–3–4–1　/ 688

X

西河村焕公祠戏楼背立面
照2–2–13–11　/ 525
西河村焕公祠戏楼正立面
照2–2–13–10　/ 523
西河村焕公祠戏楼砖雕　照2–2–13–12　/ 525
西河村焕公祠戏楼砖雕　照4–8–1–16　/ 656
西积善村关帝庙戏楼　照2–2–4–6　/ 187

西积善村关帝庙戏楼梁架　照5−3−3−3　/ 685
西积善村关帝庙戏楼木匾　照6−1−0−6　/ 699
西平罗村胜福寺戏楼　照2−2−7−27　/ 309
西平罗村胜福寺戏楼碑刻
照2−2−7−28　/ 310
西平罗村胜福寺戏楼前檐花板
照5−3−5−3　/ 690
西沁阳村观音堂舞楼侧立面
照2−2−8−22　/ 362
西沁阳村观音堂舞楼正立面
照2−2−8−21　/ 361
西寺营村玉帝庙戏楼　照2−2−7−8　/ 268
西土门李氏祠堂戏楼　照2−2−1−7　/ 54
西王村孙氏宗祠戏楼　照2−2−3−46　/ 161
西扬畈吴氏祠堂戏楼　照5−2−3−1　/ 676
西扬畈吴氏祠堂戏楼背立面
照2−2−13−8　/ 520
西扬畈吴氏祠堂戏楼正立面
照2−2−13−7　/ 519
西周青铜面具　照1−1−1−2　/ 4
淅川荆紫关禹王宫戏楼大门石雕
照5−2−4−6　/ 681
戏楼盘头　照5−3−5−1　/ 689
显圣王庙舞楼　照2−2−8−16　/ 351
显圣王庙戏楼　照2−2−8−15　/ 350
襄城颍考叔祠戏楼　照2−2−9−13　/ 439
项城出土东汉时期百戏陶楼
照1−2−1−5　/ 18
辛庄村关帝庙戏楼　照2−2−4−7　/ 191
辛庄村关帝庙戏楼碑刻　照2−2−4−8　/ 192
新安宝真观戏楼　照2−2−3−16　/ 121
新安骆庄三教堂《神人两便碑记》碑
照6−3−2−13　/ 744
新安袁山村奶奶庙《王母会碑记序》碑
照6−3−2−2　/ 730
新密城隍庙戏楼　照4−7−1−9　/ 640
新密城隍庙戏楼背立面　照2−2−1−3　/ 46
新密城隍庙戏楼空腔砖石支撑式台基
照4−5−1−4　/ 595
新密城隍庙戏楼正立面　照2−2−1−2　/ 45
新密打虎亭汉墓“宴饮百戏”局部
照1−1−1−3　/ 5
新密西街关帝庙戏楼背立面
照2−2−1−5　/ 51
新密西街关帝庙戏楼正立面
照2−2−1−4　/ 50
新密西土门李氏祠堂《重修祠堂门楼垣墙暨新建歌台题名碑》碑　照6−3−1−1　/ 717
新县普济寺戏楼　照2−2−13−9　/ 522
新县普济寺戏楼　照5−2−1−2　/ 673
新县普济寺戏楼脊饰　照5−2−4−3　/ 680
新县宋家畈宋氏祠堂木雕　照5−2−4−5　/ 681
新县宋家畈宋氏祠堂戏楼木雕
照5−2−4−4　/ 681
新县宋家畈宋氏祠堂戏楼砖雕
照4−8−1−15　/ 655
新县西河村焕公祠鸟瞰　照4−2−2−1　/ 578
新乡关帝庙舞楼背立面　照2−2−7−2　/ 257
新乡关帝庙舞楼正立面　照2−2−7−1　/ 256
新乡合河泰山庙戏楼　照4−7−1−10　/ 640
新乡留庄营戏楼匾额　照6−1−0−8　/ 700
新乡留庄营戏楼方形排水槽
照4−6−8−8　/ 632
新乡留庄营戏楼双排水槽　照4−6−8−9　/ 632
新乡留庄营戏楼圆形排水槽
照4−6−8−7　/ 632
新野出土东汉广场百戏砖雕
照1−2−1−3　/ 17

省庄牛王庙戏楼　照2−2−3−12　/ 118
荥阳王村戏楼　照2−2−1−27　/ 79
熊罴案　照1−2−1−7　/ 19
修武茶棚村通济庵《创修东西耳楼看楼碑记》碑
　照6−3−2−8　/ 738
修武一斗水关帝庙戏楼斗栱
　照5−3−3−6　/ 687
徐府坑街戏楼　照2−2−2−5　/ 91

Y

偃师寺沟村大王庙戏楼　照3−1−1−1　/ 551
杨庄河村牛王庙戏楼背立面
　照2−2−8−29　/ 371
杨庄河村牛王庙戏楼圆形石柱及柱础
　照2−2−8−30　/ 371
杨庄河村牛王庙戏楼正立面
　照2−2−8−28　/ 371
窑头村关帝庙戏楼侧立面
　照2−2−8−24　/ 363
窑头村关帝庙戏楼正立面
　照2−2−8−23　/ 363
一斗二升演变的异型斗栱　照5−3−3−4　/ 686
一斗水关帝庙看楼木栏杆　照4−6−7−2　/ 625
一斗水关帝庙戏楼　照2−2−8−48　/ 405
一斗水关帝庙戏楼　照5−3−5−2　/ 690
一面观——巩义姚氏祠堂戏楼
　照4−4−2−1　/ 586
一面观——郏县山陕会馆戏楼
　照1−2−4−5　/ 25
伊川白沙村民居戏台石匾　照6−1−0−4　/ 698
宜阳山陕会馆戏楼小八字影壁
　照4−6−6−7　/ 623
游殿玉皇庙鸟瞰　照2−2−3−10　/ 116
游殿玉皇庙戏楼　照2−2−3−11　/ 117
余庄村李氏祖祠戏楼背立面
　照3−1−6−2　/ 555
余庄村李氏祖祠戏楼正立面
　照3−1−6−1　/ 554
榆林25窟主室南壁壁画　照1−2−1−9　/ 20
禹州怀帮会馆鸟瞰　照2−2−9−1　/ 413
禹州怀帮会馆戏楼　照2−2−9−2　/ 414
禹州怀帮会馆戏楼抱厦木雕
　照4−8−1−4　/ 653
禹州怀帮会馆戏楼脊饰　照4−7−2−3　/ 646
禹州怀帮会馆戏楼外檐彩绘
　照4−8−2−3　/ 660
禹州神垕伯灵翁庙戏楼抱厦木雕
　照4−8−1−5　/ 653
禹州神垕伯灵翁庙戏楼斗栱
　照4−6−2−3　/ 604
禹州神垕伯灵翁庙戏楼柱础
　照4−6−1−6　/ 600
禹州神垕伯灵翁庙戏楼柱础
　照4−8−1−8　/ 654
禹州五虎庙戏楼题写匾　照6−1−0−5　/ 699
袁圪套村上清宫戏楼　照5−3−3−1　/ 684
袁圪套村上清宫戏楼排水槽
　照4−6−8−5　/ 631
袁圪套上清宫戏楼　照2−2−8−17　/ 352
袁山村奶奶庙舞楼　照2−2−3−18　/ 123
云阳镇城隍庙戏楼　照2−2−12−10　/ 504
云阳镇城隍庙戏楼柱础　照5−2−3−2　/ 677

Z

张村戏楼　照2-2-5-13　/ 239
张台寺关帝庙戏楼　照2-2-7-25　/ 307
镇平城隍庙戏楼　照2-2-12-8　/ 499
郑州城隍庙乐楼　照2-2-1-1　/ 38
郑州城隍庙乐楼石栏板　照4-6-7-4　/ 625
中方村李氏祠堂乐楼　照2-2-3-38　/ 150
冢头大王庙戏楼　照2-2-5-3　/ 218
周口关帝庙戏楼　照2-2-14-1　/ 533
周庄村全神庙戏楼木匾　照6-1-0-2　/ 698
周庄大王庙戏楼　照2-2-7-22　/ 303
周庄火神庙戏楼　照2-2-5-8　/ 231
周庄全神庙戏楼　照2-2-1-9　/ 58

图版索引

说明：

一、本索引包括本书照片索引和图版索引，由照片（图版）标题和照片（图版）编号组成。

二、索引按汉语拼音字母顺序排列。

三、索引名称后的阿拉伯数字表示内容所在页码。

A

安阳白龙庙戏楼背立面图　图2-2-4-5　/ 177
安阳白龙庙戏楼侧立面图　图2-2-4-6　/ 178
安阳白龙庙戏楼二层平面图
　图2-2-4-3　/ 176
安阳白龙庙戏楼横剖面图　图2-2-4-7　/ 178
安阳白龙庙戏楼一层平面图
　图2-2-4-2　/ 176
安阳白龙庙戏楼正立面图　图2-2-4-4　/ 177
安阳市遗存古戏楼分布示意图
　图2-2-4-1　/ 172

B

白沙崔氏祠堂戏楼横剖面图
　图2-2-1-24　/ 75
白沙崔氏祠堂戏楼平面图　图2-2-1-22　/ 74
白沙崔氏祠堂戏楼正立面图
　图2-2-1-23　/ 75
白炭窑老君庙戏楼横剖面图
　图2-2-8-12　/ 331
白炭窑老君庙戏楼平面图
　图2-2-8-10　/ 330
白炭窑老君庙戏楼正立面图
　图2-2-8-11　/ 331
柏山刘氏祠堂戏楼平面图
　图2-2-8-13　/ 333

柏山刘氏祠堂戏楼正立面图
图2-2-8-14 / 333
柏山刘氏祠堂戏楼纵剖面图
图2-2-8-15 / 334
半三面观—平甸玉皇庙戏楼平面图
图4-4-2-3 / 589
半扎关帝庙戏楼二层平面图
图2-2-5-13 / 229
半扎关帝庙戏楼横剖面图
图2-2-5-15 / 230
半扎关帝庙戏楼一层平面图
图2-2-5-12 / 228
半扎关帝庙戏楼正立面图
图2-2-5-14 / 229
宝泉村玉皇庙舞楼背立面图
图2-2-7-26 / 294
宝泉村玉皇庙舞楼侧立面图
图2-2-7-28 / 295
宝泉村玉皇庙舞楼二层平面图
图2-2-7-25 / 294
宝泉村玉皇庙舞楼一层平面图
图2-2-7-24 / 293
宝泉村玉皇庙舞楼正立面图
图2-2-7-27 / 295
宝泉村玉皇庙戏楼横剖面图
图2-2-7-29 / 296
宝泉村玉皇庙总平面图 图2-2-7-23 / 292
北关庄村关帝庙舞楼横剖面图
图2-2-8-46 / 379
北关庄村关帝庙舞楼平面图
图2-2-8-44 / 378
北关庄村关帝庙舞楼正立面图
图2-2-8-45 / 378
北齐村北禅寺戏楼侧立面图
图2-2-4-28 / 198
北齐村北禅寺戏楼横剖面图
图2-2-4-29 / 198
北齐村北禅寺戏楼平面图
图2-2-4-26 / 197
北齐村北禅寺戏楼正立面图
图2-2-4-27 / 197
碧霞宫戏楼侧立面图 图2-2-6-4 / 247
碧霞宫戏楼横剖面图 图2-2-6-5 / 248
碧霞宫戏楼平面图 图2-2-6-2 / 246
碧霞宫戏楼正立面图 图2-2-6-3 / 247

C

茶棚村通济庵戏楼横剖面图
图2-2-8-59 / 398
茶棚村通济庵戏楼正立面图
图2-2-8-58 / 398
常河村朝阳寺舞楼背立面图
图2-2-8-42 / 369
常河村朝阳寺舞楼二层平面图
图2-2-8-40 / 368
常河村朝阳寺舞楼横剖面图
图2-2-8-43 / 370
常河村朝阳寺舞楼一层平面图
图2-2-8-39 / 368
常河村朝阳寺舞楼正立面图
图2-2-8-41 / 369
朝元洞戏楼背立面图 图2-2-4-10 / 181
朝元洞戏楼侧立面图 图2-2-4-11 / 181
朝元洞戏楼横剖面图 图2-2-4-12 / 182
朝元洞戏楼平面图 图2-2-4-8 / 180

朝元洞戏楼正立面图　图2-2-4-9　/ 180
陈沟青龙庙戏楼侧立面图　图2-2-1-14　/ 53

D

大底村龙王五神庙戏楼二层平面图
图2-2-8-7　/ 328
大底村龙王五神庙戏楼横剖面图
图2-2-8-9　/ 329
大底村龙王五神庙戏楼一层平面图
图2-2-8-6　/ 328
大底村龙王五神庙戏楼正立面图
图2-2-8-8　/ 329
大章关帝庙戏楼背立面图
图2-2-3-22　/ 131
大章关帝庙戏楼二层平面图
图2-2-3-20　/ 130
大章关帝庙戏楼一层平面图
图2-2-3-19　/ 130
大章关帝庙戏楼正立面图
图2-2-3-21　/ 131
段岩村戏楼侧立面图　图2-2-11-22　/ 469
段岩村戏楼正立面图　图2-2-11-21　/ 469

F

凡村曹氏祠堂戏楼横剖面图
图2-2-3-36　/ 160
凡村曹氏祠堂戏楼平面图
图2-2-3-34　/ 159
凡村曹氏祠堂戏楼正立面图
图2-2-3-35　/ 159
凡村张氏宗祠戏楼横剖面图
图2-2-3-33　/ 157
凡村张氏宗祠戏楼平面图
图2-2-3-31　/ 156
凡村张氏宗祠戏楼正立面图
图2-2-3-32　/ 156
凤沟村关帝庙戏楼平面图
图2-2-11-16　/ 462
凤沟村关帝庙戏楼正立面图
图2-2-11-17　/ 462

G

古城村关帝庙戏楼背立面图
图2-2-4-32　/ 202
古城村关帝庙戏楼横剖面图
图2-2-4-33　/ 202
古城村关帝庙戏楼平面图
图2-2-4-30　/ 201
古城村关帝庙戏楼正立面图
图2-2-4-31　/ 201

H

合河泰山庙戏楼背立面图　图2-2-7-5　/ 261
合河泰山庙戏楼侧立面图　图2-2-7-6　/ 262
合河泰山庙戏楼二层平面图
图2-2-7-3　/ 260

合河泰山庙戏楼明间剖面图
图2-2-7-7 / 263
合河泰山庙戏楼一层平面图
图2-2-7-2 / 260
合河泰山庙戏楼正立面图　图2-2-7-4 / 261
鹤壁市遗存古戏楼分布示意图
图2-2-6-1 / 242
虎头村戏楼平面图　图2-2-5-16 / 236
虎头村戏楼横剖面图　图2-2-5-18 / 237
虎头村戏楼正立面图　图2-2-5-17 / 236
辉县山西会馆戏楼背立面图
图2-2-7-20 / 283
辉县山西会馆戏楼侧立面图
图2-2-7-21 / 284
辉县山西会馆戏楼二层平面图
图2-2-7-18 / 282
辉县山西会馆戏楼横剖面图
图2-2-7-22 / 284
辉县山西会馆戏楼一层平面图
图2-2-7-17 / 282
辉县山西会馆戏楼正立面图
图2-2-7-19 / 283

J

济源市遗存古戏楼分布示意图
图2-2-15-1 / 538
驾步村接梁寺舞楼横剖面图
图2-2-8-57 / 395
驾步村接梁寺舞楼正立面图
图2-2-8-56 / 395
焦作市遗存古戏楼分布示意图
图2-2-8-1 / 312
角岭村歌舞楼横剖面图　图2-2-4-15 / 186
角岭村歌舞楼平面图　图2-2-4-13 / 185
角岭村歌舞楼正立面图　图2-2-4-14 / 185
荆紫关山陕会馆戏楼东立面图
图2-2-12-17 / 493
荆紫关山陕会馆戏楼二层平面图
图2-2-12-15 / 492
荆紫关山陕会馆戏楼横剖面图
图2-2-12-18 / 493
荆紫关山陕会馆戏楼横剖面图
图5-2-3-1 / 675
荆紫关山陕会馆戏楼西立面图
图2-2-12-16 / 492
荆紫关山陕会馆戏楼一层平面图
图2-2-12-14 / 491
旧县村城隍庙舞楼横剖面图
图2-2-3-30 / 141
旧县村城隍庙舞楼平面图
图2-2-3-28 / 140
旧县村城隍庙舞楼正立面图
图2-2-3-29 / 141

K

开封山陕甘会馆堂戏楼横剖面图
图2-2-2-9 / 90
开封山陕甘会馆堂戏楼平面图
图2-2-2-7 / 89
开封山陕甘会馆堂戏楼正立面图
图2-2-2-8 / 90
开封山陕甘会馆中轴线戏楼背立面图

图2-2-2-4 / 87
开封山陕甘会馆中轴线戏楼侧立面图
图2-2-2-5 / 87
开封山陕甘会馆中轴线戏楼横剖面图
图2-2-2-6 / 88
开封山陕甘会馆中轴线戏楼平面图
图2-2-2-2 / 86
开封山陕甘会馆中轴线戏楼正立面图
图2-2-2-3 / 86
开封市遗存古戏楼分布示意图
图2-2-2-1 / 81

L

林村戏楼背立面图 图2-2-5-4 / 221
林村戏楼侧立面图 图2-2-5-5 / 221
林村戏楼横剖面图 图2-2-5-6 / 222
林村戏楼平面图 图2-2-5-2 / 220
林村戏楼正立面图 图2-2-5-3 / 220
卢氏城隍庙舞楼背立面图
图2-2-11-12 / 455
卢氏城隍庙舞楼侧立面图
图2-2-11-13 / 456
卢氏城隍庙舞楼二层平面图
图2-2-11-10 / 454
卢氏城隍庙舞楼横剖面图
图2-2-11-14 / 456
卢氏城隍庙舞楼一层平面图
图2-2-11-9 / 454
卢氏城隍庙舞楼正立面图
图2-2-11-11 / 455
卢氏城隍庙舞楼纵剖面图
图2-2-11-15 / 457
鲁庄姚氏祠堂戏楼横剖面图
图2-2-1-27 / 78
鲁庄姚氏祠堂戏楼平面图 图2-2-1-25 / 77
鲁庄姚氏祠堂戏楼正立面图
图2-2-1-26 / 78
罗山大王庙戏楼横剖面图
图2-2-13-2 / 512
罗山大王庙戏楼横剖面图 图5-2-3-2 / 676
洛岗戏楼背立面图 图2-2-5-9 / 225
洛岗戏楼侧立面图 图2-2-5-10 / 225
洛岗戏楼横剖面图 图2-2-5-11 / 226
洛岗戏楼平面图 图2-2-5-7 / 224
洛岗戏楼正立面图 图2-2-5-8 / 224
洛阳关林舞楼背立面图 图2-2-3-15 / 110
洛阳关林舞楼侧立面图 图2-2-3-16 / 111
洛阳关林舞楼横剖面图 图2-2-3-17 / 112
洛阳关林舞楼平面图 图2-2-3-13 / 108
洛阳关林舞楼正立面图 图2-2-3-14 / 109
洛阳关林舞楼纵剖面图 图2-2-3-18 / 113
洛阳潞泽会馆舞楼背立面图
图2-2-3-10 / 105
洛阳潞泽会馆舞楼侧立面图
图2-2-3-11 / 105
洛阳潞泽会馆舞楼二层平面图
图2-2-3-8 / 103
洛阳潞泽会馆舞楼横剖面图
图2-2-3-12 / 106
洛阳潞泽会馆舞楼一层平面图
图2-2-3-7 / 103
洛阳潞泽会馆舞楼正立面图
图2-2-3-9 / 104
洛阳山陕会馆舞楼背立面图
图2-2-3-5 / 99

洛阳山陕会馆舞楼二层平面图
图2–2–3–3 / 98
洛阳山陕会馆舞楼横剖面图
图2–2–3–6 / 100
洛阳山陕会馆舞楼一层平面图
图2–2–3–2 / 98
洛阳山陕会馆舞楼正立面图
图2–2–3–4 / 99
洛阳市遗存古戏楼分布示意图
图2–2–3–1 / 93
漯河市遗存古戏楼分布示意图
图2–2–10–1 / 440
吕村奶奶庙戏楼背立面图
图2–2–7–14 / 275
吕村奶奶庙戏楼侧立面图
图2–2–7–15 / 275
吕村奶奶庙戏楼横剖面图
图2–2–7–16 / 276
吕村奶奶庙戏楼平面图 图2–2–7–12 / 274
吕村奶奶庙戏楼正立面图
图2–2–7–13 / 274

N

南道玉皇庙戏楼背立面图
图2–2–8–18 / 339
南道玉皇庙戏楼横剖面图
图2–2–8–19 / 339
南道玉皇庙戏楼平面图 图2–2–8–16 / 338
南道玉皇庙戏楼正立面图
图2–2–8–17 / 338
南梁万寿宫戏楼背立面图
图2–2–11–5 / 449
南梁万寿宫戏楼侧立面图
图2–2–11–6 / 450
南梁万寿宫戏楼二层平面图
图2–2–11–3 / 448
南梁万寿宫戏楼横剖面图
图2–2–11–7 / 450
南梁万寿宫戏楼一层平面图
图2–2–11–2 / 448
南梁万寿宫戏楼正立面图
图2–2–11–4 / 449
南梁万寿宫戏楼纵剖面图
图2–2–11–8 / 451
南阳村戏楼背立面图 图2–2–11–19 / 466
南阳村戏楼横剖面图 图2–2–11–20 / 467
南阳村戏楼正立面图 图2–2–11–18 / 466
南阳市遗存古戏楼分布示意图
图2–2–12–1 / 476
南姚村关帝庙戏楼横剖面图
图2–2–15–2 / 543
南姚村汤帝庙戏楼侧立面图
图2–2–15–5 / 547
南姚村汤帝庙戏楼横剖面图
图2–2–15–6 / 548
南姚村汤帝庙戏楼平面图
图2–2–15–3 / 546
南姚村汤帝庙戏楼正立面图
图2–2–15–4 / 547

P

平甸村玉皇庙戏楼背立面图

图2-2-7-33 / 301
平甸村玉皇庙戏楼二层平面图
图2-2-7-31 / 300
平甸村玉皇庙戏楼横剖面图
图2-2-7-34 / 302
平甸村玉皇庙戏楼一层平面图
图2-2-7-30 / 300
平甸村玉皇庙戏楼正立面图
图2-2-7-32 / 301
平顶山市遗存古戏楼分布示意图
图2-2-5-1 / 214

Q

桥沟天爷庙戏楼背立面图
图2-2-8-28 / 347
桥沟天爷庙戏楼横剖面图
图2-2-8-30 / 348
桥沟天爷庙戏楼二层平面图
图2-2-8-26 / 346
桥沟天爷庙戏楼一层平面图
图2-2-8-25 / 346
桥沟天爷庙戏楼正立面图
图2-2-8-27 / 347
桥沟天爷庙戏楼侧立面图
图2-2-8-29 / 348
青龙宫戏楼背立面图 图2-2-8-54 / 391
青龙宫戏楼二层平面图 图2-2-8-52 / 390
青龙宫戏楼横剖面图 图2-2-8-55 / 392
青龙宫戏楼一层平面图 图2-2-8-51 / 390
青龙宫戏楼正立面图 图2-2-8-53 / 391

R

任村昊天观戏楼背立面图
图2-2-4-37 / 207
任村昊天观戏楼侧立面图
图2-2-4-38 / 208
任村昊天观戏楼二层平面图
图2-2-4-35 / 206
任村昊天观戏楼横剖面图
图2-2-4-39 / 208
任村昊天观戏楼一层平面图
图2-2-4-34 / 206
任村昊天观戏楼正立面图
图2-2-4-36 / 207
任村昊天观戏楼纵剖面图
图2-2-4-40 / 209
汝州中大街戏楼背立面图
图2-2-5-21 / 240
汝州中大街戏楼侧立面图
图2-2-5-22 / 241
汝州中大街戏楼横剖面图
图2-2-5-23 / 241
汝州中大街戏楼平面图 图2-2-5-19 / 240
汝州中大街戏楼正立面图
图2-2-5-20 / 240

S

三门峡市遗存古戏楼分布示意图
图2-2-11-1 / 444

三面观—安阳白龙庙戏楼平面图
图4-4-2-2 / 588
三面观—上峪乡白龙庙戏楼平面图
图4-4-2-1 / 588
沙滩园龙王庙戏楼背立面图
图2-2-8-36 / 359
沙滩园龙王庙戏楼侧立面图
图2-2-8-37 / 359
沙滩园龙王庙戏楼横剖面图
图2-2-8-38 / 360
沙滩园龙王庙戏楼平面图
图2-2-8-34 / 358
沙滩园龙王庙戏楼正立面图
图2-2-8-35 / 358
上峪乡白龙庙戏楼背立面图
图2-2-6-8 / 251
上峪乡白龙庙戏楼侧立面图
图2-2-6-9 / 251
上峪乡白龙庙戏楼横剖面图
图2-2-6-10 / 252
上峪乡白龙庙戏楼平面图 图2-2-6-6 / 250
上峪乡白龙庙戏楼正立面图
图2-2-6-7 / 250
社旗火神庙戏楼背立面图
图2-2-12-11 / 489
社旗火神庙戏楼侧立面图
图2-2-12-12 / 490
社旗火神庙戏楼二层平面图
图2-2-12-9 / 488
社旗火神庙戏楼横剖面图
图2-2-12-13 / 490
社旗火神庙戏楼一层平面图
图2-2-12-8 / 488
社旗火神庙戏楼正立面图
图2-2-12-10 / 489
社旗山陕会馆悬鉴楼背立面图
图2-2-12-4 / 483
社旗山陕会馆悬鉴楼侧立面图
图2-2-12-5 / 483
社旗山陕会馆悬鉴楼横剖面图
图2-2-12-6 / 484
社旗山陕会馆悬鉴楼平面图
图2-2-12-2 / 482
社旗山陕会馆悬鉴楼正立面图
图2-2-12-3 / 482
社旗山陕会馆悬鉴楼纵剖面
图2-2-12-7 / 484
涉村东大庙戏楼背立面图 图2-2-1-20 / 62
涉村东大庙戏楼横剖面图 图2-2-1-21 / 62
涉村东大庙戏楼平面图 图2-2-1-18 / 61
涉村东大庙戏楼正立面图 图2-2-1-19 / 61
神垕伯灵翁庙戏楼横剖面图
图2-2-9-19 / 433
神垕伯灵翁庙戏楼平面图
图2-2-9-18 / 432
神垕关帝庙戏楼背立面图
图2-2-9-22 / 437
神垕关帝庙戏楼次间横剖面图
图2-2-9-24 / 438
神垕关帝庙戏楼明间横剖面图
图2-2-9-23 / 438
神垕关帝庙戏楼平面图 图2-2-9-20 / 436
神垕关帝庙戏楼正立面图
图2-2-9-21 / 437
双庙村观音堂戏楼横剖面图
图2-2-8-62 / 403
双庙村观音堂戏楼平面图
图2-2-8-60 / 402

双庙村观音堂戏楼正立面图
图2-2-8-61 / 402
嵩县财神庙舞楼背立面图
图2-2-3-25 / 135
嵩县财神庙舞楼侧立面图
图2-2-3-26 / 135
嵩县财神庙舞楼横剖面图
图2-2-3-27 / 136
嵩县财神庙舞楼后檐一字影壁
图4-6-6-1 / 623
嵩县财神庙舞楼平面图 图2-2-3-23 / 134
嵩县财神庙舞楼平面图 图4-4-3-1 / 590
嵩县财神庙舞楼正立面图
图2-2-3-24 / 134
宋家畈宋氏祠堂戏楼横剖面图
图2-2-13-3 / 518
苏寨玉皇庙戏楼背立面图
图2-2-8-23 / 342
苏寨玉皇庙戏楼二层平面图
图2-2-8-21 / 341
苏寨玉皇庙戏楼横剖面图
图2-2-8-24 / 343
苏寨玉皇庙戏楼一层平面图
图2-2-8-20 / 341
苏寨玉皇庙戏楼正立面图
图2-2-8-22 / 342

T

桶张河老君庙戏楼侧立面图
图2-2-8-4 / 319
桶张河老君庙戏楼二层平面图
图2-2-8-2 / 318
桶张河老君庙戏楼横剖面图
图2-2-8-5 / 319
桶张河老君庙戏楼正立面图
图2-2-8-3 / 318

W

万善村汤帝庙戏楼背立面图
图2-2-8-49 / 385
万善村汤帝庙戏楼横剖面图
图2-2-8-50 / 385
万善村汤帝庙戏楼平面图
图2-2-8-47 / 384
万善村汤帝庙戏楼正立面图
图2-2-8-48 / 384
五虎庙戏楼横剖面图 图2-2-9-17 / 427
五虎庙戏楼平面图 图2-2-9-15 / 425
五虎庙戏楼正立面图 图2-2-9-16 / 426

X

西河村焕公祠戏楼背立面图
图2-2-13-5 / 526
西河村焕公祠戏楼横剖面图
图2-2-13-7 / 527
西河村焕公祠戏楼平面图
图2-2-13-4 / 526
西河村焕公祠戏楼正立面图
图2-2-13-6 / 527

西积善村关帝庙戏楼背立面图
图2-2-4-18 / 189
西积善村关帝庙戏楼侧立面图
图2-2-4-19 / 189
西积善村关帝庙戏楼横剖面图
图2-2-4-20 / 190
西积善村关帝庙戏楼平面图
图2-2-4-16 / 188
西积善村关帝庙戏楼正立面图
图2-2-4-17 / 188
西寺营村玉帝庙戏楼背立面图
图2-2-7-10 / 271
西寺营村玉帝庙戏楼横剖面图
图2-2-7-11 / 271
西寺营村玉帝庙戏楼平面图
图2-2-7-8 / 270
西寺营村玉帝庙戏楼正立面图
图2-2-7-9 / 270
西土门李氏祠堂戏楼横剖面图
图2-2-1-17 / 56
西土门李氏祠堂戏楼平面图
图2-2-1-15 / 55
西土门李氏祠堂戏楼正立面图
图2-2-1-16 / 55
显圣王庙戏楼横剖面图
图2-2-8-31 / 350
辛庄村关帝庙戏楼背立面图
图2-2-4-23 / 194
辛庄村关帝庙戏楼侧立面图
图2-2-4-24 / 194
辛庄村关帝庙戏楼横剖面图
图2-2-4-25 / 195
辛庄村关帝庙戏楼平面图
图2-2-4-21 / 193
辛庄村关帝庙戏楼正立面图
图2-2-4-22 / 193
新密城隍庙戏楼背立面图　图2-2-1-12 / 48
新密城隍庙戏楼二层平面图
图2-2-1-10 / 47
新密城隍庙戏楼横剖面图　图2-2-1-13 / 48
新密城隍庙戏楼一层平面图
图2-2-1-9 / 46
新密城隍庙戏楼正立面图　图2-2-1-11 / 47
新乡市遗存古戏楼分布示意图
图2-2-7-1 / 254
信阳市遗存古戏楼分布示意图
图2-2-13-1 / 508
许昌市遗存古戏楼分布示意图
图2-2-9-1 / 410

Y

一斗水关帝庙戏楼背立面图
图2-2-8-66 / 407
一斗水关帝庙戏楼二层平面图
图2-2-8-64 / 406
一斗水关帝庙戏楼一层平面图
图2-2-8-63 / 406
一斗水关帝庙戏楼正立面图
图2-2-8-65 / 407
宜阳山陕会馆戏楼背立面图
图2-2-3-40 / 165
宜阳山陕会馆戏楼二层平面图
图2-2-3-38 / 164
宜阳山陕会馆戏楼横剖面图
图2-2-3-41 / 165

宜阳山陕会馆戏楼一层平面图
图2-2-3-37 / 163
宜阳山陕会馆戏楼正立面图
图2-2-3-39 / 164
禹州城隍庙戏楼北立面图
图2-2-9-11 / 421
禹州城隍庙戏楼侧立面图
图2-2-9-13 / 422
禹州城隍庙戏楼二层平面图
图2-2-9-10 / 420
禹州城隍庙戏楼横剖面图
图2-2-9-14 / 422
禹州城隍庙戏楼南立面图
图2-2-9-12 / 421
禹州城隍庙戏楼一层平面图
图2-2-9-9 / 420
禹州怀帮会馆戏楼背立面图
图2-2-9-5 / 416
禹州怀帮会馆戏楼侧立面图
图2-2-9-6 / 417
禹州怀帮会馆戏楼二层平面图
图2-2-9-3 / 415
禹州怀帮会馆戏楼横剖面图
图2-2-9-7 / 417
禹州怀帮会馆戏楼一层平面图
图2-2-9-2 / 415
禹州怀帮会馆戏楼正立面图
图2-2-9-4 / 416
禹州怀帮会馆戏楼纵剖面图
图2-2-9-8 / 418
禹州神垕伯灵翁庙戏楼平面图
图4-4-3-2 / 591
袁圪套上清宫戏楼横剖面图
图2-2-8-33 / 353
袁圪套上清宫戏楼正立面图
图2-2-8-32 / 353
云阳镇城隍庙戏楼背立面图
图2-2-12-28 / 506
云阳镇城隍庙戏楼侧立面图
图2-2-12-29 / 507
云阳镇城隍庙戏楼二层平面图
图2-2-12-26 / 505
云阳镇城隍庙戏楼横剖面图
图2-2-12-30 / 507
云阳镇城隍庙戏楼一层平面图
图2-2-12-25 / 505
云阳镇城隍庙戏楼正立面图
图2-2-12-27 / 506

Z

镇平城隍庙戏楼侧立面图
图2-2-12-22 / 501
镇平城隍庙戏楼二层平面图
图2-2-12-20 / 500
镇平城隍庙戏楼横剖面图
图2-2-12-23 / 502
镇平城隍庙戏楼一层平面图
图2-2-12-19 / 500
镇平城隍庙戏楼正立面图
图2-2-12-21 / 501
镇平城隍庙戏楼纵剖面图
图2-2-12-24 / 502
郑州城隍庙乐楼背立面图 图2-2-1-5 / 40
郑州城隍庙乐楼次间横剖面图
图2-2-1-7 / 41

郑州城隍庙乐楼二层平面图
图2-2-1-3　/ 39
郑州城隍庙乐楼明间横剖面图
图2-2-1-6　/ 41
郑州城隍庙乐楼一层平面图
图2-2-1-2　/ 39
郑州城隍庙乐楼正立面图　图2-2-1-4　/ 40
郑州城隍庙乐楼纵剖面图　图2-2-1-8　/ 42
郑州市遗存古戏楼分布示意图
图2-2-1-1　/ 37
周口关帝庙戏楼侧立面图
图2-2-14-5　/ 535
周口关帝庙戏楼二层平面图
图2-2-14-3　/ 534
周口关帝庙戏楼横剖面图
图2-2-14-6　/ 536
周口关帝庙戏楼一层平面图
图2-2-14-2　/ 534
周口关帝庙戏楼正立面图
图2-2-14-4　/ 535
周口关帝庙戏楼纵剖面图
图2-2-14-7　/ 537
周口市遗存古戏楼分布示意图
图2-2-14-1　/ 530